中国水产学会海水养殖分会

中国海水养殖科技进展

Progress of mariculture science and technology in China

(2014)

王清印 主编

海洋出版社

2015年·北京

内 容 简 介

本书是中国水产学会海水养殖分会编辑的《中国海水养殖科技进展》丛书之2014年卷。该卷收录的论文、报告是在中国水产学会海水养殖分会和广西水产学会、农业部海洋渔业可持续发展重点实验室学科群主办,广西水产遗传育种与健康养殖重点实验室协办,于2014年11月11—13日在广西南宁市召开的"2014年全国海水养殖学术研讨会"上发表的140多篇论文报告的基础上,经过筛选编辑而成。

全书共分历史与回顾,遗传、育种与生物技术,苗种培育与健康养殖,营养、生理与饲料,疾病防控,养殖生态与环境以及其他共七部分。

本书可供高等院校、科研院所以及从事水产养殖工作的科技人员和管理工作者参考使用。

图书在版编目(CIP)数据

中国海水养殖科技进展.2014/王清印主编.—北京:海洋出版社,2015.10
ISBN 978 - 7 - 5027 - 9244 - 2

Ⅰ.①中… Ⅱ.①王… Ⅲ.①海水养殖 - 文集 Ⅳ.①S967 - 53

中国版本图书馆 CIP 数据核字(2015)第 225925 号

责任编辑:方 菁
责任印制:赵麟苏

海洋出版社 出版发行

http://www.oceanpress.com.cn
北京市海淀区大慧寺路8号 邮编:100081
北京朝阳印刷厂有限责任公司印刷 新华书店北京发行所经销
2015年10月第1版 2015年10月第1次印刷
开本:787mm×1092mm 1/16 印张:36.5
字数:840 千字 定价:90.00 元
发行部:62132549 邮购部:68038093 总编室:62114335
海洋版图书印、装错误可随时退换

编辑委员会名单

主　编：王清印

副主编：陈晓汉　吴灶和　吴常文　常亚青　方建光　李　健
　　　　刘世禄

编　委：(以姓氏笔画为序)

丁兆坤	丁晓明	马　甡	王　波	王文琪	王印庚
王志勇	王春生	王勇强	王爱民	王清印	方建光
邓　伟	包振民	邢克智	庄　平	刘世禄	刘克奉
刘海金	刘雅丹	刘富林	江世贵	孙　忠	李　波
李　琪	李　健	李长青	李文姬	李向民	李色东
李秉钧	杨红生	杨建敏	吴灶和	吴常文	吴凡修
张　勤	张志勇	陈　刚	陈晓汉	陈秀荔	林志华
赵玉山	赵振良	赵聪明	赵永贞	胡超群	徐　皓
曹杰英	常亚青	阎斌伦	梁　骏	童万平	曾志南
彭金霞	蔡生力	樊菲菲			

前 言

中国水产学会海水养殖分会成立于2002年,其前身是中国水产学会海水养殖专业委员会。自成立至今,在中国水产学会的正确领导和全体会员的大力支持下,中国水产学会海水养殖分会围绕全国海洋与渔业中心工作,针对我国海洋与渔业科技发展的重点、热点和难点,先后在广东湛江(2002年)、北京(2003年)、浙江宁波(2004年)、福建漳州(2005年)、辽宁大连(2006年)、海南海口(2007年)、浙江舟山(2008年)、江苏连云港(2009年)、山东烟台(2010年)、上海(2011年)、天津(2012年)、浙江绍兴(2013年)和广西南宁(2014年)等地,已连续举办了13届"全国海水养殖学术研讨会"。

在理事会全体理事和广大会员的共同努力下,在学术研讨会交流报告的基础上,中国水产学会海水养殖分会先后编辑并由海洋出版社出版了《海水健康养殖的理论与实践》(2003),《海水设施养殖》(2004),《海水生态养殖的理论与技术》(2005),《海水健康养殖与水产品质量安全》(2006),《海水生态养殖业的可持续发展—挑战与对策》(2007),《海水养殖新进展》(2008),《从产量到质量——海水养殖业的必然趋势》(2009),《生态系统水平的海水养殖业》(2010),《多营养层次的海水综合养殖》(2011),《海水养殖与碳汇渔业》(2012),《海水养殖科技创新与发展》(2013)和《科技创新与健康养殖》(2014)等13卷文集,统一命名为《中国海水养殖科技进展》丛书。实践证明,该丛书的出版,受到了广大会员和业界人士的普遍欢迎和好评。每年一卷的出版速度和每年一届研讨会的召开密切结合,展示了我国海水养殖科技发展的现状和趋势,已经成为中国水产学会海水养殖分会学术活动的品牌之一。

为了进一步规范《中国海水养殖科技进展》丛书的编辑和出版,2014年11月10日在广西南宁召开的中国水产学会海水养殖分会理事会会议上,经过认真讨论,决定从2015年开始,《中国海水养殖科技进展》丛书采用相对固定的封面设计,封面左上角标出中国水产学会海水养殖分会徽标,保持每年出版一卷。

本文集是于2014年11月11—13日在广西南宁市召开的"2014年全国海水

养殖学术研讨会"中的文章。主要围绕海水养殖环境与生态保护,浅海、池塘、滩涂、陆基工厂化及深水网箱等养殖技术、养殖模式,遗传育种,病害防控,营养与饲料,海水养殖设施与养殖工程,水产品质量安全与标准化以及海水养殖发展战略等领域进行研讨与交流。本届年会由中国水产学会海水养殖分会和广西水产学会、农业部海洋渔业可持续发展重点实验室学科群主办,广西水产遗传育种与健康养殖重点实验室协办。参加本次研讨会的340多位代表,分别来自全国有关大专院校、科研院所以及水产企业等单位。有10位专家、教授在大会上作了特邀报告,40多位代表在分会场作了交流发言。

《中国海水养殖科技进展》丛书之2014年卷,是在"2014年全国海水养殖学术研讨会"上发表的140多篇论文报告的基础上,经过筛选编辑而成。全书共分历史与回顾,遗传、育种与生物技术,苗种培育与健康养殖,营养、生理与饲料,疾病防控,养殖生态与环境以及其他共七个部分。

希望《中国海水养殖科技进展》丛书的出版,对保持和维护中国水产学会海水养殖分会的学术权威性,探索现代学术交流的方式和方法,提高学术交流的水平和质量,增强学术活动的吸引力和凝聚力,特别是在鼓励青年学生积极参与学术交流,加快青年人才培养以及建立水产学术活动品牌等方面,进一步发挥积极作用,为推进我国海洋强国战略和"一带一路"建设,实现"海水养殖向质量效益型转变,养殖方式向循环利用型转变,养殖科技向创新引领型转变"发挥重要作用,做出积极贡献。

编者　谨识
2015年5月

目　次

历史与回顾

从野生到家养——中国对虾养殖发展述评 ………………………………… 王清印(3)

遗传、育种与生物技术

4 种鲈鱼钾离子通道基因在各组织的时空表达特征分析 ………………… 丛柏林等(45)
星斑川鲽神经激肽 B 基因 cDNA 克隆及饥饿对其表达的影响 …………………………
…………………………………………………………………………… 郭湘云等(54)
大黄鱼清道夫受体 A 家族基因的鉴定及其抗溶藻弧菌感染的分子机制研究 …………
…………………………………………………………………………… 何建瑜等(61)
大黄鱼补体 C3 和 C4 分子特点及表达分析 ………………………… 王海玲等(76)
星突江鲽胰岛素样生长因子 I 的原核表达及活性分析 …………… 徐永江等(86)
中华绒螯蟹肠道上皮细胞类型的鉴别 ……………………………… 杨筱珍等(96)
海南岛糙海参卵巢发育的组织学特征 ……………………………… 杨学明等(105)
获取赤点石斑鱼、棕点石斑鱼(♀)×鞍带石斑鱼(♂)F_1 染色体的两种
　不同方法及其核型分析 ……………………………………………… 刘　莉等(110)
云纹石斑鱼(♀)×鞍带石斑鱼(♂)子一代形态发育的研究 ……… 张梦淇等(123)
马氏珠母贝育珠时间和育珠贝性状与珍珠质量的关系 …………… 高桦楠等(131)
半滑舌鳎体表色素细胞观察及 POMC 表达特性分析 …………… 史学营等(137)
嵊泗列岛海域 3 种贻贝贝体框架性状对壳重的影响效应 ………… 郑晓静等(150)
嵊泗列岛海域 3 种贻贝贝体框架特征的差异 …………………… 白晓倩等(161)
野生黄鳍金枪鱼幼鱼形态特征及其对体重的影响 ………………… 陈　超等(170)
不同时期插核的育珠贝与珍珠质量的性状相关性 ………………… 肖雁冰等(178)
吉富罗非鱼 HL 基因的克隆及饲料胆碱和脂肪水平、投饲频率和投喂水平
　对其在肝脏中表达的影响 ………………………………………… 黄秀芸等(185)

苗种培育与健康养殖

葡萄牙牡蛎工厂化人工育苗技术…………………………………………… 巫旗生等(205)
循环水系统中5种常用滤材氨氮转化为硝酸盐的处理效果比较………… 唐　棣等(213)
循环水养殖系统中5种常用生物滤材对氨氮的处理效果………………… 崔云亮等(216)
室内循环水系统中5种常见生物滤材对亚硝酸盐处理效果的分析比较…… 姚　瑶等(222)
褐牙鲆海水池塘网箱养殖技术……………………………………………… 于燕光等(227)
三疣梭子蟹耐低盐新品系"宁象1号"养殖实验…………………………… 徐军超等(232)
盐碱地池塘半滑舌鳎驯化养殖技术初步研究……………………………… 李忠红等(235)
金乌贼早期发育阶段相关酶活性的变化…………………………………… 刘长琳等(241)
两种培育方法对泥东风螺稚螺生长与存活的影响………………………… 郑雅友等(248)
多氯联苯对水生动物繁育的影响及机理…………………………………… 许友卿等(254)
海月水母精巢发育及排精过程的观察……………………………………… 陈昭廷等(262)
斑点鳟鲑消化道的组织学初步观察………………………………………… 于晓清等(271)
温度对云纹石斑鱼胚胎发育和仔鱼活力的影响…………………………… 张廷廷等(276)
池塘养殖条件下牙鲆生长轴和甲状腺轴关键激素的变化规律…………… 李晓妮等(282)

营养、代谢与饲料

铁素对舟形藻生长及理化成分的影响……………………………………… 曲青梅等(297)
光照强度和温度对智利江蓠生长及生化组分的影响……………………… 陈伟洲等(324)
不同起始密度对海水小球藻和牟氏角毛藻种间生长的影响……………… 刘　涛等(333)
海、淡水养殖日本鳗鲡肌肉和鱼皮营养分析比较………………………… 胡　园等(339)
盐度对脊尾白虾生长和肌肉营养成分的影响……………………………… 姜巨峰(350)
水母作为饵料在银鲳幼鱼养殖中的应用研究…………………… Chun-sheng Liu, et al(358)
鱼礁与池塘养殖刺参体壁营养成分分析及评价…………………………… 万玉美等(372)
野生与养殖银鲳消化道菌群结构中产酶菌的对比分析…………………… 王建建等(380)
养殖和野生缢蛏不同组织数量性状、蛋白、糖原、脂肪和脂肪酸组成的
　比较研究……………………………………………………………………… 王　圣等(393)
可口革囊星虫富集 Cd^{2+}、Hg^{2+} 及其对自身生长和主要营养成分的影响
　………………………………………………………………………………… 吴洪喜等(405)
云纹石斑鱼幼鱼血清生化指标和代谢酶活力对低温胁迫的响应………… 谢明媚等(415)

营养素对水生动物生长发育相关基因表达的影响及机理研究 ………… 许友卿等(424)
饲料维生素 E 水平对云纹石斑鱼幼鱼生长、营养性能及免疫功能的影响
………………………………………………………………………… 张艳亮等(431)

疾病防控

微囊藻毒素 ELISA 检测方法的建立与评估 ……………………………… 胡乐琴等(445)
党参免疫增强剂对仿刺参肠道菌群的影响分析 ………………………… 樊　英等(452)
浒苔对幼刺参生长、消化和非特异性免疫的影响 ………………………… 秦　搏等(462)
病原鳗弧菌毒力基因检测及双重 PCR 与 LAMP 检测方法的建立 ……… 孙晶晶等(473)
星斑川鲽免疫相关组织抗菌活性的研究 ………………………………… 郑风荣等(483)
氨氮急性胁迫对日本沼虾死亡率、耗氧率及窒息点的影响 …………… 邹李昶等(492)

养殖生态与环境

环境条件对长紫菜壳孢子放散、附着与萌发的影响 …………………… 陈　佩等(503)
密植浒苔对冬季露天池塘池底水温、酸碱度和溶解氧的影响效应 ……… 富　裕等(513)
盐碱地不同氯化物水型对虾养殖池塘浮游植物的生态特征研究 ……… 高鹏程等(521)
基于鱼类完整性指数的红水河梯级电站水库生态系统健康状况评价 …… 娄方瑞等(529)
延迟排水及泼洒生物制剂对凡纳滨对虾池塘养殖排污削减效果研究 …… 王大鹏等(537)
微生态制剂对海水鱼池塘微生物现存量的影响 ………………………… 杨秀兰等(545)
海南陵水黎安港海水表层温度变化 ……………………………………… 郑　兴等(553)

其他

关于加快发展我国海水养殖工程科技的建议 …………………………… 刘世禄(563)

历史与回顾

从野生到家养——中国对虾养殖发展述评

王清印

(中国水产科学研究院黄海水产研究所,青岛 266071)

1 引 言

在我的心目中,中国对虾养殖业的发展一直是一个传奇故事。我本人从20世纪80年代中期开始涉足中国对虾养殖的研究工作,经历并目睹了对虾产业的兴盛、繁荣、衰退以及为振兴这一产业付出的不懈努力,亲身感受了因她而起的高兴、激动、沮丧以及付出的艰辛和收获的喜悦。讲起中国对虾养殖产业的发展,实在是有太多的故事。2013年5月中旬,我随张显良院长率领的中国水产科学研究院代表团去台湾访问,从台湾海洋大学陈瑶湖(Yew-Hu Chien)教授那里得知,廖一久(I Chiu Liao)院士正在组织一本有关世界对虾养殖发展方面的专著,计划以"虾说"讲故事的方式,介绍"对虾"科学家在这一领域的贡献和养虾业的发展历程,为后来者提供一个可读性强的、集知识性和趣味性为一体的对虾研究专著。我当即表示,愿意承担有关"中国对虾"一章的撰稿工作。回青岛之后,收集资料,特别是收集20世纪50—60年代的资料并撰写文稿,就成了我的重点工作和主要心思之一。我一直很钦佩老一辈科技工作者在20世纪中期那么困难的条件下,经过艰苦不懈的开创性研究,为建立当年号称世界第一的中国对虾养殖业奠定了坚实的理论和技术基础。另一方面,由于历史的原因,那一时期公开发表的有关中国对虾研究的资料犹如凤毛麟角,这更激起了我的好奇心以及探究那一时期研究足迹的想法。但动笔之后才发现,撰稿的难度实在是超出了我的预期。如前所述,这主要是因为那一时期公开发表的文献太少,收集的一些手稿或油印材料需要经过相互印证才能确保资料的准确性;加之一些早期从事相关工作的老先生已经辞世,在世的前辈也由于年代久远而对当时的情况难免记忆不够完全,这些都为资料的收集和文稿的撰写造成了一定难度。另外,从20世纪70年代以来发表的浩如烟海的文献资料中把对虾养殖业发展的足迹厘清的确也是一项费时费力的工作。尽管如此,我还是希望竭尽全力完成这一任务,即是一个学习过程,也是我这样一个从事中国对虾研究30年的科技工作者为传承对虾研究的光荣传统做出的一点贡献。

本文是为廖一久先生主编的英文专著撰写的"中国对虾"一章的中文扩展板,是在原稿基础上增补、完善、重新整理而成的,在《中国海水养殖科技进展》丛书之2014年卷的"历史与回顾"栏目中刊出,以飨业内同行和对此感兴趣的朋友们。

2 关于中国对虾

中国对虾 *Fenneropenaeus chinensis*(Osbeck,1765)又称东方对虾、中国明对虾、明虾、对

虾,是一种冷水性虾类。对虾的得名缘于过去在市场上,对虾通常是以"对"为计价单位来销售的,所以称之为"对虾"。但也有"以雌雄为对"的说法。因为在性成熟时雌虾的生殖腺呈翡翠青色,而雄虾的生殖腺呈玛瑙黄色,故而民间常称雌虾为青虾,而称雄虾为黄虾。现在,人们习惯上把对虾科的各种虾都统称为对虾,而在其前面加上不同的种名以示区别,如中国对虾、斑节对虾、日本对虾等。在分类地位上,中国对虾属节肢动物门,甲壳总纲,软甲纲,真软甲亚纲,十足目,游泳亚目,对虾科,明对虾属。由于它适应能力强、生长快、耐低温、品质好,成为亚热带和温带沿海的优良养殖对象,也是我国重要的渔业资源之一(邓景耀等,1990)。

中国对虾的命名经历了一个发展过程。1765 年,瑞典博物学家 Osbeck 将其命名为 *Cancer chinensis*。1918 年,日本学者岸上镰吉(Kishinouye)误认为这是一个新种,命名为 *Penaeus orientalis*,中文名为东方对虾。我国学者在 20 世纪 80 年代发现这一命名有误,重命名为 *Penaeus chinensis*,中文名为中国对虾,东方对虾名随之弃用。联合国粮食及农业组织(FAO)核定的英文名称为 Chinese shrimp。在 20 世纪 90 年代,对虾的分类地位又有修订,原来的属调整为科,原来的 6 个亚属上升为属。中国对虾隶属于明对虾属,命名为 *Fenneropenaeus chinensis*,中文名为中国明对虾(刘瑞玉,2003;杨德渐等,2012,2013)。但近年来,基于分子系统发育的研究结果((Ma et al,2011),有专家建议对虾属 *Penaeus* 的名称应恢复并用于所有的对虾类。鉴于此,本文仍沿用中国对虾的名称。拉丁文名称则以 *Penaeus*(*Fenneropenaeus*) *chinensis*(缩写 *P. chinensis*)标示。

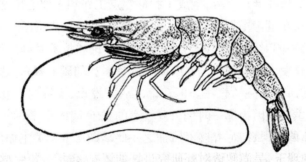

图1 中国对虾(*Fenneropenaeus chinensis*)形态图

中国对虾是世界上约 30 种对虾中自然分布纬度最高的种类,可达 40°00′N 以北。主要分布于太平洋西北海岸的黄海和渤海海区的山东、河北、辽宁、天津及江苏近海,在朝鲜半岛西海岸和南海岸也有批量生产。近年来,由于对虾放流,浙江沿海也有一定产量。据史料记载,长江口、珠江口等河口海区也能捕到中国对虾,但近年来捕获的报道很少。特别是珠江口海区,已多年没有捕获野生中国对虾的记录。

邓景耀等(1990)的研究表明,依据多年人工标志放流的回捕资料,黄渤海区的中国对虾可分为两个独立的种群,一个是分布于黄海东岸的朝鲜西海岸种群;另一个是渤海和黄海西岸海域出生的中国黄渤海沿岸种群。孟宪红等(Meng et al,2009)依据微卫星 DNA 的研究结果,认为中国对虾的自然种群除朝鲜西海岸种群和中国黄渤海沿岸种群外,还包括朝鲜半岛南海群体,同时中国黄渤海沿岸种群内部也发生了一定程度的遗传分化,但是否达到种群水平还有待于进一步验证。

中国对虾为1年生虾类,仅极少数个体生命周期可达2年。其生活史包括受精卵、胚胎发育、无节幼体、溞状幼体、糠虾幼体、仔虾、幼虾和成虾等阶段。性成熟的亲虾在近岸水域产卵,产出的卵子和精子在水中受精,胚胎发育阶段在卵膜内度过,孵化后为无节幼体,在水中营浮游生活。经溞状幼体、糠虾幼体发育至仔虾,此时结束浮游生活而转营底栖生活并向河口、浅水区移动。幼虾在近岸水域、河口地区生活,随生长而渐移向外海深水区,待成熟后又移回近岸产卵(图2)。生殖活动分为交配和产卵两个阶段进行。一般地,在自然条件下生长的雄虾出生后6个月左右即达到性成熟。交配发生在秋末冬初雌虾最后一次蜕皮之后,雄虾将含有精子的精荚囊授予雌虾的纳精囊内。交配后的雄虾完成了其使命即自然死亡。在春季洄游的野生群体中,有时也可见到越冬后的雄虾,但数量较少。精荚可在纳精囊中保存达半年之久,直到翌年4—5月雌虾性成熟时,精子和卵子同时排入水中受精。受精卵在海水中发育孵化,经无节幼体、溞状幼体、糠虾幼体进入仔虾期,开始长成生长。

3 早期的开创性研究工作

我国学者对中国对虾养殖的研究工作始于20世纪50年代初。据朱树屏工作手记(《朱树屏传记》293页。朱谨等,2007)记载,1952年3月30日下午,就任农林部水产实验所(以下简称"中水所",中国水产科学研究院黄海水产研究所前身)所长不久的朱树屏应中国科学院水生生物研究所青岛海洋生物研究室(中国科学院海洋研究所前身)主任童第周之邀,就共同开展海洋养殖课题研究进行商洽。决定海洋生物研究室与中水所合作开展对虾人工养殖工作,主要研究对虾生活史、性腺成熟度、水性环境及食料等,并决定童第周领导刘瑞玉、林庆礼负责对虾生活史及生长和性腺成熟度的研究,朱树屏领导林庆礼、白雪娥负责环境和食性的研究。随后,朱树屏拟定了对虾生活史等研究的具体工作计划,包括出海调查、卵拖网、采水样、建池塘、实验养殖等。朱树屏工作手记还记录了1952年5月31日,朱树屏与白雪娥、林庆礼、刘瑞玉、吴尚懃谈对虾研究进展的情况,包括分析室内养殖幼虾的死亡原因,雌虾的培育以及幼体培养等。这是笔者所能查到的有关中国对虾研究的最早记录。

在中国科学院海洋研究所的档案室里,笔者查到了一份"虾类养殖原理的研究"课题计划书。这份1952年开始执行的研究课题负责人是童第周研究员,课题组成员有娄康后助理研究员、吴尚懃助理研究员、刘瑞玉助理研究员和郝斌助理研究员。这个计划书和上面提到的朱树屏工作手记相互印证,显示中国对虾养殖研究的起始时间是1952年。

1.1 早期的对虾育苗研究

中国对虾人工育苗的研究始于1959年(王堉等,1961)。工作主要分为两个方面:一是室内对虾越冬、孵化和人工育苗技术的研究;二是室外土池对虾育苗技术的研究。据档案资料记载,在室外进行的土池育苗试验,1959年在天津北塘初获成功,1960年分别在日照试验场和青岛都培育出了一定数量的幼虾。室内人工育苗实验是1960年分别在日照和青岛获

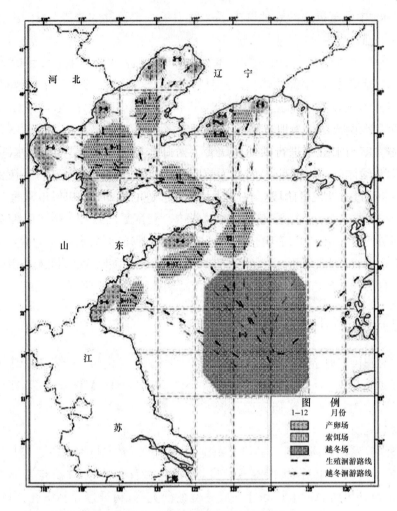

图2　中国对虾的生长与洄游

得成功的。现将有关情况分别简述如下。

1958—1959年在青岛进行的对虾室内人工越冬和育苗实验。1958年10月初,黄海水产研究所的科技人员在青岛竹岔岛海区用机轮拖网捕获一批对虾,用活水船运到青岛,放在海产博物馆的室内可以自动廻水的水族箱内蓄养,与中国科学院海洋研究所和山东省海水养殖试验场(山东省海水养殖研究所前身)协作,共同进行对虾越冬、产卵、孵化与幼体培育实验。观察发现所捕亲虾已经交配授精。蓄养用水是缓慢的流动海水,借室内的暖气设备提高水温,水温经常可保持在13~15℃。越冬期间,每日投喂虾肉或鱼肉,经常观察摄食及生殖腺发育情况。观察发现,在这一蓄养条件下,对虾生殖腺比外海对虾发育的快,肯定了适宜的高温对于对虾生殖腺发育有明显促进作用。经过4个多月的越冬试验,到1959年3月初,还有7只对虾成活。把存活的越冬虾放到长方形水族箱中蓄养,定时喷水和打气来补充气体以防止缺氧。其中有1只对虾在水族箱中产卵。幼体培育是在培养水槽和小水族箱内进行的,但在溞状幼体期死亡,幼体培育未获成功。实验取得了一些初步经验与教训,说明对虾能够在人工条件下越冬并能产卵孵化,产卵时间可以比外海对虾提前约1个月(水产部黄海水产研究所,1960)。

1959年在天津北塘进行的对虾产卵孵化及育苗实验。黄海水产研究所在天津塘沽区的北塘养虾场进行的中国对虾人工培育虾苗首获成功并养殖到成虾。据当年的实验总结记载,亲虾是用对虾拉网或被称为地撩网的一种定置网在渤海近岸水域捕捞的。育苗实验分为两部分:一是在室内水缸中进行的幼体培育。对虾产卵、孵化及早期发育变态都比较顺利,但在后期无节幼体(metanauplius)转变为前期溞状幼体(protozoea)后即开始死亡,连续几次培养实验均未渡过此期发育阶段。在当时大跃进形势的推动下,1959年国内有许多单位都开展了对虾育苗研究,但多偏重于室内的孵化和培养,所得结果都未超出前述室内培养的范围。但由此认识到,从无节幼体到溞状幼体是从自身营养到摄食外界营养的转换时期。在此期间环境条件不能满足要求,死亡率即会大增。饵料的种类和大小是决定幼体存活与否的主要因素之一。二是在室外土池采用亲虾池中产卵和投放虾卵的方法,培育出了虾苗。土池育苗实验在一专门设计的面积为 $5\ m \times 8\ m = 40\ m^2$ 的沙底土池中进行,土质为黄色的重粉质壤土。池壁皆夯实打平,池底铺6 cm厚的粗粒沙。进出水皆采用粗竹筒相通,进水筒外口及出水筒内口皆用一层金属网(网目直径1mm)和一层密眼夏布(布眼直径0.18~0.24 mm)包扎牢固,以保证将大型有害生物滤去和幼体培养的安全。土池水深1.0~1.2 m,水色呈黄绿色。检查看到有盐藻、扁藻、棍形硅藻、舟形硅藻及剑水蚤及镖水蚤等。水温变化在19~31℃。亲虾产卵(5月25日)后,由于水温较高,第9天即发现有糠虾幼体。第25天(6月18日)时,幼体大者体长已达2.5 cm,一般体长1.6~2.1 cm。在此期间,对产卵量、产卵次数、产卵时间以及主要的产卵条件,受精卵的孵化,胚胎发育以及幼体的形态变化进行了基本的观察,分析了主要环境因子特别是盐度、光照和温度与幼体发育的关系,认识到一些硅藻如骨条藻(*Skeletonema*)、菱形藻(*Nitzschia*)、舟形藻(*Navicula*)以及桡足类浮游动物等可以作为对虾幼体的饵料。虾苗培养40 d后,体长达到4.0~4.5 cm。到8月9日已过两个半月,一般体长为5.1~5.7 cm。在养殖后期,分别于8月上旬及中旬,向养殖池中施入少量无机肥料,用量按氮 1×10^{-6}、磷 0.1×10^{-6} 计算。还经常投喂一些蛤、小鱼、小虾等饵料。到9月10日出池,共培养3个半月,一般体长为6.8~8.5 cm,个别大的个体长到9.5 cm(水产部黄海水产研究所,1960)。这次试验,由于试验场的抽水机械长期发生故障,除第一次用的是盐田水库中储存的海水外,培育阶段长期未再进水,只靠增加淡水(井水)来调节盐度,所以孵化后得到的幼体数量不多,也未能按照预期要求把池中育苗的主要因素完全弄清,但获得了基本的经验。

1959—1960年的越冬试验。使用的对虾是12月6日、11日及21日分别在烟台外海及石岛海区捕获的。由陆路或水路用帆布桶运到青岛,放在专门建造的带有火道增温设备的水泥池中越冬。借池子周围的火道设备增加池壁及室内温度来保持水温。当年的越冬实验使用的对虾还包括1959年在池中养殖捕捞虾苗长成的养殖虾和在天津北塘育苗并养殖成功的繁殖虾,这些虾都是在9月中旬先后移入越冬池并分别蓄养管理的。1959年9月中旬至1960年1月下旬的越冬期间,每日的平均水温变化在13.0~18.7℃,pH为7.9~8.2,溶解氧为3.38~7.35 mg/L,海水密度1.021~1.024。在上述条件下越冬的养殖虾多次出现蜕皮,这些虾在9月中旬入池时个体很小,到翌年1月体长和体重的增长都很明显,大者体长15 cm,体重27 g。这一结果说明,对虾的生长期在其未长成之前并不受季节所限,而是受温度所左右。受环境条件的影响,交配后的中国对虾仍能蜕皮。蜕皮后受精囊中储存的精子绝大部分都随受精囊褪掉(原文如此)。蜕皮时间大多为夜晚。1959年10月的海上调查发现对虾已普遍交配授精,但到12月中旬所捕的雄虾仍带有精荚并满储精液,推测在12月仍有交配可能。养殖对虾个体较小,11月检查尚未交配,但精子已部分成熟。到12月中旬检查发现雌虾受精囊中有精虫,但数量不及海中捕捞者多。至于交配的时间,由于白昼从未发现交配发生,结合对虾交配须在雌虾刚蜕皮时进行,推测是在夜间交配。这些实验和观察结果对认识对虾的生殖习性具有重要意义(水产部黄海水产研究所,山东省海水养殖实验场,1960)。

1960年的对虾育苗试验。这一年是沿海各地猛攻中国对虾人工育苗技术的一年。除专业研究所外,许多高等院校都集中了相当力量进行这项研究。河北省是组织力量投入最多的一个省。在以前工作的基础上,黄海水产研究所与山东省海水养殖试验场合作,在位于日照石臼所的试验场里,采用室内外水泥池、室外土池及孵化箱育苗,均成功培育出虾苗。在人工控制条件下越冬的对虾在2月中旬即开始产卵,比自然海区的对虾产卵提前两个多月。一只亲虾的怀卵量在70万~90万粒,个体大者达100万粒以上。观察发现对虾大多在夜间产卵,以凌晨3:00—6:00产卵最多。可多次产卵,一般以第一次产出量最多。中国对虾在15~23℃范围内均可产卵,但适宜水温为17~20℃。中国对虾卵子孵化的水温范围为11~25℃,在此范围内,温度较高时孵化较快。实验表明,11~12.5℃时,孵化时间为80~90 h;14~15℃时,为58~62 h;16~18℃时为38~45 h;18~20℃时为24~36 h;22~25℃时为24 h。比较适宜的孵化水温为18~22℃。在室外水温15~23℃条件下,孵化所需时间为38~40 h。水温高于30℃,卵子一般不能孵化。卵子在盐度23.66~33.26范围内都可孵化,但高到41.06或低于16.47则不能正常孵化。试验还表明,水质是否良好是影响孵化率的首要因素。

刚孵化出来的无节幼体靠卵黄生活,但一旦变态为溞状幼体即需及时投饵。试验投喂包括摄氏小新月硅藻(*Nitzschia closterium forma minutissima*)、海水小球藻、扁藻等单细胞藻类。其中摄氏硅藻的投喂效果最好,小球藻则不易消化。饵料密度保持在每毫升30 000~40 000个摄氏硅藻为宜。当饵料密度仅有每毫升4 000~5 000个时,幼体发育缓慢;到只有400个时,幼体会因缺饵而死亡。中国对虾溞状幼体后期即能捕食活的小动物,此时除投喂摄氏硅藻外,还应投喂动物性饵料。到糠虾前期必须投喂动物性饵料,否则幼体不能生存。曾实验性投喂过的动物性饵料包括桡足类(Copepoda)剑水蚤和镖水蚤、卤虫(*Artimia salina*)无节幼体、轮虫、贻贝及牡蛎的担轮幼虫、双壳类的面盘幼虫和沙蚕的刚毛幼虫等。证明在糠虾前、中期,投喂剑水蚤及卤虫无节幼体最为适宜;到糠虾后期,投喂镖水蚤及卤虫后期无节幼体效果较好。实验表明,饵料和水质是影响幼体培育效果的主要因子。只要饵料和水质适宜,绝大多数糠虾幼体都可过渡到仔虾阶段。仔虾初期的饵料仍以大型水蚤和卤虫幼体为主,但后期已能捕食箭虫等大型浮游动物。

在进行室内小型实验的同时,为了尽快实现生产规模的育苗,在1959年工作的基础上,1960年继续进行室外土池育苗实验。主要方法:一是把室内大缸中培育的后期无节幼体或前期溞状幼体放入面积约1亩、底质为粗砂粒的室外土池中进行培育。海水经筛绢过滤放入池中,水深变化在80~120 cm。透明度95 cm,水色淡绿,水温19~25℃,盐度32.00~34.50,pH 8.1~8.5。投苗后第7天施入硫酸铵2 000 g,过磷酸钙1 500 g,以增加育苗池中饵料生物的繁殖和生长。PO_4-P在施肥前后由0.024 mg/L增至0.066 mg/L,NH_4-N在施肥前后由0.008 mg/L增至0.358 mg/L。检查发现,池水中的浮游生物有剑水蚤及其无节幼体、箭虫、角毛藻、舟形硅藻、弯井硅藻、海发硅藻和根管硅藻,以及大量的淡黄色有机黏团。幼体放入后第4天即达溞状幼体后期,第10天达糠虾中期,第12天出现仔虾。从水缸中孵化算起,共历时19 d。培养顺利时,无节幼体期的成活率一般可达95%以上,溞状幼体期的成活率可达70%~80%,进入糠虾期后的成活率比较低一些,但从糠虾变为仔虾的成活率为80%~90%。第二种土池育苗的方法是在池中放养亲虾,在池中产卵并进行人工培苗。在水温19~25℃条件下,从产卵孵化到成为仔虾前后共约15 d时间。观察到室外池中的幼体发育较快,认为除水温影响之外,水体大、饵料繁多是土池育苗的培养优点(水产部黄海水产研究所,1961)。同年,吴尚勤等的中国对虾人工育苗实验也获得成功(中科院海洋所通信员,1960)。

育苗试验使用的亲虾,除1959年天津北塘的实验是捕自渤海海区之外,其余主要捕自黄海海区。多是已经在海中交配的雌虾,有一部分是人工育苗养成的对虾。从获得亲虾的时间看,基本可分为南下越冬前或已进入越冬洄游的"秋虾"及春季北上产卵的"春虾"。对虾产卵是在室内的水族箱中、露天大棚内的水缸中以及水池中放置的产卵孵化网箱中进行。室内水族箱可人为控制温度,其他则是自然水温。实验水体从20 cm×20 cm×20 cm的方形玻璃缸、生活中使用的大水缸到面积为1~3亩的土池。1959年和1960年人工培育的虾苗都养殖到成虾,养出的成虾最大者全长18.8 cm,体长14.7 cm,体重36.4 g。这些对虾在室外土池或室内越冬池中交配,性腺发育很好,均用于室内人工增温越冬。

对于这两年的试验研究结果,黄海水产研究所在1961年4月油印的《对虾人工育苗试验》中有长达数万字的详细总结。这是笔者查阅到的早期最系统的对虾育苗研究报告。在这两年的试验中,黄海水产研究所的科研人员还比较系统地研究了对虾的生殖习性、性腺发育规律、胚胎发育、幼体发育形态以及同环境条件的关系,基本摸清了对虾育苗中的主要条件,并确定了较为适宜的幼体饵料。在此基础上取得了"对虾发育条件及其苗种的人工培育"研究成果,列入国家科委1964年第10期《科学技术研究成果公报》。

1.2 早期的对虾养殖试验

1958年政府提出"以养为主"的发展水产事业的方针,群众性近海养殖、特别是利用港湾滩地围池养殖活动迅速发展。养殖的虾苗一是随潮水纳入;二是人工捕捞的野生虾苗(黄海水产研究所海产动物养殖研究室,1959)。1959年的对虾养殖试验,在山东青岛,黄海水产研究所是与中国科学院海洋研究所、山东省海水养殖试验场以及青岛市水产局等单位协作进行的;在河北黄骅的养殖实验,黄海所是与岐口人民公社合作进行的。此外,在山东日照涛雒进行的养殖试验,是由山东省科委及山东科学分院组织领导有关单位共同进行的。

养殖实验发现,在8月中旬以前,对虾的体长增长比体重增长快。8月中旬以后体重增加迅猛,而体长的增长则慢下来。在岐口人民公社张巨河养殖场的实验对虾,在8月中旬至9月中旬体重增加了3倍,说明8月以后是养殖对虾增重的重要时期。发现对虾是杂食性动物,特别是在养成阶段,死活动植物都吃。养殖中投喂的食物包括小蚬(天津厚蚬及小梭子蚬)、小鱼(棘头、狼虾虎鱼等)、虾类(对虾、白虾及毛虾)和小型贝类(海沙子等)等动物性饵料,还投喂过海蓬菜及灰菜等植物性饵料。对虾还吃海草和蛆等,对豆饼亦喜吃,但以动物性饵料较好,尤以虾、蚬肉为对虾所喜好。在投喂时,需将饵料切成碎块,以便于对虾撕咬吞食,植物性饵料需选择鲜嫩的叶部。投喂时采用可移动的饵料台,放置在池边水下,可及时清理剩饵或残渣。植物性饵料亦可散撒在池中。投喂时间根据对虾活动习性,以早晚喂食为好,特别是傍晚对虾觅食最活跃。大面积港养对虾全靠水中的天然饵料。曾在水中施肥,但效果并不是很显著。在张巨河的养殖试验,发现稻田的灌溉沟和稻田深坑的水色较其他地方绿而肥,对虾生长较大,用旧池养的对虾比用新池养的要大,都说明天然饵料对于对虾生长非常重要。

在岐口冯家堡盐田水库(盐汪子)中养殖的对虾生长良好,在半咸水和盐度很低的水池中生长亦好,说明对虾对盐度的适应范围很大。曾将养殖的对虾从密度1.004的水中移到密度为0.998的南大港水库闸口处,对虾仍能生活。另有试验将对虾通过逐渐淡水驯化到盐度约1的水中,仍可存活。为了证实对虾是否可在内陆的淡水中成活,曾将已经淡化(水密度1.000)的对虾运到北京放入淡水,发现未能存活;但将这批对虾直接放入海水(密度1.021),则很活跃,生活很好。这些试验说明中国对虾对盐度的要求是有一定极限的。养殖中发现,当养殖池中溶氧量少时,对虾也有"浮头"现象。曾试验用风车搅动池水以增加溶氧和淋水充氧等办法,取得了一定效果(黄海水产研究所,1959)。当年各地进行的养殖试验产量都不高,成活率很低,主要是蜕皮时大量死亡。产量不高是受成活率所限(水产部黄海水产研究所,1960,1961)。

根据黄海水产研究所1960年2月的对虾研究工作总结,人们对开展中国对虾养殖已经充满信心。即可进行大面积粗养,亦可进行专池精养。肯定了对虾人工养殖和繁殖这两个主要研究方向,提出对虾的人工养殖事业是可以大力发展的。在人工控制下的对虾越冬已获成功,证明在13~15℃的水温条件下,产卵时间可比外海对虾提前1个月左右。认识到越冬对虾有死亡不是对虾本身的必然规律,而是由于受伤、蜕皮、条件不适或互相噬害的结果。

3 对虾幼体发育的研究

中国对虾的幼体属于间接发育类型。刚孵出的无节幼体靠卵黄生活,变态为溞状幼体后即需摄食。不同发育阶段的幼体对饵料的需求各不相同。正确认识幼体各发育阶段的形态特征,对于人工育苗的成功具有至关重要的意义。在收集的早期文献中,对中国对虾幼体不同发育阶段的描述多有提及,但并不系统。1959年,刘瑞玉等报道了"对虾生活史的初步研究"(刘瑞玉等,1959),首次描述了中国对虾幼体发育和幼体各阶段的形态特征。这是笔者所能收集到的最早正式发表的关于中国对虾幼体发育的文献资料。1965年,赵法箴完成了中国对虾幼体发育的系统研究(赵法箴,1965)。在连续多年试验观察的基础上,系统描述了从初孵无节幼体、溞状幼体、糠虾幼体到仔虾各期幼体的形态变化及主要鉴别特征,特别是手绘的各期幼体形态图,为后人准确识别和辨认中国对虾幼体的分期提供了理论指导,也为人工培育虾苗提供了科学指导。

4 对虾工厂化育苗技术的突破

20世纪60年代,我国学者刘瑞玉、吴尚懃、王堉、赵法箴、王克行等在试验性中国对虾育苗研究方面都获得成功。在此期间,普遍采用日本橘高二郎(Kittaka Jero)的"生态系育苗法",即在育苗池内施肥繁殖单胞藻作为对虾幼体的饵料,在溞状幼体期之前不换水。但日本的情况和中国并不完全一样。这种方法常造成无节幼体发育到溞状幼体期大量死亡,导致育苗失败。到1976年,在水泥池、土池、孵化箱育苗都取得了可以在生产上推广应用的科研成果。但是,在1980年以前始终未能突破工厂化大规模育苗的技术难关。1980年2月,国家水产总局下达"对虾工厂化育苗技术的研究"攻关课题,组织国家水产总局黄海水产研究所、中国科学院海洋研究所、山东海洋学院、山东省海水养殖研究所和浙江省海洋水产研究所联合攻关,要求3~5年实现对虾苗种工厂化生产。经过赵法箴、曹登宫、王克行、陈宗尧、朱振青等一大批科技人员的共同努力,于1981年取得突破性进展。在总计13 465 m³的育苗水体中,平均每立方水体育出仔虾3.73万尾,高的达20多万尾。他们通过人工控制温度、水质、饵料等主要因子,确立了适合我国实际情况的对虾工厂化育苗方法,标志着我国的对虾育苗技术进入了世界先进行列(丛子明等,1993)。该项成果获得1985年国家科学技术进步奖一等奖。1982年以后,又先后突破了长毛对虾(*Fenneropenaeus penicillatus*)、墨吉对虾(*Fenneropenaeus merguiensis*)、日本对虾(*Marsupenaeus japonicus*)、斑节对虾(*Penaeus monodon*)和刀额新对虾(*Metapenaeus ensis*)等的工厂化育苗关键技术,使我国对虾的育苗技术很快进入世界先进行列。

在人类发展的历史上,不乏由于某个偶然发现而导致科学进步或技术突破的例子。在探索中国对虾工厂化人工育苗技术的过程中,也出现过类似情况。1980年,正在江苏省赣榆县水产养殖公司进行对虾育苗实验的张乃禹发现,该公司的7个育苗池,其中一个由于建造质量不佳漏水。为了保持水位,每天必须补充新鲜海水25%左右。然而,正是这个育苗池中的对虾幼体发育正常,可以顺利地从溞状幼体转变为糠虾幼体。检查发现,经常需要补充新鲜海水的育苗池水的pH值为8.60~8.64,而其他没有换水的育苗池水的pH值在8.80以上。进一步的分析使他认识到,往年对虾育苗失败的原因很可能是育苗池水pH值超过了幼体变态的适宜范围(pH 值 7.8~8.6)所致。随后,他马上对其他育苗池进行换水,结果培育的对虾幼体都相继转危为安。在此基础上,他对相关的一系列问题进行了分析研究,改进了育苗技术,成功培育出 2 426 万尾虾苗,创造了当年最好成绩。1981 年,张乃禹通过增加换水和利用碳酸氢钠(NaHCO$_3$)调节来降低育苗池水的 pH 值,突破了对虾工厂化育苗的技术"瓶颈",他负责的赣榆县对虾育苗总量(28 766 万尾)和单位水体出苗量(4.15 万尾/m^3)均居全国同行业首位。

1981 年,在上述研究工作的基础上,当时的农牧渔业部水产局组织黄海水产研究所、中国科学院海洋研究所、山东海洋学院和山东省海水养殖研究所等单位的专家编写制定了《对虾工厂化育苗操作规程》(试行本),对育苗设施、亲虾、虾苗培育、虾苗运输、工厂化育苗工艺流程等工艺技术做了明确具体的描述,附录部分介绍了饵料生物培养和制备、主要育苗水质参数以及对虾幼体疾病防治方法等。此后的育苗实践证明《规程》(试行本)提出的关键技术是可行的。1983 年 9 月,在广泛征求科技人员和产业部门意见的基础上,正式制定出《对虾工厂化育苗操作规程》。这个《规程》后来又经过多次修改和完善,成为指导对虾育苗的最重要的技术手册,对于指导全国对虾工厂化育苗生产、提高育苗技术水平,推动和促进全国对虾育苗产业大发展,起到了重要作用。

5 主要养殖模式和养殖技术

从 20 世纪 50 年代捕捞野生虾苗进行养殖开始,人们就高度重视养殖技术和养殖模式的研究与开发,力求提高产量、节约成本、增加效益,但那时主要是粗放式的养殖模式。黄海水产研究所从 1958 年开始探索精养对虾,1963 年养殖试验亩产对虾 115.7 斤*。1972 年在山东即墨丰城的东北里养虾场取得 1 亩**土池收获 303 斤对虾的好收成,1973 年的试验亩产达到 821.8 斤,1974 年更达到 837.3 斤。1978 年,黄海水产研究所与山东文登小观公社养虾场合作,在 4 个面积各为 2 亩的土池中,取得平均亩产 979 斤的新纪录。其中两个池塘亩产过千斤,最高亩产 1 102 斤,收获对虾的平均体长达到 12 cm(国家水产总局黄海水产研究所,1980),达到当时创纪录的高产水平。

5.1 主要养殖模式

中国对虾大规模养殖兴起于 20 世纪 80 年代中期,到 90 年代初已形成比较系统的养殖技术体系。笔者曾对当时中国对虾养殖发展情况及养殖技术做过比较系统的报道(Wang et al., 1995)。随着产业发展和技术的进步,养殖模式也不断改进和创新。

粗放式养殖(extensive culture)。20 世纪产业发展早期阶段采用的养殖模式。利用海湾围成数百亩或更大的池塘,依靠潮差纳水和排水,华南地区称为"鱼圹",北方地区则称之为"港养"。养殖过程中不清池,不除害,不施肥,不投饵。其特点是广种薄收,养殖成本低,但

---

* 斤为非法定计量单位,1 斤 = 0.5 kg。
** 亩为非法定计量单位,1 亩 = 1/15 hm^2。

产量低，效益差。

半精养池塘养殖(semi-intensive culture)是20世纪80—90年代广泛采用的养殖模式。一般利用海湾滩涂建池或围池，虾池分设进水口和排水口。一般有机械提水和增氧设备，虾池面积30~50亩，通常亩产量100~200 kg。在80年代中后期中国对虾养殖大发展的时候，在沿海各地经常会看到数千亩乃至数万亩连片开发的中国对虾养殖池，数十个甚至数百个养殖池连成一片，有共用的扬水站和进排水渠道，通常采用半精养模式。这种养殖模式的特点是：放养对虾密度较低，成本也较低，养殖过程中饲料投入相对较少。但养殖虾池往往不易晒干或清塘，经多年连续使用，池内的病原生物难已清除，池塘老化严重。加上大面积滩涂开发养殖，各池塘进排水之间相互影响，一旦发病，极易引起暴发性流行。

高位池养殖(high-land culture)通常是建在高潮线以上的陆地上，以动力提水方式引海水进入虾池进行养殖，并结合本地区环境进行改进的一种养殖模式。与传统的对虾养殖池相比，其池塘结构、进排水系统都有很大改进。用抽水机把海水提到蓄水池中经过砂滤或过滤网后注入虾池。排水口通常位于池塘中央，养殖池水在不需动力条件下即可排干，有利于清淤、消毒和晒池，有效解决了传统虾池排水不彻底的问题。有充足的增氧设施，使用微生态制剂等控制水环境。虾池面积一般5~10亩，亩产量1 000~2 000 kg。这种养殖模式的特点是：提水可以不受潮水的限制，水质比较容易控制，能有效地减少病害发生，提高养殖对虾的养成率。但投资较高，风险较大，由于养殖密度大、饵料投入多，对周围环境污染较为严重。

温棚养殖(green-house culture)。这是一种可改变对虾传统养殖周期和上市季节、通过大棚保温技术控制养殖水温变动的养殖模式。温棚养殖模式由养殖池、日光温室大棚和压缩充气管道三大部分组成。在环渤海周边的中国对虾养殖区，温棚结合小型锅炉加热，养虾户通常会取得较好的经济效益。虾池面积一般1~2亩，亩产量1 500~3 000 kg。该模式的特点是：养殖集约化程度高，人工控制能力强，可以实行工厂化管理。利用大棚的保温效应可人为提前或推后养殖生产，从而避开对虾病害频发的高峰期，可有效提高对虾养殖成功率，且错峰上市的产品商品价值高，经济效益显著。但该养殖模式投资较大，技术要求高，对经营者的管理素质要求较高。

多营养层次综合养殖(multi-trophic integrated culture)。利用生态平衡、物种互利共生和对物种多层次利用等原理，将互相有利的虾、蟹、鱼、贝、藻等养殖生物中的两种或多种养殖种类按一定营养关系整合在同一对虾池中进行养殖。无需通过大量换水等措施就可使虾池生态系统保持相对稳定，可以实行半封闭或全封闭式养殖，从而有效阻断虾池与外界环境的水体交换。在北方地区，采用这种养殖模式的虾池面积一般10~20亩。该养殖模式的特点是：在不扩大养殖面积的基础上增加了虾池的养殖总产量，提高了综合经济效益。同时能改善虾池的水环境，有效控制对虾病害的暴发性流行，提高养殖成功率，已经成为一些地区的主要养殖模式。

工厂化养殖模式(industrialized culture)。对虾工厂化养殖是设施渔业在对虾养殖中的应用。根据对虾健康生长需要建造高标准养殖虾池，利用过滤海水养殖对虾，采取专用设备完成充气、增氧、保温、排污等工作。通过一系列措施来控制各项水质因子,保持水质稳定,实施健康养殖。主要由对虾养殖池系统、旋转微筛、泡沫分离器、沉淀池、生物过滤池、具有臭氧消毒器的沉淀池等组成。凡纳滨对虾是目前工厂化养殖对虾的首选品种。养殖池面积一般 50～200 m², 产量 5 kg/m² 以上。中国对虾的工厂化养殖实验也取得 2.65 kg/m² 的较好成绩。这种养殖模式的特点是:设备先进,养殖过程中人为控制能力较强,产量高,收益一般相对稳定;但投资大,技术要求高。

5.2 微生物制剂及其在中国对虾养殖中的应用

微生物在池塘养殖中的重要性。中国对虾养殖池塘中存在着数量庞大、种类繁多的微生物。在目前技术条件下,中国对虾体内的可培养细菌总数在 10^5～10^8 cfu/g, 对虾养殖水体的可培养细菌总数通常在 10^6～10^8 cfu/mL 之间。弧菌属(*Vibrio*)、假交替单胞菌属(*Pseudoalteromonas*)、发光杆菌属(*Photobacterium*)、芽孢杆菌属(*Bacillus*)、盐单胞菌属(*Halomonas*)、海杆菌属(*Marinobacter*)等是养殖对虾内外环境的主要优势菌属。在庞大的微生物类群中能够引发对虾疾病的仅占很小部分,大部分的微生物都是对中国对虾有益的,甚至是必需的或至少是无害的。微生态学的研究成果表明:池塘中的微生物不仅是对虾食物链/网的重要组成环节,参与养殖系统内的物质循环和能量流动,而且在维持生态平衡及优化环境质量方面担当着重要角色。人为补充外源有益微生物可定向改善养殖对虾内外环境优势菌群的组成和数量,形成并维持良好的环境微生物平衡,而良好的微生物生态环境是中国对虾养殖成功的基础。

有益微生物的菌种来源与筛选。有益微生物是指可以改善与动物相关或其养殖水环境、增强动物对疾病的反应或改善其水质环境、增加饲料利用率或提高其营养价值而有益于动物的一类活的微生物。对虾养殖用有益微生物应首选养殖水体中的优势微生物和对虾肠道中的土著微生物。由于它们更适应养殖环境,因而具有良好的生长、繁殖能力,易于成为对虾消化道或养殖水体中稳定、长期的优势微生物。

筛选中国对虾有益微生物通常遵循以下原则:①效果突出,具有调节微生物群落结构、拮抗病原微生物、促生长等生物学功能;②使用安全,无副作用,对养殖对虾不存在潜在的病原性,对养殖环境无不利影响;③性状稳定,生物学活性和遗传学特性稳定,在使用和贮存期间可保持稳定的存活状态;④易于产业化生产和应用。发酵工艺、生产条件、使用方法等经济可行。

对虾微生物制剂的作用。多年来的实践证明,微生物制剂在中国对虾养殖中的作用主要有:①保持消化道微生态平衡。中国对虾的消化道菌群结构组成是在长期进化过程中形成的,与对虾保持相对平衡稳定的状态,对对虾的生长发育和抵抗疾病具有十分重要的意义。实践证明,补充有益微生物可以改善中国对虾消化道优势菌群的组成和数量,形成并维持良好的消化道微生态平衡。②拮抗作用。肠道内优势菌株可以黏附定植在对虾消化道内壁黏膜和细胞之间生长、繁殖、代谢,构成消化道内壁生物屏障,而微生物的代谢产物,如乳酸、多肽、蛋白质、抗生素和其他活性物质等共同组成对虾消化道的化学屏障。补充微生物制剂可以构建或增强对虾的生物屏障和化学屏障,通过营养竞争、空间竞争或分泌细菌素等抵御病原微生物在对虾消化道的黏附和增殖。③营养作用。对虾消化道内有益微生物可以分泌多种消化酶类物质,并在代谢过程中生成必需氨基酸、维生素和微量元素等有益物质,有利于对虾的消化吸收和营养平衡。外源补充的微生物进入对虾消化道内,可以产生各种消化酶,促进营养物质的消化、吸收、利用,促进对虾生长,增强对虾抗应激反应能力,提高饲料利用率。④增强机体免疫力。有益微生物具有良好免疫原性,可以产生非特异性免疫调节因子等激发机体免疫应答反应,增强机体免疫力。补充外源有益微生物可以提高对虾溶菌酶、过氧化氢酶、酚氧化酶、磷酸酶、超氧化物歧化酶等相关免疫酶活性,增强对虾非特异免疫功能。⑤改善水质。池塘不仅是养殖对虾的生长场所,还是浮游植物、浮游和底栖动物和微生物的栖息地及营养素循环/再循环中心。有益微生物能有效地将水中的有机质转化为无机物,降解池水及底泥中的氨氮、硫化氢、有机酸等有害物质的积累,调节水质使养殖环境物质循环畅通,从而改善对虾生长环境。

微生物制剂在中国对虾池塘养殖中的应用。目前中国对虾养殖生产中使用的微生物制剂主要包括防病用微生物制剂、饲料添加用微生物制剂,水质改良用微生物制剂,池底修复用微生物制剂等。应用到中国对虾池塘养殖中的有益微生物种类包括光合细菌、芽孢杆菌、硝化细菌、弧菌、乳酸杆菌、假单胞菌、酵母菌、放线菌、噬菌蛭弧菌等。微生物制剂在中国对虾池塘养殖中的应用虽然已有近20年的历史,但相比于更加高密度集约化养殖的凡纳滨对虾,其产品种类、数量,应用范围和技术还都有待于进一步提高。

5.3 生物絮团养虾技术

近年来,生物絮团(biofloc technology)对虾养殖技术为人们广泛关注。有关研究表明,在对虾养殖生产中生物絮团的作用主要表现在如下几个方面:①增加养殖的生物安全性。生物絮团不但具有对虾生长需要的营养成分,而且还具有抗菌物质。生物絮团含有的细菌和藻类具有某些拮抗分子,可以破坏病原致病的敏感性。②改善水质,提高控制无机氮的有效性和可靠性。③提供饵料源。饵料经食物链转换,可反复被利用,可提高饲料蛋白质利用率。④减少饲料维生素的使用量。生物絮团是蛋白质、必需氨基酸的来源,也是n-3必需脂肪酸、矿物质、痕量元素以及B族维生素的来源。生物絮团对对虾的消化酶起积极影响,也对对虾肠道的定居菌团起正面影响。⑤降低水环境污染等。

2009年,生物絮团技术开始应用于中国对虾的养殖。前期的研究主要集中在生物絮团的调控技术、絮团中细菌群落的组成分析及鉴定、产絮团菌的安全性评价等;筛选了适宜的碳源种类,确定了碳源添加量;对絮团的生化组成成分进行了分析与营养免疫效果评价;分析了生物絮团对对虾养殖中氨氮亚硝氮等有害物质的变化趋势。黄海水产研究所的研究人员在山东潍坊某对虾养殖场,应用大型实验养殖池($2\ hm^2$/池)、小型试验养殖池($0.3\ hm^2$/池)及多个水体为$1.0\ m^3$的水族试验池,分别开展生物絮团对虾养殖试验。在大型养殖池中,放养中国对虾,按照饲料的70%添加蔗糖,通过微孔增氧盘增氧。经过4个月的养殖,养殖中国对虾平均体长达到14.63 cm,平均体重35.14 g,平均亩产126 kg。需要指出的是,该实验实施之前对虾体长4~5 cm时,养殖的中国对虾暴发白斑综合征,导致大部分对虾死亡,实施生物絮团养殖技术保障了剩余对虾的健康生长。利用水族实验池分别开展了葡萄糖、蔗糖、可溶性淀粉、玉米粉等不同碳源及不同添加量的实验。结果表明,采用生物絮团技术养殖中国对虾,可以提高对虾的成活率;对携带病毒的对虾进行白斑病毒实时定量PCR检测,发现采用生物絮团技术养殖的对虾体内的病毒携带量较对照组低(黄倢等,未发表资料)。2010年黄倢的研究团队在辽宁省中国对虾养殖区进行生物絮团养殖中国对虾的技术推广,取得了良好的经济效益和社会效益。

近年来,黄倢团队还分别应用生物絮团技术进行了室内工厂化日本对虾养殖和凡纳滨对虾养殖技术研究。在青岛郊区一个养虾场,养殖池底经过特殊的排污设计并在池底铺设沙层,放苗密度200尾/m^2,养殖106 d,养殖产量1.29 kg/m^2。对养殖水体中的微生物组成分析发现,在采用生物絮团养殖的水体中,未有弧菌检出。使用红糖及有益菌培养生物絮团,比较了不同养殖密度条件下凡纳滨对虾的存活率、特定生长率及产量及养殖效益,提出了生物絮团养殖凡纳滨对虾理想的养殖密度为400尾/m^2。在封闭的对虾养殖系统中研究了生物絮团的形成条件,发现按照投喂量的77%添加蔗糖时,在4 d后即可形成状态稳定的生物絮团。对生物絮团中的细菌进行了分离,发现絮团中存在食物盐单胞菌(*Halomonas alimentaria*)与胜利盐单胞菌(*H. Shengliensis*)等脱氮细菌。分离了养殖环境中产高絮凝活力絮凝剂的芽孢杆菌菌株(*Bacilus sp.*),并对所产絮凝剂的生化组成进行了分析,发现絮凝剂中的主要成分为多糖。将生物絮团添加到饲料中投喂对虾,发现添加生物絮团的实验组对虾非特异免疫力及抗细菌感染能力得到提高。

目前,生物絮团技术已经被成功用于中国对虾的养殖生产。与生物絮团对虾养殖技术配套的养殖系统趋于完善,一些养殖企业建立了具有生物絮团分离装置的环道式生物絮团对虾养殖系统及圆形中间排污型生物絮团养殖系统,目前应用生物絮团养殖对虾的最高产量可达6 kg/m^2。未来的研究重点之一是生物絮团的再利用技术。由于养殖后期的对虾养殖池中所产生的大量具有较高饵料利用价值的絮团物不能被利用,因此开发絮团的再利用技术已成为生物絮团对虾养殖的重要研发内容之一。

6 中国对虾的新品种选育

1985年,黄海水产研究所杨丛海研究员组建了"对虾遗传育种"课题组,以位于青岛市太平角一路的实验场为基地,专事中国对虾遗传育种的研究工作。1986年,作为国家"七五"科技攻关计划"畜禽水产开发"项目中的专题之一,"对虾良种选育技术"立题启动。这是中国对虾育种研究正式列入国家科技计划的第一个项目。由于此前缺少必要的工作基础,当时的研究首先聚焦在育种的有关技术及基础性工作方面。经过5年的攻关,该课题研究建立了对虾精荚人工移植技术,解决了人工控制对虾交配或授精的技术和方法,也为生产实践中解决人工越冬对虾交配率低的问题提供了手段;完成了中国对虾精荚在常温和低温条件下的保存技术研究,在超低温条件下保存对虾精子的研究也取得了有意义的进展;证实中国对虾的染色体是2n=88条,并进行了核型分析和G显带的研究;在受精和发育生物学方面的研究也取得了理想结果。

20世纪90年代中期,在全国对虾养殖遭遇白斑综合征病毒(White Spot Syndrome Virus, WSSV)严重侵袭的大背景下,选育生长快、抗病能力强的中国对虾养殖新品种已成为十分紧迫的任务,被视为可望解决对虾养殖病害的有效途径之一。这项工作在黄海水产研究所王清印主持下全面展开。整个育种计划分为两个部分,由两个小组分别进行。第一小组由黄海水产研究所李健负责,以生长快为主要选育目标性状;第二小组由黄海水产研究所孔杰负责,以增强抗病能力为主要选育目标性状。1996年在位于青岛小麦岛的实验基地进行了必要的预备实验。

6.1 "黄海1号"新品种选育

1997年春季正式启动生长快中国对虾新品种的选育研究。主要工作在日照市水产研究所位于石臼所的实验基地进行,选育材料是当年4月初从黄海捕捞的野生中国对虾。选择健壮的大个体亲虾作为育种的基础群体,采用群体选育和家系选育相结合的技术路线,好中选好,优中选优。经过连续7代的选育,到2003年,选育群体的综合性状有了显著提高。现场随机取样验收的结果表明,与未经选育的对照群体相比,选育群体的平均生物学体长(从眼柄基部到尾尖的长度)提高了8.40%,平均体重增长了26.86%。在日照、胶南、即墨等多地实验养殖,增产幅度都在15%以上,养殖成功率在90%以上。

在选育过程中,每个选育世代都分冬、春季进行两次选择。每年10月,从养殖的数十万尾选育对虾群体中挑选个体大、活力强、无外伤、无病征的雌雄对虾,在实验池中自然交尾;再从中选择5 000尾左右留作种虾,在室内水泥池中人工越冬。到翌年3月,再从中挑选500~1 000尾作为产卵亲虾,用于繁殖下一代。总体选育强度控制在1%~3%。冬季初选的亲虾全部测量体长并记录,用于统计每代的选育结果。应用黄海水产研究所黄倢等研制的对虾WSSV核酸探针点杂交检测试剂盒对产卵亲虾进行白斑综合征病毒检测。WSSV检测呈阴性的个体用于苗种培育,检测显示阳性的即行销毁,确保选育群体的无特定病原(Specific Pathogen Free,SPF)状态。各选育世代的生长表现如表1所示。

表1 中国对虾选育群体的生长表现

选育世代	取样验收日期(年-月-日)	平均体长/cm	体长范围/cm
第二代	1998-10-3	12.13	9.3-14.2
第三代	1999-10-5	13.29	9.7-15.5
第四代	2000-9-30	13.59	11.0-16.4
第五代	2001-10-3	15.10	12.9-18.3

"黄海1号"是成功选育的第一个中国对虾养殖新品种,也是我国海水养殖动物的第一个人工选育新品种。整个选育过程历时7年。期间,建立了一套适用于高产卵量的水产动物的选择育种技术,采用生理、生化分析以及RAPD、SSR、AFLP等多种分子生物学技术跟踪

选育群体的遗传变异,分析选育过程对群体遗传结构的影响,科学评估选择育种对每代选育群体的效应,及时制定相应的技术措施,保证了育种工作的顺利实施。2003年"黄海1号"通过国家水产原种和良种审定委员会的审定,获水产新品种证书(品种登记号 GS01001-2003)。2006年被农业部推荐为水产养殖主推新品种。研究成果"中国对虾'黄海1号'新品种及其健康养殖技术体系2007年获国家技术发明奖二等奖。

在选育工作进程中,应用多种分子标记技术分析了中国对虾自然种群的遗传结构。发现中国对虾自然种群遗传多样性水平低,分布于黄海北部的海洋岛群体遗传分化明显,朝鲜半岛南海岸群体是一个生殖隔离的独立群体。据此将中国对虾自然种群划分为黄渤海沿岸、海洋岛、朝鲜半岛西海岸和南海岸等4个群体。该研究结果为中国对虾新品种选育和大规模人工增殖放流管理提供了理论依据。

针对中国对虾秋末交配、翌年春季产卵的生殖特性,研究了中国对虾精子和卵子的发生、交尾、产卵、受精和胚胎发育全过程及其调控机理,掌握了生殖操控的关键因素,确定了诱导精子激活反应的生物及理化因子,丰富了中国对虾的受精生物学理论。据此设计并发明了精荚的电激释放和人工移植装置,突破了配种、制种的技术"瓶颈",建立起中国对虾人工授精技术,实现了定向交配的全人工生殖操控,人工授精成功率可达80%以上。

针对中国对虾具有的生殖力高、后代数量大、人工养殖条件下容易发生近亲交配等生物学特性,提出了以"大群体、多群组、高强度"为核心的选育方案。创建了群组育种模式,采用分组培养、选种以及组间配种等措施,有效控制了选育群体内的近亲交配。连续七代的中国对虾育种实践证明,对10万尾以上的选育群体实施1%~3%的高强度选择,可有效控制近交系数每代小于1%。"黄海1号"新品种的选育成功引领了中国对虾养殖良种化进程,建立的技术体系已成为当前中国对虾和多种水产动物选择育种的基本策略。

在"黄海1号"选育期间发生的老一辈科学家高度关注选育工作进程的故事值得在此一提。2002年,选育已进行到第6代。与此同时,在山东的日照、胶南、即墨等地进行的小规模对比养殖实验也取得了良好结果,这引起了同行们的广泛关注。按照惯例,当年的现场验收安排在10月初进行,这主要是考虑到此时的对虾已经养成,在山东地区正是养殖对虾收获的季节。正在筹备验收的过程中,我接到了中国科学院海洋研究所刘瑞玉先生的电话。他询问我有关对虾育种的进展情况,提出要参加新品种养殖的现场验收。对此我真的有些喜出望外。刘先生是中国科学院院士,我国甲壳动物研究的前辈,是德高望重的老科学家,他能参加我们的现场验收,无疑是对我们工作的大力支持。以前之所以没有邀请他参加,主要是考虑到他老人家已年届80高龄,去日照和胶南等地的虾池边上现场验收,怕他体力不支。时任黄海水产研究所所长的唐启升院士放下繁忙的公务也参加了验收活动。这两位院士和连续多年指导我们开展选育工作的赵法箴院士、中国海洋大学王克行教授等,根据课题组提供的养殖实验布局图,亲自确定打网取样的池塘,亲自动手测量对虾的体长、体重等生物学参数,现场验收了选育群体和对照群体的生长和存活情况,亲眼见证了选育新品种的生长优势。这是中国对虾"黄海1号"选育过程中发生的一件小事,但足以显示当时对虾科研及产业界对选育工作的关注和重视程度(图3和图4)。

图 3　院士、专家现场验收"黄海 1 号"
（前排左 2 为赵法箴院士，右 2 为王克行教授，右 1 为刘瑞玉院士）

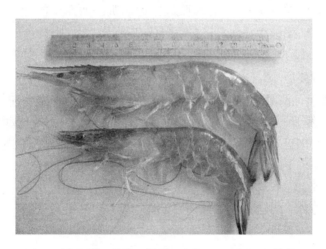

图 4　中国对虾"黄海 1 号"新品种（上，雌虾；下，雄虾）

6.2 "黄海 2 号"选育和多性状复合育种技术的建立与应用

中国对虾抗病良种的选育于 1998 年 4 月开始实施。以养殖群体（主要是发病养殖池中存活下来的对虾）和从山东威海外海捕获的野生中国对虾为基础群体，在经历了群体选育（1998—2000 年）和家系选育（2001—2004 年）阶段后，培育出具有明显抗 WSSV 性能的中国对虾新品系"即抗 98"。该新品系在多数实验池中表现不发病、病情晚、病情轻，养殖成功的池塘达到 90%以上。2003 年 8 月，江苏大丰万亩养虾场暴发白斑综合征流行病，几乎所有的养虾池全部发病，但选育的中国对虾生长正常。当年在山东文登的高岛盐场的养殖实验也获得成功，到 10 月，千亩连片养殖的选育中国对虾无病害发生，对虾存活率达到 60%以上，而周围非选育的养殖对虾几乎全部于 7—8 月染病死亡。利用选育的中国对虾，WSSV 流行病首次在大面积养殖池中得到控制。

为了选育生长快且抗病能力强的中国对虾新品种,对生长速度、养殖存活率及抗病力等目标性状进行复合选育。经 11 代连续育种,到 2008 年培育出生长速度快、成活率高及抗病力强的中国对虾"黄海 2 号"新品种(品种登记号:GS01 - 002 - 2008)。该新品种在性状测试和养殖实验中均表现出显著的生长优势和抗病能力,养殖生产的收获体重比未经选育的对照群体提高了 20% 以上,对白斑综合征病毒的抗病力提高 15.8%,表现为不发病或染病后死亡慢等特点。

多性状复合育种技术(multi-trait selective breeding)的主要特点是可以同时进行多个性状的复合选育。主要技术包括利用 BLUP(Best Linear Unbiased Prediction)数学估算模型对选育指数进行估算,科学制订育种计划和估算育种进展;全人工控制的亲本定向交配技术,全(半)同胞家系生产及标准化培育技术,家系和个体的物理标识和分子标记识别技术;在选育进程中有效控制近交效应,避免遗传衰退,从而使选择可持续进行并不断获得遗传进展。中国对虾的多性状复合育种采用的主要技术路线如下所述。

(1)构建遗传变异丰富的基础群体。收集了位于黄海西海岸的青岛、乳山、日照外海的野生群体,海洋岛群体,朝鲜半岛南海岸野生群体,"即抗 98"、"黄海 1 号"、朝鲜半岛南海岸养殖群体和朝鲜半岛南海岸家系等多个种质资源群体,构建遗传背景广泛、遗传变异丰富的中国对虾选育基础群体。

(2)制定家系生产、管理的标准化操作程序。利用人工授精技术(图 5)和巢式交配设计,建立中国对虾父系半同胞家系。制定了中国对虾家系苗种培育、中间暂养、混合养殖等阶段的标准化操作管理程序,降低不同家系内个体环境条件和管理操作的差异,为提高个体遗传评估的准确度奠定了基础。

(3)建立家系、个体的标记技术。将荧光染料标记成功应用于中国对虾家系个体标记;针对中国对虾成虾设计了眼柄环标记技术(图 6);建立了 SSR 分子标记识别家系和个体的技术。

(4)建立重要性状的遗传评估分析模型。建立了中国对虾生长、抗 WSSV 存活时间和池塘存活率等性状的遗传评估分析模型,估计了性状的遗传参数和育种值,并对中国对虾选育后的遗传进展进行评估。

(5)制定家系、个体多性状选择指数。制定选择指数的标准计算方法,包括性状育种值标准化和选择指数制定两部分。前者是通过 BLUP 方法计算得到每个个体(或家系)的育种值后对育种值进行标准化,后者是根据每个性状在育种目标中的重要性即百分比数值代替该性状的经济加权系数计算选择指数。

(6)制定合适的选择策略和个体选配方案。根据既定育种目标,以多性状综合选择指数为标准,经过家系初选和家系内个体选择,确定最终的候选个体。根据个体性状的育种值以及个体间的亲缘关系,制定合理的配种方案。主要考虑以下几个原则:待搭配个体间的亲缘关系(每代近交率小于 0.01);个体的育种值大小(家系内选择高育种值个体,家系间随机搭配);每个家系入选个体的数量(入选家系应保持一致);雌雄性别比例(雌雄比为 2:1)等因素。通过实验室编写的配种模块程序,完成配种方案的制订工作。

(7)建立优良品种培育和扩繁体系。遗传育种中心、良种场和育苗场构成的三级良种生产和扩繁体系具有可追溯性、可控性和可持续性的特点。遗传育种中心负责建立、生产和维护具有自主知识产权的核心育种群体;良种场选择性状优良的家系及亲本进行扩繁;苗种场负责生产优质苗种并供应养殖场。

在上述研究的基础上,黄海水产研究所以建立的"水产动物多性状复合育种技术"为主要技术依托,在创建水产动物生长、抗性和存活等主要性状表型值量化标准的基础上,建立了多性状综合选择指数评估数学模型,实现了水产动物精细育种、全同胞育种及群组育种模式的多性状综合选育指数评估,开发了家系构建、个体和家系标记及性状测试技术,形成了适合大多数水产动物的多性状复合育种技术。开发出具有自主知识产权的"水产动物育种分析与管理系统"(Aquabreeding)计算机软件(登记号:2007SR08004),实现了水产动物遗传育种参数统计分析、系谱管理及种质管理等电子化操作,显著提升了我国水产育种的技术水平。

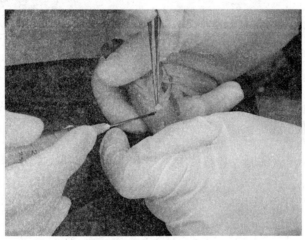

图5 中国对虾的人工授精

6.3 "黄海3号"新品种的选育

近年来,由于渔业水域环境恶化、药物滥用以及养殖自身有机污染物积累等因素引起的环境胁迫已成为影响中国对虾养殖业稳定发展的重要原因之一。环境胁迫降低了中国对虾对养殖环境的适应性,增加了对病原微生物的易感性。另外,环境胁迫可激活致病基因,使潜在的病原体引起疾病。氨氮是对虾养殖环境中最主要的污染物质,在养殖水体中以离子氨(NH_4^+)和非离子氨(NH_3)两种形式存在。其中,非离子氨具有脂溶性,能穿透细胞膜毒害鳃组织,毒性是离子氨的300~400倍。水体中氨氮超过对虾耐受限度时,氨氮能直接损害对虾的鳃组织,使肾和肝组织结构发生病理变化,影响对虾的呼吸、代谢、神经、免疫、渗透调节、排泄及蜕皮和生长,导致对虾对病原微生物抵抗力的下降,严重时导致死亡。因此,培育高产、抗逆的对虾新品种是对虾育种的重要任务之一。

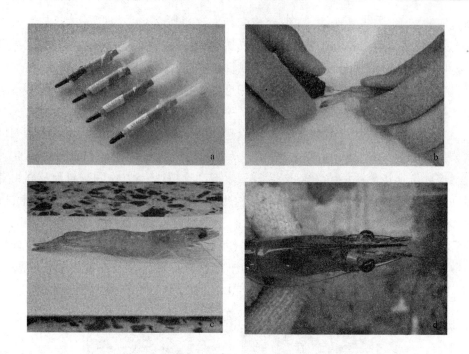

图 6 中国对虾的标记
家系选育中使用不同颜色的凝胶标记(a,b),亲虾使用眼柄环标记(c,d)

"黄海3号"的选育基础群体来源于中国对虾"黄海1号"保种群体及海州湾和莱州湾两个野生群体。是采用数量遗传学和分子生物学技术相结合的方法,经过连续5代群体选育获得的水产新品种(品种登记号 GS-01-002-2013)。经测试,新品种仔虾 I 期抗氨氮能力较对照苗种提高 21.2%,养殖成活率提高 15.2%,收获对虾体重提高 11.8%。在生产示范推广过程中,新品种表现出生长速度快、抗逆能力强、发病率低等优势,池塘连片养殖成功率达 90%,亩产量较对照苗种提高 20% 以上。

中国对虾"黄海"系列新品种已分别被农业部推荐为水产养殖主推品种,在山东、河北、天津、辽宁、江苏等沿海省、市推广养殖。近年来,每年养殖面积超过 30 万亩,产值逾 20 亿元,深受养殖业者的欢迎,已成为我国北方中国对虾养殖区的主要养殖品种。

6.4 中国对虾良种产业技术体系

中国对虾是我国海水养殖领域最具代表性的种类之一,其良种产业技术体系的建立也是最先启动的项目之一。经过多年的持续努力,以黄海水产研究所为技术依托,以相关企业为实施主体,已建立起"遗传育种中心+良种场+苗种场"的系统配套的中国对虾三级良种产业技术体系。其中,遗传育种中心的主要任务是负责收集、保存和筛选育种材料,进行种质鉴定和性状分析,制定育种方案,建立家系,培育新品种等工作;良种场的任务是承接育种中心培育的优良品种并进行扩繁,为苗种场提供优质产卵亲体;苗种场的主要任务是培育苗种,为养殖场提供健康苗种。上述3个环节紧密配合,产、学、研相结合,育、繁、推一体化,为中国对虾养殖的良种化进程提供了有力保障(图7)。

图7 位于青岛郊区鳌山卫的中国对虾遗传育种中心
(左图为家系培育系统;右图为性状测试池)

7 中国对虾病害的研究

有关中国对虾病害的研究,如果以1993年对虾白斑综合征在全国范围内暴发和2009年新发疫病的大规模流行为界,大致可以分为早期的对虾病害研究、白斑综合征暴发流行和近年来的新发疫病3个阶段。

7.1 早期的对虾病害研究

20世纪80年代初,随着工厂化育苗技术的突破,我国沿海开始大面积推广中国对虾的全人工养殖。全国对虾养殖产量从1978年的450 t迅速增加到1987年的15.3万t。与此同时,养殖对虾的病害问题也日益突出。山东海洋学院(现中国海洋大学)、国家海洋局第一海洋研究所、中国水产科学研究院黄海水产研究所等科研机构开始系统性地调查中国对虾的病害,研究疾病防治方法。其中代表性的科研工作者有孟庆显、俞开康、王文兴、叶孝经等。1980年,孟庆显、俞开康发表"对虾疾病的调查研究"一文,首次报道了山东和江苏养殖的中国对虾中存在的8种疾病的病症、病原、危害性及防治方法,包括细菌病2种、真菌病1种、寄生虫病3种、病因不明的疾病2种。此时,养殖对虾幼体阶段的疾病较多,尤其是细菌病发病率较高,对育苗的影响很大。常见的疾病主要有弧菌病、链壶菌病、中肠腺(肝胰脏)白浊病、气泡病和畸形病,采用的疾病防治措施主要是消毒、换水、减少投饵、施用广谱抗生素等。

为了查明对虾的细菌性病原及其流行特征,王文兴、叶孝经等开展了对虾养殖环境中异养菌和某些条件致病菌的调查,分析了对虾体表和体内的菌群分布。在1983年完成的调查报告中,他们确定了对虾和养殖环境中的异养菌以革兰氏阴性杆菌为主,弧菌占绝对优势。其中溶藻弧菌、鳗弧菌、副溶血弧菌为优势种,可以引起对虾的"弧菌病"。他们还完成了96株细菌的药物敏感实验,为合理使用抗生素治疗对虾细菌病提供了有益的参考。1982年,孟庆显、俞开康通过疾病调查并参考国外的报道,指出引起对虾鳃部变黑的原因有 7 种,即水质不良、污物附着、弧菌感染、丝状细菌感染、镰刀菌感染、聚缩虫感染、瓶体虫感染等。他们认为,黑鳃只是一种表面现象,是几种病共有的症状,不能笼统地叫做"黑鳃病",应根据不同的病因分别确定病的名称。这种不依赖病症而是依据病因对疾病进行命名的做法,在当前的水产疾病研究中仍有指导意义。

20 世纪 90 年代初,我国学者在养殖对虾疾病研究方面有了一定的积累,先后出版了多部关于对虾疾病的专著,如卞伯仲等编著的《虾类的疾病与防治》(1987 年)、孟庆显等编著的《对虾疾病防治手册》(1991 年)、薛清刚等编著的《对虾疾病的病理与诊治》(1992 年)等。叶孝经在 1987 年编写的《对虾病害讲义》中,汇总了当时我国已发现的养殖对虾各种病害共 26 种,包括病毒病 2 种、细菌病 6 种、真菌病 1 种、寄生虫病 6 种、其他疾病 11 种。孟庆显进一步将对虾疾病分为育苗期间的疾病 18 种、养成期间的疾病 27 种、亲虾越冬期间的疾病 16 种,他还参考国内外文献,从病原、症状、病理变化、诊断方法、流行情况、危害性和防治方法等方面,对这些疾病进行了详细的论述和总结。

1988—1992 年是中国对虾养殖的辉煌时期,养殖规模达到历史高点。中国养殖对虾的年产量稳定在 20 万 t 左右,占世界养殖对虾年产量的 1/3,取得了举世瞩目的成绩。然而,福兮祸之所伏,达到鼎盛往往也意味着衰败的开始。高产下的我国对虾养殖业已疲态尽显、危机四伏。此时全国各地虾病频发,发病率和死亡率都很高,常常有数百亩甚至上千亩虾池因病绝产,粗略估计全国对虾养殖因疾病减产 20%～30%。据调查,伴随对虾养殖生产的周期性,当时每年大致出现 3 个发病高峰期,即:3 月至 5 月底的育苗期、7 月下旬至 9 月底的养成期、12 月初至翌年 2 月的亲虾越冬期。在 80 年代后期至 90 年代初,这 3 个发病高峰期逐渐提前,且有相互重叠的趋势。通过在全国各地开展的虾病调查,至 1992 年,我国共发现了 42 种对虾疾病,其中常见且危害较大的有 15 种。包括对虾幼体的菌血病(病原为弧菌、假单胞菌和气单胞菌)、对虾幼体真菌病(病原为链壶菌、海壶菌和离壶菌)、红腿病(病原为副溶血弧菌)、褐斑病(甲壳溃疡病,病原为多种细菌)、烂眼病(病原为弧菌和一种真菌)、白黑斑病(病原为弧菌)、丝状细菌病、镰刀菌病、固着类纤毛虫病、拟阿脑虫病、微孢子虫病、黑鳃病(病因多样)、肌肉坏死病(病因不明)、痉挛病(病因不明)、软壳病(病因多样)。其中,在对虾育苗期,危害最严重的是"菌血病"。该病在全国各地育苗场均有发生,发病幼体在 1～2 d 内死亡,死亡率可高达 100%。对虾养成期间,由副溶血弧菌感染引起的中国对虾"红腿病",每年 7—10 月在全国范围内流行,死亡率可达 95% 以上。这一时期,对虾病毒病开始受到关注。在中国对虾幼虾中已经发现肝胰腺细小病毒(hepatopancreatic parvovirus,HPV),但主要的对虾病害仍然是细菌病和寄生虫病。由于受到研究手段和方法的限制,这一时期发表的研究论文主要是关于疾病的外观症状、病原初步分析和药物防治等,很少有病原鉴定、病理变化和致病机制等方面的基础性研究,许多疾病的病因还不清楚。此外,对疾病的诊断多依赖外观症状,或使用显微镜对组织压片或水浸片进行简单观察,准确性不高。当时基本上没有病原检测技术的概念,更没有现代分子生物学检测技术的应用。在病害的防治方面,主要是改善养殖环境,使用消毒剂、抗生素进行综合防治。

1992年,针对对虾疾病频发、危害严重的状况,孟庆显提出应通过研发特效无毒无残留的水产药物、改善养殖生态环境、选育抗病品种、加强进出境动植物检验检疫等措施,以综合预防为主,正确诊断、及时治疗,在对虾养殖的各个环节加强防病工作。然而,1993 年横扫全国的养殖对虾"暴发性流行病(explosive epidemic disease of shrimp, EEDS)"的突然出现和长期强势流行,将我国养殖对虾疾病的研究带入了一个截然不同的历史时期。

7.2 白斑综合征

白斑综合征的发生与传播。1993 年春天,距 1987 年台湾养殖对虾疫病大暴发 5 年多之后,一种毁灭性的养殖对虾疫病突然在沿海地区暴发流行。当时由于病因不明,故将该病称之为"对虾暴发性流行病"。据分析,该病很可能于 1992 年 7 月在我国台湾以及福建南部的漳浦县人工养殖的日本对虾(*Marsupenaeus japanicus*)中首先暴发,继而当年向南传至汕头,向北传至温州。1993 年该病继续向南北分别传播到湛江沿海及黄渤海沿岸,北方人工养殖的中国对虾发病严重。1994 年该病扩大到鸭绿江口,至此全国沿海对虾养殖区全部沦陷。该病最初在放苗密度高、水交换量大、鲜活饵料投喂多的密集成片虾池中出现,在夏季高温季节暴发。但随后几年,该病的发病时间提前、发病周期延长。该病的突出特点是:①流行地域广,全国从南到北所有的对虾养殖区都有流行;②涉及的对虾品种多,日本对虾、斑节对虾、中国对虾等养殖品种,无论规格大小都会发病;③发病病程急,对虾从发病到死亡通常仅 2~4 d;④病虾死亡率高,大多数染病虾池的对虾死亡率达 95% 以上,几近绝产;⑤治疗难,一旦发病,所有的处理措施均告无效(图8 和图9)。

图8 患白斑综合征的中国明对虾幼虾头胸甲上的白斑(黄健)

突如其来的疫病沉重地打击了对虾养殖业,使我国的养殖对虾年产量从 1992 年的 20.7 万 t 骤降至 1993 年的 8.8 万 t 和 1994 年的 6.4 万 t。当时中央和地方各级政府都十分急迫地想解决养殖对虾病害问题,纷纷加大科研投入,甚至悬赏攻克难关。国家科委设立了"八五"应急攻关计划项目"对虾暴发性流行病防治及控制技术研究",以及后来的"九五"攻关计划虾病项目。1993 年浙江省副省长甚至批示,对突破虾病课题者予以重奖 3 万元。在当时职工月平均工资仅 300 余元的情况下,奖励力度可谓不小。1995 年,河北唐海县政府甚至全球悬赏 50 万元求治虾病,一石激起千层浪,曾引起轰动。

白斑综合征的检测与命名。面对这种此前从未出现过的对虾"癌症",国内对虾养殖企业和水产科研机构一时束手无策。对该病的病因也是众说纷纭。1993 年 6 月,黄健与杨丛

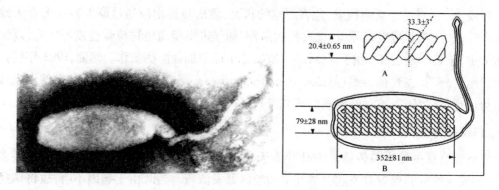

图9 对虾白斑综合征病毒粒子及其结构模型(黄倢)

海、王克行、俞开康等到山东青岛上马镇、寿光大家洼镇等地对虾养殖区开展调研和采样。他们观察到发病对虾在池边大量死亡,濒临死亡的对虾出现离群孤游、间断地浮上水面和不吃饵料,虚弱而静卧池底,空肠空胃,血淋巴不凝结,血细胞数量减少,头胸甲及腹节甲壳易于被揭开而不粘着真皮,甲壳内侧出现白斑,虾体皮肤微微发红,腹节肌肉略微泛白,肝胰腺颜色变淡等症状。有些症状例如血淋巴不凝固虽然在红腿病的虾中也出现,但总体来说发病特点及其规模与其他的已知虾病完全不一样。黄倢等采回样品后立即就在当时的简陋条件下采用手摇切片机及手工脱水、包埋、染色等方法进行了病理制片,以前期对虾肝胰腺细小病毒的病理学研究为基础,他很快在显微镜下观察到病理制片中存在一种独特的细胞核包涵体。在采样后不到一周的一个晚上,通过细致的观察和分析,他敏感地推测这个病可能是一种新的病毒引起的。随后到青岛医学院进行电镜超薄切片观察,证实了这一猜测。

在1993年11月召开的"全国人工养殖对虾疾病综合防治和环境管理学术研讨会"上,张立人、国际翔、黄倢、吴友吕、郑国兴等人分别报告,使用电子显微镜在病虾组织切片中观察到形态类似的"杆状病毒"。黄倢通过人工感染实验和组织病理学研究,明确指出这种不形成包涵体(inclusion body,准确地说应该是"包埋体"occlusion body)的"杆状病毒"是对虾暴发性流行病的病原,并将其暂称为"皮下及造血组织坏死杆状病毒(hypodermal and hematopoietic necrosis virus,HHNBV)"。但当时也有研究认为,该病的病原或病因是肝胰腺细小病毒、未知的球状病毒、病毒与细菌的混合感染、虾池小环境与海域大环境的恶化、外来污染和赤潮等。这些观点一度造成人们对对虾暴发性流行病的真正病原或病因的迷茫。

1994—1995年,李华、黄倢等十余个科研团队分别发表研究论文,在辽宁、河北、山东、江苏、上海、福建等地的样品中,病虾胃、肠上皮细胞核内存在大量不形成包埋体的、具囊膜的"杆状病毒",人工感染实验证实这种"杆状病毒"就是对虾暴发性流行病的病原。显然,这种病毒虽然外观也呈杆状,但因为不形成包埋体,所以与此前在台湾流行的"斑节对虾杆状病毒"不是同一种病毒,而是一种新的对虾病毒。1994年,日本学者Kiyoshi Inouye等发表论文,证实日本对虾暴发病的病原也是一种无包埋体(nonocclusion body)的"杆状病毒",与中国学者的研究结论类似。至此,对虾暴发性流行病的病原最终被锁定为一种不形成包埋体的、具囊膜的新型"杆状病毒"。

需要指出的是,1995 年,黄倢领导的研究团队在《海洋水产研究》16 卷第 1 期上一次发表 12 篇研究论文,系统报道了他们的研究结果。内容涵盖"对虾暴发性流行病"的流行病学调查、病症与病理特征、主要传播途径,以及病毒病原的形态结构、核酸类型、宿主范围、快速灵敏的分子检测技术等方面,无可辩驳地证实"对虾暴发性流行病"是一种病毒病,其病原是一种不形成包埋体的杆状病毒,即 HHNBV。该期期刊除在中国大陆出版发行以外,也被寄送包括美国亚利桑那大学 Donald V. Lightner 教授在内的国内外同行进行交流,产生了广泛的影响。黄倢也因他的突出贡献于 1999 年获得全国"五一"劳动奖章,并于 2012 年当选世界动物卫生组织(OIE)水生动物卫生委员会副主席。他所领导的实验室在 2011 年被世界动物卫生组织批准为"对虾白斑综合征 OIE 参考实验室"和"传染性皮下和造血组织坏死病 OIE 参考实验室",这是中国大陆首批水生动物领域的 OIE 参考实验室。

最初,这种不形成包埋体的、具囊膜的新型"杆状病毒"被归入杆状病毒科(Baculoviridae)无包埋体杆状病毒属(non-occluded baculoviruses),并被指定了五花八门的名称。文献中有记载的名称主要有:日本的"日本对虾细胞核内杆状病毒(rod-shaped nuclear virus of *Penaeus japonicus*, RV-PJ)"和"对虾杆状 DNA 病毒(penaeid rod-shaped DNA virus, PRDV)",中国大陆的"皮下及造血组织坏死杆状病毒(HHNBV)"、"白斑杆状病毒(white spot bacilliform virus, WSBV)"和"中国对虾杆状病毒(*Penaeus chinensis* baculovirus, PCBV)",中国台湾的"白斑杆状病毒(white spot baculovirus, WSBV)",泰国的"系统性外胚层和中胚层杆状病毒(systemic ectodermal and mesodermal baculovirus, SEMBV)"等。世界著名虾病专家 Donald V. Lightner 在 1996 年出版的《A Handbook of Pathology and Diagnostic Procedures for Diseases of Penaeid Shrimp》一书中,将上述病毒名称统一为"白斑综合征杆状病毒群(white spot syndrome baculovirus complex)",简称 WSBV。由该病毒引起的对虾暴发性流行病则称为"白斑综合征(white spot syndrome, WSS)"。然而,由于 1995 年 6 月出版的《病毒分类——国际病毒分类委员会(ICTV)第 6 次报告》中,已将包括 WSBV 在内的"无包埋体的杆状病毒(non-occluded baculoviruses)"移出了杆状病毒科,分类地位待定,故 1997 年 Linda M. Nunan 和 Donald V. Lightner 将 WSBV 更名为 WSSV,即"白斑综合征病毒(white spot syndrom virus)"。这一病毒名称随后被国际上广泛接受。

随着对 WSSV 研究的不断深入,2001 年国家海洋局第三海洋研究所杨丰和荷兰学者 Van Hulten 分别发表了白斑综合征病毒中国株(WSSV-Cn)和泰国株(WSSV-Th)的基因组全序列,证实该病毒与所有已知的无脊椎动物病毒都不相同。由此,在 2005 年 9 月出版的《病毒分类——国际病毒分类委员会(ICTV)第 8 次报告》中,新建立了线头病毒科(Nimaviridae)白斑病毒属(*Whispovirus*),白斑综合征病毒是该属的代表种,且是该科的唯一成员。"Nimaviridae"中的"nima"源于拉丁文,意思为线或线团。电子显微镜负染观察,完整的白斑综合征病毒粒子呈短杆状,外面包有一层囊膜,头部略圆,另一端稍尖并常具有一较长的尾巴状结构。整个病毒外形就像露出一个线头的一团线,"线头病毒科"即由此得名。WSSV 是最大的动物病毒之一,病毒粒子大小为(70~150)nm×(250~380)nm,基因组为环形超螺旋双链 DNA,约 305 kb(Lightner et al., 2012)。病毒在宿主细胞核中复制与装配,但不形成包埋体(occlusion body)。基因聚类分析表明,WSSV在分类地位上与感染昆虫和甲壳类动物的裸病毒(nudivirus)和杆状病毒(baculovirus)亲缘关系最近。

从1992年出现到现在,作为疾病名称,对虾"白斑综合征"在国内数次易名,先后被称为对虾"白斑病"、"暴发性流行病"、"白斑综合症"和"白斑综合征"等。而国际上包括世界动物卫生组织(OIE)目前仍将"白斑病(white spot disease,WSD)"作为该病的正式名称。"白斑病"这一名称来源于该病较为独特的一种外观症状,即病虾头胸甲内表面常见大量直径0.5~2.0 mm白色斑点。在1993年的"全国人工养殖对虾疾病综合防治和环境管理学术研讨会"上,胡超群在"广东沿海养殖对虾疾病流行特点及病因分析"一文中提到:自1992年下半年起,广东沿海养成期对虾中"发病率最高,死亡率最高的是一种暂时被称之为'头胸甲白斑、肝胰脏肿大综合症的疾病","该症的显著特点是:除头胸甲甲壳上出现许多不透明的小白斑点(严重时白色斑点在腹部背甲上亦大量出现)外,整个体表外观与正常虾无异,鳃部清洁,体色正常","其确切的病因目前还不清楚,各种药物(包括各种抗生素)均难以治愈"。这是文献中对病虾头胸甲具"白斑"这一症状的首次清晰记载。此后,许多报道也陆续提到患病对虾甲壳表面常见白斑。在1994年发表的论文中,胡超群又称对虾"头胸甲白斑、肝胰脏肿大综合症"为"白斑病",并指出该病与早已存在的对虾"白黑斑病"(当时也有人称为"黑白斑病"或者"白斑病")的症状与病因均明显不同,是一种新发疾病。这是公开文献中第一次以"白斑病"命名该病。研究表明,病虾甲壳上的白斑主要由碳酸钙沉积而成。黄健认为,白斑的成因是由于病毒在对虾上皮细胞内迅速增殖,短时间内消耗大量的磷,甲壳上大量富余的钙最终形成碳酸钙并沉积而成。

1993—1995年,在病原尚未有定论的情况下,国内学术界通常以"对虾暴发性流行病"称呼该病,"白斑病"多作为该病的俗称在非正式场合使用。Lightner于1996—1997年将该病病原统称为"白斑综合征病毒"之后,我国学者依照其中的"white spot syndrome",从1996年开始使用"白斑综合症"代替"暴发性流行病"作为该病名称。但不久有学者提出,在医学领域并没有"综合症"这一术语,因为"症"是指具体的疾病或病症,不能与"综合"联用。syndrome的中文对应词汇是"综合征",其含义是"动植物疾病、功能失调、病态呈病灶或损伤的一组典型征候或症状"。"综合征"的"征",除了指"现象、迹象"外,还有"特征"的意思。于是从1998年开始,"白斑综合征"作为病名登上了历史舞台,并在国内逐渐成为该病的通用名称。但直至今天仍有不少人"征"、"症"不分,还在错误地使用"白斑综合症"这一名称。目前在国际上,虽然该病的病原叫做"白斑综合征病毒",但该病的规范名称仍然沿用"白斑病"一说。

白斑综合征的诊断。然而,相关研究表明对虾头胸甲出现白斑与否与对虾是否患"白斑综合征"并无直接对应关系。已经有大量报道,许多因"白斑综合征"死亡的对虾其甲壳上并不出现白斑。另一方面,对虾头胸甲甲壳上的白斑也可能是细菌感染造成的。2000年,王印庚等(Wang Y G,et al,2000)报道了一种细菌性白斑综合征,并与"白斑综合征病毒"导致的病毒性白斑综合征进行了比较。他们发现,有些养殖斑节对虾头胸甲出现大量白斑,其形态、大小与白斑综合征病毒感染导致的对虾甲壳白斑十分相似。但这些斑节对虾活力和生长都正常,一般不会死亡,体内也检测不到白斑综合征病毒,在白斑处却存在大量的枯草芽孢杆菌(*Bacillus subtilis*)。因此,对"白斑综合征"进行诊断时,仅仅依赖对虾头胸甲有无白斑是不可靠的,必须采用更准确、灵敏的白斑综合征病毒检测技术。

已有的对虾白斑综合征诊断方法包括:早期的目视观察、组织病理、电镜观察、T-E染色、多抗及单抗ELISA、核酸探针、PCR等,以及近年来建立的基因芯片、试纸条、LAMP、RCA等。1995年,黄倢等独创了一种可用于现场诊断对虾白斑综合征的T-E染色法,其做法是取对虾样品组织用台盼蓝-伊红(T-E)染液染色后,在光学显微镜下观察病变细胞核。该方法具有快速、简单、方便的优点,一般十几分钟内即可得到结果,非常适合于疾病的现场诊断,但这种方法需要操作者具有较丰富的实践经验。

1996年,黄倢等构建了WSSV基因组随机文库,制作了非放射性标记物——地高辛标记的WSSV核酸探针。在此基础上,史成银、杨冰、黄倢等于1997年研制成功"对虾暴发性流行病病原核酸探针点杂交检测试剂盒",并获得了国家发明专利(专利号00 111 336.4)。该发明改进了样品采集、制备和保存方法,在试剂盒中包含检测WSSV所需的整套试剂及物品,一次可同时检测18个样品,在24 h内完成检测。检测结果以着色斑点的形式显示在硝酸纤维素膜上,可直接肉眼观察,检测灵敏度为500 ng病虾胃组织中的WSSV或60 pg的WSSV DNA。该试剂盒是我国第一个可应用于普通实验室开展WSSV检测的高科技产品。为了将其推广应用,自1999年开始,黄海水产研究所和全国水产技术推广总站联合举办了3次全国性试剂盒使用推广培训班。在联合国教科文(UNESCO)组织资助的中国海洋生物工程中心的培训班中,也使用该试剂盒对东南亚国家的学员进行了培训。该试剂盒先后推广应用到全国沿海养虾地区和菲律宾、伊朗等地。该试剂盒作为苗种健康检测的关键手段,有效地减少了对虾病毒通过苗源的传播,提高了养殖成功率。使用该试剂盒对养成期对虾及时检测,还可以避免误诊,减少损失。该试剂盒及其专利技术方案构思巧妙、新颖,原创性强,技术水平高,取得了显著的经济效益和社会效益,于2006年获得第九届中国专利优秀奖,是当年我国水产研究领域获奖的两项专利之一。

2008年,黄倢、张庆利等采用环介导等温扩增技术(LAMP)研发了WSSV等温扩增检测试剂盒(图10),突破了样品简便制备、目标核酸快速扩增、实时结果观察和产物污染控制等关键技术难题,可以在养殖现场1 h内完成对WSSV的检测,灵敏度与PCR相似。该试剂盒受到了对虾养殖业界的广泛关注与好评。

7.3 新发疫病及其防控

近年来,新的暴发性流行病又在严重影响着世界对虾养殖业。特别是2002年起出现的"偷死病(covert mortality disease,CMD)"和2009年起在亚洲和南美洲对虾主产区大流行的"急性肝胰腺坏死综合征(acute hepatopancreas necrosis syndrome,AHPNS)"。"偷死病"主要影响我国南方高密度、集约化池塘养殖的凡纳滨对虾。通常在养殖50 d以后,水温28℃以上,富营养化且水质恶化的池塘中更易发生。与白斑综合征发病时对虾在水面离群浮游、暴发性死亡不同,偷死病病程较长,对虾生长正常,无明显发病前兆。发病时对虾在无声无息

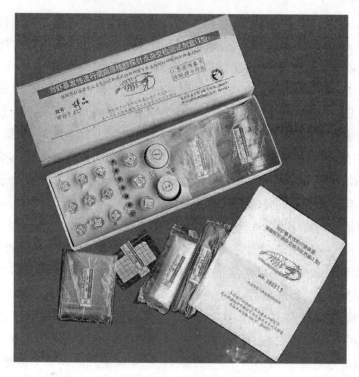

图 10 对虾病毒检测试剂盒（黄倢）

中陆续死亡并沉在池底，不易及时察觉，所以也叫"死底症"或"底死症"。病虾部分肌肉发白、肝胰腺萎缩。死亡情况会一直持续到收虾季节，累积死亡率通常高达 60%~80%，直至绝收。

"急性肝胰腺坏死综合征"也称"急性肝胰腺坏死病"或"早期死亡综合征（early mortality syndrome，EMS）"，是近几年危害养殖凡纳滨对虾最严重的流行病，现已在世界范围内流行。与"偷死病"的不同之处是，该病发病更早，通常在放苗养殖后的 30 d 之内发病，且病程短，病情发展迅速，2~5 d 内对虾死亡率接近 100%。病虾体色呈白浊并微红，肝胰腺初期肿大、质地松软、颜色淡白或淡黄色，后期萎缩。发病时，病虾通常在水面游动或趴伏在池塘边，失去食欲，胃肠空。该病流行范围广、死亡率高，目前其发病率和死亡率已超过白斑综合征。

上述两种对虾流行病最先在中国南方养殖的凡纳滨对虾中出现，继而蔓延到中国北方和其他地方。同 1993 年白斑综合征大规模暴发时相似，国际上对急性肝胰腺坏死综合征和偷死病的病原或病因也是众说纷纭，甚至对这两种病的名称也多有混淆。何建国认为，急性肝胰腺坏死综合征和偷死病在组织病理上的表现是相同的，都是养殖环境（包括藻类）胁迫和病原作用的结果，可以统称为对虾"肝胰腺坏死症（hepatopancreas necrosis syndrome，HPNS）"，其中急性肝胰腺坏死综合征在养殖前期发作，偷死病在养殖中后期发作，其发作的根本原因是对虾养殖密度大大超过了环境容纳量。具体病因可以分为以下 4 种情况，即①虾苗携带病原数量多，投放池塘后虾苗死亡；②养殖前期池塘存在有毒藻类或大量藻类死亡，导致对虾死亡；③养殖中后期池塘水体有毒有害理化因子超标，导致虾中毒，随后继发病原性疾病;④养殖中后期,池塘存在有毒藻类或藻类大量死亡,随后继发病原性疾病。何建国提出了控制该病的7条措施,包括彻底清池、放苗前适度培水、严控放苗密度、对苗种检疫排除病毒与弧菌、严控饲料投喂量、测水调水、监控有害藻类等。国际著名虾病专家Donald V. Lightner、Timothy W. Flegel和罗竹芳、黄倢、胡超群等认为,"急性肝胰腺坏死症"的病原是高致病性副溶血弧菌。黄倢还认为2009年以来在国际上流行的"急性肝胰腺坏死病"与多年来在我国养殖对虾中流行的"偷死病"有所不同,"偷死"是多种病因导致的一种死亡现象。"偷死病"不是一种病,它包括对虾黄头病、野田村病毒性偷死病、急性肝胰腺坏死病以及部分在溶氧条件好的情况下发生的白斑综合征,其病原分别是黄头病毒(yellow head virus,YHV)、偷死野田村病毒(covert mortality nodavirus,CMNV)、高致病性副溶血弧菌和白斑综合征病毒。

随着对虾养殖规模的扩大和对虾产品贸易的国际化,养殖对虾的疾病从无到有、由轻到重、从局部到全球,目前已成为制约对虾养殖产业发展的重要因素。面对全球性对虾流行病的挑战,在联合国粮农组织(FAO)、世界动物卫生组织(OIE)、亚太水产养殖中心网(NACA)等国际组织的协调下,全世界的虾病专家和养殖相关各方正建立起紧密的国际合作关系共同应对。我们相信,在对虾病害防控、优良品种选育、营养饲料、养殖环境等专业人员和养殖业者的协同努力下,凭借科技进步,控制虾病最终会取得成功。

8 中国对虾的营养与饲料

中国对虾营养与饵料的研究和产业发展,大体可分为三个阶段。第一阶段,从20世纪50年代末至80年代初,研究了中国对虾幼体及养成阶段的摄食习性及饵料种类(康元德等,1965),池塘养殖对虾基本使用豆饼或花生饼等饼粕、小杂鱼虾及采集的小型贝类如蓝蛤等。1976年在对虾养殖生产中开始使用人工混合饲料并取得较好效果(国家水产总局黄海水产研究所养殖研究室对虾组,1980)。第二阶段,从80年代初至1992年的快速发展阶段。随着工厂化育苗技术的突破,对虾养殖业的大发展迫切需要大量的饵料供应,对虾营养生理研究及配合饲料研发得以快速发展。1984年,国务院颁布《1984—2000年全国饲料工业发展纲要》。1987年的《全国渔用饲料工作座谈会》以及1988年《全国对虾饲料学术交流及咨询研讨会》提出了发展水产饲料的研究方向、建设重点、规模、布局以及需要解决的问题,这对迅速发展我国对虾饲料产业、扩大规模和增加产量起到了十分重要的作用。这一时期从事中国对虾配合饲料研究的主要有侯文璞、李爱杰、荣长宽等。之后,中国海洋大学麦康森及其研究团队在对虾营养和配合饲料的研究领域发挥了引领和带头作用。第三阶段,从1993年至今。对虾病毒性疾病的暴发促进了饵料应用和对预防疾病的基础研究,注意到饵料使用策略和健康养殖的关系。中国对虾营养和饲料的研究成果及产业基础也为以后凡纳滨对虾养殖奠定了饲料研发基础。据2011年在广东湛江召开的"中国对虾饲料技术研讨会"报道,2011年全国对虾饲料总产量预计在125万~130万t。

中国对虾的消化系统结构较为简单,食物在胃肠道内停留的时间较短,通常胃内充满食物后为体重的1%~2%。摄取的饵料在养成期对虾胃肠内停留时间通常为40~60 min,而幼体期只有数分钟,反映出对虾消化吸收能力的特殊性。以目前人们对对虾营养要求和消化生理的认识水平,虽然可以配制出营养比较全面的多种人工配合饲料,但用这样的饲料在清洁的水环境中饲养对虾时,对虾的生长速度、抗病能力以及某些生理指标仍难以达到摄食天然饵料的效果。这也是当今广为流行的对虾养殖工艺还难以发挥对虾遗传潜力的主要原因,也是养殖对虾容易生病的原因之一。以对虾摄食后的综合生理效应评价,至今还没有一种人工配制饲料可以和天然饵料相比。因此有经验的养虾业者总是千方百计增加养殖池内对虾可利用的天然生物饵料,以提供人工配合饲料不具有的营养要素,促进对虾生长,增加抗病能力,把提高对虾对天然饵料的利用作为重要的用饵策略。张硕等(2001)的研究表明,在半精养池内配合饲料只提供了中国对虾幼虾生长能量的23.9%,而收获时配合饲料对中国对虾生长的贡献率可达到61.6%,说明天然饵料在对虾生长中的贡献仍然十分重要。

对虾摄取的营养和能量物质通称为饵料或饲料,包括天然水域的生物饵料以及人工加工的配合饲料。中国对虾在天然水域摄食的饵料主要是小型甲壳类、多毛类、双壳类、线虫类、蛇尾类、有机碎屑等。在人工养殖池塘,细菌也是重要的营养要素供应者。饲料研究是健康养殖技术的重要内容,主要包括3个方面:一是研究对虾各生长阶段维持正常生理活动的营养要求;二是如何选择可满足对虾营养需求的饲料源及饲料加工技术;三是选择养殖方式和饲喂策略,最大限度地提高饲料利用效率。饲料投入养殖池后,由于残饵和代谢产物会对水质产生影响,变化着的水质要素又对饲料利用可能产生正面或负面影响。饲喂策略的管理就是依据对虾的营养要求和对虾消化、吸收特性,科学加工和使用饲料,在最大限度地提高饲料利用效率的同时,体现环境友好。

8.1 苗种培育阶段的饵料与代用饵料

中国对虾幼体阶段变态频繁,其食性变化一方面是由于口器对食物的选择;另一方面则是对营养的需求。对虾幼体摄食习性的基本演变规律是:从植物食性逐步转为动物食性,由滤食习性逐渐变为捕食习性,由浮游食性逐步过渡为底栖食性。无节幼体期依靠体内卵黄积累的物质提供能量。溞状幼体Ⅰ期具有口器,依靠滤食以摄食单胞藻为主;溞状幼体Ⅱ期以滤食为主,略具捕食能力,以单胞藻为主,可捕食小型浮游动物如轮虫(rotifer)等,此时可使用少量豆浆。溞状幼体Ⅲ期基本以捕食动物性饵料为主,辅以单胞藻,可添加适量豆浆和蛋黄。糠虾期以捕食浮游动物为主,可添加豆浆、蛋黄。仔虾前期可捕食浮游动物,但很快即转为以底栖生物为主。缺乏底栖生物时,仍然对浮游动物有很强的捕食能力,可继续添加豆浆、蛋黄。幼体食性的转变,表现在幼体消化酶活性的变化,随着幼体变态长大,胃蛋白酶、类胰蛋白酶活力逐渐增大。

硅藻(diatom)是对虾幼体阶段的优良植物性饵料,牟氏角毛藻(*Chaetoceros muelleri*)为优良种类之一。张翠英(1982)的实验结果表明,投喂20×10^4个/mL的角毛藻,幼虾成活率可达80%以上;单独使用角毛藻培育对虾幼体,可以由溞状幼体发育到仔虾期。不同种类或同一种类不同密度的饵料对幼体变态和存活率的影响有明显差异,同种饵料对不同发育期幼体的效果也不尽相同。在《中国对虾工厂化育苗技术规范》中,对育苗期间的饵料培养和制备方法有详细介绍。推荐的单细胞藻类有三角褐指藻(*Phaeodactylum tricornutum*)、新月菱形藻(*Nitzschia closterium*)、牟氏角毛藻(*Chaetoceros muelleri*)以及扁藻(*Platymonas* sp.)等,前3种用作幼体的早期饵料,扁藻则主要用于培养轮虫的饵料。在育苗生产实践中,小球藻(*Chlorella* sp.)也常被用来大规模培养轮虫。中国对虾幼体培养期间的动物性饵料主要是轮虫和卤虫(*Artemia*)幼体,豆浆和蛋黄可作为溞状幼体及以后各期幼体的替代动物性饵料。

20世纪80—90年代,对虾育苗场通常都建有专门的饵料车间用于培养单胞藻和轮虫以及孵化卤虫无节幼体等。但这些年来,人工配制的微颗粒饲料或微囊饲料已广泛用于虾苗培育,饵料微藻的培养也已进入专业化生产,对虾育苗场一般不再自己培养,可通过购买等方式从专业生产场家获取。这种专业分工是产业的一大进步,也是对虾育苗产业走向成熟的一个重要标志。

有关中国对虾幼虾营养需求和营养生理的研究,早在20世纪90年代就多有报道。徐学良等(1992)用高纯度 n-3 和 n-6 系列脂肪酸、亚油酸、亚麻酸,花生四烯酸以及二十二碳六烯酸,分别以1%的含量添加到含脂类4%棕榈酸和油酸的基础饵料中组成4种实验饵料,对照饲料的脂类组成为5%的棕榈酸和油酸,对中国对虾幼虾进行32 d 的投喂实验,测定 n-3 和 n-6 系列不饱和脂肪酸对中国对虾幼虾存活、蜕皮和生长的影响。结果表明,投喂不含 n-3 和 n-6 系列脂肪酸的对照饲料,幼虾生长几乎停止,存活率极低。添加1%的亚油酸或亚麻酸或花生四烯酸,效果较好,添加1%的二十二碳六烯酸,效果最佳。说明 n-3 和 n-6 系列不饱和脂肪酸对中国对虾幼虾的存活和正常生长是必需的。梁萌青(1999)报道,在中国对虾幼体配合饲料中添加 40.16~60.15 μg/g 的维生素 A,对中国对虾幼体变态、存活及健康有重要作用。季文娟(2001)通过对中国对虾卵、无节幼体、溞状幼体、糠虾幼体和仔虾的脂肪酸组成的测定和分析,比较了幼体发育过程中11种主要脂肪酸含量的变化。虾卵脂肪中占主要比例的为棕榈酸、棕榈油酸、油酸、EPA 和 DHA,占脂肪总量的比例依次为23%、19%、26%、13%和7%。在仔虾的脂肪酸组成中占主要比例的为棕榈酸、油酸、亚油酸、EPA 和 DHA,占脂肪酸总量的比例依次为18%、23%、11%、12%和9%。在中国对虾幼体发育过程中,脂肪酸组成的变化趋势为饱和脂肪酸的比例逐渐减少,而多不饱和脂肪酸的比例逐渐增大。幼体各期和亲虾肌肉的脂肪酸组成相比较,卵中所含的饱和及单不饱和脂肪酸含量总量最高,亲虾肌肉中的高度不饱和脂肪酸含量总量最高。因此,对虾在发育过程中必须不断地从外界吸取高度不饱和脂肪酸来满足需要。不同种的对虾虾体脂肪的脂肪酸组成不尽相同,各有特点。中国对虾的脂肪酸组成中 EPA 和 DHA 的含量比例较高,这是中国对虾脂肪酸组成的一个特点。在对虾幼体发育的早期阶段,卵脂肪是胚胎发育和幼体变态的唯一能量和营养来源。从溞状幼体开始从外界摄取食物,食物的脂肪酸组成对虾体的脂肪酸组成产生明显影响,因而脂肪酸组成模式能满足对虾幼体发育脂肪酸需要的饲料为幼体的优良饲料。因此,EPA 和 DHA 的含量是评估中国对虾幼体饲料脂肪酸营养价值的重要指标。

8.2 对虾亲虾的营养与饲料

有关中国对虾亲虾对蛋白质、氨基酸和维生素等营养要素需求量的报道较少。在生产实践中,至今还没有适合饲养中国对虾亲虾的人工配合饲料,培养亲虾常用的仍为鲜活饵料。有实验证明,不同品种的生物饲料对亲虾的存活率、抗病力、性腺发育的作用有显著差别。有实验使用冷冻扇贝边、熟贻贝肉、冷冻沙蚕、冷冻沙蚕加鲜贻贝肉、活沙蚕加鲜(冻)杂色蛤肉等5种饲料饲喂中国对虾越冬亲虾,结果表明活沙蚕加鲜(冻)杂色蛤肉组亲虾的死亡率最低,性腺发育成熟度最好,而投喂熟贻贝肉组亲虾死亡率最高。亲虾需要大量的营养积累以满足性腺发育和繁殖的需要,因此亲虾的营养是今后需要注意研究的重要课题。

在中国对虾亲虾饲料中添加0、20 mg/kg、40 mg/kg及60 mg/kg的维生素A醋酸盐制成半纯化饲料,喂养中国对虾60 d,观察其对中国对虾繁殖性能的影响。发现添加维生素A 60 mg/kg组,其相对产卵量及卵的孵化率显著高于其他各组。随着饲料中维生素A水平的增加,对虾幼体重显著改善,相对产卵量及孵化率与卵中维生素含量呈正相关(Liang et al, 2004)。季文娟(1994)等通过对野生及人工养殖的中国对虾的肌肉、肝胰脏、性腺及卵的脂肪酸的分析比较,结果显示野生及人工养殖的中国对虾都含有大量n-3系列高度不饱和脂肪酸。与野生的中国对虾相比较,人工养殖对虾的各组织及卵含有较高比例的亚油酸及较低比例的二十二碳六烯酸(DHA)。野生与人工养殖的中国对虾在脂肪酸组成上的差异,与其生长环境及所摄食物的类型有直接关系。

8.3 中国对虾的营养需求和配合饲料的研制。

随着对虾养殖业的迅速发展,对中国对虾营养需求及营养生理进行了大量研究,研究成果为研制中国对虾配合饲料提供了依据。

蛋白质。在各种营养物质中,蛋白质具有特别重要的地位,它不仅是动物各组织器官不可缺少的构成物质,也是动物活性物质如酶、激素、抗体的组成成分。有关学者对中国对虾配合饲料中蛋白质适宜含量的研究,由于所用材料和方法不同出现较大差异。表2所示为不同研究者所得出的研究结果。

表2 中国对虾的蛋白质需求量

对虾体重/g	蛋白质需求量/%	资料来源
	31.8	荣长宽等(1988)
	50~65(实用量40~50)	侯文璞等(1989)
	45~50	大连饲料研究所(1989)
	27.1~42.8(中值35.5)	梁亚全等(1986)
6~8 cm(体长)	35.3~51.6(中值43.5)	
0.14~0.9	40.4~61.1(中值50.8)	

续表

对虾体重/g	蛋白质需求量/%	资料来源
1.7~10.85	40~45	
2.87~3.44	44.0	仲伟仁(1989)
5.88~7.88 mm(体长)	44.2	徐新章等(1988)
2.10~2.51	45.5	李爱杰等(1986)

必需氨基酸。动物蛋白质多数由20种氨基酸组成。其中有些氨基酸为动物生长和生命活动所必需,但本身不能合成且必须从食物中摄取的称为必需氨基酸。中国对虾的必需氨基酸需求,据何海琪(1985)研究,用^{14}C-葡萄糖饲喂中国对虾,由葡萄糖不能转化的氨基酸为苏氨酸、缬氨酸、蛋氨酸、亮氨酸、异亮氨酸、赖氨酸、苯丙氨酸、色氨酸、组氨酸、精氨酸。中国对虾必需氨基酸的种类和需求量见表3。

表3 中国对虾必需氨基酸需求量　　　　　　　　　　　　　　　　　g/kg

氨基酸	饲料
蛋氨酸	12.4
苏氨酸	17.8
缬氨酸	21.4
异亮氨酸	17.6
亮氨酸	29.3
苯丙氨酸	14.7
赖氨酸	31.0
色氨酸	3.2
组氨酸	8.6
精氨酸	40.0

饲料氨基酸的消化吸收率。麦康森(1987)用$^{51}Cr_2O_3$作为指标物质测定了中国对虾对8种饲料及花生饼和秘鲁鱼粉的消化率。发现各种氨基酸的消化率大致有如下规律,即带正电荷或负电荷的极性R-基氨基酸的消化率最高,不带电荷的极性R-基氨基酸的消化率最低,非极性氨基酸的消化率介于二者之间。此外,氨基酸的消化率在一定程度上与其含量存在正相关关系。

影响中国对虾对蛋白质、氨基酸消化吸收率的主要因素有以下几方面。

(1)水温的影响。谢宝华(1983年)报道,配合饲料在25℃和30℃水温条件下,其消化速度和蛋白消化率均无显著不同。麦康森等(1988)用$^{51}Cr_2O_3$作为指标物质掺入小杂鱼进行的实验表明,在20~30℃范围内,消化吸收率在85.90%~88.67%,可见水温并没有显著影响蛋白质的消化吸收率。

(2)粉碎粒度的影响。分别用10目、40目、60目、80目、100目过筛的花生饼粉饲喂中国对虾,测其消化吸收率,发现用10目筛过的花生饼粉的蛋白质消化吸收率降至80%以下,这显然是颗粒太粗,消化液难以渗入所致。40目至100目筛过的花生饼粉,其蛋白质消化吸收率无显著差异。

(3)不同干燥方法的影响。用60℃烘干、晒干和远红外烘干3种方法处理的花生饼喂虾,蛋白质消化率没有明显差异,均在91%左右。60℃烘干的花生饼消化率较晒干者略高,用105℃烘干者,其消化率降至88.9%。此外,还发现经105℃烘干的花生饼粉饲喂,对虾厌食,这可能是经高温处理使蛋白质变性,导致结构改变,不宜消化所致。远红外烘干的花生饼,其氨基酸消化率与60℃烘干者相比,苏氨酸和缬氨酸的消化率有所下降,丝氨酸、甘氨酸有所上升,其余氨基酸消化率差别不大。

(4)添加氨基酸的影响。在对虾的消化道中,胃部中进行的消化活动旺盛,被消化分解的营养物质的52.5%主要通过中肠腺吸收。进入中肠的营养物质再进入循环系统,被输送到各个组织器官。中肠的消化吸收能力比胃和中肠腺略低,为总消化吸收率的47.5%。饲料中的游离氨基酸在进入中肠以前,绝大部分已被中肠腺吸收。添加游离氨基酸后,蛋白质中的苏氨酸、甘氨酸、缬氨酸、异亮氨酸、酪氨酸、苯丙氨酸和赖氨酸在中肠腺的消化吸收率有明显下降。游离氨基酸不仅与结合态氨基酸不能同步吸收,而且严重影响其他必需氨基酸的同步吸收,使氨基酸间得不到平衡、互补,从而影响游离氨基酸的结合率,以致整个饲料的蛋白质效率。

脂类。脂肪是供应能量的最好来源,每克脂肪可产生9千卡热量。必需脂肪酸及脂溶性维生素或来自脂质,或赖以携带帮助吸收,固醇类、磷酯类为对虾必需营养物质,也存在于脂类中。在基础饲料中分别添加6%的花生油、豆油、鲨鱼肝油和毛虾油制成配合饲料喂虾,其增重率效果由大到小依次为:鲨鱼肝油组、豆油组、毛虾油组、花生油组、无油组。徐新章等(1988)以正交法实验,显示当饲料中添加4%脂肪时,对虾的生长最佳,并认为脂肪是影响体重、体长生长比速的第一限制因素。亚油酸、亚麻酸、EPA、DHA是中国对虾的必需脂肪酸,其需求量分别为1.95%~2.16%、0.87%~1.09%、0.20%和0.37%。磷脂对中国对虾的生长及存活起到至关重要的作用,磷脂的需求量为饲料干重的1%~3%。最适胆固醇需求量为0.5%~1%。对虾对镁的需求量为0.39%。

糖类。中国对虾缺乏对糖类的处理能力,消化吸收糖以后,一般不能进行正常的血糖调节,长时间投喂含糖高的饲料,糖会积累在肝胰脏中,影响其生长。梁亚全等(1986)在基础饲料中添加10%不同来源的糖,喂养0.5 g左右的中国对虾20 d,结果以糊精效果最好,蔗糖次之,其次为淀粉、乳糖,葡萄糖最差。梁亚全又以不同含量的糊精制成饲料投喂1g左右的中国对虾,结果以20%含量组最好。徐新章(1988)正交实验所得的结果表明,糖的最适需要量为26%。侯文璞(1982)在配合饲料中加入甲壳素饲喂对虾,观察对虾在生长期间的蜕皮次数,发现加入甲壳素组的蜕皮24次,不加组蜕皮18次,从而证明这些成分对对虾的蜕壳和再生壳有着重要作用。

矿物质与维生素。仔虾饲料中钙磷总含量大于1%,而钙/磷比为1:1.73时能促进幼虾的生长及存活。钙磷总含量大于2%,钙/磷比例1∶1.7或大于1∶1.7时,幼虾增重率及存活率最高。钙磷总含量较低时,钙/磷比中磷含量高也会影响仔虾的成活率和增重率。中国对虾对铜的需求,发现如饲料中缺铜则对虾的生长不利。中国对虾对微量元素的需求量见表4,对维生素的需求量见表5。

表4 中国对虾的微量元素需求量

微量元素	需求量/(mg·kg^{-1})
Se	20
Cu	30
Co	30
Zn	100~200
I	30
Mn	60~80

表5 中国对虾维生素需求量

维生素	对虾生长阶段/cm	需求量
VA	3~7	18 000 IU
	7~10	12 000 IU
VD	7.6~8.7	6 000 IU
VE	3~7	44 mg
	7~10	36 mg
VK	3~7	3.6 mg
	7~10	3.2 mg
VB$_1$	4.7~6.4,7.4~8.9	6 mg
VB$_2$	4.8~6.1	10 mg
	7.7~8.9	20 mg
烟酸(尼克酸)	5.0~6.4,7.7~9.3	40 mg
VB$_6$	4.8~6.2,7.7~9.3	14 mg
VC(LAPP 15%)	4.4~6.2,7.5~8.9	400 mg
泛酸钙	5.4~7.1	10 mg
生物素	5.4~7.1	0.08
VB$_{12}$	5.4~7.1	0.001 mg
	6.6~7.1	0.002 mg
肌醇	5.0~8.0	400 mg
氯化胆碱	5.0~8.0	400 mg

优质的原料、科学的配方和精细的加工工艺是决定饲料质量的关键因素。20世纪80—90年代是我国对虾人工配合饲料产业的快速发展期。为了提高配合饲料质量，大量的研究集中在如何满足中国对虾营养需求的饵料配方和加工设备两个方面。中国对虾属于咀嚼型摄食方式，因此对配合饲料在粉碎粒度、蒸汽调质、水中稳定性及颗粒成型等方面有更高的要求，只能通过专门对虾饲料加工机械来满足。我国的对虾饲料机械作为一个专业化的机械制造业是在80年代初开始发展起来的。经过30多年的发展及技术引进，现在已经有能力设计和制造对虾饲料加工企业所需的大中型成套生产设备。

为适应配合饲料和高产养殖生产的需求，研制了以中国对虾为重点的高效优质复合预混料配方。其主要原料包括蛋白质等大宗营养要素及微量的维生素、矿物元素、抗生素和酶制剂以及抗氧化、防霉变等添加剂物质。饲料中添加活菌制剂等益生素，具有对中国对虾促生长、抗病和无残毒、无公害等功能。研究了有关原料配制比例和预混料工艺技术，制定了中国对虾配合饲料行业标准（SC/T。2002—200）。该标准规定了中国对虾配合饲料的产品分类、要求、实验方法、检验规则、标签、包装、运输、贮存要求等。对虾配合饵料按照养成期对虾的大小分为三类，确定了饵料颗粒粒径和长度。提出了饵料的感官性状、理化指标、安全卫生指标等。

9　不是结语

中国对虾的养殖在世界对虾养殖发展史上占有重要位置。如果从1952年开启中国对虾养殖研究算起，迄今已有60多年的发展历史。养殖产业规模从1978年的450 t到1992年的将近20万 t，再到经过暴发性流行病的20世纪90年代中后期直至今天，可以说是经历了一个翻天覆地的变化。近年来中国对虾的养殖年产量大致徘徊在5万 t上下，虽然在全国年产养殖对虾超过100万 t的大背景下显得微不足道，但有关中国对虾养殖的故事还在继续。在本文的撰稿过程中，笔者阅读了大量文献，深知围绕中国对虾养殖的发展，实在是有太多的故事可以讲述。但限于篇幅和可利用的文献资料，对很多前辈的开创性研究工作无法一一介绍，本文涉及的只能是挂一漏万，这也算是一个小小的遗憾吧。希望以后有机会加以补充和完善，把一个更加丰满的"中国对虾故事"提供给读者。

致谢： 本文在撰稿过程中，赵法箴院士、杨丛海研究员提供了宝贵的历史文献；李健、孔杰、黄倢、刘萍、史成银、宋晓玲、梁萌青、孟宪红、王秀华、何玉英、栾生和罗坤等提供了相关资料；朱明先生提供了部分早期文献；黄海水产研究所档案室冯晓霞、中国科学院海洋研究所档案室李瑞芳为查阅有关档案资料提供了帮助；台湾海洋大学廖一久院士和陈瑶湖教授提出宝贵修改意见。在此一并致谢！

参考文献

卞伯仲, 孟庆显, 俞开康. 1987. 虾类的疾病与防治. 北京:海洋出版社.

丛子明, 李挺. 1993. 中国渔业史. 北京:中国科学技术出版社.

邓景耀, 叶昌臣, 刘永昌. 1990. 渤黄海的对虾及其资源管理. 北京:海洋出版社.

广东省水生动物疫病预防控制中心. 2014. 南美白对虾早期死亡综合征风险分析资料汇编. 1–96.

国家水产总局黄海水产研究所. 1980. 对虾精养高产实验(I, II)//中国水产学会海水养殖专业委员会编. 全国海水养殖增殖发展途径学术会议论文报告汇编. 138–152.

国家水产总局黄海水产研究所养殖研究室对虾组. 1980. 养殖对虾的饵料研究(I, II)//中国水产学会海水养殖专业委员会编. 全国海水养殖增殖发展途径学术会议论文报告汇编. 165–199.

海洋所通信员. 1960. 对虾人工育苗成功. 科学报, 6–15(第一版).

胡超群. 1994. 广东沿海养殖对虾疾病流行特点及病因. 海洋科学, (6):9–10.

胡修贵, 赵培, 李玉宏, 等. 2013. 生物絮团中异养亚硝化菌的分离鉴定及其特性. 渔业科学进展, 34(5):97–103.

黄海水产研究所. 1960. 1959—1960年对虾室内及室外人工育苗和生产实验的总结(油印本).

黄海水产研究所. 1959. 对虾养殖中几个问题的初步探讨(油印本).

黄海水产研究所动物养殖研究室. 1959. 对虾的池中产卵、孵化和育苗实验初步总结(油印本).

黄海水产研究所海产动物养殖研究室. 1959. 港养鱼虾知识(油印本).

黄海水产研究所养殖研究室对虾组. 1979. 人工养殖对虾. 北京:科学出版社.

黄健, 宋晓玲, 于佳, 等. 1995. 杆状病毒性的皮下及造血组织坏死——对虾暴发性流行病的病原和病理学. 海洋水产研究, 16(1):1–10.

黄健, 杨丛海, 于佳, 等. 1995. T–E染色法用于对虾暴发性流行病的现场快速诊断. 海洋科学, 16(1):29–34.

黄健. 2003. 对虾白斑综合征病毒分子结构学研究. 中国科学院博士学位论文.

季文娟. 2001. 对虾幼体发育的营养需要. 浙江海洋学院学报(自然科学版), (9):32–38.

康元德, 邓景耀. 1965. 对虾食性的研究. 海洋水产研究丛刊, 20:69–78.

李爱杰, 陈四清, 徐志昌, 等. 1994. 中国对虾维生素营养的研究//营养与饲料专题研讨会论文集.

李爱杰. 1998. 中国对虾营养研究进展. 上海水产大学学报, 7(8):16–23.

李爱杰, 等. 1986. 不同蛋白含量对中国对虾生长的影响. 齐鲁渔业, (3):19–22.

梁萌青, 季文娟. 1998. 中国对虾幼体发育阶段维生素A营养需要的研究. 海洋水产研究, 19(1):86–90.

梁萌青, 等. 1992. 中国对虾配合饵料最适蛋白质含量实验. 饲料工业, 13(5):47–49.

刘瑞玉. 2003. 关于对虾类(属)学名的改变和统一问题.//中国甲壳动物学会. 甲壳动物学论文集第四集. 北京:科学出版社, 106–124.

刘瑞玉, 吴尚懃, 蔡难儿. 1959. 对虾生活史的初步报告.//中国科学院实验生物研究所主编. 1959年全国胚胎学学术会议论文摘要汇编. 北京:科学出版社, 15–17.

马悦欣, 李君丰, 陈营, 等. 1995. 中国对虾(*Penaeus chinensis*)养成期虾池水体和底质及虾体异养菌和弧菌含量的变化. 中国水产科学, (3):15–21.

麦康森. 1987. 对虾对饵料蛋白质及氨基酸吸收利用的研究. 海洋学报, 9(4):485–495.

孟庆显, 俞开康. 1980. 对虾疾病的调查研究. 水产研究集刊, (1):31–45.

孟庆显,俞开康.1982.对虾育苗期间的疾病.海洋渔业,149-152.
孟庆显.1991.对虾疾病防治手册.青岛:青岛海洋大学出版社.
荣长宽,甄如林,梁素秀.1998.中国对虾对饵料蛋白质中10种必需氨基酸的营养需要量.上海水产大学学报,7(8):77-83.
荣长宽,等.1988.关于对虾(P. orientalis)饵料蛋白中10种必需氨基酸适宜组成比例的初步研究Ⅱ.//中国科协学会工作部编.饲料科技发展新途径(水产部分).66-70.
水产部黄海水产研究所.1960.对虾人工越冬、孵化和养殖的初步实验.黄海水产研究丛刊,(1):29-39.
水产部黄海水产研究所.1961.对虾人工育苗实验(油印本).
水产部黄海水产研究所,山东省海水养殖实验场.1960.对虾人工越冬孵化初步介绍(油印本).
苏跃朋.2006.中国明对虾精养池塘生态系统及动力学模型的研究.青岛:中国海洋大学.
孙运忠,赵培,王彦怀,等.2012.添加红糖和芽孢杆菌对日本囊对虾室内集约化养殖水质的调控作用.渔业科学进展,33(3):69-75.
王清印.2007.海水养殖生物的细胞工程育种.北京:海洋出版社.
王清印.2013.水产生物育种理论与实践.北京:科学出版社.
王堉,赵法箴,金文灿,等.1965.对虾人工育苗实验.海洋水产研究丛刊,20:34-50.
徐琴,李健,刘淇,等.2007.噬菌蛭弧菌和粘红酵母对中国对虾生长及非特异免疫因子的影响.海洋水产研究,(5):42-47.
徐新章,等.1988.中国对虾配饵中蛋白质、糖、纤维素、脂肪的适宜含量及日需量研究.海洋科学,(6):1-6.
徐学良,季文娟,等.1992.ω-3及ω-6不饱和脂肪酸对中国对虾幼虾存活、蜕皮和生长的影响.海洋水产研究,13:21-27.
薛清刚,王文兴.1992.对虾疾病的病理与诊治.青岛:青岛海洋大学出版社.
杨德渐.2012.我国对虾养殖业发展考实.中国海洋大学校报电子版 第1742期(2012年1月12日)第3版.
杨德渐,孙瑞平.2013.海错鳞雅.青岛:中国海洋大学出版社.
叶孝经.1987.对虾病害讲义.黄海水产研究所.
张翠英.1982.投喂牟氏角毛藻对对虾幼体变态的效果.水产科技情报,5:18.
张乃禹.2012.我国对虾产业化养殖核心技术——"中国对虾工厂化育苗技术的研究"攻关回眸.海洋科学,36(11):114-117.
张硕,董双林,王芳.2001.人工配合饲料与天然饵料对中国对虾生长贡献的研究.中国水产科学,8(3):54-58.
赵法箴.1965.对虾(Penaeus orientalis Kishinouye)幼体发育形态//黄海水产研究所编.海洋水产研究资料.北京:农业出版社,73-109.
赵伟伟,王秀华,孙振,等.2012.一株产絮凝剂芽孢杆菌的分离鉴定及絮凝剂特性分析.中国水产科学,19(4):647-653.
朱谨,日月.2007.朱树屏传记.北京:新华出版社.
Avnimelech Y. 2012. Biofloc Technology—A Practical Guide Book(2nd Edition). The World Aquaculture Society, Baton Rouge, Louisiana, United States.
He Yuying, Wang Qingyin, Tan Leyi, et al. 2011. Estimates of heritability and genetic correlation for growth traits

in Chinese shrimp *Fenneropenaeus chinensis*. Agriculture Science and Technology,12(4):613-616.

Kun Luo, Jie Kong, Sheng Luan, et al. 2013. Effect of inbreeding on survival, WSSV tolerance and growth at the postlarval stage of experimental full-sibling inbred populations of the Chinese shrimp *Fenneropenaeus chinensis*. Aquaculture,420-421:32-37.

Li Zhaoxia, Li Jian, Wang Qingyin, et al. 2006. The effects of selective breeding on the genetic structure of shrimp *Fenneropenaeus chinensis* populations. Aquaculture,258:278-282.

Lightner DV. 1996. A handbook of shrimp pathology and diagnostic procedures for diseases of cultured penaeid shrimp. The world aquaculture society, Baton Rouge, Louisiana, USA.

Ma K Y, Chan T-Y, Chu K H. 2011. Refuting the six-genus classification of *Penaeus* s. l. (Dendrobranchiata, Penaeidae): a combined analysis of mitochondrial and nuclear genes. Zoologica Scripta, 40: 498-508. doi: 10.1111/j.1463-6409.2011.00483.x

Meng XH, Wang QY, Kong J, et al. 2011. Tolerance of *Fenneropenaeus chinensis* "Huanghai No. 2" to White Spot Syndrome Virus. Journal of Shellfish Research,30(2):375-380.

Meng Xianhong, Qingyin Wang, In Kwon Jang, et al. 2009. Genetic differentiation in seven geographic populations of the fleshy shrimp *Penaeus* (*Fenneropenaeus*) *chinensis* based on microsatellite DNA. Aquaculture, 286: 46-51.

Van Hulten MC, Witteveldt J, Peters S, et al. 2001. The white spot syndrome virus DNA genome sequence. Virology, 286 (1):7-22.

Vandenberghe J, Li Y, Verdonck L, et al. 1998. Vibrios associated with *Penaeus chinensis* (Crustacea: Decapoda) larvae in Chinese shrimp hatcheries. Aquaculture,169(1-2):121-132.

Wang Qingyin, Li Jian, Kong Jie, et al. Genetic Improvement and Farming Technological Innovation on Fleshy Shrimp *Fenneropenaeus chinensis* in China. Asian Fisheries Science,23(4):545-559.

Wang Qingyin, Yang Conghai, Yu Jia. 1995. The shrimp farming industry in China: past development, present status and perspectives on the future//C L Browdy, J S Hopkins, editors. Swimming through troubled waters. Proceedings of special session on shrimp farming. Aquaculture 95. World Aquaculture Society, Baton Rouge, Louisiana, USA,1-12.

Wang X H, Li H R, Zhang X H, et al. 1999. Microbial flora in the digestive tract of adult penaeid shrimp (*Penaeus chinensis*). J Ocean Univ Qingdao, 30(3):493-498.

Wang Yan-Bo, Li Jian-Rong, Lin Junda. 2008. Probiotics in aquaculture: Challenges and outlook. Aquaculture, 281:1-4.

Wang YG, Lee KL, Najiah M, et al. 2000. A new bacterial white spot syndrome (BWSS) in cultured tiger shrimp *Penaeus monodon* and its comparison with white spot syndrome (WSS) caused by virus. Diseases of Aquatic Organisms,41(1):9-18.

Yang Cuihua, Kong Jie, Wang Qingyin, et al. 2007. Effects of Inbreeding on Growth and WSSV Resistance of the Juvenile Chinese Shrimp *Fenneropenaeus chinensis*. J of Fisherirs of China,31(2):226-233.

Yang F, He J, Lin X, et al. 2001. Complete genome sequence of the shrimp white spot bacilliform virus. J Virol, 75(23):11 811-11 820.

Zhang Jianyong, Wang Weiji, Kong Jie, et al. 2013. Construction of a Genetic Linkage Map in *Fenneropenaeus chinensis* Using SNP Markers. Russian Journal of Marine Biology,39(2):136-142.

Zhang Tianshi, Kong Jie, Luan Sheng, et al. 2011. Estimation of genetic parameters and breeding values in shrimp *Fenneropenaeus chinensis* using the REML/BLUP procedure. Acta Oceanologica Sinica, 30(1): 78-86.

Zhao P, Huang J, Wang X H, et al. 2012. The application of bioflocs technology in high-intensive, zero exchange farming systems of *Marsupenaeus japonicus*. Aquaculture, 354-355: 97-106.

Zwart MP, Dieu BT, Hemerik L, et al. 2010. Evolutionary trajectory of white spot syndrome virus (WSSV) genome shrinkage during spread in Asia. PLoS One, 5(10): e13400.

遗传、育种与生物技术

4种鲈鱼钾离子通道基因在各组织的时空表达特征分析

丛柏林，王 波*

(国家海洋局第一海洋研究所，山东 青岛 266061)

摘 要：钾离子通道是细胞膜上控制钾离子进出的孔道，几乎存在于所有类型的细胞中，在细胞生物学范畴内是种类最多，分布最广的离子通道。钾离子通道在非免疫细胞信息传递、细胞分泌、增殖、分化和维持正常功能等方面发挥着重要作用。之前，在几种哺乳动物如仓鼠和人中克隆得到了大量的钾离子通道基因。但是在低等生物特别是鱼类中的相关研究很少，特别是对于钾离子通道在免疫细胞中发挥着何种作用等科学问题的研究几乎无人进行。众所周知，非特异性免疫应答机制是鱼类等海洋生物应对外来病原体侵染的主要应对方式，离子通道被证实在哺乳动物巨噬细胞激活中发挥着重要作用，但是离子通道在免疫应答过程中的调控功能的研究在国际海洋生物学领域基本上还是空白。本研究以花鲈(*Lateolabrax japonicus*)为样本，采用分子生物学等技术手段，从不同类型的钾离子通道基因家族入手(*spKv*1.1，*spKv*1.2，*spKv*1.5 和 *spKv*3.1，这 4 条基因为之前克隆得到，分别隶属于电压门控型钾离子通道的 sharker 和 shaw 家族，GenBank 序列号分别为：HQ734185，JF795022，JF508177，JQ321840)。研究了这几种基因在鲈鱼不同组织的分布和在 LPS 刺激条件下，在鳃、脾脏、头肾、肝脏、肌肉、脑、肠、皮肤、血液等 9 种组织中不同时间段的表达情况。研究发现，在鲈鱼感染后 *spKv*1.1、*spKv*3.1 基因的表达量在头肾、血液等免疫相关组织器官中大量增加，表明这两种钾离子通道与鱼类免疫相关器官组织的功能发挥有着有明显的抑制作用，提示巨噬细胞正常功能的发挥与钾离子通道的活性有明显的关联性。

关键词：电压门控型钾离子通道；免疫功能；鲈鱼

生物体的免疫应答机制是在长期的进化过程中形成的抵抗入侵病原菌侵袭，保持自身种群繁衍的重要保障。依靠生物体自身的免疫应答机制，生物体可以调动、激活体内的免疫反应抵抗外来微生物的入侵，以维护机体的健康和种群的延续。在长期的进化过程中，生物形成了非特异性(先天性，innate immune system)免疫系统和特异性(获得性，specific immune system)免疫系统。

海洋鱼类由于所处的进化地位和其变温特性，特异性免疫应答表现迟缓，而非特异性免

---

* 基金项目：863 项目 2012AA10A408.
通信作者：ousun@fio.org.cn

疫应答是体内首先启动的免疫反应,表现为温度依赖性低、瞬间激活、反应强烈、多因子协同作用等特点,是鱼类最基本、最重要的防御机制,在鱼类抵抗外界病原体感染,维持机体的健康过程中起着主要的作用,所以对非特异性免疫应答机制的研究是鱼类免疫学研究的前沿。与哺乳动物近似,鱼类发挥免疫功能时是细胞内各种因子多层次、多方面的调节、相互协同作用的结果。了解和认识海洋生物,特别是经济鱼类的非免疫应答机制及其调控机制,提高鱼类自身免疫力,增强其病害抵御能力,加深对海洋生物免疫系统的本质与奥秘的了解和认识,丰富鱼类免疫学的基础理论与内容;为海洋水产动物的健康养殖提供理论依据都有着重要的科学价值和现实意义。

离子通道蛋白家族是位于细胞膜表面的一类膜蛋白。钾离子通道是迄今发现的分布最广,亚型最多,作用最复杂的家族。钾离子通道主要有4种分类:钙激活钾离子通道(KCa)、内向整流钾离子通道(Kir)、延迟整流型钾离子通道(Kor)、电压门控钾离子通道(Kv)。本文所研究的钾离子通道隶属于电压门控钾离子通道。电压门控通道家族可分成Kv1、Kv2、Kv3和Kv4四种类型,它们分别对应于从果蝇中克隆出来的 *Shaker*、*Shab*、*Shaw* 和 *Shal* 钾通道基因。本文所研究的基因为 *spKv*1.1, *spKv*1.2, *spKv*1.5 和 *spKv*3.1,这4条基因为之前克隆得到,分别隶属于电压门控型钾离子通道的 Kv1(sharker)和 Kv3(shaw)家族,GenBank 序列号分别为:HQ734185, J F795022, JF508177, JQ321840。

钾通道不仅影响免疫细胞的增殖与激活,还影响免疫细胞因子的产生和分泌。离子通过离子通道进入细胞后能启动细胞内各种重要的信息传导系统,从而激活细胞各种重要的代谢途径和代谢过程,行使细胞的各种功能。在鱼类免疫系统中,位于淋巴细胞上的钾离子通道起着重要的作用,当淋巴细胞受刺激而激活时,钾通道和其他离子通道协同作用,通过控制离子的跨膜流动调节胞内离子浓度和膜电位水平,参与淋巴细胞的分化、增殖、激活和肌体整个的免疫应答反应。

对哺乳动物巨噬细胞所做的研究发现,钾离子通道阻断剂4AP能在离子通道基因的翻译及翻译后阶段发挥作用;4AP能抑制PMA激活的细胞因子肿瘤坏死因子(TNFα)和白介素IL-8的分泌,而4AP和TEA的减少都能减少LPS刺激引起的免疫细胞因子的产生。已经发现,Kir、Kv和Kor等钾离子通道蛋白对细胞因子的影响都可能在mRNA水平发挥作用,说明多种离子通道蛋白都有可能在免疫细胞因子生成与分泌过程中发挥作用。但是关于钾离子通道在鱼类中的免疫作用研究还鲜有报道。

本实验以海洋经济鱼类鲈鱼为材料,通过 RT-PCR 方法研究了4种钾离子通道 *spKv*1.1、*spKv*1.2、*spKv*1.5 和 *spKv*3.1 在未感染鲈鱼不同组织中的分布情况,并在此基础上运用 real-time PCR 的方法考察钾离子通道基因在感染鳗弧菌的鲈鱼各个组织中不同时间的表达情况,为进一步阐明钾离子通道在海洋经济鱼类鲈鱼免疫调节机制中的功能打下基础。

1 材料与方法

1.1 材料

本文所选取的鲈鱼为花鲈(*Lateolabrax japonicus*),购自青岛市南山水产品市场,体重

(800±2.5)g,加氧运至实验室,使用过滤过的海水在260L的水箱中饲养,水温保持在20℃。每天喂养鱼体重0.7%的饲料,共喂养2周,确定鲈鱼健康后进行实验。

1.2 实验试剂和仪器

逆转录酶(M-MLV),TaKaRa公司。

Oligo(dT)$_{18}$引物,TaKaRa公司。

随机引物,TaKaRa公司。

RNA酶抑制剂,TaKaRa公司。

dNTP Mixture,TaKaRa公司。

SYBR® PrimeScript™ RT-PCR Kit,TaKaRa公司。

淋巴细胞分离液,北京索莱宝公司。

Hank's平衡盐溶液,北京索莱宝公司。

肝素钠,Sigma公司。

细菌脂多糖(LPS,来自 E. coli 055:B5),Sigma公司。

4-AP,Sigma公司。

L-15细胞培养基,Gibco公司。

胎牛血清FBS,HyClone公司。

RNA提取试剂(TRIZOL Reagent),Invitrogen公司。

NanoVue微量测定仪,GE公司。

凝胶成像系统,Alpha ISl220,Alpha Innotech公司。

Mikro22R型离心机,Hettich公司。

PCR仪,Programmable Thermal Controller PTC-100,Bio-Rad公司。

SYBR Green Real-time PCR Master Mix,Strategene公司。

CO_2孵育箱,德国Heraeus公司。

超净工作台,中国苏净集团安泰公司。

引物合成及基因测序服务由上海博尚生物技术公司代为执行。

1.3 RT-PCR和Real-Time PCR引物的设计

实时定量选用持家基因 β-actin 作为内参,根据鲈鱼 spKv1.1、spKv3.1、spKv1.5、spKv1.2 基因序列分别设计定量引物。引物及退火温度见表1。

表1 用于RT-PCR和Real-time PCR特异性引物
Table 1 Specific primers for RT-PCR and Real-time PCR

引物名称	引物序列	退火温度/℃
actin-F	5'-CGTGCTGTCTTCCCCTCCATC-3'	58
actin-R	5'-GTTGGTCACAATACCGTGCTCG-3'	
spKv1.1-F	5'-CGATGCGATGGAGAAGTTTCGTGAG-3'	60
spKv1.1-R	5'-CTCCCTCGTTTTCTGGGTCTTCAGC-3'	

续表

引物名称	引物序列	退火温度/℃
spKv3.1-F	5′ – TTTCGCCTGTTGAGAGTCCTTTGGG – 3′	61
spKv3.1-R	5′ – ACACCTACTTTACTGTTCCGCCGAC – 3′	
spKv1.5-F	5′ – AGACACTCCAAGGGGCTCCAGATCC – 3′	59
spKv1.5-R	5′ – CATCCCTGAACTCTGGCAGCATCTC – 3′	
spKv1.2-F	5′ – CATCTCATTAGCCACTCCTT – 3′	61
spKv1.2-R	5′ – AGGTGACGATGCTATCTGCC – 3′	

1.4 鲈鱼样本的处理及总 RNA 的提取

解剖健康的鲈鱼,分别取鳃(G)、脾脏(SP)、头肾(K)、肝脏(L)、肌肉(M)、脑(Br)、肠(I)、皮肤(SK)等主要组织各 100 mg,立即放入液氮中研磨成粉末,然后按照 invitrogen 的 Trizol 试剂的说明书提取总 RNA,反转录合成 cDNA。

对于受感染鲈鱼不同组织中 spKv1.1、spKv3.1、spKv1.5、spKv1.2 mRNA 的表达情况,取指数期增长的鳗弧菌(V. anguillarum),用灭菌的生理盐水调整浓度为 1×10^8 个/mL 后,对每只体重大约 500 g 的鲈鱼注射 0.1 mL。分别感染 0.5 h、2 h、4 h、7 h 和 12 h 后,解剖鲈鱼,取相应的组织液氮研磨,按照 invitrogen 的 Trizol 试剂的说明书提取总 RNA,反转录合成 cDNA。

1.5 不同组织中 spKv1.1、spKv3.1、spKv1.5、spKv1.2 基因的扩增和半定量

以健康鲈鱼不同组织反转录合成 cDNA 为模板,用设计的定量引物进行扩增。将 Real-time PCR 实验中所得到的 Ct 值、扩增曲线以及溶解曲线使用软件导出,分析结果。根据公式 $\Delta C_t = CT, Target - CT, actin$,取每份样品 3 个重复样的平均 C_t 值计算目的基因 spKv1.1、spKv3.1、spKv1.5、spKv1.2 相对于内参基因 β-actin 的 ΔC_t 值,采用 $2^{-\Delta\Delta Ct}$ 法计算目的基因 spKv1.1、spKv3.1、spKv1.5、spKv1.2 的相对表达量。

2 实验结果

2.1 不同组织中 spKv1.1、spKv3.1、spKv1.5、spKv1.2 基因的扩增和半定量

未感染鲈鱼不同组织中 spKv1.1、spKv3.1、spKv1.5、spKv1.2 基因的扩增和半定量结果见图 1,可以看到 spKv1.1 在鳃和脾脏中有大量表达,其他组织基因拷贝数较低,PCR 条带较浅;spKv3.1 在所有组织中都有大量表达;spKv1.5 在鳃和脾脏中有表达,在肌肉和皮肤中有微弱表达;spKv1.2 在鳃、头肾中有大量表达,在肠和皮肤中有少量表达。

2.2 Real-time PCR 重复性、特异性和扩增效率实验

实时定量 PCR 时,每一个样品做 3 个平行,分别得到了 5 种基因的 S 型扩增曲线,经定量 PCR 仪内部系统自动分析,扩增产物的 DNA 溶解温度(Tm)值非常均一,说明产物非常特

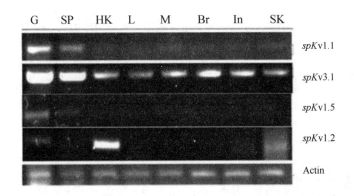

图1 各组织中 *spKv*1.1、*spKv*3.1、*spKv*1.5、*spKv*1.2 扩增电泳图谱

Fig. 1 PCR product of *spKv*1.1、*spKv*3.1、*spKv*1.5、*spKv*1.2 in tested tissues

(G：腮, SP：脾；K：头肾；L：肝；M：肌肉；Br：脑；In：肠；Sk：皮肤；)

异,没有引物二聚体和非特异性扩增产物的产生。

对于每一个稀释样本,通过计算目的基因和β-actin 的平均 C_t 值以及两者之间的平均 ΔC_t 值,以稀释浓度梯度的 log 值对 ΔC_t 值作图,如果所得直线斜率绝对值接近于0,说明目的基因和内参基因的扩增效率相同,就可以通过 $2^{-\Delta\Delta C_t}$ 方法进行相对定量。通过计算 β-actin 与 Kv 基因的直线斜率 -0.021 至 -0.036 之间变化,绝对值接近于0,因而假设成立,可以用 $2^{-\Delta\Delta C_t}$ 方法来分析数据。

2.3 受感染鲈鱼不同组织 *spKv*1.1、*spKv*3.1、*spKv*1.5、*spKv*1.2 mRNA 的相对表达量

以未感染的组织为对照(0h),鳗弧菌感染鲈鱼0.5 h、2 h、4 h、7 h 和12 h 后,腮(G)、脾脏(SP)、头肾(HK)、肝脏(L)、肌肉(M)、脑(Br)、肠(I)、皮肤(SK)、血液(BL)这几种组织中 *spKv*1.1 基因相对表达情况见图2,可见在头肾和血液中 *spKv*1.1 相对表达量最高,而在脑中相对表达量最低,且随着感染时间延长,表达量无明显变化。

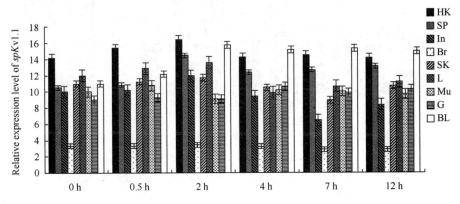

图2 *spKv*1.1 mRNA 在不同组织中的相对表达量

Fig. 2 Relative expression level of *spKv*1.3 mRNA in different tissues

(HK：头肾；SP：脾；In：肠；Br：脑；Sk：皮肤；L：肝；M：肌肉；G：腮；BL：血液)

头肾、脾脏、肠、皮肤和血液中 spKv1.1 基因在 2 h 相对表达量最高,其他组织在感染后随时间延长表达量变化不明显。

鳗弧菌感染鲈鱼 0.5 h、2 h、4 h、7 h 和 12 h 后,不同组织中 spKv1.5 基因相对表达情况见图 3,可见脑中 spKv1.5 相对表达量同样最低,而在头肾、肝脏中表达量较高,鳗弧菌感染 2 h 后各组织中 spKv1.5 相对表达量有所上升,随后稍有下降。

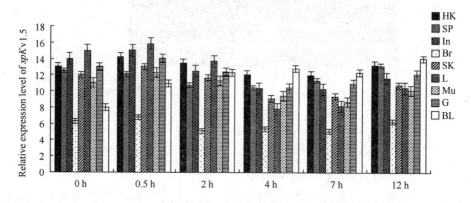

图 3　spKv1.5 mRNA 在不同组织中的相对表达量

Fig. 3　Relative expression level of spKv1.5 mRNA in different tissues

(HK:头肾；SP:脾；In:肠；Br:脑；Sk:皮肤；L:肝；M:肌肉；G:鳃；BL:血液)

鳗弧菌感染鲈鱼 0.5 h、2 h、4 h、7 h 和 12 h 后,不同组织中 spKv3.1 基因相对表达情况见图 4,可见感染后各组织中 spKv3.1 相对表达量都升高,在头肾、鳃、血液中表达量尤为突出。

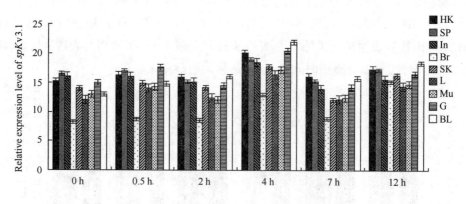

图 4　spKv3.1 mRNA 在不同组织中的相对表达量

Fig. 4　Relative expression level of spKv3.1 mRNA in different tissues

(HK:头肾；SP:脾；In:肠；Br:脑；Sk:皮肤；L:肝；M:肌肉；G:鳃；BL:血液)

从感染时间上看,感染 4 h 之后各组织中 spKv3.1 相对表达量最高,随后有所降低。

3 讨论

电压门控型钾离子通道(Kv)是一组质膜离子通道,在可兴奋细胞中控制着细胞膜的静息电位和去极化过程。电压门控通道家族可分成 Kv1、Kv2、Kv3 和 Kv4 四种类型,它们分别对应于从果蝇中克隆出来的 *Shaker*、*Shab*、*Shaw* 和 *Shal* 钾通道基因,每一种类型的钾通道又可根据功能不同又分为若干亚型,如 Kv1 型通道分为 Kv1.1、Kv1.2、Kv1.4、Kv1.5 等,Kv1 亚型是冠状动脉、大脑中动脉、肺动脉中主要的 Kv 通道。

对于 Kv 类钾离子通道的研究多集中在哺乳类动物如人类、小鼠等身上,众多的研究表明 Kv1.1 主要分布在哺乳动物的脑、心脏、视网膜、骨骼、肌肉等组织中,其功能是保持膜电势,调制神经元和肌肉中的电兴奋。Kv1.1 是瞬时外向钾通道,其特点是去极化时通道暂时开放,产生短暂外向电流,外向电流是动作电位复极化早期外向电流的主要成分,当 A 型钾通道异常失活时,常导致动作电位长时程延长,促使细胞因子释放,发挥免疫作用。从本文的结果中可以看到,Kv1.2 与 Kv1.1 类似,同样具有保持膜电势,调制神经元和肌肉中的电兴奋的功能。Kv 1.5 通道在哺乳动物心房肌细胞上有丰富的表达,是构成心房肌细胞复极化的主要成分,是心房肌细胞超快速激活的延迟整流 K 电流的分子基础,对心房的复极以及动作电位时程起重要作用,在所有的 Kv 类通道中,Kv 1.5 通道对 4 - 氨基吡啶(一种阻断剂)最为敏感。Kv3.1 在哺乳动物中主要分布在脑、骨骼肌、生殖细胞、肺等组织中,主要功能是调节突触前段动作电位时程。鲈鱼 Kv1.1、Kv1.5 和 Kv3.1 组织分布广泛,在多个组织中都有表达,这与哺乳动物中的研究类似。但基因表达量上却存在差异。Kv1.1 和 Kv3.1 在鲈鱼的脾脏、腮中有大量的表达,而在脑中的表达量最低。而哺乳动物中 Kv1.1 和 Kv3.1 在脑中大量分布。这也说明两种钾离子通道在不同物种中的表达具有多样性,其功能也可能存在差异。

钾通道在自然界的表达是呈现极大的特异性和多样性,在不同的物种、同一物种不同的发育阶段、同一个体不同的器官或组织,甚至同一器官或组织的不同部位,其表达水平差别很大。首先钾通道基因的表达具有种属特异性,如犬和人类的心肌细胞内,主要是存在 Kv4.3 和 Kv1.4,Kv4.2 则只有很低的表达,其次钾通道基因的表达呈发育阶段特异性,Kilborn、Wickenden 等学者先后发现,在大鼠心脏的不同发育阶段,钾通道在心室的表达存在很大的差异。此外钾通道基因的表达具有器官和组织特异性,Derst C 等用 RT-PCR 方法研究 Kir7.1 在豚鼠的器官和组织中的表达时发现:Kir7.1 在脑、肾和肺中表达强烈,在心脏、骨骼肌、肝、脾中表达则很弱。在同一器官内,不同的组织的钾通道表达也存在较大的差异。例如在大鼠心房和心室的心肌组织,不同的钾通道基因的表达差异很大。鲈鱼与哺乳动物的亲缘关系较远,所以在钾离子通道的基因表达上存在很大差异就可以理解了。

目前,对于哺乳动物离子通道基因研究较多,而在海洋鱼类免疫器官中的钾离子通道还未被完全认识,更没有对其在鱼类各组织中的分布有详细研究,本研究首先运用 RT-PCR 方法研究了 4 种钾离子通道 *spKv*1.1、*spKv*3.1、*spKv*1.5、*spKv*1.2 在未感染鲈鱼不同组织中的分布情况,并在此基础上运用real-time PCR的方法考察钾离子通道基因在感染鳗弧菌的鲈鱼各个组织中不同时间的表达情况。本实验同时使用这两种方法进行平行实验,但是在未感状态下只做定性观察,所以使用RT的方法更为经济,而对于表达量的变化的考察使用了real-time PCR的方法,由于Kv1.2的多次实验结果表达变化差异较大,方差超过了定量值的10%以上,所以不作为研究内容。

本实验中使用real-time PCR对感染鳗弧菌的鲈鱼脑、后肠、肌肉、表皮、血液、鳃、前肾、肝脏及脾脏中 $spKv1.1$、$spKv3.1$、$spKv1.5$ 的表达进行了检测。结果表明,鲈鱼在鳗弧菌感染下 $spKv1.1$ 基因相对表达量在头肾、肝脏、脾脏、肠和血液等各组织中均有不同程度的增高,尤其在头肾和血液中表达量的增高较为明显,而在脑中的相对表达量变化则较小,在时间顺序上,头肾、脾脏、肠、皮肤和血液中 $spKv1.1$ 基因在2 h相对表达量最高,随后稍有下降但仍维持一定水平,在感染后的其他组织随时间延长表达量变化不明显;鳗弧菌感染后各组织中 $spKv3.1$ 的相对表达量都增加较多,在头肾、鳃、血液中表达量尤为突出,从感染时间上看,感染4 h之后各组织中 $spKv3.1$ 相对表达量最高,随后有所降低;脑中 $spKv1.5$ 相对表达量同样最低,而在头肾、肝脏中表达量较高,鳗弧菌感染2 h后各组织中 $spKv1.5$ 相对表达量有所上升,随后稍有下降。

不同类型的离子通道对外来感染的响应模式并不完全一致,Lu等的研究表明 $spKv1.1$、$spKv3.1$ 这两个基因的表达是相互独立的,$spKv1.1$ 基因对应激反应3 h后变化明显,且可维持96 h后才恢复到正常水平,而 $spKv3.1$ 基因应激24 h后即可恢复到正常水平。这也就解释了在本研究中 $spKv1.1$、$spKv3.1$ 和 $spKv1.5$ 反应并不相同,$spKv1.5$ 在感染2 h后,相对表达量有所下降是一个值得特别关注的现象,$spKv1.5$ 通道的表达和功能受多种因素影响,有可能这几个离子通道基因共同组成了一个系统的反馈诱导机制,通过不同的反应模式来共同控制离子的跨膜流动调节细胞内离子浓度和膜电位水平,启动细胞内信息传导系统,参与免疫细胞的分化、增殖、激活和整个的免疫应答。

总之,头肾、脾脏、肠、皮肤和血液中离子通道基因应对鳗弧菌感染较为敏感,这是因为头肾、脾脏为鱼类的主要免疫器官。鱼类的肾脏具有多种解剖学和功能上的区室,可分为头肾、中肾和后肾三部分。头肾的基质提供造血组织,但它也不依赖抗原刺激就可以产生免疫细胞,在免疫应答反应中起作用。在非特异性免疫中起重要作用并清除碎屑和受损伤的细胞。头肾是主要的产生抗体器官,是继胸腺之后第二个发育的免疫器官,是免疫细胞的发源地,相当于哺乳动物的骨髓。头肾几乎全由造血组织构成,其实质是由网状细胞、各种血细胞和黑素交织在一起构成的,其免疫细胞包括淋巴细胞、单核细胞、巨噬细胞和粒细胞等。脾脏是唯一能在硬骨鱼中发现的淋巴结样器官,是鱼类红细胞、中性粒细胞产生、贮存和成熟的主要场所。软骨鱼类的脾脏内有椭圆形的淋巴小泡,淋巴细胞、巨噬细胞和黑色素吞噬细胞。硬骨鱼类的脾脏内有巨噬细胞,并且具有造血和免疫功能,当机体受到免疫接种后,脾脏的黑色素巨噬细胞增多,可与淋巴细胞和抗体聚集在一起,形成黑色素巨噬细胞中心(melano-macrophage center,MMC),具有参与体液免疫和炎症反应,对内源或外源异物进行贮存、破坏和脱毒,作为记忆细胞的原始发生中心,保护组织免除自由基损伤等作用。而血液中又充斥着各类与免疫应答机制有关的血细胞,包括巨噬细胞,粒细胞和淋巴细胞等,在感染后 $spKv1.1$、$spKv3.1$ 基因的表达量在这些免疫相关组织器官中升高,表明鱼类钾离子通道的表达与免疫相关器官组织功能的发挥有着明显的关联性。

参考文献

陈旭衍,侯亚义. 2004. 鱼类细胞因子研究进展[J]. 水生生物学报,28:668-673.

唐玫,马广智,徐军. 2002. 鱼类免疫学研究进展[J]. 免疫学杂志,18(3): 112-127.

唐哨勇,王世敏,蒋学俊. 2005. 电压依赖性 Kv1.5 通道的研究进展[J]. 国外医学:心血管疾病分册, 31(5): 262-264.

张永安,孙宝剑,聂品. 2000. 鱼类免疫组织和细胞的研究概况. 水生生物学报,24(6): 648-654.

Ahluwalia J, Tinker A, Clapp L H, et al. 2004. The large-conductance Ca^{2+}-activated K^+ channel is essential for innate immunity[J]. Nature, 427: 853-858.

Derst C, Hirsch J R, Preisig M R, et al. 2001. Cellular localization of the potassium channel Kir7.1 in guinea pig and human kidney[J]. Kidney Int, 59: 2197.

Dixon JE, Shi W, Wang HS, et al. 1996. Role of the Kv4.3 K^+ channel in ventricular muscle. A molecular correlate for the transient outward current[J]. Circ Res,79(4):659-668.

Ellis A E. 2001. Innate host defence mechanism of fish against viruses and bacteria[J]. Dev Comp Immunol, 25(8-9):827-839.

Fearon D T, Lodksley R M. 1996. The instructive role of innate immunity in the acquired immune response[J]. Science, 272(5258):50-52.

Grace M F, Manning M J. 1980. Histogenesis of the lymphoid organs in rainbow trout, Salmo Gairdneri Rich[J]. Dev Comp Immunol,(4):255-264.

Herraez M P, Zapata A G. 1990. Structural characterization of the melano-macrophage centres (MMC) of goldfish Carassius auratus[J]. European journal of morphology, 29(2): 89-102.

Imagawa T, Hashimoto Y, Kon Y, et al. 1991. Immunoglobulin containing cells in the head kidney of carp (Cyprinus carpio L.) after bovine serum albumin injection[J]. Fish Shellfish Immunol, (1): 173-185.

Kaattari SL, Irwin MJ. 1985. Salmonid spleen and anterior kidney harbor populations of lymphocytes with different B cell repertoires[J]. Dev Comp Immunol, 9(3):433-444.

Kilborn M J, Fedida D. 1990. A study of the developmental changes in outward currents of rat ventricular myocytes [J]. The Journal of Physiology,430:37-60.

London B, Wang DW, Hill JA, et al. 1998. The transient outward current in mice lacking the potassium channel gene $Kv1.4$[J]. J Physiol, 15:171-182.

Lu Y, Monsivais P, Tempel BL, et al. 2004. Activity-dependent regulation of the potassium channel subunits Kv1.1 and Kv3.1[J]. J Comp Neurol, 470(1): 93-106.

Papazian L, Bregeon F, Gaillat F, et al. 1998. Does norepinephrine modify the effects of inhaled nitric oxide in septic patients with acute respiratory distress syndrome[J]? Anesthesiology, 89(5):1089-1098.

Papazian L, Thomas P, Garbe L, et al. 1995. Bronchoscopic or blind sampling techniques for the diagnosis of ventilator-associated pneumonia [J]. American journal of respiratory and critical care medicine, 152(6):

1982 – 1991.

Pongs O. 1992. Molecular biology of voltage-dependent potassium channels[J]. Physiol Rev, 72: S69 – 88.

Qiu MR, Campbell JT, Breit SN. 2002. A potassium ion channel is involved in cytokine production by activated human macrophages[J]. Clin Exp Immunol, 130:67 – 74.

Racape J, Lecoq A, Romi-Lebrun R, et al. 2002. Characterization of a novel radio labeled peptide selective for a subpopulation of voltage-gated potassium channels in mammalian brain[J]. J BiolChem, 277: 3886 – 3893.

RangHP, Dale M M, Ritter J M, et al. 2003. Pharmacology[M]. Edinburgh: Churchill Livingstone, 60.

Seydel U, Scheel O, Muller M, et al. 2001. A K$^+$ channel is involved in LPS signaling[J]. Endotoxin Res,(7): 243 – 247.

Tsujii T, Seno S. 1990. Melano-macrophage centers in the aglomerular kidney of the sea horse (Teleosts): Morphologic studies on its formation and possible function[J]. The Anatomical Record, 226(4): 460 – 470.

Vicente R, Escalada A, Coma M, et al. 2003. Differential voltage-dependent K$^+$ channel responses during proliferation and activation in macrophages[J]. Biol Chem, 278:46 307 – 46 320.

Vicente R, Escalada A, Soler C, et al. 2005. Pattern of Kv beta subunit expression in macrophages depends upon proliferation and the mode of activation[J]. Immunol, 15:4736 – 4744.

Vicente R, Escalada A, Villalonga N, et al. 2006. Association of Kv1.5 and Kv1.3 contributes to the major voltage-dependent K$^+$ channel in macrophages[J]. Biol Chem, 281:37 675 – 37 678.

Wickenden A D. 2002. Kchannels as therapeutic drug targets[J]. Pharmacology & therapeutics, 94(1): 157 – 182.

星斑川鲽神经激肽 B 基因 cDNA 克隆及饥饿对其表达的影响

郭湘云[1,2], 郑风荣[2*], 王波[2], 丁倩倩[2], 赵盟[2], 李华[1*]

(1. 大连海洋大学, 辽宁 大连, 116023; 2. 国家海洋局第一海洋研究所海洋生态研究中心, 山东 青岛 266000)

摘要: 为研究神经激肽 B 在星斑川鲽生殖内分泌调控中的作用, 本研究以星斑川鲽为研究对象, 通过 SMART-RACE 技术得到了星斑川鲽 NKB 基因的 cDNA 序列, 其长度为 559 bp, 包括 13 个 bp 的 5'-UTP, 334 个 bp 的 3'vUTP, 开放阅读框 210 bp, 编码 69 个氨基酸。理论分子量为 7.98 kDa, 等电点为 5.24。与已知物种神经肽 Y 进行同源性比对, 得知与鲽科黄盖鲽属鱼类的 NPY 属于一支。利用 Real-time PCR 技术检测了饥饿对该基因在心脏、脑组织中的表达影响, 结果显示在心脏、脑组织中 NKB 均有表达, 且随着饥饿时间的增长, 而表达量逐渐减少, 表明充足的食物是鲽类进行繁殖的重要条件。

关键词: 星斑川鲽; 神经激肽 B; cDNA 克隆; 序列分析; 表达

神经激肽 B(neurokinin B.NKB)又名神经介素 K(neuromedin K),是属于速激肽家族的一种神经肽,Kimura 于 1983 年首先从猪脊髓中分离出来,为含 10 个氨基酸的多肽,广泛分布在中枢神经系统和周围神经组织内。迄今,已经有大量的证据表明:NKB 在生殖调控中起着重要作用,是性类固醇激素反馈调节 GnRH 的重要纽带。在大鼠中,NKB 的表达量随着动情周期的变化而变化,Navarro 等报道 NKB 脑室注射抑制 LH 的释放,在大鼠中,NKB 的受体 TACR3 在 GnRH 神经元上表达,脑室注射 TACR3 的激动剂能够显著刺激 LH 的释放。以上表明:NKB 信号是哺乳动物生殖系统不可缺少的重要组成部分。目前,尽管 NKB 在斑马鱼和金鱼的研究取得了一些进展,但是,NKB 在鱼类的功能研究仍处于初步阶段。

星斑川鲽(*Platichthys stellatusr*)隶属硬骨鱼纲(Osleichthyes),鲽形目(Pleuronectiformes),鲽科(Pleuronectidae),川鲽属(*Platichthys*),分布于我国黄海中北部海区沿岸,是重要的新型海水养殖经济种类。星斑川鲽繁殖力强,性情温驯,适宜于进行集约化养殖,目前关于神经因子 NKB 对其繁殖调控的机理研究比较少。本实验以星斑川鲽为材料,克隆了星斑川鲽神经激肽 *NKB* 基因 cDNA 序列,并利用 Real-time PCR 分析了饥饿对其表达的影响。

1 材料与方法

1.1 材料

星斑川鲽取自日照海洋水产资源增殖站的健康养殖鱼 10 尾,采样时间为 2013 年 10 月,体表完好,长约 15 cm,重约 200 g。解剖取鱼的脑组织立即存放于液氮中,备用。

1.2 方法

1.2.1 总 RNA 提取

取正常健康的星斑川鲽的脑组织,采用 TRIZOL Reagent(康为世纪)提取总 RNA,使用 RNase Free DNase I(TaKaRa)对总 RNA 进行处理以除去 DNA 污染,最终定容于无 RNase 水。用核酸蛋白测定仪测定 OD260/OD280 比值以检测其纯度并计算浓度,同时进行琼脂糖凝胶电泳检测其完整性。纯化后的总 RNA 溶液保存于 -80℃。

1.2.2 RACE 扩增

根据本实验室构建的星斑川鲽脑组织的转录组库中的 NKB 部分序列,利用 Primers5.0 设计引物 GSP1、GSP2(表 1)扩增目的片段,按照 SMARTer™ RACE cDNA Amplification 试剂盒(Clontech)说明书进行反转录、3′RACE 扩增和 5′RACE。取 5 μL PCR 产物进行 1% 琼脂糖凝胶电泳,采用琼脂糖凝胶 DNA 回收试剂盒[生工生物工程有限公司]切胶回收 3′RACE 产物及 5′RACE 产物,将 PCR 产物纯化后连接到 PTZ57R/T(Thermo)载体上,转化到感受态细胞 *E. Coli* DH5α 中,涂平板、挑菌,经 PCR 检测阳性克隆后进行扩增,采用试剂盒回收质粒[生工生物工程(上海)有限公司],送上海桑尼公司进行测定序列,将 3′RACE 和 5′RACE 获得的基因片段连接为 NKB cDNA 全长,并与 GenBank 中已知序列进行比对。

表1 实验使用引物序列
Table 1 Sequences of PCR primers

引物 Primer	引物序列(5′-3′) sequence
3′CDS	AAGCAGTGGTATCAACGCAGAGTAC TTTTTTTTTTTTTTTTTTTTTTTTTTTTTVN
UPM (Long)	CTAATACGACTCACTATAGGGCAAGCAG TGGTATCAACGCAGAGT
UPM (short)	CTAATACGACTCACTATAGGGC
GSP1	CCGAGGGATACCCGATGAAACCG
GSP2	GAGGCAACAGGGACCTTCGC
NKB4F (real-time PCR)	AGAGGTATGGGAAGAGGTCCAGT
NKB4R (real-time PCR)	ACTGTGGAAGAGTGTCTGTGCTTT
β-actin F	CAACTGGGATGACATGGAGAAG
β-actin R	TTGGCTTTGGGGTTCAGG
NUP	AAGCAGTGGTATCAA

生物信息学分析与系统进化树的构建

将星斑川鲽 NKB 基因 cDNA 用 GENSCAN 软件确定正确的开放阅读框,并翻译成氨基酸序列;用 ProtParam 预测理化性质;用 PredictProtein 预测其二级结构;用获得的星斑川鲽 NKB 序列与其他物种神经肽 Y 序列进行 Clustal W 比对,然后用 MEGA 5.0 软件做出相应的系统发育树。

1.3 Real-time PCR 检测饥饿对 NKB 表达的影响

取自日照市海洋水产资源增殖站的健康星斑川鲽20尾,运回实验室驯养5 d,实验期间海水温度保持在18℃左右,每天换水,充氧。共设置3个实验组,每处理组3组重复,每组重复5尾星斑川鲽,分别在0 h、24 h、72 h 饥饿时间段在3组实验鱼中取样,每组随机抽取5尾鱼,取其心脏、脑组织各约100 mg,分别提取各组织总 RNA 并用 RNase-Free DNase Ⅰ 除去 DNA 污染。经核酸定量分析仪检测其纯度和浓度,并进行琼脂糖凝胶电泳检测其完整性,调整各组织总 RNA 浓度达到500 ng 左右,使用 Prime Script™ II 1st strand cDNA synthesis Kit 试剂盒(TaKaRa)进行反转录得到 cDNA。按照 Real-time PCR 说明书 FastStart Universal SYBR Green Master(ROX)(Roche),利用 Real-time PCR 引物 NKB4F、NKB4R 进行实验。采用的内参基因为 β-actin,引物序列见表1,内参基因在各个组织中的表达相对稳定,在检测实验基因的表达水平变化时作为参照物,目的基因的 C_T 值与内参基因的 C_T 值之间的差异称为 $\Delta\Delta C_T$,$2^{-\Delta\Delta C_T}$ 值即为样品的该基因的相对表达水平,校准样品恒定为1。每个样品设置3个平行,每个实验重复3次。数据采用单因素方差分析进行处理与分析,当 $P<0.05$ 时认为差异显著。

2 结果

2.1 星斑川鲽 NKB 基因 cDNA 序列的获得

星斑川鲽 NKB 基因的核苷酸及推导的氨基酸序列(图1)。利用在线工具 GENSCAN (http://genes.mit.edu/GENSCAN.html)分析得知：该 cDNA 全长559 bp,5′UTP 含有13个碱基,3′UTP 含有235个碱基,开放阅读框为210 bp,编码69个氨基酸。理论分子量为7.98 kDa,等电点为5.24。

利用在线工具 ProtParam(http://web.expasy.org)分析编码的氨基酸,结果显示其总平均亲水性为 -0.800,脂肪系数为83.48,不稳定系数为85.57。利用在线工具 PredictProtein (https://www.predictprotein.org)分析得知：二级结构成分为螺旋占40.58%,回路占59.42%,并且有8个多肽结合位点。与其他鱼类神经肽 Y 进行亲缘关系的比对(图2),可知与鲽科黄盖鲽属鱼类的 NPY 属于一支。

```
CGAGGGATACCCGATGAAACCGGAGAACCCCGGGGAGGACGCC
              M  K  P  E  N  P  G  E  D  A
CCGGCGGAGGATCTGGCCAAATACTACTCAGCCCTGAGACAC
 P  A  E  D  L  A  K  Y  Y  S  A  L  R  H
TACATCAACCTCATCACGAGACAGAGGTATGGGAAGAGGTCC
 Y  I  N  L  I  T  R  Q  R  Y  G  K  R  S
AGTCCTGAGATTCTGGACACGCTGGTCTCGGAGCTGCTGCTG
 S  P  E  I  L  D  T  L  V  S  E  L  L  L

AAGGAA AGCACAGACACGCTTCCACAGTCAAGATATGACCCA
  K  E  S  T  D  T  L  P  Q  S  R  Y  D  P
TCATTGTGGTGATGCTGCCATCAACGTTGAATCCACATCACTG
 S  L  W
CCGCCCCGCCGCTGCTGACATTCTGACCTCTGAACCTCTGTC
ACGTCATTTTCCTCCTATACGCCAAGAGACCTCCCCTGCCTC
CGTGCCCCTCTTACCTCTACGAGCCGCTACGCGTAATCAACC
CCTCCTCCTTAACCATCGAACAGGGTCAAAACTGCTTATCGG
ATGTGCCATCAAATTGTAAATTGTTCACTCAGTTATTGTCTCA
GACACATAAAGGTGAAGGGGGGAAGGGCCACGTTGTTTGTG
TTGTATAAATGTGCTATTAAAGAATCATTGTTTAAAGCAAAAA
AAAAAAA
```

图1 星斑川鲽 NKB cDNA 核酸序列及推导的氨基酸序列

Fig. 1 Nucleotide sequence and deduced amino acid sequence of the *Platichthys stellatusr* NKB cDNA

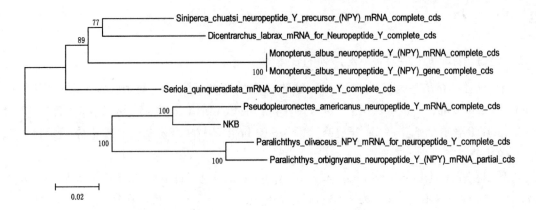

图2 神经肽B基因与其他神经肽基因的亲缘关系
Fig. 2 Genetic relationship of NKB and other NPY

2.2 Real-time PCR检测饥饿对NKB表达的影响

Real-time PCR结果表明,NKB基因在星斑川鲽心脏、脑组织中均有表达(图3和图4),其中脑组织中表达量较高,且随着饥饿天数的增长,表达量逐渐减少,且差异显著。

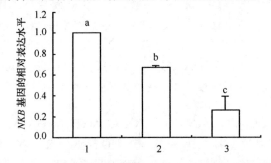

图3 脑组织中NKB基因的表达水平
1代表正常喂食;2代表饥饿24 h;3代表饥饿72 h
不同字母代表差异显著($P<0.05$)。
Fig. 3 NKB gene expression level in brain tissue 1 represent normal; 2 represent starvation for 24 h; 3 represent starvation for 72 h
The different letters mean significantly different.

3 讨论

神经激肽B(neurokinin B,NKB)是由tachykinin3(TAC3)基因编码的前体蛋白经过一系列的加工修饰后产生的成熟肽。NKB及其受体在神经系统及周围组织中广泛分布,说明其具有重要的生理功能。研究表明:NKB能够松弛血管、减慢心率、降低平均动脉压、诱发炎症

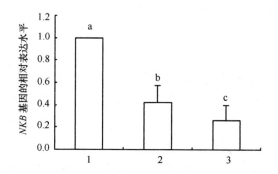

图4 心组织中 *NKB* 基因的表达水平
1 代表正常喂食;2 代表饥饿 24 h;3 代表饥饿 72 h
不同字母代表差异显著($P<0.05$)

Fig. 4 *NKB* gene expression level in heart tissue 1 represent normal; 2 represent starvation for 24 h; 3 represent starvation for 72 h
The different letters mean significantly different.

反应、促进细胞因子及炎症介质的释放、收缩瞳孔括约肌缩小瞳孔等众多生物学作用;NKB神经元广泛分布于下丘脑的弓状核,而目前众多的证据显示在弓状核表达的 NKB 神经元参与性腺激素的调节,对于存在于人和羊弓状核内的 NKB 神经元,目前已被证实能够表达 ER。

NKB 是速激肽家族的一员,且该家族成员都具有共同的羧基端序列,即 Phe – X – Gly – Leu – Met – NH$_2$,而且具有许多共同的生物学效应。NKB 的分子结构为 Asp – Met – His – Asp – Phe – Phe – Val – Gly – Leu – Met – NH$_2$,在脊椎动物高度保守[11],其前体物质是前速激肽原(preprotachykinin B, PPT – B),主要以酶解的方式失活。

NKB 主要是通过其受体发挥作用的,已知受体主要分为 NK1R、NK2R 及 NK3R 这 3 种亚型,分别由 TACR1、TACR2 和 TACR3 基因编码合成,它们具有高度的结构同源性,但同 NKB 亲和力最高的受体是 NK3R。NKB 与 NK3R 结合后,水解肌醇磷脂使 NK3R 活化,激活磷脂酶 C(phospholipase C, PLC),产生肌醇三磷酸(inositol triphosphate, IP3)和二酯酰甘油(diacylglycerol, DAG),IP3 能够使细胞内的钙离子浓度升高,DAG 则激活蛋白酶 C(protease C, PKC),促进基因转录。或者是通过活化腺苷酸环化酶,引起细胞内环磷酸腺苷(cyclic adenosine monophosphate, Camp)浓度的升高,从而产生不同的作用[17]。

系统发育树结果表明:星斑川鲽NKB序列与其他鱼类神经肽 NPY 序列具有较高的同源性,尤其是与鲽科黄盖鲽属鱼类的 NPY 属于一支。这也说明了 NKB 在长期的进化适应过程中相对保守,只是在不同进化分支之间存在着一些差异,这为往后的蛋白质结构、功能的预测提供了依据。

研究表明:食物剥夺将会使金鱼、银大麻哈鱼和印第安大麻哈鱼下丘脑中 NPY 的 mRNA 表达含量增加,重复投饵后将产生相反的影响,经过 72 h 禁食后金鱼 NPY mRNA 表达水平显著增加。本实验提取不同处理组的星斑川鲽脑组织、心脏组织 mRNA，分别对其中的 NKB 表达含量变化测定。结果表明：随着饥饿程度的增加，NKB 在脑、心脏组织里表达量均逐渐减少，实验结果与 Lopez-Patino 和 Silverstein 的研究结果不一致。

星斑川鲽是重复产卵的种类，但是，如果在生长季节因食物缺乏而没有贮存足够能量供卵巢生长，它将在下一个繁殖季节不参加繁殖活动。所以，随着饥饿程度的增加，NKB 在脑、心脏组织里表达量逐渐减少，以减少生殖所需的能量，协调身体进行生长。

本研究克隆了星斑川鲽的 NKB cDNA，为从分子水平研究 NKB 在星斑川鲽生殖神经内分泌系统调控机理提供基础。另外，通过本实验饥饿对星斑川鲽 NKB 表达的影响，说明了食物能量对鱼类生殖的重要性。

致 谢 感谢郑凤荣老师、王波、李华老师在我学习和实验过程中给予的帮助和指导，以及海洋生态研究中心的各位工作人员的热情帮助和支持。

参考文献

王世冉，田占庄. 2012. 神经激肽 B 及其生殖内分泌作用[J]. 生理科学进展，(2)：107-110.

Anjali D, Ganjiwale, Gita S R, et al. 2011. Molecular modeling of neurokinin B and tachykinin NK3 receptor complex [J]. J Chem Inf Model, 51(11)：2932-2938.

Billings H J, Connors J M, Altman S N, et al. 2010. Neurokinin B acts via the neurokinin-3 receptor in the retrochiasmatic area to stimulate luteinizing hormone secretion in sheep [J]. Endocrinology, 151(8)：3836-3846.

Khawaja A M, Roger D F. 1996. Tachykinin：receptor to effector [J]. Int J Biochem Cell Biol, 28(7)：721-738.

Kimura S, Okada M, Sugita Y, et al. 1983. Novel mammalian tachykinin A and B, isolated from porcine spinal cord [J]. Proc Japan Acad, 59B：101.

Lasaga M, Debeljuk L. 2011. Tachykinins and the hypothalamo-pituitary-gonadal axis：An update [J]. Peptides, 32(9)：1972-1978.

Leik C E, Walsh S W. 2004. Neutrophils infiltrate resistance-sized vessels of subcutaneous fat in women with preeclampsia [J]. Hypertension, 44(1)：72-77.

Lopez-Patino MA, Guijarro Al, Isorna E, et al. 1999. Neuropeptide Y has a stimulatory action on feeding behavior in goldfish (*Carassius auratus*)[J]. Pharmacol,3(77)：147-153.

Mizuta K, Gallos G, Zhu D, et al. 2008. Expression and coupling of neurokinin receptor subtypes to inositol phosphate and calcium signaling pathways in human airway smooth muscle cells [J]. Am J Physiol Luug Cell Mol Physiol, 38(3)：L523-L534.

Narnaware YK, Peyon PP, Lin X, et al. 2000. Regulation of food intake by neuropeptide Y in goldfish . [J]. Physiol Regul Integr Comp Physiol,279：R1025-R1034.

Navarro VM, Gottsch ML, Chavkin C, et al. 2009. Regulation of gonadotropin-releasing hormone secretion by kisspepin/dynorphin/neurokinin B neurons in the arcuate nucleus of the mouse. [J]. Neurosci, 29：11 859-11 866.

Page N M, Morrish D W, Weston-Bell N J. 2009. Differential mRNA splicing and precursor processing of neurokinin B in neuroendocrine tissues [J]. Peptides,30：1508-1513.

Patacehini R, Maggi C A. 1995. Tachykinin receptors and receptor subtypes [J]. Arch Int Pharmacodyn Ther, 329(1): 161 – 184.

Poole D P, Amadesi S, Rozengurt E, et al. 2008. Stimulation of the neurokinin 3 receptor activates protein kinase C epsilon and protein kinase D in enteric neurons [J]. Am J Physiol Luug Cell Mol Physiol, 294(5): G1245 – G1256.

Rance N E, Bruce T R. 1994. Neurokinin B gene expression is increased in the arcuate nucleus of ovariectomized rats [J]. Neuroendocrinology, 60(4): 337 – 345.

Sandoval-Guzman T, Rance NE. 2004. Central injection of senktide, an NK3 receptor agonist, or neuroprptide Y inhibits LH secretion and induces different patterns of Fos expression in the rat hypothalamus. Brain Res, 1026: 307 – 312.

Santos J M, Tatsuo M A, Turchetti-Maia R M, et al. 2004. Leukocyte recruitment to peritoneal cavity of rats following formalin injection: role of tachykinin receptors [J]. Pharmacol Sci, 94(4): 384 – 392.

Silverstein J T, Breininger J, Baskin D G, et al. 1998. Neuropeptide Y-like gene expression in the salmon brain increases with fasting [J]. Gen Comp Endocrinol, 110: 157 – 165.

Silverstein J T, Shearer K, Dickhoff W P, et al. 1999. Regulation of nutrient intake and energy balance in salmon. [J]. Aquaculture, 177: 161 – 169.

Topaloglu A K, Semple R K. 2011. Neurokinin B signalling in the human reproductive axis [J]. Mol Cell Endocrinol, 346: 57 – 64.

Zhou Qi. 2013. Advance in the study of neuroendocrinological regulation of kisspeptin in fish reproduction [J]. Oct, 34(5): 519 – 530.

大黄鱼清道夫受体 A 家族基因的鉴定及其抗溶藻弧菌感染的分子机制研究

何建瑜,刘慧慧,吴常文*

(浙江海洋学院 国家海洋设施养殖工程技术研究中心,浙江 舟山 316022)

摘要:清道夫受体(Scavenger receptors, SRs)是生物体中极其重要的一类模式识别受体,主要包括 8 个不同的家族。本研究主要基于大黄鱼全基因组信息,通过基因克隆得到 SCARA3, SCARA5 和 MARCO 在内的 3 个 A 家族基因(命名为 TycSA3, TycSA5 和 TycMAC),其完整开放阅读框(ORF)长度分别为 1 938 bp, 1 677 bp 和 1 218 bp(GenBank 序列号为 KJ467772, KJ467773 和 KJ467771),编码 645, 558 和 405 个氨基酸。经序列比对和系统进化分析发现所得到的 3 个基因与已知的 SCARA3,

---

* 基金项目:科技部,863 计划项目(2012AA10A403 – 3)
作者简介:何建瑜(1991—),硕士研究生,E-mail: xiaolonghjy@126.com
通信作者:吴常文(1960—),教授,E-mail: wucw08@126.com

SCARA5 和 MARCO 基因高度同源。进化树显示 TycSA3 和 TycSA5 分别与其他硬骨鱼类的相关基因聚成一支,而 TycMAC 却与爬行动物聚成一支,因此3个基因在进化上存在一定的差异。ClustalW 分析显示 TycSA3 与其他物种的 SCARA3 的同源性为 59%~71%,TycSA5 为 55%~72%,而 TycMAC 只有 38% 左右。在 TycSA3,TycSA5 和 TycMAC 中都发现了许多重要的结构域和保守位点,例如,羧基末端的6个半胱氨酸富集区(在 TycSA5 中有 C-482,C-495,C-526,C-536,C-546 和 C-556,在 TycMAC 有中 C-333,C-346,C-374,C-384,C-394 和 C-404)。在 TycSA3 和 TycSA5 中还发现了两处与 TRAF2 结合的结构域和涉及内在折叠的酪氨酸保守区。利用 GeneMaper v2.5 对3个基因的 DNA 序列进行分析,TycSA3 和 TycMAC 的外显子都为13个,内含子12个,TycSA5 则短一些只有12个外显子和11个内含子。对8种组织差异性表达分析表明,TycSA3,TycSA5 和 TycMAC 均在脾脏出现最高表达,在肌肉,脑和肝脏中都有较高表达。进一步通过溶藻弧菌感染,检测脾脏中3个基因的时序变化情况,结果显示溶藻弧菌可上调3个基因的表达,但最高表达量出现的时间略有差别,相对于 TycSA3,TycSA5 和 TycMAC 基因对感染较为敏感且反应较为迅速。上述结果将有助于理解清道夫受体在石首鱼类天然免疫受体中的作用,为今后开展鱼病防治和疫苗研究提供借鉴。

关键词: 大黄鱼(Pseudosciaena crocea),清道夫 A 家族,天然免疫,溶藻弧菌,免疫应答

天然免疫(innate immunity)是鱼类中极其重要的免疫方式,鱼类天然免疫系统可以通过模式识别受体(Pattern-recognition receptors,PRRs)识别各种病原微生物(包括细菌、病毒和真菌)并启动炎症反应。模式识别受体是生物体天然免疫中一类重要的受体分子,起到保护生物体免受环境危害的作用。目前根据功能结构域的不同,模式识别受体主要分为三大类:可溶性桥接型模式识别受体(soluble bridging PRRs),内吞型模式识别受体(endocytic PRRs)和信号传导型模式识别受体(signaling PRRs)。其中内吞型模式识别受体主要包括三大类:甘露糖受体(Mannose receptors,MRs),清道夫受体(Scavenger receptors,SRs)和 C 型凝集素受体(C-type lectin receptors)。在感染早期,这些受体之间相互作用,能够起到识别外源配体,清除病原体,保护宿主细胞的功能。

清道夫受体是由一类结构各异的跨膜表面糖蛋白分子组成的蛋白质家族,最早是 Goldstein 在 1979 年发现的,主要存在于巨噬细胞(Mφ)、树突状细胞(DC)、内皮细胞以及一些其他种类的细胞中。根据结构的不同现在已经发现了8个不同的家族亚型,分别是 A-H 家族,其中 A 家族亚型(SR-A)成员最多,共有5个,分别是 Scavenger receptor A(SR-A/SCARA1,包括 SR-AⅠ,SR-AⅡ 和 SR-AⅢ),Macrophage receptor with a collagenous structure(MARCO/SCARA2),Cellular stress response(CSR/SCARA3,包括 CSR1 和 CSR2),Scavenger receptor with C-type lectin(SRCL/SCARA4,包括 SRCLⅠ and SRCLⅡ)和 Testis expressed scavenger receptor(TESR/SCARA5)。清道夫 A 家族基因的结构类似,主要包括三聚体Ⅱ型

膜蛋白,该蛋白由氨基端胞内区、跨膜区、连接区、α-螺旋区、胶原样结构域,羧基端半胱氨酸富集结构域或 C 型凝集素结构域。已有相关文献报道 SR-A 所形成的三聚体 II 型膜蛋白可以有效结合聚阴离子配体,包括修饰后的脂蛋白,多核糖核苷酸和多糖,特别地对修饰后的低密度脂蛋白(low density lipoprotein,LDL)可以较好地结合,有效防护宿主细胞受到病菌微生物的侵害,包括革兰氏阳性菌如 *Streptococcus pneumoniae* 和革兰阴性菌如 *Neisseria meningitides* 和 *Clostridium sordellii*。还能结合未调理的环境中的一些物质,包括石英颗粒和乳胶微球等,此外,SR-A 还对免疫信号通路的激活和免疫因子的生成具有重要的作用,例如 NF-κB 信号通路的激活和白介素 IL-8 的生成。上述研究结果说明 SR-A 可能参与宿主防御,但迄今在大黄鱼等石首鱼科中还未见 SR-A 的相关报道。

大黄鱼(*Pseudosciaena crocea*)属于硬骨鱼纲,鲈形目,石首鱼科,广泛分布于黄海中部以南至琼州海峡以东的中国大陆近海及朝鲜西海岸,是一种重要的经济鱼类。20 世纪 90 年代以后,随着捕捞船大量增加,捕捞手段不断提高,已经造成资源日趋衰退,高密度的人工养殖已经造成大黄鱼免疫力下降,加之养殖区域水质严重恶化,从而导致养殖大黄鱼疾病频繁发生。因此,借助已获得的大黄鱼基因组序列信息,本研究主要克隆大黄鱼 SCARA3,SCARA5 和 MARCO 三个清道夫受体 A 家族基因,并对其重要的结构域和保守位点进行分析,获得上述分子的结构特征及演化规律,进一步检测溶藻弧菌感染后它们的表达变化,为今后深入阐释大黄鱼 SR-A 家族在溶藻弧菌引起的免疫信号通路传递中作用奠定基础。

1 材料与方法

1.1 材料

大黄鱼(体长 20~30 cm,体重 350~400 g)于 2013 年 11 月取自浙江舟山东极养殖场,25 ℃ 洁净海水中暂养 1 周,每天换新鲜海水。随后将大黄鱼随机分为两组,每组 30 条,其中一组腹腔注射 100 μL PBS 重悬的新鲜溶藻弧菌菌液(pH 7.4,1×10^8 CFU/mL),对照组注射 100 μL PBS(pH 7.4)。收集注射后 0 h,6 h,12 h,24 h,48 h 和 72 h 的脾脏组织提取总 RNA。

1.2 总 RNA 提取和 cDNA 合成

采集健康大黄鱼肝脏、脾脏、脑、心脏、头肾、肌肉、腮和肠等组织,按 TaKaRa 公司的 Trizol Total RNA 提取试剂盒推荐方法进行,获得的总 RNA 以 1.5% 非变形琼脂糖电泳检测,并置于紫外分光光度计(Bio-Rad,USA)下检测其浓度及 A260/A280 值。以 TaKaRa M-MLV RTase cDNA Synthesis Kit 试剂盒(TaKaRa)对所提取的 RNA 进行反转录,获得相应 cDNA。

1.3 *TycSA3*,*TycSA5* 和 *TycMAC* 基因克隆

根据大黄鱼基因组数据库,通过 Primer 5.0 软件设计扩增完整 ORF 的引物(表1),以大黄鱼脾脏 cDNA 为模板,克隆 *TycSA3*,*TycSA5* 和 *TycMAC* 基因。20 μL 扩增反应体系:10×

PCR Buffer 2 μL,dNTPs 0.4 μL,primer-F 0.8 μL,primer-R 0.8 μL,template cDNA 0.6 μL 和 *Taq* DNA polymerase (TaKaRa) 0.4 μL。PCR 扩增条件:95℃预变性 4 min,94℃变性 1 min,65℃退火 30 S,72℃延伸 45 S,循环 35 次;最后 72℃延伸 10 min。以 DL 2000 Maker 为标记,1.5% 琼脂糖电泳检测 PCR 产物,选取预期大小的条带用琼脂糖胶纯化试剂盒(TIANGEN)纯化后送上海英潍捷基生物公司测序。

1.4 序列分析

将测序获得的 ORF 序列以 BLASTn(http://www.ncbi.nlm.gov/BLAST/)进行序列同源性比对,Expasy-ProtParam(http://www.expasy.org/tools/protparam.html)推测蛋白的理论分子量和等电点,在 MEGA 4.0 软件中采用 Maximun Parsimony 算法构建系统发育树,基因组序列信息采自 UCSC 数据库(http://genome.ucsc.edu/),蛋白质结构分析利用 SMART 在线工具进行预测(http://smart.embl-heidelberg.de/),内含子及外显子分析采用 GeneMaper software v.2.5 (http://genemaper.googlepages.com)进行分析。

1.5 *TycSA3*,*TycSA5* 和 *TycMAC* 基因表达实时荧光定量 PCR 检测

根据 3 种基因的测序结果,设计荧光定量 PCR 引物(表1),采用 RT-PCR 法,以 β-actin 作为内参,分析 *TycSA3*,*TycSA5* 和 *TycMAC* 基因在各组织(肝脏、脾脏、脑、心脏、头肾、肌肉、鳃和肠)中的差异表达以及溶藻弧菌感染后的基因表达情况。组织差异性表达与感染后表达的反应体系和反应程序一致。20 μL PCR 扩增反应体系:primer-F 0.8 μL,primer-R 0.8 μL,2×SYBR® Premix Ex *Taq*TM Ⅱ(TaKaRa)10 μL,cDNA sample(100 ng/μL)0.8 μL,ROX Ⅱ 0.4 μL,ddH$_2$O 7.2 μL。反应在 ABI-7500 型荧光定量 PCR 仪上进行,采用两步法进行扩增,即 95℃预变性 1 min,95℃变性 10 s,60℃延伸 45 s,共 40 个循环,结束后,从 55℃缓慢升温到 95℃,制备熔解曲线。每次反应都设置阴性对照和无模板对照,每个反应 3 个重复孔。最后利用 SPSS 13.0 进行单因子显著性差异分析(ANOVA)和 t 检验,分别标记显著差异($P<0.05$)和特别显著性差异($P<0.01$)。

表1 大黄鱼 *TycSA3*,*TycSA5* 和 *TycMAC* 基因 PCR 各引物序列
Table 1 PCR primer sequences for *TycSA3*, *TycSA5* and *TycMAC* from large yellow croaker.

Primer	Sequences
For the complete cDNA ORF	
TycSA3 – F	5′ – ATGGCGACGCAGGCTGTAAAG – 3′
TycSA3 – R	5′ – CTACTGTCTTTTGGACCCAGTAGC – 3′
TycSA5 – F	5′ – ATGGAGAACAAGGCCATGTATCTG – 3′
TycSA5 – R	5′ – TTAGACAGCACAGGTCACACCAG – 3′
TycMAC – F	5′ – ATGGAGACGTCGGTGGACCGCACC – 3′
TycMAC – R	5′ – CTAGGCGCACTGCACTCCGG – 3′
For qRT – PCR	

续表

Primer	Sequences
qTycSA3 – F	5′ – GACCACCGACTGGCAGAACTAC – 3′
qTycSA3 – R	5′ – CTGCGTTGGATGGTCGTCTG – 3′
qTycSA5 – F	5′ – CCTGGGTTGGTAGGATTGAGA – 3′
qTycSA5 – R	5′ – CCGTTCACCAGACGCACC – 3′
qTycMAC – F	5′ – GCGATGACACCCTCCAAACTC – 3′
qTycMAC – R	5′ – TCCGTTGTCACCCTTTAGTCC – 3′
β – Tyc actin – F	5′ – TCGTCGGTCGTCCCAGGCATCAG – 3′
β – Tyc actin – R	5′ – ATGGCGTGGGGCAGAGCGTAACC – 3′

2 结果

2.1 大黄鱼 TycSA3, TycSA5 和 TycMAC 基因的序列分析

TycSA3 基因 ORF 全长为 1 938 bp(GenBank 登陆号 KJ467772,图 1 和图 2),共编码 645 个氨基酸,测序得到的序列经 Blastn 比对初步判定为清道夫受体 SCARA3,和其他物种的 SCARA3 基因具有高度同源性,例如 80% 相似于布氏新亮丽鲷(Neolamprologus brichardi,XP_006792762),80% 相似于尼罗罗非鱼(Oreochromis niloticus,XP_005475125),79% 相似于伯氏朴丽鱼(Haplochromis burtoni,XP_005931593)。该分子的理论分子量和等电点分别为 70.94 kDa 和 7.02。SMART 分析发现 TycSA3 基因中存在一个跨膜螺旋区(85 – 107aa),两个 α – 螺旋区(147 – 219aa 和 326 – 354aa)以及一个胶原样结构域(519 – 584aa),进一步分析发现 TycSA3 基因属于 SCARA3 中的 Cellular stress response member 1(CSR1)。

TycSA5 基因 ORF 全长 1 677 bp(KJ467773,图 1 和图 2),共编码 558 个氨基酸,序列经 Blastn 比对初步判定为清道夫受体 SCARA5,和其他物种的 SCARA5 基因具有高度同源性,与尼罗罗非鱼(XP_003456669)、伯氏朴丽鱼(XP_005948031)、斑马宫丽鱼(Maylandia zebra,XP_004550682)有 75% 相似度,69% 相似于花斑剑尾鱼(Xiphophorus maculatus,XP_005803483)。该分子的理论分子量和等电点分别为 61.88 kDa 和 5.77。139 ~ 154 氨基酸残基存在一个 α – 螺旋区,53 – 75 氨基酸残基为跨膜螺旋区,332 – 392 位氨基酸残基为一个胶原样结构域。TycSA5 基因羧基末端存在 SRCR 结构域 457 – 557aa 和 6 个半胱氨酸富集区(C – 482,C – 495,C – 526,C – 536,C – 546 和 C – 556)。

TycMAC 基因 ORF 全长只有 1 218 bp(KJ467771,图 1 和图 2),共编码 405 个氨基酸,经 Blastn 比对初步判定为清道夫受体 MARCO,但与其他物种的 MARCO 基因同源性较低,只有 55% ~ 37%,55% 相似于花斑剑尾鱼(XP_005813564),52% 相似于斑马宫丽鱼(XP_004572010),51% 相似于青鳉(Oryzias latipes,XP_004086950),37% 相似于宽吻海豚(Tursiops

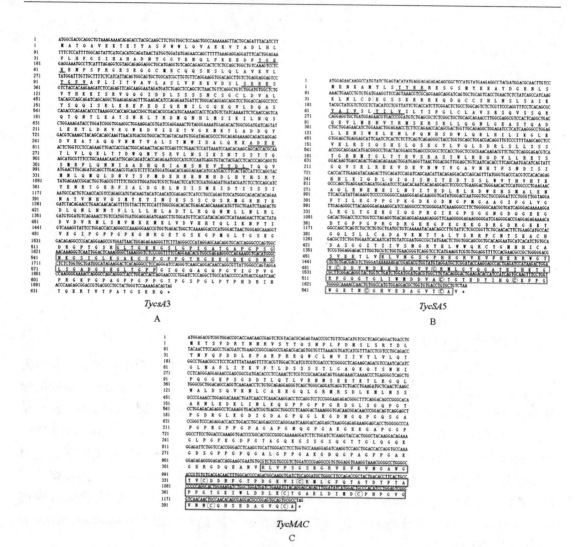

图1 大黄鱼 TycSA3(1A), TycSA5(1B) 和 ycMAC(1C) 基因的 ORF 序列

Fig. 1 Complete ORF sequence and deduced amino acid sequence of TycSA3(1A), TycSA5(1B) and TycMAC(1C) from P. crocea.

truncatus, XP_004315380)。该分子的理论分子量和等电点分别为 41.72 kDa 和 6.01。46-68 位氨基酸残基为跨膜螺旋区,同样具有一个胶原样结构域(162-219aa)。TycMAC 基因羧基末端同样存在 SRCR 结构域 310-405aa 和 6 个半胱氨酸富集区 C-333,C-346,C-374,C-384,C-394 和 C-404)。

2.2 氨基酸比对分析

将推导出的 TycSA3,TycSA5 和 TycMAC 基因氨基酸与其他物种相关基因的氨基酸进行比较分析,结果如图3所示,同源性分布如表2所示。相比于 TycSA3 和 TycSA5,TycMAC 的

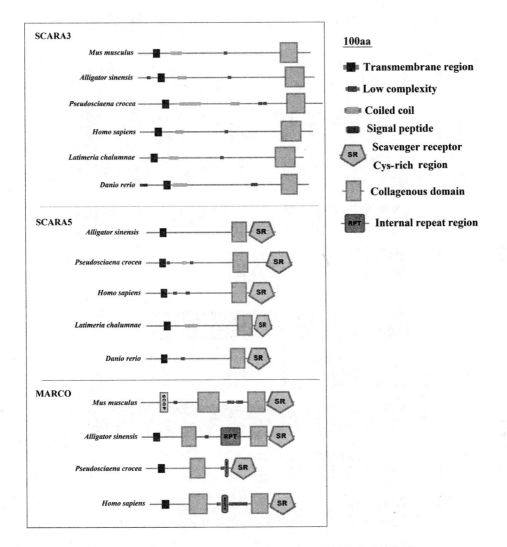

图 2 大黄鱼 TycSA3, TycSA5 和 TycMAC 基因的主要结构域

Fig. 2 Facture domain of deduced amino acid sequence of TycSA3, TycSA5 and TycMAC from P. crocea.

相似度明显较低,只有 38% 左右。其中 TycSA3 中存在 3 个 Major tumor necrosis factor receptor 2(TRAF2)因子,分别是 T-G-E-E(58-61aa),S-E-E-E(116-119aa)和 A-D-E-E(267-270aa)。TycSA5 也存在两个 TRAF2 因子,T-Y-E-E(10-13aa)和 S-V-E-E(451-454aa)。同时还发现 TycSA3(Y-G-F-V,91-94aa 和 Y-Y-D-L,323-326aa)和 TycSA5 都存在两个酪氨酸活化区(Y-A-I-V,61-64aa 和 Y-I-L-V,67-70aa)。以上特殊因子或结构域都未在 TycMAC 中发现。

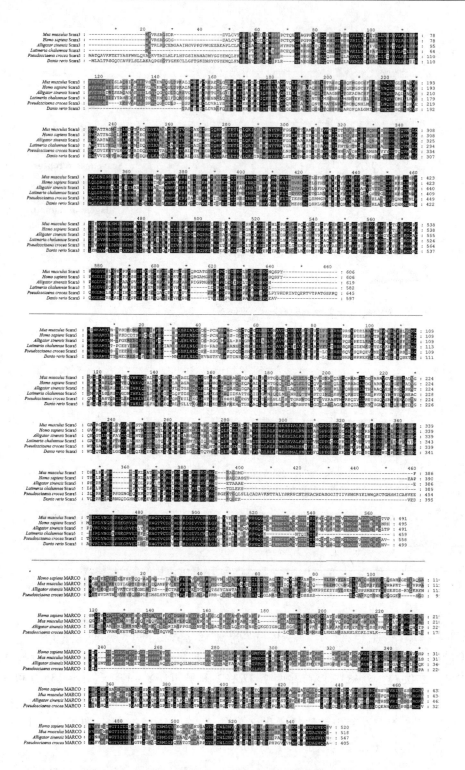

图3 *TycSA*3, *TycSA*5 and *TycMAC* 基因的氨基酸比较分析
Fig. 3 Multiple alignment of the deduced amino acid sequences of *TycSA*3, *TycSA*5 and *TycMAC*

表2 TycSA3,TycSA5 和 TycMAC 基因氨基酸与其他物种相关基因氨基酸的比较
Table 2 Species and GenBank accession no. of indicates TycSA3, TycSA5 and TycMAC sequences used for multiple alignment and phylogenetic analysis

Species name	Mm	Hs	As	Lc	Pc	Dr	Sequence size	GenBank accession no.
SCARA3								
Mm	– –	95%	78%	74%	59%	58%	606aa	NM_172604
Hs		– –	77%	73%	58%	58%	606aa	DQ205185
As			– –	71%	58%	58%	619aa	XM_006033897
Lc				– –	61%	60%	582aa	XM_006004724
Pc					– –	71%	645aa	KJ467772
Dr						– –	597aa	XM_005160847
SCARA5								
Mm	– –	92%	81%	64%	61%	65%	491aa	NM_028903
Hs		– –	80%	64%	61%	65%	495aa	NM_173833
As			– –	66%	61%	67%	491aa	XM_006033890
Lc				– –	55%	58%	459aa	XM_005994802
Pc					– –	72%	558aa	KJ467773
Dr						– –	499aa	NM_001030190
MARCO								
Mm	– –	77%	53	– –	38	– –	518aa	AH008094
Hs		– –	54	– –	38	– –	520aa	AH007879
As			– –	– –	37	– –	547aa	XM_006017919
Pc				– –	– –	– –	405aa	KJ467772
Lc					– –	– –		
Dr					– –	– –		

注:"Mm"表示鼠,"Hs"表示人,"As"表示扬子鳄,"Lc"表示矛尾鱼,"Pc"表示大黄鱼,"Dr"表示斑马鱼,"– –"表示数据缺失。

"Mm" represent Mus musculus, "Hs" represent Homo sapiens, "As" represent Alligator sinensis, "Lc" represent Latimeria chalumnae, "Pc" represent Pseudosciaena crocea, "Dr" represent Danio rerio. "– –" represent the data is none.

2.3 系统进化分析

利用MEGA v4.0对TycSA3,TycSA5和TycMAC基因进行系统进化分析(图4),各种基因分聚一支,最终汇聚于同一树根,可能是由于它们在起源上具有相同的祖先,由同一的基因进化而来。TycSA3和TycSA5都与硬骨鱼类聚成一支,但TycMAC却与爬行动物扬子鳄(Alligator sinensis)汇成一支,这可能与进化起源有关。B和F家族的相关基因在进化树作为外群展示。

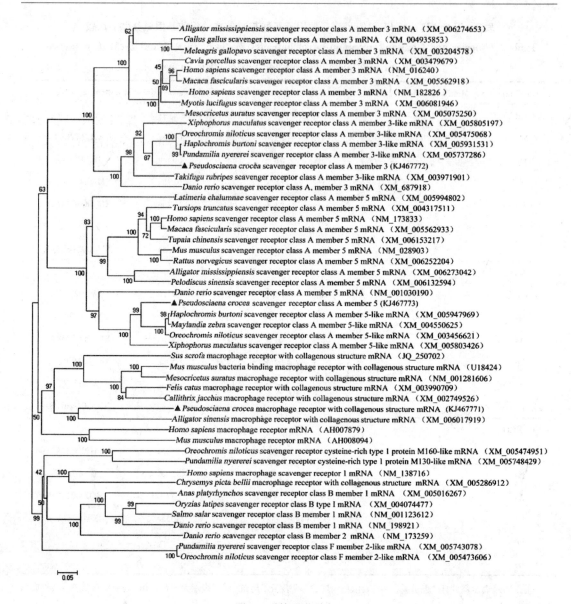

图4 系统进化分析

Fig. 4 Phylogenetic tree depicting the relationship of *TycSA*3, *TycSA*5 and *TycMAC* from *P. crocea* with other species.

2.4 *TycSA*3, *TycSA*5 和 *TycMAC* 基因的 DNA 序列分析

*TycSA*3 DNA 序列全长 33 339 bp(图5),明显长于鼠,鸡(*Meleagris gallopavo*),斑马鱼和棘鱼,但比人短。外显子和内含子的数目分别是 13 个和 12 个,约是鸟类(5 个外显子和 4 个内含子)和哺乳动物人和鼠(6 个外显子和 5 个内含子)的两倍。此外,人,鼠,斑马鱼和鸡的第 5 号外显子(1 044 bp)在 *TycSA*3 中被拆分为 6 个不同的外显子(7-12 号),长度分别为 119 bp、245 bp、220 bp、89 bp、193 bp 和 178 bp,这与棘鱼类似,但数目比棘鱼多。*TycSA*5

DNA 序列全长 77 578 bp(图 5),明显长于其他物种,但是短于人(115 682 bp)和鼠(92 296 bp)。外显子和内含子的数目分别是 12 和 11 个,同样远多于其他物种。TycSA5 中的第 3 到 6 号外显子(长度分别为 200 bp、179 bp、127 bp 和 169 bp)的总和与人、鼠、鸡的第三号外显子(675 bp)相等,所有物种的最后一个外显子长度基本一致,都在 134 bp 左右。TycMAC DNA 序列全长 8 275 bp(图 5),仅大于棘鱼(5 060 bp),外显子和内含子的数目分别是 13 和 12 个,与 TycSA5 类似,稍短于人,鼠和斑马鱼(17 个外显子和 16 个内含子),但是棘鱼外显子和内含子数的双倍。

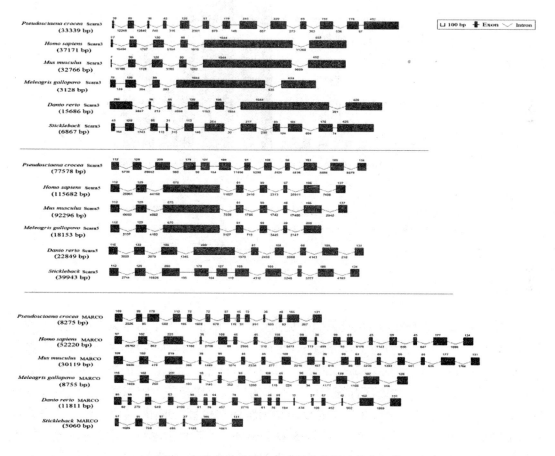

图 5 各物种外显子和内含子的数量及长度比较

Fig. 5 Number of introns and exons of scavenger receptor genes in various species

2.5 TycSA3, TycSA5 和 TycMAC 基因的表达分析

TycSA3, TycSA5 和 TycMAC 基因在的 8 种组织中的差异性表达见图 6。TycSA3,TycSA5 和 TycMAC 的最高表达均为脾脏,在肌肉,脑和肝脏中都有较高表达。进一步通过溶藻弧菌感染,检测脾脏中 3 个基因的时序表达变化,结果显示 3 个基因都对溶藻弧菌刺激后表现出上调表达(图 7),但最高表达量出现的时间略有差别。相对于 TycSA3 和 TycSA5,TycMAC 基

因对感染较为敏感且反应迅速,*TycSA*3 的最高表达是在感染后 48 h(对照组的 6 倍左右),而 TycSA5 和 *TycMAC* 最高为感染后 24 h 时(145 倍和 40 倍左右)。感染后 72 h,*TycSA*5 和 *TycMAC* 仍有较高的表达,分别高于对照组 50 倍和 34 倍。

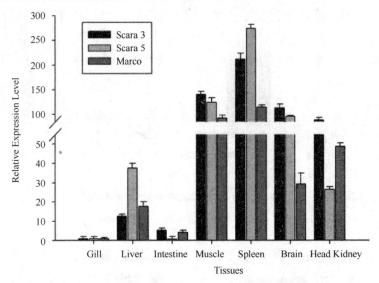

图 6 *TycSA*3,*TycSA*5 和 *TycMAC* mRNA 的组织差异性表达
Fig. 6 Expression pattern of *TycSA*3,*TycSA*5 and *TycMAC* mRNA in different tissues

3 分析与讨论

清道夫 A 家族基因在天然免疫系统中起到重要作用,能保护生物体免受环境因子的损害。本研究成功克隆了大黄鱼 *TycSA*3,*TycSA*5 和 *TycMAC* 基因,其中 *TycSA*3 和 *TycSA*5 都存在一个 α-螺旋区,且 3 个基因都存在胶原样结构域,虽然 3 个基因中的胶原样结构域的位置和长度都不同,但这些功能区都跟受体三聚体的形成密切相关。胶原样结构域的基本单位是 G-X-Y,多肽链形成一个三重螺旋参与细胞外结构蛋白形成,对跨膜结构的正确形成具有重要的指引作用。另一方面,*TycSA*5 和 *TycMAC* 分子中存在一个对病菌消除具有重要作用的 SRCR 结构域,有报道指出,人和鼠的 *MARCO* 基因在敲除 SRCR 结构域后,将不能正确识别和结合相应的配体,如细菌的脂质体。此外,在病原体识别,免疫应答以及内稳态等过程中起到作用。但 *TycSA*3 中并没有发现 SRCR 结构域,因此在溶藻弧菌侵染后 *TycSA*3 也较另外两种分子反应慢,强度也明显低于另外两种,推测是由于 SRCR 结构域缺失导致的,但还需要后续研究证实。在 *TycSA*3 和 *TycSA*5 分子中都发现了 TRAF2 因子,该因子的基本模式是[PSAT]-X-[QE]-E[19],*TRAF*2 因子是 TNFRs 超家族中的一员,主要激活 transcription factor κB(NF-κB)信号通路和 c-Jun N-terminal kinase(JNK)信号,对免疫信号的传导和免疫调节具有重要的作用。所存在的酪氨酸结构区与 Adaptor Protein 的 mu 亚基相互作用,起到上调 CD63、CD68、溶酶体膜蛋白、ATPase、lysosomal V0 subunit D2

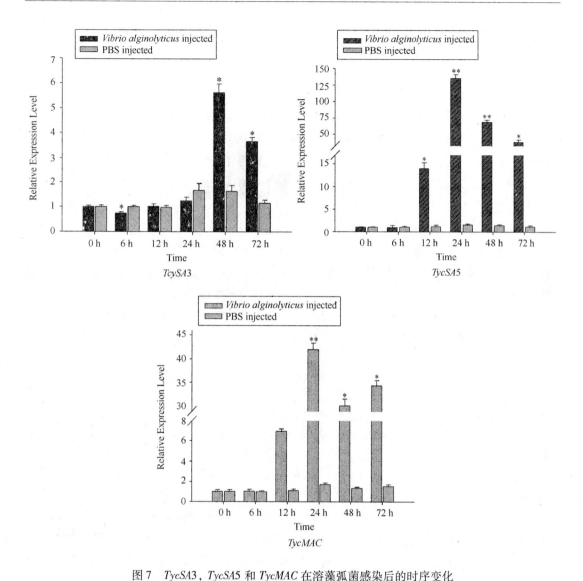

图 7 *TycSA*3，*TycSA*5 和 *TycMAC* 在溶藻弧菌感染后的时序变化

Fig. 7 Temporal expression profile of *TycSA*3, *TycSA*5 and *TycMAC* mRNA in spleen after *V. alginolyticus* challenged.

(Atp6v0d2)等基因的作用,并可以激活氯离子通道。

从进化规律来看,*TycSA*3,*TycSA*5 和 *TycMAC* 基因都保留了一些重要的结构功能域,*TycSA*3 和 *TycSA*5 在系统发育中与硬骨鱼类聚成一支,*TycMAC* 基因则与爬行动物聚成一支,在氨基酸分析中,*TycMAC* 基因的保守性也较另外两种基因要差,说明在演化过程中,*TycSA*3 和 *TycSA*5 的演化方向基本一致,*TycMAC* 基因的存在较大的变异,这可能与 3 种基因的功能有特殊关系。目前尚无直接的证据证明三种基因的演化关系,但从 3 种基因 DNA 的外显子和内含子组成比较发现,随着进化地位的升高,SCARA3 和 SCARA5 的外显子和内含子数目降低，而 MARCO 却升高，说明上述基因的进化方式并不一致。另一方面，*TycSA*3 和 *TycSA*5 中存在的外显子拆分或合并现象，也为基因可能起源于同一祖先提供佐证。

*TycSA*3，*TycSA*5 和 *TycMAC* 基因的最高表达量都出现在脾脏，该结果与 *Tetraodon nigroviridis* 的 SCARA5 分布类似[21]。脾脏、肝脏和头肾是硬骨鱼中最为重要的三大免疫器官，因此脾脏亦是多种免疫分子高表达的重要组织器官，如 TOLL 样受体（TLR 7 和 TLR 8）在大黄鱼中的分布，而 SRs and TLRs 受体都是天然模式识别受体，都对生物的免疫应答反应起到重要的作用[1-2]。但在石首鱼类中并没有 SCARA3，SCARA5 和 MARCO 的相关报道，该分布特征还需要进一步研究证实。另一方面，从刺激后的时序变化来看，3 种清道夫受体基因受感染后均上调表达，与哺乳动物中的表达特征一致。相对于 *TycSA*3，*TycSA*5 和 *TycMAC* 基因对感染较为敏感且反应更为迅速。有文献报道认为这是由于 *SCARA*5 和 *MARCO* 基因存在 SRCR 结构域，对病菌侵染后的识别较为敏感和迅速。Van 认为 *MARCO* 基因存在的 SRCR 结构域还表现在吞噬细胞的吞噬能力上，有助于提高该类受体识别病原生物，从而保护生物体免受损害。上述结果都充分说明 *TycSA*3，*TycSA*5 和 *TycMAC* 基因参与鱼类的天然免疫，但仍有一些侵染机制目前尚无从知晓，有待后续验证。

参考文献

Acton S, Resnick D, Freeman M, et al. 1993. The collagenous domains of macrophage scavenger receptors and complement component C1q mediate their similar, but not identical, binding specificities for polyanionic ligands [J]. Journal of Biological Chemistry, 268(5): 3530 - 3537.

Areschoug T, Gordon S. 2009. Scavenger receptors: role in innate immunity and microbial pathogenesis[J]. Cellular microbiology, 11(8): 1160 - 1169.

Arredouani M S, Yang Z, Imrich A, et al. 2006. The macrophage scavenger receptor SR - AI/II and lung defense against pneumococci and particles[J]. American journal of respiratory cell and molecular biology, 35(4): 474.

Arredouani M, Yang Z, Ning Y Y, et al. 2004. The scavenger receptor MARCO is required for lung defense against pneumococcal pneumonia and inhaled particles[J]. The Journal of experimental medicine, 200(2): 267 - 272.

Bhattacharjee A, Bansal M. 2005. Collagen structure: the Madras triple helix and the current scenario[J]. IUBMB Life, 57 (3): 161 - 172.

Brännström A, Sankala M, Tryggvason K, et al. 2002. Arginine residues in domain V have a central role for bacteria-binding activity of macrophage scavenger receptor MARCO[J]. Biochemical and biophysical research communications, 290(5): 1462 - 1469.

Faure M, Rabourdin-Combe C. 2011. Innate immunity modulation in virus entry [J]. Curr Opin Virol, (1): 6 - 12.

Goh J W K, Tan Y S, Dodds A W, et al. 2010. The class A macrophage scavenger receptor type I (SR - AI) recognizes complement iC3b and mediates NF - κB activation[J]. Protein & cell, 1(2): 174 - 187.

Goldstein J L, Ho Y K, Basu S K, et al. 1979. Binding site on macrophages that mediates uptake and degradation of acetylated low density lipoprotein, producing massive cholesterol deposition[J]. Proceedings of the National

Academy of Sciences, 76(1): 333 -337.

Gordon S. 2002. Pattern recognition receptors: doubling up for the innate immune response [J]. Cell, 111: 927 -930.

Hansen S, Holmskov U. 1998. Structural aspects of collectins and receptors for collectins. Immunobiology, 199: 165 -189.

Janeway J C A, Medzhitov R. 2002. Innate immune recognition[J]. Annu Rev Immunol, 20: 197 -216.

Jeannin P, Jaillon S, Delneste Y. 2008. Pattern recognition receptors in the immune response against dying cells [J]. Curr Opin Immunol, 20(5): 530 -537.

Lacruz R S, Brookes S J, Wen X, et al. 2013. Adaptor protein complex 2 - mediated, clathrin-dependent endocytosis, and related gene activities, are a prominent feature during maturation stage amelogenesis [J]. Journal of Bone and Mineral Research, 28(3): 672 -687.

Martínez V G, Moestrup S K, Holmskov U, et al. 2011. The conserved scavenger receptor cysteine-rich superfamily in therapy and diagnosis[J]. Pharmacological reviews, 63(4): 967 -1000.

Meng Z, Zhang X, Guo J, Xiang L X, et al. 2012. Scavenger receptor in fish is a lipopolysaccharide recognition molecule involved in negative regulation of NF - κB activation by competing with TNF receptor-associated factor 2 recruitment into the TNF-α signaling pathway[J]. J Immunol, 189(8): 4024 -4039.

Ojala J. 2013. Structural and functional studies of class A scavenger receptors MARCO (SCARA2) and SCARA5 [M]. Karolinska Institutet press, 1 -20.

Plüddemann A, Hoe J C, Makepeace K, et al. 2009. The macrophage scavenger receptor A is host-protective in experimental meningococcal septicaemia[J]. Plo Spathogens, 5(2): e1000297.

Plüddemann A, Neyen C, Gordon S. 2007. Macrophage scavenger receptors and host-derived ligands[J]. Methods, 43(3): 207 -217.

Qiao Y Q, Shen J, Gu Y, et al. 2013. Gene expression of tumor necrosis factor receptor associated-factor (TRAF) -1 and TRAF -2 in inflammatory bowel disease[J]. Journal of digestive diseases, 14(5): 244 -250.

Thelen T, Hao Y, Medeiros A I, et al. 2010. The class A scavenger receptor, macrophage receptor with collagenous structure, is the major phagocytic receptor for *Clostridium sordellii* expressed by human decidual macrophages[J]. The Journal of Immunology, 185(7): 4328 -4335.

van der Laan L J W, Döpp E A, Haworth R, et al. 1999. Regulation and functional involvement of macrophage scavenger receptor MARCO in clearance of bacteria in vivo[J]. The Journal of Immunology, 162(2): 939 -947.

Xiao X, Qin Q, Chen X. 2011. Molecular characterization of a Toll-like receptor 22 homologue in large yellow croaker (*Pseudosciaena crocea*) and promoter activity analysis of its 5′-flanking sequence[J]. Fish & shellfish immunology, 30(1): 224 -233.

Yan N, Zhang S, Yang Y, et al. 2012. Therapeutic up regulation of Class A scavenger receptor member 5 inhibits tumor growth and metastasis[J]. Cancer science, 103(9): 1631 -1639.

大黄鱼补体 C3 和 C4 分子特点及表达分析[*]

王海玲,郭宝英,吴常文

(浙江海洋学院海洋设施与养殖工程技术中心,浙江 舟山 365000)

摘　要:本文测定了大黄鱼(*Larimichthys crocea*)C3(*L. c* - C3)和 C4(*L. c* - C4)基因的 cDNA 全序列。*L. c* - C3 和 *L. c* - C4 序列全长分别为 4 962 bp 和 5 088 bp,分别编码 1653 和 1695 个氨基酸,N 端信号肽序列分别为 23 和 19 个氨基酸。推导的氨基酸序列结构分析表明,大黄鱼 C3 和 C4 与已报道的补体 C3、C4 一样都具有在功能上比较重要的残基以及保守的硫酯区。分子进化分析表明,*L. c* - C3 和 *L. c* - C4 分别与鲵鱼 C3、C4 的氨基酸同源性最高。实时荧光定量 PCR 结果显示,*L. c* - C3 和 *L. c* - C4 在健康大黄鱼的肝、脾、肠、鳃、心脏、脑、肌肉和胃这 8 种组织中都有表达,其中肝脏的表达量最高。在大黄鱼胚胎不同发育时期(从 2 细胞期到初生仔鱼)中,*L. c* - C3 在各个阶段没有明显的变化,而 *L. c* - C4 的表达量有明显升高。在溶藻弧菌(*Vibrio alginolyticus*)侵染的大黄鱼肝和脾中,*L. c* - C3 和 *L. c* - C4 的 mRNA 表达量均明显上调。该结果表明,大黄鱼肝组织 C3 和 C4 基因表达变化与溶藻弧菌的侵染密切相关,揭示了 C3 和 C4 在大黄鱼抗细菌免疫反应中具有重要的作用。

关键词:大黄鱼(*Larimichthys crocea*);大黄鱼补体 C3(*L. c* - C3);大黄鱼补体 C4(*L. c* - C4)序列特点;表达分析

大黄鱼(*Larimichthys crocea*),又称作石首鱼、黄花鱼、红瓜等,隶属于鲈形目石首鱼科黄鱼属,为传统"四大海产"(大黄鱼、小黄鱼、带鱼、乌贼)之一。大黄鱼主要分布于南海雷州半岛以东至黄海南部西侧,涵盖中国南海、东海和黄海南部,结群生活于亚热带近海中下层。

大黄鱼是我国沿海一种重要的海洋经济鱼类养殖品种,也是我国海洋网箱养殖最广泛的品种的代表。近年来随着大黄鱼人工养殖技术的不断完善和成熟,大黄鱼养殖也在水产养殖中产生了巨大的经济和社会效益。但是,也出现了一些养殖品质低、生长衰退、抗病能力弱等问题。对大黄鱼先天免疫的研究将会对大黄鱼的疾病控制起到重要的作用。近年来随着分子生物学技术的不断发展,越来越多的大黄鱼免疫相关基因被克隆出来。随着许多经济鱼类基因组计划的成功完成,对基因开展 mRNA 水平上的研究也变得越来越重要。目前,我们实验室即国家养殖设施与工程技术中心已经联合上海交通大学 Bio - X 研究中心对大黄鱼基因组图谱成功进行了绘制,而对大黄鱼开展基因水平上的研究已变得刻不容缓。

---

[*] 基金项目:浙江省大学生科技创新项目暨新苗计划(Grant No. 2013R411057)
作者简介:王海玲(1988 -),女,河北邢台,硕士,研究方向:海洋生物学分子生物学方向.

C3 的存在通常可作为补体系统中旁路激活途径存在的一个依据。C3 是个包含硫酯的蛋白,相对于补体系统中的其他组成部分而言,C3 没有非常清晰的结构区域,但它的系统发生可以追溯到原口动物——刺胞动物、节肢动物和两侧对称动物,可以认为 C3 是补体系统进化过程中最早出现的分子。在哺乳动物中,C3 与 C4、C5 同源,这 3 个分子与血清蛋白酶抑制因子 α2M(α-2-macroglobulin)以及血细胞的 GPI 锚定膜蛋白 CD109 同属于一个家族——硫酯包含蛋白家族。目前,已经在低等的后口动物乃至原口动物中克隆获得 C3 的 cDNA 序列,部分有了功能上的研究结果。在按蚊和果蝇中均发现硫酯包含蛋白 TEP,据报道这些分子拥有类似于脊椎动物 C3 的调理作用,它们作为调理素参与病原菌的清除。

1 材料与方法

1.1 材料

1 龄大黄鱼 5 尾,取自福建沙埕港,体重约 700 g/尾,活体运输到实验室,取脑、肌肉、肝脏、脾脏、心脏、鳃、肠和胃这 8 个组织迅速投入液氮中保护 RNA 并转移至 -80℃ 冰箱中保存备用。提取上述 8 个组织的总 RNA 并反转录成 cDNA,用于大黄鱼补体 C3(*L.c*-C3)和补体 C4(*L.c*-C4)基因的克隆扩增及组织表达谱检测。

不同胚胎发育阶段的大黄鱼,采自福建省福鼎市沙埕养殖基地,是在大黄鱼卵受精后每 1 h、3 h、7 h、12 h、17 h、24 h 后采样,分别对应大黄鱼胚胎发育的 2 细胞期、多细胞期、原肠初期、眼泡出现期、尾芽期、初孵仔鱼,并用光学显微镜进行确认。

1 龄大黄鱼(500~700 g/尾)共 70 尾,健康无伤病,于循环水族箱中暂养一周以上。饲养期间投喂新鲜小杂鱼。分为对照组和诱导组两组,每组 21 尾。诱导组于腹腔内注射溶藻弧菌 200 μL(PBS 重悬,细胞数约为 1.0×10^7 个),对照组注射 PBS 200 μL。分别于注射后 0 h、6 h、12 h、24 h、36 h、48 h 和 72 h 采样,每组每次随机挑取 3 尾,解剖取肝和脾两个组织,于液氮中速冻后保存于 -80℃ 超低温冰箱,用于诱导后不同时间点的组织特异性表达分析。

1.2 *L.c*-C3 和 *L.c*-C4 基因克隆、测序及全长 cDNA 的获得

大黄鱼基因组草图已经由浙江海洋学院国家重点养殖设施与工程技术中心联合上海交通大学 Bio-X 研究中心联合完成(未公布),利用该基因组数据我们可以得到 *L.c*-C3 和 *L.c*-C4 基因的全长。

总 RNA 提取采用 TRIZOL(美国 Invitrogen 公司)试剂,提取方法参照说明书。琼脂糖电泳检测提取效果(图 1),然后用 DNase I 酶于 37℃ 消化 30 min 以去除残留的 DNA。用 Poly(T)18 和 PowerScript Transcriptase (Clontech) 将消化后的总 RNA 反转录成 cDNA。

1.3 序列分析

采用 ORF finder 软件(http://www.ncbi.nlm.nih.govgorf)对 *L.c*-C3 和 *L.c*-C4 基因 cDNA 全长序列进行开发阅读框(ORF)预测。采用 SMART(Simple Modular Architecture Re-

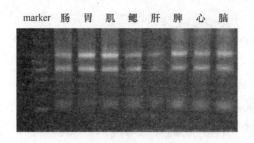

图 1 琼脂糖电泳检测 RNA 提取效果

search Tools)(http://smart.gembl-heidelberg.de/)和 SignalP 4.0 程序(http://www.cbs.dtu.dk/services/SignalP/)分别进行结构域分析和信号肽分析。利用 CLUSTALW X2 软件进行氨基酸序列的多重比对。采用 MEGA 4.0 软件比较不同序列之间的相似度并构建系统发育树,树形分枝置信度通过开展 1000 次自举重复得到。

1.4 荧光定量检测大黄鱼 L. c – C3 和 L. c – C4 基因 mRNA 的表达特征分析

取不同组织(脑、肌肉、肝脏、脾脏、心脏、鳃、肠和胃)、不同发育阶段(2 细胞期、多细胞期、原肠初期、眼泡出现期、尾芽期和初孵仔鱼)与溶藻弧菌侵染相关的大黄鱼(每一取样时间点的实验组和对照组鱼各 3 尾)肝和脾组织,分别抽提肝、脾组织总 RNA。总 RNA 提取、DNase I 处理和第一链 cDNA 合成等方法详见文献(Huang et al, 2011)。根据 L. c – C3 和 L. c – C4 基因的 cDNA 序列分别设计一对跨内含子的扩增引物,选取 β-actin 作为内参基因。各引物序列详见表 1。

表 1 用于序列分析的引物

引物 Primer	引物序列 Primer sequence(5′ – 3′)
L. c – C3rpF	CACCTTGTGTAAAATTCTACCATCC
L. c – C3rpR	CCCTGAGGACCCACATCATAA
L. c – C4rpF	AGACAACCTGCAGATAACGCCT
L. c – C4rpR	ATCCACAGCCAGTAAAGCCACT
β-actin – F	TGCGTGACATCAAGGAGAAG
β-action – R	GCTGGAAGGTGGACAGAGAG

荧光定量检测试剂采用 SYBR 定量检测试剂盒(Takara 公司),实时荧光定量 PCR(RT – qPCR)采用 25μL 反应体系,含 SYBR Premix ExTaq(2×)缓冲液 12.5 μL,正向和反向引物(10 μmol/L)各 1 μL,模板 0.5 μL,灭菌水 10 μL。扩增反应在 Applied Biosystems 7500P 荧光定量 PCR 仪上进行,94℃变性 180 s 后,按以下程序进行 40 个循环:94℃ 30 s,58℃ 30 s,72℃ 30 s。为确保特异性扩增,PCR 结束后对扩增产物进行熔解曲线分析,流程为 94℃ 30 s,72℃ 60 s,95℃ 30 s。每一个样品技术重复 3 次。采用 β-actin 基因对各个样

本 L.c – C3 和 L.c – C4 基因表达水平进行校正,每个样本的检测均重复 3 次,并测量其 C_t 值。采用相对标准曲线法 $2^{-\Delta\Delta C_t}$ 分析相对定量结果,实验结果表示为平均值 ± 标准误,显著性水平采用 SPSS18.0 软件中的单因素方差分析(One-way ANOVA)进行统计,$P < 0.05$ 为差异显著。

2 结果和讨论

2.1 L.c – C3 和 L.c – C4 基因 cDNA 序列分析

L.c – C3 基因 cDNA 序列全长 4962 个核苷酸(nucleotides, nt)(GenBank 登录号:KJ544508),编码一个由 1653 个氨基酸(aminoacids, AA)组成的前体蛋白。前体蛋白 N 端 23 个氨基酸为信号肽序列。L.c – C4 基因 cDNA 序列全长 5088 个核苷酸(nucleotides, nt)(GenBank 登录号:KM514922),编码一个由 1695 个氨基酸(aminoacids, AA)组成的前体蛋白。前体蛋白 N 端 19 个氨基酸为信号肽序列。利用 SMART 数据库对结构域开展检测分析显示,大黄鱼 C3 蛋白由一个信号肽部分和 8 个结构域组成(图 1B),详细信息见表 2。大黄鱼 C4 蛋白同样也是由一个信号肽部分和 8 个结构域组成(图 1B)。就结构域组成来看 L.c – C3 和 L.c – C4 基因具有相同的结构域,只是在序列中的位置不同(表 3)。

图 1 A:L.c – C3 多重序列比较 α-β 链折叠位点部分;B:大黄鱼补体 C3 分子结构域分析;
C:L.c – C3 多重序列比较 ANATO 结构域和硫酯区

将 L.c – C3 基因氨基酸序列与其他硬骨鱼以及人类的 C3 序列比对后(图 1)表明,补体 C3 存在多个保守位点,其中包括一个 α-β 折叠位点(RXXR 结构,660aa – 663aa,图 1A),一个 ANATO 结构域(由 CC……C……C……CC 构成,686aa – 722aa,图 1C)和一个极保守的硫酯区(GCGEQ,1005aa-1009aa,图1C),L.c-C3 与鮸鱼(*Miichthys miiuy*)C3 的同源性最高(序列相似度为82%),而与其他硬骨鱼类如牙鲆(*Paralichthys olivaceus*)、点带石斑鱼(*Epinephelus coioides*)、金头鲷(*Sparus aurata*)和花狼鱼(*Anarhichas minor*)的序列相似度分别为73%、73%和72%,而与非洲爪蟾(*Xenopus laevis*)的相似度为43%,尤金袋鼠(*Macropus eugenii*)为42%,与人(*Homo sapiens*)的则为41%。系统发育分析显示大黄鱼补体C3与鮸鱼最先发生聚类,表明亲缘关系最近,鱼类C3和哺乳动物C3分别形成两个不同的枝系,在鱼类C3中,大黄鱼和鮸鱼C3首先聚类然后再和其他鱼类的C3发生聚类(图2)。

表2 SMART 数据库预测的大黄鱼 C3 结构域

结构域名称	起始	结束	E 值
信号肽	1	23	
A2M_N	130	233	1e-15
A2M_N_2	459	598	8.4e-24
A2M	686	721	8.56e-10
ANATO	763	862	5.1e-29
Thiol-ester_cl	995	1 025	9.3e-12
A2M_comp	1 047	1 273	3.4e-52
A2M_recep	1 383	1 477	3.4e-30
C345C	1 516	1 635	4.72e-46

表3 SMART 数据库预测的大黄鱼 C4 结构域

结构域名称	起始	起始	E 值
信号肽	1	19	
A2M_N	131	224	8.8e-18
A2M_N_2	457	592	8.1e-23
A2M	655	693	0.000 007 52
A2M	740	829	2.2e-31
Thiol-ester_cl	960	990	1.7e-11
A2M_comp	1 012	1 274	3.2e-70
A2M_recep	1 429	1 518	5.3e-28
C345C	1 565	1 677	4.77e-33

将 L.c-C4 基因氨基酸序列与其他硬骨鱼以及人类的 C4 序列比对后表明,L.c-C4 同样与鮸鱼(*Miichthys miiuy*)C4具有最高的同源性(序列相似度为92%),而与其他硬骨鱼类如雀鲷(*Stegastes partitus*)、尼罗口孵非鲫(*Oreochromis niloticus*)和红鳍东方鲀(*Takifugu rubripes*)的序列相似度分别为65%、63%和62%。系统发育分析显示大黄鱼补体C4也首先与鮸鱼发生聚类,表明亲缘关系最近,鱼类C4和哺乳动物C4同样分别形成两个不同的枝系,

遗传、育种与生物技术 81

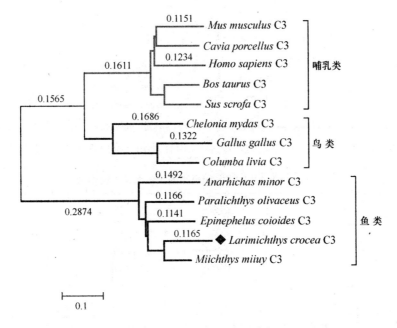

图 2 通过邻近相连法构建的补体 C3 的系统发育树

Fig. 2 Phylogenetic tree of C3 was constructed by neighbor-joining method

构建系统发育树的各物种 C3 登录号如下：*Larimichthys crocea* C3（大黄鱼：KJ544508）；*Gallus gallus* C3（原鸡：NP_990736.1）；*Homo sapiens* C3（人：NP_000055.2）；*Miichthys miiuy* C3（鮸鱼：JQ033711.1）；*Anarhichas minor* C3（花狼鱼：CAC29154.1），*Mus musculus* C3（小家鼠：NP_033908.2），*Epinephelus coioides* C3（点带石斑鱼：HQ259061.1），*Bos taurus*（家牛：NP_001035559.2），*Paralichthys olivaceus*（牙鲆：BAA88901.1），*Sus scrofa*（野猪：NP_999174.1），*Cavia porcellus*（豚鼠：NP_001166374.1），*Columba livia*（原鸽：EMC77851.1）。

在鱼类中，大黄鱼 C4 和鮸鱼 C4 首先聚类然后再和其他鱼类 C4 发生聚类。

2.2 *L.c* – C3 和 *L.c* – C4 基因表达特性分析

L.c – C3 mRNA 的组织表达特异性荧光定量检测结果如图 4A 所示。在图 4A 中我们可以看到 *L.c* – C3 在大黄鱼脾脏、心脏、肌肉、鳃、胃、肠、脑、肝脏这 8 种组织中均有表达，其中在肝脏中的表达量特别高，而在其他 7 种组织中都只有微量表达，在这些微量表达的组织中脾脏和肠中的表达量则相对高一些。这个现象在其他鱼中也是存在的，对鳕鱼、牙鲆和虹鳟的研究表明 C3 在多种器官和幼鱼发育的不同时期均有表达。*L.c* – C3 mRNA 在胚胎时期各个阶段的表达特征如图 4B 所示。在图 4B 中我们可以看到，*L.c* – C3 在胚胎时期的表达量并无明显变化，经过用 SSPS 软件进行的数据统计分析显示也是如此，用单因素方差分析检测得出 $P > 0.05$，说明各个阶段的表达差异并不明显。大黄鱼被溶藻弧菌侵染后 *L.c* – C3 mRNA 在肝、脾中的表达变化如图 4C 所示。在图 4C 中我们可以看到大黄鱼在被溶藻弧菌侵染后 6 h 和 48 h 的时候肝脏中 *L.c* – C3 的表达量明显提高，而在脾脏中则是在被侵染后的 12 h 和 24 h 的时候明显提高。这说明 *L.c* – C3 在被溶藻弧菌侵染后表达量是明显上升

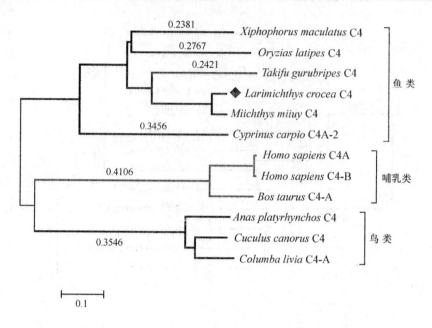

图3 通过邻近相连法构建的补体C4的系统发育树

Fig. 3 Phylogenetic tree of C4 was constructed by neighbor-joining method

构建系统发育树的各物种登录号如下：*Miichthys miiuy* C4（鮸鱼：AIA08678.1）；*Takifugu rubripes* C4（红鳍东方鲀：CAD45003.1）；*Oryzias latipes*（青鳉：NP_001098167.1）；*Xiphophorus maculatus* C4（花斑剑尾鱼：XP_005805153.1）；*Cyprinus carpio* C4－2（鲤鱼：BAB03285.1）；Homo sapiens C4A（人：AAB59537.1）；Homo sapiens C4－B（人：NP_001229752.1）；*Cuculus canorus* C4（大杜鹃：KF081918.1）；*Anas platyrhynchos* C4（绿头鸭：EOB02130.1）；*Columba livia* C4－A（原鸽：XP_005501920.1）；*Bos taurus* C4－A（家牛：XP_003584658.1）

的，但是在6 h和48 h时主要在肝脏中表达，而在12 h和24 h时主要在脾脏中表达，这可能是多种原因综合作用造成的。

L. c－C4 mRNA的组织表达特异性荧光定量检测结果如图4D所示。正如图中所示，肝脏和肌肉中 *L. c*－C4 mRNA 的表达量明显高于其他组织，说明 *L. c*－C4 mRNA 主要在肝脏和肌肉中表达，其次是在胃、脾和鳃中表达。*L. c*－C4 mRNA 在胚胎时期各个阶段的表达特征如图4E所示。在图4E中我们可以清楚地看到 *L. c*－C4 mRNA 的表达量在眼泡出现期、尾芽期、初孵仔鱼3个阶段中的表达量明显高于前3个阶段。这说明在大黄鱼胚胎发育的早期 *L. c*－C4 大黄鱼被侵染溶藻弧菌后 *L. c*－C4 mRNA 在肝、脾中的表达变化如图4F所示，我们可以看出，*L. c*－C4 mRNA 在肝脏中的变化并不明显，只有在被溶藻弧菌侵染后48 h时，较其他时间段的表达量升高明显。而在脾脏中在被侵染后的6 h以后的各个时间段 *L. c*－C4 mRNA 的表达量都有明显的升高，造成这个结果的原因可能是由于 *L. c*－C4 在健康大黄鱼的脾脏中表达量比较少，一旦受到外界细菌的刺激，表达量就会明显升高，而在肝脏中的表达量水平在健康的大黄鱼中表达量就比较高，受到外界刺激后不能再升高。

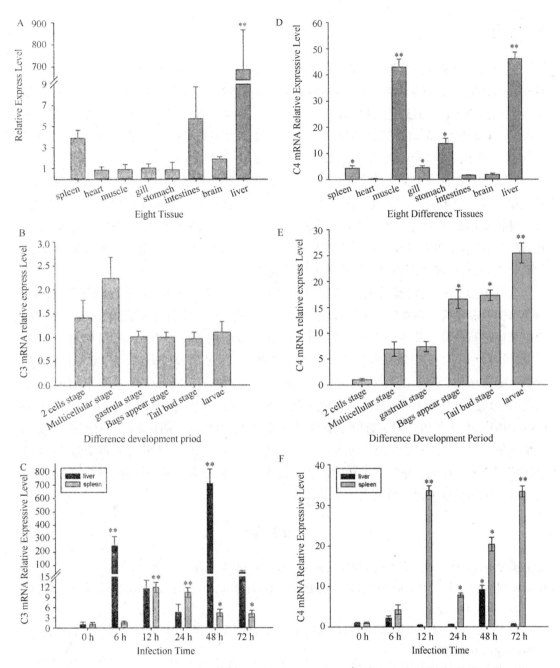

图4 A:$L.c$-C3 mRNA 在各组织中表达特征;B:$L.c$-C3 mRNA 在大黄鱼胚胎时期各阶段的表达特征; C:被溶藻弧菌感染后 $L.c$-C3mRNA 在肝和脾中的变化;D:$L.c$-C4 mRNA 在各组织中表达特征 (spleen:脾、heart:心、muscle:肌肉、gill:鳃、stomach:胃、intestinal:肠、brian:脑、liver:肝);E:$L.c$-C4 mRNA 在大黄鱼胚胎时期各阶段的表达特征;F:被溶藻弧菌感染后 $L.c$-C3mRNA 在肝和脾中的变化;

注:(spleen:脾、heart:心、muscle:肌肉、gill:鳃、stomach:胃、intestinal:肠、brian:脑、liver:肝;2 cells stage:2 细胞期、Multicellular stage:多细胞期、gastrula stage:原肠初期、bags appear stage:眼泡出现期、tail bud stage:尾芽期、larvae:初孵仔鱼;

柱形图柱子上面注有 ∗∗ 表示 $P<0.01$, ∗ 表示 $P<0.05$)

3 结语

利用大黄鱼基因组数据库,获得了大黄鱼补体成分 C3 和 C4 的全长 cDNA 序列。序列分析表明,大黄鱼 C3 和 C4 具有已知的 C3,C4 特征性结构,大黄鱼 C3 和 C4 存在翻译后的 N-糖基化修饰,这与已报道的哺乳动物的 C3,C4 结果一致。系统进化树分析表明,鱼类 C 和 C4 与哺乳类 C3 和 C4 都分别形成各自的枝系,大黄鱼 C3 和 C4 都与鮸鱼的 C3 和 C4 最相似,这与两者的分类关系最近一致。

组织表达特征研究揭示,健康大黄鱼 C3 和 C4 基因 mRNA 都在肝中表达量很高,C4 在肌肉中也有一定量表达,肠、鳃、心脏、脑中都只有少量表达。胚胎发育过程中不同发育阶段的补体 C3 和 C4 表达特征的研究表明,在大黄鱼胚胎发育过程中补体 C3 的表达量没有变化,说明其在胚胎发育过程中很可能没有发挥作用,而补体 C4 在胚胎发育的后期阶段表达量明显提高,这可能与即将要孵化面临外界的刺激有关。

大黄鱼由于其经济价值,近年来在中国的养殖面积日益增加,但病害问题严重,其中溶藻弧菌是养殖大黄鱼弧菌病的主要病原之一。因此,有必要对溶藻弧菌侵染后大黄鱼的免疫反应进行研究。补体是鱼类免疫防御系统的重要组成成分,C3 参与形成靶细胞表面攻膜复合物(MAC),导致靶细胞溶解。本文研究表明,溶藻弧菌侵染后,肝组织中 C3 基因 mRNA 显著增加,6 h 时达到峰值,在 12 h 和 24 h 时,C3 基因的 mRNA 在脾中的表达量显著增加,到 48 h 时肝和脾中的 C3 表达量仍显著高于对照组,受溶藻弧菌侵染后,肝组织中 C4 基因的 mRNA 的表达量也有所增加,但在脾脏中在 12 h 以后都显著高于对照组,揭示肝组织大量合成 C3,脾脏中大量合成 C4,。综上所述,本文报道了大黄鱼补体成分 C3 和 C4 基因的 cDNA 全序列,并对其在肝中的表达量变化与溶藻弧菌侵染过程进行了相关研究,为鱼类抗细菌免疫的深入研究奠定了基础。

参考文献

艾庆辉,麦康森. 2007. 鱼类营养免疫研究进展[J]. 水生生物学报,31(3):425-430.

区又君,罗奇,李加儿. 2011. 卵形鲳鲹碱性磷酸酶和酸性磷酸酶的分布及其低温保存[J]. 南方水产科学, 7(2):49-54.

翟瑞燕,王长法,仲跻峰,等. 2010. 补体 C3 基因多态性与相关疾病研究进展[J]. Acta Ecologiae Animalis Domastic, 31(6):92-96.

张奇亚,桂建芳. 2008. 水生物病毒学[M]. 北京:高等教育出版社.

Anderson D P. 1992. Immunostimulants, adjuvants, and vaccine carriers in fish: Applications to aquaculture[J]. Annual Review of Fish Disease,(2):281-307.

Bou Aoun R, Hetru C, Troxler L, et al. 2011. Analysis of thioester-containing proteins during the innate immuneresponse of *Drosophila melanogaster*. J Innate Immun,3(1):52-64.

Buresova V, Hajdusek O, Franta Z, et al. 2011. Functionalgenomics of tick thioester-containing proteins reveal theancient origin of the complement system. J Innate Immun,3(6):623-630.

Clow LA, Raftos DA, Gross PS, et al. 2004. The sea urchincomplement homologue, SpC3, functions as an opsonin. J Exp Biol, 207(Pt 12): 2147 -2155.

Davidson WS, Koop BF, Jones SJ,et al. 2010. Sequencing the genome of the Atlantic salmon (*Salmo salar*). Genome Biol,11:403.

Fujito NT, Sugimoto S, Nonaka M. 2010. Evolution of thioester containing proteins revealed by cloning and characterization of their genes from a cnidarian sea anemone, Haliplanellalineate. Dev Comp Immunol, 34(7): 775 -784.

Levashina EA, Moita LF, Blandin S, et al. 2001. Conserved roleof a complement-like protein in phagocytosis revealed by dsRNA knockout in cultured cells of the mosquito,*Anopheles gambiae*. Cell, 104(5): 709 -718.

Lin M, Sutherland DR, Horsfall W, et al. 2002. Cell surfaceantigen CD109 is a novel member of the α2 macroglobulin/C3, C4, C5 family of thioester-containing proteins. Blood, 99(5): 1683 -1691.

Livak KJ, Schmittgen TD. 2001. Analysis of relative gene expression data using real-time quantitative PCR and the $2^{-\Delta\Delta C_T}$ method[J]. Methods,25(4): 402 -408.

Løvoll M,Kilvik T,Boshra H,et al. 2006. Maternal transfer of complement components C3 - 1,C3 - 2,C3 - 3, C3 - 4,C4,C5,C7,Bf and Df to offspring in rainbow trout (*Oncorhynchua mykiss*) [J]. Immunogenetics,58: 168 -179.

Miller DJ, Hemmrich G, Ball EE, et al. 2007. The innateimmune repertoire in cnidaria-ancestral complexity andstochastic gene loss. Genome Biol, 8(4): R59.

Müller-Eberhard HJ. 1988. Molecular organization and function of the complement system. Annu Rev Biochem, 57: 321 -347.

Povelones M, Upton LM, Sala KA, et al. 2011. Structurefunctionanalysis of the *Anopheles gambiae* LRIM1/APL1C complex and its interaction with complement C3 - like protein TEP1. PLoS Pathog, 7(4): -1002023.

Qian TL, Wang KR, Mu YN, et al. 2013. Molecular characterization and expression analysis of TLR 7 and TLR 8 homologs in large yellow croaker(*Pseudosciaena crocea*). Fish Shellfish Immunol,36:671e9.

Smith JJ, Kuraku S, Holt C, et al. 2013. Sequencing of the sea lamprey (*Petromyzon marinus*) genome provides insights into vertebrate evolution. Nat Genet,45:415e21.

Sottrup-Jensen L, Stepanik TM, Kristensen T, et al. 1985. Common evolutionary origin of α2-macroglobulin andcomplement components C3 and C4. Proc Natl Acad SciUSA, 82(1): 9 -13.

Suzuki MM, Satoh N, Nonaka M. 2002. C6 - like and C3 - likemolecules from the cephalochordate, amphioxus, suggesta cytolytic complement system in invertebrates. J Mol E, 54(5): 671 -679.

Venkatesh B, Lee AP, Ravi V, et al. 2014. Elephant shark genome provides unique insights into gnathostome evolution. Nature,505:174e9.

Wan X, Chen XH. 2009. Molecular cloning and expression analysis of a CXC chemokine gene from large yellow croaker *Pseudosciaena crocea*. Vet Immunol Immunopathol,127(15):6 -61.

Yu Z N,He X C,Fu D K. 2011. Two superoxide dismutase (SOD) with different subcellular localizations involved innate immunity in *Crassostrea hongkongensis*[J]. Fish & Shellfish Immunology,31: 533 -539.

Zheng WB, Liu GZ, Ao JQ, et al. 2006. Expression analysis of immune-relevant genes in the spleen of large yellow croaker (*Pseudosciaena crocea*) stimulated with poly(I: C). Fish Shellfish Immunol,21:414e30.

Zhu Y, Thangamani S, Ho B, et al. 2005. The ancient origin ofthe complement system. EMBO J, 24(2): 382 -394.

星突江鲽胰岛素样生长因子Ⅰ的原核表达及活性分析[*]

徐永江[1],臧坤[1,2],柳学周[1*],史宝[1],陈圣毅[1,2]

(1. 中国水产科学研究院黄海水产研究所,农业部海洋渔业可持续发展重点实验室,山东 青岛 266071；
2. 上海海洋大学水产与生命学院,上海 201306)

摘 要：根据星突江鲽(*Platichthys stellatus*)胰岛素样生长因子Ⅰ(IGF-Ⅰ)的cDNA序列设计特异性引物扩增成熟肽片段,利用原核表达载体pET-28a成功构建了重组星突江鲽IGF-Ⅰ/pET28a质粒,转化大肠杆菌BL21(DE3)后经IPTG诱导可产生N端含6个组氨酸的重组蛋白。IGF-Ⅰ重组蛋白大小为12.1KD,37℃下用0.5 mmol/L的IPTG诱导3 h时目的蛋白表达量最高,占菌体总蛋白的39.8%,主要以包涵体形式存在。Western blotting 免疫印迹表明IGF-Ⅰ重组蛋白均可被6×His抗体特异性识别。包涵体经6 mol/L盐酸胍变性、Ni^{2+}离子亲和柱纯化和尿素梯度复性后,可获得高纯度的IGF-Ⅰ重组蛋白。细胞增殖实验结果显示0.6 μg/mL的IGF-Ⅰ重组蛋白能显著促进人胚胎肾细胞HEK293T的增殖而大于1.8 μg/mL则表现出抑制作用。本研究成功构建了星突江鲽IGF-Ⅰ体外高效表达系统,并获得具有细胞水平生物活性的星突江鲽IGF-Ⅰ重组蛋白,结果可为深入探究IGF-Ⅰ在星突江鲽生长发育中的作用机制及研制高效绿色的促生长制剂提供基础资料。

关键词：星突江鲽；胰岛素样生长因子Ⅰ；原核表达；生物活性

鱼类生长激素-胰岛素样生长因子(GH-IGFs)轴在生长调控中起着非常重要的作用。IGF-Ⅰ是重要的GH下游因子,注射GH可显著提高鱼类肝脏中IGF-Ⅰ mRNA 表达量和血浆IGF-Ⅰ浓度[1-2]。血浆IGF-Ⅰ浓度与鱼类生长速度表现出较高相关性,Picha等[3]已将其作为指示鱼类生长的指标之一。此外,IGF-Ⅰ在鱼类生殖[4]、早期发育[5-6]、免疫应答[7]和渗透压调节[8]等方面均发挥重要作用。目前,研究人员在大肠杆菌中成功实现了鲈鱼[9]、罗非鱼(*Oreochromis niloticus*)[10]、草鱼[11]、虹鳟(*Oncorhynchus mykiss*)[12]和大菱鲆(*Scophthalmus maximus*)[13]等IGF-Ⅰ的体外重组表达,并通过细胞增殖诱导实验证明了所获得IGF-Ⅰ重组蛋白的生物活性。近期Li等[14]首次在毕赤酵母中实现了斜带石斑鱼IGF-Ⅰ的重组蛋白表达,为鱼类IGF-Ⅰ进一步开发利用奠定了基础。随着IGF-Ⅰ生物功能的不断挖掘,体外重组蛋白表达及纯化技术的不断进步,相信IGF-Ⅰ及其产物制剂在水产养殖中的应用研究步伐将不断加快。

星突江鲽(*Platichthys stellatus*),属鲽形目(Pleuronectiformes)鲽科(Pleuronectidae)、江鲽

---

[*] 基金项目：国家863计划项目(2012AA10A413)、鲆鲽类现代产业技术体系(CARS-50)、中央级公益性事业单位基本科研业务费项目(20603022012022)和山东省自然科学基金项目(ZR2012CQ025)。

属(*Platichthys*),分布于我国、日本、俄罗斯、加拿大及美国太平洋沿岸,是一种具有较高经济价值的鲆鲽类鱼种,具有营养丰富、经济价值高、广温广盐、耐受性强等特点,在东亚地区深受消费者喜爱[15]。近年来,我国突破了星突江鲽的人工繁育技术[16],养殖产业正在逐步兴起。本研究利用原核表达载体构建了星突江鲽 IGF-I 成熟肽重组质粒,实现了 IGF-I 重组蛋白的体外高效表达,并分析了重组星突江鲽 IGF-I 蛋白生物活性,以期为深入解析 IGF-I 在星突江鲽生长发育中的调控作用机制和绿色高效促生长制剂的开发提供基础资料。

1 材料与方法

1.1 材料

星突江鲽雌鱼 1 尾(体长 32 cm、体重 1 014 g)取自日照市海洋水产资源增殖站,以 MS-222(280 mg/L)麻醉处死,迅速取其垂体和肝脏组织于液氮中(-196℃)速冻后转入 -80℃保存,用于总 RNA 提取。

1.2 RNA 提取和 cDNA 第一链的合成

利用 RNAiso Plus(TaKaRa)提取星突江鲽垂体和肝脏总 RNA,通过 1% 琼脂糖凝胶电泳检测质量,使用微量核酸测定仪(Nanodrop ND2000)检测浓度。利用 PrimeScript 1st Strand cDNA Synthesis 试剂盒(TaKaRa)反转录合成 cDNA 第一链。

1.3 IGF-I/pET28a 重组质粒的构建

根据星突江鲽 *IGF-I* 的 cDNA 序列(GenBank 序列号 KC709503),参照 pET-28a 载体(Invitrogen)上的多克隆位点排列特点,选取 *Bam*H I 和 *Hin*d III 作为酶切位点,设计特异性引物 IGF-IF: 5′- GGATCC GAAATGGCCTCGGCGGAG-3′和 IGF-IR:5′- AAGCTT TTATTCGGACTTGGCGGGTTTG-3′扩增 IGF-I 成熟肽片段(表1)。在上游引物 IGF-IF 的 5′端分别加入了酶切位点 *Bam*H I(方框标注),在下游引物 IGF-IR 的 5′端中加入酶切位点 *Hin*d III(方框标注)和强终止密码子 TAA(单下划线标注)。IGF-I 成熟肽的 PCR 扩增使用肝脏 cDNA 为模板,PCR 条件:94℃ 5 min 变性,(94℃ 30 s,61℃ 30 s,72℃ 50s)34 个循环,最后 72℃ 延伸 10 min。将扩增得到的成熟肽片段连接到 pEASY-T1 Simple 载体(TransGen)上,挑选阳性克隆送往上海生工公司测序验证。

利用质粒小提试剂盒(TaKaRa)提取 IGF-I/pEASY-T1 质粒,用限制性内切酶 *Bam*H I 和 *Hin*d III(TaKaRa)将 IGF-I/pEASY-T1 质粒和表达载体 pET-28a 双酶切,使用 T4 连接酶(TaKaRa)将双酶切后的目的片段连接到的 pET-28a 上,得到重组质粒 IGF-I/pET28a,转化至大肠杆菌 DH5α(Invitrogen)中,菌液 PCR 验证后并测序。

1.4 重组 IGF-I/pET28a 质粒在大肠杆菌中诱导表达

将测序正确的重组质粒转化到表达菌株 BL21(Invitrogen),挑取阳性单克隆接种于含 Kana(100 μg/mL)的 5 mL LB 培养基中,37℃ 振荡培养过夜。次日按 1∶100 扩大培养至

OD600 值为 0.6~0.7，加入 IPTG(1 mmol/L)继续培养，分别在诱导 0 h、1 h、2 h、3 h、4 h、6 h 和 8 h 时各取 1 mL 菌液，8 000 r/min 10 min 离心收集菌体，PBS 洗涤并重悬菌体，SDS-PAGE(15% 分离胶)电泳检测，SigmaScan pro 5 软件分析蛋白表达率。

菌液分别在 21℃、29℃、37℃、45℃条件下 IPTG(1 mmol/L)诱导 6 h 取样进行 SDS-PAGE 电泳分析，研究不同温度下蛋白表达的差异。

菌液在 37℃条件下培养至 OD600 值为 0.6~0.7 时，加入 IPTG 使其终浓度分别为 0.1 mmol/L、0.2 mmol/L、0.5 mmol/L、1.0 mmol/L、2.0 mmol/L、5.0 mmol/L 诱导 6 h 取样进行 SDS-PAGE 电泳分析，研究不同 IPTG 浓度对重组载体蛋白表达的诱导作用。

1.5 重组 IGF-I 蛋白 western-blotting 验证

分别收集诱导 6 h 的重组 GH 和重组 IGF-I 菌体沉淀经 SDS-PAGE 电泳后，利用半干电转印法将蛋白转移至 PVDF 膜上并用 5% BSA 封闭，以鼠抗 6×His Monoclonal Antibody (TransGen)为一抗、HRP 标记的山羊抗小鼠 IgG(TransGen)为二抗，4℃下分别孵育过夜，使用 HRP-DAB 显色试剂(Solarbio)进行显色。

1.6 重组 IGF-I 蛋白纯化和复性

GH 重组菌 37℃条件下 IPTG(1 mmol/L)诱导 6 h，IGF-I 重组菌 37℃条件下 IPTG(0.5 mmol/L)诱导 3 h 后，8 000 r/min 4℃离心 10 min，PBS 洗涤沉淀，用 1/10 体积的超声波破碎液(50 mmol/LTris-HCl pH 8.0、0.5 mol/L NaCl、1 mmol/L EDTA)重悬菌体，重悬后的菌液于冰浴中进行超声破碎，SDS-PAGE 检测沉淀和上清。破碎后的沉淀用包涵体洗涤液(50 mmol/LTris-HCl pH 8.0、0.5 mol/L NaCl、2 mol/L Urea、1% Triton X-100)洗涤 2~3 次，洗涤后的包涵体溶于裂解液(6 mol/L guanidine HCl pH 6.5、0.4 mol/L NaH$_2$PO$_4$、0.4 mol/L Na$_2$HPO$_4$、0.5 mol/L NaCl)4℃搅动过夜变性，12 000 r/min 离心 10 min 取上清，先后用 0.8 μm 和 0.45 μm 微孔滤膜过滤，然后 Ni^{2+}-NTA 亲和层析柱(TaKaRa)分离纯化融合蛋白。

分离后的融合蛋白 SDS-PAGE 电泳检测后装入到透析袋中，分别用 8 mol/L 尿素梯度复性液(50 mmol/LTris-HCl pH 6.5、0.2 mol/L NaH$_2$PO$_4$、0.2 mol/L Na$_2$HPO$_4$、0.05 mol/L NaCl、8 mol/LUrea、1% Glycine、10% Glycerol、1 mmol/L EDTA)、6 mol/L 尿素梯度复性液(50 mmol/LTris-HCl pH 6.5、0.2 mol/L Na$_2$HPO$_4$、0.2 mol/L NaH$_2$PO$_4$、0.05 mol/L NaCl、6 mol/L Urea、10% Glycerol、1 mmol/L EDTA)、4 mol/L 尿素梯度复性液(50 mmol/LTris-HCl pH 6.5、0.2 mol/L Na$_2$HPO$_4$、0.2 mol/L NaH$_2$PO$_4$、0.05 mol/LNaCl、4 mol/L Urea、10% Glycerol、1 mmol/L EDTA)、2 mol/L 尿素梯度复性液(50 mmol/LTris-HCl pH 6.5、0.2 mol/L Na$_2$HPO$_4$、0.2 mol/L NaH$_2$PO$_4$、0.05 mol/L NaCl、2 mol/L Urea、1 mmol/L EDTA)和 PBS 充分透析复性，用 3 kD 超滤管(Millipore)进行超滤浓缩，SDS-PAGE 电泳检测，-80℃超低温冰箱保存。

1.7 重组 GH 和 IGF-I 蛋白生物活性检测

利用 BCA 蛋白定量试剂盒(Thermo)检测纯化复性后的重组蛋白浓度，0.22 μm 过滤除菌,用于检测重组 GH 和 IGF-I 蛋白在终浓度分别为 0.2 μg/mL、0.6 μg/mL、1.8 μg/mL、5.4 μg/mL、16.2 μg/mL、48.6 μg/mL 时对人胚胎肾细胞 HEK293T 的增殖作用。将生长状态良好的人胚胎肾细胞 HEK293T 以 1×10^5/mL 密度接种于 96 孔板(每孔 200 μL),培养 24 h 后,弃掉培养基,加入含不同浓度重组蛋白的新鲜培养基,并设空白对照组,每组设 4 个平行。继续培养 48 h 后,弃上清,每孔加入 90 μL 新鲜培养液,再加入 10 μL MTT(Sigma)溶液,继续培养 4 h,弃上清,每孔加入 100 μL 二甲基亚砜(DMSO)摇床低速震荡 10 min,酶标检测仪检测 570 nm 处的吸光度。

细胞增殖率(GSR)计算方法为:GSR(% control) = Asample/Acontrol × 100,Asample 为加入重组蛋白组,Acontrol 为未加重组蛋白组。GSR 数据用平均值 ± 标准差(Means ± S.D.)来表示,采用 SPSS 16.0 软件进行单因素方差分析,当 $P<0.05$ 时视为差异显著,当 $P<0.01$ 时视为差异极显著。

2 结果

2.1 IGF-I/pET28a 重组质粒的构建

将正确克隆的 IGF-I 成熟肽序列插入到原核表达质粒 pET-28a 上,得到重组质粒 IGF-I/pET28a,转化到大肠杆菌 BL21 中,菌液 PCR 得到与预期大小相符的特异条带(图1)。

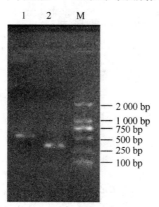

图 1 星突江鲽 IGF-I 重组表达菌 BL21 的菌液 PCR 鉴定
M:Marker;1:IGF-I 重组表达菌(重组质粒 IGF-I/pET-28a);
2:对照菌(空载质粒 pET-28a)
Fig. 1 PCR verification of IGF-I/pET-28a recombinant plasmid in E. coli BL21 cells
M: DNA marker, 1: E. coli BL21 containing IGF-I/pET-28a recombinant plasmid,
2: control E. coli BL21 containing pET-28a

测序结果显示重组质粒 GH/pET-28a 和 IGF-I/pET-28a 构建成功。IGF-I/pET-28a 重组质粒(图2)在大肠杆菌中将表达包含 103 个氨基酸的重组蛋白,分子量为 12.1 kD,等电点为 8.527。重组蛋白 N 端均含有 6×His 标签,可进行鉴定和蛋白纯化。

```
ATG GGC AGC AGC CAT CAT CAT CAT CAT CAC AGC AGC GGC CTG GTG CCG CGC GGC
     H   H   H   H   H   H
AGC CAT ATG GCT AGC ATG ACT GGT GGA CAG CAA ATG GGT CGC GGA TCC GGA CCA
                                                    BamH I  G   P
GAG ACC CTG TGC GGG GCG GAG CTG GTC GAC ACG CTG CAG TTT GTG TGT GGA GAG
 E   T   L   C   G   A   E   L   V   D   T   L   Q   F   V   C   G   E
AGA GGC TTT TAT TTC AGT AAA CCA GGT TAT GCC GCC AAT GCA CGG CGG TCA CGC
 R   G   F   Y   F   S   K   P   G   Y   A   A   N   A   R   R   S   R
GGC ATC GTG GAC GAG TGC TGC TTC CAA AGC TGT GAG CTG CGG CGC CTG GAG ATG
 G   I   V   D   E   C   C   F   Q   S   C   E   L   R   R   L   E   M
TAC TGT GCA CCT GCC AAG ACT AGC AAG GCA GCT CGC TCT TAA AAG CTT
 Y   C   A   P   A   K   T   S   K   A   A   R   S   *   Hind III
```

图 2 星突江鲽 IGF-I 重组成熟肽序列

注：阴影部分为起始密码子 ATG，* 表示终止密码子 TAA，双下划线部分为 6×His tag，方框表示限制性内切酶位点 BamH I、Hind III，单下划线部分为星突江鲽 IGF-I 成熟肽

Fig. 2 Matured peptide sequence of IGF-I of *Platichthys stellatus*

Notes: Initiation codon (ATG) is shaded. Stop codon (TAA) is marked by asterisk. The 6× His tag is double underlined. Endonuclease BamH I and Hind III are boxed, and the mature peptide is single underlined.

2.2 重组质粒在大肠杆菌 BL21(DE3) 中的表达

将重组质粒 IGF-I/pET-28a 转化入大肠杆菌 BL21(DE3) 进行诱导表达，SDS-PAGE 电泳显示，经 IPTG 诱导的 IGF-I 重组菌在 10 kD 和 15 kD 之间出现特异性条带，IGF-I 重组蛋白大小为 12.1 kD。SigmaScan pro 5 软件分析显示，不同诱导条件下的重组菌蛋白表达量各不同，通过对诱导时间、诱导温度和 IPTG 诱导浓度条件的优化，得到重组 IGF-I 表达的最优条件为 37℃、IPTG(0.5 mmol/L) 诱导培养 3 h，重组蛋白表达量占细菌总蛋白的 39.8%（图 3 至图 5）。

2.3 IGF-I 重组蛋白的 western-blotting 验证

采用 western-blotting 免疫印迹方法对 37℃下 0.5 mmol/L 的 IPTG 诱导 3 h 的 IGF-I 重组菌分别进行检测，结果显示 IGF-I 重组菌则在 PVDF 膜上出现 12.1 kD 的单一印迹（图 6），说明重组菌表达的目的蛋能被 6×His 抗体特异性识别，具有抗原活性，表明星突江鲽 IGF-I 重组蛋白分别表达成功。

2.4 IGF-I/pET28a 重组蛋白的纯化

取 37℃下 0.5 mmol/L 的 IPTG 诱导 3 h 的重组 IGF-I 表达菌，超声波破碎后的菌液沉淀和上清，0.45 μm 滤膜过滤后的蛋白液以及 Ni^{2+}-NTA 亲和层析柱分离出的蛋白液进行 SDS-PAGE 电泳检测，结果显示重组菌所表达的蛋白主要以包涵体的形式存在于沉淀中，通过 Ni^{2+}-NTA 亲和层析柱可对重组蛋白进行有效的分离纯化，纯化的 IGF-I 重组蛋白相对分子质量约为 12.1 kD（图 7），与预期大小相符合。

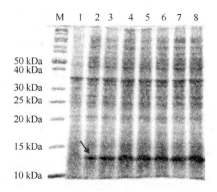

图3 诱导时间对星突江鲽重组 IGF-I 蛋白表达的影响

M:蛋白 Marker;1:37℃ 条件下 1.0 mmol/L 的 IPTG 诱导 6 h 的对照菌(空载 pET-28a 质粒);2-8:37℃ 条件下 1.0 mmol/L 的 IPTG 诱导 1 h、2 h、3 h、4 h、6 h、8 h、10 h 的重组 IGF-I 表达菌蛋白(箭头所指为 12.1 kD 重组蛋白)

Fig. 3 Effects of induction time on production of *Platichthys stellatus* recombinant IGF-I protein
M: protein weight marker, 1: control at 37℃ post 6 hours of induction with 1.0 mmol/L IPTG, 2-8: recombinant IGF-II at 37℃ post 1,2,3,4,6,8,10 hours of induction with 1.0 mmol/L IPTG (the arrow indicates recombinant IGF-I protein)

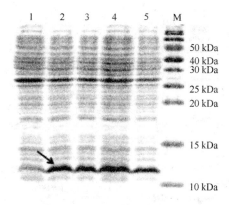

图4 温度对星突江鲽重组 IGF-I 蛋白表达的影响

M:蛋白 Marker;1:诱导 6 h 的对照菌(空载 pET-28a 质粒);2-5:21℃、29℃、37℃、45℃ 诱导 6 h(IPGT 浓度为 1.0 mmol/L)的重组 IGF-I 表达菌蛋白(箭头示 12.1 kD 重组蛋白)

Fig. 4 Effects of temperature on production of *Platichthys stellatus* recombinant IGF-I protein
M: protein weight marker, 1: control at 37℃ post 6 hours of induction with 1.0 mmol/L IPTG, 2-4: recombinant IGF-I at 18℃, 28℃, 37℃ and 45℃ post 2 hours of induction with 1.0 mmol/L IPTG (the arrow indicates recombinant IGF-I protein)

2.5 重组蛋白的生物活性检测

利用 MTT 法检测不同浓度的重组星突江鲽 IGF-I 蛋白对人胚胎肾细胞 HEK293T 增殖的影响。重组星突江鲽 IGF-I 蛋白在 0.6 μg/mL 时能显著促进人胚胎肾细胞 HEK293T 增

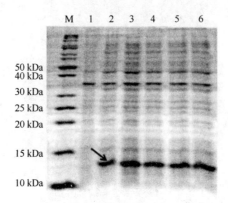

图 5 IPGT 浓度对星突江鲽重组 IGF-I 蛋白表达的影响

M:蛋白 Marker;1:诱导 6h 的对照菌(空载 pET-28a 质粒);2-7:37℃条件下 0.1、0.2、0.5、1.0、2.0、5.0 mmol/L 的 IPTG 诱导 6 h 的重组 IGF-I 表达菌蛋白(箭头所指为 12.1 kD 重组蛋白)

Fig. 5 Effects of IPTG concentrations on production of *Platichthys stellatus* recombinant IGF-I protein
M: protein weight marker, 1: control at 37℃ post 6 hours of induction with 1.0 mmol/L IPTG, 2-4: recombinant IGF-I at 37℃ post 6 hours of induction with 0.1,0.2,0.5,1.0,2.0,5.0mmol/L IPTG
(the arrow indicates recombinant IGF-I protein)

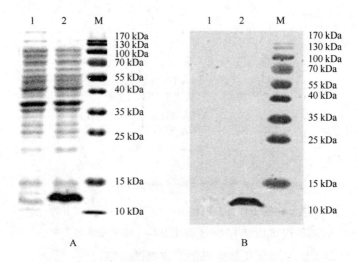

图 6 星突江鲽重组 IGF-I 蛋白的 Western-blotting 检测

M:蛋白 marker;1:37℃条件下 1.0 mmol/L 的 IPTG 诱导 6h 的对照菌(空载 pET-28a 质粒);2:37℃条件下 1.0 mmol/L 的 IPTG 诱导 6 h 的重组 IGF-I 表达菌

A 图:考马斯亮蓝染色对照;B 图:Western-blotting 检测结果

Fig. 6 Western-blotting analysis of *Platichthys stellatus* recombinant IGF-I protein
M: Marker, 1: control at 37℃ post 6 hours of induction with 1.0 mmol/L IPTG, 2: recombinant IGF-I protein at 37℃ post 6 hours of induction with 1.0 mmol/L IPTG
A: control of coomassie brilliant blue staining, B: western-blotting analysis

遗传、育种与生物技术　　93

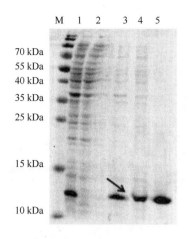

图7　星突江鲽重组 IGF－I 蛋白的纯化

M:蛋白 Marker;1:37℃条件下1.0 mmol/L IPTG 诱导6h 的重组 IGF－I 蛋白表达菌;2:超声波破碎后上清液;3:超声波破碎后沉淀;4:0.45 μm 过滤膜过滤后蛋白液;5:Ni²⁺ 离子纯化柱纯化后蛋白液(箭头示12.1kD 重组蛋白)

Fig. 7　Purification of *Platichthys stellatus* recombinant IGF－Iprotein

M: protein weight marker;1: recombinant IGF－I protein at 37℃ post 6 hours of induction with 1.0 mmol/L IPTG;2: supernatant after ultrasonic disruption;3: precipitation after ultrasonic disruption;4: protein after 0.45 μm filtration;5: protein after Ni²⁺ affinity chromatography column purification(the arrow indicates recombinant IGF－I protein)

殖($P<0.05$),但浓度大于1.8 μg/mL 时细胞的增殖速度却显著减慢($P<0.05$),浓度为16.8 μg/mL 时这种抑制效应更为明显($P<0.01$)(图8)。

3　讨论

本研究利用体外重组技术实现了星突江鲽 IGF－I 成熟肽在大肠杆菌中的表达,并纯化获得了具有细胞水平生物活性的 IGF－I 重组蛋白。由于 IGF－I 成熟肽在硬骨鱼类中高度保守[1],使得本研究结果不仅可以为星突江鲽 IGF－I 生长调控机制研究提供基础资料,也可为其他鱼类的 IGF－I 生理功能及调控机制研究提供借鉴。

本研究选用带有 His 标签的 pET－28a 载体作为星突江鲽 IGF－I 的重组表达载体,对于重组蛋白的 Ni²⁺－NTA 亲和层析和 Western-blotting 验证具有重要作用,并且已有报道证实重组蛋白添加的组氨酸末端不会对目标蛋白生物活性产生影响[17-18]。此外,PET 载体被认为是目前大肠杆菌表达重组蛋白的强大系统,其基础表达水平较低,利于实现目的蛋白的高效表达。原核表达系统中目的蛋白的表达量还受到重组蛋白分子量、重组菌浓度、诱导温度、诱导时间和诱导剂浓度等因素的影响[19],本研究中37℃作为大肠杆菌表达重组蛋白的最适宜温度与其他原核表达研究中相一致[20-21];最适宜的 IPTG 浓度也处于普遍报道使用的0.1~1.0 mmol/L 浓度范围内;增加诱导时间并没有提高表达量,这可能因为宿主菌蛋白

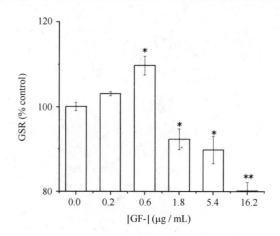

图 8 重组星突江鲽 IGF-I 蛋白对人胚胎肾细胞 HEK293T 增殖速率的影响
GSR(细胞增殖率)用平均值±标准差(Means ±S. D.)来表示($n=4$); *:与对照组差异显著($P<0.05$); * *:与对照组差异极显著($P<0.01$)

Fig. 8 Effects of recombinant IGF-I protein from Platichthys stellatus on the proliferation of human embryo kidney cell HEK293T

GSR (growth stimulation ratios) are shown as means ±S. D. ($n=4$); *: significantly different from control at $P<0.05$; * *: significantly different from control at $P<0.01$

酶量随着诱导时间延长而增加导致表达蛋白产生降解作用[20]。

IGF-I 成熟肽中则包含的 6 个半胱氨酸形成 3 对二硫键,二硫键对于稳定蛋白三级结构具有重要作用,原核表达系统中由于缺少真核蛋白修饰体系导致二硫键易发生错配而形成包涵体[13]。重组蛋白以包涵体的形式表达优点是稳定性高且具有较高的产量[22],并且可避免被宿主菌中的蛋白酶降解[10]。但缺点是后续需要通过合理的变性和复性过程以获得具有生物活性的重组目的蛋白,本研究使用 6 mol/L 盐酸胍溶解包涵体对其错配的二硫键进行变性[12],并利用尿素梯度复性的方法[23]成功获得了具有细胞水平生物活性的 IGF-I 重组蛋白。

先前报道表明重组虹鳟 IGF-I 能明显促进小鼠成纤维细胞的增殖[24],重组罗非鱼 IGF-Ⅱ 则可促进小鼠胚胎细胞和人类肺组织细胞生长[25]。本研究利用人胚胎肾细胞 HEK293T 检测重组星突江鲽 IGF-I 的生物学活性。MTT 法检测显示重组 IGF-I 蛋白在 0.6 μg/mL 能够显著促进 HEK293T 细胞增殖,而在浓度大于 1.8 μg/mL 时出现抑制作用,表明本研究获得的 IGF-I 重组蛋白具有细胞水平的生物活性。曹诣斌等[26]报道裸鲤(Gymnocy prisprzewalskii)重组 IGF-Ⅱ 蛋白能促进人乳腺癌细胞 MDA-MB-435 生长,但超过一定浓度可能起抑制作用,Fu 等[16]研究也表明 IGFs 既能促进部分细胞增殖又能诱导其凋亡。综上,本研究利用原核表达载体构建了星突江鲽 IGF-I 体外重组表达体系,获得了具有细胞水平生物活性的体外重组 IGF-I 蛋白,为星突江鲽及其他鱼种的 IGF-I 功能及机制研究奠定了基础,同时为绿色高效促生长剂的开发提供了基础资料和技术支持。

参考文献

[1] 马爱军,庄志猛,李晨,等. 星突江鲽生物学特性及养殖前景. 海洋水产研究, 2006, 27(5): 91-95.

[2] 叶星,白俊杰,劳海华,等. 草鱼胰岛素样生长因子-I的融合表达、纯化和抗血清制备. 水产学报, 2002, 26(2): 122-126.

[3] 叶星,白俊杰,简清,等. 草鱼胰岛素样生长因子-I基因在大肠杆菌中的表达. 中国生物化学与分子生物学报, 2001, 17(6): 725-728.

[4] 刘芝亮,徐永江,柳学周,等. 半滑舌鳎类胰岛素生长因子-I的原核表达及活性分析. 中国水产科学, 2013, 20(4): 1-7.

[5] 刘侃,汪炬,谢秋玲,等. 重组类胰岛素样生长因子-I的纯化与复性. 中国生物工程杂志, 2006, 26(2): 29-33.

[6] 刘振华,王波,姚振刚,等. 星斑川鲽仔,稚,幼鱼的形态发育与生长. 海洋科学进展, 2008, 26(1): 90-97.

[7] 杜敏,朱美君,张莹夫,等. 钙蛋白酶抑制蛋白功能结构域IV在大肠杆菌中的表达、纯化及其抗血清的制备. 中国生物化学与分子生物物学报, 2000, 16(1): 23-27.

[8] 杨辉,张英起,颜真,等. 人血管形成素在大肠杆菌中的融合表达、纯化及活性测定. 生物工程学报, 2001, 17(1): 55-58.

[9] 张为民,张利红. 虹鳟胰岛素样生长因子I和II在大肠杆菌中的融合表达及促有丝分裂活性. 动物学报, 2003, 49(2): 266-271.

[10] 张俊玲,施志仪,付元帅,等. 牙鲆变态中IGF-I基因表达及甲状腺激素对其的调节作用. 水生生物学报, 2011, 35(2): 355-359.

[11] 赵晓杰,陈松林,王娜,等. 大菱鲆胰岛素样生长因子-I成熟肽的克隆,重组表达及活性分析. 水产学报, 2010(1): 1-7.

[12] 曹诣斌,吴兰亲,邵邻相,等. 青海湖裸鲤类胰岛素生长因子IGF-II的原核表达. 水生生物学报, 2010(2): 459-462.

[13] Amersham Pharmacia Biotech. GST gene fusion system. Third Edition. Revision 2. Pharmacia Biotech, Inc, 2001: 2-4.

[14] Chen J, Chen J, Chang C, et al. Expression of recombinant tilapia insulin-like growth factor-I and stimulation of juvenile tilapia growth by injection of recombinant IGFs polypeptides. Aquaculture, 2000, 181(3): 347-360.

[15] Degger B G, Richardson N, Collet C, et al. In vitro characterization and in vivo clearance of recombinant barramundi (*Lates calcarifer*) IGF-I. Aquaculture, 1999, 177(1): 153-160.

[16] Fu P, Thompson J A, Leeding K S, et al. Insulin-like growth factors induce apoptosis as well as proliferation in LIM 1215 colon cancer cells. Journal of Cellular Biochemistry, 2007, 100(1): 58-68.

[17] Hu S, Wu J, Huang J. Production of tilapia insulin—like growth factor-2 in high cell density cultures of recombinant *Escherichia coli*. Journal of Biotechnology, 2004, 107(2): 161-171.

[18] Li Y, Wu S, Ouyang J, et al. Expression of insulin-like growth factor-1 of orange-spotted grouper (*Epinephelus coioides*) in yeast *Pichia pastoris*. Protein Expression and Purification, 2012, 84(1): 80-85.

[19] Maures T, Chan S J, Xu B, et al. Structural, biochemical, and expression analysis of two distinct insulin-like growth factor I receptors and their ligands in zebrafish[J]. Endocrinology, 2002, 143(5): 1858–1871.

[20] Mccormick S D. Endocrine control of osmoregulation in teleost fish[J]. American Zoologist, 2001, 41(4): 781–794.

[21] Peterson B C, Waldbieser G C, Bilodeau L. Effects of recombinant bovine somatotropin on growth and abundance of mRNA for IGF–I and IGF–II in channel catfish (*Ictalurus punctatus*)[J]. Journal of Animal Science, 2005, 83(4): 816–824.

[22] Picha M E, Turano M J, Beckman B R, et al. Endocrine biomarkers of growth and applications to aquaculture: a minireview of growth hormone, insulin-like growth factor (IGF)–I, and IGF–binding proteins as potential growth indicators in fish[J]. North American Journal of Aquaculture, 2008, 70(2): 196–211.

[23] Ponce M, Infante C, Funes V, et al. Molecular characterization and gene expression analysis of insulin-like growth factors I and II in the redbanded seabream, *Pagrus auriga*: transcriptional regulation by growth hormone[J]. Comparative Biochemistry and Physiology Part B: Biochemistry and Molecular Biology, 2008, 150(4): 418–426.

[24] Reinecke M. Insulin-like Growth Factors and Fish Reproduction. Biology of Reproduction, 2010 (82): 656–661.

[25] Sitjà-Bobadilla A, Calduch-Giner J, Saera-Vila A, et al. Chronic exposure to the parasite *Enteromyxum leei* (Myxozoa: Myxosporea) modulates the immune response and the expression of growth, redox and immune relevant genes in gilthead sea bream, *Sparus aurata* L[J]. Fish & Shellfish Immunology, 2008, 24(5): 610–619.

[26] Tian X C, Chen M J, Pantschenko A G, et al. Recombinant E-peptides of pro–IGF–I have mitogenicactivity[J]. Endocrinology, 1999, 140: 3387–3390.

[27] Van Reeth T, Dreze P L, Szpirer J, et al. Positive selection vectors to generate fused genes for the expression of His-tagged proteins. Biotechniques, 1998, 25: 898–904.

中华绒螯蟹肠道上皮细胞类型的鉴别

杨筱珍,李 萌,成永旭*,杨志刚,王 春

(上海海洋大学 省部共建水产种质资源发掘与利用教育部重点实验室及上海市高校水产养殖学E–研究院,上海 201306)

摘 要:近年来经济类甲壳动物的健康高效养殖备受关注,水产动物的消化生理

* 基金项目:国家自然科学资金(31272677)和上海市重点学科建设项目(No. Y1101)。
通信作者(Corresponding author), E-mail:yxcheng@ shou. edu. cn
第一作者简介:杨筱珍(1977–),女,山东济南人,副教授,研究方向:水产动物繁殖生物学;Tel:021–61900417;
Email:xzyang@ shou. edu. cn

对其健康养殖有着极其重要的意义。肠道的主要功能为消化和吸收营养物质，而行使此功能的主要结构为肠道黏膜层的肠上皮细胞。目前针对甲壳动物肠上皮细胞类型及功能的研究较少，弄清其肠上皮细胞的种类及功能对深入了解肠道的功能具有重要的意义。本研究采用在哺乳动物中对小肠上皮细胞进行鉴别的组织学方法，如用PAS法着染肠上皮杯状细胞，用突触素和溶菌酶抗体的免疫组织化学方法分别识别肠上皮内分泌细胞和肠腺的潘氏细胞等来研究中华绒螯蟹中肠和后肠肠上皮细胞类型。结果发现：①中华绒螯蟹中肠和后肠肠上皮细胞中均不含有杯状细胞；②中华绒螯蟹中肠和后肠肠上皮细胞中均含有肠内分泌细胞，这些内分泌细胞经免疫组化染色后为细胞胞核着色，呈深褐色，分布于高柱状上皮细胞之间；③中华绒螯蟹肠道仅在后肠黏膜下层中有成群分布的肠腺。在肠腺中有呈圆锥形成堆分布的潘氏细胞，这些细胞经溶菌酶抗体染色呈深褐色，而在中华绒螯蟹中肠上皮细胞中不含潘氏细胞。目前针对于中华绒螯蟹肠上皮细胞类型的研究较少，本研究仅对中华绒螯蟹肠道上皮中杯状细胞、肠内分泌细胞、潘氏细胞3种类型的细胞进行了定位研究，初步确定中华绒螯蟹中肠上皮细胞中分布有肠内分泌细胞，后肠上皮细胞中分布有肠内分泌细胞和潘氏细胞，均未发现杯状细胞。此研究结果为进一步研究中华绒螯蟹肠道功能提供了理论依据。

关键词：中华绒螯蟹，肠道，上皮细胞

近年来经济类甲壳动物的健康高效养殖备受关注，水产动物的消化生理对其健康养殖有极其重要的意义。水产动物中鱼类消化道的组织结构已有大量报道，并在黄鳝(*Monopterus albus*)[1]胡子鲇(*Clarisfuscus lacepede*)[2]和鲤鱼(*Cyprinus carpio*)[3]的肠道上皮细胞间有大量的杯状细胞分布。在鱼类消化道细胞类型中含有大量的内分泌细胞[4-6]也已被证实。甲壳动物肠道的组织学结构与鱼类有相似之处，但差异也较大。甲壳动物的消化道主要分为前肠，中肠和后肠，前肠主要包括食道和胃，传统意义上的肠道为中肠和后肠。现已有对日本新糠虾(*Neomysis japonica*)[7]、克氏螯虾(*Cambarus clarkii*)[8]、日本沼虾(*Macrobrachium nipponense*)[9]、锯齿米虾(*Caridina denticulate*)[10]等肠道组织学研究的报道，在这些研究中并未发现甲壳动物肠道中分布有杯状细胞，对其中内分泌细胞的研究也鲜见有报道。弄清其肠上皮细胞的种类及功能对深入了解肠道的功能具有重要的意义。因此，本研究对中华绒螯蟹肠道上皮细胞的类型进行了鉴别，以期为进一步研究中华绒螯蟹的消化生理提供理论学依据。

1 材料与方法

1.1 材料

本实验动物为中华绒螯蟹成蟹，购自上海浦东南汇果园农贸市场，体重为95.83 g ±

7.28 g,体长 54.21 mm ± 1.44 mm,饥饿 48 h 后取活体组织新鲜样品,取雌雄各 4 只,解剖并分离出肠道,分中肠、肠球和后肠快速固定于 carnoy 固定液中,固定 12 h。另取雌雄各 4 只,解剖并分离出肠道,分中肠、肠球和后肠快速固定于 Bouin's 液中固定 48 h,并采集成年兔小肠作为阳性对照组织,新鲜样品放入 Bouin's 固定液中固定 48 h,梯度酒精脱水,石蜡包埋,常规切片厚度 5~7 μm,40℃烘片机烘干备用。

1.2 试剂

Carnoy 固定液配制:无水酒精 60 mL,冰醋酸 10 mL,氯仿 30 mL,混匀备用。Schiff 染液配制:先将 1 g 碱性品红溶于 100 mL 的去离子水中,加热煮沸,而后加入重亚硫酸钠 2 g,室温冷却后加入 20 mL 的 1 mol/L 盐酸,混匀后避光保存,室温放置 24 h 以上,在静置溶液中加入 300 mg 活性炭,混匀后进行过滤,过滤后的液体为淡黄色透明液体,即为染液。高碘酸液的配制:100 mL 蒸馏水中加入 1 g 高碘酸。分色液:1 mol/L 盐酸 5 mL 与 10% 重亚硫酸钠 6 mL 混匀于 100 mL 蒸馏水中。

一抗:兔抗人突触素多克隆抗体,兔抗人溶菌酶多克隆抗体均购自北京中山金桥有限公司。

二抗:多聚体抗兔 HRP 免疫组化试剂盒购自武汉博士德生物有限公司。

1.3 方法

1.3.1 PAS 染色

切片脱蜡进水后,1% 高碘酸 10 min,蒸馏水漂洗,schiff 试剂染色 30 min,分色液分色 6 min,分 3 次,每次 2 min。显微镜下观察至染色对比清晰匀称,自来水流水冲洗,蒸馏水洗,苏木精复染 3 min,自来水流水冲洗,脱水,透明,中性树脂封片。

1.3.2 免疫组织化学

兔抗人突触素多克隆抗体:石蜡切片脱蜡至水,3% H_2O_2 去离子水室温孵育 15 min,以灭活内源性过氧化物酶,PBS 缓冲液(0.01 mol/L,pH 7.2~7.6)冲洗 5 min×3 次,滴加胰酶消化液进行消化,37℃恒温箱孵育 15 min,PBS 冲洗 5 min×3 次,滴加一抗(工作浓度 1:50),4℃过夜。次日,PBS 冲洗 5 min×3 次,滴加二抗,37℃恒温箱孵育 80 min,PBS 冲洗 5 min×3 次,DAB 显色,自来水冲洗,梯度酒精脱水,二甲苯透明,中性树脂封片。阴性对照用 PBS 代替一抗,其余步骤同上,OLYMPUS-2 显微镜观察拍照。

兔抗人溶菌酶多克隆抗体:石蜡切片脱蜡至水,3% H_2O_2 去离子水室温孵育 15 min,以灭活内源性过氧化物酶,PBS 缓冲液(0.01 mol/L,pH 7.2~7.6)冲洗 5 min×3 次,滴加一抗(工作浓度 1:50,兔抗人溶菌酶多克隆抗体),4℃过夜。次日,PBS 冲洗 5 min×3 次,滴加二抗,37℃恒温箱孵育 60 min,PBS 冲洗 5 min×3 次,DAB 显色,自来水冲洗,梯度酒精脱水,二甲苯透明,中性树脂封片。阴性对照用 PBS 代替一抗,其余步骤同上,OLYMPUS-2 显微镜观察拍照。

1.3.3 苏木精-伊红染色

石蜡切片经梯度酒精脱蜡至水,浸入苏木精染色25 min,盐酸酒精分色10 s,自来水流水冲洗30 min进行返蓝,80%酒精5 min,90%酒精5 min,浸入伊红染色1 min,经梯度酒精脱水,二甲苯透明,中性树脂封片,OLYMPUS-2显微镜观察拍照。

2 结果

2.1 中华绒螯蟹肠道中杯状细胞的分布

本研究通过HE染色及PAS染色结果显示,在中华绒螯蟹中肠及后肠上皮细胞中均未发现有杯状细胞的分布,说明中华绒螯蟹肠道上皮细胞中不含有杯状细胞(图版Ⅰ)。

2.2 中华绒螯蟹肠道中肠内分泌细胞的分布

突触素抗体染色结果显示,中肠和后肠上皮细胞中均有阳性细胞着色,为深褐色。在中肠,上皮细胞中有部分上皮细胞胞核着色,说明中肠上皮细胞中含有肠内分泌细胞(图版Ⅱ-2"▶")。在后肠,上皮细胞中部分细胞胞核着色,说明后肠上皮细胞中亦含有肠内分泌细胞(图版Ⅱ-3,4"▶")。成年兔子小肠阳性对照片呈现明显的阳性反应(图版Ⅱ-5"▶"),用PBS代替一抗均呈阴性反应(图版Ⅱ-6)。此结果表明:中华绒螯蟹肠道上皮细胞类型中含有肠内分泌细胞,穿插在高柱状上皮细胞之间分布。

2.3 中华绒螯蟹肠道中潘氏细胞的分布

溶菌酶抗体染色结果显示:中肠上皮细胞中无阳性细胞着色(图版Ⅲ-1),而后肠皱襞黏膜下层的后肠腺呈现阳性着色,阳性细胞呈圆锥形,成堆分布在黏膜下层的后肠腺中(图版Ⅲ-2,4"▶")。成年兔子小肠阳性对照片呈现明显的阳性反应(图版Ⅲ-5"▶"),用PBS代替一抗均呈阴性反应(图版Ⅱ-6)。结果表明:中华绒螯蟹肠道中肠上皮细胞中不含潘氏细胞,而在后肠黏膜下层的后肠腺中分布着潘氏细胞,呈圆锥形成堆分布。

3 讨论

肠道的主要功能为消化和吸收营养物质,而行使此功能的主要结构为肠道黏膜层的肠上皮细胞。多数动物的肠腔衬有一个专门的单层上皮,肠上皮细胞是肠道内外环境的媒介,并形成管腔对抗病原体的屏障,具有消化、吸收、分泌等生物学功能[11]。在哺乳动物中,小肠为其重要的营养吸收场所,小肠上皮细胞为单层柱状,主要包括吸收细胞、杯状细胞、肠内分泌细胞、潘氏细胞等,不同类型细胞可通过用特异性标志物进行染色的方法进行定位[12]。中华绒螯蟹肠道的结构组成与哺乳动物差距较大,目前针对甲壳动物肠上皮细胞类型及功能的研究较少,弄清其肠上皮细胞的种类及功能对深入了解肠道的功能具有重要的意义。

在动物小肠类型细胞中,吸收细胞的数量最多,形状为高柱状,椭圆形胞核位于基部,

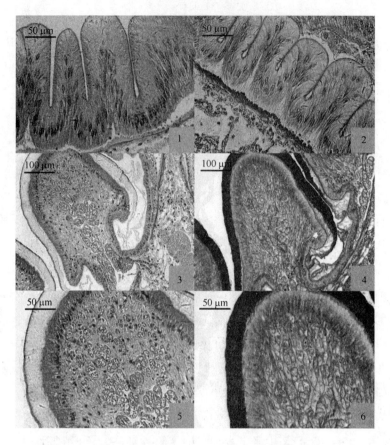

图版 I 肠道中杯状细胞的分布

Plate I Distribution of goblet cells in the gut

1,3,5 为 HE 染色:1. 中肠横切;3. 后肠横切;5:后场横切,示图3肠上皮细胞放大图片。
2,4,6 为 PAS 染色:2. 中肠横切;4. 后肠横切;6:后场横切,示图3肠上皮细胞放大图片

在中华绒螯蟹肠道 HE 染色结果中显示,中肠及后肠的黏膜上皮细胞均为整齐密集排列的高柱状,胞核位于基部,与三疣梭子蟹(*Portunus trituberculatus*)[13]、锯齿米虾(*Caridina denticulata*)[3]和中国龙虾(*Panulirus stimpsoni*)[14]黏膜上皮细胞形态一致,与哺乳动物较大差异。

杯状细胞分散在吸收细胞之间,胞体膨大呈杯状,数量极少[12],杯状细胞的主要功能为分泌黏液,黏液主要为黏蛋白,是一种典型的黏蛋白分泌细胞[15]。鉴别杯状细胞的染色方法有很多。例如阿利新蓝染色[16-17],PAS 染色[12,16-17],HE 染色[17]、Gomori 染色[17]等,本实验采用的最常规的 PAS 染色及 HE 染色,杯状细胞经 PAS 染色呈玫红色阳性反应[12,17],经 HE 染色杯状细胞呈透明空泡状[17],本实验 HE 染色及 PAS 染色结果均显示中华绒螯蟹中肠及后肠上皮细胞中未发现杯状细胞,在王巧玲[18]、方之平等[19]中华绒螯蟹消化道组织学研究中亦未发现杯状细胞的存在,在中国对虾[20]及锯齿米虾等[10]消化道上皮细胞中也没有

遗传、育种与生物技术 101

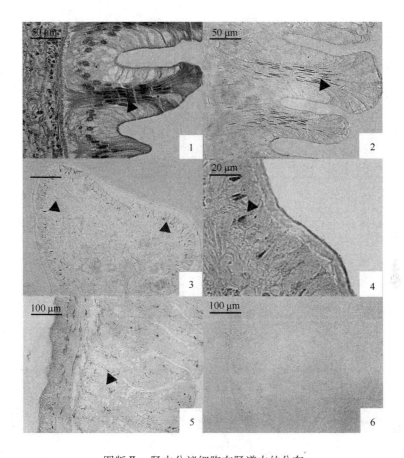

图版 Ⅱ 肠内分泌细胞在肠道中的分布

Plate Ⅱ Distribution of enteroendocrine cells in the gut

1. 中肠横切 HE 染色;2. 中肠横切,"▶"示中肠上皮细胞部分胞核呈阳性着色;
3. 后肠纵切,"▶"示:后肠上皮细胞分布胞核呈阳性着色;4. 后肠纵切,"▶"示图3
阳性细胞着色放大图片;5. 兔肠阳性对照,"▶"示兔肠中阳性物质;6. 阴性对照.

杯状细胞的存在,与本研究结果一致,由此表明,甲壳动物肠道上皮细胞类型中不含有杯状细胞。而鱼类黏膜上皮细胞分布有杯状细胞,叶元土等[21]与殷江霞等[22]认为肠道的消化吸收功能主要与其分泌能力和黏膜表面结构有关,杯状细胞能够分泌消化酶和黏液,不仅能与消化酶共同作用消化,对上皮还有一定的润滑功能,因此杯状细胞的多少功能间接反映出鱼类的消化能力。

而中华绒螯蟹肠道中不含有此细胞类型,因此中华绒螯蟹是否具有此功能及如何实现此功能还有待于进一步研究。

肠内分泌细胞大多单个分布于肠管黏膜上皮细胞之间[23],形状不规则,通过分泌激素发挥重要的生物学功能。肠内分泌细胞主要分泌 5 - HT 及多肽类物质,免疫组织化学技术灵敏度高,特异性强,已成为在定位研究中的广泛使用的一门技术,能对胃肠道内分泌细胞

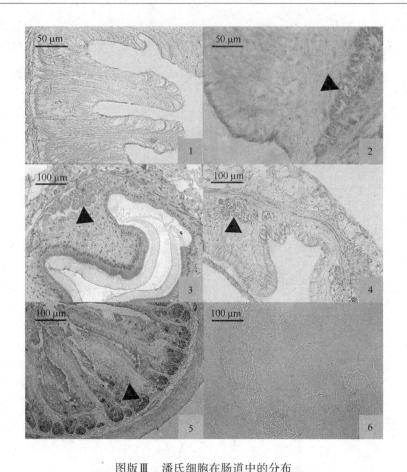

图版Ⅲ 潘氏细胞在肠道中的分布
Plate Ⅲ Distribution of Paneth cells in the gut

1. 中肠横切；2. 后肠横切，"▶"示后肠黏膜下层后肠腺中阳性物质；3. 后肠纵切 HE 染色；4. 后肠横切，"▶"后肠黏膜下层后肠腺中阳性物质；5. 兔肠阳性对照，"▶"示兔肠中阳性物质；6. 阴性对照．

准确地进行定位[24]，而突触素可作为神经内分泌细胞的标志物[25]，国外已有研究利用突触素抗体对小肠的内分泌细胞进行定位[12]，本研究采用突触素抗体对中华绒螯蟹中肠及后肠染色结果显示，中华绒螯蟹中肠及后肠黏膜上皮细胞中均含有肠内分泌细胞，呈不规则形状穿插在上皮细胞之间，其具体如何在中华绒螯蟹的中肠及后肠发挥作用仍需进一步的探讨。方之平等[26]在中华绒螯蟹的消化系统中发现 9 种内分泌细胞，在在锯缘青蟹的研究中指出，5-羟色胺免疫活性细胞在中肠及后肠多分布在固有膜和黏膜下层[27]，而 Glu 细胞，SP 细胞，Gas 细胞仅在后肠有少量分布，主要分布在肝胰腺[28]。在中国对虾和日本沼虾的胃肠道研究中发现了 5-HT、胃泌素（Gas）、生长抑素（SS）、胰高血糖素（Glu）和胰多肽（PP）等 5 种内分泌细胞[29]。国内外学者也对不同鱼类的胃肠内分泌细胞进行了研究，在硬骨鱼的胃肠道中发现了 15 种内分泌细胞，而在软骨鱼和圆口鱼类的胃肠中发现了 19 种内分泌细胞[30-32]。

潘氏细胞常成群分布在肠腺底部,呈圆锥形,又称肠嗜酸颗粒细胞[33]。在哺乳动物中,潘氏细胞是位于小肠腺底部的浆液性腺上皮细胞,其细胞顶部有大量粗大的嗜酸性分泌颗粒,可分泌防御素、溶菌酶等多种抗菌物质,具有一定的杀菌作用[34]。本研究采用溶菌酶抗体特殊染色方法对中华绒螯蟹中肠及后肠的潘氏细胞进行定位,结果显示:中肠中未发现潘氏细胞的存在,而在后肠黏膜下层的后肠肠腺中发现了成堆分布的潘氏细胞。在哺乳动物中,潘氏细胞可合成分泌多种抗菌肽,是小肠黏膜屏障的效应细胞[34],结果表明后肠可分泌溶菌酶等抗菌物质,起到杀菌功能,而中肠不具备此功能。

目前针对于中华绒螯蟹肠上皮细胞类型的研究较少,本研究仅对中华绒螯蟹肠道上皮中杯状细胞、肠内分泌细胞、潘氏细胞3种类型的细胞进行了定位研究,初步确定中华绒螯蟹中肠上皮细胞中分布有肠内分泌细胞,后肠上皮细胞中分布有肠内分泌细胞和潘氏细胞,均未发现杯状细胞。此研究结果为进一步研究中华绒螯蟹肠道功能提供了理论依据。

参考文献

[1] 小林繁,郭喜平. 肠的内分泌细胞及作用[J]. 日本医学介绍,1989,10(9):392-393.

[2] 王巧伶. 中华绒螯蟹消化系统的组织学研究[J]. 重庆师范学院学报,1994,11(4):66-72.

[3] 方之平,潘黔生,赵雅心,等. 中华绒螯蟹各发育期APUD细胞的免疫细胞化学定位[J]. 水生生物学报, 2001,25(4):370-375.

[4] 方之平,潘黔生,黄凤杰,等. 中华绒螯蟹消化道组织学及扫描电镜研究[J]. 水生生物学报,2002,26(2):136-141.

[5] 邓孔昭. 潘氏细胞[J]. 广州医学院学报,1982(04):103-106.

[6] 邓道贵,马海骏,郭生林. 锯齿米虾消化系统的组织学研究[J]. 淮北煤师院学报,2000,21(4):56-59.

[7] 叶元土,林仕梅,罗莉,等. 中华倒刺鲃肠道黏膜的扫描电镜观察分析[J]. 淡水渔业,1999,29(6):16-19.

[8] 史玉兰,段相林. 杯状细胞的研究进展[J]. 解剖科学进展,2001,7(4):258-361.

[9] 朱有法,舒妙安,沈元新. 黄鳝消化道的组织学与组织化学研究[J]. 中国兽医学报,2002(03):256-259.

[10] 朱丽岩,郑家声,王海林,等. 三疣梭子蟹幼体消化道发育的组织学研究[J]. 青岛海洋大学学报:自然科学版,1999,29(2):271-278.

[11] 吴志强,姜国良,项鹏. 日本新糠虾消化系统组织学研究[J]. 中国海洋大学学报:自然科学版,2007,37(5):781-784.

[12] 吴建云,范光丽. 突触素研究进展[J]. 动物医学进展,1999,20(4):1-4.

[13] 何敏,方静. 鱼类消化管内分泌细胞的研究进展[J]. 水产科学,2005,24(6):46-49.

[14] 张志峰,于成海,廖承义. 中国对虾幼体消化系统的组织化学研究[J]. 海洋湖沼通报,2000b(2):6-10.

[15] 张金花,王树迎. 鱼类胃肠道内分泌细胞的研究进展[J]. 水产科学,2002,21(3):37-39.

[16] 陈洪洪,朱联九,潘洪珍,等. 中国对虾和日本沼虾胃肠道内分泌细胞的鉴别与比较[J]. 水生生物

学报,2010,34(3):642-646.

[17] 欧阳珊,吴小平,颜显辉,等. 克氏螯虾消化系统的组织学研究[J]. 南昌大学学报:理科版,2002,26(1):92-95.

[18] 晏芳. 小肠上皮分泌细胞特性的组织学观察[J]. 中国组织化学与细胞化学杂志,2011,20(6):601-604.

[19] 徐革锋,刘洋,牟振波. 鱼类消化道内分泌细胞概述及研究方法[J]. 水产学杂志,2011,24(3):60-65.

[20] 殷江霞,张耀光,李萍,等. 华鲮消化道组织学与组织化学的初步研究[J]. 淡水渔业,2005,35(6):7-10.

[21] 卿素珠,张琪,刘兴海,等. 鲤鱼消化管的形态学观察[J]. 动物医学进展,2002,23(4):85-86.

[22] 栾雅文,张广忠,陈路,等. 胡子鲶(*Claris fuscus* Lacépède)消化道组织学的初步研究[J]. 内蒙古大学学报:自然科学版,2003,34(2):203-206.

[23] 席贻龙,邓道贵,崔之学. 日本沼虾消化道形态和组织学特点[J]. 动物学杂志,1997,32(3):8-11.

[24] 陶凯忠,唐庆娟,郑萍. 潘氏细胞研究进展[J]. 现代生物医学进展,2009,9(4):794-800.

[25] 黄辉洋,叶海辉,李少菁,等. 锯缘青蟹消化系统内分泌细胞的免疫细胞化学定位[J]. 厦门大学学报:自然科学版, 2005,40(1):94-97.

[26] 黄辉洋,李少菁,王桂忠,等. 锯缘青蟹消化系统5-羟色胺免疫组织化学的研究组织化学的研究[J]. 厦门大学学报:自然科学版,2001,40(3):789-792.

[27] 梁榕旺,徐淑莉,韩庆广,等. 肠上皮细胞营养调控研究进展[J]. 饲料工业,2009,30(7):10-12.

[28] 颜素芬,姜永华,陈昌生. 中国龙虾早期叶状幼体消化道的组织结构观察[J]. 水产学报,2005b,29(1):25-32.

[29] 潘黔生,方之平. 四种鲤科鱼肠道中胃泌素免疫性细胞的免疫组织化学定位及比较[J]. 华中农业大学学报,1998,7(3):238-242.

[30] 潘黔生,方之平. 鱼类胃肠胰内分泌系统APUD细胞研究的现状[J]. 水生生物学报,1995,19(3):275-282.

[31] Beorlegui C, Martinez A, Sesma P. Endocrine cells and nerves in the pyloric ceca and the intestine of *Oncorhynchus mykiss*(Teleostei): an immunocytochemical study[J]. Gen Comp Endocrinol, 1992, 86(3): 483-495.

[32] Laurens G F, Clevers H. Stem cells, self-renewal, and differentiation in the intestinal epithelium [J]. Annual review of physiology,2009,71(7):241-260.

[33] Pan Q S, Fang Z P, Zhao Y X. Immunocy to chemical identification and localization of APUD cells in the gut of seven stomach-less teleost fishes[J]. World Journal of Gastroenterology, 2000, 6(1): 96-101.

[34] Takahashi K, Mizuno H, Ohno H, et al. A new cysteine derivative, on the change in the number of goblet cells induced by isoproterenol in rat tracheal epithelium[J]. Eviron Toxicol Pharmacol, 1998, 5(3):173.

海南岛糙海参卵巢发育的组织学特征*

杨学明[1],吴明灿[2],张立[1],黎建斌[1],陈福艳[1]

(1. 广西水产科学研究院 广西 南宁 530021;2. 广西大学动物科学与技术学院 广西 南宁 530004)

摘 要:应用组织学研究方法,对我国海南岛糙海参(*Holothuria scabra*)的卵巢发育过程进行了观察并描述其特征。结果表明:海南岛糙海参的卵巢发育可分为恢复期(Ⅰ期)、增长期(Ⅱ期)、成熟期(Ⅲ期)、部分排放期(Ⅳ期)、排放期(Ⅴ期)共5个时期。卵巢在各个时期主要特征为:恢复期,在生殖上皮附近附着卵原细胞和卵黄发生前期卵母细胞;增长期,生殖管腔中央含有大量卵黄发生时期卵母细胞,其周围为嗜碱性卵原细胞及卵黄发生前期卵母细胞;成熟期,生殖管腔充满嗜酸性卵黄发生时期卵母细胞;部分排放期,卵细胞数量减少,出现营养性吞噬细胞;排放期,生殖管腔含有少数残留卵细胞。本研究将为揭示我国海南岛糙海参的繁殖生物学规律提供必要的基础资料,对糙海参的种群资源保护及人工育苗生产亦具有重要指导作用。

关键词:糙海参;性腺发育;卵巢;组织学

糙海参(*Holothuria scabra*)属棘皮动物门(Echinodermata),海参纲(Holothuroidea),楯手目(Aspidochirotida),海参科(Holothuriidae),海参属(*Holothuria*),两广地区称为"白参"。糙海参属热带 – 亚热带种,在国外广泛分布于印度 – 西太平洋海域,在我国主要分布在海南岛、西沙群岛和广东中、西部至北部湾较浅的海域[1-2]。糙海参肉厚且肉质软嫩,具有很高的商业价值和开发潜力[3]。但由于过度捕捞及栖息环境不断恶化,目前我国华南沿海糙海参的天然种群资源逐年下降,已接近濒危状态[4]。

为了恢复天然资源及人工开发利用,国外已经发展了糙海参的人工繁殖及增养殖技术[5-6]。目前国内在广东、广西等地进行的人工育苗及增养殖方面的实验亦相继取得了成功[4]。

性腺发育是物种繁殖生物学规律的重要内容。国外已有很多学者针对不同国家和地区糙海参天然种群的繁殖生物学进行了研究[7-10],如性别比、性腺形态观察、配子发生的组织学、性腺成熟指数周年变化等研究。但在国内糙海参的繁殖生物学的资料依然很匮乏,相关研究还属于空白。本文运用常规组织学方法研究了我国海南岛糙海参的卵巢发育,了解其特征,为该种类的繁殖生物学提供基础资料,这对今后糙海参的天然资源保护和种群恢复具有重要意义;另一方面,人工育苗生产中需要了解繁殖种参群体的性腺发育水平,本文的研

---

* 基金项目:国家自然科学基金项目(31260636);广西壮族自治区直属公益性科研究院所项目(GXIF – 2014 – 008).
作者简介:杨学明(1969—),男,博士,主要从事水产动物繁殖与遗传育种研究. E-mail:nnyxm@ sina. com

究结果对我国糙海参的人工繁殖工作亦具有实际指导作用。

1 材料与方法

1.1 材料

实验用活体糙海参于2013年9月至2014年8月采自海南省陵水县新村港(18°22′N,109°45′E)。每次采样时随机捞取糙海参10头,运回实验室后称重、解剖,根据性腺颜色辨别雌雄(一般雄性为乳白色,雌性为橙红色或淡黄色)。用尖嘴镊摘取雌性卵巢3~4 g,立即放入装有Bouin氏液的离心管中固定,常温保存,送广西医科大学医学实验中心制作组织切片。

1.2 方法

性腺在Bouin氏液中固定24 h后,取出切成厚约0.5 cm的小块,常规石蜡包埋,用LEL-CA RM2235型切片,切厚度为3 μm,接着HE染色,在Motic BA410显微镜下观察并拍照。

2 结果

根据生殖管直径、管壁的厚度及生殖细胞发育情况,糙海参卵巢的发育过程都可分为恢复期、增长期、成熟期、部分排放期、排放期共5个时期。

2.1 恢复期(Ⅰ期)

生殖管直径约500 μm。在生殖管壁内侧的生殖上皮,已经出现了一些被HE染料染成紫色的卵原细胞,呈嗜碱性,卵径约15 μm。部分卵原细胞已经发育成具有明显的生发泡的卵黄发生前期卵母细胞,直径约25 μm,被染料染成淡紫色。到了恢复期的后期,有一些卵黄发生前期卵母细胞发育成卵黄发生时期卵母细胞,胞质被染成红色,呈嗜酸性,直径约50 μm,生发泡变大,核仁在核内侧,染色质呈絮状,整个卵母细胞被一层滤泡细胞包裹,但依然在生殖上皮附近(图版Ⅰ-A,B)。

2.2 增长期(Ⅱ期)

生殖管增大,直径约1 000 μm。生殖管被HE染料染成两种颜色,即在生殖上皮附近是一层紫色的卵黄发生前卵母细胞群,生殖管腔中央是呈红色的卵黄发生时期卵母细胞群,部分卵细胞已经发育到卵黄发生后期,直径达到100 μm以上(图版Ⅰ-C)。

2.3 成熟期(Ⅲ期)

这时期的生殖管直径最大,达到2 000 μm。整个生殖腔中充满了卵黄发生期的卵母细胞,由于卵细胞体积变大、数量变多,在有限的管腔中互相挤压,其形状呈不规则形。在卵黄发生后期的卵母细胞中,可清晰观察到与滤泡细胞紧密连接的动物极突起(图版Ⅰ-D,E)。

2.4 部分排放期(Ⅳ期)

生殖管收缩变细,直径约 1 500 μm。在生殖上皮附近出现了体积较小的卵黄发生前期卵母细胞群。由于部分卵母细胞已经排放,生殖管腔中的细胞密度变小。此时腔中出现了营养性的吞噬细胞,这是该期最明显的特征(图版Ⅰ-F)。

2.5 排放期(Ⅴ期)

生殖管明显收缩,直径约 800 μm。在生殖管腔中绝大部分卵母细胞已经排出,偶尔见少量残留卵细胞和吞噬细胞。生殖上皮变得平坦,但依然有一些卵原细胞附着在上面(图版Ⅰ-G)。

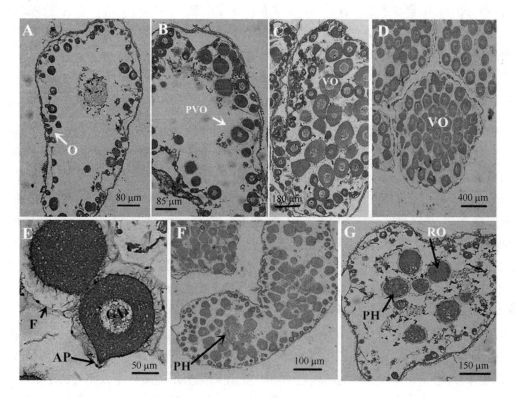

图版Ⅰ 不同发育时期的糙海参卵巢

A-B. 恢复期;C. 增长期;D. 成熟期;E. 卵黄发生后期卵母细胞;F. 部分排放期;G. 排放期
O (oogonia):卵原细胞;PVO (pre-vitellogenic oocyte):卵黄发生前卵母细胞;VO (vitellogenic oocyte):卵黄发生期卵母细胞;GV (germinal vesicle):生发泡;F (follicles):滤泡细胞;AP (animal protuberance):动物极突;PH (nutritive phagocyte):营养性吞噬细胞;RO (relict oocyte):残留卵细胞.

Plate Ⅰ Characteristics of ovary at different stages in *Holothuria scabra*

A-B. Recovery stage; C. Growing; D. Mature; E. Late-vitellogenic oocyte; F. Partly spawned; D. Spent.

3 讨论

3.1 糙海参卵巢发育过程的主要特征

Ramofafia 等[10]对所罗门群岛海域糙海参的性腺发育开展了详细的观察,结合本文的研究结果,可以比较总结出糙海参雌参不同性腺发育阶段的典型特征。卵巢在不同时期的主要特点是:恢复期,在生殖上皮附近出现少量卵原细胞和卵黄发生前期卵母细胞;增长期,生殖管腔中央含有大量染色呈红色的卵黄发生时期卵母细胞,其周围为染色呈紫色的嗜碱性卵原细胞及卵黄发生前期卵母细胞;成熟期,生殖管腔充满红色的嗜酸性卵黄发生时期卵母细胞;部分排放期,卵细胞数量减少,出现营养性吞噬细胞;排放期,生殖管腔含有少数残留卵细胞。这些糙海参的卵巢发育特点将来结合时间周期,可较为准确地判断不同繁殖季节糙海参种参群体性腺发育的整体状况及水平,从而在人工繁殖时确定最佳的催产时间,提高亲参产卵诱导的成功率和产卵量,有效地指导人工育苗生产。

3.2 不同地区糙海参卵巢发育分期的差异

糙海参广泛分布在印度洋及西太平洋的许多国家和地区。在不同国家和地区的气候不同,糙海参的卵巢发育特点也有差异,不同研究者对此的研究结果也不一样。Conand 等[11]把新喀里多尼亚群岛的糙海参卵巢分期为为休止期、增殖期、成熟期、排放期、排放后期;Krishnaswamy 等[12]针对印度的糙海参,卵巢发育分为不成熟期、成熟期、妊娠期、排放期;Ramofafia 等[10]在所罗门群岛的糙海参中,把卵巢分期为不确定期、增殖期、成熟期、部分排放期、排放期。本文通过 HE 染料染色的组织学方法对海南糙海参的卵巢发育进行了观察,根据生殖管直径、管壁的厚度及生殖细胞发育情况,把卵巢发育分为恢复期、增长期、成熟期、部分排放期、排放期 5 个时期。这样的分期与黑乳海参(*Stichopus mollis*)[13]、伏卡海参(*Holothuria forskali*)[14]、黄乳海参(*Holothuria fuscogilva*)[15]的卵巢发育划分一样,而与上述学者的描述有差别。笔者在每个月采集到的糙海参卵巢观察中,或多或少都发现正在发育的卵母细胞,未发现 Conand 等所描述的休止期[11];每次解剖卵巢在光学显微镜都可确定其性别,也未发现 Ramofafia 描述的不确定期[10]。上述卵巢分期的差异一方面是由于不同研究者依据的划分标准略有不同;另一方面,很大程度上表明了不同地理分布的海参种类其卵巢发育情况存在或多或少的差异。这些差异可能与当地的气候特点、海水温度变化规律和海区营养饵料的丰富程度等多种环境因素都有密切关系,这些因素对海南岛糙海参的性腺发育有何影响,有待进一步研究。

3.3 吞噬细胞在糙海参卵巢发育过程中的作用

Tyler 等[16]在海参 *Laetmogone violacea* 和 *Benthogone rosea* 中发现吞噬细胞在滤泡细胞包裹卵黄发生时卵母细胞期间已经出现,随着卵巢的发育,这些吞噬细胞侵入卵母细胞内,使生发泡破裂,最后分解整个卵母细胞。这样的现象在海南糙海参卵巢发育中也出现,其作用是吞噬残留的卵细胞,分解出来的营养物质给位于生殖上皮附近正在发育的卵母细胞利用,因此称为营养性吞噬细胞,这样的机制也称为"重吸收"。在 Stichopus californicus[17]、黑乳海参[13]、Psolus fabricii[18]等海参种类的卵巢发育中,也发现了类似的吞噬细胞和"重吸收"现象。表明吞噬细胞及"重吸收"是海参纲物种卵巢发育过程中的一种普遍现象。

参考文献

[1] 杨学明,张立,李有宁,等. 南方糙海参的人工催产与育苗初步实验[J]. 南方水产科学,2011,7(1):40-44.

[2] 廖玉麟. 中国动物志棘皮动物门海参纲[M]. 北京:科学出版,1997:115-117.

[3] Beni G D A, Grisida I. Australia's first commercial sea cucumber culture and sea ranching project in Hervey Bay, Queensland, Australia[J]. SPC Beche-de-mer Information Bulletin, 2005, 21: 29-31.

[4] Conand C, Byrne M. A review of recent developments in the world sea cucumber fisheries[J]. Mar Fish Rev, 1993, 55: 1-13.

[5] Conand C. Reproductive biology of the holothurians from the major communities of the New Caledonian Lagoon[J]. Mar Biol,1993, 116:439-450.

[6] D B James. Hatchery and culture technology for the sea cucumber, Holothuria scabra Jaeger, in India[J]. Naga, the ICLARM Quarterly, 1999, 22(4):12-16.

[7] Hamel JF, Himmelman JH, Dufresne L. Gametogenesis and spawning of the sea cucumber Psolus fabricii (Duban and Koren)[J]. Biol Bull, 1993, 184:125-143.

[8] Krishnaswamy S, Krishnan S. A report on the reproductive cycle of the holothurian Holothuria scabra Jaeger [J]. Curr Sci, 1967, 36:155-156.

[9] Morgan AD. Aspects of the reproductive cycle of the sea cucumber Holothuria scabra(Echinodermata: Holothuroidea) [J]. B Mar Sci, 2000, 66: 47-57.

[10] Ong Che RG, Gomez ED. Reproductive periodicity of Holothuria scabra Jaeger at Catalagan, Batangas, Philippines[J]. Asian Mar Biol, 1985(2): 21-30.

[11] Ramofafia C, Battaglene CS, Bell JD, et al. Reproductive biology of the commercial sea cucumber Holothuria fuscogilva in the Solomon Islands[J]. Mar Biol, 2000, 136:1045-1056.

[12] Ramofafia C, Byrne M, Battaglene CS. Reproduction of the commercial sea cucumber Holothuria scabra(Echinodermata: Holothuroidea) in the Solomon Islands[J]. Mar Biol, 2003, 142: 281-288.

[13] Secretariat of the pacific community(SPC). Sea cucumbers and beche-de-mer of the tropical Pacific[J]. South Pacific Commission, Noumea, New Caledonia, 1994, 18:1-29.

[14] Sewell MA, Bergquist PR. Variability in the reproductive cycle of Stichopus mollis(Echinodermata: Holothuroidea). Invertebr Reprod Dev,1990, 17:1-7.

[15] Smiley S, Cloney RA. Ovulation and the fine structure of the Stichopus californicus (Echinodermata: Holothuroidea) fecund ovarian tubules[J]. Biol Bull, 1985, 169:342-364.

[16] Tuwo A, Conand C. Reproductive biology of the holothurian Holothuria forskali(Echinodermata) [J]. Mar Biol Assoc UK, 1992, 72:745-758.

[17] Tuwo A. Reproductive cycle of the holothurian Holothuria scabra in Saugi Island, Spermonde Archipelago, Southwest Sulawesi, Indonesia[J]. SPC Beche-de-mer Inf Bull,1999, 11: 9-12.

[18] Tyler P A A, Muirhead D S, M Billet, et al. Reproductive biology of the deep-sea holothurians *Laetmogone violacea* and *Benthogone rosea* (Elasipoda:Holothuroidea)[J]. Mar Ecol Prog Ser, 1985, 23: 269-277.

获取赤点石斑鱼、棕点石斑鱼(♀)×鞍带石斑鱼(♂)F_1染色体的两种不同方法及其核型分析

刘 莉[1,2], 张 岩[2], 陈 超[2*], 李炎璐[2], 孔祥迪[1,2], 于欢欢[1,2], 陈建国[1,2], 翟介明[3]

(1. 上海海洋大学 水产与生命学院, 上海 201306; 2. 中国水产科学研究院黄海水产研究所, 山东 青岛 266071; 3. 莱州明波水产有限公司, 山东 烟台 261418)

摘 要: 为确定在鱼类规格大小不同的情况下制备鱼类染色体的最佳策略和方法, 并对赤点石斑鱼和棕点石斑鱼(♀)×鞍带石斑鱼(♂)杂交子代(俗称: 珍珠龙胆)的染色体核型进行研究。分别取赤点石斑鱼和珍珠龙胆幼鱼的头肾组织、鳍条以不同的处理方法制备染色体, 观察染色体形态并对其染色体核型进行分析。

结果显示: 选用的染色体制备方法均能获得形态较好且图像清晰的细胞分裂相; 不同的处理方法其分裂指数存在一定的差异: 头肾组织细胞分裂指数比直接选取的幼鱼鳍条要高; 热滴片和冷滴片所得到的染色体重也不同, 热滴片效果优于冷滴片。赤点石斑鱼染色体的核型为 $2n=48$, $10st+38t$, $NF=58$; 珍珠龙胆染色体的核型为 $2n=48$, $4st+44t$, $NF=52$。本文对赤点石斑鱼的研究结果和前人报道略有不同, 珍珠龙胆与父本鞍带石斑鱼的染色体数目、核型基本一致, 而与母本棕点石斑鱼的核型存在很大差异。

本文研究结果为在不同研究目的下选取适宜的鱼类染色体制备方法提供了参考资料; 两种鱼的2n数相同, 它们的核型特点符合典型的高位类群鱼类核型特征。已有报道, 显示石斑鱼类染色体形态存在一定程度的多样性。

对这两种石斑鱼的核型比较分析时, 将已报道的25种石斑鱼核型进行比较, 为石斑鱼的种质鉴定、遗传资源保护利用和育种提供基础资料和理论指导。

关键词: 赤点石斑鱼; 褐点石斑鱼(♀)×鞍带石斑鱼(♂); 染色体制备; 核型

赤点石斑鱼(*Epinephelus akaara*)俗称石斑、花斑, 鞍带石斑鱼(*Epinephelus lanceolatus*)俗称龙趸、龙胆石斑鱼, 褐点石斑鱼(*Epinephelus fuscoguttatus*)又称棕点石斑鱼(俗称老虎斑), 它们在分类学上均属于鲈形目(Perciformes), 鲈亚目(Percoidei), 鮨科(Serranidae), 石斑鱼亚科(Epinephelinae), 石斑鱼属(*Epinephelus*), 为海洋暖水性岛礁栖鱼类, 是我国重要的海水养殖名贵品种。赤点石斑鱼为暖水性中下层分布鱼类, 其肉质细嫩、味道鲜美, 亦可作观赏鱼类, 深受广大消费者的青睐。珍珠龙胆又称龙虎斑, 是以鞍带石斑鱼为父本、褐点

石斑鱼为母本进行杂交子代新品,因体表布满黑褐色,形似珍珠的斑点而得名。通过杂交,获得了父本的生长速度快和母本抗病能力两方面的杂种优势,且具有较高的食用、观赏价值,是值得开发的优良品种,其养殖和市场消费前景广阔。

鱼类染色体制备一般采用直接法,经过植物血凝素PHA、秋水仙素、低渗处理后滴片获得,由于获取的研究组织材料及处理方法的差异,得到的细胞分裂中期相的数量和质量也不尽相同。研究中,经常有特殊的情况和目的,如研究材料珍贵必须保留活体、鱼苗种质跟踪鉴定、野外快速取材等。为了确定在不同情况下制备鱼类染色体的最佳策略和方法,笔者研究了两种染色体制备方法在赤点石斑鱼、珍珠龙胆不同组织上的运用效果,以期丰富鱼类染色体制备方法,并为在不同情况下快速选择最有效、适宜的研究策略提供参考。对这两种石斑鱼的核型进行比较研究时,结合已报道的25种石斑鱼核型进行了综合分析,为石斑鱼的种质鉴定、遗传资源保护利用和育种提供了基础资料和理论依据。

1 材料与方法

1.1 材料

材料于2014年6月取自莱州明波水产有限公司人工培育的子一代石斑鱼种苗,赤点石斑鱼成鱼(图1)共12尾,规格为:体重220~250 g,体长20~25 cm;珍珠龙胆幼鱼(图2)共17尾,规格为:体重18~25 g,体长8~12 cm。

图1 赤点石斑鱼

使用活体注射法和细胞培养法对两种石斑鱼的染色体制备进行预实验,通过对制备效果的初步分析比较,对赤点石斑鱼成鱼选用活体注射法,对珍珠龙胆幼鱼选用细胞培养法。

1.2 活体注射法

1.2.1 前处理

采用林义浩(1982)植物血细胞凝集素(PHA)体内注射法,按鱼体重10 μg/g的剂量,向

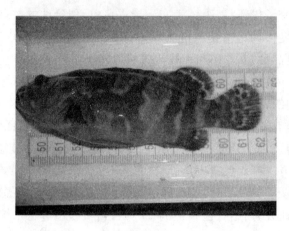

图 2　珍珠龙胆

实验鱼的胸鳍基部注射 PHA，24 h 后按 2 μg/g 鱼体重的剂量在实验鱼胸鳍基部注射秋水仙素溶液，约 3 h 后将实验鱼断尾及鳃部动脉在水中放血 20 min，取出头肾。

1.2.2　制备肾细胞悬液

将头肾组织放入盛有生理盐水(0.8% NaCl)的培养皿中清洗 2~3 次，除去血块及其他组织，然后置于盛有少量生理盐水的培养皿中，用剪刀充分剪碎，约 20 min。再用 4 层医用纱布滤入 10 mL 的离心管内，加入适量生理盐水，用吸管吹打数分钟，静置片刻，制成约 8 mL 的细胞悬液。

1.2.3　低渗处理

将细胞悬液用 2 200 r/min 的速度离 5 min，弃上清，留底部 1 mL 沉淀。加入 7 mL 左右的 0.75 g/L 的 KCl 低渗液，30℃下处理 25 min。(低渗后絮状物质较多，可用 4 层纱布重新过滤一遍)

1.2.4　固定

低渗处理后 2 200 r/min 离心 5 min，去上清，留底部约 1 ml 沉淀，加入 7 mL 的甲醇:冰醋酸 =3:1 的卡诺固定液，用吸管慢慢吹打沉淀至充分混匀，固定 30 min 后 2 200 r/min 离心 5 min，弃上清，留底部约 1 mL，加 7 mL 固定液，固定，离心，反复两次。

1.2.5　滴片

第 3 次固定后弃上清，加固定液至约 2 mL，滴片前轻轻弹打离心管底部。分别采用热滴片法和冷滴片法进行滴片。热滴片:将清洁干净的玻片放在 50℃的培养箱中预热 30 min 以上，每次取出两张玻片进行滴片，于约 1 m 的高处滴到载玻片上，每片滴 1~2 滴，自然风干；冷滴片:用制冰机中冰块将解剖盘铺平，表面铺上一层保鲜薄膜，将处理干净的载玻片置于上面，从 1 m 高处滴片，每片 1~2 滴，液体自然风干。

1.2.6 染色

待玻片完全干燥后10%的Giemsa染液染色30 min,后用蒸馏水冲洗干净后晾干,显微镜下观察并拍照。

1.3 小鱼游泳法

将珍珠龙胆幼鱼放在秋水仙素浓度为0.015%的自然海水中游泳3~5 h,分别取鱼苗背鳍和尾鳍尖部,用0.075 mol/L的KCl溶液于31℃培养箱中低渗处理35~40 min后,再用卡诺氏固定液(甲醇:冰醋酸=3:1)固定3次(固定液须现配现用),每次20 min。固定后将样品置于50%冰醋酸中解离30 min,期间每隔5 min轻轻吹打一次,分别采用热滴片法和冷滴片法进行滴片。最后用10%的Giemsa染液染30 min,冲洗、晾干,显微镜观察、拍照。

1.4 观察与统计

在显微镜100×油镜下随机统计30个视野,计算细胞有丝分裂指数。有丝分裂指数=分裂相/细胞总数×100%。分别选取来自赤点石斑鱼的150个、珍珠龙胆的75个分散良好的细胞,用Olympus显微镜进行观察统计,确定染色体2n数目。

1.5 核型分析

选取10个左右数目完整、分散效果良好、长度适中(正中期)、着丝点清楚、两条染色单体适度分开、形态清晰的染色体分裂相进行显微摄影,绘制染色体模式图。对图像上的染色体计数后,沿边缘剪下染色体进行编号;再初步目测配对、分组;分别测量其长度,计算相对长度、着丝点指数、臂比,对相同的染色体间配对(着丝点类型相同、相对长度相近的一组染色体按长短排队,短臂向上),再将配对好的染色体分类、排列其组型。

染色体相对长度 = 每条染色体长度/染色体组总长 × 100

臂指数 = 长臂长度/短臂长度

按1964年Levan提出的标准划分亚中部和端部着丝粒染色体,臂指数在1.0~1.7之间,为中部着丝粒染色体(M),1.7~3.0之间为亚中部着丝粒染色体(SM),3.0~7.0之间为亚端部着丝粒染色体(ST),7.0以上为端部着丝粒染色体(T)。染色体臂数(NF),根据着丝粒来确定,端部着丝粒染色体(T),NF=1;中部、亚中部、亚端部着丝粒染色体(M、SM、ST),NF=2。

2 结果与分析

2.1 染色体细胞分裂指数比较

运用上述两种方法均能够获得图像清晰、染体形态好的赤点和珍珠龙胆两种石斑鱼的染色体照片。随机统计计算30个视野中细胞总数及有丝分裂指数(表1)。有丝分裂指数=分裂相/细胞总数×100。

表1 不同实验材料制备石斑鱼染色体细胞分裂指数比较
Tab. 1 Mitotic index of chromosome by different conventional methods

实验材料 Experimental materials	细胞总数 Total number of cells	分裂相总数 Total number of chromosome metaphases	有丝分裂指数/% Mitotic index of chromosome/%
赤点石斑鱼(热滴片)	837	80	9.56
赤点石斑鱼(冷滴片)	932	17	1.82
珍珠龙胆(热滴片)	581	15	2.58
珍珠龙胆(冷滴片)	600	5	0.83

2.2 染色体数目

选取不同个体、分散良好、形态清晰、数目完整的 150 个赤点石斑鱼及 75 个珍珠龙胆的细胞的染色体中期分裂相观察统计,得出赤点石斑鱼及珍珠龙胆染色体众数皆为 48,众数出现频率分别为 72.67% 和 81.33%(表2和表3),结果表明它们的二倍体染色体数目都为 48。

表2 赤点石斑鱼的染色体数目统计
Tab. 2 Chromosome counts in cells of *Epinephelus akaara*

染色体数目 Chromosome number	<46	46	47	48	>48
分裂相数 Metaphass number	11	19	8	109	3
出现频率/% Frequency of occurrence	7.33	12.67	5.33	72.67	2

表3 珍珠龙胆的染色体数目统计
Tab. 3 Chromosome counts in cells of hybrid F_1 (*Epinephelus coioides* ♀ × *Epinephelus lanceolatus* ♂)

染色体数目 Chromosome number	<46	46	47	48	>48
分裂相数 Metaphass number	2	3	8	61	1
出现频率/% Frequency of occurrence	2.67	4	10.67	81.33	1.33

2.3 染色体组组成

分别对两类石斑鱼的 10 个中期分裂相进行镜检和测量,统计染色体的相对长度、臂比以及染色体类型(表4)。根据染色体的相对长度、着丝点位置和特征,确定赤点石斑鱼的 48

遗传、育种与生物技术

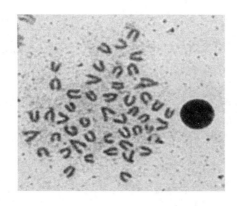

图 3 赤点石斑鱼中期分裂相

Fig. 3 Chromosome metaphase of *Epinephelus akaara*

条染色体中有 5 对为亚端部着丝点染色体(st),19 对为端部着丝点染色体(t),核型公式为 2n = 48,10st + 38t,NF = 58,其核型各项参数见表 4,染色体组型见图 4。珍珠龙胆的 48 条染色体中有两对亚端部着丝点染色体(st),22 对端部着丝点染色体(t),核型公式为 2n = 48, 4st + 44t,NF = 52,其核型各项参数见表 4,染色体组型见图 6。

表 4 赤点石斑鱼和珍珠龙胆的染色体相对长度、臂比

Tab. 2 Relative length and ratio of chromosomes of *Epinephelus akaara* and hybrid F_1
(*Epinephelus coioides* ♀ × *Epinephelus lanceolatus* ♂)

编号	赤点石斑鱼			编号	珍珠龙胆		
	相对长度	臂比	类型		相对长度	臂比	类型
1	5.93 ±0.03	3.33 ±0.10	st	1	5.58 ±0.22	3.66 ±0.15	st
2	5.57 ±0.19	3.85 ±0.16	st	2	5.23 ±0.25	3.39 ±0.20	st
3	5.21 ±0.15	3.14 ±0.03	st	3	4.83 ±0.17	∞	t
4	5.15 ±0.21	3.23 ±0.16	st	4	4.77 ±0.21	∞	t
5	4.58 ±0.19	3.16 ±0.03	st	5	4.71 ±0.24	∞	t
6	4.56 ±0.10	∞	t	6	4.65 ±0.07	∞	t
7	4.50 ±0.13	∞	t	7	4.61 ±0.20	∞	t
8	4.40 ±0.13	∞	t	8	4.58 ±0.03	∞	t
9	4.24 ±0.32	∞	t	9	4.39 ±0.02	∞	t
10	4.20 ±0.07	∞	t	10	4.33 ±0.11	∞	t
11	4.18 ±0.24	∞	t	11	4.25 ±0.24	∞	t
12	4.06 ±0.12	∞	t	12	4.24 ±0.18	∞	t
13	4.04 ±0.20	∞	t	13	4.20 ±0.04	∞	t
14	4.02 ±0.26	∞	t	14	4.10 ±0.09	∞	t
15	3.87 ±0.17	∞	t	15	4.07 ±0.16	∞	t
16	3.85 ±0.04	∞	t	16	4.02 ±0.24	∞	t

续表

编号	赤点石斑鱼			编号	珍珠龙胆		
	相对长度	臂比	类型		相对长度	臂比	类型
17	3.81 ±0.18	∞	t	17	3.93 ±0.07	∞	t
18	3.63 ±0.20	∞	t	18	3.91 ±0.08	∞	t
19	3.61 ±0.02	∞	t	19	3.79 ±0.07	∞	t
20	3.56 ±0.20	∞	t	20	3.43 ±0.12	∞	t
21	3.34 ±0.27	∞	t	21	3.33 ±0.13	∞	t
22	3.50 ±0.39	∞	t	22	3.24 ±0.07	∞	t
23	3.20 ±0.18	∞	t	23	3.10 ±0.15	∞	t
24	2.98 ±0.29	∞	t	24	2.71 ±0.09	∞	t

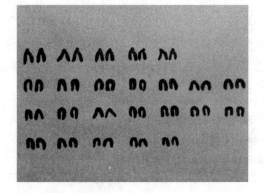

图4 赤点石斑鱼染色体组型

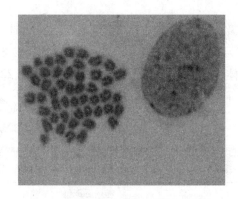

图5 珍珠龙胆石斑鱼中期分裂相

Fig. 5 Chromosome metaphase of hybrid F_1
(*Epinephelus coioides* ♀ × *E. lanceolatus* ♂)

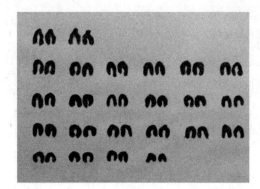

图6 珍珠龙胆石斑鱼染色体组型

Fig. 4 Karyotype of hybrid F_1 (*Epinephelus coioides* ♀ × *E. lanceolatus* ♂)

3 讨论

3.1 鱼类染色体制备

3.1.1 适合的染色体材料及其获取方法的选择非常重要

无论是鱼类还是其他生物,染色体制备前获取生命活动旺盛、分裂增生较快的组织器官是制备染色体的基本前提,对成功获得染色体有重要决定意义。珍珠龙胆石斑鱼通过杂交,获得了父本生长速度快和母本抗病能力强两方面的优势,因此相对生长缓慢的赤点石斑鱼其生命活力更加旺盛,分裂能力较强。在选择生命力强的鱼体外,根据实际实验条件和目的,选择适宜的组织部位和处理方法也同样重要。

目前,鱼类染色体制备所用的组织主要有肾、鳍条、鳃丝、血液、胚胎等,如毛连菊等以脾脏、肾脏细胞及鳃组织细胞成功制备了5种常见海水鱼的染色体并对其组型进行分析;王云新等以头肾细胞为材料利用常规方法对斜带石斑鱼与赤点石斑鱼染色体核型进行了研究。头肾细胞分裂十分旺盛,但这要以牺牲鱼体生命为代价,适合于容易获得、成本较低的鱼类染色体制备,由于幼鱼肾组织较小、实验操作难度大,一般采用成鱼较多;取鳍条只对鱼体创伤1次,鱼本身可以继续健康生长、鱼鳍逐渐生长、修复。但体型较大的成鱼其鳍条组织分裂不够旺盛,因此取鳍条选用个体较小、生长快速的仔稚鱼或幼鱼较为理想。为获取理想的实验结果,本次研究中分别选取赤点石斑鱼成鱼头肾,珍珠龙胆石斑鱼幼鱼鳍条作为实验材料,印证了这一观点。

研究中热滴片法制备的头肾染色体标本分裂指数最高,达到9.56%,以幼鱼鳍条为材料制备的标本分裂指数整体较低。谭杰等(2011)在制备海参染色体时所统计的海参不同发育阶段的细胞分裂指数也不同。造成这种分裂指数差别的原因可能是实验材料和处理方法共同作用所致。一般而言,新陈代谢活动旺盛的部位制备染色体标本时相对简单,获得的细胞分裂指数也较高。因此制备染色体时选择合适的材料及其相应的获取手段非常关键。

3.1.2 染色体的制备方法及其必要条件

方法和条件是成功获得优良染色体的必要保障,植物凝集素(PHA)能够促进细胞增殖、秋水仙素可以使分裂的细胞停止在中期以及空气干燥法可使染色体展开等一系列技术的研究和发展大大促进了染色体制备技术的进步。

已有研究结果表明使用PHA处理鱼体细胞增殖明显,而在只注射秋水仙素的鱼肾组织中所获得的中期分裂相较少;王琼等(1994)提出秋水仙素处理会造成贻贝染色体收缩,且长臂与短臂不成比例地缩短。秋水仙素处理时间过长,分裂细胞多,染色体短小,反之,则少而细长,都不宜观察形态及计数。当然,低渗的效应时间也是其中一个重要的影响因素。KCl低渗处理凭借反渗透作用使细胞膨胀染色体分散,以便能在一个平面上观察所有染色体形态,如果低渗过度,则会引起细胞易破裂,造成染色体散失混乱,低渗不足则细胞不易摔裂,染色体叠加、不易分开。由于石斑鱼的品种以及规格大小不同,其细胞的耐受力也存在差异,本研究分别对两种石斑鱼设置不同梯度的低渗时间,最终确定最有效的低渗处理时间。由此说明,正确掌握各种鱼类对 PHA、秋水仙素、低渗液的效应时间和浓度,是获得数量较多、效果好的肾细胞染色体中期分裂相的关键。

滴片时,温度影响结果。本研究制备两种石斑鱼染色体时,选用热滴片能够获得比冷滴片更好的染色体分散效果。此外,染色体制备过程中有很多细节也需要注意,如离心之前需要配平,离心速度过高,细胞团不易打散且易造成细胞破裂;反之,细胞沉淀不下来,易丢失。滴片高度不适,会造成染色体过于分散甚至断裂缺失,或者细胞不会破裂得不到分裂相。

综上所述,在制备鱼类染色体时要从实际出发,根据实验目的及实验材料确定最佳实验方案。

3.2 石斑鱼的核型分析

3.2.1 几类石斑鱼染色体核型的比较

石斑鱼的核型分析,国内外文献和资料显示,已进行研究的有 25 种,国内最早有关石斑鱼核型的报道见于 1988 年洪满贤等(1988)所作的青石斑鱼(*Epineplus awoara*)。从已有的报道和本研究结果总结来看,石斑鱼类染色体的数目均为 2n = 48,但不同种类的染色体形态存在一定程度的多样性(表5)。

表5 25 种石斑鱼的核型特征比较

Tab. 5 Karyotypes comparison of the related 25 fishes in the groupers

类群 Groups	种名 Species name	2N	核型 Karyotype	染色体臂数 Number of chromosome arms
原始类群	七带石斑鱼	48	48t	48
	点带石斑鱼	48	48t	48
	黑边石斑鱼	48	48t	48
	巨石斑鱼	48	48t	48
	青石斑鱼	48	48t	48
	拟青石斑鱼	48	48t	48
			1st + 47t	
	岩石斑鱼	48	48t	48
	亚历山大石斑鱼	48	48t	48
	犬牙石斑鱼	48	48t	48
	黄腹石斑鱼	48	48t	48
	细斑石斑鱼	48	48t	48
	东大西洋石斑鱼	48	48t	48

续表

类群 Groups	种名 Species name	2N	核型 Karyotype	染色体臂数 Number of chromosome arms
特化类群	三斑石斑鱼	48	2sm + 2st + 44t	50
	赤点石斑鱼	48	10st + 38t	58
			2sm + 8st + 38t	
	鞍带石斑鱼	48	4st + 44t	50
	褐点石斑鱼	48	2sm + 46t	50
	珍珠龙胆	48	4st + 44t	52
	六带石斑鱼	48	2sm + 46t	50
	镶点石斑鱼	48	2m + 46t	50
	双棘石斑鱼	48	2sm + 46t	50
	斜带石斑鱼	48	2sm + 46t	50
	云纹石斑鱼	48	2st + 46t	50
			4sm + 44t	52
	褐石斑鱼	48	2m + 4sm + 42t	54
	蜂巢石斑鱼	48	4m + 6sm + 4st + 34t	62
	鲑点石斑鱼	48	14m,sm + 34st,t	62
			4m + 6sm + 4st + 30t	

石斑鱼的同属、种间、甚至同种不同地理种群间的染色体存在显著多样性的现象时有发生,正如施立明(1996)所报道的,一个物种核型特征的稳定是相对的,种内染色体的多态是广泛存在的现象。本文对赤点石斑鱼的研究结果和前人报道略有不同,王世峰等(2003)的研究结果表明,赤点石斑鱼具有1对亚中部着丝粒染色体和4对亚端部着丝粒染色体(2sm+8st+34t),而本文则为5对亚端部着丝粒染色体(10st+34t)。其研究的赤点石斑鱼采集于福建厦门,而本文样品来自山东2010年人工繁育的苗种,养殖的成鱼。上述研究结果的差异,可能与其生存环境的多样性以及分布地域长期不同,出现的遗传分化有关,也可能是由于不同研究者的实验方法不同,测量染色体的时相不一致,以及测量和配组误差所造成的。

虽然鞍带石斑鱼与褐点石斑鱼的染色体核型已有报道,但至今还未见有关其杂交后代珍珠龙胆的染色体核型的报道。本研究揭示珍珠龙胆与父本鞍带石斑鱼的核型基本一致(均为4st+44t),无显著差异,而与母本褐点石斑鱼核型(2sm+46t)存在很大差异,表明杂交后代与父本鞍带石斑鱼的遗传特性非常相似,通过微卫星分析杂交石斑鱼珍珠龙胆与亲本间的遗传距离,显示珍珠龙胆与父本鞍带石斑鱼的亲缘关系更近的结果相一致(周翰林,2012等)。

本研究表明,鞍带石斑鱼和褐点石斑鱼杂交所获得杂交后代将培养一个新的优良养殖品种,因此鱼类远缘杂交组合使得亲本的优良性状得以结合,产生具有杂种优势的子代,对鱼类遗传改良有着极其重要的意义。

3.2.2 染色体核型研究为鱼类分类及种质鉴定提供依据

目前,石斑鱼类的分类主要还是依据其外部表型特征(如体色、体表条纹及斑点等特征),但石斑鱼类的体色和斑纹易随环境、年龄、生理等的变化而发生变化,给石斑鱼类的形态分类鉴定造成很大的困难。由于一个物种的核型特征,即染色体的数目和形态结构具有相对稳定性,因此石斑鱼类染色体核型的多样化能够为其系统分类、种质鉴定提供一定帮助。如七带石斑鱼、云纹石斑鱼、褐石斑鱼外表形态特征相似,特别是在应激状态下,它们的体表横纹均会消失,因此难以根据外部形态特征来区分。但是,褐石斑鱼属于特化类群,有3对特征性的双臂染色体,云纹石斑鱼仅有两对,而七带石斑鱼属于原始类群,染色体均为单臂染色体。因此,通过染色体核型差异很容易将其区分开来。

3.3 石斑鱼的类群演化、新种形成与染色体的关系

鱼类的演化程度与鱼本身细胞的染色体类型是一致的,而物种的核型演化主要通过染色体重组进行。小岛吉雄等(1979)探讨了鱼类的进化与染色体的关系,通过对大量资料的分析指出:高位类群鱼类在进化上处于上位,其染色体数目收敛,最高峰值为$2n=48$,M(m和sm)型染色体少,A(st和t)型染色体多。另外,李树深(1981)认为,在特定的分类阶元中,具有较多端部着丝粒染色体的种类为原始类群($NF=48$),而具有较多中部或亚中部着丝粒染色体的是特化类群($NF>48$),即染色体臂数多的类群比染色体臂数少的类群更为特化。结合本研究结果表明,赤点石斑鱼和珍珠龙胆均属典型高位类群鱼类中的特化类群。

石斑鱼属种类繁多,某些物种在形态上极为相似,而实际上是存在生殖隔离的不同的群体。在自然状况下,石斑鱼属鱼类存在一定程度的杂交,目前有关其杂交后代的存活率、可育性研究较少。珍珠龙胆杂交优势明显,是一种已取得很大成功的杂交新种。通过核型可知鞍带石斑鱼与褐点石斑鱼同属于特化类群,根据鱼类杂交育种中核型越相近,杂交越能成功的原则,鞍带石斑鱼与同属于特化类群的褐点石斑鱼杂交获得杂交新种是可行性的,从另一方面支持了珍珠龙胆这一杂交新种的养殖前景。

参考文献

陈毅恒,容寿柏,刘绍琼,等.1990.六带石斑鱼(*Epinephelus sexfasciatus*)的核型分析[J].湛江水产学院学报,10(1):43-44.

陈毅恒,容寿柏,刘绍琼.1990.鲑点石斑鱼的核型[J].福建水产,(1):23-25.

成庆泰,郑葆珊.1987.中国鱼类系统检索[M].北京:科学出版社.

丁少雄,王世锋,王德祥,等.2004.斜带石斑鱼染色体核型分析[J].厦门大学学报:自然科学版,3(3):426-428.

郭丰,王军,苏永全,等.2006.云纹石斑鱼染色体核型研究[J].海洋科学,30(8):1-3.

郭明兰.云纹石斑鱼与褐石斑鱼比较研究[D].厦门:厦门大学,2008.

洪满贤,杨俊慧.1988.青石斑鱼染色体组型的研究[J].厦门大学学报(自然科学版),(6):714-715.

贾志良,李智盈,包振民,等.2001.增加贝类染色体分裂相的方法初探[J].青岛海洋大学学报,31(2):232-236.

李树深.1981.鱼类细胞分类学[J].生物科学动态,(2):8-15.

李锡强,彭跃东.1994.斑带石斑鱼和黑边石斑鱼核型的研究[J].湛江水产学院学报,14(2):22-26.

廖经球,尹绍武,陈国华,等.2006.褐点石斑鱼的核型研究[J].水产科学,25(11):567-569.

林义浩.1982.快速获得大量鱼类肾细胞中期分裂相的PHA体内注射法[J].水产学报,6(3):201-208.

楼允东.1997.中国鱼类染色体组型研究的进展[J].水产学报,21(增刊):82-96.

楼允东.1999.鱼类育种学[M].北京:中国农业出版社.

毛连菊,李雅娟.2002.3种海水鱼类染色体的组型分析[C].大连水产学院学报,17(2):108-113.

施立明.1996.遗传多样性及保护.北京:中国科学院生物科学与技术局,73-82.

舒琥,魏秋兰,罗丽娟,等.2012.广东沿海4种石斑鱼的染色体组型分析[J].广东农业科学,39(8):124-127.

谭杰,孙慧玲,高菲,等.2011.刺参染色体制备的初步研究[J].海洋科学,35(3):8-11.

王德祥,苏永全,王世锋,等.2003.宽额鲈染色体核型研究及制作方法的比较[J].台湾海峡,22(4):465-468.

王梅林,郑家声,朱丽岩,等.2000.我国海洋鱼类和贝类染色体组型研究进展[J].青岛海洋大学学报,30(2):277-284.

王琼,童裳亮.1994.贻贝核型及染色体带型分析[J].动物学报,40(3):309-316.

王世锋,王德祥,苏永全.2003.双棘黄姑鱼染色体组型分析[J].厦门大学学报(自然科学版),(05):682-684.doi:10.3321/j.issn:0438-0479.2003.05.034.

王世锋.2007.六种石斑鱼核型特征比较和染色体进化研究[D].厦门:厦门大学.

王小丽,郑元升,戴云,等.2008.巨石斑鱼染色体核型分析[J].水利渔业,28(3):62-63.

王云新,王宏东,张海发,等.2004.斜带石斑鱼与赤点石斑鱼的核型研究[J].湛江海洋大学学报,24(3):4-8.

王祖熊,张锦霞.1986.鱼类杂交不亲和性的研究[J].水生生物学报,10(2):171-179.

吴彪,杨爱国,周丽青,等.2012.几种鱼类染色体制备方法的比较[J].安徽农业科学,(12):7168-7170.

小岛吉雄.1979.水产生物及遗传育种[M].[日]水交出版社,46-62.

余先觉,周暾,李渝成,等.1989.中国淡水鱼类染色体[M].北京:科学出版社,179.

张海发,王云新,刘付永忠,等.2008.鞍带石斑鱼人工繁育及胚胎发育研究[J].广东海洋大学学报,28(4):36-40.

张伟明,吴萍,吴康.2003.两种鱼类染色体制片方法的比较研究[J].水利渔业,(05):9-10.

赵金良. 2000. 我国海水鱼和咸淡水鱼染色体组型研究概述[J]. 上海水产大学学报, 9(4): 344-347.

郑莲, 刘楚吾, 李长玲. 2005. 4种石斑鱼染色体核型研究[J]. 海洋科学, 29(4): 51-55.

郑石勤. 2011. 珍珠龙胆石斑鱼明日之星[J]. 海洋与渔业. 水产前沿, (3): 47.

钟声平, 陈超, 王军, 等. 2010. 七带石斑鱼染色体核型研究[J]. 中国水产科学, 17(1): 150-155.

周翰林, 张勇, 齐鑫, 等. 2012. 两种杂交石斑鱼子一代杂种优势的微卫星标记分析[J]. 水产学报, 36(2): 161-169.

周丽青, 杨爱国, 柳学周, 等. 2005. 半滑舌鳎染色体核型分析[J]. 水产学报, 29(3): 417-419.

邹记兴, 余其兴, 周菲. 2005. 点带石斑鱼的核型、C带、Ag-NORs[J]. 水产学报, 29(1): 33-37.

Alvarez M C, Thode G, Cano J. 1983. Somatic karyotypes of two Mediterranean teleost species: Phycis phycis (Gadidae) and *Epinephelus alexandrinus* (Serranidae)[J]. Cytobios, 38: 91-95.

De Aguilar C T, Galetti P M. 1997. Chromosomal studies in south atlantic serranids (Pisces, Perciformes)[J]. Cytobios, 89: 105-114.

Heemstra P C, Randall J E. 1993. Groupers of the World [J]. FAO Fisheries synopsis, 16(125): 130-132.

Levan A. 1964. Nomenclature for centrometic position onchromosomes[J]. Hereditas, 52(2): 201-220.

Martinez G, Thode G, Alvarez M C, et al. 1989. C-banding and Ag-NOR reveal heterogeneity among karyotypes of serranids (Perciformes)[J]. Cytobios, 58: 53-60.

Medrano L, Bernardi G, Couturier J, et al. 1988. Chromosome banding and genome compartmentalization in fishes [J]. Chromosoma, 96(2): 178-183.

Molina W F, Maja-Lima F A, Affonso P. 2002. Divergence between karyotipical pattern and speciation events in Serranidae fish (Perciformes)[J]. Caryologia, 55(4): 299-305.

Natarajan R, Subrahmanyam K. 1974. A karyotype study of some teleost from Portonovo waters[J]. Proc Ind Acad Sci, 79: 173-196.

OJIMA Y S, HITOTSUMACHI S, MAKINO S. 1966. Cytogenetic studies in lower vertebrates[J]. Proceedings of the Japan Academy, (01): 62-66.

RIVLIN K, RACHLIN J W, DALE G. 1985. A simple method for the preparation of fish chromosmes applicable to field work, teaching and banding[J]. Journal of Fish Biology, 267-272.

Rodríguez-Daga R, Amores A, Thode G. 1993. Karyotype and nucleolus organizer regi ones in *Epinephelus caninus* (Pisces, Serranidae)[J]. Caryologia, 46(1): 71-76.

Ruiz-Carus R. 2002. Chromosome analysis of the sexual phases of the protogynous hermaphr odites *Epinephelus guttatus* and *Thallasoma bifasciatum* (Serranidae and Labridae; Teleostei) [J]. Caribb J Sci, 38(1-2): 44-51.

Sadovy Y, Cornish A S. 2000. Reef Fishes of Hong Kong [M]. Hong Kong: Hong Kong University Press.

Sola L, De Innocentiis S, Gornung E, et al. 2000. Cytogenetic analysis of *Epinephelus marginatus* (Pisces: Serranidae), with the chromosome localization of the 18S and 5S rRNA genes and of the (TTACGG)n telomeric sequence [J]. Mar Biol, 137(1): 47-51.

云纹石斑鱼(♀)×鞍带石斑鱼(♂)子一代形态发育的研究

张梦淇[1,2],陈超[2,3]*,李炎璐[2],孔祥迪[1,2],于欢欢[1,2],刘莉[1,2],张廷廷[1,2],翟介明[3],庞尊方[3]

(1. 上海海洋大学水产与生命学院,上海 201306;2. 中国水产科学研究院 黄海水产研究所农业部海洋渔业资源可持续利用重点开放实验室,山东 青岛 266071;3. 莱州明波水产有限公司,山东 烟台 261400)

摘 要:以云纹石斑鱼(*Epinehelus moara*)♀为母本,鞍带石斑鱼(*Epinephelus lanceolatus*)♂为父本进行种间杂交,并对子一代在仔稚幼鱼培育过程中的生长发育及形态变化进行了系统的观察和描述。结果表明:杂交鱼卵在水温 25~27℃、盐度 29~31、DO≥5 mg/L 的条件下孵化出膜,胚后发育主要根据卵黄囊的有无、第二背鳍棘和腹鳍棘的伸长与收缩、鳞片及体色的变化分为仔、稚、幼鱼 3 个时期。初孵仔鱼全长为 1.959 mm ± 0.152 mm,初孵至孵化后 2 d 为前期仔鱼,3 d 卵黄囊消失进入后期仔鱼,此时仔鱼全长为 2.765 mm ± 0.108 mm。4 d 仔鱼开口摄食,开口饵料为超小型轮虫。5 d 过渡到投喂 S 型褶皱臂尾轮虫,14 d 开始混合投喂经小球藻强化过的 L 型褶皱臂尾轮虫,19 d 的仔鱼交叉投喂卤虫无节幼体。31 d 进入稚鱼期,全长 18.130 mm ± 1.565 mm,46 d 进入幼鱼期,全长 39.850 mm ± 2.565 mm。稚幼鱼期间的饵料逐渐过渡到投喂卤虫成体及配合饲料。形态变化:3 d 卵黄囊消失;第二背鳍棘和腹鳍棘经历了先伸长后收缩最后缓慢增长的过程;45 d 镜检可见有鳞片生成,50 d 全身被鳞;45 d 前鱼体呈透明状,45 d 体色形成,为淡褐色;幼鱼鱼体背部有 6 条黑色斑带,体表布满细小、棕色斑点。杂种优势:①进入后期仔鱼生长速度超过云纹石斑鱼,且表现出明显的生长优势。②与云纹石斑鱼相比提前进入幼鱼期,提高了育苗成功率,降低了育苗成本。

关键词:云纹石斑鱼;鞍带石斑鱼;杂交;形态观察

云纹石斑鱼 *Epinehelus moara* 和鞍带石斑鱼 *Epinephelus lanceolatus* 均隶属于脊索动物门 Chordata、硬骨鱼纲 Osteichthyes、鲈形目 Perciformes、鮨科 Serranidae、石斑鱼亚科 Epinephelinae、石斑鱼属 *Epinephelus*。云纹石斑鱼俗称草斑、油斑,为暖温水性(适应温度 5~32℃)礁栖鱼类,主要分布于北太平洋西部,我国产于东海和南海以及台湾沿岸。云纹石斑鱼具有生长速度快、抗病性强、适温范围广等特点,适应于池塘、网箱和室内水泥池工厂化等养殖。鞍

---

* 基金项目:科技部国际合作 2012DFA30360 项目、国家"863"2012AA10A414 项目.
通信作者:E-mail:ysfrichenchao@126.com,Tel:(0532)85844459

带石斑鱼俗称龙趸、龙胆石斑,为暖水性中下层鱼类,主要产于印度洋和太平洋的热带、亚热带珊瑚礁海域,我国在西沙、南沙群岛及海南岛南部均有分布。鞍带石斑鱼是石斑鱼类中体型最大的种类,具有生长快速、肉质鲜美、适盐范围广等特点,已经成为华南沿海地区重要的海水养殖种类之一。

石斑鱼属于名贵海产鱼类,具有很高的经济价值,一直是业界颇为重视的养殖品种。石斑鱼在人工繁育中存在的一系列问题也一直是人们关注的焦点,比如稚鱼存在相互蚕食、幼鱼培育过程中的危险期死亡率较高、病害较多等。而杂交等遗传育种技术在石斑鱼中的应用是解决其人工繁育中存在问题的一个重要的技术手段,通过将不同类型的亲本进行杂交获得基因的重新组合,经过选育得到更加符合人们经济效益的新类型。参考国内外有关石斑鱼的种间杂交的报道,Tseng 等在 1983 年进行了镶点石斑鱼(*E. amblycephalus*)×赤点石斑鱼(*E. akaara*)的研究并取得初步成功;Glamnzina 等进行了地中海石斑鱼(*E. costae*)×东大西洋石斑鱼(*E. marginatus*)的杂交研究;刘付永忠等进行了斜带石斑鱼(*E. coioides*)♀×赤点石斑鱼(*E. akaara*)♂的杂交,后代在生长速度、仔鱼活力等方面相比于对照组(斜带石斑鱼♀×斜带石斑鱼♂)初步表现出杂种优势。2009 年广东省成功培育出斜带石斑鱼(*E. coioids*)♀×鞍带石斑鱼(*E. lanceolatus*)♂、棕点石斑鱼(*E. fuscoguttatus*)♀×鞍带石斑鱼(*E. lanceolatus*)♂的杂交后代,后代在饲养过程中生长速度以及成活率相比母本表现出了明显的杂种优势。为探究云纹石斑鱼与鞍带石斑鱼杂交的可行性,作者于 2014 年 5 月在莱州明波水产有限公司开展了云纹石斑鱼♀×鞍带石斑鱼♂的杂交实验,并获得成活子代。本实验对云纹石斑鱼♀×鞍带石斑鱼♂杂交子一代仔、稚、幼鱼的发育和形态变化进行了系统的记录和观察,旨在为石斑鱼的杂交育种增添新的内容。

1 材料与方法

1.1 受精卵获得及孵化

实验于 2014 年 5 月在山东省莱州市明波水产有限公司进行,所用的亲鱼均采自养殖场收购并驯养 3 年以上发育成熟的种鱼。在繁殖季节,挑选性腺发育良好的亲鱼进行催产,催产剂采用人绒毛膜促性腺激素(HCG)和促黄体激素释放激素类似物(LHRH – A2)混合注射。待轻压亲鱼腹部均有精卵流出时,将其用 MS – 222 麻醉后置于采卵板上,轻压其腹部,收集成熟精卵进行人工授精。受精卵经冲洗、过滤后去除杂质,取上浮卵直接倒入孵化桶中,孵化水温为 24~25℃,盐度 30,微充气、流水孵化。

1.2 仔稚幼鱼培育条件

待仔鱼全部孵化出膜后,将其转入长、宽均为 6.85 m,深 1 m 的方形水泥池中培育。培育水温控制在 25~27℃,盐度 29~31,溶解氧不小于 5 mg/L。仔鱼采用微充气静水培育,育苗期间每天向池内定量泼洒小球藻液 600 mL、乳酸菌酶素溶液 200 mL 以保证仔鱼健康生长。仔鱼孵出后 10 d 内不换水,每天适量添加经处理的新鲜海水。10 d 后开始换水,根据仔鱼的生长状况逐渐增大充气量和换水量,育苗车间内保持光线充足。出膜 3 d 后仔鱼开口,开口饵料为超小型(ss 型)轮虫,2 d 后过渡到投喂 S 型褶皱臂尾轮虫(*Brachionus plicatilis*),14 d 后混合投喂经小球藻强化过的 L 型褶皱臂尾轮虫,仔鱼培育至 19 d 后交叉投喂卤虫(*Artemia. sp.*)无节幼体,此后逐渐过度到投喂卤虫成体及配合饲料。

1.3 取样和观察

从仔鱼孵化出膜后开始,每天直接从育苗池中取生长发育较快的个体进行测量和拍照观察,详细记录其生长发育状况和形态变化。1~17 d 的仔鱼在 Nikon E200 显微镜下观察并拍摄,18~38 d 的仔、稚鱼在 Lympus 解剖镜下观察并拍摄,38 d 以后的稚、幼鱼直接用数码相机近距离拍摄。每次取样 15 尾,测量的数据包括全长、肛前距、卵黄囊长径、短径、油球直径、第一腹鳍棘长和第二背鳍棘长。本实验中仔、稚、幼鱼的划分参照的是张海发等对斜带石斑鱼的划分标准。

2 结果

2.1 仔稚幼鱼形态发育

2.1.1 前期仔鱼

刚孵出的仔鱼身体透明,中间有一条细长脊索横贯全身。鱼体前端有一卵黄囊,卵黄囊长径为 1.210 mm ± 0.039 mm,短径为 0.655 mm ± 0.045 mm。卵黄囊后端有油球一个,油球直径为 0.182 mm ± 0.020 mm。初孵仔鱼全长为 1.959 mm ± 0.152 mm,鱼体头部可见少量黑色素聚集,消化道细长,肛门尚未与外界相通。此时的仔鱼无游泳能力,仅靠尾部的摆动在水中旋转。

1 d 仔鱼(图版 1)全长 2.652 mm ± 0.160 mm,鱼体变得更加细长,脊索逐渐伸直,肌节变清晰。头部增大,黑色素变多。消化道稍变粗,末端呈 90°弯曲。随着卵黄囊等营养物质的消耗,体积变小,卵黄囊长径为 0.900 mm ± 0.025 mm,短径为 0.442 mm ± 0.035 mm,油球变化不大,直径为 0.180 mm ± 0.019 mm。仔鱼在池中均匀分布,多悬浮于水中。

2 d 仔鱼(图版 2)全长 2.922 mm ± 0.085 mm,眼部黑色素增多,胸鳍膜出现,背鳍、腹鳍和尾鳍鳍褶基本相连。卵黄囊体积明显变小,长径缩短为 0.427 mm ± 0.020 mm,短径变为 0.332 mm ± 0.017 mm,油球直径为 0.177 mm ± 0.015 mm。仔鱼运动能力加强,可做垂直于水面的上下运动。

2.1.2 后期仔鱼

3 d 仔鱼(图版 3)全长 2.765 mm ± 0.108 mm,仔鱼口裂形成,吻端突出,腹部黑色素变多。消化道明显膨胀变粗,有时可见胃蠕动,肛门与外界相通。卵黄囊消耗完全,油球仍可见,油球直径为 0.127 mm ± 0.016 mm,仔鱼开始由内源性营养向外源性营养过度,进入后期仔鱼。由于食性的转变,仔鱼出现了负增长。仔鱼活动能力增强,开始集群游动。

4 d 仔鱼(图版 4)全长 2.840 mm ± 0.127 mm,口裂逐渐增大,上下颌可做开闭动作。眼囊内黑色素明显加深,消化道上端以及尾部前端脊索上出现大量深黑色分枝状色素团。油球消失,胸鳍变大,仔鱼可借助胸鳍的扇动做水平游动,消化道进一步缩短变粗。此时开始向池中投放充足的开口饵料,仔鱼摄食良好,镜检可见肠道呈饱满状态。

6 d 仔鱼(图版 5)全长 2.940 mm ± 0.165 mm,头部鳃盖骨分化明显,背鳍原基出现,尾部前端脊索上的黑色素细胞团逐渐扩展为半圆形。背鳍膜和腹鳍膜变窄,胸鳍进一步发育呈扇形,仔鱼游泳能力增强,在池中可清晰地看到黑点状的集群仔鱼。

8 d 仔鱼(图版 6)全长 3.085 mm ± 0.207 mm,口裂明显增大,心脏跳动快速、有力。腹鳍原基出现,腹部树枝状黑色素区域扩大,消化道呈圆筒状,尾鳍上出现透明状鳍条原基。仔鱼游泳速度加快,反应灵敏,摄食能力增强。

10 d 仔鱼(图版 7)全长 3.527 mm ± 0.305 mm,鱼体颜色变深,黑色素已覆盖至整个消化道及其上端,消化道结构逐渐完善。下颌骨明显发达,主动捕食能力增强。仔鱼生长差异显著,生长速度明显快慢不一。第二背鳍棘和腹鳍棘长出,背鳍棘长 0.200 mm ± 0.105 mm,腹鳍棘长 0.387 mm ± 0.120 mm,鳍棘末端布有点状色斑并长有许多倒钩状尖刺。仔鱼集群明显,多在池角和池壁活动。

14~16 d 仔鱼(图版 8)全长 6.512 mm ± 0.520 mm,背、腹鳍棘明显伸长,背鳍棘增长至 3.644 mm ± 0.360 mm,腹鳍棘增长至 2.724 mm ± 0.385 mm。第二背鳍棘的增长速度加快,绝对长度已超过腹鳍棘。仔鱼的口裂进一步增大,开始混合投喂 L 型褶皱臂尾轮虫。头部明显发达,骨骼轮廓清晰。镜检腹部呈褐色,消化道已不明显。尾下骨开始形成,脊索末端尾椎上弯。头背部以及肛门前的鳍膜消退。

20~25 d 仔鱼(图版 9)生长迅速,至 25 d 仔鱼全长已达到 12.497 mm ± 1.170 mm,第二背鳍棘长 6.597 mm ± 0.045 5 mm,腹鳍棘长 3.852 mm ± 0.265 mm。仔鱼开鳔,消化道部位的黑色素已基本消退,镜检观察到腹部更加透亮。眼眶上缘出现锯齿状突起,头部上端及鳃盖处开始出现黑色素细胞。第一及第三背鳍棘已长出,长棘上长有许多倒钩状小刺,末端长有一根细长尖刺。此时实验组仔鱼与对照组仔鱼生长差异十分明显,生长优势开始表现。仔鱼在池中游动迅速,不易捕捞。

30 d 仔鱼(图版 10)全长 18.130 mm ± 1.565 mm,第二背鳍棘长 6.603 mm ± 1.120 mm,腹鳍棘长 4.427 mm ± 0.850 mm,鳍棘末端的黑色斑点消退,第二背鳍棘与腹鳍棘的绝对长度已达到仔、稚鱼阶段的最大值。头部发育完善,鼻孔清晰可见,眼球圆滑、外突。鱼体大部分器官已发育成型,头腹部、体背部以及尾柄部色斑增多,胸鳍与尾鳍的鳍条清晰可见。仔鱼体型已与稚鱼相似,进入稚鱼期。

2.1.3 稚鱼期

36 d 稚鱼(图版 11)全长 23.642 mm ± 1.783 mm,第二背鳍棘和腹鳍棘的绝对长度变小,开始收缩,长度分别为 5.055 mm ± 0.862 mm 和 4.170 mm ± 0.960 mm,鳍棘上的钩状小刺数目也逐渐减少。鱼体体形为梭形,尾部摆动强劲有力,能在水中做快速游动。

40~45 d 稚鱼(图版 12)生长明显加快,体表形态特征变化明显,至 45 d 时全长已达到 39.850 mm ± 2.565 mm。第二背鳍棘和腹鳍棘再次伸长,长度分别为 4.095 mm ±

0.185 mm 和 5.755 mm ± 1.020 mm,腹鳍棘长度再次超过第二背鳍棘,鳍棘上的小刺已完全消退。内脏器官发育完善,腹部表层反光性变强。尾柄处的黑色斑块消失,体表色素加深,体色形成,为淡褐色。鱼体背部可清楚地看到六条黑色斑带,镜检可见鱼体表面有鳞片形成。此时稚鱼的活动水层转入中、下层,开始寻找躲避物,已基本具备幼鱼的特征,进入幼鱼期。

2.1.4 幼鱼期

50 d 幼鱼(图版 13)全长 43.080 mm ± 3.255 mm,第二背鳍棘和腹鳍棘继续伸长。眼球突出,鳞片长齐,体表布满细小、棕色斑点,取样时经胁迫鱼体体色稍有加深。幼鱼各器官发育相对完善,形态已接近于亲鱼,投饵时集群抢食。

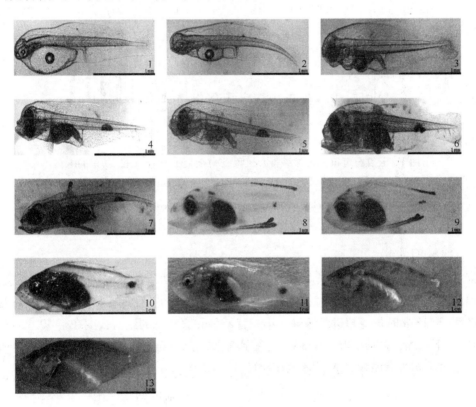

图版 云纹石斑鱼(♀)×鞍带石斑鱼(♂)杂交子一代仔稚幼鱼发育

Plate Morphological development of larva, juvenile and young fish of crossbreed F_1 by Epinehelus moara ♀ × Epinephelus lanceolatus ♂

1. 1 d 龄仔鱼;2. 2 d 龄仔鱼;3. 3 d 龄仔鱼;4. 4 d 龄仔鱼;5. 6 d 龄仔鱼;6. 8 d 龄仔鱼;
7. 10 d 龄仔鱼;8. 16 d 龄仔鱼;9. 25 d 龄仔鱼;10. 30 d 龄仔鱼;11. 36 d 龄稚鱼;12. 45 d 龄稚鱼;13. 50 d 龄幼鱼

1. 1 d larva;2. 2 d larva;3. 3 d larva;4. 4 d larva;5. 6 d larva;6. 8 d larva;7. 10 d larva;
8. 16 d larva;9. 25 d larva;10. 30 d larva;11. 36 d juvenile;12. 45 d juvenile;13. 50 d young fish.

2.2 发育特征

2.2.1 全长的变化

育苗期间仔、稚、幼鱼全长及肛前距与孵化后天数的关系见图1。刚孵化出膜的仔鱼前2天生长发育缓慢,这与仔鱼还处在内源性营养阶段有关,供能物质只有卵黄囊和油球。第3天的仔鱼出现负增长现象,这是因为仔鱼正由内源性营养向外源性营养过度,口裂较小,自主摄食能力较弱,这也是石斑鱼育苗过程中的一个"危险期"。开口后至25 d,仔鱼增长缓慢,30 d进入稚鱼期,生长速度加快,全长增长明显。

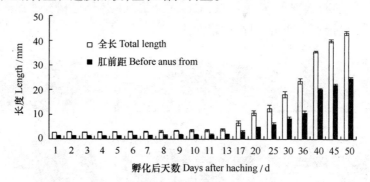

图1 云纹石斑鱼(♀)×鞍带石斑鱼(♂)杂交子一代仔、稚、幼鱼的生长

Fig. 1 Growth of larvae, juvenile and young fish of crossbreed F_1 by Epinehelus moara ♀ × Epinephelus lanceolatus ♂

2.2.2 鳍棘的变化

第二背鳍棘和腹鳍棘的伸长与收回是石斑鱼仔、稚、幼鱼培育过程中特有的现象,其变化过程见图2。孵化后10 d鳍棘长出,此时腹鳍棘发育较快,长度长于背鳍棘。此后背鳍棘发育迅速,至13 d时长度超过腹鳍棘。第二背鳍棘和腹鳍棘的绝对长度在第30 d时达到最大,随后逐渐收缩,分别在40 d和36 d时缩到最短。此后第二背鳍棘和腹鳍棘逐渐伸长,腹鳍棘长度再次超过背鳍棘,进入幼鱼期后增长较为缓慢。

3 讨论

3.1 石斑鱼的杂交育种

杂交育种在石斑鱼养殖中的应用已作为一种新的技术手段逐渐发挥着其巨大的作用,利用遗传学原理使不同基因型的个体交配得到重组个体,后代不仅结合了亲本的优良性状,而且可能出现亲本从未有过的优良性状,获得杂种优势。根据细胞遗传学的相关原理,一般来说,亲本之间的染色体核型类型越相近,杂交的成功率就越高,并可能产生后代或可育后代;反之,若两亲本的亲和性较差,则无法产生后代。研究表明,云纹石斑鱼的染色体核型有两种,分别为2st+46t和4sm+44t;鞍带石斑鱼的染色体核型为4st+44t,为相似核型,且两

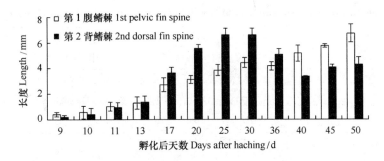

图2 第1腹鳍棘和第2背鳍棘长度的变化

Fig. 2 Changes of the length of the 1st pelivic fin spine and the 2nd dorsal fin spine

种石斑鱼的染色体数均为2n=48,具备了杂交的遗传学基础。通过本次云纹石斑鱼(♀)×鞍带石斑鱼(♂)杂交实验观察到,两亲本的精卵可正常受精,受精卵孵化后的仔、稚、幼鱼生长正常,说明云纹石斑鱼(♀)×鞍带石斑鱼(♂)的杂交是可行的。

3.2 杂交子一代与亲本生长发育的比较

生长速度、成活率以及对环境的适应能力等指标常被用来比较杂交后代与母本的差别。通过与亲本云纹石斑鱼和鞍带石斑鱼的早期发育相比较,可以得出杂交子一代的生长特点。鞍带石斑鱼早期发育过程中进入各个阶段的时间点是最早的,杂交子一代仅在进入幼鱼期的时间比云纹石斑鱼提前。提前进入幼鱼期对于提高育苗成功率、降低成本从而提高经济效益都有很大的帮助。在生长速度方面,鞍带石斑鱼的生长速度最快,杂交子一代从进入后期仔鱼开始生长速度超过云纹石斑鱼,且表现出明显的生长优势,云纹石斑鱼的生长速度最慢。由于不是同期且相同的培育环境,生长环境的差异对结果也会有影响,比如温度、盐度、地理位置等环境因子,还需进一步研究。

杂交子一代的体型介于云纹石斑鱼和鞍带石斑鱼之间,头部和尾部与鞍带石斑鱼类似,躯干部接近于云纹石斑鱼。杂交子一代的体色更偏向于鞍带石斑鱼,为棕褐色,受胁迫后体色变深。杂交斑成鱼的体型和体色还需要进一步饲养和观察。

表1 杂交斑与云纹石斑鱼、鞍带石斑鱼早期发育各阶段经历时间比较

Table 1 Early development of each stage time comparison of hybrids and *E. moara*, *E. lanceolatus*

种类	培育水温/℃	卵黄囊仔鱼期及开口时间	后期仔鱼期	稚鱼期
云纹石斑鱼	22~24	1~4天,第5天开口摄食	第5~30天	第31~65天
鞍带石斑鱼	27~30	1~2天,第4天开口摄食	第3~21天	第22~30天
杂交斑	25~27	1~2天,第4天开口摄食	第3~30天	第31~45天

表 2 杂交斑与云纹石斑鱼、鞍带石斑鱼早期进入各发育阶段的时间点及此时全长的比较
Table 2 Early development phases and overall length comparison of hybrids and *E. moara*, *E. lanceolatus*

种类	初孵仔鱼全长/mm	进入后期仔鱼时间及全长/mm	进入稚鱼期时间及全长/mm	进入幼鱼期时间及全长/mm
云纹石斑鱼	1.739	第5天,2.640	第31天,9.992	第66天,25
鞍带石斑鱼	2.075	第3天,3.050	第22天,18.185	第31天,32.5
杂交斑	2.059	第3天,2.765	第31天,18.130	第46天,39.85

3.3 杂交子一代与珍珠龙胆石斑鱼生长发育的比较

珍珠龙胆石斑鱼是目前比较流行的人工养殖石斑鱼种类,它是由鞍带石斑鱼(♀)×棕点石斑鱼(♂)杂交得到的后代,具有肉质鲜美、生长速度快、抗病力强等特点。在前期培育过程中杂交斑也表现出生长速度快、抗病力强等优点,杂交鱼尚未发育为成鱼,还有许多形态特征无法测定和比较,比如内部器官的发育以及是否可育,有待今后的进一步研究。

参考文献

广东培育出石斑鱼杂交苗种. 2010. 水产科技, 02.
郭丰, 王军, 苏永全, 等. 2006. 云纹石斑鱼染色体核型研究. 海洋科学, 30(8): 1 – 3.
郭明兰, 苏永全, 陈晓峰, 等. 2008. 云纹石斑鱼与褐石斑鱼形态比较研究. 海洋学报, 30(6): 106 – 114.
郭仁湘, 符书源, 杨薇, 等. 2011. 鞍带石斑鱼仔稚(幼)鱼的发育和生长研究. 水产养殖, 32(4): 8 – 13.
何永亮, 区又君, 李加儿, 等. 2008. 石斑鱼人工繁育技术研究进展. 南方水产, 4(3): 75 – 79.
刘付永忠, 赵会宏, 刘春晓, 等. 2007. 赤点石斑鱼♂与斜带石斑鱼♀杂交初步研究. 中山大学学报:自然科学版, 46(3): 72 – 75.
刘筠. 1993. 中国养殖鱼类繁殖生理学. 北京: 农业出版社, 109 – 124.
楼允东, 李小勤. 2006. 中国鱼类远缘杂交研究及其在水产养殖上的应用. 中国水产科学, 13(1): 151 – 158.
楼允东. 1999. 鱼类育种学. 北京: 中国农业出版社.
宋振鑫, 陈超, 翟介明, 等. 2012. 云纹石斑鱼胚胎发育及仔、稚、幼鱼形态观察. 渔业科学进展, 33(3): 26 – 34.
王大鹏, 曹占旺, 谢达祥, 等. 2012. 石斑鱼的研究进展. 南方农业学报, 43(7): 1058 – 1065.
王德祥, 苏永全, 王世锋, 等. 2003. 宽额鲈染色体核型研究及制作方法的比较. 台湾海峡, 22(4): 465 – 468.
王建刚, 乔振国, 于忠利. 2008. 鞍带石斑鱼 *Epinephelus lanceolatus*(Bloch)中间培育技术的初步研究. 现代渔业信息, 23(7): 26 – 27.
王梅林, 戴继勋, 权洁霞, 等. 1999. 中国海洋鱼类染色体数目和核型//相建海主编. 海洋动物细胞和种群生化遗传学. 济南: 山东科学技术出版社, 30 – 36.
王新安, 马爱军, 陈超, 等. 2008. 七带石斑鱼(*Epinephelus septemfasciatus*)两个野生群体形态差异分析. 海洋与湖沼, 39(6): 655 – 660.

王新成,尤锋,倪高田,等.1997.石鲽与牙鲆人工杂交的研究.海洋科学,(5):33-38.

张海发,刘晓春,刘付永忠,等.2006.斜带石斑鱼胚胎发育及仔稚幼鱼形态发育.中国水产科学,13(5):689-696.

张海发,王云新,刘付永忠,等.2008.鞍带石斑鱼人工繁殖及胚胎发育研究.广东海洋大学学报,28(4):36-40.

GLAMNZINA B, GLAVIC N, SKARAMACA B, et al. 2001. Early develolomerlt of the hyhrid *Epinephelus costae* × *E. marginatus*. Aquaculture, 198(2): 55-61.

TSENG W Y, POON C T. 1983. Hybrization of Epineohelus species. Aquaculture, 34(2): 177-182.

马氏珠母贝育珠时间和育珠贝性状与珍珠质量的关系

高桦楠,战 欣,石耀华,顾志峰,王爱民[*]

(热带生物资源教育部重点实验室,海南省热带水生生物技术重点实验室,
海南大学海洋学院,海南 海口 570228)

摘 要:2013 年 5 月 25 日在黎安港选取 11 700 个成体马氏珠母贝插核育珠,2013 年 6 月 15 日检查统计育珠贝死亡率及留核率,于 2013 年 9 月 18 日、2013 年 11 月 11 日、2013 年 12 月 26 日(传统开珠日)、2014 年 3 月 15 日 4 个不同时期分批开珠,比较马氏珠母贝育珠时间的长短、育珠贝性状与培育珍珠质量的关系。实验结果表明:①收珠时水温的变化对育珠母贝的生理活性以及珍珠的生长有直接的关系。②马氏珠母贝应在气温较高的季节里进行插核,在气温较低的季节进行收珠,更容易得到珠层厚度大而且表面光泽良好的优质珍珠。

关键词:马氏珠母贝;珍珠;育珠贝;生长性状;珍珠质颜色

马氏珠母贝又称合浦珠母贝(*Pinctada fucata martensii* Dunker, *P. fucata* 或 *P. fucata martensii*)属软体动物门(Molluesa),双壳纲(Bivalvia),翼形亚纲(Pteriomorphbia),珍珠贝目(Pterioida),珍珠贝科(Pteriidae)。它是我国南方沿海重要的经济贝类,以生产海水珍珠——"南珠"著称,马氏珠母贝属于暖水性双壳贝类,主要分布在热带、亚热带海域。在我国,自浙江的南麂岛、福建的东山沿海,往南到北部湾,以及海南岛沿岸和南海区域均有马氏珠母贝分布。

自 20 世纪 60 年代育苗成功以来,已有近 50 多年大规模人工养殖的历史。马氏珠母

---

[*] 基金项目:国际科技合作项目(2012DFG32200, 2013DFA31780);国家 863 项目(2012AA10A414);国家自然科学基金项目(41076112 and 41366003)。
作者简介:高桦楠,男,硕士研究生,从事贝类养殖与海洋生态研究.
通信作者:王爱民,教授,博导. Email:aimwang@163.com

贝是我国培育海水珍珠最主要的母贝,目前我国海水珍珠90%以上是珍珠利用马氏珠母贝生产的[7]。目前我国珍珠产业面临着量大质劣、高产低值的困境。2008年,马氏珠母贝生产的海水珍珠"南珠",收购价不足1 000美元/kg;与之形成鲜明对比的是,以生产"大溪地珠"闻名的法属波利尼西亚出口量虽然只有8.12 t,但销售额超过1亿美元,均价超过1万美元/kg[8-9]。国内和国际上关于马氏珠母贝及其珍珠形成培育方面研究做了许多工作,目前主要是集中在珍珠贝的养殖、优良品种的选育和珍珠致色因素等方面的研究[10-11],对生产中涉及如何具体操作的研究报道还比较少。在海南地区的实际生产过程中,发现不同的收珠时期所获得的珍珠质量有所差别,通常在水温低的时期收获的珍珠质量比在水温高的时期收珠的珍珠质量要高。为此,本研究从马氏珠母贝珍珠的收珠时期方面具体分析了不同收珠时期所获得珍珠质量的差异以及珍珠质量与育珠母贝生长性状之间的相关性,为提高马氏珠母贝的珍珠质量、改良珍珠养殖技术、促进我国珍珠产业向高质化发展奠定了基础。

1 材料与方法

1.1 材料

实验所用的插核育珠贝均来自2011年10月海南省陵水自治县黎安港珍珠养殖场繁殖的"海优一号"马氏珠母贝,细胞小片贝使用2011年10月同一批繁育的"海优一号"马氏珠母贝。

1.2 实验仪器

科研型相干断层扫描仪(OSLF – 1500,深圳市斯尔顿科技有限公司);CSE – 1型成像型色度分析系统(北京理工大学);小型电动磨具;电子天平;游标卡尺;解剖刀;马氏珠母贝插核手术工具:砧木、手术台、切片刀、剪刀、切口刀、镊子、塑料栓、开口器、送核器、送片针;马氏珠母贝外套膜小片处理试剂:3%的聚乙烯吡咯烷酮(PVP);2% ~ 3%的红汞海水溶液。

1.3 方法

首先挑选海南省陵水自制县黎安港珍珠养殖场内繁育的健壮的"海优一号"马氏珠母贝11 700个,同时选取同一批繁殖的壳色、生长性状无显著差异的马氏贝为小片贝。记录小片贝的壳高、总重、总壳重、壳厚、壳色等性状,并将小片贝与育珠贝进行一一对应标记并进行查核。于2013年6月15日进行插核检查,统计育珠贝死亡率及留核率。然后选定2013年9月18日、2013年11月11日、2013年12月26日(传统开珠日)、2014年3月15日四个不同时期的育珠贝进行分批开珠。每次开珠时记录开珠数量及育珠贝死亡数量;并测定育珠贝的壳高、总重、总壳重、壳厚、壳色等性状,同时记录珍珠重量、直径、珠层厚度、颜色等性状,最后将珍珠与小片贝、育珠贝一一对应标记。首先采用了CSE – 1成像色度分析仪(北京理工大学研制)对所得珍珠及相应的育珠贝贝壳的珍珠质颜色的颜色性状参数(Lab)进行分析,与优质珍珠的颜色参数(Lab)进行比较,并利用色差公式计算色差,客观评定珍珠的质量;然后对珍珠、小片贝及育珠贝一一对应标记的相关性状数据进行方差分析和相关分析。育珠贝按照常规养殖育珠技术在海南省陵水县黎安港进行休养和育珠。

1.4 数据的统计处理

用 SPSS18.0 统计软件对所得到的数据进行处理,计算其均值与标准差。使用公式 CIEDE2000[12-13]计算色差值:

$$\Delta E^* = [(\Delta L^*)^2 + (\Delta a^*)^2 + (\Delta b^*)^2]^{1/2}$$

注:式中,$\Delta L^* = L_1^* - L_2^*$,$\Delta a^* = a_1^* - a_2^*$,$\Delta b^* = b_1^* - b_2^*$,$L_1^*$,$a_1^*$ 和 b_1^* 表示一个体贝壳内侧或者珍珠的珍珠质颜色参数,L_2^*,a_2^* 和 b_2^* 表示一个标准的白色或者金色珍珠的珍珠质颜色参数。

对于实验数据,采用 SPSS 18.0 的一般线性模型(GLM)进行方差分析,多重比较方法采用 Tukey 法,显著性水平 a 为 0.05,比较结果用字母法表示。

2 结果与分析

2.1 小片贝表征性状与贝壳珍珠层颜色性状数据

将选取同一批繁殖的壳色无显著差异的小片贝随机分配到 4 个样本库中,对 4 个样本库中的小片贝的壳高,壳总重、总重、贝壳珍珠层颜色等指标进行分析对比,可以发现小片贝从表征性状到贝壳珍珠层颜色无显著差异(表 1)。表明小片贝提供的细胞小片间在形态表达上无显著差异。

表 1 小片贝表征性状与贝壳珍珠层颜色

取样量 N	壳高/cm	壳总量/g	总重/g	壳 L	壳 a	壳 b
88	6.85±0.72	15.34±3.18	31.30±8.99	91.70±6.34	5.56±5.91	5.35±3.31
124	6.85±0.83	15.74±3.71	29.49±8.43	91.98±7.80	5.32±6.21	5.53±3.51
194	6.87±0.87	15.58±3.89	31.63±9.73	92.12±6.47	5.90±5.61	5.36±3.27
183	6.82±0.87	15.00±3.61	28.54±9.02	91.27±7.47	5.62±5.28	5.29±3.23

2.2 不同收珠时期的育珠贝生长性状与颜色性状数据的比较

从 4 次收珠时期的育珠母贝的生长性状来看,我们可以发现不同的育珠时间下的育珠贝的表征生长性状具有显著差异,在育珠 215 d 后育珠贝的生长性状达到最大(表 2)。从对育珠母贝贝壳珍珠质层颜色的比较中发现,不同的育珠时间下的颜色性状数据间存在着极显著差异,并可以看出随着育珠时间的增加珍珠层的颜色与优质珍珠的颜色的色差在减少(表 2)。

表2 育珠贝生长性状与颜色性状数据

育珠时间/d	取样量 N	壳高/cm	壳总量/g	总重/g	壳 L	壳 a	壳 b
116	153	67.10±4.07^c	20.63±3.60^b	49.04±8.30^d	76.08±3.09^d	-4.37±2.66^d	4.42±3.00^c
170	261	67.04±5.39^c	25.36±4.33^a	53.42±9.23^c	84.41±11.02^b	-3.50±6.85^c	3.17±4.89^d
215	500	73.69±5.51^a	25.03±3.85^a	59.94±8.89^a	79.10±6.95^c	-1.86±2.73^b	5.97±4.45^b
295	946	69.99±5.77^b	17.97±3.21^c	56.27±9.74^b	89.96±11.01^a	-0.82±2.99^a	8.57±4.36^a

2.3 不同收珠时期所收获的珍珠生长性状与颜色性状数据比较

从珍珠的生长性状来看,可以很明显地发现珍珠直径、珍珠重量和珠层厚度随育珠时间的增长而增长,但育珠时间增长,珍珠的生长趋向于不显著,也就是珍珠的生长逐渐减慢(表3)。从珍珠的颜色性状来看,随着养殖时间的增加,育珠母贝所获得的珍珠与优质白珠和优质金珠之间的色差逐渐减小,4次测量的值有显著差异(表3)。

表3 珍珠生长性状与颜色性状数据

育珠时间/d	取样量 N	珍珠直径/mm	珍珠重量/g	珠层厚度/mm	珠 L	珠 a	珠 b
116	153	7.43±0.31^c	0.60±0.07^c	0.24±0.09^c	85.20±14.59^b	-0.64±2.30^b	5.72±1.42^{bc}
170	261	7.54±0.36^b	0.65±0.08^b	0.31±0.11^b	83.23±13.34^b	-0.69±2.27^b	4.83±5.91^c
215	500	7.61±0.32^a	0.66±0.08^b	0.42±0.18^a	91.33±10.69^a	-0.99±2.86^b	6.21±6.57^b
295	946	7.66±0.35^a	0.68±0.09^a	0.41±0.14^a	89.59±8.22^a	0.01±2.37^a	7.84±4.73^a

2.4 育珠时间与育珠贝性状、珍珠性状的相关分析

从育珠时间与育珠贝性状、珍珠性状之间的相关分析可看出,随着育珠时间的增加,育珠贝总重、壳L、壳a、壳b值也增加,但总壳重减少;育珠贝珍珠层的珍珠色距离优质白珠和优质金珠的色差也减少,表明随着育珠时间的增长,育珠贝珍珠层的珍珠色也逐渐好。随着育珠时间的增加,珍珠直径、重量、珠层厚度是显著增加,珍珠的L、a、b值也增加,珍珠颜色距离优质白珠、金珠的色差也显著减少,表明随着育珠时间增加,珍珠颜色也逐渐接近于优质珍珠颜色(表4)。

表4 育珠贝性状、珍珠性状的相关分析

参数	壳高	总量	总壳重	壳L	壳a	壳b	育白	育金	珍珠直径/mm	珍珠重量/g	珠层厚度/mm	珠L	珠a	珠b	珠金	珠白
r	0.09	0.13	-0.50	0.41	0.30	0.40	-0.52	-0.48	0.19	0.23	0.28	0.15	0.13	0.19	-0.25	-0.25
P	0.00	0.00	0.00	0.00	0.00	0.00	0.00	0.00	0.00	0.00	0.00	0.00	0.00	0.00	0.00	0.00

2.5 育珠贝生长性状与珍珠生长性状的相关分析

通过对育珠贝生长性状与珍珠生长性状的相关分析($N=1860$),发现珍珠生长性状(珠层厚度、直径和重量)与育珠贝生长性状(总重、壳重、壳高)存在极显著的正相关($r>0.2$),说明育珠母贝总重越大、壳越大,产生的珍珠也就越大(表5)。

表5 育珠贝生长性状与珍珠生长性状的相关分析

育珠贝		直径/mm	重量/g	珠层厚度
壳高/mm	r	0.23	0.27	0.25
	p	0.00	0.00	0.00
总重/g	r	0.33	0.36	0.28
	p	0.00	0.00	0.00
总壳重/g	r	0.13	0.13	0.08
	p	0.00	0.00	0.00

3 讨论

3.1 温度对珍珠上层速度的影响

马氏珠母贝的体温与其生存环境温度相同,所以生理活性随着环境温度的变化而变化。当环境温度低于15℃时,新陈代谢活动明显减弱,进入冬眠状态。但当温度达到其最适温度,生理活动急速恢复。在合适的水温范围内,马氏珠母贝生理活性与外界温度的上升成正比。此外,当外界水温超过最适合温度临界点(23～25℃)时,马氏珠母贝的新陈代谢等生理环境会发生剧烈应激反应,可能致使马氏珠母贝活力减弱,体重下降等。有时候甚至会导致贝体通过外套膜和珍珠囊从贝壳和珍珠中吸收钙质,从而引起贝壳和珍珠表面钙质的部分溶化变薄的现象发生。观察实验结果表明,所有实验组育珠母贝的壳高、壳长、总重、总壳重都表现为先增长、随后减小的变化趋势,特别是所有实验组的育珠母贝的总壳重在第三次收珠和第四次收珠时均出现了显著差异($P<0.05$)。从9—12月育珠母贝都表现出增长趋势,12月时达到最大值,而此时恰巧是水温降到最低之前,而第四次收珠在次年的3月,此时正是水温开始回升的时候。

从珠层厚度的增长速度来看,第一次收珠时,所有实验组珍珠的珍珠质层厚度平均增加量为0.24 mm,而之后的每次收珠时,珍珠的珍珠质层厚度虽然都有所增加,但是增加量都不如第一次显著。这些都与水温的变化以及育珠母贝的生理活性有直接的关系。

3.2 收珠时间选择冬季的合理性

马氏珠母贝的珍珠收珠时间一般在冬季,这是由于冬季收获的珍珠其光泽较夏天要高很多[15]。研究表明珍珠的光泽度情况与珍珠表面的文石结晶大小和聚合形态有直接关系。文石结晶堆叠越整齐、越薄、聚合形状越规则时,珍珠的光泽越好,反之则珍珠的光泽越差。

文石结晶的大小、聚合形态、堆叠状态以及育珠母贝的新陈代谢、生理活性有着密切的联系[15-16]，而水温又影响着与珠母贝的新陈代谢、生理活性。所以水温升高时，育珠贝的生理活性增强，育珠贝的珍珠质的分泌加速，珍珠的上层同样加速，从而致使文石结晶程度差，堆叠不整齐，聚合不规则，从而珍珠的光泽度较差；而水温相对低的时候，育珠母贝生理活性低，分泌珍珠质的速度慢，导致珍珠的上层慢，文石的结晶程度好，聚合规则，堆叠整齐，从而使珍珠的光泽好[17-18]。

　　本实验也验证了这一观点，从实验中我们可以很明显地发现在海南水温最低的月份12月收珠所得到的珍珠颜色光泽度最好。3月和11月所收的珍珠颜色光泽度等与12月所收的珍珠相比较为次之，9月所收的珍珠光泽度等最差。研究表明，马氏珠母贝应在气温较高的季节里进行插核，在气温较低的季节进行收珠，更容易得到珠层厚度大而且表面光泽良好的优质珍珠。

参考文献

[1] 王爱民,石耀华,王嫣,等. 马氏珠母贝生物学与养殖新技术[M]. 中国农业科学技术出版社,2010,(1):3-4.
[2] 王爱民,石耀华. 中国马氏珠母贝遗传育种的现状与展望[J]. 农业生物技术学报,2003,11(6):547-553.
[3] 邓陈茂,黄海立,符绍. 我国海水养殖珍珠业存在的问题及对策[J]. 湛江海洋大学学报,2006,26(5):5-9.
[4] 邓陈茂,董银洪. 南珠养殖和加工技术[J]. 北京:中国农业出版社,2005:81-91.
[5] 汤顺青. 色度学[M]. 北京:北京理工大学出版社,1990:34-123.
[6] 孙家美,毛振伟. 贝壳珍珠层元素的X射线荧光光谱分析[J]湛江水产学院学报,1991,11(2):25-301.
[7] 张刚生,李浩漩,陈益兰. 珍珠层中的蛋白质及其与碳酸钙相互作用研究进展[J]. 广西科学,2002,9(4):306.
[8] 张刚生. 珍珠层的微结构及其中类胡萝卜b素的原位研究[D]. 广州:中国科学院广州地球化学研究所,2001.
[9] 张莉. 我国珍珠产业的问题、困境和出路[J]. 农业现代化研究,2007,28(4):443-445.
[10] 顾志峰,王嫣,石耀华,等. 马氏珠母贝两个不同地理种群的形态性状和贝壳珍珠质颜色比较分析[J]. 渔业科学进展,2009(1):79-86.
[11] 曹占旺,4002);王大鹏,甘西. 马氏珠母贝及海水珍珠的研究进展[J]. 广西农业科学,2009,1618-1622.
[12] 傅鹏. 珍珠是怎样形成的[J]. 学科教育,1996(1):45-46.
[13] 谢玉坎,阂志勇. 我国的珍珠研究进展[J]. 莆田学院学报,2003,10(9):34-38.
[14] Rosenberg G D, Hughes W W, Parker D L. The geometry of bivalve shell chemistry and mantle metabolism[J]. Am Malacol Bull, 2001,16(1/2):251-261.
[15] Sharma G, Wu W, Dalal E N. The CIEDE color-difference formula: Implementation notes, supplementary test data, and mathematical observations[J]. Color Research and Application,2000,30(1):21-30.

[16] Tang M, Shi A J. Overview of studies on calcium metabolism in molluscs [J]. Journal of Fisheries of China, 2000, 24(1): 86 – 91.

[17] Wada K T, Komaru A. Color and weight of pearls produced by grafting the mantle tissue from a selected population for white shell color of the Japanese pearl oyster Pinctada jixata martensii (Dunker) [J]. Aquaculture, 1996, 142: 25 – 32.

[18] Wada KT. Genetic selection for shell traits in the Japanese pearl oyster, Pinctada fucata martensii [J]. Aquaculture, 1986, 57: 171 – 176.

半滑舌鳎体表色素细胞观察及 POMC 表达特性分析*

史学营[1,2], 徐永江[1], 柳学周[1*], 杨洪军[3], 臧坤[1,2], 史宝[1], 李存玉[1,2]

(1. 中国水产科学研究院黄海水产研究所, 农业部海洋渔业可持续发展重点实验室, 山东 青岛 266071;
2. 上海海洋大学水产与生命学院, 上海 201306; 3. 日照市水利养殖场, 山东 日照 276805)

摘 要: 为认识养殖半滑舌鳎无眼侧黑化的细胞学特性, 利用显微观察方法研究了其皮肤黑色素细胞、黄色素细胞和虹彩细胞等3种色素细胞的形态特征: 黑色素细胞核较大, 含黑色和棕色的色素颗粒, 有树突状分枝不明显和延伸成放射状两种形态; 黄色素细胞核较小, 含黄色素颗粒; 虹彩细胞核最小, 含鸟粪素颗粒。比较了3种色素细胞在有眼侧皮肤、无眼侧正常和黑化皮肤中的数量分布模式。为进一步揭示无眼侧黑化的分子机制, 克隆了半滑舌鳎 POMC 基因的 cDNA 序列, 长910 bp, 包括一个114 bp 的5′非翻译区和一个154 bp 的3′非翻译区, 开放阅读框长度为642 bp, 共编码213个氨基酸, 包含 ACTH、α – MSH、β – MSH、γ – LPH、β – 内啡肽等5个多肽序列, 但缺失了 γ – MSH 和大部分连接区。半滑舌鳎 POMC 基因的氨基酸序列与其他鱼类的同源性为30% ~ 64%。定量 PCR 分析表明, POMC mRNA 主要在垂体中表达, 其次是脑、性腺和无眼侧黑化皮肤。正常与黑化皮肤中的差异表达结果表明, 无眼侧黑化皮肤中 POMC mRNA 表达量最高并与有眼侧皮肤和无眼侧正常皮肤中 POMC mRNA 表达量差异显著, 揭示了 POMC 的表达与无眼侧黑化性状密切相关。本研究结果可为半滑舌鳎无眼侧黑化的细胞与分子机制研究提供基础资料。

关键词: 半滑舌鳎; 色素细胞; POMC; 基因克隆; 组织表达

---

* 国家鲆鲽类产业技术体系(CARS – 50)、国家留学人员科技活动项目择优资助经费共同资助。
史学营(1989 –), 男, 硕士研究生, 主要从事鲆鲽类生长调控机制研究, E-mail: shixueying0106@sina.com; Tel: 0532 – 85830506

通信作者, 柳学周, E-mail: liuxz@ysfri.ac.cn Tel: 0532 – 85830506

半滑舌鳎（*Cynoglossus semilaevis* Günther），隶属于鲽形目（Pleuronectiformes），舌鳎科（Cynoglossidae），舌鳎属（*Cynoglossus*），主要分布在中国黄渤海海域（姜言伟等,1993），是一种重要的人工增养殖鱼种（邓景耀等,1988）。近年来,半滑舌鳎养殖产量不断增加,已形成规模化养殖产业（柳学周等,2014），但是,在养殖生产中发现,养殖鱼存在较高比例的无眼侧黑化现象,主要表现为腹面部分（20%～50%）覆盖斑状色素群（主要出现在腹面的尾部、中部）或腹面全部覆盖黑色素,且发生比率高达60%～90%,严重影响了商品鱼的市场价格,成为产业发展的一个制约因素。

国内外研究学者在养殖鲆鲽类的无眼侧黑化现象及其可能机制方面开展了诸多研究,主要集中在色素细胞（Shikano et al,2007;Isojima et al,2013）、环境因素影响（Kang et al,2012）、功能基因调控（Kobayashi et al,2009;Takahashi et al,2005,2009;Yoshikawa et al,2013）等方面,但黑化形成的具体机制尚未明了。在色素细胞研究方面,国外学者对牙鲆（*Paralichthys olivaceus*）、条斑星鲽（*Verasper moseri*）等鱼种的色素细胞形态及分布发育模式进行了研究,并初步揭示了其与无眼侧黑化特征的关系（Shikano et al,2007;Isojima et al,2013）。在分子机制研究方面,围绕体色相关功能基因——阿黑皮素原（proopiomelanocortin,POMC）及其编码神经肽-黑色素富集激素（MCH）、黑色素刺激素（MSH）及其受体,对其在鲆鲽类无眼侧黑化发生过程的生理功能及可能机制进行了深入研究,并取得了诸多进展（Kang et al,2012,2013;Mizusawa et al,2011）。POMC是多种不同功能的多肽类激素的蛋白前体,可水解成促肾上腺皮质激素（Adrenocorticotropic hormone,ACTH），脂肪酸释放激素（Lipotropic hormone,LPH）和β-内啡肽（β-endorphin）等多种不同功能的多肽（魏平,2001），其中ACTH又可生成黑细胞色素刺激激素（Melanocyte stimulating hormone,MSH）以及类促肾上腺皮质素垂体中叶（CLIP片段），而MSH是诱发养殖鱼类体色黑化的重要多肽之一。已有研究表明,POMC在鱼类中可能具有体色调节、分解脂肪、渗透压调节、促进摄食等多种功能（Arends et al,1998;Prltchard et al,2002），因此近年来成为鱼类体色调控机制研究的热点之一。Kang DY等（2012）研究发现,*POMC*可能参与介导了高密度和黑暗环境诱发养殖牙鲆无眼侧黑化发生的过程。同时,对条斑星鲽的研究也发现*POMC*及其衍生多肽MSH都参与色素细胞的调节过程以及环境诱发无眼侧黑化的过程调节,表明其与无眼侧黑化有直接联系（Kobayashi et al,2009;Takahashi et al,2005,2009;Yoshikawa et al,2013）。

本研究着眼于养殖半滑舌鳎的无眼侧黑化问题,研究了其色素细胞的类型、分布模式及其与无眼侧黑化的关系,同时克隆了体色相关功能基因*POMC*并分析了其表达特性及其与无眼侧黑化的关系,以期为在细胞和分子水平上认识养殖半滑舌鳎无眼侧黑化的机制提供基础资料。

1 材料与方法

1.1 材料

实验用半滑舌鳎10尾于2013年8月取自青岛某养殖场,实验鱼全长25～35 cm,体重

250~350 g。根据无眼侧黑化情况,分别取样无眼侧正常和无眼侧黑化的养殖鱼(图1)。实验鱼以 MS-222(280 mg/L)麻醉致死后,取样有眼侧鳞片和皮肤、无眼侧正常和黑化区域的鳞片和皮肤,用于色素细胞观察。快速取性腺、肝脏、心脏、胃肠、脾、肾、头肾、垂体、脑、鳃、肌肉、有眼侧正常皮肤、无眼侧黑化皮肤、无眼侧正常皮肤组织投入液氮中,后转入 -80℃ 超低温冰箱保存用于总 RNA 的提取。

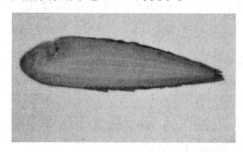 

图1 无眼侧正常(左)与无眼侧黑化(右)的半滑舌鳎

Fig. 1 Normal coloration (left) and hypermelanosis (right) on the blind side of *C. semilaevis* Günther

1.2 色素细胞类型和数量分布特性分析

取半滑舌鳎有眼侧、无眼侧黑化、无眼侧正常的鳞片或皮肤,常规方法制作临时装片(如果样品不平整或不在同一平面上,可置于生理盐水(0.85%)中伸展 3~5 min,并用纸吸干水分,再用中性树胶将其固定于载玻片上后置于高级研究型正立显微镜(NIKON 80i)下对色素细胞进行观察、测量和记录,并用 CCD 数码智能型成像系统进行拍照。每尾鱼制作临时装片 8~10 个。

在 40 倍物镜下记录每个视野下各种不同类型色素细胞的数量,每个样本观察 30 个视野进行统计分析,实验结果表示为 Mean ± SD。利用 SPSS 17.0 软件对无眼侧和有眼侧皮肤或鳞片上的色素细胞数量进行单因素方差分析(ANOVA),设定差异显著水平 P 为 0.05,当 $P < 0.05$ 时表示差异显著。

1.3 POMC 克隆及表达特性分析

1.3.1 总 RNA 提取和 cDNA 第一链合成

利用 RNAiso Plus (TaKaRa)试剂盒并按照操作说明抽提各组织总 RNA,通过 1% 琼脂糖凝胶电泳检测 RNA 的质量,Nanodrop 2000(Thermo)测定 RNA 浓度。以 PrimeScript™ Ⅱ 1st strand cDNA Synthesis Kit(宝生物(大连)有限公司)合成 cDNA 第一链,于 -20℃ 保存备用。

1.3.2 *POMC* 基因中间片段扩增

以垂体 cDNA 为模板,利用特异性引物 POMC-F 和 POMC-R(表1)通过 RT-PCR 扩增获得半滑舌鳎 *POMC* 基因的中间片段。PCR 扩增体系为 25 μL,反应条件为 94℃ 5 min,(94℃ 30 s、53℃ 30 s、72℃ 50 s)共 34 个循环,最后 72℃ 延伸 10 min。PCR 产物经 1% 琼脂糖凝胶电泳分离后,切胶回收、纯化后连接至转化至 *Trans*1-T1 感受态细胞,LB 固体培养基

37℃培养过夜,挑取阳性克隆送至北京华大公司测序。

1.3.3 POMC的RACE扩增

根据得到的中间片段设计RACE引物POMC – GSP5、POMC – GSP3、POMC – NGSP5 和 POMC – NGSP3(表1)。以垂体RNA为模板,根据Clontech SMARTer™ RACE cDNA Amplification Kit反转录试剂盒(TaKaRa)的操作说明,合成用于5′– RACE及3′– RACE的第一链cDNA。

表1 POMC克隆与定量检测用引物序列
Tab. 1 Primers used for POMC amplification and qPCR analysis for *C. semilaevis* Günther

引物 Primer	引物序列(5′—3′) Nucleotide sequence(5′—3′)
POMC – F	5′– ATGTGTCCTGTGTGGCTATTGGTG – 3′
POMC – R	5′– GAAGCCGCCGTAGCGTTTG – 3′
UPM – long	5′– CTAATACGACTCACTATAGGGCAAGCAGTGGTATCAACGCAGAGT – 3′
UPM – short	5′– CTAATACGACTCACTATAGGGC – 3′
NUP	5′– AAGCAGTGGTATCAACGCAGAGT – 3′
POMC – GSP5	5′– CTGCTGTCCGTCTTTGTTGATG – 3′
POMC – GSP3	5′– GTCAGTGCTGGGAGCATCCG – 3′
POMC – NGSP5	5′– TTTGCTGGCGGGCGGACC – 3′
POMC – NGSP3	5′– AAAACGTCGCCCGGTCAAAG – 3′
SPOMC – DF3	5′– TACATGGGAGCAGAAGAGGAA – 3′
SPOMC – DR3	5′– AGCCACCAATAGCCACAGAG – 3′
Sole – 18S F	5′– CCTGAGAAACGGCTACCACATC – 3′
Sole – 18S R	5′– CCAATTACAGGGCCTCGAAAG – 3′

5′– RACE及3′– RACE:按Smart RACE Advantage 2 PCR试剂盒(Clontech)进行PCR扩增。第一次PCR分别使用引物POMC – GSP5和POMC – GSP3,PCR条件:94℃30 s;65℃30 s,13个循环,T_m每个循环降低0.5℃,72℃延伸1 min;然后(94℃30 s,58℃30 s,72℃60 s),28个循环,最后72℃延伸4 min。

以第一次PCR的产物为模板,分别使用引物POMC – NGSP5和POMC – NGSP3进行巢式PCR,PCR条件同第一次PCR。取5 μL PCR产物置于1%琼脂糖凝胶电泳检测后,对目的条带进行回收、载体连接、转化、菌液培养后筛选阳性克隆测序。

1.4 POMC表达特性

检测了3尾半滑舌鳎脑、垂体、鳃、心、头肾、肾、肝、脾、胃、肠、性腺、肌肉、有眼侧皮肤、无眼侧黑化皮肤、无眼侧正常皮肤等组织中POMC mRNA的表达特性。以18S rRNA为内参基因设计实时定量引物Sole – 18S F和Sole – 18S R,利用Mastercycler ep realplex real-time PCR仪(Eppendorf),使用SYBR Premix Ex *Taq*™ Ⅱ(Takara)嵌合荧光法进行实时定量 PCR 扩增反应。荧光定量 PCR 反应体系:2×SYBR® Premix Ex Taq^{TM} 10μL,PCR 引物 SPOMC – DF3、SPOMC – DR3(表1)(10 μmol/L)各 1.0μL,模板 cDNA 2.0 μL,加 ddH$_2$O 至 20 μL;PCR 反应条件:95℃ 30 s,(95℃ 5S,58℃ 28S) 40 个循环。对得到的各样品 Ct 值进行均一化处理,应用 $2^{-\Delta\Delta Ct}$ 法(Livak et al, 2001)确定各组织中 POMC mRNA 的相对表达量。

1.5 生物信息学分析

利用 DNAstar(版本5.0.1)分析半滑舌鳎 POMC 的序列结构、分子量预测、等电点预测及氨基酸同源性;信号肽预测使用 SignalP 4.1 (http://www.cbs.dtu.dk/services/SignalP/);氨基酸序列比对和系统进化分析使用 Clustalx 2.0.12 (http://www.clustal.org/download/current/)和 MEGA 5.1(http://www.megasoftware.net/mega51.html)。系统进化树构建使用 MEGA5.0 软件中 Neighbor-joining 法(自展值为1 000)。半滑舌鳎 POMC 的同源性比较与进化树构建引用的物种及其 GenBank 获取号见表2。

表2 半滑舌鳎 POMC 氨基酸同源性分析与进化树构建所引用的物种
Tab. 2 Species used for amino acid homology and phylogenetic analysis for POMC of *C. semilaevis* Günther

学名 Scientific name	登录号 Accession number	分类 Category
		硬骨鱼纲 Osteichthyes
半滑舌鳎 *Cynoglossus semilaevis*	KJ748570	鲽形目 Pleuronectiformes
牙鲆 *Paralichthys olivaceus*	AAG16978	鲽形目 Pleuronectiformes
塞内加尔鳎 *solea senegalensis*	CCA65461	鲽形目 Pleuronectiformes
斜带石斑鱼 *Epinephelus coioides*	AAO11696	鲈形目 Perciformes
罗非鱼 *Oreochromis mosambicus*	AAD41261	鲈形目 Perciformes
虹鳟 *Oncorhynchus mykiss*	NP_001118190	鲑形目 Salmoniformes
鲤鱼 *Cyprinus carpio*	Q9YGK5	鲤形目 Cypriniformes
白鲟 *Acipenser transmontanus*	JC5283	鲟形目 Acipenseriforms
雀鳝 *Lepisosteus osseus*	AAB03227	雀鳝目 Lepisosteiformes
非洲肺鱼 *Protopterus annectens*	BAA32607	美洲肺鱼目 Lepido sireniformes
		软骨鱼纲 Chondrichthyes
白斑角鲨 *Squalus acanthias*	BAA32606	角鲨目 Squaliformes
赤魟 *Dasyatis akajei*	BAA35126	下孔总目 Hypotremata
非洲爪蟾 *Xenopus laevis*	NP_001080838	两栖纲 Amphibia
鸡 *Gallus gallus*	NP_001026269	鸟纲 Aves
牛 *Homo sapiens*	NP_000726	哺乳纲 Mammalia

2 结果

2.1 半滑舌鳎色素细胞的类型与分布特征

半滑舌鳎的色素细胞类型主要有 3 种:黑色素细胞、黄色素细胞和虹彩细胞。黑色素细胞较大,细胞直径 10~60 μm,细胞形状不规则,大体分为两种类型:一种树突状分枝不明显;另一种延伸成放射状。黄色素细胞较小,圆形或椭圆形,细胞直径 1~5 μm,视野下呈黄色,大部分聚集在一起,多连成一片分布。虹彩细胞较大,细胞直径 10~70 μm,分布较均匀,含有鸟粪素颗粒,呈灰色或彩色,形状不规则,呈卵圆形、棒状或多边形等。另外,还有许多复合色素细胞,它们以其中一种色素颗粒为主,但含有其他一些色素颗粒(图2)。

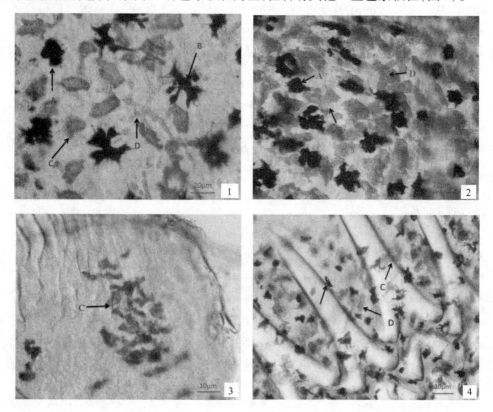

图2 半滑舌鳎色素细胞形态特征

Fig. 2 Morphology of chromatophores in the skin of *C. semilaevis* Günther

注:1. 无眼侧黑化皮肤上的色素细胞×400;2. 有眼侧正常皮肤上的色素细胞×400;3. 无眼侧正常鳞片上的虹彩细胞×200;4. 有眼侧正常鳞片上的色素细胞×200

A. 分枝不明显的黑色素细胞;B. 延伸成放射状带分枝的黑色素细胞;C. 虹彩细胞;D. 黄色素细胞;

Note: 1. Chromatophores from blind-side skin with hypermelanosis ×400; 2. Chromatophores from eye-side skin ×400;
3. Iridophore on blind-side scale ×200; 4. Chromatophores from eye-side scale ×200

A Melanophores without apparent branch; B. Melanophores with extended and radial branch; C. guanophore; D. xanthophore.

比较了半滑舌鳎有眼侧正常皮肤、无眼侧正常和黑化皮肤色素细胞的数量分布,结果表明无眼侧正常皮肤中未发现黑色素细胞分布,而无眼侧黑化皮肤中单位视野中黑色素细胞的分布数量(14.3 个 ±2.4 个/视野)显著低于有眼侧正常皮肤黑色素细胞分布数量(23.3 个 ±3.7 个/视野)($P < 0.05$)。另外,无眼侧黑化皮肤中虹彩细胞的分布数量(20.2 个 ± 2.9 个/视野)也显著低于有眼侧正常皮肤(25.3 个 ±5.6 个/视野)($P < 0.05$)。无眼侧正常皮肤中黄色素细胞和虹彩细胞数量与有眼侧正常皮肤和无眼侧黑化皮肤相比也较少,且分布不均匀。在无眼侧黑化的皮肤或鳞片上,以延伸成放射状的黑色素细胞分布为主(占60%以上),而在有眼侧正常皮肤或鳞片上,以树突状分枝不明显的黑色素细胞分布为主。

2.2 POMC 序列分析

半滑舌鳎 POMC 基因 cDNA 序列(GenBank 序列号:KJ748570)全长 910 bp,其中开放阅读框长为642 bp,编码 213 个氨基酸,3'的非编码序列长 154 bp,5'的非编码序列长 114 bp,3'端非编码区含有一个加尾信号 ATTAAA(图 3),编码蛋白分子量为 23.70 kD,等电点为 6.51。

2.3 POMC 编码蛋白空间结构分析

通过 SOPMA 软件分析 POMC 编码蛋白的空间结构:在 POMC 成熟蛋白的二级结构中,α - 螺旋占 30.99%,β - 转角占 3.29%,无规则卷曲占 55.40%,延伸链占 10.33%(图4)。并通过 I - TASSER 软件预测了半滑舌鳎 POMC 蛋白质的三级结构(图5)。

2.4 POMC 系统进化分析

利用 Neighbor-joining 方法,以 Mega5.0 软件构建了基于半滑舌鳎 POMC 氨基酸序列与其他脊椎动物(表2)POMC 的系统进化树。结果发现,半滑舌鳎与塞内加尔鳎、牙鲆的亲缘关系最近,并与斜带石斑鱼、罗非鱼同处一个小分支,但与牛、鸡、白斑角鲨则处于不同的分支,表明亲缘关系远(图6)。

2.5 同源性分析

对氨基酸序列同源性分析表明半滑舌鳎 POMC 氨基酸序列保守性不高,其中与罗非鱼同源性最高为64%,其次是塞内加尔鳎和牙鲆都为62%,与斜带石斑鱼同源性为58%,与其他鱼和动物的同源性在30%~47%(图7)。

2.6 POMC 组织表达分析

定量 PCR 检测表明,半滑舌鳎 POMC mRNA 在被检测的 15 个组织中都有表达,但在不同组织中 mRNA 表达水平差异较大,其中在垂体中具有最高表达水平($P < 0.05$)(图8)。对除垂体之外的 14 个组织中 POMC mRNA 表达水平进行单因素方差分析(图8),除脑垂体外,脑中 POMC mRNA 表达水平最高,其次为性腺和无眼侧黑化皮肤。比较了有眼侧正常皮肤与无眼侧正常、黑化皮肤中 POMC mRNA 的表达水平,发现无眼侧黑化皮肤中 POMC mRNA 表达水平显著高于有眼侧和无眼侧正常皮肤($P < 0.05$),而有眼侧和无眼侧正常皮肤中 POMC mRNA 表达水平差异不显著($P > 0.05$)。

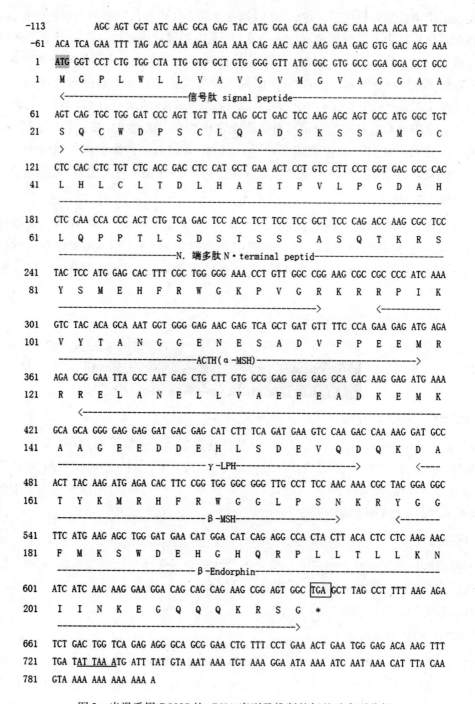

图3 半滑舌鳎 POMC 的 cDNA 序列及推断的氨基酸序列分析

Fig. 3 cDNA sequence and putative amino acid sequence of the POMC of C. semilaevis Günther

注：起始密码子 ATG 和终止密码子 TGA 分别以阴影和黑框表示；* 表示终止密码子；加尾信号以下画线标出

Note: Start stop codons are shown by shadow and box respectively; Asterisk indicates stop codon; Putative polyadenylation signal (ATTAAA) is underlined

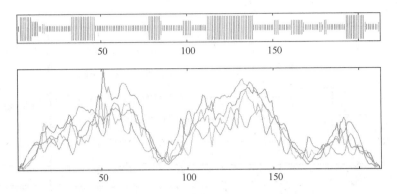

图4 SOPMA软件对半滑舌鳎POMC蛋白二级结构的分析结果

Fig. 4 Secondary structure of *C. semilaevis* Günther POMC protein analyzed by SOPWA software

注：蓝色表示α–螺旋；绿色表示β–转角；紫色表示无规则卷曲；红色表示延伸链

Note：Blue：α–helix；Green：β–turn；Purple：random coil；Red：extended strand

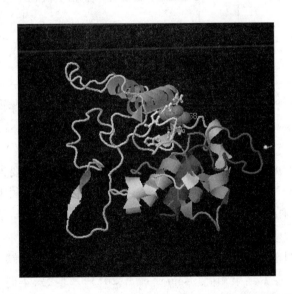

图5 I–TASSER软件对POMC蛋白三级结构的分析结果

Fig. 5 Tertiary structure of *C. semilaevis* Günther POMC protein analyzed by I–TASSER software

3 讨论

本研究观察了半滑舌鳎色素细胞的形态及数量分布特征，从细胞学和mRNA角度分别探究了色素细胞分布模式和*POMC*基因表达特性与无眼侧黑化的关系，为认识半滑舌鳎无眼侧黑化的机制提供了基础资料。

已有研究表明，鱼类皮肤中一般存在4种色素细胞类型，分别为黑色素细胞、黄色素细胞、红色素细胞和虹彩细胞（又名鸟粪素细胞）（薛继鹏等，2010；Brown，1933；Van der Salm et

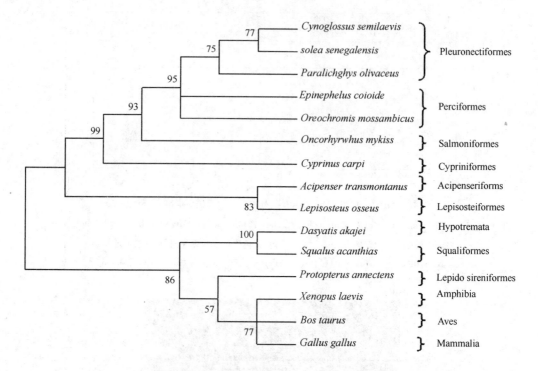

图 6　基于 MEGA 5.0 中的 NJ 方法的半滑舌鳎 POMC 与其他物种分子进化树聚类分析
Fig. 6　Phylogenetic tree of POMC gene from C. semilaevis Günther and other vertebrates

al,2005；刘晓东等,2008)。对牙鲆的研究表明,其色素细胞类型主要为黑色素细胞、黄色素细胞、虹彩细胞(Isojima et al,2013),也有报道显示某些鲆鲽类皮肤中除色素细胞外还存在一种形态和功能不明确的白色体(Burton et al,2010)。本研究发现半滑舌鳎皮肤和鳞片上分布的色素细胞主要为黑色素细胞,黄色素细胞和虹彩细胞3种,没有发现红色素细胞或白体形态细胞的存在。本研究发现,半滑舌鳎有眼侧和无眼侧黑化的鳞片或皮肤中色素细胞类型一致,这与牙鲆的观察结果相同(Isojima et al,2013)。但是,本研究发现半滑舌鳎有眼侧皮肤中黑色素细胞和虹彩细胞的分布密度要显著高于无眼侧黑化皮肤,但黄色素细胞分布数量无显著差异,这种色素细胞的分布特性与牙鲆不同,其可能与种的特异性和计数方法有关。另外,这种黑色素细胞的差异可能与无眼侧黑化皮肤多分布延伸成放射状的黑色素细胞,而有眼侧皮肤多分布树突状分枝不明显的黑色素细胞有关,其较大的体积导致单位面积内分布数量减少。Isojima 等(2013)在综合了牙鲆幼鱼无眼侧黑化区域的色素细胞、鳞片的数量分布和形态特征的基础上提出,牙鲆无眼侧黑化可能不是由色素细胞的异常分布而简单决定的,而是由无眼侧体表皮肤生理生化状态的改变造成的一个复杂的生理过程。下一步,我们将对半滑舌鳎皮肤组织结构和发育过程进行深入研究,以期揭示在生理学角度认识其与无眼侧黑化现象的关系。另外,我们也发现无眼侧黑化皮肤中的 POMC mRNA 表达水平显著高于有眼侧正常皮肤和无眼侧正常皮肤,验证了半滑舌鳎无眼侧黑化过程为一种内源性的神经内分泌调控决定的复杂过程,而不仅仅是色素细胞数量的简单变化。

```
                            <--------信号肽 signal peptide--------><-----------N.端多肽 N terminal peptid----------------------->
Gallus gallus               ------MRGALCH-SLPVVLGLLLCHPTTASGPCWENSKCQDLATEAGCVLACAK ACRAELSAEAPVYPGNGHLQPLSESIRKYVMSHFRWNKFGRRNS-----SSGGH
Xenopus laevis              ------MFRPLWG-CFLAILGICIFHIGEVQSQCWESSRCADLSSEDGVLECIK ACKTDLSAEPSVPFPGNGHLQPLSESIRKYVMTHFRWNKFGRRNSTGNDGSNTGY
Bos taurus                  ------MPRLCSSRSGALLLALLLQASMEVRGWCLESSQCQDLTTESNLLACIR ACKPDLSAETPVFPGNGDEQPLTENPRKYVMGHFRWDRFGRRNGS----SSSGV
Protopterus annectens       MLKPVWR-HLFVLSTVLMIYGTGVHSQCVWETSKCRDLTSESNLLECIK SCKSDLSAESPVYPGNGHMQPLSEDIRKYVMTHFRWDKFGRRNN-----ETGN
Lepisosteus osseus          ------MLRSVW----VYSLGLAVLL-QQSGREQCVWEHSQCRDLSSEENILECIQ ACNSDLTAESPIFPGNGHLQPPSEADRNYAKSHFRSTALGRRTNGSVGSSKQAG
Acipenser transmontanus     ------MLHPVWGCVVAVMGVLWFY-SSGVQSQCVWEHSQCRDLASEANILECIQ ACKVDLSAESPLFPGNGHLQPTSEDIQNYVMSHFHWNTFGQRMNGTPGGSKREG
solea senegalensis          ---------MCPVWLLVAVVVGG-----ARGAVSQCVWEHPSCQEAESESSMMECFQ LCRDDLTAETPVAPGHAHLQPPSLSDS-----------
Cynoglossus semilaevis      ---------MGPLWLLVAVGVMGV----AGGAASQCVWD-PSCLQADSKSSAMGCLH LCLTDLHAETPVLPGDAHLQPPSLSDSSPF--------
paralichthys olivaceus      ---------MCPVWLLVAVVVGG-----ARGANSQCVWEHPSCVEVKESANMMECIQ LCHSDLTGETPIIPGRAHLQPPSLSDSSPF--------
Oreochromis mosambicus      ---------MCPVWLFVALVVVGG----AREAVSQCVWEHPSCQELSSESNMMECIQ LCHSDLTAETPVIPGNAHLQPAVPSDAS----------
Epinephelus coioides        ---------MCPAWLLVAVAVVGV----VRGAVSQCVWEHPSCQDVKSECSMMECIQ LCRSDLTAETPVIPGDNHLQPVPPSDLDSLPPLPLL--
Oncorhynchus mykiss         ---------MLCPAWLL-AVAVVGV---VRGVKGQCVWENPRCHDLSSENNLLECIQ LCRSDLTTKSPIFPVKVHLQPPSPSDSDSPPLYLPLSLL
Cyprinus carpio             MVRGVRMLCPAWLLALAVLCAG-----GSEVRAQCVWEDAECRDLTTEDENILECIQ LCRSDLTDETPVYPGESHLQPPSELEQAEVLEPLSPAAL
Squalus acanthias           ------MMQQSMWRSVLVVLCMVWAR-SSGQLRECWDHTKCRQLTSAPKLMECIE ACKVEKTLESPIYPGNGHTEPIAESLRNYVMGHFRWNKFGKKRGNNTGFSGNKR
Dasyatis akajei             ------MVPSLWRCLLPVLLSLWP-VTGQLLDCQEHSKCLEMSSVPQLKECTD GCKVDENMESPIYPGNSQLQPIEENIRNYVMGHFRWNKFGKKRDNSTELSVSKQ
                                            :   *:.*:        *   * :  ::*:*  .  :*

                            <-----γ-MSH-----><------ACTH (α-MSH)------><-----γ-LPH----->
Gallus gallus               KREEVAG-----LALPAASPHHPAGEEEDGEGLEREEGKRSYSMEHFRWGKPVGRK RRPIKVYP-NGVDEESAESYPMEF RR-EMA------PDGDPF-----GLSE
Xenopus laevis              KREDISSYPVFSLFPLSDQNAPGDNMEEEPLDRQENKRAYSMEHFRWGKPVGRK RRPIKVYP-NGVEEESAESYPMEL RR-ELS------LELDYP-----EIDL
Bos taurus                  GGAAQKR-----EEEVAVGEGPGPGDDAETGPREDKRSYSMEHFRWGKPVGKK RRPVKVYP-NGAEDESAQAFPLEFKR-ELTGERLEQARGPEAQAE-----SAAA
Protopterus annectens       KREDGYKTPLLSIIPALESHN-NLDMEEDSLSRQDDRRSYSMEHFRWGKPVGKK RRPVKVYP-NGVEEESAEAYPTEMRR-DLMSDLDYP-----LLEEVE-----EEL
Lepisosteus osseus          ENAALSILFAALAPP-QAEEEMEESESSQQQRREDKRSYSMEHFRWGKPVGKK RRPIKVYP-NGEEEESAEAYPTEMKR-DLSLKLDYP-----QEELE-----EVF
Acipenser transmontanus     ASTALSVLLEALSQPRDEVEREEEEEELQQHRRDDKRSYSMEHFRWGKPVGKK RRPVKVYP-NGVEEESAEAYPAEIRR-DLSLKLDYP-----QEELE-----EVF
solea senegalensis          ------APQTKRSYSMEHFRWGKPVGKK RRPIKVYTSNGMEEESAEVFPAVMRRRELANQLLAV---AKKEEQ----EEEEV
Cynoglossus semilaevis      ------SSSASQTKRSYSMEHFRWGKPVGKK RRPIKVYTANGGENESADVFPEEMRRRELANELLVA---EEEADK----EMKAA
paralichthys olivaceus      ------VLPPFSSKRSYSMEHFRWGKPVGKK RRPVKVYTSNAVEEESAEVFPGEMRRRELAENELL---AEEEEKAQEMMEEA
Oreochromis mosambicus      ------SPSSQAKRSYSMEHFRWGKPVGKK RRPVKVYTSNGVAEEESAEVFPEEMRRRELTNELLAE---EGEKAQ----EMVEG
Epinephelus coioides        ------SSPSSPQAKRSYSMEHFRWGKPVGKK RRPVKVYTSNGVEEESAELFPGKMRRRELTSKLLAA---KKEKEKA----QEV
Oncorhynchus mykiss         -----SPSSPLYPTEQQNSVSPQAKRSYSMEHFRWGKPVGKK RRPVKVYT-NGVEESSEAFPSEMRR-ELGTDDAVY--PSLEAG----TAEG
Cyprinus carpio             ------APAEQMDP---ESSPRHELKRSYSMEHFRWGKPMGRK RRPIKVYP-NSFEDESVENMGPELKREASVDFDYPVVETSEAGEEEMLEDAKKK
Squalus acanthias           EDEPVRAFLNHLPAVVSQTSQMEEDEEMETLFPRQDGKRSYSMEHFRWGKPMGRK RRPIKVYP-NSFEDESVENMGPELKREASVDFDYPVVETSEAGEEEMLEDAKKK
Dasyatis akajei             KGEGVRGMLVQFPYLDTQAPKRGSEDMGTQFSKQNDKRSYSMEHFRWGKPKGRK RRPIKVSP--RILENEPQENVGPEFKREESVDFDYP-AETLEVRDLDLHGGSKK-
                                       .:*:***********  *:*  ***:**  ..   .*.   .:   ::*

                                                                         <-----β-MSH----><------------β-Endorphin------------>
Gallus gallus               EEEEE----------------------------EEEEGEEEKK DGGS-YRMRHFRWHAPLKD KRYGGFMSL--EH-SQTPLMTLFKNAIVKSAY--KK
Xenopus laevis              DEDIE----------------------------DNEVESALTK KNGN-YRMHHFRWGSPPKD KRYGGFMTP--ER-SQTPLMTLFKNAIIKNSH--KK
Bos taurus                  RAELEYG----------------------------LVAEAEAEAAEKK DSGP-YKMEHFRWGSPPKD KRYGGFMTS--EK-SQTPLVTLFKNAIIKNAH--KK
Protopterus annectens       EEKSE----------------------------ENDIMNLLEK KDRN-YRMQHFRWNSPPKD KRYGGFMKSWDER-SQKPLMTLFKNVMIKDAGVK
Lepisosteus osseus          GGENE----------------------------VLNLQEK KDGS-YKMNHFRWSRPPKD KRYGGFMKSWDER-SQKPLLTLFKNVIIKDGHQKK
Acipenser transmontanus     GGEND----------------------------LLNLQ-K KDGS-YKMNHFRWSGPPKD KRYGGFMKSWDER-SQKPLLTLFKNVMIKDGHEKK
solea senegalensis          GMEAEQQQQQEEE------------------QRQQRLQGGVKEG KEAL-YKMKHFRWG-VPADK KRYGGFMKSWDGR-SQRPLLTLFKNVINKDGQTQK
Cynoglossus semilaevis      GEEDDE---------------------------HLSDEVQDQ KDAT-YKMRHFRWGGLPSNK KRYGGFMKSWDEHGHQRPLLTLLKNIINKEGQQQK
paralichthys olivaceus      GEEEEE---------------------------QLLGGVHDK KDGS-YKMKHFRWGGPPASK KRYGGFMKSWDER-SQKPLLTLFKNVINKEGQQQK
Oreochromis mosambicus      AEEEQQ---------------------------LLNGVQEK KDGS-YKMKHFRWGSPPASK KRYGGFMKSWDER-SQKPLLTLFKNVINKEGQQQK
Epinephelus coioides        AEDEQE---------------------------QLPGDIHEK KDGG-YKMEHFRWGGPPASK KRYGGFMKSWDER-SQKPLLTLFKNVINKDGQQEG
Oncorhynchus mykiss         GEAEG----------------------------MEGVFSLQEK KDGS-YKMNHFRWSGPPASK KRYGGFMKSWDER-SQKPLLTLFKNVIIKDGQQKR
Cyprinus carpio             -------------------------------------LIQQKK KDGS-YKMKHFRWGSPPKD KRYGGFMKSWDER-GQKPLLTLFRNVIVKDGHEKK
Squalus acanthias           DGKIYKMTHFRWGRGPKGSAQSWGPDRTQPMQFTNLEDMLQESMDNDLPEEEVK KDGDDYKFGHFRWSVPLKD KRYGGFMKSWDER-GQKPLLTLFRNVIVKDGHEKK
Dasyatis akajei             DEKNYKMTHFRWGRGPK-----------DHMYFTNQEDMLQESLESGLPEEDVK KDAK-YKFGHFRWSSPLKD KRYGGFMKSSDER-GQKPLLTLFRNVIIKDGQEAK
                                                                         .*:  ****   ******.  :  *  **:**:*  :  *.

                                  >
Gallus gallus               GQ-------------
Xenopus laevis              GQ-------------
Bos taurus                  GQ-------------
Protopterus annectens       GQ-------------
Lepisosteus osseus          GQ-------------
Acipenser transmontanus     GQ-------------
solea senegalensis          ---------------
Cynoglossus semilaevis      RSG------------
paralichthys olivaceus      ---------------
Oreochromis mosambicus      ---------------
Epinephelus coioides        EQ-------------
Oncorhynchus mykiss         EQWGREEGEEKRALGERKYHFQG
Cyprinus carpio             Q--------------
Squalus acanthias           AQSQ-----------
Dasyatis akajei             AFHQ-----------
```

图 7 半滑舌鳎 POMC 氨基酸序列与其他物种 POMC 氨基酸序列的同源性比较

Fig. 7 Amino acid sequence alignment of *C. semilaevis* Günther POMC with other vertebrates

注：蛋白水解裂解位点用粗体表示. Note: Proteolytic cleavage sites are shown in bold.

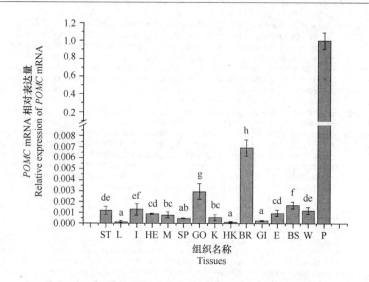

图8 半滑舌鳎 POMC mRNA 在不同组织中的表达水平

Fig. 8 Relative expression levels of POMC mRNA in different tissues determined by real-time quantitative PCR analysis in C. semilaevis Günther

注:ST:胃;L:肝;I:肠;HE:心;M:肌;SP:脾;GO:性腺;K:肾;HK:头肾;BR:脑;
GI:鳃;E:有眼侧皮肤;BS:无眼侧黑化皮肤;W:无眼侧正常皮肤;P:垂体
* 不同字母表示在 $P=0.05$ 水平上差异性显著($P<0.05$),$n=9$

Note: ST: stomach; L: liver; I: intestine; H: heart; M: muscle; SP: spleen; GO: gonad; K: kidney; HK: head kidney; B: brain; GI: gill; E: eye-side skin; BS: blind-side hypermelanosis skin; W: blind-side normal skin; P: pituitary
* Different letters indicate significant differences at $P=0.05$ level($P<0.05$),$n=9$

有关鲆鲽类 POMC 的研究主要集中在条斑星鲽和牙鲆方面,但对 POMC 及下游多肽的生理作用认识有限。对条斑星鲽的研究表明,其表达3种不同形式的 POMC 分子(Takahashi et al,2005;Kobayashi et al,2008),而与半滑舌鳎具有较近亲缘关系的牙鲆和塞内加尔鳎都只表达两种 POMC 分子形式(Kim et al,2009;Wunderink et al,2012),基因组测序结果显示,半滑舌鳎也表达两种不同分子形式的 POMC 基因(Chen et al,2013),这种不同分子形式的 POMC 可能是由于染色体基因组加倍引发的(Kim et al,2009;Wunderink et al,2012),但具体机制尚有待于验证,目前本实验室正在开展半滑舌鳎第二种分子形式的 POMC 结构与生理功能研究。已有研究表明,条斑星鲽 POMC 的主要在垂体中表达,同时也在脑、鳃、心脏、肾脏、肝脏、肠道、精巢、肌肉、血液和皮肤组织中表达(Takahashi et al,2005),当养殖鱼从白色环境转移到黑色环境,POMC-A 表达下降而 POMC-C 升高,表明 POMC 参与了环境对无眼侧黑化的调节作用(Kobayashi et al, 2008);牙鲆的 POMC mRNA 主要在垂体中表达,另外在脑中有较低表达,在性腺中仅有微量表达(Kim et al,2009),在高密度养殖和黑暗养殖环境下,垂体 POMC 的组织表达量显著高于普通养殖环境的鱼,也表明牙鲆 POMC 主要参与了环境因子诱发的无眼侧黑化发生过程(Takahashi et al,2009)。本研究发现,半滑舌鳎 POMC

主要在垂体高丰度表达,其次是脑、性腺和皮肤,此外在其他组织中也有少量表达,表明半滑舌鳎 POMC 除通过内分泌途径外,可能还通过自分泌和旁分泌等形式参与体色调节、类固醇合成、能量平衡、应激反应、免疫应答和繁殖调节等多种生命过程(Arends et al,1998;Prltchard et al,2002)。另外,无眼侧黑化皮肤中 POMC mRNA 表达水平显著高于有眼侧正常皮肤、无眼侧正常皮肤,也表明半滑舌鳎 POMC 基因在皮肤黑化性状的发生过程中起着重要的调控作用,但其具体的调控途径尚有待于今后对 POMC 及其编码肽生理功能及作用信号途径的深入研究。

参考文献

邓景耀,孟田湘,任胜民,等.1988. 渤海鱼类种类组成及数量分布. 海洋水产研究,(9):11-89

姜言伟,万瑞景,陈瑞盛,等.1993. 渤海半滑舌鳎人工育苗工艺技术的研究. 海洋水产研究,14:25-33

刘晓东,陈再忠.2008. 七彩神仙鱼皮肤色素细胞观察及类胡萝卜素组分分析. 上海水产大学学报,17(3):340-343

柳学周,庄志猛.2014. 半滑舌鳎繁育理论与养殖技术. 北京:中国农业出版社:1-10

魏平.2001. 垂体内外 POMC 基因表达调控研究进展. 国外医学内分泌学分册,21(1):39-41

薛继鹏,张彦娇,麦康森,等.2010. 鱼类的体色及调控. 饲料工业,11(3):122-127

Arends RJ, Vermeer H, Martens GJ, et al. 1998. Cloning and expression of two prooplomelanocortin mRNAs in the common carp (*Cyprinus carpio* L.). Mol Cell Endocrinol, 143:23-31

Brown FA. 1933. The controlling mechanism of chromatophores in Palaemonetes. PNAS, 19(3):327-329

Burton D. 2010. Flatfish (Pleuronectiformes) chromatic biology. Rev Fish Biol Fisheries, 20:31-46

Chen S, Zhang G, Shao C, et al. 2013. Whole-genome sequence of a flatfish provides insights into ZW sex chromosome evolution and adaptation to a benthic lifestyle. Nat Genet, 46:253-260

Isojima T, Tsuji H, Masuda R, et al. 2013. Formation process of staining-type hypermelanosis in Japanese flounder juveniles revealed by examination of chromatophores and scales. Fish Sci, 79:231-242

Kang DY, Kim HC. 2012. Relevance of environmental factors and physiological pigment hormones to blind-side hypermelanosis in the cultured flounder, *Paralichthys olivaceus*. Fish Physiol Biochem, 14(21):356-357

Kang DY, Kim HC. 2013. Functional characterization of two melanin-concentrating hormone genes in the color camouflage, hypermelanosis and appetite of starry flounder. Gen Comp Endocr, 189:74-83

Kim KS, Kim HW, Chen TT, et al. 2009. Molecular cloning, tissue distribution and quantitative analysis of two proopiomelanocortin mRNAs in Japanese flounder (*Paralichthys olivaceus*). BMB reports, 42(4):206-211

Kobayashi Y, Chiba H, Amiya N, et al. 2008. Transcription elements and functional expression of proopiomelanocortin genes in the pituitary gland of the barfin flounder. Gen Comp Endocr, 158:259-267

Kobayashi Y, Mizusawa K, Yamanome T, et al. 2009. Possible paracrine function of α-melanocyte-stimulating hormone and inhibition of its melanin-dispersing activity by N-terminal acetylation in the skin of the barfin flounder, *Verasper moseri*. Gen Comp Endocr, 161:419-424

Livak KJ, Schmittgen TD. 2001. Analysis of Relative Gene Expression Data Using Real-Time Quantitative PCR and the $2^{-\Delta\Delta C_t}$ Method. Methods, 25(4):402-408

Mizusawa K, Kobayashi Y, Sunuma T, et al. 2011. Inhibiting roles of melanin-concentrating hormone for skin pigment dispersion in barfin flounder, *Verasper moseri*. Gen Comp Endocr, 171: 75 – 81

Prltchard LE, Tumbull AF, White A. 2002. Prooplomelanocortin processing in the hypothalamus: impact on melanocortin signaling and obesity. J Endocrinol, 172: 411 – 421

Shikano T, Shimada Y, Nakamura A. 2007. Chromatophore distribution and inferior performance of Albino Japanese flounder *Paralichthys olivaceus* with special reference to different chromatophore expression between Albinism and Pseudo-Albinism. J Exp Zool, 307A: 263 – 273

Takahashi A, Amano M, Itoh T, et al. 2005. Nucleotide sequence and expression of three subtypes of proopiomelanocortin mRNA in barfin flounder. Gen Comp Endocr, 141: 291 – 303

Takahashi A, Kobayashi Y, Amano M, et al. 2009. Structural and functional diversity of proopiomelanocortin in fish with special reference to barfin flounder. Peptides, 30: 1374 – 1382

Van der Salm AL, Spanings FAT, Gresnigt R, et al. 2005. Background adaptation and water acidification affect pigmentation and stress physiology of tilapia, *Oreochromis mossambicus*. Gen Comp Endocr, 144(1): 51 – 59

Wunderink YS, Vrieze ED, Halm S, et al. 2012. Subfunctionalization of POMC paralogues in Senegalese sole (*Solea senegalensis*). Gen Comp Endocr, 175: 407 – 415

Yoshikawa N, Matsuda T, Takahashi A, et al. 2013. Developmental changes in melanophores and their asymmetrical responsiveness to melanin-concentrating hormone during metamorphosis in barfin flounder (*Verasper moseri*). Gen Comp Endocr, 194: 118 – 123

嵊泗列岛海域 3 种贻贝贝体框架性状对壳重的影响效应[*]

郑晓静[1]，杨 阳[1]，邹李昶[1,2]，任夙艺[1]，刘祖毅[3]，王志铮[1]

(1. 浙江海洋学院,浙江 舟山 316022; 2. 余姚市水产技术推广中心,浙江 余姚 315400;
3. 嵊泗县海洋与渔业局,浙江 嵊泗 202450)

"渔业碳汇"是指通过渔业生产活动促进水生生物吸收水体中的 CO_2，并通过收获将所固定的碳移出水体的过程和机制,是 CO_2 减排的重要组成部分(唐启升,2010)。联合国《蓝碳》报告指出,地球上 55% 的生物碳捕获由海洋生物完成(Nellemann et al, 2009)。贝类作为近海海洋生物泵的重要环节,一方面借助碳酸钙($CaCO_3$)泵直接吸收海水中的碳酸氢根(HCO_3^-)形成碳酸钙来固碳(张朝晖等,2007),另一方面通过高效滤取水体中的悬浮颗粒有机碳以促进软体部的增长(张继红等,2005),是浅海区固碳增汇的重要生物类群之一。以紫贻贝为例,其贝壳和软体部中的碳含量就分别达 12.68% 和 45.98%(周毅等,2002)。研究

---

[*] 基金项目:浙江省重大科技专项农业重点项目,2013C02014 – 3 号;浙江省海洋经济和渔业新兴产业补助项目"嵊泗海域贻贝养殖容量评估及高效养殖技术综合示范(2012 – 2014)"。

郑晓静,硕士研究生, E-mail: zhengxiaojing167@163.com

通信作者:王志铮,研究员, E-mail: wzz_1225@163.com

表明,大规模的贝类养殖活动对水体中悬浮颗粒有机物质的数量以及组成有一定的控制作用(Kaspar et al,1985;Young,1993;Prins et al,1995;董双林等,1999;Nakamura et al,2000),养殖贝类对黄海海洋生态系统的固碳贡献率达0.46%,而野生贝类则仅为0.02%(刘慧等,2011)。无疑,大力发展浅海贝类养殖产业对于提升养殖海域海洋生态系统的服务功能具有十分重要的现实意义。

嵊泗列岛海域既是我国厚壳贻贝(*Mytilus coruscus*)的重要原产地,也是浙江省贻贝养殖规模最大的区域(养殖面积达1 733 hm^2),养殖对象为紫贻贝(*Mytilus edulis*)、厚壳贻贝以及因杂交或基因渐渗(introgressive hybridization)(Anderson et al,1938)而出现的少量"杂交贻贝"(张义浩等,2003;沈玉帮等,2006;白晓倩等,2014)。据报道,滤食性贝类贝壳的碳含量为贝壳干重的12%,且不同海区和种类之间的差异不显著(张继红等,2005),贻贝壳长与壳重的增长基本是一致的或略有前后(王如才等,1993),"杂交贻贝"通过显著提高贝体框架特征中滤食功能区占比值来强化其杂种生长优势,贝体滤食水平剖面功能区占比较消化功能区占比在表征紫贻贝、厚壳贻贝、"杂交贻贝"间贝体框架特征相似性程度上更具影响力(白晓倩等,2014),表明贝体框架特征作为贝类外部形态信息的综合反映和种质遗传规定性的外在体现,既左右着贝类滤食功能区和消化功能区的空间配置,也深刻影响着贝类的壳重增长及其固碳增汇趋势。鉴于此,作者于2011年10月22日以厚壳贻贝同生群养殖个体、同域生长的紫贻贝同生群养殖个体以及混于厚壳贻贝和紫贻贝养殖筏架中的"杂交贻贝"为实验对象,采用多元统计方法开展了三者贝体框架性状对壳重的影响效应研究,并由此探析了三者间壳重增长对策的差异,旨为贻贝科物种固碳生物学研究和嵊泗海域"渔业碳汇"产业开发提供基础资料。

1 材料与方法

1.1 样品来源

本研究所用样品均由嵊泗县金盟海水养殖专业合作社提供,采自该社筏式养殖的枸杞岛干斜村邻近海域(32°42′16″—32°42′38″N,122°45′29″—122°45′53″E)。实验对象为以人工培育的2$^+$龄厚壳贻贝同生群养殖个体(野生亲贝源自非养殖海区,稚贝出池时间为2009年6月、海区中间培育时间为2009年6月至2010年4月,大规格苗种筏式养殖起始时间为2010年4月)、同域生长的1$^+$龄紫贻贝同生群养殖个体(苗种源自大连海区)以及混于厚壳贻贝和紫贻贝养殖筏架中的"杂交贻贝"。

1.2 样品贝壳表型性状参数值的测定

样品运回实验室后,3种实验贝均随机选取其中壳形完整的112枚活体作为测定群体。测定样品经清除壳表附着物、蒸煮并去除软体部及闭壳肌、用定性滤纸吸干壳表水分后,用BS223S型电子天平(精度1 mg)逐枚称量壳重(G)并在壳内面逐一编号保存备用;用数显游标卡尺(精度0.02 mm)依次测量壳宽 SW(左右两壳紧密时的最大距离)、壳长 SL(壳前、后端间的最大水平距离)后,采用白晓倩等(2014)的方法依次测量壳高 SH(BD,壳背面最高点至腹缘的最短距离)、OA(壳顶至韧带末端的直线距离)、OB(壳顶至壳背面最高点的直线距离)、OC(壳顶至壳后端最远点的直线距离)、OD(壳顶至壳高性状在腹缘的落点的直线距离)、AB(韧带末端至壳背缘最高点的直线距离)、BC(壳背缘最高点至壳后端最远点的直线距离)、CD(壳后端最远点至壳高性状在腹缘的落点的直线距离)等8项贝体框架性状。具体测量部位如图1所示。

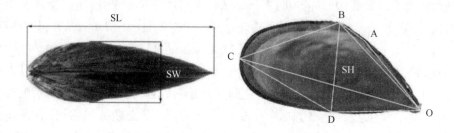

图1 实验贝贝体框架性状的测量部位

1.3 分析方法

整理所测结果,借助SPSS 17.0软件计算实验贝壳重(G)及SW、SL、SH、OA、OB、OC、AB、BC、CD等9项贝体框架性状的均值、标准差以及变异系数;以贝体框架性状为自变量,在开展它们与壳重间相关分析和对壳重通径分析的基础上,剖析那些通径系数达到显著水平($P<0.05$)的贝体框架性状对壳重的直接作用和间接作用,进而计算决定系数和复相关指数,确定影响壳重的关键变量组合;通过偏回归分析,保留偏回归系数达到显著水平($P<0.05$)的贝体框架性状,建立这些贝体框架性状对壳重的多元回归方程,并进行拟合度检验。

2 结果与分析

2.1 实验贝贝壳表型性状的参数估计值

由表1可见,紫贻贝、厚壳贻贝间的各项贝壳表型性状变异系数均较接近,且均远低于对应的"杂交贻贝",3种实验贝壳重性状变异系数均远大于所涉各项贝体框架性状,表明本研究所涉3种实验贝在壳重这一贝壳固碳性状上均具较强的选择潜力,"杂交贻贝"贝体框架性状的强可塑性致使其壳重性状的变异系数明显被放大。

表1 实验贝贝壳表型性状的统计量描述

测定指标		厚壳贻贝		紫贻贝		杂交贻贝	
		M ± SD	CV%	M ± SD	CV%	M ± SD	CV%
壳重/g	G	16.94 ± 3.11	18.34	8.05 ± 1.67	20.68	4.10 ± 2.09	50.92
贝体框架性状/cm	SW	2.61 ± 0.22	8.41	2.42 ± 0.20	8.45	1.37 ± 0.27	19.98
	$SH(BD)$	3.61 ± 0.36	9.94	3.23 ± 0.23	7.19	2.51 ± 0.47	18.81

续表

测定指标	厚壳贻贝		紫贻贝		杂交贻贝	
	M ± SD	CV%	M ± SD	CV%	M ± SD	CV%
SL	7.98 ± 0.66	8.26	6.05 ± 0.46	7.61	4.49 ± 0.87	19.43
OA	3.89 ± 0.29	7.51	3.00 ± 0.25	8.39	1.86 ± 0.36	19.30
OB	5.26 ± 0.45	8.64	4.29 ± 0.37	8.64	3.25 ± 0.58	17.85
OC	8.10 ± 0.67	8.27	6.16 ± 0.46	7.42	4.60 ± 0.89	19.25
OD	4.26 ± 0.46	10.72	3.24 ± 0.35	10.78	2.27 ± 0.47	20.68
AB	1.80 ± 0.24	13.54	1.40 ± 0.26	18.54	1.44 ± 0.32	21.98
BC	4.28 ± 0.37	8.75	3.33 ± 0.30	8.97	2.65 ± 0.51	19.22
CD	4.24 ± 0.37	8.82	3.24 ± 0.30	9.23	2.51 ± 0.53	20.97

2.2 实验贝表型性状间的相关分析

由表2至表4可见,3种实验贝所测各项贝体框架性状均与其壳重呈极显著正相关($P<0.01$);3种实验贝中,除厚壳贻贝 AB-OA、AB-BC、AB-CD 组合和紫贻贝 AB-OA、AB-CD、OD-BC、OD-CD 组合的相关性均未达到显著水平($P>0.05$)外,其余两贝体框架性状组合的相关性均呈显著水平($P<0.05$);厚壳贻贝、紫贻贝和"杂交贻贝"中,与其壳重呈高度相关的贝体框架性状(相关系数大于或等于0.75)对壳重性状的影响力排序依次为 $OC>SL>OB>SH(BD)>SW$、$OC>SL>SW$ 和 $SL>OC>SH(BD)>OB>BC>CD>OD>SW>OA$;3种实验贝所测各项表型性状间的相关系数基本上均呈"杂交贻贝">厚壳贻贝>紫贻贝。表明本研究所选贝体框架性状包含了壳重决定和种间框架形态甄别双重信息,对它们进行相关分析具有重要的现实意义。

表2 厚壳贻贝贝壳表型性状间的相关系数

性状	G	SW	SH(BD)	SL	OA	OB	OC	OD	AB	BC
G	1									
SW	0.764**	1								
SH(BD)	0.814**	0.620**	1							
SL	0.895**	0.749**	0.808**	1						
OA	0.740**	0.681**	0.690**	0.780**	1					
OB	0.854**	0.644**	0.843**	0.864**	0.734**	1				
OC	0.910**	0.726**	0.796**	0.970**	0.760**	0.880**	1			
OD	0.744**	0.654**	0.718**	0.855**	0.636**	0.815**	0.803**	1		
AB	0.402**	0.188*	0.409**	0.348**	-0.130	0.515**	0.385**	0.465**	1	
BC	0.738**	0.591**	0.655**	0.787**	0.614**	0.607**	0.777**	0.435**	0.154	1
CD	0.736**	0.597**	0.670**	0.787**	0.685**	0.594**	0.794**	0.378**	0.030	0.873**

注:*表示性状间相关系数达到显著水平($P<0.05$),**表示性状间的相关性达极显著水平($P<0.01$),下同.

表 3 紫贻贝贝壳表型性状间的相关系数

性状	G	SW	SH(BD)	SL	OA	OB	OC	OD	AB	BC
G	1									
SW	0.746**	1								
SH(BD)	0.665**	0.552**	1							
SL	0.759**	0.664**	0.760**	1						
OA	0.671**	0.601**	0.653**	0.759**	1					
OB	0.716**	0.565**	0.809**	0.816**	0.738**	1				
OC	0.777**	0.660**	0.774**	0.981**	0.775**	0.837**	1			
OD	0.541**	0.410**	0.600**	0.756**	0.597**	0.878**	0.752**	1		
AB	0.328**	0.190*	0.475**	0.347**	0.017	0.673**	0.362**	0.643**	1	
BC	0.536**	0.547**	0.552**	0.612**	0.510**	0.281**	0.619**	0.022	−0.188*	1
CD	0.573**	0.538**	0.544**	0.635**	0.483**	0.290**	0.662**	0.070	−0.131	0.891**

表 4 "杂交贻贝"贝壳表型性状间的相关系数

性状	G	SW	SH(BD)	SL	OA	OB	OC	OD	AB	BC
G	1									
SW	0.894**	1								
SH(BD)	0.944**	0.889**	1							
SL	0.959**	0.930**	0.963**	1						
OA	0.880**	0.881**	0.840**	0.889**	1					
OB	0.936**	0.868**	0.963**	0.958**	0.885**	1				
OC	0.958**	0.932**	0.968**	0.999**	0.887**	0.961**	1			
OD	0.898**	0.862**	0.883**	0.936**	0.895**	0.954**	0.933**	1		
AB	0.714**	0.580**	0.808**	0.741**	0.481**	0.833**	0.749**	0.735**	1	
BC	0.913**	0.883**	0.943**	0.951**	0.796**	0.879**	0.952**	0.797**	0.694**	1
CD	0.905**	0.894**	0.939**	0.947**	0.778**	0.864**	0.951**	0.776**	0.688**	0.983**

2.3 实验贝贝体框架性状对壳重的通径分析

根据通径分析原理,分别获得厚壳贻贝、紫贻贝和"杂交贻贝"测定群体贝体框架性状对壳重的通径系数。经显著性检验,剔除未达到显著水平的性状($P>0.05$),并按相关系数组成效应,将保留下来的各贝体框架性状与壳重的相关系数(r_{ij})剖分为直接作用(通径系数P_1)和通过其他性状的间接作用(P_2)两部分,并列结果见表5。

表5 实验贝贝体框架性状对壳重的通径分析

实验对象	性状	相关系数 r_{ij}	直接作用 P_1	间接作用 P_2				
				Σ	OC	SW	SH(BD)	SL	OA
厚壳贻贝	OC	0.910	0.587	0.323	——	0.145	0.178	——	——
	SH(BD)	0.814	0.224	0.590	0.467	0.123	——	——	——
	SW	0.764	0.199	0.565	0.426	——	0.139	——	——
紫贻贝	OC	0.777	0.504	0.273	——	0.273	——	——	——
	SW	0.746	0.413	0.333	0.333	——	——	——	——
"杂交贻贝"	SL	0.959	0.517	0.442	——	——	0.303	——	0.139
	SH(BD)	0.944	0.315	0.629	——	——	——	0.497	0.131
	OA	0.880	0.156	0.724	——	——	0.459	0.265	——

由表2和表5可见,厚壳贻贝测定群体被保留的3个贝体框架性状对壳重的相关系数、直接作用和间接作用分别呈 OC > SH(BD) > SW、OC > SH(BD) > SW 和 SH(BD) > SW > OC,除 OC 对壳重的直接作用明显大于间接作用外,另外两个性状的直接作用均明显小于间接作用,且 SH(BD)、SW 对壳重的间接作用均主要通过 OC 来实现,而 OC 通过 SH(BD)、SW 对壳重的间接作用则均较小,表明 OC 是影响壳重的核心变量,而 SH(BD)、SW 则均为影响壳重的从属变量。经计算,三者对壳重的相关指数($R^2 = \sum P_i r_{xiy}$, P_i 为通径系数,r_{xiy} 为性状与体重的相关系数)为 0.868。

由表3和表5可见,紫贻贝测定群体被保留的两个贝体框架性状对壳重的相关系数、直接作用和间接作用分别呈 OC > SW、OC > SW 和 SW > OC,它们对壳重的直接作用均大于间接作用,表明 OC 是影响壳重的核心变量,SW 为影响壳重的重要变量。经计算,两者对体重的相关指数为 0.700。

由表4和表5可见,"杂交贻贝"测定群体被保留的3个贝体框架性状对壳重的相关系数、直接作用和间接作用分别呈 SL > SH(BD) > OA、SL > SH(BD) > OA 和 OA > SL > SH(BD),除 SL 对壳重的直接作用明显大于间接作用外,另外两个性状的直接作用均明显小于间接作用,其中 SH(BD) 对壳重的间接作用主要通过 SL 来实现,而 SL 和 OA 对壳重的间接作用则均主要通过 SH(BD) 来实现,表明 SL 是影响壳重的核心变量,SH(BD) 是影响壳重的重要变量,而 OA 则是影响壳重的从属变量。经计算,三者对体重的相关指数为 0.931。

2.4 实验贝贝体框架性状对壳重的决定程度分析

计算单个性状对壳重的决定系数($d_i = P_i^2$, P_i 为性状对壳重的通径系数)和性状两两交互对壳重的共同决定系数($d_{ij} = 2r_{ij}P_iP_j$, r_{ij} 为两性状间的相关系数,P_i、P_j 分别为两性状对体重的通径系数)并列结果见表6。由表6可见,厚壳贻贝测定群体 OC、SH(BD)、SW 对壳重的相对决定程度依次为 34.4%、4.0% 和 5.0%,性状两两交互对壳重的共同决定系数呈 OC - SH(BD) > OC - SW > SH(BD) - SW,均小于 OC 的决定系数;紫贻贝测定群体 OC、SW 对壳重的相对决定程度依次为 25.4% 和 17.1%,两者交互对壳重的共同决定系数略大于

OC 而明显大于 SW;"杂交贻贝"测定群体 SL、$SH(BD)$、OA 对壳重的相对决定程度依次为 26.7%、9.9% 和 2.4%,除 $SL-SH(BD)$ 组合外,其余性状两两交互对壳重的共同决定系数均小于 SL 的决定系数。上述结果进一步表明,贝体长度性状是决定厚壳贻贝、紫贻贝和"杂交贻贝"壳重的核心变量,$OC-SW$、$SL-SH(BD)$ 组合分别对紫贻贝和"杂交贻贝"的壳重影响具较强的协同效应。

由表 6 可知,厚壳贻贝测定群体 3 个性状对壳重决定系数的加和为 0.868,紫贻贝测定群体两个性状对壳重决定系数的加和 0.700,"杂交贻贝"测定群体 3 个性状对壳重决定系数的加和为 0.931,均等于其对应的相关指数 R^2 值,表明这些性状均为影响壳重的主要性状,较其他性状对壳重的影响更具重要性。

表 6 实验贝贝体框架性状对壳重的决定系数

研究对象	性状	OC	SW	$SH(BD)$	OA	SL
厚壳贻贝	OC	0.344	0.170	0.209	——	——
	SW	——	0.040	0.055		
	$SH(BD)$	——	——	0.050		
紫贻贝	OC	0.254	0.275			
	SW	——	0.171			
"杂交贻贝"	$SH(BD)$	——	——	0.099	0.083	0.314
	OA	——	——	——	0.024	0.144
	SL	——	——	——		0.267

2.5 实验贝贝体框架性状与壳重间多元回归方程的建立

统计实验所测数据并经通径分析和多元回归分析,在剔除对壳重的偏回归系数不显著的贝体框架性状($P>0.05$)后,再次进行复相关分析和回归分析并将所得结果分别列于表 7 至表 9。

复相关系数系测量目标变量与其他相关变量组合间线性相关程度的综合性指标,其数值愈大,表明目标变量与其他相关变量组合间的关系就愈密切。由表 7 可知,厚壳贻贝、紫贻贝和"杂交贻贝"测定群体被保留的贝体框架性状与壳重间的复相关系数均达到极显著水平($R>r_{0.01}$),表明它们与壳重具极为密切的关系;经检验,厚壳贻贝测定群体中被保留的 3 个贝体框架性状对壳重的复相关指数为 0.868,紫贻贝测定群体中被保留的两个贝体框架性状对壳重的复相关指数为 0.700,"杂交贻贝"测定群体中被保留的 3 个贝体框架性状对壳重的复相关指数为 0.931。

表 7 实验贝贝体框架性状与壳重的复相关分析

种类	R^2	调整 R^2	标准误差	P 值
厚壳贻贝	0.868	0.864	1.144	0.000
紫贻贝	0.700	0.695	0.977	0.000
杂交贻贝	0.931	0.929	0.554	0.006

由表8可见,厚壳贻贝、紫贻贝和"杂交贻贝"测定群体贝体框架性状与壳重间的多元回归方程分别为 $G = 2.709\ OC + 2.351\ SH(BD) + 2.799\ SW - 21.343$、$G = 1.903\ OC + 3.549\ SW - 12.251$ 和 $G = 1.235\ SL + 1.395\ SH(BD) + 0.908\ OA - 6.634$,回归截距及所有贝体框架性状的偏回归系数均达到极显著水平($P < 0.01$)。经方差分析表明(表9),所建立的回归方程的回归关系也均达到极显著水平($P < 0.01$)。经回归预测,估计值和实测值间无显著差异($P > 0.05$),表明所建方程能精准反映本研究所涉3种实验贝贝体框架性状与壳重间的相互关系。

表8 实验贝贝体框架性状与壳重的偏回归系数检验

研究对象	自变量	偏回归系数	标准误差	t 值	P 值
厚壳贻贝	回归截距	−21.343	1.518	−14.062	0.000
	OC	2.709	0.306	8.856	0.000
	$SH(BD)$	2.351	0.609	3.862	0.000
	SW	2.799	0.718	3.896	0.000
紫贻贝	回归截距	−12.251	1.293	−9.475	0.000
	OC	1.903	0.264	7.219	0.000
	SW	3.549	0.600	5.919	0.000
"杂交贻贝"	回归截距	−6.634	0.297	−22.369	0.000
	SL	1.235	0.267	4.630	0.000
	$SH(BD)$	1.395	0.417	3.341	0.001
	OA	0.908	0.323	2.808	0.006

表9 实验贝贝体框架性状与壳重间多元回归方程的方差分析

研究对象	统计指标	平方和 SS	自由度 df	均方 MS	F 值	P 值
厚壳贻贝	回归	930.770	3	310.257	237.050	0.000
	残差	141.353	108	1.309	——	——
	总计	1072.122	111	——	——	——
紫贻贝	回归	242.948	2	121.474	127.177	0.000
	残差	104.112	109	0.955	——	——
	总计	347.060	111	——	——	——
"杂交贻贝"	回归	445.278	3	148.426	483.421	0.000
	残差	33.159	108	0.307	——	——
	总计	478.437	111	——	——	——

3 讨论

3.1 影响实验贝壳重关键贝体框架性状组合的确定

尽管本研究所涉 3 种实验贝的各项贝体框架性状与其壳重的相关系数均达到极显著水平(表 2 至表 4),但并非均为影响壳重的关键性状。通径分析结果显示,对厚壳贻贝、紫贻贝和"杂交贻贝"测定群体壳重直接作用达到显著水平的性状组合分别仅为 OC、$SH(BD)$、SW, OC、SW 和 OC、$SH(BD)$、OA(表 5),复相关分析也显示上述被保留的贝体框架性状组合与其壳重均达到极显著水平($P<0.01$),而其余性状则均不显著($P>0.05$)(表 6),表明通径分析较简单相关分析在度量壳重与贝体框架性状间实质性密切程度上更具可靠性。

刘小林等(2002)认为,在表型相关分析的基础上,进行通径系数分析和决定系数分析时,只有当相关指数 R^2 或决定系数加和大于或等于 0.85 时,表明影响因变量的主要自变量已经找到。本研究中,厚壳贻贝贝体框架性状 OC、$SH(BD)$、SW 组合和"杂交贻贝"贝体框架性状 SL、$SH(BD)$、OA 组合对其壳重的决定系数加和分别为 0.868 和 0.931(表 6),说明它们分别是决定厚壳贻贝和"杂交贻贝"壳重性状的关键贝体框架性状组合。紫贻贝被保留的贝体框架性状组合 OC、SW 虽对其壳重的决定系数加和仅为 0.700(表 6),但从两者与壳重间均呈高度相关(表 3),对壳重的直接作用均明显大于间接作用,且两者交互对壳重决定具强协同效应(表 5),及所建多元回归方程的可靠性(表 8 和表 9)来看,它们还是基本上能真实反映贝体框架性状与壳重间的真实关系,故也均属决定紫贻贝壳重的关键性状。至于厚壳贻贝、紫贻贝以及"杂交贻贝"中,与壳重呈高度相关的其他贝体框架性状未被选入的原因,则可能如刘小林等(2004)所认为的其与入选的自变量相关性很强而不能在回归方程共存所致,这一情形在日本沼虾(王志铮等,2011)、脊尾白虾(杨磊等,2012)等水产养殖动物的相关研究中亦有出现。

3.2 实验贝贝体框架特征与其壳重增长对策的相关性

据报道,贝壳的生物矿化(shell biomineralization)发生在位于外套膜和贝壳之间的外套膜外腔中(Weiner et al,1991;Belcher et al,1996;Falini et al,1996),外套膜外腔液是形成贝壳的物质库,形成贝壳所需的有机质和 Ca^{2+}、CO_3^{2-} 等无机离子都由外套膜分泌,集合于外套膜外腔中(张文兵等,2008)。因此,滤食性贝类的壳重与其外套膜外腔表面积有着极为密切的关系。本研究中决定厚壳贻贝、紫贻贝及"杂交贻贝"壳重性状的核心变量均仅为贝体长度性状 OC 或 SL 的结果(表 5 和表 6),既与贻贝壳长与壳重的增长基本是一致的或略有前后(王如才等,1993)的观点相符,也与三角帆蚌(*Hyriopsis cumingii*)壳长对壳重的直接作用明显大于壳宽、壳高的结果(闻海波等,2012)相吻合,表明本研究同域养殖的 3 种实验贝与闻海波等(2012)报道的 3 种不同地理居群三角帆蚌类似,其外套膜外腔表面积的大小均主要取决于可表征其腔体长度性状的贝体长度性状指标值,事实上本研究所涉 3 种实验贝贝体长度性状均远大于其他贝体框架性状的结果(表 1)也充分印证了上述判断的准确性。

外套腔系贝类外套膜与内脏团之间的空腔,是物质进出的重要场所,在体内外物质交换中起重要作用(蔡英亚等,1979)。无疑,贝类外套膜分泌形成贝壳所需的有机质和Ca^{2+}、CO_3^{2-}等无机离子势必依赖于流经腔内物质的持续供给。据报道,嵊泗列岛紫贻贝的生长速度和性成熟速度均明显较厚壳贻贝快(张义浩等,2003;常抗美等,2008),正交F_1代(厚壳贻贝♂×紫贻贝♀)生长性能指标与紫贻贝相当而显著高于厚壳贻贝($P<0.05$)(常抗美等,2008),本研究所涉3种实验贝的滤食与消化功能区占比分别呈"杂交贻贝" > 紫贻贝 > 厚壳贻贝($P<0.05$)和紫贻贝 > "杂交贻贝" ≈ 厚壳贻贝,"杂交贻贝"通过显著提高滤食功能区占比来强化其杂种生长优势(白晓倩等,2014)。故表5中,厚壳贻贝$SH(BD)$、SW对壳重的直接作用均明显小于间接作用,且两者对壳重的间接作用均主要通过OC来实现,紫贻贝SW对壳重的直接作用大于间接作用,以及"杂交贻贝"$SH(BD)$、OA对壳重的直接作用均明显小于间接作用,$SH(BD)$对壳重的间接作用主要通过SL来实现,而SL和OA对壳重的间接作用则均主要通过$SH(BD)$来实现等的结果(表5),无疑揭示了本研究所涉3种实验贝中,厚壳贻贝因滤食功能区水平剖面占比和消化功能区占比均较小,生长最为缓慢,故采取借助$SH(BD)$性状扩展消化功能区水平剖面并增加外套膜外腔表面积,通过SW性状扩容外套腔体增进滤食作用,以此共同辅助OC来促进其贝壳增重的壳重增长对策,紫贻贝因滤食功能区水平剖面占比弱配于消化功能区占比,故采取借助SW性状扩容外套腔体以增强滤食作用,并与OC一道来促进其贝壳增重的壳重增长对策,"杂交贻贝"则因消化功能区占比严重弱配于滤食功能区占比,致使其$SH(BD)$性状在贝体消化功能区水平剖面的扩展上较厚壳贻贝更为困难,尚需OA性状的配合。

综上分析可知,决定本研究所涉3种实验贝壳重的核心变量均为贝体长度性状,三者间贝体滤食功能区和消化功能区空间配置状况的差异是导致它们选择不同壳重生长对策的重要原因。

参考文献

白晓倩,杨阳,邹李昶,等. 2014. 嵊泗列岛海域三种贻贝贝体框架特征的差异. 海洋与湖沼.
蔡英亚,张英,魏若飞. 1979. 贝类学概论(修订版). 上海:上海科学技术出版社,28 – 214.
常抗美,刘慧慧,李家乐,等. 2008. 紫贻贝和厚壳贻贝杂交及F_1代杂交优势初探,水产学报,32(4):552 – 557.
董双林,王芳,王俊,等. 1999. 海湾栉孔扇贝对海水浮游生物和水质的影响. 海洋学报,21(6):138 – 143.
刘慧,唐启升. 2011. 国际海洋生物碳汇研究进展. 中国水产科学,18(3):695 – 702.
刘小林,常亚青,相建海,等. 2002. 栉孔扇贝壳尺寸性状对活体重的影响效果分析. 海洋与湖沼,33(6):673 – 678.
刘小林,吴长功,张志怀,等. 2004. 凡纳滨对虾形态性状对体重的影响效果分析. 生态学报,24(4):857 – 862.
沈玉帮,李家乐,牟月军. 2006. 厚壳贻贝与贻贝遗传渗透的分子生物学鉴定. 海洋渔业,28(3):195

—200.

唐启升. 发展碳汇渔业 抢占蓝色低碳经济的技术高地. 科学时报, 2010-07-15.

王如才, 王昭萍, 张建中. 1993. 海水贝类养殖学. 青岛: 青岛海洋大学出版社, 119-154.

王志铮, 吴一挺, 杨磊, 等. 2011. 日本沼虾(*Macrobrachium nipponensis*)形态性状对体重的影响效应. 海洋与湖沼, 42(4): 612-618.

闻海波, 顾若波, 曹哲明, 等. 2012. 3个地理种群三角帆蚌育珠相关性状比较及壳重的通径分析. 上海海洋大学学报, 21(2): 161-166.

杨磊, 赵晶, 杨鹏, 等. 2012. 池养脊尾白虾形态性状对体重的影响效应. 浙江海洋学院学报(自然科学版), 31(3): 191-196.

张朝晖, 周骏, 吕吉斌, 等. 2007. 海洋生态系统服务的内涵与特点. 海洋环境科学, 26(3): 259-263.

张继红, 方建光, 唐启升. 2005. 中国浅海贝藻养殖对海洋碳循环的贡献. 地球科学进展, 20(3): 359-365.

张文兵, 姚春凤, 麦康森. 2008. 贝壳生物矿化的研究进展. 海洋科学, 32(2): 74-79.

张义浩, 赵盛龙. 2003. 嵊山列岛贻贝养殖种类生长发育调查. 浙江海洋学院学报: 自然科学版, 22(1): 67-73.

周毅, 杨红生, 刘石林, 等. 2002. 烟台四十里湾浅海养殖生物及附着生物的化学组成、有机净生产量及其生态效应. 水产学报, 26(1): 21-27.

Anderson E, Hubricht L. 1938. Hybridizatin in Tradescantia. The evidence for introgressive hybridization. Amer J Botany, 25: 396-402.

Belcher A M, Wu X H, Christensen R J, et al. 1996. Control of crystal phase switching and orientation by soluble mollusc-shell proteins. Nature, 381: 56-58.

Falini G, Albeck S, Weiner S, et al. 1996. Control of aragonite or calcite polymorphism by mollusk shell macromolecules. Science, 271: 67-69.

Kaspar H F, Gillespie P A, Boyer I C, et al. 1985. Effects of mussel aquaculture on the nitrogen cycle and benthic communities in Kenepru Sounds, New Zealand. Marine Biology, 85: 127-136.

Nakamura Y, Kerciku F. 2000. Effects of filter-feeding bivalves on the distribution of water quality and nutrient cycling in aeutrophic coastal lagoon. Journal of Marine Systems, 26: 209-221.

Nellemann C, Corcoran E, Duarte C M, et al. 2009. Blue Carbon. A rapid response assessment. united nations environment programme, GRID-Arendal. http://www.grida.no.

Prins T C, Escaravage V, Smaal A C, et al. 1995. Functional and structural changes in the pelagic system induced by bivalve grazing in marine mesocosms. Water Science Technique, 32(4): 183-185.

Weiner S, Addadi L. 1991. Acidic macromolecules of mineralized tissues: the controllers of crystal formation. Trends in Biochemical Science, 16: 252-256.

Young Ahn. 1993. Enhanced particle flux through the biodeposition by the Antarctic suspension-feeding bivalve later nulaelliptica in Marian Cove, King George Island. Journal of Experimental Marine Biology and Ecology, 171: 75-90.

嵊泗列岛海域3种贻贝贝体框架特征的差异

白晓倩[1]，杨 阳[1]，邹李昶[1,2]，任夙艺[1]，刘达博[3]，刘祖毅[3]，王志铮[1]*

(1. 浙江海洋学院，浙江 舟山 316022；2. 余姚市水产技术推广中心，浙江 余姚 315400；
3. 嵊泗县海洋与渔业局，浙江 嵊泗 202450)

贝壳表型作为贝类外部形态信息的综合反映和种质遗传规定性的外在体现，不仅可为贝类种类鉴别和生长性能评估提供证据支持，也可为贝类品系辨析和种质遗传特性研究提供重要线索。因此，利用多元统计方法探析决定目标养殖贝类贝体框架特征的变量组合，对于提高贝类种间分类的精细化程度、指导地理种群形态量化标记的构建和种质变异程度评估具有重要的学术研究价值。

嵊泗列岛海域既是我国厚壳贻贝(*Mytilus coruscus*)的重要原产地，也是浙江省贻贝养殖重点区域。研究发现，同域分布或养殖的贻贝科种类间普遍存在杂交或渐渗(introgressive hybridization)(Anderson et al,1938)现象(Sarver et al,1991；Sarver et al,1993；Rawson et al,1996；Inoue et al,1997；McDonald et al,1988；Comesana et al,1999；Hilbish et al,2002；Toro et al,2002；Caren et al,2006)；近年来，形态、出肉率和口感介于厚壳贻贝与紫贻贝(*Mytilus edulis*)之间的"杂交贻贝"在嵊山列岛贻贝养殖海区也时有采获(张义浩等，2003)，经查上述两种贻贝已在该养殖区域发生了杂交与基因渐渗(沈玉帮等，2006)。因此，从定量水平弄清厚壳贻贝、紫贻贝和"杂交贻贝"贝体框架特征间的本质差异，无疑对于切实规避种间种质污染具现实意义，但迄今国内外有关贝类相近种间贝体框架特征差异的系统研究尚未见报道。鉴于此，作者于2011年10月22日以人工培育的2$^+$龄厚壳贻贝同生群养殖个体(野生亲贝源自非养殖海区，稚贝出池时间为2009年6月、海区中间培育时间为2009年6月至2010年4月，大规格苗种筏式养殖起始时间为2010年4月)、同域生长的1$^+$龄紫贻贝同生群养殖个体(苗种源自大连海区)以及混于厚壳贻贝和紫贻贝养殖筏架中的"杂交贻贝"为实验对象，采用多元统计方法开展了上述3种贻贝贝体框架特征的差异研究，以期为嵊泗本地厚壳贻贝的种质保护和"杂交贻贝"杂种生长优势的利用提供基础资料。

1 材料与方法

1.1 样品来源

本研究所用样品均取自嵊泗县金盟海水养殖专业合作社在枸杞岛干斜村邻近海域

---

* 基金项目：浙江省重大科技专项农业重点项目，2013C02014－3号；浙江省海洋经济和渔业新兴产业补助项目"嵊泗海域贻贝养殖容量评估及高效养殖技术综合示范(2012－2014)".

白晓倩，硕士研究生，E-mail：348015156@qq.com

通信作者：王志铮，研究员，E-mail：wzz_1225@163.com

(32°42′16″—32°42′38″N，122°45′29″—122°45′53″E)的贻贝养殖筏架。

1.2 样品贝体框架性状参数值的测定

样品运回实验室后各随机选取其中壳形完整的 112 枚活体作为测定群体。测定样品经清除壳表附着物后，用电子数显游标卡尺（精度 0.02 mm）测量壳长 SL（壳前、后端间的最大水平距离）、壳宽 SW（左右两壳紧密时的最大距离），并在壳内面逐一编号保存备用；采用扫描像素法（李宝龙等，2006）依次测量壳高 SH（BD，壳背、腹间的最大垂直距离）以及线段 OA（壳顶至韧带末端的直线距离）、OB（壳顶至壳背缘最高点的直线距离）、OC（壳顶至壳后端最远点的直线距离）、OD（壳顶至壳高性状在腹缘的落点的直线距离）、AB（韧带末端至壳背缘最高点的直线距离）、BC（壳背缘最高点至壳后端最远点的直线距离）、CD（壳后端最远点至壳高性状在腹缘的落点的直线距离）等 8 个贝体框架性状。具体测量部位如图 1 所示。

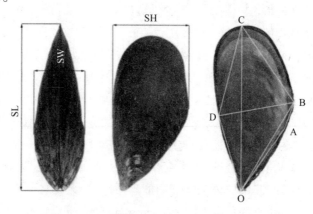

图 1　实验贝贝体框架性状的测量部位

1.3 方法

整理所测结果，计算 3 种实验贝各项贝体框架特征指标的均值、标准差和变异系数后，采用 LSD 多重比较法检验组间差异显著性（$P<0.05$ 视为显著水平）；根据 3 种实验贝各项贝体框架特征指标均值计算欧氏距离，并度量和评价三者间贝体形态特征的相似程度（$P<0.05$ 视为显著水平）；根据所有实验样本贝体框架特征指标的均值进行主成分分析和判别分析，其中主成分分析以特征值大于 1 且累计贡献率大于 80% 为原则确定主成分（PC）的提取个数，采用逐步导入剔除法进行判别分析，并参照李思发等（2005）的方法计算判别准确率（P_1 为某种实验贝判别正确的个体数占该贝实测总个数的百分比，P_2 为某种实验贝判别正确的个数占判入该实验贝的总个数的百分比）和综合判别率（P 为各实验贝判别正确的个数之和占实测总个数的百分比）验证所建判别方程组的可靠性。上述计算均借助 SPSS 17.0 软件来实现。

2 结果与分析

2.1 3种实验贝间贝体框架特征的差异比较

由表1可见,3种实验贝在贝体框架特征上均存在一定程度的差异,主要表现为:① L_1、L_3 均呈紫贻贝 > 厚壳贻贝 > "杂交贻贝"($P<0.05$),L_2、L_4、L_8 和 L_9 均呈"杂交贻贝" > 紫贻贝 > 厚壳贻贝($P<0.05$),L_5、L_7 均呈"杂交贻贝" > 紫贻贝 ≈ 厚壳贻贝,L_6 呈厚壳贻贝 > 紫贻贝 > "杂交贻贝"($P<0.05$),即在本研究所涉9项贝体框架特征指标中,厚壳贻贝与紫贻贝间有2项指标无差异($P>0.05$),两者相似性指数达22.22%,而"杂交贻贝"与紫贻贝和厚壳贻贝的指标相似性指数则均为0;② 在本研究所涉9项贝体框架特征指标中,3种实验贝变异系数大于10%的指标均仅为1项,其中厚壳贻贝和紫贻贝均为 L_7,而"杂交贻贝"则为 L_3。综上可知,3种实验贝在贝体框架特征上具良好的区分度,尤以"杂交贻贝"为甚。

表1 3种实验贝的贝体框架特征指标

贝体框架特征指标	代码	厚壳贻贝 M ± SD	CV/%	紫贻贝 M ± SD	CV/%	"杂交贻贝" M ± SD	CV/%
SW/SL	L_1	0.330 ± 0.020[a]	6.06	0.403 ± 0.027[b]	6.70	0.306 ± 0.022[c]	7.19
SH(BD)/SL	L_2	0.490 ± 0.024[a]	4.90	0.531 ± 0.029[b]	5.46	0.559 ± 0.032[c]	5.72
OA/SL	L_3	0.448 ± 0.030[a]	6.70	0.494 ± 0.029[b]	5.87	0.417 ± 0.043[c]	10.31
OB/SL	L_4	0.662 ± 0.030[a]	4.53	0.704 ± 0.036[b]	5.11	0.728 ± 0.042[c]	5.77
OC/SL	L_5	1.015 ± 0.021[a]	2.07	1.019 ± 0.018[a]	1.77	1.025 ± 0.009[b]	0.88
OD/SL	L_6	0.538 ± 0.032[a]	5.95	0.529 ± 0.041[b]	7.75	0.506 ± 0.038[c]	7.51
AB/SL	L_7	0.232 ± 0.035[a]	15.09	0.227 ± 0.042[a]	18.50	0.590 ± 0.036[b]	6.10
BC/SL	L_8	0.536 ± 0.029[a]	5.41	0.556 ± 0.044[b]	7.91	0.590 ± 0.036[c]	6.10
CD/SL	L_9	0.529 ± 0.029[a]	5.48	0.543 ± 0.042[b]	7.73	0.557 ± 0.039[c]	7.00

注:上标a、b、c标注组间差异($P<0.05$),字母相同的表示无差异,下同.

2.2 3种实验贝间贝体框架特征的相似程度比较

欧氏距离系指n维空间中两点之间的真实距离,故常被作为度量和评价两信息间相似程度的重要指标。为进一步揭示本研究所涉3种实验贝间贝体框架特征的相似程度,据表1中各项贝体框架特征指标的均值分别计算实验贝间的欧氏距离得表2。由表2可见,厚壳贻贝与紫贻贝间的欧氏距离最短($P<0.05$),仅为0.160;厚壳贻贝与"杂交贻贝"间和紫贻贝与"杂交贻贝"间的欧氏距离相近($P>0.05$),分别为0.452和0.418。表明"杂交贻贝"在贝体框架特征上均显著乖离于紫贻贝和厚壳贻贝($P<0.05$),其与紫贻贝、厚壳贻贝间贝体框架特征的相似程度均远不如紫贻贝与厚壳贻贝间来得高。

表2　3种实验贝贝体框架特征指标间的欧氏距离

种类	紫贻贝	"杂交贻贝"
厚壳贻贝	0.160[a]	0.452[b]
紫贻贝	----	0.418[b]

2.3　3种实验贝贝体框架特征的主成分分析

运用 SPSS 17.0 软件对贝体框架特征指标进行 Bartlett 球形检验和 KMO 适合度检验,发现其相关系数矩阵与单位阵有显著差异($P=0.00<0.05$)且适合度尚可($KMO=0.71>0.70$),表明本研究所涉贝体框架特征指标适合做因子分析,即有进一步做主成分分析的必要性。

由表3可见,所列3个主成分的特征值均大于1且方差累计贡献率达82.928%,故可认定它们为能概括本研究所涉3种实验贝贝体框架特征差异的公共因子。其中,PC_1 的贡献率最大(41.458%)且远高于贡献率相近的 PC_2(21.943%)和 PC_3(19.527%)。将载荷绝对值 $P>0.5$ 的变量确定为主要影响变量,PC_1 正相关主要变量的影响力由大到小依次为 L_8、L_7、L_9、L_2,负相关主要变量的影响力为 $L_3>L_6$;PC_2 正相关主要变量的影响力排序为 $L_4>L_6$,负相关主要变量仅为 L_9;PC_3 正相关主要变量的影响力由大到小依次为 L_1、L_3、L_4,无负相关主要变量。由此可知,贡献率的大小跟各公共因子所包含的主要影响变量个数的多寡密切相关,其中 PC_1 不仅正相关和负相关主要影响变量个数均最多,而且所有载荷绝对值达到0.75以上的主要影响变量也均仅存在于 PC_1 中,无疑其在标定本研究所涉3种实验贝贝体框架特征差异上具重要作用。

表3　3种实验贝贝体框架特征的主成分分析

贝体尺寸比例指标	代码	载荷		
		PC_1	PC_2	PC_3
SW/SL	L_1	-0.387	-0.381	0.736*
SH(BD)/SL	L_2	0.718*	0.348	0.444
OA/SL	L_3	-0.521*	-0.187	0.719*
OB/SL	L_4	0.372	0.731*	0.502*
OC/SL	L_5	0.465	0.202	0.408
OD/SL	L_6	-0.732*	0.627*	0.052
AB/SL	L_7	0.785*	0.460	-0.233
BC/SL	L_8	0.855*	-0.372	0.110
CD/SL	L_9	0.746*	-0.596*	0.122
特征值 Eigenvalue		3.731	1.975	1.757
贡献率 Variance/%		41.458	21.943	19.527
累计贡献率 Cumulative/%		41.458	63.401	82.928

*:主成分中的主要影响变量。

为进一步阐释PC_1在标定3种实验贝贝体形态差异上的重要性,分别绘制PC_1与PC_2和PC_3间的得分散布图(图2)。由图2可见,厚壳贻贝和"杂交贻贝"沿FAC1轴自左向右分别占据各自独立的区域,紫贻贝混于两者之间不易被区分,而在FAC2和FAC3轴上紫贻贝、厚壳贻贝和"杂交贻贝"三者间均有较大程度的重叠。无疑,本研究所提取到的3个主成分中唯有PC_1蕴含着可清晰标定厚壳贻贝和"杂交贻贝"间贝体框架特征差异的关键变量,而要区分紫贻贝与厚壳贻贝和"杂交贻贝"贝体框架特征间的差异则需依赖PC_1、PC_2和PC_3间相互结合才能最终标定。

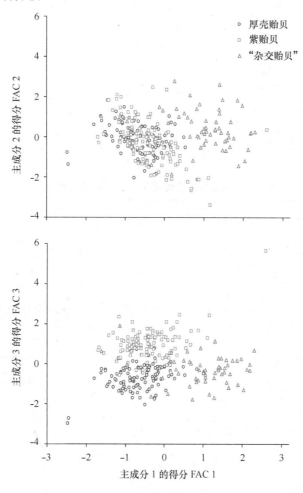

图2　3种实验贝贝体框架特征的主成分散布图

2.4　3种实验贝贝体框架特征的判别分析

采用逐步导入剔除法,从9个贝体框架特征变量中筛选出对判别贡献较大的L_1、L_3、L_4、L_5、L_6和L_7等6个变量进行判别分析,F检验表明各变量均达到极显著水平($P<0.01$)。根据上述6个变量建立研究所涉各实验贝的Fisher分类函数方程组于表4,经验证,厚壳贻贝、

紫贻贝和"杂交贻贝"的判别准确率依次为 94.6%、94.6% 和 100%，综合判别准确率为 96.4%（表5）。另，所绘制的典型判别函数判别得分散布图（图3），也进一步表征了上述判别分析的可靠性。

表4　3种实验贝贝体框架特征 Fisher 分类函数方程组的各项自变量系数及常数项

贝体尺寸比例指数	代码	自变量系数		
		厚壳贻贝	紫贻贝	"杂交贻贝"
SW/SL	L_1	412.728	548.055	307.469
OA/SL	L_3	208.001	208.193	416.326
OB/SL	L_4	-671.835	-614.637	-749.389
OC/SL	L_5	4237.167	4193.355	4163.181
OD/SL	L_6	843.099	814.532	795.992
AB/SL	L_7	94.185	82.762	460.212
常数项 C		-2280.773	-2307.117	-2333.865

表5　3种实验贝贝体框架特征的判别分类结果

种类	厚壳贻贝	紫贻贝	"杂交贻贝"	判别准确率/%		综合判别准确率 P/%
				P_1	P_2	
厚壳贻贝	106	6	0	94.6	94.6	
紫贻贝	6	106	0	94.6	94.6	96.4
杂交贻贝	0	0	112	100	100	

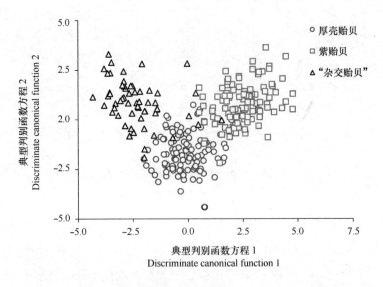

图3　3种实验贝贝体框架特征的典型判别函数判别得分散布图

3 讨论

3.1 "杂交贻贝"贝体框架特征乖离紫贻贝和厚壳贻贝的原因

贻贝属种类系典型的滤食性附着生活型经济贝类。其外套膜属二孔型,即具作为排泄粪便和废物出口的肛门孔与作为水流和食物进入通道的鳃足孔,两者均位于贝体后端(蔡英亚等,1979;王如才等,1993)。由图1可见,实验贝贝体框架四边形 ABCD 内含外套腔,鳃足孔,肛门孔,直肠,肛门以及鳃区的大部分,为其滤食功能区水平剖面;$\triangle OAD$ 内含唇瓣、口裂、食道、胃、消化盲囊和肠,为其消化功能区水平剖面。故,表4中以 L_2、L_7、L_8 和 L_9 为正相关核心变量的 PC_1 为与滤食功能区水平剖面占比相关的贝体框架因子,以 L_4、L_6 为正相关核心变量的 PC_2 为与消化功能区水平剖面占比相关的贝体框架因子,以 L_1、L_3 和 L_4 为正相关核心变量的 PC_3 为与消化功能区垂直剖面占比相关的贝体框架因子。上述3个公共因子所涵盖的体现了实验对象组间差异的滤食功能区水平剖面、消化功能区水平与垂直剖面等一系列特征信息,揭示了贝体滤食功能区与消化功能区空间配置状况是引起本研究所涉3种实验贝间贝体框架特征差异的主因,从而客观地反映了贝体滤食功能区与消化功能区空间配置状况对实验贝生长速度和养成周期差异影响的形态重要性。

表1所显现的本研究所涉3种实验贝贝体框架特征差异,也充分支持了上述滤食功能区与消化功能区配置状况为影响贝体框架特征差异主因的观点,即:①已有的研究表明,贻贝属种类对饵料种类无选择性,只要颗粒大小适合即可(蔡英亚等,1979;王如才等,1993),故贝体滤食功能区占比值的高低将直接决定其滤食功能的强弱。由表1可见,PC_1 正相关核心变量 L_2、L_8 和 L_9 均呈"杂交贻贝">紫贻贝>厚壳贻贝($P<0.05$),仅 L_7 呈"杂交贻贝">紫贻贝≈厚壳贻贝,表明三者滤食功能强度应呈"杂交贻贝">紫贻贝>厚壳贻贝($P<0.05$);② PC_2 正相关核心变量 L_4、L_6 分别呈"杂交贻贝">紫贻贝>厚壳贻贝($P<0.05$)和厚壳贻贝>紫贻贝>"杂交贻贝"($P<0.05$),PC_3 正相关核心变量 L_1、L_3 均呈紫贻贝>厚壳贻贝>"杂交贻贝"($P<0.05$),L_4 呈"杂交贻贝">紫贻贝>厚壳贻贝($P<0.05$),各实验贝上述正相关核心变量均值均呈 $L_4>L_6>L_3>L_1$($P<0.05$),且 PC_2 贡献率与 PC_3 相近的结果(表1和表3),表明三者贝体消化功能区占比值呈紫贻贝>"杂交贻贝"≈厚壳贻贝;③本研究所提取的3个主成分中 PC_1(41.458%)≈ PC_2(21.943%) + PC_3(19.527%)的结果(表4),表明滤食功能区水平剖面占比与消化功能区占比在对实验贝贝体框架特征的影响上具同等重要性。上述分析既与本研究样本采集地嵊泗列岛紫贻贝的生长速度和性成熟速度均明显较厚壳贻贝快的事实相吻(张义浩等,2003;常抗美等,2008),也与该海域浮游植物丰富(欧阳怡然等,1993;张义浩,2003),滤食性贝类对摄食率具有很强的调节能力,在食物保障较充足时往往会出现因来不及消化而直接将未经消化的活饵以"假粪"形式成簇散失于体外(王伟定等,2008),以使其摄食率在饵料浓度较高时始终保持在一定的水平的情形(Aldridge et al,1995;Jin et al,1996;董波等,2000),以及常抗美等(2008)研究发现正交 F_1 代(厚壳贻贝♂ × 紫贻贝♀)生长性能指标与紫贻贝相当而显著高于厚壳贻贝($P<0.05$)的

结果相符,进一步揭示了本研究所涉"杂交贻贝"通过显著提高滤食功能区占比值来强化其杂种生长优势的本质。无疑,表2中厚壳贻贝与紫贻贝间的欧氏距离最短($P<0.05$),而厚壳贻贝与"杂交贻贝"间和紫贻贝与"杂交贻贝"间的欧氏距离相近($P>0.05$)的结果,也充分反映了贻贝贝体滤食功能区占比较消化功能区占比对种间贝体框架特征相似性程度更具影响力的实质。

3.2 紫贻贝、厚壳贻贝、"杂交贻贝"贝体框架特征间关键判别指标组合的认定

"杂交贻贝"各项贝体框架特征指标值与紫贻贝和厚壳贻贝均具显著差异($P<0.05$),紫贻贝与厚壳贻贝间的欧式距离最短($P<0.05$),而"杂交贻贝"与紫贻贝和"杂交贻贝"与厚壳贻贝间的欧式距离相近的结果(表1和表2),并不妨碍"杂交贻贝"与紫贻贝间,以及紫贻贝与厚壳贻贝间在主成分FAC1、FAC2和FAC3轴上均有较大程度重叠,而唯有FAC1轴上可将"杂交贻贝"和厚壳贻贝较清晰分开的事实(图2),既客观反映了"杂交贻贝"和厚壳贻贝在FAC1轴上隔离的情形缘于两者在贝体滤食功能区水平剖面PC_1占比值间存在巨大差异的实质,也深刻揭示了因紫贻贝与"杂交贻贝"间在贝体滤食功能区水平剖面和消化功能区占比值差异上均未达到可完全分离的程度,致使两者在FAC1、FAC2和FAC3轴上出现相互干扰的本质(表1、表2和图2),更进一步指示了PC_1、PC_2和PC_3主要正相关变量在判别本研究3种实验贝归属问题时存在信息缺损和重叠的情形,故须通过判别分析在补充缺损变量的同时,剔除相关重叠变量加以校正,以提高判别的准确性。由图1可见,四边形$OACD$和$OBCD$共同决定着实验贝贝体水平剖面的总体框架特征,故以壳顶O为基准的基本线段OA、OB、OC和OD势必成为构筑实验贝贝体水平剖面总体框架的形态学几何信息要素。基于基本线段OC受同一框架属性变量SL的掩盖而缺损,线段CD、$SH(BD)$和BC的形态学几何信息已在基本线段OA、OB、OC和OD组合中获得体现之考量,笔者认为本研究所涉实验贝间贝体框架特征的关键判别变量组合应为$L_1(SW/SL)$、$L_3(OA/SL)$、$L_4(OB/SL)$、$L_5(OC/SL)$、$L_6(OD/SL)$和$L_7(AB/SL)$。

参考文献

蔡英亚,张英,魏若飞. 1979. 贝类学概论(修订版). 上海:上海科学技术出版社, 28-214.

常抗美,刘慧慧,李家乐,等. 2008. 紫贻贝和厚壳贻贝杂交及F_1代杂交优势初探. 水产学报, 32(4): 552-557.

董波,薛钦昭,李军. 2000. 环境因子对菲律宾蛤仔摄食生理生态的影响. 海洋与湖沼, 31(6):636-642.

李宝光,陶秀花,倪国平,等. 2006. 扫描像素法测定植物叶片面积的研究. 江西农业学报, 18(3): 78-81.

李思发,王成辉,程起群. 2005. Morphological variations and phylogenesis of four strains in *Cyprinus carpio*. 水产学报,29(5): 606-611.

欧阳怡然,陈逸华,于波. 1993. 嵊泗列岛养殖海区浮游植物、赤潮生物的研究. 浙江水产学院学报, 12 (4):257-264.

沈玉帮,李家乐,牟月军. 2006. 厚壳贻贝与贻贝遗传渗透的分子生物学鉴定. 海洋渔业, 28(3):

195-200

王如才,王昭萍,张建中.1993. 海水贝类养殖学. 青岛:青岛海洋大学出版社,119-154.

王伟定,王志铮,杨阳,等.2008. 黑暗条件下缢蛏(Sinonovacula constricta)对牟氏角毛藻(Chaeroeeros moelleri)和青岛大扁藻(Platymonas subcordiformis)的滤食效应. 海洋与湖沼,39(5):523-528.

张义浩,赵盛龙.2003. 嵊山列岛贻贝养殖种类生长发育调查. 浙江海洋学院学报(自然科学版),22(1):67-73.

Aldridge D W, Payne B S, Miller A C. 1995. Oxygen consumption, nitrogenous excretion and filtration rates of Dreissena polymorpha at acclimation temperatures between 20-32℃. Can J Fish Aquat Sci, 52: 1761-1767.

Anderson E, Hubricht L. 1938. Hybridizatin in Tradescantia. The evidence for introgressive hybridization. Amer J Botany, 25: 396-402.

Caren E B, George N S. 2006. Ecological gradients and relative abundance of native (Mytilus trossulus) and invasive (Mytilus galloprovincialis) blue mussels in the California hybrid zone. Marine Biology, 148: 1249-1262.

Comesana A S, Toro J E, Innes D J, et al. 1999. A molecular approach to the ecology of a mussel(Mytilus edulis, Mytilus trossulus) hybrid zone on the east coast o f Newfoundland, Canada. Marine Biology, 133: 213-221.

Hilbish T J, Carson E W, Plante J R, et al. 2002. Distribution of Mytilus edulis, M. galloprovincialis, and their hybrids in open-coast populations of mussels in southwestern England. Marine Biology, 140: 137-142.

Inoue K S, Odo T, Noda S. 1997. A possible hybrid zone in the Mytilus edulis complex in Japan revealed by PCR markers. Marine Biology, 128: 91-95.

Jin L, Barry S P, Shiao Y W. 1996. Filtration dynamics of the zebra mussel, Dreissena polymorpha. Can J Fish Aquact Sci, 53: 29-37.

McDonald J H, Koehn R K. 1988. The mussels Mytilus galloprovincialis and M. trossulus on the Pacific coast of North America. Marine Biology, 99 (1): 111-118.

Rawson P D, Secor C L, Hilbish T J. 1996. The effects of natural hybridization on the regulation of doubly uniparental mtDNA inheritance in blue mussels(Mytilus spp.). Genetics, 144: 241-248.

Sarver S K, Foltz D W. 1993. Genetic differentiation in Mytilus galloprovincialis Larmarck throughout the world. Ophelia, 47(1): 13-31.

Sarver S K, Loudenslager E J. 1991. The genetics of California population of the blue mussel: further evidence for the existence of electr ophoretically distinguishable species of subspecies. Biochem Syst Ecol, 119 (2): 183-188.

Toro J E, Thomopson R J, Innes D J. 2002. Reproductive isolation and reproductive output in two sympatric mussel species (Mytilus edulis, Mytilus trossulus) and their hybrids from Newfoundland. Marine Biology, 141: 897-909.

野生黄鳍金枪鱼幼鱼形态特征及其对体重的影响

陈 超[1*]，李炎璐[1]，孔祥迪[1,3]，孟祥君[4]

(1. 农业部海洋渔业可持续发展重点实验室 中国水产科学研究院黄海水产研究所，山东 青岛 266071；2. 青岛市海水鱼类种子工程与生物技术重点实验室，青岛 266071；3. 上海海洋大学 水产与生命学院，上海 201306；4. 三沙美济渔业开发有限公司，海南 三亚 572000)

摘要：为研究黄鳍金枪鱼的形态特征及其各性状特性对体重的影响，对南海三沙美济礁海域捕捞的52尾野生黄鳍金枪鱼幼鱼的外部形态特征进行分析，并对全长、体长、头长、体高、头高、眼径、眼间距、口裂、吻长、尾柄长、尾柄高和体重12个性状进行测量，通过相关分析、通径分析和决定分析方法分析各形态性状对体重的影响程度，运用多元线性回归分析法建立了主要性状对体重的多元回归方程。结果表明，鱼体呈纺锤形，粗壮而圆，向后逐渐细尖，尾柄细长，背部较暗，呈深蓝色，腹部银白色，体表具有浅银灰色间隔的条纹，并有明亮的光泽，尾鳍末端呈黄褐色；体长、体高和尾柄高与体重的相关性达到极显著水平($P<0.01$)，是影响体重的主要性状，体长对体重的通径系数最大(0.479**)、决定系数最高(0.229 4)，体长、体高主要通过直接作用对体重产生影响，而尾柄高主要通过体高、体长对体重起间接作用；以体重为因变量(y)，体高(x_1)、体长(x_2)、尾柄高(x_3)为自变量，得到估算体重的最优多元回归方程为 $y=30.482 x_1 + 18.328 x_2 + 199.49 x_3 - 500.785$。

关键词：黄鳍金枪鱼；形态性状；体重；通径分析；多元回归方程

黄鳍金枪鱼(*Thunnus albacares*)，隶属鲈形目(Perciformes)，鲭亚目(Scombroidei)，鲭科(Scombridae)，金枪鱼属(*Thunnus*)，英文名yellowfin tuna。分布于印度洋、太平洋和大西洋的热带、亚热带以及温带广阔海域，在我国主要分布在东海和南海海域。具有跨洋洄游性，成群活动，是以鱼类、头足类、甲壳类等为食的大型肉食性鱼类，在金枪鱼类中体型最大，因常在深海区域活动并且游动速度快、活动能力强，不易受环境污染，鱼肉质鲜美，口感香滑，富含蛋白质、多不饱和脂肪酸和多种维生素等，具有较高的营养价值，是世界上名贵的海洋经济鱼类之一。黄鳍金枪鱼的产量以捕捞为主，2003年黄鳍金枪鱼占全球金枪鱼捕捞量的62.1%，由于黄鳍金枪鱼资源遭受过度开发，据报道，至2008年，印度洋、太平洋和大西洋三大洋区的黄鳍金枪鱼资源处于完全开发状态。在我国，东海和南海海域也有金枪鱼资源分布，一些远洋渔船已经开始发展金枪鱼围网渔业，目前我国金枪鱼养殖仍处于空白状态。

---

* 基金项目：国家高科技研究发展计划(863计划)2012AA10A414.
作者简介：陈超，(1959 -)，男，主要从事海水鱼类繁育与养殖技术研究. E-mail:ysfrichenchao@126.com，Tel:(0532)85844459

鱼类形态学性状研究为其生物学分类提供重要依据，并且与种质、行为和食性等紧密相连。鱼类生长有其特定的生长模式，研究其生长参数和规律，是对鱼类生长性能进行遗传评估的重要指标，同时也为鱼类养殖提供理论基础。国内外对黄鳍金枪鱼的研究多集中在不同海域的资源状况和渔业生物学方面。国外学者对其种群结构、分布与海洋环境关系、资源状况、生物学特性等方面进行了研究。宋利明对大西洋中部黄鳍金枪鱼（*T. albacares*）的性腺成熟度、摄食等级、摄食种类、性比、叉长与体重关系等生物学特性进行了分析，朱国平（2006）对印度洋中西部黄鳍金枪鱼不同时期的体长体重关系、雌雄性比、摄食等级等生物学特性也做了初步研究。由于研究海域及时间不同，结果也不尽相同。对黄鳍金枪鱼的形态特征和生长参数的研究，特别对其幼鱼的生物学指标和特性的分析研究目前尚未见报道。本研究以南海三沙美济礁海域捕获的野生黄鳍金枪鱼幼鱼作为研究对象，测量与其外部形态和生长相关的参数，对其形态特征、生长模式和规律进行分析，为黄鳍金枪鱼种质资源的保护和利用，以及为我国金枪鱼养殖模式和苗种繁育技术研究提供理论依据和基础资料。

1 材料与方法

1.1 材料

样本于2013年9月间取自南沙美济礁海域，采用光诱单网捕捞船（图1）捕获的黄鳍金枪鱼当龄鱼52尾，体重范围为195.12~327.21 g，体长范围为21.0~24.4 cm。

图1 捕捞船

Fig.1 Fishing Vessels

1.2 测量方法

采用Kerstan等的测量方法，用游标卡尺和直尺（±0.1 cm）对全长、体长、头长、体高、头高、眼径、眼间距、口裂、吻长、尾柄长和尾柄高11个指标进行测量，用电子天平（±0.1 g）称重。记录第一背鳍、第二背鳍、胸鳍、腹鳍、臀鳍、尾鳍和脊椎骨7项数量性状。

1.3 数据分析

数据用 Excel 和 SPSS 软件进行分析,以平均值 ± 标准差表示。用标准差/平均值 × 100% 计算变异系数;体重与各形态参数的关系分别以体重为因变量,各参数为自变量进行相关分析,并进行通径分析和多元回归分析。$P < 0.01$ 为差异极显著,$P < 0.05$ 为差异显著。

2 结果

2.1 外部形态特征

本次采集的样本特征:鱼体呈纺锤形,体形较长、粗壮而圆,横断面略呈圆形,向后逐渐细尖,尾柄细长,尾鳍呈叉状(图2)。头长略大于体高;眼小,侧上位,眼间隔大于眼径;口大,口裂向下倾斜。体最高处位于第一背鳍基中部,第二背鳍高于第一背鳍。第一背鳍数14,第二背鳍数14~15,胸鳍33~34,腹鳍5,臀鳍14~15,尾鳍28~30;背鳍、臀鳍后方各有一排个数为8的小鳍,每小鳍上又有8根细小分支。背部较暗,呈深蓝色,腹部银白色,体表具有浅银灰色间隔的条纹,并有彩色明亮的光泽,尾鳍末端呈白色。椎骨37。全长为体长的1.2倍,体长为体高的3.7倍,为头长的3.5倍,头长为吻长的2.9倍,为眼径的4.3倍,为眼间距的2.8倍,尾柄长为尾柄高的5.7倍。

图2 黄鳍金枪鱼幼鱼的外部形态

Fig. 2 Morphology of *T. albacares*

2.2 各性状间的相关分析

形态特征的参数值(表1),在黄鳍金枪鱼幼鱼形态性状中体重的变异系数最大,为14.5%。相关分析结果(表2),参数间具有差异极显著($P<0.01$)的性状包括:全长与体长、全长与头长、全长与体高、全长与体重、体长与体重、头长与体重、体高与尾柄长、体高与尾柄高、体高与体重、眼间距与尾柄高、尾柄高与体重;具有差异显著($P<0.05$)的性状有:

全长与口裂、体长与头长、头长与体高、头长与吻长、体高与头高、体高与口裂、眼径与眼间距、眼径与尾柄高、眼间距与体重、口裂与体重。其余性状间差异不显著。

表1 黄鳍金枪鱼形态特征的统计值
Table 1 Statistics of morphological characters of *T. albacares*

性状 Characters	最大值 Max	最小值 Min	平均值 Average	标准差 SD	变异系数% CV
全长 Total Length/cm	28.7	24.4	26.2	1.1	4.2
体长 Body Length/cm	24.4	21.0	22.0	0.9	4.1
头长 Head Length/cm	7.0	5.9	6.6	0.3	4.8
体高 Body Depth/cm	7.9	5.5	6.4	0.5	8.3
头高 Head Depth/cm	5.4	3.8	4.5	0.4	8.9
眼径 Eye Diameter/cm	1.5	1.3	1.4	0.1	5.4
眼间距 Interorbital Width/cm	2.4	1.9	2.2	0.1	6.5
口裂 Mouth Breadth/cm	1.7	1.1	1.5	0.1	9.0
吻长 Snout Length/cm	2.6	2.2	2.3	0.1	5.6
尾柄长 Tail Handle Length/cm	5.7	3.6	4.7	0.5	11.0
尾柄高 Tail Handle Height/cm	0.8	0.6	0.7	0.0	6.6
体重 Body Weight/g	327.2	195.1	238.7	34.6	14.5

表2 黄鳍金枪鱼形态特征的相关系数
Table 2 Correlation coefficient of morphological characters in *T. albacares*

性状 Trait	全长 Total Length	体长 Body Length	头长 Head Length	体高 Body Depth	头高 Head Depth	眼径 Eye Diameter	眼间距 Interorbital Width	口裂 Mouth Breadth	吻长 Snout Length	尾柄长 Tail Handle Length	尾柄高 Tail Handle Height	体重 Body Weight
全长 Total Length	1	0.670**	0.751**	0.655**	0.480	-0.069	0.299	0.537*	0.329	0.444	0.416	0.768**
体长 Body Length		1	0.510*	0.340	0.335	-0.172	0.208	0.354	0.477	-0.182	0.337	0.728**
头长 Head Length			1	0.600*	0.306	-0.049	0.159	0.293	0.498*	0.331	0.496	0.747**
体高 Body Depth				1	0.621*	0.369	0.479	0.575*	0.096	0.667**	0.694**	0.816**
头高 Head Depth					1	0.450	0.363	0.106	-0.032	0.474	0.472	0.479
眼径 Eye Diameter						1	0.550*	0.103	-0.296	0.416	0.552*	0.239
眼间距 Interorbital Width							1	0.310	0.007	0.226	0.650**	0.542*
口裂 Mouth Breadth								1	0.334	0.279	0.327	0.588*
吻长 Snout Length									1	-0.193	0.209	0.326

续表

性状 Trait	全长 Total Length	体长 Body Length	头长 Head Length	体高 Body Depth	头高 Head Depth	眼径 Eye Diameter	眼间距 Interorbital Width	口裂 Mouth Breadth	吻长 Snout Length	尾柄长 Tail Handle Length	尾柄高 Tail Handle Height	体重 Body Weight
尾柄长 Tail Handle Length										1	0.387	0.316
尾柄高 Tail Handle Height											1	0.752**
体重 Body Weight												1

注：** 表示差异极显著($P<0.01$),* 表示差异显著($P<0.05$),下同.

Note：** means that correlation is very significant($P<0.01$), and * means significant($P<0.05$).

相关关系分析结果表明,与其他参数存在最多相关性是体重、体高,分别与其他7项性状存在显著差异;存在最少相关性的是头高、吻长、尾柄长,分别与其他1项性状存在显著差异。各形态性状与体重相关系数由大到小依次为体高、全长、尾柄高、头长、体长、口裂、眼间距,各性状与体高的相关系数由大到小依次为体重、尾柄高、尾柄长、全长、头高、头长、口裂。

2.3 各性状对体重影响的通径分析

在相关关系分析的基础上,将外部形态性状对体重的影响进行通径分析,删除通径系数不显著的性状后,有体长、体高、尾柄高3个性状的通径系数差异极显著($P<0.01$),结果如表3所示:直接通径系数分别为0.479、0.469、0.266,体长、体高对体重的直接作用大于间接作用的影响,而尾柄高对体重通过体高、体长间接作用大于其直接作用的影响。

通径分析结果表明,不同性状对体重产生的直接作用由大到小依次为体长、体高、尾柄高,对体重产生的间接作用由大到小依次为尾柄高、体高、体长。

表3 外部形态性状对体重的通径分析
Table 3 Path coefficients of morphological traits on body weight

性状 Trait	相关系数 r_{iy} Correlation Coefficients(r_{iy})	直接通径系数 P_i Direct path coefficients	间接通径系数 Indirect path coefficients			
			Σ	体高 Body Depth	体长 Body Length	尾柄高 Tail Handle Height
体高 Body Depth	0.816**	0.469**	0.3475		0.1629	0.1846
体长 Body Length	0.728**	0.479**	0.2491	0.1595		0.0896
尾柄高 Tail Handle Height	0.752**	0.266**	0.4869	0.3255	0.1614	

2.4 各性状对体重的决定系数分析

决定系数包括单个性状和各性状间对体重的共同决定系数,在通径分析的基础上对决定系数进行计算(表4)。体长、体高、尾柄高单个性状对体重的决定系数分别为0.2294、0.2200、0.0708,各性状间对体重的决定系数中体高与尾柄高的共同作用最大,为0.1732,体长与尾柄高的共同作用最小,为0.0859。

表4 外部形态性状对体重的决定系数
Table 4 Determinant coefficients of morphological traits on body weight

性状 Trait	体高 Body Depth	体长 Body Length	尾柄高 Tail Handle Height	Σd
体高 Body Depth	0.2200	0.1528	0.1732	0.9321
体长 Body Length		0.2294	0.0859	
尾柄高 Tail Handle Height			0.0708	

结果表明,对体重起决定性作用的性状为体长和体高,尾柄高主要通过与体高、体长协同起作用。各形态特征对体重的决定系数总和为$\Sigma d = 0.9321$,说明体长、体高、尾柄高是影响体重的主要性状。

2.5 各性状对体重的多元回归方程

综上分析,以体重为因变量(y),体高(x_1)、体长(x_2)、尾柄高(x_3)为自变量,对进行多元回归分析,得到估算体重的最优多元回归方程:

$$y = 30.482 x_1 + 18.328 x_2 + 199.49 x_3 - 500.785$$

经显著性检验,体高、体长、尾柄高对体重的偏回归系数及回归常数均达到极显著水平($P < 0.01$)。

3 讨论

3.1 影响黄鳍金枪鱼幼鱼体重的主要形态性状分析

本研究所测的黄鳍金枪鱼幼鱼形态性状包括全长、体长、头长、体高、头高、眼径、眼间距、口裂、吻长、尾柄长、尾柄高和体重共12项。对其进行相关分析,存在显著差异的性状对体重的影响由大到小依次为体高、全长、尾柄高、头长、体长、口裂、眼间距。但由于相关分析不能判断各自变量对因变量所产生影响的大小,因此在相关分析的基础上,进行通径分析和决定系数分析。通径分析可反映因变量和各自变量的关系,同时将各自变量的影响效应直接进行比较,并区分各自变量的直接作用和间接作用,可以全面反映各自变量对因变量的相对重要性。结果显示,单个性状和各性状间的共同决定系数之和,即通径系数为 0.9321,通径分析和决定系数分析结果相一致,$\sum d > 0.85$,表明被保留的体长、体高、尾柄高 3 个性状是影响体重的主要性状,其他被删除的性状对其影响较小,保留的 3 个性状中,体长、体高主要通过直接作用来对体重产生影响,而尾柄高主要与体高、体长协同对体重起间接作用,以确保体重在生长中起到最具有实际意义的因素。

据报道,影响尼罗罗非鱼雌鱼体重的主要性状为体长、体高、体宽和头长,影响雄鱼体重的主要性状为体高、体长、躯干长和体宽;影响黄姑鱼 1 龄幼鱼体重的主要形态性状为体长、体高、体厚、尾柄高和眼间距;对于竹荚鱼 1 龄幼鱼和 2 龄成鱼,头长、头高、尾柄高、体重这 4 个参数均与体长存在显著相关关系。在本研究中,影响体重的 3 个主要性状是体长、体高和尾柄高,结论与其他报道结果较一致。分析表明:这些性状是影响鱼类体重的重点性状,与金枪鱼的体型特征和习性密切相关,尾柄细长,尾部呈半月形,可提供快速游动的动力,使其能够具备快速向前冲刺的能力。

在不同生长阶段和性别影响体重的主要性状各不同。据报道,影响尼罗罗非鱼雌鱼和雄鱼体重的主要性状有所不同;梭鱼在不同年龄组,影响其体重的重点形态性状明显不同;由于红鱼的生长环境、生长阶段等不同,红鱼生长存在阶段性差异,同时不同性别的红鱼其体长、体重生长也有差异。因黄鳍金枪鱼较为珍贵并且捕捞难度大,本研究只对黄鳍金枪鱼幼鱼阶段影响体重的主要性状进行分析,对于这些主要性状是否会随生长时期的变化而有不同的影响效果,有待进一步研究。

3.2 多元方程的建立

通过测定各形态性状值,发现体重的变异系数最大,说明体重受环境影响产生的系统误差较大,体高、体长、尾柄高的变异系数相对较小,性状较为稳定。以体重为因变量,体高、体长、尾柄高为自变量,进行通径分析和多元分析后建立了估算体重的最优多元回归方程,明确了体重与主要形态性状之间的数量关系,经过回归预测,实际值与估计值之间差异不显著($P > 0.05$),表明该方程能够较为真实地反映体重与主要性状间的关系,能够应用于实际研究工作中。

参考文献

耿绪云,马维林,李相普,等. 2011. 梭鱼(*Liza haematocheila*)外部形态性状对体重影响效果分析[J]. 海洋与湖沼,42(4):530 – 537.

胡晓亮,陈庆余. 2013. 竹荚鱼形态特征参数的比较分析[J]. 现代食品科技,29(1):34 – 41.

黄斌. 2008. 世界主要金枪鱼类资源状况与管理[J]. 现代渔业信息,23(1):22 – 25.

李娟,林德芳,黄滨,等. 2008. 世界金枪鱼网箱养殖技术现状与展望[J]. 海洋水产研究,29(6):142 – 147.

李思发. 1998. 中国淡水主要养殖鱼类种质研究[M]. 上海:上海科学技术出版社.

林德芳,关长涛,黄文强. 2001. 金枪鱼曳绳拟饵研制与海上实验结果[J]. 海洋水产研究,22(3):42 – 49.

宋利明,陈新军,许柳雄. 2004. 大西洋中部金枪鱼延绳钓渔场黄鳍金枪鱼(*Thunnus albacares*)生物学特性的初步研究[J]. 海洋与湖沼,35(6):538 – 542.

唐瞻杨,林勇,陈忠,等.2010.尼罗罗非鱼的形态性状对体重影响效果的分析[J].大连海洋大学学报,25(5):428-433.

王波,刘世禄,张锡烈,等.2002.美国红鱼形态和生长参数的研究[J].海洋水产研究,23(1):47-53.

薛宝贵,辛俭,楼宝,等.2011.黄姑鱼一龄幼鱼形态性状对体重的影响分析[J].浙江海洋学院学报(自然科学版),30(6):492-498.

杨宝瑞.2007.日本金枪鱼养殖现状[J].中国水产,(2).

朱国平,陈新军,许柳雄.2006.印度洋中西部黄鳍金枪鱼生物学特性的初步研究[J].海洋渔业,28(1):25-29.

Appleyard SA, Grewe PM, Innes BH, et al. 2001. Population structure of yellowfin tuna (*Thunnus albacares*) in the western Pacific Ocean inferred from microsatellite loci. Marine Biology, 139(2):383-393.

Brill RW, Block BA, Boggs CH. 1999. Horizontal movements and depth distribution of large adult yellowfin tuna (*Thunnus albacares*) near the Hawaiian Islands, recorded using ultrasonic telemetry: implications for the physiological ecology of pelagic fishes. Marine Biology, 133(3):395-408.

Deboski P, Dobosz S, Robak S, et al. 1999. Fat level in body of juvenile Atlantic salmon (*Salmo salar* L.), and sea trout (*Salmo trutta* M. *trutta* L.), and method of estimation from morphometric data[J]. Archives of Polish Fisheries, 7(2):237-243.

Hame K, Mutsuyshi T, Katsuya M, et al. 2000. Estimation of body fat content from standard body length and body weight on cultured Red Sea bream[J]. Fisheries Science(Tokyo), 66(2):365-371.

Itano DG. 2000b. The reproductive biology of yellowfin tuna (*Thunnus albacares*) in Hawaiian waters and the western tropical Pacific Ocean: project summary. Hawaii: University of Hawaii, Joint Institute for Marine and Atmospheric Research, 1-62.

Kerstan M. 1995. Age and growth rates of agulhas bank horse mackerel *Trachurus capensis* comparison of otolith aging and length frequency analyses[J]. S Afr J Mar Sci, 15:137-156.

Langley A, Briand K, Kirby S, et al. 2009. Influence of oceanographic variability on recruitment of yellowfin tuna (*Thunnus albacares*) in the western and central Pacific Ocean. Canadian Journal of Fisheries and Aquatic Sciences, 66(9):1462-1477.

Langley A, Hoyle S, Hampton J. 2011. Stock assessment of yellowfin tuna in the western and central Pacific Ocean. Pohnpei: Western and Central Pacific Fisheries Commission Scientific Committee, 1-33.

Lehodey P, Leroy B. 1999. Age and growth of yellowfin tuna (*Thunnus albacares*) from the western and central Pacific Ocean as indicated by daily growth increments and tagging data. Noumea: Oceanic Fisheries Programme Secretariat of the Pacific Community, 2-8.

Lu HJ, Lee KT, Lin HL, et al. 2011. Spatiotemporal distribution of yellowfin tuna *Thunnus albacares* and bigeye tuna *Thunnus obesus* in the Tropical Pacific Ocean in relation to large scale temperature fluctuation during ENSO episodes. Fisheries Science, 67(6):1046-1052.

Sun C, Wang WR, Yeh SZ. 2005. Reproductive biology of yellowfin tuna in the Central and Western Pacific Ocean. Noumea: the Scientific Committee of the Western and Central Pacific Fisheries Commission, 1-7.

Ward RD, Elliott N, Innes B, et al. Global population structure of yellowfin tuna, *Thunnus albacares*, inferred from allozyme and mitochondrial DNA variation. Fishery Bulletin, 1997, 95(3):566-575.

不同时期插核的育珠贝与珍珠质量的性状相关性

肖雁冰，战欣，石耀华，顾志峰，王爱民*

（热带生物资源教育部重点实验室，海南省热带水生生物技术重点实验室，
海南大学海洋学院，海南 海口 570228）

摘 要：以同一批"海优1号"马氏珠母贝为材料，于2012年2月、3月、4月、5月和7月进行插核育珠，比较分析了不同时期插核育珠贝的大小、育珠贝与培育珍珠的表型性状的相关性等。研究结果显示：珍珠的珠层厚度、直径和重量与育珠贝生长性状呈极显著正相关，与染病程度呈显著负相关；珍珠与优质白珠的色差同育珠贝的生长性状总体是负相关，珍珠与优质金珠的色差同育珠贝的生长性状总体呈正相关。不同时期插核的育珠贝在同一时间开珠时大小存在显著差异，4月、5月和7月插核的育珠贝生长性状较优，4月和5月插核时染病程度较轻，尤其是5月在这些性状中是最优的；4月和5月插核培育的珍珠质量也相对较好。因此，本研究的结果表明海南马氏珠母贝插核育珠的最佳时期可能是5月，其次是4月，可以在一定程度上提高珍珠的产量和质量。

关键词：马氏珠母贝；插核；珍珠；育珠贝；贝壳

马氏珠母贝，又称合浦珠母贝（*Pinctada martensii*，*P. fucata* 或 *P. fucata martensii*）是我国培育海水珍珠的主要贝类。闻名遐迩的"南珠"，正是由我国南海海域的马氏珠母贝生产的。自1965年马氏珠母贝人工育苗成功以来，经过40多年的不断发展，海水珍珠的年产量达到15吨以上，超过了日本成为世界上第一大海水珍珠生产国。影响珍珠质量的因素很多，不仅受马氏珠母贝的种质资源的影响，而且与养殖水体的水化学环境、养殖方式等因素有密切关系。正是由于种质资源严重退化，养殖环境恶化，养殖水域受到污染破坏，插核育珠技术一成不变等问题的存在，目前我国马氏珠母贝的死亡率逐渐增加，珍珠的产量和质量明显下降，不仅需要迫切进行马氏珠母贝的良种选育和环境保护，而且需要改进提高插核技术。

珍珠是由育珠母贝体内的珍珠囊分泌珍珠质形成的，凡是能对育珠母贝生长造成影响的因素都会直接或者间接地影响到珍珠的质量。马氏珠母贝的性腺发育程度影响插核育珠效果，性腺发育成熟度高会影响马氏珠母贝的插核操作等，而刚刚排卵排精后的马氏珠母贝则十分虚弱，插核后育珠母贝死亡率、吐核率和劣质珠率都会增加。不同季节的水温、饵料浓度不同，马氏珠母贝的性腺发育水平也会存在差异，不仅如此，环境的变化也影响马氏珠

---

* 资助项目：国际科技合作项目（2012DFG32200，2013DFA31780）、863项目（2012AA10A414）、国家自然科学基金（41076112 and 41366003）。
作者简介：肖雁冰，女，硕士研究生，从事贝类养殖与海洋生态研究.
通信作者：王爱民，教授，博导，Email：aimwang@163.com

母贝的抗病性,因而不同季节的马氏珠母贝的生理活性存在一定的差异,可能会影响插核育珠效果。为此,本研究以同一批马氏珠母贝为材料,研究不同季节插核后育珠贝和珍珠的表型性状之间的差异以及相关性,阐明插核季节的不同对马氏珠母贝培育珍珠的产量和质量的影响,初步确定最佳的马氏珠母贝插核育珠季节。

1 材料与方法

1.1 材料

所有实验的马氏珠母贝均来源于海南省陵水黎族自治县的黎安港毅珠珍珠养殖场的"海优1号"人工繁育的同一批贝。

1.2 方法

1.2.1 插核育珠

采用常规马氏珠母贝海水珍珠插核育珠方法,于2012年2月15日、3月15日、4月15日、5月15日和7月15日分五次进行插核,插核育珠实验均在海南省陵水黎族自治县的黎安港毅珠珍珠养殖场的同一养殖海区。

1.2.2 表型性状的测量

2012年12月15日,分别随机挑选不同批次插核的育珠贝,其中2月批次为157只,3月为170只,4月为198只,5月为193只,7月为193只,用游标卡尺测量育珠贝壳高、壳长、壳宽、壳厚、绞合线长(精确到0.01 mm),用电子分析天平测量总重(精确到0.01 g),然后剖贝开珠。

采用CSE-1成像色度分析系统(北京理工大学研制)测量育珠贝的贝壳内表面、珍珠以及挑选的优质白珠与优质金珠的颜色,用相关软件记录相应的颜色参数Lab(CIE 1976),其中颜色参数L代表明度(其值介于0~100之间)、a代表红绿特征(其值介于-120~120之间,+a偏红,-a偏绿)、b代表黄蓝特征(其值介于-120~120之间,+b偏黄,-b偏蓝)。

用游标卡尺测量育珠贝的珍珠直径(精确到0.1 mm),用电子分析天平测量左壳重、右壳重、总壳重、珍珠重量(精确到0.1 g),同时记录好左壳、右壳的感病情况。

用科研型相干断层扫描仪(OSLF-1500,深圳市斯尔顿科技有限公司)无损测量收获珍珠的珍珠质层厚度。

1.2.3 数据处理

运用公式 $E_{ab} = (\Delta L)^2 + (\Delta a)^2 + (\Delta b)^2$ (Sharma et al,2005)计算色差,分别计算出贝壳内表面珍珠质颜色、珍珠颜色与优质白色珠以及优质金色珠之间的色差值,当色差值越低时说明所得珍珠或育珠贝贝壳珍珠质颜色与标准珠越接近,其价值越高。

应用spss180.0软件统计分析实验测量的各项数据。

2 结果

2.1 不同时期插核的育珠贝生长性状

不同月份插核的育珠贝在12月同时开珠时大小存在显著差异,而且左壳和右壳的染病情况也存在差异。3月插核的育珠贝壳宽最大(28.52 mm ± 2.05 mm),与2月、5月和7月插核的育珠贝间都存在显著差异($P<0.05$)。5月插核的育珠贝总重最大(64.43 g ± 11.57 g),与7月插核的育珠贝(64.21 g ± 11.67 g)不存在显著差异($P>0.05$),但是与2月和3月插核的育珠贝间均存在显著差异,即2月及3月插核的育珠贝最小(分别为58.93 g ± 9.60 g 和56.07 g ± 9.84 g)。7月插核的育珠贝的壳高值最大(79.46 mm ± 6.41 mm),且与各月份的插核育珠贝之间都存在显著差异。5月插核的育珠贝总壳重、左壳重及珍珠质层厚度最大(分别为42.28 g ± 8.06 g、22.66 g ± 4.34 g 和62.04 mm ± 4.81 mm),其中总壳重与其他月份插核的育珠贝都存在显著差异,而左壳重与2月、3月、7月插核育珠贝之间存在显著差异,珍珠质层厚度与2月、3月、4月插核育珠贝之间存在显著差异。2月插核的育珠贝壳厚最大(0.73 mm ± 0.19 mm),与其他月份插核的育珠贝之间存在明显差异。2月与7月插核育珠贝的左壳、右壳感病程度相似且最严重,并与4月和5月插核的育珠贝有显著差异,所有月份的插核育珠贝染病的标准差均较大,表明个体与个体间感病程度波动性较大(表1)。

表1 不同插核时间育珠贝的生长性状

插核时间	2月	3月	4月	5月	7月
取样量(N)	157	170	198	193	193
壳宽/mm	27.58 ± 2.09[bc]	28.52 ± 2.05[a]	28.06 ± 2.18[ab]	26.93 ± 2.55[cd]	26.71 ± 2.31[d]
总重/g	58.93 ± 9.60[bc]	56.07 ± 9.84[c]	61.39 ± 11.56[ab]	64.43 ± 11.57[a]	64.21 ± 11.67[a]
壳高/mm	70.18 ± 5.18[d]	68.51 ± 5.36[e]	73.80 ± 5.59[c]	76.86 ± 5.88[b]	79.46 ± 6.41[a]
总壳重/g	33.19 ± 7.54[c]	28.32 ± 5.31[d]	40.16 ± 8.17[b]	42.28 ± 8.06[a]	32.21 ± 6.06[c]
左壳重/g	17.75 ± 4.06[b]	15.41 ± 3.00[c]	21.63 ± 4.45[a]	22.66 ± 4.34[a]	17.27 ± 3.35[b]
珍珠质层厚度/mm	57.02 ± 4.39[b]	55.17 ± 4.21[c]	58.09 ± 4.69[b]	62.04 ± 4.81[a]	60.75 ± 5.28[a]
左壳感病	1.51 ± 0.77[a]	1.41 ± 0.87[a]	0.75 ± 0.68[b]	0.91 ± 0.82[b]	1.59 ± 0.76[a]
右壳感病	1.02 ± 0.77[a]	0.86 ± 0.78[a]	0.42 ± 0.58[b]	0.50 ± 0.72[b]	1.01 ± 0.71[a]
壳厚/mm	0.73 ± 0.19[a]	0.67 ± 0.17[b]	0.65 ± 0.15[b]	0.66 ± 0.17[b]	0.58 ± 0.15[c]

2.2 不同时期插核的育珠贝的贝壳内表面珍珠质颜色

不同时期插核的育珠贝的贝壳内表面珍珠质具有一定的颜色特征值,具体以颜色参数Lab进行表示,彼此之间存在明显差异(表2)。2月插核的育珠贝其贝壳内表面珍珠质颜色的明度(L)最大(78.49 ± 4.41),与4月插核的育珠贝相近,并均与其他月份插核的育珠贝之间存在显著差异($P<0.05$),明度最小的是7月插核的育珠贝(72.52 ± 5.68)。贝壳珍

质颜色色品方面,3月插核的育珠贝其贝壳珍珠质颜色 a 值较大,与其他月份插核育珠的存在显著差异,而其他月份彼此间的 a 值差异不显著;4月插核的育珠贝其贝壳珍珠质颜色 b 值最小,2月插核的育珠贝的贝壳珍珠质颜色 b 值最大,不仅二者之间存在显著差异,且均与 3月、5月和7月插核的育珠贝之间存在显著差异,不过3月、5月和7月插核的育珠贝相互之间贝壳珍珠质颜色 b 值没有显著差异。

表2 不同时期插核育珠贝的贝壳内表面珍珠质颜色特征值

插核时期	取样量(N)	颜色特征值		
		L	a	b
2月	157	78.49 ± 4.41[a]	-3.37 ± 2.11[a]	13.81 ± 3.38[a]
3月	170	75.84 ± 4.17[b]	-4.15 ± 2.14[b]	12.26 ± 3.40[b]
4月	198	77.71 ± 3.39[a]	-2.89 ± 1.71[a]	1.83 ± 2.10[c]
5月	193	75.78 ± 5.61[b]	-3.17 ± 2.59[a]	11.80 ± 3.11[b]
7月	193	72.52 ± 5.68[c]	-2.98 ± 2.15[a]	12.65 ± 3.39[b]

2.3 不同时期插核收获珍珠的性状

不同时期插核收获珍珠中,5月插核培育的珍珠其珍珠层厚度最大(0.41 mm ± 0.17 mm),略高于2月和4月插核培育的珍珠(约 0.37 mm),但是三者间差异不显著;2月插核培育的珍珠与其他月份插核培育的珍珠的珠层厚度间均没有显著差异,不过3月和7月插核培育的珍珠与4月和5月插核培育珍珠的珠层厚度间有显著差异。2月、4月、5月、7月插核培育珍珠的直径没有显著差异(7.84～7.90 mm),但是显著大于3月插核培育珍珠的直径(7.50 mm)。与珍珠直径相似,2月、4月、5月、7月插核培育的珍珠其重量没有显著差异(0.72～0.74 g),显著大于3月插核培育的珍珠重量(0.63 g)。4月、5月和7月插核培育珍珠的颜色 L 值、a 值和 b 值彼此间没有显著差异,但均与2月和3月插核培育珍珠的颜色 L 值、a 值和 b 值间存在显著差异;2月和3月插核培育珍珠的颜色 L 值和 a 值均无差异,不过彼此间的 b 值有显著差异(表3)。

表3 不同时期插核收获珍珠的特征值

珍珠性状		插核时期				
		2月	3月	4月	5月	7月
取样量(N)		157	170	198	193	193
珍珠层厚度/mm		0.37 ± 0.19[a]	0.35 ± 0.15[b]	0.37 ± 0.16[a]	0.41 ± 0.17[a]	0.35 ± 0.15[b]
直径/mm		7.84 ± 0.48[a]	7.50 ± 0.40[b]	7.85 ± 0.40[a]	7.87 ± 0.45[a]	7.90 ± 0.44[a]
重量/g		0.74 ± 0.12[a]	0.63 ± 0.10[b]	0.74 ± 0.11[a]	0.74 ± 0.12[a]	0.72 ± 0.12[a]
颜色特征值	L	84.49 ± 8.44[b]	83.06 ± 9.54[b]	88.27 ± 8.22[a]	89.22 ± 9.08[a]	88.78 ± 9.07[a]
	a	0.15 ± 2.11[a]	0.38 ± 2.21[a]	-0.33 ± 1.47[b]	-0.21 ± 1.53[b]	-0.28 ± 1.52[b]
	b	11.70 ± 4.22[a]	9.51 ± 4.55[b]	7.69 ± 3.54[c]	6.73 ± 3.26[c]	7.05 ± 2.99[c]

2.4 不同时期插核的育珠贝的贝壳内表面和珍珠的珍珠质颜色比较

由色差结果可知(表4),由4月、5月、7月插核所得珍珠分别与优质白珠的色差不存在显著差异,且其中由5月插核所得珍珠与优质白珠的色差值最小(6.01±4.93),而由3月插核所得珍珠与优质白珠的色差值最大(9.82±5.29);而所得珍珠与优质金珠的比较中,由2月插核所得的珍珠与优质金珠的色差最小(7.72±4.56),且与其他月份插核所得珍珠与优质金珠的色差值存在显著差异;不同月份进行插核的育珠贝与优质白珠比较中,4月插核的育珠贝所得色差值最小(12.29±2.15),且与2月插核的育珠贝间不存在显著差异,而7月插核的育珠贝所得色差值最大(16.25±3.90),且与其他月份插核的育珠贝所得色差值间都存在显著差异;不同月份进行插核的育珠贝与优质及优质金珠比较中,2月插核的育珠贝所得色差值最小(9.21±2.87),而7月插核的育珠贝所得色差值最大(12.85±3.83)。

表4 不同时期插核的育珠贝的贝壳内表面和珍珠与优质珍珠的色差

插核时间	取样量(N)	珠白	珠金	育白	育金
2月	157	9.52±4.16^a	7.72±4.56^b	13.03±2.32^c	9.21±2.87^c
3月	170	9.82±5.29^a	9.62±5.23^a	14.37±2.58^b	11.48±2.66^b
4月	198	6.38±4.24^b	9.54±3.41^a	12.29±2.15^c	10.09±1.97^c
5月	193	6.01±4.93^b	1.43±3.69^b	14.07±3.68^b	11.39±3.30^b
7月	193	6.13±4.80^b	1.18±3.42^c	16.25±3.90^a	12.85±3.83^a

注:珠白、珠金是培育的珍珠分别与优质白珠和优质金珠的色差;育白、育金是育珠贝贝壳内表面分别与优质白珠和优质金珠的色差.

2.5 珍珠与育珠贝的性状相关性

以收获的911颗珍珠与对应的育珠贝表型性状的相关性分析结果显示(表5),珍珠的珠层厚度、珍珠的直径和重量与育珠贝生长性状总体呈显著的正相关($P<0.001$),即育珠贝的壳宽、总重、壳高、壳长、绞合线长、总壳重、珍珠质高、壳厚等相关生长性状数值越大,其培育珍珠的珍珠层厚度、珍珠直径、珍珠重量一般数值也会越大;珍珠层厚度、珍珠直径、珍珠重量与育珠贝的染病水平显著负相关($P<0.05$),即育珠贝左壳或右壳染病程度越高,则其相应插核所得珍珠的珍珠层厚度、珍珠直径、珍珠重量数值越小。珍珠颜色的a值和b值分别与育珠贝生长性状有显著和极显著的负相关关系,L值则与育珠贝生长性状总体呈极显著正相关关系。珍珠与优质白珠的色差同育珠贝的生长性状总体呈显著负相关,即育珠贝越大,产生的珍与优质白珠色差越小;而珍珠与优质金珠的色差同育珠贝生长性状则总体上呈正相关关系,表明育珠贝越小,产生的珍珠与优质金珠色差越小。

遗传、育种与生物技术

表5 珍珠与育珠贝的性状相关性

珍珠性状		育珠贝总重/g	育珠贝壳高/mm	育珠贝总壳重/g	育珠贝珍珠质高/mm	育珠贝左壳感病	育珠贝右壳感病	育珠贝壳厚
珠厚	r	0.350	0.210	0.382	0.234	-0.130	-0.180	0.370
	p	0.000	0.000	0.000	0.000	0.000	0.000	0.000
直径/mm	r	0.406	0.357	0.416	0.364	-0.096	-0.113	0.185
	p	0.000	0.000	0.000	0.000	0.004	0.001	0.000
重量/g	r	0.431	0.332	0.466	0.343	-0.117	-0.150	0.244
	p	0.000	0.000	0.000	0.000	0.000	0.000	0.000
L	r	0.105	0.193	0.150	0.131	-0.097	0.008	-0.022
	p	0.002	0.000	0.000	0.000	0.003	0.816	0.502
a	r	-0.097	-0.110	-0.107	-0.073	0.115	0.042	-0.093
	p	0.003	0.001	0.001	0.028	0.001	0.201	0.005
b	r	-0.118	-0.216	-0.171	-0.191	0.135	0.105	0.074
	p	0.000	0.000	0.000	0.000	0.000	0.002	0.026
珠白	r	-0.139	-0.235	-0.191	-0.157	0.121	0.022	0.038
	p	0.000	0.000	0.000	0.000	0.000	0.516	0.259
珠金	r	0.015	0.065	0.037	0.096	-0.030	-0.066	-0.052
	p	0.645	0.051	0.262	0.004	0.363	0.046	0.116

注：珠白、珠金是培育的珍珠分别与优质白珠和优质金珠的色差.

2.6 育珠贝的贝壳内表面珍珠质色差与育珠贝的性状相关性

育珠贝的贝壳内表面珍珠质颜色与优质白珠和金珠的色差同育珠贝的表型性状的相关性分析结果显示（表6），与优质白珠的色差同育珠贝的壳宽、壳高、总壳重、壳厚以及贝壳染病程度呈极显著的相关关系，其中与壳宽、总壳重和壳厚呈极显著负相关（$P<0.001$）。与优质金珠的色差同育珠贝的表型性状相关性除了育珠贝的总重以及左壳染病程度的相关性相反外，其余的相关性和与白珠的色差的相关性相似。

表6 育珠贝的贝壳内表面珍珠质颜色色差与表型性状的相关性

贝壳与优质珠色差		壳宽/mm	总重/g	壳高/mm	总壳重/g	珍珠质层厚度/mm	左壳染病	右壳染病	壳厚
育白	r	-0.175	-0.062	0.085	-0.252	0.033	0.108	0.180	-0.339
	p	**0.000**	0.061	**0.010**	**0.000**	0.317	**0.001**	**0.000**	**0.000**
育金	r	-0.153	-0.081	0.085	-0.225	0.020	0.061	0.119	-0.411
	p	**0.000**	**0.014**	**0.010**	**0.000**	0.547	0.066	**0.000**	**0.000**

注：育白、育金是育珠贝贝壳内表面分别与优质白珠和优质金珠的色差.

3 讨论

马氏珠母贝适宜水温范围是 15～30℃，耐受温度范围是 10～31℃，最适生长温度是 23～25℃。在适宜水温的范围内随着水温的升高，生理活性逐渐增加，在 25℃时达到最高，然后逐渐降低。在超出耐受温度范围后，贝类开始变得虚弱，逐渐出现死亡。本研究中的插核时期分别选取了 2 月、3 月、4 月、5 月、7 月，正是海南从旱季向雨季转变，气温和水温逐步升高的变化时期，连带着养殖水体中的生物饵料浓度等因素都发生变化，这都会对育珠母贝的生长状态发生影响。

在对不同月份插核的育珠母贝的生长性状比较中，发现从育珠母贝的生长性状来说 2 月和 3 月插核的育珠母贝相对 4 月、5 月和 7 月插核的育珠母贝，在开珠的时候个体会相对更小些。本研究所用的育珠母贝均为同一批繁育的"海优 1 号"马氏珠母贝，养殖以及插核等均在同一水域进行，之所以有这些差异，可能是由于环境因素主要是温度作用的结果。2—3 月时候的水温还处在较低的程度，在慢慢回升。此时育珠母贝的生理活性还比较低，进行插核手术后的恢复期相对较长，因此，生长速度相对缓慢。在研究中同时还发现在 4 月和 5 月插核的育珠母贝出现染病的情况远低于 2 月、3 月和 7 月。这也可能是由于水温的关系，在 4 月和 5 月时，水温基本处于马氏珠母贝的最适生长温度，此时的育珠母贝生理活性高，对各种病害的抵抗力也比较强。在 2 月和 3 月时，水温偏低，而到了 7 月后，水温又偏高，这都会引起育珠母贝的生理活性降低，造成抵抗力下降。

不同的季节，养殖水域的水化学环境、饵料浓度以及马氏珠母贝的生理活性都不相同。冬季过后水温逐渐回升，在达到 20℃以上时马氏珠母贝开始生长，性腺逐渐发育，此后开始以生殖生长为主；当水温达到 25℃时性腺已经基本发育成熟，开始进入繁殖期，通常繁殖后的马氏珠母贝十分虚弱，抵抗力差，此时不宜插核，否则插核后的育珠母贝死亡率很高，而且吐核与劣质珠的比例也会增高。在夏季，当水温达到 30℃以上时，进行插核手术的育珠母贝的死亡率和吐核率比其他时候明显增加；在冬季，由于水温低，马氏珠母贝的生理活性比较低，新陈代谢的水平低，此时进行插核手术，则育珠母贝的术后恢复时间长，珍珠囊的形成慢，这严重影响珍珠的质量。因此，马氏珠母贝的插核育珠有较强的季节性。从实验结果上也可以看出，4 月、5 月插核的育珠母贝最后得到的珍珠，在你珠层厚度、珍珠直径和珍珠重量上都与 2 月、3 月插核得到的珍珠差不多甚至有的还更大。7 月插核得到的珍珠也基本能和 3 月插核得到的珍珠持平。这说明水温对育珠母贝中的珍珠上层有很大的影响。

目前，育珠母贝贝壳的珍珠质层颜色已经是马氏珠母贝和珠母贝育种的重要指标之一。人工培育海水游离珍珠既离不开细胞小片贝也离不开育珠母贝，这二者都可能对珍珠颜色产生影响。本研究中珍珠的珠层厚度、珍珠直径、珍珠质量与育珠母贝生长性状总体是呈极显著的正相关关系，与育珠母贝的染病情况呈极显著的负相关关系。也就是说育珠母贝和珍珠的分泌速度有显著的相关性。珍珠颜色的 b 值与育珠母贝是极显著地负相关关系。珍珠距离优质白珠的色差与育珠母贝生长性状总体是负相关关系，说明育珠母贝越大，产生的珍珠距离优质白珠色差越小，质量越好。珍珠距离优质金珠的色差与育种生长性状总体是正相关关系，说明育珠母贝越小，产生的珍珠距离优质金珠色差越小，质量越好。

总之，不同的插核时期因为环境因素的差异对马氏珠母贝的珍珠培育有明显的影响，育珠贝的生长和珍珠质量间有显著的相关性，综合各方面的相关性分析结果，在海南地区4月和5月插核育珠的效果较好，育珠贝生长较快，育珠贝染病程度较轻，培育的珍珠质量较好。不过，每年的气候条件会有所变化，可能会影响研究的结果，因而本研究只是初步结果，需要进一步开展研究分析，才能得出可靠的结论。

吉富罗非鱼 HL 基因的克隆及饲料胆碱和脂肪水平、投饲频率和投喂水平对其在肝脏中表达的影响

黄秀芸，黄凯*，程远，黄清，唐丽宁

(广西大学动物科学技术学院，广西 南宁 530004)

摘　要：克隆获得吉富罗非鱼肝脂酶基因全长为1 872 bp，其中5′非翻译区(5′-UTR)为217 bp，3′非翻译区(3′-UTR)为176 bp，开放阅读框(ORF)为1 479 bp，编码493个氨基酸，序列分析表明吉富罗非鱼HL与其他物种的相似性为48.7% ~ 96.6%。为了研究饲料中胆碱和脂肪水平、投饲频率和投喂水平对吉富罗非鱼 HL 基因在肝脏中表达的丰度的影响，实验通过qRT-PCR及Real-Time PCR技术，设置19个组，饲料脂肪和胆碱水平分别为4%和500 mg/kg、4%和750 mg/kg、4%和1 000 mg/kg、8%和500 mg/kg、8%和750 mg/kg、8%和1 000 mg/kg、12%和500 mg/kg、12%和750 mg/kg、12%和1 000 mg/kg等9个组，以及采用2×5双因子实验设计两个投喂频率分别为2次/d和3次/d，每一投喂频率下分别对应投喂水平2%、4%、6%、8%、10%等10个组，饲养70 d，禁食48 h，测定吉富罗非鱼肝脏中HL的生物活性，检测在不同的饲料胆碱和脂肪水平、投饲频率和投喂水平下，HL在肝脏中表达丰度。结果显示，胆碱水平为750 mg/kg和1 000 mg/kg，饲频率为2次/d和3次/d情况下，肝脏中 HL 基因 mRNA 的表达量均随着脂肪水平的上升而呈现上升的趋势，各组间差异极显著($P<0.01$)。

关键词：吉富罗非鱼；肝脂酶；基因克隆；表达

肝脂酶是肝素化血浆中存在的一种脂酶，属于与血液循环中内源性 TG 代谢有关的酶之一，主要催化 CM(乳糜微粒)、VLDL(极低密度脂蛋白)代谢残粒及 HDL(高密度脂蛋白)中的 TG(甘油三酯)和磷脂的代谢。其主要在肝实质细胞中合成，存在于肝脏血管窦的表面。成熟的 HL 由476个氨基酸组成，分子量为53 KDa，在 HL 结构区中位于氨基端的335个氨基酸残基和羧基端的336~448个氨基酸残基与 HL 活性有很大的关联性。人 HL 基因位于

15号染色体q15-q22,全长60 kb,包括8个内含子和9个外显子。对于 HL 的基因克隆及表达量研究主要涉及在其他鱼类和饲料糖水平上,如姚煜等克隆鳜,覃川杰等人克隆瓦氏黄颡鱼,胡永乐克隆斜带石斑鱼,黄燕等人克隆中华鲟、鲢、鳙、草鱼、鲮鱼、尼罗罗非鱼和斑鳢等其他鱼类 HL 基因序列。有关鱼类营养素对 HL 在肝脏中表达活性的研究甚少,吴宏玉等研究表明鱼体肝脂酶活性随着饲料糖水平升高先上升后下降,糖水平为30%时肝脂酶活性最高($P<0.05$);岳彦峰等研究表明投喂饲料脂肪水平为6.1%~18.5%间对褐菖鲉肝脂酶活性先升后降($P>0.05$);张春暖等研究表明 HL 活性随着饲料脂肪水平的上升而显著增高($P<0.05$)。关于饲料胆碱和脂肪水平、投饲频率和投喂水平对吉富罗非鱼肝脏 HL 基因活性的研究尚未见报道。

吉富罗非鱼是遗传性状改良后的罗非鱼(Genetic Improvement of Farmed Tilapia),英文全称的词首字母缩写为 GIFT,是我国重点养殖品种。该品系具有生长速度快、出肉率高、雄性率高、抗寒性强、容易驯化、起捕率高等优点。HL 是血液循环中内源性 TG 代谢有关的酶之一,与脂肪酸合成及脂肪沉积关系密切,对 HL 基因进行研究对深入探讨鱼体脂肪肝病的作用机理有重要的意义。目前对吉富罗非鱼 HL 基因全序列克隆,及对饲料中胆碱和脂肪水平、投饲频率和投喂水平对 HL 在肝脏中表达的影响尚未见报道。本研究对吉富罗非鱼 HL 基因克隆,并应用荧光定量 PCR 检测饲料中胆碱和脂肪水平、投饲频率和投喂水平对吉富罗非鱼肝脏中 HL 基因表达丰度的影响,为探讨 HL 基因在其系统进化地位,揭示脊椎动物原始祖先基因组的结构和演化过程具有重要意义,同时为深入探讨机体脂代谢调节机制以及调控淡水鱼类脂代谢,深入探讨鱼体肝脏脂肪代谢调节机制有重要的意义,并对促进鱼类健康生长提供了新的信息。

1 材料与方法

1.1 实验设计和试剂

1.1.1 实验设计

吉富罗非鱼幼鱼购自广西水产研究所,初始平均体重为 1.12 g ± 0.02 g,初始平均体长为 3.34 cm ± 0.03 cm。实验用鱼运回后进行1周的适应性驯养。在禁食1 d后,选择体质健壮、规格均匀的吉富罗非鱼幼鱼随机养殖池内饲养,周期70 d。饲料脂肪和胆碱水平的实验参考 SC/T1025-2004 罗非鱼配合饲料行业标准设计配方,以优质进口鱼粉、豆粕、花生麸为原料,配制成等蛋白、等糖水平,不同脂肪和胆碱水平的实验日粮,共9组饲料,用面粉补足差值。实验饲料中脂肪和胆碱添加水平分别为:4%和500 mg/kg、4%和750 mg/kg、4%和1 000 mg/kg、8%和500 mg/kg、8%和750 mg/kg、8%和1 000 mg/kg、12%和500 mg/kg、12%和750 mg/kg、12%和1 000 mg/kg。投饲频率和投喂水平的实验所用饲料为广西南宁海宝路水产饲料有限公司生产的罗非鱼鱼苗膨化饲料,饲料原料主要有进口鱼粉、大豆粕、花生粕、菜籽粕、面粉和大豆油等,其主要营养成分为:粗蛋白33.4%、粗脂肪6.3%、粗纤维6.9%、粗灰分9.2%,水分10.3%、无氮浸出物30.5%、总能15.57 MJ/kg。饲料脂肪和胆碱水平的实验每天9:00和17:00各投喂一次,饱食投喂(投食在1h内吃完为宜)。投饲频率和投喂水平的实验投喂频率2次/d,投喂时间分别为09:00和18:00;投喂频率3次/d,投喂时间分别为08:00、12:00和16:00,5个投喂水平分别为2%、4%、6%、8%和10%(%为每日投喂量占实验鱼初始体重的比例)。以上实验均设3个重复,每个重复60尾鱼,养在规格为1 m×1.6 m×0.9 m水泥池中。饲养过程遵循"四定"原则即定质、定量、定时、定点和"三看"原则即看水质、看水温、看鱼情。取样前禁食24 h,随机从每池中取3尾,解剖取下鱼体肝脏并分别迅速放入取样管中,液氮冷却后转移至冰箱中-80℃保留作生物学分析。

1.1.2 主要试剂及仪器

大肠杆菌DH5α(天根生化科技(北京)有限公司)。

qCR2.1克隆载体(宝生物工程(大连)有限公司),*Taq* DNA 聚合酶、DNA 分子标准Marker、琼脂糖等相关试剂(宝生物工程(大连)有限公司、天根生化科技(北京)有限公司等);其他试剂均为进口分装或者国产分析纯试剂。仪器主要有,Biorad PCR仪、移液枪(德国Eppendorf)、离心机(美国SIGMA 1-14型号)、凝胶成像系统(HEMA GSG-200)、电子分析天平(型号)、电泳仪(DYY-6C型号)、HH-S恒温水槽(金坛市国旺实验仪器厂)、超净工作台(上海博迅实业公司)、摇床(苏州威尔)、微型旋涡混合仪(美国SIGMA 3K15型号)、冰柜(海尔)

1.2 方法

1.2.1 吉富罗非鱼 *HL* 基因 cDNA 核心片段的克隆

从吉富罗非鱼体内快速分离肝脏组织,总RNA的提取与纯化按天根公司的RNA simple Total RNA Kit(离心柱型)试剂盒推荐方法进行。cDNA 第一条链的合成按照天根公司的FastQuant RT Kit(With gDNese)试剂盒操作说明进行。根据NCBI Genbank 上公布的预测罗非鱼 *HL* 基因[XM_003442268.2]氨基酸序列的保守区域设计简并引物:HL01F、HL02R(表1),预期PCR产物片段大小为410 bp。以上述吉富罗非鱼肝脏cDNA为模板,用 *Taq* DNA 聚合酶(TaKaRa)进行PCR扩增,扩增条件为:94℃预变性4 min;然后进行25个循环反应,其温度循环条件为:94℃变性30 s,58℃退火30 s,72℃延伸1 min;循环结束后72℃再延伸10 min。-20℃保存备用。

表1 引物序列
Table 1 Primers for experiment

引物名称	引物序列(5′→3′)
HL01F	GCAACACGCTCGGCTATG
HL02R	CCCGCTTTGACGCTGACT
5′RACE HL GSP1	GCACCTTGTCCCACACATTTTCC
5′RACE HL GSP2	CAGTTTGTAAGGCATCCGAGA

续表

引物名称	引物序列(5'→3')
5'RACE Outer Primer	CATGGCTACATGCTGACAGCCTA
5'RACE Inner Primer	CGCGGATCCACAGCCTACTGATGATCAGTCGATG
3'RACE HL GSP1	GGAACAAAAGAAGAGAGTGGAGC
3'RACE Outer Primer	TACCGTCGTTCCACTAGTGATTT
3'RACE Inner Primer	CGCGGATCCTCCACTAGTGATTTCACTATAGG
HL-Y1	AGCCCTCTCTTACGATCTCCCT
HL-Y2	CAACATCAGTTCCCCCAAGTCT
Y-Actin1	CCTGAGCGTAAATACTCCGTCTG
Y-Actin2	AAGCACTTGCGGTGGACGAT

1.2.2 吉富罗非鱼 HL 基因 cDNA 全序列的克隆

根据克隆得到的吉富罗非鱼肝脏代谢功能基因 HL 的 cDNA 核心片段序列及 TaKaRa 5'Full RACE Kit 扩增试剂盒要求设计 5'RACE HL GSP1,5'RACE HL GSP2,5'RACE Outer Primer 和 5'RACE Inner Primer 由试剂盒提供(表1)。按照 TaKaRa 5'Full RCE Kit 扩增试剂盒推荐方法进行 5'RACE PCR 扩增吉富罗非鱼肝脏代谢功能基因 HL cDNA 5'末端,方法为:以提取的总 RNA 为模板,使用下游外侧特异性引物 5'RACE HL GSP1 和 HL 5'RACE Outer Primer 进行降落 PCR 反应,反应条件为:一共进行 30 个循环反应,其温度循环条件为:94℃ 4 min;94℃ 30 s,68℃ 30 s 循环 3 次,72℃ 2 min;94℃ 30 s,66.5℃ 30 s 循环 3 次,72℃ 2 min;94℃ 30 s,65℃ 30 s 循环 3 次,72℃ 2 min;94℃ 30 s,63.5℃ 30 s 循环 21 次,72℃ 2 min。循环结束后 72℃ 再延伸 10 min。反应结束后,以上述反应产物为模板,再使用下游内侧特异性引物 GSP2 和 HL 5'-RACE Inner Primer 进行降落 PCR 反应。一共进行 30 个循环反应,PCR 反应条件:94℃ 4 min;94℃ 30 s,61℃ 30 s 循环 3 次,72℃ 90 s;94℃ 30 s,59.5℃ 30 s 循环 3 次,72℃ 90 s;94℃ 30 s,58℃ 30 s 循环 3 次,72℃ 90 s;94℃ 30 s,56℃ 30 s 循环 21 次,72℃ 90 s。循环结束后 72℃ 再延伸 10 min。

3'-RACE 的操作按 TaKaRa 3'Full RACE Core Set with PrimeScriptTM RTase 扩增试剂盒要求进行。首先根据克隆得到的吉富罗非鱼肝脏代谢功能基因 HL 的 cDNA 核心片段序列及 TaKaRa 3'Full RACE Core Set with PrimeScriptTM RTase 扩增试剂盒要求设计 3'RACE HL GSP1,3'RACE Adaptor 和 3'RACE Outer Primer 引物由试剂盒提供(表1)。根据天根试剂盒推荐方法提取总 RNA,以上述 RNA 为模板,使用 3'RACE Adaptor 引物进行反转录反应,合成 cDNA 第一链。反应条件:42℃,60 min→70℃,15 min。将 cDNA 第一链作为模板使用上游外侧特异性引物(3'RACE HL GSP1)和 3'RACE Outer Primer 进行降落 PCR 反应,反应条件为:一共进行 30 个循环反应,PCR 反应条件:94℃ 4 min;94℃ 30 s,63℃ 30 s 循环 2 次,72℃ 90 s;94℃ 30 s,61℃ 30 s 循环 2 次,72℃ 90 s;94℃ 30 s,59℃ 30 s 循环 3 次,72℃

90 s;94℃ 30 s,57℃ 30 s 循环 3 次,72℃ 90 s;94℃ 30 s,55℃ 30 s 循环 20 次,72℃ 90 s。循环结束后 72℃ 再延伸 10 min。

1.2.3 PCR 产物的克隆及序列分析

PCR 产物经 2% 琼脂糖凝胶电泳纯化,进行胶回收,再与 qCR 2.1 载体连接,转化感受态 E. coli DH5α,并用上述正反向引物,通过菌液 PCR 反应检测得到阳性克隆。阳性克隆由英潍捷基(上海)贸易有限公司测序,所得序列在 NCBI 网站上 BLAST 确认。序列分析使用 vector NTI suite 10.0、Clustalx1.83、在线软件 ClustalW (http://www.ebi.ac.uk/Tools/msa/clustalw2/) 和 ExPASy(http://www.expasy.org) 进行分析,采用 MEGA 3.1 软件采用邻接法 (N – J method) 构建系统树。

1.3 吉富罗非鱼 HL 基因在肝脏中的表达

用实时相对荧光定量 PCR 方法检测不同的饲料胆碱和脂肪水平、投饲频率和投喂水平下肝脏中 HL 基因 mRNA 相对表达水平。根据吉富罗非鱼 HL 基因 cDNA 核心序列设计特异性引物 HL – Y1 和 HL – Y2(表 1),根据已发表的罗非鱼 β-actin(登录号)设计特异引物 Y – Actin1 和 Y – Actin2(表 1)作为内参基因。设 3 个重复,体系为 20 μL,反应体系为:1 μL 模板,上下游引物各 0.6 μL(10 μmol),50 × ROX Reference Dye 0.4 μL,2 × SuperReal Premix(含 SYBR Grenn I) 10 μL,RNase free H_2O 6.4 μL 补足 20 μL。PCR 扩增条件为:95℃ 预变性 10 min,95℃ 变性 15 s,60℃ 退火 30 s,72℃ 延伸 1 min,循环 40 次,60~95℃ 溶解,每 5 s 增加 1℃。实验结果将得到的各个组的 Ct 值进行均一化处理,分别以 4% 和 500 mg/kg、2 次/d 和 2% 组别的 HL 基因表达量为基准,应用 $2^{-\Delta\Delta Ct}$ 法来确定不同样品的 mRNA 的相对含量。

1.4 数据处理

实验数据用平均值 ± 标准误表示(means ± SE),数据用 SPSS 软件统计双因子方差分析(One-way ANOVA),多重比较用 LSD 进行差异显著性检验比较分析以及独立样本 t 检验,取 P 值 0.05。

2 实验结果与分析

2.1 吉富罗非鱼 HL 基因的分离与克隆

通过试剂盒提取获得吉富罗非鱼肝脏组织的总 RNA,电泳结果可以观察到清晰的 18S 和 28S 条带,说明获得了高质量的 RNA,可用于下一步的反转录实验。应用设计的特异性引物扩增 HL 基因 CDS 序列,经 RT – PCR 扩增获得约 410 bp 的特异性条带(图 1 A),与预期片段大小相符。应用 RACR 法扩增 HL 基因的 5′和 3′端,分别获得约 1 249 bp(图 1 B)和 548 bp(图 1 C)的特异性条带,与预期片段大小相符。

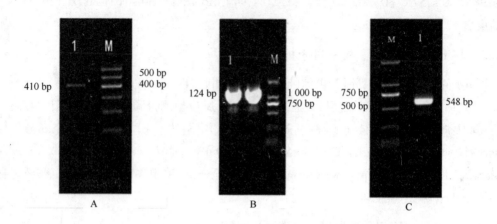

图1 吉富罗非鱼 HL 基因扩增

Fig. 1　PCR product of gift tilapia HLgene

注:A. M 为 1 kb Marker,1 为样品 HL RT - PCR 扩增产物; B. M 为 Marker II,
1 为样品 HL 基因 5' RACE PCR 产物

C.. M 为 Marker II,1 为样品 HL 基因 53' RACE PCR 产物

Note: A. M:1 kb Marker, 1:HL RT - PCR product; B. M: Marker II,1:5' RACE HL
PCR Produet ; C. M:Marker II,1:3' RACE HL PCR Produet

2.2　吉富罗非鱼 HL 基因序列分析

通过克隆、测序和序列拼接,确定斜带石斑鱼 HL 基因 cDNA 全长编码区片段大小为 1 872 bp,其中 5′非翻译区(5′ - UTR)为 217 bp,3′非翻译区(3′ - UTR)为 176 bp,开放阅读框(ORF)为 1 479 bp,编码 493 个氨基酸,蛋白质分子量为 6.310 4 kD,polyA 加尾信号为 AATAAA(图 2)。

2.3　HL 基因的序列同源性及系统进化分析

使用在线软件 ClustalW 将吉富罗非鱼 HL 氨基酸序列与鲢鱼(GenBank：FJ436082),草鱼(GenBank:FJ436064),罗非鱼(GenBank:FJ436083)., 斜带石斑鱼(GenBank:EU683733),鳜鱼(GenBank:EU719619),斑马鱼(GenBank:NM201022),真鲷(GenBank:AB252855),中华鲟(GenBank:FJ436062.1),大口黑鲈(GenBank:FJ436063),人(GenBank:NM000236),小鼠(GenBank:X58426),大鼠(GenBank:NM012597)等 HL 氨基酸进行同源性比较(表2),结果显示,吉富罗非鱼 HL 与哺乳动物同源性为 48.7% ~49.41%,与真骨鱼斑马鱼、鳜鱼、罗非鱼等同源性为 60.67%~96.6%,表明 HL 在进化中相对保守。其中吉富罗非鱼与斑马鱼 HL 氨基酸序列同源性最低,为 60.67%,与罗非鱼同源性最高,达到 96.6%。进一步显示本实验的确克隆的是吉富罗非鱼的 HL 基因。

```
1    GAAAAAAT CCC CCT TAT CCA TGA ACC ATT GCT CCT GGT GTC CCC TCT    47

48   CTT TCT CTT TAG AGT AGG GTA AAA TGA TCT GAT TTC AAT CCT CAG     92

93   GAC AGA AAT GAG GCT TCC TTA AAA ACA GCT CCT ACA TCT GCA GAC    137

138  AAA AGG CTC TCA CCT TTA AAA TCC ACA GCA CGC GCT GAA GAT TTT    182

183  CTA AGC GTG GCC AAA AGG ACC TAC CAA GCT GAC GGC ATG TTT GTG    227
                                                     M   F   V       2

228  GTC AAA GTC TTG TGG TGT TTA CTT TTA ATC TAT CAC CTC AGT GAG    272
3     V   K   V   L   W   C   L   L   L   I   Y   H   L   S   E     17

273  GGA AAG AAA ATC AAA GGA ATC AGA GCA GGT GGA GTG GAG ACA GAG    317
18    G   K   K   I   K   G   I   R   A   G   G   V   E   T   E     32

318  CAG AGG GGT GTC CTG AGG GAG AAA GAG CCT CAT GTC AGC AGT TCA    362
33    Q   R   G   V   L   R   E   K   E   P   H   V   S   S   S     47

363  ATC TTT AGG CTG TTT TTA GGA GGT GAG GAC ACC TGC ACG CTG GAC    407
48    I   F   R   L   F   L   G   G   E   D   T   C   T   L   D     62

408  CCT CTG CAG CTG CAC ACT CTC ACC TCC TGT GGC TTC AAC AGC AGT    452
63    P   L   Q   L   H   T   L   T   S   C   G   F   N   S   S     77

453  AAT CCC CTC ATC ATC ATC ACT CAT GGG TGG TCG GTG GAT GGC ATG    497
78    N   P   L   I   I   I   T   H   G   W   S   V   D   G   M     92
```

```
498  ATG GAG AGC TGG GTG ATG AGG TTA GCC ACG GCT GTG AGG ACA AAC  542
 93   M   E   S   W   V   M   R   L   A   T   A   V   R   T   N  107

543  CTG ATA GAT GCA AAT GTG GTG CTT ACA GAC TGG CTG TCG CTG GCT  587
108   L   I   D   A   N   V   V   L   T   D   W   L   S   L   A  122

588  CAG CAG CAC TAT CCA GTC GCA GTA CAG AGA ACC CGC ACT GTT GGA  632
123   Q   Q   H   Y   P   V   A   V   Q   R   T   R   T   V   G  137

633  AAA GAC ATA GCT CAC CTG CTG CAG ACG CTT CAG GAG CAC TAC AAG  677
138   K   D   I   A   H   L   L   Q   T   L   Q   E   H   Y   K  152

678  TAC CCA CTT AGA AAT GCT CAT TTG ATT GGC TAC AGC CTC GGC GCT  722
153   Y   P   L   R   N   A   H   L   I   G   Y   S   L   G   A  167

723  CAC ATC TCT GGA TTT GCT GGG AGC TTT CTG ACA GGT CAG GAG AAG  767
168   H   I   S   G   F   A   G   S   F   L   T   G   Q   E   K  182

768  ATT GGA AGA ATT ACT GGG CTT GAT CCA GCT GGT CCG CTG TTT GAA  812
183   I   G   R   I   T   G   L   D   P   A   G   P   L   F   E  197

813  GGC ATG TCT ACC ACG GAC AGA CTG TCT CCT GAT GAT GCT GAA TTT  857
198   G   M   S   T   T   D   R   L   S   P   D   D   A   E   F  212

858  GTG GAT GCC ATC CAC ACT TTC ACC CAC GAG CGT ATG GGC CTC AGT  902
213   V   D   A   I   H   T   F   T   H   E   R   M   G   L   S  227

903  GTG GGA ATT AAG CAA GCT GTG GCC CAT TAT GAC TTT TAC CCG AAT  947
228   V   G   I   K   Q   A   V   A   H   Y   D   F   Y   P   N  242
```

```
948   GGA GGA GAT TTC CAA CCA GGG TGT GAC CTG CAA AAC ATT TAC GAG   992
243    G   G   D   F   Q   P   G   C   D   L   Q   N   I   Y   E   257

993   CAC ATA TCC CAG TAC GGG ATC CTT GGC TTT GGG CAA ACA GTG AAA   1037
258    H   I   S   Q   Y   G   I   L   G   F   G   Q   T   V   K   272

1038  TGT GCC CAT GAG CGC TCC GTC CAT CTC TTC ATT GAC TCT CTG CTC   1082
273    C   A   H   E   R   S   V   H   L   F   I   D   S   L   L   287

1083  AAT AAA GAC AAG CAG AGC ATG GCC TAC AGG TGC AGC GAC AAC AGC   1127
288    N   K   D   K   Q   S   M   A   Y   R   C   S   D   N   S   302

1128  GCC TTT GAC AAG GGC GTC TGT CTG GAC TGC CGG AAG AAT CGC TGC   1172
303    A   F   D   K   G   V   C   L   D   C   R   K   N   R   C   317

1173  AAC ACG CTC GGC TAT GAT ATC AAG AAA GTC CGC ACG GGC ACC AGC   1217
318    N   T   L   G   Y   D   I   K   K   V   R   T   G   T   S   332

1218  AAG AGG CTC TAC CTG AAA ACA CGG TCT CGG ATG CCT TAC AAA CTG   1262
333    K   R   L   Y   L   K   T   R   S   R   M   P   Y   K   L   347

1263  TAT CAT TAC CAG TTC AGG ATC CAG TTC GTC AAT CAG ACG GAG AAG   1307
348    Y   H   Y   Q   F   R   I   Q   F   V   N   Q   T   E   K   362

1308  GTT GAG CCC TCT CTT ACG ATC TCC CTC ACA GGA ACA AAA GAA GAG   1352
363    V   E   P   S   L   T   I   S   L   T   G   T   K   E   E   377

1353  AGT GGA GCT GTG GAC ATC ACC TTC AAT GAA AAG ATT TCA GGT AAC   1397
378    S   G   A   V   D   I   T   F   N   E   K   I   S   G   N   392
```

```
1398  AAA ACC TTC ACC TTC CTG ATC ACC CTG GAC AGA GAC TTG GGG GAA  1442
393    K   T   F   T   F   L   I   T   L   D   R   D   L   G   E   407

1443  CTG ATG TTG CTC AAT ATG CGC TGG GAG GCA TCT CCT CTG TGG GAA  1487
408    L   M   L   L   N   M   R   W   E   A   S   P   L   W   E   422

1488  AAT GTG TGG GAC AAG GTG CAG ACC ATC ATT CCT TGG AGA ACT TGG  1532
423    N   V   W   D   K   V   Q   T   I   I   P   W   R   T   W   437

1533  GAG AGA AAA AGA CTC CTG AAT GTG GGC AAA GTC AGC GTC AAA GCA  1577
438    E   R   K   R   L   L   N   V   G   K   V   S   V   K   A   452

1578  GGC GAA ACA CAG AAG AGG ACA TCT TTC TGT TCC ATG ACA AAC GAG  1622
453    G   E   T   Q   K   R   T   S   F   C   S   M   T   N   E   467

1623  GGA CAA ATG GAA GCG TCT GAA GAC ATA GTG TTT GTA CGC TGT AAG  1667
468    G   Q   M   E   A   S   E   D   I   V   F   V   R   C   K   482

1668  GAA GAG AGA CCA AAA AGG CCC AGA AGA AAG GAC AAC TTA TAG ACT  1712
483    E   E   R   P   K   R   P   R   R   K   D   N   L   *

1713  TGT GTG GGT CAT TCT CTG AAG ATA TCA GAT GAA TGG CCC TTG AGA  1757

1758  ACA ACA ACT AAT GCG ATA AAA TTC TCC CTC CTT GAA GTT AAG TTG  1802

1803  TGT ACA TTC AGG GAG TAA CTC AGA AAA CCA TAA TTG CTG GAA AGA  1847

1848  GTG CTG AAT AAA TAT ACT GTT CTT TTC AAAAAAAAAA  1885
```

（终止密码子用"*"表示， 黑体字（AATAAA）表示加尾信号）

图 2 吉富罗非鱼 HL 基因 cDNA 全序列及推测的氨基酸序列
Fig. 2 Nueleotide sequenee and deduced amino acid sequence of gift tilapia HL gene cDNA

表2 吉富罗非鱼HL氨基酸序列与其他物种的相似性

Table 2 Identity of HL amino acid in gift tilapia with other species

物种 species	GenBank accession No.	相似性/% identity
鲢鱼 Silver carp	FJ436082	75.89
草鱼 Grass carp	FJ436064	72.19
罗非鱼 Tilapia	FJ436083	96.6
斜带石斑鱼 Epinephelus coioides	EU683733	76.52
鳜鱼 Mandarin fish	EU719619	80.89
斑马鱼 Brachydanio rerio	NM201022	60.67
真鲷 Red seabream	AB252855	79.48
大口黑鲈 Micropterus salmoides	FJ436063	84.68
中华鲟 Acipenser sinensis	FJ436062.1	60.9
小鼠 Mus musculus	X58426	49.41
大鼠 Rattus norvegicus	NM012597	48.99
人 Homo sapiens	NM000236	48.7

2.4 吉富罗非鱼HL基因系统进化树构建

应用MEGA3.1软件N-J方法构建系统发育树(图3)1 000次重复计算靴带(Bootstrap)值,结果显示吉富罗非鱼与罗非鱼聚为一支,而小鼠和大鼠聚为一支再和人聚为一支,这与传统的形态学和生化特征分类进化地位基本相一致,进一步说明克隆的为吉富罗非鱼HL基因。

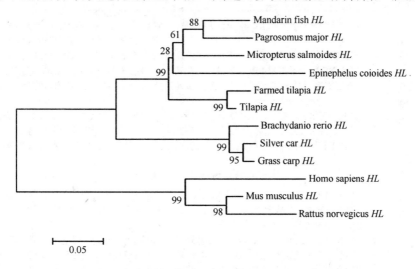

图3 根据NJ法构建的HL氨基酸序列系统树

Fig. 3 HL sequence relationship from different species was shown in a phylogenetic tree on NJ metod

2.5 吉富罗非鱼HL蛋白质特性的生物信息分析

利用在线软件ExPASy(http://web.expasy.org/cgi-bin/protparam/protparam)进行分

析 HL 基因的氨基酸组成,该蛋白含有 486 个氨基酸,其中亮氨酸含量最高(10.1%),其次是甘氨酸(7.6%),色氨酸含量最低(1.9%)。功能分析发现,HL 氨基酸理论等电点为 8.72,分子量为 55 303.3,负电荷氨基酸残基总数(Asp + Glu)为 54 个,正电荷氨基酸残基总数(Arg + Lys)为 62 个,不稳定系数 39.65,脂肪系数 84.24,总水平疏水性 - 0.328。应用 SignIP 程序对 HL 蛋白 N—末端信号肽进行预测,结果显示,吉富罗非鱼 HL 含有 30 个氨基酸信号肽。功能结构表明,吉富罗非鱼和其他鱼类 HL 基因氨基酸序列中均存在催化位点、脂质结合位点、N - 糖基化位点和保守的半胱氨酸位点(图4)。用 DNAStar 中 Protean

```
Grass       ----------------------------------------------------------
Brachydanio ---------------MKTLIKIVLCFLMISQLTDGATFQGNRA---DTEPEARMKMR--YEPKSVF 46
Silver      ----------------------------------------------------------
Farmed      VAKRTYQADGMFVVKVLWCLLLIYMLSEGKKIKGIRAGGVETEQRGVLREKEPHVSSSIF 60
Tilapia     
Mandarin    ---------------MSVVKILCCLLLTYHLNEGKKIKGNRAGVADTEQRGVLKVKEQYVSSSAF 50
Pagrosomus  ---------------MSVVKILCYLLLTYHLNEAKKTKGSRA--ADEEQRGVLKP---HVSSSVF 45
Epinephelus ---------------MSVVKILCCLLLTFHLSEEKKIKGHRA--VDAEQRVVLKEKKPYVISSVF 48
Micropterus ----------------------------------------------------------
Mus         ---------------MGN-PLQISIPLVFCIFIQSSACGQGVGTEPFGRSLGATEASKPLKKPETRF 51
Rattus      ---------------MGN-HLQISVSLVLCIFIQSSACGQGVGTEPFGRNLGATEERKPLQKPEIRF 51
Homo        ---------------MDTSPLCFSILLVLCIFIQSSALGQSLKPEPFGRRAQAVETNKTLHEMKTRF 52

Grass       ---------------------------------LPLAIIIHGWSVDGMMDKWISRLASALKS 29
Brachydanio RVYTDGEYTEDTCALELFQPHTLDACGFNSSLPLAIIIHGWSVDGMMEKWISRLASALKS 106
Silver      ----------------------------------------------------------
Farmed      RLFLGGE---DTCTLDPLQLHTLTSCGFNSSNPLIIITHGWSVDGMMESWVMRLATAVRT 117
Tilapia     ---------------------------------LPLAIIIHGWSVDGMMESWVMRLATAVRT 29
Mandarin    RLFREGE---DDCTLDPLQLHTLTSCGFNSSNPLIIITHGWSMDGMMESWVLRLATTLKT 107
Pagrosomus  GLFVEGE---ENCALDPLQLHTLTSCGFNSSNPLIIITHGWSVDGMMESWVHRLATTLKT 102
Epinephelus KMFSEGE---DNCILDPLQLHTLTSCGFNSSNPLIIITHGWSVDGMMESWVPRMATALKA 105
Micropterus ----------------------------------------------------------
Mus         LLFQDEND-RLGCRLRPQHPETLQECGFNSSQPLIMIIHGWSVDGLLENWIWKIVSALKS 110
Rattus      LLFKDESD-RLGCQLRPQHPETLQECGFNSSHPLVMIIHGWSVDGLLETWIWKIVGALKS 110
Homo        LLFGETN---QGCQIRINHPDTLQECGFNSSLPLVMIIHGWSVDGVLENWIWQMVAALKS 109

Grass       SEGS-INVVIADWLTLAHQHYPIAAQNTRIVGQDIAHLLRWLEDFKQFPLGKVHLIGYSL 88
Brachydanio SEGN-INVLIADWLTLAHQHYPIAAQNTRIVGQDIAHLLSWLEDFKQFPLGKVHLIGYSL 165
Silver      ----------------------------------------------------------
Farmed      NLID-ANVVLTDWLSLAQQHYPVAVQKTRTVGKDIAHLLQTLQEHYKYPLRMAHLIGYSL 176
Tilapia     NLID-ANVVLTDWLSLAQQHYPVAVQKTRTVGKDIAHLLQTLQEHYKYPLRMAHLIGYSL 88
Mandarin    NLID-VNVVITDWLSLAHQHYPTAAQNTRIVGKDIAHLLQSLQVHYQYPVRKAHLIGYSL 166
Pagrosomus  HLID-VNVVITDWLLLAHQHYPTAAQSTRTVGKDIAHLLQSLQVHYRFQLRKAHLIGYSL 161
Epinephelus NLID-VNVVITDWLSLAHQHYPKAAHATRTIGKDIAHLLQSLQAHYQYPVKKVHLIGYSL 164
Micropterus ----------------------------------------------------------
Mus         RQSQPVNVGLVDWISLAYQHYTIAVQNTRIVGQDVAALLLWLEESAKFSRSKVHLIGYSL 170
Rattus      RQSQPVNVGLVDWISLAYQHYAIAVRNTRVGQEVAALLLWLEESMKFSRSKVHLIGYSL 170
Homo        QPAQPVNVGLVDWITLAHDHYTIAVRNTRLVGKEVAALLRWLEESVQLSRSHVHLIGYSL 169
```

```
Grass        GAHISGFAGSNLAVSGKTLGRITGLDPAGPLFEGMSHTDRLSPEDARFVDAIHTFTQQRM 148
Brachydanio  GAHISGFAGSNLAMSGRTLGRITGLDPAGPMFEGMSHTDRLSPEDAKFVDAIHTFTLQRM 225
Silver       -------------------------------------DAKFVDAIHTFTQQRM  16
Farmed       GAHISGFAGSFLTGQ-EKIGRITGLDPAGPLFEGMSTTDRLSPDDAEFVDAIHTFTHERM 235
Tilapia      GAHISGFAGSFLTGQ-EKIGRITGLDPAGPLFEGMSPTDRLSPDDAEFVDAIHTFTHERM 147
Mandarin     GAHSAGFAGSYLEGS-EKIGRITGLDPAGPLFEGMSPTDRLSPDDAEFVDAIHTFTHERM 225
Pagrosomus   GAHISGFAGSYLEGS-EKIGRITGLDPAGPLFEGMSPTDRLSPDDAEFVDAIHTFTHERM 220
Epinephelus  GAHISGFAGSYLEGS-EKIGRITGLDPAGPLFEGMSPTDRLSPDDAEFVDAIHTFTQERL 223
Micropterus  -------------------------------------DAKFVDAIHTFTHERL  16
Mus          GAHVSGFAGSSMDGK-NKIGRITGLDPAGPMFEGTSPNERLSPDDANFVDAIHTFTREHM 229
Rattus       GAHVSGFAGSSMGGK-RKIGRITGLDPAGPMFEGTSPNERLSPDDANFVDAIHTFTREHM 229
Homo         GAHVSGFAGSSIGGT-MKIGRITGLDAAGPLFEGSAPSNRLSPDDANFVDAIHTFTREHM 228
                                                  **.*********  :::

Grass        GLSVGIKQPVAHFDFYPNGGSFQPGCQLHVQNIYSHLAQYGIMGFEQTVKCAHERAVHLF 208
Brachydanio  GLSVGIKQPVAHFDFYPNGGSFQPGCQLHMQNIYAHLAQHGIMGFEQTVKCAHERAVHLF 285
Silver       GLSVGIKQPVAHFDFYPNGGSFQPGCQLHVQNIYSHLAQYGIMGFEQTVKCAHERAVHLF  76
Farmed       GLSVGIKQAVAHYDFYPNGGDFQPGCDL--QNIYEHISQYGILGFGQTVKCAHERSVHLF 293
Tilapia      GLSVGIKQAVAHYDFYPNGGDFQPGCDL--QNIYEHISQYGILGFEQTVKCAHERSVHLF 205
Mandarin     GLSVGIKQAVAHYDFYPNGGDFQPGCDL--HNIYEHIAQYGLLGFEQTVKCAHERSVHLL 283
Pagrosomus   GLSVGIKQAVAHYDFYPNGGDFQPGCDL--QNIYEHIAQYGLLGFEQTVKCAHERSVHLF 278
Epinephelus  GLSVGIKQAVAHYDFYPNGGDFQPGCDL--HNIYEHVTQYGILGLDQTVKCAHERSVHLF 281
Micropterus  GLSVGIKQAVAHYDFYPNGGDFQPGCDL--QSIYEHIAQYGLLGFEQTVKCAHERSVHLF  74
Mus          GLSVGIKQPIAHYDFYPNGGSFQPGCHF--LELYKHIAEHGLNAITQTIKCAHERSVHPF 287
Rattus       GLSVGIKQPIAHYDFYPNGGSFQPGCHF--LELYKHIAEHGLNAITQTIKCAHERSVHLF 287
Homo         GLSVGIKQPIGHYDFYPNGGSFQPGCHF--LELYRHIAQHGFNAITQTIKCSHERSVHLF 286
             *******.:.*:*******.*****     .:* *:::*:  .: **.**:***:**  :

Grass        IDSLLNKDKQIMAYKISDNTAFDKGYCLDCRKNRCNTLGYDIKKVRTGTSKRLFLKTRSH 268
Brachydanio  IDSLLNKDKQIMAYKISDNTAFDKGNCLDCRKNRCNTLGYDIKKVRTGKSKRLFLKTRSH 345
Silver       IDSLLNKDKQIMAYKISDNTAFDKGYCLDCRKNRCNTLGYDIKKVRTGTSKRLFLRTRSH 136
Farmed       IDSLLNKDKQSMAYRCSDNSAFDKGVCLDCRKNRCNTLGYDIKKVRTGTSKRLYLKTRSR 353
Tilapia      IDSLLNKDKQSMAYRCSDNSAFDKGVCLDCRKNRCNTLGYDIKKVRTGTSKRLYLKTRSR 265
Mandarin     IDSVLNKDKQSIAYRCSDKSAFDRGVCLDCRKNRCNTLGYNIKKVRSGTSKRLYLKTRSR 343
Pagrosomus   IDSLLNEDKQSMAYRCSDNSAPVKGVCLDCRKNRCNTLGYNIRKVRSGASKRLYLKTRSR 338
Epinephelus  IDSVLNKDKQSRAYRCTDKSAFNKGVCLDCRKNRCNTLGYDIKRVRSGNSKRLYLNTRPR 341
Micropterus  IDSVLNKDKQSMAYRCSDKNAFDKGICLDCRKNRCNTLGYDIKRVRSGTSKRLYLKTRSR 134
Mus          IDSLQHSDLQSIGFQCSDMGSFSQGLCLSCKKGRCNTLGYDIRKDRSGKSKRLFLITRAQ 347
Rattus       IDSLQHSNLQNTGFQCSNMDSFSQGLCLNCKKGRCNSLGYDIRRDRPRKSKTLFLITRAQ 347
Homo         IDSLLHAGTQSMAYPCGDMNSFSQGLCLSCKKGRCNTLGYHVRQEPRSKSKRLFLVTRAQ 346
             ***::  . * .:  *  .  :*  *:* **.*:*.***  *   ** *:* **. :
```

```
Grass        MPYKLFHYQFRIQFINQTDK-IDPTLTVSLTGTLGESENLPITLVEEISGNKTLTFLITL 327
Brachydanio  MPYKLFHYQFRIQFINQIDK-IDPTLTVSLSGTLGESENLPITLVEEISGNKTFTFLITL 404
Silver       MPYKLFHYQFRIQFINQTDK-IDPTLTVSLTGTLGESENLPITLVEEISGNKTFTFLITL 195
Farmed       MPYKLYHYQFRIQFVNQTEK-VEPSLTISLTGTKEESGAVDITFNEKISGNKTFTFLITL 412
Tilapia      MPYKLYHYQFRIQFVNQTEK-VEPSLTISLTGTKEESGAVDITFNEKISGNKTFTFLITL 324
Mandarin     MPYKLYHYQFRIQFVNQMER-IKPTLTISLSGTKEESGDLPITVTETISGNKTFTFLITL 402
Pagrosomus   MPYKLJHYQFRIQFVNQMES-IEPSLTISLSGTKEESGDLSITVPETIWGNKTFTFLITL 397
Epinephelus  MPYKLFHYQFRIQFVNQTEE-MEPTLTISLTGTKEESEDLPITITEKILGNKTYTFLITL 400
Micropterus  MPYKLYHYQFRIQFVNQMER-IEPTLTISLSGTKEESAELSITITETILGRNKTFTFLITL 193
Mus          SPFKVYHYQFKIQFINQIEKPVEPTFTMSLLGTKEEIKRIPITLGEGITSNKTYSFLITL 407
Rattus       SPFKVYHYQFKIQFINQMEKPIEPTFTMTLLGTKEEIKKIPITLGEGITSNKTYSLLITL 407
Homo         SPFKVYHYQFKIQFINQTETPIQTTFTMSLLGTKEKMQKIPITLGKGIASNKTYSFLITL 406
                *:*:.****:***.**   :  .:  :*  :*  ** .:  *  .*** ::****

Grass        DTDIGDLMIMRFTWEGSPMWANMWNTVKT--------------------------- 356
Brachydanio  DTDIGDLMIMRFTWEGNPVWANMWNTVKTIIPWGKKSKGPQLTFGKITVKSGESQRKTTF 464
Silver       DTDIGDLMIMSFTWEGSHMWANMWNTVKT--------------------------- 224
Farmed       DRDLGELMLLNMRWEASPLWENVWDKVQTIIPWRTWERKRLLNVGKVSVKAGETQKRTSF 472
Tilapia      DRDLGELMLLNMHWEASPLWANMWNTVKT--------------------------- 353
Mandarin     DRDLGDLMLLKLHWEGSALWKNMWNRVQTIIPWGSRMRKPLLTVGKITSVKAGETQERTSF 462
Pagrosomus   DKDLGDLMLLKLHWEGSAMWKNVWNRVQTIIPWGSRRMKPLLSVGKITSVKAGETQERTSF 457
Epinephelus  DRDLGDLMFLNLQWERSDVWKNVWYKMQSIFVWGSQQSNPQLTVGRISIKAGETQERTSF 460
Micropterus  DRDLGDLMLLTMRWEGSALWANMWNTVKT--------------------------- 222
Mus          DKDIGELILLKFKWENSAVWANVWNTVQTIMLWGIEPHOSGLILKTIWVKAGETQQRMTF 467
Rattus       DKDIGELIMLKFKWENSAVWANVWNTVQTIMLWDTEPHYAGLILKTIWVKAGETQQRMTF 467
Homo         DVDIGELIMIKFKWENSAVWANVWDTVQTIIPWSTGPRHSGLVLKTIRVKAGETQQRMTF 466
                * *:*:*::: :  ** . .:* .*:*                  :::

Grass        ------------------------------------------------
Brachydanio  CPQTDEGMSIEMLQEKVFVRCEKQKPGGIKHTHLRHFHIQSDLSFWMGDS 514
Silver       ------------------------------------------------
Farmed       CSMTNEGQ-MEASEDIVFVRCKEERPKRPRRKDNL-------------- 506
Tilapia      ------------------------------------------------
Mandarin     CVMTNDGQHVEVWQDKVFVRCKKDTPKQHRRKHNQ-------------- 497
Pagrosomus   CAMTNEDQQVEVSQDKVYVRCKEETQKQRRRKHNRLVREP--------- 497
Epinephelus  CAMNDDGQHMEELADKVFVRCKEDKPRHRRRKQH--------------- 494
Micropterus  ------------------------------------------------
Mus          CPENLDDLQLHPSQEKVFVNCEVKSKRLTESKEQMSQETHAKK------ 510
Rattus       CPDNVDDLQLHPTQEKVFVKCDLKSKD--------------------- 494
Homo         CSENTDDLLLRPTQEKIFVKCEIKSKTSKRKIR--------------- 499
```

图 4 吉富罗非鱼与其他物种 HL 氨基酸序列的多重比对

Fig. 4 Gift tilapia and analysis of amino acid sequence of HL in buffalo and other species

(相同的氨基酸"*"标出,脂质结合位点用双线方框表示,保守的半胱氨酸位点用双向箭头表示,信号肽用下划线表示,多肽"盖"用大括号标出,推测的糖基化位点用单线框表示,""标出 N-末端和 C-末端界限)

程序进行蛋白质的二级结构分析和高级结构进行了预测分析,结果见图5。由图5可知,吉富罗非鱼 HL 蛋白质二级结构包含134个 α-螺旋(26.48%),56个 β-折叠(11.07%),135个延伸带(26.68%)和181个无规则卷曲(35.77%)。

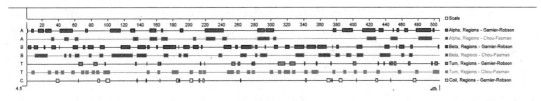

图5 吉富罗非鱼 HL 蛋白质二级结构预测

Fig. 5 Secondary structure of gift tilapia HL protein

2.6 饲料胆碱和脂肪水平、投饲频率和投喂水平对吉富罗非鱼肝脏 HL 基因表达分析

以 β-actin 为内参基因,应用 RT-QPCR 技术检测不同的饲料胆碱和脂肪水平、投饲频率和投喂水平下吉富罗非鱼肝脏 HL 基因的表达情况,结果显示胆碱水平分别为750 mg/kg 和1 000 mg/kg 时,吉富罗非鱼肝脏 HL 基因表达量随着脂肪水平(4%、8%和12%)的上升而增加,其中4%、8%和12%组间差异极显著($P<0.01$)。当投饲频率分别为2次/d 和3次/d 时,吉富罗非鱼肝脏 HL 基因表达量随着脂肪水平(2%~10%)的上升而增加,各组间差异极显著($P<0.01$)。

胆碱	脂肪含量		
HL	4%	8%	12%
750 mg/kg	0.71±0.13^a	0.81±0.24^b	1.52±0.11^c
1 000 mg/kg	0.93±0.15^a	1.02±0.28^b	3.04±0.43^c

图6 吉富罗非鱼肝脏 HL 活性与饲料胆碱和脂肪水平的关系

Fig. 6 Relationship between expression of liver HL activities and dietary Ach levels with lipid levels of GIFT

投喂频率	脂肪含量				
HL	2%	4%	6%	8%	10%
2次/d	—	0.89±0.56^a	1.09±0.70^b	1.02±0.11^c	1.18±0.89^d
3次/d	1.34±0.63^a	1.61±0.34^b	1.68±0.66^c	1.71±0.72^d	1.84±0.15^e

图7 吉富罗非鱼肝脏 HL 活性与投饲频率和投喂水平的关系

Fig. 7 Relationship between expression of liver HL activities and feeding frequency and feeding level of GIFT

3 讨论

鱼类饲料中适当的脂肪、胆碱含量以及合理的投喂水平及频率可以促进鱼类健康生长,降低饲料系数,降低脂肪沉积。肝脂酶作为甘油三酯脂酶基因家族之一,在脂类代谢过程直接发挥重要的作用。本研究成功克隆吉富罗非鱼 HL 基因 cDNA 全序列,基因全长为 1 872 bp,其中完整的开放阅读框为 1 479 bp,编码 493 个氨基酸,构成一个含有 30 个氨基酸信号肽的蛋白质,分子量为 55 303.3 Da。本实验克隆得到的 HL 基因未发现跨膜区结构,而具一含有 30 个氨基酸信号肽的蛋白质,这充分表明吉富罗非鱼 HL 是一个分泌性蛋白。HL 氨基酸序列对比发现,吉富罗非鱼与大口黑鲈、真鲷和鲢鱼等硬骨鱼类均发现 N-糖基化位点、脂质结合位点等保守区域,通过氨基酸序列对比显示,吉富罗非鱼肝脏 HL 基因具有较高的保守性,同时表明克隆到的序列即为吉富罗非鱼 HL 基因,为后续肝脏中 HL 基因实时荧光定量 PCR 实验提供了有利的条件。系统进化树显示,鱼类 HL 基因与哺乳动物(人、小鼠、大鼠)氨基酸序列同源性不大,且独立分支,这表明 HL 基因在鱼类出现以前已经和祖先基因出现分歧。

  吉富罗非鱼 HL 基因二级结构预测显示无规则卷曲在二级结构中占最多分量,因此推测无规则卷曲是吉富罗非鱼 HL 最大量的二级结构原件而 α-螺旋和延伸带散布于整个蛋白中。Dugi 等发现,人的肝脂酶有一 22 个氨基酸残基的环形结构域(Loop),该结构域像一个"盖子"盖在肝脂酶活性位点上,并与脂质相结合,决定底物的特异性。我们在吉富罗非鱼及其他鱼类中均能找到这一"多肽"盖",该特殊结构表明 HL 具有决定底物特异性的作用。HL 基因属于 N-连接糖蛋白类,但不同的物种所具有的潜在的 N-糖基化位点(Asn-Xaa-Ser/Thr)的数目和位置不一定相同。吉富罗非鱼 HL 含有 3 个潜在的糖基化位点,其中的吉富罗非鱼一个 N-糖基化位点(N393)发现所进行氨基酸多重性对比的物种均保守存在。

  氨基酸序列同源性比较显示,吉富罗非鱼 HL 基因与哺乳动物同源性不大(48.7% ~ 49.41%),与斑马鱼(60.67%)和中华鲟(60.9%)较其他真骨鱼类相比同源性较低,与罗非鱼同源性最高(96.6%),这与其亲缘远近关系相一致。

  本研究应用 RT-QPCR 技术检测了饲料胆碱和脂肪水平、投饲频率和投喂水平对 HL 基因在肝脏中表达的影响,结果显示胆碱水平为 750 mg/kg 和 1 000 mg/kg,饲频率为 2 次/d 和 3 次/d 情况下,肝脏中 HL 基因 mRNA 的表达量均随着脂肪水平的上升而呈现上升的趋势,各组间差异极显著($P < 0.01$),说明饲料脂肪水平显著促进吉富罗非鱼 LPL 基因表达,本研究结果与前人对肝脏中 HL 基因 mRNA 表达规律研究一致,进一步说明高脂饲料对鱼类肝脏 LPL mRNA 表达有诱导调控作用。总之,本研究成功克隆了吉富罗非鱼 HL 基因全序列及分析了在不同饲料胆碱和脂肪水平、投饲频率和投喂水平下其在肝脏中的表达规律,为对吉富罗非鱼的健康养殖,预防脂肪肝从分子水平上提供依据。

参考文献

贺艳辉,张红燕,龚赟翀,等.2009.我国罗非鱼养殖品种及养殖发展分析[J].水产养殖,(2):12-14.
胡永乐,梁旭方,李观贵,等.2010.斜带石斑鱼肝脂酶和脂蛋白脂酶基因克隆与序列分析[J].暨南大学学报(自然科学版),31(5):520-527.
黄燕,梁旭方,王琳,等.2010.中华鲟及六种淡水养殖鱼类脂蛋白脂酶和肝脂酶基因克隆及系统进化分析[J].动物学研究,31(3):239-249.

覃川杰,陈立侨,李二超. 2013. 瓦氏黄颡鱼肝脂酶基因 cDNA 序列的克隆与序列分析[J]. 福建农林大学学报(自然科学版),42(3):302-306.

吴宏玉. 2012. 饲料糖水平对吉富罗非鱼生长和生理机能的影响[D]. 广西:广西大学.

姚煜,梁旭方,李光照,等. 2009. 鳜脂蛋白脂酶和肝脂酶基因结构与组织表达[J]. 中国水产科学,16(4):506-516.

岳彦峰,彭士明,施兆鸿,等. 2012. 饲料脂肪水平对褐菖鲉生长、肠道消化酶及主要脂代谢酶活力的影响[J]. 南方水产科学,8(6):50-55.

张春暖,王爱民,刘文斌,等. 2013. 饲料脂肪水平对梭鱼脂肪沉积、脂肪代谢酶及抗氧化酶活性的影响[J]. 中国水产科学,20(1):108-115

张蕊,等. 2006. 肝脂酶的合成、结构和功能. 中国分子心脏病学杂志,6(2):56-62.

amrie Z,TEboull,et al. 1996. Fatty acids regulate the expression of lipoprotein lipase gene and activity in predipose and adipose cells[J]. J Biodican,314:541-546.

Amrie Z,Teboul L,Vanniier C,et al. 1996. Fatty acids regulate the expression of lipoprotein lipases gene and activity in presdipose and adipose cells[J]. J Biodican,314:541-546.

Asn-Xaa-Ser/Thr)(Struck DK,Lennarz WJ. 1980. The function of saccharide-lipids in synthesis of glycoproteins[C]// Lennarz W J. The Biochemistry of Glycoproteins and Proteoglycans. New York:Plenum Publishing Corp,35-84.

DUGIKA,VAISMANBL,SAKAIN,et al. 1997. Adenovirusm ediated expression of hepatic lipase in LCAT transgenicmice[J]. J Lipid Res,38(9):1822-1832.

Kobayshi J,Hashimotoh,Fukama Chi,et al. 1996. Lipaoprotein lipase mass and activity in severe hypertrigly ceridemia[J]. J Biodican,314:541-546.

苗种培育
与健康养殖

葡萄牙牡蛎工厂化人工育苗技术

巫旗生[1]，曾志南[1*]，宁岳[1]，祁剑飞[1]，文宇[1,2]

(1. 福建省水产研究所，福建 厦门 36013；2. 湖南农业大学 动物科学技术学院，湖南 长沙 410128)

摘 要：本文报道了葡萄牙牡蛎工厂化人工育苗技术，包括亲贝促熟、饵料培养、幼虫和稚贝培育等。葡萄牙牡蛎受精卵的卵径约 60 μm，在水温 25.3℃、盐度 26.5 及 pH 8.2 条件下受精卵经过 16 h 左右发育为 D 形幼虫；幼虫经 14～21 d 培育进入变态附着期，幼虫培育过程投喂饵料为金藻、小球藻、角毛藻和骨条藻；采用聚丙烯塑料片作为幼虫变态附着的附苗器。同时，筛选出葡萄牙牡蛎受精卵孵化及幼虫生长的适宜环境条件，进行了不同饵料投喂效果及不同附苗器的附苗效果实验。

关键词：葡萄牙牡蛎；人工育苗；工厂化

葡萄牙牡蛎(*Crassostrea angulata*)又称福建牡蛎，隶属软体动物门(Mollusca)、双壳纲(Bivalvia)、珍珠贝目(Pterioida)、牡蛎科(Ostreidae)、巨蛎属(*Crassostrea*)。葡萄牙牡蛎具有壳薄、生长快、产量高等优点，是我国重要的海水养殖贝类之一。

福建省牡蛎养殖历史悠久，养殖面积和产量位居全国首位。2012年，福建葡萄牙牡蛎养殖面积 3.53×10^4 hm²，占全国牡蛎养殖面积的 27.12%；养殖产量 147.64×10^4 t，占全国牡蛎产量的 37.39%。福建葡萄牙牡蛎苗种的生产方式主要有两种，即人工育苗和海区采苗。目前，国内外牡蛎人工育苗技术研究主要集中在太平洋牡蛎[5]、近江牡蛎[6]、大连湾牡蛎[7]等品种，未见葡萄牙牡蛎人工育苗技术的相关研究报道。本课题组从2008年起就开展了葡萄牙牡蛎人工育苗生产技术研究，包括亲贝促熟、饵料培养、幼虫与稚贝培育，在育苗方法及附苗器选择方面有所创新，建立了一整套葡萄牙牡蛎工厂化人工育苗技术与工艺。本文报道了葡萄牙牡蛎工厂化人工育苗技术，为葡萄牙牡蛎苗种规模化生产提供技术资料。

1 材料与方法

1.1 材料

1.1.1 实验场所和主要设备

实验于2014年6月10日在漳浦县泽康水产科技有限公司下属台裕育苗场进行。育

---

* 基金项目：现代农业产业技术体系建设专项(nycytx-47)、国家科技基础条件平台建设项目(水产种质资源平台)和福建省种业创新与产业化工程项目．

作者简介：巫旗生(1984-)，男，研究实习员，硕士，研究方向：水产动物遗传育种．E-mail：583036064@qq.com

通信作者：曾志南，E-mail：xmzzn@sina.com

池面积 360 m²(36 m² 10 口),饵料培养池面积 1 020 m²(其中 18 m² 10 口,21 m² 40 口),并配套水、气等设施。实验、生产用海水来自浮头湾后江港,通过水泵抽入蓄水池。

1.1.2 亲贝来源

实验、生产亲贝取自石狮深沪湾海区吊养的 1～2 龄葡萄牙牡蛎,壳高 7～8 cm,平均体重 85.66 g。挑选活力好、体质健壮、无损伤的个体作为亲贝。将取回的亲贝去除附着物并洗刷干净后,暂养于土池中促熟。

1.2 方法

1.2.1 亲贝促熟培育

葡萄牙牡蛎亲贝暂养于厦门小嶝水产科技有限公司土池中促熟,定期取样观察亲贝肥满度,并镜检精、卵发育情况,记录水温、盐度、pH 等水质指标。

1.2.2 人工授精及孵化

将葡萄牙牡蛎右壳打开,取出软体部,再挑选性腺饱满、成熟度好的个体作为亲体。一般根据软体部颜色可判断雌雄,雌性呈淡黄色,雄性呈乳白色,也可采用显微镜或滴水法区分雌雄。将挑选出的雌雄个体分开,在海水中洗卵、洗精,并用 300 目筛绢网过滤杂质。卵子在海水中浸泡 0.5 h 后,加入适量的精子,精子浓度以每个卵子周围有 3～4 个精子为宜。待卵子受精之后(水温 20℃,受精 30 min;水温 25℃,受精 15 min),将受精卵倒入育苗池中孵化,育苗池水位 0.5 m,孵化密度为 5～10 ind/mL,微充气。

1.2.3 幼虫培育

在水温 25.3℃、盐度 26.5 及 pH 8.2 条件下,葡萄牙牡蛎的受精卵经 16 h 左右发育为 D 形幼虫,此时将育苗池的水位加至 1 m,经 4～5 d 左右发育为壳顶幼虫,再将育苗池的水位加满。由于受精卵采用大水体孵化,孵化密度较低,且严格控制精子的数量,因此不需要去除池水表面泡沫等,可直接加水培育。控制幼虫培育密度:前期为 3～5 ind/mL,中后期为 1～2 ind/mL。幼虫前期投喂小球藻和金藻,投喂密度为 $(1～2.5)\times 10^4$ cell/mL,中后期(幼虫壳长 130 μm 以上)投喂小球藻、金藻、角毛藻和骨条藻,投喂密度 $(3～10)\times 10^4$ cell/mL,早、晚各投喂一次。幼虫培育至中期应分池降低培育密度,培育期间池水中每周添加 2.5 mg/L EDTA,并投入光合细菌抑制细菌繁殖,幼虫培育采用不换水培育方法。

1.2.4 变态附着及稚贝培育

葡萄牙牡蛎幼虫培育 14～21 d,壳长达到 310～330 μm,开始出现眼点。当幼虫的眼点率达到 50%,且足部伸出体外时即投放附苗器。附苗器采用聚丙烯塑料片制作而成,每串 10 条,每条 9 片塑料片。将成串塑料片垂挂在水体中,投放密度为 10 串/m³。幼虫附着变态需要 2 d,2 d 后排光池水再注入新水,附苗密度以 80～100 个稚贝/片为宜。稚贝培育以投喂小球藻、扁藻和角毛藻为主,辅以金藻和骨条藻,一般在室内培育 7～10 d 后出苗。

1.2.5 饵料生物培育

饵料生物的保种及一级培养应在专门的藻种室中进行;二级培养在 20 L 饮用水桶中进

行;三级培养在室外水泥池(10 m²/口)或 150 L 白桶中进行。葡萄牙牡蛎浮游幼虫及稚贝培育所用饵料以金藻、小球藻、角毛藻为主,以骨条藻和扁藻为辅。

2 结果

2.1 繁殖季节和亲贝促熟

福建葡萄牙牡蛎自然海区繁殖季节为每年的 4—9 月,繁殖盛期为 5 月上旬至 6 月下旬,此时水温一般达到 22～25 ℃。葡萄牙牡蛎 1 龄就达到性成熟,雌性性腺呈淡黄色,雄性呈乳白色。葡萄牙牡蛎的卵为分期成熟、分批产出,一般壳长 7～8 cm 的雌性成熟个体的怀卵量为 500 万～1 000 万颗。本实验将性腺不饱满甚至几无性腺的亲贝移入土池中育肥,土池水温变化范围为 21～29.5 ℃,育肥周期 40 d。育肥过程中每隔 7 d 检查亲贝性腺饱满情况,40 d 后亲贝性腺饱满几乎覆盖整个软体部,此时即可进行人工育苗。

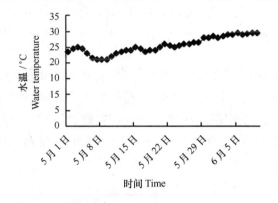

图 1 土池育肥的水温变化情况

Fig. 1 Water temperature changes in earthen pond fattening

2.2 孵化率和幼虫培育

2.2.1 温度、盐度对孵化率影响

2014 年 6 月 10 日,实验共选用 20♀、5♂ 亲贝进行人工授精和育苗。葡萄牙牡蛎受精卵卵径为 60 μm 左右,本实验获得受精卵 1.2 亿颗,受精率为 84.15%。受精卵在水温 25.3 ℃、盐度 26.5、pH 8.2 条件下,经 16 h 左右发育为 D 形幼虫,孵化率为 90.24%(表 1)。

表 1 葡萄牙牡蛎亲贝产卵及孵化

Tab. 1 Spawning and hatching of *Crassostrea angulata*

时间	亲贝数量/个	亲贝平均体质/g	水温/℃	产卵总数/10⁸	受精卵卵径/μm	受精率/%	孵化时间/h	孵化率/%	初孵 D 形幼虫壳长/μm
2014-06-10	25	85.66	25.3	14.2	50～70	84.15	16	90.24	70～80

实验采用相同受精率(84.15%)的葡萄牙牡蛎受精卵,观察了不同水温对受精卵孵化率的影响(图2)。结果显示,在水温25~31℃条件下,随着温度的升高,胚胎发育速度越快,且孵化率较高,达到了71.67%~91.75%;当水温达到34℃,胚胎发育速度变慢,甚至出现停止,且孵化率较低,只有5.88%。

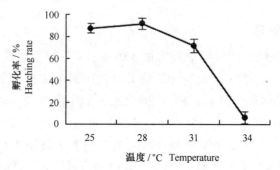

图2 水温对胚胎孵化率的影响(盐度26.5,pH 8.2)

Fig. 2 Effect of water temperature on hatching rate(S = 26.5,pH 8.2)

在相同受精率(84.15%)的条件下,观察了不同盐度对葡萄牙牡蛎受精卵孵化率的影响(图3)。结果显示,盐度35时,胚胎发育速度变慢,孵化率为35.94%;盐度15时,胚胎发育出现停止,大多停留于4、8细胞期,受精卵的孵化率最低,只有2.27%。盐度在20~30之间的受精卵孵化率较高,达到了82.03%~89.84%。由此可见,葡萄牙牡蛎胚胎发育适宜的盐度范围为20~30。

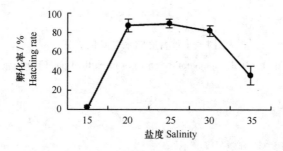

图3 盐度对胚胎孵化率的影响(水温25.3℃,pH 8.2)

Fig. 3 Effect of salinity on hatching rate(t = 25.3℃,pH 8.2)

2.2.2 幼虫培育

在水温25.3℃条件下,葡萄牙牡蛎受精卵经过16 h左右发育为D形幼虫,初孵D形幼虫壳长为70~80 μm。葡萄牙牡蛎浮游幼虫前期(1~10 d)生长速度缓慢,平均壳长日增长6 μm左右;当幼虫壳长大于130 μm后,进入壳顶幼虫期,此时生长速度加快,平均壳长日增长达到20 μm以上;当幼虫进入壳顶幼虫后期,平均壳长日增长可达30 μm以上。随着幼虫生长速度加快,个体大小差异越明显。在一定的水温、盐度范围内牡蛎幼虫浮游期随水温升高而缩短,一般在 14~21 d。当幼虫壳长达 320 μm 左右时,可观察到眼点,且有足部伸出,此时幼虫开始附着变态为稚贝。稚贝摄食量较大,生长速度较快,平均壳长日增长达到 80 μm 以上。图 4 为 2014 年葡萄牙牡蛎工厂化人工育苗的浮游幼虫生长及存活情况。实验共获得初孵 D 形幼虫 1.08 亿个,培育至变态幼虫 0.71 亿个,成活率为 66.01%。

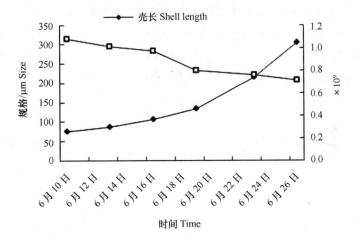

图 4　葡萄牙牡蛎幼虫的生长(水温 25.3~27.2℃,
盐度 25.2~26.5,pH 8.08~8.31)

Fig. 4　Larval growth of *Crassostrea angulata* (t = 25.5~27.2℃, S = 25.2~26.5, pH 8.08~8.31)

实验观察了不同水温对葡萄牙牡蛎幼虫生长和存活的影响(图 5),结果显示,水温 25~31℃,幼虫生长速度较快,平均壳长日增长达到 14.05~14.54 μm,存活率逐渐降低。当水温 31℃ 时,幼虫存活率显著下降,水温 34℃ 时幼虫全部死亡。

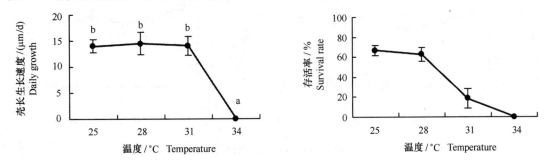

注:标有不同小写字母者表示组间有显著性差异($P<0.05$)
Note: The means with different letters are significant differences at the 0.05 probability level

图 5　水温对幼虫生长和存活率的影响
Fig. 5　Effect of water temperature on larval growth and survival rate

不同盐度对葡萄牙牡蛎幼虫生长和存活的影响实验结果显示(图 6),盐度 25 实验组的平均壳长日增长率明显大于其他实验组,盐度 15 实验组则明显小于其他实验组。当盐度在 20~30,幼虫存活率较高,达到了 66.11%~70.56%;而盐度 15 和 35 实验组存活率较低,分别只有 12.78%、21.11%。因此,葡萄牙牡蛎浮游幼虫培育适宜的盐度范围为 20~30。

投喂不同单胞藻饵料对葡萄牙牡蛎浮游幼虫生长和存活影响的实验结果显示(图 7),投喂金藻、金藻+角毛藻、金藻+小球藻及小球藻+角毛藻的实验组生长较单独投喂小球藻、角毛藻的实验组生长快。在存活率方面,单独投喂金藻的实验组存活率最高,达到了 72.65%;而投喂小球藻+角毛藻的实验组存活率最低,只有 41.22%。

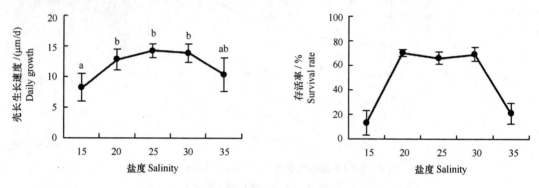

注:标有不同小写字母者表示组间有显著性差异($P<0.05$)
Note:Means with different letters are significant differences at the 0.05 probability level

图 6 盐度对幼虫生长和存活率的影响

Fig. 6 Effect of salinity on larval growth and survival rate

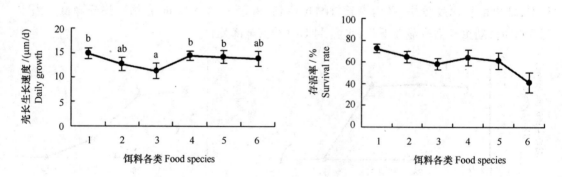

图 7 不同饵料对幼虫生长和存活率的影响

Fig. 7 Effect of different algae species on larval growth and survival rate

1. 金藻,2. 小球藻,3. 角毛藻,4. 金藻+角毛藻,5. 金藻+小球藻,6. 小球藻+角毛藻

1. *Isochrysis galbana*, 2. *Chlorella vulgaris*, 3. *Chaeroeeros moelleri*, 4. *I. galbana* + *C. moelleri*,
5. *I. galbana* + *C. vulgaris*, 6. *C. vulgaris* + *C. moeller*

注:标有不同小写字母者表示组间有显著性差异($P<0.05$)
Note:Means with different letters are significant differences at the 0.05 probability level

2.3 变态附着及稚贝培育

葡萄牙牡蛎幼虫生长到320 μm左右时出现眼点,进入变态期。当幼虫变态成稚贝后,其生长速度加快,摄食量增大,平均壳长增长可达到80 μm以上。经过2 d附着及5~8 d的稚贝培育即可出苗,移到海区养殖。2014年在室内育苗池中采用塑料片附苗,共获得葡萄牙牡蛎稚贝315万个,幼虫附着率31.55%。

不同附苗器附着实验(图8)结果表明,不同附苗器加盖遮阳网的附苗数量均高于未加盖遮阳网的附苗数量;无论是否加盖遮阳网,牡蛎壳附苗器的附苗数量均高于薄膜和塑料片的附苗数量,薄膜的附苗数量最低。

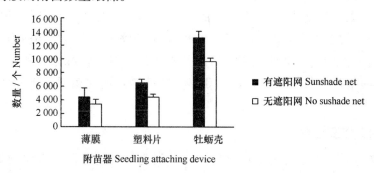

图8 不同附苗器附着效果比较(水温29.0~30.8℃, 盐度26.2~28.1,pH 8.15~8.23)

Fig. 8 Results of collecting the seedlings at different attaching device (t = 29.0~30.8℃, S = 26.2~28.1, pH 8.15~8.23)

3 讨论

3.1 水质调控

育苗水质的好坏是牡蛎工厂化人工育苗成败的关键,由于采用不换水的幼虫培育方法,因此育苗用海水必须保持水质稳定,定期检测育苗池水质情况,确保水温、盐度、pH等保持在适宜的范围内。本实验表明水温、盐度对葡萄牙牡蛎工厂化人工育苗过程有明显的影响,水温、盐度的过高或过低,都可导致受精卵的孵化率及幼虫生长速度和培育密度的显著降低,这与 Bayne B L 对紫贻贝幼虫培育的研究结果一致。此外,育苗池水中应定期投放光合细菌来抑制有害细菌繁殖,以促使幼虫健康快速生长,提高葡萄牙牡蛎工厂化人工育苗的成功率。

3.2 幼虫培育

葡萄牙牡蛎浮游幼虫培育周期一般在14~21 d,是整个葡萄牙牡蛎工厂化人工育苗过程中最重要的一个环节。葡萄牙牡蛎受精卵的孵化密度为10~20 ind/mL,幼虫早期培育密度为3~5 ind/mL,进入中后期应进行分池使幼虫培育密度保持为1~2 ind/mL。幼虫前期生长速度较慢,壳长日均生长 6 μm 左右,进入中后期,生长速度加快,壳长日均生长可达 30 μm 左右。但随着幼虫个体增大及生长速度加快,会出现幼虫个体大小不均匀,因此需要及时进行幼虫分选,确保附着整齐,提高变态附着率。

3.3 饵料投喂

葡萄牙牡蛎人工育苗使用的饵料包括金藻、小球藻、角毛藻、骨条藻等,金藻培育密度为 $(50\sim150)\times10^4$ cell/mL、小球藻培育密度为 $(500\sim1\,000)\times10^4$ cell/mL、角毛藻培育密度为 $(30\sim50)\times10^4$ cell/mL、骨条藻培育密度为 $(20\sim40)\times10^4$ cell/mL。整个人工育苗过程的饵料投喂量由少到多,特别是幼虫变态附着之后,饵料投喂量大,因此,饵料生物应保持足够有数量和密度来保障幼虫及稚贝的正常生长发育。幼虫早期及附着变态期应投喂金藻,其他阶段可以混合投喂金藻、小球藻、角毛藻、骨条藻等。饵料生物应新鲜、无老化、无污染,投喂量可根据幼虫或稚贝的摄食情况及水体残留饵料情况来调整。一般浮游幼虫培育期间饵料投喂量为 $(1\sim10)\times10^4$ cell/mL,稚贝培育期间饵料投喂量为 $(10\sim30)\times10^4$ cell/mL。

3.4 附苗器的选择及出苗

目前,葡萄牙牡蛎人工育苗生产一般采用牡蛎壳作为附苗器。本课题组采用聚丙烯塑料片作为附苗器,其附苗效果虽稍逊于牡蛎壳,但塑料片具有体积小、重量轻、可重复利用及幼贝易剥离等优点。因此,在生产上应结合附苗器的特点与养殖方式选择适合的附苗器。

稚贝经过 $7\sim10$ d 的培育,生长到壳长 1 mm 左右即可出苗。出苗前,应将室内育苗池的池水排干,让稚贝干露进行炼苗操作,此过程可以有效提高稚贝下海后的成活率。由于稚贝较小,下海前应用网袋装好,整袋挂养于海上,以免被一些鱼类摄食。此外,稚贝下海应错开藤壶繁殖高峰期,从而确保贝苗安全、健康、快速的生长。

参考文献

蔡英亚,刘志刚,何永养.1989.近江牡蛎的人工育苗[J].海洋科学,(1):53-56.
梁广耀,陈生泰,许国领.1983.近江牡蛎人工育苗实验报告[J].海洋科学,(5):41-43.
刘海涛,徐志明,董占武.1994.大连湾牡蛎人工育苗技术参数的研究[J].海洋湖沼通报,(1):37-42.
农业部渔业局.2013.中国渔业年鉴[M].北京:中国农业出版社.
王如才,王昭萍,张建中.1993.海水贝类养殖学[M].青岛:中国海洋大学出版社.
巫旗生,宁岳,曾志南,等.2013.福建沿海葡萄牙牡蛎养殖群体遗传多样性的 AFLP 分析[J].上海海洋大学学报,(3):328-333.
巫旗生,宁岳,曾志南,等.2014.福建沿海牡蛎养殖群体的多重种类特异性 PCR 分析和形态参数比较[J].福建水产,36(1):7-13.
曾志南,宁岳,林向阳,等.2011.福建牡蛎养殖业发展现状与对策[J].海洋科学,35(9):112-118.
Bayne B L. 1965. Growth and delay of metamorphosis of the larvae of *Mytilus edulis*(L.) [J]. Ophelia, 2(1): 1-47.

循环水系统中 5 种常用滤材氨氮转化为硝酸盐的处理效果比较

唐棣,战欣,石耀华,顾志峰,王爱民[*]

(热带生物资源教育部重点实验室,海南省热带水生生物技术重点实验室,
海南大学海洋学院,海南 海口 570228)

生物处理方法是目前水产养殖废水处理和养殖污染控制的一个重要趋势。这类方法对环境友好,费用低,是一项有发展前途的绿色养殖废水处理技术。生物膜法是生物处理的一个重要方式,其生物滤池的主要滤料有碎石、卵石、焦炭、煤渣、塑料、蜂窝等,它在使用前一个月左右开始用海水冲刷运转并接种培养生物,使滤料上形成一层明胶装的生物膜,这层生物膜主要包括有氧细菌,原生动物等,海水在微生物的作用下可以对有害物质进行降解与转化。除了生物膜法,种植耐盐植物也是处理养殖废水的一种有效手段,使用耐盐植物作为生物滤器以去除海水养殖中的营养盐有很高的去除效率,同时这些作物自身的经济价值也可以增加养殖者的收入,适合在发展中国家和不发达地区使用。

氮在海水中的存在形式包括无机氮和有机氮化合物,而无机氮又分为氨态氮、亚硝酸盐氮和硝酸态氮,这三态氮是可以相互转换的。养殖水体中死亡或衰老的藻类细胞自溶以及细菌活动都会使原来以颗粒状结合着的大部分有机氮以 $NH_4^+ - N$ 的形式释放到水中,且养殖生物排泄的可溶性无机氮也以 NH_4^+ 为主,$NH_4^+(NH_3)$ 对生物的毒性通常表现在对水生生物生长的抑制,降低鱼虾贝类的产卵能力,损害鳃组织而引起死亡。已有报道证实,鱼类对 NH_4^+ 的容忍上限是 0.025 mg/L,虾苗对 NH_4^+ 的容忍上限是 0.023 mg/L,而且 NH_4^+ 的毒性随 pH 的增大而增大,也随水中溶解氧的减少而增大。另外,如果水中 $NO_2 - N$ 的浓度较高,会使养殖生物的抵抗力下降,长期作用会抑制生长,死亡率上升,破坏组织器官,其作用机理可能是环境中高浓度的 $NO_2 - N$ 会导致虾体内的 PO,SOD 和溶菌酶活性下降,使生物体内自由基过氧化物增多,抵抗力下降,从而导致代谢混乱,生理功能失调。硝酸盐只有在较高浓度时才能对养殖生物产生毒害作用,敏感的淡水种群和海洋生物能忍受的最高浓度分别为 2 mg/L 和 20 mg/L(Camargo et al.,2005)。因此,水产养殖系统,尤其是很少换水的半封闭系统和封闭系统中积累的大多数营养如氮、磷,只有 10% ~ 35% 会在生物体内被转化,剩下的就融入水中(Lemarié et al.,1998;Hargreaves,1998)。这样,生物体新陈代谢产生的氮、磷需要最终被转换为硝酸盐,如果废水未经过滤就离开养殖系统,那么废水中的硝酸盐和磷就会使周围的生态环境富营养化。

---

[*] 资助项目:国际科技合作项目(2012DFG32200,2013DFA31780)、863 项目(2012AA10A414)、国家自然科学基金(41076112;41366003)。
作者简介:唐棣,女,硕士研究生,从事贝类养殖与海洋生态研究.
通信作者:王爱民,教授,博导. Email:aimwang@163.com

目前，国内对使用各种生物过滤材料的循环水养殖系统中，营养盐的变化趋势研究甚少。为此，本实验在循环水养殖系统中使用不同的过滤材料，并统一添加铵盐，定时监测三态无机盐的变化情况，初步探讨不同过滤材料对养殖废水的净化情况，旨在为今后循环水养殖系统大规模的应用降低成本和提高效率。

1　材料与方法

实验共设置了 6 组相同实验缸，其所容海水的体积、来源完全相同。其中 1 号缸为空白对照组，缸内没有放置任何滤材，仅是海水自循环；2~6 号缸为实验组，分别放以循环水养殖系统中的常用的生物滤材，即细菌球、玻璃陶瓷环、火山岩、红外呼吸环、细珊瑚。生物滤材使用之前需进行处理，即将滤材洗净、曝晒，随后分别称重 10 kg 放入对应缸体的过滤槽中。实验缸采用的循环水系统为潮汐式循环系统，即在该循环系统作用下滤材的下半部分始终浸没在循环水中，而上半部分周期性地露置于空气中。

于 2014 年 7 月 26 日放入滤材，待系统自循环约两周后趋于稳定时，分别向实验缸中添加氯化铵晶体，直至系统水体铵含量达至 10 mg/L。此后每两天测量一次水体的硝酸盐含量，在 37 d 后实验结束。

2　结果与讨论

2.1　不同过滤材料对铵盐的转化效率各不相同

由表 1 可知，实验第一天时，6 个实验缸中硝酸盐含量相近，但随着时间的迁移，每个缸中硝酸盐的含量都逐渐增加，直至实验第 37 天，6 个实验缸的硝酸盐含量都大幅增加，其中将细珊瑚沙作为过滤材料的 6 号实验缸的硝酸盐含量最高，为 697.853 4 mg/L；其次是分别将火山岩和细菌球作为过滤材料的 2 号缸和 4 号缸（431.557 4 mg/L，362.422 mg/L）；而过滤材料分别为玻璃陶瓷环和红外呼吸环的 3 号缸、5 号缸，其硝酸盐最终浓度分别为 431.557 4 mg/L 和 362.422 mg/L；空白缸的硝酸盐最终浓度最低，为 274.14 mg/L。

表 1　37 d 中装有不同过滤材料的缸中硝酸盐的量　　　　　　　　mg/L

天数/d	空白 Blank	2 号缸 细菌球	3 号缸 玻璃陶瓷环	4 号缸 火山岩	5 号缸 红外呼吸环	6 号缸 细珊瑚沙
1	0.156	0.449	1.008	3.630	5.361	4.779
2	0.405	1.185	2.911	10.081	14.951	14.350
3	0.734	2.170	5.779	19.233	28.403	29.425
7	2.918	8.919	9.821	31.308	45.689	51.392
8	3.720	11.456	15.327	46.590	66.667	81.971
11	6.930	21.786	22.674	65.365	90.986	123.030
12	8.321	26.324	32.341	87.872	118.044	176.233

续表

天数/d	空白 Blank	2号缸 细菌球	3号缸 玻璃陶瓷环	4号缸 火山岩	5号缸 红外呼吸环	6号缸 细珊瑚沙
14	11.710	37.463	44.920	114.262	147.004	242.433
16	16.085	51.924	61.122	144.543	176.857	320.795
18	21.719	70.518	81.752	178.531	206.526	407.932
20	28.971	94.181	107.646	215.806	234.985	497.580
22	38.315	123.911	139.524	255.698	261.362	581.484
24	50.376	160.629	177.721	297.286	285.015	651.521
26	65.975	204.908	221.804	339.455	305.559	702.118
28	86.178	256.566	270.138	380.976	322.847	731.586
31	128.140	344.247	319.626	420.617	336.936	741.773
33	166.315	404.302	365.943	457.263	348.026	736.624
35	214.632	459.599	404.455	490.012	356.409	720.639
37	274.14	504.665 7	431.557 4	518.243 4	362.422	697.853 4

由此可初步得知,细珊瑚沙对水体中铵盐的转化效率是相对较高的,能在较短时间内将对生物有害的铵盐转化为硝酸盐。

2.2 不同过滤材料对铵盐整体的过滤效果各不相同

(1)由图1结果可知,装有细珊瑚沙的6号缸在从第一天开始,硝酸盐逐渐升高,到第31天时达到最高浓度741.773 mg/L,随后逐渐下降,而1~5号缸在这37 d中都逐渐增加,并无下降的趋势。

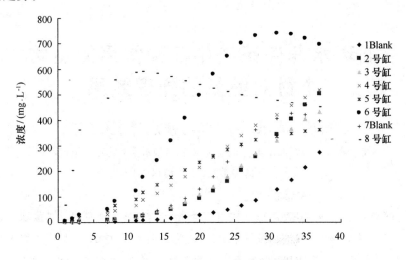

图1 37 d中装有不同过滤材料的缸中硝酸盐量的变化趋势

(2)用 $y = \dfrac{1}{a + \dfrac{b}{x}\ln x + \dfrac{c}{x}}$ 对上述数据进行拟合,其中 a 值越大,代表效果越差,b 值越小,代表效果越差,c 值越大,代表效果也差。

结果如表2所示,明显可以看出装有珊瑚沙的6号缸过滤效果最好,而空白缸过滤效果最差。

表2 方程拟合结果

缸号	方程	R^2
1	$y = 1/(0.047\,513\,921\,738\,071\,5 - 2.215\,771\,760\,331\,22 * \ln x/x + 6.377\,922\,366\,686\,57/x$	0.996 6
2	$y = 1/(0.020\,935\,421\,646\,657\,5 - 0.804\,542\,345\,012\,978 * \ln x/x + 2.203\,841\,627\,525\,72/x$	0.987 2
3	$y = 1/(0.025\,292\,022\,363\,797\,6 - 0.476\,624\,213\,893\,312 * \ln x/x + 0.966\,869\,080\,199\,296/x$	0.983 4
4	$y = 1/(0.006\,443\,612\,171\,216\,37 - 0.120\,499\,401\,902\,099 * \ln x/x + 0.269\,036\,812\,955\,81/x$	0.892 2
5	$y = 1/(0.006\,548\,660\,428\,870\,34 - 0.085\,584\,633\,067\,819\,9 * \ln x/x + 0.179\,999\,246\,799\,429/x$	0.857 2
6	$y = 1/(0.008\,351\,476\,979\,251\,28 - 0.112\,877\,479\,185\,497 * \ln x/x + 0.200\,909\,136\,031\,51/x$	0.941 7

2.3 结论

综合结果2.1及结果2.2整体而言,本实验可初步证明细珊瑚沙对与水体中铵盐箱硝酸盐的转化效果较佳,即相对其他4种常用生物滤材可在较短时间内较高效将铵盐转化为硝酸盐,且依实验结果所示将珊瑚沙作为过滤材料的6号缸在31d内使系统中的三态氮趋于稳定状态,从而较快地提高了系统性能。至于造成细珊瑚沙过滤效果强于其他常用滤材的原因可能与其本身物理结构及化学组成或在使用过程中相关生物的附着特性有关,需进一步的实验探究。

循环水养殖系统中5种常用的生物滤材对氨氮的处理效果

崔云亮,战欣,石耀华,顾志峰,王爱民*

(热带生物资源教育部重点实验室,海南省热带水生生物技术重点实验室,海南大学海洋学院,海南 海口 570228)

摘 要:以循环水养殖系统中5中常用的生物滤材(白色玻璃环、细菌球、火山岩、红色呼吸环、珊瑚砂)为实验材料,利用本实验室自主设计的一种潮汐式节能室内循环水养殖系统来进行实验,分析不同滤材对氨氮的处理效果。研究结果显示:①

---

* 通信作者:王爱民,教授,Email:aimwang@163.com

5种常用滤材对水中的氨氮处理速率明显高于对照组,最终达到的氨氮稳定浓度也均明显低于对照组。②通过分析比较5种生物滤材发现,珊瑚砂与红色呼吸环对水中氨氮的处理效果基本一致,并优于其他3种生物滤材。其对水中氨氮的降低速率大于其他3种生物滤材处理的,而且,最终稳定后的氨氮浓度也低于其他3种生物滤材处理的。③火山岩与细菌球对水中氨氮的处理效果基本一致,其对水中氨氮的降低速率大于白色玻璃环处理的,而且,最终稳定后的氨氮浓度也低于白色玻璃环处理的。④每组生物滤材对氨氮的处理效果均可以利用数学方程建立数学模型,通过数学模型可以预测水中氨氮浓度的变化情况及其含量的大致浓度,以及水中氨氮含量与时间的对应关系。因此,这5种生物滤材对海水中氨氮的处理效果是显著的,相互间处理效果的比较为:珊瑚砂≈红色呼吸环＞火山岩≈细菌球＞白色玻璃环,珊瑚砂的性价比是最高的,相对来说也更容易得到,在大规模的生物滤材使用中可以更多的以珊瑚砂为主要材料,从而达到降低成本提高效率的目的。

关键词:循环水养殖;生物滤材;氨氮

室内的工厂化循环生态养殖系统常常包含养殖区和水质处理区两部分,养殖区一般差异不大,养殖者可以根据养殖生物的需要进行细节上的改变。水质处理区是整个系统的重中之重,不同的设计方式所达到的水质处理效果也不尽相同,稳定程度也因不同的系统而异。一般的水质处理区设计会使用各种物理性过滤、化学性过滤和生物性过滤三类过滤器材。物理性过滤器材主要为致密的过滤棉、细沙、紫外灯、蛋白分离器等,其主要作用是将体积大的养殖废物过滤出来,减少化学性过滤和生物性过滤的水质处理压力,并通过紫外灯的照射杀死水体中的细菌、真菌等微生物,减少病害发生的可能性;化学性过滤器材以活性炭、吸氨石等为主,通过化学作用去除可溶于水的有害物质或调节pH值;生物性过滤器材是最主要的水质处理滤材,其主要作用是通过给微生物提供附着空间,利用微生物(主要是硝化细菌)对水中氨氮、亚硝酸盐、有机物的吸收并转化为对养殖生物危害不大的硝酸盐等物质,从而达到净化水质的目的,常用的滤材主要有珊瑚砂、玻璃环、生化球、毛刷等。

作为微生物的附着体,生物滤料的材质和形状对水处理效果产生直接的影响。本研究利用本实验室自主设计的一种潮汐式节能室内循环水养殖系统比较分析白色玻璃环、细菌球、火山岩、红色呼吸环、珊瑚砂等5种常用的生物滤材对氨氮的处理效果,并通过建立数学模型实现对水质状况的分析和以后水质变化的预测,为改良室内循环养殖奠定一定的基础。

1　材料与方法

1.1　材料

以白色玻璃环、细菌球、火山岩、红色呼吸环、珊瑚砂等5种常用的生物滤材为实验材料,用本实验室自主设计的一种潮汐式节能室内循环水养殖系统进行实验。实验用的海水为新鲜的天然海水(盐度31)经砂滤罐过滤后使用。

1.2 方法

分别将5种生物滤材用自来水洗干净、在阳光下自然晒干,然后用电子秤称重(均取10 kg)后装入网袋中。实验设计6组,其中5组实验组的循环水系统中分别放入不同的网袋装生物滤材,另取1组不放置任何生物滤材的循环水系统作为对照。各组循环水系统中均添加等量的可确保系统正常运转的天然海水,空调控制室内温度(设定为24℃)。

每两天测量1次6组循环水系统中海水的氨氮含量、温度、盐度、pH值、溶解氧5个指标,待系统中海水的氨氮含量降低且稳定在约0.1 mg/L时向各组系统中分别添加氯化铵,使6组系统中氨氮含量均达到约10 mg/L(氨氮含量的测量采用国标GB/T12763.4-2007中的次溴酸钠氧化法测量,温度、盐度、pH值和溶解氧等参数均使用YSI 6600测量)。

前10 d内每天测量1次氨氮含量等5个水质指标,10 d后每隔1 d测1次这些指标,实验持续至氨氮含量降低至稳定在约0.1 mg/L时结束。

实验测量获取的数据用DPS 14.5软件进行统计分析。

2 实验结果

2.1 盐度、温度、pH值和溶解氧的变化

6组循环系统中海水的盐度基本稳定,而且组件的差异变化很小,在31~33之间变动;呼吸循环组的盐度最高,为32.5±0.3;其次是火山岩组,盐度为32.4±0.2;空白组的盐度最低,为31.1±0.6;其余各组盐度居中,珊瑚砂组盐度为31.6±0.7,玻璃环组盐度为31.9±0.8,而细菌球组盐度为32.1±0.4(图1)。

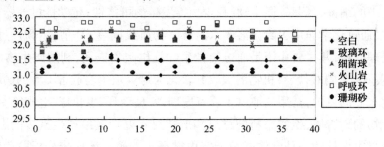

图1 不同生物滤材的循环水养殖系统中的盐度变化

6组系统的温度测量结果基本处于23~27℃,空白组为24.3℃±0.8℃,玻璃环组为24.5℃±0.3℃、细菌球组为24.8℃±1.1℃、火山岩组为25℃±1.1℃、呼吸环组为25.2℃±1.3℃、珊瑚砂组为25.4℃±1.1℃(图2)。

6组系统的pH值基本处于7.7~8.1之间,空白组为7.89±0.12、玻璃环组为7.9±0.11、细菌球组为7.89±0.1、火山岩组为7.94±0.05、呼吸环组为7.96±0.05、珊瑚砂组为7.9±0.14(图3)。

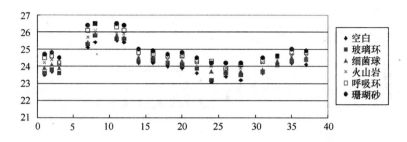

图 2 不同生物滤材的循环水养殖系统中的温度变化

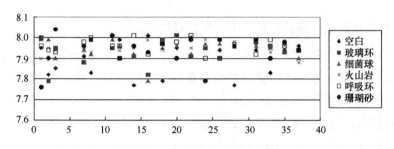

图 3 不同生物滤材的循环水养殖系统中的 pH 值变化

6 组系统的溶解氧浓度基本处于 4.9~5.6 mg/L,空白组为 5.27 mg/L±0.4 mg/L、玻璃环组为 5.3 mg/L±0.43 mg/L、细菌球组为 5.27 mg/L±0.42 mg/L、火山岩组为 5.33 mg/L±0.47 mg/L、呼吸环组为 5.38 mg/L±0.42 mg/L、珊瑚砂组为 5.31 mg/L±0.4 mg/L(图 4)。

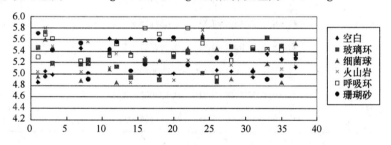

图 4 不同生物滤材的循环水养殖系统中的溶解氧浓度变化

2.2 不同生物滤材的循环水养殖系统中氨氮含量的变化

所有 6 组循环水养殖系统中氨氮含量都随着时间的推移浓度逐渐下降,下降的速度逐渐趋缓,最终趋于稳定。最后稳定的氨氮最低浓度在不同循环水养殖系统中存在很大差异,其中空白对照组最高,约为 155 μmol/L,所有使用了生物滤材的系统中最后稳定的氨氮最低浓度都显著低于对照组。5 组添加生物滤材的系统中,玻璃环组的稳定氨氮最低浓度最高,为 40 μmol/L;其次是细菌球组和火山岩组,分别为 30 μmol/L 和 25 μmol/L;稳定氨氮最低浓度最小的组有两个,即呼吸循环组和珊瑚砂组,均为 10 μmol/L。氨氮浓度的下降速率由大到小的顺序为:珊瑚砂≈红色呼吸环 > 火山岩≈细菌球 > 白色玻璃环 > 空白(图 5)。

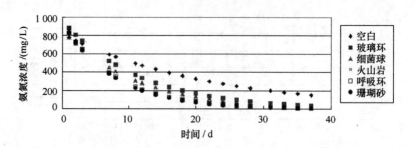

图5 不同生物滤材的循环水养殖系统中氨氮浓度的变化

2.3 不同生物滤材的循环水养殖系统中氨氮含量的拟合分析

利用统计学工具对测量的不同循环系统中氨氮变化数据进行分析,采用指数函数 $y=ae^{-bx}$ 进行拟合。不同生物滤材的循环水养殖系统中每组系统所得方程的参数 a、b 值有一定的差异。a 值最大的是珊瑚砂组,为942.149 386,a 值最小的是空白对照组,为814.485 929,其余的组别中呼吸环组 a 值也较大。b 值最大的是珊瑚砂组,为0.128 155,b 值最小的是空白对照组,为0.045 469,其余组别中呼吸环组 b 值也较大。大小排序分别为:a 值的为 6>5>4>3>2>1;b 值的为 6>5>4>3>2>1。拟合方程见表1。

表1 不同生物滤材的循环水养殖系统中氨氮浓度变化的拟合方程

	拟合方程	R^2
空白	$X_2 = 814.485929 * EXP(-0.045469 * X_1)$	0.933 2
玻璃环	$X_2 = 932.599206 * EXP(-0.087175 * X_1)$	0.921 8
细菌球	$X_2 = 850.714680 * EXP(-0.091767 * X_1)$	0.923 8
火山岩	$X_2 = 887.113529 * EXP(-0.099054 * X_1)$	0.962 4
呼吸环	$X_2 = 934.520778 * EXP(-0.124005 * X_1)$	0.947 8
珊瑚砂	$X_2 = 942.149386 * EXP(-0.128155 * X_1)$	0.939 4

3 讨论

渔业水质标准 GB11607-89 要求人为造成的升温不超过1℃,盐度在33~35之间为最适,海水的pH值标准值应该在7.0~8.5之间,溶解氧大于4 mg/L。《标准》中各个指标的变化量都不大,这在水产养殖中是十分重要的要求,温度、盐度、pH值的波动过大会使养殖生物出现各种不适症状、病害,甚至会导致养殖生物的死亡。保证环境指标的稳定就可以减少和消除不良环境对养殖生物的影响,这是确保养殖生物良好生存生长的必要条件。

氨氮对养殖生物而言是有毒有害物质,过多的氨氮含量会使海水发臭,养殖生物发生氨中毒现象,不利于养殖生物的生存生长。因此,氨氮的高效去除对循环水养殖系统来说是十分重要的一个环节。

通过对氨氮浓度数据的分析,从而拟合出回归性较高的曲线方程建立数学模型,就可以通过数学模型可以预测水中氨氮浓度的变化情况及其含量的大致浓度,以及水中氨氮含量与时间的对应关系。

实验所使用的循环系统可以很好地保证温度、盐度、pH值、溶解氧等环境因素的稳定,为养殖生物提供一个良好的舒适的生存生长环境。本实验中的拟合方程中的参数a、b越大则会使得曲线的斜率越大,也就是说a、b越大氨氮浓度降低的效率越高,所对应的滤材对氨氮的处理效果越好。由此,我们可知珊瑚砂和红色呼吸环对氨氮的处理效果相对于其他滤材来说更优,在放置生物滤材时,可以更倾向于多使用一些珊瑚砂和红色呼吸环。从滤材单价和获得难易程度上来考虑的话珊瑚砂是最廉价也最容易得到的一种生物滤材。因此,为了使工厂化循环水养殖系统达到较好的水质处理效果同时又降低生产成本,可以考虑更多的使用珊瑚砂作为生物滤材。总之,工厂化海水循环养殖是海水养殖的一个十分必要的发展方向,虽然目前由于各种原因还没有完全普及这种养殖模式,但工厂化海水循环养殖模式具有巨大的发展潜力和空间。

参考文献

曹涵.2008.循环水养殖生物滤池滤料挂膜及其水处理效果研究[D].青岛:中国海洋大学.
杜守恩,曲克明,桑大贺.2007.海水循环水养殖系统工程优化设计[J].渔业现代化,34(3):4-7.
海洋调查规范第4部分:海水化学要素调查[S].中华人民共和国国家标准 GB/T12763.4-2007
海洋监测规范第4部分:海水分析[S].中华人民共和国国家标准 GB17378.4-2007
韩家波,木云雷,王丽梅.1999.海水养殖与近海水域污染研究进展[J].水产科学,18(4):40-43.
何玉明,王维善,周凤建,等.2006.生态型循环水处理系统在工厂化养鱼中的应用研究[J].渔业现代化,(5):9-11,14.
李岑鹏.2008.鲫养殖循环水处理系统技术研究[D].集美:集美大学.
李小鹏,张代均.2004.氨氧化菌在污水生物处理中的作用[J].中国给水排水,20:24-17.
李勋.2004.集约化养殖污水处理与工艺设计[D].青岛:中国海洋大学.
曲克明,卜雪峰,马绍赛.2006.贝藻处理工厂化养殖废水的研究[J].海洋水产研究,27(4):36-43.
曲克明,杜守恩.2010.海水工厂化高效养殖体系构建工程技术[M].北京:海洋出版社.
石芳永,宋奔奔,傅松哲,等.2009.竹子填料海水曝气生物滤器除氮性能和硝化细菌群落变化研究[J].渔业科学进展,30(1):92-96.
王威,曲克明,朱建新,等.2012.3种滤料生物滤器的挂膜与黑鲷幼鱼循环水养殖效果[J].中国水产科学,19(5):833-840.
王志敏,于学权.2006.工厂化内循环海水鱼类养殖水质净化技术[J].渔业现代化,(4):14-16.
渔业水质标准[S].中华人民共和国国家标准 GB11607-89
张海耿,张宇雷,张业韡,等.2013.循环水养殖系统中流化床生物滤器净水效果影响因素[J].环境工程学报,7(10):3849-3855.

张寒冰,黄凤莲,周艳红,等. 2005. 生物膜法处理养殖废水的研究[J]. 生态环境,14(1):26-29.
Brown J J, Edward P G, Kevin M F, et al. 1999. Halophytes for the treatment of saline aquaculture effluent[J]. Aquaculture, 175: 255-268.
Halide H, Ridd P V, Peterson E L, et al. 2003. Assessing sediment removal capacity of vegetated and non-vegetated settling ponds in prawn farms [J]. Aquacultural Engineering, 27(4):295-314.

室内循环水系统中5种常见生物滤材对亚硝酸盐处理效果的分析比较

姚 瑶,战 欣,石耀华,顾志峰,王爱民[*]

(热带生物资源教育部重点实验室,海南省热带水生生物技术重点实验室,
海南大学海洋学院,海南 海口 570228)

摘 要:利用本实验室自主设计的一种潮汐式节能室内循环水养殖系统,分析了使用了生物滤材白色玻璃环、细菌球、火山岩、红色呼吸环和珊瑚砂和添加氯化铵(使系统中氨氮含量均达到约 10 mg/L)的亚硝酸盐浓度变化。结果显示:①实验组使用的5种常见滤材对实验水体中亚硝酸盐的处理效果明显高于对照组;②珊瑚砂对实验水体中亚硝酸盐的处理效果显著优于其他4种生物滤材。使用珊瑚砂滤材处理的水体中亚硝酸盐开始出现降低趋势的时间点与其他4种滤材相比,明显提前。其他4种滤材对亚硝酸盐的处理速率为火山岩较快,红色呼吸环次之,细菌球和白色玻璃环速率最慢,并且两者的处理速率基本一致。③实验水体中亚硝酸盐浓度和氨氮浓度的变化具有一定的规律,二者的关系符合特定的指数方程。即:氨氮浓度高于 25 μmol/L 时,随着氨氮浓度的降低,亚硝酸盐的浓度会增加,二者的变化呈负相关。④实验组使用的5种生物滤材对亚硝酸盐的处理效果均可以利用数学方程建立数学模型,通过数学模型可以预测水中亚硝酸盐浓度的变化情况及其含量的大致浓度,以及水体中亚硝酸盐的浓度与处理时间的对应关系。

关键词:循环水系统;生物滤材;亚硝酸盐

在循环水养殖系统中,水处理是最为关键的环节。生物过滤又是循环水养殖系统水处理的核心环节,因此生物滤材的选择成为构建循环水养殖系统的重中之重。使用生物滤材进行水质净化,无毒、无副作用、无残留和二次污染、不产生抗药性,能够有效地改善水体生

---

[*] 基金项目:国际科技合作项目(2012DFG32200, 2013DFA31760)、863 项目(2012AA10A414)、国家自然科学基金(41076112 and 41366003)。
作者简介:姚瑶,女,硕士研究生,从事贝类养殖与海洋生态研究.
通信作者:王爱民,教授,博导. Email:aimwang@163.com

态环境、维持生态平衡、增强养殖对象的免疫力,在养殖中应用最为广泛。其核心机理是氮的动力学变化,使其能有效地控制整个系统中有机物、氨氮和亚硝酸盐的浓度。在生物滤材使用之前需要对其进行培养、驯化,这个过程的实质是在滤材表面形成适合该系统理化条件的具有水质净化功能的包括细菌、原生动物等很多种类在内的微生物群落,即形成生物膜。生物膜能促使系统建立完整的硝化作用,使系统具有充分的硝化能力。生物滤材的培养与维护是整个循环水系统有效运行的重要环节,也是水处理研究中的难点和热点。

近年来国内外的一些学者对循环水系统的构建进行了大量的研究,对各个水处理单元的工艺设计与具体参数也有了深入的认识,对于生物过滤在循环水养殖水处理系统中应用的研究主要集中在生物滤材的作用机理、使用效果及其设计参数;以及影响生物过滤效果的理化因子及其作用的动态模型等内容,但对于不同种滤材对亚硝酸盐处理效果的分析比较还稍有报道。本研究在实验室自主设计建立的室内海水闭合循环水养殖系统的基础上,围绕生物滤材这一研究对象,探究循环水养殖系统内几种常见的生物滤材对亚硝酸盐处理效果的比较,分析亚硝酸盐浓度与处理时间的对应关系并建立相应的数学模型,可以为预测水体中亚硝酸盐浓度的变化情况以及不同滤材合理搭配使用提供一定的科学依据。

1 材料与方法

1.1 材料

1.1.1 材料

使用的生物滤材为5种循环水系统中的常见滤材,分别为白色玻璃环、细菌球、火山岩、红色呼吸环和珊瑚砂。

1.1.2 仪器与设备

722N可见光分光光度计、石英比色皿、YSI6600多参数水质测定仪、移液枪、具塞比色管等。

1.2 方法

1.2.1 滤材的装配

实验前先将所需的生物滤材洗净、晒干,每种滤材称取10 kg装入特制的网袋中,置于5组相同条件的循环水系统中。对照组不添加任何生物滤材,其他条件与实验组保持一致。在6组系统中添加等量的可使系统正常运转的天然海水。

1.2.2 水质指标测量

实验第一阶段时每隔两天对6组循环水系统中的亚硝酸盐浓度、温度、盐度、pH值、溶解氧5个指标进行测定。其中亚硝酸盐浓度测定的方法采用《海洋监测规范》(GB/T12763.4-2007)中的重氮-方法,温度、盐度、pH值、溶解氧使用YSI6600多参数水质测定仪进行测量。等到系统稳定且海水中的亚硝酸盐浓度降低并稳定到约0.5 μmol/L时,向6

组循环水系统中添加等量的氯化铵,使得6组系统中氨氮含量均达到约10 mg/L。在这之后的10 d内每天测量一次亚硝酸盐浓度等5个水质指标,10 d后每隔一天测量一次。实验一直持续到亚硝酸盐的浓度开始出现下降趋势时方才停止。

1.3 数据处理

利用DPS统计学软件对所得到的实验数据进行处理,按照如下方程进行拟合:

$$y = \frac{1}{a + \frac{b}{x}\ln x + \frac{c}{x}}$$

式中的 a 值越大,表示该种滤材的处理效果越好。

2 结果

2.1 5种滤材处理亚硝酸盐的效果

5种常见滤材对实验水体中亚硝酸盐的处理效果明显高于对照组。珊瑚砂对实验水体中亚硝酸盐的处理效果显著优于其他4种生物滤材;使用珊瑚砂滤材处理的水体中亚硝酸盐开始出现降低趋势的处理时间为第16天,火山岩为26 d,红色呼吸环为28 d,细菌球和白色玻璃环均为32 d。与其他4种滤材相比,珊瑚砂出现峰值的时间明显提前。因此5种滤材对亚硝酸盐的处理速率为珊瑚砂最快,火山岩较快,红色呼吸环次之,细菌球和白色玻璃环速率最慢,并且两者的处理速率基本一致(图1)。

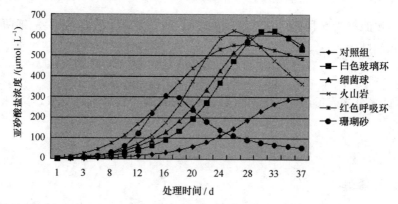

图1 5种生物滤材对循环养殖系统中亚硝酸盐的处理效果

2.2 亚硝酸盐浓度与氨氮浓度变化的关联性

实验的5组数据以及对照组的数据均表明水体中亚硝酸盐浓度和氨氮浓度的变化具有一定的规律,二者的关系符合特定的指数方程 $y = 768.8 e^{-0.008930x}$,$R^2 = 0.9019$。即:氨氮浓度高于25 μmol/L时,随着氨氮浓度的降低,亚硝酸盐的浓度会增加,二者的变化呈负相关(图2)。

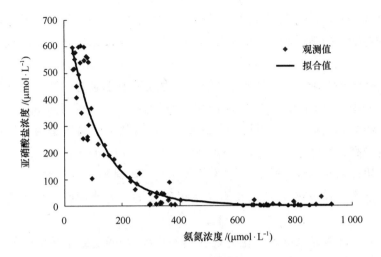

图2 亚硝酸盐浓度与氨氮浓度变化的相互关系

2.3 建立5组生物滤材对亚硝酸盐处理效果的数学模型

实验组使用的5种生物滤材对亚硝酸盐的处理效果均可以利用数学方程建立数学模型 $y = \dfrac{1}{a + \dfrac{b}{x}\ln x + \dfrac{c}{x}}$。其中 a 值表示滤材的处理效果，a 值越大表示该种滤材的处理效果越好。实验使用5种滤材的 a 值由大到小依次为对照组0.010 8、白色玻璃环0.031 7、细菌球0.027 5、火山岩0.067 6、红色呼吸环0.043 8、珊瑚砂为0.096 9，其中珊瑚砂组的 a 值为最大值，表明珊瑚砂的处理效果最好。所以对应的处理效果由大到小依次为珊瑚砂、火山岩、红色呼吸环、白色玻璃环、细菌球、对照组（表1）。

表1 5种生物滤材对亚硝酸盐处理效果的拟合方程

生物滤材	拟合方程	相关系数
对照组	$y = 1/(0.010\,864\,524\,371\,628\,3 + (-0.133\,322\,036\,401\,977) * \ln x/x + 0.225\,113\,936\,702\,364/x)$	0.899 1
白色玻璃环	$y = 1/(0.031\,713\,667\,294\,798\,7 + (-0.422\,697\,595\,660\,587) * \ln x/x + 0.694\,048\,011\,357\,558/x)$	0.971 5
细菌球	$y = 1/(0.027\,514\,726\,217\,931\,1 + (-0.361\,736\,558\,814\,601) * \ln x/x + 0.652\,642\,312\,109\,037/x)$	0.987 4
火山岩	$y = 1/(0.067\,628\,591\,653\,792\,6 + (-1.207\,369\,598\,480\,33) * \ln x/x + 2.334\,627\,790\,448\,22/x)$	0.982 7
红色呼吸环	$y = 1/(0.043\,829\,988\,007\,023\,2 + (-0.533\,618\,688\,596\,219) * \ln x/x + 0.964\,128\,670\,178\,717/x)$	0.972 7
珊瑚砂	$y = 1/(0.096\,994\,988\,998\,714\,4 + (-0.882\,073\,916\,726\,516) * \ln x/x + 1.094\,593\,771\,039\,94/x)$	0.766 6

3 讨论

5种滤材对于水体中亚硝酸盐具有显著的处理效果，是循环水系统中良好的水处理材料。5组滤材的亚硝酸盐浓度开始出现下降趋势的时间约为人为添加氯化铵后的20 d，与相关的研究结果基本一致。但处理时间要长于处理生物污水滤材的时间。笔者认为可能是由于海水较高的盐度会抑制亚硝酸盐的氧化作用。有研究显示在氯含量相对较高的纯海水中亚硝酸盐的氧化作用也会受到明显的抑制,使得系统建立完整硝化作用的时间大大延长。

5 种滤材中珊瑚砂对于水体中亚硝酸盐的处理效果最为显著。其亚硝酸盐的浓度出现峰值的时间为处理后第 16 天,约为其他 4 种滤材时间的 1/2,同时经珊瑚砂处理的亚硝酸盐浓度的峰值也约为其他 4 种滤材浓度峰值的 1/2。笔者认为这可能是因为珊瑚砂是一种天然的材料具有较高的生物亲和性,也具有较大的比表面积,更利于功能性细菌的附着和生长。从而能够快速地在系统中建立稳定的硝化作用。同时与其他 4 种生物滤材相比,珊瑚砂的价格最为低廉且容易获得,因此综合考虑可知珊瑚砂为处理循环水系统中亚硝酸盐的最适合滤材。

亚硝酸盐浓度和氨氮浓度的变化呈现负相关关系,可能是由于系统中与硝化作用有关的不同种类的功能性细菌占据主导地位的原因:在氨氮浓度较高时,水体中的氨氧化细菌为主要优势菌,其作用是将氨氮转化为亚硝酸盐;随着氨氧化细菌的转化,在一段时间后氨氮的浓度逐渐降低,而亚硝酸盐的浓度逐渐升高;当亚硝酸盐升高到一定浓度时,水体中的硝化细菌变为主要优势菌,将亚硝酸盐转化为硝酸盐,水体中的亚硝酸盐浓度出现峰值后开始呈现下降趋势。最后通过实验数据建立的数学模型反映了亚硝酸盐浓度与处理时间的对应关系,可以为预测水体中亚硝酸盐浓度的变化情况以及不同滤材合理搭配使用提供一定的科学依据。

参考文献

陈哲俊. 1995. 循环水鳗鱼养殖-生物过滤系统之运用[J]. 养鱼世界(台湾),(11):22-27.
程波,杨红生,刘鹰,等. 2009. 循环水养虾系统 Cu 的收支及对生物滤器的影响[C]. //纪念中国农业工程学会成立三十周年暨中国农业工程学会 2009 年学术年会(CSAE2009)论文集. 1-5.
李湘萍,刘鹰,程江峰,等. 2011. 低剂量福尔马林对循环水养殖欧鲈及生物滤器的影响[J]. 中国农业科技导报,13(6):140-146.
罗荣强,侯沙沙,沈加正,等. 2012. 海水生物滤器氨氮沿程转化规律模型[J]. 环境科学,33(9):3189-3196.
曲克明,杜守恩. 2010. 海水工厂化高效养殖体系构建工程技术[M]. 北京:海洋出版社.
石芳永,宋奔奔,傅松哲,等. 2009. 竹子填料海水曝气生物滤器除氮性能和硝化细菌群落变化研究[J]. 渔业科学进展,30(1):92-96.
王春荣,王宝贞,王琳,等. 2004. 温度及氨氮负荷对曝气生物滤器硝化作用的影响[J]. 城市环境与城市生态,17(4):24-27.
王威,曲克明,朱建新,等. 2012. 3 种滤料生物滤器的挂膜与黑鲷幼鱼循环水养殖效果[J]. 中国水产科学,19(5):833-840.
吴嘉敏,孙大川. 2007. 循环水养殖系统中浸没式生物滤器的水处理效果[J]. 上海水产大学学报,16(6):542-548.
张凡,程江,杨卓如,等. 2004. 废水处理用生物填料的研究进展[J]. 环境污染治理技术与设备,5(4):

8 – 12.

张海耿,张宇雷,张业韡,等. 2013. 循环水养殖系统中流化床生物滤器净水效果影响因素[J]. 环境工程学报,7(10):3849 – 3855.

David D Kuhna, Matt W Angiera, Sandra L, et al. 2013. Culture feasibility of eastern oysters (*Crassostrea virginica*) in zero-water exchange recirculating aquaculture systems using synthetically derived seawater and live feeds [J]. Aquacultural Engineering, 54:45 – 48.

Guerdat T C, Losordo T M, Classen J J, et al. 2010. An evaluation of commercially available biological filters for recirculating aquaculture system[J]. Aquacultural Engineering, 42(1):38 – 49.

Oliviero Mordenti, Antonio Casalini, Michaela Mandelli, et al. 2014. A closed recirculating aquaculture system for artificial seed production of the European eel (*Anguilla anguilla*): Technology development for spontaneous spawning and eggs incubations[J]. Aquacultural Engineering, 58:88 – 94.

Thorolf Magnesen, Anita Jacobsen. 2012. Effect of water recirculation on seawater quality and production of scallop (*Pecten maximus*) larvae s[J]. Aquacultural Engineering, 47:1 – 6.

Wolters W, Masters A, Vinci B, et al. 2009. Design, loading, and water quality in recirculating systems for Atlantic salmon(*Salmo salar*) at the USDA ARS national cold water marine aquaculture center[J]. Aquacultural Engineering, 41(2):60 – 70.

Zhitao Huang, Xiefa Song, Yanxuan Zheng, et al. 2013. Design and evaluation of a commercial recirculating system for half-smooth tongue sole (*Cynoglossus semilaevis*) production[J]. Aquacultural Engineering, 54:104 – 109.

褐牙鲆海水池塘网箱养殖技术

于燕光,傅志茹,孙广明,江曙光,顾中华,逯云召

(天津市水产研究所,天津 300000)

摘 要:本研究对褐牙鲆(*Paralichthys olivaceus*)海水池塘网箱养殖模式的可行性、养殖操作技术进行了研究。在天津市汉沽立信水产有限公司于2013年8月10日至2013年10月28日进行79 d的养殖实验,利用自行研制的模块化钢结构平底网箱养成褐牙鲆。结果表明,该模式养殖的褐牙鲆生长快、养殖周期短、成本低,而且该模式操作简单、节约能源,养殖过程中无任何疾病和异常现象,摄食积极,生长状态良好。79 d内体长平均增长5.05 cm,体重增加138.5 g,比同期工厂化养殖褐牙鲆增重量提高31.9%,成活率达91.5%,说明褐牙鲆适合天津地区海水池塘网箱养殖模式。

关键词:褐牙鲆;海水池塘;网箱养殖;工厂化养殖

褐牙鲆(*Paralichthys olivaceus*)属鲽形目(Pleuronectoidei)鲽亚目(Bothidae)牙鲆科

(Paralichthys)的海洋底栖性鱼类。分布于朝鲜、日本及库页岛等海区以及中国自珠江口到鸭绿江口外附近海域等,属于暖温性底层鱼类,具有潜沙习性。幼鱼多生活在水深10 m以上,有机物少,易形成涡流的河口地带。夏季在此肥育。当秋季水温下降时逐步向较深的海域移动,一般9—10月移向50 m以下外海,11—12月向南移至水深90 m或者更深的海底越冬,春季游回近岸水深约30~70 m的浅水海域进行产卵繁殖。成鱼生长适温范围为14~23℃,最适水温为21℃。适盐范围广,可在盐度8以下的河口地带生存。褐牙鲆是我国重要的海水增养殖鱼类之一,它的个体硕大、肉质细嫩鲜美,是做生鱼片的上等材料,深受消费者的喜爱,市场十分广阔,经济价值很高。近几年,褐牙鲆已开始批量人工育苗,为大规模发展褐牙鲆养殖开辟广阔前景[1]。

目前我国网箱养殖大多在自然海域中进行,海水池塘网箱养殖鲜有报道。而天津沿海周边地区有着丰富的海水池塘资源,特别是某些育苗厂的蓄水池及沉淀池,在每年下半年的育苗淡季,大多处在闲置状态,这都为海水鱼类池塘网箱养殖提供了有力保证,我们可以在该时间段内在这些池塘内进行网箱养殖,以期达到充分利用水体资源、提高养殖户效益的目的。因此,开发研制满足鲆鲽类要求的池塘网箱,拓展其养殖方式和养殖发展空间具有重要的意义。本研究是在天津市汉沽立信水产有限公司进行褐牙鲆海水池塘网箱养殖实验,并获得成功。

1 材料与方法

1.1 池塘条件、网箱规格与结构

实验在天津市汉沽立信水产有限公司进行。养殖池塘面积为8亩,水深5 m,放置叶轮式增氧机1台。在池塘中构建模块化浮动式网箱两个。每个网箱的规格为3.0 m×3.0 m,顶部高出水面约30 cm,以密封塑料桶作浮子,网箱采用钢架结构为主体;网衣材料为聚乙烯,单层,网目为2 cm。其具体结构图1所示。

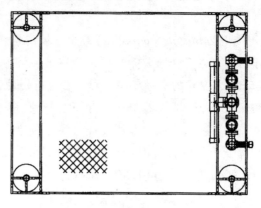

图1 网箱结构示意图

1.2 材料来源与放养

实验所需苗种为天津市汉沽立信水产有限公司经过"温室大棚+海水"工厂化养殖培育的大规格褐牙鲆苗种。选择体质健壮,大小均匀,摄食能力强、游动敏捷的个体。于 2013 年 8 月 10 日(18:00)入池塘网箱,分两个网箱养殖,体重 75.00 g ± 8.11 g,体长 18.00 cm ± 0.75 cm,放养 2 000 尾,每个网箱 1 000 尾。放入网箱前用 5 mg/L 的高锰酸钾溶液浸泡鱼体 3 min,以杀死寄生在鱼体体表、口腔和鳃等部位的病原生物等。养殖时间从 2013 年 8 月 10 日至 10 月 28 日,养殖周期为 79 d。

1.3 日常管理

1.3.1 饵料投喂

饵料投喂是褐牙鲆养殖中一个至关重要的因素。传统的饲养方法是以投喂冰鲜下杂鱼为主[2]。而本实验使用"赛格林"牌人工配合饵料,提高饵料系数,降低对池塘水质的污染。前 3 d 为适应水质不投饵,日投喂量根据鱼类实际摄食情况确定。开始投喂时速度要慢,待褐牙鲆游到水面时再加快投饵速度。当鱼苗抢食活动减缓时,减慢投喂速度,当鱼苗不再抢食时即可停止投喂。切忌一次倾倒全部饵料或投喂过快,以免造成浪费。投饵时间为 7:00—9:00 和 16:00—18:00,每天投喂两次。投喂量根据天气变化及鱼的摄食情况作适当增减。

1.3.2 疾病防治

养殖过程中要做好病害防治工作。首先要选择体质健壮的鱼种放养,放养前进行严格的鱼体消毒工作。要保证饵料新鲜,同时适当加入一些营养添加剂,以促进鱼种生长并增强其体质。定期在网箱旁挂带漂白粉,预防疾病的发生[3-4]。

1.3.3 网衣日常清理

在养殖过程中,因池塘中水体流速较慢,藻类繁殖较快,网衣上经常会附着一些腐殖质并长有藻类,造成网目堵塞,因此要定期清理网衣,以避免缺氧[5-6]。

1.4 数据记录

养殖期间每日定时做好饵料投喂量、养殖鱼死亡情况以及天气情况等记录,观察鱼类活动与摄食情况;定期测定鱼类生长情况,并做好数据记录;养殖期间每 15 d 对养殖网箱水体的温度、盐度、溶解氧、pH 值、氨氮、亚硝氮进行测定。

2 结果

2.1 网箱水质情况

整个养殖期间,水温为 15 ~ 24 ℃、盐度为 27 ~ 33、pH 值为 8.2 ~ 8.4、溶解氧为 4 mg/L,氨氮为 0.005 ~ 0.030 mg/L、亚硝氮为 0.005 ~ 0.010 mg/L,均在褐牙鲆的正常生长范围之内。

2.2 池塘网箱养殖褐牙鲆的生长曲线

苗种放养后,在养殖前中后期对褐牙鲆的体长和体重进行测量,生长曲线如图2所示。实验结束后,体重213.50 g±31.33 g,体长23.05 cm±0.95 cm,79 d内体长增长约5.05 cm,体重增加138.5 g,褐牙鲆体长体重增长显著;整个养殖周期,存活率为91.5%,饵料系数为1.25。

2.3 与工厂化养殖模式的对比

从养殖生长情况看,褐牙鲆网箱养殖相比于工厂化养殖模式有着明显的优势(表1)。

表1 褐牙鲆网箱养殖与工厂化养殖生长情况对比

项目	工厂化养殖	池塘网箱养殖
养殖时间/d	79	79
放养体重/g	75.00±8.11	75.00±8.11
放养体长/cm	18.00±0.75	18.00±0.75
实验结束体重/g	180±16.43	213.50±31.33
实验结束体长/cm	21.33±0.99	23.05±0.95
平均日增体重/(g/d)	1.33	1.75
平均日增体长/(cm/d)	0.042	0.064

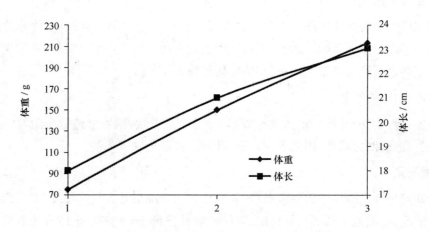

图2 褐牙鲆的体长和体重变化趋势

由对比结果可以看出:池塘网箱养殖的褐牙鲆大部分能量都用于体重的生长,生长速度明显快于工厂化养殖,平均日增重量达1.75 g,比同期工厂化养殖褐牙鲆增重量提高31.9%;同等规格的褐牙鲆苗种经相同周期的养殖,海水池塘网箱养成的商品鱼规格比工厂化养成的更大。因此海水池塘网箱养殖模式可大大缩短褐牙鲆的养殖周期,在较短时间内养成更大规格的商品鱼提前上市,使商品鱼具有更强的价格和市场竞争力。

3 讨论

3.1 池塘网箱养殖成活率

苗种质量、运输条件及日常管理等是保证海水网箱养殖褐牙鲆成活率的重要条件。首先要选择体形完整无损伤、无病虫害的健康鱼苗[7]；其次在运输途中尽量减少对鱼苗的刺激，缩短运输时间，降低应激反应；还应在网箱养殖的过程中加强管理，及时监测各项水质指标，保证充足的溶解氧，观察鱼苗的摄食和生长状况。本实验褐牙鲆海水池塘网箱养殖成活率为91.5%，达到了比较理想的水平，从养殖成活率看，在我国天津海水池塘中采用网箱养殖褐牙鲆是可行的。

3.2 褐牙鲆的适宜温度范围

在实验中发现，池塘平均水温在17～23℃时，褐牙鲆摄食良好，生长最为迅速，平均日增重量达1.75 g以上，当平均温度低于17℃时，褐牙鲆摄食量开始下降，生长速度减缓，可认为17～24℃是褐牙鲆在该条件下的适宜生长温度，本实验结果与小管恒夫[1]报道的15～25℃最适温度基本吻合。

3.3 池塘网箱养殖与工厂化养殖的比较

目前，我国仍以池塘自然生态条件下的养殖方式居多，发达国家的水产养殖则多采用精养高产、人工或半人工控制条件下的工业化技术。由于工厂化养殖系统具有高效、高产、环保、安全的特点，在国内国外都有很多成功的经验与案例，毋庸置疑这是渔业发展现代化的一种有效模式。但是，由于工业化养鱼设施建造费用巨大，生产运行成本过高，养殖户受经济实力、产品市场、养殖规模、经济效益等因素影响而难以实施；其次，工厂化养鱼以小水体、高放养密度为特点，养殖水体中含污量相当大，集中进行污水处理循环使用，全部的工业化处理设施，破坏了农村田园自然的生态环境。因此利用工厂化养殖技术对传统池塘养殖生产方式进行改造有悖于国情，不适于在池塘养殖生产中大面积实施[9-10]。

池塘网箱养殖在较小的投入下，采用模块化网箱结构可根据池塘条件任意组装拼接，通过控制放养密度，半封闭式管理，达到生态、高效、环保的养殖效果，而且根据本实验结果来看，网箱养殖褐牙鲆生长速度显著高于工厂化养殖，总产量提高31.9%，该模式可以大大缩短褐牙鲆的养殖周期，并简化日常管理，降低养殖成本，提高经济效益，是一种值得推广的新型褐牙鲆养殖模式。

3.4 海水池塘网箱养殖模式的前景分析

我国目前的褐牙鲆养殖模式，目前主要还是以海区网箱养殖和工厂化养殖为主。而海水池塘网箱养殖模式具有以下优势：①饲养管理方便、褐牙鲆生长快、缩短养殖周期、规格整齐均一、提高了产量与经济效益；②在褐牙鲆病虫害防治方面，提高了可控性，网箱操作方便，可将病鱼另外捞出来，方便进行淡水药浴处理，能做到轻、快，对鱼体的损伤降到最低；

③减少饵料浪费,节约饲养成本,降低对水体的污染,减少了病虫害的发生,通过对温度、水质、饵料和食物链的调控,建立稳定的养殖生态系统。

而且我们还可以把工厂化养殖和池塘网箱养殖两种模式有机地结合起来,当池塘条件达到褐牙鲆生长适宜范围之内,通过放养一定规格的苗种,经数月养殖快速生长之后直接达到商品规格,上市销售,可获得更高的经济效益。因此,探讨和研究褐牙鲆的双模式互联养殖,扩展其养殖模式具有重要的现实意义和广阔的发展前景。随着国内深水网箱及配套设施研究的深入,褐牙鲆类专用池塘网箱和配套设施将会加快研制步伐,并会及时得到推广应用[11],可以为褐牙鲆的双模式互联养殖提供坚实的技术及设备支持,促进规范化的褐牙鲆的双模式互联养殖技术和管理模式的迅速形成,实现褐牙鲆类养殖产业链社会化分工。新型的褐牙鲆类养殖格局将会不断扩大,多品种和多元养殖模式将会施展各自的优势,并因地制宜地发展具有地方特点的牙鲆类养殖产业。

参考文献

[1] 小管恒夫. 地下海水でタンク養殖6ケ月で30 cm,步留り99%[J]. 養殖,1981,18(4):64-66.
[2] 王文建. 美国大西洋牙鲆南方海上网箱养成技术探讨[J]. 福建水产,2006,3(1):33-35.
[3] 孟现成,邵庆均. 石斑鱼营养需求的研究进展[J]. 中国饲料,2007,19(4):20-22.
[4] 姜秀凤,段晓荚,王玉芬,等. 牙鲆室内越冬和海上网箱养成实验[J]. 水产科技情报,2001,28(4):163-164.
[5] 宫春光. 牙鲆养殖技术及发展[J]. 科学养鱼,2002(2):26-27.
[6] 黄滨,关长涛,林德芳,等. 横卧式可翻转抗风浪网箱的研究[J]. 海洋水产研究,2004,25(6):47-54.
[7] 黄德波. 海水网箱养殖牙鲆鱼技术[J]. 渔业致富指南,2002(8):35-36.
[8] 常抗美. 论深水网箱鱼类养殖技术[C]//国家"863"第二届海洋生物高科技论坛论文集,2004:138-141.
[9] 董登攀,宋协法,等. 褐牙鲆陆海接力养殖实验[J]. 中国海洋大学学报,2010,40(10):038-042.
[10] 樊祥国. 我国工厂化养殖现状和发展前景[J]. 中国水产,2004,08.
[11] 魏文康,孔德胜,杨展东,等. 当前水产养殖生产中存在问题及其对策[J]. 内陆水产,1999(7):132-141.

三疣梭子蟹耐低盐新品系"宁象1号"养殖实验

徐军超[1],陈晨[2],母昌考[2],王春琳[2]

(1. 宁海县双盘涂水产养殖有限公司,浙江 宁海,315600;2. 宁波大学海洋学院,浙江 宁波,315211)

三疣梭子蟹 Portunus trituberculatus,俗称梭子蟹、白蟹,属于甲壳纲、十足目、梭子蟹科,是我国重要的海洋经济蟹类。其生长迅速,营养价值高,已经成为我国沿海地区重要的养殖种类(金中文,2007)。目前三疣梭子蟹的养殖苗种主要是来源于捕捞野生亲本育苗获得的仔蟹。中国水产科学研究院黄海水产研究所育成"黄选1号"快速生长新品种(李健等,2013),宁波大学与中国科学院海洋研究所合作育成"科甬1号"抗病快速生长新品种(崔朝霞等,2014),这些研究有效提高了梭子蟹养殖的良种覆盖率。梭子蟹幼蟹适宜生长盐度为15~31(王冲等,2010)。因此,对低盐耐受性限制了三疣梭子蟹在低盐海区的养殖,到目前为止,还没有适合低盐度海区养殖的新品种。2011年以来,宁波大学开展了三疣梭子蟹低盐选育研究,目前已得到三疣梭子蟹耐低盐新品系(简称新品系)。2012年,在浙江宁海县双盘涂养殖园区开展了新品系与普通苗蟹(以捕捞野生抱卵蟹育苗获得的苗种)养殖对比实验,取得了比较好的效果。现将相关情况介绍如下,以供同行参考。

1 材料与方法

1.1 池塘条件

各实验池塘面积为2.5亩,共计10亩。4口池塘用同一个进排水闸门,各塘间设置1 m孔径的小闸门1个,4口池塘的养殖用水相同。池塘利用潮差纳水,每15天(一个潮汛)能自然进水12 d。泥沙底质,水深1.2~1.5 m,平底。每口塘设置1 m^{2}饵料台4个,安放在4周,方便操作。配备水车式增氧机保证溶解氧大于5 mg/L水体。耐低盐品系和普通蟹各养两个池塘。

1.2 池塘处理

2月至3月底,封闸,清淤,翻耕,曝晒等池塘准备工作。4月上旬,用60目进水网纳水10 cm,每亩用生石灰100 kg全池泼洒。在进水50 cm后,施50 mg/L的茶籽饼清除害鱼。

1.3 蟹苗放养

实验苗种为宁波大学选育的"宁象1号"耐低盐新品系和野生亲本繁殖幼蟹(简称普通蟹)。普通蟹和"宁象1号"新品系均为宁波兢业水产养殖有限公司梭子蟹育种场育出的Ⅱ期幼蟹,苗规格整齐,体质健壮,附肢齐全,活力强。放苗量为3 000尾数/亩。饵料选择购自象山石浦的冰鲜小杂鱼。放养时间为2012年6月21日,产量测定时间为2012年9月30日。养殖过程每日测定温度、盐度和pH值。

1.4 养殖管理

(1)水质管理:7月,要每隔2~3天换水1次,日换水量10%~20%,透明度控制在30 cm左右;8—9月,每隔1~2天换水1次,日换水量20%~30%;10月,要每隔4~5天换水1次,日换水量10%~20%,具体换水量和换水间隔时间视天气、水温等环境因素而定。

(2)饵料投喂:新品系和普通蟹都投喂低值贝类、鱼和虾。每日的投喂量视梭子蟹的大小及残饵情况而调整,投喂量为蟹体重的10%~15%;当水温降到10~15℃的时候,每天的投饵量为体重的2%。每日早晚各投喂1次,按早上少投、傍晚多投的原则投喂,当水温低于10℃以下时,停止投喂饵料。

(3)巡塘:早晚各巡塘1次,主要观察三疣梭子蟹的摄食和活动情况,检查残饵情况,以及时调整投喂量和换水量。查看闸门的拦网和堤坝是否有破损和漏洞。

(4)日常观测:每30天进行一次生物观测,测其壳长、壳宽、壳高、螯足长和体重等指标,检查其增长情况,以衡量养殖效果。同时记录水温、盐度、pH值、溶解氧等数值。

(5)病害防治:坚持"以防为主,防治结合,综合治理"的原则,保持良好的水环境,投喂优质饲料。

整个养殖过程,水温为28.7℃±2.7℃,盐度为17.9±1.5,溶解氧为5.7 mg/L±0.1 mg/L,7—9月温度、盐度和溶解氧变化如图1所示。8月温度较高,盐度和溶解氧较低。

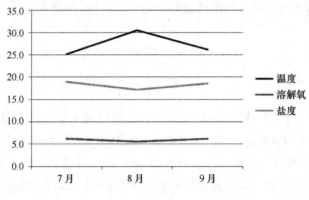

图1 实验过程水环境因素变化情况

2 实验结果

实验蟹养殖性能情况见表1。从表1中可以看出,新品系养殖成活率和平均体重稍高于相同条件下养殖的普通蟹。与相同养殖条件下的普通蟹相比,新品系的成活率比普通蟹提高了6.5%;其亩产量绝对值增加了4.1 kg/亩,相对增加了6.3%;亩产值绝对值增加了205元/亩,相对增加了10.6%;饵料系数绝对值减少了0.11,相对减少了1.5%;蟹平均个体重增加了1.8 g,相对增加了4.8%。说明"宁象1号"三疣梭子蟹比普通蟹在养殖成活率、亩产量、体重、亩产值方面都有所增加,饵料系数稍有降低。

表1 实验塘2组梭子蟹的养殖性能情况

实验蟹	平均个体重/g	养殖成活率/%	饵料系数	盐度8时刺激48 h存活率	亩产量/kg	亩产值/元
宁象1号	239.5	9.7	7.21	71.3%	69.7	3 485
普通蟹	237.7	9.1	7.32	69.2%	65.6	3 280

3 分析与讨论

三疣梭子蟹生长快,营养价值高,是深受群众喜爱的高档水产品。个体体重、养成成活率、饵料系数、亩产量、亩产值等是反映三疣梭子蟹的基本养殖性能的基本参数,经人工选育的耐低盐新品系"宁象1号"三疣梭子蟹已表现出一定的养殖优越性(表1),该蟹平均个体体重和养殖成活率都有一定程度的提高,同时,低盐胁迫耐受性也有所增强,相信再经几代选育,其优越性将更加明显。耐低盐性强的良种可有效地解决抗逆力差、养成成活率低的问题,促进三疣梭子蟹的健康可持续发展。

参考文献

崔朝霞,王春琳,刘媛,等.2014. 三疣梭子蟹"科甬1号"[J]. 中国水产,(7):43-48.
金中文.2007. 三疣梭子蟹分级养殖技术[J]. 中国水产,(5):32-34.
李健,刘萍,高保全,等.2013. 三疣梭子蟹新品种"黄选1号"的选育[J]. 渔业科学进展,34(5):51-57.
王冲,姜令绪,王仁杰,等.2010. 盐度骤变和渐变对三疣梭子蟹幼蟹发育和摄食的影响[J]. 水产科学,29(9):510-514.

盐碱地池塘半滑舌鳎驯化养殖技术初步研究*

李忠红,李耕,潘玉洲,李爽,郑文军

(中国水产科学研究院 营口增殖实验站,辽宁 营口 115004)

摘 要:营口站炮台基地地处辽河入海口,土地性质为盐碱地。为找到理想养殖品种,开发利用盐碱地资源,2012年6月,从天津购入半滑舌鳎苗种500尾于营口增殖实验站炮台基地盐碱地池塘进行驯化养殖实验。经过4个月盐碱地池塘养殖,共收获462尾,成活率高达92.4%,因有天然饵料,同时投喂配饵,其生长状况非常好,平均月增重80 g。通过密度对比实验,结果说明不同密度下,养殖成活率差异不显著,增重率差异显著。实验结果可说明盐碱地池塘养殖半滑舌鳎具有可行性。

关键词:盐碱地;半滑舌鳎;驯化;养殖;可行性

半滑舌鳎(*Cynoglossus semilaevis*)属鲽形目、舌鳎科、舌鳎属,俗称牛舌头、鳎目、鳎米,是一种暖温性近海大型底层鱼类,我国主要分布于黄渤海海域,具广温、广盐和适应多变环境条件特点和生长快、抗逆性强、性状稳定、食物层次低等优点,是一种较有前途的养殖品种。

随着人们生活水平的提高,对半滑舌鳎需求更加强烈,但是,目前半滑舌鳎自然资源很少,无法满足市场需求。2003年,半滑舌鳎养殖技术研究首先在山东各地展开,随后在河北、

---

* 基金项目:中国水产科学研究院院级基本科研业务费专项资金资助项目(2012A0706)
作者简介:李忠红(1982-),女,工程师,硕士,研究方向为动物遗传育种与繁殖。E-mail: lizhonghong12345@126.com

天津、辽宁、江苏、福建、浙江等地沿海迅速开展起来,进行多种养殖模式实验,取得了诸多养殖方面的经验,推动半滑舌鳎养殖业发展。

目前,半滑舌鳎生殖调控、规模化人工繁育及工厂化养殖技术已日臻成熟,池塘养殖及网箱养殖等养殖模式在逐步完善与推广中,但盐碱地池塘养殖半滑舌鳎技术国内尚未见报道。

营口辽河入海口地区盐碱池塘由于受土壤成分的影响,池塘水质呈咸水状态,为探寻理想的养殖品种,2012年我站在营口市辽河入海口炮台北基地开展半滑舌鳎驯化养殖实验,以期了解盐碱地池塘水环境特点。通过开展半滑舌鳎咸水驯化养殖技术研究,探索开发盐碱地池塘半滑舌鳎养殖模式,为促进盐碱地资源充分开发,咸水资源充分利用,加快半滑舌鳎池塘养殖模式研究和促进半滑舌鳎养殖业发展起到积极促进作用。

1 材料与方法

1.1 材料

1.1.1 池塘条件

实验池塘位于中国水产科学研究院营口增殖实验站炮台北永远角基地,属盐碱地池塘,东西走向,主要水源来自辽河入海口,水质清新无污染,池塘面积 4 hm^2,平均水深 1.6 m,最深 2 m,全年盐度 7~15,pH 值 8.1~8.4,池底为沙底暴晒后均匀泼洒生石灰消毒杀菌,用量为 100~200 kg/亩。

实验池塘实施围网,由网目为 1.5 cm 聚乙烯网片间隔而成,围网固定在间距为 1.5 m 竹竿上,网片埋入池底 30 cm,上端高出水面 40 cm。实验区域总长 80 m,宽 30 m,面积为 2 400 m^2,围隔成 4 个 20 m×30 m 面积相同的养殖区域。

1.1.2 苗种来源

选择天津立达水产有限公司规格为 500 g 左右苗种 500 尾进行实验,苗种体形完整、体色正常、活动迅捷、规格整齐。

采用塑料袋单尾打包充氧,泡沫箱加冰运输的方法。袋内温度保持在 15℃左右,放入车间水泥池时用土霉素 20 mg/L 药浴 60 min。

1.2 方法

1.2.1 淡水驯化

将半滑舌鳎苗种 500 尾,在车间内进行海水环境至盐碱水逐级驯化后放入池塘。不同盐度海水采用卤水配制。驯化方法:将苗种放入盐度为 25 的海水中稳定 24 h,第 2 天盐度下降到 20,第 3 天盐度降到 15,第 4 天盐度降到 10,第 5 天盐度降到 7,淡化过程中,正常投饵,水温保持在 23℃,24 h 充氧流水。

1.2.2 苗种放养

淡化驯化成功后,将已适应盐碱水苗种 500 尾,移至规格为 600 m^2 4 个养殖围网,分别以两个养殖围网内100尾作为实验组,两个养殖围网内150尾作为对照组进行密度对比实验。

由于在总面积6 000 m² 池塘进行围网,其水面较大,本实验不换水、不增氧,养殖便捷,但因本实验规模较小,半滑舌鳎栖息于池底,很难观察其状态,通过收集残饵和定期称重了解其生长状况。

1.2.3 饵料及投喂

半滑舌鳎养殖期间所使用配合饲料为青岛七好生物科技有限公司生产舌鳎专用配合饲料,投喂坚持四定原则,每日早晚两次按体重2%~3%投喂量投喂颗粒饲料,养殖至9月末。

1.2.4 有关数据测定和计算

鱼体重采用精确到1 g 台秤。实验数据分析采用spssl6.0进行单因素方差分析。实验所采用各种生长及其他指标按如下公式计算:

$$成活率/\% = (收获量/投数量) \times 100$$
$$增重率/\% = (收获时平均体重/投放时平均体重) \times 100$$

2 结果与分析

2.1 淡水驯化

养殖半滑舌鳎海水盐度一般为25~33,本实验池塘养殖用水盐度仅为7,低盐度驯化实验结果良好,成活率高达98%(2%死亡原因有可能是运输问题)。在驯化过程中发现,半滑舌鳎适应能力非常强。原计划每个盐度驯化两天,但是通过观察发现,驯化过程中半滑舌鳎摄食情况和活力都很好,尝试缩短驯化时间,同样取得了很好结果。

2.2 半滑舌鳎盐碱地养殖情况

500尾半滑舌鳎经过4个月盐碱地池塘养殖,共收获462尾,平均成活率高达92.4%,平均月增重80 g,其生长状况非常好,其成活及增长情况见表1和表2。

表1 半滑舌鳎成活率情况

Table 1 Survival rate of smooth Tongue sole

组别 Group	放养数量/尾 Number of stocking	养殖密度/(尾/m²) Density	收获数量/尾 Number of harvest	死亡数/尾 Number of death	成活率/% Survival rate
1	100	0.17	92	8	92
2	100	0.17	94	6	94
3	150	0.25	134	16	89.3
4	150	0.25	142	8	94.6

表2 半滑舌鳎体重情况
Table 2 Weight of smooth Tongue sole

组别 Group	实验前平均体重/cm Average weight first	养殖密度/(尾/m²) Density	收获时平均体重/g Average weight last	增重率/% Rate of weight gain
1	496	0.17	834	68.1
2	502	0.17	848	68.9
3	486	0.25	776	59.7
4	512	0.25	806	57.4

从表1可见,4个实验组中半滑舌鳎成活率最低是第3实验组,但也达到了89.3%,最高是第4实验组,达到了94.6%;从表2可见,1、2实验组增重率相对较高,达到了68.1%和68.9,3、4实验组相对偏低,分别为59.7%和57.4%。整体来看,4个实验组养殖状况都很好,分析原因,主要是半滑舌鳎苗种适应性强和池塘中天然活饵丰富。

2.3 养殖密度对半滑舌鳎成活率和增重率的影响

通过统计和测量,密度对比实验组和对照组成活率和增重率结果如图1所示。

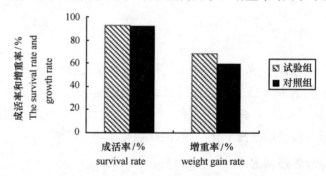

图1 实验组和对照组成活率和增重率比较
Fig.1 Survival rate and weight gain rate comparison

由图1可见,实验组成活率93%,对照组成活率92%,差异不显著($P>0.01$);实验组增重率为68%,对照组增重率为59%,两者差异显著($P<0.01$)。通过实验组和对照组成活率和增重率比较,说明养殖密度对半滑舌鳎的生长有影响。

实验结果可见实验组成活率、增重率都高于对照组,养殖效果好。但从养殖效益角度分析,实验组共增重63.5 kg,收益12 700元;对照组共增重80.5 kg,收益16 100元,高密实验组收益大于低密实验组收益。

2.4 不同养殖阶段的生长速度

半滑舌鳎下塘后不同阶段生长速度不同(表3)。养殖前期生长速度稍慢,可能与半滑舌鳎适应新环境有关;7月,生长速度加快;生长速度最快是在8月中旬至9月中旬,月体长增长2.4 cm,月体重增长108 g,可能与饵料充足、水温适宜有关。

表3 半滑舌鳎不同时期的生长情况
Table 3 Different period of growth of smooth Tongue sole

日期 Date	温度/℃ Temperature	体长/cm Length	体重/g Weight	月体长增长量/cm MΔL	月增重量/g MΔW
6.15	19.3	43.5	495	0	0
7.15	24.7	44.1	552	0.6	57
8.15	26.7	46.2	648	2.1	96
9.15	23.7	48.6	756	2.4	108
10.5	19.5	49.3	816	0.7	60

2.5 饵料系数

实验结束累计总投饵量为80 kg(舌鳎专用配合饲料),半滑舌鳎净增重量为37 kg,则计算饵料系数为2.2∶1。

3 讨论

3.1 养殖密度对半滑舌鳎生长的影响

实验结果显示,不同养殖密度下半滑舌鳎成活率差异不显著,增重率差异显著,说明养殖密度对半滑舌鳎生长有很大影响。本实验期内,不同密度两实验组因用网片相隔其水体条件相同,说明水质不是影响半滑舌鳎生长的主要原因。另外,实验中投饵量一致,水体中具有生物活饵进入围网,密度大摄食活饵少,密度小摄食活饵多,天然饵料可能是半滑舌鳎增重率差异显著的主要原因。

3.2 半滑舌鳎对盐碱地池塘的适应性

盐碱地池塘养殖半滑舌鳎技术国内尚未见报道,本实验首次开展并取得良好效果,在实验过程中发现,半滑舌鳎食物层次低,能耐低氧,病害少,耐盐碱能力强,说明盐碱地池塘养殖半滑舌鳎具有可行性,半滑舌鳎是一种盐碱地区较有前途的养殖品种。

实验中半滑舌鳎成活率、增重率都比较高,一方面是半滑舌鳎苗种适应性强,实验中苗种数量少,水体大,疾病少;另一方面是以大网目进水,池塘中糠虾、毛虾、白虾等资源非常丰富,是半滑舌鳎的优质生物饵料。

3.3 养殖方式

在泥沙质底池塘养殖半滑舌鳎,投资低,生产成本低,适温生长期长,发病率低,生长快,能够而达到稳产、实现可持续发展,开发潜力大,适于大面积推广,是北方地区值得推广的一种养殖方式。

有泥底池塘可以自然繁育出一定小型浮游动物,能为半滑舌鳎提供一定的饵料,天然活饵有利于半滑舌鳎生长,同时节约养殖成本。但由于半滑舌鳎平时蛰伏于池底,遇环境剧烈(如气温骤降或缺氧)变化时,容易钻进底泥中导致窒息死亡,所以淤泥较多的土池不宜养殖半滑舌鳎。

3.4 半滑舌鳎的广盐性

在鲆鲽鱼类里,半滑舌鳎同漠斑牙鲆一样,适盐范围广,既可作为海水、半咸水养殖对象,也可作为淡水养殖对象,为滨海盐碱地池塘开发利用增添一个新养殖品种。而牙鲆最适生长盐度为17~33,只能作为海水养殖对象。本实验淡水驯化过程中,盐度从25逐步降到7,半滑舌鳎生长正常。由此可见,半滑舌鳎是盐碱地低盐水养殖适宜品种,为滨海盐碱地开发利用开辟一条新途径。

4 结论

从本次实验可以看出,500 g左右规格半滑舌鳎苗种进行盐碱地池塘养殖,可以很好生长,是一个值得推广盐碱地养殖的新品种。本实验规模较小,实验数据有限,仅说明盐碱地池塘养殖半滑舌鳎具有可行性,盐碱地池塘半滑舌鳎高产技术研究有待下一步深入研究,同时可拓宽到其他鲆鲽鱼类盐碱地池塘养殖技术研究应用,有效促进鲆鲽鱼类养殖新领域的开发。

参考文献

邓景耀,孟田湘,任胜民,等.1988.渤海鱼类种类组成及数量分布[J].海洋水产研究,(9):10-18.
姜言伟,万瑞景.1988.渤海半滑舌鳎早期形态及发育特征研究[J].海洋水产研究,(9):193-197.
蒋万钊.2008.池塘健康养殖半滑舌鳎实验[J].河北渔业,(9):30-65.
柳学周,刘新富,高淳仁.2000.名优海水鱼类养殖技术问答[M].北京:中国盲文出版社,51-120.
柳学周,庄志蒙,马爱军,等.2005.半滑舌鳎繁殖生物学及繁育技术研究[J].海洋水产研究,26(3):15-24.
马爱军,柳学周,徐永江,等.2005.半滑舌鳎早期发育阶段摄食特性及生长研究[J].海洋与湖沼,36(2):130-138.
孟田湘,任胜民.1988.渤海半滑舌鳎年龄与生长[J].海洋水产研究,(9):173-183.
牛化欣,常杰,王莉,等.2007.半滑舌鳎生物学及养殖生态学研究进展[J].水产科学,26(7):425-426.
孙学亮,杨树元,陈成勋,等.2012.不同美国密度对半滑舌鳎生长和血液生化指标影响[J].东北农业大学学报,43(7):100-105.
张守本,张志,任玉水.2006.半滑舌鳎研究现状及发展前景[J].科学养鱼,(9):5.
张晓彦.2009.半滑舌鳎 Cynoglossus semilaevis 雌性化和三倍体人工诱导研究[D].哈尔滨:东北农业大学.

金乌贼早期发育阶段相关酶活性的变化

刘长琳[1,2]*，刘思玮[1]，赵法箴[1]，陈四清[1]**，刘春胜[1]，燕敬平[1]

(1. 中国海洋大学水产学院，山东 青岛 266003；2. 农业部海洋渔业资源可持续利用重点开放实验室 中国水产科学研究院黄海水产研究所，山东 青岛 266071)

作为海水养殖新品种，金乌贼（*Sepia esculenta*）具有生命周期短（通常 1 年）、生长速度快、个体大（均重 700 g）、营养丰富、可食率高等特点，消费市场需求旺盛，增养殖前景广阔。消化酶是一种主要由消化腺和消化系统分泌的营消化作用的酶类，是消化道中食物利用最重要因子，反映了动物的消化能力和营养需求，开展水产动物早期发育阶段消化酶活性的变化研究可用于幼体的营养需求分析，还可通过建立和优化投喂方式来提高苗种的成活率。近年来，有关早期发育阶段消化酶活性变化的研究已经在甲壳类、鱼类；贝类中展开。在乌贼类消化酶研究方面，目前仅见少量报道，且局限在幼体和成体，未见早期发育阶段消化酶活力变化方面的报道。本文对金乌贼早期发育阶段消化酶活力变化进行研究，以期解析消化酶活力变化与营养物质利用及发育进程的关系，进而为提高初孵幼体的质量以及优化开口饵料供给提供理论指导。

1 材料与方法

1.1 材料

实验用金乌贼受精卵和幼体于 2013 年 6—7 月取自青岛金沙滩水产开发有限公司。受精卵由野生金乌贼亲体自然产卵获得，孵化水温 18~25℃。仔乌贼孵化后第 2 天开始投喂糠虾，每天投喂两次，投喂量为仔乌贼幼体体重的 2%~3%。取样时，先在同一批次受精卵中随机取 3~5 粒，剥离三级卵膜后在解剖镜下观察，参考陈四清等的方法确定胚胎发育时期。对金乌贼早期发育阶段卵裂期（Ⅰ）、囊胚期和原肠期（Ⅱ）、外部器官形成期（Ⅲ）、红珠期和黑珠期（Ⅳ）、心跳期（Ⅴ）、出膜期（Ⅵ）的受精卵，以及初孵幼体（Ⅶ）、5 日龄幼体（Ⅷ）、10 日龄幼体（Ⅸ）进行取样，每个阶段取样 20~30 g，放入 -80℃ 超低温冰箱中保存备用。

1.2 方法

1.2.1 酶液的制备

胚胎发育各时期及幼体各阶段分别取 1~2 g 样品，加入 4 倍体积（W/V）预冷生理盐水，在电动匀浆机中匀浆，然后用 TGL-16G 型冷冻离心机离心 10 min（4℃、2 500 r/min），取上清液置于4℃冰箱保存备用。

1.2.2 酶活性的测定

胰蛋白酶的测定参照 Erlanger 的方法,胃蛋白酶、碱性磷酸酶、脂肪酶和谷丙转氨酶活性均采用南京建成生物工程公司生产的试剂盒测定。可溶性蛋白含量(mg)用考马斯亮蓝—蛋白测定试剂盒测定,用以计算消化酶的相对活性。所测各种酶的活力单位(U)除以相应酶液中的可溶性蛋白含量即为酶的比活力(U/gprot)。每组实验均设 3 个平行样,数据结果用平均值 ± 标准差(Mean ± S.D)表示。

2 结果

2.1 可溶性蛋白浓度的变化

在胚胎期各发育阶段可溶性蛋白浓度处于较高水平,且波动较大,呈现先升后降的趋势,在囊胚和原肠期最高,达到(81.50 ± 41.70)mg/g,后逐渐下降。仔乌贼孵化出膜后,蛋白含量骤然降低至(4.24 ± 2.73)mg/g。随后其含量又逐渐上升,但到10日龄蛋白浓度略有降低(图1)。

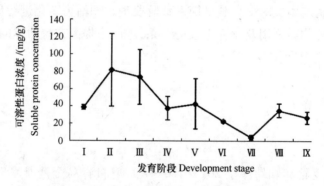

图 1 金乌贼早期发育阶段可溶性蛋白浓度变化

2.2 胰蛋白酶(trypsin)比活力的变化

在金乌贼胚胎发育期胰蛋白酶的比活力处于一个很低的水平,总体呈上升的趋势。仔乌贼孵化出膜后,胰蛋白酶比活力骤然增加,达到(0.51 ± 0.16)U/gprot。随后其活性开始下降,5日龄比活力为(0.12 ± 0.01)U/gprot,但仍高于胚胎发育期,至10日龄,胰蛋白酶比活力又逐渐上升(图2)。

2.3 胃蛋白酶(pepsin)比活力的变化

在金乌贼胚胎发育阶段胃蛋白酶相对活性相对较低,且波动幅度不大,范围在0.2 U/gprot 至 0.5 U/gprot,其中外部器官形成期的比活力最高。仔乌贼孵化出膜后胃蛋白酶比活力骤然上升,达到(1.68 ± 0.70)U/gprot,随后其活性开始下降,5日龄达到(0.28 ± 0.21)U/

gprot,至10日龄又升至(0.69±0.47)U/gprot(图3)。

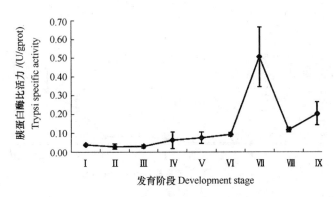

图2　金乌贼早期发育阶段胰蛋白酶比活力的变化

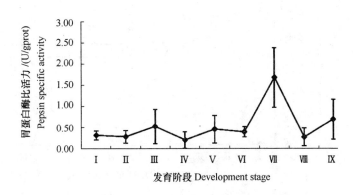

图3　金乌贼早期发育阶段胃蛋白酶比活力的变化

2.4　碱性磷酸酶(AKP)比活力的变化

金乌贼早期发育阶段 AKP 比活力总体呈上升趋势,仅在出膜期略有下降。在胚胎发育阶段碱性磷酸酶比活力极低,直至仔乌贼孵化出膜后骤然上升,初孵幼体阶段达到(0.017±0.01)U/gprot。随后其活力逐渐升高,至10日龄达到(0.034±0.015)U/gprot(图4)。

2.5　脂肪酶(lipase)比活力的变化

金乌贼早期发育阶段脂肪酶比活力总体呈上升趋势。在胚胎发育阶段脂肪酶比活力较低,上升趋势不明显。仔乌贼孵化出膜后脂肪酶比活力骤然上升,达到(34.39±27.72)U/gprot,5日龄略有上升,达到(37.41±20.43)U/gprot;10日龄迅速升高到(75.00±47.40)U/gprot(图5)。

2.6　谷丙转氨酶(ALT)比活力的变化

金乌贼胚胎发育阶段 ALT 比活力呈上升趋势,但处于比较低的水平。仔乌贼孵化出膜

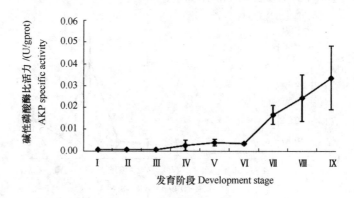

图4　金乌贼早期发育阶段碱性磷酸酶比活力的变化

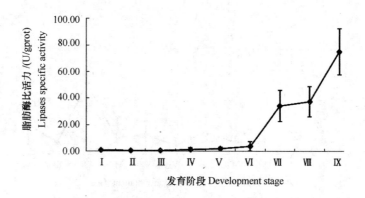

图5　金乌贼早期发育阶段脂肪酶比活力的变化

后,初孵幼体谷丙转氨酶比活力骤然增加,达到(37.84±19.79)U/gprot。随后金乌贼幼体的ALT比活力骤然下降至低于出膜前水平(图6)。

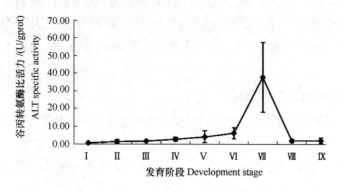

图6　金乌贼早期发育阶段谷丙转氨酶比活力的变化

3 讨论

3.1 可溶性蛋白浓度

可溶性蛋白是动物胚胎发育时期的主要营养来源，在发育过程中逐渐被水解为氨基酸，为胚胎的组织构建以及维持胚胎的新陈代谢提供物质基础和能量。可溶性蛋白也以酶的形式存在，可以分解卵黄物质，为胚胎发育的顺利进行提供保障。金乌贼在胚胎发育阶段可溶性蛋白浓度处于较高水平，且波动较大，呈现先升后降的趋势，其中囊胚和原肠期最高，后逐渐下降，与长蛸(*Octopus variabilis*)胚胎发育过程中可溶性蛋白的变化趋势一致。田华梅等(2003)认为，在胚胎发育早期自母体提供的相关酶类不断分解卵黄物质，以提供组织或器官构建所需的物质和能量，但由于头足类卵裂为不完全的盘状卵裂，盘状卵裂只发生在卵黄表面，利用和消耗的营养物质较少，可溶性蛋白浓度上升为后期的胚胎发育积累能量。金乌贼胚胎发育进入器官形成期后，细胞分裂、组织分化及器官形成处于快速发展阶段，需要消耗大量的蛋白为胚胎的代谢提供营养，此时可溶性蛋白的消耗量大于酶水解量，其浓度开始逐渐降低，至幼体孵出后绝大部分卵黄蛋白被消耗，含量达到最低。金乌贼幼体孵出后，幼体主要消化器官功能逐步完善，合成新的蛋白质的速度高于蛋白质的消耗速度，使可溶性蛋白的浓度有所升高。

3.2 消化酶比活力

胰蛋白酶、胃蛋白酶和碱性磷酸酶是众多消化酶中关系到仔鱼蛋白消化吸收最主要的消化酶，也是肝胰脏、胃、肠等主要消化器官开始功能化的标志性酶。在金乌贼胚胎发育阶段胰蛋白酶和胃蛋白酶就能检测到，不仅说明这两种消化酶主要是由受精卵自母体获得，还说明金乌贼在胚胎发育阶段已经能够进行蛋白质消化利用，因此蛋白质是胚胎期所需能量的主要来源，这与头足类成体能量的主要来源于蛋白质的研究结论一致。在金乌贼幼体孵出后，胰蛋白酶和胃蛋白酶比活力骤然升高，其原因主要表现在两个方面：①初孵幼体的能量主要由卵黄提供，仔乌贼孵化后更多的母源胰蛋白酶和胃蛋白酶被激活，用于更多卵黄蛋白的消化，在条石鲷(*Oplegnathus fasciatus*)和军曹鱼(*Rachycentron canadum*)中也有类似的情况；②可能与取样方式有关，在胚胎发育阶段采用的是受精卵整体匀浆，样品中包括厚厚的三级卵膜，以及体积不断增加的卵周液，而幼体孵出后采用的仅是幼体整体匀浆，造成活性骤然升高。金乌贼幼体孵出后，随着母源蛋白酶量的不断消耗，以及残留卵黄的不断吸收，胰蛋白酶和胃蛋白酶相对活性逐渐下降，到5日龄降到最低，仔乌贼开口摄食糠虾后，随着胰腺和胃腺的逐渐发育完善，其活性开始上升，说明金乌贼开始摄食后已具有充分的消化饵料的能力。

AKP主要存在于鱼类前肠上皮细胞的浅部和纹状缘上，是一种可帮助肠上皮细胞吸收的金属酶，与脂类、葡萄糖、钙和无机磷的吸收存在正相关性。金乌贼胚胎发育至外部器官形成期时AKP比活力极低，之后活力逐渐上升。Zamani等认为AKP活性的增加标志着肠细胞的持续发育，Beedham认为可能与贝类幼虫变态及胚壳的形成有关，由此推测，在金乌贼胚胎发育至红珠和黑珠期时已经开始了肠细胞的增殖与分化,内壳也逐渐开始形成,但需要结合组织学进行进一步验证。此外,孙虎山等(2008)认为贝类原肠胚以前的各个发育阶段无吞噬细胞的分化,只能依靠分子防御系统抵抗外来生物的侵蚀,AKP可能在其早期发育阶段对抵抗病原生物侵染方面发挥着重要作用。头足类早期发育阶段AKP是否具有抵御病原生物侵染作用,还需要结合免疫学研究方法进行进一步验证。

Oozeki(1995)认为,鱼类个体发育早期存在两种类型的脂肪酶,一种是用于卵黄的吸收,而另一种是用于外源性脂肪的消化。金乌贼胚胎发育阶段脂肪酶相对活性极低,说明内源性营养阶段用于卵黄的吸收的脂肪酶含量极低,同时也说明脂肪不是胚胎发育能量的主要来源,这与欧洲乌贼(*Sepia officinalis*)的研究结果一致。由于能量主要来源于脂类的海洋鱼类都具有富含脂类的油球,由此推测乌贼类胚胎发育能量的主要来源不是脂肪原因可能与受精卵不含油球所致。金乌贼孵化出膜后脂肪酶相对活性逐渐上升,直至50日龄活力才趋于平缓,因此推测金乌贼孵化后脂肪酶活性上升的原因主要是用于外源性脂肪的消化,其相对活性的增加反映出仔乌贼胰腺的发育、脂肪代谢系统的完善和对食物脂质利用能力的增加,以利于仔乌贼开口后外源性脂肪的消化。

ALT是氨基酸代谢过程中重要的氨基转移酶,主要在催化α-酮戊二酸与天冬氨酸生成谷氨酸与草酰乙酸的反应过程中起氨基转移作用,通常根据血清中转氨酶活性的变化判断肝脏等组织器官的功能状况。目前,关于水产动物谷丙转氨酶活性研究主要集中在化学物质对其活性的影响,关于早期发育阶段谷丙转氨酶的活力变化研究迄今为止未见报道。在金乌贼胚胎发育阶段ALT就具有一定的活性,说明ALT主要从母体获得。仔乌贼孵出后ALT相对活性骤然增加,后下降至低于出膜前水平,其相对活性骤然增加的原因可能是幼体孵出后失去了卵膜的保护,受环境的突变胁迫所致。

主要参考文献

陈晨,黄峰,舒秋艳,等.2010.共轭亚油酸对草鱼生长、肌肉成分、谷草转氨酶及谷丙转氨酶活性的影响[J].水生生物学报,34(3):647-651.

陈四清,刘长琳,贾文平,等.2010.金乌贼(*Sepia esculenta*)胚胎发育的研究[J].渔业科学进展,31(5):1-7.

郝振林.2010.金乌贼繁殖、发育及荧光标志技术的研究[D].青岛:中国海洋大学.

何滔.2011.条石鲷早期发育及相关酶活性的研究[D].青岛:中国科学院海洋研究所.

陆伟进.2012.曼氏无针乌贼消化系统组织细胞学和酶化学的研究[D].宁波:宁波大学.

孙敏,柴学军,许源剑,等.2012.日本黄姑鱼早期发育过程中消化酶活性变化研究[J].上海海洋大学学报,21(6):965-970.

谭娟,尚蕾,肖雅元.2001.甲氰菊酯对尼罗罗非鱼组织乙酰胆碱酯酶、谷丙转氨酶和谷胱甘肽活性的影响[J].淡水渔业,41(3):39-42转21

詹萍萍,王春琳,张晓梅,等.2010.长蛸胚胎发育过程中可溶性蛋白含量及组成变化[J].海洋学研究,28(4):65-69.

Beedham G E. 1958. Observation on the mantle of the lamellibranchia[J]. Quarterly Journal of Microscopical Sciences, 99: 181 - 197.

Diaz M, Moyano F J, Garcia-Carreno F L, et al. 1997. Substrate-SDS-PAGE determination of protease activity through larval development in sea bream[J]. Aquaculture International, (5):461 - 471.

Erlanger B, Kokowsky N, Cohen W. 1961. The preparation and properties of two new chromogenic substrates of trypsin[J]. Archives of Biochemistry and Biophysics, 95: 271 - 278.

Faulk C K, Benninghoff A D, Holt G J. 2007. Ontogeny of the gastrointestinal tract and selected digestive enzymes in cobia *Rachycentron canadum* (L.) [J]. Journal of Fish Biology, 70 (2):567 - 583.

García García B, Aguado Giménez F. 2002. Influence of diet on ongrowing and nutrient utilization in the common octopus (*Octopus vulgaris*) [J]. Aquaculture, 211: 171 - 182.

Gunasekera R M, De Silva S S, Ingram B A. 1999. The amino acid profiles in developing eggs and larvae of the freshwater Percichthyid fishes, trout cod, *Maccullochella macquariensis* and Murray cod, *Maccullochella peelii peelii* [J]. Aquatic Living Resources, 12(4): 255 - 261.

Lee P G. 1994. Nutrition of cephalopods: fueling the system[J]. Marine and Freshwater Behaviour and Physiology, 25:35 - 51.

Lemieux H, Blier P, Dutil J D. 1999. Do digestive enzymes set a physiological limit on growth rate and food conversion efficiency in the Atlantic cod (*Gadus morhua*)? [J] Fish Physiology and Biochemistry, 20: 293 - 303.

Love R M. 1980. Chemical Biology of Fishes[D]. London: Academic Press, 1968 - 1977.

Oozeki Y, Bailey K M. 1995. Ontogenetic development of digestive enzyme activities in larval walleye pollock, *Theragra chalcogramma*[J]. Marine Biology, 122(2): 177 - 186.

Perrin A, Bihan E L, Koueta N. 2004. Experimental study of enriched frozen diet on digestive enzymes and growth of juvenile cuttlefish *Sepia officinalis* L. [J]. Journal of Experimental Marine Biology and Ecology, 311:267 - 285.

Ribeiro L, Couto A, Olmedo M, et al. 2008. Digestive enzyme activity at different developmental stages of blackspot seabream, *Pagellus bogaraveo* (Brunnich 1768) [J]. Aquaculture Research, 39:339 - 346.

Srivastava R K, Brown J A, Shahidi F. 1995. Changes in the amino acid pool during embryonic development of cultured and wild Atlantic salmon (*Salmo salar*) [J]. Aquaculture, 131(1): 115 - 124.

Sykes A V, Almansa E, Lorenzo A, et al. 2009. Lipid characterization of both wild and cultured eggs of cuttlefish (*Sepia officinalis* L.) throughout the embryonic development[J]. Aquaculture Nutrition, 15: 38 - 53.

Tengjaroenkul B, Smith B J, Caceci T, et al. 2000. Distribution of intestinal enzyme activities along the intestinal tract of cultured *Nile tilapia*, *Oreochromis niloticus* L[J]. Aquaculture, 182: 317 - 327.

Zamani A, Hajimoradloo A, Madani R, et al. 2009. Assessment of digestive enzymes activity during the fry development of the endangered Caspian brown trout *Salmo caspius*[J]. Journal of Fish Biology, 75: 932 - 937.

Zambonino Infante J L, Cahu C L. 2001. Ontogeny of the digestive tract of marine fish larvae[J]. Comparative Biochemistry and Physiology, 130(4): 477 - 487.

两种培育方法对泥东风螺稚螺生长与存活的影响*

郑雅友,曾志南*,刘波,李正良,李雷斌

(福建省水产研究所,福建 厦门 361013)

摘 要:报道了有底沙与无底沙培育方法对泥东风螺(*Babylonia lutosa*)稚螺生长与存活影响的实验结果。以牡蛎为饵料,实验设计3万粒/m^2、5万粒/m^2和7万粒/m^2三个密度梯度,采用有底沙与无底沙两种方法培育刚变态的泥东风螺稚螺。经35 d培育,有底沙组稚螺壳高、体重的生长速度和存活率都高于无底沙组,壳高生长速度差异显著($P<0.05$)。而两种培育方法不同的密度培育结果,密度7万粒/m^2与3万粒/m^2和5万粒/m^2实验组稚螺壳高生长速度差异显著($P<0.05$),而3万粒/m^2与5万粒/m^2实验组壳高生长速度差异不显著($P>0.05$)。随着稚螺的生长其潜沙行为越明显,说明有沙培育更符合其具有的潜埋栖息习性,有利其生长和存活。

关键词:泥东风螺稚螺;培育方法;生长与存活率

泥东风螺 *Babylonia Lutosa*(Lamarck)俗称黄螺,隶属于软体动物门(Mollusca)腹足纲(Gastropoda)狭舌目(Stenogiossa)蛾螺科(Buccinidae),在我国的东海和南海均有分布,主要栖息于潮下带泥质海区,营底栖生活。泥东风螺是腹足纲中重要的经济种类,近年来我国南方沿海已开展了人工育苗、养殖和增值放流,它具有良好的市场开发前景。东风螺人工育苗中由浮游状态的面盘幼虫变态成稚螺后,食性由食植性变成肉食性,而习性也由浮游转为底栖生活,而有关东风螺稚螺培育方法已有一些报道,罗杰等(2004)相继报道了采用池底铺沙的培育方式;吴进锋等(2006)相继报道了稚螺无沙培育方法。本实验在小水体中比较了有底沙与无底沙培育方法对泥东风螺稚螺生长与存活的影响,并结合大水体育苗生产,分析两种方法优缺点,为泥东风螺苗种规模化生产提供参考依据。

1 材料与方法

1.1 材料

实验螺取自同一口培育池刚变态的稚螺,平均个体重0.33 mg,平均壳高(1.64±0.15)mm。实验容器为底面积0.20 m^2的泡沫箱,泡沫箱的箱口粘一圈宽80 mm海绵,防止稚螺

---

* 基金项目:国家海洋公益性行业科研专项(201205021-1)、现代农业产业技术体系建设专项(nycytx-47)和国家科技基础条件平台建设运行项目。
作者简介:郑雅友(1962-),男,副研究员,主要从事海水养殖研究。E-mail:qiuying09@sina.com.
通信作者:曾志南(1963-),男,研究员,主要从事海水养殖和遗传育种研究。E-mail:xmzzn@sina.com.

爬出,饵料投喂牡蛎,日投饵量为稚螺总体重的10%~20%,根据各实验组的残饵情况酌情增减投饵量。

1.2 方法

将实验泡沫箱置于小水泥池内水浴,以减少实验水温波动;小水泥池上方挂遮阳布,避免阳光直射,降低底栖硅藻生长速度。实验水温28~28.5℃,不间断微充气,实验设计3万粒/m²、5万粒/m²和7万粒/m²三个密度梯度共6个实验组,每个实验组设两个平行组;实验时间为2012年7月25日至8月29日共35 d,有底沙实验组(底铺消毒的细沙,沙粒直径0.2~0.5 mm,厚20 mm)底沙每5~7 d用浓度200 mg/L高锰酸钾带沙消毒清洗或更换消毒过的新沙。

每天早上和傍晚各投饵、换水一次,每次换水量100%,投喂方法为将牡蛎切成小块分散投喂,投喂前先停气,半小时后再充气。

1.3 数据采集与处理

日均生长率(壳高、体重)按公式$A_2 = A_1(1+X)^n$计算,其中A_1、A_2分别为实验初始和结束时的壳高或体重,X为日均生长率,n为实验天数;平均壳高日均增长量(mm/d)=(实验结束平均壳高 – 实验初始平均壳高)/实验天数;平均体重日均增长量(mg/d)=(实验结束平均体重 – 实验初始平均体重)/实验天数;成活率(%)=(实验初始粒数 – 实验结束粒数)/实验初始粒数×100;实验开始时取30粒稚螺分别测量壳高并测量总重,稚螺数量用重量法计数。实验过程每5 d每个实验组随机取样30粒进行测定,前10 d个体壳高较小,在解剖镜下测量,之后用游标卡尺测量(精度0.02 mm);每个实验组用电子秤(精度0.01 g)称30粒稚螺总重,获得每粒稚螺平均体重,实验结束逐粒计数稚螺存活数量。用Excel工具对实验数据进行单因素方差分析。

2 结果

2.1 两种培育方法东风螺稚螺的习性观察

有沙实验组稚螺刚放入后,活动能力太小,在沙中不易爬动,大部分常聚成一堆,少量爬在箱壁上,刚开始也不潜沙,随着稚螺的生长,活动能力不断增强,潜沙行为渐趋明显,7 d后大部分稚螺潜入沙中,潜入沙中的稚螺腹足向下,少部分爬在箱壁上,底沙5~7 d后开始出现黑块;无沙实验组稚螺放入后很快散开,有些爬到箱壁,在培育过程中,大部分稚螺腹足朝上,平躺在池底,不投饵时基本不活动,少量爬在箱壁,由于是泼洒投饵,稚螺的分布比较均匀。

2.2 两种培育方法对泥东风螺稚螺壳高生长的影响

经35 d的投喂实验,各实验组稚螺壳高都有不同程度的增长(表1)。本实验设计采用水浴恒温且单种饵料投喂,泥东风螺稚螺的生长速度不受水温和饵料变化影响,没有由于水温变化和不同饵料投喂等因素影响而导致出现的生长拐点,每5 d测量一次壳高形成的生长曲线各节斜率差异不明显,实验中壳高生长速度稳定(图1)。随着实验时间的延长,各实验组间稚螺壳高生长的差异越来越明显,经35 d培育有沙实验组3种密度稚螺平均壳高的生长都高于无沙实验组各自对应的密度组,差异显著(表1($P<0.05$),说明有底沙培育符合东风螺潜埋栖息习性,有利于稚螺生长,3万粒/m^2、5万粒/m^2和7万粒/m^2 3种培育密度有底沙实验组变异系数分别为0.25、0.27和0.23,而无底沙实验组为0.23、0.25和0.22,表明有底沙培育稚螺壳高参差不齐现象比无底沙培育的明显。

表1 实验组间壳高生长速度单因素方差分析结果**
Tab. 1 Resu of one way ANOVA between each experimental group

有底沙/(万粒/m^2)($n=30$) Sand(10 000 individual/m^2)						无底沙/(万粒/m^2)($n=30$) Non-sand(10 000 individual/m^2)					
3	5	3	7	5	7	3	5	3	7	5	7
$P>0.05$		$P<0.05$		$P<0.05$		$P>0.05$		$P<0.05$		$P<0.05$	
3万粒/m^2 30 000 individual/m^2			5万粒/m^2 50 000 individual/m^2				7万粒/m^2 70 000 individual/m^2				
有底沙($n=30$) Sand		无底沙($n=30$) Non-sand		有底沙($n=30$) Sand		无底沙($n=30$) Non-sand		有底沙($n=30$) Sand		无底沙($n=30$) Non-sand	
$P<0.05$				$P<0.05$				$P<0.05$			

** $P>0.05$ 不显著,$P<0.05$ 显著

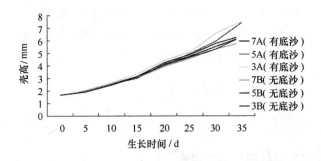

图1 有底沙与无底沙稚螺壳高生长曲线

Fig. 1 Shell height growth curve of juvenile *Babylonia Lutosa* with sand and non-sand

2.3 两种培育方法对泥东风螺稚螺体重生长的影响

图2是各实验组的稚螺体重生长曲线。从图2中可以看出,随着实验时间的延长,各实验组体重生长的差异越来越明显,经35 d培育,3万粒/m^2、5万粒/m^2和7万粒/m^2 3个培育密度,有底沙组3种密度稚螺体重的生长都明显高于无底沙实验组各自对应的密度组,分别高出36.9%、37.1%和17.1%(表2),说明有底沙培育符合泥东风螺有潜埋习性。测量稚螺体重与壳高之比发现,有底沙3个培育密度(3万粒/m^2、5万粒/m^2和7万粒/m^2)实验组稚螺与壳高之比分别为13.85、14.38和9.68,而无沙组分别为10.34、10.67和8.62,外观观察

有底沙培育的螺苗显得比较胖,而无底沙培育的螺苗比较瘦长,有较明显差异。

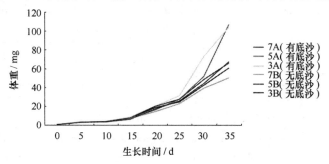

图 2 有底沙与无底沙螺体重生长曲线

Fig. 2 Weight growth curve of juvenile *Babylonia Lutosa* with sand and non-sand

2.4 两种培育方法对泥东风螺稚螺存活率的影响

经过 35 d 投喂实验,有底沙 3 种培育密度实验组稚螺存活率都高于无底沙对应的 3 种密度实验组,其中 3 万粒/m² 实验组高 12.2%,5 万粒/m² 实验组高 20.8%,7 万粒/m² 实验组高 25.7%,且培育密度越大存活率相差越大(表 2 和图 3),说明有底沙培育符合东风螺潜埋栖息习性,有利于泥东风螺稚螺生长与存活。

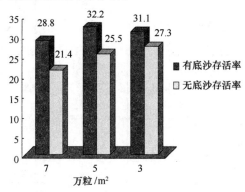

图 3 有底沙与无底沙不同培育密度稚螺存活率

Fig. 3 Survival of different nurtured density with sand and non-sand

2.5 两种培育方法不同培育密度对泥东风螺稚螺生长与存活的影响

表 1 显示,无论有底沙或无底沙培育方法,培育密度为 7 万粒/m² 的实验组稚螺壳高、体重日均增长率和存活率都比密度 3 万粒/m² 和 5 万粒/m² 实验组低,壳高生长速度差异显著($P < 0.05$)。而培育密度 3 万粒/m² 和 5 万粒/m² 实验组壳高、体重日均增长率和存活率,两组间相近(表 2 和图 3),壳高生长速度差异不显著($P > 0.05$)。

表2 两种培育方法对泥东风螺稚螺壳高、体重和存活率的影响
Tab. 2　Effect of two different nurtured methods on the shell height, weight and survival of juvenile *Babylonia lutosa*

实验时段 Experiment time	项目 Items	有底沙 Sand			无底沙 Non-sand		
		3万粒/m² 30 000 individual/m² (n=30)	5万粒/m² 50 000 individual/m² (n=30)	7万粒/m² 70 000 individual/m² (n=30)	3万粒/m² 30 000 individual/m² (n=30)	5万粒/m² 50 000 individual/m² (n=30)	7万粒/m² 70 000 individual/m² (n=30)
实验初始 Initial state	壳高/mm Shell length	1.64±0.15	1.64±0.15	1.64±0.15	1.64±0.15	1.64±0.15	1.64±0.15
	体重/mg Weight	0.33	0.33	0.33	0.33	0.33	0.33
实验结束 Final state	壳高/mm Shell length	7.51±1.91	7.43±2.05	6.25±1.45	6.35±1.45	6.29±1.45	5.70±1.24
	体重/mg Weight	104.00	106.84	60.50	65.67	67.17	50.17
平均壳高日增长量/(mm/d) Mean shell weight increasing ratio per day		0.17	0.17	0.13	0.13	0.13	0.12
平均体重日增长量/(mg/d) Mean weight increasing per day		2.96	3.04	1.72	1.87	1.91	1.42
壳高日均增长率/% Mean shell length increasing ratio per day		5.19	5.15	4.46	4.53	4.49	4.17
体重日均增长率/% Mean weight increasing ratio per day		14.18	14.27	12.42	12.68	12.76	11.82
存活率/% survival rate		31.1	32.2	28.8	27.3	26.9	21.4

3　讨论

(1)本实验结果表明有底沙实验组稚螺无论壳高、体重的日均生长率都高于无底沙组,差异显著($P<0.05$),这一结果与刘建勇等(2008)报道的不同底质对稚螺日生长率有显著影响($P<0.05$)的结果一致,也与杨章武等(2011)报道的不同底质养殖方斑东风螺的实验结果一致。实验中还观察到,刚变态稚螺活动能力小,在池底铺沙的培育池稚螺比较不易散

开,潜沙行为不明显,而在无铺沙的培育池稚螺很快就能散开;随着稚螺的生长,其活动能力不断增强,潜沙行为就越趋明显。在大水体育苗生产中,无底沙培育的螺苗规格明显比有底沙培育的整齐,这可能与投饵方式有关,采用无底沙培育方法,残饵容易清理,因此投饵采用将饵料剁碎(使用绞丝机)后加水泼洒,稚螺摄食较均匀;而采用有底沙方式培育的,残饵清理困难,投饵采用块状投喂,而稚螺小,在沙底池中活动能力差,影响了其摄食,使许多个体难以获得充足的饵料,随着培育时间的推移稚螺的生长差异越来越大,因而有底沙培育方法稚螺出现规格不均现象比无底沙培育方法明显。

(2)采用有底沙与无底沙方法培育泥东风螺稚螺其平均壳高、体重的生长差异显著($P<0.05$),3个培育密度有底沙实验组稚螺的存活率也都略高于无底沙组,根据不同培育密度相差在12.2%~25.7%之间,这一结果与林位琅等(2012)认为有沙底池与无沙底池培育的东风螺稚螺成活率相差不大,与刘建勇等(2008)报道的池底铺砂与否,对方斑东风螺稚螺成活率的影响差异不显著($P>0.05$)的结果有差异。本实验在小水体中进行,实验用沙的清洗消毒或更换新沙都比较容易,而在规模化生产中水泥池底铺沙,底沙仍然与天然底质隔离,其自净能力极为有限,池底铺沙的功能只是满足东风螺潜埋习性要求,而底沙里的水基本上处于静止状态,容易缺氧。在缺氧环境里残饵很快变黑、发臭,产生氨氮、硫化氢等有害物质。黄海立等(2006)认为充气换水时,沙层中的有机质无法较完全地进到水体中,高溶解氧的水体不能进入沙层,沙层中的有机质得不到及时氧化和降解,随着残饵、粪便、分泌物的积累,底质严重恶化,直接影响东风螺的生理活动,张扬波等(2011)认为大约7 d必须清洗底沙1次。泥东风螺人工育苗在水温较高的夏季,即便每7 d清洗一次底沙,底沙黑化还是很常见。在东风螺人工育苗过程中从刚变态的壳高1.6 mm左右稚螺培育到壳高8~12 mm的幼螺,要进行多次搬池分苗,而每次搬池工作量铺沙培育是不铺沙培育的几倍到几十倍,且洗沙或搬池对东风螺稚、幼螺刺激较大,螺的分泌物剧增,消耗了大量体能。此外,洗沙、搬池或分苗操作时,容易造成稚螺受伤而感染致病菌,经常出现刚搬池的螺苗不摄食甚至发病死亡。另外有沙培育方法用于底沙翻洗、残饵清理等日常管理的人工成本也大幅高于无底沙培育方法,因此在生产中采用无底沙培育方法虽然会影响稚、幼螺生长速度和存活率,但生产工艺简便易于操作,反而更能提高生产效率,适合规模化生产。

(3)杨章武等(2011)报道了壳高16 mm以上方斑东风螺幼螺无底沙养殖,实验结果显示没有可供潜埋的底沙,东风螺完全裸露,不适合其栖息习性,从30 d开始明显出现死亡;冯永勤等(2009)报道了方斑东风螺稚螺在无砂层的水泥池中培育9~12 d后,再移至有砂层的水泥池中培育至6~18 mm,认为此方法可有效克服因砂层导致的污物积累和影响摄食,使稚螺个体生长均匀,且成活率也明显提高。与本实验同时进行的泥东风螺苗种大水体生产,采用无底沙培育方法,螺苗培育至平均壳高达8~12 mm,规格整齐,成活率高。综合有关文献报道及小水体实验和大水体育苗生产结果,笔者认为,泥东风螺稚螺在壳高10 mm之前采用无底沙培育方法是完全可行的,泥东风螺人工育苗可以采用二阶段培育方法,开始时稚螺可在水泥池无沙培育,壳高小于4 mm前培育密度3万~5万粒/m²(培育密度3万~5万粒/m²生长无显著差异),壳高4~10 mm培育密度1万~2万粒/m²,壳高大于10 mm

以后再移至有砂的水泥池中培育至大规格苗种。

参考文献

冯永勤,周永灿,李芳远,等.2009.方斑东风螺规模化苗种繁育技术研究[J].水产科学,28(4):209-213.
黄瑞,苏文良,龚涛文,等.2006.方斑东风螺养殖技术研究[J].台湾海峡,25(2):295-301.
黄海立,周银环,符韶,等.2006.方斑东风螺两种养殖模式的比较[J].湛江海洋大学学报,26(3):8-12.
李德,李活.2009.方斑东风螺 Babylonia areolata(Lamarck)工厂化人工育苗实验[J].现代渔业信息,24(3):26-28.
梁飞龙,毛勇,余祥勇,等.2005.方斑东风螺人工育苗实验[J].海洋湖沼通报,(1):79-85.
林位琅,周燕华.2012.波部东风螺人工育苗技术初探[J].海洋与渔业,(11):60-61.
刘永,梁飞龙,毛勇,等.2004.方斑东风螺的人工育苗高产技术[J].水产养殖,25(2):22-25.
刘建勇,罗俊标.2008.几种环境因子对方斑东风螺稚螺生长与存活的影响[J].海洋科学,32(7):15-19.
罗杰,杜涛,梁飞龙,等.2004.方斑东风螺养殖方式的初步研究[J].海洋科学,28(7):39-43.
吴进锋,张汉华,陈利雄,等.2006.台湾东风螺人工繁殖及苗种生物学的初步研究[J].海洋科学,30(9):91-95.
徐华森,蓝魏星,金景华.2003.泥东风螺 Babylonia lutosa(Lamarck)人工育苗技术[J].水产科技,107(5):27-30.
杨章武,郑雅友,李正良,等.2011.方斑东风螺水泥池养殖不同底质的生长与存活实验[J].福建水产,33(2):29-32.
张扬波,杨章武.2011.东风螺水泥池养殖两种铺沙方式的比较[J].福建水产,33(4):27-30.
郑雅友,杨章武,李正良,等.2005.方斑东风螺人工育苗技术[J].福建水产,105(2):58-60.

多氯联苯对水生动物繁育的影响及机理[*]

许友卿,张茜,张青红,丁兆坤

(广西大学水产科学研究所,广西 南宁 530004)

摘 要:本文重点综述多氯联苯对水生动物生殖和幼体生长发育的影响及机理,旨在深入研究之,为水环境评估、管理和保护提供科学依据,为保护水体生态环境和水生动物,创建绿色的水生动物科技体系,发展可持续的健康生态渔业提供

---

[*] 基金项目:国家自然科学基金项目(31360639);生物学博士点建设项目(P11900116,P11900117);广西自然科学基金项目(2012GXNSFAA053182,2013GXNSFAA019274,2014GXNSFAA118286,2014GXNSFAA118292);广西科技项目(1298007-3,1140002-2-2).
作者简介:许友卿,女,教授,博士生导师,研究方向:环境生物学、水生动物营养、生理、生化和分子生物学.E-mail:youqing.xu@hotmail.com.电话:0771-3235635.
通信作者:丁兆坤,男,教授,博士生导师,研究方向:环境生物学、水生动物营养、生理、生化和分子生物学.E-mail:zhaokun.ding@hotmail.com.电话:0771-3235635.

科学参考。

关键词：多氯联苯；生殖；生长发育；水生动物

多氯联苯(polychlorinated biphenyls, PCBs)，是联苯在不同程度上由氯原子取代后生成的有机化合物的总称，共有209种同系物。PCBs具有稳定性、难降解性和高致毒性，对水生动物如鱼、虾、贝等影响严重。然而，国内外学者对PCBs毒性的研究多以小鼠为对象，对水生动物的毒性效应和致毒机理研究较少，

对其生殖和幼体生长发育影响的研究更少，因此，亟须研究。

本文重点综述PCBs对水生动物生殖和幼体生长发育的影响及机理，旨在深入研究之，为水体环境包括海洋环境评估、管理和保护提供科学依据，为保护水体生态环境和水生动物，创建绿色的水生动物科技体系，发展可持续的健康生态渔业提供科学参考。

1 PCBs影响水生动物的繁育

尽管早已停产禁用PCBs，但是环境中残留的PCBs依然严重威胁着各种生物，特别是水生动物。PCBs是典型的环境内分泌干扰物，可直接或间接影响水生动物及其后代的内分泌功能，严重影响生殖器官的形态与功能、生殖内分泌、原始生殖细胞、受精、胚胎及幼体生长发育。

1.1 PCBs影响水生动物的生殖功能系统

PCBs严重影响水生动物的生殖功能。PCBs对成熟的雌、雄鱼生殖系统均产生负面的生理影响。Guleb等(2013)报道，两栖类通过日粮口服PCB50或PCB126，导致其畸形率和死亡率增加，且呈剂量依赖性，也降低其甲状腺激素水平，严重影响其适应性及繁殖。Steven等实验证明，食用含PCBs污染鱼类的水貂(*Mustela vison*)的繁殖、其后代的生存能力及生长均受负面影响。

研究表明，PCB1254抑制罗非鱼(*Oreochromis niloticus*)的生殖。PCB1254可致罗非幼体的卵巢和睾丸变异，血液甲状腺素T4浓度下降，但T3保持不变。PCB1254可导致大西洋黄花鱼(*Pseudosciaena crocea*)体外促性腺激素(GTH)缺失；低剂量PCB77能显著抑制黄花鱼下丘脑的色氨酸羟化酶(TPH)活性和性腺生长，表明PCBs同类物干扰生殖神经内分泌功能。Socha等(2012)报道，在银鲫促性腺激素释放激素刺激促黄体生成激素(LH)释放时，腹腔注射浓度0.01、1 mg/kg的PCB1254，显著降低银鲫促性腺激素的释放；腹腔注射最低测试浓度PCB1254，也显著降低17, 20β-二羟基-4-孕甾烯-3-酮(17,20β-P)分泌。在银鲫自然产卵时，PCB1254可通过改变两个非常重要的激素—LH和17, 20β-P，影响银鲫生殖系统。在日粮中分别添加1 μg/g体重的三丁基锡(TBT)和PCBs投喂青鳉3周后，雄鱼"跟随"雌鱼、与雌鱼"舞蹈"的频率下降，可能抑制其性行为，降低受精率；且有个别雄鱼出现混合性腺。暴露于PCB28(4 μg/L)和PCB153(93 μg/L)的大型蚤(*Dephnia magna straus*)生长缓慢，体长明显缩短，蜕皮次数减少，生殖周期延迟，第一次排卵时间极显著滞后($P <$

0.01)。Byer 等(2013)报道,亲脂性污染物如 PCBs、多溴联苯醚(PBDEs)等导致鳗鱼(*Anguilla*)产卵质量下降。PCBs、多溴联苯醚(PBDEs)和滴滴涕(DDT)导致雌性斑马鱼(*Brachydanio rerio*)的卵泡数减少[16]。通过日粮染毒二噁英类 PCBs 或其他类似物的斑马鱼,其产卵和受精卵数量都显著减少[17]。

然而,用 17,13 - 雌二醇(E2)100 μg/L 和 PCBs1 500 μg/L 分别对雄性孔雀鱼(*Poecilia reticulata*)成鱼染毒 30 d,发现 PCBs 和 E2 均可诱导雄鱼产生卵黄蛋白原,显示雌激素效应;但诱导雄鱼的性腺系数(GSIO)及肝体指数(LSI),却与对照组无显著差异($P>0.05$)[1]。

1.2 PCBs 影响水生动物的胚胎发育

PCBs 具有很强的亲脂性,可通过胎盘屏障直接或间接毒害胚胎,导致孵化延迟、胚胎发育畸形或死亡。在受污染的大西洋海岸河口,PCBs 等毒害数种鱼类的胚胎及幼体,导致死亡率增加,循环衰竭,水肿和颅面畸形等。将受精后 4 h (4 hpf)的斑马鱼胚胎暴露于于 PCBs 1 mg/L 时,72 hpf 的孵出率下降至 75.56%,120 hpf 的死亡率为 40.14%,畸形率为 57.78%。暴露于不同 PCBs 浓度(0、0.125 mg/L、0.25 mg/L、0.5 mg/L、1.0 mg/L、2.0 mg/L)的斑马鱼胚胎,其成活率随 PCBs 浓度增加和暴露时间延长而降低;暴露于较高 PCBs 浓度(0.5、1.0、2.0 mg/L)的胚胎呈明显畸形。暴露于不同浓度 PCB126(0、16 μg/L、32 μg/L、64 μg/L 和 128 μg/L)的斑马鱼胚胎存活率,随 PCB126 浓度增加而显著下降,心包卵黄囊水肿率显著增加,胚胎心率显著降低。把斑马鱼胚胎暴露于 0.25 mg/L 以上的 PCB1254,导致胚胎死亡和畸形(主要表现为脊椎弯曲和心包水肿),且随 PCB1254 浓度升高,斑马鱼受精卵的孵化率显著降低,死亡率显著升高,呈现显著的剂量 - 效应。Sisman 等(2007)把斑马鱼胚胎暴露于非邻 PCB126、单邻 PCB28 和双邻 PCB153,也观察到同样的结果。

把斑马鱼胚胎暴露于 PCB1254,可导致其中枢神经系统的结构变化。

Lida 等(2013)把红鲷(*Pagrus major*)受精后 10 h 的受精卵,分别暴露于 0、0.1 g/L、0.4 g/L、1.7 g/L 的 2,3,7,8 - 四氯二苯并 - P - 二噁英(TCDD)海水中 80 min,发现 TCDD 诱发胚胎鳃弓上 Sema3A 蛋白的神经导向因子表达上调。暴露于浓度 0.125 mg/L、1 mg/L PCB1254 后 120 hpf 的斑马鱼胚胎,其骨形态发生蛋白 - 2(BMP - 2)、骨形态发生蛋白 - 4(BMP - 4)的基因表达明显下降。

不同种类的 PCB 对胚胎的致畸和致死效应不同,其毒性由强到弱依次为 PCB126、PCB156、PCB1254(Aroclor1254)、PBDE47、PCB77、PCB105、PCB118、PBDE209。从珠江沉积物提取的有机污染物(含 PCBs、多环芳烃、有机氯农药等)对非洲爪蟾(*Xenopus laevis*)胚胎暴露 96 h 的半致死量(LC_{50})是 62 ~ 137 g/L。然而,沉积物提取的有机污染物之致畸效应是多种多样的,包括水肿、低着色、心脏和眼睛畸形、腹部内弯、脊骨弯曲等。

1.3 PCBs 影响水生动物幼体的生长发育

PCBs 影响水生动物幼体的生存和生长发育,主要是通过破坏其代谢、免疫等而实现的。PCBs 可通过影响水生动物幼体甲状腺和肝而影响其生长发育,因为甲状腺和肝分别作为动物的重要内分泌腺和解毒器官,在促进机体的基础代谢、生长和发育等方面发挥重要的作用。甲状腺素(THs)是脊椎动物生长发育和代谢的重要调节因子,还参与动物性腺分化和生殖功能。

Iwanowicz 等(2009)报道,PCBs 混合物(A1248)能调节棕色大头鱼(*Ameiurus nebulosus*)的免疫功能和内分泌生理。PCBs 可在体内被羟基化,导致内分泌增强;PCBs 代谢产物可以影响鱼类甲状腺和类固醇激素系统;PCBs 类似物或它们的代谢物可破坏鱼的甲状腺功能。水体污染对鱼甲状腺的干预会影响其生长发育。PCBs、二噁英、二苯并呋喃和多环芳烃(PAHs)污染的环境,诱导鱼细胞色素 P4501A(CYP1A)同工酶,进而显著增加致癌代谢物。Laurianop 等(2012)把鲷鱼(*Sparus aurata*)暴露于 PCB126 历时 12 h、24 h 或 72 h,导致鱼血管充血,血红细胞外渗,淋巴细胞渗透和肥大细胞的数量逐步增加,证实 PCB126 影响免疫系统和肥大细胞对炎症的反应。

Kopf 等(2009)把鱼胚胎暴露于二噁英和 PCBs,导致胚胎心血管结构改变和功能障碍,所孵的仔鱼典型地展现血流减少,心脏循环改变,心脏变小和收缩率降低。Nakayama 等[37]把日本青鳉卵曝露于 PCBs 25 μg/g,导致鱼卵孵化时间延长、孵化能力降低和幼体游泳障碍增加。

用含 PCB 126(>200 μg/kg 干饲料)的饲料投喂南方鲇(*Silurus meridionalis*)幼鱼 8 周,发现有的鱼被毒死。随饲料中 PCB 126 含量增加,南方鲇幼鱼的半致死时间(LT_{50})缩短,呈负相关。PCB 126 对南方鲇幼鱼的致死临界累计摄入量在 92 μg/kg 干饲料左右;PCB 126 胁迫其代谢增强。仔鱼因 PCB126 剂量依赖性地降低掠夺捕获能力和诱导 7 - 乙氧基异吩哒酮脱乙基酶(EROD)活性。

鱼受 PCB1254 的影响因发育阶段而异。如暴露于相对高剂量 PCB126 的发育比目鱼(*Paralichthys dentatus*)仔鱼的胃上皮的 CYP1A 免疫反应性分布,因发育阶段而异。大西洋鲑(*Salmo salar*)幼鱼在淡水环境中暴露于 PCB1254,可抑制其由河入海的预备适应,因而降低其后来在海中的生存能力和种群数量。

用污染物 PCBs、雌二醇、壬基酚、镉、锌分别和联合对唐鱼(*Tanichthys albonubes*)暴露 7 d,发现污染物分别单独作用时,唐鱼的超氧化物歧化酶(SOD)活性与暴露浓度之间存在良好的剂量 - 效应关系;联合作用时毒性增强。低浓度污染物(25 μg/L、50 μg/L)对 SOD 活性影响不显著,当浓度为 600 μg/L 时 SOD 活性被显著抑制,导致鱼体内累积过量的活性氧,从而造成机体损伤,乃至个体死亡[41]。

2 PCBs 影响水生动物繁育的机理

2.1 PCBs 与 AHR 结合效应

PCBs 毒害水生动物,主要是通过激活芳香烃受体(aryl hydrocarbon receptor, AHR),继而影响下游功能基因表达,并与 *AHR2* 基因编码的蛋白质结合而发挥毒性效应。AHR 是一种配体激活转录因子,PCBs 一旦与 *AHR* 结合,便转移至细胞核,与核 AHR 转运蛋白(ARNT)结合,刺激或抑制核内靶基因 CYP1A 表达,进而发挥作用。Grimes 等(2008)研究了PCB126通过芳香烃受体(AHR)对斑马鱼发挥的发育毒性,发现心脏和中枢神经源的颚和鳃软骨是早期发育的特定对象,其畸形最终导致循环衰竭,包括严重的心脏变形、缩小动脉弓、房室异常和漏瓣形成。

2.2 PCBs诱导氧化应激反应

在多样的致毒机理中,活性氧(ROS)发挥重要的作用。PCBs刺激机体氧化应激反应,生成大量ROS如O^2、$-OH$等,ROS导致DNA断裂、脂质过氧化、酶蛋白失活等。Oros等(2013)发现,高剂量PCBs诱导脂肪细胞的脂质过氧化,导致细胞损伤,蜡样色素沉积和炎症反应。PCBs由CPY450催化羟基化反应,产生对苯二酚代谢物,进而氧化生成相应的苯醌代谢物,由于醌类代谢物具有高度活性而发挥广泛的毒性效应。PCB苯醌可从多方面毒害动物:①细胞的生存发育能力降低;②总活性氧和过氧化物增加;③由三氯PCB苯醌(3Cl-PCBQ)所致的含硫巴比妥酸活性物质(TBARS)含量增加;④超氧化物歧化酶(SOD)活性增加而过氧化氢酶(CAT)活性降低;⑤谷胱甘酸-S-转移酶(GST)活性和谷胱甘肽(GSH)含量降低。

2.3 PCBs影响生殖内分泌

PCB1254通过干扰脊椎动物下丘脑-垂体-性腺轴,损害脊椎动物的生殖神经内分泌功能。PCBs刺激外部感受器,通过传导作用于中枢神经系统,使之分泌神经介质[如5-羟色胺(5-HT)、多巴胺(DA)、去甲肾上腺素(NE)等],促下丘脑分泌促性腺激素释放激素(GnRH),后者促脑垂体间叶分泌促性腺激素(GTH),GTH作用于性腺,使其分泌相应的雄激素或雌激素,导致亲鱼的精子、卵子成熟及相应的生殖活动紊乱。

当PCBs进入鱼体后,与鱼肝的雌激素受体(ER)结合,干预肝合成卵黄蛋白原,进而影响鱼卵发育和孵化。

2.4 PCBs影响睾丸和卵巢

PCBs作用于卵巢,一方面导致卵黄生成前阶段和间质组织产生炎性细胞;另一方面导致卵巢的闭锁卵泡数增加,从而导致繁殖率下降。PCBs作用于睾丸,一方面导致睾丸间质细胞增生;另一方面导致睾丸上皮细胞层减少,从而影响繁育能力。

PCBs通过多种途径影响水生动物繁育,其机理尚在深入研究中。

3 结语与展望

综上所述,PCBs通过多种途径、多方面严重影响水生动物的繁育,但其机理尚需进一步研究。因此,务必深入地研究PCBs对水生动物的影响、致毒阈值、途径和机理,尤其是分子机制,理解PCBs的毒性本质和致毒机理,采取积极措施控制、预防PCBs对水体生态环境的污染,修复受PCBs污染的水体和水生动物,保护水体生态环境和水生动物,创建绿色的水生动物科技体系,发展可持续的健康生态渔业,生产卫生安全的渔业产品,提高食品质量和人民健康水平。

参考文献

丁兆坤,黄金华,许友卿. 2010. 2,3,7,8-四氯二苯并-对-二噁英对鱼类功能基因表达的影响[J]. 饲料工业,31(12):4-8.

鞠黎,楼跃,王艳萍,等. 2011. 多氯联苯暴露对斑马鱼脊柱形态及 BMP-2、BMP-4 基因表达的影响[J]. 南京医科大学学报,31(9):1277-1281.

李洁斐,摘译,李卫华,等. 2007. 三丁基锡及多氯联苯对雄性青鳉鱼的受精率和性行为的影响[J]. 环境职业与医学,24(4):445-446.

李娜,聂湘平,黎华寿,等. 2012. 多氯联苯(PCB153 与 PCB28)对大型溞的毒性效应研究[J]. 农业环境科学学报,31(5):891-897.

刘寒,林红英,聂芳红,等. 2012. PCB126 暴露对斑马鱼胚胎发育及氧化应激的影响[J]. 毒理学杂志,26(1):9-13.

王薛洁,余章斌,韩树萍,等. 2012. 多氯联苯对斑马鱼胚胎心脏发育的毒性作用[J]. 临床儿科杂志,30(2):168-171.

王薛洁,余章斌,韩树萍,等. 2012. 整体原位杂交方法研究多氯联苯对斑马鱼心脏发育的影响[J]. 临床儿科杂志,27(7):537-539.

王艳萍,洪琴,郭凯,等. 2010. 多氯联苯暴露对斑马鱼胚胎发育的毒性效应[J]. 南京医科大学学报,30(11):1537-1541.

杨丽丽,方展强. 2012. 雌二醇、壬基酚、多氯联苯、镉和锌暴露对唐鱼体内超氧化物歧化酶活性的影响[J]. 中国实验动物学报,2(20):38-46.

袁伦强,谢小军,闫玉莲,等. 2009. 食物中多氯联苯 PCB 126 对南方鲇的致死效应及代谢胁迫的研究[J]. 水生生物学报,33(3):391-399.

詹翠琼,黄絮洁,方展强,等. 2007. 多氯联苯对孔雀鱼卵黄蛋白原的诱导及检测[J]. 生态毒理学报,2(3):333-338.

Blum J, Fridovich I. 1985. Inactivation of glutathione peroxidation by superoxide radical[J]. Arch Biochem Biophys, 240(2):500-508.

Brown SB, vans RE, Vandenbyllardt L, et al. 2004. Altered thyroid status in lake trout (*Salvelinus namaycush*) exposed to co2planar3, 3′, 4, 4′, 52pentachlorobiphenyl[J]. Aquat Toxicol, 67(1):75-85.

Bursian SJ, Kern J, Remington RE, et al. 2013. Dietary exposure of mink (*Mustela vison*) to fish from the upper Hudson River, New York, USA: Effects on reproduction and offspring growth and mortality[J]. Environ Eoxicol Chem, 32(4):780-793.

Byer JD, Lebeuf M, Alaee M, et al. 2013. Spatial trends of organochlorinated pesticides, polychlorinated biphenyls, and polybrominated diphenyl ethers in atlantic *Anguillid eels*[J]. Chemosphere, 90(5):1719-1728.

Carlson EA, Roy NK, Wirgin II. 2009. Microarray analysis of polychlorinated biphenyl mixture-induced changes in gene expression among Atlantic tomcod populations displaying differential sensitivity to halogenated aromatic hydrocarbons[J]. Environ Toxicol Chem, 28(4):759-771.

Chevrier C, Warembourg C, Gaudreau E, et al. 2013. Organochlorine Pesticides, Polychlorinated Biphenyls, Seafood Consumption, and Time-to-Pregnancy[J]. Epidemiol, 24(2):251-260.

Coimbra AM, Reis-Henriques MA. 2007. Tilapia larvae Aroclor 1254 exposure: Effects on gonads and circulating thyroid hormones During Adulthood [J]. Bull Environ Contam Toxicol, 79(5):488-493.

Daouk T, Larcher T, Roupsard F, et al. 2011. Long-term food-exposure of zebrafish to PCB mixtures mimicking some environmental situations induces ovary pathology and impairs reproduction ability[J]. Aquat Toxicol, 105(3-4):270-278.

Duarte-Guterman P, Navarro-Martín L, Trudeau VL. 2014. Mechanisms of crosstalk between endocrine systems: regulation of sex steroid hormone synthesis and action by thyroid hormones[J]. Gen Comp Endocr(in press).

Grimes AC, Erwin KN, Stadt HA, et al. 2008. PCB126 exposure disrupts zebra fish ventricular and branchial but not early neural crest development[J]. Toxicol Sci, 106(1):193-205.

Gutleb AC, Appelman J, Bronkhorst M, et al. 2013. Effects of oral exposure to polychlorinated biphenyls (PCBs) on the development and metamorphosis of two amphibian species (*Xenopus laevis* and *Rana temporaria*)[J]. Sci Total Environ, 262(1-2):147-157.

Hassanin AAI, Kaminishi Y, Osman MMM, et al. 2009. Cloning and sequence analysis of benzo-a-pyrene-inducible cytochrome P450 1A in Nile tilapia (*Oreochromis niloticus*)[J]. Biotechnology, 8(11):2545-2553.

Helgason LB, VerreaultJ, Braune BM, et al. 2010. Relationship between persistent halogenated organic contaminants and TCDD-toxic equivalents on EROD activity and retinoid and thyroid hormone status in northern fulmars [J]. Sci Total Environ, 408(24):6117-6123.

Iwanowicz LR, Blazer VS, McCormick SD, et al. 2009. Aroclor1248 exposure leads to immunomodulation, decreased disease resistance and endocrine disruption in the brown bullhead, *Ameiurus nebulosus*[J]. Aquat Toxicol, 93(1):70-82.

Ju L, Tang K, Guo XR, et al. 2012. Effects of embryonic exposure to polychlorinated biphenyls on zebrafish skeletal development[J]. Mol Med Rep, 15(5):1227-1231.

Khan IA, Thomas P. 2004. Vitamin E co-treatment reduces Aroclor1254-induced impairment of reproductive neuroendocrine function in Atlantic croaker[J]. Mar Environ Res, 58(2-3):333-336.

Khan IA, Thomas P. 1996. Disruption of neuroendocrine function in Atlantic Croaker exposed to Aroclor1254[J]. Mar Environ Res, 42(1-4):145-149.

Khan IA, Thomas P. 2001. Disruption of neuroendocrine control of luteinizing hormone Secretion by Aroclor1254 Involves Inhibition of Hypothalamic Tryptophan Hydroxylase Activity[J]. Biolreprod, 64(3):955-964.

Khan IA, Thomas P. 2006. PCB congener-specific disruption of reproductive neuroendocrine function in Atlantic croaker[J]. Mar Environ Res, 62(1):S25-S28.

Kopf PG, Walker MK. 2009. Overview of developmental heart defects by dioxins, PCBs, and Pesticidesp[J]. J Environ Sci Heal C, 27(4):276-285.

Kraugerud M, Doughty RW, Lyche JL, et al. 2012. Natural mixtures of persistent organic pollutants (POPs) suppress ovarian follicle development, liver vitellogenin immunostaining and hepatocyte proliferation in female zebrafish (*Danio rerio*)[J]. Aquat Toxicol, 16-23:116-117.

Kreiling JA, Creton R, Reinisch C. 2007. Early embryonic exposure to polychlorinated biphenyls disrupts heat-shock protein 70 cognate expression in zebrafish[J]. J Toxicol Environ Health, 70(12):1005-1013.

Lauriano ER, Calò M, Silvestri G, et al. 2012. Mast cells in the intestine and gills of the sea bream, *Sparus aurata*, exposed to a polychlorinated biphenyl, PCB126[J]. Acta Histochemica, 114(2):166-171.

Lerner DT, Bjornsson B, McCormick SD, et al. 2007. Effects of aqueous exposure to polychlorinated biphenyls

(*Aroclor*1254) on physiology and behavior of smolt development of Atlantic salmon[J]. Aquat Toxicol, 81(3): 329-336.

Lida M, Kim EY, Murakami Y, et al. 2013. Toxic effects of 2,3,7,8 - tetrachlorodibenzo - p - dioxin on the peripheral nervous system of developing red seabream (*Pagrus major*)[J]. Aquat Toxicol, 128 - 129:193 - 202.

Liu J, Song E, Liu LC, et al. 2012. Polychlorinated biphenyl quinone metabolites lead to oxidative stress in HepG2 cells and the protective role of dihydrolipoic acid[J]. Toxicol, 26(6):841 - 848.

Marabini L, Calò R, Fucile S. 2011. Genotoxic effects of polychlorinated biphenyls (PCB 153, 138, 101, 118) in a fish cell line (RTG - 2)[J]. Toxicol, 25(5):1045 - 1052.

Nakayama K, Sei N, Handoh IC, et al. 2011. Effects of polychlorinated biphenyls on liver function and sexual characteristics in Japanese medaka (*Oryzias latipes*)[J]. Mar Pollut Bull, 63(5 - 12):366 - 369.

Oros J, Monagas P, Calabuig P, et al. 2013. Pansteatitis associated with high levels of polychlorinated biphenyls in a wild loggerhead sea turtle *Caretta caretta*[J]. Dis Aquat Organ, 102:237 - 242.

Salice CJ, Row CL, Eisenreich KM, et al. 2014. Integrative demographic modeling reveals population level impacts of PCB toxicity to juvenile snapping turtlesb[J]. Environ Pollut, 184b:154 - 160.

Shen HP, Huang CJ, Lu F, et al. 2009. Comparative toxicity of PCBs and PBDEs using human cancer cell lines and zebra fish embryos[J]. Ecotoxicology, 4(5):625 - 633.

Simmons DBD, McMaster ME, Reiner EJ, et al. 2014. Wild fish from the Bay of quinte area of concern contain elevated tissue concentrations of PCBS and exhibit evidence of endocrine-related health effects[J]. Environ Int, 66:124 - 137.

Sisman T, Geyikoylu F, Atamanalp M. 2007. Early life-stage toxicity in zebrafish (*Danio rerio*) following embryonal exposure to selected polychlorinated biphenyls[J]. J Toxicol Health, 23(9):529 - 536 .

Socha M, Sokoowska M, Szczerbik P, et al. 2012. The effect of Polychlorinated biphenyls mixture (*Aroclor* 1254) on the embryonic development and hatching of Prussian Carp, *Carassius gibelio*, and Common Carp, *Cyprinus carpio*(Actinopterygii: Cypriniformes: Cyprinidae)[J]. Acta Ichthyologica Et Piscatoria, 42(1):31 - 35.

Socha M, Sokołowska-Mikołajczyk M, Szczerbik P, et al. 2013. Effects of Aroclor 1254 on LH and 17,20β-P secretion in female Prussian carp (*Carassius gibelio* Bloch) in the spawning season[J]. Czech J Anim Sci, 58(8):375 - 380.

Soffientino B, Nacci DE, Specker JL. 2010. Effects of the dioxin-like PCB 126 on larval summer flounder (*Paralichthys dentatus*)[J]. Com Biochem Phys, 152(1):9 - 17.

Wang YP, Hong Q, Qin DN, et al. 2012. Effects of embryonic exposure to polychlorinated biphenyls on zebrafish (*Danio rerio*) retinal development[J]. J Appl Toxicol, 32(3):186 - 196.

Whitehead A, Triant DA, Champlin D, et al. 2010. Comparative transcriptomics implicates mechanisms of evolved pollution tolerance in a killifish population[J]. Mol Ecol, 19(17):5186 - 5203.

Zhang C, Liu X, Wan D, et al. 2014. Teratogenic effects of organic extracts from the Pearl river sediments on *Xenopus laevis embryos*[J]. Environ Toxicol Phar, 37(1):202 - 209.

海月水母精巢发育及排精过程的观察

陈昭廷[1,2]，李 琪[1]，陈四清[2]*，庄志猛[2]，刘春胜[2]，刘长琳[2]，
赵鹏[2]，崔鹤腾[2]

(1. 中国海洋大学，山东 青岛 266003；2. 中国水产科学研究院黄海水产研究所，山东 青岛 2696071)

海月水母(*Aurelia* sp.)又称水水母、幽浮水母，隶属腔肠动物门、钵水母纲、旗口水母目、洋须水母科、海月水母属，在全世界范围内70°N,40°S的浅海海域均有分布(Kram 1961, Russell 1970)。有报道称,其在我国大连、烟台、威海和青岛等地沿海也均有分布(刘凌云等,2004)。近半个多世纪以来,海月水母在全球许多海域出现了大规模暴发(Lucas,2001),在我国沿海也时有发生。如2007年烟台港及威海近海海面曾发生过海月水母大规模暴发(苏丽敬等,2007),2009年海月水母大量发生,入侵青岛发电厂,粘附于水循环系统的过滤网上,几乎导致发电机组停机(宋新华,2009)。海月水母的暴发会对海洋生态系造成巨大的危害,对海洋渔业经济等造成恶性影响。

到目前为止,国外已对海月水母的生活史(Miyake et al. ,1997,Lucas,2001)、形态结构(Greenberg et al. ,1996,Dawson,2003)、无性繁殖(Simon et al. ,2007)、环境因子对其生存与生长的影响(Båmstedt,1999,Shoji et al. ,2005)、捕食关系(Purcell,1985,Strand et al. ,1988)、种群动态(Simon et al. ,2008)及生态观察(Yasuda,1971)等内容进行了研究。关于生活史中有性生殖阶段的研究报道却不多,仅有海月水母卵巢形态和卵子发生的超显微结构的观察(Eckelbarger et al. ,1988),亚得里亚海北部的钵水母纲中的4种水母的卵母细胞的发育研究(Avian et al. ,1991),海月水母浮浪幼虫在口腕中的发育时间的研究(Ishii et al. ,2003)等几篇报道。Lucas(1996)还报道了在英国Horsea湖中的海月水母在一年中的数量变动、生长及有性生殖；海月水母有性生殖与温度及食物供给量的关系(Lucas,1998)。国内对海月水母的研究尚浅,陈介康(1986)对海月水母的培育进行了初次研究,和振武(1988,1993)研究了海月水母的胃循环系统及海月水母的生殖,近年又有关于海月水母的捕食(李宗飞等,2012)、饲料(王文龙等,2009)、生物学特性(郑凤英等,2010)、环境影响因子(王建艳等,2012)、分子标签(程方平等,2012)等研究报道。海月水母有性繁殖阶段的报道极少,作为生活史中重要的一部分,有性繁殖的研究内容很有意义。本研究着重观察了海月水母的精巢发育过程及其性腺成熟后的排精过程,并对精子活力及其寿命进行了研究,以期了解雄性海月水母繁殖的特性。

1 材料与方法

1.1 材料

海月水母碟状体于青岛金沙滩水产开发有限公司基地繁育,经过35 d培育,达到伞径

4～5 cm(未出现性腺)时,开始实验。

1.2 方法

1.2.1 海月水母精巢发育过程的观察

将伞径 4～5 cm 的海月水母蓄养在圆形旋转式水母缸(直径 77 cm,高度 30 cm)中,水母缸转速 2 r/min,海水经过沙滤,水温 20～22℃,盐度 30,pH 7.8～8.4,溶氧约为 6 mg/L。每天投喂足量的卤虫(*Artemia*)无节幼体两次,换水一次,换水量 50%。每天观察海月水母性腺发育情况,每隔 3 d 取 8 只水母用精密度为 0.01 mm 的数显游标卡尺(0–300 青海量具厂)测量其伞径、精密度为 0.01 g 的电子天平(LT1002B 常熟市天量仪器有限责任公司)测量其体重,取与胃丝相连接的部分镜检观察是否出现生殖腺。出现性腺后,取样,显微观察鉴别雌雄。雄性海月水母的性腺(精巢)排列紧密,呈不规则的梨形(图1A),易于与卵巢区别(图1B)。当全部海月水母出现性腺后,镜检筛选出雄性海月水母继续培养观察。并用精密度为 0.01 mm 的游标卡尺测量精巢宽度,在 Olympus SZX 体视镜中拍照保存。

图1 海月水母精巢(A)与卵巢(B)

1.2.2 性腺成熟的海月水母排精过程的观察

将伞径 14～21 cm 的 5 只性腺已成熟的雄性海月水母蓄养在 165 L 塑料箱中,用 300 W 的加热棒从 17℃加热海水到 22℃,保持 22℃水温恒定。观察海月水母排精过程,并做好记录。

1.2.3 海月水母精子活力的测定

雄性海月水母排精后,将排到海水中的精子细丝收集到干净的 25 mL 样品管中,加入 1 mL 过滤海水(温度 22℃、盐度 30、pH 8.0)搅拌制成乳白色精液。取 0.1 mL 该精液于新样品管中,用过滤海水(温度 22℃、盐度 30、pH 8.0)稀释 100 倍后激活精子,将该样品管放在 22℃的恒温水浴缸中保温,每隔 2 h 在显微镜下观察运动精子百分率,并计量精子在 22℃水温下的寿命。测定时,将样品管中精液摇匀,用干燥洁净的玻璃吸管吸取少量精液于载玻片中,在光学显微镜下进行快速观察,重复 3 次取平均值。精子活力指标为精子快速运动时间和寿命。运动精子百分率指给定视野内运动精子数量占全部精子数量的百分比。精子快速运动时间是指精子自激活开始到约90%原处颤动前的激烈运动时间。精子寿命是指精子自激活开始到约90%停止原处颤动的时间。

1.2.4 统计分析

使用SPSS 13.0软件对海月水母伞径、体重、精巢宽度、精子活力等数据进行数据处理，由平均值±标准误(Mean±SD)表示。

2 结果与分析

2.1 海月水母精巢的发育

海月水母的性腺存在于胃囊底部与胃丝平行的位置(图2，A)。本实验观察到，从碟状体经过35 d培育，伞径达到4~5 cm，海月水母在胃囊底部与胃丝平行的位置的生殖上皮上未出现性腺(图2，B)。挑选活力好的海月水母继续培养，第6天，发现仅有很少的几个精小囊出现(图2，C)，并未形成成熟精巢，此时海月水母伞径(7.50±0.71)cm，体重(28.70±6.60)g(n=8)。第7~12天，精小囊的个数和体积不断增加(图2，D、E)，成行列排布，精小囊之间逐渐变得致密(图2，F)。此时海月水母伞径(7.50±0.71)~(9.64±0.21)cm，体重(28.70±6.60)~(48.63±5.29)g(n=8)。第12~21天，随着精小囊的增多，生殖上皮开

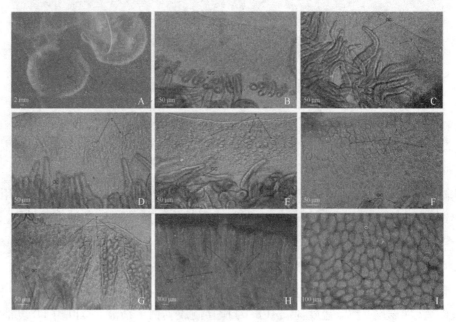

图2 海月水母精巢成熟过程

A. 精巢在体位置；B. 水母体伞径40 mm时，精巢未出现；C. 水母体伞径40~60 mm时，出现精小囊，精巢未成熟；D~F. 水母体伞径60~70 mm时，精小囊数量增多，体积增大，精巢宽度增加、未成熟；G、H. 水母体伞径70~80 mm时，精巢长度增长并折叠；I. 成熟的精巢。GC. 胃丝；T. 精巢.

始发生折叠以便增大面积容纳更多的精小囊(图2,G),精巢逐渐发育成熟,折叠程度更深(图2,H)。此时海月水母伞径为(9.64±0.21)~(11.77±0.51)cm,体重(48.63±5.29)~(83.54±10.36)g($n=8$)。第21天精巢发育成熟(图2,I),精巢颜色变为亮白色,精子细丝开始排出。在本实验条件下,海月水母的精巢宽度随培养天数的变化趋势如表1所示,在精巢未成熟之前,其宽度随着培养天数的增加而增加(从0.00 mm增长到(1.05±0.02)mm($n=8$)),增长率较高。精巢成熟排精后,宽度出现短暂的减小[从(1.05±0.08)mm降低到(1.00±0.12)mm($n=8$)],之后继续增宽[从(1.00±0.12)mm增加到峰值(1.55±0.13)mm($n=8$)]。但其增长率较未成熟之前低。精巢宽度达到峰值(1.55±0.13)mm($n=8$)后维持一段时间,之后出现萎缩[从(1.55±0.13)mm降低到(0.03±0.09)mm($n=8$)],逐渐变窄。精巢衰退的速率很快,不久便会退化完全。精巢消退后,胃囊中仅保留胃丝,在同样实验条件下蓄养至衰老死亡,未见其精巢再次发育。海月水母的精巢发育过程的具体观察情况见表1。

表1 海月水母精巢发育观察(平均值±标准差)

培养天数/d	伞径	体重/g	出现精巢	精巢宽度	成熟排精
0	5.00±0.26	8.67±1.50	否	0.00±0.00	否
3	6.10±0.32	14.97±2.21	否	0.00±0.00	否
6	7.50±0.71	28.70±6.60	是	0.04±0.09	否
9	8.53±0.27	35.40±3.32	是	0.32±0.12	否
12	9.64±0.21	48.63±5.29	是	0.41±0.05	否
15	10.20±0.29	58.89±2.97	是	0.70±0.06	否
18	10.96±0.51	68.79±11.08	是	0.91±0.15	否
21	11.77±0.51	83.54±10.36	是	1.05±0.08	是
24	11.71±0.34	80.18±6.17	是	1.00±0.12	是
27	12.31±0.39	96.44±9.19	是	1.11±0.09	是
30	12.84±0.43	106.67±10.67	是	1.21±0.08	是
33	12.93±0.52	115.57±13.08	是	1.30±0.10	是
36	12.91±0.46	116.50±11.26	是	1.34±0.08	是
39	12.98±0.73	124.62±12.87	是	1.39±0.11	是
42	13.36±0.35	129.33±14.25	是	1.43±0.07	是
45	13.79±0.61	132.39±15.33	是	1.51±0.16	是
48	14.32±0.54	139.67±14.85	是	1.52±0.15	是
51	13.42±0.98	128.66±8.94	是	1.55±0.13	是
54	13.05±0.67	117.84±14.14	是	1.53±0.15	是
57	12.66±0.79	105.42±13.21	是	1.38±0.08	是
60	12.11±0.77	99.10±15.31	是	1.25±0.30	是
63	11.43±0.92	81.46±5.77	是	1.12±0.21	是

续表

培养天数/d	伞径	体重/g	出现精巢	精巢宽度	成熟排精
66	10.89 ± 0.96	78.32 ± 15.90	是	0.68 ± 0.34	否
69	9.34 ± 0.56	60.23 ± 17.34	是	0.65 ± 0.05	否
72	8.95 ± 1.11	51.16 ± 12.18	是	0.03 ± 0.09	否
75	7.83 ± 0.45	45.98 ± 15.82	否	0.00 ± 0.00	否
78	7.46 ± 1.26	36.15 ± 9.06	否	0.00 ± 0.00	否
81	5.32 ± 1.55	28.76 ± 5.63	否	0.00 ± 0.00	否
84	5.03 ± 1.28	16.78 ± 8.54	否	0.00 ± 0.00	否

2.2 海月水母排精过程的观察

为了促进精子排放,升温至22℃,3 d后上午9时左右,雄性海月水母开始排精。成熟的蝌蚪状的精子附着在精子细丝上(图3,A),精子细丝从成熟的精巢处开始排放,沿胃循环沟到达胃口腕沟,再沿口腕基沟排到体外。精子细丝为亮白色(图3,B),易断裂成片段状。在体内,精子细丝是连续的,而排出到体外后就断裂成小片段,当雄性海月水母排精时,周围海水中会有类似绒线状的大量精子细丝。海月水母通过伞径收缩而运动,将精子细丝快速散布在海水中,一次排精过程持续30~40 min。图3中C为正在排精的海月水母,箭头处示口腕中的精子细丝。

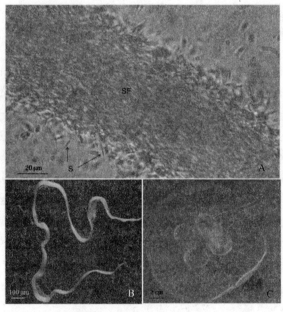

图3 正在排精的海月水母及精子细丝

A. 精子细丝上的精子黏附状态;B. 精子细丝;C. 正在排精的海月水母,
箭头所示为口腕中的精子细丝. S. 精子;SF. 精子细丝.

2.3 海月水母精子活力的测定

水温22℃、盐度30、pH 8.0的条件下,海月水母运动精子百分率与时间的关系如图4所示。精子激活2 h时,运动精子百分率仍为97%左右,精子头部摆动程度较激活时无明显变化。精子激活4 h时,运动精子百分率仍为94.5%左右。精子快速运动时间约为4 h 30 min。精子激活4~6 h时,这段时间精子死亡率高,运动精子百分率从94.5%迅速降至52.5%。精子激活10 h时,运动精子百分率为13%左右。由此可知,海月水母在水温22℃、盐度30、pH 8.0时的精子寿命可达10 h左右。精子激活12 h时观察,仍有部分运动的精子,但精子头部的摆动程度已明显下降。精子激活14 h时进行镜检观察,未发现有运动的精子。

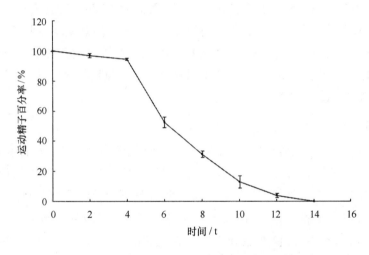

图4 海月水母运动精子百分率与时间的关系

3 讨论

海月水母生活史复杂,有明显的世代交替现象,包括营固着生活的无性水螅体世代和营浮游生活的有性水母体世代。Lucas(2001)认为由于海月水母无性生殖时期可以通过多种方式产生新的个体,如直接出芽、产生足囊、横裂生殖和匐匐茎断裂进行生殖等,因此海月水母无性生殖时期被认为是其种群暴发性增殖的关键阶段。笔者认为,海月水母的有性生殖阶段与其暴发也有重要联系,有性生殖阶段繁殖力的强弱直接影响无性生殖阶段螅状体数量的多少,从而会影响到其后期横裂形成碟状体的数量,进而与水母体的暴发形成关联。

3.1 精巢发育

通过对海月水母的精巢发育过程的观察研究,发现20~22℃水温条件下,海月水母从释放出碟状体到性腺成熟大约需要2个月的时间,精巢成熟时间短,发育迅速。发育成熟的精巢在适宜的条件下便会排精,进行有性生殖。在实验过程中观察到同一个体的海月水母的4

个精巢发育情况并不同步,有的精巢中精小囊数量很多而有的精巢中仅有个别精小囊出现。同时,同一个精巢不同部位的发育情况也不相同。这种精巢发育方式保证了海月水母精巢发育的持续性,从而保证了海月水母排精的持续性。性腺发育过程往往伴随着性腺颜色的变化。Ohtsu(2007)等通过实验方法诱导沙海蜇(*Nemopilema nomurai*)性腺成熟发现,雄性沙海蜇性腺颜色从奶白色变为深棕色即为性腺成熟,本实验观察到的海月水母精巢的颜色伴随着精巢的发育而变化。同时精巢宽度的增加和折叠程度的变化也是其发育的重要表现。为了方便地掌握其精巢发育规律。本文根据精巢发育进程中各发育阶段特征将其分为5个时期,Ⅰ期为精巢形成前期,仅有精巢原基,Ⅱ期为精巢形成,精巢宽度(0.04±0.09)mm~(0.7±0.06)mm,精巢未发生折叠,灰白色;Ⅲ期,精巢宽度(0.7±0.06)mm~(1.05±0.08)mm,精巢出现折叠且程度逐渐加深,精巢颜色逐渐变成亮白色;Ⅳ期,精巢宽度(1.05±0.08)mm~(1.55±0.13)mm,精巢折叠程度达到峰值,精巢呈现亮白色甚至奶白色,发育成熟,经过诱导即可排出精子;Ⅴ期,精巢衰退消亡。本研究就海月水母精巢发育过程中的外部形态变化进行了初步研究,对于精巢发育过程中的细胞学变化,还需借助组织切片和电子显微镜进行进一步的研究。

3.2 精子活力

对海月水母精子活力的研究有利于进一步了解其繁殖生物学,为揭示其暴发提供理论依据。精子活力的好坏直接影响受精率。对于鱼类及其他水产动物来说,精子的活力评价标准主要有精子活动率,精子快速活动时间及精子寿命(季相山等,2007)。大多数鱼类的精子寿命仅有短短几分钟时间,如19℃水温下的泥鳅(*Misgurnus anguillicaudatus*)精子的平均寿命为284.4 s(徐如卫,1992)。在适宜的海水盐度(19.61~24.87)时,大黄鱼(*Pseudosciaena crocea*)的精子寿命也只有13.50 min(朱冬发等,2005)。在pH 8.0~8.5、盐度25条件下,黄姑鱼(*Nibea albiflora*)精子寿命为(405.33±12.22)s(闫家强等,2010)。海月水母精子快速运动时间和寿命分别为4 h 30 min和10 h,而且在精子激活后的4 h内,精子头部摆动的频率和摆动幅度与精子刚激活时无太大差别,仍保持旺盛的活力。说明海月水母精子具有强大的生命力。本研究在适宜条件下对海月水母精子活力进行了研究,对于在不同环境条件下的精子活力还需做进一步研究,从而明确了解海月水母精子的耐受度。

海月水母精子寿命长,可以为卵子受精提供充足的时间,在自然环境下,海月水母自主游动性差,往往随波逐流,雄性海月水母排出的精子可能不能立刻进入到雌性海月水母体内,相对较长的精子寿命延长了受精时间、扩大了受精的海域范围。

综上所述,海月水母在环境适宜、饵料充足时充分生长,性腺成熟速度快,同时,海月水母的精子活力强,精子寿命长,精子细丝的排出方式进一步保障了精子与卵子结合受精。海月水母高效的生殖策略,有力的保障了其种族延续,使得这一古老而神秘的物种在地球上存活年代久远。

参考文献

陈介康. 1986. 海月水母初培. 水产科学,5(1):37.

程方平,王敏晓,王彦涛,等. 2012. 中国北方习见水母类的 DNA 条形码分析. 海洋与湖沼,43(3):451-459.

邓岳松,林浩然. 1999. 鱼类精子活力研究进展. 生命科学研究,3(4):271-278.

付志璐,董婧,孙明,等. 2011. 温度、盐度对黄海北部海月水母碟状幼体生长的影响. 水产科学,30(4):221-224.

和振武. 1993. 海月水母的生殖. 生物学通报,28(8):14-15.

季相山,陈松林,赵燕,等. 2007. 鱼类精子质量评价研究进展. 中国水产科学,14(6):1048-1053.

李宗飞,刘春胜,庄志猛,等. 2012. 生活史不同阶段的海月水母(*Aurelia* sp. 1)与海蜇(*Rhopilema esculenta*)的相互捕食关系. 海洋与湖沼,43(3):539-544.

刘凌云,郑光美. 2004. 普通动物学(3 版). 北京:高等教育出版社,99-100.

宋新华. 2009. 入侵发电厂海蜇背黑锅 专家鉴定为海月水母. 青岛晚报,(3).

苏丽敬,王轶. 2007. 破解烟台神秘水母爆发之谜. 北京科技报,(37):16-17.

王建艳,于志刚,甄毓,等. 2012. 环境因子对海月水母生长发育影响的研究进展. 应用生态学报,23(11):3207-3217.

王文龙,冷向军,刘晃. 2009. 不同饲料对海月水母生长性能的影响. 大连水产学院学报,24(5):412-416.

徐如卫. 1992. 泥鳅精子寿命的初步观察. 浙江水产学院学报,11(1):70-71.

闫家强,魏平,姜建湖,等. 2010. 环境因子及超低温冻存对黄姑鱼精子活力的影响. 生态科学,29(4):339-344.

朱冬发,成永旭,王春琳,等. 2005. 环境因子对大黄鱼精子活力的影响. 水产科学,24(12):4-6.

Alavi S, Cosson J. 2005. Sperm motility in fishes. I. Effects of Temperature and pH: a review. Cell Biology International, 29(2):101-110.

Avian M, Rottini S L. 1991. Oocyte development in four species of scyphomedusa in the northern Adriatic Sea. Hydrobiologia, 216-217(1):189-195.

Berrill N J. 1949. Developmental analysis of scyphomedusae. Biological Review of The Cambridge Philosophical Society, 24(4):393-410.

Båmstedt U, Lane J, Martinussen M B. 1999. Bioenergetics of ephyra larvae of the scyphozoan jellyfish *Aurelia aurita* in relation to temperature and salinity. Marine Biology, 135(1):89-98.

Dawson M N. 2003. Macro-morphological variation among cryptic species of the moon jellyfish, *Aurelia*(Cnidaria: Scyphozoa). Marine Biology,143(2):369-379.

Eckelbarger K J, Larson R L. 1988. Ovarian morphology and oogenesis in *Aurelia aurita*(Scyphozoa: Semaeostomae): ultrastructural evidence of heterosynthetic yolk formation in a primitive metazoan. Marine Biology,100(1):103-115.

Greenberg N, Garthwaite R L, Potts D C. 1996. Allozyme and morphological evidence for a newly introduced species of *Aurelia* in San Francisco Bay, California. Marine Biology,125(2):401-410.

Hargitt C W, Hargitt G T. 1910. Studies in the development of scyphomedusae. Journal of Morphology, 21(2):

217-262.

Ishii H, Takagi A. 2003. Development time of planula larvae on the oral arms of the scyphomedusa *Aurelia aurita*. Journal of Plankton Research, 25(11):1447-1450.

Ishii H, Tanaka F. 2001. Food and feeding of *Aurelia aurita* in Tokyo Bay with an analysis of stomach contents and a measurement of digestion times. Hydriologia, 155:311-320.

Kramp P L. 1961. Synopsis of the Medusae of the World. London, United Kindom: Cambridge Univesity Press, 1469.

Lucas C H, Lawes S. 1998. Sexual reproduction of the scyphomedusa *Aurelia aurita* in relation to temperature and variable food supply. Marine Biology, 131(4):629-638.

Lucas C H. 1996. Population dynamics of *Aurelia aurita* (Scyphozoa) from an isolated brackish lake, with particular reference to sexual reproduction. Journal of Plankton Research, 18(6):987-1007.

Lucas C H. 2001. Reproduction and life history strategies of the common jellyfish, *Aurelia aurita*, in relation to its environment. Hydrobiologia, 451(1/3): 229-246.

Miyake H, Iwao K, Kakinuma Y. 1997. Life history and environment of *Aurelia aurita*. South Pacific Study, 17(2): 273-285.

Ohtsu K, Kawahara M, Ikeda H, et al. 2007. Experimental induction of gonadol maturation and spawning in the giant jellyfish *Nemopileam nomurai* (Scyphozoa: Rhizostomeae). Marine Biology, 152(3):667-676.

Purcell J E. 1985. Predation on fish eggs and larvae by pelagic cnidarians and ctenophores. Bulletin of Marine Science, 37(2):739-755.

Russell F S. 1970. The Medusae of the British Isles. II Pelagic Scyphozoa with a Supplement to the First Volume on Hydromedusae. London: Cambridge University Press, 284.

Sansone G, Fabbrocini A, Leropoli S, et al. 2002. Effects of extender composition, cooling rate and freezing on the motility of seabass spermatozoa after thawing. Cryobiology, 44(3):229-239.

Shoji J, Masuda R, Yamashita Y, et al. 2005. Effect of low dissolved oxygen concentrations on behavior and predation rates on red sea bream Pagrus major larvae by the jellyfish *Aurelia aurita* and by juvenile Spanish mackerel Scomberomorus niphonius. Marine Biology, 147(4): 863-868.

Simon W, Natalie A M, Christine C. 2007. Asexual reproduction in scyphistomae of *Aurelia* sp. : Effects of temperature and salinity in an experimental study. Journal of Experimental Marine Biology and Ecology, 353(1):107-114.

Simon W, Natalie A M, Christine C. 2008. Population dynamics of natural colonies of *Aurelia* sp. scyphistomae in Tasmania, Australia. Marine Biology, 154(4): 661-670.

Strand S W, Hamner W M. 1988. Predatory behavior of Phacellophora camtschatica and size-selective predation upon *Aurelia aurita* (Scyphozoa: Cnidaria) in Saanich Inlet, British Columbia. Marine Biology, 99(3): 409-414.

Yasuda T. 1971. Ecological studies on the jellyfish *Aurelia aurita* in Urazoko Bay, Fukui Prefecture IV monthly change in bell length composition and breeding season. Bulletin of the Japanese Society of Scientific Fisheries, 37(5): 364-370.

斑点鳟鲑消化道的组织学初步观察

于晓清[1], 刘天红[1], 房 慧[1], 许 拉[1], 陈伟杰[2], 潘 雷[1], 郭 文[1*]

(1. 山东省海洋生物研究院,山东 青岛 266002;2. 东营市垦利县海洋与渔业局,山东 东营 257500)

摘 要:利用常规石蜡切片技术对斑点鳟鲑的消化道组织进行观察,探讨了斑点鳟鲑(*Oncorhynchus mykiss*)消化道的形态学和组织学特征与其食性的适应关系。结果表明,斑点鳟鲑食管、胃、幽门盲囊以及肠管均由黏膜层、黏膜下层、肌层和浆膜层4层组成,其中食管、胃部组织有大量消化腺,而幽门盲囊、肠管未见有消化腺。胃部的皱襞数量最多,为44~46条。食道次之,约为38~42条。斑点鳟鲑消化道具有肉食性鱼类消化道典型特征

关键词:斑点鳟鲑;消化道;组织学

斑点鳟鲑(*Oncorhynchus mykiss*)俗称尊贵鱼,是鲑鳟科(俗称三文鱼)鱼类的一种,因全身布满斑点而得名,属冷水性溯河洄游鱼类,适宜生长水温在8~21℃,最高耐受温度为23℃,最适生长水温10~18℃[1]。该鱼肉质细嫩、口感独特、营养价值高、少脊间刺、出肉率高,是制作生鱼片、烟熏三文鱼的首选鱼类,深受消费者喜爱,是欧洲、美、日、韩等国餐桌上最受欢迎的鱼类之一[2]。斑点鳟鲑主要分布于北美诸国,在挪威、智利等国也大量养殖。2010年3月,山东省海水养殖研究所首次从美国引进斑点鳟鲑受精卵并孵化成功[3]。目前斑点鳟鲑养殖已推广到山东、贵州、湖北、青海、辽宁等地,迅速成为我国海水及淡水养殖业优良新品种。目前国内对斑点鳟鲑的研究大部分集中在孵化、育苗和养成研究[1-3],缺少对斑点鳟鲑的消化道形态学与组织学的研究。为更好研究鱼类消化吸收的生理机制[4],目前,学者们已经对虹鳟(*Salmo irideus*)[5]、亚东鲑(*Salmo trutta fario*)[6]、条石鲷(*Oplegnathus fasciatus*)[7]、斜带石斑鱼(*Epinephelus coioide*)[8]等一些鱼类的消化道结构进行了研究,但对斑点鳟鲑的消化生理特征未见有关报道。本研究运用常规石蜡切片技术及光学显微技术,通过对斑点鳟鲑消化道进行显微组织学方面的观察,旨在为斑点鳟鲑的消化学理论研究以及生产实践中的养殖管理提供科学依据。

---

* 基金项目:山东省农业重大应用技术创新课题"斑点鳟鲑引种与养殖产业化技术研究";青岛市关键技术攻关计划项目"斑点鳟鲑苗种培育与养殖技术示范",项目编号:12-4-1-56-hy

作者:于晓清,男,(1982—),本科,研究助理员,主要研究方向:从事水生动物生理学,e-mail:bddwyxq@163.com,电话:13153203081

通信作者:郭文,男,(1963—),推广研究员,主要研究方向:海水鱼类增养殖,e-mail:yzszsjd@126.com,电话:13708984208

1 材料与方法

1.1 材料

实验用鱼 6 尾,体重为 27.8~30.6 g,体长为 115~125 mm,健康无病,活动状态正常,由山东省海水养殖研究所海水良种繁育中心提供。

1.2 方法

实验鱼不投喂饵料暂养 2 d,待其消化道中的食物和粪便排空后进行活体解剖。肉眼观察斑点鳟鲑鱼的消化道形态后迅速取出,并将其分为食管、胃、幽门盲囊、前肠、中肠和后肠,分别固定于 Bioun's 液中,固定 24 h 后修整,经冲洗、系列梯度酒精脱水、二甲苯透明、石蜡包埋、各段消化道做连续切片(厚度为 7 μm)、苏木精-伊红染色、中性树胶封片,显微镜下观察食管、胃、幽门盲囊、前肠、中肠和后肠各段的组织结构。

2 结果

斑点鳟鲑消化道切片观察结果如图 1 所示。由图版 -1 可见,斑点鳟鲑消化道分口咽腔、食道、胃、幽门盲囊、前肠、中肠和后肠几个主要部分。胃呈 V 形,较发达,分为贲门部、胃体部和幽门部,胃与肠连接处环绕有幽门盲囊 52 条,胃、盲囊、前肠外部均包被有较多脂肪。

2.1 食管组织学

斑点鳟鲑的食管较短,连接着口咽腔和胃,食管组织分为 4 层:黏膜层、黏膜下层、肌层和浆膜层(图版 -2)。黏膜层均向腔内突起形 38~42 条皱襞,皱褶中还有很多凹陷形成次级小凹。黏膜上皮纹状缘明显可见,主要由复层细胞组成,细胞核呈长圆形位于细胞底部,上皮中未见有杯状细胞分布(图版 -4)。固有膜为致密结缔组织,内有大量由结缔组织包裹的食管腺,食管腺管腔大小不一,食管腺染色呈嗜碱性,细胞核为圆形,染色质分散(图版 -3)。黏膜下层无黏膜肌,与固有膜分界线不明显。肌肉层很厚,分为内外两层,为内环肌和外纵肌。内环肌层较厚,为平滑肌,外纵肌层较薄且不连续兼有斜肌,为横纹肌(图版 -5)。浆膜层由少量结缔组织及其外周间皮构成,靠近浆膜层的肌肉处有神经丛(图版 -5)。

2.2 胃组织学

斑点鳟鲑的胃分为贲门部、胃体部和幽门部,胃体部膨大。胃组织由黏膜层、黏膜下层、肌肉层和浆膜层构成(图版 -6)。黏膜上层纹状缘也明显可见,由单层柱状细胞组成,细胞核椭圆形,与细胞的长轴平行,位于细胞基底部。黏膜层向腔内突起形成 44~46 条皱襞,皱襞数量比食道多,在上皮之间有零星杯状细胞。在皱襞和固有膜间有胃腺,胃腺为管状腺体,可以分为颈、体和底部,腺体和腺底的细胞为浆液性细胞(图版 -6)。黏膜下层较薄,为疏松结缔组织,分布有小血管及小淋巴管等。肌层为平滑肌,可分两层,内层环行较厚,外层肌纤维走向不规则。环肌与纵肌间有结缔组织、血管及神经组织(图版-7)。浆膜层由少量结缔组织及其外周间皮构成,浆膜层外有生殖组织细胞(图版-8)。

2.3 肠组织学

肠壁致密,可为前肠、中肠、后肠三段,前肠较粗后肠较细。肠黏膜层向肠腔突起形成30~34条长短不一的皱襞,有的有分支。肠道组织也是由黏膜层、黏膜下层、肌层和浆膜层四层构成(图版-9)。从前肠至后肠段,肠壁逐渐变薄,皱褶数量逐渐减少,高度逐渐降低,在黏膜上皮层中杯状细胞逐渐减少,到后肠处开始出现大量黏液分泌细胞,能够分泌黏液有利于粪便的排出(图版-10)。在整个肠道组织黏膜固有层中未见有肠腺;在黏膜下层中,三段差别不明显,均为疏松结缔组织;肌肉层由内环肌,中斜及外纵肌3层构成,内层环肌较发达,环肌与纵肌间可见大量淋巴管、血管及少量结缔组织,其中后肠的纵肌相对最发达。

2.4 幽门盲囊组织学

幽门盲囊和前肠非常相似,其结构组成由黏膜层、黏膜下层和肌层、外膜层构成。幽门盲囊内黏膜皱褶较长且形成较多初级、次级黏膜褶,有的次级皱襞多达3~4条,皱褶相互挤压,几乎充满整个腔体(图版-11)。黏膜上层为单层柱状上皮,核细长,位于细胞中部,黏膜层细胞排列规则,细胞间有少量杯状细胞。黏膜下层较发达,皱褶分支处有大量圆形杯状生发细胞,位于基部,约占肠壁高度的1/2。肌层分为两层,内环肌厚,约占肌层4/5,外纵肌较薄,约占肌层厚度1/5,肌层间有发达的毛细血管。浆膜层外有脂肪组织(图版-12)。

3 讨论

斑点鳟鲑食道粗而短,胃膨大腺体发达,分化明显的贲门部、盲囊部和幽门部;肠道短,有大量的幽门盲囊,具有肉食性鱼类消化道典型特征。

斑点鳟鲑食道黏膜上皮大量食道腺分泌的黏液不仅能润滑食物,而且能缓冲硬质食物对上皮细胞的机械损伤。同时黏膜层向腔内突起的多条皱襞能够促进食物在食道内最初始的消化,又可防止胃、肠内容物反流入食道。浆膜层外有神经丛可调节发达的纵肌横纹肌肌束将食物快速推入胃中消化。本观察与蒲德永[6]观察亚东鲑食道结构不同,推测斑点鳟鲑食道可能具快速吞咽食物,而不具消化功能。

胃是鱼类消化吸收的重要场所,为消化管最膨大的部分。根据形状胃体可分为 I、J、U、V 和 Y 等 5 种类型[7],斑点鳟鲑的胃在形态上属于 V 形胃,与真鲷(*Chrysophrys major*)[8]和圆尾斗鱼(*Macropodus chinensis*)[9]的胃结构相似。斑点鳟鲑胃容积较大,当大量进食时,胃体变大变粗,尽可能多储存食物,延长进食时间。上皮较多的皱褶多为单层柱状细胞,具有分泌功能。胃肌肉层较厚,环肌发达,伸展性强,能够将食物磨碎,并与胃液搅拌、混合,以增大食物与胃液的接触面积。根据以上特征推测胃体作用是将食物快速磨

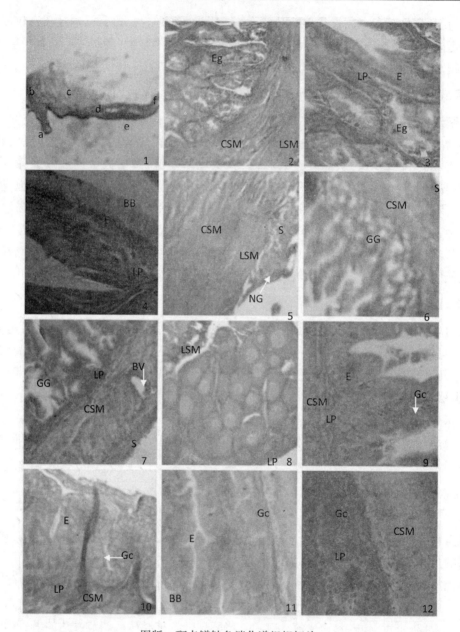

图版 斑点鳟鲑鱼消化道组织切片

1. 消化道解剖;2. 食道横切,20×;3. 黏膜层,40×;4. 黏膜上层,100×;5. 肌层,40×;6. 胃横切,20×;7. 黏膜层及肌层,40×;8. 腺体,40×;9. 前肠,40×;10. 后肠,40×;11. 幽门盲囊,20×;12. 黏膜下层,40×;a. 食道;b. 胃;c. 幽门盲囊;d. 前肠;e. 中肠;f. 后肠;E. 上皮;BB. 纹状缘;LP. 固有膜;SL. 结实层;CSM. 环肌;LSM. 纵肌;S. 浆膜;Eg. 食管腺;GG. 胃腺;NG. 神经节;BV. 血管;Gc. 杯状细胞

Fig. 1 Ttissue sections of the digestive canal

a. oesophagus; b. stomach; c. pyloric caeca; d. anterior intestine; e. mid-intestin; f. posterior intestine; E. epithelium; BB. brush border; LP. lamina propria; SL. solid layer; CSM. circularlayers of striated muscle; LSM. longitudinal layers of striated muscle; S. seros; Eg. Esophageal gland; GG. gastric glands; NG. neural ganglia; BV. blood vessel; Gc. Goblet cells

碎并进行软化和消化。

斑点鳟鲑肠道从前肠至后肠段,皱襞数量逐渐减少,高度逐渐降低,说明由前肠到后肠的消化能力逐渐降低。在黏膜上皮层中杯状细胞逐渐减少,到后肠处出现黏液分泌细胞,有利于促使食物残渣的通过和粪便的排出,与相玺玺的观察结果相一致[6]。

鱼类的幽门盲囊位于肠的起始端,是鱼类特有的消化器官。幽门盲囊的数量因鱼种类的不同而存在很大差别,由几个至数百个不等。斑点鳟鲑幽门盲囊多达50~53条,而且上皮中具有较多皱襞,大大增加吸收面积,能快速吸收营养,增强了肠的吸收功能。孙素荣等[1]认为幽门盲囊的功能是由食物颗粒从胃向幽门盲囊的传输过程中引发的。吴常文等[2]在褐菖鲉中检测到其幽门盲囊区域发现有着最强的消化酶活性,具有强大的消化功能。根据斑点鳟鲑消化道各段组织特点,推测斑点鳟鲑主要在胃部进行消化作用,胃中已分解和部分消化的食物在幽门盲囊和小肠内的停留时间有所延长,进行的进一步吸收。本研究通过对斑点鳟鲑消化系统的形态学和组织学观察,认为其消化系统的结构与亚东鲑、真鲷相似,在养殖过程中,可用以动物蛋白为主的配合饲料进行饲养,并推测斑点鳟鲑对食物消化吸收快,可每天多次进行饵料投喂饲养。

参考文献

[1] 孙素荣,张渝疆. 银鲫消化道黏膜上皮超微结构的研究[J]. 新疆大学学报(自然科学版),1998(1):57-61.

[2] 吴常文. 浙江舟山近海褐菖鲉生物学研究[J]. 浙江海洋学院学报(自然科学版),1999,18(3):185-191.

[3] 张智勇,何福林,向建国,等. 虹鳟消化器官的显微结构观察[J]. 内陆水产,2007(8):22-24.

[4] 周洁,刘从靳,等. 圆尾斗鱼消化系统的解剖[J]. 湖北农业科学,1993(8):26-29.

[5] 胡玲玲,李加儿,等. 养殖条石鲷消化道形态构造及组织学观察[J]. 南方水产,2010(12):65-69.

[6] 相玺玺,肖传斌,等. 淇河鲫消化道组织学观察[J]. 河南农业大学学报,43(1):56-59.

[7] 郭文,胡发文,菅玉霞,等. 温度变化对斑点鳟鲑仔鱼存活与生长的影响[J]. 水产养殖,2012(7):44-46.

[8] 郭文,潘雷,张少春,等. 斑点鳟鲑发眼卵孵化及苗种培育实验[J]. 水产科学情报,2012(3):113-117.

[9] 郭文,潘雷,高凤祥,等. 斑点鳟鲑工厂化养殖技术[J]. 齐鲁渔业,2012(8):23-24.

[10] 喻子牛. 真鲷消化道的组织学和形态学研究[J]. 水产学报,21(2):113-119.

[11] 蒲德永,王志坚,赵海鹏. 亚东鲑消化系统的形态学和组织学观察[J]. 四川动物,2006,25(4):825-828.

[12] 楼允东. 组织胚胎学(第2版)[M]. 北京:中国农业出版社,1998:95-114.

温度对云纹石斑鱼胚胎发育和仔鱼活力的影响

张廷廷[1,2]，陈 超[1*]，李炎璐[1]，于欢欢[1,2]，孔祥迪[1,2]，
刘 莉[1,2]，张梦淇[1,2]，张春禄[1,2]，邵彦翔[1,2]，翟介明[3]

(1.农业部海洋渔业资源可持续利用重点开放实验室 中国水产科学研究院黄海水产研究所，山东 青岛 266071；2.上海海洋大学水产与生命学院，201306；3.莱州明波水产有限公司，山东 烟台 261400)

摘 要：观察了不同孵化温度(16℃、18℃、20℃、22℃、24℃、26℃、28℃、30℃)对云纹石斑鱼(*Epinephelus moara*)胚胎发育的影响,记录并分析 12 h 后不同温度处理组的胚胎发育时期、受精卵的培育周期、孵化率和初孵仔鱼的畸形率；并对初孵仔鱼进行不同温度下的耐饥饿实验,测定其每天的存活率和生存活力指数(Survival activity index,SAI)。实验结果表明,在 18～28℃,胚胎均可孵化出仔鱼,且孵化时间随温度的升高而缩短,孵化时间 t 与温度 T 呈极显著的负相关关系, $t=12\,663T^{-1.8840}$, $R^2=0.9971$ ($P<0.01$)。22℃时受精卵孵化率最高为 71.01%,该温度下对应最低畸形率为 9.7%；温度低于 22℃时孵化率逐渐降低,18℃时的孵化率为 24.39%,温度高于 22℃时孵化率亦明显降低,28℃孵化率最低为 16.11%；而畸形率的变化趋势与孵化率相反。温度为 16℃时,受精卵发育至高囊胚期后不再继续发育,温度为 30℃时,胚胎停止于胚体形成期。仔鱼的 SAI 值随着温度的变化先升高后降低,当温度为 20℃时 SAI 值最高(25.97),仔鱼的半数死亡时间最长(8 d)。云纹石斑鱼受精卵孵化的最适宜温度为 20～24℃,仔鱼孵化的最适宜温度为 20～22℃。

关键词：云纹石斑鱼；温度；胚胎发育；仔鱼活力

云纹石斑鱼(*Epinephelus moara*),俗称草斑、真油斑,隶属于硬骨鱼纲、鲈形目(Perciformes)、鮨科(Serranidae)、石斑鱼亚科(Epinephelinae)、石斑鱼属。云纹石斑鱼为暖温性中下层鱼类,主要分布于韩国、日本、中国(南至香港和海南)和中国的台湾沿岸(郭明兰等,2008)。云纹石斑鱼属于石斑鱼类中生长速度比较快的鱼种,体长最大可达 120 cm,且适应能力强。云纹石斑鱼肉味鲜美,是海水石斑鱼中的极品,具有较高的经济价值。近年来云纹石斑鱼在广东、福建、山东、江苏沿海发展迅速,属于海水鱼中工厂化养殖的优良品种之一。

水体温度是影响海水鱼类生存与生长的重要环境因子,并且也是海水鱼在胚胎发育及仔鱼阶段正常生长的关键因素。当温度低于或高于其适宜范围,均会对其生长发育造成胁

---

* 基金项目：科技部国际合作项目 2012DFA30360、国家科技支撑项目 2011BAD13B01.
通信作者，ysfrichenchao@126.com,Tel:(0532)85844459
作者简介：张廷廷(1990 -)，女，硕士研究生，从事海水鱼类繁育与养殖技术研究．Email：13256879033@163.com

迫,造成较高的死亡率和畸形率。国内外关于温度对海水鱼类早期发育阶段的影响已有报道(王涵生等,1997;张培军等,1999)。杜伟等(2004)研究了水温对半滑舌鳎胚胎发育的影响。张海发等(2006)研究了温度、盐度及pH对斜带石斑鱼(*E. coioides*)受精卵孵化和仔鱼活力的影响。

目前有关温度对云纹石斑鱼胚胎发育与苗种培育阶段的影响研究尚未见报道。本文对云纹石斑鱼受精卵孵化和仔鱼阶段最适的温度范围做了初步研究,分析其生长速率、孵化率及畸形率与温度的关系。为人工养殖过程中提高孵化率及育苗成活率提供理论依据、为石斑鱼其他鱼种的生产和研究提供参考。

1 材料与方法

1.1 材料

2014年5月29日至6月9日在山东莱州明波水产有限公司开展实验研究。选取健康、生长活力旺盛且体表色泽鲜亮的云纹石斑鱼亲鱼,通过人工注射催产激素和人工授精获得受精卵。受精卵的孵化水温为23～24℃,孵化盐度为30,pH 7.8,静水孵化。经光学显微镜镜检后,挑选正常发育的受精卵用于实验。另外取部分受精卵置于孵化桶中,微充气流水孵化,其他孵化条件同上。待仔鱼孵化出膜后,肉眼观察挑选正常的仔鱼用于饥饿耐受性实验。

1.2 不同温度条件下受精卵的孵化实验

实验共设置8个温度梯度,分别为16℃、18℃、20℃、22℃、24℃、26℃、28℃和30℃,每组设3个平行。用恒温水浴槽控制水温,温控范围±0.5℃。待受精卵发育至2细胞期时放入1 000 mL烧杯中,每个烧杯中放入100粒受精卵,将其置于调好温度的恒温水浴槽中。孵化盐度为30,pH 7.8,静水孵化,每隔8小时换水一次。观察云纹石斑鱼受精卵的发育状况、不同温度下胚胎的发育形态,记录各组的培育周期、孵化率和初孵仔鱼的畸形率。

1.3 不同温度下仔鱼不投饵存活系数的测定

温度梯度设置与1.2相同。挑选发育正常、活力好的初孵仔鱼各100尾放入盛有1 000 mL海水的烧杯中,每一组设(A、B、C)3个平行,置于调控好实验温度的恒温水浴槽中,孵化盐度为30,pH 7.8,静水培育,不投饵。仔鱼的活力以不投饵存活系数为衡量指标(Survival activity index,*SAI*)(张海发等,2006)。每天记录死亡仔鱼数至仔鱼全部死亡,比较各组的*SAI*值。仔鱼的生存活力指数用下列公式计算。

$$SAI = \sum_{i=1}^{k} (N - h_i) \times i/N$$

式中,N为实验起始时仔鱼的数量,h_i为第i天时仔鱼的累积死亡数量,k为仔鱼全部死亡的天数(新间脩子ぢ等,1981)。

1.4 数据处理

孵化率 = 孵出仔鱼数/受精卵数 × 100%;

畸形率 = 孵出的畸形仔鱼/孵出仔鱼总数 × 100%；

存活率 = (N_t/N_0) × 100%；t 为实验开始时间(d)，N_t 为最终存活的仔鱼数目，N_0 为实验起始时仔鱼尾数。

培育周期是指同一批受精卵中有 50% 孵化出膜时所用的时间。

实验数据以平均值 ± 标准差表示，用 SPSS17.0 软件进行单因素方差(ANOVA)统计分析。并采用 Duncan's 多重比较法检验组间差异，$P < 0.05$ 时表明差异显著，$P < 0.01$ 时表明差异极显著。

2 结果

2.1 不同温度对受精卵孵化的影响

云纹石斑鱼受精卵无色透明，呈圆球状，卵径为(0.87 ± 0.01)mm。中央有一油球，其球径为(0.22 ± 0.02)mm。实验过程中除温度不同外其他条件均保持一致。水温对云纹石斑鱼受精卵的孵化率、初孵仔鱼畸形率及胚胎培育时间的影响见表 1。随着温度的升高，胚胎发育速度亦随之加快，18℃时的孵化时间(53.75 h)是 28℃(23.5 h)时的 2 倍多。在实验进行 12 h 后，分别观察不同温度下胚胎的发育情况。16℃与 18℃两组的受精卵发育最慢，均发育至高囊胚期；30℃下的受精卵超过半数已发育至胚体形成期。受精卵的孵化时间随温度的升高而缩短，孵化时间 t 与温度 T 呈极显著的负相关关系，$t = 12\,663T^{-1.8840}$，$R^2 = 0.9971$($P < 0.01$)。

当温度在 18~28℃范围内时，云纹石斑鱼受精卵均能孵化出仔鱼；当温度为 16℃时，胚胎发育至高囊胚后便不再继续分裂；当温度为 30℃时，受精卵发育至胚体形成期终止发育，极少数到达尾芽期。受精卵的孵化率与温度有明显关系，18~28℃范围内，孵化率呈现先升高后降低的趋势，在 22℃时具有最高的孵化率为 71.01%，其次是 24℃，孵化率为 65.37%，在 28℃孵化率最低为 16.11%。对孵化率进行多项式回归分析，得到回归方程：$y = 0.0454x^3 - 5.1021x^2 + 160.77x - 1481.6$，$R^2 = 0.9949$($y$ 代表孵化率，x 代表温度)。

表 1 不同温度条件下云纹石斑鱼受精卵的孵化

Table 1 Hatch of fertilized eggs of *Epinephelus moara* at different temperatures

温度 Temperature	16℃	18℃	20℃	22℃	24℃	26℃	28℃	30℃
12 h 受精卵发育 Stage of embryonic development	高囊胚 High blastula stage	高囊胚 High blastula stage	低囊胚 Low blastula stage	原肠前期 Early gastrula stage	原肠中期 Middle gastrula stage	原肠末期 Late gastrula stage	原肠末期 Late gastrula stage	胚体形成期 Embryo body stage
孵化时间 Hatching time/h	止于高囊胚	53.75 ± 2.11^c	45 ± 0.2^a	38 ± 0.55^{ab}	32.5 ± 1.65^a	27 ± 0.24^a	23.5	止于尾芽期
孵化率 Hatching rate/%	—	24.39 ± 3.99^b	53.54 ± 1.92^c	71.01 ± 5.63^a	65.37 ± 3.97^b	45.25 ± 7.41^{bc}	23.5	—
畸形率 deformity rate/%	—	17.32 ± 5.37^c	11.33 ± 0.96^c	9.7 ± 1.36^b	13.07 ± 2.80^{abc}	24.64 ± 4.61^{ab}	45.91	—

注：表中各项指标为平均值 ± 标准误，数值右上角不同字母表示差异显著，$P < 0.05$，$n = 3$.

初孵仔鱼的畸形率与孵化温度有着显著的关系。20~24℃范围内初孵仔鱼的畸形率较低,均在10%左右,当温度低于或高于此范围时畸形率明显升高。22℃畸形率最低为9.7%,而28℃畸形率高达45.91%。对畸形率进行多项式回归分析,得回归方程:$y = 1.0777x^2 - 46.837x + 520.55$,$R^2 = 0.9834$($y$代表畸形率,$x$代表温度)。

2.2 不同温度条件对仔鱼饥饿耐受性的影响

不同温度下测定的云纹石斑鱼仔鱼的不投饵存活系数(SAI值)见图1。在温度16~20℃范围内,随着温度的增加仔鱼的SAI值逐渐升高;仔鱼的SAI值随着温度的升高大幅度降低。温度为20℃时具有最大SAI值25.97 ± 3.19,其次是22℃时的SAI值为22.38 ± 2.30。当温度超过26℃时,SAI值均在10以下,30℃时的仔鱼的不投饵存活系数最小为5.69 ± 0.79。

实验中测得仔鱼的半致死时间的变化趋势(图2)与SAI的一致,均是先增加后减少。在20℃下的半致死时间最长为8 d,30℃下的半致死时间最短为3 d。

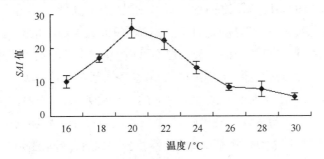

图1 不同温度下云纹石斑鱼仔鱼的 SAI 值

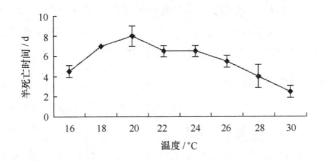

图2 不同温度下云纹石斑鱼仔鱼的半数死亡时间

3 讨论

3.1 温度对云纹石斑鱼胚胎发育的影响

温度是影响鱼类的受精卵孵化的重要因素,不同鱼种的受精卵孵化所要求的温度条件不同,并且对温度的适应范围也有明显的差异(张培军,1999)。至今,国内外的多位学者已在这方面开展了大量的工作,这为养殖产业提供了大量的理论基础和科学依据(王宏田等,1998)。尼罗罗非鱼受精卵孵化最适的温度范围是为 24~30℃(强俊,2008)。鲤受精卵孵化适宜的水温范围是 20~30℃(郭永军,2004);孵化水温对美国红鱼胚胎的发育有显著影响,在 25~28℃的水温条件下孵化时,具有较高的孵化率;低于此温度范围时,孵化率随着温度的降低而降低,且培育时间也随之延长(阮树会,2000)。

在不同温度对云纹石斑鱼受精卵孵化影响的实验中,选取培育周期、孵化率、畸形率以及 12 h 后胚胎的发育状况作为指标进行衡量,来评定温度对受精卵孵化的影响。实验中云纹石斑鱼受精卵的培育时间与温度呈极显著的负相关关系;随着温度的逐渐递增,受精卵孵化率先升高再降低,而初孵仔鱼畸形率的变化趋势与之相反。该结果与温度对其他海水鱼的影响基本一致(陈舒泛,2003)。楼允东认为鱼类胚胎的孵化出膜主要依靠两方面的作用:胚体的运动和孵化酶的作用(楼允东,1965)。温度是影响酶催化活性的最重要的外界因素之一,酶只有在其适宜的温度范围之内拥有最大活性,当温度低于其适宜范围时,随着温度的降低酶活性逐渐受到抑制;当温度超过其适宜范围时,随着温度的升高,酶的催化活性逐渐减弱直至完全失活,高温下酶失活后酶活性不可逆(袁勤生,2012)。胚胎发育过程中当温度降低时,不仅显著延迟孵化,而且胚胎的存活率也降低至 6.5%~47%(樊廷俊等,2002)。

本实验中,受精卵的培育时间与温度呈明显的负相关关系,18℃时的培育时间是 28℃时的 2 倍多。低温条件下胚胎发育比较缓慢,是低温抑制了胚胎孵化酶的分泌和催化活性;当温度到达 30℃时,受精卵发育至胚体形成期便停止分裂,是长时间的高温使得孵化酶分泌受到抑制或过早消耗,最终导致绝大多数的胚胎无法破膜而出。22~24℃条件下云纹石斑鱼受精卵的孵化率最高、初孵仔鱼的活力最好、畸形率最低。不同鱼类胚胎的孵化酶最适的温度范围不同,本实验中就云纹石斑而言,其孵化酶在 22~24℃条件下,拥有最大的催化活性,其孵化率最高,初孵仔鱼活力最好。因此,在工厂化生产中云纹石斑鱼受精卵最适的孵化水温是 22~24℃,水温最低不宜低于 20℃,最高不宜超过 26℃。

3.2 温度对仔鱼饥饿耐受性的影响

仔鱼孵出后进行生命活动所需要的能量来源于卵黄囊与油球(李冰,2012)。云纹石斑鱼仔鱼孵出 3 d 后口裂形成(宋振鑫,2012),开始由内源性营养向外源性营养逐渐过渡,仔鱼依靠自身卵黄囊、油球的营养物质和摄取外界食物供生长,这段时期称为混合营养期。当卵黄囊与油球消失后,仔鱼将完全依赖于外界食物提供营养物质。若这段时期仍不投饵就会进入忍受饥饿的时间临界点(the point-of-no-return,即 PNR 期)。此时,即使再投饵仔鱼也无法恢复摄食的能力,最终饥饿致死(殷名称,1991)。王涵生等(2002)提出不投饵时的半数死亡时间为仔鱼进入 PNR 期的标志之一。仔鱼不投饵存活系数可以测定仔鱼在无外界食物供给情况下的生存活力,SAI 值越大,说明仔鱼的活力越高(张海发等,2006)。本实验结果表明,20℃时的半数死亡时间是 8 d 为最大值,因此可确定云纹石斑鱼仔鱼孵出后在不投饵条件下进入 PNR 期的时间为 8 d 左右,表明此时仔鱼油球已消失,若不进行投饵,云纹石斑鱼仔鱼将会失去摄食能力,之后即使外界提供丰富适口的饵料,仔鱼也不能恢复摄食。因此,对云纹石斑鱼早期发育阶段饵料的投喂必须在鱼苗孵出8 d内进行。16~30℃仔鱼的半致死时间先升高再降低,说明当温度高于或低于其最适温度时,仔鱼的半数死亡时间会缩短,提前进入PNR期。

云纹石斑鱼仔鱼在不投饵的条件下,依靠卵黄囊和油球营养可存活一段时间,通过测定初孵仔鱼 SAI 值与半数死亡时间可以判断仔鱼的活力,进而可以判断受精卵的质量。SAI 值越大,半致死时间越长,仔鱼活力就越好,用于苗种培育时的成活率就越高。本实验中 SAI 值呈先升高再降低的变化趋势,温度为20℃时具有最高 SAI 值25.97±3.19,半数死亡时间最长为8天,其次是22℃时的 SAI 值为22.38±2.30,半数死亡时间为7 d。当温度超过26℃时,SAI 值均在10以下,30℃时的仔鱼的不投饵存活系数最低为5.69±0.79,该温度下的半数死亡时间为4 d。在20~22℃时仔鱼具有最大的活力,此温度范围内苗种的成活率较高。

仔鱼存活时间长短与受精卵的质量、卵黄等内源性营养物质的数量和质量、亲鱼的营养状态以及仔鱼生活环境等因素相关(BLAXTER,HEMPEL,1963)。而温度是影响海水鱼类胚胎发育的重要环境因素之一。温度较高或较低均会影响仔鱼的存活率,仔鱼的生命活动涉及基因表达、细胞分化、器官形成、组织间相互作用等一系列过程,这些过程的生理生化反应都涉及一系列的酶促反应,温度正是影响酶活力的一个关键因子,因此,温度过高过低都会影响到仔鱼的 SAI 值。殷名称(1991)认为,温度是影响仔鱼饥饿耐受能力的重要因子;柳敏海等(2006)认为点带石斑鱼仔鱼在不投饵条件下的存活时间与水温呈负相关,温度越高,仔鱼的发育越快,卵黄囊与油球内的营养物质消耗的越快,外源性营养阶段就会提前。柳敏海等的实验结果与本实验得出的 SAI 值先升高后降低的结论有差别。

综上所述,在云纹石斑鱼苗种生产繁育的过程中,最适的孵化水温是20~24℃,仔鱼孵化后最适宜的培育水温为20~22℃,可以保障获得更多的优质苗种。笔者只针对仔鱼阶段开展了相关实验,稚鱼和幼鱼的生长发育有待于做深入的观察和分析,从而云纹石斑鱼苗种的繁育提供更加完善的理论指导和科学依据。

参考文献

陈舒泛,周昕,华元渝,等.2003.温度对全人工繁殖暗纹东方鲀胚胎发育的影响[J].水利渔业,23(3):5-6.
杜伟,蒙子宁,薛志勇,等.2004.半滑舌鳎胚胎发育及其与水温的关系[J].中国水产科学,11(1):48-53.
樊廷俊,史振萍.2002.鱼类孵化酶的研究进展及其应用前景.海洋与湖沼通报,(1):48-56.
郭明兰,苏永全,陈晓峰,等.2008.云纹石斑鱼与褐石斑鱼形态比较研究[J].海洋学报,30(6):106-114.
郭永军,陈成殨,李占军.2004.水温和盐度对鲤鱼胚胎和前期仔鱼发育的影响[J].天津农学院学报,11(3):6-9.
李冰,钟英斌,吕为群.2012.大黄鱼早期发育阶段对盐度的适应性[J].上海海洋大学学报,21(2):204-211.

柳敏海,施兆鸿,陈波,等.2006.饥饿对点带石斑鱼饵料转换期仔鱼生长和发育的影响[J].海洋渔业,28(4):292-298.

楼允东.1965.鱼类的孵化酶[J].动物学杂志,7(3):97-101.

强俊,李瑞伟.2008.王辉温度对奥尼罗非鱼受精卵孵化和仔鱼活力的影响[J].淡水渔业,38(4):25-29.

阮树会,原永党,曲永琪,等.2000.温度和盐度的变化对美国红鱼受精卵孵化的影响[J].海洋湖沼通报,(1):30-35.

宋振鑫,陈超,翟介明,等.2012.云纹石斑鱼胚胎发育及仔、稚、幼鱼形态观察[J].渔业科学进展,33(3):26-34.

王涵生,方琼珊,郑乐云.2002.盐度对赤点石斑鱼受精卵发育的影响及仔鱼活力的判断[J].水产学报,26(4):344-350.

王涵生.1997.海水盐度对牙鲆仔稚鱼的生长、存活率及白化率的影响[J].海洋与湖沼,28(4):399-404.

王宏田,张培军.1998.环境因子对海产鱼类受精卵及早期仔鱼发育的影响[J].海洋科学,(4):50-52.

新間脩子ぢ.1981.カサゴ親魚の生化學的性狀と仔魚の活力について[J].養殖研報,(2):11-20.

殷名称.1991.鱼类早期生活史研究与其进展[J].水产学报,15(4):348-358.

袁勤生.2012.酶与酶工程[M].上海:华东理工大学出版社,18.

张海发,刘晓春,王云新,等.2006.温度、盐度及pH对斜带石斑鱼受精卵孵化和仔鱼活力的影响[J].热带海洋学报,25(2):31-36.

张培军主编.1999.海水鱼类繁殖发育和养殖生物学[M].济南:山东科学技术出版社,1-207.

BLAXTER J H S, HEMPEL G. 1963. The influence of egg size on herring larvae (*Clupea harengus* L.)[J]. Journal du Conseil permanent International pour I Exploration de la Mer, 28(2):211-240.

池塘养殖条件下牙鲆生长轴和甲状腺轴关键激素的变化规律

李晓妮[1,2],史宝[2],柳学周[*,2*],徐永江[2],陈圣毅[2],臧坤[2]

(1.大连海洋大学,辽宁 大连 110623;2.农业部海洋渔业可持续发展重点实验室 青岛市海水鱼类种子工程与生物技术重点实验室 中国水产科学研究院黄海水产研究所,山东 青岛 266071)

摘 要:通过统计学、酶联免疫学等方法研究3个池塘中养殖牙鲆(*Paralichthys olivaceus*)的生长状况、血清甲状腺激素(T4)和三碘甲状腺原氨酸(T3)、生长激素(GH)和类胰岛素生长因子-Ⅰ(IGF-Ⅰ)的变化及他们与水温变化的关系。结果

---

* 基金项目:国家鲆鲽类产业技术体系(CARS-50)和国家国际科技合作专项项目(2013DFA31410).
通信作者:柳学周,E-mail:Liuxz@ ysfri. ac. cn,Tel:(0532)85830506
作者简介:李晓妮(1988-):女,硕士研究生,主要从事鱼类增养殖理论与技术研究. E-mail:li_xi_ao_ni@ yeah. net,Tel:13665320805

表明:在 12 个月的养殖过程中,牙鲆体重和体长持续增长且体重日增长率和体长日增长率在 7 月、9 月、10 月较高。牙鲆血清中 T3、T4、GH 和 IGF-I 含量变化随着水温变化呈现明显的季节性变化规律。1 号、2 号、3 号池塘牙鲆血清中 T3、T4 含量变化整体趋势一致,血清中 T4 浓度在 6 月、8 月、11 月出现较高值,T3 浓度在 7 月、9 月、翌年的 3 月出现较高值。血清中 GH 在 6 月达到最高水平,然后逐步降低,在 12 月降低到最低水平;从 12 月到翌年 3 月呈略微上升趋势之后下降。血清中 IGF-I 水平从 6 月到 7 月升高,并在 7 月达到高峰,然后逐步降低,翌年的 2 月之后随水温升高而升高。1 号和 2 号池塘牙鲆经过 7 个月养殖,当年可以出售。同时发现养殖的牙鲆可以在实验池塘安全越冬,并在翌年牙鲆进一步生长。该池塘养殖条件下,牙鲆的养殖密度和出池时牙鲆的平均体重均高于传统养殖池塘,是值得推广的高效养殖模式。

关键词:池塘;生长;甲状腺激素;三碘甲状腺原氨酸;生长激素;类胰岛素生长因子-I

鲆鲽类养殖产业是我国北方海水养殖业的重要组成部分。我国鲆鲽类的主要养殖方式有 4 种:"温室大棚 + 深井海水"的流水型工厂化养殖模式、海水池塘养殖模式、浅海固定式网箱养殖模式、工厂化循环水养殖模式(倪琦等,2010)。在池塘养殖产量不断提高、养殖品种不断增多的同时,环境污染、水资源浪费、鱼病频繁发生等问题也日益突出,造成了很大的经济损失,传统的池塘养殖模式制约养殖业可持续发展,由此要求更高的养殖技术和水质环境。实践证明推行池塘规范化改造建设和健康养殖模式是解决池塘养殖问题的重要途径。国外水产技术专家和养殖企业也在积极探索池塘养殖的新型模式。美国水产养殖尽管起步较晚,但近些年发展迅速,在养殖方式上,以池塘养殖为主,探索出一种"池塘内循环流水养殖模式",该模式已经基本实现了产业化、机械化、自动化生产和规范化管理(贾丽等,2011)。

许多激素在调节动物的生长和发育过程中起着重要的调节作用,其中生长激素、胰岛素、胰岛素样生长因子、甲状腺激素能够刺激细胞分裂,使细胞数目增多,达到促进鱼类个体生长的目的(Beckman,2011)。甲状腺激素(Thyroid hormone,TH),包括三碘甲状腺原氨酸(T3)和四碘甲状腺原氨酸(T4),存在于所有的脊椎动物中。TH 在哺乳类和两栖类的早期生长发育和变态过程中发挥着至关重要的作用,而在鱼类(尤其是鲆鲽类)的变态过程中,TH 的调控作用更加明显(Yamano,2005)。在所研究的脊椎动物中,TH 的作用方式非常保守。TH 缺失所引起的症状在低等脊椎动物中更加明显;相对于哺乳动物来说,TH 在低等脊椎动物,尤其是鱼类中的作用显得更加重要。由于 TH 在鱼类调控生长、发育、变态、生殖等方面发挥作用,使其成为鱼类生活史中最为重要的激素之一(Power,2001)。亦有报道,在 3—4 月水温回升,团头鲂活动和摄食加强,相应的团头鲂雄鱼 T4 在 4 月达到峰值,T3 在 4 月也出现第一峰值(赵维信等,2000),间接说明温度和甲状腺激素的关系。因此,有必要深入了解 TH 对牙鲆生长阶段生长的影响。

在硬骨鱼类,GH/IGF 轴调节鱼类生长。鱼类脑垂体合成和分泌的生长激素(Growth

hormone,GH)是一种具有广泛生理功能的生长调节素。GH 刺激肝脏产生类胰岛素生长因子-I(Insulin-like growth factor-I,IGF-I),IGF-I 不但可以直接刺激组织生长,同时通过影响 GH 促进生长的效应进而间接影响生物体生长发育(Lupu et al.,2001)。IGF-I 主要是介导生长激素的促生长作用。在正常发育过程中,IGF-I 通过负反馈调节改变血清中 GH 的浓度。研究表明 IGF-I 通过负反馈作用影响 GH 分泌(Tannenbaum,1993)。在春季和初夏,银大麻哈鱼(*Oncorhynchus kisutch*)(Sliverstein et al.,1998)和金头鲷(*Sparus aurata*)(Mingarro et al.,2002)血清中 GH 和 IGF-I 水平增加,表明温度对鱼类 GH/IGF 轴存在影响。

在改造的池塘养殖系统,进行牙鲆(*Paralichthys olivaceus*)养殖实验,对池塘养殖条件下不同生长发育阶段牙鲆的生长相关参数、T4 与 T3、GH 与 IGF-I 含量变化和水温对应关系进行分析,旨在了解鲆鲽类在该池塘养殖条件下的生长特点,为北方地区鲆鲽类新的池塘养殖模式推广提供理论支撑。

1 材料与方法

1.1 养殖池塘的特点和实验鱼饲养

在日照市水利养殖场建造的池塘养殖系统进行养殖实验。该池塘养殖系统由 6 个 4.5 亩的小型单体护坡池塘连体组成,养殖池分为两排,每排 3 个池塘,平均水深 1.6 m,每个池塘配备高效增氧机两台、水质在线检测等设备。养殖用水为自然海水,控制每天的换水量在 40%~60%,使用微藻、益生菌、增氧等综合措施调控水质和底质。整个实验期间,养殖牙鲆以投喂野生杂鱼(玉筋鱼)为主,每天饲喂两次,按照养殖鱼体重的 3% 进行精准投喂,并且投喂量结合水温情况随时调整。在高温期和低温期,不投喂饵料。养殖池塘海水的理化指标为氨氮 0.2~0.4、pH 为 7~8.4、溶解氧 5~6.5 mg/L、水温 8~28℃、盐度为 27~31。夏季水温大于 29℃ 的高温期和冬季水温低于 8℃ 的严寒期,使用部分地下深井海水调节养殖池水温,日换水率可达 50%~100%,保持池塘平均水深 2 m 左右,确保牙鲆安全度夏和越冬。

1.2 样品采集

在春季,3 个池塘放养牙鲆幼鱼,其中 1 号池塘放养牙鲆体重范围为 270~350 g,投放密度为 2 000 尾/亩;2 号池塘放养牙鲆体重范围 185~225 g,投放密度为 2 700 尾/亩;3 号池塘放养牙鲆体重范围为 88~117 g,投放密度为 4 500 尾/亩。每月拉网一次,随机从每个池塘中捞取实验鱼 10~15 尾,测量体长和体重,并从尾静脉取血,血样在 4℃ 静置数小时后离心,取上层血清置 -40℃ 冰箱保存。每天上午 9 时和下午 4 时左右,测量池塘中海水温度,取 30 d 的水温平均值作为当月水温。

1.3 血清中激素测定

1.3.1 血清中甲状腺激素、三碘甲状腺原氨酸、生长激素测定

采用武汉华美生物公司的鱼类甲状腺激素 T4、三碘甲状腺原氨酸 T3 和生长激素(GH)

酶联免疫试剂盒,在酶标仪(Bio-Rad)上进行,按照试剂盒说明书测定这种激素含量,步骤如下:①测定时,在酶标板设一个空白对照孔、不加任何液体;每个标准品依次各设两孔,每孔加入相应标准品 50 μL;其余每个检测孔直接加待测标本 50 μL。②每孔加入生物素标记物 50 μL(空白对照孔除外),充分混匀,贴上不干胶封片,置 37℃ 温育 1 h。③手工洗板后,酶标板上每空加入辣根过氧化物酶标记亲和素 50 μL(空白对照孔除外),充分混匀,贴上不干胶封片,置 37℃ 温育 30 min。

④再次手工洗板后,每孔加显色剂 A 液 50 μL,显色剂 B 液 50 μL,振荡混匀后,37℃ 避光显色 15 min,每孔加终止液 50 μL。用酶标仪在 450 nm 波长依序测量各孔的光密度(OD 值)。

1.3.2 血清中类胰岛素生长因子-1测定

采用武汉华美生物公司的鱼类胰岛素生长因子-I(IGF-I)酶联免疫试剂盒,在酶标仪(Bio-Rad)上进行,按照试剂盒说明书测定激素含量,步骤如下:①测定时,在酶标板设一个空白对照孔、不加任何液体;每个标准品依次各设两孔,每孔加入相应标准品 50 μL;其余每个检测孔直接加待测标本 50 μL。②每孔加入酶结合物 50 μL(空白对照孔除外),再按同样的顺序加入抗体 50 μL,充分混匀,贴上不干胶封片,置 37℃ 温育 1 h。③手工洗板后,每孔加显色剂 A 液 50 μL,显色剂 B 液 50 μL,振荡混匀后,37℃ 避光显色 15 min,每孔加终止液 50 μL。用酶标仪在 450 nm 波长依序测量各孔的光密度(OD 值)。

1.4 生长率计算

牙鲆生长速度分别用体重日增长率(SGR)和体长日增长率(LGR)表示,其计算公式为(陈松林等,1998):

$SGR = (SW_2 - SW_1)100/SW(t_2 - t_1)$

$LGR = (L_2 - L_1)100/L1(t_2 - t_1)$

式中,SW_2 和 SW_1 分别代表时间 t_1 和 t_2(天数)时的体重,L_1 和 L_2 分别代表 t_1 和 t_2 时的体长。

1.5 数据统计方法

使用 Excel 和 SPSS16.0 统计软件进行数据处理和统计分析;数据表示为平均数±标准误(Mean±SE),采用单因素方差分析(ANOVA)中的 Duncan's 多重比较进行均值显著性检验。

2 结果

2.1 体重变化

牙鲆幼鱼在自然的光照和水温条件下养殖,其体重的变化情况为:从6月到翌年的5月,3个池塘牙鲆幼鱼体重持续增长,其中1号池塘、2号池塘、3号池塘牙鲆经过12个月养殖平均体重分别达到1341.77 g、1 198.20 g 和 958.93 g(图1)。在冬季寒冷的2月和3月,因为不投喂,牙鲆基本不生长。从7—11月,3个池塘牙鲆幼鱼体重日增长率(SGR)均较高(图2)。

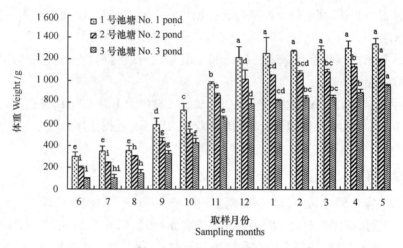

图1　牙鲆体重季节性变化

Fig. 1　Seasonal changes in weight of Japanese flounder

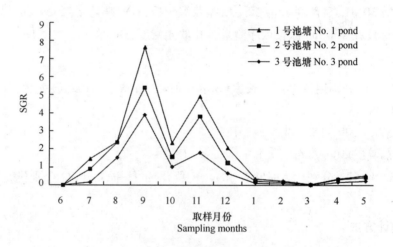

图2　牙鲆体重日增重率季节性变化

Fig. 2　Seasonal variation in somatic growth rate of Japanese flounder

2.2　体长变化

从6月到翌年的5月,3个池塘牙鲆幼鱼体长持续增长,其中1号池塘、2号池塘、3号池塘牙鲆经过12个月养殖平均体长分别达到54.22 cm、45.33 cm和39.40 cm(图3)。从7—11月,3个池塘牙鲆幼鱼的体长日增长率均较高(图4),这与牙鲆幼鱼体重日增长率(SGR)变化趋势相似。

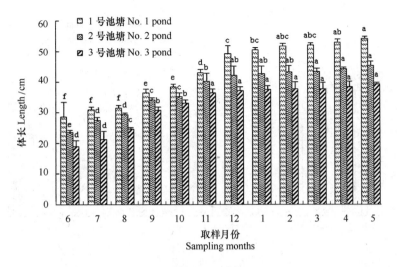

图3　牙鲆体长季节性变化

Fig. 3　Seasonal variation in body length of Japanese flounder

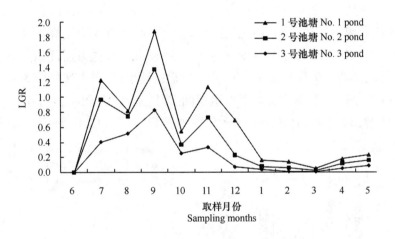

图4　牙鲆体长日增长率季节性变化

Fig. 4　Seasonal variation in body length growth rate of Japanese flounder

2.3　血清中激素含量随水温变化

2.3.1　血清甲状腺激素和三碘甲状腺原氨酸水平随水温的变化

牙鲆甲状腺激素（T4）水平随着水温变化具有明显的季节性变化规律，1号池塘、2号池塘、3号池塘牙鲆血清中T4含量整体变化趋势一致：血清中T4浓度在6月、8月、11月出现较高值；6—8月呈先降后升趋势，8月份之后呈明显的下降趋势，到11月急剧升高达另一个较高值，可能是因为T4对水温降低的应激反应造成的；此后到5月T4浓度呈逐渐的上升趋势（图5）。

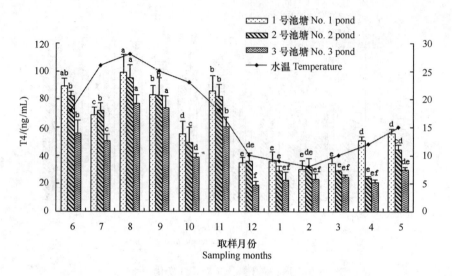

图 5 牙鲆血清甲状腺激素水平季节性变化

Fig. 5 Seasonal changes in serum L–thyroxine(T4) level of Japanese flounder

牙鲆三碘甲状腺原氨酸(T3)随水温变化具有明显的季节性变化规律,1号池塘、2号池塘、3号池塘牙鲆血清中T3水平整体变化趋势一致:6—8月呈先升后降趋势,8月之后至10月依旧先升后降,其中在9月到达一个较高值;此后持续下降,但在翌年的3月呈上升趋势,但3月过后T3水平一直下降。在整个养殖期间,牙鲆血清T3较高值与T4较高值交替出现,且T3较T4晚出现高峰值,此现象预示牙鲆血清T3大部分由T4转化而来(图6)。

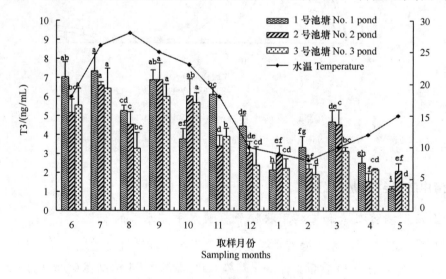

图 6 牙鲆血清三碘甲状腺原氨酸水平季节性变化

Fig. 6 Seasonal changes in serum 3,5,3′–triiodo–Lthyronine(T3) levels of Japanese flounder

牙鲆血清T4/T3比率随水温变化呈明显的季节性变化,1号池塘、2号池塘、3号池塘牙鲆血清 T4/T3 整体趋势一致,分别在 6 月、8 月、11 月、翌年 5 月达到较高值,6—8 月呈先降后升趋势,8 月之后呈明显的下降趋势,到 11 月急剧升高达另一个较高值,之后又呈下降趋势,至翌年 5 月出现高峰值,整体趋势同血清中 T4 水平变化一致(图7)。

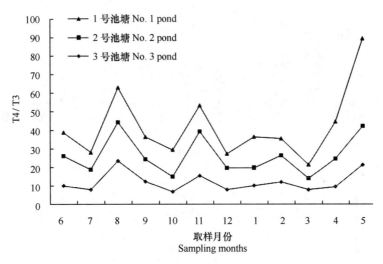

图 7　牙鲆血清 T4/T3 季节性变化

Fig. 7　Seasonal changes in serum T4/T3 ratio of Japanese flounder

2.3.2　血清生长激素和类胰岛素生长因子-Ⅰ水平随水温的变化

牙鲆血清中生长激素(GH)水平随着水温变化具有明显的季节性变化规律,1 号池塘、2 号池塘、3 号池塘牙鲆血清中 GH 水平在 6 月最高,然后逐步降低;在 12 月降低到最低水平,3 月略有上升然后逐步降低。1 号池塘牙鲆和 3 号池塘牙鲆的 GH 水平从 6 月到翌年 3 月呈先降后升趋势。2 号池塘牙鲆的 GH 变化趋势略有不同,GH 水平在 8 月略有升高,但仍低于该池塘牙鲆 6 月的 GH 水平(图8)。

牙鲆血清中类胰岛素生长因子-Ⅰ(IGF-Ⅰ)随水温变化具有明显的季节性变化规律,1 号池塘、2 号池塘、3 号池塘牙鲆血清中 IGF-Ⅰ水平从 6 月到翌年 5 月呈先升后降、然后再升的趋势。1 号池塘牙鲆血清中的 IGF-Ⅰ水平在 9 月、翌年的 5 月出现较高值。但是 2 号池塘牙鲆和 3 号池塘牙鲆血清中的 IGF-Ⅰ水平变化趋势略有差异,在 8 月、翌年的 4 月出现较高值,整体趋势与温度一致。血清中 IGF-Ⅰ较高水平与 GH 较高水平不同步,牙鲆血清 IGF-Ⅰ较高水平晚于 GH 较高水平,进一步证实了 IGF-Ⅰ对 GH 的负反馈调节作用(图9)。

3　讨论

牙鲆在我国南、北方均有养殖,主要养殖方式有工厂化车间养殖、池塘养殖和网箱养殖(王兴章等,2000;宫春光等,2007;董登攀等,2010)。宫春光等(2007)在室外土池进行牙鲆养殖实验,将 150~250 g 牙鲆幼鱼经过室内车间越冬,到第二年春季水温在 10℃以上时将

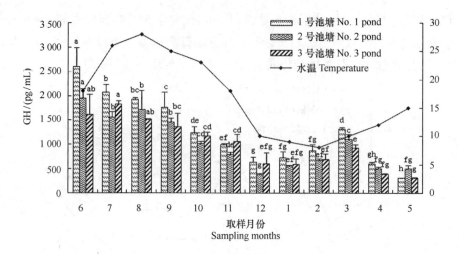

图8 牙鲆血清生长激素水平季节性变化

Fig. 8 Seasonal changes in serum growth hormone levels of Japanese flounder

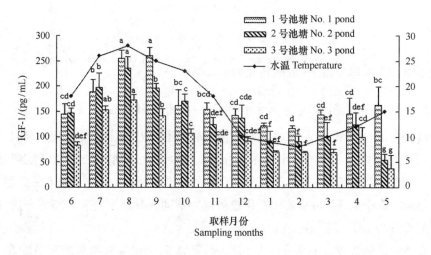

图9 牙鲆血清类胰岛素生长-Ⅰ水平季节性变化

Fig. 9 Seasonal changes in serum insulin-like growth factor-I levels of Japanese flounder

越冬鱼苗放入池塘中,投喂鲜杂鱼和配合饲料,养殖到10月,体重一般可达700 g以上,成活率在90%以上。此种传统土池养殖牙鲆的方式,在我国沿海较常见,但经济效益较低。在山东日照沿海利用改造的养殖池塘,5月在1号池塘、2号池塘、3号池塘放养牙鲆,高密度养殖,经过12个月养殖,3个池塘的牙鲆体重平均值分别达到1 341.77 g、1 198.20 g和958.93 g,成活率均在90%以上。谭学群等(2008)报道利用辽宁省原有对虾养殖池,在5月中旬投放体重140~250 g的牙鲆,养殖密度为150~300尾/亩,饲喂杂鱼为主。到10月上旬牙鲆长到800 g以上,成活率在85%以上。尽管上述的2个池塘牙鲆养殖报道与开展本实验所在的养殖地区和养殖牙鲆的遗传背景不尽相同,但是在我们改造的池塘,养殖过程中池塘高效增氧,养殖用水经过光合细菌、芽孢杆菌等微生态制剂处理,改善了水体和底质生态环境,在夏季高温和寒冷冬季使用部分地下深井海水调节养殖水温;从牙鲆的养殖密度、成活率和收获期实验鱼平均体重分析,可以看出改造后的池塘养殖牙鲆的生产效益远好于普通池塘。

甲状腺激素的主要作用是增强鱼类代谢,促进生长和发育成熟,与鱼类生长发育的关系十分密切。甲状腺滤泡富集碘离子,由过氧化物酶催化氧化成活性碘,并与甲状腺球蛋白上的酪氨酸残基作用形成甲状腺激素 T4。T4 进入血液后,大部分与血液内的运载蛋白相结合进入到其他组织中,而少量游离的 T4 直接进入组织内(Power,2000)。由于 T4 自身的生物活性较低,在进入肝脏等外周组织后,通过脱碘酶的外脱碘作用,形成活性较强的 T3(Hadley,1992;Ingbar,1985)。T3 与核内受体结合,形成的复合物作为基因表达的转录因子,调控特定基因的表达,从而影响着机体生长、发育和繁殖等过程(Davis et al.,2008)。当前研究表明改造后的池塘养殖条件下,牙鲆体内 T3、T4、T4/T3 水平存在明显的季节性变化。牙鲆血清中 T4 浓度在 6 月、8 月出现较高值,T3 浓度的较高值出现在 7 月和 9 月,这反映血清中甲状腺激素浓度的变化是 T4 在先,T3 随后。有研究表明,鱼类具有 5′-单脱碘酶,而且鱼体血液循环中的大部分 T3 都是非甲状腺组织(肝、肾和鳃)通过 5′-单脱碘酶的作用由 T4 转化而来(Ayson et al.,1993)。本研究中出现血清 T3 较高值明显较 T4 高峰晚 1 个月的现象,也证明血清 T3 大部分由 T4 脱碘转化而来。6 月 T4、T4/T3 水平较高,此阶段鱼苗刚放入池塘,T4 水平较高可能因为适应环境产生了应激反应,甲状腺激素作为内分泌系统的一个重要激素,不仅在维持机体稳态和生长发育中起了重要的作用,而且也参与机体的应激反应(李舍予等,2007)。在温度较高的 7—10 月,牙鲆血清 T4、T4/T3 水平也相对较高,和水温变化趋势一致,相应地牙鲆体长、体重的生长速率明显高于低温季节,此阶段鱼适应环境变化,从应激反应进入正常生长,对生长进行调节,进入快速生长阶段;8 月温度最高,相应的 T4、T4/T3 也较高,T3 在 9 月出现较高值,比 T4 滞后 1 个月,相应的体长生长率、体重生长率也出现较高值;揭示了水温、体长生长率、体重生长率的快速提高和血清中 T4、T3 及 T4/T3 间关系密切;11—12 月水温下降,但 T4、T4/T3 呈现较高水平,此结果可能是适应低温环境的应激反应造成的,T4、T4/T3 较高的同时对应的 T3、体长、体重生长速率也较高,此阶段可能是为适应剧烈的环境变化,T4 转化为 T3 的速率也相应提高,同时带动了鱼体的生长,翌年的 1—5 月温度较低,相应的 T3,T4 呈现较低值,5 月温度回升,T4、T4/T3 水平升高。进一步揭示体长生长率、体重生长率的快速提高与血清 T4、T3、T4/T3 水平密切相关。

鲆鲽类体内 GH 和 IGF-I 水平也存在明显的季节性变化。在 6 月牙鲆出现 GH 高峰值,但从 SGR 和 LGR 上分析可以看出牙鲆 7—9 月生长较快,生长的高峰滞后于 GH 峰值出现的时间。牙鲆血清 GH 可能是牙鲆生长的信号,在生长过程中并不对其生长起主要调控作用。Pérez-Sánchez 等(1994)在另一种海水经济鱼类金头鲷(*Sparus aurata*)研究发现其血清中 GH 在 5 月达到最高值,但是在夏季该鱼生长率最高。本实验结果与金头鲷 GH 研究结果相似。1 号池塘牙鲆 IGF-I 水平从 6—9 月升高,并在 9 月达到最高水平,然后逐步降低;在温度较高的6份9月,牙鲆血清IGF-Ⅰ水平也相对较高,相应地牙鲆在体重、体长的生长速率明显高于低温季节,整体变化趋势与水温变化一致;揭示生长率的快速提高与血清IGF-Ⅰ水平、水温密切相关。研究发现金头鲷血清中IGF-Ⅰ水平,随水温升高而升高(Mingarro et al.,2002);在鲑科鱼类,也发现水温升高刺激鱼类IGF-Ⅰ水平提高(Beckman et al.,1998;Pierc et al.,2001)。本实验结果与这几种海水鱼类上IGF-I水平变化的报道相似。将牙鲆GH和IGF-I变化趋势对比分析,发现牙鲆血清较高水平IGF-I可能对GH水平下降起到抑制作用,进而二者协调促进牙鲆的生长。本研究进行了12个月的养殖实验,获得自然光照条件下牙鲆在池塘生长相关激素的变化数据,对养殖生产实践具有较强的指导性。

综上所述,改造后池塘进行养殖是一种高效的池塘养殖模式,养殖鱼类的生长速度和养殖密度等均高于传统粗放式养殖池塘。在改造后池塘养殖条件下,甲状腺激素不仅在抵御外界环境变化中发挥作用,而且也在促进生长中发挥重要的作用。牙鲆IGF-I是促进其生长的主要激素,IGF-I和GH协同作用,促进牙鲆生长。池塘水温对牙鲆甲状腺轴和GH/IGF轴激素分泌有较大的影响,但是具体机制需要进一步研究。

参考文献

陈松林,陈细华,牟松,等.1998.草鱼的生长及其血清生长激素水平的季节和日变化规律的研究.水产学报,22(1):23-27.

董登攀,宋协法,关长涛,等.2010.褐牙鲆陆海接力养殖实验.中国海洋大学学报(自然科学版),40(10):38-42.

宫春光,于清海.2007.池塘养殖牙鲆技术要点.科学养鱼,(11):26-27.

贾丽,潘勇,刘帅.2011.池塘内循环流水养殖模式——美国的一种新型养殖模式.中国水产,(1):40-42.

李舍予,李佳,岳利民.2007.应激对血浆甲状腺激素水平的影响.四川生理科学杂志,29(4):176-178.

倪琦,雷霁霖,张和森,等.2010.我国鲆鲽类循环水养殖系统的研制和运行现状.渔业现代化,38(4):1-9.

谭学群,乔英,张明.2008.牙鲆北方池塘养殖技术.河北渔业,(4):17-19.

王兴章,邢信泽,衣吉龙,等.2000.牙鲆鱼工厂化养殖技术.渔业现代化,(2):21-22.

赵维信,姜仁良,周秋白,等.2000.团头鲂血清甲状腺激素浓度的周年变化.上海海洋大学学报,9(2):108-110.

Ayson FD, Lam TJ. 1993. Thyroxine injection of female rabbitfish(*Siganus guttatus*) broodstock: changes in thyroid hormone levels in plasma, eggs, and yolk-sac larvae, and its effect on larval growth and survival. Aquaculture 109:83-93.

Beckman BR, Larsen DA, Moriyama S. 1998. Insulin-like growth factor-I and environmental modulation of growth during smoltifcation of spring clinook salmon(*Oncorhynchus tshawyscha*) Gen Comp Endocrimol,109:325-335.

Beckman BR. 2011. Perspectives on concordant and discordant relations between insulin-like growth factor-I (IGF-I) and growth in fishes. General and Comparative Endocrinology,170(2):233-252.

Davis PJ, Leonard JL, Davis F B. 2008. Mechanisms of nongenomic actions of thyroid hormone. Frontiers in Neuroendocrinology 29:211-218

Hadley ME. 1992. Endocrinology. London: Prentice-Hall International.

Ingbar SH. 1985. Williams Textbook of Endocrinology. Philadelphia: Saunders Company, 682-815.

Lupu F, Terwilliger JD, Lee K, et al. 2001. Roles of growth hormone and insulin-like growth factor-I in mouse postnatal growth. Dev Biol, 229:141-162.

Mingarro M, Vega-Rubín de Celis S, et al. 2002. Endocrine mediators of seasonal growth in gilthead sea bream (*Sparusaurata*): thehormone and somatolactin paradigm. Gen Comp Endocrinol, 28:102-111.

Pierce AL, Beckman BR, Shearer KD, et al. 2001. Effects of ration on somatotro pichormones and growth in coho salmon. Comp Biochem Physiol B, Biochem Mol Biol, 128: 255-264.

Power DM, Elias NP, Richardson SJ, et al. 2000. Evolution of the thyroid hormone binding protein, transthyretin. General and Comparative Endocrinology, 119(3):241-255.

Power DM. 2001. Thyroid hormones in growth and development of fish. Comparative Biochemistry and Physiology Part C: Toxicology & Pharmacology, 130:447-459.

Pérez-Sánchez J, Marti-Palanca H, Le Bail PY. 1994. Seasonal changes in circulating growth hormone(GH), hepatic GH-binding and plasma insulin-like growth factor-I immunoreactivity in a marine fish, gilthead sea bream, Sparus aurata. Fish Physiology and Biochemistry, 13(3): 199-208.

Silverstein JT, Shearer KD. Dickhoff W, et al. 1998. Effects of growth and fatness on sexual development of chinook salmon(*Oncorhynchus tshawytscha*). Can J Fish Aquat Sci, 55: 2376-2382.

Tannenbaum GS. 1993. Genesis of episodic growth hormone secretion. J Pediat Endocrinol, (6):273-282.

Yamano K. 2005. The role of thyroid hormone in fish development with reference to aquaculture. Japan Agricultural Research Quarterly, 39:161-168.

营养、代谢与饲料

铁素对舟形藻生长及理化成分的影响

曲青梅[*],邹宁,李小慧,张军

(鲁东大学 生命科学学院,山东 烟台,264025)

摘 要:微藻的生长受很多因素的影响,本文通过对海洋底栖硅藻进行悬浮培养,研究培养基中柠檬酸铁浓度对舟形藻生长及理化成分的影响,为舟形藻的扩大培养及在饲料方面的大规模应用提供理论基础。实验结果如下:当培养基中柠檬酸铁浓度为 2 mg/L 时,藻细胞密度最大,可达 4.97 万个/mL,同时比生长速率也最大,可达 0.076 d^{-1}。藻细胞的理化成分受柠檬酸铁浓度的影响显著,当培养基中柠檬酸铁浓度为 8 mg/L 时,单个藻细胞中蛋白质含量、多糖含量、粗脂含量均为最高,说明高浓度的铁素有利于胞内理化成分的积累,但不利于细胞的生长。当柠檬酸铁浓度为 4 mg/L 时,单个藻细胞中的叶绿素和类胡萝卜素含量最高。由此可见,高浓度铁素有利于胞内理化成分的积累,低浓度铁素有利于舟形藻细胞的生长。

关键词:底栖硅藻;舟形藻;悬浮培养;生长条件;理化成分

Effects of ferrite on the growth and biochemical compositions of *Navicula lenzi*

QU Qing-mei, ZOU Ning, LI Xiao-hui, ZHANG Jun

(College of Life Science, Ludong University, Yantai, Shandong 264025)

Abstract:The growth of microalgae was affected by many factors, suspension culture of benthic diatom, to study the effect of ferric citrate on the growth and biochemical compositions of *Navicula lenzi*, it can provide a theoretical basis of the training and large-scale applications. Result:When the ferric citrate was 2 mg/L, the highest density of algal cell 4.97×10^4/mL, the highest growth rate 0.076 d^{-1}. Biochemical compositions of algal cells were significantly affected by the different concentrations of ferric citrate, the most protein content, polysaccharide content, crude fat content were obtained under the ferric

---

[*] 作者简介:曲青梅(1988—),女,山东烟台人,在读硕士生,研究方向:细胞生物学,Email:qqmqhf@163.com

citrate is 8 mg/L, high concentrations of ferric citrate were benefit to accumulation of biochemical compositions, but not conducive to the growth of cells. When the ferric citrate was 4 mg/L, the content of chlorophyll and carotenoid was highest. Thus, the increasing ferrite can elevate biochemical compositions of algal cells, the low concentration of ferrite can promote the growth of *Navicula* lenzi.

Key words: benthic diatom; *Navicula*; Suspension culture; growth conditions; biochemical compositions

1 前言

1.1 研究背景

硅藻属金藻门(Chrysophyta)硅藻纲(Bacillariophyceae),按照其生活方式可将硅藻分为底栖硅藻和浮游硅藻,依据硅壳的对称性,分为辐射对称、营浮游生活的圆心目(Centrales)及两侧对称、大部分为底栖性的羽状目(Pennales),目前已知全世界硅藻有285属,计10 000~12 000种[1],是能进行光合作用的单细胞真核生物,占据全球初始生产力的25%[2]。每年通过光合作用生产4.5~5.0 Gt的有机碳,占海洋初级生产力的40%[3],在其全球碳循环中的作用可以媲美于陆地雨林[4]。硅藻的细胞壁由两个套合的硅质壳组成,分上壳(epitheca)和下壳(hypotheca),上壳包括上壳面和上壳环,下壳包括下壳面和下壳环,壳面(valve)指壳顶和壳底,壳环或壳环带(girdle band)指上下相连带[5]。Smetacek[6]认为这种特殊的细胞壁可以抵御不同食草性生物的吞食。

近20年来,随着市场对鲍需求的增加和野生资源的枯竭,作为新兴海水养殖业的鲍人工养殖已在多个国家得到发展[11]。但目前大规模高密度培养底栖硅藻的技术还不成熟,对鲍幼苗的营养需求和消化生理的了解也较少,因此开发出来的人工饵料不能适应鲍幼体的摄食习性和营养需求[12]。另外对底栖硅藻进行悬浮培养的报道更少,主要是进行固定化培养,不能立体地利用水体,因此大规模培养具有一定的困难,本文通过打破传统固定化培养底栖硅藻的模式,利用悬浮培养,以期获得更高的细胞生长速率和生长密度。

1.2 研究目的

由于浮游植物是水体中鱼类及其他经济动物直接或间接的饵料基础,是水中的初级生产者、重要的生物环境及溶解氧的主要来源[13]。因此,将底栖硅藻由传统的固定化培养,转向悬浮培养,不仅可以提供藻种的生长密度,充分利用水体,还可以更好的被水中经济动物利用。底栖硅藻是很多海产经济动物育苗的重要饵料[14],诱导鲍鱼幼苗的附着[15],同时,硅藻胞内的理化成分也是影响幼鲍生长和变态的重要因子[16-17],而其密度和质量也影响鲍幼体的成活率[18-19]。

陈世杰等[20]对东山海域的3种底栖硅藻[阔舟形藻(*Navicula latissima* Gregory)、舟形藻(*Navicula* sp.)、东方弯杆藻(*Achnanthes orientalis* Hustedt)、月形藻(*Amphora* sp.)]进行研究

发现,底栖硅藻属于低温藻种,主要在冬春季繁殖,而东山海区的鲍鱼繁殖期在4—6月,因此底栖硅藻比较适宜作为鲍苗的饵料,另外底栖硅藻也能适应高达30℃的水温,除此之外,底栖硅藻具有附着性强,个体小,易被舔食的特点。

人们普遍认为鲍鱼苗种的生产与生物膜(硅藻膜、板)的微生态环境不无关系,特别是与作为幼苗附着诱导物质与饵料的底栖硅藻关系密切[21]。因此用于附苗的硅藻板(膜)就是一种生物膜,对幼虫的附着变态有重要影响,此外还关系着幼苗生存的微生态环境[22]。由于壳长小于800 μm的幼鲍不能摄食利用底栖硅藻胞内的营养物质,主要是以底栖硅藻分泌的胞外产物为生[7-8],而底栖硅藻可以向水中分泌某些诱导物质,主要有氨基酸、胞外多糖、不饱和脂肪酸来诱导鲍幼苗的附着和变态[23]。很多研究表明,底栖硅藻是优质的生物饵料,可以让处于衰亡期的鲍鱼幼苗存活,从而为该种底栖硅藻在育苗生产及提取有效成分等方面提供理论依据。

由于底栖硅藻不能像浮游藻类一样悬浮在水中,充分高效率的利用水体,因此目前主要利用固定化来培养底栖硅藻,但是很难进行大规模培养,而从自然海区收获的底栖硅藻,质量得不到保证,以这种底栖硅藻做饵料,会直接影响鲍苗的成活率及变态发育。之前对底栖硅藻的大部分研究主要集中在优化培养条件上,有关其营养成分(如不饱和脂肪酸、金属离子、胞外多糖等)的研究近年来才有发展[24]。

2 文章综述

2.1 海洋微藻分类及细胞内的活性物质

海洋微藻是海洋生态系统中的最主要初级生产者,也是海洋生物资源的重要组成部分,具有种类多、数量大、繁殖快等特点,在海洋生态系统的物质循环和能量流动中起着极其重要的作用[25]。它们的盛衰直接或间接地影响着整个海洋生态系的生产力,因此,与渔业资源、水产养殖、环保、地质等密切相关。

2.1.1 海洋微藻的分类

按照进化系统可将植物界分为低等植物和高等植物两大类,藻类(Algae)属于低等植物,其没有根、茎、叶的分化。根据生活方式的不同,可以分为浮游微藻(Planktonic microalgae)和底栖微藻(Benthic microalgae)[26]。近年来发现某些生活在空气和水表层的微藻,其属于悬浮生物(Neuston),但研究较少[27-28]。藻类种类众多,截止到2012年,全球已知的微藻种类达2万多种,包括绿藻门(绿藻)、金藻门(金褐藻、黄藻、硅藻)、甲藻门(甲藻)、红藻门(紫球藻)和蓝藻门(蓝绿藻)[29]。

微藻形态多样,细胞微小且个体间大小差异较大,最大的可达20 mm,包括一些中型浮游植物,最小的一般只有0.2 μm。例如一些微微浮游植物,除此之外,微藻的分布也是极其广泛,江河湖海等有阳光的地方都可以发现它们的痕迹,微藻分布广泛的一个重要原因就是它的生长繁殖迅速,可以快速进行大量细胞分裂,"水华"(water bloom)、"赤潮"(red tide)就是由于藻类大量繁殖产生的现象,其中"水华"主要是淡水湖泊中的藻类大量繁殖而造成的,而"赤潮"则主要是海水中的藻类大量繁殖造成的。由于微藻和高等植物一样，都可以自身合成有机物，是自养生物，所以经常和光合细菌一起被称为"先锋生物"[26]。

2.1.2 海洋微藻的分布特征及意义

微藻分布广泛，从赤道到两极，从江河湖海到岩石，都有藻类的痕迹，但主要生活在水体中[30]，其中绝大多数微藻在水中悬浮生活，其本身出现适应环境的变化，如微藻可以改变面积与体积比、改变细胞的相对密度、改变形状来调节自身的下沉速度，其中有些微藻的整个生活史都呈悬浮状态，成为真性或永久性浮游植物（Eu-或 Holo-phytoplankton），还有一些藻类是某一个生活阶段在水中，称为假性或偶然性浮游植物（Pseudo-或 Tycho-phytoplankton）[26]。有些微藻生活在土壤表层或近表层，虽然这部分土壤藻类没有独特的生理生化特性，但许多种类产生了如可以长期忍受干旱的适应特性[31]。还有一类称为附植藻类或植表藻类（Epiphyton）。

2.1.3 海洋微藻的生长及环境因子

影响微藻生长的因素很多，例如光、温度、营养源、盐度、酸碱度、碳源、有机营养物质和生物因子[32]。

2.1.3.1 光

光对微藻的生长有至关重要的作用，因此是影响微藻光合作用的重要因素，当温度营养等其他因素最适时，光就成为光能自养微藻的限制因子[32]。光照作为一个复杂的生态因子，作用因素包括光源、光质、光照强度、光照周期和光谱等，主要对微藻的生长、繁殖、藻体颜色、细胞形态及胞外多糖积聚有重要影响[33]。其中光强和光周期比较容易调节，因此研究相对较多，每种微藻的生长都有最适的光照强度，而光周期一般指一天当中光照时间和黑暗时间的比例，它对微藻生长的影响通常表现为各种微藻都有一个最佳的光暗时间比，并非光照时间越长越好[34]。总体来说，光对微藻生长的研究还处于资料积累阶段。

2.1.3.2 温度

祁秋霞实验结果表明，不同温度影响微藻（扁藻和骨条藻）的生物量及多糖含量，20~25℃有利于微藻的生长，10~15℃则有利于微藻多糖的积累[51]。黄征征等研究了生长阶段对微藻细胞（亚心形扁藻、大溪地球等鞭金藻和小新月菱形藻）总 ATP 酶活性的影响，发现3种微藻在不同生长阶段细胞内总 ATP 酶活性均有显著变化，另外，温度对不同微藻细胞内总 ATP 酶活性影响不同，在一定范围内，细胞总 ATP 酶活性随温度的升高而显著升高（亚心形扁藻在25~27℃、大溪地球等鞭金藻在25~30℃），高于一定温度，细胞内总 ATP 酶活性显著下降（亚心形扁藻和大溪地球等鞭金藻是30℃、小新月菱形藻是20℃）[52]。

温度除了对微藻的生长产生影响外，还是饵料保存效果的一个非常关键的因子，朱葆华等[60]研究了不同温度（25℃±2℃、4℃、-5℃、-22℃）对绿色把夫藻（*Pavlova viridis*）和球等鞭金藻（*Isochrysis galbana*）的影响，发现-22℃适合较长期的保存（45 d 以上），且保存效果较好。

2.1.3.3 盐度

郭峰等[9]对亚历山大菱形藻和矮小卵形藻的研究发现,其最适盐度分别为35和30,在盐度为20~40的范围内,两种藻的生长状况良好,但当盐度低于15时,两种藻都出现生长缓慢、细胞畸形的现象。

王长海等[61]通过对紫球藻(*Porphyridium cruentum*)研究发现,其最适生长盐度为20~30,但当盐度高达70时,仍可获得较高的细胞密度,只是单位细胞内的蛋白含量和可溶性多糖含量要低于低盐组。

2.2 底栖硅藻的生物学特性

2.2.1 底栖硅藻的形态特征及繁殖方式

硅藻门的很多纲目中有底栖类的种属,其中包括羽纹纲的舟形藻目、褐指藻目、双菱藻目、等片藻目、短缝藻目和曲壳藻目,中心纲的根管藻目、盒形藻目和圆筛藻目[91]。

硅藻也是能进行光合作用的自养生物,与其他微藻相比,硅藻含有硅质外壳,能有效地防御外来生物的入侵和摄食,硅藻主要进行无性分裂生殖,但是不断分裂形成的较小下壳会使细胞变得越来越小,当大小仅为原来的1/2或1/3时,硅藻会进行有性结合生殖[21],底栖硅藻可以分泌具有粘附作用的胞外多糖EPS,因此是一类营固着和附着生活的微藻,由于对生长条件要求较高,因此很难进行大规模培养,因此目前浮游种类的硅藻作为生物饵料的应用较广泛。

Roberts等[92]根据对鲍幼体的诱导效果将底栖硅藻分为3种类型:能在短时间内诱导幼虫附着的底栖硅藻、诱导效果较差的底栖硅藻、诱导效果最差的底栖硅藻。海洋硅藻的繁殖具有明显的季节性,一般集中在春秋季,这两个季节温度、光强、白昼长度、营养条件等较适宜,可是硅藻的光合效率达到最大[93]。

2.2.2 底栖硅藻生长的生态条件

底栖硅藻的生长受到多种因子的综合作用,根据内因和外因的情况,随时调整管理措施,为幼鲍提供质优量足的饵料。

2.2.2.1 光照

依靠光合作用来进行自养生活的底栖硅藻,会受到光强和光质的影响,从而使其种群、群落动态及适应模式发生变化[94]。Couteau P[95]总结了光照方面对微藻生长的影响,小型三角瓶培养时的适宜光强为 8.5×10^{12} quantacm$^{-2} \cdot $s^{-1},更大体积培养的适宜光强为 $4.3 \times 10^{13} \sim 8.5 \times 10^{13}$ quantacm$^{-2} \cdot $s^{-1},若采用人工照明,持续时间不少于18 h,注意避免产生过多的热量,对于不同光谱,首选最活跃的红光或蓝光发射的光谱。

硅藻最适宜光照范围在1 000~4 500 lx,底栖硅藻也因种类不同而有所区别,例如阔舟形藻适宜较强的光照环境(1 500~3 500 lx),而月形藻和东方弯杆藻则适宜较弱的光照环境(500~1 500 lx)[96]。底栖硅藻接种后的最适光照强度为1 500~2 500 lx,要避免直射阳光和强散射光,另外,底栖硅藻的细胞对不同光质的敏感程度也不同。钱振明等研究了不同光照强度对8种海洋底栖硅藻生长及理化成分的影响,发现8种海洋底栖硅藻的最适光照强度不同,范围在1 500~5 500 lx,高于或低于最适光照强度均不利于理化成分的积累,但高于最适光强有利于胞内外总糖的产生,低于最适光强有利于叶绿素的积累[97]。

成永旭[32]报道,要尽量用漫散光培养底栖硅藻,避免过长时间的直射光照射,同时将光照强度控制在50~60 μmol/(m^2·s),过强的光照会影响底栖硅藻的增殖,使喜强光照的绿藻大量繁殖。

2.2.2.2 温度

温度对底栖硅藻的影响比其他因素的影响更显著,可以影响底栖硅藻的生长和光合作用[98],影响细胞内理化成分的合成和积累[99],影响藻类细胞生理变化[100]。由于底栖硅藻属于低温藻种,因此在温度较低的冬春季生长繁殖[26],硅藻的适温范围在10~25℃,高温和低温均不利于硅藻的生长,其中高温对细胞产生化学性的破坏,低温对细胞产生机械性的损伤[100]。饵料培养期间,若有条件升温,可将水温保持在10~15℃,并定时或连续充气,这样做对底栖硅藻的快速生长和繁殖非常有利。

Cohn等[101]发现温度对底栖硅藻的影响比营养盐配方、光照、盐度等更明显,通过对4种底栖硅藻的研究发现,温度低于35℃时,藻细胞随温度的升高运动速度加快。钱振明等[102]研究了不同温度对8种底栖硅藻生长及理化成分的影响,发现温度过高或过低(高于30℃或低于15℃)均不利于细胞生长,也不利于细胞内理化成分的积累,同时,不同藻种的理化成分含量也有很大差异,为单一底栖硅藻饵料的大规模培养及应用提供理论数据。

关于温度对底栖硅藻内、外理化成分的研究很少,而温度也是影响海产经济动物的重要因素,因此,探究底栖硅藻理化成分随温度的变化规律,并结合实际生产中的育苗温度,将有利于生产高质量底栖硅藻,为海产经济动物提供优质饵料[102]。

2.2.3 pH

底栖硅藻生长的最适pH为7.8~8.2,而天然海水的pH约为8.1~8.3,一般比较稳定。适当的提高pH有利于增加CO_2的利用率,但不能过高,pH过高会限制CO_2的利用。

陈长平等[74]研究了pH对底栖硅藻新月筒柱藻(*Cylindrotheca closterium*(Ehr.) Reimann et Lewin)胞外多糖的影响,发现低pH(pH 6)对细胞增殖有显著的促进作用,同时有利于CEPS(胶体胞外多糖)的积累,高pH(pH 8)有利于蛋白质的积累。钱振明[12]发现最适生长的初始pH为7.5~9.0,初始pH对叶绿素和盔形舟形藻及咖啡双眉藻胞内多糖含量影响不明显。

2.2.4 其他

虽然盐度会在一定程度上影响底栖硅藻的悬浮性、对营养盐的吸收及其自身的渗透压[103],但国外学者对高盐海区的底栖硅藻进行盐度耐受性实验发现,其中大部分种类对高盐具有很极端的耐受性。底栖硅藻也有生长的最适盐度,超出最适范围,过高和过低的盐度对藻类细胞都会产生伤害作用[28],底栖硅藻的最适盐度在25~32。

钱振明等[97]研究了8种底栖硅藻,发现盐度范围在25~40,除菱形藻外,盐度过高或过低均不利于硅藻理化成分的积累,例如,当盐度高于 40 时,总脂肪含量急剧下降。陈长平等[74]发现不同盐度对底栖硅藻新月筒柱藻细胞增殖影响不显著,对 CEPS 的影响也不显著,盐度过高或过低均不利于 AEPS(附着胞外多糖)的积累(盐度为 25 时含量最高),随着盐度增加,蛋白质含量显著降低。

2.2.5 营养物质对底栖硅藻生长的影响

藻类生长需要吸收营养物质,在底栖硅藻的培养中,根据其对营养的需求,采用理想的营养配方,以提高培养效率是十分重要的[28]。河口海岸的底栖硅藻可以通过分泌 EPS 来满足对营养盐等营养物质的需求,以适应贫营养的环境[104]。

谭绩业等[108]通过对小球藻(*Chlorella vulgaris*)进行研究,发现最适生长的营养盐浓度与获得最高总糖含量的营养盐浓度不同,最适生长的营养盐浓度组合为 $C_6H_{12}O_6$:2 g/L,KNO_3:0.8 g/L,NaH_2PO_4:0.2 g/L,能够获得最高总糖含量(168.1 mg/g)的营养盐浓度组合为 $C_6H_{12}O_6$:10 g/L,KNO_3:1.6 g/L,NaH_2PO_4:0.4 g/L。于媛等[109]对小球藻(*Chlorella vulgaris*)及其胞内蛋白质含量的研究发现,可获得最大细胞密度(6.46×10^7 个细胞/L 培养液)的营养盐浓度组合为 $C_6H_{12}O_6$:2 g/L,KNO_3:0.8 g/L,NaH_2PO_4:0.2 g/L,能够获得最高蛋白质含量(655.4 mg/g)的营养盐浓度组合为 $C_6H_{12}O_6$:6 g/L,KNO_3:1.6 g/L,NaH_2PO_4:0.2 g/L。

钱振明[12]通过对 4 种底栖硅藻研究发现,在温度为 15~25℃,光强为 1 500~5 500 lx,盐度为 25~40,初始 pH 为 7.5~9.0 范围时,生长率可达到最高,高于或低于最适生长范围时,可能有利于不同物质的积累。

氮、磷、铁、硅是影响硅藻生长的重要营养盐,常用的浓度比为 10∶1∶0.1∶1(mg/L)[20]。郑维发等[110]通过对 *Navicula* BT001 研究发现,N、P、Fe、Si 4 种营养盐的正交组合水平为 KNO_3 150 mg/L;$Na_2HPO_4 \cdot H_2O$ 40 mg/L;$FeCl_3$ 4 mg/L;$NaSiO_3 \cdot 9H_2O$ 200 mg/L。钱振明[12]通过研究 4 种底栖硅藻发现,菱形藻在尿素 – N 浓度、KH_2PO_4 – P 浓度、$NaSiO_3$ – Si 浓度、柠檬酸铁 – Fe 浓度分别为 24.64 mg/L、1.14 mg/L、22.95 mg/L、0.33~0.49 mg/L 时生长最好,各营养元素质量比约为 N∶P∶Si∶Fe = 24.64、1.14、22.95、0.33~0.49。除了大量元素外,植物激素也对藻类的生长有影响,李雅娟等[111]通过对两种底栖硅藻的研究发现,3 种植物生长物质(GA_3、IAA、TA)对其有明显的促进作用,并探讨了不同浓度及配比的影响,为进一步研究底栖硅藻的大规模培养提供数据。

2.2.6 不同氮源对底栖硅藻生长的影响

可作为微藻利用的氮源有很多种,如尿素、亚硝酸盐、硝酸盐、铵盐等[112]。桑敏等[113]对以粉核油球藻(*Pinguiococcus pyrenoidosus* CCMP 2078)进行不同氮源(NH_2CONH_2、NH_4Cl 和 NH_4Cl、NH_4NO_3、$NaNO_3$、NH_4Cl)的研究发现,以 NH_2CONH_2 为氮源的细胞密度最大,其次是 $NaNO_3$ 和 NH_4Cl 复合氮源或 NH_4NO_3,最差的是以 $NaNO_3$ 或 NH_4Cl 为氮源,但是以 $NaNO_3$ 为氮源时 PUFAs 含量最高,以 NH_4NO_3 为氮源时 EPA 含量最高(占总脂肪酸的 12.93%),这与等鞭金藻的报道相似[114]。因此 *Pinguiococcus pyrenoidosus* CCMP 2078 是一

种潜在的生产 EPA 的藻株[115]。

关于氮素对底栖硅藻蛋白积累的影响存在不同的报道结果:有些实验结果表明,氮浓度的增加有利于促进细胞蛋白质的积累,Daume 等[116]发现 f/2 培养基中不同剂量的硝酸盐含量会影响硅藻本身的营养价值,Ker Uriarte[117]提出培养基中氮浓度的增加可以促进 N. incerta 中蛋白质的积累,从而显著提高鲍鱼幼苗的生长率;而另一些实验表明,提高培养基内氮元素的含量并不是促进底栖硅藻蛋白积累的有效方法[116-117]。如董金利等[118]的实验结果与报道不同,当硝酸氮浓度适宜时(75 mg/L),底栖硅藻细胞内蛋白可有效地积累,而进一步提高氮素浓度并不能再促进细胞蛋白质的产生。实验结果出现如此截然不同的差异,可能是由于不同的底栖硅藻对氮素浓度的反应不同。但都说明氮素是影响底栖硅藻蛋白质成分的重要因素之一。Chelf[119]的研究表明,氮素是影响中性脂肪积累的重要因素。

Wen 等[120]对硅藻 Nitzschia laevis 进行不同氮源的培养研究发现,与尿素和铵盐相比,硝酸盐作为氮源可以获得更高水平的 EPA。

董金利等[118]通过对自然海域分离的野生底栖硅藻(Nitzschia constricta)的研究发现,当硝酸氮浓度为 900 mg/L 时,获得最大比增长速率 0.21。钱振明[12]研究菱形藻对不同形式氮源的吸收率存在差异,由高到低为:尿素 > NH_4Cl ≥ $NaNO_3$,在氮浓度为 12.32~36.96 mg/L 时生长速率较高,另外不同氮源对细胞内不同物质积累的影响不同,例如,$NaNO_3$ 和尿素有利于合成叶绿素 a,NH_4Cl 和尿素有利于合成胞内蛋白,$NaNO_3$ 对胞内外多糖的影响最显著。王渊源培养小型舟形藻实验中合适的 NO_3^--N 浓度范围为 12~24 mg/L,最适浓度为 18.285 mg/L,最佳 N:P=65:1,在此条件下细胞数量增加最为明显[10]。马志珍等[15]分别用 NO_3^--N,NH_4^+-N,$CO(NH_2)_2$-N 培养舟形藻(Nacicula sp.)发现其最佳浓度依次为 5 mg/L、20 mg/L、80 mg/L。Wang[121]同样用这 3 种状态的 N 培养咖啡形双眉藻(Amphora coffeaeformis)发现其最佳浓度依次为 1.54 mg/L、7.0 mg/L、2.5 mg/L。郑维发等[110]通过对 Navicula BT001 的研究发现,最佳单因子水平的氮浓度 KNO_3 为 300 mg/L,在最佳组合水平的基础上,添加 16 mg/L 的 $CO(NH_2)_2$ 可以更好地促进该舟形藻的生长和繁殖,而实验结果证明,与硝酸钾相比,$CO(NH_2)_2$ 能更好地促进该舟形藻藻细胞的生长,从而获得较高的藻细胞密度。

国外有学者指出,在"卫星细菌"的存在下,底栖硅藻的生物量和多糖的分泌会显著提高[122],而董金利等[118]的研究是在无菌环境中,随着氮浓度的增加,胞外多糖的分泌逐渐增加的趋势,两组研究结论一致。

2.2.7 不同碳源对底栖硅藻生长的影响

底栖硅藻可以直接利用 CO_2 作为碳源,但有很多因素会影响到 CO_2 的溶解度,例如培养基的 pH、水温、水压、含盐量[96]。海水是弱碱性的,CO_2 也会与碱性物质化合生成碳酸盐类的现象,减少 CO_2 的溶解量,因此培养底栖硅藻时,在适宜的生长条件下给予 1%~5% 的 CO_2,生长较好[123]。除了水中溶解的 CO_2 外,实验过程中还需要添加无机碳源,如添加

NaHCO₃,Angelstein[124]首次提出了可以将 HCO_3^- 作为水生植物的无机碳源,梁英[125]通过对一种浮游硅藻(新月菱形藻)研究发现,添加 400 mg/L 的 NaHCO₃ 可以对细胞生长起到一定的促进作用。徐磊等[126]发现碳酸氢钠对双缝棱舟藻、双尖菱板藻细头变种和咖啡双眉藻生化成分影响不明显,以此不适合作为底栖硅藻的有效碳源。

2.2.8 不同磷源对底栖硅藻生长的影响

磷是构成细胞膜的重要成分,对底栖硅藻的生长起到重要作用,另外,对培养液的 pH 也起到一定的缓冲作用[127]。董金利等[118]通过对自然海域分离的野生底栖硅藻(*Nitzschia constricta*)的研究发现,当磷浓度为 4.4 mg/L 时,可得到最大比增长速率 0.31。马美荣等[128]发现,低浓度磷可以促进底栖硅藻胞外多糖的积累,与董金利等的研究结果一致。郑维发等[110]通过对一种底栖硅藻(*Navicula* BT001)的研究发现,最佳单因子水平的磷浓度 $Na_2HPO_4 \cdot 12H_2O$ 为 40 mg/L。

通过对多种底栖硅藻组成的种群进行研究发现,培养基中的氮磷浓度影响底栖硅藻的生长,同样氮磷浓度比也会影响底栖硅藻的种群密度[129]。王渊源培养小型舟形藻实验中,合适的 PO_4-P 浓度为 0.2~1.1 mg/L,最适的 PO_4-P 浓度为 0.279 mg/L,最佳 N:P = 65:1,在此条件下细胞数量增加最为明显[10]。Austin[130]通过研究发现,当 N:P = 1.15:0.16(mg/L)提高到 N:P = 4.45:0.16(mg/L)时,附生生物(主要是以底栖硅藻为主)的总生物量有明显的增加,其蛋白质含量也有显著提高。

2.2.9 铁离子对底栖硅藻生长的影响

郑维发等[110]对 *Navicula* BT001 采用单因子实验的方法,发现最佳单因子铁 $FeCl_3$ 的水平为 4 mg/L。李雅娟等[10]发现单因子铁盐实验中 *Amphora coffeaeformis*(Ag.) Kutzing 的最适铁浓度为 0.1~0.5 mg/L,*Cocconeis scutellum* var. *parva* Grunow 和 *Navicula mollis*(W. Sm.) Cleve 最适铁浓度为 0.5 mg/L。

2.2.10 硅对底栖硅藻生长的影响

由于底栖硅藻细胞壁中特有的成分是硅,因此硅是底栖硅藻生长必不可少的营养元素,另外硅还参与藻类的生长过程和代谢过程,例如细胞分裂、合成 DNA、合成蛋白质、合成色素等[131]。

大贝政治[132]等用人工海水培养基培养卵形藻时,发现不加硅,这种藻仍能良好的生长,抑制作用很小。李雅娟等[10]对盾卵形藻小形变种 *Cocconeis scutellum* var. parva Grunow、咖啡形双眉藻 *Amphora coffeaeformis*(Ag.) Kutzing、柔软舟形藻 *Navicula mollis*(W. Sm.) Cleve 三种藻进行单因子硅实验,结果表明硅盐中硅的最适浓度大约为 2.5 mg/L。郑维发等[110]通过对 *Navicula* BT001 研究发现,最佳单因子硅 $NaSiO_3 \cdot 12H_2O$ 的水平为 200 mg/L。有研究表明,对硅浓度的需求与底栖硅藻的种类有关,也与其分布的海区有关,通常近岸及河口处的底栖硅藻对硅浓度的需求要远大于海洋内的底栖硅藻,因此,关于底栖硅藻生长的最适硅浓度及硅元素对底栖硅藻生长的影响会出现不同的报道[133-134]。

2.3 底栖硅藻的营养价值研究现状

底栖硅藻中常见的营养成分包括氨基酸、不饱和脂肪酸、蛋白、活性多糖、色素、金属离子等。多糖是海洋微藻胞外多聚物(EPS)的主要成分[135],在水产养殖特别是鲍鱼育苗过程中具有非常重要的作用[21]。硅藻的营养价值主要取决于鲍幼苗对其的消化效率,而消化效率又与硅藻形态大小、附着强度、细胞膜(壳)强度及鲍幼苗年龄和大小等有关[136]。

营养盐浓度的增加可能促进硅藻细胞的生长,但不一定利于营养物质的积累,例如氮磷浓度的增加促进了细胞的生长,但不一定促进蛋白和胞外多糖的积累[118]。

2.4 底栖硅藻的应用价值研究现状

作为生物饵料是底栖硅藻最广泛的用途,除此之外,还可应用于环境保护和生物修复,应用于考古及地质的研究[140],获取特殊的活性物质,工业上用来生产生物柴油,获得用途广泛的工业硅藻土[141]。

2.4.1 底栖硅藻在生物饲料方面的作用

作为水产经济动物的饵料,微藻的好坏直接影响育苗的成败,但是活体微藻受环境影响较大,因此通常用贮存的微藻来代替活体微藻,来保证饵料的数量和质量[142]。用贮存的微藻做饵料有以下优点:降低成本;最大程度保证饵料质量和数量,从而提高幼苗成活率;根据水产经济动物对营养物质的需求,来改变饵料的生化组成,从而达到养殖的最大效益化[143]。根据水产经济动物的不同种类及不同发育阶段,需选用不同的饵料,如培养鲍、蚶、刺参等底栖水产动物的幼虫时,通常选用舟形藻、阔舟形藻、卵形藻、东方弯杆藻等底栖硅藻[12]。

国内外很多学者对浮游硅藻开展研究,但单一饵料的报道很少[10,121]。Hahn[147]认为作为鲍鱼幼苗优质饵料的硅藻应该具有能分泌大量胶质、可以形成片状薄膜和藻细胞小于10 μm等特点。底栖硅藻 *Navicula lenzi* 具有极易成片状的特点,因此,是作为生物饵料的一个潜在优点。

2.4.2 底栖硅藻在医疗保健方面的作用

藻类中的海藻多糖可用于污水处理,是一种高效的生物吸附剂;具有降血脂和抗氧化的作用;多糖的衍生物可作为细胞的寒冷保护介质,遇冷时形成胶体基质,融化时提高细胞的生存能力[148];调节免疫活性;制备微胶囊来控制药物的释放[149]。

硅藻胞内的活性物质(氨基酸、多不饱和脂肪酸等)可用于医药和化妆品。

硅藻死亡后可形成硅藻土,作为填充剂、增光剂、研磨剂、吸附剂、催化剂的载体。

2.5 展望

我国海洋微藻资源丰富(已记录的近 2 000 种),近年来,随着陆地资源的衰竭,丰富的海洋微藻资源成了人们关注的热点[25]。因此,海洋微藻中的底栖硅藻在饲料、食品、化妆品等方面具有非常广泛的应用前景:可作为水中经济动物的饵料;可进行污水处理,去掉水中的磷及重金属;硅藻特有的硅质外壳可用来做计算机芯片及清洁剂;产生的胞外代谢产物具有重要作用,如产生色素、抗生素、及在心血管疾病及关节病的防治方面有重要作用的软骨酸。

3 铁素浓度对舟形藻生长的影响

3.1 实验材料

3.1.1 藻种

舟形藻($Navicula\ lenzi$),藻种有鲁东大学生命科学学院经济藻种种质库提供。

3.1.2 实验试剂与仪器

3.1.2.1 实验试剂

$NaNO_3$、$NaH_2PO_4 \cdot H_2O$、$Na_2SiO_3 \cdot 9H_2O$、KH_2PO_4、$FeC_6H_5O_7$、$FeCl_3 \cdot 6H_2O$、$Na_2EDTA \cdot 2H_2O$、$CuSO_4 \cdot 5H_2O$、$Na_2MoO_4 \cdot 2H_2O$、$ZnSO_4 \cdot 7H_2O$、$CoCl_2 \cdot 6H_2O$、$MnCl_2 \cdot 4H_2O$

3.1.2.2 实验主要仪器设备

CX-21 生物显微镜:OLYMPUS

FC204 型电子天平:上海精科天平。

XB-K-25 血球计数板:上海安信光学仪器制造有限公司。

温度计:江苏苏科仪表有限公司。

B 座系列-坐式自动电热蒸汽压力灭菌锅:上海申安医疗器械厂。

98-1-B 型电子调温电热套:天津市泰斯特仪器有限公司。

UV-2000 型紫外可见分光光度计:尤尼柯上海仪器有限公司。

SK-1 型快速混匀器:金坛市恒丰仪器厂。

超净工作台(苏净集团安泰公司)。

3.1.3 培养基

配制柠檬酸铁浓度分别为 1 mg/L、2 mg/L、4 mg/L、8 mg/L 的培养基,各实验组的其他营养盐浓度相同,即每升海水中加 $NaNO_3$ 100 mg、KH_2PO_4 10m g、$Na_2SiO_3 \cdot 9H_2O$ 100 mg、微量元素 1 mL。

表 1 微量元素配方

微量元素	添加量
$FeCl_3 \cdot 6H_2O$	3.15 g
$Na_2EDTA \cdot 2H_2O$	4.36 g
$CuSO_4 \cdot 5H_2O$	9.8 mg
$Na_2MoO_4 \cdot 2H_2O$	6.3 mg

续表

微量元素	添加量
$ZnSO_4 \cdot 7H_2O$	22.0 mg
$CoCl_2 \cdot 6H_2O$	10.0 mg
$MnCl_2 \cdot 4H_2O$	180.0 mg
Distilled water to 1.0 L	1.0 L

3.1.4 实验数据处理

实验结果采用 Excel2003 进行作图,spss17.0 进行统计分析($P<0.05$ 为显著性差异,$P<0.01$ 为极显著性差异)。

3.2 实验方法

3.2.1 藻细胞接种

不同藻种有不同的接种密度,陈世杰等[20]接种的舟形藻附着密度为 10^2 个/mm^2,菜苗密度为 20^2 个/mm^2,被洗下来做饵料的密度为 30^2 个/mm^2,进行生长对照实验时需要的密度为 50^2 个/mm^2。

如果藻细胞在水中分布均匀,则接种时间不受限制,但很多藻细胞都有趋光上浮的习性,因此一般选择上午 8—10 时,上浮且运动能力强的藻细胞进行接种[32]。

3.2.2 藻细胞的培养

反应器灭菌后,按 1:5 的接种量进行接种,培养温度保持在 20℃ ±1℃,自然散射光照,静置培养每天摇匀反应器 3 次,及时观察检测生长状况。

3.2.3 生长测定

每天进行肉眼观察外观,看表面气泡情况,培养基颜色,附着情况,镜检计数及观察细胞形态,测 OD 值等方法检查细胞的生长状况,计算比生长速率。

比生长速率计算:摇匀舟形藻后,取 3 个样品做平行实验,分别用 XB-K-25 血球计数板进行计数,之后采用 UV-2000 型紫外分光光度计测定样品的 OD630。计算比生长速率:$\mu = (\ln N_2 - \ln N_1)/(t_2 - t_1)$,其中 N_2 和 N_1 分别指舟形藻 t_2 和 t_1 时的细胞数。

生长状况较好的藻细胞形态正常,呈褐色,表明有形态微小的气泡上升,镜检计数会发现藻细胞密度有所增加,有时会出现几个细胞并排的情况。生长状况不好的藻细胞培养基颜色发白,产生的气泡较大,镜检观察细胞内色素发生变化,由正常的褐色变为偏绿色,有些细胞出现空壳,有时会出现老化成片脱落的现象。

陈守芬用褐藻酸钙对舟形藻进行固定化培养,经 26 d 后,舟形藻的生长密度可达 1×10^7 个/mm^3[151]。由实验结果可知,通过悬浮培养得到的舟形藻生长密度等于甚至要高于通过固定化培养得到的藻细胞密度,因此,说明通过悬浮培养藻细胞可以充分利用水体。

3.3 结果与分析

3.3.1 不同铁素浓度下舟形藻生长动力学曲线

不同柠檬酸铁下舟形藻的生长动力学曲线如图1所示,从接种到第6天处于延滞期,各实验组藻细胞密度增长缓慢。在6~16 d,不同柠檬酸铁浓度培养基中的藻细胞密度出现较大变化,柠檬酸铁浓度为2 mg/L的实验组藻细胞生长较快,最大藻细胞密度可达4.97万个/mL,柠檬酸铁浓度为1 mg/L的实验组次之,继续增加培养基中的柠檬酸铁浓度,最大藻细胞密度逐渐降低,当柠檬酸铁浓度为8 mg/L时,最大藻细胞密度最低。郑维发等研究表明,$FeCl_3$浓度在0~4 mg/L时舟形藻(Navicula)BT001生长速率最高。与本实验结果相符,说明当培养基中柠檬酸铁浓度达到8 mg/L时,不利于藻细胞的生长。

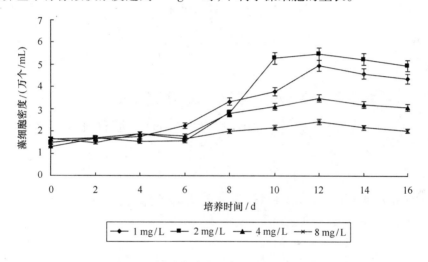

图1 不同铁素浓度对舟形藻生长的影响

3.3.2 不同铁素浓度对舟形藻比生长速率的影响

不同铁浓度下舟形藻的比生长速率如图2所示,当培养基中柠檬酸铁浓度为1~2 mg/L时,藻细胞的比生长速率较大,其中柠檬酸铁浓度为2 mg/L时,藻细胞的比生长速率最大为0.075 7 d^{-1},逐渐提高培养基中的柠檬酸铁浓度,舟形藻细胞的比生长速率迅速降低,说明高浓度的铁素抑制舟形藻细胞的生长。

3.4 小结

水体中营养盐浓度的增加,不同区域的底栖硅藻群落反应可能不尽相同[14]。本实验中的底栖硅藻随培养基中柠檬酸铁浓度增加,细胞密度和比生长速率都降低,其中最适宜藻细胞生长的柠檬酸铁浓度2 mg/L,钱振明等研究表明,在培养基中柠檬酸铁浓度为1.44~2.14 mg/L时,底栖硅藻 Nitzschia sp. 细胞生长较好,浓度过高时细胞生长受抑制,与本实验结果一致。

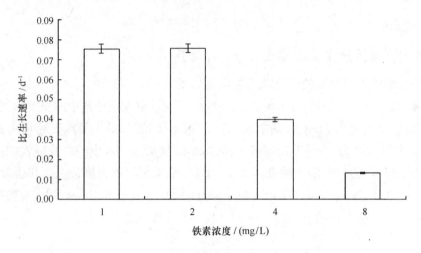

图2 不同铁素浓度下舟形藻的比生长速率

4 不同培养条件对舟形藻主要营养成分的影响

4.1 材料与方法

4.1.1 实验材料

采收处于稳定期的藻液,用高速冷冻机进行离心,待用。

4.1.2 舟形藻细胞中可溶性蛋白质含量的测定

4.1.2.1 实验仪器

FC204型电子天平:上海精科天平。

BCD-236H型冰箱:青岛海尔股份有限公司。

SK-1型快速混匀器:金坛市恒丰仪器厂。

GR21G型高速冷冻离心机:北京京立离心机有限公司。

ZDX-35SBI型座式自动电热压力蒸汽灭菌锅:上海申安医疗器械厂。

UV-2000型紫外分光光度计:尤尼柯(上海)仪器有限公司。

电子调温万用电炉:龙口市先科仪器公司。

移液枪,锥形瓶。

4.1.2.2 实验试剂

牛血清蛋白标准液:称取10 mg牛血清白蛋白,溶于蒸馏水并定容至100 mL,制成浓度为100 μg/mL的标准蛋白质溶液,置于4℃冰箱中备用。

考马斯亮蓝G-250的配制:称取100 mg考马斯亮蓝G-250(Coomassie brilliant blue G250)溶于50 mL 95%的乙醇中,加入85%(m/v)的磷酸溶液100 mL,最后用蒸馏水定容到1 000 mL,贮存在棕色瓶中,备用。此溶液在常温下可放置一个月。

4.1.2.3 测定方法

(1)制作标准曲线。取 6 支试管,按表 2 平行操作。

表 2　蛋白质含量标准曲线试剂　　　　　　　　　　　　　　mL

试管编号	1	2	3	4	5	6
标准蛋白溶液	0	0.2	0.4	0.6	0.8	1
蒸馏水	1	0.8	0.6	0.4	0.2	0
考马斯亮蓝试剂	5	5	5	5	5	5

摇匀,1 h 内以 1 号管为空白对照,在 595 nm 波长下比色测定[63-64]。

以 A595 为纵坐标,标准蛋白含量为横坐标绘制标准曲线。

(2)样品中可溶性蛋白的提取。取适量进入稳定期的藻液,测 OD630 后,8 000 r/min 离心 10 min 弃上清,湿藻体用去离子水洗涤 3 次后,收集藻泥,加适量蒸馏水反复冻融三次,8 000 r/min 离心 15 min 收集上清,定容。

3. 样品中可溶性蛋白含量的测定

以 1 号管做对照,另取一试管加入 1 mL 待测液,5 mL 考马斯亮蓝 G-250,混匀后静置 10 min,测 A595。

4.1.2.4 样品中可溶性蛋白含量的计算

根据样品的 A595 和蛋白质标准曲线及提取液体积可计算提取液中蛋白质质量,再根据细胞数和提取液体积,计算出每个细胞蛋白质含量。

蛋白质含量 = 蛋白质质量/细胞数。

4.1.3　舟形藻细胞中多糖含量的测定

4.1.3.1 实验仪器

FC204 型电子天平:上海精科天平。

BCD-236H 型冰箱:青岛海尔股份有限公司。

SK-1 型快速混匀器:金坛市恒丰仪器厂。

GR21G 型高速冷冻离心机:北京京立离心机有限公司。

ZDX-35SBI 型座式自动电热压力蒸汽灭菌锅:上海申安医疗器械厂。

UV-2000 型紫外分光光度计:尤尼柯(上海)仪器有限公司。

电子调温万用电炉:龙口市先科仪器公司。

DK-98-IIA 型电热恒温水浴锅:天津市泰斯特仪器有限公司。

移液枪,锥形瓶,烧杯。

4.1.3.2 实验试剂

葡萄糖标准溶液:准确称取 100 mg 葡萄糖,溶于蒸馏水并定容至 100 mL,配制浓度为

1 mg/mL 的标准液,备用。

稀硫酸溶液:在干净的烧杯中加入 30 mL 蒸馏水,取 76 mL 浓硫酸(98%)缓慢加入蒸馏水中,边加边搅拌。

蒽酮试剂:用电子天平准确称取 0.1 g 蒽酮试剂,溶于 100 mL 稀硫酸中,搅拌至蒽酮完全溶解,搅拌过程可以加热,配制的蒽酮试剂呈淡黄色方可用于实验。

4.1.3.3 测定方法

(1)制作标准曲线。取 7 只干燥洁净的试管,编号后按下表加入试剂。

试管编号	1	2	3	4	5	6	7
葡萄糖标准液/mL	0	0.1	0.2	0.3	0.4	0.6	0.8
蒸馏水	1	0.9	0.8	0.7	0.6	0.4	0.2
蒽酮试剂/mL	4	4	4	4	4	4	4

每管加入葡萄糖标准液和蒸馏水后立即混匀,迅速置于冰浴中,待各管都加入冰浴蒽酮试剂后,同时置于沸水浴中 10 min,立即取出置冰浴中迅速冷却。待各管溶液达到室温后,以 1 号管为对照,用分光光度计比色,测定 620 nm 处的吸光值 A620。

以葡萄糖含量为横坐标,吸光度(A620)为纵坐标,画出葡萄糖含量与 A620 值的相关标准曲线。

(2)样品中葡萄糖的提取。取适量进入稳定期的藻液,测 OD630 后,8 000 r/min 离心 15 min 后弃上清,湿藻体用去离子水洗涤 3 次后,收集藻泥,加适量蒸馏水反复冻融 3 次破壁,8 000 r/min 离心 15 min,收集上清液,藻泥加入适量蒸馏水,沸水浴 3 h,离心得上清,将两次上清合并,定容。

(3)样品中含糖量的测定。吸取 0.1 mL 提取液,放入一干洁试管中,加入 4 mL 冰浴蒽酮混匀,置于沸水浴中煮沸 10 min,取出冷却至室温后,测 620 nm 处的吸光值 A620。

4.1.3.4 样品中多糖含量的计算

根据样品的 A620 和葡萄糖标准曲线及提取液体积,计算出提取液中多糖质量,再根据细胞数和提取液体积,计算出每个细胞多糖含量。

多糖含量 = 多糖质量/细胞数。

4.1.4 舟形藻细胞中粗脂含量的测定

4.1.4.1 实验仪器

FC204 型电子天平:上海精科天平。

BCD-236H 型冰箱:青岛海尔股份有限公司。

SK-1 型快速混匀器:金坛市恒丰仪器厂。

GR21G 型高速冷冻离心机:北京京立离心机有限公司。

DK-98-IIA 型电热恒温水浴锅:天津市泰斯特仪器有限公司。

101A-1E 电热鼓风干燥箱:上海安亭电子仪器厂。

移液枪,锥形瓶。

4.1.4.2 实验试剂

盐酸,95%乙醇,乙醚。

4.1.4.3 测定方法

称取离心得到的湿藻体 1 g,置于 50 mL 离心管中,加入 4 mL 灭菌蒸馏水,混匀后加入 5 mL 盐酸,将离心管置于 70~80℃的水浴中 20 min,取出离心管,加入 5 mL 95%乙醇,混匀。冷却后加入 10 mL 乙醚,加盖振摇 1 min 小心开盖放出气体,4 000 r/min 离心 2 min,吸取一定量的上清液于已恒重的锥形瓶中,再加 5 mL 乙醚于离心管中,加盖振摇 1 min,4 000 r/min 离心 2 min,吸取一定量的上清液于原锥形瓶中,将锥形瓶置于水浴锅上蒸干,再置于 95~105℃烘箱中干燥 2 h,取出冷却后称重。

4.1.4.4 样品中粗脂含量的计算

根据锥形瓶中增加的质量,计算出样品中粗脂质量,根据细胞数及提取液体积,计算出每个细胞中的粗脂含量。

每个细胞中的粗脂含量 = 粗脂质量/细胞数。

4.1.5 舟形藻细胞中色素含量的测定

4.1.5.1 实验仪器

FC204 型电子天平:上海精科天平。

BCD-236H 型冰箱:青岛海尔股份有限公司。

SK-1 型快速混匀器:金坛市恒丰仪器厂。

GR21G 型高速冷冻离心机:北京京立离心机有限公司。

UV-2000 型紫外分光光度计:尤尼柯(上海)仪器有限公司。

DK-98-IIA 型电热恒温水浴锅:天津市泰斯特仪器有限公司。

移液枪,锥形瓶。

4.1.5.2 实验试剂

80%丙酮试剂。

4.1.5.3 测定方法

取适量稳定期的藻液,测 OD630 后,8 000 r/min 离心 15 min,收集藻泥后反复冻融 3 次,加 5 mL 80%丙酮混匀,4℃放置 3 h,离心,将上清液倒入 25 mL 容量瓶中,残渣加入 5 mL 80%丙酮混匀,4℃放置 3 h 后离心,合并上清液,以 80%丙酮定容,以 80%丙酮为空白对照,测 A663、A645、A440。

4.1.5.4 样品中叶绿素及类胡萝卜素含量计算

将实验数据代入下列公式,计算叶绿素含量(mg/L)。

叶绿素 a 浓度：$C_a = 12.7A663 - 2.69A645$。

叶绿素 b 浓度：$C_b = 22.9A645 - 4.68A663$。

总叶绿素浓度：$C_T = 20.21A645 + 8.02A663$。

类胡萝卜素浓度：$C_k = 4.7A440 - 0.27Ca+b$。

式中，A663、A645、A440 分别为提取液在波长为 663 nm、645 nm、440 nm 时的吸光度，C_a、C_b、C_T、C_k 分别为叶绿素 a、叶绿素 b、总叶绿素、类胡萝卜素浓度(mg/L)。

4.2 结果与分析

4.2.1 铁素浓度对舟形藻细胞主要组分含量的影响

4.2.1.1 铁素浓度对舟形藻细胞蛋白质含量的影响

不同铁浓度对舟形藻细胞中蛋白质含量的影响如图 3 所示，随着铁浓度的增加，单个藻细胞中的蛋白质含量逐渐增加，当培养基中柠檬酸铁浓度为 8 mg/L 时，单个藻细胞中的蛋白质含量最高，可达 3.46×10^{-4} μg/cell。与钱振明等的研究对比发现，随着培养基中柠檬酸铁浓度的增加，底栖硅藻藻细胞蛋白质含量亦出现逐渐增加的趋势，但是差异不显著，虽然同属于底栖硅藻，但是不同种属的藻类之间具有一定的差异性，因此单个细胞的最高蛋白质含量不同(图 3)。

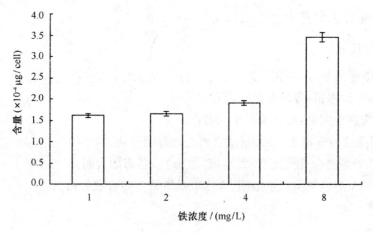

图3 不同铁浓度对舟形藻细胞中蛋白质含量的影响

4.2.1.2 铁素浓度对舟形藻细胞多糖含量的影响

藻细胞中的多糖含量虽柠檬酸铁浓度变化呈现出低-高-低的变化规律(图4)，与钱振明等的结论一致。本实验中当培养基中柠檬酸铁的浓度为 2 mg/L 和 8 mg/L 时，单个细胞中多糖含量水平较高，最高可达 94×10^{-4} μg。

4.2.1.3 铁素浓度对舟形藻细胞粗脂含量的影响

单个舟形藻细胞中的粗脂含量随培养基中柠檬酸铁浓度的升高而增加，呈正比，高浓度

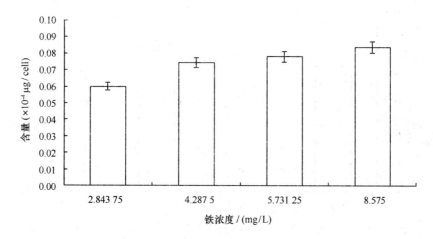

图4 不同铁浓度对 Nitzschia sp. 藻细胞蛋白质含量影响

铁素有利于粗脂的积累,当柠檬酸铁浓度为 8 mg/L 时,单个细胞中的粗脂含量最大,可达 90×10^{-4} μg(图5至图7)。

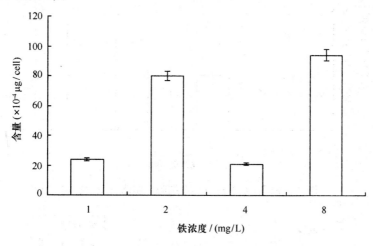

图5 不同铁浓度对舟形藻细胞中多糖含量的影响

4.2.2 铁素浓度对舟形藻细胞色素含量的影响

培养基中不同柠檬酸铁浓度对舟形藻细胞色素含量的影响如图8和图9所示,色素含量随铁素浓度呈现高-低-高的趋势,其中,当柠檬酸铁浓度为 4 mg/L 时,单个藻细胞中的叶绿素和类胡萝卜素含量均最高,分别为 0.37×10^{-4} μg、0.30×10^{-4} μg。与钱振明的实验数据进行对比发现,培养基中柠檬酸铁浓度对底栖硅藻 Nitzschia sp. 藻细胞中色素含量影响亦出现高-低-高的趋势。

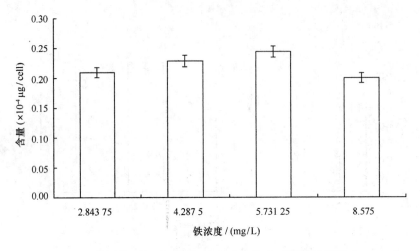

图6 不同铁浓度对 *Nitzschia* sp. 藻细胞中多糖含量的影响

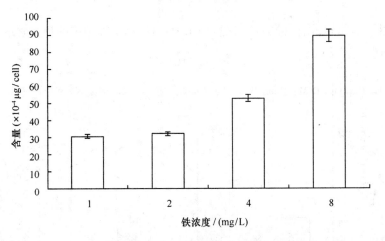

图7 不同铁浓度对舟形藻细胞中粗脂含量的影响

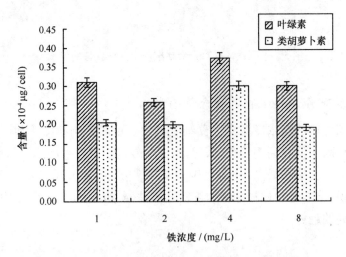

图8 不同铁浓度对舟形藻细胞中色素含量的影响

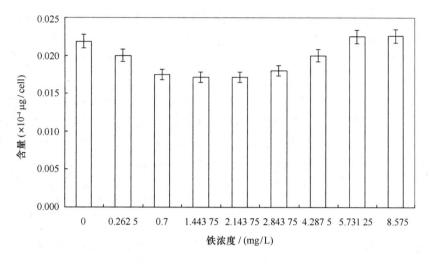

图 9 不同铁浓度对 *Nitzschia* sp. 藻细胞中色素含量的影响

参考文献

［1］ Round F E, Crawford R M, Mann D G. The diatoms［M］. Cambridge：Press Syndicate of the University of Cambridge. 1990.

［2］ Scala S, Bowler C. Molecular insight into the novel aspects of diatom biology［J］. Cell Mol Life Sci, 2001, 58：1666 – 1673.

［3］ Nelson D M, Treguer P, Brezzinski M A, et al. Production and dissolution of biogenic silica in the ocean：revised global estimates, comparison with regional data and relationship to biogenic sedimentation［J］. Global Biogeochem Cycl, 1995,9：359 – 431.

［4］ Field C B, Behrenfeld M J, Raberson J T, et al. Primary production of the biosphere：integrating terrestrial and oceanic components［J］. Science, 1998,281(5374)：237 – 240.

［5］ 梁君荣, 陈丹丹, 高亚辉, 等. 海洋硅藻硅质细胞壁结构的形成机理研究概述［J］. 海洋学报,2010.

［6］ Smetacek V. Diatoms and the ocean carbon cycle［J］. Protist, 1999,150：25 – 32.

［7］ Gallardo W G, Buen S M A. Evaluation of mucus, Navicula and mixed diatoms aslarval settlement inducer for the tropical abalone *Halio tisasinine*［J］. Aquaculture, 2003,221：357 – 364.

［8］ Kawamura T, Saido T, Takamih, et al. Dietary value of benthic diatoms for the growth of post-larval abalone *Haliotis discus hannai*［J］. J Exp Mar Bio Ecol, 1995,194：189 – 199.

［9］ 郭峰, 朱凌俊, 柯才焕, 等. 两种海洋底栖硅藻的培养条件研究［J］. 厦门大学学报：自然科学版, 2005,44(6)：831 – 835.

［10］ 李雅娟, 王起华. 氮、磷、铁、硅营养盐对底栖硅藻生长速率的影响［J］. 大连水产学院学报,1998, 13(4)：7 – 14.

［11］ Gordon H R, Cook P. World abalone fisheries and aquaculture update：Supply and market dynamics［J］. J Shellfish Res, 2004,23(4)：935 – 939.

［12］ 钱振明. 海洋底栖硅藻生长条件及其理化成分的研究［D］. 大连：大连理工大学,2008.

[13] 田琪,陈政.洞庭湖浮游植物群落结构调查与分析[J].内陆水产,2007(08):30-31.

[14] 隋锡林.海参增养殖[M].北京:中国农业出版社,1990.

[15] 马志珍,季梅芳,陈汇远.一种可作鲍和海参饵料的底栖舟形藻的培养条件的研究[J].海洋通报,1985,4(4):36-39.

[16] 陈世杰.鲍的饵用海藻及配合饲料营养问题的若干问题[J].台湾海峡,1998,17:56-60.

[17] 李太武,丁明进,刘金屏.皱纹盘鲍及其饵料营养成分的研究[J].海洋科学,1995(1):52-56.

[18] 聂宗庆,王素平.鲍鱼苗生物学研究新进展[J].湛江海洋大学学报,2002,22(3):78-82.

[19] 张榭令,魏利平,顾本学,等.密度及饵料对鲍鱼生长与成活率的影响[J].齐鲁渔业,1999,16(2):1-3.

[20] 陈世杰,陈木,卢豪魁.鲍苗的饵料一底栖硅藻培养实验初报[J].动物学报,1977,23(1):47-52.

[21] 徐力文,刘广峰,王江勇.鲍育苗生物学中饵料硅藻的相关研究进展[J].海洋科学进展,2006,24(4):611-617.

[22] Searcy-bemal R. Boundary layers and abalone postlarval culture: Preliminary studies [J]. Aquaculture,1996,140:129-137.

[23] 胡金梅,魏东.底栖硅藻中诱导鲍鱼幼体附着和变态的物质研究进展[J].水利渔业,2005,25:15-17.

[24] 刑荣莲.海洋底栖硅藻的筛选、培养和应用研究[D].大连:大连理工大学,2007.

[25] 高亚辉.海洋微藻分类生态及生物活性物质研究[J].2001,40(2):566-573.

[26] 陈峰,姜悦.微藻生物技术[M].北京:中国轻工业出版社,1999.

[27] 章宗涉.藻类的生态[M].北京:中国建筑工业出版社,1990.

[28] 湛江水产专科学校主编.海洋饵料生物培养[J].1995,83-92,127-134.

[29] 胡鸿钧,等.中国淡水藻志[M].上海:上海科技出版社,1980.

[30] 赵文.水生生物学[M].北京:中国农业出版社,2007,8.

[31] Lund J W G. Soil Algea, in Physiology and Biochemistry of Algea[M]. Academic Press,1962.

[32] 成永旭.生物饵料培养学[M].北京:中国农业出版社,2005.

[33] 尤珊,郑必胜,郭祀远.光照对螺旋藻生长和形态的影响[J].微生物学杂志,2002,22(6):58-59.

[34] Anette Kfister, Ralf Schaible, Hendrik Schubert. Light acclimation of photosynthesis in three charophyte species[J]. Aquatic Botany,2004,79:111-124.

[35] 毛安君.LED光源促进微藻生长的研究[D].青岛:中国海洋大学,2007.

[36] Maria Cuaresm, Marcel Janssen, Evert Jan van den End, et al. Luminostat operation: A tool to maximize microalgae photosynthetic efficiency in photobioreactors during the daily light cycle[J]. Bioresource Technology,2011,102(17):7871-7878.

[37] 张宝玉,等.温度、光照强度和pH对雨生红球藻光合作用和生长速率的影响[J].海洋与湖沼,2003,34(5):558-565.

[38] 冯竞楠,曾昭琪,杨永华.不同培养基、温度、光照及pH值对卵形隐藻生长的影响[J].河南大学学报,2005,35(2):64-67.

[39] 刘青,张晓芳,等.光照对4种单胞藻生长速率、叶绿素含量及细胞周期的影响[J].大连水产学院

学报,2006,21(1):24-30.

[40] Kristine Garde, Caroline Cailliau. The impact of UV – B radiation and difference PAR intensities on growth, uptake of C14, excretion of DOC, cell volume, and pigmentation in the marine prymnesiophyte, *Emiliania huxleyi*[J]. Journal of Experimental Marine Biology and Ecology, 2000,247: 99 – 112.

[41] Anette Kuster, Ralf Schaible, Hendrik Schubert. Light acclimation of photosynthesis in three charophyte species[J]. Aquatic Botany, 2004,79: 111 – 124.

[42] Mark E Warner, Matilda L Madden. The impact of shifts to elevated irradiance on the growth and photochemical activity of the harmful algae Chattonella subsalsa and *Prorocentrum minimum* from Delaware[J]. Harmful Algae, 2006,247: 11 – 21.

[43] 陆开形,蒋霞敏,翟兴文. 光照对雨生红球藻生长的影响[J]. 河北渔业,2002(6):6-10.

[44] 李乐农,郭宝江.,光照时间对螺旋藻生长的影响[J]. 海洋科学,19983:3-4.

[45] 沈英嘉,陈德辉. 不同光照周期对铜绿微囊藻和绿色微囊藻生长的影响[J]. 湖泊科学,2004,16(3):285-288.

[46] 邓光,等. 温度、光照和pH值对锥状斯氏藻和塔玛亚历山大藻光合作用的影响及光暗周期对其生长速率和生物量的影响[J]. 武汉植物学研究,2004, 22(2):129-135.

[47] Marcel Janssen, et al. Efficiency of light utilization of *Chlamydomonas einhardtii* under medium-duration light/dark cycles[J]. Journal of Biotechnology, 2000, 78: 123 – 137.

[48] Marcel Janssen, et al. Photosynthetic efficiency of Dunaliella tertiolecta under short light/dark cycles[J]. Enzyme and Microbial Technology, 2001,29(298 – 305).

[49] Taejun Han. Influences of light and UV-B on growth and sporulation of the green alga Ulvapertusa Kjellman [J]. Journal of Experimental Marine Biology and Ecology, 2003,290: 115 – 131.

[50] O Levy, et al. The impact of spectral composition and light periodicity on the activity of two antioxidant enzymes (SOD and CAT) in the coral *Favia favus*[J]. Journal of Experimental Marine Biology and Ecology, 2006,328: 35 – 46.

[51] 祁秋霞. 温度对两种海洋微藻生长与多糖含量的影响[J]. 水产养殖,2011,32(1):20-23.

[52] 黄征征,黄旭雄,严佳琦,等. 生长阶段及温度对微藻细胞总ATP酶活性的影响[J]. 海洋渔业,2011,33(2):181-186.

[53] 张青田,王新华,林超,等. 温度和光照对铜绿微囊藻生长的影响[J]. 天津科技大学学报,2011,26(2):24-27.

[54] 薛凌展,陈小晨,黄种持,等. 温度和磷交互作用对铜绿微囊藻和小球藻生长的影响[J]. 安徽农学通报,2011,17(13):23-25.

[55] 史小丽,王凤平,蒋丽娟,等. 温度对外源性^{32}P在水、铜绿微囊藻(*Microcystis aeruginosa*)和底泥中迁移的影响[J]. 应用生态学报,2003,14(11):1967-1970.

[56] 郭兵,龚阳敏,万霞,等. 光强和温度对球等鞭金藻(*Isochrysis sphaerica*)生长及其脂肪酸的影响[J]. 中国油料作物学报,2011,33(3):295-301.

[57] 梁英,刘春强,陈书秀,等. 温度对球等鞭金藻8701叶绿素荧光参数及生长的影响[J]. 海洋湖沼通报,2011,(2):43-51.

[58] 周汝伦,孙在仁,杨震,等. 金藻8701的分离、培养和应用初报[J]. 海洋湖沼通报,1990(1):31-40.

[59] 郑亚君,王翠红,许萌萌,等.温度对杜氏藻生长和脂肪酸组成的影响[J].山西大学学报(自然科学版),2011,34(S2):123-126.

[60] 朱葆华,潘克厚,林黎明.温度对2种饵料金藻保存效果的影响[J].海洋科学,2006,30(10):70-74.

[61] 王长海,贾顺义.盐度对紫球藻生长及氮磷利用的影响[J].哈尔滨工业大学学报,2009,41(12):194-197.

[62] Bull A L, Slater J H. Microbial Interactions and Communities[M]. London:Acadmic Press,1982:567.

[63] Robertson P. Studies on *Chlorella vulgaris* V some properties of the growth-inhibitor formed by *Chlorella* cells[J]. Amer J Bot,1942,9:142-148.

[64] 孙艳妮,殷明炎,刘建国.雨生红球藻的信号物质[J].海洋湖沼通报,2001,23(3):22-28.

[65] Imada N, Kobayashi K, Tahara K, et al. Production of an autoinhibitor by *Skeletonema costatum* and its effect on the growth of other phytoplankpyrenoidosa[J]. Nippon Suisan Gakkaishi,1991,57(12):2285-2290.

[66] Perez E, Martin D E, Padilla M. Rate of production of APONNs by *Nannochloris oculata*[J]. Biomedical Letters,1999,59:88-91.

[67] Arzul G, Segue L M, Guzman L, et al. Comparison of allelopathic properties in three toxic *Alexandrium* species[J]. J Exp Mar Biol Ecol,1999,232:285-295.

[68] 何池全,叶居心.石菖蒲(*Acorus tatarinoe ii*)克藻效应的研究[J].生态学报,1999,19(5):754-758.

[69] 张培玉,蔡恒江,肖慧,等.孔石莼与2种海洋微藻的胞外滤液交叉培养研究[J].海洋科学,2006,30(5):1-4.

[70] 张婷,宋立荣.铜绿微囊藻与三种丝状蓝藻之间的相互作用[J].湖泊科学,2006,18(2):150-156.

[71] 南春容,董双林.大型海藻孔石莼抑制浮游微藻生长的原因初探——种群密度及磷浓度的作用[J].中国海洋大学学报,2004,34(1):48-54.

[72] Nan C R, Dong S L, Jin Q. Test of resource competition theory between microalga and macroalga under phosphate limitation[J]. Acta Botanica Sinica,2003,45(3):282-288.

[73] Siddhanta A K. Marine algal polysaccharides-functions and utilisation. Trends Carbohydr Chem[C]. India:Surya International Publications,1995,125-131.

[74] 陈长平,高亚辉,林鹏.盐度和pH对底栖硅藻胞外多聚物的影响[J].海洋学报,2006,28(5):123-129.

[75] Perkins E J. The diurnal rhythm of the littoral diatoms of the river Ouse estuary,Fife[J]. J Ecol,1960,48:725-728.

[76] Decho A W. Microbial exopolymer secretions in ocean environments:their role(s) in food webs and marine processes[J]. Oceanogr Mar Biol Annu Rev,1990,28:73-153.

[77] Decho A W, Moriarty D J W. Bacterial exopolymer utilization by a Harpacticoid Copepod—a methodology and results[J]. Limnol Oceanogr,1990,35(1):1039-1049.

[78] Hoagland K D, Rosowski J R, Gretz M R. Diatom extracellular polymeric substances:function,fine structure,chemistry and physiology[J]. J Phycol,1993,29:537-566.

[79] Sutherland T F, Grant J, Amos C L. The effect of carbohydrate production by the diatom *Nitzschia curvelineata* on the erodibility of sediment[J]. Limnol Oceanogr, 1998,43: 65 – 72.

[80] Greenland D J, Lindstrom B G, Quirk J P. Role of polysaccharides in stabilization of natural soil aggregates [J]. Nature, 1961,191: 1283 – 1284.

[81] Wolfstein K, Stal L J. Production of extracellular polymeric substances(EPS) by benthic diatoms:effect of irradiance and temperature[J]. Mar Eco Progr Ser, 2002,236: 13 – 22.

[82] Hillebrand H, Sommer U. Response of epilithic microphytobenthos of the Western Baltic Sea to in situ experiments with nutrient enrichment[J]. Mar Eco Progr Ser, 1997,160: 35 – 46.

[83] Staats N, Stal L J. Oxygenic photosynthesis as driving process in exopolysaccharide production of benthic diatoms[J]. Mar Ecol Prog Seri, 2000,(193): 261 – 269.

[84] Gill I. and Valivety R. polyunsaturated fatty acids, Part I:Occurrence, biological activities and applications [J]. Trends in Biotechnology, 1997,(15): 401 – 409.

[85] 王中奇. 鱼油中多元不饱和脂肪酸在人体内的代谢及生理功能[J]. 食品工业, 1996(10): 8 – 15.

[86] 李荷芳, 周汉秋. 海洋微藻脂肪酸组成的比较研究[J]. 海洋与湖沼, 1999,30(1): 34 – 40.

[87] 廖启斌, 李文权. 海洋微藻脂肪酸的气相色谱分析[J]. 海洋通报, 2000,19(6): 66 – 71.

[88] 岳红, 杨绍彬. DHA 和 EPA 的加工现状及生理作用[J]. 广州食品工业科技, 1998,14(1): 51 – 55.

[89] 陈国栋, 燕燕, 宋晶. 岩藻黄素的生物活性及应用研究进展[J]. 河北渔业, 2009,(8): 50 – 52.

[90] Dimitri Moreau, et al. Cultivated microalgae and the carotenoid fucoxanthin from *Odontella aurita* as potent anti-proliferative agents in βronch opulmonary and epithelial cell lines[J]. Environmental Toxicology and Pharmacology, 2006,(22): 97 – 103.

[91] 金德祥,等. 中国海洋底栖硅藻志(上)[M].

[92] Roberts R, Kawamurat T, Takami H. Diatom for abalone culture:A workshop for abalone farmers(Gawthron Report No. 547)[M]. Nelson:Gawthron Institute. 2000.

[93] Falciatore A, Bowler C. Revealing the molecular secrets of marine diatoms[J]. Annu Rev Plant Biol, 2002,53: 109 – 130.

[94] 庄树宏, Sven H. 光照强度和波长对底栖硅藻群落的影响(I) – 光合色素的变化[J]. 烟台大学学报, 1999,12(2): 108 – 113.

[95] Couteau P. Manual on the production and use of live food for aquaculture:Microalgae[J]. (FAO fisheries technical paper 361)FAO,Rome. 1996.

[96] 邹宁, 孙东红, 郭小燕. 培养条件对底栖硅藻生长的影响[J]. 水产养殖, 2005,26(5): 11 – 13.

[97] 钱振明, 刑荣莲, 汤宁, 等. 光照和盐度对 8 种底栖硅藻生长及其生理生化成分的影响[J]. 烟台大学学报, 2008,(1): 46 – 52.

[98] Longhi M L, Schloss I R, Wiencke C. Effect of irradiance and temperature on photosynthesis and growth of two antarctic benthic Diatoms, *Gyrosigma subsalinum* and *Odontella litigiosal*[J]. Botanica Marina, 2003, 46: 276 – 284.

[99] Araujo S C, Garcia V M T. Growth and biochemical composition of the diatom *Chaetocerosof wighamii* brightwell under difference temperature, salinity and carbon levels[J]. Protein, Carbohydrates and Lipids, 2005,246: 405 – 412.

[100] 华汝成. 单细胞藻类的培养与利用[M]. 北京:农业出版社, 1986:70 – 84,100 – 105,109 – 114,

124-128,159-181.

[101] Cohn S A, Farrell J F, Munro J D, et al. The effect of temperature and mixed species composition on diatom motility and adhesion[J]. Diatom Research, 2003,18(2): 225-243.

[102] 钱振明,刑荣莲,吴春雪,等. 温度对8种底栖硅藻生长及其理化成分的影响[J]. 烟台大学学报, 2009, 22(1): 30-34.

[103] Darley W M. Algal biology: a physiological approach[M]. Oxford: Blackwel Scientific Publications, 1982: 45.

[104] Staats N, Lucas J S, Luuc R M. Exopolysaccharide production by the epipelic diatom Cylindrotheca closterium: effects of nutrient conditions[J]. J Exp Mar Bio Eco, 2000,249: 13-27.

[105] Admiraal W. Influence of various concentrations of orthophosphate on the division rate of an estuarine benthic diatom, Navicula arenaria, in culture[J]. Mar Biol, 1977,42: 1-8.

[106] Sullivan M J, Daiber F C. Light, nitrogen and phosphorus limitation of edaphic algae in a Delaware salt marsh[J]. J Exp Mar Biol Ecol, 1975,18: 79-88.

[107] David J S, Underwood G J C. Exopolymer production by intertidal epipelic diatoms[J]. Limnol Oceanogr, 1998,43(7): 1578-1591.

[108] 谭绩业,赵连华. 营养盐对小球藻生长及胞内多糖含量的影响[J]. 化学与生物工程, 2004(1): 34-36,44.

[109] 于媛,刘艳,杨海波,等. 营养盐对小球藻生长及胞内蛋白质含量的影响[J]. 大连大学学报, 2002,23(6): 12-16.

[110] 郑维发,王雪梅,王义琴,等. 四种营养盐对舟形藻(Navicula)BT001生长速率的影响[J]. 海洋与湖沼, 2007,38(2): 157-162.

[111] 李雅娟,李梅,毛连菊,等. 几种植物生长物质对底栖硅藻生长速率的影响[J]. 大连水产学院学报, 1999,14(4): 18-21.

[112] Baker E W. Microalgae: biotechnology and microbiology[M]. Landon: Cambridge University Press, 1994: 18-24.

[113] 桑敏,刘建晖,张成武,等. 氮源对粉核油球藻Pinguiococcus pyrenoidosus CCMP 2078生长和脂肪酸组成的影响[J]. 食品与发酵工业, 2011,37(11): 26-29.

[114] 蒋汉明,张凤珍,顾洪雁. 氮源对等鞭金藻生长和脂肪酸组成的影响[J]. 食品与发酵工业, 2004,30(10): 5-10.

[115] 李爱芬,李涛,刘然,等. 一种新的海洋经济微藻——粉核油球藻[J]. 海洋科学, 2009,33(5): 23-27.

[116] Daumes, Longbm, Crouchp. Changes in amino acid content of an algal feed species(Navicula sp.) and their effect on growth and survival of juvenile abalone(Haliotis rubra)[J]. J Applied Phycology, 2003, 15: 201-207.

[117] Ker Uriarte, Rodney Roberts, Farias. The effect of nitrate supplementation on the biochemical composition of benthic diatoms and the growth and survival of post-larval abalone[J]. Aquaculture, 2006,261: 423-429.

[118] 董金利,庄惠如,占美怜,等. 氮、磷营养盐对底栖硅藻的生长及生化组成影响[J]. 生物技术, 2011,(2): 31-64.

[119] Chelf P. Environmental control of lipid and biomass production in two diatom species[J]. Journal of Applied Phycology, 1990, 2: 121 – 130.

[120] Wen Z Y, Chen F. Optimization of nitrogen sources for heterotrophic production of eicosapentaenoic acid by the diatom *Nitzschia laevis*[J]. Enzyme Microb Tech, 2001, 29: 341 – 347.

[121] Wang Qihua, Li Mei, Wang Shuhong. Studies on culture conditions of benthic diatoms for feeding abalone: Effects of salinity, pH, nitrogenous and phosphate nutrients on growth rate[J]. Chin J Oceanol Limnol, 1998, 16(1): 78 – 83.

[122] Christian G. Bruckner, Rahul Bahulikar, Monali Rahalkar, et al. Bacteria Associated with Benthic Diatoms from Lake Constance: Phylogeny and Influences on Diatom Growth and Secretion of Extracellular Polymeric Substances[J]. Applied and environmental microbiology, 2008, 7740 – 7749.

[123] 华汝成. 单细胞藻类的培养与利用[M]. 北京: 农业出版社, 1986: 70 – 181.

[124] Jimenez C, Niell F X. Influence of temperature and nitrogen concentration on photosynthesis of *Dunaliella viridis* Teodoresco[J]. Journal of Applied Phycology, 1990, 2: 309 – 317.

[125] 梁英, 麦康森, 孙世春, 等. $NaHCO_3$ 浓度对塔胞藻、小球藻和新月菱形藻生长的影响[J]. 黄渤海洋, 2001, 19(2): 71 – 76.

[126] 徐磊, 钱振明, 王长海, 等. 初始 pH 和碳酸氢钠对底栖硅藻生长的研究[J]. 水生动物营养, 2009, (8): 63 – 65.

[127] 王渊源, 姜庆国, 江航宇. 培养小形舟形藻的氮、磷肥料量[J]. 海洋科学, 1986, 10(5): 35 – 37.

[128] 马美荣, 李朋富, 陈丽. 盐度和营养限制对盐田底栖硅藻披针舟形藻生长及胞外多糖产率的影响[J]. 海洋湖沼通报, 2009, 95(1): 95 – 102.

[129] Fairchild G W, Lowe R L, Richardson W B. Algal periphyton growth on nutrient-diffusing substrates: an in situ bioassay[J]. Ecology, 1985, 66(2): 465 – 472.

[130] Austin A P, Ridley Thomas C I, Lucey W P, et al. Effects of nutrient enrichment on marine periphyton: implications for abalone culture[J]. Botanica Marina, 1990, 33(3): 235 – 239.

[131] Werner D. Silicate metabolism – The Biology of Diatoms[J]. London: Black Well Scientific Publications, 1977: 110 – 149.

[132] 大贝政治, 松井敏夫, 高木博之. 附着硅藻 *Cocconeis* sp. 增殖及环境诸要因的影响[J]. 水产养殖, 1992, 40(2): 241 – 246.

[133] Gullard R R L, Kilham P, Jackson T A. Kinetics of silicon-limited growth in the marine diatom *Thallassiosira pseudonana* Hasle and Heimdal[J]. J Phycol, 1973(9): 233 – 237.

[134] Eppley R W. The growth and culture of diatoms//Werner D, ed. The biology of Diatoms[M]. London: Blackwell Scientific Publications, 1977: 24 – 64.

[135] 王大志, 黄世玉, 程兆第. 三种海洋硅藻胞外多聚物形态、微细结构及组成的初步研究[J]. 海洋与湖沼, 2004, 35(3): 273 – 278.

[136] Kawamura T, Roberts R D, Takami H. A review of the feeding and growth of postlarval abalone[J]. J Shellfish Res, 1998, 17(3): 615 – 625.

[137] Snoeijs P, Notter M. Bentic diatoms as monitoring organisms for radionuclides in a Brackish-Water coastal environment[J]. Journal of Environmental Radioactivity, 1993, 18(1): 23 – 52.

[138] Laura C, Ian S, Jonathan S, et al. Benthic diatom community response to environmental variables and

mental concentrations in a contaminated bay adjacent to Casey Station, Antarctica[J]. Marine Pollution Bulletin, 2005,50: 264-275.
[139] Laura C, Ian S, Jonathan S, et al. Effects of mental and petroleum hydrocarbon contamination on benthic diatom communities near Casey Station, Antarctica: an experimental approach[J]. Journal of Phycology, 2003,39: 490-503.
[140] 王伟. 硅藻[J]. 生物学杂志,1997,14(1): 20.
[141] Parkinson J, Gordon R. Beyond micromatching:the potential of diatoms[J]. Trends Biotechnol, 1999,17: 190-196.
[142] Grima E M, Sanchez Perez J A, Camacho F G. Preservation of the marine microalga, *Isochrysis galbana*: influence on the fatty acid profile[J]. Aquaculture, 1994,123: 377-385.
[143] Biedenbach J M, Seith L L, Lawrence A L. Use of a new spray-dried algal production in penaeid larviculture[J]. Aquaculture, 1990,86: 249-257.
[144] 蒋汉明,高坤山. 氮源及其浓度对三角褐指藻生长和脂肪酸组成的影响[J]. 水生生物学报, 2004,28(5): 545-550.
[145] 王大志,黄世玉,程兆第. 营养盐水平对四种海洋浮游硅藻胞外多糖产量的影响[J]. 台湾海峡, 2003,22(4): 487-491.
[146] Kudo I, Miyamoto M, Noiri Y. 2000. Combined effects of temperature and iron on the growth and physiology of the marine diatom *Phaeodactylum tricornulum*[J]. J Phycol, 36: 1096-1102.
[147] Hahn K O. Nutrition and growth of abalone. // Handbook of culture of abalone and other marine gastropods. Florida: CRC Press Inc, 1989:135-137.
[148] Brockbank KGM. Algae derived polyscchaeide as cryprotective agent and its use in cryopreservation of cellular mattey[P]. U. S. , US5071,741,1991-10-10.
[149] 谢苗,钟剑霞,甘纯玑. 海藻多糖的药用功能与展望[J]. 中国药学杂志,2001,36(8): 513-516.
[150] Guillard R R L, Ryther J H. Studies of marine planktonic diatom. I. *Cyclotella nana* H. and *Detecnula confervacea* (Clever) Gran[J]. Can J Phycol, 1962,17: 309-314.
[151] 陈守芬. 底栖硅藻固定化材料筛选.

光照强度和温度对智利江蓠生长及生化组分的影响

陈伟洲[1],钟志海[1],刘涛[2],黄中坚[1],赖学文[3]

(1. 汕头大学海洋生物研究所,广东 汕头,515063;2. 中国海洋大学海洋生命学院,山东 青岛,266003; 3. 汕头市海洋与水产研究所,广东 汕头,515041)

智利江蓠(*Gracilaria chilensis*)是一种含有琼胶的经济海藻,隶属于红藻门(Rhodophyta),杉藻目(Gigartinales),江蓠属(*Gracilaria*)。其分布广泛,在生态系统中扮演重要的角色,在智利等国家已得到了开发应用,然而由于琼胶需求量的增加,智利江蓠的天然产量已经不能满足发展的需求。1982年,智利开始商业养殖智利江蓠并取得了成功。智利江莴在世界范围内得到了广泛的研究,Gao等(1994)认为智利江蓠可以作为海洋酸化的修复生物,吸收海水中过量的二氧化碳;智利江蓠与大麻哈鱼的高密度混养也取得了一定的成功,智利江蓠在混养系统中,可以有效地清除鱼类产生的废弃代谢物,从而净化水质;智利江蓠养殖苗绳上不同的藻株间距会对其产量造成不同的影响,间距越小时其产量越高。

随着琼胶制造工业的发展,对生产原料江蓠的需求量剧增,由于智利江蓠具有优良的琼胶特性,很有必要进行规模栽培生产,这样不仅能为琼胶工业提供原料,也能净化沿海的水质。目前中国国内对于江蓠属的研究多集中在龙须菜(*Gracilaria lemaneiformis*)、细基江蓠繁枝变种(*G. tenuistipitata* var. *liui*)、脆江蓠(*G. chouae*)、细基江蓠(*G. tenuistipitata*)和芋根江蓠(*G. blodgettii*)等,对于智利江蓠相关方面的研究甚少,仅有对国外研究报道的翻译文献。光照强度和温度作为藻类生长的必需外界条件,也会影响藻体内的生化组分[10-11]。所以笔者从光照强度和温度条件对智利江蓠的生长及生化组分的影响进行了初步研究,探索适合智利江蓠生长的最适合光照强度和温度条件,可为开展智利江蓠的栽培提供理论参考和技术依据。

1 材料与方法

1.1 材料与预培养

智利江蓠鲜藻由智利 S. A. PROCSA 公司提供,将藻体洗净,去除表面的杂质,放于自然海水中暂养 3 d 后开始相关的实验,培养条件为海水温度 15℃,盐度 30,光照强度 120 $\mu mol \cdot m^{-2} \cdot s^{-1}$,光周期为光亮(L):黑暗(D) = 12 h:12 h。

1.2 设计与培养

挑选健康无溃烂的智利江蓠 0.5 g(鲜质量)培养于 1 L 三角烧瓶中,在智能型光照培养箱(宁波江南仪器厂,GXZ-300D)中进行恒温培养。光照强度实验中的海水温度为 15℃,盐度为 30,光暗周期为光亮(L):黑暗(D) = 12 h:12 h,共设置 4 个光照强度梯度(20 $\mu mol \cdot m^{-2} \cdot s^{-1}$,72 $\mu mol \cdot m^{-2} \cdot s^{-1}$,108 $\mu mol \cdot m^{-2} \cdot s^{-1}$,180 $\mu mol \cdot m^{-2} \cdot s^{-1}$);温度实验中的海水盐度为 30,光照强度为 120 $\mu mol \cdot m^{-2} \cdot s^{-1}$,光暗周期 L:D = 12 h:12 h,实验共设置 6 个温度梯度(12℃,15℃,18℃,21℃,24℃,27℃)。每天更换一次灭菌海水(100 $\mu mol \cdot L^{-1}$ $NaNO_3$,10 $\mu mol \cdot L^{-1}$ NaH_2PO_4 加富)并测定鲜藻质量,每个处理均设置 3 个重复,培养 7d 后开始相关的分析实验。

1.3 研究方法

藻体的生长用相对生长速率(relative growth rate, RGR)表示:$RGR(\% \cdot d^{-1}) = [\ln(M_t/M_o)/t] \times 100\%$ 求得。其中 M_o 为初始鲜质量,M_t 为 t 天后的鲜质量,藻体称量前用吸水纸吸干。

叶绿素 *a*(Chl-*a*)和类胡萝卜素(Car)质量分数的测定采用甲醇法,根据 Porra[12]的公

式计算叶绿素 a 的含量;根据 Parsons & Stricklan(1963)的公式计算类胡萝卜素(Car)的含量。

别藻蓝蛋白(APC)、藻蓝蛋白(PC)和藻红蛋白(PE)含量的测定根据 Thomasa 的方法。

可溶性蛋白(SP)含量利用考马斯亮蓝 G250 染色法测定;

可溶性糖(SS)和丙二醛(MDA)含量的测定根据张志良等的方法(2002)。

1.4 数据处理

实验数据采用 Excel 2007 和 Origin 7.0 统计软件进行数据处理及统计分析。用 One-way ANOVA(Turkey)和 t-test 检验差异的显著性,设显著水平为 $P=0.05$。

2 结果

2.1 光照强度和温度对生长的影响

图 1-A 所示,当光照强度为 72 $\mu mol \cdot m^{-2} \cdot s^{-1}$ 时,智利江蓠的生长率(RGR)最大,之后随着光照强度的增强而降低,当光强达到 108 $\mu mol \cdot m^{-2} \cdot s^{-1}$ 和 180 $\mu mol \cdot m^{-2} \cdot s^{-1}$ 时,生长速率约降低了 26%。图 1-B 显示了智利江蓠在不同温度下的生长的变化,在温度 12~21℃范围内,RGR 随着温度的增加而显著增加($P<0.05$),当温度高于 21℃时,高温使得智利江蓠的生长速率开始降低(24℃降低了 9%,27℃降低了 12%),实验后期发现,在温度 24℃和 27℃下,智利江蓠的尖端发生了不同程度的发白现象。因此,适合智利江蓠生长的光强为 72 $\mu mol \cdot m^{-2} \cdot s^{-1}$,温度为 21℃。

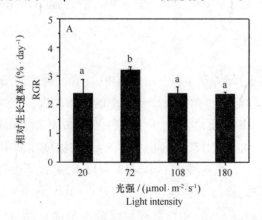
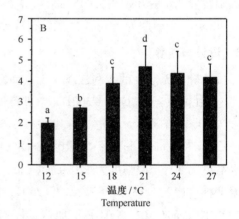

图 1 不同光照强度和温度条件下智利江蓠的 RGR 变化,$n=3$

Fig. 1 Changes of RGR of *G. chilensis* with different light intensity and temperature

2.2 光照强度和温度对色素含量的影响

光照强度和温度对智利江蓠的色素含量的影响如图 2 所示,叶绿素 a 随着光强和温度的加强含量逐渐下降,而类胡萝卜素的含量却未受到显著的影响($P>0.05$),说明在低光照强度、低温条件下有利于光合色素的积累。

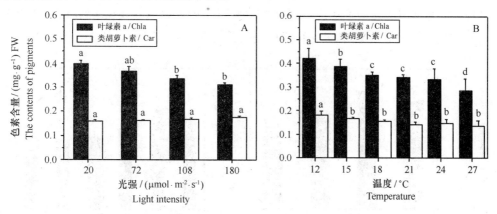

图2 不同光照强度和温度条件下智利江蓠的色素含量的变化，$n = 3$
Fig. 2 Changes of pigment contents of *G. chilensis* with different light intensity and temperature

2.3 光照强度和温度对藻胆蛋白含量的影响

智利江蓠的藻胆蛋白包括藻红蛋白(PE)、藻蓝蛋白(PC)和别藻蓝蛋白(APC)，从图3可见不同光强和温度对它们的含量造成了不同程度的影响，在光强72 $\mu mol \cdot m^{-2} \cdot s^{-1}$和温度21℃条件下，智利江蓠的藻胆蛋白的含量均达到了最高值。当光照强度增强时(> 72 $\mu mol \cdot m^{-2} \cdot s^{-1}$)，藻胆蛋白的含量会逐渐降低。当温度增高时(> 21℃)，藻胆蛋白的含量也会逐渐降低。

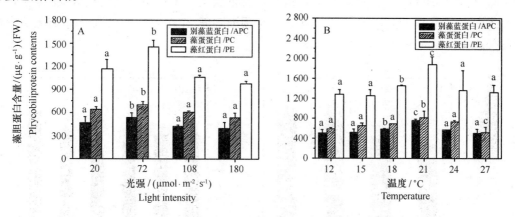

图3 不同光照强度和温度条件下智利江蓠的藻胆蛋白含量的变化，$n = 3$
Fig. 3 Changes of phycobiliprotein contents of *G. chilensis* with different light intensity and temperature

2.4 光照强度和温度对可溶性蛋白含量的影响

从图4-A可以看出，光照强度对智利江蓠的可溶性蛋白含量的影响不显著，最大值出现在72 $\mu mol \cdot m^{-2} \cdot s^{-1}$($P < 0.05$)，其他光强下含量无显著性差异($P > 0.05$)。而温度变化对可溶性蛋白的含量具有较明显的影响(图4-B),在温度15~27℃范围内,可溶性蛋白含量随着温度的增高而逐渐下降,当温度27℃时,可溶性蛋白含量下降48%($P<0.05$),而12℃和15℃之间无显著性差异($P>0.05$),表明低温有利于可溶性蛋白的积累。

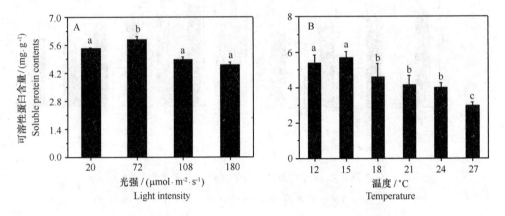

图4　不同光照强度和温度条件下智利江蓠的可溶性蛋白含量的变化,$n=3$

Fig. 4　Changes of soluble protein contents of *G. chilensis* with different light intensity and temperature

2.5　光照强度和温度对可溶性糖含量的影响

光照强度和温度对智利江蓠的可溶性糖含量的影响如图5所示。随着光强的递增,可溶性糖的含量显著增加,180 μmol·m^{-2}·s^{-1}下的含量是20 μmol·m^{-2}·s^{-1}下的147.5%,增幅显著($P<0.05$)。在不同温度下可溶性糖含量也呈现出不同的变化趋势,在温度12~21℃范围内,随着温度的增加,可溶性糖的含量逐渐降低,而在21~27℃范围内,却是显著增加($P<0.05$)。

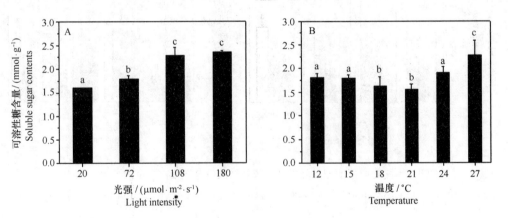

图5　不同光照强度和温度条件下智利江蓠的可溶性糖含量的变化,$n=3$

Fig. 5　Changes of soluble protein contents of *G. chilensis* with different light intensity and temperature

2.6 光照强度和温度对丙二醛含量的影响

经过 7 d 的培养适应,智利江蓠在不同光强和温度下受到了不同程度的胁迫,以致丙二醛的含量也会发生相应的变化(图6)。在光强 72 μmol·m^{-2}·s^{-1} 条件下,MDA 含量最低($P<0.05$),随着光强的增加,MDA 的含量也会相应地增加。在温度实验中,MDA 的含量最低值出现在21℃,在温度 21~27℃ 范围内,温度对 MDA 含量的影响显著($P<0.05$),当温度达到27℃时,MDA 的含量已增加了约120%($P<0.05$),高温促使了 MDA 的大量积累。

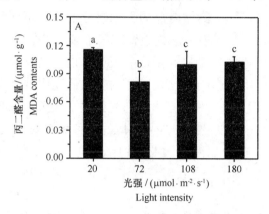 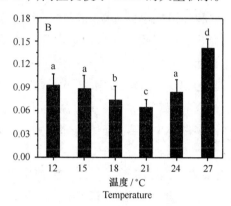

图6 不同光照强度和温度条件下智利江蓠的丙二醛含量的变化,$n=3$

Fig. 6 Changes of MDA contents of *G. chilensis* with different light intensity and temperature

3 讨论

3.1 光照强度和温度对智利江蓠生长的影响

光照和温度是影响藻类生长的重要生态因子。藻类生长所需要的能量主要来自藻体的光合作用,并不断地从外界环境中吸收营养物质来合成自身需要的化学成分。而在这一重要的过程中,光照是驱动光合作用最基本的外界条件,不过藻体对于光照强度的需求也是在一定的范围内的,当高于藻体最适光照强度便会发生光抑制,从而产生过多的单线态氧($^1O_2$)来破坏藻体的光合色素及光合机构,而最终影响到藻体的正常生长。如细基江蓠繁枝变型在光强较高(>200 μmol·m^{-2}·s^{-1})的情况下,生长速率开始下降,真江蓠的最大生长速率出现在 90 μmol·m^{-2}·s^{-1} 光强下[19]等;而在笔者的实验中,在光强 20~72 μmol·m^{-2}·s^{-1},智利江蓠的生长速率随着光强的加强而有所升高,108 μmol·m^{-2}·s^{-1} 则开始下降,说明其最适生长光强在 72 μmol·m^{-2}·s^{-1} 左右,与 Macchiavello(1998)得出的结果相似,他认为在不同温度范围内(13.7~27.7℃)不同时间阶段,智利江蓠的最大生长率在光强 45~91 μmol·m^{-2}·s^{-1} 范围内。温度对光合作用的暗反应中所涉及的关键性酶有显著的影响。在适宜的温度范围内,随着温度的升高,光合作用的暗反应加快,因而需要加快光反应以满足能量的供应,来促进藻体的生长,但是当温度过高时,高温会抑制藻体的生长,在许多藻体中已出现类似现象,如细基江蓠繁枝变型、脆江蓠等。所以,藻体的最大生长速率往往依赖于温度的变化,这在浮游植物中已得到证实。笔者实验显示的依赖于温度的最大生长速率也与此现象相一致。McLachlan等(1984)的研究发现,智利江蓠的最大生长速率是在温度18～22℃,而Macchiavello等(1998)认为智利江蓠耐受的最高温度是在25.3～27.7℃,均与笔者的研究结果相一致。

3.2 光照强度和温度对智利江蓠生化组分的影响

智利江蓠在不同光强和温度下经过7 d的适应,藻体内部的生化组分发生了不同程度的变化。叶绿素a和藻胆蛋白作为光合作用的反应中心和捕光系统,在藻体中藻胆蛋白能够捕获光能并传递给光系统Ⅱ,光能的传递方向是藻红蛋白→藻蓝蛋白→别藻蓝蛋白→叶绿素a,叶绿素a和藻胆蛋白受外界环境的影响是比较明显的。在低光照强度条件下,智利江蓠的叶绿素a的含量积累较多(图2),这种色素含量与光强呈负相关性的现象在许多藻体中存在,藻体内部色素表现出的这种变化是对外界环境的一种积极的响应,具有重要的生理生态作用。而藻红蛋白、藻蓝蛋白以及别藻蓝蛋白随着光强、温度的上升,含量在72 $\mu mol\cdot m^{-2}\cdot s^{-1}$和21℃时分别达到最大值,随后逐渐减小,这是智利江蓠适应外界环境的一种自身调节。

在智利江蓠藻体中,可溶性蛋白和可溶性糖作为重要的光合作用产物,在藻体细胞内部起着至关重要的作用。细胞内很多关键性酶都是可溶性蛋白,藻体内可溶性蛋白含量的提高,有利于维持藻体的正常代谢,并提高其抗逆性,当环境缺氮时,其还可以作为氮源为许多海藻提供氮而被利用。当藻体中含有足够量的可溶性蛋白时,藻体能有效地抵抗外界环境的干扰,维持海藻的生长。从图4中可以看出,随着光强和温度的降低,蛋白质的含量增加,这一规律在许多海藻中已有所发现;而可溶性糖主要包括蔗糖、葡萄糖、果糖和半乳糖等,可以调节细胞内的渗透压来应对外界的条件变化,是植物提高抗逆性的一种自我保护机制之一。植物在外界环境出现高温或低温等胁迫时,会主动积累一些可溶性糖,降低渗透势和冰点,以适应外界环境的变化,来消除胁迫带来的不利影响。当温度超过智利江蓠生长的最适温度(21℃),藻体内的可溶性糖的含量逐渐升高,说明高温(>21℃)已对藻体产生了胁迫;而随着温度的降低(<21℃),可溶性糖的含量逐渐升高,表明低温也不利于藻体的生长,进一步说明21℃是智利江蓠生长的最佳温度(图5)。丙二醛(MDA)作为膜脂过氧化的一种产物,其含量的高低可以间接地反应藻体受胁迫的大小,含量越低说明受胁迫越小。智利江蓠在光强72 $\mu mol\cdot m^{-2}\cdot s^{-1}$和温度21℃条件下,MDA的含量均达到最低值,从而进一步验证72 $\mu mol\cdot m^{-2}\cdot s^{-1}$和21℃是最适合智利江蓠生长的光强和温度。

3.3 关于智利江蓠在中国海区栽培的可能性

自然条件下光照强度和温度对大型海藻的影响作用是共同的,对海藻的胁迫往往也是多种环境因子协同影响的结果。笔者的实验结果只是对智利江蓠在室内受控的光照强度和温度条件下的初步研究,关于智利江蓠在海区环境下的生长研究有待于下一步开展进行。

从光照强度、温度等环境条件对藻体生长及生化组分影响的实验结果分析,智利江蓠比较适应低光照强度(72 $\mu mol \cdot m^{-2} \cdot s^{-1}$)和中等水温(21℃),结合我国南方和北方海区的不同环境条件等特点,笔者初步认为智利江蓠具有在中国海域进行栽培的可能性,冬季、春季可在南方海区进行栽培,夏季及秋季在北方海区进行栽培。

4 结论

综上所述,智利江蓠最适合生长的光强为72 $\mu mol \cdot m^{-2} \cdot s^{-1}$,温度为21℃。在此条件下,智利江蓠能够保持较快的生长速率,从光合色素、藻胆蛋白水平、可溶性蛋白以及丙二醛等生化组分的含量上分析,智利江蓠受到外界环境的胁迫较小。从智利江蓠的环境适应性上分析,具有在中国海域进行栽培的可能性。

参考文献

包杰,田相利,董双林,等. 2008. 温度、盐度和光照强度对鼠尾藻氮、磷吸收的影响[J]. 中国水产科学, 15(2): 293 – 300.

黄中坚,宋志民,杨晓,等. 2014. 生态因子对芋根江蓠的生长及生化组分的影响[J]. 南方水产科学, 10(1): 27 – 34.

霍元子,徐姗嫏,张建恒,等. 2010. 真江蓠杭州湾海域栽培实验及生态因子对藻体生长的影响[J]. 海洋科学, 34(8): 23 – 28.

金玉林,吴文婷,陈伟洲. 2012. 不同温度和盐度条件对脆江蓠生长及其生化组分的影响[J]. 南方水产科学, 8(2): 51 – 57.

李娟,黄凌风,郭丰,等. 2007. 细基江蓠对氮、磷营养盐的吸收及其对赤潮发生的抑制作用[J]. 厦门大学学报:自然科学版, 46(2): 221 – 225.

李美真,周光正. 1997. 由孢子大规模养殖产胶藻类——智利江蓠[J]. 海洋信息,(8): 17.

林贞贤,宫相忠,李大鹏. 2007. 光照和营养盐胁迫对龙须菜生长及生化组成的影响[J]. 海洋科学, 31(11): 22 – 26.

刘静雯,董双林. 2001. 光照和温度对细基江蓠繁枝变型的生长及生化组成影响[J]. 青岛海洋大学学报:自然科学版, 31(3): 332 – 338.

钱鲁闽,徐永健,王永胜. 2005. 营养盐因子对龙须菜和菊花江蓠氮磷吸收速率的影响[J]. 台湾海峡, 24(4): 549 – 552.

汪耀富,韩锦峰,林学梧. 1996. 烤烟生长前期对干旱胁迫的生理生化影响研究[J]. 作物学报, 22(1): 117 – 122.

许忠能,林小涛,计新丽,等. 2001. 环境因子对细基江蓠繁枝变种氮、磷吸收速率的影响[J]. 应用生态学报, 12(3): 417 – 421.

阳成伟,彭长连,陈贻竹. 2003. 植物光破坏防御机制的研究进展[J]. 植物学通报, 20(4): 495 – 500.

杨东,张红,陈丽萍,等. 2007. 温度胁迫对10种菊科杂草丙二醛和可溶性糖的影响[J]. 四川师范大学学报:自然科学版, 30(3): 391 – 394.

姚南瑜. 1987. 藻类生理学[M]. 大连:大连工学院出版社, 259.

余江,杨宇峰,聂湘平. 2007. 大型海藻龙须菜对重金属镉胁迫的响应[J]. 四川大学学报, 39(3): 83–90.

张学成,程晓杰,隋正红,等. 1999. 江蓠属藻胆体的研究Ⅰ:藻胆体的分离及吸收光谱特性[J]. 青岛海洋大学学报:自然科学版, 29(2): 265–270.

张志良,瞿伟菁. 2002. 植物生理学实验指导(3版)[M]. 北京:高等教育出版社, 158–160, 275–276.

赵江涛,李晓峰. 李航,等. 2006. 可溶性糖在高等植物代谢调节中的生理作用[J]. 安徽农业科学, 34(24): 6423–6425.

Beale S I, Appleman D. 1971. Chlorophyll synthesis in *Chlorella*: Regulation by Degree of Light-Limitation of Growth[J]. Plant Physiol, 47(2): 230–235.

Buschmann A H, Troell M, Kautsky N, et al. 1996. Integrated tank cultivation of *salmonids* and *Gracilaria chilensis* (Gracilariales, Rhodophyta)[J]. Hydrobiologia, 326(1): 75–82.

Duke C S, Litaker W, Ramus J. 1989. Effect of temperature, N supply, and tissue N on ammonium up take rates of the *Ulva curuata* and *Codium decorticatum*[J]. J Phycol, 25(1): 113–120.

Eppley R W. 1972. Temperature and phytoplankton growth in the sea[J]. Fish Bull, 70(4): 1063–1085.

Gao K S, McKinley K R. 1994. Use of macroalgae for marine biomass production and CO_2 remediation: a review[J]. J Appl Phycol, 6(1): 45–60.

Kursar T A, van der Meer J, Alberte R S. 1983. Light-Harvesting System of the Red Alga *Gracilaria tikvahiae*[J]. Plant Physiol, 73(2): 353–360.

Lapointe B E, Dawes C J, Tenore K R. 1984. Interactions between light and temperature on the physiological ecology of *Gracilaria tikvahiae*. Ⅱ. nitrate uptake and levels of pigments and chemical constituents[J]. Mar Biol, 80(2): 171–178.

Macchiavello J, Edison J D P, Oliveira E C. 1998. Growth Rate Responses of Five Commercial Strains of *Gracilaria* (Rhodophyta, Gracilariales) to Temperature and Light[J]. J World Aquacult Soc, 29(2): 259–266.

McGlathery K J, Pedersen Borum J. 1996. Changes in intracellular nitrogen pools and feedback controls on nitrogen uptake in *Chaetomorpha linum*[J]. J Phycol, 32(3): 393–401.

McLachlan J, Bird C J. 1984. Geographical and experimental assessment of the distribution of species of *Gracilaria* in relation to temperature. Helgolander Meeresunters, 38(3): 19–334.

Parsons T R, Strickland J D H. 1963. Disscussion of spectrophotometric determination of marine plant pigments, with revised equation for ascertaining chlorophylls and carotenoids[J]. J Mar Res, 21(3): 155–163.

Porra R J. 2002. The chequered history of the development and use of simultaneous equations for the accurate determination of chlorophylls *a* and *b*[J]. Photosynth Res, 73(1/2/3): 149–156.

Rhee G Y, Gotham I J. 1981. The effect of environmental factors on phytoplankton growth: temperature and the inter-actions of temperature with nutrient limitation[J]. Limnol Oceanogr, 26(4): 635–648.

Santelices B, Westermeier R, Bobadilla M. 1993. Effects of stock loading and planting distance on the growth and production of *Gracilaria chilensis* in rope culture[J]. J Appl Phycol, 5(5): 517–524.

不同起始密度对海水小球藻和牟氏角毛藻种间生长的影响

刘 涛,李色东

(湛江恒兴南方海洋科技有限公司,广东 湛江 52400)

摘 要:通过单培养和共培养的方法,研究了不同起始密度对海水小球藻(*Chlorella vulgaris*)和牟氏角毛藻(*Chaetoceros muelleri*)种间生长作用的影响,结果显示:不同起始密度对海水小球藻和牟氏角毛藻种间生长竞争具有明显的影响。5 种不同的接种比例下,牟氏角毛藻在与海水小球藻的竞争中始终占优势,而且随着接种密度的增加,牟氏角毛藻在种间生长竞争中的优势更加明显。在接种比例为 H:M = 4:1 时,海水小球藻对牟氏角毛藻的生长也会产生一定的抑制作用。

关键词:藻细胞密度;海水小球藻;牟氏角毛藻;种间竞争;他感作用

微藻是海洋生态系统的主要初级生产者,也是生物圈中重要的二氧化碳库,世界上约有50%的碳固定由海洋生态系统完成,其中主要是藻类的作用。海洋微藻是海洋食物链的基础,在海洋生态系统的物质循环和能量流动中起着极其重要的作用。海水小球藻(*Chlorella vulgaris*)个体小,繁殖陕,营养丰富,是双壳类幼体良好的基础饵料。而牟氏角毛藻(*Chaetoceros muelleri*)对盐度和酸碱度适应范围广泛,是我国海域重要的海洋浮游硅藻代表种类之一。

笔者选取海水小球藻和牟氏角毛藻作为实验材料,通过共培养方法,研究单养和混养对海水小球藻和牟氏角毛藻种间生长竞争关系的影响,以期为阐明海洋微藻的竞争关系和种群演替提供有价值的参考。

1 材料与方法

1.1 藻类和培养方法

实验材料牟氏角毛藻和海水小球藻由华南理工大学提供,指数生长期接种,培养液为F/2 营养盐配方,光照培养箱培养,培养条件为温度(25 ± 1)℃,光照强度 3 500 lx,光暗比 12 h:12 h,pH 为 8.0 ± 0.1,盐度 30 ± 1.0。

1.2 单培养实验

取指数生长期的牟氏角毛藻和海水小球藻,分别以 0.5×10^4/mL,1×10^4/mL,2×10^4/mL 的细胞起始密度接种于 100 mL 的 F/2 培养液中。每个细胞密度设置 3 个重复。

1.3 共培养实验

设置 5 个处理组。

A组：牟氏角毛藻（简称 M）的起始接种密度为 0.5 万/mL，海水小球藻（简称 H）的起始接种密度为 2.0 万/mL，接种比例为 M：H = 1：4。

B组：牟氏角毛藻的起始接种密度为 1.0 万/mL，海水小球藻的起始接种密度为 2.0 万/mL，接种比例为 M：H = 1：2。

C组：牟氏角毛藻和海水小球藻的起始接种密度均为 2.0 万/mL，接种比例为 M：H = 1：1。

D组：牟氏角毛藻的起始接种密度为 2.0 万/mL，海水小球藻的起始接种密度为 1.0 万/mL，接种比例为 M：H = 2：1。

E组：牟氏角毛藻的起始接种密度为 2.0 万/mL，海水小球藻的起始接种密度为 0.5 万/mL，接种比例为 M：H = 4：1。

每组实验设 3 个平行样。

1.4 藻细胞密度的计算和统计分析

在培养过程中定时摇动培养物，每天至少摇动 3 次，以防止藻类在培养期间沉淀。每隔两天取 1 mL 样品，Lugol 碘液固定，血球计数板在光学显微镜下计数，计数 3 次，取其平均值，以确定藻类的密度。所得数据均采用单因素方差分析，以确定两种海洋微藻单养和共养的平均细胞密度是否具有显著性差异。

2 结果与讨论

2.1 单培养条件下不同起始密度对两种藻生长的影响

两种微藻在不同起始密度下的生长曲线如图 1 所示。结果显示，不同起始密度对藻细胞生长具有一定的影响，随着起始密度的增加，两种藻细胞密度的生长速度都会相应加快，进入指数生长期和静止期的时间都相应提前，两种藻细胞生长和繁殖所达到的最大细胞密度变小。

2.2 共培养条件下不同起始密度对两种藻种间生长竞争的影响

共培养条件下，海水小球藻和牟氏角毛藻的生长情况如图 2 和图 3 所示，当接种比例为 H：M = 4：1 时，海水小球藻第 2 天进入对数生长期，第 8 天进入平台期，其最大细胞密度为 70 cells·mL^{-1}，为单培养时（258.75 cells·mL^{-1}）的 27.05%；牟氏角毛藻进入对数生长期和平台期的时间分别为第 2 天和第 6 天，其最大细胞密度（96.25 cells·mL^{-1}）为单培养时（252 cells·mL^{-1}）的 45.83%。

当接种比例为 H：M = 2：1 时，海水小球藻第 2 天进入对数生长期，第 4 天进入平台期，其最大细胞密度为 72 cells·mL^{-1}，为单培养时（258.75 cells·mL^{-1}）的 27.83%；牟氏角毛藻进入对数生长期和平台期的时间分别为第 2 和第 10 天，其最大细胞密度（132.5 cells·mL^{-1}）为单培养时（210 cells·mL^{-1}）的 63.10%。

当接种比例为 H：M = 1：1 时，海水小球藻第 2 天进入对数生长期，第 10 天进入平台期，

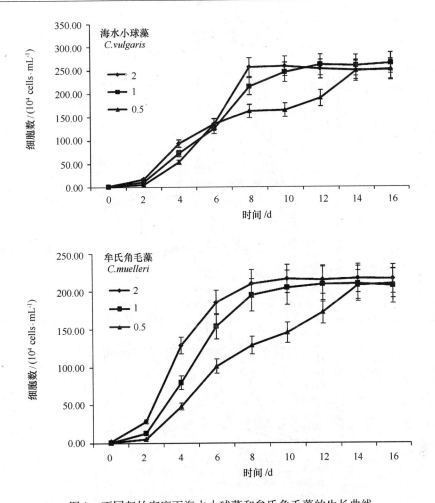

图 1 不同起始密度下海水小球藻和牟氏角毛藻的生长曲线

Fig. 1 Growth curves of *C. vulgaris* and *C. muelleri* different initial cell density

其最大细胞密度为 43.75 cells·mL^{-1},为单培养时(261.25 cells·mL^{-1})的 16.51%;牟氏角毛藻进入对数生长期和平台期的时间分别为第 2 和第 8 天,其最大细胞密度(138.75)为单培养时(210)的 66.07%。

当接种比例为 H:M = 1:2 时,海水小球藻第 2 天进入对数生长期,第 12 天进入平台期,其最大细胞密度为 30 cells·mL^{-1},为单培养时(252 cells·mL^{-1})的 11.91%;牟氏角毛藻进入对数生长期和平台期的时间分别为第 2 和第 8 天,其最大细胞密度(150 cells·mL^{-1})为单培养时(210 cells·mL^{-1})的 69.12%。

当接种比例为 H:M = 1:4 时,海水小球藻第 4 天进入对数生长期,第 8 天进入平台期,其最大细胞密度为 35 cells·mL^{-1},为单培养时(252 cells·mL^{-1})的 13.21%;牟氏角毛藻进入对数生长期和平台期的时间分别为第 2 和第 8 天,其最大细胞密度(191.25 cells·mL^{-1})为单培养时(217 cells·mL^{-1})的 88.13%。

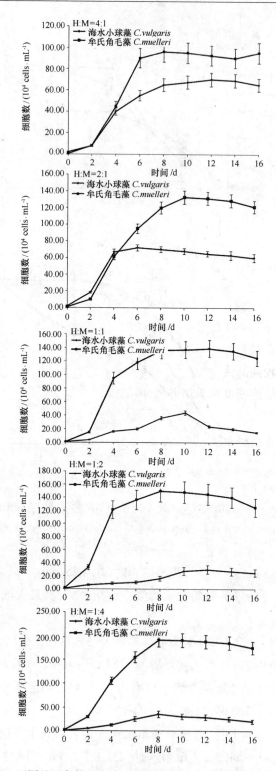

图 2 不同处理条件下海水小球藻和牟氏角毛藻种群生长曲线

Fig. 2 Growth curves of *C. vulgaris* and *C. muelleri* under different treatments

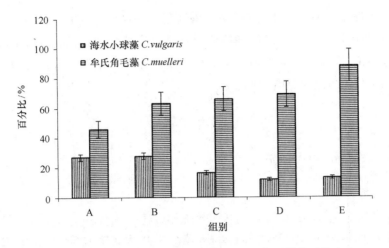

图3 不同处理条件下海水小球藻和牟氏角毛藻的百分比
Fig. 3 Percentage of *C. vulgaris* and *C. muelleri* in different treatment

比较以上5个实验结果,在牟氏角毛藻与海水小球藻的共培养过程中,牟氏角毛藻始终占据优势地位,而且随着接种起始密度的增加,牟氏角毛藻的竞争优势愈加明显。与此相反,海水小球藻只有在较高的接种比例下,才表现出对牟氏角毛藻的抑制作用。统计分析表明,海水小球藻的最大细胞密度在单培养和共培养时存在显著差异,而牟氏角毛藻只有在接种比例为 H:M=4:1 和 H:M=2:1 时才有显著差异。

2.3 不同接种比例对藻类竞争关系的影响分析

本实验的结果表明,不同起始密度明显地影响海水小球藻和牟氏角毛藻种群竞争关系。许多研究显示,很多藻类之间存在明显的相互作用关系,氮浓度、磷浓度、氮磷比等环境因子和起始密度对藻类生长及其相互之间的作用具有重要的影响,使得不同藻类的在不同的培养体系下种群的生长速度也不尽不同,从而导致藻种间竞争的优胜劣汰,优势种的交替。众多研究结果表明,不同藻类之间的竞争有两种不同的竞争机制在发挥作用,一种是由于藻类吸收营养的能力不同而导致优势种对其他藻类的生长产生抑制作用;另一种则是由于藻类之间存在的他感作用。Fogg等(1971)的研究证明海洋微藻能够分泌胞外产物,如碳水化合物、毒素、酶和其他不稳定的产物,可直接或间接的抑制其他藻类的生长,从而影响藻类的群落组成,平衡和演替。因此,除了营养物质吸收能力的不同,化感作用在藻类的种间竞争中发挥了重要的作用,他感作用发生在两个方面,一种是直接的细胞接触;另一种是通过分泌胞外次生代谢产物产生的抑制作用。潘克厚等(2007)的研究显示,三角褐指藻对赤潮异湾藻(*Heterosigma akashiwo*)的抑制作用与细胞接触的频次有关,本实验中牟氏角毛藻对海水小球藻的抑制作用属于哪一种方式,还有待于进一步研究。

3 结论

共培养实验结果显示,不同起始密度对海水小球藻和牟氏角毛藻种群竞争关系存在明显的影响。在接种比例 H:M=1:4 时,牟氏角毛藻对海水小球藻的生长具有明显的抑制作用,在种间的竞争中占有明显的优势,但随着小球藻接种比例的增加,虽然牟氏角毛藻在竞争中占有优势地位,但其生长也受到了海水小球藻的抑制,除了营养盐的消耗外,他感作用对两者最后的生长竞争结果具有重要影响。

参考文献

陈炳章,朱明远,王宗灵,等.2005.赤潮藻类的适应与竞争策略[J].生态学报,24(1):70-73.

陈洁,段舜山,李爱芬,等.2003.眼点拟绿球藻与扁藻在不同接种比例条件下的竞争[J].海洋科学,27(5):73-78.

高亚辉,荆红梅,黄德强,等.2002.海洋微藻胞外产物研究进展[J].海洋科学,26(3):35-38.

黄伟伟,蔡卓平,肖群,等.2010.杜氏盐藻和亚心形扁藻在不同接种密度和氮浓度下的细胞群体生长[J].生态科学,29(4):318-323.

茅华,许海,刘兆普,等.2008.不同起始细胞密度对旋链角毛藻和中肋骨条藻种群竞争的影响[J]海洋环境科学,27(5):458-461.

潘克厚,王金凤,朱葆华.2007.海洋微藻间竞争研究进展[J].海洋科学,31(5):58-62.

彭喜春,刘洁生,杨维东.2006.赤潮藻毒素生物合成研究进展[J].热带亚热带植物学报,14(1):81-86.

邵波,徐善良,齐闯,等.2013.氮磷对青岛大扁藻和牟氏角毛藻单养和共培养生长的影响[J].生物学杂志,30(1):43-46.

谢志浩,俞泓伶,裘辉.2011.不同起始密度对等鞭金藻和三角褐指藻种间生长的影响[J].宁波大学学报:理工版,24(4):1-4.

Fogg G E. 1971. Extracellular product of algae in freshwater[J] Ergebnder Limnol,(5):1-25.

Hegarty S G, Villareal T A. 1998. Efect of light level and N:P supply ratio on the competition between *Phaeocystis* cf. *pouchetii* (Harlot) Lagerheim (*Prymnesiophyceae*) and five diatom species[J]. J Exp Mar Biol Ecol,226:241-258.

Pratt C M. 1966. Competition between *Skeletonema costatum* and *Olisthediscus luteus* in Narraganesett Bay and Inculture[J]. Limnol Oceanogr,11:447-455.

Sommer U. 1994. The impact of light intensity and day-length on silicate and nitrate competition among marine phytoplankton[J]. Limnol Oceanogr,39:1680-1688.

Sommer U. 1991. Comparative nutrient status and competitive interactions of two Antarctic diatoms (*Corethron criophilum* and *Thalassiosira antarctica*)[J]. J Plank Res, 13:61-75.

Thi N N P, Huisman J, Sommeijar B P. 2005. Simulation of three dimensional phytoplankton dynamics: competition in light-limited environments[J]. J Computational and Applied Mathematics,174:57-77.

Uchida T, Matsuyama Y, Yamaguchi M. 1996. Growth interactions between a red tide dinoflagellate *Hewro-capsa circularisquama* and some other phytoplankton species culture[M]. Paris: Intergovernmental Oceano-graphic Commission of UNESCO,369-372.

Uchida T, Satorutoda Y, Matsuyama Y. 1999. Interactions between the red tide dinoflagellates *Heterocapsa circularwasquama* and *Gymnodinium mikimotoi* in laboratory[J]. J Exp Mar Biol Ecol,241:285-299.

Uchida T, Yamaguchi M, Matsuyama Y. 1995. The red-tide dinoflagellate *Heterocapsa* sp. kills *Gyrodinium instriatum* by cell contact[J]. Mar Ecol Prog Ser,18:301-303.

海、淡水养殖日本鳗鲡肌肉和鱼皮营养分析比较[*]

胡园[2,3],周朝生[1,2,3],胡利华[2,3,4],潘齐存[2,3],蒋倩倩[2,3],
王瑶华[2,3],陈肖肖[2,3],戴勇[5]

(1. 中国海洋大学 海洋生命学院,山东 青岛 266003;2. 浙江省海洋水产养殖研究所,浙江 温州 325005;3. 浙江省近岸水域生物资源开发与保护重点实验室,浙江 温州 325005;4. 宁波大学 教育部应用海洋生物技术重点实验室,浙江 宁波 315211;5. 温州医科大学 生命科学学院,浙江 温州 325035)

摘 要:为了比较海、淡水养殖日本鳗鲡(*Anguilla japonics*)肌肉和鱼皮营养成分的差异,利用常规方法对海水与淡水养殖日本鳗鲡肌肉和鱼皮的一般营养成分、氨基酸含量、脂肪酸含量和矿物质含量进行测定。结果显示,海、淡水养殖日本鳗鲡鱼皮的水分含量、粗蛋白和灰分含量均显著性低于肌肉($P<0.05$),但粗脂肪含量显著高于肌肉($P<0.05$)。淡水养殖日本鳗鲡肌肉的粗蛋白含量显著性高于海水养殖日本鳗鲡($P<0.05$)。海、淡水养殖日本鳗鲡肌肉总氨基酸含量分别为50.22%和54.10%,鱼皮总氨基酸含量分别为42.56%和45.80%,肌肉的必需氨基酸含量高于鱼皮($P<0.05$)。除精氨酸、甘氨酸、丙氨酸和脯氨酸差异不显著($P>0.05$)外,淡水养殖日本鳗鲡肌肉中其他13种氨基酸的含量均显著高于海水养殖日本鳗鲡($P<0.05$)。淡水养殖日本鳗鲡鱼皮的组氨酸、丝氨酸、甘氨酸和脯氨酸含量显著高于海水养殖日本鳗鲡($P<0.05$),其他13种氨基酸的含量均差异不显著($P>0.05$)。海、淡水养殖日本鳗鲡肌肉和鱼皮均以不饱和脂肪酸为主,分别为67.24%、67.51%和67.51%、65.96%,在不饱和脂肪酸中,单不饱和脂肪酸比例较大,海、淡水养殖日本鳗鲡肌肉和鱼皮均以C18:1n9含量为主,分别达到43.49%、38.70%和44.79%、38.64%。海水养殖日本鳗鲡肌肉Fe、Ca、Cu、Na的平均含量均显著高于淡水养殖日本鳗鲡($P<0.05$),Zn、Mg的平均含量显著性低于淡水养殖日本鳗鲡($P<0.05$);Mn、K的平均含量差异不显著($P>0.05$)。海水养殖日本鳗鲡鱼皮Fe、Mn、Na的平均含量显著性高于淡水养殖日本鳗鲡($P<0.05$);Zn显著性低于淡水养殖日本鳗鲡($P<0.05$);Ca、Cu、Mg、K的平均含量差异不显著($P>0.05$)。研究表明,不同养殖环境的日本鳗鲡肌肉和鱼皮营养成分丰富,淡水养殖日本鳗鲡肌肉和鱼皮的氨基酸含量和脂肪酸组成方面稍优于海水养殖日本鳗鲡,而海水养殖环境日本鳗鲡肌肉和鱼皮的矿物质元素含量得到较高的富集。

---

[*] 基金项目:温州市水产增养殖技术创新团队项目(NO. C20120004).
作者简介:胡园(1988 -),女,浙江温州,工程师,主要研究方向:动物营养与饲料学,E-mail: yuanhu2009great@163.com
通信作者:周朝生(1972 -),男,浙江乐清,高级工程师,中国海洋大学海洋生命学院生态学博士研究生,主要研究方向:海洋生物生理生态学研究,E-mail: zcscll@126.com

关键词：日本鳗鲡；海水养殖；淡水养殖；肌肉；鱼皮；营养成分

日本鳗鲡(*Anguilla japonics*)属鳗鲡科,又称河鳗,隶属于硬骨鱼纲、鳗鲡目、鳗鲡科,系亚洲特有种,为降河性洄游鱼类,即在淡水中生长、育肥,海水中产卵,广泛分布于日本、韩国、朝鲜和我国沿海。因其肉质细嫩、营养丰富和味道鲜美,备受消费者的青睐。日本鳗鲡的研究主要集中在生态分布、养殖技术、病害和繁育等方面,其养殖模式主要以淡水养殖为主,近年来,浙江、福建沿海开展日本鳗鲡海水养殖取得了一定成效。海水环境中盐度变化对鱼类渗透压、消化吸收、代谢方式及免疫功能都会产生影响,有关海、淡水养殖日本鳗鲡肌肉和鱼皮营养成分差异的分析国内外尚未报道。因此,本研究分别对不同养殖环境(海水与淡水)日本鳗鲡肌肉和鱼皮营养价值进行较为全面的比较分析,旨在全面地了解海水养殖日本鳗鲡的营养特征,为海水养殖环境下日本鳗鲡饲料配方的改进、海水养殖环境的改良及营养评价提供基础资料和理论依据。

1 材料与方法

1.1 样品采集

淡水养殖日本鳗鲡活体样品于2014年2月采自浙江省乐清市大荆鳗鱼淡水养殖塘;海水养殖日本鳗鲡活体样品于2014年2月采自浙江省海洋水产养殖研究所清江海水养殖基地。

1.2 仪器

Labcono冷冻干燥器;烘箱;电子天平;EL-104马弗炉;日立L-8900氨基酸分析仪;Varian 450-GC型气相色谱仪(美国瓦力安公司);Varian AA-240FS/GTA型原子吸收光谱仪;Eppendorf移液器;Milestone ETHOS1微波消解系统;BUCHI凯氏定氮仪K-360;漩涡混合仪;SB-5200DT超声波清洗机等。

1.3 方法

1.3.1 样品处理

将活鳗鲡剖杀去除血污,取肌肉,用高速组织捣碎机将肉捣碎,取皮肤样品并用剪刀剪碎,经绞碎的肌肉和鱼皮分别混合均匀,采用真空冷冻干燥机进行干燥,干燥处理的样品置于-20℃冰箱保存,用于营养成分分析。

1.3.2 基本营养成分测定

水分测定采用恒温常压干燥法(GB 5009.3-2010);粗蛋白测定采用微量凯氏定氮法(GB 5009.5-2010);粗脂肪测定采用索氏抽提法(GB/T 14772-2008);灰分测定采用马弗炉灼烧法(GB 5009.4-2010)。

1.3.3 氨基酸的测定

样品经酸(6 mol/L HCl)水解后,依据GB/T 5009.124-2003方法在日立L-8900高速

1.3.4 脂肪酸的测定

样品中脂肪酸的提取参照 Folch 等(1957)的方法并略有改进,使用气相色谱仪测定脂肪酸组成,各脂肪酸相对含量的确定采用面积归一化法。

1.3.5 矿物质的测定

样品采用 $HNO_3 - H_2O_2$ 微波消解,混合标准溶液配制,空气乙炔火焰原子吸收分光光度法对日本鳗鲡中钾、钠、镁、铁、铜、锌、锰和钙8种矿物质含量进行测定。

1.4 数据处理

数据处理采用统计分析软件 SAS9.1 对实验结果进行统计分析,结果以平均值±标准误差($\bar{x}±SD$)表示,$P<0.05$ 为差异显著。

2 结果

2.1 海、淡水养殖日本鳗鲡肌肉和鱼皮的主要营养成分

海、淡水养殖日本鳗鲡肌肉和鱼皮水分、粗蛋白、粗脂肪和灰分的含量测定结果见表1。由表1可知,海、淡水养殖日本鳗鲡鱼皮的水分含量(54.96%、61.29%)、粗蛋白含量(46.72%、44.71%)和灰分含量(3.19%、3.07%)均显著性低于肌肉水分含量(65.27%、68.90%)、粗蛋白含量(55.02%、57.84%)和灰分含量(4.66%、4.03%),海、淡水养殖日本鳗鲡鱼皮的粗脂肪含量(48.08%、48.35%)显著性高于肌肉的脂肪含量(40.45%、38.66%)($P<0.05$)。淡水养殖日本鳗鲡肌肉的粗蛋白含量显著性高于海水养殖日本鳗鲡($P<0.05$),但两者肌肉和鱼皮的粗脂肪和灰分含量差异不显著($P>0.05$)。表明日本鳗鲡是一种高蛋白、高脂肪的优质鱼类,并含有丰富的矿物元素,营养价值极高,其中肌肉和鱼皮中的主要营养物质含量组成存在差异。

表1 海、淡水养殖日本鳗鲡肌肉和鱼皮的主要营养物质($n=3$)

Tab.1 Main nutrient components in the muscle and skin of maricultured and freshwater-cultured *Anguilla japonics* ($n=3$)

项目	海水养殖日本鳗鲡		淡水养殖日本鳗鲡	
	肌肉	鱼皮	肌肉	鱼皮
水分/%	65.27±0.76[b]	54.96±0.46[c]	68.90±0.17[a]	61.29±0.94[d]
粗蛋白/%	55.02±0.39[b]	46.72±2.14[c]	57.84±0.43[a]	44.71±1.10[c]
粗脂肪/%	40.45±0.77[b]	48.08±0.68[a]	38.66±0.92[b]	48.35±2.69[a]
灰分/%	4.66±0.14[a]	3.19±0.10[b]	4.03±0.83[a]	3.07±0.20[b]

注:水分含量以湿重计,粗蛋白、粗脂肪和灰分以干重计,为平均值±标准偏差($n=3$),同行数据上标不同字母表示有显著差异($P<0.05$).

2.2 海、淡水养殖日本鳗鲡肌肉和鱼皮的氨基酸组成

表2列出了海、淡水养殖日本鳗鲡肌肉和鱼皮17种常见氨基酸组成和含量,其中包括7种人体必需氨基酸(EAA)、2种半必需氨基酸(HEAA)和8种非必需氨基酸(NEAA),海、淡水养殖日本鳗鲡肌肉总氨基酸含量分别为50.22%和54.10%,鱼皮总氨基酸含量分别为42.56%和45.80%。海、淡水养殖日本鳗鲡肌肉的必需氨基酸含量(19.19%、21.84%)高于鱼皮(10.34%、10.71%)。海、淡水养殖日本鳗鲡肌肉17种氨基酸的含量高低顺序基本一致,均以谷氨酸最高,其次为天冬氨酸,之后依次为赖氨酸、亮氨酸、甘氨酸、丙氨酸、精氨酸、缬氨酸含量都大于1%。海、淡水养殖日本鳗鲡鱼皮17种氨基酸的含量高低顺序基本一致,均以甘氨酸最高,其次为脯氨酸,之后依次为谷氨酸、丙氨酸、精氨酸、天冬氨酸、赖氨酸、亮氨酸。海、淡水养殖日本鳗鲡肌肉 EAA/TAA 分别为38.21%、40.37%,EAA/NEAA 分别为61.84%、67.70%。根据 FAO/WHO 的理想模式,质量较好的蛋白质其组成的氨基酸 EAA/TAA 为40%左右,EAA/NEAA 则在60%以上[6]。本研究表明海、淡水养殖日本鳗鲡肌肉中 EAA/TAA 和 EAA/NEAA 均符合上述指标的要求,即氨基酸平衡效果较好。

表2 海、淡水养殖日本鳗鲡肌肉和鱼皮的氨基酸含量($n=3$,干重%)
Tab. 2 Amino acid composition in the muscle and skin of maricultured and freshwater-cultured *Anguilla japonics* ($n=3$, Dry weight%)

氨基酸类别	氨基酸种类	海水养殖日本鳗鲡		淡水养殖日本鳗鲡	
		肌肉	鱼皮	肌肉	鱼皮
必需氨基酸	亮氨酸(Leu)	4.02 ± 0.06^b	1.98 ± 0.11^c	4.53 ± 0.07^a	1.95 ± 0.01^c
	异亮氨酸(Ile)	2.31 ± 0.06^b	0.95 ± 0.07^c	2.66 ± 0.04^a	0.94 ± 0.02^c
	甲硫氨酸(Met)	1.59 ± 0.03^b	0.89 ± 0.05^c	1.67 ± 0.03^a	0.89 ± 0.03^c
	苯丙氨酸(Phe)	2.27 ± 0.02^b	1.80 ± 0.28^c	2.70 ± 0.25^a	1.96 ± 0.24^{bc}
	苏氨酸(Thr)	2.21 ± 0.01^b	1.34 ± 0.05^c	2.46 ± 0.06^a	1.31 ± 0.02^c
	缬氨酸(Val)	2.57 ± 0.02^b	1.26 ± 0.07^c	2.89 ± 0.04^a	1.24 ± 0.01^c
	赖氨酸(Lys)	4.23 ± 0.04^b	2.11 ± 0.34^c	4.94 ± 0.25^a	2.42 ± 0.30^c
半必需氨基酸	组氨酸(His)	1.84 ± 0.01^b	0.82 ± 0.10^d	2.50 ± 0.06^a	0.96 ± 0.07^c
	精氨酸(Arg)	3.29 ± 0.01^b	3.47 ± 0.19^{ab}	3.30 ± 0.06^b	3.74 ± 0.22^a
非必需氨基酸	谷氨酸(Glu)	7.31 ± 0.06^b	4.60 ± 0.21^c	7.85 ± 0.21^a	4.72 ± 0.12^c
	天冬氨酸(Asp)	4.74 ± 0.03^b	2.87 ± 0.13^c	5.29 ± 0.13^a	3.00 ± 0.07^c
	丝氨酸(Ser)	2.02 ± 0.01^b	1.55 ± 0.06^d	2.17 ± 0.04^a	1.76 ± 0.07^c
	甘氨酸(Gly)	3.88 ± 0.12^c	8.79 ± 0.62^b	3.20 ± 0.06^c	9.79 ± 0.77^a
	丙氨酸(Ala)	3.33 ± 0.03^b	4.13 ± 0.23^a	3.38 ± 0.05^b	4.44 ± 0.29^a
	胱氨酸(Cys)	0.65 ± 0.04^b	0.47 ± 0.01^c	0.74 ± 0.06^a	0.49 ± 0.01^c
	酪氨酸(Tyr)	1.67 ± 0.02^b	0.81 ± 0.04^c	1.86 ± 0.04^a	0.80 ± 0.04^c
	脯氨酸(Pro)	2.31 ± 0.04^c	4.70 ± 0.24^b	1.97 ± 0.05^c	5.40 ± 0.35^a

续表

氨基酸类别	氨基酸种类	海水养殖日本鳗鲡		淡水养殖日本鳗鲡	
		肌肉	鱼皮	肌肉	鱼皮
非必需氨基酸	总氨基酸(TAA)	50.22 ± 0.12^b	42.56 ± 2.40^d	54.10 ± 1.00^a	45.80 ± 1.85^c
	总必需氨基酸(EAA)	19.19 ± 0.22	10.34 ± 0.82	21.84 ± 0.51	10.71 ± 0.53
	EAA/TAA(%)	38.21	24.30	40.37	23.38
	EAA/NEAA	61.84	32.09	67.70	30.52
	呈味氨基酸含量(%)	19.26	20.40	19.72	21.95
	呈味氨基酸占总量(%)	38.35	47.92	36.44	47.91

注：所有数值以干重计，为平均值±标准偏差($n=3$)，同行数据上标不同字母表示有显著差异($P<0.05$)。

除精氨酸、甘氨酸、丙氨酸和脯氨酸差异不显著($P>0.05$)外，淡水养殖日本鳗鲡肌肉中其他13种氨基酸的含量均显著高于海水养殖日本鳗鲡($P<0.05$)。淡水养殖日本鳗鲡鱼皮的组氨酸、丝氨酸、甘氨酸和脯氨酸含量显著高于海水养殖日本鳗鲡($P<0.05$)，其他13种氨基酸的含量差异均不显著($P>0.05$)。

鱼肉味道的鲜美程度与鲜味氨基酸(谷氨酸 Glu、天冬氨酸 Asp、甘氨酸 Gly、丙氨酸 Ala)的组成和含量有关，鲜味氨基酸占氨基酸总量的百分比越大，味道也就越鲜美[7]。海、淡水养殖日本鳗鲡肌肉的4种鲜味氨基酸含量由高到低依次为：谷氨酸、天冬氨酸、甘氨酸(丙氨酸)、丙氨酸(甘氨酸)；鱼皮的4种鲜味氨基酸含量由高到低依次为甘氨酸、谷氨酸、丙氨酸、天冬氨酸。海、淡水养殖日本鳗鲡鱼皮呈鲜味氨基酸占总量比例(47.92%、47.91%)高于肌肉呈鲜味氨基酸占总量比例(38.35%、36.44%)。鱼皮更鲜美，故烤鳗片不去皮，结合加工食用习惯在讨论中阐述。

2.3 海、淡水养殖日本鳗鲡肌肉和鱼皮的脂肪酸分析

海、淡水养殖日本鳗鲡肌肉和鱼皮含有相同种类的脂肪酸共23种(表3)，包括7种饱和脂肪酸(Saturated fatty acid, SFA)和16种不饱和脂肪酸(Unsaturated fatty acid, UFA)，其中单不饱和脂肪酸(Monounsaturated fatty acid, MUFA) 6种和多不饱和脂肪酸(Polyunsaturated fatty acid, PUFA) 10种。SFA中主要以C14:0(肉豆蔻酸)、C16:0(棕榈酸)和C18:0(硬脂酸)为主，三者含量在3.99%~24.11%，海水养殖日本鳗鲡肌肉和鱼皮C18:0含量均显著高于淡水养殖日本鳗鲡($P<0.05$)，但C16:0含量显著性均低于淡水养殖日本鳗鲡($P<0.05$)；MUFA中主要为C16:1(棕榈油酸)和C18:1n9(顺反油酸)，两者含量在7.71%~44.79%，海水养殖日本鳗鲡肌肉和鱼皮C16:1含量均显著性低于淡水养殖日本鳗鲡($P<0.05$)，但C18:1n9含量均显著性高于淡水养殖日本鳗鲡($P<0.05$)；PUFA中主要为C22:6n3(二十二碳六烯酸，DHA)、C20:5n3(二十碳五烯酸，EPA)和C18:2n6(顺反亚油酸)，三者含量在2.14%~8.89%，海水养殖日本鳗鲡肌肉和鱼皮的DHA含量均显著低于淡水养殖日本鳗鲡($P<0.05$)，但C18:2n6含量均显著高于淡水养殖日本鳗鲡($P<0.05$)，淡水养殖日本鳗鲡肌肉EPA含量显著性高于海水养殖日本鳗鲡($P<0.05$)，但鱼皮的EPA含量差异

不显著。

总体来说,海、淡水养殖日本鳗鲡肌肉和鱼皮均含丰富的不饱和脂肪酸,分别为67.24%、67.51%和67.51%、65.96%,均高于饱和脂肪酸,说明海、淡水养殖日本鳗鲡肌肉和鱼皮的脂肪酸组成以不饱和脂肪酸为主。在不饱和脂肪酸中,单不饱和脂肪酸比例较大,海、淡水养殖日本鳗鲡肌肉和鱼皮均以 C18:1n9 含量为主,分别达到 43.49%、38.70% 和 44.79%、38.64%。实验结果表明,海、淡水养殖日本鳗鲡肌肉和鱼皮的脂肪酸组成和含量基本一致。

表3 海、淡水养殖日本鳗鲡鱼肉和鱼皮脂肪酸的组成及含量($n=3$,干重%)
Tab. 3　Fatty acids composition in the muscle and skin of maricultured and freshwater-cultured of *Anguilla japonica* ($n=3$, Dry weight%)

脂肪酸种类	海水养殖日本鳗鲡		淡水养殖日本鳗鲡	
	肌肉	鱼皮	肌肉	鱼皮
肉豆蔻酸(C14:0)	5.281 ± 0.032^a	4.300 ± 0.346^b	4.571 ± 0.124^b	5.107 ± 0.140^a
十五碳酸(C15:0)	0.285 ± 0.005^b	0.265 ± 0.014^c	0.279 ± 0.006^{bc}	0.308 ± 0.002^a
棕榈酸(C16:0)	21.359 ± 0.185^c	21.995 ± 0.663^c	23.296 ± 0.040^b	24.110 ± 0.279^a
十七碳酸(C17:0)	0.219 ± 0.002^c	0.204 ± 0.005^d	0.251 ± 0.002^b	0.269 ± 0.004^a
硬脂酸(C18:0)	5.391 ± 0.045^b	5.572 ± 0.175^a	3.882 ± 0.016^d	3.994 ± 0.050^c
花生酸(C20:0)	0.175 ± 0.007^a	0.181 ± 0.028^a	0.137 ± 0.022^b	0.132 ± 0.003^b
山嵛酸(C22:0)	0.048 ± 0.002^a	0.034 ± 0.012^b	0.039 ± 0.003^{ab}	0.034 ± 0.002^b
饱和脂肪酸ΣSFA	32.76	32.55	32.45	33.95
肉豆蔻烯酸(C14:1)	0.214 ± 0.004^b	0.115 ± 0.019^c	0.237 ± 0.009^a	0.253 ± 0.006^a
棕榈油酸(C16:1)	8.860 ± 0.039^b	7.713 ± 0.397^c	9.671 ± 0.067^a	9.866 ± 0.117^a
十七碳烯酸(C17:1)	0.275 ± 0.010^{ab}	0.252 ± 0.001^b	0.336 ± 0.030^a	0.403 ± 0.003^a
顺反油酸(C18:1n9)	43.489 ± 0.103^b	44.794 ± 0.860^a	38.704 ± 0.239^c	38.640 ± 0.114^c
二十碳烯酸(C20:1n9)	1.294 ± 0.019^a	1.466 ± 0.100^c	2.093 ± 0.010^b	2.035 ± 0.088^a
芥酸(C22:1n9)	0.218 ± 0.062^a	0.202 ± 0.092^a	0.348 ± 0.160^a	0.254 ± 0.082^a
单不饱和脂肪酸ΣMUFA	54.35	54.54	51.39	51.45
顺反亚油酸(C18:2n6)	3.131 ± 0.027^b	3.803 ± 0.013^a	2.518 ± 0.021^c	2.7412 ± 0.0186^d
r-亚麻酸(C18:3N6)	0.114 ± 0.002^b	0.125 ± 0.006^a	0.109 ± 0.002^b	0.115 ± 0.005^b
a-亚麻酸(C18:3N3)	0.445 ± 0.005^d	0.508 ± 0.011^c	0.536 ± 0.021^b	0.565 ± 0.010^a
二十碳二烯酸(C20:2)	0.280 ± 0.006^a	0.269 ± 0.011^a	0.232 ± 0.026^b	0.211 ± 0.008^b
二十碳三烯酸(C20:3n3)	0.670 ± 0.003^b	0.699 ± 0.083^b	0.820 ± 0.057^a	0.720 ± 0.061^{ab}
二十一烷酸(C20:3n6)	0.309 ± 0.020^a	0.311 ± 0.034^a	0.177 ± 0.034^b	0.163 ± 0.018^b
花生四烯酸(C20:4n6),AA	0.074 ± 0.010^a	0.096 ± 0.037^a	0.227 ± 0.151^a	0.162 ± 0.030^a
二十碳五烯酸(C20:5n3),EPA	2.481 ± 0.036^b	2.135 ± 0.007^c	5.564 ± 0.030^a	2.216 ± 0.072^b
二十二碳二烯酸(C22:2)	0.054 ± 0.012^a	0.043 ± 0.025^a	0.055 ± 0.015^a	0.039 ± 0.011^a

营养、代谢与饲料　　345

续表

脂肪酸种类	海水养殖日本鳗鲡		淡水养殖日本鳗鲡	
	肌肉	鱼皮	肌肉	鱼皮
二十二碳六烯酸(C22:6n3),DHA	5.339±0.130^c	4.973±0.132^d	8.885±0.118^a	7.574±0.267^b
多不饱和脂肪酸∑PUFA	12.90	12.96	16.12	14.51
DHA/EPA	2.15	2.33	1.60	3.42
EPA+DHA	7.82	7.11	14.45	9.79
∑n3PUFA	8.94	8.32	15.27	11.08
∑n6 PUFA	3.63	4.34	3.03	3.18
n3/n6PUFA	2.46	1.92	5.04	3.48

注:所有数值以干重计,为平均值±标准偏差($n=3$),同行数据上标不同字母表示有显著差异($P<0.05$).

2.4　海、淡水养殖日本鳗鲡肌肉和鱼皮的矿物质含量分析

海、淡水养殖日本鳗鲡肌肉和鱼皮矿物质元素含量的测定结果见表4。表4中K、Na、Mg、Ca为常量元素,Zn、Fe、Cu、Mn为微量元素。海、淡水养殖日本鳗鲡肌肉矿物质含量高低顺序为:K>Na>Ca>Mg>Zn>Fe>Cu>Mn;鱼皮矿物质含量高低顺序为:Ca>K>Na>Mg>Zn>Fe>Mn>Cu;海、淡水养殖日本鳗鲡肌肉K元素含量高于鱼皮约3倍,鱼皮的Ca元素含量高于肌肉约4~10倍。

表4　海、淡水养殖日本鳗鲡肌肉和鱼皮矿物质元素含量的比较
Tab. 4　Mineral element contents in the muscle and skin of maricultured and freshwater-cultured of *Anguilla japonica*.　　mg/kg

矿物元素	海水养殖日本鳗鲡		淡水养殖日本鳗鲡	
	肌肉	鱼皮	肌肉	鱼皮
Zn	58.18±3.82^d	80.46±4.03^b	66.99±2.27^c	152.74±2.99^a
Fe	20.79±2.46^a	19.41±1.17^a	12.06±1.16^b	11.09±1.57^b
Ca	1 632.48±322.77^b	7 075.51±173.41^a	678.32±95.71^c	6 555.53±570.17^a
Cu	1.85±0.24^a	0.84±0.06^b	0.88±0.11^b	1.13±0.16^b
Mg	570.11±26.16^b	346.27±2.80^c	659.84±5.05^a	314.46±33.63^c
Mn	1.27±0.20^c	4.61±0.02^a	1.16±0.12^c	2.70±0.1^b
K	8 381.70±304.63^a	2 677.79±166.70^b	8 319.33±161.16^a	2 659.41±316.09^b
Na	2 123.34±88.94^a	1 996.47±22.09^a	1 428.37±51.09^b	1 544.01±254.71^b

注:所有数值以干重计,为平均值±标准偏差($n=3$),同行数据上标不同字母表示有显著差异($P<0.05$).

海水养殖日本鳗鲡肌肉Fe、Ca、Cu、Na的平均含量均显著高于淡水养殖日本鳗鲡($P<0.05$),并且海水养殖日本鳗鲡肌肉Ca和Cu含量高于淡水养殖日本鳗鲡约2倍;Zn、Mg的平均含量显著性低于淡水养殖日本鳗鲡($P<0.05$);Mn、K的平均含量差异不显著($P>0.05$)。

海水养殖日本鳗鲡鱼皮 Fe、Mn、Na 的平均含量显著性高于淡水养殖日本鳗鲡（$P<0.05$）；Zn 显著性低于淡水养殖日本鳗鲡（$P<0.05$）；Ca、Cu、Mg、K 的平均含量差异不显著（$P>0.05$）。

3 讨论

（1）鱼类营养成分是衡量人工养殖生产和产品品质的重要指标，营养成分主要包括水分、蛋白质、脂肪、微量元素和矿物质。目前，国内外学者对养殖鳗鲡肌肉营养成分分析和鱼皮营养价值评价的研究已有报道，但不够全面。本研究针对不同养殖环境条件下日本鳗鲡肌肉和鱼皮的主要营养成分含量进行分析，海、淡水养殖日本鳗鲡鱼皮的水分含量显著低于肌肉（$P<0.05$），与刘邦辉等[9]报道的脆肉鲩和草鱼、姜巨峰等（2012）报道的雌雄鲶鱼、韩现芹等（2013）报道的雌雄细鳞鲷鲷肌肉与鱼皮水分含量差异相一致。海、淡水养殖日本鳗鲡鱼皮的粗脂肪含量分别为 21.66%、18.72%（以湿重计），并在鱼皮的主要营养成分中占据较高的比例，高于施氏鲟鱼皮（5.78%）、虹鳟鱼皮（8.80%）和黄鳍金枪鱼皮（8.98%），说明日本鳗鲡鱼皮组织更易于储存脂肪，并具有较高的厚度和较强的韧性。

水分是细胞的重要组成部分，是运送养料和排泄废物的媒介。海水养殖日本鳗鲡肌肉和鱼皮的水分含量显著低于淡水养殖日本鳗鲡，可能是由于海水的渗透压大于淡水的渗透压，用于渗透调节并导致鱼体部分水分损失。海、淡水养殖日本鳗鲡肌肉粗蛋白含量高于杨磊等（2012）报道的三种不同养殖模式日本鳗鲡肌肉的粗蛋白含量（14.59% ~ 15.97%），但低于 Takahiro 等（2009）研究比较野生和养殖日本鳗鲡肌肉的粗蛋白含量（18.9% ~ 19.0%）。海水养殖日本鳗鲡肌肉和鱼皮的灰分含量高于淡水养殖日本鳗鲡，与 Ashild 等（2004）报道的海水养殖条件下三文鱼（*Salmo salar*）和虹鳟（*Oncorhynchus mykiss*）肌肉灰分含量高于淡水养殖相一致。

（2）蛋白质是组成机体和参与生命活动的重要物质基础，如调解体液和维持酸碱平衡、合成生理活性物质、增强免疫等。氨基酸的种类、数量和组成比例决定了蛋白质的结构、性质和评价蛋白质营养价值高低的依据。海、淡水养殖日本鳗鲡肌肉的氨基酸组成与含量高低顺序基本一致，与林香信等（2012）报道不同体重花鳗鲡肌肉的氨基酸高低顺序一致。淡水养殖日本鳗鲡肌肉的绝大多数氨基酸含量要高于海水养殖日本鳗鲡，说明淡水养殖日本鳗鲡肌肉的氨基酸组成要稍优于海水养殖日本鳗鲡。海、淡水养殖日本鳗鲡鱼皮中较高含量的氨基酸占氨基酸总量的 32.65%、35.46%，其中以甘氨酸、脯氨酸和丙氨酸含量最高，表明日本鳗鲡鱼皮中的胶原蛋白含量丰富，因胶原蛋白的特征氨基酸组成主要为脯氨酸、甘氨酸和丙氨酸。根据 FAO/WHO 氨基酸评分标准模式中的理想模式建议标准，海、淡水养殖日本鳗鲡鱼皮中的必需氨基酸所占比例较低，显然海、淡水养殖日本鳗鲡鱼皮中的蛋白质并不是营养意义上的优质蛋白质。然而，天冬氨酸、丙氨酸、甘氨酸及谷氨酸等 4 种呈味氨基酸在鱼皮中的含量较高，并且本研究发现鱼皮中脂肪含量在主要营养成分中占有较高的比例，说明日本鳗鲡鱼皮具有较高的风味及鲜香味。因此，烤鳗加工工艺以鳗鲡全鱼为原料进行加工处理能够保留更高的营养价值和提升肉味鲜美。

(3)国内外学者对鱼类脂肪酸的研究主要集中于营养价值的评价和通过改变配合饲料中不同脂肪源或脂肪含量来探讨不同鱼类脂肪酸生理功能和代谢途径。本研究发现海、淡水养殖日本鳗鲡肌肉和鱼皮的脂肪含量均较高,进一步对其脂肪酸组成与含量进行比较分析结果表明,海、淡水养殖日本鳗鲡肌肉和鱼皮的脂肪酸间含量关系为 $\sum$ MUFA > $\sum$ SFA > $\sum$ PUFA;SFA 分别占脂肪酸总量为 32.45% ~ 33.47%;MUFA 分别占脂肪酸总量的 51.39% ~ 54.54%;PUFA 分别占脂肪酸总量的 12.90% ~ 16.12%;不饱和脂肪酸中的 C18:1 含量最高,其次是 C16:1,再其次是 C22:6。由此可见,本研究海、淡水养殖日本鳗鲡肌肉的脂肪酸组成特点与闵志勇等(1999)报道的花鳗鲡、日本鳗鲡和欧洲鳗鲡相一致:饱和脂肪酸中 C16:0 和 C18:0 占主要成分,单不饱和脂肪酸中 C18:1 占的比例最高,说明 C16:0 和 C18:1 作为基础脂肪酸其主要参与鱼体的 β-氧化作用提供能量或转化为其他的脂肪酸。杨宪时等(2002)报道的日本鳗鲡肌肉中饱和脂肪酸 SFA 质量分数为 30.6%,不饱和脂肪酸 UFA 占 68.2%,高度不饱和脂肪酸 HUFA 达 18.9%。

必需脂肪酸(essential fatty acid,EFA)是指机体的正常机能所需要的,但鱼体自身不能合成而只能从食品中提供以满足其正常生长、发育及维持细胞组织功能所必需的高不饱和脂肪酸。鱼类生存和生长所需的必需脂肪酸因种类而异,目前主要关注鱼体一般不能合成的 a-亚麻酸(18:3n3)、EPA(20:5n-3)、DHA(22:6n-3)等 n-3 系列的不饱和脂肪酸和亚油酸(18:2n-6)、r-亚麻酸(18:3n-6)、花生四烯酸(20:4n-6)等 n-6 系列不饱和脂肪酸。一般来说,淡水环境中,鱼体肌肉中 n-6 PUFAs 水平较高,而长链 n-3 PUFAs 水平较低。因此,海水鱼类和淡水鱼类之间 n-6/n-3 的差别也表现在一些洄游性鱼类中,生活在海水中的鱼类 n-3/n-6 比值显著高于淡水,可达 5~10 倍或更多。然而,对水产动物 n-3 族和 n-6 族不饱和脂肪酸总量的研究存在差异,海水虾 n-3 族和 n-6 族不饱和脂肪酸总量均低于淡水虾。本研究表明,淡水养殖日本鳗鲡肌肉和鱼皮的 $\sum$ n3 PUFA 含量(15.27%、11.08%)高于海水养殖日本鳗鲡(8.94%、8.32%),而 $\sum$ n6 PUFA 含量(3.63%、4.34%)略低于海水养殖日本鳗鲡(3.03%、3.18%),可能原因一是海水养殖日本鳗鲡饲料配方中 n-3 族多不饱和脂肪酸的添加量不足导致摄入的必需脂肪酸不足引起;二是可能养殖环境不同导致海、淡水养殖日本鳗鲡合成不饱和脂肪酸的能力存在差异。海、淡水养殖日本鳗鲡肌肉和鱼皮的 $\sum$ n3/$\sum$ n6 PUFA 含量为 1.60% ~ 3.42%,进一步说明日本鳗鲡更倾向于把 $\sum$ n3 PUFA 贮藏于体内。

许多研究表明,饲料中脂肪摄入量、脂肪酸的含量(如脂肪酸的来源)和环境因素(如盐度)会影响着鱼体脂肪酸的组成,受影响的脂肪酸以不饱和脂肪酸为主,对饱和脂肪酸的影响较小。刘兴旺等(2007)研究表明饲料中 n-3 高度不饱和脂肪酸(n-3 HUFA)水平的升高使军曹鱼肌肉总 C18:1n-9 的含量逐渐下降,而 C22:6n-3 的水平相应升高。本研究结果显示,海水养殖日本鳗鲡肌肉和鱼皮的 C18:1n-9 含量占主要比例且显著性高于淡水养殖日本鳗鲡($P<0.05$),而 C22:6n-3 含量反之。其中,n-3 系列不饱和脂肪酸中 EPA 和 DHA 的含量作为食品营养价值的重要指标,具有降低血脂含量、抗衰老和促进大脑的健康发育等功能。海、淡水养殖日本鳗鲡肌肉和鱼皮 DHA/EPA 为 1.60~3.42,说明 DHA 在日

本鳗鲡鱼体更易存储并发挥重要的生理代谢功能。

（4）微量矿物元素在动物体内含量甚微，但与水产动物的各项生理机能有着密切的联系，是维持机体渗透压、酸碱平衡和新陈代谢不可缺少的营养素。鱼类通过鳃和体表对无机元素的吸收和排泄具有特别的渗透规律和功能，并且消化系统影响其吸收与利用。海、淡水养殖日本鳗鲡肌肉和鱼皮的 Na、K、Mg、Ca 含量丰富，微量元素 Fe、Zn 含量较高，其中 K 的含量在 8 种矿物质元素中最高，与李明德等（1996）和方富永等（2007）研究一致。海、淡水养殖日本鳗鲡肌肉的 Mg、K 含量显著性高于鱼皮（$P<0.05$），而 Zn、Ca、Mn 含量显著性低于鱼皮（$P<0.05$）。Ca、K、Na 作为主要常量元素，有助于维持鱼体体内电解质的平衡、促进新陈代谢的提高和维持神经肌肉的应激性。

另一方面，海水养殖日本鳗鲡肌肉和鱼皮的灰分含量（4.66%、3.19%）高于淡水养殖日本鳗鲡（4.03%、3.07%），与海水养殖日本鳗鲡肌肉与鱼皮中的较高含量矿物质占优势有一定相关性。海水养殖日本鳗鲡比淡水养殖日本鳗鲡富含更多的矿物质元素，说明不同环境条件对鱼体的矿物质代谢与生活习性产生较大影响。但是，淡水养殖日本鳗鲡肌肉和鱼皮的 Zn 含量显著性高于海水养殖日本鳗鲡（$P<0.05$），说明可能其饲料中添加较高的 Zn 含量。王亚军等（2011）对比分析了 6 口处于不同养殖阶段的日本鳗鲡（Anguill japonica）的池塘水体、水源、底泥及饲料中的矿物元素，并进一步表明养殖环境和饲料的矿物质含量与鱼体富集的矿物质含量之间存在相关性。

主要参考文献

Ashild krogdahl, Anne Sundby, Jan J. 2004. Olli. Atlantic salmon (*Salmo salar*) and rainbow trout (*Oncorhynchus mykiss*) digest and metabolize nutrients differently. Effects of water salinity and dietary starch level [J]. Aquaculture, 229: 335-360.

Chang Q, Xiong B X, Long L Q. 1997. A study of crude protein and amino acid of different sizes cultured eel (*Anguilla japonica*) [J]. Acta Hydrobiological Sinica, 21:379-383. [常青,熊邦喜,龙良启. 1997. 池养条件下不同规格鳗鲡的粗蛋白与氨基酸含量的研究[J]. 水生生物学报,21:379-383.]

Cheng H L, Jiang F, Peng Y X, et al. 2013. Comparison of nutrient composition of muscles of wild and farmed Grass Carp, *Ctenopharyngodon idellus* [J]. Food Science, 34(13):266-270. [程汉良,蒋飞,彭永兴,等. 2013. 野生与养殖草鱼肌肉营养成分比较分析[J]. 食品科学,34(13):266-270.]

Dai X F. 2010. Effect of apple seed and pumpkin seeds on growth, physiological function, the composition of fatty acids and amino acids of *Megalobrama amblycephala*[D]. Jiangsu: Soochow University. [代小芳. 2010. 苹果籽、南瓜籽对团头鲂（*Megalobrama amblycephala*）生长、部分生理机能、鱼体脂肪酸和氨基酸组成的影响[D]. 江苏:苏州大学.]

Ding H T. 2010. Research On Dynamic Of Glass Eel (*Anguilla japonica* Temminck et Schlegel) Resource in Yangtze Estuary [D]. Shanghai: Shanghai Fisheries University. [丁华腾. 2010. 长江口日本鳗鲡（*Anguilla japonica* Temminck et Schlegel)鳗苗资源动态研究[D]. 上海:上海海洋大学.]

Fang F Y, Xu M Y, Cai Q Z, et al. 2007. Analysis of mineral elements in the muscle of fish cultured Zhenjiang Ocean [J],27(4):104-105. [方富永,徐美奕,蔡琼珍,等. 2007. 湛江海域养殖鱼类肌肉中的矿物质元

素分析[J].27(4):104-105.]

Folch J, Lees M, Sloane Stanley G H. 1957. The Journal of Biological Chemistry, 226:497.

Haliloglu H I, Baylr A, Sirkecioglu A N, et al. 2004. Comparison of fatty acid composition in some tissues of rainbow trout (*Oncorhynchus mykiss*) living in seawater and freshwater[J]. Food Chemistry, 86 (1):55-59.

Han X Q, Song W P, Jiang J F. 2013. Analysis and evaluation of nutritional value of protein of different tissues from female and male *Xenocypris microlepis* Bleeker [J]. Journal of Guangdong Ocean University, 33(3): 33 - 40.[韩现芹,宋文平,姜巨峰,等.2013.雌雄细鳞颌鲴不同部位蛋白质营养价值的比较与评价[J].广东海洋大学学报,33(3):33-40.]

Hu L H, Yan M C, Zheng J H, et al. 2011. Effect of salinity on growth and nonspecific immue enzyme activities of *Anguilla japonica* [J]. Journal of Oceanography In Taiwan Starit, 30(4):528-532.[胡利华,闫茂仓,郑金和,等.2011.盐度对日本鳗鲡生长及非特异性免疫酶活性的影响[J].台湾海峡,30(4):528-532.]

Hu Y L, Cheng B, Yuan Q, et al. 2006. Evaluation on nutrition components in the skin of *Acipenser schrenckii* [J]. Freshwater Fisheries, 36(3):50-52.[户业丽,程波,袁强,等.2006.施氏鲟鱼皮营养成分的分析及综合评价[J].淡水渔业,36(3):50-52.]

Huang F, Hou Y Q, Zhou Q B, et al. 2011. Aquatic Nutrition and Feed Science [M]. BeiJing:Chemistry Industry Press.[黄峰,侯永清,周秋白,等.2011.水生生物营养与饲料学[M].北京:化学工业出版社.]

Huang K, Huang Y L, Wang W, et al. 2003. Comparision and analysis of lipid of *Penaeus vannamei* cultured in the seawater and the freshwater [J]. Journal of Guangxi Academy of Sciences, 19(3):134-140.[黄凯,黄玉玲,王武,等.2003.海水和淡水养殖南美白对虾脂质分析与比较[J].广西科学院学报,19(3):134-140.]

Jana S N, Garg S K, Patra B C. 2006. Effect of inland water salinity on growth performance and nutritional physiology in growing milkfish, *Chanos chanos* (Forskkal): Field and Laboratory studies[J]. Appl Ichthyol, 22(1): 25-34.

Janhe Xu, Binlun Yan, Yajuan Teng, et al. 2010. Analysis of nutrient composition and fatty acid profiles of Japanese sea bass *Lateolabrax japonicus*(Cuvier) reared in seawater and freshwater [J]. Journal of Food Composition and Analysis, 23:401-405.

Jiang J W, Han X Q, Fu Z R. 2012. Comparative analysis of the main nutritional components in muscle and skin of male and female *Silurus asotus* [J]. Journal of Jimei University, 17(1):6-12.[姜巨峰,韩现芹,傅志茹,等.2012.雌雄鲶鱼肌肉和皮肤主要营养成分的比较分析[J].集美大学学报:自然科学版,17(1):6-12.]

Li M D, Ma J Q, Wu Y Y, et al. 1996. The mineral elements of three species of fishes in baiyangdian lake [J]. Hebei Fisheries, 4:11-13.[李明德,马锦秋,吴跃英,等.1996.白洋淀3种鱼类的无机元素[J].河北渔业,(4):11-13.]

Liang M Q, Wang S W, Hang Q W, et al. 2009. Comparision of fatty acid of *Penaeus vannamei* cultured in the seawater and the low salt [J]. Progress in Fishery Science,30(1):87-91.[梁萌青,王士稳,韩庆炜,等.2009.海水养殖和低盐养殖凡纳滨对虾脂肪酸分析比较[J].渔业科学进展,30(1):87-91.]

Lin H R. 2011. Fish Physiology [M]. Guanzhou: Sun yat-sen Unviersity press.[林浩然.2011.鱼类生理学[M].广州:中山大学出版社.]

Lin L M, Chen W. 2005. Nutritional evaluation and analysis of fatty acid component in the muscle of five species fish cultured in seawater [J]. Fujian Journal of Agricultural Sciences, 20: 67-69.[林利民,陈武.2005.5种海水养殖鱼类肌肉脂肪酸组成分析及营养评价[J].福建农业学报,20:67-69.]

Lin X X, Yan S A, Qian A P. 2012. Amino acid analysis of *Anguilla marmorata* muscle [J]. Chinese Agricultrual Science Bulletin, 28 (29): 131 – 136. [林香信,颜孙安,钱爱萍,等. 2012. 花鳗鲡鱼体肌肉的氨基酸分析研究[J]. 中国农学通报,28 (29):131 – 136.]

Liu B H, Yu E M, Xie J, et al. 2012. Research on physical and chemical characteristics of collagen in muscle and skin of crispy flesh Huan [J]. Jiangsu Agriculturcal Sciences, 40 (2): 200 – 204. [刘邦辉,郁二蒙,谢骏,等. 2012. 脆肉鲩鱼皮和肌肉胶原蛋白的理化特性及其影响因素研究[J]. 江苏农业科学,40 (2): 200 – 204.]

Liu C L, Li J, Zhang S L. 2013. Study of nutrition components and collagen-extracted on *Oncorhynchus mikiss* skin [J]. Food Research and Development, 34(8):97 – 99. [刘从力,李娟,张双灵,等. 2013. 虹鳟鱼皮营养成分及其胶提工艺探讨 [J]. 食品研究与开发,34(8):97 – 99.]

Liu X W, Tang B P, Mai K S, et al. 2007. Effect of dietary $n-3$ highly unsaturated fatty acids on growth and fatty acid composition of juvenile cobia (*Rachycentron canadum*) [J]. Acta Hydrobiological Sinica, 31(2):190 – 195. [刘兴旺,谭北平,麦康森,等. 2007. 饲料中不同水平 n – 3 HUFA 对军曹鱼生长及脂肪酸组成的影响 [J]. 水生生物学报,31(2):190 – 195.]

Mao Y Z. 2013. Channel Catfish Skin Process and it's Nutrition Constituent Analyse [D]. Sichuan: Sichuan Agricultural University. [毛艳贞. 2013. 斑点叉尾鮰鱼皮加工及其营养成分分析[D]. 四川:四川农业大学.]

Min Z Y, Wu Z Q. 1999. Analysis of lipid and fatty acid component in the muscle of three eel [J]. Proceeding of the 65th anniversary of the founding conference of china zoological society, 794 – 800. [闵志勇,吴志强. 1999. 三种鳗鲡肌肉脂质和脂肪酸组成的分析[J]. 中国动物学会成立 65 周年年会论文集,794 – 800.]

Ozogul Y, Ozogul F, Alagoz S. 2007. Fatty acid profiles and fat contents of commercially important seawater and freshwater fish species of Turkey: A comparative study [J]. Food Chemistry, 103 (1): 217 – 223.

Peng Y X, Xu X, Cheng Y L. 2013. Comparative analysis of nutrients in muscles of pacific white leg shrimp *Litopenaeus vannamei* cultured in seawater and freshwater [J]. Fsiheries Science, 32(8):435 – 440. [彭永兴,许祥,程玉龙,等. 2013. 海水和淡水养殖凡纳滨对虾肌肉营养成分的比较[J]. 水产科学,32(8):435 – 440.]

Sargent J R, Bell J G, McEvoy L A, et al. 1999. Recent developments in the essential fatty acid nutrition of fish [J]. Aquaculture, 177(1/4):191 – 199.

盐度对脊尾白虾生长和肌肉营养成分的影响

姜巨峰

(天津市水产研究所,天津 300221)

摘 要:为研究盐度对脊尾白虾(*Exopalaemon carinicauda*)生长及肌肉营养品质的影响,对不同盐度(0~30)环境下养殖的脊尾白虾存活率、特定生长率及肌肉营养成分进行了分析比较。结果显示,各盐度组脊尾白虾存活率差异不显著($P<0.05$);15、20 盐度组脊尾白虾特定生长率显著高于其他各组($P<0.05$);肌肉的水分和粗脂肪随环境盐度升高出现显著下降($P<0.05$),而粗蛋白含量随环境盐度

升高而升高($P<0.05$);粗灰分含量随盐度升高有一定的上升趋势;脊尾白虾肌肉粗蛋白含量在盐度15时为18.02,显著高于0~10盐度组($P<0.05$),与盐度20组差异不显著($P>0.05$)。肌肉氨基酸总量和必需氨基酸总量,各盐度组差异不显著($P>0.05$),而风味氨基酸总量,15~30盐度组显著高于0~10盐度组($P<0.05$),且盐度组15~30之间均没有明显差异($P>0.05$)。因此,脊尾白虾淡化养殖最低盐度应该保持在15以上,以保证其风味。

关键词:盐度;脊尾白虾;存活率;特定生长率;营养成分

脊尾白虾(*Exopalaemon carinicauda* Holthuis)又名白虾、五须虾和迎春虾等,隶属于甲壳纲(Curstaea),十足目(Decapoda),游泳亚目(Natantia),长臂虾科(Palaemonidae),长臂虾属(*Palaemon*),白虾亚属(*ExoPalaemon*)。据不完全统计,目前全国脊尾白虾养殖面积超过1万 hm^2,已成为池塘单养、与鱼蟹贝类等混养的重要经济虾类。近年来,随着脊尾白虾养殖规模的扩大,淡化养殖已成为脊尾白虾养殖的主要模式之一。然而,在一些地区淡化养殖的脊尾白虾,因其品质、口味较海水养殖和野生的脊尾白虾差,市场流通量不大,养殖效益不佳,影响了养殖户的积极性,因此,探讨其最佳淡化盐度对发展脊尾白虾养殖产业具有重要意义。目前,有关脊尾白虾的报道主要集中在养殖技术、生物学和生态学、疾病免疫、种群遗传结构等方面。而脊尾白虾营养方面研究,除了有关自然群体和养殖群体营养差异分析外,有关盐度对脊尾白虾肌肉品质影响尚未见报道。

本文以脊尾白虾为实验对象,研究在不同盐度条件下养殖脊尾白虾的存活率、生长以及肌肉一般营养成分、氨基酸组成及含量的变化情况,从生长情况、肌肉营养成分和品质角度探讨该虾养殖的适宜盐度范围,以期为脊尾白虾人工养殖提供理论依据。

1 材料与方法

1.1 材料

脊尾白虾购自天津市红旗批发市场,经过活水车运输至天津市水产研究所水族实验室,在玻璃缸中进行驯化养殖,驯化期间的水温18~20℃、盐度25,每天换水,驯化7 d以后作为盐度实验用虾。实验用水及调节参照尤宏争等(2013)对盐度调节的方法。选用大小均匀、体质健壮的个体进行实验,体重$(2.90±0.62)$g,体长$(5.65±0.45)$cm。实验容器为玻璃缸(长800 mm,宽500 mm,高450 mm,水体约140 L)。

1.2 实验设计与管理

盐度实验:实验设7个处理组,盐度分别为0、5、10、15、20、25和30(分别标记为Y0、Y5、Y10、Y15、Y20、Y25和Y30,共7个实验组),每组设3个平行,实验时每个水槽内随机放50尾虾。盐度实验共进行了6周。

日常管理:实验期间,每天投饵两次(9:00和14:30),每次投饵前清除残饵。实验期间连续充气,水温维持在$(20±1)$℃。采用天津振华饲料有限公司正水牌南美白对虾饲料,饲料成分:粗蛋白42%,粗脂肪4.0%,粗灰分15%,粗纤维5.0%,水分12%,钙3.0%,赖氨酸2.1%,总磷0.9%~1.45%。

取样与测量方法:实验结束后,各盐度组的每个平行各取6尾养殖虾的肌肉作为1个样本。肌肉采样的具体步骤:用蒸馏水将样本虾洗净,擦干体表水分,去头剥壳后取肌肉部分,操作在冰浴下进行,样品制备后置于冰箱保存待测。测量时,将虾肌肉剪碎、捣烂、混匀,然后60℃烘干至恒重,再将样品分为两份,一份做一般营养成分测定;另一份做氨基酸组成的测定。

粗蛋白含量参照《GB/T5009.5-2010》,用凯氏定氮法测定;水分含量参照《GB 5009.3-2010》,用105℃常压恒温干燥法测定;粗脂肪含量参照《GB/T 5009.6-2003》,采用索氏提取法测定;粗灰分含量参照《GB/T 5009.4-2010》,用550℃干法灰分法测定;氨基酸测定(除色氨酸外)采用盐酸水解法;色氨酸测定参照《GB/T 15400-1994》,使用荧光分光光度法测定。

1.3 数据处理与统计

用SPSS16.0统计分析软件进行分析,用Duncan法作多重比较,以$P<0.05$为差异显著。描述性统计值使用平均值±标准差($\bar{x} \pm s$)表示。

$$特定生长率(SGR) = 100 \times (\ln W_{末} - \ln W_{初})/t$$

式中:$W_{末}$为实验结束时虾体重,g;$W_{初}$为实验开始时虾体重,g;t为养殖时间,d。

必需氨基酸指数(EAAI)按以下公式进行计算:

$$EAAI = \sqrt[n]{\frac{100W_1}{W_{\theta_1}} \times \frac{100W_2}{W_{\theta_2}} \times \cdots \times \frac{100W_n}{W_{\theta_n}}}$$

式中:n为比较的氨基酸数;$W_1, W_2, \cdots, W_n$为样品蛋白质的某个必需氨基酸含量,mg/g;$W_{e1}, W_{e2}, \cdots, W_{en}$为鸡蛋蛋白质的某个必需氨基酸含量,mg/g。

2 结果

2.1 盐度对脊尾白虾存活率及生长的影响

实验结束时,除Y0其中一缸仅剩6尾虾,Y5、Y20其中1缸均仅剩10尾,其他缸中存活的虾均在17尾以上。从表1可以看出,在42 d养殖实验中,各实验组脊尾白虾存活率没有显著差异($P>0.05$),存活率均在30%以上,其中Y25存活率最高,为48.67%,Y20最低,为32.67%。Y10、Y15成活率较高,分别为47.33%、46%。

表1 盐度对脊尾白虾存活率和生长的影响
Tab.1 Effects of salinity on the growth and survival of the *Exopalaemon carinicauda*

项目	实验组						
	Y0	Y5	Y10	Y15	Y20	Y25	Y30
存活率/%	34.7±20.5^a	31.3±9.9^a	47.3±8.1^a	46±7.2^a	32.7±11.1^a	48.7±8.1^a	40.7±7.0^a
特定生长率/(%/d)	0.20±0.01^c	0.34±0.11^b	0.30±0.04^b	0.46±0.02^a	0.48±0.01^a	0.36±0.03^b	0.33±0.04^b

注:同行中标注字母不同者表示差异显著($P<0.05$)。

Y15、Y20 脊尾白虾特定生长率显著高于其他各组($P<0.05$),Y5、Y10、Y25、Y30 各组脊尾白虾特定生长率差异性不显著($P>0.05$),但显著高于 Y0($P<0.05$)。特定生长率,最低为 0.20,最高为 0.47(Y20),其他各组均在 0.3 以上;在盐度为 0~20 之间,随着盐度的升高,其特定生长率也随之升高,但 20 之后有所降低。

2.2 盐度对脊尾白虾肌肉一般营养成分的影响

从表 2 和表 3 可以看出,脊尾白虾肌肉粗蛋白含量随盐度的升高而升高($R^2=0.8861$,$P<0.05$),Y0~Y10 之间差异不显著($P>0.05$);Y15 和 Y20 之间差异不显著($P>0.05$),但均显著高于 Y0~Y10($P<0.05$);Y25 显著高于 Y0~Y20($P<0.05$),Y30 显著高于其他各组($P<0.05$)。粗脂肪含量随盐度的升高而有降低的趋势($R^2=0.9358$,$P<0.01$)。其中,Y0~10 之间差异不显著($P>0.05$),但显著高于其他各盐度组($P<0.05$);Y15~Y30 之间差异不显著($P>0.05$)。粗灰分含量随盐度的升高呈现逐渐升高的趋势。Y0~Y15 之间差异不显著($P>0.05$),但显著低于 Y30;Y20 和 Y25 之间差异不显著($P>0.05$),但显著高于 Y5($P<0.05$)。盐度对肌肉水分含量呈直线下降趋势($R^2=0.9387$,$P<0.01$),Y0~Y10 之间差异不显著($P>0.05$),但均显著高于其他各盐度组($P<0.05$);Y15 显著高于 Y20~Y30($P<0.05$),Y20 显著高于 Y25~Y30($P<0.05$),Y25 显著高于 Y30($P<0.05$)。

表 2 盐度对脊尾白虾肌肉一般营养成分的影响($n=3$,鲜重)
Tab. 2 Nutrient composition in muscle of the *Exopalaemon carinicauda* ($n=3$, flesh weight basis)

实验组	粗蛋白/%	粗脂肪/%	粗灰分/%	水分/%
Y0	17.47 ± 0.02[d]	0.79 ± 0.02[a]	1.39 ± 0.03[bc]	80.21 ± 0.02[a]
Y5	17.47 ± 0.04[d]	0.76 ± 0.01[a]	1.36 ± 0.03[c]	80.20 ± 0.09[a]
Y10	17.49 ± 0.18[d]	0.76 ± 0.04[a]	1.38 ± 0.04[bc]	80.06 ± 0.18[a]
Y15	18.02 ± 0.12[c]	0.70 ± 0.02[b]	1.40 ± 0.02[bc]	79.64 ± 0.09[b]
Y20	18.13 ± 0.09[c]	0.63 ± 0.03[c]	1.42 ± 0.01[ab]	79.23 ± 0.08[c]
Y25	18.68 ± 0.08[b]	0.59 ± 0.01[d]	1.43 ± 0.03[ab]	79.03 ± 0.01[d]
Y30	19.15 ± 0.04[a]	0.55 ± 0.02[e]	1.47 ± 0.04[a]	78.61 ± 0.05[e]

注:同列中标注字母不同者表示差异显著($P<0.05$)

表 3 盐度与脊尾白虾肌肉中一般营养成分的关系
Tab. 3 Relationship between salinity and nutrient composition in muscle of the *Exopalaemon carinicauda*

成分	方程式	R^2	P
粗蛋白	$y = 0.058x + 17.193$	0.8861	<0.05
粗脂肪	$y = -0.0086x + 0.8125$	0.9358	<0.01
粗灰分	$y = 0.003x + 1.3613$	0.5507	>0.05
水分	$y = -0.0569x + 80.424$	0.9387	<0.01

2.3 盐度对脊尾白虾肌肉氨基酸组成及含量的影响

从表4可以看出,在不同盐度养殖条件下,脊尾白虾肌肉氨基酸均检测到了18种氨基酸。其中缬氨酸、色氨酸、赖氨酸和脯氨酸的含量均随盐度升高而呈现出逐渐下降的趋势($P<0.05$);丙氨酸、异亮氨酸、组氨酸、精氨酸的含量均呈现出随盐度升高而逐渐上升的趋势($P<0.05$);随盐度的升高,谷氨酸、亮氨酸、苯丙氨酸含量变化不大,维持在同一个水平($P>0.05$);天门冬氨酸、苏氨酸、甘氨酸、胱氨酸、酪氨酸均呈现出先增加后降低趋势,但在下降节点表现不同,天门冬氨酸、胱氨酸在Y10开始降低,苏氨酸在Y25开始降低,甘氨酸在Y20开始降低,酪氨酸在Y15开始降低;蛋氨酸在Y0~Y15较Y20~Y30低($P<0.05$)。

氨基酸总量(TAA)、必需氨基酸总量(EAA)各盐度组差异不显著($P>0.05$)。Y15~Y30的鲜味氨基酸总量(DAA)显著高于Y0~Y10($P<0.05$),而DAA在Y15~Y30之间没有明显差异($P>0.05$),Y10显著高于Y0($P<0.05$),但与Y5差异不显著($P>0.05$)。EAA/TAA在Y0~Y30之间,基本保持稳定(0.45~0.46)。必需氨基酸指数(EAAI)在Y20最高(79.49),在Y30最低(76.24),其他各组均在78.16~79.23之间。

表4 盐度对脊尾白虾肌肉氨基酸组成及含量的影响($n=3$,干重,%)

Tab. 4 Amino acid composition and content in muscle of the *Exopalaemon carinicauda* ($n=3$, dry weight basis, %)

氨基酸组成	实验组						
	Y0	Y5	Y10	Y15	Y20	Y25	Y30
天门冬氨酸+	8.00±0.11^{ab}	8.07±0.07^a	8.02±0.08^{ab}	8.02±0.09^{ab}	7.95±0.03^{ab}	7.90±0.07^b	7.99±0.06^{ab}
苏氨酸-	3.00±0.06^c	3.03±0.10^{bc}	3.09±0.17^{abc}	3.22±0.04^{abc}	3.29±0.07^a	3.23±0.07^{abc}	3.25±0.22^{ab}
丝氨酸	2.80±0.11^a	2.41±0.31^b	2.41±0.29^b	2.29±0.09^b	2.22±0.05^b	2.26±0.07^b	2.23±0.06^b
谷氨酸+	9.64±0.03^a	9.68±0.06^a	9.66±0.12^a	9.59±0.14^a	9.55±0.14^a	9.63±0.13^a	9.43±0.24^a
甘氨酸+	6.44±0.05^c	6.55±0.11^{bc}	6.70±0.04^b	7.14±0.09^a	7.05±0.12^a	7.01±0.13^a	7.11±0.14^a
丙氨酸+	5.34±0.03^e	5.52±0.10^{de}	5.55±0.14^d	5.91±0.10^c	6.00±0.13^{bc}	6.18±0.10^{ab}	6.22±0.13^a
胱氨酸-	0.66±0.05^{ab}	0.71±0.05^a	0.65±0.05^{ab}	0.56±0.03^{bc}	0.51±0.03^{cd}	0.51±0.03^d	0.42±0.09^d
缬氨酸-	3.62±0.03^a	3.57±0.07^a	3.46±0.15^{ab}	3.29±0.21^{bc}	3.23±0.18^{bc}	3.10±0.10^c	3.09±0.17^c
蛋氨酸-	2.04±0.08^b	2.00±0.11^b	2.09±0.08^b	2.19±0.15^b	2.42±0.12^a	2.61±0.10^a	2.57±0.16^a
色氨酸-	1.13±0.03^a	1.13±0.06^a	1.04±0.11^{ab}	0.98±0.10^{bc}	0.95±0.03^{bc}	0.97±0.03^{bc}	0.89±0.05^c
异亮氨酸-	3.72±0.03^b	3.81±0.06^b	3.86±0.10^b	4.11±0.07^a	4.13±0.08^a	4.24±0.13^a	4.25±0.13^a
亮氨酸-	5.86±0.05^a	5.91±0.11^a	5.84±0.24^a	5.88±0.20^a	5.89±0.18^a	5.87±0.01^a	5.77±0.10^a
酪氨酸-	2.73±0.05^{ab}	2.78±0.04^a	2.81±0.04^a	2.80±0.04^a	2.75±0.09^{ab}	2.62±0.05^{bc}	2.60±0.02^c
苯丙氨酸-	3.79±0.05^a	3.89±0.15^a	3.91±0.13^a	3.96±0.07^a	3.96±0.10^a	3.97±0.19^a	3.94±0.17^a
赖氨酸-	11.39±0.03^a	11.43±0.11^a	11.28±0.05^{ab}	11.28±0.14^{ab}	11.09±0.08^{bc}	11.07±0.08^c	10.96±0.21^c
组氨酸-	1.89±0.03^c	1.99±0.11^c	2.09±0.17^{cb}	2.24±0.04^b	2.38±0.12^a	2.38±0.09^a	2.40±0.24^a
精氨酸-	6.45±0.11^b	6.63±0.16^{ab}	6.64±0.26^{ab}	6.76±0.08^{ab}	6.85±0.20^a	6.88±0.15^a	6.90±0.20^a
脯氨酸	4.77±0.14^a	4.76±0.05^a	4.61±0.07^{ab}	4.42±0.17^{bc}	4.32±0.08^c	4.21±0.12^{cd}	4.07±0.16^d

续表

氨基酸组成	实验组						
	Y0	Y5	Y10	Y15	Y20	Y25	Y30
TAA	83.25±0.23^a	83.87±0.95^a	83.73±1.39^a	84.65±0.59^a	84.53±0.45^a	84.66±0.22^a	84.66±0.22^a
EAA	37.94±0.09^a	38.26±0.43^a	38.03±0.65^a	38.27±0.42^a	38.22±0.30^a	38.19±0.22^a	37.75±0.39^a
DAA	29.42±0.08^c	29.82±0.21^{bc}	29.94±0.15^b	30.66±0.40^a	30.55±0.20^a	30.73±0.41^a	30.75±0.33^a
EAA/TAA	0.46	0.46	0.45	0.45	0.45	0.45	0.45
EAAI	78.62	79.23	78.83	78.22	79.49	78.16	76.24

注:"-"代表人类必需氨基酸;"+"代表鲜味氨基酸;同行中标注字母不同者表示差异显著($P<0.05$)。

3 讨论

3.1 盐度对脊尾白虾存活率及生长的影响

脊尾白虾是一种广盐性虾类,能在较大盐度范围内生长。本研究中,经过驯化的脊尾白虾可在0~30盐度范围内存活,但虾体死亡率较高,其原因可能是因为水族缸空间较小,虾脱壳后没能很好地躲避隐藏而被其他虾残杀的原因所致。从结果来看,各盐度组脊尾白虾存活率差异不显著($P>0.05$),其中Y0、Y5、Y20各组均出现一缸死亡较多的现象,导致其整体存活率较低,但其他各组存活率均在40%以上,Y10、Y15、Y25各组存活率较高(46%~48.67%)。从生长情况来看,Y0最低,Y15、Y20特定生长率显著高于其他各组($P<0.05$),偏低各组的特定生长率为0.3~0.36。

3.2 盐度对脊尾白虾肌肉一般营养成分的影响

鱼虾的肌肉成分会随其生活环境的盐度变化而受到明显影响。施永海等[11]研究认为哈氏仿对虾(*Parapenaeopsis hardwickii*)肌肉水分含量随盐度升高而显著下降,粗蛋白含量随盐度升高而升高,粗脂肪含量随盐度升高呈下降趋势。海水养殖凡纳滨对虾(*Litopenaeus vannamei*)肌肉中粗蛋白和粗灰分含量显著高于淡水养殖凡纳滨对虾($P<0.05$),而水分含量显著低于淡水养殖凡纳滨对虾[12]。本研究结果与上述报道基本一致,即随着盐度升高,肌肉水分下降,粗蛋白含量上升。在对日本花鲈(*Lateolabrax japonicus*)的研究中,随着盐度升高,肌肉粗蛋白和粗脂肪含量显著升高,而粗灰分和水分均显著降低;在大菱鲆幼鱼(*Scophthalmus maximus*)、乌鳢(*Channa argus*)、草鱼(*Ctenopharyngodon idellus*)等的研究中,随着盐度升高,其肌肉粗蛋白和粗脂肪含量降低,而水分升高;三疣梭子蟹(*Portunus trituberculatus*)肌肉水分、粗蛋白含量受盐度的影响不明显,但其粗脂肪含量随环境盐度升高而升高;豹纹鳃棘鲈(*Plectropomus leopardus*)、点带石斑鱼(*Epinephelus coioides*)肌肉水分、粗蛋白和粗脂肪含量受外部环境盐度的影响均不明显。可见,不同水产动物随外界环境盐度变化,其肌肉成分变化规律并不完全一致。

本次研究中,脊尾白虾肌肉水分含量随着盐度升高而下降的可能原因,是虾机体在高盐环境下需要失去一部分机体水分来维持体内的渗透压平衡,而在低盐环境下,机体则需要多吸收水分,这与研究哈氏仿对虾所得出的结果相同。

3.3 盐度对脊尾白虾肌肉氨基酸组成及含量的影响

凡纳滨对虾肌肉氨基酸中甘氨酸、亮氨酸、苯丙氨酸及精氨酸的含量随盐度增加(0~30)而显著增加($P>0.05$);哈氏仿对虾肌肉氨基酸中甘氨酸、蛋氨酸、脯氨酸的含量随盐度增加(12~36)而显著增加($P>0.05$);日本沼虾(*Macrobrachium nipponense*)肌肉氨基酸中缬氨酸、蛋氨酸、赖氨酸、组氨酸、甘氨酸、谷氨酸、丙氨酸、丝氨酸、色氨酸随盐度(0~14)增加逐渐升高,而在盐度14~20范围内随盐度升高有所下降。本研究,随着盐度的升高(0~30),脊尾白虾肌肉氨基酸中丙氨酸、组氨酸、异亮氨酸、精氨酸的含量显著升高($P>0.05$)。可见,盐度对不同虾类肌肉氨基酸组成及含量的影响不尽相同。

肌肉的营养价值和风味主要取决于氨基酸的组成以及人体必需氨基酸、鲜味氨基酸的含量。哈氏仿对虾在盐度12~36范围内,氨基酸总量和鲜味氨基酸含量均没有明显差异;必需氨基酸和半必需氨基酸含量在盐度12~24范围内均比盐度28~36条件下高;日本沼虾肌肉中氨基酸在随盐度增加(0~20),氨基酸总量、必需氨基酸总量先升高而后略微下降,鲜味氨基酸总量呈上升趋势。

本研究中,脊尾白虾的氨基酸总量、必需氨基酸总量各盐度组别差异不显著($P>0.05$),可见从氨基酸总量和必需氨基酸含量上看,各盐度组的肌肉营养价值差异不明显;Y15~Y30各组的鲜味氨基酸总量显著高于Y0~Y10各组($P<0.05$),而鲜味氨基酸总量在Y15~Y30之间均没有明显差异($P>0.05$),从鲜味氨基酸总量上来看,Y15~Y30脊尾白虾肌肉风味比Y0~Y10更鲜美。

4 结论

经过驯化的脊尾白虾可在0~30盐度范围内存活,Y10~Y25各组存活率较高,Y15和Y20特定生长率较高,脊尾白虾肌肉粗蛋白含量在Y15时为18.02,显著高于Y0~Y10各组($P<0.05$),与Y20组差异不显著($P>0.05$)。从肌肉的氨基酸组成和必需氨基酸总量来看,各盐度组差异不显著($P>0.05$),但从风味氨基酸的总量来看,Y15~Y30各组显著高于Y0~Y10各组($P<0.05$),且Y15~Y30各组之间均没有明显差异($P>0.05$)。综上所述,脊尾白虾淡化养殖最低盐度应保持在15,以保证其风味。

参考文献

黄凯,王武,卢洁,等.2004.盐度对南美白对虾的生长及生化成分的影响[J].海洋科学,28(9):20-25.

贾舒雯,刘萍,李健,等.2012.脊尾白虾3个野生群体遗传多样性的微卫星分析[J].水产学报,36(12):1819-1825.

姜巨峰,韩现芹,傅志茹,等.2011.雌雄短吻新银鱼肌肉营养成分的比较分析及评价[J].广东海洋大学学报,31(4):23-29.

李小勤,李星星,冷向军,等. 2007. 盐度对草鱼生长和肌肉品质的影响[J]. 水产学报,31(3):343-348.

李小勤,刘贤敏,冷向军,等. 2008. 盐度对乌鳢(Channa argus)生长和肌肉品质的影响[J]. 海洋与湖沼,39(5):505-510.

梁萌青,王士稳,王家林,等. 2009. 不同盐度对凡纳滨对虾血淋巴及肌肉游离氨基酸组成的影响[J]. 渔业科学进展,30(2):34-39.

林建斌,李金秋,朱庆国,等. 2009. 盐度对点带石斑鱼生长、肌肉成分和消化率的影响[J]. 海洋科学,33(3):31-35.

吕富,黄金田,於叶兵,等. 2010. 盐度对三疣梭子蟹生长、肌肉组成及蛋白酶活性的影响[J]. 海洋湖沼通报,(4):137-142.

倪建忠,张杰. 2013. 半滑舌鳎与脊尾白虾池塘生态养殖技术[J]. 科学养鱼,(4):43-44.

彭永兴,许祥,程玉龙,等. 2013. 海水和淡水养殖凡纳滨对虾肌肉营养成分的比较[J]. 水产科学,32(8):435-440.

邵银文,王春琳,励迪平,等. 2008. 脊尾白虾自然群体与养殖群体的营养差异[J]. 水利渔业,28(4):34-37.

沈辉,万夕和,王李宝,等. 2013. 白斑综合征病毒对脊尾白虾的致病性研究[J]. 海洋科学,37(5):55-60.

施永海,张根玉,刘永士,等. 2013. 盐度对哈氏仿对虾肌肉一般营养成分和氨基酸组成及含量的影响[J]. 动物学杂志,48(3):399-406.

尤宏争,孙志景,张勤,等. 2013. 盐度对豹纹鳃棘鲈幼鱼摄食生长及体成分的影响[J]. 大连海洋大学学报,28(1):89-93.

袁合侠,彭言强,孙斌,等. 2013. 梭鱼、脊尾白虾、缢蛏生态高效混养技术研究[J]. 科学养鱼,(8):42-43.

曾霖,雷霁霖,刘滨,等. 2013. 盐度对大菱鲆幼鱼生长和肌肉营养成分的影响[J]. 水产学报,37(10):1535-1541.

DUAN YAFEI,LIU PING,LI JITAO,et al. 2013. Immune gene discovery by expressed sequence tag (EST) analysis of hemocytes in the ridgetail white prawn *Exopalaemon carinicauda*[J]. Fish & Shellfish Immunology,34(1):173-182.

DUAN YAFEI,LIU PING,LI JITAO,et al. 2013. Expression profiles of selenium dependent glutathione peroxidase and glutathione S-transferase from *Exopalaemon carinicauda* in response to Vibrio anguillarum and WSSV challenge[J]. Fish & Shellfish Immunology,35(3):661-670.

WANG WEINA,WANG ANLI,BAO LAI,et al. 2004. Changes of protein-bound and free amino acids in the muscle of the freshwater prawn *Macrobrachium nipponense* in different salinities[J]. Aquaculture,233:561-571.

XU JANHE,YAN BAILUN,TENG YAJUAN,et al. 2010. Analysis of nutrient composition and fatty acid profiles of Japanese sea bass *Lateolabrax japonicus*(Cuvier) reared in seawater and freshwater[J]. Journal of Food Composition and Analysis,23:401-405.

ZHANG CHENGSONG,LI FUHUA,XIANG JIANHAI. 2014. Effects of salinity on growth and first sexual maturity of *Exopalaemon carinicauda* (Holthuis,1950)[J]. Chinese Journal of Oceanology and Limnology,32(1):65-70.

水母作为饵料在银鲳幼鱼养殖中的应用研究

Potential of utilizing jellyfish as food in culturing *Pampus argenteus* juveniles

Chun-sheng Liu, Si-qing Chen, Zhi-meng Zhuang, Jing-ping Yan, Chang-lin Liu

1 Introduction

Although not ubiquitous, jellyfish biomass has been found to be increasing over the past decades in some parts of the world (Arai, 2001; Mills, 2001; Shiganova et al., 2001; Lyman et al., 2006; Uye, 2008; Palomares & Pauly, 2009; Brotz et al., 2012; Condon et al., 2013). This phenomenon has been associated with ecological deterioration and caused numerous negative effects for industry and the community, such as reducing fishery production from the competition for food with fish, stinging swimmers, and clogging plant cooling-water intakes (Purcell et al., 2007; Richardson et al., 2009; Dong et al., 2010). Furthermore, jellyfish is sometimes considered as a dead end in the pelagic food web for their low nutritional values and high water content with over 90% of its body composed of water. Taking *Aurila aurita*, a global jellyfish species, as an example, its water content was more than 95%, and the solid fraction was mostly composed of salt (25.6% – 46.0%), followed by protein (2.1% – 28.6%), lipid (3.5% – 11.5%), and carbohydrate (0.1% – 1.1%) (Lucas, 1994).

In fact there is already information in literature showing that jellyfish are preyed on by a number of types of marine animals, such as the sunfish *Mola mola* (Sommer et al., 2002), leatherback turtle *Dermochelys coriacea* (Holland et al., 1990), black-browed albatross *Thalassarche melanophrys* (Suazo, 2008), phyllosomas of *Ibacus novemdentatus* (Wakabayashi et al., 2012), and *Aeolid nudibranchs* (Harris, 1987). Moreover, more than 100 fish species were identified as jellyfish-eating animals by gut content examination (Pauly et al., 2009). It was reported that a much higher digestion rate of jellyfish was compensated compared with that of other diets of jellyfish-eating fish. Arai et al. (2003) showed that the digestion rate of ctenophores exceeded that of shrimps by more than 20 times, when chum salmon *Oncorhynchus keta* was fed on the ctenophore *Pleurobrachia pileus* or on shrimps of the same wet weight. A similar result comes from other jellyfish-eating species, such as the threadsail filefish *Stephanolepis cirrhifer* (Miyajima et al., 2011) and silver pomfret *Pampus argenteus* (Liu et al., 2013), whose daily jellyfish consumption quantities were as much as 24 and 11.6 times their own body weights, respectively. However, little is known regarding the nutritional benefit of jellyfish-eating species.

The silver pomfret *Pampus argenteus*, used to be regarded as a significant commercial fish species with a high economic output in China, lives along the coast of China, from the Bohai Sea to the South China Sea, as well as in the Southeast Asia, North Sea, Arabian Gulf, and Indian Ocean (Davis & Wheeler, 1985; Liu et al., 2002). Though artificial breeding techniques have been studied in China since the 1980s (Zhao & Zhang, 1985; Gong et al., 1989), successful artificial larva rearing of pomfrets was not reported by Shi until 2009 (Shi et al., 2009). Our previous study showed that silver pomfret juveniles could actively prey on both jellyfish species of *A. aurita* and *R. esculentum* (Liu et al., 2013), and therefore we inferred that jellyfish could be used as prey for artificial rearing of silver pomfrets. Moreover, it might be a cost-effective means using jellyfish as a feedstock for fish in aquaculture.

In this study, we fed silver pomfret juveniles with six different treatments, the starvation treatment (S) and feeding treatments with only *A. aurita* (AA), only *Rhopilema esculentum* (RE), only artificial diet (AD), both *A. aurita* and artificial diet (A&A), and both *R. esculentum* and artificial diet (R&A), to evaluate nutritional values of jellyfish as food compared with the artificial diet. Furthermore, the proximate composition, the protein and lipid compositions of the whole fish body in each treatment were also quantified.

2 Materials and methods

2.1 Silver pomfret preparation

Silver pomfrets (~1.0 g) were purchased from a fish farm in Zhejiang province, China and acclimatized in a $(7 \times 1.4 \times 1) m^3$ cement pool for two weeks before experimental manipulation. In the pool, water was maintained with constant oxygenation at ~22℃ and constantly changed at a rate of 10 L/min, and the fish were fed daily with artificial diet.

2.2 Experimental diet preparation

Medusae of *A. aurita* (50 mm ± 10 mm) were collected every two days on a fish dock of the Homey Oceanic Development Joint Stock Company in Weihai, China. Undamaged individuals were carefully captured and reared in a cement pool. Medusae of *R. esculentum* (20 mm ± 5 mm) were collected from the *R. esculentum*-breeding workshop of the same company. *A. aurita* and *R. esculentum* were fed daily with fresh *Artemia* nauplii in quiet seawater and in aerated seawater, respectively. The water was maintained at ~22℃ and a half volume of water was changed per day.

The artificial diet was composed of commercial diet (New Love Lavae Yu Bao, Hayashikane Sangyo Co. Ltd., Japan), fresh comminuted fish meat, and shrimps, and the ratio of their wet weights was about 2∶1∶1. The artificial diet was prepared by mixing the ingredients with sterile seawater in a mortar until constant. The diet was divided into more than one hundred portions and stored at $-20℃$ for the subsequent experiment. About 300 g of *A. aurita*, 300 g of *R. esculentum*, and 50 g of the artificial diet were kept at $-20℃$ for chemical analysis.

2.3 Feeding experiment

After 24 h of starvation, the fish were transferred to a 300 L white polycarbonate tank and then anesthetized with 2 - phenoxyethanol. About 400 individuals with similar sizes were selected and transferred to other tanks. The initial standard lengths (SLs) and wet body weights (BWs) of the selected fish ($n=20$) were measured (Table 1). A pre-experiment was conducted to measure the maximum consumption of different diets for the fish, and the daily food intake per fish in different fish groups is given in Table 2.

Table 1 Survival rate and growth performance of silver pomfrets under six different dietary conditions for 20 days

	Treatments					
	S	AA	RE	AD	A&A	R&A
SL/mm						
Initial	35.23 ± 1.78					
Final	35.22 ± 1.96[a]	39.16 ± 3.21[bc]	38.71 ± 2.91[bc]	40.61 ± 4.61[ab]	42.58 ± 3.96[a]	42.60 ± 4.61[a]
SL CV	0.056	0.082	0.075	0.102	0.093	0.108
BW/g						
Initial	1.07 ± 0.12					
Final	0.61 ± 0.14[c]	1.58 ± 0.13[bc]	1.51 ± 0.11[bc]	1.79 ± 0.14[ab]	1.99 ± 0.19[a]	1.97 ± 0.26[a]
BW CV	0.23	0.082	0.073	0.078	0.095	0.132
SGR/(%d)[①]	-2.81 ± 0.14[c]	1.95 ± 0.26[abc]	1.72 ± 0.12[bc]	2.57 ± 0.17[ab]	3.10 ± 0.08[a]	3.05 ± 0.20[a]
Survivalrata/%	51.67 ± 7.64[b]	96.68 ± 2.89[a]	95.00 ± 8.66[a]	98.33 ± 2.89[a]	93.33 ± 2.89[a]	100[a]
Total jellyfish intake/g[②]	—	220.00[a] (6.95[a])	180.00[bc] (6.07[bc])	—	200[ab] (6.32[ab])	160[a] (5.39[c])
Total artificial food intake/g[②]	—	—	—	3.00[a] (1.04[a])	2.80[b] (0.97[b])	2.80[b] (0.97[b])
FCR[②,③]	—	431.37 ± 87.62[a] (13.63 ± 2.77[a])	409.09 ± 81.81[a] (13.80 ± 2.76[a])	4.17 ± 0.68[a] (1.44 ± 0.23[c])	220.43 ± 37.54[a] (7.92 ± 1.29[b])	180.89 ± 40.30[a] (7.07 ± 1.50[b])

Values (± SD) in a row with different superscripts indicate significant differences among treatments ($P<0.05$).

[①] SGR (specific growth rate) = 100 × [(ln final body weight—in initial body weight)/Days of the experiment].

[②] Values in parentheses are given on a dry weight basis.

[③] FCR (food conversion ratio) = Feed intake/Weight gain.

Table 2 Silver pomfret's maximum daily consumption and actual feeding amount of different diets during the experimental period

		Treatments				
		AA	RE	AD	A&A	R&A
Max daily consurmption/g	Medusae of jellyfish	11.62 ± 1.78	9.12 ± 1.89		10.83 ± 2.01	8.36 ± 1.59
	Artificial diet			0.15 ± 0.02	0.14 ± 0.02	0.14 ± 0.01
Actual daily feeding amout/g	Medusae of jellyfish	11.00	9.00		10.00	8.00
	Artificial diet			0.15	0.14	0.14

All feeding experiments were conducted in triplicate. Silver pomfrets were randomly divided into groups A to F, and each group included 60 fish distributed in three 300 L tanks. Groups A to F were administered as follows: starvation treatment (S); *A. aurita* treatment (fed with only *A. aurita*; AA); *R. esculentum* treatment (fed with only *R. esculentum*; RE); artificial treatment (fed with only artificial diet; AD); mixed treatment 1 (fed with both *A. aurita* and artificial diet; A&A); mixed treatment 2 (fed with both *R. esculentum* and artificial diet; R&A). Live medusae of both jellyfish species were directly fed to silver pomfrets, while the wet artificial diet was fed by attaching it to rough ropes (length: 100 - 150 mm; diameter: 10 mm) and hanging them with fish lines so as to improve consumption. The fish were fed twice a day at 9:00 and 16:00 with a strictly-quantified diet according to Table 2.

The fish were reared in aerated water and the temperature was kept at 22℃ ± 1℃ throughout the experiment. Water in the tank was changed by about 4/5 of its volume 1 h before and after the feeding. The fish were sacrificed 24 h after the last feeding using excess 2 - phenoxyethanol, and then their SLs and BWs were measured. Fish in each tank were separately collected and stored at -20℃ for subsequent chemical analysis.

2.4 Growth analysis

The survival rate for each group in all feeding trials was defined as the percentage of the individuals that survived 20 days from the first feeding to the end of the experiment.

A specific growth rate (SGR;%) and a food conversion ratio (FCR; g/g) were evaluated using the following parameters (Martino, 2002):

(1) Specific growth rate (SGR) = 100 × [(ln final body weight - ln initial body weight)/Days of the experiment]

(2) Food conversion ratio (FCR) = Feed intake/Weight gain

The FCR was calculated based on both wet and dry weights of feed intake. The dry weight was calculated by subtracting the moisture content from the wet body weight.

The growth rates in terms of SL (G_L;%) and BW (G_W;%) for different diet treatments were estimated as follows:

(3) Growth rates of SL (G_L) = 100 × (Final standard length − Initial standard length)/Initial standard length

(4) Growth rates of BW (G_W) = 100 × (Final wet body weight − Initial wet body weight)/Initial wet body weight

2.5 Proximate composition analysis

The medusae of *A. aurita* and *R. esculentum*, artificial diet, and fish whole body were separately submitted for proximate composition analysis following the procedure of the Association of Official Analytical Chemists (2000). The moisture was determined by drying them in an oven at 105℃ until constant weights were reached; the crude ash was determined by incineration in a muffle furnace at 550℃ for 24 h; the crude protein content was determined by the Kjeldahl method using a fully-automatic Kjeldahl Nitrogen/Protein Analyzer (FOSS − 2003, Sweden), with a conversion factor of 6.25 being used to convert total nitrogen to crude protein; the total lipid was extracted with petroleum ether (FOSS-Soxtec 2050, Sweden).

2.6 Fatty acid analysis

Fatty acids were extracted with chloroform-methanol (2:1, V/V) by the method of Folch et al. (1957). Fatty acid methyl esters (FAMEs) were prepared by transesterification with 0.4 mol/L KOH in methanol (Cheng et al., 1998). FAMEs were detected by chromatography using the method of Shi et al. (2008). The fatty acid content was measured by the normalization method. All measurements were performed in triplicate.

2.7 Amino acid analysis

The amino acid content of all samples was measured according to GB/T 14965—1994 (SAC, 1994). To be specific, the samples were hydrolyzed for 22 h at 110℃ with 10 − 15 mL 6 mol/L HCl in sealed glass tubes filled with nitrogen. Then, the hydrolysate was dried in a vacuum oven, dissolved in sodium citrate (pH 2.2), and filtered with a 0.45 μm Millipore nylon membrane filter. Amino acids were separated by a Biochrom 20 Automatic Amino Acid Analyzer (GE, USA). The amino acid concentration was expressed as g/100 g dry weight. The determination of all samples was performed in triplicate.

2.8 Statistical analyses

Data were presented as means ± standard error of means. Before statistical analysis, data from triplicate tanks (survival rate, final body weight, final standard length) were compared in order to check that there were no significant differences among them (t test). Statistical significance analysis was carried out by one-way ANOVA using the SPSS 15.0 software. When the ANOVA identified differences among groups, multiple comparisons were performed by the Tukey HSD test. Differences of $P < 0.05$ were considered statistically significant.

3 Results

3.1 Survival rates of silver pomfret juveniles fed with different diets

To examine the potential of utilizing jellyfish as food, silver pomfret juveniles were rearing with five different diets, as well as a negative control, for 20 days. Their survival rates were measured, and the results showed that almost no mortality (excluding that some individuals jumped out of the tanks and were dead, and others were carelessly hurt during the experiment) was observed in the five groups other than the negative control group. The survival rates for these five groups fed with AA, RE, AD, A & A, and R & A were 96.68%, 95.00%, 98.33%, 98.33%, and 100%, respectively, whereas the survival rate in the S treatment was only 51.67% (60, 50 and 45% in triplicate tanks, Table 1).

3.2 Growth performance of silver pomfret juveniles fed with different diets

The final standard lengths (SLs) and wet body weights (BWs) of the silver pomfrets were significantly different among six treatment groups (Tukey HSD test, Fig. 1). The highest growth rates in both SL and BW were achieved by the A & A and R & A treatments (20.86% and 85.98%, and 20.92% and 84.11%, respectively), followed by the AD treatment (15.27% and 67.29%), AA and RE treatments (11.16% and 47.66%, and 9.88% and 41.12%, respectively), and the S treatment (-0.57% and -37.38%). Significant differences were found in A & A and R & A treatments vs. AD treatment vs. AA and RE treatments vs. S treatment ($P < 0.05$).

The CVs (coefficients of variations) of body growth of six different treatments were also calculated and showed in table 1. Silver pomfrets with A&A and R&A treatments had larger CVs of body weight, compared to fish with other three treatments, including AA, RE and AD treatments (0.095 and 0.132 vs. 0.082, 0.073, and 0.078). The prey selection of silver pomfret to jellyfish and artificial diet probably caused the larger differences of CVs as fish fed with both jellyfish and artificial diet, especially no enough diet been consumed at the end of the experiment.

The specific growth rate (SGR) for each treatment was similar to the growth rates of SL and BW except that a significant difference was found for the AA and RE treatments. The SGR result indicated a descending sequence as A & A and R & A treatments > AD treatment > AA treatment > RE treatment > S treatment ($P < 0.05$, Table 1).

The food conversion ratios (FCRs) calculated with both wet and dry weights of food intake were significantly different among five kinds of diets. The FCRs were divided into three levels: AA and RE treatments vs. A&A and R&A treatments vs. AD treatment ($P < 0.05$, Table 1).

3.3 Proximate compositions in different diets and in the whole bodies of different silver pomfret groups

Table 3 showed much higher water contents in *A. aurita* and *R. esculentum*, being 96.84%

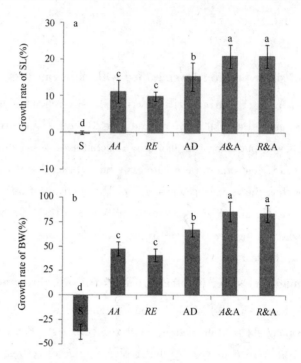

Figure 1 Growth rates (average ± SD) of silver pomfrets reared under six different diet treatments in terms of standard length (G_L, a) and wet body weight (G_W, b) in 20 days. Letters over the bar indicate significant differences between treatments ($P < 0.05$).

and 96.63%, respectively. Furthermore, the ash contributed about 76.18% and 74.18% of the dry mass of *A. aurita* and *R. esculentum*, respectively, compared with only 10.63% for the artificial diet. The ash free dry weights (AFDWs) in *A. aurita*, *R. esculentum*, and the artificial diet were 23.22%, 25.92%, and 89.37%, respectively. Taking the crude protein content per 100 g wet food as an example, in the artificial diet there was 19.72 g, and in *A. aurita* and *R. esculentum* there were only 0.21 g and 0.41 g, respectively.

Table 3 Proximate compositions of different diets

Kinds of food	*A. aurita* (50 mm)	*R. esculentum* (20 mm)	Artificial diet
Moisture(%)[1]	96.84 ± 0.27[a]	96.63 ± 0.31[a]	65.28 ± 0.22[b]
Ash(%)[2]	76.18 ± 3.16[a]	74.08 ± 1.44[a]	10.63 ± 0.13[b]
AFDW(%)[2,3]	23.22 ± 3.16[a]	25.92 ± 1.44[a]	89.37 ± 0.13[b]
Crude protein(%)[2]	6.75 ± 0.18[c]	12.17 ± 0.19[b]	58.61 ± 0.31[a]
Crude lipid(%)[2]	2.5 ± 0.25[b]	1.5 ± 0.17[c]	16.65 ± 0.13[a]

Values (± SD) in a row with different superscripts indicate significant differences among treatments ($P < 0.05$).

[1] % wet weight.

[2] % dry matter.

[3] AFDW (ash free dry weight) = 100 × (dry weight-frsh weight)/dry weight.

Fed on food with significantly different nutritional values, the silver pomfrets in the six treatment groups, however, had more or less the same proximate compositions in the whole fish body. Table 4 showed no major difference among the treatment groups in the moisture content and crude protein content for the whole silver pomfret body ($P > 0.05$), and a slight difference was found in the crude lipid content for the fish group among the treatment groups, the S treatment (3.01%) < AA and RE treatments (5.16 and 5.46%, respectively) < AD, A&A and R&A treatments (6.11, 6.56 and 6.61%, respectively) ($P < 0.05$).

Table 4 Proximate compositions of the whole bodies of the silver pomfrets fed with different diets

	Contents/%					
	S	AA	RE	AD	A&A	R&A
Moisture[1]	89.64 ± 0.36	86.2 ± 0.16	86.4 ± 0.37	85.9 ± 0.41	85.3 ± 0.11	85.1 ± 0.47
Crude protein[2]	61.04 ± 0.24	65.97 ± 1.15	65.68 ± 0.96	66.23 ± 0.25	66.75 ± 0.85	66.85 ± 0.52
Crude lipid[2]	3.01 ± 0.09^c	5.16 ± 0.11^b	5.46 ± 0.36^b	6.11 ± 0.21^a	6.56 ± 0.31^a	6.61 ± 0.22^a

Values (± SD) in a row with different superscripts indicate significant differences among treatments ($P < 0.05$).

[1] % wet weight.

[2] % dry matter.

3.4 Fatty acid profiles of different diets and the whole fish body among treatment groups

The fatty acid profiles of different diets and the whole fish body among treatment groups were analyzed (Table 5). The results indicated that there was a strong relationship of fatty acid composition between fish and their daily diets. The content of C16:0 was the highest of almost all the fatty acids in both diets (except *R. esculentum*) and the whole fish body. And in comparison, the level in *A. aurita* and in artificial diet was higher than in *R. esculentum* ($P < 0.05$), whereas the level in whole fish body with AD, A & A, R & A and S treatments was higher than with AA and RE treatments ($P < 0.05$). The content of C18:1n9 was the highest in artificial diet, followed by *R. esculentum* and *A. aurita* in decreasing amounts ($P < 0.05$). Accordingly, the content of C18:1n9 in fish body with AD, A&A, R&A treatments was higher than with AA and RE treatments ($P < 0.05$). The content of C18:4n3, C22:1n11, C20:5n3 (EPA) and C22:6n3 (DHA) was both higher in artificial diet than in *A. aurita* and *R. esculentum* ($P < 0.05$). Accordingly, the content of those fatty acids in fish body with AD, A&A, R&A treatments was higher than with AA and RE treatments ($P < 0.05$). The content of C18:0 was higher in the medusae of *R. esculentum* and *A. aurita* than in the artificial diet ($P < 0.05$). Accordingly, the level in silver pomfrets with AA and RE treatments was higher than fish with R&A, A&A, and AD treatments ($P < 0.05$). The proportion of C20:4n6 (AA) was higher in the medusae of *A. aurita* and *R. esculentum* than in the artificial diet ($P < 0.05$). In the whole silver pomfret body, the proportion of AA was the highest in the RE treatment, followed by AA, R&A, A&A, and AD treatments (Significant differences were found in RE, AA treatments vs. R&A, A&A treatments vs. AD treatment, $P < 0.05$).

Table 5 Fatty acid profiles of three diets and of the whole fish body among different treatment groups

Fatty acids (% total fatty acids)	Prey item			Whole body					
	A. aurita	R. esculentum	Artificial diet	S	AA	RE	AD	A&A	R&A
14:0	1.44 ± 0.21[b]	0.67 ± 0.09[c]	4.74 ± 0.62[a]	2.17 ± 0.31[b]	1.69 ± 0.13[bc]	1.53 ± 0.22[bc]	4.80 ± 0.61[a]	4.51 ± 0.52[a]	3.46 ± 0.44[ab]
16:0	21.74 ± 2.32[a]	11.13 ± 1.89[b]	21.65 ± 2.11[a]	20.59 ± 1.33[a]	17.08 ± 1.81[b]	15.23 ± 1.62[b]	22.14 ± 2.06[a]	21.50 ± 2.00[a]	21.05 ± 1.92[a]
16:1n-7	1.26 ± 0.32[b]	1.92 ± 0.41[b]	7.49 ± 0.76[a]	2.37 ± 0.45[c]	3.15 ± 0.91[b]	5.32 ± 1.48[a]	5.54 ± 0.69[a]	5.46 ± 0.66[a]	5.21 ± 0.54[a]
16:1n-5	1.48 ± 0.41[a]	0.77 ± 0.15[b]	0.32 ± 0.22[c]	1.14 ± 0.51[a]	0.82 ± 0.23[ab]	0.52 ± 0.17[c]	0.48 ± 0.04[bc]	0.44 ± 0.06[bc]	0.20 ± 0.11[c]
16:2n-4	0.98 ± 0.12[a]	0.24 ± 0.09[b]	0.71 ± 0.17[a]	± 0.43 ± 0.16	0.15 ± 0.09	ND	0.30 ± 0.11	0.30 ± 0.17	0.33 ± 0.09
16:4n-3	0.96 ± 0.19[a]	0.29 ± 0.10[b]	0.55 ± 0.15[b]	0.48 ± 0.11[b]	0.22 ± 0.10[b]	0.08 ± 0.06[b]	0.17 ± 0.08[b]	0.17 ± 0.07[b]	0.12 ± 0.10[b]
18:0	15.58 ± 3.31[a]	15.77 ± 2.11[a]	3.81 ± 0.91[b]	14.47 ± 3.12[a]	14.12 ± 1.76[a]	12.20 ± 2.88[a]	6.20 ± 0.76[a]	6.65 ± 0.98[a]	9.90 ± 1.36[b]
18:1n-9	1.69 ± 0.23[b]	8.87 ± 0.09[a]	12.01 ± 1.41[a]	13.62 ± 2.13[a]	10.35 ± 1.76[b]	11.00 ± 1.00[b]	14.47 ± 2.17[a]	14.21 ± 1.63[a]	14.83 ± 1.09
18:1n-7	1.46 ± 0.31[a]	5.08 ± 0.59[a]	4.77 ± 0.04[a]	3.40 ± 0.51[a]	3.77 ± 0.33[a]	4.99 ± 0.91[a]	5.40 ± 0.45[a]	5.30 ± 1.03[a]	4.84 ± 0.81[a]
18:2n-6	1.49 ± 0.24[a]	2.54 ± 0.31[a]	2.72 ± 0.43[a]	1.37 ± 0.22[b]	1.15 ± 0.65[b]	1.55 ± 0.43[b]	3.20 ± 0.44[a]	3.16 ± 0.3[a]	2.41 ± 0.11[a]
18:2n-4	1.26 ± 0.19[a]	0.71 ± 0.03[a]	0.12 ± 0.04[b]	0.15 ± 0.04	0.30 ± 0.06	0.09 ± 0.05	0.20 ± 0.11	0.34 ± 0.07	0.11 ± 0.06
18:3n-3	1.10 ± 0.09[b]	4.11 ± 1.08[a]	1.22 ± 0.38[b]	0.17 ± 0.04[c]	0.36 ± 0.06[b]	0.79 ± 0.40[a]	0.62 ± 0.31[a]	0.69 ± 0.08[a]	0.53 ± 0.15[a]
18:4n-3	0.67 ± 0.07[b]	0.31 ± 0.05[a]	2.89 ± 0.99[a]	0.33 ± 0.07[b]	0.25 ± 0.04[b]	0.16 ± 0.07[b]	0.87 ± 0.39[a]	0.85 ± 0.08[a]	0.6 ± 0.11[a]
20:1n-9	ND	ND	1.17 ± 0.94	0.72 ± 0.07	0.80 ± 0.38	0.92 ± 0.34	1.32 ± 0.51	1.24 ± 0.94	1.09 ± 0.51
20:1n-7	0.51 ± 0.16[a]	0.56 ± 0.15[a]	0.28 ± 0.05[b]	0.16 ± 0.04[a]	1.34 ± 0.92[a]	0.98 ± 0.11[a]	0.50 ± 0.07[b]	0.44 ± 0.11[b]	0.98 ± 0.39[a]
20:2n-6	3.94 ± 0.28[a]	3.41 ± 0.76[a]	0.24 ± 0.06[b]	0.44 ± 0.06[a]	0.30 ± 0.06[a]	0.38 ± 0.06[a]	0.18 ± 0.04[b]	0.20 ± 0.04[b]	0.38 ± 0.04[a]
20:3n-6	ND	ND	0.04 ± 0.02	0.06 ± 0.02	0.05 ± 0.02	0.05 ± 0.01	0.19 ± 0.07	0.09 ± 0.03	0.09 ± 0.05
20:4n-6 AA	6.42 ± 0.66[a]	5.63 ± 0.94[a]	0.64 ± 0.21[b]	2.56 ± 1.01[b]	5.01 ± 0.86[a]	5.99 ± 1.53[a]	1.26 ± 0.04[c]	2.56 ± 1.01[b]	2.59 ± 0.29[b]
20:4n-3	0.72 ± 0.12	0.46 ± 0.09	0.56 ± 0.1	0.28 ± 0.04	0.46 ± 0.07	0.37 ± 0.07	0.42 ± 0.05	0.44 ± 0.09	0.47 ± 0.13
20:5n-3 EPA	9.88 ± 1.41[b]	7.77 ± 1.04[c]	11.76 ± 1.91[a]	2.94 ± 0.62[c]	5.91 ± 2.05[b]	5.26 ± 1.79[b]	7.08 ± 1.49[a]	7.30 ± 1.44[a]	7.16 ± 2.01
22:1n-11	ND	ND	1.08 ± 0.71	0.16 ± 0.05[b]	0.13 ± 0.06[b]	0.17 ± 0.10[b]	0.84 ± 0.11[a]	0.70 ± 0.25[a]	0.53 ± 0.31[a]
22:1n-9	ND	ND	0.49 ± 0.31	0.21 ± 0.16	0.16 ± 0.08	0.15 ± 0.05	0.44 ± 0.21	0.41 ± 0.04	0.48 ± 0.20
22:6n-3 DHA	1.88 ± 0.16[b]	ND	10.16 ± 2.18[a]	14.68 ± 2.38[a]	11.37 ± 1.98[b]	11.07 ± 1.79[b]	13.01 ± 2.31[a]	13.19 ± 2.01[a]	13.53 ± 1.55[a]
SFA	38.77 ± 5.75	27.57 ± 4.09	30.20 ± 3.64	37.23 ± 4.76	32.89 ± 3.70	28.96 ± 4.72	33.14 ± 3.43	32.66 ± 3.50	34.41 ± 3.72
MUFA	6.40 ± 1.43[c]	17.20 ± 1.39[b]	27.61 ± 4.44[a]	21.78 ± 3.92[b]	20.52 ± 4.67[b]	24.05 ± 3.25[b]	28.99 ± 4.25[a]	28.20 ± 4.72[a]	28.16 ± 3.96[a]
PUFA	29.30 ± 3.7	25.47 ± 4.54	31.61 ± 6.65	23.89 ± 4.77	25.53 ± 6.04	25.79 ± 6.26	27.50 ± 5.44	29.29 ± 5.39	28.32 ± 4.69

Values (± SD) of three diets and six different treatments were analyzed separately. Values in a row with different superscripts indicate significant differences ($P < 0.05$).

The proportion of monounsaturated fatty acid (MUFA) was much higher in the artificial diet than in the medusae of A. aurita and R. esculentum. The proportion of MUFA in the whole silver pomfret body was the highest in the AD treatment, followed by A&A, R&A, AA, S, and RE treatments (Significant differences were found in AD, A&A, R&A treatments vs. AA, S, RE treatments, $P < 0.05$). There were not significantly different in the proportions of saturated fatty acid (SFA) and poly-unsaturated fatty acids (PUFA) in the three diets, neither was in all fish treatment groups.

3.5 Amino acid compositions of different diets and the whole fish body among treatment groups

The amino acid concentrations of the experimental diets and whole fish body of six different treatment groups are presented in Table 6. The analysis of the three diets showed that all amino acid concentrations were significantly higher in the artificial diet than in *A. aurita* and *R. esculentum* ($P < 0.05$). Accordingly, both the total amino acids (TAAs) and the essential amino acids (EAAs) concentrations of the whole fish body were higher in AD treatment than in RE and AA treatments ($P < 0.05$). However, the silver pomfrets fed with both artificial diet and jellyfish had the highest concentrations of TAA and EAA than the fish fed only with the artificial diet, jellyfish or starvation ($P < 0.05$). Six different EAAs, including isoleucine, leucine, lysine, methionine, threonine and valine, were the highest in A & A and R & A treatments, followed by AD treatment, RE and AA treatment, S treatment in decreasing amounts (Significant differences were found in A & A, R & A and AD treatments vs. RE, AA treatments vs. S treatment, $P < 0.05$).

Table 6 Amino acid compositions of three diets and of the whole fish body among different treatment groups (g/100 g dry mass)

	Prey item				Whole body				
	A. aurita	R. esculentum	Artificial diet	S	AA	RE	AD	A&A	R&A
Alanina	0.42 ± 0.00^b	0.76 ± 0.00^b	3.28 ± 0.04^a	2.52 ± 0.01^c	3.43 ± 0.00^b	3.33 ± 0.01^b	3.67 ± 0.01^a	3.51 ± 0.00^a	3.59 ± 0.01^a
Arginine*	0.73 ± 0.01^b	1.22 ± 0.03^b	4.34 ± 0.05^a	4.25 ± 0.03^c	5.07 ± 0.01^b	5.37 ± 0.01^a	5.41 ± 0.02^a	5.20 ± 0.00^a	5.21 ± 0.00^a
Aspartic acid	0.35 ± 0.01^c	0.84 ± 0.02^b	3.32 ± 0.01^a	2.07 ± 0.00^c	2.93 ± 0.00^b	2.61 ± 0.01^b	2.84 ± 0.00^b	3.78 ± 0.02^a	3.48 ± 0.01^a
Glutamic acid	0.81 ± 0.01^b	1.78 ± 0.03^b	7.70 ± 0.02^a	4.37 ± 0.02^c	6.28 ± 0.03^b	6.55 ± 0.02^b	6.31 ± 0.02^b	7.85 ± 0.03^a	7.33 ± 0.03^a
Glycine	0.83 ± 0.01^b	1.36 ± 0.00^b	2.73 ± 0.00^a	3.07 ± 0.01^c	4.29 ± 0.01^a	3.66 ± 0.01^b	3.66 ± 0.01^b	3.68 ± 0.01^b	3.80 ± 0.00^b
Histidine*	0.11 ± 0.00^b	0.18 ± 0.01^b	1.40 ± 0.00^a	0.85 ± 0.01^b	0.90 ± 0.02^a	0.97 ± 0.00^a	1.05 ± 0.0^a	1.12 ± 0.01^a	1.06 ± 0.01^a
Isoleucine	0.33 ± 0.01^b	0.60 ± 0.01^b	2.87 ± 0.02^a	1.77 ± 0.01^c	2.18 ± 0.01^b	2.37 ± 0.01^b	2.53 ± 0.01^a	2.59 ± 0.00^a	2.58 ± 0.01^a
Leucina*	0.49 ± 0.01^b	0.85 ± 0.00^b	4.38 ± 0.02^a	2.77 ± 0.02^c	3.52 ± 0.02^b	3.81 ± 0.00^b	4.08 ± 0.02^a	4.21 ± 0.02^a	4.18 ± 0.00^a
Lysina*	0.54 ± 0.01^b	0.92 ± 0.02^b	4.66 ± 0.02^a	2.76 ± 0.00^c	3.61 ± 0.00^b	3.96 ± 0.01^b	4.30 ± 0.01^a	4.52 ± 0.03^a	4.40 ± 0.02^a
Methionine	0.10 ± 0.00^b	0.13 ± 0.02^b	1.06 ± 0.00^a	0.92 ± 0.00^b	0.66 ± 0.04^d	0.74 ± 0.00^{bc}	0.78 ± 0.01^{bc}	1.67 ± 0.01^a	1.27 ± 0.01^{ab}
Phenlalanine*	0.28 ± 0.00^b	0.51 ± 0.01^b	2.35 ± 0.01^a	1.96 ± 0.01^c	2.19 ± 0.01^b	2.28 ± 0.02^b	2.40 ± 0.00^a	2.30 ± 0.02^a	2.47 ± 0.02^a
Proline	0.19 ± 0.00^c	0.38 ± 0.01^b	1.20 ± 0.00^a	1.11 ± 0.01^b	1.49 ± 0.01^a	1.33 ± 0.01^a	1.42 ± 0.00^a	1.40 ± 0.01^a	1.44 ± 0.01^a
sarine	0.27 ± 0.01^c	0.52 ± 0.01^b	2.10 ± 0.01^a	1.65 ± 0.02^c	2.06 ± 0.02^a	2.05 ± 0.00^a	2.12 ± 0.01^b	2.32 ± 0.00^a	2.22 ± 0.01^a
Thraonine*	0.28 ± 0.00^b	0.51 ± 0.01^b	2.09 ± 0.03^a	1.44 ± 0.01^c	1.87 ± 0.01^b	1.98 ± 0.00^b	2.10 ± 0.01^a	2.24 ± 0.01^a	2.18 ± 0.00^a
Tyrosine	0.08 ± 0.00^c	0.16 ± 0.00^a	1.62 ± 0.01^a	1.12 ± 0.01^b	1.10 ± 0.01^b	1.20 ± 0.01^b	1.40 ± 0.01^a	1.54 ± 0.01^a	1.41 ± 0.01^a
Valine*	0.36 ± 0.02^b	0.68 ± 0.01^b	3.15 ± 0.03^a	2.01 ± 0.01^c	2.50 ± 0.01^b	2.68 ± 0.00^b	2.82 ± 0.00^a	2.99 ± 0.01^a	2.91 ± 0.02^a
TAA	6.16 ± 0.10^b	11.39 ± 0.19^b	48.26 ± 0.27^a	34.65 ± 0.18^c	44.07 ± 0.17^c	44.87 ± 0.12^b	46.91 ± 0.15^{ab}	50.93 ± 0.19^a	49.52 ± 0.17^a
EAA	3.22 ± 0.06^a	5.60 ± 0.12^b	26.30 ± 0.18^c	18.73 ± 0.10^c	23.60 ± 0.10^b	22.05 ± 0.05^b	25.47 ± 0.09^a	26.84 ± 0.11^a	26.26 ± 0.09^a

Values (± SD) of three diets and six different treatments were analyzed separately. Values in a row with different superscripts indicate significant differences (P < 0.05).

* essential amino acids.

4 Discussion

Silver pomfret, other species of fish, and several other groups (molluscs, arthropods, reptiles, and birds) have been reported to prey on pelagic coelenterates in both natural and laboratory conditions (Chopra, 1960; Ates, 1991; Sommer et al., 2002; Arai, 2005; Liu et al., 2013). However, the reports on jellyfish used as a diet to culture certain economic species were only seen in Stephanolepis cirrhifer juveniles and phyllosomas of Ibacus novemdentatus (Miyajima et al., 2011; Wakabayashi et al., 2012). In this study, silver pomfrets fed with AA and RE treatments grew in both standard lengths and wet body weights. This indicated that the medusae of the two jellyfish species alone provided energy sources for metabolism and growth. In fact several dozens of jellyfish species have been recognized as prey, although most quantitative data of jellyfish-eaten predators comes from investigations of stomach contents (Aria, 2005). Moreover, jellyfish – feeding fish have a specialized pharyngeal morphology which protects against nematocysts (Purcell, 2001). Therefore we inferred that silver pomfrets might prey on other jellyfish species. And the predation behavior of silver pomfrets to Nemopilema nomurai was also observed in our later experiment (data unpublished).

The growth rates of the fish with AA and RE treatments were lower than that with the AD treatment, suggesting that jellyfish alone was insufficient for silver pomfrets' normal growth. Although biochemical compositions of jellyfish vary according to a medusa's size and age, sexual maturity, food intake, capturing season, and so on (Larson, 1986; Graeve et al., 1994; Lucas, 1994; Fukudar & Naganuma, 2001), water and crude ash make up most of the medusa body (more than 95%), implying that jellyfish are of low nutritional value (Aral et al., 1989; Lucas, 1994; Sommer et al., 2002). In this study, we also confirmed that by detecting the proximate compositions of two jellyfish species. Therefore jellyfish alone was not an efficient prey item for silver pomfret. However, silver pomfrets with A&A and R&A treatments showed a significantly faster growth than that with AD treatment. The diet of wild silver pomfret consists of a broad spectrum of food types, including medusae and jellyfish (Chopra, 1960). It is well known that formulation of a balanced diet is important for fish rearing. The difference in protein, fatty acid, and maybe other content between jellyfish and artificial diet probably caused the growth differences between mixed treatments (A&A and R&A treatments) and AD treatment. Indeed, Miyajima et al. (2011) showed the same result when feeding Stephanolepis cirrhifer with A. aurita and shrimp. Therefore, It suggested that jellyfish with other commercially available fish feed could provide a more suitable diet structure and support growth into jellyfish predator species, such as Oncorhynchus keta, Stephanolepis cirrhifer, Pampus argenteus, and Scomber scombrus (Runge 1987; Arai et al., 2003; Miyajima 2011; Liu et al., 2013).

There is a strong relationship of biochemical composition between fish and their daily diets (Orban et al., 2007). In our study, the proximate compositions in the whole body for different silver pomfret groups did not show obvious differences, so the fatty acid and amino acid compositions were analyzed.

The fatty acid composition of fish reflects the dietary fatty acid composition (Grigorakis, 2007). Holland et al. (1990) analyzed the fatty acid profile of leatherback turtle and jellyfish, their major prey, found the contents of $n-3$ and $n-6$ HUFA, especially docosapetaenoic acid (DPA), AA, EPA, and DHA in the obligate jellyfish predator reflected that in its prey. In our experiment, the fatty acid content of MUFA, as well as AA, EPA, DHA and other four kinds of fatty acids, in different fish groups also revealed three different diets. More importantly, the AA content in the medusae of *A. aurita* and *R. esculentum* was much higher than that in the artificial diet. The content of both $n-3$ and $n-6$ fatty acids was reported to be greater in wild silver pomfrets than in cultured fish (Zhao et al., 2010). Our result suggests that jellyfish can be used as supplemental food in culturing silver pomfrets to increase the content of AA, though further research is required to confirm the effect of jellyfish on the lipid proportion of the whole fish body.

Wilson and Cowey (1985) reported that there were at least 10 different EAAs in marine fish. The amino acid composition, especially the EAAs, is another excellent indicator that reflects the relationship between fish and their diets (Wilson & Poe, 1985; Mambrini & Kaushik, 1995; Conceicão et al., 2003). The amino acid contents in *A. aurita* and *R. esculentum* were both lower than in the artificial diet. All different EAAs concentrations of the whole fish body were accordingly higher in the AD treatment than in *AA* and *RE* treatments. This suggests jellyfish alone are not as well suited as a diet for silver pomfret juveniles rearing as the artificial diet. However, six different EAAs concentrations in *A&A* and *R&A* treatments, including histidine, isoleucine, leucine, lysine, methionine, threonine, and valine, are higher than in the AD treatment, from which we worked out that the artificial diet mixed with *A. aurita* or *R. esculentum* was more appropriate than the pure artificial diet in silver pomfret juveniles rearing.

Edible jellyfish have been exploited commercially as food for more than a thousand years. In order to store for a long time, semidry jellyfish is made with a low-cost processing method, which involves a multi-phase processing procedure using a mixture of salt and alum to reduce the water content (Hsieh et al., 2001). According to the processing procedure of jellyfish mentioned above, further experiments are planned where silver pomfrets will be fed with semidry jellyfish of different species. And it might be more practicable in fish aquaculture using long-store semidry jellyfish than live medusae.

Jellyfish blooms sometimes irreversibly devastate local ecosystems (Mianzan et al., 2012). Though some jellyfish species have been beneficial to human as food, there is limited utilizing the amount of jellyfish (Hsieh et al., 2001). Therefore, using jellyfish as supplemental food for fish rearing could be a way to deal with useless jellyfish. Considering the faster growth of silver pomfret juveniles fed with jellyfish as supplement food, the present study demonstrates the feasibility of rearing commercial fish with jellyfish as prey.

References

Arai M N, D W Welch, A L Dunsmuir, et al. 2003. Digestion of pelagic Ctenophora and Cnidaria by fish. Canadian Journal of Fisheries and Aquatic Sciences, 60(7): 825 – 829.

Arai M N. 2001. Pelagic coelenterates and eutrophication: a review. Hydrobiologia, 451: 69 – 87.

Arai M N. 2005. Predation on pelagic coelenterates: a review. Journal of the Marine Biological Association of the United Kingdom, 85(03): 523 – 536.

Aral M N, J A Ford, J N C Whyte. 1989. Biochemical composition of fed and starved *Aequorea victoria* (Murbach et Shearer, 1902) (Hydromedusa). Journal of Experimental Marine Biology and Ecology, 127(3): 289 – 299.

Ates R M L. 1991. Predation on Cnidaria by vertebrates other than fishes. Hydrobiologia, 216/217: 305 – 307.

Brotz L, W W L Cheung, K Kleisner, et al. 2012. Increasing jellyfish populations: trends in Large Marine Ecosystems. Hydrobiologia, 690(1): 3 – 20.

Cheng Y X, N S Du, W Lai. 1998. Lipid composition in hepatopancreas of Chinese mitten crab *Eriocheir sinensis* at different stages. Acta Zoologica Sinica, 44(4): 420 – 429.

Chopra S. 1960. A note on the sudden outburst of ctenophores and medusae in the waters off Bombay. Current Science, 29: 392 – 393.

Conceicão L E C, H Grasdalen, I Rønnestad. 2003. Amino acid requirements of fish larvae and post-larvae: new tools and recent findings. Aquaculture, 227: 221 – 232.

Condon R H, C M Duarte, Pitt K A, et al. 2013. Recurrent jellyfish blooms are a consequence of global oscillations. Proceedings of the National Academy of Sciences, 110(3): 1000 – 1005.

Davis P, A Wheeler. 1985. The occurrence of *Pampus argenteus* (Euphrasen, 1788) (Osteichthyes, Perciformes, Stromateiodei, Stromateidae) in the North Sea. Journal of Fish Biology, 26(2): 105 – 109.

Dong Z, D Liu, J K Keesing. 2010. Jellyfish blooms in China: Dominant species, causes and consequences. Marine Pollution Bulletin, 60(7): 954 – 963.

Folch J, M Lees, G H S Stanley. 1957. A simple method for the isolation and purification of total lipids from animal tissues. Journal of Biological Chemistry, 226: 497 – 509.

Fukuda Y, T Naganuma. 2011. Potential dietary effects on the fatty acid composition of the common jellyfish *Aurelia aurita*. Marine Biology, 138(5): 1029 – 1035.

Gong Q X, N L P He, C J Zheng. 1989. On the change of the ovary in annual cycle of silver pomfret *Pampus argenteus* from the East China Sea. Journal of Fisheries of China, 13(4): 316 – 325 (in Chinese with English abstract).

Graeve M, G Kattner, W Hagen. 1994. Diet-induced changes in the fatty acid composition of Arctic herbivorous copepods: experimental evidence of trophic markers. Journal of Experimental Marine Biology and Ecology, 182 (1): 97 – 110.

Grigorakis K. 2007. Compositional and organoleptic quality of farmed and wild gilthead sea bream (*Sparus aurata*) and sea bass (*Dicentrarchus labrax*) and factors affecting it: a review. Aquaculture, 272: 55 – 75.

Harris L G. 1987. *Aeolid nudibranchs* as predators and prey. American Malacological Bulletin, (5): 287 – 292.

Holland D, J Davenport, J East. 1990. The fatty acid composition of the leatherback turtle *Dermochelys coriacea* and its jellyfish prey. Journal of the Marine Biological Association of the United Kingdom, 70: 761 – 770.

Horwutz W. 2000. Official methods of analysis of AOAC International. 17th edn. vol. 1. AOAC Int, Gaithersburg, MD.

Hsieh Y H P, F M Leong, J Rudloe. 2001. Jellyfish as food. Hydrobiologia, 451(1 –3): 11 –17.

Larson R J. 1986. Water content, organic content, and carbon and nitrogen composition of medusae from the northeast Pacific. Journal of Experimental Marine Biology and Ecology, 99(2): 107 – 120.

Liu C S, Z M Zhuang, S Q Chen, et al. 2014. Medusa consumption and prey selection of silver pomfret *Pampus argenteus* juveniles. Chinese Journal of Oceanology and Limnology, 32: 71 – 80.

Liu J, C Li, X Li. 2002. Phylogeny and biogeography of Chinese pomfret fishes (Pisces: Stromateidae). Studia Marina Sinica. 44: 235 – 239(in Chinese with English abstract).

Lucas C H. 1994. Biochemical composition of *Aurelia aurita* in relation to age and sexual maturity. Journal of Experimental Marine Biology and Ecology, 183(2): 179 – 192.

Lyman C P, M J Gibbons, B E Axelsen, et al. 2006. Jellyfish overtake fish in a heavily fished ecosystem. Current Biology, 16: R492 – R493.

Mambrini M, S J Kaushik. 1995. Indispensable amino acid requirements of fish: correspondence between quantitative data and amino acid profiles of tissue protein. Journal of Applied Ichthyology, 11: 240 – 247.

Martino R C, J E P Cyrino, L Portz, et al. 2002. Effect of dietary lipid level on nutritional performance of the surubim, *Pseudoplatystoma coruscans*. Aquaculture, 209(1): 209 – 218.

Mianzan H, J E Purcell, J R Frost. 2012. Preface: Jellyfish blooms: interactions with humans and fisheries. Hydrobiologia, 690(1): 1 – 2.

Mills C E. 2001. Jellyfish blooms: are populations increasing globally in response to changing ocean conditions? Hydrobiologia, 451: 55 – 68.

Miyajima Y, R Masuda, A Kurihara, et al. 2011. Juveniles of threadsail filefish, Stephanolepis cirrhifer, can survive and grow by feeding on moon jellyfish *Aurelia aurita*. Fisheries Science, 77(1): 41 – 48.

Orban E, T Nevigato, M Masci, et al. 2007. Nutritional quality and safety of European perch (*Perca fluviatilis*) from three lakes of Central Italy. Food Chemistry, 100(2): 482 – 490.

Palomares M L D, D Pauly. 2009. The growth of jellyfishes. In Jellyfish Blooms: Causes, Consequences, and Recent Advances. Springer Netherland, 616: 11 – 21.

Pauly D, W Graham, S Libralato, et al. 2009. Jellyfish in ecosystems, online databases, and ecosystem models. Hydrobiologia, 616(1): 67 – 85.

Purcell J E. 2009. Extension of methods for jellyfish and ctenophore trophic ecology to large-scale research. Hydrobiologia, 616: 23 – 50.

Richardson A J, A Bakun, G C Hays, et al. 2009. The jellyfish joyride: causes, consequences and management responses to a more gelatinous future. Trends in Ecology and Evolution, 24 (6): 312 – 322.

Runge J A, P Pepin, W Silvert. 1987. Feeding behavior of the Atlantic mackerel *Scomber scombrus* on the hydromedusa Aglantha digitale. Marine Biology, 94(3): 329 – 333.

SAC (1994) GB/T 14965 – 1994: method for determination of amino acids in foods. Beijing, China: standardization administration of the People's Republic of China. (in Chinese)

Shi Z H, F Zhao, R Fu, et al. 2009. Study on artificial larva rearing techniques of silver pomfret (*Pampus argenteus*). Marine Fish, 31(2): 53 – 57(in Chinese with English abstract).

Shi Z H, X X Huang, W W Li, et al. 2008. Analysis of lipid and fatty acid compositions in different tissues of the wild caught *Pampus cinereus* broodstocks. Journal of Fisheries of China, 32: 309 – 314(in Chinese with English abstract).

Shiganova T A, Z A Mirzoyan, E A Studenikina, et al. 2001. Population development of the invader ctenophore *Mnemiopsis leidyi*, in the Black Sea and in other seas of the Mediterranean basin. Marine Biology, 139(3): 431 – 445.

Sommer U, H Stibor, A Katechakis, et al. 2002. Pelagic food web configurations at different levels of nutrient richness and their implications for the ratio fish production: primary production. Hydrobiologia, 484: 11 – 20.

Suazo C G. 2008. Black-browed albatross foraging on jellyfish prey in the southeast Pacific coast, southern Chile. Polar Biology, 31: 755 – 757.

Suyehiro Y. 1942. A study of the digestive system and feeding habits of fish. Japan J Zool, 10: 1 – 303.

Uye S. 2008. Blooms of the giant jellyfish *Nemopilema nomurai*: a threat to the fisheries sustainability of the East Asian Marginal Seas. Plankton and Benthos Research, 3(Supplement): 125 – 131.

Wakabayashi K, R Sato, H Ishii, et al. 2012. Culture of phyllosomas of *Ibacus novemdentatus* (Decapoda: Scyllaridae) in a closed recirculating system using jellyfish as food. Aquaculture, 330: 162 – 166.

Wilson R P, C B Cowey. 1985. Amino acid composition of whole body tissue of rainbow trout and Atlantic salmon. Aquaculture 48: 373 – 376.

Wilson R P, W E Poe. 1985. Relationship of whole body and egg essential amino acid patterns to amino acid requirement patterns in channel catfish, *Ictalurus punctatus*. Comparative Biochemistry and Physiology Part B: Comparative Biochemistry, 80(2): 385 – 388.

Zhao C Y, R Z Zhang. 1985. Fish eggs and larvae in offshore area of China. Shanghai: Shanghai Science and Technique Publishing Press, 151 – 153.

Zhao F, P Zhuang, L Zhang, Z Shi. 2010. Biochemical composition of juvenile cultured vs. wild silver pomfret, *Pampus argenteus*: determining the diet for cultured fish. Fish physiology and biochemistry, 36(4): 1105 – 1111.

鱼礁与池塘养殖刺参体壁营养成分分析及评价

万玉美[1], 赵春龙[2*], 崔兆进[2], 赵海涛[2], 付仲[2], 赵雅贤[3], 杨超臣[2]

(1. 河北农业大学 海洋学院, 河北 秦皇岛 066000; 2. 河北省海洋与水产科学研究院, 河北 秦皇岛 066200; 3. 中国水产科学研究院 北戴河中心实验站, 河北 秦皇岛 066100)

摘　要: 为了解鱼礁和池塘两种养殖模式下刺参体壁营养成分及品质, 利用生化分

* 基金项目: 河北省现代农业产业技术体系特色海产品创新团队.
通信作者: 赵春龙, E-mail: zhaochunlong1968@163.com

析方法对刺参体壁的营养成分进行了测定及评价。结果显示,鱼礁组水分、粗脂肪、胆固醇和能量含量显著低于池塘组($P<0.01$),碳水化合物含量显著低于池塘组($P<0.05$),灰分含量显著高于池塘组($P<0.01$),二者粗蛋白含量无显著差异。鱼礁与池塘组刺参体壁富含Na、Mg、Ca、K、Fe、Zn、Cu和Mn。鱼礁组Na和Mg含量极显著高于池塘养殖($P<0.01$),Ca、Fe、Cu和Mn含量极显著低于池塘组($P<0.01$)。鱼礁组氨基酸总量和呈鲜味氨基酸均极显著高于池塘组($P<0.01$),必需氨基酸总量与池塘养殖组无显著性差异。除Thr外,鱼礁和池塘组AAS和CS均小于1。二者饱和脂肪酸总量、不饱和脂肪酸总量差异均不显著;鱼礁组C16:1和C20:5n3含量均极显著低于池塘组,其余无显著差异。研究表明,养殖模式会影响刺参营养成分和风味物质的组成和含量,鱼礁组刺参高蛋白、低脂肪、胆固醇含量极低,富含必需氨基酸和呈味氨基酸,更具有浓郁的海鲜风味,营养价值优于池塘组。

关键词:刺参;鱼礁养殖;池塘养殖;体壁;营养成分

刺参(*Apostichopus joponicus*),又名仿刺参,是我国重要的经济种类,主要分布于我国山东、辽宁和河北沿海。刺参的营养价值很高,富含氨基酸等人体必需的营养物质以及胶原蛋白、酸性黏多糖、海参皂苷、凝集素和脑苷脂等生物活性物质,被视为佳肴、高级滋补品;同时,它还具有广泛的药用价值。研究证明,刺参具有提高机体免疫力、抗衰老、抗肿瘤、促进造血功能、抗凝血、预防高血脂和动脉硬化的形成等生理功效,以及抑制多种病毒和致病真菌的作用。随着人们对刺参食用和药用价值的认识,对刺参的需求量急剧上升,海参养殖业已成为海水养殖支柱产业。目前,我国刺参主要的养殖方式是池塘养殖,另外还有一些新的养殖模式,如人工鱼礁养殖、围堰养殖、围网养殖、海上网笼养殖、网箱养殖、陆基深水井大棚养殖和工厂化养殖。然而,刺参的养殖环境、参龄、生长时期和饵料组成不同,其营养成分的化学组成及含量也存在一定差异。

近年来,不少学者对刺参营养成分的年龄、季节性变化进行了研究报道,宋志东等(2009)报道了不同发育阶段刺参体壁营养组成存在差异;韩华(2011)报道了不同年龄刺参体壁营养成分比较分析;李丹彤等(2009)分析了獐子岛海域野生刺参体壁中营养组成并指出刺参体内的营养成分会随身体部位、年龄、季节、栖息地区、饵料、雌雄的不同而存在差异;李丹彤等(2006)研究了獐子岛秋夏季野生仿刺参营养成分的差异;高菲(2008)研究了刺参体壁营养成分的季节性变化等。但对于不同养殖模式下刺参营养成分的比较分析仍未见报道。本文以刺参为研究对象,对不同养殖模式的刺参体壁营养成分组成、含量及变化进行了研究,并对其营养价值进行评价,以期为刺参的养殖模式以及人工配合饵料的研发提供理论基础。

1 材料与方法

1.1 材料

实验对象为鱼礁养殖刺参和池塘养殖刺参。鱼礁养殖刺参于2013年12月2日采自秦皇岛鱼礁养殖海域,随机采样5头,平均体重为(200±7.84)g。池塘养殖刺参于2013年12月3日采自唐山乐亭养殖池塘,随机采样5头,平均体重为(208±6.91)g。刺参采样后测完体重,立即解剖,去除内脏,冲洗干净,测体壁重。将样品冷藏带回实验室后,于-20℃冷冻。

1.2 方法

将冷冻刺参体壁样品合并,去除石灰环,切片后用冷冻真空干燥机冷冻干燥48 h至恒重,用组织粉碎机粉碎,混匀,置于聚乙烯袋中,封口,于-20℃。每个样品重复取样3次进行测定,取平均值进行分析。

粗蛋白、粗脂肪、灰分和水分的含量依照国际GB/T5009-2003进行测定;胆固醇的含量依据GB/T22220-2008进行测定;总碳水化合物采用减量法计算,即100%-(蛋白质+水分+灰分+脂肪)%,能量根据中国食物成分表以(蛋白质×17+脂肪×37+总碳水化合物×17)计算。常量和微量元素的测定采用原子吸收分光光度法,Cu、Zn、Mg、Fe、Mn、K、Na、Ca分别依照国际 GB/T5009.13-2003、GB/T5009.14-2003、GB/T5009.90-2003、GB/T5009.91-2003、GB/T5009.92-2003 进行测定。氨基酸组成测定参照GB/T5009.124-2003进行,将样品用6 mol/L HCL水解,采用日立8900型氨基酸自动分析仪测定氨基酸含量。色氨酸以4.2 mol/L NaOH水解测定;胱氨酸以过甲酸氧化法处理测定。饱和脂肪酸和不饱和脂肪酸的含量依据GB/T22223-2008利用水解提取-气相色谱法(日本岛津GC-2010气相色谱仪)进行测定。

1.3 数据处理

利用Microsofe Office Excel和SPSS19.0软件对数据进行统计分析,采用独立样本T检验进行显著性差异检验,$P<0.05$为差异显著,$P<0.01$为差异极显著。

1.4 肌肉营养价值评价方法

根据FAO/WHO提出的氨基酸评分标准模式和鸡蛋蛋白质氨基酸标准模式分别按以下公式计算氨基酸评分(AAS)、化学评分(CS):

$$氨基酸评分(AAS) = \frac{待评粗蛋白质氨基酸含量(mg)}{评分模式氨基酸含量(mg/g)}$$

$$化学评分(CS) = \frac{待评粗蛋白质氨基酸含量(mg)}{鸡蛋粗蛋白氨基酸含量(mg/g)}$$

其中,氨基酸含量是指每克蛋白质中氨基酸的毫克数,计算公式为:氨基酸含量=(氨基酸含量/粗蛋白含量)×6.25×1000。

2 结果

2.1 常规营养成分分析

鱼礁养殖与池塘养殖刺参体壁粗蛋白含量无显著差异;鱼礁养殖刺参体壁的水分、粗脂肪、胆固醇和能量的含量极显著低于池塘养殖刺参($P<0.01$),碳水化合物的含量显著低于

池塘养殖刺参($P<0.05$);而鱼礁养殖刺参体壁灰分的含量极显著高于池塘养殖刺参($P<0.01$)(表1)。

表1 鱼礁和池塘养殖刺参体壁营养成分
Table 1 Nutrient composition in body walls of *Apostichopus joponicus* in fish reef and pond group

g/100 g(干重)

项目	鱼礁组 fish reef group	池塘组 pond group
水分 moisture	91.60 ± 0.01	91.98 ± 0.11**
灰分 ash	33.5 ± 0.16	28.7 ± 0.06**
粗蛋白 crude protein	55.57 ± 1.82	53.62 ± 0.55
粗脂肪 crude fat	4.81 ± 0.12	7.53 ± 0.27**
胆固醇(mg/100 g) cholesterol	16.51 ± 0.28	41.62 ± 3.93**
能量(kJ/100 g) energy value	1227.45 ± 6.33	1367.73 ± 6.15**
碳水化合物 carbohydrate	6.15 ± 1.95	10.46 ± 1.03*

注:*表示差异显著($P<0.05$),**表示差异极显著($P<0.01$),下同.
Notes: * means significant difference($P<0.05$), ** means extremely significant difference($P<0.01$), The same as the following.

2.2 常量与微量元素含量分析

刺参体壁中常量与微量元素含量的检测结果见表2。结果表明,鱼礁与池塘养殖的刺参体壁中含量最高的常量元素是Na,其次是Mg、Ca和K。鱼礁养殖刺参体壁Na和Mg含量极显著高于池塘养殖($P<0.01$),而Ca含量极显著低于池塘养殖($P<0.01$),二者K含量差异不显著。微量元素中Fe含量最高,其次是Zn、Cu和Mn。鱼礁养殖刺参体壁Fe、Cu和Mn含量极显著低于池塘养殖($P<0.01$),而二者Zn含量无显著差异。

表2 鱼礁和池塘养殖刺参体壁常量与微量元素含量
Table 2 Macro and microelements composition of *Apostichopus joponicus* in fish reef and pond group

mg/kg(干重)

元素	鱼礁组 fish reef group	池塘组 pond group
Cu	11.90 ± 1.19	50.89 ± 0.26**
Zn	36.85 ± 1.49	38.92 ± 1.70
Mg	15 227.02 ± 464.48	13 341.02 ± 257.04**
Fe	147.69 ± 2.68	234.42 ± 4.67**
Mn	14.64 ± 0.62	47.57 ± 0.59**
K	6 434.33 ± 100.50	6 503.9 ± 199.90
Na	108 413.34 ± 3 103.77	80 360.25 ± 859.17**
Ca	9 432.66 ± 121.98	10 795.45 ± 415.75**

2.3 氨基酸含量分析

鱼礁和池塘养殖刺参体壁中氨基酸含量见表3。刺参体壁共检测出18中氨基酸,鱼礁养殖的氨基酸总量和呈鲜味氨基酸分别为(49.04±0.84)g/100 g、(31.41±0.35) g/100 g,均极显著高于池塘组($P<0.01$)。鱼礁养殖刺参体壁必需氨基酸总量与池塘养殖组无显著性差异,其中鱼礁组Phe含量显著低于池塘组($P<0.05$),而Thr含量显著高于池塘组($P<0.05$),其余必需氨基酸差异不显著。鱼礁组非必需氨基酸总量(37.63±0.62)极显著高于池塘养殖组(28.93±1.35)($P<0.01$),其中除了鱼礁组His含量显著低于池塘组($P<0.01$),以及二者Tyr、Cys含量无显著差异之外,其余非必需氨基酸含量均为鱼礁组显著高于池塘组($P<0.05$)。

表3 鱼礁和池塘养殖刺参体壁氨基酸含量
Table 3 Amino acids content in body walls of *Apostichopus joponicus* in fish reef and pond group

g/100 g(干重)

氨基酸 AA	鱼礁组 fish reef group	池塘组 pond group	氨基酸 AA	鱼礁组 fish reef group	池塘组 pond group
Asp	5.16±0.17	4.41±0.07**	Lys	1.38±0.07	1.66±0.16
Thr	2.51±0.01	2.28±0.09*	His	0.48±0.00	0.51±0.01**
Ser	2.62±0.00	2.14±0.10**	Arg	3.82±0.13	3.07±0.05**
Glu	7.30±0.04	5.97±0.26**	Pro	3.93±0.00	2.68±0.19**
Gly	9.06±0.25	5.80±0.44**	Trp	0.13±0.02	0.21±0.03*
Ala	3.34±0.11	2.41±0.34*	Cys	0.50±0.03	0.57±0.07
Val	1.74±0.07	1.68±0.06	氨基酸总量TAA	49.04±0.84	40.69±1.44**
Met	0.70±0.13	0.71±0.16	必需氨基酸总量EAA	11.40±0.22	11.75±0.08
Ile	1.42±0.11	1.36±0.01	非必需氨基酸总量NEAA	37.63±0.62	28.93±1.35**
Leu	2.15±0.13	2.28±0.04	呈鲜味氨基酸DAA	31.41±0.35	23.4±1.40**
Tyr	1.43±0.12	1.38±0.01	EAA/TAA(%)	23.26±0.05	28.91±0.81**
Phe	1.37±0.06	1.57±0.07*	DAA/TAA(%)	64.05±0.39	57.49±1.40**

刺参的AAS、CS和EAAI分析结果见表4。由刺参氨基酸AAS评分可知,鱼礁和池塘养殖刺参体壁中第一限制氨基酸均为Trp,第二限制氨基酸均为Lys。对于AAS和CS分值而言,两种养殖模式的刺参各必需氨基酸均小于1,Thr除外;鱼礁组Lys、Trp和Phe+Tyr均极显著低于池塘组($P<0.05$),而鱼礁组Thr显著高于池塘组($P<0.05$),其余氨基酸无显著性差异。

表4 鱼礁和池塘养殖刺参氨基酸评分、化学评分
Table 4 Comparison of AAS and CS of *Apostichopus joponicus* in fish reef and pond group

	鱼礁组 fish reef group		池塘组 pond group	
	AAS	CS	AAS	CS
Thr	1.13 ± 0.01	0.97 ± 0.00	1.06 ± 0.04	0.91 ± 0.03
Val	0.63 ± 0.03	0.48 ± 0.02	0.63 ± 0.02	0.48 ± 0.02
Met + Cys	0.62 ± 0.05	0.35 ± 0.03	0.68 ± 0.05	0.39 ± 0.03
Ile	0.64 ± 0.05	0.48 ± 0.04	0.63 ± 0.01	0.48 ± 0.00
Leu	0.55 ± 0.03	0.45 ± 0.03	0.60 ± 0.01	0.50 ± 0.01
Phe + Tyr	0.83 ± 0.02	0.56 ± 0.01	0.91 ± 0.03	0.61 ± 0.02
Lys	0.46 ± 0.02**	0.35 ± 0.02	0.57 ± 0.06**	0.44 ± 0.04
Trp	0.25 ± 0.03*	0.15 ± 0.02	0.42 ± 0.07*	0.25 ± 0.04

注：* 为第一限制氨基酸，** 为第二限制氨基酸

Note: * represents the first limiting amino acid, ** represents the second limiting amino acid

2.4 脂肪酸含量分析

鱼礁和池塘刺参体壁共检测出脂肪酸12种，其中饱和脂肪酸2种，不饱和脂肪酸10种（表5）。鱼礁组、养殖组刺参体壁饱和脂肪酸总量分别为(5.04 ± 1.28) g/kg、(6.40 ± 0.29) g/kg，不饱和脂肪酸总量分别为(12.22 ± 1.62) g/kg、(15.20 ± 0.43) g/kg，差异均不显著。鱼礁组未检测到不饱和脂肪酸C20:1、C20:3n3和C24:1，而池塘组刺参未检测到不饱和脂肪酸C18:2n6c和C22:2。各脂肪酸含量的显著性分析表明，鱼礁组C16:1和C20:5n3含量均极显著低于池塘组，二者其余脂肪酸均无显著性差异。

表5 鱼礁和池塘养殖刺参体壁脂肪酸含量
Table 5 Fatty acids content in body walls of *Apostichopus joponicus* in fish reef and pond group

g/kg(干重)

	鱼礁组 fish reef group	池塘组 pond group
C16:0	3.09 ± 0.82	3.9 ± 0.19
C16:1	0.99 ± 0.18	3.9 ± 0.29**
C18:0	1.94 ± 0.48	2.49 ± 0.12
C18:2n6c	2.26 ± 0.66	—
C18:1n9c	3.97 ± 1.27	2.37 ± 0.57
C20:1	—	0.91 ± 0.29
C20:3n3	—	1.41 ± 0.76
C20:4n6	1.35 ± 0.18	1.45 ± 0.36
EPAC20:5n3	1.35 ± 0.18	2.74 ± 0.25**
C22:2	1.11 ± 0.07	—

	鱼礁组 fish reef group	池塘组 pond group
DHAC22:6n3	1.19 ± 0.12	1.12 ± 0.12
C24:1	—	1.29 ± 0.07
饱和脂肪酸	5.04 ± 1.28	6.40 ± 0.29
不饱和脂肪酸	12.22 ± 1.62	15.20 ± 0.43

注：*表示差异显著($P<0.05$)，**表示差异极显著($P<0.01$)，—表示未检出．

Notes：* means significant difference($P<0.05$)，** means extremely significant difference($P<0.01$)，—means not determined．

3 讨论

刺参的主要营养部分是体壁，它由主要上皮组织和真皮结缔组织构成，其结缔组织的细胞间充填着无定形间质。蛋白质、脂肪的种类和含量是刺参营养价值的体现。本研究表明，两种养殖模式的刺参体壁粗蛋白含量无显著差异，这是由于刺参蛋白质含量主要取决于品种和年龄，受外部养殖因素的影响很小；其蛋白质含量与李丹彤(2006)、韩华(2011)的报道一致。鱼礁养殖刺参体壁水分、粗脂肪、胆固醇、碳水化合物和能量的含量显著低于池塘养殖，而灰分显著高于池塘养殖，这可能是由于两种养殖模式的养殖环境和饵料生物的差异而导致。两种养殖模式的刺参体壁水分含量都很高，这与李丹彤(2006)、高菲等(2008)报道一致，这是由于刺参体壁水分含量呈现显著的季节性变化，在11月份水分含量最高。就常规营养成分而言，鱼礁养殖刺参品质更高。

矿物质元素参与人体内多种生化代谢，对生理功能产生直接影响，因此，适量摄食微量元素对人体健康尤为重要。研究表明，锰具有增强蛋白质代谢，合成维生素，防癌的作用；铜具有造血，合成酶和血红蛋白，增强防御功能，抗肝脏肿瘤作用；锌是人体海马回的重要微量元素，与记忆和智力有关。本研究中微量元素中铁含量最高，其次是锌。鱼礁、池塘养殖刺参铁含量均高于花刺参(*Stichopus variegatus*)、绿刺参(*Stichopus chloronotus*)、青刺参(*Apostichopus japonicus*)，鱼礁养殖海参低于梅花参而池塘养殖海参高于梅花参(*Thelenota ananas*)；锌含量高于花刺参，低于梅花参和红刺参(*Apostichopus japonicus*)[14]。鱼礁养殖刺参体壁Fe、Cu和Mn含量极显著低于池塘养殖，而二者锌含量无显著差异。研究表明，水产动物矿物质来源包括从水域环境中直接吸收、饵料来源两个方面，因此，水产动物矿物质元素的组成和含量与不同地区水体环境和饵料情况有非常密切的关系[15]。本研究中的两种养殖模式的刺参处于同一生长期，因此，可以认为鱼礁和池塘养殖刺参的常量与微量元素差异是由于不同的水域养殖环境和饵料差异是造成的。

蛋白质的质量在很大程度上取决于必需氨基酸的量及比例，而食物味道的鲜美程度是由呈味氨基酸的含量及组成来决定的。研究表明，季节、饵料的不同对无脊椎动物氨基酸组成有显著影响。本研究中，鱼礁养殖的氨基酸总量、非必需氨基酸总量和呈味氨基酸均极显著高于池塘组,且二者的必需氨基酸总量无显著性差异,这可能与两种养殖模式刺参的饵料有关。本研究刺参体壁的总氨基酸含量、必需氨基酸、呈味氨基酸与高菲的报道基本一致,但明显高于李丹彤所研究的獐子岛刺参的报道,这可能是由于不同海域的饵料组成不同所造成的;鱼礁、池塘养殖的呈味氨基酸含量占总氨基酸比例高于獐子岛野生海参,表明两种养殖模式的刺参具有浓郁的海鲜风味。就两种养殖模式刺参 AAS 和 CS 而言,除 Thr 外,其余的必需氨基酸的 AAS 和 CS 均小于1,这与李丹彤、高菲[8]的报道一致,其值高于獐子岛野生刺参,低于青岛胶南池塘养殖刺参,这可能是由于刺参体内的营养成分会随年龄、季节、栖息地区、饵料、雌雄的不同而存在差异。

脂肪酸组成及含量也是评价食物营养价值的重要指标之一。特别是不饱和脂肪酸,它不仅是人类生长发育所需要的营养物质,还是海鲜营养、风味前体的来源。本研究中鱼礁和池塘刺参体壁共检测不饱和脂肪酸10种,鱼礁组、养殖组刺参体壁不饱和脂肪酸总量均远远高于饱和脂肪酸,且两种养殖模式无显著差异。鱼礁组 C20:5n3(EPA)含量均极显著低于池塘组,二者 DHA 含量差异不显著;EPA 和 DHA 是人体最重要的两种不饱和脂肪酸,EPA 具有清理胆固醇和甘油三酯的功能,DHA 是人脑发育、成长的主要组成物质之一,具有软化血管、健脑益智的功效。池塘组检测到的不饱和脂肪酸数量多于池塘组。就脂肪酸的组成和含量而言,池塘养殖刺参优于鱼礁组。

本研究表明,养殖模式会影响刺参营养成分和风味物质的组成和含量,仅就微量元素而言,池塘组养殖刺参优于鱼礁组;而就整体营养成分而言,鱼礁组养殖刺参高蛋白、低脂肪、胆固醇含量极低,富含必需氨基酸和呈味氨基酸,更具有浓郁的海鲜风味,营养价值优于池塘组。建议在刺参人工鱼礁养殖模式中应注意海域饵料组成。

参考文献

樊绘曾. 2001. 海参:海中人参——关于海参及其成分保健医疗功能的研究与开发[J]. 中国海洋药物, (04):37-44.

高菲, 杨红生, 许强. 2009. 刺参体壁脂肪酸组成的季节变化分析[J]. 海洋科学, (04):14-19.

高菲. 2008. 刺参 Apostichopus japonicus 营养成分、食物来源及消化生理的季节变化[D]. 青岛:中国科学院研究生院(海洋研究所).

韩华. 2011. 不同年龄刺参体壁营养成分分析及评价[J]. 海洋环境科学, (03):404-408.

何翠, 黄国强. 2014. 全国及主要刺参养殖省份刺参养殖状况分析[J]. 渔业信息与战略, (01):24-30.

吉红, 孙海涛, 单世涛. 2011. 池塘与网箱养殖匙吻鲟肌肉营养成分及品质评价[J]. 水产学报, (02):261-267.

姜森颢, 董双林, 高勤峰, 等. 2012. 相同养殖条件下青、红刺参体壁营养成分的比较研究[J]. 中国海洋大学学报:自然科学版, (12):14-20.

李丹彤, 常亚青, 陈炜, 等. 2006. 獐子岛野生刺参体壁营养成分的分析[J]. 大连水产学院学报, (03):278-282.

李丹彤, 常亚青, 吴振海, 等. 2009 獐子岛夏秋季野生仿刺参体壁营养成分的分析[J]. 水产科学, (07):365-369.

刘小芳,薛长湖,王玉明,等.2011.乳山刺参体壁和内脏营养成分比较分析[J].水产学报,(04):587-593.

马玲巧,亓成龙,曹静静,等.2014.水库网箱和池塘养殖斑点叉尾鮰肌肉营养成分和品质的比较分析[J].水产学报,(04):531-536.

宋志东,王际英,王世信,等.2009.不同生长发育阶段刺参体壁营养成分及氨基酸组成比较分析[J].水产科技情报,(01):11-13.

王远红,于明明,王冬燕,等.2010.花刺参、梅花参和绿刺参营养成分分析[J].营养学报,(04):397-398.

吴忠鑫,张秀梅,张磊,等.2013.基于线性食物网模型估算荣成俚岛人工鱼礁区刺参和皱纹盘鲍的生态容纳量[J].中国水产科学,(02):327-337.

夏敏.2003.必需微量元素的生理功能[J].微量元素与健康研究,(03):41-44.

徐杰,王静凤,逄龙,等.墨西哥海参和菲律宾刺参的化学成分和降血脂作用比较[J].中国海洋大学学报:自然科学版,2007(05):723-727.

Beltrn-Lugo A I, Maeda-Martnez A N, Pacheco-Aguilar R N, et al. 2006. Seasonal variations in chemical, physical, textural, and microstructural properties of adductor muscles of Pacific lions-paw scallop (*Nodipecten subnodosus*)[Z]. 258, 619-623.

Claustre H, Poulet S A, Williams R, et al. 1992. Relationship between the qualitative nature of particles and copepod faeces in the Irish Sea[Z]. 40, 231-248.

Mai K, Mercer J P, Donlon J. 1994. Comparative studies on the nutrition of two species of abalone, *Haliotis tuberculata* L. and Haliotis discus hannai Ino: II. Amino acid composition of abalone and six species of macroalgae with an assessment of their nutritional value[Z]. 128, 118-130.

Sokolowski A, Wolowicz M, Hummel H. 2003. Free amino acids in the clam *Macoma balthica* L. (Bivalvia, Mollusca) from brackish waters of the southern Baltic Sea[Z]. 134, 579-592.

Yanar Y, elik M. 2006. Seasonal amino acid profiles and mineral contents of green tiger shrimp (*Penaeus semisulcatus* De Haan, 1844) and speckled shrimp (*Metapenaeus monoceros* Fabricus, 1789) from the Eastern Mediterranean [Z]. 94, 33-36.

野生与养殖银鲳消化道菌群结构中产酶菌的对比分析

王建建[①1,2],高权新[1],张晨捷[1],彭士明[1],王建钢[1],施兆鸿[1,2]

(1. 中国水产科学研究院 东海水产研究所,农业部东海与远洋渔业资源开发利用重点实验室,上海 200090;2. 上海海洋大学 水产与生命学院,上海 201306)

摘 要:本研究对野生和养殖银鲳(*Pampus argenteus*)胃、幽门盲囊、前肠、中肠、后

---

① 基金项目:中央级公益性科研院所基本科研业务费项目(东2014Z02);国家科技部支撑项目(2011BAD13B01)。
通信作者:施兆鸿,Email:shizh@eastfishery.ac.cn

肠菌群结构进行了定性对比分析,并对产蛋白酶、淀粉酶、脂肪酶、纤维素酶的菌株进行了鉴定。结果发现:野生和养殖种群整个消化道菌群结构存在较大差异,且同一种群消化道各部分之间菌群结构也存在较大差异。尽管养殖和野生银鲳均在幽门盲囊中具有最多的可培养细菌菌株,但野生银鲳消化道内主要菌群为嗜冷菌属(*Psychrobacter*)和 *Pseudochrobactrum*,养殖银鲳消化道主要菌群为不动杆菌属(*Acinetobacter*)和假单孢菌属(*Pseudomonas*),两种群共有细菌仅一株,即 *Psychrobacter piscatorii* strain VSD503,但其分别存在于野生与养殖种群银鲳消化道的不同部位。在产酶菌株筛选中发现,野生银鲳消化道内分离到 16 株产酶菌,其中44% 可培养菌能产蛋白酶,56% 能产淀粉酶,11% 能产脂肪酶,56% 能产纤维素酶,部分菌株可产 2 株以上的消化酶,其中产 3 种酶以上的菌株有 5 株,且产酶量丰富。相对于野生银鲳,养殖银鲳消化道内分离到 22 株产酶菌,主要以产蛋白酶和淀粉酶为主,70% 可培养菌可产蛋白酶,21% 可产淀粉酶,仅 *Bacillus thuringiensis* strainVITGS 可产纤维素酶,无一株菌产脂肪酶,其中只有 *Bacillus thuringiensis* strainVITGS 产 3 种酶但产酶量相对较少。通过野生和家养银鲳消化道菌群结构中产酶菌的对比分析,为后续银鲳人工养殖中潜在有益菌的挑选提供理论依据。

关键词:银鲳;消化道菌群结构;产酶菌;消化酶

鱼类自身分泌的内源性消化酶与鱼本身的消化系统特性、发育阶段、食物组成等有关,而源于消化道微生物的外源性消化酶活性的提高也有助于促进营养物质的消化,提高饲料转化率。将产酶菌株作为有益菌添加剂用于鱼类的饲料中以提高饲料转化率,降低养殖成本的研究已有报道。何敏等[8]在对重口裂腹鱼(*Schizothorax davidi*)的研究中发现,益生菌作为肠道微生物的补充,其使用不仅提高了重口裂腹鱼的生长率,而且提高了重口裂腹鱼肠道蛋白酶、脂肪酶、淀粉酶的活性。赖凯昭等(2012)在对奥尼罗非鱼(*Oreochromis niloticus* × *O. aureus*)的研究中发现,益生菌作为饵料添加剂可显著提高奥尼罗非鱼的生长速度及肠道蛋白酶的活性。因此研究鱼体消化道中的菌群结构和产酶菌具有重要的实际应用价值。

银鲳(*Pampus argenteus*)是目前极具有开发潜力的鱼类,虽然全人工繁殖技术已被解决,但较野生银鲳而言,养殖银鲳的个体偏小。目前银鲳的研究主要集中在温度、盐度饲养密度等生态学和饲料组成对银鲳营养组成、野生与养殖银鲳性腺发育形态学和组织学等方面,而其肠道菌群结构的研究未见报道。本研究旨在定性对比分析野生与养殖银鲳消化道菌群结构及产酶菌,以期为今后人工养殖银鲳的配合饲料中适宜益生菌的开发提供基础理论依据。

1 材料与方法

1.1 材料

2012 年 8 月,在从养殖池和天然海区同时取样。实验所用养殖银鲳来自东海水产研究所自行繁育的后代,野生银鲳来自浙江六横岛附近海域。养殖银鲳的叉长为 10.5 cm ±

0.5 cm,体重为 30 g±5 g。野生银鲳的叉长为 18 cm±0.5 cm,体重为 45 g±5 g。养殖银鲳采用日本林兼株式会社生产的鱼宝 6 号料饲喂。

1.2 方法

养殖银鲳在取样解剖前饥饿 24 h,野生银鲳暂养 24 h,其暂养水体取自其生存海域。每次随机抽取 15 尾鱼,每 3 尾分为一组,解剖前进行拍照并测量其叉长和体重。鱼体解剖在冰盘上进行,取整个肠道并用 70% 的酒精擦拭整个肠外壁,将其分为胃、幽门盲囊、前肠、中肠、后肠分装于无菌离心管内,将每组鱼的各消化肠段混合后 -80℃ 冻存。

1.3 16S rDNA - PCR 菌群分离鉴定

1.3.1 肠道菌群培养

样品用灭菌匀浆机将样品研磨均匀,研磨样品设为 10^{-1},再用 0.85% 的生理盐水将其稀释至 10^{-8} 并震荡混匀。取 10^{-3}、10^{-4}、10^{-5}、10^{-6}、10^{-7}、10^{-8} 六个稀释度样品液各 50 μL 均匀涂布于 LB 培养基,每个样品设 3 个平行。涂好的平板倒置于 28℃ 恒温培养箱中。

1.3.2 肠道菌的分离

恒温培养 24 h 后,挑选不同大小、不同颜色、不同形状的菌株进行画线纯化培养,再将纯化的菌接种于液体培养基中进行扩大培养,经 12 h 培养后将菌液保存至 40% 甘油培养液中,混合比例为 1:1。

1.3.3 肠道菌群 16S rDNA 基因序列分析

将分离菌群接种于 LB 固体培养基中,经 24 h 培养后,挑取菌落并提取 DNA 作为模板(DNA 提取试剂盒购自天根公司),设计引物分别扩增 16S rDNA 基因片段。引物为通用引物 27F/1492R,由上海生工生物工程有限公司合成。PCR 扩增条件如下:94℃ 3 min;94℃ 30 s;55℃ 30 s;72℃ 1 min;72℃ 5 min;30 个循环。

PCR 产物送上海生工生物工程有限公司测序。采用 BLAST 分析软件对测序结果进行分析。将所测得到的目的序列输入 NCBI 中进行 BLAST 比对,从比对结果中选择分类信息较为完整且相似度较高的序列,用于推测目的序列的分类信息,并将测序结果提交至 GenBank。

1.4 产酶菌的筛选

鉴定出的菌群原保存液设为 10^{-1},再用 0.85% 的生理盐水将其稀释至 10^{-8} 并震荡混匀。取稀释样品液 50 μL 均匀涂布于各消化酶筛选培养基,每个样品设 3 个平行。涂好的平板倒置于 28℃ 恒温培养箱中。

蛋白酶筛选培养基:干酪素 8.0 g,Na_2HPO_4 2.0 g,$MgSO_4$ 0.5,NaCl 5.0 g,牛肉浸出粉 3.0 g,琼脂粉 15 g,0.4% 溴麝香草酚蓝溶液 12.5 mL,蒸馏水 1 000 mL,pH 7.4。培养 24 h 后看是否有透明菌圈产生。产酶多少以透明圈直径比菌圈直径,即 R/r(R 表示透明圈,r 表示菌圈)。下同。

淀粉酶筛选培养基:淀粉20 g,酵母浸出粉5.0 g,胰酪蛋白胨10 g,Na$_2$HPO$_4$ 5.0 g,MgSO$_4$ 0.1g,NaCl 5.0 g,琼脂20 g,蒸馏水1 000 mL,pH 7.0~7.4。

培养24 h后,加入碘液,看是否有透明圈产生。碘液:I$_2$ 0.5 g,KI 5.0 g,定容至100 mL,取1 mL再定容至100 mL。

脂肪酶筛选培养基:橄榄油25 mL,胰酪蛋白胨10 g,牛肉浸出粉5.0 g,葡萄糖3.0 g,PVA 10 g,NaCl 5.0 g,吐温80 5 mL,K$_2$HPO$_4$ 1.0 g,MgSO$_4$ 0.5 g,琼脂15 g,中性红0.05 g蒸馏水1 000 mL pH 7.5。培养24 h后观察菌圈附近是否有橙黄色变为紫红色。

纤维素酶筛选培养基:NaCl 5 g,MgSO$_4$ 0.5 g,KH$_2$PO$_4$ 0.5 g,CaCl$_2$ 0.1 g,K$_2$HPO$_4$ 2.0 g,CMC-Na 15 g,(NH$_4$)$_2$SO$_4$ 2.0 g,酵母浸出粉1.0 g,胰酪蛋白胨5.0 g,蒸馏水1 000 mL,琼脂粉15 g,pH 7.0。

培养24 h后,加入0.5%刚果红染色50 min,而后倒掉刚果红,用5% NaCl浸泡1 h,1 h后弃去NaCl观察是否有透明圈产生。

2 结果

2.1 PCR结果分析

将提取的DNA作为模板,进行PCR扩增,获得的片段长度为1 300 bp(图1)。

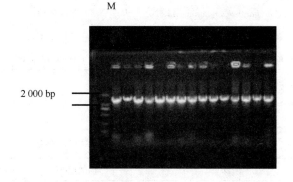

图1 野生和养殖银鲳消化道内的部分菌群的16S rDNA的PCR产物

Fig. 1 PCR products of 16S rDNA of part of the flora in the digestive tract of wild and farmed silver pomfret

2.2 16S rDNA基因序列分析结果

经测序和分析得到一定长度的16S rRNA基因片段,与GenBank中已登录的基因序列比对,寻找与该菌同源性最高的菌株。野生与养殖银鲳消化道各组织菌群结构对比分析(表1至表6)

表 1 野生与养殖银鲳胃菌群对比分析

实验编号	菌株	相似度/%	NCBI 序列号	野生种群	养殖种群
H7	*Psychrobacter sanguinis* strain 92	99	HM212666.1	+	-
W6/Z8	*Psychrobacter piscatorii* strain VSD503	99	KC534182.1	+	-
WH13	*Psychrobacter nivimaris* strain Noryt4	99	KC462924.1	+	-
WH24	*Psychrobacter sanguinis* strain K11A2	99	JX501674.1	+	-
WH27	*Psychrobacter fozii* strain Spedv2	99	KC462943.1	+	-
WH14	*Psychrobacter nivimaris* strain D7084	99	FJ161365.1	+	-
WHf	*Psychrobacter cryohalolentis* strain HWG-A17	99	JQ684240.1	+	-
YH6	*Psychrobacter cibarius* strain JG-220	99	AY639872.1	+	-
WH11	*Psychrobacter fozii* strain NF23	99	NR_025531.1	+	-
WHb	*Psychrobacter nivimaris* strain CJ-S-NA3	99	HM584287.1	+	-
YL3	*Acinetobacter bouvetii* strain3-6	99	JX867754.1	-	+
WL2	*Pseudomonas geniculata* strainPRRZ5	98	HQ678674.1	-	+
Z4	*Micrococcus luteus* strain PCSB6	99	HM449702.1	-	+
ww4	*Acinetobacter johnsonii* strain 261ZY15	99	KF831405.1	-	+
W11	*Pseudomonas geniculata* strain XJUHX-18	99	EU239476.1	-	+
WE	*Pseudochrobactrum saccharolyticum* strain ALK626	99	KC456591.1	-	+
Wa	*Micrococcus luteus* strain BBN4B-01d	99	FJ357615.1	-	+
wg	*Micrococcus luteus* strain CJ-G-TSA7	99	HM584259.1	-	+

注：+表示存在；-表示不存在(下表注释同此)。
Notes：+. presence； -. absence. (The same as following)

表 2 野生与养殖银鲳幽门盲囊菌群对比分析

实验编号	菌株	相似度/%	NCBI 序列号	野生种群
Y9	*Pseudochrobactrum asaccharolyticum* strainALK634	99	KC456599.1	+
Y11	*Pseudochrobactrum asaccharolyticum* strainCCUG 46016	99	NR_042474.1	+
W6	*Psychrobacter piscatorii* strainVSD503	99	KC534182.1	+
YH18	*Psychrobacter cibarius* strain LMG 7085	99	HQ698586.1	+
WH24	*Psychrobacter sanguinis* strain K11A2	99	JX501674.1	+
YH12	*Brochothrixther mosphacta* strain KSN1	99	KC346293.1	+
WH27	*Psychrobacter fozii*strain Spedv2	99	KC462943.1	+
YHb	*Psychrobacter cibarius* strain JG-220	99	AY639872.1	+
WH11	*Psychrobacter fozii*strain NF23	99	NR_025531.1	+
YH16	*Stenotrophomonas maltophilia* strain Y10	99	JX646629.1	+

续表

实验编号	菌株	相似度/%	NCBI 序列号	野生种群
YYH7	*Planococcus rifietoensis* strain YJ-ST4	99	KF876867.1	+
YYH5	*Pseudochrobactrum saccharolyticum* strain T-1	99	FJ493054.1	+
ZZH1	*Pseudochrobactrum asaccharolyticum* strain ALK635	99	KC456600.1	+
YYH4	*Psychrobacter maritimus* strain KOPRI_22337	99	EU000245.1	+
HH2	*Psychrobacter pulmonis* strain C9A2a	99	JX501673.1	+
YL3	*Acinetobacter bouvetii* strainOAct422	99	KC514127.1	−
YL4	*Acinetobacter bouvetii* strainALK054	99	KC456561.1	−
YL3	*Acinetobacter bouvetii* strain3-6	99	JX867754.1	−
YL1	*Acinetobacter johnsonii* strainPa4	99	KF111695.1	−
WL2	*Pseudomonas geniculata* strainPRRZ5	99	HQ678674.1	−
YL5	*Acinetobacter johnsonii* strain zzx01	99	KJ009436.1	−
YX14	*Paenibacillus typhae* strain xj7	99	NR_109462.1	−
YX8	*Acinetobacter johnsonii* strain RK15	99	KC790277.1	−
YX11	*Acinetobacter johnsonii* strain KLH-34	99	HM854248.1	−
HH2	*Pseudomonas putida* strain S-1	99	KF640247.1	−
YY3	*Pseudomonas putida* strain TCP2	99	JQ782510.1	−
YY1	*Acinetobacter beijerinckii* strain MP17_2B	99	JN644620.1	−
HH1	*Acinetobacter bouvetii* strain 7	100	JX867756.1	−
YX2	*Acinetobacter johnsonii* strain CCNWQLS12	99	JX840377.1	−

表3 野生和养殖银鲳前肠菌群对比分析

实验编号	菌株	相似度/%	NCBI 序列号	野生种群	养殖种群
Y11	*Pseudochrobactrum asaccharolyticum* strain CCUG 46016	99	NR_042474.1	+	−
YL3	*Acinetobacter bouvetii* strain3-6	99	JX867754.1	−	+
QL1	*Acinetobacter venetianus* strainIARI-CS-50	99	JF343144.1	−	+
Q2	*Staphylococcus epidermidis* strain7N-3b	99	EU379311.1	−	+
QQ1	*Acinetobacter johnsonii* strainAJ-G3	99	KC895498.1	−	+
QX2	*Acinetobacter johnsonii* strain RN27	99	KC790286.1	−	+
HH2	*Pseudomonas putida* strain S-1	99	KF640247.1	−	+
Q8	*Exiguobacterium acetylicum* strain VITWW1	99	KJ146070.1	−	+
QQ5	*Psychrobacter faecalis* strain UCL-NF 1590	99	HQ698588.1	−	+
Q1	*Lysinibacillus fusiformis* strain CW4(3)	98	JQ319535.1	−	+

表4 野生与养殖银鲳中肠菌群对比分析

实验编号	菌株	相似度/%	NCBI 序列号	野生种群	养殖种群
Y9	Pseudochrobactrum asaccharolyticum strain ALK634	99	KC456599.1	+	−
H7	Psychrobacter sanguinis strain 92	99	HM212666.1	+	−
WH24	Psychrobacter sanguinis strain K11A2	99	JX501674.1	+	−
ZH3	Bacillus cereus strain LH8	98	KC248215.1	+	−
ZH11	Bacillus anthracis strain TMPTTA CASMB 4	99	KF779074.1	+	−
ZH13	Bacillus cereus strain HN − Beihezhu1	99	JQ917438.1	+	−
ZZH1	Pseudochrobactrum asaccharolyticum strain ALK635	98	KC456600.1	+	−
ZH12	Bacillus cereus strain CP1	99	JX544748.1	+	−
ZH15	Bacillus cereus strain BC − 3	99	KF835392.1	+	−
YL4	Acinetobacter bouvetii strain ALK054	99	KC456561.1	−	+
YL3	Acinetobacter bouvetii strain 3 − 6	99	JX867754.1	−	+
Z4	Micrococcus luteus strain PCSB6	99	HM449702.1	−	+
ZX2	Massilia alkalitolerans strain Ka47	98	JF460770.1	−	+
QX2	Acinetobacter johnsonii strain RN27	99	KC790286.1	−	+
HH2	Pseudomonas putida strain S − 1	99	KF640247.1	−	+
ZZ4	Exiguobacterium indicum strain 13（BR43）	99	KF254737.1	−	+
Z11	Psychrobacter celer strain K − W15	99	JQ799068.1	−	+
Z8/W6	Psychrobacter piscatorii strain VSD503	99	KC534182.1	−	+
Z15	Psychrobacter celer strain U7	99	JF711008.1	−	+
ZX5	Acinetobacter beijerinckii strain ZRS	99	JQ839143.1	−	+

表5 野生和养殖银鲳后肠菌群对比分析

实验编码	菌株	相似度/%	NCBI 序列号	野生种群	养殖种群
H7	Psychrobacter sanguinis strain 92	99	HM212666.1	+	−
HH15	Psychrobacter celer strain Pb18	100	KF471505.1	+	−
WH13	Psychrobacter nivimaris strain Noryt4	99	KC462924.1	+	−
YH12	Brochothrix thermosphacta strain KSN1	99	KC346293.1	+	−
HH22	Psychrobacter fulvigenes strain KC 40	99	NR_041688.1	+	−
YHb	Psychrobacter cibarius strain JG − 220	99	AY639872.1	+	−
HH2	Psychrobacter pulmonis strain C9A2a	99	JX501673.1	+	−
HH7	Psychrobacter arcticus 273 − 4 strain 273 − 4	99	NR_075054.1	+	−
ZH4	Bacillus cereus strain OPP5 3 − 2	99	JQ308572.1	+	−
YL5	Acinetobacter johnsonii strain zzx01	99	KJ009436.1	−	+
HH3	Bacillus thuringiensis strain VITGS	98	KF017270.1	−	+
QX2	Acinetobacter johnsonii strain RN27	99	KC790286.1	−	+
HH2	Pseudomonas putida strain S − 1	99	KF640247.1	−	+
HH1	Acinetobacter bouvetii strain 7	99	JX867756.1	−	+

营养、代谢与饲料

表6 野生与养殖银鲳消化道各组织中菌群结构数量分布

菌属	胃(菌株数)		幽门盲囊(菌株数)		前肠(菌株数)		中肠(菌株数)		后肠(菌株数)	
	野生种群	养殖种群	野生种群	养殖种群	野生种群	养殖种群	野生种群	养殖种群	野生种群	养殖种群
嗜冷菌属 *Acinetobacter*	11	–	8	–	–	1	2	5	7	–
Pseudochrobactrum	–	1	4	–	–	1	2	–	1	–
环丝菌属 *Brochothrix*	–	–	–	1	–	–	–	–	–	–
寡养单胞菌属 *Stenotrophomonas*	–	–	–	1	–	–	–	–	–	–
动性球菌属 *Planococcus*	–	–	–	1	–	–	–	–	–	–
类芽孢杆菌属 *Paenibacillus*	–	–	–	1	1	–	–	–	–	–
芽孢杆菌属 *Bacillus*	–	–	–	–	–	–	5	–	1	1
不动杆菌属 *Acinetobacter*	–	2	–	10	–	4	–	4	–	3
假单胞菌属 *Pseudomonas*	–	–	–	3	–	1	–	1	–	1
微球菌属 *Micrococcus*	–	–	–	2	–	–	–	1	–	–
葡萄球菌属 *Staphylococcus*	–	–	–	–	–	1	–	–	–	–
微小杆菌属 *Exiguobacterium*	–	–	–	–	–	–	1	–	1	–
马赛菌属 *Massilia*	–	–	–	–	–	–	–	1	–	–
Lysinibacillus	–	–	–	–	1	–	–	–	–	–
代夫特菌属 *Delftia*	–	–	–	–	1	–	–	–	–	–
总计	11	7	16	14	1	10	9	13	9	5

综合以上可以看出,野生和养殖银鲳消化道各部分菌群有较大差异。从消化道各部位可培养细菌的多样性看,野生银鲳幽门盲囊中细菌多样性最好,其次为胃、中肠及后肠,前肠最少,仅1株可培养细菌;养殖银鲳也是幽门盲囊中细菌多样性最好,随后依次为中肠,前肠,胃和后肠。从可培养细菌的分布看,野生银鲳中嗜冷菌属(*Psychrobacter*)分布最广,分离的菌株也最多,仅前肠中未有检出;其次是 *Pseudochrobactrum* 属,仅胃中未检出;养殖银鲳中不动杆菌属(*Acinetobacter*)和假单胞菌属(*Pseudomonas*)分布最广,整个消化道均有分布,且

不动杆菌属在幽门盲囊中分离的菌株最多,而假单胞菌属在消化道各部分中分离的菌株数量分别较均匀。野生银鲳和养殖银鲳消化道共有菌仅 Psychrobacter piscatorii strain VSD503 (W6/Z8)一株,但存在部位不同,野生银鲳存在于胃部(W6),养殖银鲳存在于中肠(Z8)。

2.3 产酶菌株的分离

2.3.1 野生银鲳产酶菌株的分离

野生银鲳消化道内可培养菌的有16菌株可产酶,其中44%产蛋白酶,56%产淀粉酶,11%产脂肪酶,56%产纤维素酶(表7和表8)。其中胃中产酶菌共6株,产两种以上酶的菌有两株,以产淀粉酶和纤维素酶的菌为主,仅一株菌产蛋白酶即 Psychrobacter fozii strain NF23,且产酶量丰富;幽门盲囊内产酶菌共8株,产两种以上酶的菌有4株,以产淀粉酶的菌为主,产纤维素酶的菌次之,产蛋白酶菌较少,仅两株分别为 Pseudochrobactrum asaccharolyticum strain CCUG46016、Psychrobacter fozii strain NF23,且产蛋白酶量较其他两种消化酶多;前肠内产酶菌仅1株即 Pseudochrobactrum asaccharolyticum strain CCUG46016,该菌即产蛋白酶、淀粉酶、又产纤维素酶,且产蛋白酶和纤维素酶量较淀粉酶多;中肠内产酶菌共6株,其中3株菌产两种以上酶,以产蛋白酶为主,淀粉酶和纤维素酶次之,仅 Bacillus anthracis strain TMPTTA CASMB 4产脂肪酶,且产蛋白酶量较其他消化酶多。后肠内产酶菌共两株,其中 Psychrobacter celer strainPb18 产4种消化酶。

表7 野生银鲳消化道内产酶菌株

菌株	存在部位	蛋白酶 (R/r)	淀粉酶 (R/r)	脂肪酶 (±)	纤维素酶 (R/r)
Pseudochrobactrum asaccharolyticum strain ALK634	Y/Z	–	1.5/1.2	–	–
Pseudochrobactrum asaccharolyticum strain CCUG 46016	Y/Q	13/3	3/2.5	–	2/1
Psychrobacter piscatorii strain VSD503	W/Y	–	2/1.5	–	2/1.7
Psychrobacter celer strainPb18	H	7/2	3/2.5	+	3/2.5
Psychrobacter cibarius strain LMG 7085	Y	–	–	–	2.5/1.8
Brochothrix thermosphacta strain KSN1	Y/H	–	3/1.5	–	2/1
Psychrobacter fozii strain Spedv2	W/Y	–	2.5/1.5	–	–
Psychrobacter nivimaris strain D7084	W	–	–	–	1/0.7
Psychrobacter cryohalolentis strain HWG – A17	W	–	–	–	1.2/1
Psychrobacter cibarius strain JG – 220	Y/W	–	2/1.5	–	–
Bacillus cereus strain LH8	Z	4/1	–	–	2.5/2
Psychrobacter fozii strain NF23	W/Y	12/3.5	2/1.5	–	2/1
Bacillus anthracis strain TMPTTA CASMB 4	Z	6/1.5	3/2.5	+	–
Bacillus cereus strain HN – Beihezhu1	Z	10/1.5	3/2.5	–	3/2.5
Bacillus cereus strain BC – 3	Z	6/1.5	–	–	–
Bacillus cereus strain OPP5 3 – 2	Z	5/2	–	–	–

注:W 表示胃;Y 表示幽门盲囊;Q 表示前肠;Z 表示中肠;H 表示后肠;R/r = 透明圈直径/菌圈直径(下表注释同此)。

表8 养殖银鲳消化道内产酶菌株

菌株	存在部位	蛋白酶 (R/r)	淀粉酶 (R/r)	脂肪酶 (±)	纤维素酶 (R/r)
Acinetobacter bouvetii strainOAct422	Y	5/2	–	–	–
Acinetobacter bouvetii strainALK054	Y/Z	9/4	–	–	–
Acinetobacter bouvetii strain3–6	Y/W/Z/Q	5/3	–	–	–
Acinetobacter johnsonii strainPa4	Y	5/2	–	–	–
Acinetobacter venetianus strainIARI–CS–50	Q	7/3	4/1.5	–	–
Pseudomonas geniculata strainPRRZ5	W/Y	4/2	–	–	–
Micrococcus luteus strain PCSB6	Z/W	–	2/1	–	–
Staphylococcus epidermidis strain7N–3b	Q	3/1	–	–	–
Acinetobacter johnsonii strainAJ–G3	Q	6/3	–	–	–
Bacillus thuringiensis strainVITGS	H	5/3.5	5/3	–	6/3
Paenibacillus typhae strainxj7	Y	5/3	–	–	–
Massilia alkalitolerans strain Ka47	Z	3/1	–	–	–
Pseudomonas putida strain S–1	H/Z/Y/Q	3/1	5/1.5	–	–
Exiguobacterium acetylicum strain VITWW1	Q	3/1	5/1	–	–
Acinetobacter johnsonii strain 261ZY15	W	5/3	–	–	–
Pseudomonas putida strain TCP2	Y	5/3	–	–	–
Psychrobacter faecalis strain UCL–NF 1590	Q	4/1	4.5/1.5	–	–
Acinetobacter beijerinckii strain MP17_2B	Y	2.5/1	5/1	–	–
Acinetobacter bouvetii strain 7	H/Y	3/2	–	–	–
Exiguobacterium indicum strain 13（BR43）	Z	2.5/1	4/2	–	–
Pseudomonas geniculata strain XJUHX–18	W	4/3	–	–	–
Acinetobacter johnsonii strain CCNWQLS12	Y	6/4	–	–	–

相对于野生银鲳，养殖银鲳消化道中可检测到22株分泌消化酶的细菌，主要以产蛋白酶和淀粉酶为主，其中70%产蛋白酶，21%产淀粉酶，仅 *Bacillus thuringiensi* sstrainVITGS 产纤维素酶，无一株菌产脂肪酶。其中胃内4株菌产消化酶，仅 *Micrococcus luteus* strain PCSB6 产淀粉酶，其他3株菌产蛋白酶，产酶量较平衡；幽门盲囊内产消化酶菌共11株，其中 *Pseudomonas putida* strain S–1、*Acinetobacter beijerinckii* strain MP17_2B 即产蛋白酶又产淀粉酶且产酶量丰富，其他菌株仅产蛋白酶，产酶量一般；前肠内产消化酶菌共7株，其中4株菌即产蛋白酶又产淀粉酶，且产酶量丰富。中肠内产消化酶菌共5株，除了 *Pseudomonas putida* strain S–1 以外 *Exiguobacterium indicum* strain 13（BR43）也产蛋白酶和淀粉酶，且产酶量丰富；后肠内产酶菌共3株，其中 *Bacillus thuringiensis* strainVITGS 既产蛋白酶、淀粉酶又产纤维素酶，且产酶量较均衡。

对比养殖和野生种群，养殖银鲳消化道菌群主要以产蛋白酶、淀粉酶为主，其中 *Bacillus*

thuringiensis strainVITGS,既产淀粉酶又产蛋白酶和纤维素酶,但产酶量都相对较少。在养殖银鲳中无产脂肪酶的菌株。相对于养殖银鲳,野生银鲳消化道产酶菌种类比较齐全,其中产3种酶以上的菌有5株,产酶量比较丰富且在不同的消化道中分布比较均匀。野生银鲳产酶菌主要为芽孢杆菌和嗜冷菌;养殖银鲳菌株比较丰富,除了芽孢杆菌、嗜冷菌,还有假单胞菌、不动杆菌、微小杆菌、微球菌、葡萄球菌等,但产酶种类不均衡,产纤维素酶和脂肪酶的菌比较稀少。

3 讨论

3.1 银鲳消化道菌群结构的分析

在野生和养殖银鲳消化道菌群结构对比分析中,两者菌群结构存在明显差异,而且消化道各部位的菌群结构也存在差异。Hoiben 等(2002)在对养殖型和野生型鲑鱼的肠道菌群的研究中发现,由于不同的生存环境,两者的菌群结构也存在明显差异。野生和养殖银鲳消化道菌群结构的差异与饵料结构、水体环境等存在很大关系。野生银鲳世代生存于自然海域,对温度、盐度、pH值以及各营养物质有其相对应的适合性;养殖银鲳的生存环境主要靠人为控制来满足生长,但并不一定符合最适环境条件,但饵料生物无法做到自然海域中的相同。东海野生银鲳的主要饵料为箭虫、虾类、水母类、头足类、仔稚鱼和浮游动物等;解剖银鲳的消化道,从其结构看,消化道长度达到体长的2倍以上,因此银鲳属广食的杂食性鱼类,饵料结构比较复杂。而养殖银鲳主要以人工配合饲料,饵料结构相对比较简单。这在很大程度上影响了消化道菌群结构的改变。李可俊等(2007)在对长江河口8种野生鱼类肠道菌群多样性的比较研究中发现,生活在不同水层的鱼类,其肠道菌群结构存在明显差异;生活在同水层但食性不同的鱼类,其肠道菌群结构也存在较大差异。可以推测鱼类的肠道菌群结构随饵料生物的组成会发生较大的变动。本研究首次将野生和养殖银鲳肠道菌群结构进行初步的对比分析,为后续银鲳人工养殖的健康养殖构建积累了基础数据。

3.2 银鲳肠道菌群中的产酶菌分析

不同的鱼类,不同消化道部位,不同的菌群结构其消化酶种类及活性都存在很大不同。在以往的研究中大多只分析了鱼类整个肠道的菌群结构,并没有系统地分析消化道各部分菌群结构特征及其产酶菌的分离。本研究不仅分析了野生和养殖银鲳消化道各部分的菌群结构,还将其消化道各部分产酶菌进行了分离鉴定。在对消化道各部分产酶菌株的分离鉴定中,野生银鲳消化道菌群既产蛋白酶、淀粉酶,又产纤维素酶、脂肪酶。野生银鲳胃、幽门盲囊、前肠、中肠、后肠菌群皆能产生蛋白酶、淀粉酶、纤维素酶,除此之外,在中肠和后肠也分离出了产脂肪酶菌株。换而言之,野生银鲳的胃、幽门盲囊、前肠、中肠、后肠都可对蛋白质、淀粉、纤维素进行分解,而脂肪的分解主要集中在中肠和后肠。相对于野生银鲳,养殖银鲳消化道中可培养菌群的产酶比较单一,主要以蛋白酶和淀粉酶为主,且只在后肠分离出了产纤维素酶的菌株,在整个消化道内未分离出产脂肪酶菌株。这或许会在一定程度上影响养殖银鲳对脂肪的消化,并有可能是导致人工养殖银鲳生长较野生银鲳生长逊色的原因之一。

综上可知,虽然养殖银鲳消化道菌群结构较野生种复杂,但产酶菌株却相对比较单一。在产酶菌分离鉴定实验中发现,养殖种群消化道内主要以产蛋白酶和淀粉酶为主,产纤维素酶的菌株很少,并未分离出产脂肪酶菌株。野生种消化道内不仅有丰富的产蛋白酶和淀粉酶的菌株,还有产脂肪酶和纤维素酶的菌株。食物组成是影响消化道菌群的重要因素。菌群和食物在某种程度上是互相适应的结果。所以在银鲳饲料中适当添加一些产纤维素酶和产脂肪酶的菌株,以期优化养殖银鲳的消化道菌群结构来提高其饲料利用率还有待于日后进一步的研究实验。

近几年养殖生产中所用的产酶菌株大多是陆生菌,其在鱼类消化道内不一定会很好地发挥作用。本研究将野生银鲳和养殖银鲳的消化道菌群结构及产消化酶菌进行对比分析,若能将野生银鲳消化道内分离出的高效产酶菌作为饲料添加剂用于银鲳的养殖,这样不仅有利于消化酶很好地发挥其活性,而且有利于产酶益生菌在养殖银鲳消化道内成功定植,从而改变养殖银鲳消化道菌群的结构。产酶益生菌能否发挥其最大作用,除了鱼类本身外还与pH值和温度等有关,所以在后续的实验中,还需对产酶菌所需的最适pH值和温度等进行验证。此外,产酶益生菌是否能在养殖银鲳肠道内成功定植也需进一步实验。

3.3 肠道菌群结构分析方法的选用

本研究采用基础培养实验法对野生和养殖银鲳肠道菌群结构进行了初步的对比分析,实验本身存在一定的局限性,鱼类肠道中不仅存在好氧菌、兼性厌氧菌、厌氧菌还存在严格厌氧菌、不可培养菌,以上分离出来的菌均为实验条件下可培养菌,所以在银鲳肠道内仍然存在一部分现有实验中不能分离的菌。此外,实验条件的局限性也可能导致某些可培养菌不能正常生长,如pH值、温度、培养基等都有可能影响菌的正常成长。因此野生和养殖银鲳肠道菌群结构的对比分析还需进一步实验。目前研究肠道菌群结构分析,最为普遍的是FISH(荧光原位杂交)、核酸探针、随机扩增多肽DNA、多重PCR、脉冲凝胶电泳、DGGE(浓度梯度变性凝胶电泳)、TGGE(温度梯度变性凝胶电泳)、16sDNA、高通量技术等分子生物学手段。其中较为准确的是高通量测序技术即下一代测序技术,该技术一次可测几百万条DNA序列,同时可进行多个样本的测定。目前较为常见的高通量技术为454焦磷酸测序、Illumina(Solexa) sequencing 及 ABISOLiDsequencing,同时,高通量技术也是研究菌群结构的发展趋势。除此之外,本实验只对可培养分离出的菌进行了初步的产酶能力的鉴定,产酶菌作为饲料添加剂用于养殖生产,还存在很多需要考虑的问题,比如投喂对象、投喂的最佳方法、投喂的最佳阶段、投喂所需的环境条件等。然而,从水生动物体内分离出有益菌作为饲料添加剂用于水产养殖,代替传统意义上的抗生素及化学药物,这将是未来健康养殖的重要途径。

参考文献

何敏,汪开毓,张宇,等.2008.复合微生物制剂对重口裂腹鱼生长、消化酶活性、肠道菌群及水质指标的影响[J].动物营养学报,5(20):534-539.

胡格华,苏香萍,潘虹,等.2013.纤维素酶产生菌的筛选及产酶条件的研究[J].三峡大学学报:自然科学版,35(4):99-102.

赖凯昭,吕逸欢,梁明振,等.2012.饵料中添加益生菌对奥尼罗非鱼生长性能和肠道蛋白酶活性的影响[J].南方农业学报,43(11):1769-1774.

蕾正玉,何力,王朝元,等.2007.草鱼体内产纤维素酶菌株的筛选及产酶条件的研究[J].微生态学杂志,27(4):54-57.

李璟,兰贵红,张飞伟,等.2012.产脂肪酶微生物的筛选鉴定及脂肪酶 $lipA$ 基因克隆[J].广东农业科学,39(17):138-142.

李凯,谭永刚,李午生,等.2011.双歧杆菌预防化疗后肠道菌群失调症的临床研究[J].微生物学杂志,31(1):82-84.

李可俊,管卫兵,徐晋麟,等.2007.PCR-DGGE对长江河口八种野生鱼类肠道菌群多样性的比较研究[J].微生态学杂志,19(3):267-269.

李云航,孙鹏,施兆鸿,等.2012.养殖与野生银鲳精巢发育形态学和组织学的初步比较[J].海洋渔业,34(34):256-262.

刘震,张永根,张微微,等.2012.淀粉分解菌的筛选及产酶条件的优化[J].饲料工业,33(23):27-30.

彭士明,林少珍,施兆鸿,等.2013.饲养密度对银鲳幼鱼增重率及消化酶活性的影响[J].海洋渔业,35(1):72-76.

彭士明,施兆鸿,孙鹏,等.2012.饲料组成对银鲳幼鱼生长率及肌肉氨基酸、脂肪酸组成的影响[J].海洋渔业,34(1):51-56.

彭士明,施兆鸿,尹飞,等.2011.利用碳氮稳定同位素技术分析东海银鲳食性[J].生态学杂志,30(7):1565-1569.

施兆鸿,张晨捷,彭士明,等.2013.盐度对银鲳血清渗透压、过氧化氢酶及鳃离子调节酶活力的影响[J].水产学报,11(37):1697-1705.

孙佑赫,周开艳,熊智.2012.松毛虫肠道产蛋白酶菌株的筛选鉴定及培养条件研究[J].中国农业学报,28(14):18-21.

腾晓坤,肖华胜.2008.基因芯片与高通量DNA测序技术前景分析[J].中国科学C辑,38(10):891-899.

王金主,袁建国,杨丹,等.2011.产脂肪酶菌株的筛选及紫外-光复活诱变[J].食品与药品,13(05):192-195.

尹飞,孙鹏,彭士明,等.2011.低盐度胁迫对银鲳幼鱼肝脏抗氧化酶、鳃和肾脏ATP酶活力的影响[J].应用生态学报,22(4):1059-1066.

张双民.2006.土壤中淀粉酶高产菌株的分离及产酶条件的优化[J].土壤肥料,3(2):253-259.

赵伟,王俐琼,郑甲,等.2010.产脂肪酶菌株的分离、鉴定及其产酶条件优化[J].湖南师范大学自然科学学报,33(3):88-92.

Asfie M, Yoshijima T, Sugita H. 2003. Characterization of the goldfish fecal microflora by the fluorescent in situ hybridization method[J]. Fisheries Science, 69(1):21-26.

Bitterlich G. 1985. Digestive enzyme pattern of two stomachless filter feeders silver carp, *Hypophthalmichthys molitrix* Val., and bighead carp, *Aristichthys nobilis* Rich[J]. Journal of Fish Biology,27(2):103 – 112.

Cahill M M. 1990. Bacterial flora of fishes: a review [J]. Microbial Ecology, 19(1): 21 – 41.

Clements K D. 1997. Fermentation and gastrointestinal microorganisms in fishes[M]. In Gastrointestinal Microbiology, 156 – 198.

Ganguly S, Paul I, Mukhopadhayay S K. 2010a. Immunostimulant, probiotic and prebiotic-their applications and effectiveness in aquaculture: a review[J]. Israeli Journal of Aquaculture-Bamidgeh,62(3):130 – 138.

Hoiben W E, Williams P, Saarinen M, et al. 2002. Phylogenetic analysis of intestinal microflom indicates a novel *Mycoplasma pbylotype* in farmed and wild salmon[J]. Microbial Ecology, 44(2):175 – 185.

Nicholson J K, Holmes E, Wilson I D. 2005. Gut microorganisms, mammalian metabolism and personalized health care [J]. Nature Reviews Microbiology, 3(5):431 – 438.

Ray A, Ghosh K, Ring E. 2012. Enzyme-producing bacteria isolated from fish gut: a review [J]. Aquaculture Nutrition, 18(5): 465 – 492.

Sugita H, Oshima K, Tamura M, et al. 1983. Bacterial flora in the gastrointestine of freshwater fishes in the river (Japan) [J]. Bulletin of the Japanese Society of Scientific Fisheries, 44(9): 1387 – 1395.

养殖和野生缢蛏不同组织数量性状、蛋白、糖原、脂肪和脂肪酸组成的比较研究[*]

王圣[1,2]，杨顶珑[1,2]，刘相全[2]，乔洪金[2]，韦秀梅[2]，马海涛[2]，张锡佳[2]，王际英[2]

（1. 上海海洋大学 水产与生命学院，上海 201306；2. 山东省海洋资源与环境研究院 山东省海洋生态修复重点实验室，山东 烟台 264006）

摘　要：采集山东沿海的养殖和野生缢蛏，分别随机测量其壳长、壳高、壳宽、体重，结果表明，养殖缢蛏明显在数量性状方面优于野生缢蛏；利用凯氏定氮法对粗蛋白含量进行了比较，研究发现，在腹足和外套膜中的粗蛋白含量野生型显著高于养殖型（$P<0.05$），在野生型缢蛏中外套膜和腹足中粗蛋白含量显著高于性腺中粗蛋白含量（$P<0.05$），在养殖型缢蛏中3种组织粗蛋白含量没有显著差异。采用索氏抽提法对粗脂肪含量进行了比较，统计分析得出，野生型和养殖型没有显著性差异，在野生型缢蛏中性腺中粗脂肪含量显著高于腹足中粗脂肪含量，外套膜与性腺和腹足均无差别，在养殖型缢蛏中性腺和腹足中粗脂肪含量显著高于外套膜中粗

---

[*] 基金项目：山东省自然科学基金项目（ZR2012CM037）、山东省农业良种工程课题（2009—2015）.
作者简介：王圣，E-mail:wsheng_1988@163.com
通信作者：刘相全，E-mail:lxq6808@163.com;乔洪金，E-mail: hongjinqiao@gmail.com

脂肪含量（$P<0.05$）。糖原使用试剂盒进行测定，结果显示，二者没有显著性差异。脂肪酸组成测定参照 Metcalfe 的方法，发现主要有16种脂肪酸，其中 C16：1n-7、C20：1、C17：0、C18：2n-6、C20：3n-6 等的比例含量野生与养殖的可以相差2~4倍,在野生型缢蛏中腹足、性腺、外套膜之间的脂肪酸含量的差异主要表现在 C14：0、C16：0、C16：1n-7、C17：0、C18：0,在养殖型缢蛏中腹足、性腺、外套膜之间的脂肪酸含量的差异主要表现在 C14：0、C16：1n-7、C17：0、C18：0、C18：2n-6c、C20：1、C22：1n-9。通过比较野生型缢蛏和养殖型缢蛏在腹足、外套膜、性腺方面的数量性状、粗蛋白含量、粗脂肪含量、糖原含量和脂肪酸组成的差别,获得一系列全面地有利于缢蛏生长的营养方面的信息,为改善缢蛏养殖环境中各种营养物质的配比提供参考。

关键词：缢蛏；数量性状；粗蛋白；粗脂肪；糖原；脂肪酸

缢蛏作为我国四大养殖贝类之一。广泛分布于我国和日本沿海,在美洲和欧洲沿岸也有广泛的分布。在我国主要分布在南北沿海滩涂,其产量相当丰富。在双壳贝类中的高产肉率,使其有很高的经济价值。缢蛏在我国福建和浙江的养殖史已长达500年（黄瑞 等,2007，Remacha-Trivi ÑOANTONI et al, 2006）。然而伴随着农业的不断发展,高产和高质已经成为现代农业的标志,在缢蛏这种广泛存在并且被大面积养殖的贝类上也是非常必要的,为了达到这一养殖目标,这就需要提供一个更好的野生缢蛏环境中各种营养物质的配比,使缢蛏的养殖更接近缢蛏自身的营养需要。就当前研究来看,对于缢蛏的营养方面研究还没有提供一个相对详细全面的数据,缢蛏的养殖还是主要依靠粗犷的滩涂养殖。本研究的目的主要是通过探究野生缢蛏和养殖缢蛏在数量性状、粗蛋白含量、糖原含量、粗脂肪含量和脂肪酸组成方面的差异,全面的了解养殖缢蛏和野生缢蛏营养方面所存在的差异,为缢蛏的高质、高产养殖提供全面的科学依据。

1 材料与方法

1.1 材料

野生和养殖缢蛏个体各100个,分别测量壳长、壳宽和壳高,并称量体重,之后将缢蛏解剖取其外套膜、性腺和腹足迅速置于 -80℃超低温冰箱中冷冻保存。

1.2 样品前处理

样品经真空冷冻干燥后,在研钵中磨碎,用来测定脂肪酸、蛋白、脂肪、糖原含量。

1.3 方法

（1）蛋白测定方法：粗蛋白的测定方法为凯氏定氮法。

（2）脂肪测定方法：粗脂肪的测定方法为索氏抽提法（Chemists A o O A, 1995）。

（3）糖原测定方法：糖原测定采用美国 Bioassay Systems 生产的 Enzychrom™ Glycogen

Assay Kit 进行测定。

（4）脂肪酸测定方法：脂肪酸含量测定参照 Metcalfe 等（Metcalfe et al，1966）的方法并略作改进。色谱条件：进样口温度 260℃，载气纯度为 99.99% 高纯氦，柱流速 1.8 mL/min，柱前压 357.4 kPa，柱起始温度 140℃，保持 5 min，以 4℃/min 升至 240℃，保持 10 min。分流进样 1 μL，分流比 90∶1。监测器温度 260℃。采用面积归一法计算脂肪酸相对百分含量。

（5）数据处理方法：数据处理采用 SPSS 19.0 Independent-Sample-T-Test 和 Excel 进行处理，结果用平均数±标准差（means ± SD）表示，显著性水平 $P < 0.05$。

2 结果

2.1 缢蛏的数量性状

野生和养殖缢蛏数量性状测量结果见图1。野生缢蛏壳长、壳宽和壳高分别为（5.33 ± 0.24）cm、（1.82 ± 0.10）cm、（1.31 ± 0.06）cm，养殖缢蛏壳长、壳宽和壳高分别为（5.99 ± 0.26）cm、（2.00 ± 0.12）cm 和（1.32 ± 0.08）cm，统计分析表明，野生缢蛏壳高与养殖缢蛏无显著差异，但壳长和壳宽显著（$P < 0.05$）低于养殖缢蛏。

野生和养殖缢蛏体重测量结果见图2。野生型缢蛏的体重为（8.71 ± 1.26）g，养殖型缢蛏的体重为（11.63 ± 1.87）g。统计分析表明，野生缢蛏体重显著（$P < 0.05$）低于养殖缢蛏。

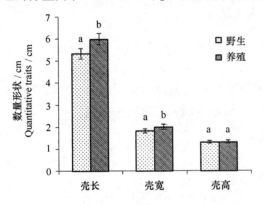

图 1 养殖和野生缢蛏数量性状的比较

Fig. 1 Comparison of quantitative traits between the cultured and wild *Sinonovacula constricta*

注：同一数量性状不同小写字母表示差异显著（$P < 0.05$）

Note：In the same quantitative traits different letters are significantly different （$P < 0.05$）

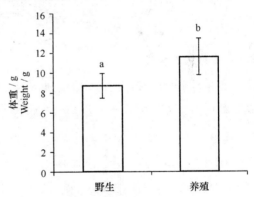

图 2 养殖和野生缢蛏体重的比较

Fig. 2 Comparison of body weight between the cultured and wild *Sinonovacula constricta*

注：同一体重中不同小写字母表示差异显著（$P < 0.05$）

Note：In the body weight different letters are significantly different （$P < 0.05$）

2.2 缢蛏粗蛋白含量

野生和养殖缢蛏组织中粗蛋白含量的测定结果见图3。野生缢蛏外套膜、性腺和腹足的粗蛋白含量分别为（60.18 ± 3.81）%、（48.83 ± 10.84）% 和（58.09 ± 4.92）%，养殖缢蛏外套膜、性腺和腹足的粗蛋白含量分别为(53.29±3.82)%、(52.41±2.05)%和(53.27±3.63)%。统计分析表明,野生缢蛏外套膜和腹足中粗蛋白含量差异显著($P<0.05$)高于养殖缢蛏,但性腺粗蛋白含量两者之间无差异。野生缢蛏不同组织中,外套膜和腹足中粗蛋白含量显著高于性腺,而养殖缢蛏不同组织中粗蛋白含量差异不显著。

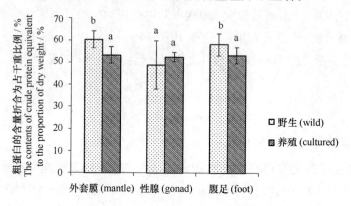

图3 养殖和野生缢蛏粗蛋白的比较

Fig. 3 Comparison of crude protein content between the cultured and wild *Sinonovacula constricta*.

注:同一组织中不同小写字母表示差异显著($P<0.05$)

Note: In the body weight different letters are significantly different ($P<0.05$)

2.3 缢蛏糖原含量

野生和养殖缢蛏糖原测定结果见图4。野生缢蛏糖原含量为(14.77±2.70)%,养殖型缢蛏糖原含量为(16.17±3.78)%。统计分析表明,糖原含量两者之间无差异。

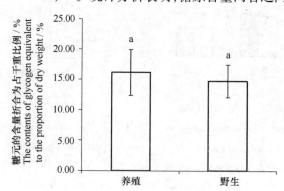

图4 养殖和野生缢蛏糖原含量的比较

Fig. 4 Comparison of glycogen between the cultured and wild *Sinonovacula constricta*

注:同一组织中不同小写字母表示差异显著($P<0.05$)

Note: In the contents of glycogen different letters are significantly different ($P<0.05$)

2.4 缢蛏粗脂肪含量

野生和养殖缢蛏组织中粗脂肪含量的测定结果见图5。野生缢蛏外套膜、性腺和腹足的粗脂肪含量分别为$(10.22 \pm 10.13)\%$、$(15.23 \pm 4.19)\%$、$(8.04 \pm 3.97)\%$，养殖缢蛏外套膜、性腺和腹足的粗脂肪含量分别为$(5.97 \pm 2.10)\%$、$(13.40 \pm 4.46)\%$ 和 $(10.99 \pm 4.05)\%$。统计分析表明，野生缢蛏各组织粗脂肪含量与养殖缢蛏无显著差异。不同组织中粗脂肪含量差异显著（$P<0.05$），野生缢蛏以性腺中含量最高，外套膜中含量次之，腹足中含量最低。养殖缢蛏以性腺中含量最高，腹足中含量次之，外套膜中含量最低。

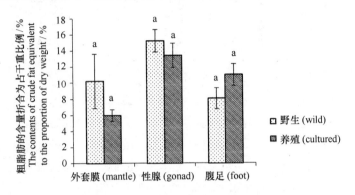

图5 养殖和野生缢蛏粗脂肪的比较

Fig. 5 Comparison of crude fat between the cultured and wild *Sinonovacula constricta*

注：同一组织中不同小写字母表示差异显著（$P<0.05$）

2.5 缢蛏组织中的脂肪酸组成

2.5.1 缢蛏外套膜的脂肪酸组成

野生和养殖缢蛏外套膜脂肪酸组成见表1。野生缢蛏腹足中饱和脂肪酸、单烯、多不饱和脂肪酸（PUFA）和高不饱和脂肪酸（HUFA）的含量与养殖缢蛏均无显著差异。在饱和脂肪酸中，野生缢蛏外套膜C14:0和C16:0的含量显著低于养殖缢蛏（$P<0.05$），而C17:0和C18:0的含量显著高于养殖缢蛏（$P<0.05$），C15:0的含量在两者间无差异。在单烯中，野生缢蛏外套膜C16:1n-7的含量显著低于养殖缢蛏（$P<0.05$），而C22:1n-9和C18:1n-9的含量显著高于养殖的（$P<0.05$）。在PUFA中，野生缢蛏外套膜C20:3n-6和EPA的含量显著低于养殖缢蛏（$P<0.05$），而C18:2n-6、C18:3n-3、C20:4n-3和DHA的含量两者之间无差异。

在外套膜中，DHA/EPA、EPA/ARA、n-3、n-6、n-9、n-3HUFA和n-6HUFA的含量在两组缢蛏间均没有显著差异。

表1 缢蛏外套膜的脂肪酸组成

Tab. 1 Fatty acid compositions in mantle of *Sinonovacula constricta* %

脂肪酸(fatty acid)	养殖(cultured)	野生(wild)		养殖(cultured)	野生(wild)
C14:0	4.69 ± 0.41[b]	2.75 ± 1.09[a]	EPA	18.49 ± 2.06[b]	13.55 ± 6.21[a]
C15:0	2.06 ± 0.25[a]	2.34 ± 1.37[a]	DHA	9.99 ± 1.23[a]	8.63 ± 3.33[a]
C16:0	28.21 ± 1.67[b]	22.37 ± 4.29[a]	DHA/EPA	0.54 ± 0.06[a]	0.68 ± 0.22[a]
C16:1n−7	10.79 ± 1.09[b]	5.51 ± 3.18[a]	EPA/ARA	15.92 ± 2.11[a]	17.13 ± 15.41[a]
C17:0	4.19 ± 0.94[a]	8.54 ± 5.66[b]	饱和	48.05 ± 2.71[a]	51.95 ± 9.53[a]
C18:0	9.91 ± 1.22[a]	15.96 ± 8.39[b]	单烯	14.29 ± 1.20[a]	11.93 ± 5.50[a]
C18:1n−9	2.61 ± 0.53[a]	3.54 ± 0.91[b]	PUFA	37.66 ± 2.91[a]	36.12 ± 7.57[a]
C18:2n−6	1.55 ± 0.16[a]	2.25 ± 1.08[a]	HUFA	36.11 ± 2.85[a]	33.87 ± 7.38[a]
C20:1	0.35 ± 0.08[a]	1.89 ± 4.82[a]	n−3	32.87 ± 2.70[a]	31.01 ± 7.79[a]
C18:3n−3	1.38 ± 0.41[a]	2.31 ± 1.63[a]	n−6	4.79 ± 0.38[a]	5.10 ± 1.61[a]
C20:3n−6	2.07 ± 0.02[b]	1.74 ± 0.40[a]	n−9	3.24 ± 0.57[a]	4.53 ± 0.97[b]
C22:1n−9	0.63 ± 0.14[a]	0.98 ± 0.30[b]	n−3HUFA	32.78 ± 2.70[a]	31.01 ± 7.79[a]
ARA	1.17 ± 0.11[a]	1.12 ± 0.46[a]	n−6HUFA	3.24 ± 0.30[a]	2.85 ± 0.79[a]
C20:4n−3	3.01 ± 0.22a	6.52 ± 6.32a			

注:表中数值以 M ± SD 表示,$n = 9$;其中 PUFA 为多不饱和脂肪酸,HUFA 为高不饱和脂肪酸。同一行中上标不同小写字母表示差异显著($P < 0.05$).

2.5.2 缢蛏性腺的脂肪酸组成

野生和养殖缢蛏性腺脂肪组成见表2。野生缢蛏性腺中饱和脂肪酸、单烯、多不饱和脂肪酸(PUFA)和高不饱和脂肪酸(HUFA)的含量与养殖缢蛏均无显著差异。在饱和脂肪酸中,野生缢蛏性腺 C14:0 的含量显著低于养殖缢蛏($P < 0.05$),而 C15:0、C16:0、C17:0 和 C18:0 的含量在两者间无差异。在单烯中,野生缢蛏性腺 C16:1n−7 的含量显著低于养殖缢蛏($P < 0.05$),而 C18:1n−9 和 C22:1n−9 的含量在两者之间无差异。在 PUFA 中,野生缢蛏性腺 C18:2n−6 和 C18:3n−3 的含量显著高于养殖缢蛏($P < 0.05$),而 C20:3n−6、C20:4n−3、EPA 和 DHA 的含量两者之间无差异。

在外套膜中,DHA/EPA、EPA/ARA、n−3、n−6、n−9、n−3HUFA 和 n−6HUFA 的含量在两组缢蛏间均没有显著差异。

表2 缢蛏性腺的脂肪酸组成

Tab. 2 Fatty acid compositions in gonad of *Sinonovacula constricta* %

脂肪酸(fatty acid)	养殖(cultured)	野生(wild)		养殖(cultured)	野生(wild)
C14:0	6.61 ± 1.46[b]	4.21 ± 0.44[a]	EPA	17.20 ± 4.52[a]	18.33 ± 3.83[a]
C15:0	1.71 ± 0.60[a]	2.06 ± 0.37[a]	DHA	8.90 ± 3.80[a]	9.5 ± 1.97[a]

续表

脂肪酸(fatty acid)	养殖(cultured)	野生(wild)		养殖(cultured)	野生(wild)
C16:0	29.61±3.17[a]	30.05±3.59[a]	DHA/EPA	0.51±0.19[a]	0.52±0.03[a]
C16:1n-7	14.51±2.20[b]	9.93±1.06[a]	EPA/ARA	15.23±5.23[a]	18.85±7.10[a]
C17:0	2.09±2.09[a]	2.54±1.42[a]	饱和	46.71±6.52[a]	47.11±5.52[a]
C18:0	6.70±1.56[a]	8.25±1.88[a]	单烯	18.06±2.18[a]	15.79±3.31[a]
C18:1n-9	2.74±1.09[a]	2.8±1.62[a]	PUFA	35.23±7.70[a]	37.09±6.22[a]
C18:2n-6	1.24±0.15[a]	2.00±0.31[b]	HUFA	33.98±7.70[a]	35.09±6.24[a]
C20:1	0.27±0.08[a]	0.22±0.06[a]	n-3	30.88±7.07[a]	32.10±6.01[a]
C18:3n-3	1.41±0.40[a]	1.77±0.26[b]	n-6	4.35±0.92[a]	4.99±1.18[a]
C20:3n-6	1.91±0.67[a]	1.92±1.12[a]	n-9	3.25±1.15[a]	5.64±3.87[a]
C22:1n-9	0.52±0.10[a]	1.84±3.84[a]	n-3HUFA	30.88±7.07[a]	32.10±6.01[a]
ARA	1.19±0.31[a]	1.06±0.39[a]	n-6HUFA	3.10±0.88[a]	2.99±1.20[a]
C20:4n-3	3.37±2.19a	2.51±1.64a			

注：表中数值以 M±SD 表示，$n=9$；其中 PUFA 为多不饱和脂肪酸，HUFA 为高不饱和脂肪酸，同一行中上标不同小写字母表示差异显著($P<0.05$).

2.5.3 缢蛏腹足的脂肪酸组成

野生和养殖缢蛏腹足脂肪酸组成见表3。野生缢蛏腹足中饱和脂肪酸、多不饱和脂肪酸(PUFA)和高不饱和脂肪酸(HUFA)的含量与养殖缢蛏无显著差异，而单烯含量显著低于养殖缢蛏($P<0.05$)。在饱和脂肪酸中，野生缢蛏腹足 C14:0 和 C16:0 的含量显著低于养殖缢蛏($P<0.05$)，而 C17:0 的含量显著高于养殖缢蛏($P<0.05$)，C15:0 和 C18:0 的含量在两者间无差异。在单烯中，野生缢蛏腹足 C16:1n-7 含量显著低于养殖缢蛏($P<0.05$)，而 C22:1n-9 的含量显著高于养殖缢蛏($P<0.05$)，C18:1n-9 的含量在两组缢蛏间均没有显著差异。在 PUFA 中，野生缢蛏腹足 C20:3n-6 含量显著低于养殖缢蛏($P<0.05$)，而 C18:2n-6 和 ARA 的含量显著高于养殖缢蛏($P<0.05$)，C18:3n-3、C20:4n-3、EPA 和 DHA 的含量在两者间无差异。

在腹足中，DHA/EPA、EPA/ARA、n-3、n-6、n-9、n-3HUFA、n-6HUFA 的含量在两组缢蛏间均没有显著差异。

表3 缢蛏腹足的脂肪酸组成
Tab.3 Fatty acid compositions in foot of *Sinonovacula constricta*. %

脂肪酸(fatty acid)	养殖(cultured)	野生(wild)		养殖(cultured)	野生(wild)
C14:0	5.48±0.59[b]	3.82±0.71[a]	EPA	16.06±2.87[a]	13.93±7.33[a]
C15:0	1.72±0.31[a]	2.32±1.38[a]	DHA	9.82±1.68[a]	8.49±3.16[a]
C16:0	29.22±2.10[b]	24.37±5.59[a]	DHA/EPA	0.62±0.06[a]	1.03±1.05[a]
C16:1n-7	12.71±1.28[b]	6.74±4.11[a]	EPA/ARA	16.20±1.20[a]	12.67±9.53[a]

续表

脂肪酸(fatty acid)	养殖(cultured)	野生(wild)		养殖(cultured)	野生(wild)
C17:0	2.78 ± 1.18^a	7.81 ± 6.00^b	饱和	48.97 ± 4.14^a	54.32 ± 10.65^a
C18:0	9.77 ± 1.86^a	16.01 ± 9.92^a	单烯	16.10 ± 1.36^b	11.29 ± 4.44^a
C18:1n-9	2.75 ± 0.37^a	2.91 ± 1.4^a	PUFA	34.93 ± 4.78^a	34.39 ± 6.66^a
C18:2n-6	1.31 ± 0.05^a	2.27 ± 0.61^b	HUFA	33.62 ± 4.81^a	32.11 ± 7.09^a
C20:1	0.25 ± 0.05^a	0.89 ± 0.83^b	n-3	30.44 ± 4.58^a	29.39 ± 7.4^a
C18:3n-3	1.63 ± 0.21^a	1.49 ± 0.37^a	n-6	4.49 ± 0.30^a	5.00 ± 1.17^a
C20:3n-6	2.19 ± 0.26^b	1.42 ± 0.55^a	n-9	3.14 ± 0.29^a	3.66 ± 1.28^a
C22:1n-9	0.40 ± 0.13^a	0.73 ± 0.33^b	n-3HUFA	30.44 ± 4.58^a	29.39 ± 7.4^a
ARA	0.99 ± 0.17^a	1.31 ± 0.48^b	n-6HUFA	3.18 ± 0.32^a	2.73 ± 0.93^a
C20:4n-3	2.93 ± 0.59^a	5.48 ± 6.14^a			

注：表中数值以 $M \pm SD$ 表示，$n=9$；其中 PUFA 为多不饱和脂肪酸，HUFA 为高不饱和脂肪酸，同一行中上标不同小写字母表示差异显著（$P<0.05$）.

3 讨论

3.1 缢蛏数量性状差异

数量性状作为评价一个群体内各个体间连续变异的性状有着重要的意义，贝类作为海洋生物中一个大类有着各种不同的数量性状，其中形态性状和重量性状为贝类广泛研究的两类数量性状，其中形态性状包括贝类的壳长、壳宽、壳高等一些性状，这些形态性状对目标性状的决定作用大小是研究人员所需了解的重要信息，同时贝类成体的活体体重对于贝类的评价也是一个重要的指标（林清 等，2014）。本研究对山东沿海养殖缢蛏和野生缢蛏的壳长、壳宽、壳高3种形态性状以及成体体重进行了初步研究，发现缢蛏在形态性状方面壳长和壳宽存在明显的差异，而壳高没有显著差异，同时缢蛏活体体重方面也存在明显的不同，养殖缢蛏明显在数量性状方面优于野生缢蛏。影响水生生物数量性状的因素有很多，其中主要是由于饵料、环境以及季节的变化和不同的发育阶段导致了贝类数量性状方面的差异（叶鹏 等，2006，邓岳文 等，2007，包秀凤 等，2011），由于野生型缢蛏常年生活在温度不恒定、饵料不充足等一系列的不利因素环境因素中，导致了形态性状和体重性状明显低于长期生活在适宜环境中的养殖缢蛏。

3.2 缢蛏体组成的差异

3.2.1 缢蛏粗蛋白含量差异

体组成包括生物体中所含的水分、蛋白、脂肪、糖分等，研究者对于海洋生物体组成的研究，对于指导海洋生物的人工养殖有重要的意义，影响体组成的因素有很多，包括饵料、环境以及季节的变化和不同的发育阶段导致了身体组成的变化（Guillaume et al, 2006, Neiva et al, 2006, Czesny et al, 1998, Gallagher et al, 1998, Ruff et al, 2002, Cutts et al, 2006)。

蛋白质是肌肉的主要组成成分(孙中武 等, 2004, 王波 等, 2006, Almansa et al, 2001), 作为缢蛏的运动器官腹足和抵御敌害的器官外套膜, 都含有丰富的肌肉, 本研究中, 野生型缢蛏中外套膜和腹足中蛋白含量明显高于性腺中蛋白含量。由于野生的缢蛏外界环境多变, 不如滩涂养殖和蓄水养殖的缢蛏环境稳定, 需要更多的肌肉进行运动以抵御多变的外界环境以及敌害, 在野生缢蛏中拥有明显高的蛋白质含量, 由于贝类对蛋白质缺乏自身的合成能力(Mai et al, 1995, Uriarte et al, 1999), 养殖的缢蛏几乎全部从饵料中获取蛋白质, 因此需要增加养殖缢蛏生活环境中的蛋白质含量, 以满足养殖缢蛏对蛋白质的需求。

3.2.2 缢蛏糖原含量差异

缢蛏中的粗糖含量要比其他贝类的粗糖含量高(雷晓凌 等, 2004,), 而糖中糖原的含量在缢蛏中所占的比例较高, 达到15.5%左右。糖原作为生物机体的一种储能物质, 参与了机体的能量代谢, 对于缢蛏是非常重要的, 对于糖原在贝类中的含量的研究还很缺乏, 陈荣忠等(1999)等对牡蛎糖原测定得出其糖原含量达到14.5%, 与本研究中缢蛏的糖原含量类似。本研究发现养殖型与野生型缢蛏在糖原方面没有显著的差异, 这可能与缢蛏的养殖方式有关, 养殖缢蛏主要采取滩涂养殖, 其养殖环境与野生缢蛏生长环境相似, 造成养殖型与野生型糖原方面没有差异。

3.2.3 缢蛏粗脂肪含量差异

脂肪在动物体内也是一种重要的储能物质, 尤其在缢蛏的繁殖季节, 脂肪同时也会转移到卵巢中影响卵黄的形成过程。在繁殖季节, 肌肉中和肝脏中的脂肪含量会明显下降, 而卵巢中的脂肪含量会明显上升, 这已经在许多海洋生物和淡水生物中发现(常抗美 等, 2008, 唐雪 等, 2011)。Almansa、Henderson R、Pérez 等(2001, 1984, 2007)研究表明, 毛鳞鱼、鲷在其繁殖期卵巢中脂肪含量会明显升高; 本研究发现虽然在野生缢蛏和养殖缢蛏的腹足、外套膜、性腺等方面没有什么明显的差异, 养殖缢蛏对环境中脂肪的需求已经达到了缢蛏的需求, 但是由于缢蛏已经到了繁殖季节, 通过研究可以看出不论在养殖型缢蛏还是野生型缢蛏在性腺中的脂肪含量要比腹足和外套膜中的脂肪含量高, 在繁殖季节, 这与 Almansa、Henderson R、Pérez 等(2001, 1984, 2007)报道的水生生物在脂肪方面差异的研究表明有相似的结果。

3.3 缢蛏脂肪酸组成差异

在脂肪酸组成方面, 对于不同的缢蛏组织其脂肪酸组成基本相似, 但其含量方面在不同部位存在着差异, 对于野生和养殖缢蛏的不同组织器官, 其脂肪酸的含量也存在明显的不同, 这些方面的不同在其他海洋生物中也有过报道, 例如鲷、太平洋鲑、贻贝等(Metcalfe et al, 1966, Thomassen et al, 2012, Hanuš et al, 2009)。这些脂肪酸方面呈现出来的差异主要是由于日常生活环境饵料的不同和各组织器官对脂肪酸的需求不同造成的。

例如, 与蛏蛏繁殖相关的脂肪酸($C14:0$ 和 $C16:0$)的含量在野生和养殖缢蛏的腹足、外套膜和性腺中具有明显差异。$C14:0$ 和 $C16:0$ 是与胆固醇的调节相关的脂肪酸, $C14:0$ 与血清中胆固醇含量呈显著正相关,C16:0 则能降低血清中胆固醇的含量(陈银基 等,2008),而胆固醇是性激素的合成前体,在缢蛏繁殖的季节,通过 C14:0 和 C16:0 的相互调节达到对胆固醇的调节,使胆固醇维持在一个适合缢蛏性腺发育的含量,因此由研究所得数据推测养殖型的缢蛏性腺发育更丰满。

不论在养殖缢蛏还是野生缢蛏的脂肪酸中,EPA 和 DHA 都占有较高的比例,其中 DHA 达到 10% 远高于一般的鱼虾,例如,中国花鲈(8.57%),香鱼(7.9%),鲻鱼(5.1%)和对虾(9.9%),低于海鳗(16.5%)、真鲷(19.4%),EPA 高于 13%,比中国花鲈(8.57%)、军曹鱼(4.5%)、海鳗(4.4%)、真鲷(5.0%)的 EPA 含量都要高(王远红 等,2003,李刘冬 等,2002,李淡秋 等,1989)。多不饱和脂肪酸都到达 35% 左右,与贻贝(37.68%),扇贝(33.85%),蛤蜊(35.74%)等经济型贝类持平(苏秀榕 等,1997,李太武 等,1996)。养殖缢蛏和野生缢蛏在 ARA、EPA、DHA 以及 DHA/EPA、EPA/ARA 等方面没有明显的差异($P<0.05$),因此,从必需脂肪酸的含量方面考虑养殖缢蛏其营养价值并不亚于野生的群体。

4 结论

综上所述,野生缢蛏和养殖缢蛏在壳长、壳宽和腹足、外套膜、性腺的蛋白含量,以及脂肪酸中的 C14:0、C16:0、C16:1n-7、C17:0、C18:0、C18:1n-9、C18:2n-6、C20:1、C18:3n-3、C20:3n-6、C22:1n-9、EPA 含量存在显著的差异($P<0.05$),其他方面没有明显的差异。缢蛏富含人体生命活动所需的各种不饱和脂肪酸等营养物质,从必需脂肪酸的含量方面考虑养殖缢蛏其营养价值并不亚于野生的群体。

参考文献

包秀凤,刘建勇,杜涛. 2011. 九孔鲍野生群体与养殖群体自交和杂交子一代的育苗及工厂化养殖效果研究[C]. 渔业科技创新与发展方式转变——2011 年中国水产学会学术年会论文摘要集.
常抗美,吴常文,吕振明,等. 2008. 曼氏无针乌贼(Sepiella maindroni)野生及养殖群体的生化特征及其形成机制的研究[J]. 海洋与湖沼,39(2):145-151.
陈荣忠,杨丰,王初升. 1999. 牡蛎肉提取物主要营养成分的分析[J]. 台湾海峡,02:195-198.
陈银基,鞠兴荣,周光宏. 2008. 饱和脂肪酸分类与生理功能[J]. 中国油脂,(3):35-39.
成永旭,堵南山,赖伟. 1998. 中华绒螯蟹不同发育阶段肝胰腺脂类和脂肪酸组成的变化[J]. 动物学报,44(4):420-429.
成永旭,堵南山,赖伟. 1999. 中华绒螯蟹成熟卵巢的脂类和脂肪酸组成[J]. 中国水产科学,6(1):79-82.
邓岳文,张善发,符韶,等. 2007. 马氏珠母贝黄壳色选系 F_1 和养殖群体形态性状比较[J]. 广东海洋大学学报.
黄瑞,张云飞. 2007. 缢蛏属一新种[J]. 台湾海峡,(1):115-120.
雷晓凌,吴红棉,范秀萍,等. 2004. 缢蛏肉的食品化学特及其营养液的研制[J]. 海洋科学,(12):4-7.
李淡秋. 1989. 中国 20 种海水鱼虾脂肪酸组成的分析研究[J]. 水产学报,(2):157-159.

李刘冬,陈毕生,冯娟,等.2002.军曹鱼营养成分的分析及评价[J].热带海洋学报,(1):76-82.
李太武,苏秀榕,李坤.1996.八种常见贝类脂肪酸含量的研究[J].中国海洋药物,(2):24-26.
林清,王亚骏,王迪文,等.2014 太平洋牡蛎和葡萄牙牡蛎养殖群体数量性状比较分析[J].海洋通报,(1)
刘亚,章超桦,张静.2003.贝类功能性成分的研究现状及其展望[J].海洋科学,08:34-38.
刘志峰,李桂生.2002.紫贻贝营养成分的分析及重金属的检测[J].烟台大学学报(自然科学与工程版),15(2):147-150.
邱勇,李洋,严峰,等.2013.养殖与野生驼背鲈肌肉营养成分的比较[J].食品与机械,29(5):19-21.
舒琥,崔绍杰,张海发,等.2010.野生,养殖型黄鳍东方鲀河豚毒素测定及营养成分分析[C].经济发展方式转变与自主创新——第十二届中国科学技术协会年会(第三卷).
宋超,庄平,章龙珍,等.2007.野生及人工养殖中华鲟幼鱼肌肉营养成分的比较[J].动物学报,53(3):502-510.
苏秀榕,张健,李太武,等.1997.两种贻贝营养成分的研究[J].辽宁师范大学学报(自然科学版),(3):66-70.
孙中武,尹洪滨.2004.六种冷水鱼肌肉营养组成分析与评价[J].营养学报,26(5):386-388.
唐雪,徐钢春,徐跑,等.2011.野生与养殖刀鲚肌肉营养成分的比较分析[J].动物营养学报,23(3):514-520.
汪之顼,李压声.1995 贝类食物与血脂.国外医学卫生学分册[J].(6):338-340.
王波,孙丕喜,荆世锡,等.2006.大西洋牙鲆幼鱼肌肉组成与营养需求的探讨[J].海洋科学进展,(03):336-341.
王远红,吕志华,高天翔,等.2003.不同海域中国花鲈营养成分的比较研究[J].青岛海洋大学学报:自然科学版,(4):531-536.
翁丽萍.2012.养殖大黄鱼和野生大黄鱼风味的研究[D].杭州:浙江工商大学.
叶鹏,蔡厚才,庄定根,等.2006.南麂海区野生贝类增养殖种类初步筛选[J].渔业现代化,(4).
Almansa E, Martian M, Cejas J, et al. 2001. Lipid and fatty acid composition of female gilthead seabream during their reproductive cycle: effects of a diet lacking n-3 HUFA [J]. Journal of Fish Biology, 59(2): 267-286.
Bell M, Henderson R, Sargent J. 1986. The role of polyunsaturated fatty acids in fish [J]. Comparative Biochemistry and Physiology Part B: Comparative Biochemistry, 83(4): 711-719.
Boardhurst CL, WangY, Crawford MA, et al. 2002. Brain-specific lipids from marine, lacustrine, or terrestrial food resources: potential impact on early African Homo sapiens. Comp Biochem Physiol B Biochem Mol Biol, 131(4):653-673.
Chemists A O A. 1995. Official methods of analysis of AOAC International [M]. AOAC Washington.
Cutts CJ, Sawanboonchun J, Mazorra de Quero C, et al. 2006. Diet-induced differences in the essential fatty acid (EFA) compositions of larval Atlantic cod (*Gadus morhua* L.) with reference to possible effects of dietary EFAs on larval performance [J]. ICES Journal of Marine Science, 63: 302-310.
Czesny S, Dabrowski K. 1998. The effect of egg fatty acid concentrations on embryo viability in wild and domesticated walleye (*Stizostedion vitreum*) [J]. Aquatic Living Resources, 11 (6): 371.
Gallagher ML, Paramore L, Alves D, et al. 1998. Comparison of phospholipid and fatty acid composition of wild and cultured striped bass eggs [J]. Journal of Fish Biology, 52: 1218-1228.

Guillaume Mairesse, Marielle Thomas, Jean-Noël Gardeur, et al. 2006. Effects of Geographic Source, Rearing System, and Season on the Nutritional Quality of Wild and Farmed *Perca fluviatilis*[J]. Lipids, 41: 221-229.

Hanuš LO, Levitsky DO, Shkrob I, et al. 2009. Plasmalogens, fatty acids and alkyl glyceryl ethers of marine and freshwater clams and mussels [J]. Food Chemistry, 116(2): 491-498.

Henderson R, Sargent J, Hopkins C. 1984. Changes in the content and fatty acid composition of lipid in an isolated population of the capelin *Mallotus villosus* during sexual maturation and spawning [J]. Marine Biology, 78(3): 255-263.

Joseph JD. 1982. Lipid composition of marine and estuarine invertebrates. Part II: Mollusca[J]. Progress in Lipid Research, 21(2): 109-153.

Mai K, Mercer JP, Donlon J. 1995. Comparative studies on the nutrition of two species of abalone, *Haliotis tuberculata* L. and *Haliotis discus hannai* Ino. VI. Optimun dietary protein level for growth[J]. Aquaculture, 136(2): 165-180.

Metcalfe L, Schmitz AA, Pelka J. 1966. Rapid preparation of fatty acid esters from lipids for gas chromatographic analysis [J]. Analytical chemistry, 38(3): 514-515.

Neiva Maria de Almeida, Maria Regina Bueno Franco. 2006. Determination of Essential Fatty Acids in Captured and Farmed Tambaqui (*Colossoma macropomum*) from the Brazilian Amazonian Area [J]. Journal of the American Oil Chemists' Society, 83: 707-711.

Orban E, Di Lena G, Nevigato T, et al. 2007. Nutritional and commercial quality of the striped venus clam, *Chamelea gallina*, from the Adriatic sea [J]. Food Chemistry, 101(3): 1063-1070.

Pérez M, Rodriguez C, Pejas J, et al. 2007. Lipid and fatty acid content in wild white seabream (*Diplodus sargus*) broodstock at different stages of the reproductive cycle [J]. Comparative Biochemistry and Physiology Part B: Biochemistry and Molecular Biology, 146(2): 187-196.

Remacha-Trivi ÑOANTONI, AnadÓN N U R I A. 2006. Reproductive cycle of the razor clam *Solen marginatus* (PULTENEY 1799) in spain: A comparative study in three different locations[J]. Journal of Shellfish Research, 25(3): 869-876.

Ruff N, Fitzgerald RD, Cross TF, et al. 2002. Comparative composition and shelf-life of fillets of wild and cultured turbot (*Scophthalmus maximus*) and Atlantic halibut (*Hippoglossus hippoglossus*) [J]. Aquaculture International, 10: 241-256.

Saito H, Seike Y, Ioka H, et al. 2005. High docosahexaenoic acid levels in both neutral and polar lipids of a highly migratory fish: *Thunnus tonggol* (Bleeker) [J]. Lipids, 40(9): 941-953.

Sargent JR, Tocher DR, Bell JG. 2002. The lipids [J]. Fish Nutrition, (3):181-257.

Sargent J. 1976. The structure, metabolism and function of lipids in marine organisms [J] Biochemical and Biophysical Perspectives in Marine Biology, (3): 149-212.

Thomassen MS, Rein D, Berge GM, et al. 2012. High dietary EPA does not inhibit $\Delta 5$ and $\Delta 6$ desaturases in Atlantic salmon (*Salmo salar* L.) fed rapeseed oil diets [J]. Aquaculture.

Tocher DR. 2003. Metabolism and functions of lipids and fatty acids in teleost fish [J]. Reviews in Fisheries Science, 11(2): 107-184.

Uriarte I, Farīs A. 1999. The effect of dietary protein content on growth and biochemical composition of Chilean scallop *Argopecten purpuratus* (L.) postlarvae and spat[J]. Aquaculture, (180): 119-127.

可口革囊星虫富集 Cd^{2+}、Hg^{2+} 及其对自身生长和主要营养成分的影响

吴洪喜[1,2,3]，高业田[4]，黄振华[2,3]，蒋霞敏[1]

(1. 宁波大学 海洋学院,浙江 宁波 315211; 2. 浙江省海洋水产养殖研究所,浙江 温州 325005; 3. 浙江省近岸水域生物资源开发与保护重点实验室,浙江 温州 325005; 4. 安徽省四维环境工程有限公司,安徽 合肥 231000)

摘　要：用实验生态法结合原子吸收、原子荧光等分析检测技术,探讨了 Cd^{2+}、Hg^{2+} 在可口革囊星虫中的富集规律和对其生长与主要营养成分的影响。结果表明:在实验设定的胁迫浓度内,可口革囊星虫体壁肌肉对 Cd^{2+}、Hg^{2+} 的富集均随着胁迫时间的延长而增加,最终达到饱和浓度;环境中 Cd^{2+}、Hg^{2+} 浓度越高,富集速度越快,达到饱和的时间越短,饱和浓度也越高。体重增长随着重金属胁迫浓度的升高而减慢,联合胁迫的影响程度大于单一重金属实验组。体壁肌肉蛋白质含量随重金属胁迫浓度的增加而升高,在 Cd^{2+}、Hg^{2+} 胁迫浓度分别为 0.05 mg/L 和 0.02 mg/L 时达最高,然后开始降低,最终甚至低于空白对照组。联合胁迫也呈同样规律,且影响程度更显著。体壁肌肉脂肪含量随实验重金属胁迫浓度的增加而降低,胁迫浓度越高,降低越多,二者联合胁迫则降低程度更大。

关键词：可口革囊星虫；富集；重金属；生长；蛋白质；脂肪

随着沿海工、农业的快速发展,重金属对海洋生物,尤其对近岸滩涂生物的生存、生长及其生物体重的影响越来越大。大量事实表明,环境中的重金属不仅影响着水生生物自身的生存和质量,而且还会通过食物链的富集放大,对人类构成极大的危害。因此,重金属对水生生物自身和人类健康的危害已成政府有关部门和社会的关注热点。可口革囊星虫(*Phascolosoma esculenta*)是一种埋栖型动物,主要分布于沿海的中、高潮区的泥质滩涂,受重金属污染影响较大,是沿海滩涂重金属污染研究的较好材料。但迄今,对有关可口革囊星虫的研究,仅见到繁殖和发育生物学、营养成分与价值评价、重金属含量、消化酶、活性物开发等方面的文献,未见重金属富集对其生长和营养成分影响的研究报道。本文采用实验生态法和原子吸收仪、原子荧光仪等检测仪器,探讨了可口革囊星虫富集重金属 Cd^{2+}、Hg^{2+} 的规律,以及富集重金属后对其自身生长和主要营养成分的影响,为可口革囊星虫的养殖管理和食用安全,以及重金属环境毒理学的研究同仁提供参考。

---

* 基金项目:浙江省海洋生物技术产业科技创新团队建设项目(2010R50029)、浙江省近岸水域生物资源开发与保护重点实验室开放基金项目(2010F30003)、浙江省近岸水域生物资源开发与保护重点实验室人才培养项目(2012F20020)。
　通信作者:蒋霞敏,E-mail:jiangxiamin@sina.com

1 材料与方法

1.1 可口革囊星虫

实验用的可口革囊星虫采集于浙江省三门县花桥镇自然滩涂，个体完整、大小均匀，体重(1.255 ± 0.323)g、无外伤、活力强。

1.2 试剂与仪器

1.2.1 主要试剂

$CdCl_2 \cdot 2.5H_2O$，分析纯，上海金山亭新化工试剂厂生产；$HgCl_2$，分析纯，贵州铜仁贡矿试剂厂生产。

1.2.2 主要仪器

原子吸收光谱仪(型号 AA-240FS/GFA，瓦里安公司生产)、双道原子荧光光度计(型号 AFS9800，北京海光仪器公司生产)、微波消解仪(型号 ETHOS1，Milestone 公司生产)、电子天平(型号 BT25S，赛多利斯科学仪器有限公司生产)等。

1.3 重金属实验泥床

模拟可口革囊星虫栖息地的自然生态条件，在高 15 cm、直径 50 cm 的塑料盆中装入取自可口革囊星虫栖息地的海泥(含水率约45%)8 cm 厚。参考李懿(2008)和 GB 11607-89 国家渔业水质标准，用砂滤海水(盐度18)配制 Cd^{2+}、Hg^{2+} 单离子及其联合离子溶液(表1)，然后各取 300 mL 分别加到塑料盘中，搅拌均匀，各水平另设 1 个平衡组。

表1 制备实验泥床用 Cd^{2+}、Hg^{2+} 和 $(Cd^{2+}+Hg^{2+})$ 溶液浓度

Table 1 Experimental concentration design of Cd^{2+}、Hg^{2+} and $(Cd^{2+}+Hg^{2+})$ for the mud banks

mg/L

实验组 Group	重金属离子 Heavy metal ion	金属离子溶液浓度 Concentration				
		空白对照 Control	1	2	3	4
I	Cd^{2+}	0	0.01	0.05	0.2	0.5
II	Hg^{2+}	0	0.001	0.005	0.02	0.05
III	$Cd^{2+}+Hg^{2+}$	0	0.01+0.05	0.05+0.005	0.2+0.02	0.5+0.05

1.4 可口革囊星虫的放养

实验泥床稳定 1 周后，随机选取当天采集到的可口革囊星虫，放养到实验盘的泥床中，每盘 100 条，让其自然入泥。

1.5 实验条件和日常管理

实验在浙江省海洋水产养殖研究所清江实验场进行。实验泥床每天补充海水约 50

mL,投喂新月菱形藻(俗称小硅藻)(*Nitzschia closterium f. minutissima*)50～60 mL,使海泥含水量和饵料供应现对稳定。实验用的海水盐度18～20,水温(25±5)℃,pH 8.0～8.4,溶解氧7 mg/L以上。海水中的油类、总汞、铜、锌、铅、镉、铬等指标均符合 GB 11607 渔业水质标准,整个实验历时120 d。

1.6 检测样的采集和预处理

1.6.1 可口革囊星虫富集 Cd^{+2} 和 Hg^{+2} 检测样

实验开始时(第0天)和实验后的2 d、7 d、14 d、21 d、28 d、42 d、56 d、80 d,分别在Ⅰ组、Ⅱ组中采样,各8条。将样品用双蒸水洗净,滤纸吸干,然后用塑料剪取其体壁肌肉,经烘干、研磨、过80目筛后,干燥保存。

1.6.2 体重生长、蛋白质和脂肪含量检测样

实验开始时(第0天)和实验结束时(第120天),分别在Ⅰ、Ⅱ和Ⅲ组中采样,各盘8条,用砂滤海水冲洗干净,滤纸吸干体表水分后用电子天平称重。然后参照 GB 5009.5 凯氏定氮法和 GB/T 5009.6 索氏提取法的要求,分别制备蛋白质和脂肪含量的检测样。

1.7 检测与计算

1.7.1 体壁肌肉中 Cd^{+2} 和 Hg^{+2} 含量的检测

Cd^{2+} 含量采用原子吸收光谱法(石墨炉)测定;Hg^{2+} 含量用原子荧光光度计法测定。由于本实验组生物体中的 Cd^{2+} 和 Hg^{2+} 含量远大于空白对照组生物,因此本底值忽略不计。为确保实验数据的准确性,实验过程中使用 GBW10024 扇贝标准物质做回收率的监测(实际测得回收率范围为82.82%～106.72%)。

1.7.2 体壁肌肉中蛋白质和脂肪含量的检测

蛋白质和脂肪含量参照 GB 5009.5-2010 的凯氏定氮法和 GB/T 5009.6-2003 索氏提取法测定。

1.7.3 数据计算

主要计算公式:

体重增长率 =(实验80 d后平均体重-实验开始时平均体重)/实验开始时平均体重×100%

脂肪含量变化率 =(实验结束时平均含量-实验开始时平均含量)/实验开始时平均含量×100%

蛋白质含量变化率 =(实验结束时平均含-实验开始时平均含量)/实验开始时平均含量×100%

1.8 数据分析

实验数据用 Sigmaplot、SPSS 软件(版本:19.0)进行单因素方差分析(ANOVA),定 $P<0.05$ 为差异显著,$P<0.01$ 为差异极显著。用平均值±标准偏差(Mean ± SD)表达数据统计结果。

2 结果

2.1 环境胁迫下可口革囊星虫体壁肌肉富集 Cd^{2+}、Hg^{2+} 的规律

可口革囊星虫体壁肌肉对 Cd^{2+} 的富集量随着胁迫时间的延长而升高,达到峰值后基本保持恒定。环境中 Cd^{2+} 浓度越高,富集 Cd^{2+} 的速度越快,达到峰值的时间越短,且峰值越大;反之,富集 Cd^{2+} 的速度越慢,达到峰值的时间越长,且峰值越小。本实验中,Cd^{2+} 浓度 0.01 mg/L 组、0.05 mg/L 组、0.2 mg/L 组和 0.5 mg/L 组的峰值分别为 19.77、95.60、128.10、101.48,达到峰值所需时间分别为 42 d、35 d、21 d 和 19 d(图1)。ANOVA 检验表明,各浓度组与空白对照比差异性显著($P<0.05$ 或 $P<0.01$)。

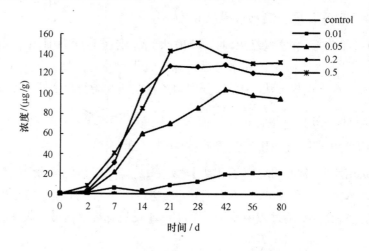

图1 Cd^{2+} 胁迫下可口革囊星虫体壁肌肉中 Cd^{2+} 富集量的变化

Fig. 1 Time course changes of enriching Cd^{2+} in somatic muscle of *P. esculenta* exposed to Cd^{2+}

可口革囊星虫体壁肌肉对 Hg^{2+} 的富集没有对 Cd^{2+} 的强,不同浓度 Hg^{2+} 胁迫下,体壁肌肉中 Hg^{2+} 的富集量总体上随着胁迫时间的延长而升高,Hg^{2+} 浓度越高,富集的速度越快,Hg^{2+} 富集量也高。浓度较高的3组体壁肌肉中的 Hg^{2+} 富集在第 7~21 d 期间各有 1 次下降,然后又升高,最后基本稳定,稳定后各组与空白对照组间的富集量差异性显著($P<0.05$ 或 $P<0.01$),但达到基本稳定的时间与浓度的相关性不明显(图2)。

2.2 Cd^{2+}、Hg^{2+} 及其联合胁迫对可口革囊星虫体重增长的影响

实验结果表明:可口革囊星虫的体重增长率,随着 Cd^{2+}、Hg^{2+} 浓度,或($Cd^{2+}+Hg^{2+}$)浓度的升高而降低,尤其 $Cd^{2+}+Hg^{2+}$ 组降低最大,$Cd^{2+}+Hg^{2+}$ 联合浓度(0.5±0.05)mg/L 组,实验结束时体重增长率只有 1.07%,生长几乎停止。ANOVA 检验表明,Cd^{2+} 对可口革囊星虫体重生长的影响,除 0.01 mg/L 浓度组与空白对照组间差异性不显著外,其余与空白对照组均有显著性差异;所有 Hg^{2+} 浓度组和($Cd^{2+}+Hg^{2+}$)联合浓度组与空白对照组间均呈显著

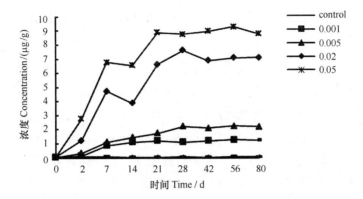

图2 Hg²⁺胁迫下可口革囊星虫体壁肌肉中Hg²⁺富集量的变化

Fig. 2 Time course changes of enriching Hg^{2+} in somatic muscle of *P. esculenta* exposed to Hg^{2+}

性差异($P<0.05$)(表2)。

表2 Cd²⁺、Hg²⁺及其联合胁迫实验开始和结束时(80 d)可口革囊星虫的体重

Table 2 Body weight of *P. esculenta* in the beginning and the end (80d) of the experiment exposed to Cd^{2+}, Hg^{2+} and ($Cd^{2+} + Hg^{2+}$)

泥床用的重金属离子浓度 Heavy Metal concentrationmg/L		体重 Body weight/g		体重增长率 Weight gain rate/%
		实验开始 Beginning	实验结束 End	
Cd²⁺	0.00	1.255 ± 0.323	2.031 ± 0.322ᵃ	56.15 ± 5.43ᵃ
	0.01		1.612 ± 0.402ᵃᵇ	23.85 ± 2.13ᵇ
	0.05		1.513 ± 0.279ᵇᶜ	15.41 ± 1.23ᵇᶜ
	0.20		1.496 ± 0.354ᶜᵈ	14.11 ± 1.53ᶜ
	0.50		1.354 ± 0.221ᵈ	4.15 ± 0.65ᵈ
Hg²⁺	0.00	1.255 ± 0.323	2.127 ± 0.403ᵃ	62.99 ± 6.97ᵃ
	0.001		1.803 ± 0.219ᵇ	38.16 ± 3.76ᵇ
	0.005		1.775 ± 0.204ᵇᶜ	36.02 ± 4.02ᵇ
	0.02		1.486 ± 0.263ᶜ	13.87 ± 1.76ᶜ
	0.05		1.403 ± 0.165ᶜ	7.51 ± 0.62ᵈ
Cd²⁺ + Hg²⁺	0.00	1.255 ± 0.323	2.076 ± 0.302ᵃ	58.35 ± 5.89ᵃ
	0.01 + 0.001		1.522 ± 0.276ᵇ	16.09 ± 3.87ᵇ
	0.05 + 0.005		1.439 ± 0.219ᵇᶜ	10.27 ± 2.87ᶜ
	0.2 + 0.02		1.397 ± 0.221ᶜᵈ	6.90 ± 1.26ᶜᵈ
	0.5 + 0.05		1.325 ± 0.187ᵈ	1.07 ± 0.12ᵈ

注:1. 同列数值上字母相同,表示组间差异不显著($P>0.05$);反之差异显著($P<0.05$ 或 $P<0.01$)。2. 体重数值为实验后各组留存个体的体重均值,各组初始体重均值为(1.255 ± 0.323)g.

Note: 1. Data in a column with the same superscript letter are not significant different ($P>0.05$), otherwise indicate significant difference ($P<0.05$ or $P<0.01$). 2. The values of body weight at the end are the mean values of the survival and the mean body weight is (1.255 ± 0.323)g at the beginning.

2.3 Cd^{2+}、Hg^{2+}及其联合胁迫对可口革囊星虫体壁肌肉蛋白质含量的影响

实验结束时,可口革囊星虫体壁肌肉蛋白质含量在Cd^{2+}胁迫下,以浓度0.05 mg/L组为最大,比空白对照组高出16.19%,其余组的蛋白质含量都较0.05 mg/L组低;Hg^{2+}胁迫下,以浓度0.02 mg/L组为最大,比空白对照组高出8.84%,其余组的蛋白质含量都较0.02 mg/L组低;Cd^{2+} + Hg^{2+}联合胁迫下,以浓度(0.05±0.005)mg/L组为最大,比空白对照组高出17.64%,其余组的蛋白质含量都较浓度(0.05+0.005)mg/L组低,甚至比空白对照组还低[如:(0.5+0.05)组为-8.07%]。ANOVA检验表明,各实验组与对照组比,差异性显著($P<0.05$或$P<0.01$)(表3)。可见,重金属Cd^{2+}、Hg^{2+}对可口革囊星虫蛋白质含量的影响较大,随着浓度的升高而增加,但达到某一阈值时,又开始降低,随着浓度的进一步增加,其含量甚至低于对照组。

表3 Cd^{2+}、Hg^{2+}和Cd^{2+} + Hg^{2+}胁迫实验开始和结束时(120 d)可口革囊星虫体壁肌肉蛋白质含量

Table 3 Protein content in somatic muscles of *P. esculenta* exposed to Cd^{2+}, Hg^{2+} and Cd^{2+} + Hg^{2+} at the beginning and the end(120 d) of the experiment %

泥床用的重金属溶液浓度 Heavy metal concentration /(mg·L^{-1})		蛋白质含量 Protein content		蛋白质含量变化率 Changing rate of protein content
		实验开始 Beginning	实验结束 End	
Cd^{2+}	0	70.451 ± 7.86	71.547 ± 5.982^a	1.56 ± 0.09^a
	0.01		74.773 ± 6.834^b	6.14 ± 0.76^b
	0.05		81.859 ± 7.373^c	16.19 ± 1.67^c
	0.2		80.860 ± 7.836^c	14.78 ± 0.98^c
	0.5		75.673 ± 6.736^d	7.41 ± 0.76^d
Hg^{2+}	0	70.451 ± 7.86	71.612 ± 9.053^a	1.65 ± 0.21^a
	0.001		73.973 ± 5.346^b	5.00 ± 0.56^b
	0.005		75.939 ± 7.358^c	7.79 ± 0.82^c
	0.02		76.679 ± 7.952^c	8.84 ± 0.87^{cd}
	0.05		75.326 ± 5.843^c	6.92 ± 0.76^d
Cd^{2+} + Hg^{2+}	0	70.451 ± 7.86	72.082 ± 6.264^a	2.32 ± 0.32^a
	0.01 + 0.001		78.389 ± 5.896^b	11.27 ± 1.29^b
	0.05 + 0.005		82.876 ± 9.871^c	17.64 ± 2.08^c
	0.2 + 0.02		73.863 ± 7.323^d	4.84 ± 0.54^d
	0.5 + 0.05		64.763 ± 7.183^e	-8.07 ± 0.78^e

注:1. 同列数值上字母相同,表示组间差异不显著($P>0.05$);反之差异显著($P<0.05$或$P<0.01$是);2. 蛋白质含量为实验后各组存活个体的平均含量,各组初始蛋白含量均值为(70.451±7.86)%。

Note:1. Data in a column with the same superscript letter are not significant different ($P>0.05$), otherwise indicate significant difference ($P<0.05$ or $P<0.01$). 2 The values of protein content at the end are the mean values of the survival and the mean protein content is (70.451 ± 7.86)% at the beginning.

2.4 Cd^{2+}、Hg^{2+}及其联合胁迫对可口革囊星虫体壁肌肉脂肪含量的影响

实验结果表明,可口革囊星虫体壁肌肉脂肪含量,不管在Cd^{2+}、Hg^{2+},还是$Cd^{2+}+Hg^{2+}$胁迫下,都比空白对照组低,且胁迫浓度越高,含量越低,联合组更低。在实验设定的浓度范围内,实验组比空白对照组低达$(29.08\pm0.302)\%$。ANOVA显著性检验表明,脂肪含量各浓度组与空白对照组间均呈显著性差异($P<0.05$或$P<0.01$)(表4)。可见,Cd^{2+}、Hg^{2+}和($Cd^{2+}+Hg^{2+}$)对可口革囊星虫的脂肪含量影响较大,随着环境中离子浓度的升高,可口革囊星虫体壁中脂肪含量逐渐下降,特别是联合重金属组对其影响更大。

表4 Cd^{2+}、Hg^{2+}及其($Cd^{2+}+Hg^{2+}$)胁迫实验开始和结束时(120 d)可口革囊星虫体壁肌肉脂肪含量
Table 4 Fat content in somatic muscle of *P. esculenta* in the beginning and end(120 d) of the experiment exposed to Cd^{2+}, Hg^{2+} and ($Cd^{2+}+Hg^{2+}$)   %

泥床用的重金属溶液浓度 Heavy metal concentration /(mg·L^{-1})		脂肪含量 Fat content		脂肪含量变化率 Changing rate of fat content
		实验开始 Beginning	实验结束 End	
Cd^{2+}	0	5.229 ± 0.211	5.532 ± 0.324^a	-0.58 ± 0.02^a
	0.01		5.117 ± 0.249^b	-7.48 ± 0.67^b
	0.05		4.974 ± 0.236^b	-10.57 ± 1.63^c
	0.2		4.732 ± 0.218^{ac}	-14.15 ± 0.37^d
	0.5		4.563 ± 0.198^d	-20.53 ± 2.87^e
Hg^{2+}	0	5.229 ± 0.211	5.498 ± 0.272^a	-0.36 ± 0.00^a
	0.001		5.216 ± 0.302^a	-5.44 ± 0.65^b
	0.005		4.783 ± 0.287^b	-14.99 ± 2.02^c
	0.02		4.744 ± 0.254^{bc}	-15.93 ± 1.76^{cd}
	0.05		4.687 ± 0.198^c	-17.35 ± 1.98^d
$Cd^{2+}+Hg^{2+}$	0	5.229 ± 0.211	5.631 ± 0.459^a	-2.38 ± 0.308^a
	0.01+0.001		4.865 ± 0.501^b	-13.05 ± 0.129^b
	0.05+0.005		4.643 ± 0.483^c	-18.46 ± 0.212^c
	0.2+0.02		4.573 ± 0.447^c	-20.27 ± 0.276^c
	0.5+0.05		4.261 ± 0.519^d	-29.08 ± 0.302^d

注:同列数值上字母相同,表示组间差异不显著($P>0.05$);反之差异显著($P<0.05$或$P<0.01$),脂肪含量为实验后各组存活个体的脂肪含量均值,各组初始脂肪含量均值为$(5.229\pm0.211)\%$.

Note:1. Data in a column with the same superscript letter are not significant different ($P>0.05$), otherwise indicate significant difference ($P<0.05$ or $P<0.01$). 2 The values of fat content at the end are the mean values of the survival and the mean fat content is $(5.229\pm0.221)\%$ at the beginning.

3 问题与讨论

3.1 可口革囊星虫富集 Cd^{+2}、Hg^{+2} 的特征分析

据高业田等对采集自北海、厦门、温州、台州等地的可口革囊星虫及其栖息地海泥中的重金属含量检测结果,可口革囊星虫对栖息地中 Cd^{2+}、Hg^{2+} 的富集系数居 Hg、Cd、Mn、Pb、Fe、Cu、Zn 等之首,分别高达 36.00 和 16.32,是其余几种重金属的几十倍甚至上百倍。本实验结果也验证了可口革囊星虫对环境中的 Cd、Hg 具有极强的富集能力。

Lefcort 认为,Hg^{2+} 能启动生物 MT 基因的转录,MT 基因的大量表达使 MT 含量大增,于是代谢加快,Hg 排出量增加,出现体内 Hg 含量暂时下降的现象,但是随着 Hg 浓度的进一步升高和胁迫时间的延长,新合成的 MT 满足不了需要,体内 Hg 含量又开始升高。实验显示,随着 Cd^{2+}、Hg^{2+} 胁迫时间的延长,可口革囊星虫体壁肌肉内重金属含量,低浓度组已经稳定了,高浓度组仍然升高,然后出现短时间的降低,接着再升高并逐渐稳定,尤其是 Hg^{2+},可口革囊星虫体壁肌肉中的含量,在本实验的第 7~21 d 期间有 1 个明显的下降和再上升的规律,这与 Lefcort 的看法相同。

上述生物对重金属的富集特征是在实验室条件下得出,对于野外自然环境,须全面考虑各种因子所产生的影响。重金属浓度、环境温度、pH 值、盐度、重金属形态、底质中酸可挥发性硫化物 AVS(acid volatile sulfide)和有机质含量,以及季节变化和水动力条件等都是影响生物体对重金属富集的重要因素,这些非生物因子一般以间接的方式影响生物体对重金属的富集和累积,或通过改变其生理状态,或通过改变重金属在环境中的化学态或各形态的含量,或二者兼有。但是对于符合国家渔业水质标准的水体而言,水生动物所处的生物链级别和生活习性等应是富集的主要影响因素,如本文的可口革囊星虫,此外还有沼虾、河蟹和圆田螺等底栖动物,它们都是从滩涂、河流、池塘底泥、沉积物上摄食,而铜、铬在沉积物中残渣态比例高于溶解态,所以本研究对象可口革囊星虫,以及沼虾、河蟹和田螺等对铜和铬的累积量要远高于习惯于上层水体中生活的鲤和鲢鱼。

3.2 重金属 Cd^{2+}、Hg^{2+} 对可口革囊星虫生长的影响及其原因分析

本实验结果显示,可口革囊星虫的生长速度与环境中 Cd^{2+} 或 Hg^{2+} 浓度呈负相关,浓度越高,对其生长抑制越明显,且好像二者对可口革囊星虫生长的抑制能力相差不大,其实二者的浓度并不在同一层次,本实验 Cd^{2+} 和 Hg^{2+} 的浓度的设计是依据渔业水质标准上限的 2 倍、20 倍、60 倍、200 倍而定的。其实 Hg^{2+} 的毒性比 Cd^{2+} 强,$Cd^{2+}+Hg^{2+}$ 联合的毒性更强。Cd^{2+} 和 Hg^{2+} 抑制可口革囊星虫生长的可能原因有:一是 Cd^{2+}、Hg^{2+} 的存在减少了可口革囊星虫的取食率,从而影响其生长;二是细胞内的 Cd^{2+}、Hg^{2+} 影响其正常的新陈代谢。

3.3 重金属 Cd^{+2}、Hg^{+2} 对可口革囊星虫主要营养成分含量影响机理的探讨

蛋白质是组成生物体各组织器官的重要物质,在水产品干重情况下含量较高,如可口革囊星虫高达 70.68%(DW),随着环境中重金属含量增加,导致蛋白质含量增高或先增高后

降低的原因可能有:①蛋白质中的许多氨基酸带有活性基团,如－OH、－NH_2、－SH 胍基等,重金属易与这些基团及其活性代谢产物反应,低浓度的重金属能够诱导生物体内低分子量、富含这些活性基团的蛋白质的合成,其起重要作用的是金属硫蛋白。金属硫蛋白是一种应激蛋白(stress proteins),当生物体受到 Cd^{2+} 和 Hg^{2+} 等污染时,会在其体内诱导合成该类蛋白,这样体内的重金属就会结合到新合成的 MT 上,或者将原来结合在该蛋白上的其他金属取代下来,如 Cd^{2+} 能取代 Zn^{2+},从而起到累积和解毒的作用,但是 MT 被重金属饱和之后,继续合成又不能满足进入细胞的金属合成的需要,多余的重金属转而更多地攻击其他结构性蛋白或多种酶,使得组织结构破坏或结构性蛋白合成受阻,导致整体蛋白合成速率降低甚至含量降低。②低浓度的重金属能刺激机体产生大量的氧自由基(O_2^-、HO_2^-)、过氧化氢(H_2O_2)、羌基自由基(OH)以及单线态氧(O),在这些自由基的诱导下,机体中 CAT 和 SOD 等活性物质合成能力提高;此外,一些"保护性"体液因子也会加重金属诱导合成,如酸性磷酸酶(ACP),这些作为防御系统的酶大量增加,导致细胞内蛋白含量的增加。类似的报道在其他水产动物中也较多,如杨志彪认为肝胰腺脂肪酶能被 Cu^{2+} 诱导合成是由于 Cu^{2+} 与调节操纵基因的阻碍物形成复合物,使阻碍物作用失效,酶蛋白合成增加。王维娜等也认为,适宜浓度的 Co^{2+} 可启动日本沼虾(*Macrobrachium nipponense*)胃蛋白酶和类胰蛋白酶的活性。

重金属抑制可口革囊星虫体内脂肪含量的原因,可能是重金属占据了脂肪合成部位,使其合成功能衰退,速度减慢,但其具体机制尚不清楚。

参考文献

[1] Allen P. 1999. Soft-tissue accumulation of lead in the blue tilapia and the modifying effects of Cadmium and mercury. Biological Trace Element Research, 50(3): 193 – 208.

[2] Alongi D M, Boyle S G, Tierendi F, et al. 1996. Composition and behavior of trace metals in post-toxic sediments of the Gulf of Papua. Papua New Guinea. Estuarine Coastal and Shelf Science, 42: 197 – 211.

[3] Bass L E. 1977. Influence of temperature and salinity on oxygen consumption of tissues in the American oyster(*Crassostrea virginica*). Comparative Biochemical. Physiology, 58: 125 – 130.

[4] Chen Y-L(陈艳乐), Zhang Y-P(张永普), Wu H-X(吴洪喜), 等. 2011. Effect of temperature and pH on the activities of digestive enzymes in *Phascolosoma esculenta*. Henan Science(河南科学), 29(1): 35 – 39(in Chinese).

[5] Du L(杜磊), Fang M(方明), Wu H-X(吴洪喜), 等. 2013. Study on the preparation of antihypertensive peptides from water-soluble protein by enzymolysis. Science and Technology of Food Industry(食品工业科技), 34(8): 187 – 191(in Chinese).

[6] Du L(杜磊), Fang M(方明), Wu H-X(吴洪喜), 等. 2013. A novel angiotensin I-converting enzyme inhibitory peptide from *Phascolosoma esculenta* water-soluble protein hydrolysate. Journal of Functional Foods, 5: 475 – 483(in Chinese).

[7] Gao Y-T(高业田), Pan L-S(潘丽素), Wu H-X(吴洪喜), 等. 2012. Contents and Correlationship of Heavy Metal in *Phascolosoma esculenta* and their habitat sediments. Marine Sciences(海洋科学), 36(10):

54 – 60(in Chinese).

[8] H. Lefcort. 1998. Heavy metals alter the survial, growth, metamorphosis, and antipredatory behavior of Columbia spotted frog(*Rana luteiventris*) tadpoles. Achives of Environmental Contamination and Toxicology, 35(3): 457 – 463.

[9] Kong F-X(孔繁翔). 2000. Environmental biology(环境生物学). Beijing: China Higher Education Press, 68 – 73(in Chinese).

[10] Li Y(李懿), Li T-W(李太武), Su X-R(苏秀榕). 2008. A cute toxicity of Cd^{2+}, Hg^{2+} and As^{3+} to *Phascolosoma esculenta*. Fisheries Science(水产科学), 27(2): 71 – 74(in Chinese).

[11] MA T-W(马陶武), ZHU C(朱程), WANG G-Y(王桂岩), 等. 2010. Bioaccumulation of sediment heavy metal in *Bellamya aeruginosa* and its relations with the metals geochemical fractions. Chinese Journal of Applied Ecology, 21(3): 734 – 742(in Chinese).

[12] Mu H-J(牟海津), Jiang X-L(江晓路), Liu S-Q(刘树青), 等. 1999. Effect of immunopolysaccharide on the activities of acid phosphatase alkaline phosphatase and superoxide dismutase in *Chlamys farreri*. Journal of Ocean University of Qingdao(青岛海洋大学学报), 29(3): 463 – 468(in Chinese).

[13] Olafson R W, Thompson J A J. 1974. Isolation of heavy metal binding proteins from marine vertebrates. Marine Biology, 28: 83 – 86.

[14] Piotrowski J K, Szymanska J A. 1976. Influence of certain metals on the level of metallothionein-like protein in the liver and kidneys of rats. Journal of Toxicology and Environmental Health, 1(6): 991 – 1002.

[15] Piotrowski J K, Trojanowska B, Wisnieswska-Knypl G, et al. 1974. Mercury binding in the kidney and liver of rats repeatedly exposed to mercuric chloride: induction of metallothionein by mercury and cadmium. Toxicology and Applied Pharmacology, 27: 11 – 19

[16] Poulicher F E, Garnier J M, et al. 1996. The conservative behavior of trace metals (Cd, Cu, Ni and Pb) and As in the surface plume of stratified estuaries: example of the Phone River (France). Estuarine Coastal and Shelf Science, 42: 289 – 310.

[17] Roch M, Mc Carter J A. 1984. Metallothionein induction, growth and survival of chinook salmon exposed to zinc, copper and cadmium. Bulletin of Environmental Contamination and Toxicology, 32: 478 – 485.

[18] Roesijadi G. 1992. Metallothioneins in metal regulation and toxicity in aquatic animals. Aquatic Toxicology, 22: 81 – 114.

[19] SHI J(石娟), XI Y – L(席贻龙), YANG L – L(杨琳璐), 等. 2010. Effects of Cd + 2 concentration on life table demography of Brachionus calyciflorus under different *Scenedesmus obliquus* density. Chinese Journal of Applied Ecology, 21(6): 1614 – 1620(in Chinese).

[20] Wang W-N(王维娜), Wang A-L(王安利), Sun R-Y(孙儒泳). 2001. Effect of Cu^{+2}, Zn^{+2}, Fe^{+3} and Co^{+2} in freshwater on digestive enzyme and alkaline phosphatase activity of *Macrobrachium nipponense*. Acte Zoologica Sinica(动物学报), 47(Special): 72 – 77(in Chinese).

[21] Wu H-X(吴洪喜), Chen C(陈琛), Zeng G-Q(曾国权), 等. 2010. Artificial breeding of *Phascolosoma esculenta*. Marine Sciences(海洋科学), 34(3): 21 – 25(in Chinese).

[22] Wu H-X(吴洪喜), Ying X-P(应雪萍), Chen C(陈琛), 等. 2006. Embryo and larval development of *Phasocolosoma esculenta*(Chen et Ye H), Acta Zoologica Sinica(动物学报), 52(4): 765 – 773(in Chinese).

[23] Yang Z(杨震), Zhang H-Z(章惠珠), Kong L(孔莉). 1996. The Cu and Cd species in sediment of the Nanjing reach of Changjiang River, and their bioavailability to aquatic organisms. China Environmental Science(中国环境科学), 16(3): 200 – 203(in Chinese).

[24] Yang Z-B(杨志彪), Zhao Y-L(赵云龙), Zhou Z-L(周忠良), 等. 2005. Effects of copper in water on distribution of copper and digestive enzymes activities in *Eriocheir sinensis*. Journal Fisheries of China(水产学报), 29(4): 496 – 501(in Chinese)

[25] Ying XP, Dahms HU, Liu XM, et al. 2009. Development of germ cells and reproductive biology in the sipunculid *Phascolosoma esculenta*. Aquaculture Research, 40: 305 – 314.

[26] Ying X-P, Sun X, Wu H-X, et al. 2010. The fine structure of coelomocytes in the sipunculid *Phascolosoma esculenta*, Micron, 41(2010): 71 – 78.

[27] Zang W-L(臧维铃), Ye L(叶林), Xu X-C(徐轩成), 等. 1990. Study on accumulating Zn in *Hypophthalmichthys molitrix* and *Carassius auratus*. Fresh Water Fisheries(淡水渔业), (3): 29(in Chinese).

[28] Zarnuda C D, Wright D A, Smucker R A. 1985. The importance of dissolved organic compounds in the accumulation of copper by the American oyster *Crassostrea virginica*. Marine Environmental Research, 16: 1 – 12.

[29] Zhou H-B(周化斌), Zhang Y-P(张永普), Wu H-X(吴洪喜), 等. 2006. Analysis and evaluation of the nutritive composition of clam in *Phascolosoma esculenta*. Transaction of Oceanology and Limnology(海洋湖沼通报), (2): 62 – 68(in Chinese).

[30] Zhu Y-F(朱玉芳), Zhou X-W(周新文), Cui Y-H(崔勇华), 等. 2006. Content analysis of protein and fat in several aquatic organism polluted. Water Conservancy Fisheries(水利渔业), 26(1): 69 – 70(in Chinese).

云纹石斑鱼幼鱼血清生化指标和代谢酶活力对低温胁迫的响应[*]

谢明媚[1,2],施兆鸿[1,2],张艳亮[1,2],彭士明[1],张晨捷[1]

(1. 中国水产科学研究院 东海水产研究所,农业部东海与远洋渔业资源开发利用重点实验室,上海 200090;2. 上海海洋大学 生命与水产学院,上海 201306)

摘 要:本实验设置9℃、13℃、17℃ 3个温度梯度,对云纹石斑鱼幼鱼进行7 d的胁迫实验,检测血清中生化指标和代谢酶活力。结果显示,血清总蛋白(TP)和葡萄糖(GLU)含量在温度骤降后虽有变化,但无显著性差异($P>0.05$)。血清中甘油三酯(TG)和肌酐(CREA)含量在水温骤降至9℃和13℃,7 d后与胁迫前比较均差异显著($P<0.05$)。代谢酶指标中碱性磷酸酶(AKP)、谷草转氨酶(GOT)、谷丙

---

[*] 基金项目:国家科技支撑项目(2011BAD13B01).
通信作者:施兆鸿,Email:shizh@ eastfishery. ac. cn

转氨酶(GPT)和乳酸脱氢酶(LDH)的活力,随低温胁迫的强度和胁迫时间的延长活力都呈上升趋势,且实验结束时均与胁迫前差异显著($P<0.05$)。乳酸脱氢酶活力在实验结束时各低温胁迫实验组之间也有显著性差异($P<0.05$)。研究认为,实验室条件下在耐受温度范围的下限云纹石斑鱼幼鱼遭受低温骤降胁迫时,短期内血清生化指标不发生显著变化;幼鱼通过血清代谢酶活力的升高来响应低温胁迫,以提高抗应激能力;但低温导致停食、免疫力和抗氧化能力下降等生理现象发生,实际生产中仍应降低胁迫强度和胁迫时间。

关键词:云纹石斑鱼;低温胁迫;血清生化指标;血清代谢酶

云纹石斑鱼(*Epinephelus moara*)在中国主要分布于福建、广东、海南和台湾等地。有资料报道其适温范围在 8~35℃,最适生长水温为 18~27℃[1],在石斑鱼属中属于适温范围比较宽泛的种类之一,也是相对我国其他石斑鱼种类中更耐低温的品种。由于云纹石斑鱼具有生长快、适应性强、肉质鲜美等特点,有着良好的养殖愿景。但在冬季我国大部分地区人工养殖的云纹石斑鱼,当遭遇冷空气时,降温幅度可达 8℃以上[2],而海水温度也会随之下降。尤其是一些陆上养殖设施中的小水体水温经常出现骤降,降温幅度更可达到 8℃,形成对养殖鱼类的低温胁迫。当鱼类长时间处于非致死温度范围的下限环境中,从生态学意义上会出现活动减弱、停食、鱼体失去平衡等现象,更长时间将导致死亡。在已有的研究中表明,不同种石斑鱼类会随着温度胁迫的强弱和胁迫时间的长短,其体内反映代谢水平的总蛋白(TP)、葡萄糖(GLU)、甘油三酯(TG)和肌酐(CREA)的含量会产生变化,如七带石斑鱼(*E. septemfasciatus*)幼鱼从 12.4℃直接转入 8℃水体中,生化指标会随胁迫时间的延长出现不同程度的下降[3];斜带石斑鱼(*E. coioides*)在低温胁迫后血清蛋白含量呈下降,血糖上升、甘油三酯先下降后上升的趋势[4]。可见生化指标能反映降温胁迫后机体内的代谢水平的重要指标。温度除了影响生物的代谢水平外,同时也影响机体内各种酶活性的大小,一般而言,鱼类这样的外温动物的代谢率和酶活水平与环境温度呈正比[5],所以酶活力大小直接反映了鱼类对环境温度的适应性。血清代谢酶中的碱性磷酸酶(AKP)、谷草转氨酶(GOT)、谷丙转氨酶(GPT)和乳酸脱氢酶(LDH)常被用来衡量机体抗氧化防御体系作用的大小[6]。因此在实际养殖生产过程中保持适宜的水温条件,对鱼类正常生长代谢有着重要的生态学意义。研究低温胁迫条件下鱼类血清生化指标的变化规律,为丰富完善代谢和抗氧化防御体系的机制也有着理论意义。本实验旨在通过设置云纹石斑鱼幼鱼适温下限的不同梯度,检测血清生化指标和血清代谢酶活力,阐述云纹石斑鱼抗低温胁迫的应激能力,为养殖过程中抵御低温胁迫提供参考资料。

1 材料与方法

1.1 供试用鱼和实验条件

云纹石斑鱼取自当年自行繁育的幼鱼,挑选体长(14.284 ± 0.822) cm、体重(34.137 ±

5.166)g,体表无伤、体色正常的鱼作为实验对象。实验时间为2013年12月。实验开始前采用随机分组法,把鱼按每桶30尾分别放入800L的9个实验玻璃钢水槽中,并在水槽中作适应性暂养14 d,暂养期中所有水槽中的云纹石斑鱼饲喂同一种配合饵料,每天两次饱食投喂。实验用水经暗沉淀后经沙滤的天然海水,实验用水符合国家标准渔业水质标准(GB11607-89)。盐度28.0±0.5,pH 8.0±0.5,溶解氧6~8 mg/L,控温电加热棒控制水温,水温为(18.0±0.5)℃,24 h不间断充气。养殖水总氨氮浓度低于0.1 mg/L。换水量为50%/d的同温水,温差不大于0.5℃。

1.2 实验设计和取样

实验设置3个处理(9℃、13℃、17℃),每个处理3个平行,组间幼鱼无显著差异。实验开始前一天停食。不同处理组通过换水在2 h内将水温同步调节至设定温度。实验周期7 d,期间各实验组均不投饵,每天各实验组同步换50%的同温水。分别在胁迫开始前(0 d)、实验中期(3 d)和实验结束时(7 d)取样,每平行每次随机取3尾实验鱼,用MS-222进行麻醉,置于冰盘上进行尾静脉采血,尾静脉血经3 000 r/min离心20 min,取上层血清移入离心管中放置于-70℃超低温冰箱中保存备用。

1.3 指标检测

血清生化及代谢指标测定:总蛋白(TP)、葡萄糖(GLU)、甘油三酯(TG)和肌酐(CREA)。碱性磷酸酶(AKP)、谷草转氨酶(GOT)、谷丙转氨酶(GPT)和乳酸脱氢酶(LDH)。试剂盒由南京建成提供,其中总蛋白采用考马斯亮蓝蛋白测定试剂盒,单位(g/L)。葡萄糖采用氧化酶法,单位(mmol/mL)。甘油三酯采用酶比色法(甘油磷酸氧化酶-过氧化物酶法),单位(mmol/L)。肌酐肌采用碱性苦味酸法,单位(μmol/L)。碱性磷酸活力单位定义:在37℃水浴下每克组织蛋白与基质作用15 min产生1 mg酚为1个酶活力单位(U)。谷草转氨酶活力单位定义:反应液总容量3 mL,340 nm波长,1 cm光径,25℃,1 min内所生成的丙酮酸,使NADH氧化成NAD^+而引起吸光度每下降0.001为1个卡门氏单位(1卡门氏单位=0.482 IU/L,25℃)。谷丙转氨酶活力单位定义:反应液总容量3 mL,波长340 nm,1 cm光径,25℃,1 min内所生成的丙酮酸,使NADH氧化成NAD^+而引起吸光度每下降0.001为1个单位(1卡门氏单位=0.482 IU/L,25℃)。乳酸脱氢酶活力单位定义:每毫升血清37℃与基质作用15 min,在反应体系中产生1 μmol丙酮酸为1单位。

1.4 数据统计与分析

实验结果用SPSS 13.0软件进行统计与分析。运用单因素方差分析,先进行方差齐性检验,不满足方差齐性时,对数据进行自然对数或平方根转换,然后采用Duncan's检验进行多重比较,$P<0.05$为有显著性差异,数据以平均值±标准差(Mean±SD)表示。

2 结果

2.1 血清生化指标对低温胁迫的响应

低温胁迫条件下云纹石斑鱼幼鱼的血清总蛋白含量和葡萄糖含量不论骤降至9℃实验

组还是13℃实验组都不随时间延长而发生变化,葡萄糖含量在18℃骤降至9℃实验组中7 d 后虽有下降,但仍无显著性差异(图1和图2)。

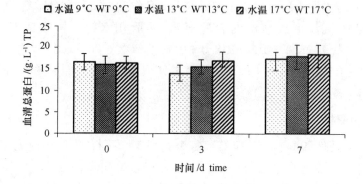

图1 不同低温胁迫条件下云纹石斑鱼血清总蛋白的变化

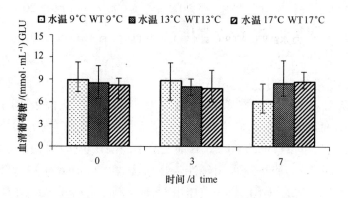

图2 不同低温胁迫条件下云纹石斑鱼血清葡萄糖的变化

血清中甘油三酯含量在骤降至9℃实验组中(图3),3 d 后出现下降(2.158 ± 0.302) mmol/L且与胁迫前(2.717 ± 0.152) mmol/L有显著性差异($P<0.05$),3 d 与7 d之间没有显著性差异($P>0.05$)。实验7 d 后降至(1.561 ± 0.249) mmol/L,与其他两实验组之间也差异显著($P<0.05$);13℃实验组在胁迫3 d后甘油三酯含量为(2.366 ± 0.144) mmol/L,与胁迫前(2.670 ± 0.167) mmol/L虽有下降但差异不显著($P>0.05$),7 d后降至(2.128 ± 0.331) mmol/L,与胁迫前之间有显著性差异($P<0.05$)。

血清中肌酐含量在9℃实验组中 7d 后达到(47.043 ± 9.737) mmol/mL,与胁迫前(66.388 ± 5.181) mmol/mL差异显著($P<0.05$),且与降温至17℃实验组之间也有显著性差异($P<0.05$)。降温至17℃实验组和13℃实验组在胁迫前后不同时间段内均无显著性差异($P>0.05$)(图4)。

2.2 低温胁迫对抗氧化指标的影响

在4个血清代谢酶活力指标中,随胁迫时间的延长和不同梯度水温的骤降都出现了升

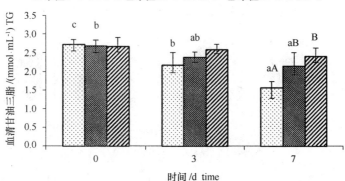

图3 不同低温胁迫条件下云纹石斑鱼血清甘油三酯的变化

注:图柱上方不同小写字母表示同一实验组不同时间的差异显著($P<0.05$),大写字母表示同一时间段内不同实验组之间差异显著($P<0.05$). 下同.

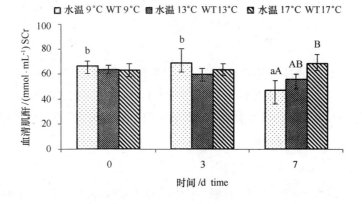

图4 不同低温胁迫条件下云纹石斑鱼血清肌酐的变化

高,且呈显著性差异($P<0.05$)(图5)。其中,碱性磷酸酶活力在3个实验组胁迫前与实验结束后(7 d)之间均出现显著性差异($P<0.05$),但各实验组间差异不显著($P>0.05$)。

乳酸脱氢酶活力各实验组在实验中期(3 d)就与胁迫前(3 d)呈显著性差异($P<0.05$),除17℃实验组其他两组实验结束(7 d)时与实验中期(3 d)也呈显著性差异($P<0.05$),9℃实验组7 d时达到($1\,695.035\pm132.029$)U/L,分别比胁迫前(0 d)(585.876 ± 61.283)U/L和实验中期($1\,390.388\pm127.701$)U/L高出近2.9倍和1.2倍;实验中期(3 d)和实验结束(7 d)时9℃实验组和13℃实验组均与17℃实验组间差异显著($P<0.05$)。

谷丙转氨酶活力在9℃实验组和13℃实验组中,胁迫前(0 d)与实验中期(3 d)以及实验中期(3 d)与实验结束(7 d)之间均差异显著($P<0.05$)。9℃实验组实验结束(7d)时达到(11.660 ± 0.939)U/L,高出胁迫前(0 d)的(2.671 ± 0.670)U/L的4.4倍。13℃实验组实验结束(7 d)时也达到了(9.168 ± 1.509)U/L,高出胁迫前(0 d)的(2.539 ± 0.458)U/L

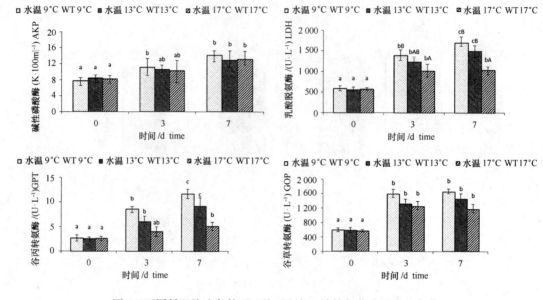

图5 不同低温胁迫条件下云纹石斑鱼血清抗氧化酶活力的变化

的3.6倍。

谷草转氨酶活力在胁迫前测得(590.741±55.674～571.554±34.188)U/L,胁迫中期(3 d)3个实验组都上升至(1 246.004±122.363～1 584.811±122.135)U/L,呈显著性差异($P<0.05$)。实验结束(7 d)时测得的酶活力与实验中期(3 d)差异不显著($P>0.05$)。

3 讨论

血液学中的血清生化指标和代谢酶活力指标在人类和哺乳动物的疾病诊断、营养状况的判断和卫生健康等方面应用广泛,是十分重要的检测手段,并且已制定出相应的标准范围[7-8],具有很高的实用价值。但大多以个体为单位,而在鱼类学研究中应用相对较少,主要原因是鱼类除了一般是以群体为单位,个体间差异较大外,品种繁多、个体大小不一、鱼类血液的采集方法不统一都容易产生误差。因此,近几年对鱼类血液学指标的研究大多是某一环境因子或营养元素梯度胁迫或不同水平条件下的血液学指标的响应比较[9-10]。而不同品种之间的比较往往没有参照标准,不具可比性,即使是分类地位十分接近,在同一属中的两种鱼类血清中的生化指标等也会相差很远。如陈超等[15]对七带石斑鱼幼鱼的低温胁迫实验中在胁迫前测得的血清总蛋白为(44.23±9.30)g/L,而本实验中血清总蛋白仅(16.557±1.958)g/L。两次实验同为低温条件下进行,但除了品种不同导致结果不同外,个体大小、环境条件、是否提前停食、样品存放时间和测试方法都可能影响两次实验所得数据值的大小。本实验仅针对云纹石斑鱼幼鱼在低温胁迫条件下血清生化指标和代谢酶活力的响应进行比较,从变化的趋势判断对低温胁迫的响应,因此实验结果仍具有现实意义。

3.1 低温胁迫对血清生化指标的影响

血清总蛋白在人类检测中的临床意义与血清中水分减少、蛋白合成增加、蛋白质丢失、营养及吸收障碍等有关。而在鱼类血清蛋白(TP)在各种生理活动中有着重要的作用,尾崎久雄[12]认为影响鱼类血清总蛋白的因素有:物种、性别、生长速率、季节、活动、饥饿、疾病、休眠等的影响。从高等动物的血清蛋白测定的临床意义和鱼类血清蛋白检测的定义,说明其在判断鱼类代谢生长、抗应激胁迫等方面具有重要意义。本实验中,低温胁迫条件下云纹石斑鱼幼鱼血清总蛋白浓度胁迫前后并没有显著差异,由于本实验是在7 d时结束,因此仍与土桥靖史等和陈超等对云纹石斑鱼和七带石斑鱼的研究中的结果近似[1,5]。可以理解低温胁迫达到7 d时,虽然实验鱼被停食又遭受低温胁迫,但主动游动和摄食等耗能运动也相应减弱或停止,实验结果反映了机体内合成蛋白过程的减缓或停止,可能利用其他能源物质来维持最低的代谢水平。

血糖与生理活动、病理性疾病、糖代谢等有关。一般认为在低温胁迫的早期,鱼类为适应低温,以增加血糖代谢为主,即机体内糖原转化为葡萄糖,再将大量的葡萄糖分解成三磷腺苷(ATP)提供能量,机体通过产生热量以增强御寒能力,此时体现出血糖升高。随着低温胁迫的加强或胁迫时间的延长,血清中葡萄糖浓度又会呈现出下降的趋势[13]。本实验的前段时期并没得出与此规律相符的结果,也可能是不同的物种所致。仅温度骤降至9℃达到7 d时才出现下降的趋势,与常玉梅等[16]在低温胁迫对鲤(Cyprinus carpio)血清生化指标影响的结果相似。

一般认为,甘油三酯是脂肪在细胞内的主要存在形式,也是细胞膜的重要组成成分。有学者提出,膜脂的不饱和脂肪酸含量变高时,膜的相态转变温度就低[16]。说明细胞膜的膜脂的组成和结构与抗寒特性有关。常玉梅等[17]在研究低温对鲤血清生化指标的影响中认为,鱼类的脂肪酸代谢对体温降低的适应很敏感,通过积累磷脂中长链不饱和脂肪酸的含量,使膜在低温胁迫时仍保持稳定性和流动性,从而提高自身的抗寒能力。本实验中血清甘油三酯含量随胁迫强度增加和胁迫时间的延长而下降,也许提示低温对肝细胞的损伤阻碍了甘油三酯通过肠肝循环途径进入肝脏被重吸收,从而导致血清中甘油三酯含量下降[3]。

血清肌酐检测的临床意义多与肾功能有关[17]。由于血清肌酐这种小分子物质是肌酸通过不可逆的非酶脱水反应形成的代谢产物,被释放到血液中,再通过肾随尿排泄。因此血清肌酐升高意味着肾功能的损害。而鱼类的鳃组织也是一个重要的排泄器官,因此有学者将血清肌酐作为判别鱼类肾脏和鳃组织功能好坏的一项指标[18]。本实验中血清肌酐含量随低温胁迫的强度的增加以及胁迫时间的延长,出现下降的趋势,且在实验结束时与胁迫前之间形成显著性差异。一般认为血清肌酐不受饮食影响,肌酐含量下降是肌肉量减少(如营养不良、高龄者)、多尿等原因导致[17]。而本实验仅7 d时间,用停食引起营养物质供及不足显得牵强。而且本实验中未受低温胁迫的17℃实验组虽然也停食了,并未出现血清肌酐含量下降的现象,并在实验结束(7 d)时其含量与9℃实验组之间有显著性差异。为何原因使低温胁迫后血清肌酐下降还有待进一步研究。

3.2 低温胁迫对血清代谢酶的影响

血清碱性磷酸酶属磷酸单酯水解酶,是一种重要的代谢调控酶。此酶广泛分布在生物体内的各种组织中,直接参与磷酸基团的转移和钙磷代谢,因而也是动物钙、磷代谢平衡的敏感指标[19]。其活性高低可反映动物机体代谢强度、生长速度和生产性能等。同时碱性磷酸酶活力易受营养、环境、疾病和年龄的影响,产生相应的变化[20]。本实验中低温胁迫后碱性磷酸酶活力都出现了上升,且与胁迫前显示出显著性差异。一般认为血清碱性磷酸酶活力升高的原因之一是代谢异常和胆道排泄异常。当肝脏受到损伤或者障碍时,碱性磷脂酶经淋巴道和肝窦进入血液,同时由于肝内胆道胆汁排泄障碍,反流入血而引起血清碱性磷酸酶明显升高[21-22]。实验结果可能提示低温胁迫下幼鱼的重要代谢组织肝脏受到损伤或产生障碍,引起血清碱性磷酸酶明显升高。

血清乳酸脱氢酶是维持心肌正常生理功能的酶系指标,在血液学检测中的临床意义是常用于诊断心肌梗死、肝病和某些恶性肿瘤。有研究认为,乳酸脱氢酶的主要功能是从肝胰脏携带胆固醇到周围血管,特别是到心脏上的血管,可造成过多的胆固醇在血管壁上存积,引起动脉粥样硬化,因此过高的乳酸脱氢酶不利于健康[23]。实验中乳酸脱氢酶活力在低温胁迫下呈上升趋势,且与胁迫前呈显著性差异。这与陈超在七带石斑鱼的低温胁迫中的结果不同[15]。但未受胁迫的17℃实验组也随时间延长而升高,虽然没有其他两实验组上升的幅度大,但同样达到了显著性差异。是否因饥饿导致了其他的胁迫,有待进一步的实验证实。

血清代谢酶中的转氨酶在氨基酸代谢过程中具有重要的作用,同时也是蛋白质分解过程中不可或缺的酶类。谷丙转氨酶和谷草转氨酶是其中最重要的两种酶,其活性反映了蛋白质合成和分解代谢的状况[24]。在鱼类学研究中有学者认为,谷丙转氨酶的活力大小可用于确诊鱼类的肝脏健康状况,谷草转氨酶起催化谷氨酸与草酰乙酸之间的转氨作用,在心脏中其活性最大,测定谷草转氨酶有助于心脏病变的诊断,心肌梗死时血清中谷草转氨酶活性显著升高,反映心脏或肌肉组织发生障碍[25]。然而外界环境、饵料组成、鱼类自身的生活史等都会使检测值产生变化,所以这两种酶可以作为评价环境因素的改变、摄食水平和生长发育的指标[26-27]。本实验中谷丙转氨酶和谷草转氨酶的活力均随低温胁迫强度的增加和胁迫时间的延长而递增,最终都与胁迫前达到了显著性差异水平。说明低温胁迫对云纹石斑鱼幼鱼的代谢组织形成了损伤。这与七带石斑鱼和大黄鱼(*Larimichthys crocea*)在低温胁迫下测得的血清生化指标有类似的结果[3,28]。但这两种酶与乳酸脱氢酶存在相同的现象,即17℃实验组随时间的延长酶活力均呈上升趋势。是否17℃虽然从形态上未显现出对云纹石斑鱼幼鱼的胁迫,但对已经达到体内酶活力的临界水温?还需进一步研究证实。

参考文献

[1] 土橋靖史,栗山功,岡田一宏,等. クエ・マハタ種苗量産技術確立事業-Ⅰ(種苗生産技術開発)[R]. 平成14年度三重県科学技術振興センター水産研究部事業報告,003:108-109.

[2] 韦仕高,韦霞,韦忠理. 血清酶类指标变化对原发性肝癌诊断的临床价值[J]. 中国误诊学杂志,

2010,10(9):2095-2096.

[3] 方喜业. 医学实验动物学[M]. 北京:人民卫生出版社,1995:70.

[4] 叶应妩,王毓三,申子瑜,等. 全国临床检验操作规程[M]. 南京:东南大学出版社,2006:1023-1028.

[5] 刘秉忠. 石斑,石斑鱼养殖要点[M]. 基隆:台湾渔业经济发展协会,2007:38-47.

[6] 刘金刚,刘作斌. 低温医学[M]. 北京:人民卫生出版社,1993:550-555.

[7] 孙虎山,李光友. 栉孔扇贝血淋巴中ACP和AKP活性及其电镜细胞化学研究[J]. 中国水产科学,1999,6(4):6-9.

[8] 巫向前. 临床检验结果评价[M]. 2版. 北京:人民卫生出版社,2009:292-294.

[9] 李凯. 台湾海峡冷空气过程及其对表层水温的影响研究[D]. 厦门:国家海洋局第三海洋研究所. 2013.

[10] 李彦明,赵炳芳,武杰. 中药添加剂对肉杂鸡血清生化指标的影响[J]. 中国兽医杂志,2008,44(6):46-47.

[11] 何福林,向建国,李常健,等. 水温对虹鳟血液学指标影响的初步研究[J]. 水生生物学报,2007,31(3):363-369.

[12] 尾崎久雄. 鱼类血液循环生理[M]. 上海:上海科学技术出版社,1982.

[13] 张桂兰. 虹鳟鱼血液学指标的测定[J]. 鲑鳟渔业,1991,4(2):82-83.

[14] 陈清西,张吉,庄总来,等. 锯缘青蟹碱性磷酸酶分离纯化及部分理化性质研究[J]. 海洋与湖沼,1998,29(4):362-367.

[15] 陈超,施兆鸿,薛宝贵,等. 低温胁迫对七带石斑鱼幼鱼血清生化指标的影响[J]. 水产学报,2012,36(8):1249-1255.

[16] 常玉梅,曹鼎臣,孙效文,等. 低温胁迫对鲤鱼血清生化指标的影响[J]. 水产学杂志,2006,19(2):71-75.

[17] 常玉梅,匡友谊,曹鼎臣,等. 低温胁迫对鲤血液学和血清生化指标的影响[J]. 水产学报,2006,30(5):701-706.

[18] 彭士明,施兆鸿,高权新,等. 增加饲料中Vc质量分数对银鲳血清溶菌酶活性及组织抗氧化能力的影响[J]. 南方水产科学,2013,9(4):16-21.

[19] 谢妙. 低温胁迫对斜带石斑鱼生理、生化、脂肪酸的影响[D]. 湛江:广东海洋大学,2012.

[20] 冀德伟,李明云,王天柱,等. 不同低温胁迫时间对大黄鱼血清生化指标的影响[J]. 水产科学,2009,28(1):1-4.

[21] Alexin M N, Papaparaskeva-Papoutsoglou E. Aminotransferaseactivity in the liver and white muscle of *Mugil capito* feddiets containing different levels of proteins and carbohydrates[J]. Comparative Biochemistry and Physiology-Part B:Biochemistry and Molecular Biology, 1986,83(1):245-249.

[22] Cao L P, Lv J F, Mou X P, et al. Serum GGT, ALP and LDH were determined by associated diagnosis of cancer patients and its significance[J]. Experimental Lab Med,2008,26(4):437-438.

[23] Jürss K, Bittorf T, Vökler T, et al. Effects of temperature, food deprivation, and salinity on growth, RNA/DNA ratio and certain enzyme activities in rainbow trout (*Salmo gairdneri*)[J]. Comparative Bioch emistry and Physiology-Part B:Biochemistry and Molecular Biology,1987,87(2):241-253.

[24] Martnez-Alvarez R M, Morales A E, San A. Antioxidant defenses in fish:Biotic and abiotic factors [J].

Reviews in Fish Biology and Fisheries,2005,15(1-2):75-88

[25] Samsonova M V, Minkova N O, Lapteva T I, et al. Aspartate-and alanine aminotrans ferase in early development of the keta[J]. Russian Journal of Developmental Biology, 2003,34(1):14-18.

[26] Sano T. Haematological studies of the culture fishes in Japan[J]. Journal of Tokyo University of Fisheries, 1962,(48):105-109.

[27] Song K, Shan A S, Li J P. Effect of different combinations of enzyme preparation supplemented to wheat based diets on growth and serum biochemical values of broiler chickens[J]. ACTA Zoo Nutrimenta,2004, (4):25-29.

[28] Wang N, Xu X, Patrick K. Effect of temperature and feeding frequency on growth performances, feed efficiency and body composition of pikeperch juveniles (Sander lucioperca) [J]. Aquaculture,2009,289:70-73.

营养素对水生动物生长发育相关基因表达的影响及机理研究[*]

许友卿,郑一民,丁兆坤[*]

(广西大学 水产科学研究所,广西 南宁 530004)

摘 要:营养素是人和动物包括鱼类进行新陈代谢的基础,对机体影响很大。本研究综述了营养素对水生动物生长发育相关基因表达影响和机理研究的进展,旨在深入研究之,以便更有效地利用营养素调控水生动物,提高它们的代谢、生长发育和生产性能,促进养殖渔业的健康生态发展,提高经济效益和社会效益。

关键词:营养素;生长发育;基因表达;水生动物

营养素是人和动物包括鱼类进行新陈代谢的基础,对机体影响很大。传统的水产动物营养学主要从表观水平上研究营养素的作用。然而,机体的新陈代谢、生长发育、遗传变异、免疫和疾病发生等生理和病理变化,本质上是由于体内基因的表达和调控发生改变的结果。如果掌握了营养素调控基因表达的确切途径及机理,就能人为调控水产动物的营养代谢,预防营养及代谢疾病,促进它们健康生长。但是该领域的研究还处于起始阶段,相关问题亟待

---

[*] 基金项目:国家自然科学基金项目(31360639);生物学博士点建设项目(P11900116, P11900117);广西自然科学基金项目(2012GXNSFAA053182, 2013GXNSFAA019274, 2014GXNSFAA118286, 2014GXNSFAA118292);广西科技项目(1298007-3, 1140002-2-2)。

作者简介:许友卿,女,教授,博士生导师,研究方向:环境生物学、水生动物营养、生理生化与分子生物学研究. E-mail:youqing.xu@hotmail.com. 电话:0771-3235635. 并列第一作者:郑一民,博士研究生,从事水生动物营养、生理生化与分子生物学研究. E-mail:zcm520530@qq.com. 电话:0771-3235635.

通信作者:丁兆坤,男,教授,博士生导师,研究方向:环境生物学、水生动物营养、生理、生化和分子生物学. E-mail:zhaokun.ding@hotmail.com. 电话:0771-3235635.

研究。

本研究综述了营养素对水生动物生长发育相关基因表达的影响和机理研究的进展,旨在深入研究之,以便更有效地利用营养素调控水生动物,提高它们的代谢、生长发育和生产性能,促进养殖渔业的健康生态发展,提高经济效益和社会效益。

1 营养素对水生动物生长发育相关基因表达的影响

1.1 营养素对水生动物 NPY 基因表达的影响

胰多肽家族包括神经肽 Y(Neuropeptide Y,NPY)、肽 YY、胰多肽和肽 Y。NPY 是由 36 个氨基酸组成的多肽,富含于中枢和周围神经系统。NPY 的进化相对保守,以致人(*Homo sapiens*)、猴(*Macaca mulatta*)、大鼠(*Rattus norvegicus*)、小鼠(*Mus musculus*)及家鸡(*Gallus gallus*)的 NPY 氨基酸序列完全一致。鱼类与哺乳动物的神经肽 Y 也有较高的同源性。

在哺乳动物和鱼类,NPY 是促进食欲的最有力信号分子,注入 NPY 可致动物采食过度和体内脂肪堆积增加。Ping 等(2014)于 2014 年报告,NPY 参与幼鱼摄食的调控,NPY 对团头鲂(*Megalobrama amblycephala*)幼鱼早期发育具有重要的作用,因此 NPY 基因在幼鱼阶段的表达较高。Peterson 等(2012)发现,于摄食前,斑点叉尾鮰(*Ictalurus punctatus*)的脑 NPY mRNA 表达量增加,其脑 NPY mRNA 表达量与饥饿时间正相关。Nguyen 等(2013)用不同比率赖氨酸/精氨酸为基本蛋白的饲料投喂军曹鱼,发现投喂前军曹鱼脑 NPY 基因表达高于投喂后。

影响 NPY 基因表达的营养素不但因物而异,还因量因时而异。2014 年,Liu 等发现,低含量植酸(PA)饲料组草鱼(*Ctenopharyngodon idellus*)幼鱼的 NPY 基因表达偏低,高 PA 饲料组者的 NPY 基因表达偏高。Narnaware 等(2002)发现,金鱼(*Carassius auratus*)摄取大量营养物质会影响其脑 NPY 基因的表达。Piccinno 等(2013)将含有 18% 海参肉的日粮投喂金头鲷(*Sparus aurata*)36 d,发现在第 21 天时鱼脑 NPY 基因表达最高。

1.2 营养素对 *GHR*、*IGF-1* 基因表达的影响

生长激素(growth hormone,GH)对脊椎动物的代谢、生长、繁殖、免疫、渗透压调节及其他生理功能发挥重要作用[25-28]。GH 是通过 GH 受体(growth hormone receptor,GHR)及类胰岛素生长因子-I(insulin-like growth factor-I,IGF-I)的作用来控制生长的,IGF-I 是 GH 促进生长的最重要介导物,因此成为研究的重要对象。

营养素影响鱼 *IGF-I*、*GHR* 基因表达,有物、量、时和组织之异。Gómez-Requeni 等(2004)分别用鱼粉(FM)、植物蛋白替代鱼粉 50%(PP50)、75%(PP75)和 100%(PP100)投喂金头鲷,发现鱼粉组鱼肝的 *GHR*、*IGF-I* 基因表达量增高,而 PP100 组鱼则相反,表达下调,PP75、PP50 组鱼没有两种基因的表达,表明用 50%~75% 植物蛋白替代鱼粉是可行的。Zheng 等(2012)报道,给牙鲆(*Paralichthys olivaceus*)饲喂 37 g 超滤鱼水解物/kg 干饲料,其肝中的 IGF-I mRNA 表达量显著高于鱼粉对照组。用轮虫投喂大西洋鳕(*Gadus morhua*)稚鱼(RR 组),其在出膜后 16 d 和 29 d 的 GH mRNA 水平最高;而用汤氏纺锤水蚤

和轮虫混合物投喂(CR组),其GH mRNA水平在出膜后29 d最高。Picha等(2014)研究发现,投喂期的混血条纹鲈(*Morone chrysops*)血浆和肌肉IGF-1 mRNA表达量随着生长率增加而增多。当虹鳟(*Oncorhynchus mykiss*)禁食2周,其脂肪组织和红肌GHR1 mRNA表达量减少;当禁食4周其肝GHR1 mRNA表达量减少;重新投喂后,其肝和脂肪组织的GHR1表达量恢复至连续投喂之虹鳟水平。然而,营养状况对红肌中的GHR1 mRNA表达量没有明显影响。

1.3 营养素对 *Pept*1 基因表达的影响

小肽是蛋白质消化的主要产物,在氨基酸消化、吸收和代谢中发挥重要作用。小肽与游离氨基酸的吸收不同,两者相较,小肽具有吸收快、耗能低、不易饱和、各种肽之间转运无竞争性与抑制性等特点。小肽转运蛋白(peptide transporter,PepT)参与二肽和三肽的跨膜转运,其中小肽转运蛋白1(PepT1)是研究最广泛而重要的一种。*PepT*1基因存于许多脊椎动物,包括哺乳动物和鸟类、斑马鱼(*Danio rerio*)、鲤鱼(*Cyprinus carpio*)、草鱼、大西洋鲑(*Salmo salar*)、底鳉(*Fundulus heteroclitus*)、海鲈(*Lateolabrax japonicus*)和虹鳟等。

鱼日粮中蛋白质营养的水平可影响其*PepT*1基因的表达。2014年,Liu等将含有5种不同蛋白质水平(22%、27%、32%、37%和42%)的日粮投喂三倍体鲫鲤鱼1个月,发现投喂最高(42%)蛋白质日粮组的鱼小肠*PepT*1基因表达量最高,32%和27%蛋白日粮组鱼的*PepT*1基因表达量最低。如果长时间日粮营养不良,尽管投喂低蛋白日粮,鱼小肠的*PepT*1基因表达也升高,这是代偿作用,以加速蛋白质代谢和补偿生长。

影响鱼*PepT*1基因的表达因蛋白质元素而异。Ostaszewska等(2010)分别用添加Lys-Gly二肽、游离Lys、Gly及不添加Lys的饲料投喂鲤鱼,结果显示,投喂添加Lys-Gly二肽日粮的鲤鱼*PepT*1基因表达量最高,未添加Lys日粮组鲤鱼表达最低,表明在鱼日粮中添加一定量小肽会增加其*PepT*1基因的表达,并有利于消化道的发育与代谢,该实验中Lys-Gly二肽效果最好。

1.4 营养素对 *leptin* 基因表达的影响

瘦素(leptin)是肥胖基因(obese gene,*OB*基因)表达的产物,leptin由167个氨基酸残基组成,N端有21个残基构成信号肽,成熟的leptin是由去掉N端信号肽后的146个氨基酸残基组成的。瘦素在机体内分布广泛,除皮下脂肪大网膜、肠系膜、腹膜等组织的瘦素表达水平较高外,近来发现,乳腺、胎盘、胚胎、骨骼肌、血管壁和胃黏膜均有瘦素表达。已证实哺乳动物leptin具有调控食欲、体重、造血、脂肪代谢、骨骼重建、免疫功能和繁殖等多重作用。血液leptin水平反映机体脂肪的含量,有人将leptin看成是能量平衡的传感器。Kurokawa等于2005年首先从红鳍东方鲀(*Takifugu rubripes*)克隆到*leptin*基因,其与人类*leptin*基因仅有13.2%的氨基酸同源性。随后陆续从黄颡鱼(*Pelteobagrus fulvidraco*)、鲤鱼、斑马鱼、青鳉(*Oryzias latipes*)、草鱼、虹鳟和大西洋鲑等克隆到*leptin*基因。

leptin的分泌受控于许多激素和调节因子,并有部位和时间差异。禁食和重新摄食能快速调节血浆的leptin水平。Zhang等从点带石斑鱼(*Epinephelus coioides*)克隆了两种*leptin*基因(*glepA* 和 *glepB*)以及 leptin 受体基因(*glepR*)。他们通过 7 d 和 3 周禁食实验,发现点带石斑鱼下丘脑 leptin 和 leptin 受体的基因表达没有明显变化,肝 *glepA* 表达量显著增加,却没有检测到 *glepB* 基因的表达,重新投喂后,*glepA* mRNA 表达量也不再升高。表明点带石斑鱼 *glepA* 在调节能量代谢和摄食方面起主要作用。Fuentes 等[64]分别对多耙牙鲆(*Paralichthys adspersus*)禁食 2 周、3 周、4 周,发现受试鱼血浆 leptin 水平逐渐增加,3 周后显著升高,4 周后达到最高。

1.5 营养素对 CAPN 和 CAST 基因表达的影响

钙蛋白酶(calpain,CAPN)是广泛存于动物体的一种特异性依赖钙激活的中性半胱氨酸巯基内肽酶,而钙蛋白酶抑制蛋白(Calpastain,CAST)是 CAPN 的特异性内源抑制剂。CAPN 主要有三类:钙蛋白酶 I(calpain I,CAPN 1)、钙蛋白酶 II(CAPN 2)、骨骼肌特异性蛋白(muscle specific calpain,CAPN 3)。CAPN 表达会引起肌细胞肌原纤维降解,而 CAST 表达可抑制肌蛋白水解。此外,CAPN 系统参与肌肉生长分化、神经发育、细胞信号转导等正常生理过程,在疾病和病理中,组织中该系统的量会发生很大变化。Cleveland 等(2012)研究不同日粮量(0.25%、0.5%、0.75% 生物量/d 和饱食)及性成熟对二倍体和三倍体虹鳟蛋白降解相关指标的影响时发现,虽然各组鱼 *CAPN* 基因(*CAPN*1 和 *CAPN*2)都不同程度地表达,但于相同投喂水平,未成熟二倍体和多倍体鱼的 *CAST*1 和 *CASTs* 基因表达较低。性成熟者会增加蛋白降解,而较高水平的饲料摄入不能缓和蛋白降解,却能阻止肌肉蛋白的净损失。Salem 等(2007)将虹鳟饥饿 3 周后,发现鱼 CAPN 催化活性增加,却减少 CAST 和 CAST 长型异构体(CAST – L)mRNA 的表达,表明饥饿时 CAPN 途径在动员蛋白质供能方面具有重要的作用,而 CAST – L 可能与鱼蛋白合成相关。

1.6 营养素对脂肪酸去饱和酶基因表达的影响

高度不饱和脂肪酸(HUFAs),特别是二十二碳六烯酸(docosahexaenoicacids,DHA)和二十碳五烯酸(eicosapentaenoicacid,EPA)是鱼类必需营养素,在维持机体的正常机能、促进生长、发育、繁殖和提高成活率等方面发挥重要的生理作用。近来,广为研究水产动物合成高度不饱和脂肪酸的几个关键去饱和酶—Δ6、Δ5 和延长酶基因。其中通过营养素调节 Δ5 和延长酶基因的表达是研究热点之一。Li 等(2013)给皱纹盘鲍(*Haliotis discus hanai*)投喂含不同比例葡萄籽油(GO)和亚麻籽的日粮 120 d 后,发现投喂含 50% GO 日粮者的 Δ5 脂肪酸去饱和酶基因(Δ5 Fads)表达水平显著高于投喂含 0% 和 100% GO 日粮者。随着日粮中亚麻籽油含量增加,Δ5 Fads 表达量先增后平稳。结果表明,随着日粮中亚油酸(LA)和 α-亚麻酸(ALA)含量增加,Δ5 Fads 表达量增高,皱纹盘鲍肌肉中的长链多不饱和脂肪酸(PUFAs)合成量也随之增加。但大量摄取 LA 和 ALA 则会抑制 DHA 合成,影响皱纹盘鲍的生长性能。Yang 等(2013)给中华绒螯蟹((*Eriocheir sinensis*)幼蟹分别投喂不含油脂类饲料(对照组)、含鱼油(FO)饲料、含大豆油(SO)饲料和鱼油/大豆油 = 1∶1 混合饲料,于 168 d 和 238 d 分别取样测定。结果显示,投喂 SO 饲料组蟹肝胰脏的类 Δ6 脂肪酸去饱和酶基因的表达量高于投喂 FO 饲料之蟹;而投喂 238 d 的 SO 组蟹肝胰脏类 Δ6 脂肪酸去饱和酶基因表达量高于投喂168 d SO组蟹。用添加不同比例FO(0.5%、1%、1.5%、2%、2.5%)和对照组饲料(不添加FO)投喂玉虎杂交鲍90 d,发现投喂含1.5% FO日粮组鲍肌肉延长酶2基因表达最高,其次是含2% FO日粮组鲍。而投喂含0.5% FO日粮组鲍肌肉中的Δ6脂肪酸去饱和酶基因表达最高。结果表明,1.5% FO是本实验的最佳添加量,显著提高鲍的n-3 PUFA水平。

然而,Thomassen等(2012)发现,给大西洋鲑分别投喂鱼油(FO)或菜籽油(RO)+EPA+DHA的饲料,都会抑制Δ5和Δ6脂肪酸去饱和酶基因表达,还抑制延长酶2基因的表达。

1.7 营养素对抗氧化酶基因表达的影响

抗氧化酶是能减缓氧化速度的生物体内活细胞产生的一种生物催化剂。主要的抗氧化酶有:超氧化物歧化酶(SOD)、过氧化氢酶(CAT)、谷胱甘肽过氧化物酶(GPx)、谷胱甘肽-s-转移酶(GST)等。抗氧化酶活性受物种、个体、年龄、性别、不同生长发育阶段、环境差异等的影响。

营养素是影响水生动物抗氧化酶基因表达的重要因素之一。投喂不同水平日粮锌(6.69、33.8、710.6和3 462.5 mg/kg干饲料)20周,均提高皱纹盘鲍肝胰腺Cu/Zn超氧化物歧化酶(Cu/Zn-SOD)、Mn超氧化物歧化酶(Mn-SOD)、过氧化氢酶(CAT)、mu谷胱甘肽-s-转移酶(mu-GST)硫氧还蛋白过氧化物酶(TPx)的mRNA表达,其中投喂33.8 mg/kg干日粮锌组盘鲍的抗氧化酶mRNA表达量最高[83]。给金头鲷投喂富含益生菌或益生菌与突尼斯椰枣提取物的混合日粮2~4周后,其肠、皮肤和鳃黏膜的超氧化物歧化酶、过氧化氢酶和谷光氨肽还原酶基因表达量显著提高。用添加精氨酸6.0 g/kg、10.0 g/kg、14.0 g/kg、18.0 g/kg、22.0 g/kg和26.0 g/kg干饲料投喂草鱼鱼苗,发现其中添加精氨酸14.0 g/kg干饲料显著增加鱼苗 $SOD1$、GPx、CAT、$Nrf2$、$S6K1$ 和 GCL 基因表达水平。

2 营养素影响水生动物生长发育相关基因表达的机理

在基因转录水平和转录后,营养素均可通过直接或间接调控机体生长发育相关基因的表达。基因的表达过程受到严格的调控,其中营养素可通过直接或间接调控每个基因调控点。这种调控作用既可在基因转录水平,也可在转录后。对真核细胞而言,其mRNA的5′和3′端非编码区(UTR)含有控制mRNA的腺苷聚合、稳定、在细胞中分布定位以及翻译的调节信号,对基因表达的调节发挥核心作用。因此,某些养分可通过mRNA UTR,特别是3′UTR实现对基因表达的调控作用。

西罗莫司靶向基因(mTOR)信号通路被认为是一个调节细胞周期和细胞生长的信号汇聚点,在基因转录\蛋白质翻译和核糖体合成等生物过程中发挥重要作用,对于细胞增殖、生长、分化、自噬、血管形成起着中心调控点的作用。在哺乳动物,氨基酸通过激活mTOR/p70 S6激酶转导途径与胰岛素共同调节蛋白合成。胰岛素作用酪氨酸膜受体,该受体通过胰岛素集合,酪氨酸酶聚集和磷酸化细胞内底物(胰岛素受体底物)被激活,磷酸化的胰岛素受体底物通过许多分子传递信号,包括磷脂酰肌醇3激酶(PI3K)和蛋白激酶B(Akt),胰岛素信号通路的一个关键节点能引起葡萄糖转运调控、糖原合成、mRNA转录和基因表达。另外,Akt经由磷酸化作用和FoxO1转录因子(FoxO1)调节代谢中间阶段相关的基因表达,也通过TOR激活作用调节蛋白质合成。TOR激活作用还有助于脂肪酸合成,主要通过阻断固醇反应元件结合蛋白(SREBP1)成熟形式的核聚积和随后的SREBP1靶基因的表达,如脂肪酸合成酶(FAS)和ATP柠檬酸裂合酶(ACLY)。Lansard(2010)等研究发现,在虹鳟肝细胞中,胰岛素和氨基酸调节脂肪合成,并通过TOR-依赖途径调节SREBP1基因表达。投喂虹鳟可导致Akt/TOR-信号途径在肝和骨骼肌中的调节作用。

3 小结与展望

综上所述,营养素调节功能基因的表达是十分复杂的生物学过程,对其具体机制尚缺少了解,尤其是对水产动物在该领域的研究还十分有限。然而,该领域是分子营养学的核心内容,深入研究和理解之是营养学者的使命。随着营养学特别是分子营养学的发展,深入研究和理解营养素对水生动物生长发育相关基因表达的影响及机理刻不容缓,只有综合利用生理、生化、遗传和现代分子生物学等技术,研究营养素特别是必需营养素对水产动物生长发育生物学的影响及机制,真正理解之,才能更积极主动和正确地用营养素调控水产动物,有效促进水产动物代谢、生长发育和生产性能,发展规模的健康生态和可持续养殖渔业,努力提高经济效益和社会效益。

主要参考文献

范丽萍,杨明. 2011. 钙蛋白酶相关疾病研究进展[J]. 四川生理科学杂志,33(3):124-126.
胡春燕,李英文. 2011. 神经肽Y(NPY)的生理功能研究进展[J]. 生物学杂志,28(2):66-68.
黎航航,陈立祥,苏建明. 2011. 鱼类小肽转运载体PepT1研究进展[J]. 饲料博览,(4):9-12.
潘庭双,王永杰,侯冠军. 2008. 鱼类ob基因研究进展[J]. 安徽农学通报,14(3):83-84.
申晓亮,何永梅,贺晓丽,等. 2012. 钙蛋白酶系统研究进展[J]. 畜牧与饲料科学,33(5):35-36.
石彩霞,王海荣. 2014. 营养基因组学在动物营养与饲料科学研究中的应用[J]. 饲料研究,(1):13-15.
王春艳,杜瑞平,张兴夫,等. 2012. 瘦素及其生理功能概述[J]. 动物营养学报,24(3):423-427.
王怡,张姣姣,杨炜蓉,等. 2012. 哺乳动物雷帕霉素靶蛋白(mTOR)信号通路与生理功能的调节研究进展[J]. 中国畜牧兽医,39(4):113-118.
许友卿,丁兆坤. 2013. 水产动物饲料添加剂促进营养与免疫的研究[J]. 水产科学,32(5):300-305.
许友卿,刘永强,刘阳,等. 2014. 维生素D3对鱼类的影响及其机理研究进展[J]. 饲料工业,35(16):26-30.
许友卿,郑一民,丁兆坤. 2010. 军曹鱼Δ6脂肪酸去饱和酶的cDNA序列克隆与基因表达[J]. 中国水产科学,17(6):1183-1191.
张英杰. 2012. 动物分子营养学[M]. 北京:中国农业大学出版社,32.
ADIBI S A. 1997. The oligopeptide transporter (Pept-1) in human intestine:biology and function[J]. Gastroenterology,113(1):332-340.

BERMANO G, ARTHUR J, HESKETH J. 1996. Role of the 3′untranslated region in the regulation of cytosolic glutathione peroxidase and phospholipid-hydroperoxide glutathione peroxidase gene expression by selenium supply [J]. Biochemical Journal, 320:891-895.

BJÖRNSSON B T, JOHANSSON V, BENEDET S, et al. 2002. Growth hormone endocrinology of salmonids: regulatory mechanisms and mode of action[J]. Fish Physiology and Biochemistry, 27(3-4):227-242.

BJÖRNSSON B T. 1997. The biology of salmon growth hormone: from daylight to dominance[J]. Fish Physiology and Biochemistry, 17(1-6):9-24.

BUCKING C, SCHULTE P M. 2012. Environmental and nutritional regulation of expression and function of two peptide transporter (PepT1) isoforms in a euryhaline teleost[J]. Comparative Biochemistry and Physiology Part A: Molecular & Integrative Physiology, 161(4):379-387.

CLARKE S D, ABRAHAM S. 1992. Gene expression: nutrient control of pre-and post transcriptional events[J]. The FASEB Journal, 6(13):3146-3152.

CLEVELAND B M, KENNEY P B, MANOR M L, et al. 2012. Effects of feeding level and sexual maturation on carcass and fillet characteristics and indices of protein degradation in rainbow trout (*Oncorhynchus mykiss*)[J]. Aquaculture, 338:228-236.

COPELAND D L, DUFF R J, LIU Q, et al. 2011. Leptin in teleost fishes: an argument for comparative study[J]. Frontiers in Physiology, 2.

Daniel H. 2004. Molecular and integrative physiology of intestinal peptide transport[J]. Annual Review of Physiology, 66:361-384.

ESTEBAN M A, CORDERO H, MARTÍNEZ-TOMÉ M, et al. 2014. Effect of dietary supplementation of probiotics and palm fruits extracts on the antioxidant enzyme gene expression in the mucosae of gilthead seabream (*Sparus aurata* L.)[J]. Fish & Shellfish Immunology, 39(2):532-540.

FEI Y J, SUGAWARA M, LIU J C, et al. 2000. cDNA structure, genomic organization, and promoter analysis of the mouse intestinal peptide transporter PEPT1[J]. Biochimica et Biophysica Acta (BBA)-Gene Structure and Expression, 1492(1):145-154.

FUENTES E N, KLING P, EINARSDOTTIR I E, et al. 2012. Plasma leptin and growth hormone levels in the fine flounder (*Paralichthys adspersus*) increase gradually during fasting and decline rapidly after refeeding[J]. General and Comparative Endocrinology, 177(1):120-127.

GARCÍA-ROMERO J, GINÉS R, IZQUIERDO M S, et al. 2014. Effect of dietary substitution of fish meal for marine crab and echinoderm meals on growth performance, ammonia excretion, skin colour, and flesh quality and oxidation of red porgy (*Pagrus pagrus*)[J]. Aquaculture, 422:239-248.

GOLL D E, NETI G, MARES S W, et al. 2008. Myofibrillar protein turnover: the proteasome and the calpains[J]. Journal of Animal Science, 86(14suppl):E19-E35.

GONG Y, LUO Z, ZHU Q L, et al. 2013. Characterization and tissue distribution of leptin, leptin receptor and leptin receptor overlapping transcript genes in yellow catfish *Pelteobagrus fulvidraco* [J]. General and Comparative Endocrinology, 182:1-6.

GORISSEN M, BERNIER N J, NABUURS S B, et al. 2009. Two divergent leptin paralogues in zebrafish (*Danio rerio*) that originate early in teleostean evolution[J]. Journal of Endocrinology, 201(3):329-339.

GU J, BAKKE A M, VALEN E C, et al. 2014. Bt-maize (MON810) and Non-GM Soybean meal in diets for atlantic salmon (*Salmo salar* L.) juveniles-impact on survival, growth performance, development, digestive function, and transcriptional expression of intestinal immune and stress responses[J]. PloS one, 9(6):e99932.

GÓMEZ-REQUENI P, MINGARRO M, CALDUCH-GINER J A, et al. 2004. Protein growth performance, amino acid utilisation and somatotropic axis responsiveness to fish meal replacement by plant protein sources in gilthead sea bream (*Sparus aurata*)[J]. Aquaculture, 232(1):493–510.

ZHENG K, LIANG M, YAO H, et al. 2012. Effect of dietary fish protein hydrolysate on growth, feed utilization and IGF-I levels of Japanese flounder (*Paralichthys olivaceus*)[J]. Aquaculture Nutrition, 18(3):297–303.

ZHENG X, DING Z, XU Y, et al. 2009. Physiological roles of fatty acyl desaturases and elongases in marine fish: Characterisation of cDNAs of fatty acyl Δ6 desaturase and elovl5 elongase of cobia (*Rachycentron canadum*)[J]. Aquaculture, 290(1):122–131.

ZWARYCZ B, WONG E A. 2013. Expression of the peptide transporters PepT1, PepT2, and PHT1 in the embryonic and posthatch chick[J]. Poultry science, 92(5):1314–1321.

饲料维生素E水平对云纹石斑鱼幼鱼生长、营养性能及免疫功能的影响*

张艳亮[1,2], 彭士明[1], 高权新[1], 张晨捷[1], 钟幼平[3], 施兆鸿[1,2]

(1. 中国水产科学研究院 东海水产研究所, 农业部东海与远洋渔业资源开发利用重点实验室, 上海 200090; 2. 上海海洋大学 水产与生命学院, 上海, 201306; 3. 集美大学 水产学院, 福建 厦门, 361021)

摘 要: 以初始体重为(15.58±0.22)g 的云纹石斑鱼(*Epinehelus moara*)为研究对象, 设立5种不同维生素E(11.09 mg/kg、47.52 mg/kg、91.38 mg/kg、134.57 mg/kg、178.92 mg/kg)的等氮等能饲料, 每个水平3个重复, 对云纹石斑鱼进行56 d 的生长实验, 探讨饲料维生素E对云纹石斑鱼生长、营养性能及血清免疫指标的影响。结果表明: 饲料中添加维生素E对云纹石斑鱼幼鱼的增重率、特定生长率和饲料效率的作用明显, 饲料维生素E水平为94.09 mg/kg 左右时云纹石斑鱼的生长性能最佳; 云纹石斑鱼组织中维生素E积累量与饲料中维生素E添加量呈正比, 但饲料维生素E水平超过91.38 mg/kg 时鱼体组织中维生素E积累量不随添加量而升高; 饲料中添加维生素E水平对云纹石斑鱼血清免疫球蛋白M和溶菌酶活性的影响显著, 云纹石斑鱼最佳免疫活性的饲料维生素E添加量为105.89 mg/kg 左右。以生长性能和免疫能力作为标准, 云纹石斑鱼饲料维生素E适宜添加量为94.09~105.89 mg/kg。

---

* 基金项目: 国家科技支撑项目(2011BAD13B01).
通信作者: 施兆鸿, Email:shizh@ eastfishery.ac.cn

关键词：维生素 E；云纹石斑鱼；生长性能；营养组成；免疫指标

云纹石斑鱼(*Epinehelus moara*)隶属硬骨鱼纲(Osteichthyes)、辐鳍亚纲(Actinopterygii)、鲈形目(Perciformes)、鮨科(Serranidae)、石斑鱼属(*Epinephelus*)，又叫电纹石斑鱼，体侧有6条暗棕色斑带，为暖温性中下层鱼类，广泛分布于东海、南海以及台湾沿海。其生长较快，肉质鲜美。由于云纹石斑鱼较点带石斑鱼(*E. coioides*)、龙胆石斑鱼(*E. Lanceolatus*)以及一些杂交石斑鱼种类更耐低温，养殖前景看好。日本早在19世纪60年代初对云纹石斑鱼的繁育技术做了相关研究，云纹石斑鱼是比较难繁育的石斑鱼种类之一，其繁育技术的突破也是近10年的事情。20世纪70年代末期，我国开始对云纹石斑鱼进行相关研究，研究主要集中在淋巴囊肿、病毒性神经坏死、核型研究、形态比较、仔鱼发育、繁育技术等方面，而对其营养需求研究较少，仅见云纹石斑鱼早期发育的生长和摄食特点。随着集约化养殖的推广，饲料的好坏直接关系到鱼的品质和养殖成本等方面，因此对云纹石斑鱼饲料的维生素 E 水平的研究具有现实意义和理论价值。本研究开展了饲料中维生素 E 水平对云纹石斑鱼幼鱼生长、营养性能及血清免疫指标的影响实验，以期为云纹石斑鱼饲料配制和疾病防治提供必要的理论基础和科学依据。

1 材料与方法

1.1 实验用鱼及饲料制备

云纹石斑鱼幼鱼由课题组2013年在福建东山县繁育获得，从养殖池中挑选体重为(23.6±0.3)g，体表无伤、体色正常的云纹石斑鱼作为实验对象。饲料以维生素 E 醋酸酯(罗氏公司提供)作为维生素 E 添加源，共设5个不同的维生素 E 水平，0 mg/kg(对照组)、35 mg/kg、80 mg/kg、125 mg/kg 和170 mg/kg，实测维生素 E 有效含量依次为11.09 mg/kg(对照组)、47.52 mg/kg、91.38 mg/kg、134.57 mg/kg、178.92 mg/kg，分别用 E_0、E_{35}、E_{80}、E_{125}、E_{170} 表示，以为微晶纤维素为填充剂，使各实验组饲料其他营养水平保持一致。所有饲料原料经60目过筛，且充分混匀后用颗粒机制作成直径为2 mm 的颗粒饲料，置于 $-20\,^{\circ}\mathrm{C}$ 冰箱保存备用。实验饲料中的粗蛋白、粗脂肪、粗灰分、水分含量分别采用 GB/T6432-1994、GB/T643-1994、GB/T6438-1992、GB/T6435-1986 进行测定。实验饲料组分和测得的营养组成见表1。

表1 实验饲料组成

饲料成分	百分率/%	营养组成	水平/%(干重)
酪蛋白	51	粗蛋白	54.16
玉米淀粉	25	粗脂肪	13.88
鱼油	4.5	粗灰分	7.41
大豆油	4.5		
复合维生素[a]	2		

续表

饲料成分	百分率/%	营养组成	水平/%（干重）
复合矿物质[b]	4		
羧甲基纤维钠	2		
纤维素	1		
诱食剂[c]	6		

注：[a] 复合维生素（mg/g 混合物）：VB_1 2.5；VB_2 10；泛酸钙 25；烟酸 37.5；VB_6 2.5；叶酸 0.75；肌醇 100；VK 2；VA 1；VD 0.0025；生物素 0.25；VB_{12} 0.05；加纤维素填充到 1 g.
[b] 复合矿物盐（mg/kg 饲料）：乳酸钙 37670；磷酸二氢钠 24644；硫酸镁 5480；柠檬酸铁 1476；氯化钴 42；硫酸锰 22；碘化钾 6.8；氯化铝 7.2；硫酸铜 8.1；氯化钾 4144；硒酸钠 0.66；纤维素 6499.
[c] 诱食剂（mg/100 g 饲料）：天冬氨酸 18；苏氨酸 44；丝氨酸 33；谷氨酸 53；缬氨酸 36；蛋氨酸 36；异亮氨酸 29；亮氨酸 55；酪氨酸 22；苯基丙氨酸 29；赖氨酸 29；组氨酸 15；脯氨酸 1456；丙氨酸 273；精氨酸 228；牛磺酸 337；甘氨酸 892；甜菜碱 910；纤维素 5.

1.2 实验设计

将 300 尾云纹石斑鱼幼鱼分别放入 15 个直径 1.0 m、深度 0.8 m 的网箱中,网箱置于 30 m³ 的圆形水泥池中,放养密度为 20 尾/网箱,每个维生素 E 水平设 3 个重复。正式实验开始前进行 14 d 的适应性饲养,适应期间所有网箱中的云纹石斑鱼统一饲喂同一种等量市售石斑鱼饲料。预饲 14 d 后开始进行实验,实验周期为 56 d。实验期间对云纹石斑鱼进行饱食投喂,具体方法为饲养实验前 4 周每天按照鱼体总重的 3.0% 投喂,后 4 周按 2.0% 投喂,同时参照前 1 d 情况调整投喂量。每天投喂两次（9:30,16:30）。实验期间用水经暗沉淀、砂滤处理,24 h 不间断充气,水温为 (27.8 ± 0.5) ℃,pH 为 7.8 ± 0.3,溶氧量 7~8 mg/L,换水量为 50%/d。

1.3 样品采集

实验开始前与结束后分别取样。取样前 24 h 停止投喂饵料。每个网箱中随机捞取 5 尾计数、称重,记录生长情况,同时随机从每个网箱中随机捞取 5 尾云纹石斑鱼,放入盛有 0.15 mL/L 丁香油溶液中短暂麻醉。随即在准备好的冰盘上进行血液、肝脏和肌肉样品的采集。用 1 mL 无菌注射器尾静脉采血,置于无菌离心管中,4 ℃静止 12 h 后 4 000 r/min 离心 15 min,取其上清液,-70 ℃保存备用。取其肝脏和轴上肌,剔除其表面的结缔组织附着物,捣碎、匀浆、离心,制备上清液,置于 -70 ℃超低温冰箱保存备用。

1.4 生长指标测定

经过 56 d 的饲养之后,对云纹石斑鱼幼鱼生长性能指标等进行测定。测定的指标有:特定生长率、饲料系数、成活率、肝体指数、增重率。

特定生长率(%/d) = [ln(实验末鱼体重) - ln(实验初鱼体重)]/天数 × 100%

饲料系数 = 总投饵量/总增重量

成活率 = (实验结束鱼尾数/实验开始鱼尾数) × 100%

肝体指数 = 肝脏质量/体重 × 100%

增重率 = (实验末鱼体重 − 实验初鱼体重)/实验初鱼体重 × 100%

1.5 肌肉及肝脏组织中维生素E含量的测定

肌肉、肝脏和血清组织中的维生素E含量测定方法参照徐立红等的高效液相色谱法。

1.6 免疫指标测定

血清中的免疫球蛋白(IgM)、溶菌酶(LZM)活性采用南京建成生物工程研究所的试剂盒测定。测定方法参见说明书。溶菌酶的单位(U/mL),免疫球蛋白M单位(mg/mL)。

1.7 数据处理

数据以平均值±标准差来表示,采用SPSS19中单因素分析和最小显著差异法对云纹石斑鱼幼鱼各项指标进行统计与分析,$P < 0.05$认为有显著差异。图形处理以及回归方程计算用Excel 2007进行。

2 结果

2.1 饲料中维生素E水平对生长性能的影响

饲料中添加维生素E对云纹石斑鱼幼鱼的生长影响显著($P < 0.05$)。云纹石斑鱼幼鱼的增重率和特定增长率呈现相似的趋势,都随饲料中维生素E水平的升高而逐渐升高。E_{170}最高,且显著高于对照组E_0($P < 0.05$);但E_{80}、E_{125}和E_{170}之间差异不显著($P > 0.05$)。随着饲料维生素E水平的升高,E_{170}的成活率达到最大值,显著高于对照组E_0,但实验组之间差异并不显著($P > 0.05$)。5个处理组中E_{135}的饲料效率最高,E_{90}至E_{170}都显著高于对照组E_0和E_{35},都显著高于E_{35}和E_{80}($P < 0.05$),E_{125}和E_{170}之间差异不显著($P > 0.05$),E_0和E_{35}之间也呈现出显著性差异($P < 0.05$)。5个处理组之间,E_{90}肝体指数最小,E_{80}至E_{170}之间差异不显著($P > 0.05$)。E_{80}显著高于对照组E_0($P < 0.05$),且与E_{35}之间也有显著性差异($P < 0.05$)。

表2 饲料维生素E水平对云纹石斑鱼幼鱼生长性能的影响

组别	平均初重/g	平均末重/g	增重率/%	饲料效率/%	特定生长率/%	成活率/%	肝体指数/%
E_0	15.33 ± 0.40	25.59 ± 0.40[c]	66.91 ± 1.28[c]	59.77 ± 1.84[c]	0.85 ± 0.01[c]	81.67 ± 2.89[c]	1.81 ± 0.02[c]
E_{35}	15.75 ± 0.22	29.85 ± 0.56[b]	89.50 ± 1.32[b]	70.69 ± 1.69[b]	1.07 ± 0.01[b]	85.00 ± 5.00[ab]	1.47 ± 0.01[b]
E_{80}	15.72 ± 0.14	36.36 ± 0.26[a]	131.32 ± 0.49[a]	74.50 ± 1.23[a]	1.40 ± 0.00[a]	88.33 ± 2.89[ab]	1.37 ± 0.02[a]
E_{125}	15.43 ± 0.04	35.86 ± 0.14[a]	132.43 ± 0.31[a]	76.16 ± 0.65[a]	1.41 ± 0.00[a]	90.00 ± 5.00[a]	1.49 ± 0.03[a]
E_{170}	15.67 ± 0.18	36.47 ± 0.41[a]	132.72 ± 0.25[a]	75.81 ± 0.76[a]	1.41 ± 0.00[a]	91.67 ± 2.89[a]	1.51 ± 0.03[a]

注:同一列不同上标字母表示组间有显著性差异($P < 0.05$).

以维生素E添加水平与特定生长率做回归直线分析,可得到两条直线,方程式分别为

$y = 0.006\ 8x + 0.765\ 5$,$(R^2 = 0.994\ 3)$和$y = 0.000\ 1x + 1.388\ 6$,$(R^2 = 0.888\ 0)$,通过折线法求的这两条直线相交点值,即是云纹石斑鱼幼鱼获得最佳生长效果时饲料中维生素 E 最适水平为 93.00 mg/kg(图 1)。

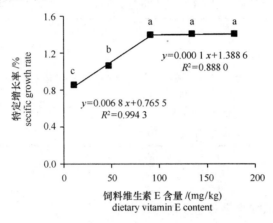

图 1　实验各组的特定增长率与饲料含量的关系

以维生素 E 添加水平与增重率做回归直线分析,得到两条直线的方程式分别为 $y = 0.807\ 4x + 55.539\ 0$,$(R^2 = 0.986\ 3)$和 $y = 0.015\ 9x + 130.010\ 0$,$(R^2 = 0.893\ 8)$,通过折线法求的这两条直线相交点值,即云纹石斑鱼幼鱼获得最大增重率时饲料中维生素 E 最低添加量为 94.09 mg/kg(图 2)。

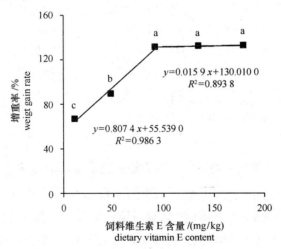

图 2　实验各组的增重率与饲料维生素 E 含量的关系

2.2　饲料中维生素 E 水平对组织中维生素 E 积累量的影响

随着饲料中维生素 E 添加水平的提高,云纹石斑鱼幼鱼肝脏中的维生素 E 含量呈抛物线状,E_{90}最高,且与其他各组之间差异显著($P < 0.05$)。肌肉和血清中维生素 E 含量总体呈

上升趋势(表3),且 E_{170} 都显著高于对照组 $E_0(P<0.05)$;肌肉中 E_{125} 和 E_{170} 之间没有差异,而血清中 E_{80} 和 E_{170} 之间没有差异。

表3 维生素E添加水平对云纹石斑鱼幼鱼组织中维生素E积累量的影响

组别	肝脏/(μg/gprot)	肌肉/(μg/gprot)	血清/(μg/mL)
E_0	67.48 ± 1.64[d]	57.58 ± 0.89[d]	5.76 ± 0.07[c]
E_{35}	85.41 ± 1.06[c]	96.92 ± 0.98[c]	6.64 ± 0.05[b]
E_{80}	137.71 ± 1.06[a]	223.89 ± 0.92[b]	9.74 ± 0.08[a]
E_{125}	130.81 ± 0.82[b]	225.49 ± 1.27[ab]	9.68 ± 0.08[a]
E_{170}	129.48 ± 0.53[b]	226.76 ± 0.82[a]	9.64 ± 0.06[a]

注:同一列不同上标字母表示组间有显著性差异 $P<0.05$.

2.3 饲料中维生素E添加水平对全鱼成分的影响

5个处理组云纹石斑鱼幼鱼水分,粗灰分,粗蛋白和粗脂肪见表4。维生素E对各组幼鱼全鱼水分、粗脂肪和粗灰分影响不显著($P>0.05$)。E_{80}组和E_{125}组粗蛋白含量较高,且E_{80}组显著高于对照组$E_0(P<0.05)$。

表4 维生素E添加水平对云纹石斑鱼幼全鱼成分的影响

组别	水分	粗蛋白	粗脂肪	粗灰分
E_0	72.34 ± 0.78	16.28 ± 0.09[b]	4.51 ± 0.09	3.88 ± 0.36
E_{35}	72.18 ± 0.64	16.66 ± 0.03[ab]	4.74 ± 0.31	3.77 ± 0.15
E_{80}	71.82 ± 0.17	17.10 ± 0.16[a]	4.79 ± 0.17	3.70 ± 0.37
E_{125}	71.92 ± 019	16.90 ± 0.38[ab]	4.41 ± 0.22	3.83 ± 0.17
E_{170}	71.95 ± 0.83	16.55 ± 0.14[ab]	4.57 ± 0.38	3.71 ± 0.31

注:同一列不同上标字母表示组间有显著性差异($P<0.05$).

2.4 饲料中维生素E添加水平对云纹石斑鱼幼鱼免疫性能的影响

由表5可知,饲料不同维生素E添加水平对云纹石斑鱼幼鱼免疫球蛋白M(IgM)含量以及溶菌酶(LZM)有显著影响($P<0.05$),随着饲料生素E添加水平的升高,血清中溶菌酶含量和免疫球蛋白M表现出类似的趋势,即先升高后降低。维生素E水平为125 mg/kg时溶菌酶含量达到最大值,E_{125}显著高于对照组,但维生素E水平超过125 mg/kg时,溶菌酶含量变化不显著($P>0.05$);维生素E水平达到125 mg/kg时免疫球蛋白M活力最高,显著高于E_0组,E_{170}与E_{125}差异不明显,但显著高于$E_{80}(P>0.05)$。

以维生素E添加水平与溶菌酶活性做回归直线分析,可得 $y=0.5437x+236.6600$,$R^2=0.9765$ 和 $y=0.3044x+262.0000$,$R^2=0.6885$,通过折线法求的这两条直线相交点值,即云纹石斑鱼幼鱼获得溶菌酶活性最高时饲料中维生素E最低添加量为105.89

mg/kg(图3)。

表5 维生素E添加水平对云纹石斑鱼幼鱼血清免疫指标的影响

组别	免疫球蛋白 M/(mg/mL)	溶菌酶/(U/mL)
E_0	1.08 ± 0.01^d	240.56 ± 1.43^d
E_{35}	1.35 ± 0.03^c	266.41 ± 2.28^c
E_{80}	1.81 ± 0.00^b	284.57 ± 2.34^b
E_{125}	1.99 ± 0.00^a	313.31 ± 3.20^a
E_{170}	1.99 ± 0.00^a	311.36 ± 2.89^a

注:同一列不同上标字母表示组间有显著性差异($P<0.05$).

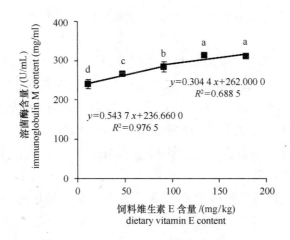

图3 实验各组的溶菌酶活性与饲料维生素E含量的关系

以维生素E添加水平与免疫球蛋白M活性做回归直线分析,可得 $y=0.0091x+0.9572$, $R^2=0.9923$ 和 $y=0.0021x+1.6510$, $R^2=0.7057$,通过折线法求的这两条直线相交点值,即云纹石斑鱼幼鱼IgM活性最高时饲料中维生素E最低添加量为99.11 mg/kg(图4)。

3 讨论

3.1 饲料维生素E添加水平与云纹石斑鱼幼鱼生长性能的关系

维生素E虽然在鱼类的生长过程中不提供能量,也不是构成鱼类机体的主要成分,但它对维持鱼类健康,促进鱼类生长发育有着重要的且为其他营养物质所不能替代的作用。研究资料显示,维生素E缺乏会导致花鲈(Lateolabrax japonicus)、金头鲷(Spars aurata)大西洋鲑(Oncorhynchus tshawytscha)等生产性能降低;适当的维生素E会提高鲻(Mugil cephalus)、许氏平鲉(Sebastes schlegeli)的增重率、饲料效率和蛋白质利用率;但过量的维生素E对罗非鱼(Oreochromis)、施氏鲟(Acipenser schrendkii)的生长性能影响不显著($P>0.05$)。本实验结果与上述报道基本相符,随着饲料维生素添加水平的提高,云纹石斑鱼幼鱼的增重率、饲料

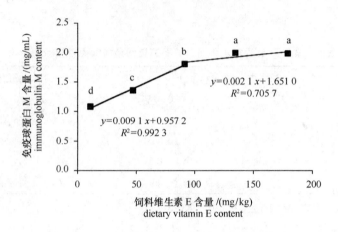

图4 实验各组的 IgM 活性与饲料维生素 E 含量的关系

效率、成活率总体呈上升趋势。对照组 E_0 的增重率、特定生长率、饲料效率和成活率显著低于其他各实验组($P<0.05$),说明维生素 E 对云纹石斑鱼幼鱼生长性能有明显的促进作用。当饲料维生素 E 添加水平超过 91.38 mg/kg 时,云纹石斑鱼幼鱼的增重率和成活率变化不显著($P>0.05$),当饲料维生素 E 添加水平超过 134.57 mg/kg 时,饲料效率反而降低,这说明饲料维生素 E 添加水平只有在一定范围内对云纹石斑鱼有促进作用,超过一定值的添加量生长性能不显著或者降低。

在本实验中对照组肝体指数最大,当饲料中维生素 E 含量达到 91.38 mg/kg 时云纹石斑鱼幼鱼肝体指数最小,与其他各实验组差异显著($P<0.05$),而 E_{35} 组、E_{125} 组和 E_{170} 组之间肝体指数差异不显著($P>0.05$)。这一实验结果与花鲈[17]中的结果类似,表明饲料中不同维生素 E 添加水平会对肝脏造成不同的影响,过多或过少维生素 E 都会导致云纹石斑鱼肝体指数增加,影响肝脏正常的生理功能。

3.2 饲料维生素 E 添加水平与云纹石斑鱼幼鱼营养性能的关系

食物中维生素 E 与组织中维生素 E 具有明显的相关性,因此在维生素 E 对水产动物的营养研究中,组织中维生素 E 含量是衡量水产动物维生素 E 需求量的重要指标。本研究结果显示,云纹石斑鱼幼鱼肝脏、肌肉和血清中维生素 E 的含量随着饲料中维生素 E 水平的提高显著升高,这与 Stephan 等(1995)对大菱鲆(*Scophthalmus maximus*),Gatta 等(2000)对舌齿鲈(*Dicentrarchus labrax*),Ruff 等(2002)对欧洲大比目鱼(*Hippoglossus hippoglossus L*)的研究结果相似,鱼体组织中维生素 E 的含量随着饲料中维生素 E 含量的增加而增加。实验结果还显示,肝脏中维生素 E 的积累量要明显高于肌肉中维生素 E 的积累量,表明肝脏是鱼类体内维生素 E 的储存库。

适量添加维生素 E 能够改善云纹石斑鱼幼鱼的营养组成,由表4可知,维生素 E 对云纹石斑鱼幼鱼全鱼脂肪含量影响不显著($P>0.05$),然而饲料中过多或过低维生素 E 会导致全鱼蛋白含量降低,水分增加,这说明饲料中适量添加维生素 E 在脂肪含量差异不明显的前提下能够显著增加蛋白含量($P<0.05$),这与 Sau 等(2004)的研究结果类似。

3.3 饲料维不同生素 E 添加水平与云纹石斑鱼幼鱼免疫指标的关系

溶菌酶是一种能水解致病菌中黏多糖的碱性酶,主来源于吞噬细胞。其除了直接杀菌之外,还能增强由补体介导的溶菌作用,同时对真菌、寄生物以及病毒也具有破坏作用,因此,血液溶菌酶对于鱼类抵抗各种病原体的侵袭有重要意义,特别是在高密度的养殖环境中,对于增强鱼体对疾病的抵抗力发挥重要作用。Marja 等(1992)指出,循环系统中白细胞的数目越多则血清中溶菌酶的活力越强,二者有明显的相关性。有研究表明,虹鳟饲料中添加维生素 E 对血清溶菌酶的活力影响显著,饲料中添加维生素 E 的实验组能显著增加血清中溶菌酶活性,而不含维生素 E 饲料的对照组其血清溶菌酶活性会削弱。本实验结果与上述报道相一致,由表5可见,饲料中添加维生素 E 能够明显提高云纹石斑鱼幼鱼血清中溶菌酶的活性,随着饲料中维生素 E 水平的提高,血清中溶菌酶的活力升高显著,饲料中维生素 E 含量达到 13.57 mg/kg 时溶菌酶的活力最强,再增加饲料中维生素 E 的含量,血清溶菌酶的活力反而降低,这说明饲料中维生素 E 的添加量要适当,并非越多越好。

免疫球蛋白主要分布在血液中,是水生动物特异性体液免疫应答中主要的介质,具有强大的抗感染作用。Tanaka 等(1997)研究发现,维生素 E 能通过激活 B 淋巴细胞参与免疫球蛋白 IgM 到 IgG 生成的转化,从而提高免疫球蛋白的含量。本实验结果表明,饲料中添加维生素 E 水平与 IgM 有明显的相关性,随着饲料中维生素 E 水平的提高,血清中 IgM 活性和溶菌酶活力都是先升高后降低,变化趋势一致,这也再次说明了饲料中添加维生素 E 对云纹石斑鱼幼鱼血清中的免疫功能具有显著的影响。

3.4 云纹石斑鱼幼鱼饲料中最适维生素 E 含量的确定

Lin 等(2007)研究表明,石斑鱼饲料最适维生素 E 添加量为 104~115 mg/kg。本实验结果表明,云纹石斑鱼幼鱼饲料最适维生素 E 添加量为 94.09~105.89 mg/kg 左右。综上,饲料中维生素 E 添加量应根据云纹石斑鱼不同的生长阶段和实际情况实行不同的添加策略,发病率低时,最适量为 94.09 mg/kg;发病率高时,最适量为 105.89 mg/kg。

参考文献

陈信忠.2006.石斑鱼病毒性神经坏死病研究[D].厦门:厦门大学.

郭丰,王军,苏永全,等.2006.云纹石斑鱼染色体核型研究[J].海洋科学,(8):1-3.

李炎璐,王清印,陈超,等.2012.云纹石斑鱼(♀)×七带石斑鱼(♂)杂交子一代胚胎发育及仔稚幼鱼形态学观察[J].中国水产科学,(5):821-832.

陆丽君,陈超,马爱军,等.2011.云纹石斑鱼(*Epinephelus moara*)早期发育阶段的摄食与生长特性[J].海洋与湖沼,(6):822-829.

宋振鑫,陈超,翟介明,等.2012.云纹石斑鱼胚胎发育及仔、稚、幼鱼形态观察[J].渔业科学进展,(3):26-34.

鵜川正雄,樋口正毅,水戸敏. 1966. キジハタの产卵习性と初期生活史[J]. 鱼类学杂志,1(4/6):156 –161.

王宏田,徐永立,张培军. 2000. 假雄牙鲆不同组织中溶菌酶比活性的研究[J]. 海洋科学,24(10):7–8.

文华,严安生,高强,等. 2008. 饲料维生素E水平对施氏鲟幼鱼生长及组织维生素E含量的影响[J]. 吉林农业大学学报,(5):743–749.

肖金星,邵庆均. 2009. 维生素E在水产动物饲料中的应用[J]. 中国饲料,(21):22–25.

徐立红,陈专,徐盈,等. 1994. 用高效液相色谱法测定鱼样中的维生素D_3和E[J]. 水生生物学报,18(2):192–193.

张永嘉,郭青,吴泽阳. 1997. 云纹石斑鱼淋巴囊肿病病变过程的超微研究[J]. 海洋与湖沼,(4):406–410.

张永嘉. 1992. 云纹石斑鱼淋巴囊肿病的光镜和电镜研究[J]. 海洋学报(中文版),(6):97–102,142.

周立斌,张伟,王安利,等. 2009. 饲料维生素E添加量对花鲈生长、组织中维生素E积累量和免疫指标的影响[J]. 水产学报,(1):95–102.

朱元鼎. 1962. 东海鱼类志[M]. 北京:科学出版社,642.

佐藤秀一,竹内俊郎,渡边武,等. 1989. 罗非鱼对维生素E的需求量及其与饲料脂质含量的关系[J]. 水利渔业,(6):48–51.

Bai S,Lee K J. 1998. Different levels of dietary D L-a-tocopherol acctatc affect the vitamin E status of juvenile Korean rockfish,*Sebasres schlegeli*[J]. Aquaculture,161:405–414.

Carballo EC,Tuan PM,Rene JM,et al. 2003. Vitamin E (a-toeopherol) Production by the marine mieroalgae *Dunaliella tertiolecta* and *Tetraselmis sueeica* in batch cultivation[J]. Biomol Eng,20:139–147.

Clerton P,Troutaud D,Verlhac V,et al. 2001. Dietary vitamin E and rainbow trout (*Oncorhynchus mykiss*) phagocyte functions:Effect on gut and on head kidney eucocytes[J]. Fish & Shellfish Immunology,11:1–13.

Gatta P P, Pirini M, Testi S, et al. 2000. The influence of different levels of dietary vitamin E on sea bass, *Dicentrarchus labrax* flesh quality[J]. Aquaculture Nutrition, (6):47–52.

Grinde,B,PoPPeR. 1988. Species and individual variationin lysozrne activity in fish of interest in aquaculture[J]. Aquaculture,68:29–304.

Lin Y H, Shiau S Y. 2007. Effects of dietary blend of fish oil with corn oil on growth and non-specific immune responses of grouper, *Epinephelus malabaricus*[J]. Aquaculture Nutrition, 13:137–144.

Marja M, Antti S. 1992. Changes in plasma lysozyme and blood leuocyte levels of hatchery-reard Atlantic Salmon and sea trout during parr-smolt transformation[J]. Aquaculture,106:75–78.

Montero D L,Tort L,Robaina JM,et al. 2001. Low vitamin E in diet reduces stress resistance of gilthead seabream (*Spars aurata*) juveniles[J]. Fish Shellfish Immunol,11:473–490.

Ruff N,FitzGerald R D, Cross T F,et al. 2002. Fillet shelf-life of Atlantic halibut *Hippoglossus hippoglossus* L. fed elevated levels of a-to copheryl acetate[J]. Aquaeulture Rsearch,33:1059–1071.

Sau S K, Pau B N, Mohanta K N, et al. 2004. Dietary vitamin E requirement, fish performance and carcass composition of rohu (*Labeo rohita*) fry [J]. Aquaculture, 240:359–368.

Stephan G, Guillaume J, Lamour F. 1995. Lipid peroxidation in turbot (*Scophthalmus maximus*) tissue:effect of dietary vitamin E and diet ary n–6 or n–3 polyunsaturated fatty acids[J]. Aquaculture, 130:251–268.

TANAKA J, FUJIWARA H, TORISU M. 1997. vitamin-E and immune-response 1. Enhancement of helper t-cell activity by dietary supplementation of vitamin-E in mice[J]. Immunology, 38(4):727–734.

Thorarinsson R, Lando lt M L, Elliott D G, et al. 1994. Effect of dietary vitam in E and selenium on growth, survival and the prevalence of *Renibacterium samloninarum* infection in chinook salmon (*Oncorhynchus tshawytscha*)[J]. Aquaculture, 121(4): 343-358.

Wassef E A, Masry E L, Mikhail F R. 2001. Growth enhancement and muscle structure of striped mullet, *Mugil cephalus* L. fingerlings by feeding aigal meal-based diets[J]. Aquaculture Research, 32(supplement): 315-322.

Wise DJ. 1993. Effects of dietary selenium and Vitamin E on red blood cell Preoxidation, gluatthlone peroxideae aetivity and maerophage superoxide anion production in channel catfish[J]. Aquatic Animal Health, (5): 177-182.

疾病防控

微囊藻毒素 ELISA 检测方法的建立与评估*

胡乐琴,吴春燕

(上海海洋大学 水产与生命学院,上海 201306)

摘 要:采用制备的微囊藻毒素(MC-LR)单克隆抗体制备包被抗原,建立 MC-LR 的 ELISA 检测方法。该方法定量检测区间 LQD 为 0.20～4.00 μg/L,最低检测限 LOD 为 0.10 μg/L,最高检测限 HOD 为 8.00 μg/L,最佳包被抗原浓度为 0.5 μg/mL,对应抗体稀释度为 1∶20 000 左右,酶标二抗工作稀释度选择为 1∶6 000;应用该方法对加标水样进行检测,综合回收率为(98.0±10.7)%,各样品检测结果变异系数均小于 10%,ELISA 方法准确度良好,精密度优良。

关键词:微囊藻毒素;单克隆抗体;间接竞争 ELISA;检测

我国是世界上藻灾最为严重的国家之一,藻毒素严重威胁居民饮水安全和食品安全。我国主要的淡水藻毒素是微囊藻毒素(Microcystin,MC),微囊藻毒素是淡水蓝藻产生的一类生物活性物质,能够对人体多个器官产生危害,危害最严重的靶器官是肝脏,长时间低剂量接触 MCs 会导致肝损伤和诱发癌症[1-2],有研究表明,我国肝癌多发区与当地水中高含量的微囊毒素有关[3-4];MCs 引发的急性肝中毒症状表现为肝细胞损伤、肝出血[5]。

预防藻毒素侵害最主要是保持水体清洁,防止藻类过量生长;同时,能够精确及时地检测毒素也是预防毒素污染的有效方法。我国淡水微囊藻毒素污染严重,但迄今为止尚没有一种较合适于现场使用的藻毒素检测方法,因此研制我国自主知识产权的检测淡水中微囊藻毒素的方法已成为当务之急。

藻毒检测方法主要有色谱检测、生物检测、细胞检测[6-8],这些检测技术或是需要昂贵的仪器、或是需要较长的检测时间、或是准确率不够。与其他检测方法相比,酶联免疫法具有灵敏度高、特异性好、重复性高和检测准确快速的优点,在现场快速检测上具有开发前景,近年来在赤潮藻毒素快速检测方面得到重视和发展。本实验室在成功制备高效价 MC-LR 单克隆抗体的基础上,初步建立了检测 MC-LR 的间接竞争酶免疫学检测方法,为研制具有自主知识产权的相关检测试剂盒奠定了基础。

1 材料与方法

1.1 材料

微囊藻毒素单克隆抗体由本课题组研制;其他试剂均为国产分析纯。

---

* 基金项目:上海市科学技术委员会创新项目(14YZ122).
作者简介:胡乐琴,女,汉族,江西人,博士学位,主要研究方向:微藻、微生物,Email:yqhu@ shou. edu. cn

1.2 包被抗原的制备

用兔血清白蛋白(rabbit serum albumin, RSA)制备包被抗原 MC – LR – RSA[9],冰箱保存备用。

1.3 抗原、抗体最佳稀释浓度的确定

在96孔ELISA板上,检测抗原按纵向排列,抗体按横向排列。检测抗原用包被缓冲液(pH 9.6,0.05 mol/L 碳酸盐缓冲液)稀释为1:1 000、1:2 000、1:4 000、1:8 000四个浓度,每浓度做3个重复,每孔100 μL,4℃过夜;洗涤液后静置1 min,重复洗涤3次;用0.1% BSA(用包被液进行稀释)的封闭液进行封闭,每孔120 μL,37℃ 1 h,洗涤3次,拍干。

MC – LR抗体浓度调为7.5 mg/mL,用高纯水稀释成如下梯度浓度(单位:μg/L):0、0.025、0.05、0.1、0.2、0.5、1、2、4、8、20 共11个点;依次加入酶标板上的1号至12号孔中,抗体体积为100 μL/孔,37℃温育后洗涤3次;加入HRP标记的羊抗鼠IgG,酶标二抗羊抗鼠IgG浓度选择为1:6 000,每孔加入100 μL,37℃温育1 h,洗涤4次;显色液为TMB;终止液为2 mol/mL H_2SO_4。在酶标仪上测定OD_{450}值,确定最佳包被抗原与抗体浓度。

1.4 标准曲线的测定

根据1.3所得到的最佳包被抗原浓度和最佳抗体稀释倍数,以及最佳二抗浓度,用标准系列稀释的 MC – LR(单位:μg/L):0、0.025、0.05、0.1、0.2、0.5、1、2、4、8、20,按照间接竞争ELISA测定。采用 $n=3$ 个平行实验,获得标准曲线。

1.5 一抗最佳反应时间的确定

根据1.3实验选取最佳的抗原、抗体稀释度,包被抗原浓度为0.5 μg/mL,对应的抗体稀释度为1:20 000,作为ELISA的反应条件。将 MC – LR 标准品用高纯水配制成如下梯度浓度(单位:μg/L):0、0.2、0.5、1、2、4 共6个点,进行标准曲线测定,每孔50 μL标准品;同时加入用PBS配制好的单抗溶液,每孔50 μL,放入37℃培养箱中温育,一抗反应时间设定为30 min,60 min,90 min 三组,每组3个平行;二抗体反应时间固定为60 min。每个时间内标准曲线设置两个平行。反应结束后分别洗涤3次,拍干。

加二抗:酶标二抗采用HRP标记的羊抗鼠IgG,采用PBS稀释,每孔加入100 μL,37℃温育1 h,洗涤4次,拍干。

显色:加入新配制的底物液(TMB – H_2O_2),每孔100 μL,室温下固定反应10 min。测定OD_{450}值,选择最佳一抗反应时间。

1.6 实际水样的检测(准确度和精密度验证)

1.6.1 水样的采集和预处理

选取上海市不同来源的水样包括饮用水、地下水、景观娱乐用水(游泳池和公园水样)以及地表水(城市河道水体)14个样品,每个水样采集体积为10 mL,对较混浊的样品采用0.45 μm的滤膜过滤。

1.6.2 水样的添加-回收测定

在 14 个水样中添加标准微囊藻毒素,每个样品毒素的最终浓度分别为 0.2 μg/L、0.5 μg/L、1.0 μg/L 共 3 个不同浓度。采用直接竞争 ELISA 测定样品中毒素含量,每个水样平行测定 5 次,根据标准曲线计算水样中 MC-LR 浓度。同时测定原水中的毒素含量,结果进行比较,并计算回收率。回收率的计算方法如下:每个样品平行测定 5 次,计算吸光度的平均值,样品添加浓度(最终浓度)用 X 表示,未添加标准品的样品测定平均值为 x_1,添加了标准品的样品测定平均值为 x_2,则回收率计算如式(1)。当原水样 ELISA 测定浓度超出本方法的检测限,即小于 0.1 μg/L 时,视为未检出,此时均按照 $x_1 = 0$ 计算回收率。

$$回收率(\%) = \frac{x_2 - x_1}{X} \times 100\% \tag{1}$$

1.7 一致性检验

1.7.1 实验方法

按照确定的 ELISA 标准曲线测试方法,对所包被的单条可拆酶标板,同一个人分 3 d (20140307、20140308、20140309)进行同样的实验。

1.7.2 实验过程

包被抗原浓度为 0.5 μg/mL,对应的抗体稀释度为 1:20 000,微囊藻毒素-LR 标准品(单位:μg/L):0、0.2、0.5、1、2、4 共 6 个点,进行标准曲线测定,每孔 50 μL 标准品;同时加入用 PBS 配制好的单抗溶液,每孔 50 μL,放入 37℃培养箱中温育,时间 60 min;每个标准品设置两个平行。反应结束后洗涤 3 次,拍干。加二抗:酶标二抗采用 HRP 标记的羊抗鼠 IgG,采用 PBS 稀释,每孔加入 100 μL,37℃温育 1 h,洗涤 4 次,拍干。显色:加入新配制的底物液(TMB-H_2O_2),每孔 100 μL,室温下固定反应 10 min。终止:向每孔中加入 50 μL 的 2 mol/L 的硫酸溶液。测定:用酶标仪测定其在 450 nm 的吸光度 A。

2 结果与分析

2.1 包被抗原和抗体最佳浓度的确定

本实验结果,包被抗原浓度为 0.5 μg/mL,对应的抗体稀释度为 1:20 000 左右,可以作为 ELISA 良好的反应条件。酶标二抗工作稀释度为选择 1:6 000

2.2 标准曲线的绘制和分析

间接竞争 ELISA 的标准曲线如图 1 所示,误差线为 $n = 3$ 次平行实验的标准偏差,实验重复性良好,相对标准偏差(变异系数)均在 10% 以内。从图 1 可以看出,曲线呈现明显的反 S 型。

由标准曲线可以分析。① 半抑制浓度 $IC_{50} = 0.81$ μg/L ± 0.05 μg/L。② 检测限:间接竞争 ELISA 的最低检测限 LOD 是结合率 $Y = 10\%$ 时所对应的目标物质的浓度,即 LOD =

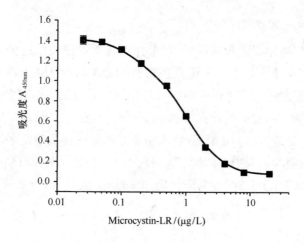

图 1　间接竞争 ELISA 标准曲线

Fig. 1　Standard curve for indirect competitive ELISA

0.10 μg/L；最高检测限 HOD 是结合率 $Y = 90\%$ 时所对应的目标物质的浓度，即 HOD = 8.00μg/L。③ 定量检测区间：靠近中点处（x_0）的一段区间是线性的，称之为定量检测区间，间接竞争 ELISA 的定量检测区间是结合率为 80% ~ 20% 所对应的目标物质的浓度区间，即 LQD 为 0.20 ~ 4.00μg/L。

2.3　最佳一抗反应时间的确定

实验结果见图 2 至图 4 所示。分析：一抗反应 30 min 的结果表明，吸光度偏低，同时在较高浓度范围内，吸光度变化不是太明显，标准曲线有拖尾的现象。一抗反应 60 min 的结果表明，标准曲线线性较好，能满足实际检测的需要。

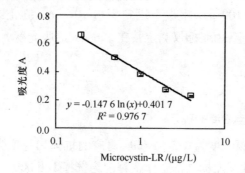

图 2　反应 30 min 结果

Fig. 2　Reaction for 30 minutes

一抗反应 90 min 的结果表明，吸光度较高，说明反应充分；同时标准曲线的线性度也较好，也能满足实际检测要求。但是 90 min 相对来说时间较长，不推荐在实际操作中应用。

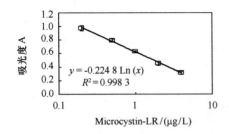

图3 反应60 min结果

Fig. 3 Reaction for 60 minutes

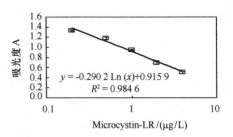

图4 反应90 min结果

Fig. 4 Reaction for 90 minutes

2.4 添加-回收检测结果分析

表1中样品1~4分别为本实验室饮用水、地下水、游泳池水及公园景观水。对4个样品的原水样及添加MC-LR标准品后的直接竞争ELISA测定,由结果可知:①水样1~4的ELISA测定结果均小于0.1 μg/L,均视为未检测出MC-LR。其中水样4为地表水体,有富营养化趋势,最有可能存在MC-LR。但由于采样时间为3月底,尚没有发生藻类水华的暴发,因而没有检出MC-LR。②由表1可知,各样品的综合回收率为(98.0 ± 10.7)%。此结果表明,本研究所研究的ELISA方法准确度良好。而且各样品检测结果的变异系数均小于10%,精密度优良,所建立的ELISA检测方法具有良好的稳定性。

样品编号	原水中MC-LR/(μg/L)	加入的标准MC-LR/(μg/L)	加标后检测结果/(μg/L)	变异系数CV/%	回收率/%
品1	<0.1	0.2	0.22	1.8	110
		0.5	0.56	2.0	112
		1.0	0.96	3.6	96
样品2	<0.1	0.2	0.21	3.5	105
		0.5	0.52	2.3	104
		1.0	0.90	4.5	90
样品3	<0.1	0.2	0.17	7.9	85
		0.5	0.41	9.7	82
		1.0	0.91	7.2	91
样品4	<0.1	0.2	0.18	8.7	90
		0.5	0.49	5.3	98
		1.0	1.13	9.0	113

2.5 一致性实验

分析:实验结果表明,各标准曲线的斜率较为接近;吸光度值虽然略有差异,但这应该是由于实验过程中显色-终止时间的微小差异决定的,不可避免。总体来说,所建立的微囊藻毒素ELISA方法,一致性较好(图5至图7)。

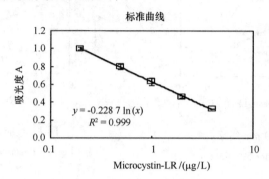

图 5　2014 年 4 月 7 日检测数据
Fig. 5　Detection on April 7, 2014

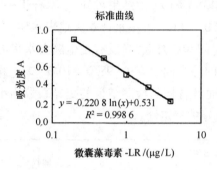

图 6　2014 年 4 月 8 日检测数据
Fig. 6 Detection on April 8, 2014

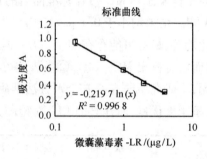

图 7　2014 年 4 月 9 日检测数据
Fig. 7　Detection on April 9, 2014

3　讨论

微囊藻毒素是淡水蓝藻产生的一类生物活性物质,能够对人体多个器官产生危害,危害最严重的靶器官是肝脏,长时间低剂量接触MCs会导致肝损伤和诱发癌症。目前已经分离出80余种MCs的异构体[10],其中MC-LR是目前毒性最大、存在最广泛、研究最多的一种,也是我国最常见的微囊藻毒素种类[11]。MC-LR被定为检测微囊藻毒素污染的指标。为了降低MCs对人和水生动物的毒性及潜在危害性,世界卫生组织(WHO)推荐水中微囊藻毒素的安全指导值MC-LR是1 000 ng/L[12]。

常用的藻毒素检测方法是高效液相色谱法(HPLC)、免疫学法以及生物毒性法(MBA)。HPLC法精确灵敏,但需要复杂的设备和专业的操作人员;MBA法简单直观,但精确性和灵敏性较差。免疫学技术利用抗原抗体之间的特异性进行样品捕获和检测,被应用于检测领域后取得了显著的效果,具有快速、灵敏、操作简单、不需要复杂仪器设备、价格低廉、便于制成可携带的检测纸板和试剂盒等优点,成为我国攻克藻毒素现场快速检测的首选方法。国际上已经有关于免疫检测技术在藻毒素检测的研究报道,并且已经制备出了部分藻毒素的 ELISA 试剂盒,如美国、日本、欧洲一些国家有微囊藻毒素(Microcystin)[13-14]和软海绵酸 (Okadaic acid,OA) 的 ELISA 检测试剂盒销售[15-16],但价格昂贵,检测成本高,不适合大量样品的检测;近年我国也有学者研究藻毒素的免疫检测技术,如盛建武等[7]等2006年将 MC 与 BSA 偶联制备免疫原 MC-LR-BSA,用其研制的抗体建立的 ELISA,最低的检测限为10 ng/L。赵晓联等[4] 2006年采用人 KLH 作为载体制备免疫原 MC-LR-KHL,其抗体建立的 ELISA,最低的检测限为 0.01 ng/mL。

本研究选取我国典型微囊藻毒素(Microcystin - LR)为研究对象,采用碳二亚胺缩合方法分别合成了毒素的完全抗原 MC-LR-KLH,利用制备的单克隆抗体发展建立了有效的 MC-LR 间接竞争酶联免疫检测,最佳包被抗原浓度为 0.5 μg/mL,对应抗体稀释度为1:20 000左右,酶标二抗工作稀释度选择为1:6 000;检测区间 LQD 为 0.20~4.00 μg/L,最低检测限 LOD 为 0.10 μg/L,最高检测限 HOD 为 8.00 μg/L,特异性较好,对[4-精氨酸]微囊藻毒素特异识别.

应用该方法对4个加标水样进行检测,各水样原水均未检测出微囊藻毒素-LR(<10 ng/L),检测结果相对标准偏差均小于10%,与投加的标准微囊藻毒素-LR 相关系数大于 0.98,样品的回收率在综合回收率为 98.0±10.7%。ELISA 方法准确度良好,精密度优良。

参考文献

[1] 许川,舒为群,曹佳. 我国水环境微囊藻毒素污染及其健康危害研究. 专家论坛,19(3).

[2] 张明东,俞顺章,梁任详. 广西扶绥县原发性肝癌病例对照研究. 中华流行病学杂志,1993,14(1):14-17.

[3] 陈刚,俞顺章,卫国荣. 肝癌高发区不同饮用水类型中微囊藻毒素含量调查. 中华预防医学杂志,1996,30(1):6-9.

[4] 赵晓联,孙蔚榕,孙秀兰,等. 抗微囊藻毒素单克隆抗体胶体金标记物的制备及鉴定. 卫生研究,2006 (4).

[5] 俞顺章,赵宁,资小林. 饮水中微囊藻毒素与我国原发性肝癌关系的研究. 中华肿瘤杂志,2001,23 (2):96-99.

[6] 盛建武,何苗,余少青,等. 水体中微囊藻毒素 LR 的间接竞争 ELISA 检测. 环境科学,2006,27(6).

[7] 盛建武,何苗,钱易,等. 微囊藻毒素. LR 完全抗原的设计及制备. 环境科学,2005,26(3):33-37.

[8] 隋海霞,严卫星,徐海滨,等. 武汉东湖微囊藻毒素污染及其在鱼体内的动态究. 卫生研究,2004, 33(1):39-41.

[9] An J, Carmichael W W. Use of a colorimetric protein phosphatase inhibition assay nd enzyme linked immunosorbent assay for the study of microcystins and nodularins. Toxicon, 1994,32(12):1495-1507.

[10] CM McDermott, R Feola, J Prude. Detection of cyanobaeterial toxins(microcystins) in waters of northeastem Wisconsin by a new immuno—assaytechnique[J]. Toxicon,1995,33:1433-144.

[11] FS Chu, X Huang, R Wei, et al. Production and characterization of antibodies against microeystin. Appl Environ Miembiol,1989,55:1928-1933.

[12] Maizels M, Budde W L. A LC/MS Method for the Determination of Cyanobacteria Toxins in Water. Anal Chem, 2004, 76(5): 1342 – 1351.

[13] Nuria M Lamas, Linda Stewart, Terry Fodey, et al. Development of a novel immunobiosensor method for the rapid detection of okadaic acid contamination in shellfish extracts. Anal Bioanal Chem, 2007, 389: 581 – 587.

[14] Poon G K, Griggs L J, Edwards C. Liquid chromatography-electrospray ionization-mass spectrometry of cyanobacterial toxins. J Chromatogr, 1993, 628 (2): 215 – 233.

[15] Quilliam MA, Wright JLC. Theamnesics hellfish poisoni & Biophysica Aeta, 1999, 1427(2—73) mystery. Anal Chem, 1989, 61(18): 1053 – 1059.

[16] Shen P P, Shi Q, Hua Z C. Analysis of microcystins in cyanobacteria blooms and surface water samples from Meiliang Bay, Taihu Lake, China. 2003(03).

[17] Tagmouti-Talha F, Moutaouakkil A, Taib N, et al. Detection of paralytic and diarrhetic shellfish toxins in Moroccan cockles (*Acanthocardia tuberculata*). Bull Environ Contam Toxicol, 2000, 65: 707 – 716.

[18] WHO. Guidelines for drinking—water quality. Addendum to Vol2. Geneva: World Health Organization, 1998.

党参免疫增强剂对仿刺参肠道菌群的影响分析*

樊 英,李 乐,于晓清,刘恩孚,李天保,许 拉,叶海斌

(山东省海洋生物研究院,山东省海水养殖病害防治重点实验室,山东 青岛 266002)

摘 要:(目的)本研究旨在探讨党参(*Codonopsis pilosula*)植物源免疫增强剂对仿刺参肠道菌群的影响。采用平板计数法和基于16S rDNA的PCR – DGGE图谱技术进行具体分析。结果显示,党参能够显著影响仿刺参肠道异养菌及弧菌数量;PCR – DGGE图谱中的条带数量反应了细菌的多样性,优质序列所占比例明显增加(平均达96.8%,对照为80%);党参免疫增强剂改变了仿刺参肠道微生态环境,反应了Beta多样性的变化,变化系数范围在14.91% ~ 16.21%;肠道优势菌群归属于变形菌门(Proteobacteria)(其中包括α、γ、δ)、拟杆菌门(Bacteroidetes)和芽孢杆菌门(Bacilli);与对照组比较,应用党参后仿刺参肠道细菌变形菌门丰度提高,拟杆菌门丰度提高,疣微菌门(Verrucomicrobia)丰度降低,放线菌门(Actinobacteria)丰度降低,厚壁菌门(Firmiaites)丰度降低,党参对仿刺参肠道内菌群丰度具有显著影响。应用党参免疫增强剂后,单样品或多样品之间肠道菌群组成分布相似性系

---

* 基金项目:山东省现代农业产业技术体系刺参产业创新团队建设项目(SDAIT - 08);山东省政策引导类项目(2012YD10016);海洋公益性行业科研专项经费项目(201305005)。

第一作者:樊英(1980 –),女,山东荣成人,助理研究员,硕士研究生,研究方向为水产病害防治。手机:13969627047,E-mail:fy_fy123@126.com

通信作者:李天保,研究员,E-mail:ltb1601@126.com。

数为0.97。(结论)由此得出,党参对仿刺参肠道菌群产生显著的有益影响,为今后的深入研究及其仿刺参营养、免疫研究提供数据参考。

关键词：免疫增强剂；党参；仿刺参；肠道；菌群；DGGE

肠道是病原微生物入侵机体的最主要部位,许多疾病的发生都是从影响肠道功能开始的。然而,肠道菌群是肠道微生态的主导者,这些细菌之间以及细菌与动物机体之间形成了一个相互依赖、协作共进的一个整体,在机体免疫、营养、吸收、拮抗等方面都起到非常重要的作用。细菌群落研究一直都是基于传统的微生物培养方法,操作费时费力,且不能反映它们在自然界的群落结构以及详细的丰度状况和多样性。据报道,目前自然环境中尚有高达85%~99%的微生物未得到人工培养。因此,对于复杂的生态系统中细菌群落结构的了解十分有限,对于仿刺参肠道微生态环境内细菌群落结构及生态多样性的了解同样很少,且对于植物源免疫增强剂影响仿刺参肠道菌群的效果更是知之甚少。

变性梯度凝胶电泳(Denaturing gradient gelelectrophoresis,DGGE)是基于相同长度但不同碱基组成的DNA序列片段电泳分析的技术。1993年Muyzer等首次将其用于细菌群落分析。目前,关于该技术在不同的微生态环境研究中应用的报道日益增多。Hovda等(2007)利用PCR-DGGE技术分析了大西洋鲑(*Salmo salar*)前肠、中肠和后肠的细菌群落组成及优势菌群；Zhou等(2009)利用该技术研究了在网箱养殖条件下青石斑鱼(*Epinephelus awoara*)的胃、幽门盲囊、前肠、中肠和后肠的细菌群落组成,罗鹏等(2009)对比研究了凡纳滨对虾(*Litopenaeus vannamei*)养殖环境以及消化道内细菌群落组成的多样性和相似性,对今后的研究具有潜在的研究价值；高菲等(2010)通过该技术研究了刺参前肠、中肠和后肠内含物的细菌群落组成,经软件分析DGGE指纹图谱,结果证实刺参消化道的细菌群落可能直接或间接来源于刺参的栖息地环境,有助于进一步揭示细菌群落在刺参免疫等生理生化过程中的作用。但在植物源免疫增强剂作用的情况下通过PCR-DGGE分子生物学技术对仿刺参消化道内容物的细菌群落组成的研究还未见报道,本研究通过传统平板统计方法和PCR-DGGE分子生物学技术对仿刺参应用党参植物源免疫增强剂后肠道内容物的细菌数量和群落结构进行了分析,与对照组进行了比较,获得了仿刺参肠道细菌群落组成的变化,研究结果有助于揭示仿刺参在应用植物源免疫增强剂后消化过程中肠道细菌群落的动态变化以及细菌群落在仿刺参消化吸收过程中的作用,进一步为植物源免疫增强剂对仿刺参的免疫营养作用机理提供数据参考。

1 材料与方法

1.1 材料

党参购自西安宝鸡生物技术有限公司,其纯度达到85%以上。实验室内通过锐孔凝固浴方式制备微胶囊制剂,其包埋率达到85%。其他试剂均为化学分析纯。细菌基因组DNA提取试剂盒、PCR扩增试剂均购自TaKaRa公司；肠道内容物基因组提取采用QUAGEN试剂盒;细菌 16S rDNA 通用引物 27f 和 1 492r、V3 区扩增引物 F357 和 R518 均由上海生物工程有限公司合成。

1.2 方法

1.2.1 仿刺参饲养实验

挑选个体均匀、外观无疾病症状的健康仿刺参(体重 18.00 g ± 2.00 g)随机分配到不同实验水槽(长 70 cm × 宽 30 cm × 高 40 cm)内,温度控制在(15 ± 1.0)℃。实验于 2013 年 10 月 8 日至 11 月 10 日、2014 年 4 月 8 日至 5 月 10 日进行,仿刺参随机分为两组(对照组、实验组),每组 3 个平行,每个平行 12 只。按照体重的 2% 达到饱食投喂(海泥、鼠尾藻粉按照 1:1 配制饵料),基础饵料(鼠尾藻粉)质量的 2% 添加党参免疫增强剂,每天 15:00 投喂,吸除残饵和粪便,同时补充新鲜海水。实验期间连续充气,盐度 32,pH 7.8 ~ 8.2,溶解氧大于 5 mg/L。

1.2.2 肠道样品处理

投喂免疫增强剂后第 28 天分别从每个水槽中随机抽取 3 只仿刺参,在冰盘中将肠道取出,称取 0.5 g,加入 10 倍体积(v/w)无菌预冷重蒸水,在冰浴中(0 ~ 4℃)用灭菌匀浆器充分研磨均匀后,一部分样品以 10 倍递增稀释法进行稀释,取 3 个合适的稀释度涂布于 2 216e 培养基和 TCBS 培养基。每个稀释度做 3 个平行,25℃ 培养 1 ~ 2 d。另一部分样品 -80℃ 冷冻保存,备用。

1.3 DNA 提取及 V3 区扩增

在无菌条件下利用 QUAGEN 试剂盒提取肠道基因组 DNA 作为模板,采用细菌 16S rDNA V3 区特异引物 F357(5′ - CCTACGGGAGGCAGCAG) 和 R518(5′ATTACCGCGGCTGCTGG) 分别进行扩增。

1.4 DGGE 图谱分析

1.4.1 序列数目统计

本项目采用双端(pair-end)测序。首先对原始数据进行质量控制,舍弃低质量序列(50 个连续碱基平均质量大于 Q30,不允许有 N)。用软件 Flash(http://www.genomics.jhu.edu/software/FLASH/index.shtml)连接通过质量控制的序列对应的两端序列进行。舍弃无法连接的序列。对连接上的序列进行过滤(连续相同碱基小于 6;模糊碱基 N < 1),获得最终用于分析的序列。

1.4.2 基于群落结构对物种丰度进行统计分析

在不同样品的相似度为 0.97 的情况下进行多样品物种丰度的统计,可反应样品中物种分布的均匀度。

1.4.3 基于群落结构进行多样性统计分析

Beta 多样性是基于群落结构来比较多组样本之间的差别度量,是物种组成沿环境梯度或者在群落间的变化率,用来表示生物种类对环境异质性的反应。

1.4.4 基于群落结构进行聚类分析

将属水平上的分类信息分别按照样品和分类进行聚类分析后作出 heatmap 图,能够反应出各样品的相似性。

1.5 数据统计分析

实验数据采用 SPSS 17.0 软件进行统计分析。实验数据用平均值 ± 标准误表示,采用软件中的单因素方差分析 One-way – ANOVA 过程进行统计,$P < 0.05$ 为差异显著。

2 结果

2.1 肠道异养菌数量及弧菌数量

如表1所示,投喂党参免疫增强剂的仿刺参肠道内容物中的异养菌总数有了明显的改变。与对照组比较,党参能够显著增加异养菌数量,第28天异养菌总数平均值达 2.13×10^7 CFU/mL($P < 0.05$),而对照组仅有 1.61×10^7 CFU/mL;弧菌总数也发生了变化,第28天党参实验组仿刺参肠道内容物弧菌总数平均值达 2.06×10^7 CFU/mL,与对照组无显著性差异($P > 0.05$)。

表1 党参对仿刺参肠道菌群数量的影响
Table 1 Effect of Codonopsis pilosula on intestinal flora of A. japonicus

组别 croups	异养菌总数 HPC $\times 10^7$ CFU/mL	弧菌总数 VBC $\times 10^6$ CFU/mL
对照组 control group	1.61 ± 0.33^a	2.12 ± 0.17^a
实验组 experimental group	2.13 ± 0.21^b	2.06 ± 0.26^a

注:同栏数据不同字母表示与对照组相比差异显著($P < 0.05$).
Note: Data followed by a different letter in the same collume are significantly different ($P < 0.05$).

2.2 细菌 16S rDNA、V3 区 PCR 扩增

对照组和投喂党参免疫增强剂的实验组仿刺参肠道内容物总 DNA 按照试剂盒方法提取,细菌 16S rDNA V3 区经特异性引物扩增后,分别得到单一明显的扩增片断,大小约 230 bp,阴性对照无条带(图1)。

2.3 DGGE 图谱分析

2.3.1 序列统计分析

从表2中可以看出,应用党参免疫增强剂之后仿刺参肠道内容物有效序列数量变化不明显,基本保持在 45 000 ~ 49 000;而优质序列数之间差异明显($P < 0.05$),优质序列占有效序列的比例明显增加,应用党参免疫增强剂的样品中优质序列占有效序列的比例平均达

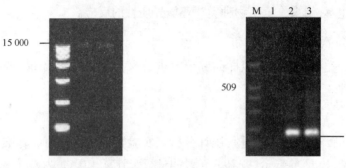

a. 肠道内容物 16S rDNA 扩增产物　　　b. 细菌 16S rDNA V3 区扩增产物

图 1　PCR 扩增产物琼脂糖凝胶电泳图谱

Fig. 1　Agarose gel electrophoresis of PCR products

a：16S rDNA from intestinal bacteria of sea cucumber M：Marker D15000；1，2：16S rDNA

b：V3 region of the bacteria from intestinal of sea cucumber M：Marker D2000；1：Negative control；2，3：V3 region

96.8%，但对照组样品中优质序列占有效序列的比例仅为 80%。

表 2　序列数统计(1：对照组；2，3：实验组)

Table 2　Band numbers of bacterial (1：control；2，3：experiment groups)

组别 groups	有效序列数 valid numbers	优质序列数 superior numbers	优质序列比例/% proportion
对照 control	46 755	37 509	80.2 ± 0.12[a]
实验样品 1(experiment 1)	49 197	48 002	97.6 ± 0.07[b]
实验样品 2(experiment 2)	44 893	43 136	96.1 ± 0.10[b]

注：同列无字母或数据肩标相同字母表示差异不显著($P > 0.05$)，同列数据不同字母表示与对照组相比差异显著($P < 0.05$)。

Note：In the same collume，values with no letter or the same letter superscripts mean no significant difference ($P > 0.05$)，while with different small letter superscripts mean significant difference ($P < 0.05$).

2.3.2　在门的层次下对物种丰度进行统计分析

应用党参免疫增强剂后仿刺参肠道内容物中菌群结构发生改变，其中优势菌群拟杆菌门丰度提高较多，平均含量高达 21.4%，而对照组仅有 8.8%；变形菌门丰度同样有所提高，平均含量达 28.1%，对照组为 25.1%；放线菌门、疣微菌门丰度降低，相对含量分别达 1.2%（对照为 1.8%）、39.1%（对照组为 57.3%）（图 2）

2.3.3　Beta 多样性统计分析

投喂党参免疫增强剂后仿刺参肠道微生态环境发生改变，物种在群落间的变化存在差异，通过 PCoA 分析获知，物种在群落间的变化情况及变化率如图 3 所示，变化系数范围在 14.91% ~ 16.21%。

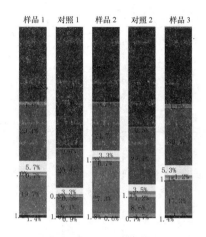

图 2 丰度分析

Fig. 2 Abundance of bacterial

2.3.4 聚类分析

电泳图谱经聚类分析后(图4),不同的位置条带表示不同的细菌菌属。从图5中可以看出,仿刺参肠道内存在丰富的菌群物种,优势菌群较多(芽孢杆菌属、放线菌属、动性球菌属等),与对照0泳道比较,3,4泳道中嗜血杆菌属(*Haemophilus*)、放线菌属(*Actinomyces*)、肉杆菌属(*Atopostipes*)等条带亮度加深,即含量增多;与对照0泳道相比,样品1,2,3,4泳道中条带未发生显著变化的有硫酸盐还原菌(*Anaerofilum*)、微单胞菌属(*Parvimonas*)等等,故党参免疫增强剂可改变仿刺参肠道内菌群组成,然而,具体某一菌群的某一序列分析仍需进一步通过回收、纯化后详细分析;党参实验组样品在菌群结构发生变化的情况下与对照组之间同源性仍较高,相似性系数达0.97。

3 讨论

3.1 党参免疫增强剂对仿刺参肠道细菌数量的影响

对于整个机体来说,各个部分、各个器官都是相连的,是一个整体,然而,肠道在整个机体中占有重要位置,不但是营养吸收的主要部位,还是抵御病原微生物的主要屏障,许多疾病的发生都是肠道功能紊乱引起的,故将肠道功能维持在最佳水平是提高机体机能、降低动物疾病等的重要手段。肠道功能的维持可以从众多方面进行阐述,如肠相关淋巴样组织、肠黏膜物质的分泌或表达、肠抗氧化能力以及肠微生物菌群结构的变化等,而肠道菌群是肠黏膜屏障重要的组成部分,肠道菌群既能发挥有益作用,又具致病潜力。张红梅等(2003)研究发现,甘露寡聚糖可显著抑制鲤鱼肠道大肠杆菌的增殖,同时对乳酸菌和双歧杆菌有一定的促进作用。杨世平等(2011)研究发现,干酵母与活酵母均能显著减少对虾肠道内细菌总数、弧菌数。Hoseinifar等(2011)研究发现,啤酒酵母使得稚鲟异养菌总数与空白组相比差异不

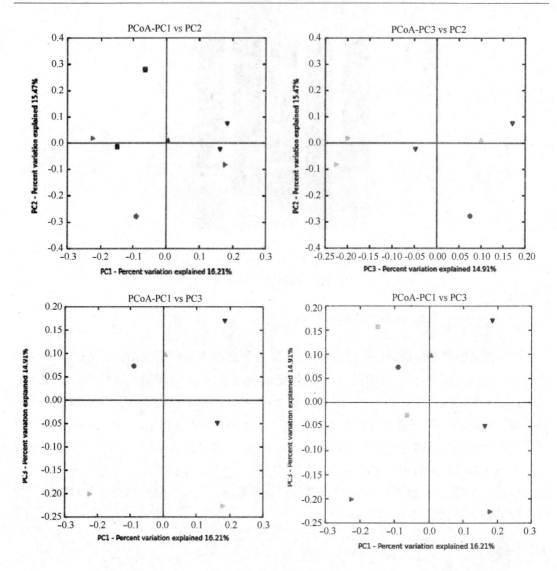

图3 PCoA 分析中 2D PCoA
Fig. 3 2D PCoA

明显,而乳酸菌显著增加。宫魁等(2012)投喂全营养破壁酵母后,可培养菌群与对照组相较总体减少,可显著抑制弧菌菌群,同时也对乳酸菌表现出一定的抑制作用。李彬等(2012)也在研究中阐述了刺参肠道中异养菌和弧菌的变化规律,为刺参的健康养殖提供了有力参考。本研究结果显示,党参能够显著增加仿刺参肠道内异养菌总数,而弧菌总数较对照组减少,呈现了抑制弧菌菌群繁殖的现象,这可能与党参的组成成分相关。鉴于肠道有益菌和有害菌的平衡对维护机体健康的重要性,党参的投喂时间及投喂量的影响还需进一步深入研究,获得相关性及其周期变化规律。

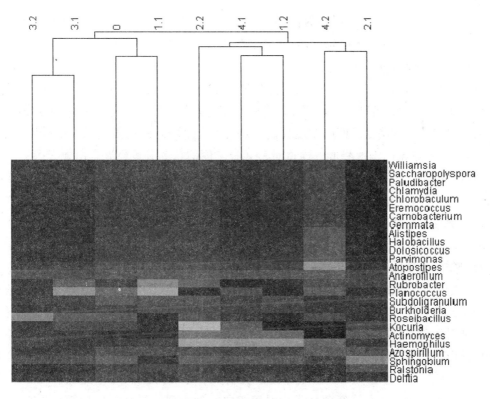

图4 聚类分析heatmap(自左向右:对照0,样品1,2,3,4)

Fig. 4　Heatmap(from left to right:control 0,experiment1,2,3,4)

3.2 DGGE分析党参免疫增强剂对仿刺参肠道菌群的影响

从肠道系统方面进行无公害病害防治技术的研究是解决实际应用问题的重要途径之一。仿刺参肠道系统除营养、免疫方面的重要性之外,夏眠期后的复苏都是随着肠道系统的正常工作而进行的。早期研究报道,通过传统培养法和16S rDNA技术获得了海参消化道内容物的细菌多样性和细菌群落组成,然而,通过传统培养法无法详细获取仿刺参消化道微生物菌群的全面信息。PCR-DGGE技术是近年来国内外研究动物胃肠道微生物组成及结构变化最常用的方法。本研究采用PCR-DGGE技术,可望更加全面地揭示免疫增强剂对仿刺参消化道内含物的细菌群落组成的影响。通过对DGGE结果的分析发现,党参免疫增强剂能够在有效序列数未发生显著变化的情况下显著增加其中优质序列的比例,可能是党参的多营养成分能够有效促进仿刺参肠道内优势菌的繁殖,抑制有害菌的增长,对微生物序列的增殖表达呈现了一种调节控制的作用。有关黑海参肠道内容物菌群的16S rDNA序列分析表明,主要菌群包括α-变形菌、β-变形菌、γ-变形菌、噬纤维菌-黄杆菌-拟杆菌群(Cytophaga-Flavobacterium-Bacteriodes)以及放线细菌。高菲等(2010)研究发现刺参前肠、中肠、后肠内含物的优势菌群均为γ-变形菌,且刺参消化道中可培养细菌中的92.7%也属于γ-变形菌。有关的研究表明,凡纳滨对虾、日本囊对虾(*Marsupenaeus japonicus*)和中国明对虾（*Fenneropenaeus chinensis*）的肠道优势菌群也属于γ-变形菌[25-26]。一些海水养殖鱼类如青石斑鱼、虹鳟（*Oncorhynchus mykiss*）、大西洋鲑以及暗纹东方鲀（*Takifugu obscurus*）消化道的优势菌属于 *Proteobacteria*。与目前报道结果相似，本研究结果显示，仿刺参肠道内容物优势菌群为变形菌门（其中包括α、γ、δ）、拟杆菌门和芽孢杆菌门。党参免疫增强剂对优势菌群的影响不显著，而显著差异性体现在菌群的丰度变化上。与对照组比较，应用党参免疫增强剂后仿刺参肠道细菌变形菌门丰度提高，拟杆菌门丰度提高，疣微菌门丰度降低，放线菌门丰度降低，厚壁菌门丰度降低。通过对 DGGE 丰度信息的分析更能全面地获得仿刺参肠道细菌群落的组成，反映出党参免疫增强剂发生的有益影响。在仿刺参养殖系统菌群组成的研究中，共有菌种尤其是丰度存在明显差异的菌种以及各自的特异菌种可能是了解刺参养殖营养摄食、揭示刺参与环境菌群组成之间的相互联系的关键点，本研究中的相关结果正是了解仿刺参对党参免疫增强剂营养摄食的关键点，深入探讨仍在进行中。

投喂党参免疫增强剂后仿刺参肠道微生态环境发生改变，细菌种类数量发生变化，有益菌的增加增强了肠道内有益环境的浓度，从而有益于细菌的繁殖代谢。Beta 多样性是基于群落结构比较多样本之间的差别，肠道中物种的组成沿肠道环境梯度在群落间发生变化，反映了物种对环境的异质性。实验中党参免疫增强剂对仿刺参肠道微生态环境的改变势必影响物种异质性及多样性，但多样性变化率不大，通过 PCoA 分析，变化系数范围在 14.91% ~ 15.47% ~ 16.21%。本研究 DGGE 电泳图谱在属水平上聚类后形成 26 个族（heatmap 图），反映出党参免疫增强剂实验组各样品和对照组之间的相似性样品。3,4 亲缘关系较近，样品 1,2 亲缘关系较近，对照组与 1,2 样品的关系更近一些，与 3,4 样品次之，这可能是党参的多营养成分以及仿刺参个体差别产生的结果。而且，有的与本实验获得序列亲缘关系最近的细菌均是未培养细菌，如 Aphingobium、Subdoligranulum 等，尚难以分析其功能，这与高菲等的研究结果相似。王轶南等研究发现，刺参肠道内菌群丰富，优势菌群较多；而且肠道菌群组成与底泥和海水菌群的相似性都很高。在今后的研究中对优势菌群的单一序列进行深入分析，发现免疫增强剂对仿刺参肠道细菌群落结构在时间或空间上的动态变化，结合大片段基因组文库等信息发现新的序列或基因功能，进而获得仿刺参肠道细菌群落在营养免疫方面的生理生化作用。

4 结论

（1）党参免疫增强剂可增加仿刺参肠道内容物异养菌数量，降低弧菌数量，产生抑制有害菌繁殖的效果。

（2）党参免疫增强剂可改变仿刺参肠道内容物细菌菌群丰度，增加了优势菌群的含量；改变了物种在群落间的变化情况及变化率，变化系数范围在 14.91% ~ 15.47% ~ 16.21%。

（3）党参免疫增强剂未改变仿刺参肠道内容物细菌亲缘关系，相似性仍达 0.97。

感谢本实验室的李天保研究员及刁博士对本文稿付出的辛勤劳动！

参考文献

高菲,孙慧玲,许强,等.2010.刺参消化道内含物细菌群落组成的 PCR-DGGE 分析[J].中国水产科学,17(4):671-680.

宫魁,王宝杰,刘梅,等.2012.全营养破壁酵母对仿刺参非特异性免疫及肠道菌群的影响[J].中国水产科学,19(4):641-646.

韩立丽,王建发,王凤龙,等.2009.黄芪多糖对肠道免疫功能影响的研究进展[J].中国畜牧兽医,36(8):133-135.

黄玉章,林旋,王全溪,等.2010.黄芪多糖对罗非鱼肠绒毛形态结构及肠道免疫细胞的影响[J].动物营养学报,22(1):108-116.

李彬,荣小军,廖梅杰,等.2012.刺参肠道与养殖池塘环境中异养细菌和弧菌数量周年变化[J].海洋科学,36(4):63-67.

李可.2007.对虾养殖环境微生物多样性分析和微生态制剂的研究和应用[D].厦门:厦门大学,21-49.

罗鹏,胡超群,张吕平,等.2009.凡纳滨对虾海水养殖系统内细菌群落的 PCR-DGGE 分析[J].中国水产科学,16(1):32-38.

孙奕,陈驽.1989.刺参体内外微生物组成及其生理特性的研究[J].海洋与湖沼,20(4):300-307.

汪婷婷,孙永欣,徐永平.2008.多糖类免疫增强剂对海参肠道菌群的影响[J].饲料工业,9(4):19-20.

王天明.2011.刺参 *Apostichopus japonicus* (Selenka) 夏眠分子机理的基础研究[D].青岛:中国海洋大学.

武庆斌.2012.肠道菌群与肠上皮细胞和肠道免疫系统的相互作用机制[C]//第六届全国儿科微生态学学术会议暨儿科微生态学新进展学习班资料汇编.15-18.

阳钢.2012.几种微生态制剂对刺参(*Apostichopus japonicus*)养殖水体及刺参肠道菌群结构的影响[D].青岛:中国海洋大学.

杨世平,吴灶和,简纪常.2011.饲料中添加沼泽生红冬孢酵母对凡纳滨对虾消化酶及肠道微生物的影响[J].水产科学,30(7):391-394.

杨希山.'肠道免疫学[M].国外医学消化系疾病分册,25-27.

杨莺莺,李卓佳,林亮,等.2006.人工饲料饲养的对虾肠道菌群和水体细菌区系的研究[J].热带海洋学报,25(3):53-56.

张红梅,张磊,姜会民.2003.甘露寡聚糖对生长期鲤鱼生长性能及肠道菌群的影响[J].中国饲料,(9):22-23.

Amann R I, Ludwing W, Schleifer K H. 1995. Phylogenetic identification and in situ detection of individual microbial cells without cultivation[J]. Microbiology Reviews, 59(1):143-169.

Gasta C J, Knowlesb C J, Wrightc M A, et al. 2001. Identification and characterisation of bacterial populations of an in-use metal-working fluid by phenotypic and genotypic methodology[J]. Int Biodete Biodeger, 47:113-123.

Hoseinifar S H, Mirvaghefi A, Merrifield D L. 2011. The effects of dietary inactive brewer's yeast *Saccharomyces cerevisiae* var. *ellipsoideus* on the growth, physiological responses and gut microbiota of juvenile beluga (*Huso huso*)[J]. Aquaculture, 318(1-2): 90-94.

Hovda M B, Lunestad B T, Fontanillas R, et al. 2007. Molecular characterization of the intestinal microbiota of farmed Atlanticsalmon(*Salmo salar* L.)[J]. Aquaculture, 272:581-588.

Kim D H, Brunt J, Austin B. 2007. Microbial diversity of intestinal contents and mucus in rainbow trout(*Oncorhynchus mykiss*)[J]. Journal of Apply Microbiology, 102: 1654 – 1664.

Knapp B A, Seeber J, Podmirseg SM, et al. 2009. Molecular fingerprinting analysis of the gutmicrobiota of *Cylindroiulus fulviceps*(Diplopoda)[J]. Pedobiologia, 55(5):325 – 336.

Muyzer G, De-Waal E C, Uitterlinden A G. 1993. Profiling of complex microbial populations by denaturing gradient gel electrophoresis analysis of polymerase chain reaction-amplified genes coding for 16S rRNA[J]. Apply Enviroment Microbiology,59(3):695 – 700.

Simpson J, Mccracken V J, White B A, et al. 1999. Application of denaturant gradient gel electrophoresis for the analysis of the porcine gastrointestinal microbiota [J]. Journal of Microbiological Methods, 36(3):167 – 169.

Ward-Rainey N, Rainey F A, Stackebrandt E. 1996. A study of the bacterial flora associated with *Holothuria atra* [J]. Journal of Experimental Marine Biology and Ecology, 203:11 – 26.

Yang G, Bao B, Peatman E, et al. Analysis of the composition of the bacterial community in puffer fish *Takifugu obscurus* [J]. Aquaculture, 2007, 262:183 – 191.

Zhou Z, Liu Y, Shi P, et al. 2009. Molecular characterization of the autochthonous microbiota in the gastrointestinal tract of adult yellow grouper(*Epinephelus awoara*)cultured in cages [J]. Aquaculture, 286:184 – 189.

浒苔对幼刺参生长、消化和非特异性免疫的影响

秦 搏[1,2]，常 青[1]，陈四清[1]，刘长琳[1]，吕云云[1,2]，燕敬平[1]，王志军[3]

(1. 中国水产科学研究院 黄海水产研究所，山东 青岛 266071；2. 上海海洋大学 水产与生命学院，上海 201306；3. 山东科合海洋高技术有限公司，山东 威海 264513)

  刺参（*Apostichopus japonicus* Selenka），又称仿刺参，隶属于棘皮动物门、刺参科、仿刺参属。自20世纪80年代以来，随着刺参人工育苗技术的突破，刺参养殖业空前发展，成为我国北方沿海水产养殖的新兴产业，形成了具有北方地方特色的养殖产业和新的海洋经济增长点，然而刺参配合饲料的研究与生产滞后于产业发展需求，成为制约刺参养殖业健康可持续发展的一个重要因素，急需加大力度开展对刺参高效配合饲料的研究。

  浒苔（*Enteromorpha prolifera*），隶属于绿藻门、石莼科、浒苔属，是一种世界性的大型海藻。浒苔暴发会对沿海环境造成不利的影响，同时其未得到有效利用导致浒苔资源的浪费。以浒苔作为饲料，既为消除浒苔暴发危害发挥了作用，又可变废为宝。浒苔营养物质含量较丰富，已有研究应用于黄斑蓝子鱼、大黄鱼、大菱鲆、梭鱼和黑鲍等水产动物饲料上，研究结果表明浒苔具有促生长、增强机体免疫力等作用。浒苔在刺参饲料中的应用主要集中在对刺参生长性能及成活率的影响方面，关于浒苔对刺参消化生理和非特异性免疫的研究较少。本实验通过配制不同浒苔含量和处理方法的饲料，研究其对幼刺参生长、消化和非特异性免疫的影响，确定浒苔在刺参饲料中的适宜含量以及处理方法，以期合理开发利用浒苔，为刺参高效配合饲料研制提供参考。

1 材料与方法

1.1 材料

幼刺参购自山东科合海洋高技术有限公司。浒苔干粉购自中国海洋大学生物工程开发有限公司。饲料级纤维素酶粉状制剂,购自苏柯汉生物工程有限公司,活力为 20 000 U/g。饲料级蛋白酶液体制剂,购自诺维信(中国)生物技术有限公司,活力为 2.4 AU/mL。

1.2 基础饲料

实验以马尾藻、海带粉、脱胶海带粉、酵母、鱼粉、豆粕、维生素预混料和矿物质预混料为原料,配制粗蛋白质为 20.25%,粗脂肪为 0.95% 的粉状基础饲料见表1。

表1 基础饲料组成及营养水平(干物质基础) %

项目 Ingredients	含量 Contents
马尾藻粉 Sargassum meal	20.00
海带粉 Kelp meal	30.00
脱胶海带粉 Degummed kelp meal	34.00
酵母 Yeast	8.00
鱼粉 Fish meal	3.00
豆粕 Soybean meal	3.00
维生素预混料 Vitamin premix[①]	1.00
矿物质预混料 Mineral premix[②]	1.00
营养水平 Nutrient levels[③]	
粗蛋白质 CP	20.25
粗脂肪 EE	0.95
灰分 Ash	40.23

注:①维生素预混料为每千克饲料提供 Vitamin premix provided the following per kg of diet:核黄素 riboflavin 150 mg,盐酸吡哆醇 pyridoxine hydrochloride 200 mg,肌醇 inositol 600 mg,盐酸硫胺素 thiamin 100 mg,VB_{12} 0.03 mg,VK_3 50 mg,泛酸钙 calcium pantothenate 150 mg,烟酸 niacin acid 600 mg,叶酸 folic acid 15 mg,生物素 biotin 1.20 mg,醋酸视黄醇 retinol acetate 35 mg,VD_3 12 mg,VE 120 mg,乙氧基喹啉 ethoxyqui 150 mg。

②矿物质预混料为每千克饲料提供 Mineral premix provided the following per kg of diet:KI 0.8 mg,$CoCl_2 \cdot 6H_2O$ (1%) 35 mg,$CuSO_4 \cdot 5H_2O$ 100 mg,$FeSO_4 \cdot 7H_2O$ 450 mg,$MnSO_4 \cdot H_2O$ 60 mg,$ZnSO_4 \cdot H_2O$ 250 mg,$MgSO_4 \cdot 7H_2O$ 4 000 mg,Na_2SeO_3 (1%) 5 mg。

③实测值 Measured values。

1.3 浒苔处理方式

浒苔经淡水洗涤,去除盐分和泥沙,挤压去除水分,挤压后浒苔含水量为 70%。分别进行干燥粉碎(dry crushing,DC)、纤维素酶酶解后干燥粉碎(dry crushing after cellulase,

DCC)和蛋白酶酶解后干燥粉碎(dry crushing after protease,DCP)处理。具体处理方式如下:

1.3.1 干燥粉碎

将挤压后的浒苔,80℃,36 h 烘干后,粉碎成粒径小于 150 μm 的干粉,-20℃保存备用。

1.3.2 纤维素酶酶解后干燥粉碎

参照朱建新等和王昌义的研究自制,即按浒苔干重的 0.20% 添加纤维素酶,充分搅拌后,40℃下,酶解处理 2 h。80℃,36 h 烘干后,粉碎粒径小于 150 μm 的干粉,-20℃保存备用。

1.3.3 蛋白酶酶解后干燥粉碎

参照朱建新等和王昌义的研究自制,即按浒苔干重的 0.33% 添加蛋白酶,充分搅拌后,55℃下,酶解处理 2 h。80℃,36 h 烘干后,粉碎成粒径小于 150 μm 的干粉,-20℃保存备用。

1.4 实验设计与饲料配制

浒苔含量实验采用单因素梯度水平实验设计,分别用 0,5%,10%,15%,20% 和 25% 的浒苔(DC)替代基础饲料中的部分马尾藻和海带粉,实验设计见表 2。

表 2　浒苔含量实验设计　　　　　　　　　　　　　　　%

组别 Groups	浒苔(DC) E. prolifera (DC)	马尾藻粉 S. meal	海带粉 Kelp meal	PI[①]	营养水平[②] nutrient levels		
					粗蛋白质 CP	粗脂肪 EE	灰分 Ash
D1	0.00	20.00	30.00	50.00	20.25	0.95	40.23
D2	5.00	15.00	30.00	50.00	20.18	0.95	39.31
D3	10.00	15.00	25.00	50.00	20.05	0.95	38.39
D4	15.00	10.00	25.00	50.00	19.93	0.95	37.47
D5	20.00	10.00	20.00	50.00	19.60	0.95	36.56
D6	25.00	5.00	20.00	50.00	19.45	0.95	35.64

注:①PI 为基础饲料中除马尾藻粉和海带粉外其他成分,占各实验组饲料 50%。
②实测值。

根据浒苔含量实验的适宜含量结果,三种方法处理的浒苔实验采用单因素对比实验设计,分别用 20% 含量的三种方法处理浒苔替代基础饲料中部分马尾藻粉和海带粉,实验设计见表 3。

所有饲料原料粉碎粒度均小于 150 μm,按配方逐级添加,小型搅拌机混合均匀,制成粉末饲料。分别另配制含有 0.5% Cr_2O_3 指示剂的饲料用于消化实验,-20℃保存备用。

表3 3种方法处理的浒苔实验设计   %

组别 Groups	A	B	C	D
浒苔(DC) *E. prolifera* (DC)	0.00	20.00	0.00	0.00
浒苔(DCC) *E. prolifera* (DCC)	0.00	0.00	20.00	0.00
浒苔(DCP) *E. prolifera* (DCP)	0.00	0.00	0.00	20.00
马尾藻粉 Sargassum meal	20.00	10.00	10.00	10.00
海带粉 Kelp meal	30.00	20.00	20.00	20.00
PI	50.00	50.00	50.00	50.00
营养水平 Nutrient levels[①]				
粗蛋白质 CP	20.25	19.60	19.64	19.58
粗脂肪 EE	0.95	0.96	0.96	0.97
粗灰分 Ash	40.23	36.56	36.56	36.54

注:①实测值.

1.5 饲养管理

养殖实验在山东科合海洋高技术有限公司刺参养殖车间内进行。

浒苔含量实验饲养49 d。选取630头初始体重(1.44±0.01)g的幼刺参,随机分成6组,每组3个重复,每个重复35头,饲养于150 L的塑料水槽中,水槽中放置1个塑料筐,筐上插入10个波纹板。实验水温情况见图1,盐度在30.5~31.5,溶氧在5 mg/L以上,pH为7.8~8.1,连续充气。

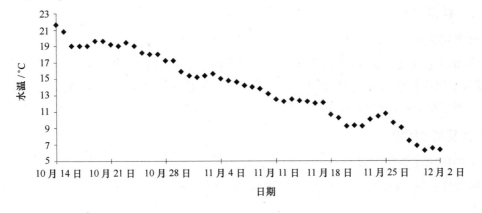

图1 浒苔含量实验水温情况

3种方法处理浒苔实验饲养60 d。选取420头初始体重(4.58±0.23)g的幼刺参,随机分成4组,每组3个重复,每个重复35头。实验水温情况见图2,其他条件同上。

每天14:00换水一次,换水量为1/2~2/3,换水后投喂1次,饲料:湿海泥为1:6(湿海泥含水量67%,过80目筛,实验基地多年生产使用该湿海泥的料泥最适比例是1:6)。饲料初始投喂量为刺参体重的3%,然后根据每天观察到刺参的摄食和排便情况,及时调整投喂量,并每天测定水温、溶氧、pH和盐度等,记录投饵量和死亡情况。

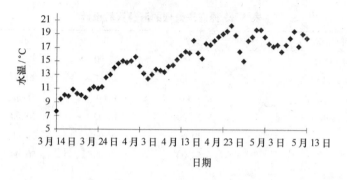

图2 3种方法处理的浒苔实验水温情况

1.6 样品采集与处理

1.6.1 样品采集

实验开始与结束时对各组刺参进行计数、称重,称重方法参照李旭等称重方法。

实验结束时,各实验组随机选取5头刺参,取其肠道保存于液氮中,然后-80℃超低温冰箱中保存,用于消化酶和免疫酶活性的测定。

消化实验粪样收集:采用虹吸法收集包膜完整粪样。每9 d每组换1批(35头)刺参,先用各组实验饲料暂养5 d,暂养结束后收集粪便,连续收集4 d作为一个重复,共收集3个重复。将收集的粪样55℃烘干,-20℃保存以备测定。

1.6.2 样品处理

刺参肠道粗酶液的制备:从-80℃冰箱中取出刺参肠道,冰浴解冻,称湿重,按重量1(g):9(mL)生理盐水后,冰浴匀浆。匀浆液于4℃离心20 min(2 500 r/min),上清液(粗酶液)于4℃保存备用(24 h内分析完)。粗酶液蛋白浓度采用南京建成生物工程有限公司蛋白定量测定试剂盒(考马斯亮蓝法)测定。

1.7 实验测定指标

生长指标计算公式如下:

特定生长率(specific growth rate,SGR,%/d) = 100 × [ln 末重(g) - ln 初重(g)]/饲养天数(d)。

饲料系数(feed conversion ratio,FCR) = 摄食量(g)/[末重(g) - 初重(g)]。

摄食率(feed intake,FI,%) = 100 × 摄食量(g)/{饲养天数(d) × [末重(g) + 初重(g)]/2}。

成活率(survival rate,SR,%) = 100 × 终末刺参头数/初始刺参头数。

消化率指标计算公式如下:

干物质表观消化率(apparent digestibility coefficient of dry matter,ADCd,%) = 100 × [1 - 饲料中 Cr_2O_3 含量(%)/粪便中 Cr_2O_3 含量(%)]。

粗蛋白质表观消化率(apparent digestibility coefficient of crude protein,ADCp,%) = 100 × {1 - [饲料中 Cr_2O_3 含量(%) × 粪样中粗蛋白质含量(%)]/[粪便中 Cr_2O_3 含量(%) × 饲料中粗蛋白质含量(%)]}。

3 种方法处理的浒苔干物质和粗蛋白表观消化率计算公式如下：
$$F = B + (A - B)/f × 100$$

式中：A：实验组饲料干物质或粗蛋白表观消化率(%)；

B：对照组饲料干物质或粗蛋白表观消化率(%)；

F：3 种方法处理的浒苔干物质或粗蛋白表观消化率(%)；

f：3 种方法处理的浒苔干物质或粗蛋白占实验组饲料干物质或粗蛋白比例(%)。

酶活指标测定：刺参肠道中淀粉酶(amylase,AMS)、胃蛋白酶(pepsin,PP)、超氧化物歧化酶(superoxide dismutase,SOD)和酸性磷酸酶(acid phosphatase,ACP)活性均用南京建成生物工程有限公司相关试剂盒测定，酶活以比活力表示。

1.8 数据统计与分析

实验数据用平均值 ± 标准差表示，用 Excel 2010 处理分析数据和作图，SPSS 17.0 统计软件进行单因子方差分析(One-way ANOVA)。若差异显著($P < 0.05$)，进行 Duncan 氏多重比较检验。

2 结果

2.1 浒苔对刺参生长性能的影响

2.1.1 浒苔含量对刺参生长性能的影响

由表 4 可知，浒苔含量对刺参 SGR 有显著性影响($P < 0.05$)。D5 组和 D4 组 SGR 显著高于 D1 组($P < 0.05$)，其他各组与 D1 组差异不显著($P > 0.05$)。D5 组 FCR 最低，但与其他各组差异不显著($P > 0.05$)，其他各组之间无显著性差异($P > 0.05$)。浒苔含量对刺参 FI 和 SR 无显著性影响($P > 0.05$)。

表 4 浒苔含量对刺参生长性能的影响

组别 Groups	特定生长率 SGR/(%/d)	饲料系数 FCR	摄食率 FI/%	成活率 SR/%
D1	$1.55 ± 0.09^a$	$2.47 ± 0.12$	$5.17 ± 0.23$	$94.29 ± 2.86$
D2	$1.61 ± 0.05^{ab}$	$2.43 ± 0.08$	$5.23 ± 0.14$	$95.24 ± 2.18$
D3	$1.65 ± 0.02^{ab}$	$2.41 ± 0.01$	$5.35 ± 0.12$	$97.14 ± 2.86$
D4	$1.69 ± 0.05^{bc}$	$2.38 ± 0.09$	$5.39 ± 0.15$	$95.24 ± 3.30$
D5	$1.79 ± 0.06^c$	$2.23 ± 0.09$	$5.47 ± 0.20$	$96.19 ± 4.36$
D6	$1.65 ± 0.09^{ab}$	$2.42 ± 0.08$	$5.16 ± 0.18$	$97.14 ± 2.86$

注：同列数据肩标无字母或有相同字母表示差异不显著($P > 0.05$)，不同字母表示差异显著($P < 0.05$)。下表同。

Note: In the same column, values with no letter or the same letter superscripts mean no significant difference ($P > 0.05$), while with different letter superscripts mean significant difference ($P < 0.05$). The same as below.

2.1.2 3种方法处理的浒苔对刺参生长性能的影响

由表5可知,3种方法处理的浒苔对刺参SGR和FCR显著性影响($P<0.05$)。C组的SGR最高,其次分别是D组、B组和A组。C组与其他各组差异显著($P<0.05$),D组、B组与A组差异显著($P<0.05$)。C组的FCR最低,与B组和D组差异不显著,与A组差异显著($P<0.05$),A组与B组和D组无显著性差异($P>0.05$)。3种方法处理的浒苔对刺参FI和SR无显著性影响($P>0.05$)。

表5 3种方法处理的浒苔对刺参生长性能的影响

组别 Groups	特定生长率SGR/(%/d)	饲料系数FCR	摄食率FI/%	成活率SR/%
A	1.60 ± 0.04^a	2.44 ± 0.22^b	5.02 ± 0.23	94.26 ± 2.86
B	1.76 ± 0.11^{ab}	2.18 ± 0.24^{ab}	5.02 ± 0.08	97.14 ± 2.86
C	2.13 ± 0.06^c	1.91 ± 0.03^a	5.12 ± 0.08	96.19 ± 4.36
D	1.88 ± 0.01^b	2.08 ± 0.01^{ab}	5.23 ± 0.15	96.19 ± 4.36

2.2 浒苔对饲料表观消化率的影响

2.2.1 浒苔含量对饲料表观消化率的影响

由表6可知,随着浒苔含量的增加,饲料中ADCd和ADCp呈显著下降趋势($P<0.05$)。D1组ADCd和ADCp最高,显著高于D4组、D5组和D6组($P<0.05$),与其他各组差不显著($P>0.05$)。

表6 浒苔含量对饲料中ADCd和ADCp的影响　　　　%

组别 Groups	干物质表观消化率ADCd	粗蛋白质表观消化率ADCp
D1	43.00 ± 0.63^d	50.45 ± 0.71^c
D2	42.41 ± 0.49^{cd}	49.84 ± 0.25^{bc}
D3	41.96 ± 0.15^{bcd}	49.79 ± 0.97^{bc}
D4	41.33 ± 1.11^{abc}	48.46 ± 1.05^{ab}
D5	40.74 ± 0.56^{ab}	48.33 ± 0.68^{ab}
D6	40.42 ± 0.78^a	48.21 ± 0.87^a

2.2.2 3种方法处理的浒苔对饲料表观消化率的影响

从表7可以看出,3种方法处理的浒苔对饲料中ADCd和ADCp有显著性地影响($P<0.05$)。B组ADCd最低,A组、C组和D组显著高于B组($P<0.05$),A组与D组之间差异不显著($P>0.05$),A组与C组之间差异显著($P<0.05$),C组与D组之间无显著性差异($P>0.05$)。B组ADCp最低,显著低于其他各组($P<0.05$),其他各组之间无显著性差异($P>0.05$)。

表7 3种方法处理的浒苔对饲料中 ADCd 和 ADCp 的影响 %

组别 Groups	干物质表观消化率 ADCd	粗蛋白质表观消化率 ADCp
A	42.64 ± 0.61^b	50.21 ± 0.68^b
B	40.74 ± 0.46^a	48.70 ± 1.02^a
C	44.59 ± 0.68^c	50.15 ± 0.62^b
D	43.51 ± 0.77^{bc}	50.45 ± 0.67^b

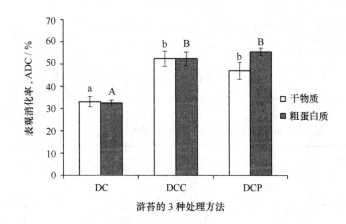

图3 刺参对3种方法处理浒苔的干物质和粗蛋白质表观消化率

注:同色柱形上不同字母表示差异显著($P<0.05$).

由图3可知,刺参对3种方法处理浒苔的 ADCd 和 ADCp 有显著性差异($P<0.05$)。干燥粉碎浒苔 ADCd 最低,为33.13%,显著低于其他两种方法处理的浒苔($P<0.05$),其他两种方法处理的浒苔之间无显著性差异。干燥粉碎浒苔 ADCp 最低,为32.48%,显著低于其他两种方法处理的浒苔($P<0.05$),其他两种方法处理的浒苔之间差异不显著($P>0.05$)。

2.3 浒苔对刺参肠道消化酶的影响

2.3.1 浒苔含量对刺参肠道消化酶的影响

从表8中可见,浒苔含量对刺参肠道 AMS 活性有显著性的影响($P<0.05$)。D5 组和 D6 组与其他各组均有显著性差异($P<0.05$),D5 组和 D6 组之间差异不显著,D1 组、D2 组、D3 组和 D4 组之间无显著性差异。随着浒苔含量的增加,PP 活性有上升的趋势,但不显著($P>0.05$)。

表8 浒苔含量对刺参肠道 AMS 和 PP 的影响 U/mgprot

组别 Groups	淀粉酶 AMS	胃蛋白酶 PP
D1	1.12 ± 0.04^a	1.52 ± 0.28
D2	1.11 ± 0.01^a	1.53 ± 0.14
D3	1.07 ± 0.04^a	1.62 ± 0.52

续表

组别 Groups	淀粉酶 AMS	胃蛋白酶 PP
D4	1.10 ± 0.04^a	1.69 ± 0.08
D5	1.20 ± 0.02^b	1.97 ± 0.20
D6	1.20 ± 0.04^b	1.99 ± 0.62

2.3.2 3种方法处理的浒苔对刺参肠道消化酶的影响

由表9可知,三种方法处理的浒苔对刺参肠道 AMS 和 PP 活性有显著性的影响($P<0.05$)。C组 AMS 活性最高,显著高于 A 组和 B 组($P<0.05$),D 组其次,显著高于 A 组和 B 组($P<0.05$),A 组和 B 组之间无显著性差异($P>0.05$),C 组和 D 组之间差异不显著($P>0.05$)。D 组 PP 活性最高,其次是 C 组、B 组和 A 组,各组之间差异显著($P<0.05$)。

表9 3种方法处理的浒苔对刺参肠道 AMS 和 PP 的影响   U/mgprot

组别 Groups	淀粉酶 AMS	胃蛋白酶 PP
A	1.10 ± 0.03^a	1.56 ± 0.09^a
B	1.25 ± 0.02^a	1.96 ± 0.20^b
C	1.70 ± 0.20^b	2.45 ± 0.15^c
D	1.59 ± 0.07^b	2.80 ± 0.13^d

2.4 浒苔对刺参肠道非特异性免疫的影响

2.4.1 浒苔含量对刺参肠道非特异性免疫的影响

由表10可知,浒苔含量对刺参肠道 SOD 活性有显著性的影响($P<0.05$)。D5 组 SOD 活性最高,显著高于其他各组($P<0.05$),D2 组、D3 组、D4 组和 D6 组之间无显著性差异($P>0.05$),与 D1 组相比差异显著($P<0.05$)。浒苔含量对刺参肠道 ACP 活性无显著性影响($P>0.05$)。

表10 浒苔含量对刺参肠道 SOD 和 ACP 的影响

组别 Groups	超氧化物歧化酶 SOD/(U/mgprot)	酸性磷酸酶 ACP/(U/gprot)
D1	33.20 ± 1.82^a	58.49 ± 4.73
D2	42.52 ± 1.20^b	54.35 ± 4.05
D3	40.86 ± 1.02^b	56.13 ± 2.77
D4	42.81 ± 1.92^b	53.78 ± 4.04
D5	49.81 ± 3.59^c	53.68 ± 5.78
D6	43.07 ± 3.21^b	52.35 ± 3.95

2.4.2 3种方法处理的浒苔对刺参肠道非特异性免疫的影响

由表11可知,3种方法处理的浒苔对刺参肠道SOD和ACP活性有显著性影响($P<0.05$)。A组SOD活性最低,显著低于其他各组($P<0.05$),其次是C组,显著低于B组和D组($P<0.05$),B组和D组之间无显著性差异($P>0.05$)。C组ACP活性最高,显著高于其他各组($P<0.05$),其他各组之间差异不显著($P>0.05$)。

表11 3种方法处理的浒苔对刺参肠道SOD和ACP的影响

组别 Groups	超氧化物歧化酶 SOD/(U/mgprot)	酸性磷酸酶 ACP/(U/gprot)
A	34.87 ± 1.27^a	55.16 ± 3.76^a
B	50.48 ± 3.21^c	55.34 ± 5.10^a
C	39.99 ± 2.50^b	72.03 ± 6.28^b
D	47.39 ± 1.78^c	57.94 ± 2.80^a

3 讨论

3.1 浒苔含量对刺参生长、消化和非特异性免疫的影响

浒苔不仅含有动物所必需的氨基酸、矿物质和维生素等营养物质且营养均衡,同时还含有多糖、萜类、甾体等生物活性物质,能够调节动物机体代谢,促进生长。实验结果表明浒苔能够促进刺参的生长,其中20%浒苔组的刺参生长速度最快,这与侯明华的研究结果相一致。

实验结果表明随着浒苔含量的增加,饲料中ADCd和ADCp呈显著下降,其原因可能是浒苔膳食纤维含量较高,而刺参肠道中纤维素酶含量较低,刺参对浒苔中的纤维素并不能完全分解,导致刺参对饲料的表观消化率降低。

刺参肠道消化酶活性的高低很大程度上反映了刺参肠道消化能力的强弱。实验结果表明浒苔能够促进刺参肠道中AMS活性提高,PP活性随着浒苔替代水平的增加有上升趋势。郭娜也研究认为浒苔中相应营养物质对刺参消化酶分泌有促进诱导作用。

SOD和ACP是刺参机体免疫功能的主要特征酶,酶活高低标志着刺参机体免疫能力的强弱。实验在刺参肠道中检测到SOD和ACP的存在,浒苔能促进刺参肠道SOD活性的提高,其中20%浒苔组SOD活性最高,这可能是刺参消化分解浒苔,释放浒苔多糖,而浒苔多糖对O_2^-和HO^-等有显著抗氧化活性,从而提高刺参肠道SOD活性。这与徐大伦等报道浒苔多糖能够提高扇贝血淋巴中SOD活性的结果相一致。此外,实验浒苔含量对刺参肠道中ACP活性无显著性影响,这可能与浒苔被消化分解时,释放营养物质的含量未达到改变动物ACP活性等部分机体免疫功能的需求量有关。

3.2 3种方法处理的浒苔对刺参生长、消化和非特异性免疫的影响

实验结果表明DCC浒苔能够显著提高刺参SGR和降低FCR,这与朱建新等报道用蛋白

酶处理的浒苔能提高刺参SGR的结果不一致,这可能与实验条件和方法有关。DCC浒苔能够提高刺参SGR和降低FCR,可能是浒苔中粗纤维被纤维素酶酶解转化为可消化糖类在刺参体内氧化分解为其提供能量,减少了蛋白质作为能量的消耗,使蛋白质更有效转化,从而提高刺参的生长率和降低FCR。

酶制剂在酶解植物饲料原料的过程中,释放并转化更易于吸收的营养物质,投喂酶解后的植物饲料能够提高动物对饲料的表观消化率。实验表明投喂含有DCC浒苔和DCP浒苔的饲料能够提高刺参对饲料的表观消化率,刺参对DC浒苔、DCC浒苔和DCP浒苔的ADCd分别为33.13%、52.40%和47.00%,ADCp分别为32.48%、52.43%和55.42%。这与包鹏云报道刺参对常用饲料原料的ADCd和ADCp范围分别为30.17%~61.56%和39.73%~74.04%的结果相符。DCC浒苔和DCP浒苔的ADCd和ADCp显著高于DC浒苔,说明纤维素酶和蛋白酶酶解浒苔均能够提高刺参对浒苔的表观消化率。

研究报道刺参消化酶活性受到pH、温度和底物浓度等多种因素的影响。实验表明DCC浒苔和DCP浒苔能够显著提高刺参肠道AMS和PP活性,其中DCP浒苔提高PP活性的效果最为显著。分析可能与酶制剂酶解浒苔释放较多氨基酸等营养物质,而氨基酸等对刺参有促进肠道消化酶分泌的作用有关,同时DCP浒苔相比DCC浒苔会产生更多的氨基酸和小肽等物质,增强了刺参肠道PP的相应底物的浓度,也相应提高了刺参肠道PP活性。

实验表明三种方法处理的浒苔均能够显著提高刺参肠道SOD活性,其中DC浒苔SOD活性最高,显著高于DCC浒苔,推测是纤维素酶作用于浒苔细胞壁,释放产生更多的浒苔多糖、纤维二糖等糖类,而高剂量的浒苔多糖对动物机体SOD活性有一定抑制作用。DCC浒苔组刺参肠道ACP活性显著高于其他各组,这可能是DCC浒苔相比DC浒苔、DCP浒苔产生更多的纤维二糖、半乳糖等还原性糖类,而半乳糖能提高刺参的ACP活性。

4 结论

幼刺参饲料中浒苔适宜含量为20%;纤维素酶酶解后干燥粉碎浒苔是一个理想的浒苔处理方法。

参考文献(略)

病原鳗弧菌毒力基因检测及双重 PCR 与 LAMP 检测方法的建立

孙晶晶,张晓君*,阎斌伦,白雪松,许 瑾,毕可然,秦 蕾

(淮海工学院 海洋学院 江苏省海洋生物技术重点实验室,江苏 连云港 222005)

摘 要:本研究检测了分离自发病大菱鲆、半滑舌鳎及鲤鱼的 22 株病原鳗弧菌毒力基因的携带情况,并建立了病原鳗弧菌的分子生物学检测方法。以 angM、tonB、vahl、vah4、flaA、empA、virA、rtxA 为靶基因设计特异性引物,结果表明 22 株病原鳗弧菌均可扩增出 empA、vah1、vah4、flaA、rtxA、tonB 基因目的条带,目的条带大小分别为 248 bp、493 bp、603 bp、435bp、441bp 及 195bp,未扩增出 virA 和 angM 基因;以所检出的 vah4 和 rtxA 两种毒力基因为靶基因设计的两对特异性引物进行的双重 PCR 扩增,同一 PCR 反应体系可扩增出 603 bp 和 441 bp 两条目的条带,且灵敏度为 2.4×10^3 CFU/mL,6 株对照菌无任何扩增条带;以 vah4 设计的 4 条特异引物进行的 LAMP 扩增,病原鳗弧菌可扩增出阶梯状条带,反应产物加入 SYBR Green I 荧光染料后反应液呈现明显的绿色阳性反应,6 株对照菌无阶梯状扩增条带且呈现橙色阴性反应,灵敏度为 2.4×10^1 CFU/mL,LAMP 检测灵敏度是双重 PCR 的 100 倍。LAMP 技术与 PCR 比较,操作简便、快速、灵敏性高且不需昂贵仪器,LAMP 检测鳗弧菌的方法更适合于养殖生产实际应用。

关键词:鳗弧菌;毒力基因;双重 PCR;环介导恒温扩增技术(LAMP)

鳗弧菌(*Vibrio anguillarum*)亦称鳗利斯顿氏菌(*Listonella anguillarum*),是海淡水环境及鱼体微生物区系中的正常菌群,是条件性致病菌;同时,鳗弧菌也是引起鱼类弧菌病的高致病性的主要细菌性病原,当水温适宜、营养丰富时其数量剧增,宿主养殖密度过大、应激状态如感染、损伤、低溶氧量时,常暴发鳗弧菌病。鳗弧菌可经消化道、鳃以及受损的皮肤侵入鱼体,可导致牙鲆(*Paralichthys olivaceus*)、大菱鲆(*Scophthalmus maximus*)、半滑舌鳎(*Cynoglossus semilaevis*)、鲈鱼(*Lateolabrax japonicus*)等多种鱼类的败血症。患病鱼体表最初出现局部褪色,鳍条、鳍基部及腮骨下部充血发红,肛门红肿,继而肌肉组织有弥散性或点状出血,体表发黑,鳍部出现溃烂;消化道膨胀并充满液体,解剖时有明显的黄色黏稠腹水,肠黏膜组织腐烂脱落,部分鱼肝脏坏死;个别病鱼体表可能出现大面积的溃疡症状或局部膨胀病灶,膨隆处肌肉溃烂,剪破皮肤有血脓状组织坏死物流出,发展成为出血性败血病病鱼大多在较短

---

* 基金项目:江苏省高校自然科学研究重大项目(14KJA240001);江苏省水产三项工程项目(Y2014 – 35;D2013 – 5 – 4);江苏高校优势学科建设工程.

作者简介:孙晶晶(1988 –),女,硕士研究生,主要从事水产养殖及病害研究. E-mail:y0741810@126.com
通信作者:张晓君. Tel:15861247889;E-mail:zxj9307@163.com

时间(一周)内死亡,死亡率从30%~100%。此外,该病原菌能引起世界范围内的多种贝类及甲壳类等发生相应的弧菌病(Vibriosis)。因此,明确鳗弧菌的毒力基因并以毒力基因作为分子靶标建立快速检测方法,对鳗弧菌引起的水产动物疾病的诊断、预防及治疗具有重要的现实意义。目前国内外学者通过分子生物学水平的研究,发现鳗弧菌的致病性是由许多毒力因子相互作用而形成的一套复杂机制,这些毒力因子主要包括质粒编码的铁吸收系统、细胞外溶血毒素、重复序列毒素、细菌鞭毛蛋白、胞外蛋白酶、细胞表面成分等。本实验选取鳗弧菌8个毒力基因分别为:铁吸收系统核糖体多肽合成酶毒力因子 angM 基因,铁离子弧菌素复合体转运毒力因子 tonB 基因,细胞外溶血素毒力因子 vahl、vah4 基因,细菌鞭毛蛋白毒力因子 flaA 基因,胞外锌金属蛋白酶侵袭因子 empA 基因,细胞表面成分抗原合成有关蛋白毒力因子 virA 基因和重复序列毒素 rtxA 基因,检测了鳗弧菌分离株中毒力基因的携带情况;建立并且对双重 PCR 与 LAMP 两种快速检测病原鳗弧菌的分子方法进行了比较研究,旨在为水产养殖业中病原鳗弧菌快速检测及分子流行病学研究提供一定的科学参考。

1 材料与方法

1.1 供试菌株

供试鳗弧菌分离自发病大菱鲆、半滑舌鳎和鲤鱼,共22株;阴性对照菌需钠弧菌、哈氏弧菌、美人鱼弧菌、霍乱弧菌、副溶血弧菌、河口弧菌均分离自发病水生动物,本实验室保存,菌株编号及来源见表1。

表1 供试菌株来源
Tab. 1 Origin of strains used in the study

菌株编号 strain No.	菌名 species	来源 origin
S010610-1 至 S010610-10	鳗弧菌 V. anguillarum	大菱鲆 Scophthalmus maximus
S010623-1 至 S010623-10	鳗弧菌 V. anguillarum	大菱鲆 Scophthalmus maximus
BH1	鳗弧菌 V. anguillarum	半滑舌鳎 Cynoglossus semilaevis
LD080323	鳗弧菌 V. anguillarum	鲤鱼 Cyprinus carpio
JGB080708-1	副溶血弧菌 V. parahaemolyticus	凡纳滨对虾 Litopenaeus vannamei
S090801	哈氏弧菌 V. harveyi	矛尾复虾虎鱼 Synechogobius hasta
ST1	美人鱼弧菌 V. damsela	半滑舌鳎 Cynoglossus semilaevis
JL120508	需钠弧菌 V. natriegen	日本对虾 Penaeus japonicus
LD081008B-1	霍乱弧菌 V. cholerae	泥鳅 Misgurnus anguillicaudatus
TS1	河口弧菌 V. aestuarianus	半滑舌鳎 Cynoglossus semilaevis

1.2 引物设计与合成

根据文献报道及 GenBank 已收录的鳗弧菌毒力基因序列,利用 PrimerPremier 5.0 和 olige 6.0 软件设计 PCR 特异性引物(表2);以鳗弧菌毒力基因 vah4 为靶序列,利用 primer explorer V4 软件设计 LAMP 4 条特异性引物(表2),各引物均由上海生物工程技术公司合成。

表2 引物序列
Tab. 2 Sequence of primers

基因 gene	扩增产物长度 product size/bp	PCR 引物序列(5'–3') PCR primers sequence (5'–3')	参考文献 references
empA	248	F:5 – CCTTTAACCAAGTGGGCGTA – 3 R:5 – CGATTTGTAAGGGCGACAAT – 3	陈吉祥等
vah1	493	F:5 – TGCGCTATATTGTCGATTTCAGTT – 3 R:5 – GCACCCGTTGTATCATCATCTAAG – 3	Channarong et al
vah4	603	F:5 – ATGAAAACCATACGCTCAGCATCT – 3 R:5 – TCACGCTTGTTTTTGGTTTAAATGAAATCG – 3	Channarong et al
rtxA	441	F:GCCTTCTTCGCCTAAACCT R:ATTCGCAGCCACTACCAG	GenBank EU155486
virA	468	F:TTATTGGGCCTTTCGGATACTG R:CTGGGTAACCTGTCGGATTATC	鲁雪
angM	500	F:CCTGAAGTTGAGCCTCGTAAG R:CGCTTTGATGCTGAAGTTGAC	鲁雪
flaA	435	F:GTGCTGATGACTTCCGTATGG R:GCTCTGCCCGTTGTGAATC	鲁雪
tonB	195	F:GGCGTAGAAGGTTTCGTT R:CTCCACAGTCACGGTTTG	GenBank AY644719
vah4	LAMP	F3:TTGACCAACCTGCCGATG B3:GCATCAAAGCATGCAGTGG FIP:ACGACCAAAAGAGGCCAGTTGA – TTTT – CG-CAGCGTTTTGATTGCC BIP:TCGGCGCTGCACTTTACTTTGA – TTTT – CGTT-GCTGTAAAAACGCACC	GenBank AB189397

1.3 细菌模板 DNA 的制备

将供试菌株接种于营养肉汤培养基中28℃培养18 h,取2 mL 的菌悬液按细菌基因组 DNA 提取试剂盒(上海赛百盛生物工程有限公司)所述方法提取 DNA 作为 PCR 及 LAMP 扩增模板, –20℃保存备用。

1.4 毒力基因检测

以上述表2中 PCR 引物分别对鳗弧菌及对照菌株 DNA 模板进行扩增。20 μL 反应体系中含有:2×Power Taq PCR MasterMix 10 μL,正反引物各0.5 μL,模板 DNA 1 μL,无菌双蒸水8 μL;扩增条件:95℃预变性5 min,循环30次,95℃变性1 min,复性45 s (empA、vah1 和 vah4 复性温度55℃;virA、flaA 和 angM 复性温度54℃;rtxA 复性温度56℃;tonB 复性温度53℃),72℃

延伸 1 min,最后 72℃ 温育 10 min。扩增后的 PCR 产物,用 1.0% 琼脂糖凝胶电泳。

1.5 双重 PCR 及 LAMP 扩增条件的优化及特异性检测

选择鳗弧菌 vah4 和 rtxA 基因的两对引物对模板 DNA 进行双重 PCR 扩增,优化引物浓度和退火温度,确定鳗弧菌双重 PCR 最佳反应条件;以鳗弧菌 vah4 基因的外引物(F3 和 B3)和内引物(FIP 和 BIP)对模板 DNA 进行恒温扩增,优化出鳗弧菌 LAMP 最佳反应条件。以需钠弧菌、哈氏弧菌、美人鱼弧菌、霍乱弧菌、副溶血弧菌及河口弧菌作为对照菌株,检验引物的特异性。LAMP 产物一部分用琼脂糖凝胶电泳检测,另一部分加入 SYBR Green I 荧光染料后观察反应液的颜色变化以判断结果。

1.6 双重 PCR 及 LAMP 扩增的灵敏性检测

以菌液稀释方法进行灵敏性实验。将鳗弧菌各菌株培养至对数生长期,平板计数。菌液 10 倍比梯度稀释为: 2.4×10^8 CFU/mL, 2.4×10^7 CFU/mL, 2.4×10^6 CFU/mL, 2.4×10^5 CFU/mL, 2.4×10^4 CFU/mL, 2.4×10^3 CFU/mL, 2.4×10^2 CFU/mL, 2.4×10^1 CFU/mL, 2.4×10^0 CFU/mL,提取模板 DNA 后按照上述建立的双重 PCR 与 LAMP 检测方法进行灵敏性检测。

1.7 鳗弧菌双重 PCR 与 LAMP 检测的应用

取市场水产品泥鳅(*Misgurnus anguillicaudatus*)、半滑舌鳎(*Cynoglossus semilaevis*)、缢蛏(*Sinonovacula constricat*)、中国对虾(*Penaeus chinensis*)、日本对虾(*Penaeus japonicus*)、毛蚶(*Scapharca subcrenata*)、三疣梭子蟹(*Portunus trituberculaftus*)、文蛤(*Lioconcha castrensis*)、黄鱼(*Larimichthys polyactis*)、长牡蛎(*Crassostrea gigas*)肌肉组织匀浆,匀浆液人工感染鳗弧菌,之后增菌培养 4 h。按照 1.3 所述方法提取 DNA,并按 1.5 建立的双重 PCR 和 LAMP 方法检测,对照组为未染菌的肌肉组织匀浆液,琼脂糖凝胶电泳和荧光染料 SYBR Green I 检测实验结果。

2 结果

2.1 鳗弧菌毒力基因

分离自大菱鲆、半滑舌鳎和鲤鱼的 22 株病原鳗弧菌基因组 DNA 均可扩增出 *empA*、*vah*1、*vah*4、*flaA*、*rtxA* 及 *tonB* 基因条带,未扩增出 *virA* 和 *angM* 基因条带,未加模板阴性对照无任何扩增条带,表明供试 22 株病原鳗弧菌携带 *empA*、*vah*1、*vah*4、*flaA*、*rtxA* 及 *tonB* 6 种毒力基因,这些分子标记可用于该菌的初步检测,图 1 为选择的代表菌株 S010610-1 毒力基因的检测结果。

2.2 鳗弧菌双重 PCR 及 LAMP 检测方法的建立

经过优化之后的双重 PCR 反应体系(20 μL)为: $2 \times$ Power *Taq* PCR MasterMix 10 μL, vah4 和 rtxA 两对引物正反引物各 0.25 μL (10 μmol/L),模板 1uL,无菌双蒸水 8 μL;扩增条件:95℃ 预变性 5 min,然后 30 次循环,程序为 94℃ 变性 1 min,55℃ 退火 45 min,72℃ 延伸 1 min,之后 72℃ 温育 10 min。

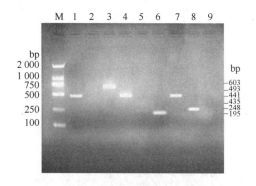

图1 鳗弧菌毒力基因PCR扩增结果

Fig. 1 Result of virulence genes of *V. anguillarum* by PCR amplification

M. DL2000;1. *vah*1;2. *virA*;3. *vah*4;4. *rtxA*;5. *angM*;6. *tonB*;7. *flaA*;8. *empA*;9. 对照

经过优化之后的LAMP反应体系(25 μL):10×Thermopol buffer 2.5 μL、dNTP 2.5 μL(10 mmol/L)、Mg^{2+} 2 μL (25 mmol/L)、甜菜碱 4 μL(5 mol/L)、FIP、BIP 各 1.6 μL(10 μmol/L)、F3、B3 各 0.2 μL(10 μmol/L)、模板 DNA 1 μL、BstDNA 酶 1 μL(8 000 U)、ddH_2O 8.4 μL;LAMP 的反应条件为 65℃恒温保持 60 min,之后 80℃终止反应 10 min。

2.3 鳗弧菌双重PCR及LAMP的特异性

双重 PCR 结果表明鳗弧菌代表菌株 S010610-1 株基因组 DNA 可扩增出 603 和 441 bp 2条目的条带,而其他6株对照病原菌均未出现任何扩增条带(图2),表明本实验建立的鳗弧菌双重 PCR 检测方法具有较强的特异性。

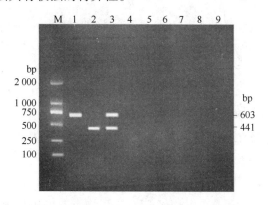

图2 鳗弧菌双重PCR特异性检测结果

Fig. 2 Specificity of dulplex PCR for detection of *V. anguillarum*

M. DL2000;1. *vah*4;2. *rtxA*;3. *vah*4 和 *rtxA*;4~9.6 株对照菌

LAMP 扩增结果表明鳗弧菌可扩增出阶梯状条带,而其他 6 种病原菌均未出现任何扩增条带(图3),LAMP 反应液经 SYBR Green I 染色,可见鳗弧菌呈现绿色的阳性反应,而其他6种对照病原菌均呈现橙色的阴性反应(图4)。该结果表明所建立的鳗弧菌 LAMP 检测方法具有很好的特异性。

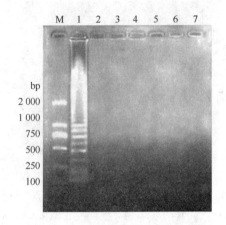

图 3 鳗弧菌 LAMP 特异性检测结果(电泳)
Fig. 3 Specificity of LAMP for detection of *V. anguillarum* (electrophoresis)
M. DL2000;1. 鳗弧菌;2~7.6 株对照菌

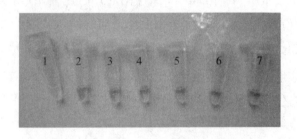

图 4 鳗弧菌 LAMP 特异性检测结果(SYBR Green I)
Fig. 4 Specificity of LAMP for detection of *V. anguillarum* (SYBR Green I)
1. 鳗弧菌;2~7.6 株对照菌

2.4 鳗弧菌双重 PCR 及 LAMP 检测的灵敏度

10 倍比系列稀释菌液提取 DNA 后按 2.2 建立的双重 PCR 及 LAMP 检测方法进行灵敏性检测,结果双重 PCR 菌体浓度自 2.4×10^8 ~ 2.4×10^3 CFU/mL 均可扩增出清晰条带(图5),表明本实验建立的双重 PCR 方法检测鳗弧菌灵敏度为 2.4×10^3 CFU/mL;LAMP 检测的结果表明菌体浓度自 2.4×10^8 ~ 2.4×10^1 CFU/mL 均可扩增出清晰的阶梯状条带(图6),且反应液中加入 SYBR Green I 荧光染料后呈现明显的绿色的阳性反应(图7),表明本实验建立的 LAMP 检测鳗弧菌灵敏度为 2.4×10^1 CFU/mL。

2.5 鳗弧菌双重 PCR 与 LAMP 检测应用

人工染菌的 10 种水产品组织匀浆增菌液,提取 DNA 后分别进行双重 PCR 和 LAMP 检测。双重 PCR 和 LAMP 检测电泳结果显示,人工染菌组均呈现阳性扩增,未染菌组均无电泳条带(图8 和图9);LAMP 反应液中加入 SYBR Green I 染色,可见人工染菌组呈现绿色阳

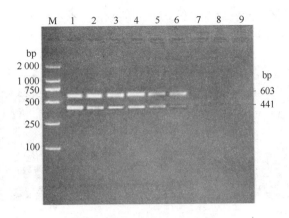

图 5 鳗弧菌双重 PCR 检测方法的灵敏性

Fig. 5 Sensitivity of dulplex PCR for detection of *V. anguillarum*

M. DL2000;1~8. *vah4* 和 *rtxA* 扩增片段(菌液 10 倍系列稀释为 $2.4 \times 10^8 \sim 2.4 \times 10^1$ CFU/mL);9. 空白对照.

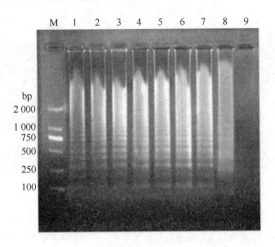

图 6 鳗弧菌 LAMP 检测方法的灵敏性(电泳)

Fig. 6 Sensitivity of LAMP methods for detection of *V. anguillarum* (electrophoresis)

M. DL2000;1~8. 扩增片段(菌液 10 倍系列稀释为 $2.4 \times 10^8 \sim 2.4 \times 10^1$ CFU/mL);9. 空白对照

图 7 鳗弧菌 LAMP 检测方法的灵敏性(SYBR Green I)

Fig. 7 Sensitivity of LAMP methods for detection of *V. anguillarum* (SYBR Green I)

M. DL2000;1~8. LAMP 扩增(菌液 10 倍系列稀释为 $2.4 \times 10^8 \sim 2.4 \times 10^1$ CFU/mL);9. 空白对照

性反应,未染菌组呈现橙色阴性反应(图10)。该结果表明双重 PC 与 LAMP 两种方法均能将感染鳗弧菌的样品准确检出。

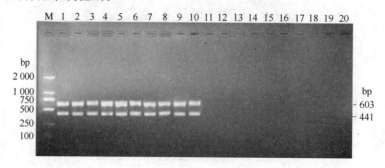

图 8 鳗弧菌的双重 PCR 检测应用

Fig. 8 Application of dulplex PCR for detection of *V. anguillarum*

M. DL2000;1~10.10 种水产品染菌组织匀浆增菌液;11~20.10 种水产品未染菌组织匀浆液

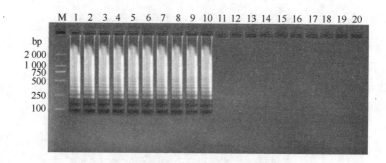

图 9 鳗弧菌的 LAMP 检测应用(电泳)

Fig. 9 Application of LAMP for detection of *V. anguillarum* (electrophoresis)

M. DL2000;1~8.10 种水产品染菌组织匀浆增菌液;11~20.10 种水产品未染菌组织匀浆液

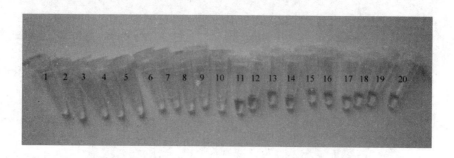

图 10 鳗弧菌的 LAMP 检测应用(SYBR Green I)

Fig. 10 Application of LAMP for detection of *V. anguillarum* (SYBR Green I)

M. DL2000;1~10.10 种水产品染菌组织匀浆增菌液;11~20.10 种水产品未染菌组织匀浆液

3 讨论

鳗弧菌广泛存在于沿岸海水、沉积物和海洋动物体中,是海水鱼、虾、贝类的一种常见的细菌性病原。本文选取鳗弧菌8个毒力基因 $angM$、$tonB$、$vah1$、$vah4$、$flaA$、$empA$、$virA$、$rtxA$,检测了本实验保存的分离自半滑舌鳎、大菱鲆和鲤鱼的22株病原鳗弧菌毒力基因的携带情况,结果22株病原鳗弧菌基因组DNA均可扩增出 $empA$、$vah1$、$vah4$、$flaA$、$rtxA$、$tonB$ 基因目的条带,而没有扩增出 $virA$ 和 $angM$ 基因目的条带,表明22株病原鳗弧菌均携带 $empA$、$vah1$、$vah4$、$flaA$、$rtxA$、$tonB$ 6种毒力基因,可用于该菌的初步检测。以 $vah4$ 和 $rtxA$ 两种毒力基因设计两对特异性引物建立的双重PCR检测方法,特异性强,菌体灵敏度为 2.4×10^3 CFU/mL;以溶血素毒力基因 $vah4$ 为分子靶标设计了4条引物(FIP, BIP, F3, B3)建立 LAMP检测方法,其灵敏度为 2.4×10^1 CFU/mL,LAMP检测方法的灵敏度是双重PCR方法的100倍。

用分子生物学方法检测弧菌的研究已有报道,在PCR检测方面,陈吉祥等(2005)用金属蛋白酶基因和溶血素基因建立了PCR检测鳗弧菌的方法;鲁雪等报道用6个毒力基因 ($angM$、$vah1$、$flaA$、$empA$、$virA$、$virC$),建立了多重PCR检测鳗弧菌的方法,其灵敏度为1.6 fg,并建立了基因芯片及Taqman Real-Time PCR方法来检测鳗弧菌;Xiao等(2009)用 $empA$ 基因检测鳗弧菌灵敏度为 3.3×10^2 CFU/mL。在LAMP检测方面,Gao等(2010)以 $empA$ 基因设计4条引物建立了鳗弧菌的检测方法,灵敏度为6.7 pg;Yamazaki等(2008)以霍乱毒素 CT基因建立了霍乱弧菌 $V.\ cholerae$ 的检测方法,其灵敏度为 1.4×10^3 CFU/mL;Yamazaki等(2008)用TDH基因作为分子靶标设计引物,建立了副溶血弧菌 $V.\ parahaemolyticus$ 的检测技术,其检测下限是 2.0×10^3 CFU/mL;Han等(2008)用vvhA设计引物建立了创伤弧菌 $V.\ vulnificus$ 的检测技术,其灵敏度为 2.0×10^4 CFU/mL;Liu等(2010)以 $rpoA$ 基因建立了溶珊瑚弧菌 $V.\ corallilyticus$ 的检测技术,其灵敏度为 3.6×10^3 CFU/mL;Fall等(2008)利用16S和23S rRNA基因间隔区域(ITS)序列设计LAMP引物,建立了 $V.\ nigripulchritudo$ 检测技术,灵敏度为 1.0×10^3 CFU/mL;Cai等(2010)用 $gyrB$ 基因建立了溶藻弧菌 $V.\ alginolyticus$ 的检测技术,检测下限为 3.7×10^2 CFU/mL;Cao等(2010)以 $toxR$ 基因为靶标,建立了 $V.\ harveyi$ 的检测技术,灵敏度为17.2 cells/反应。本文建立了鳗弧菌的双重PCR及LAMP检测方法,并对两种检测方法进行了分析比较,两种检测方法均具有比较好的特异性和灵敏性,LAMP技术与PCR比较,操作简便、耗时短,不需要精密的仪器,检测结果可以用肉眼观察或浊度仪检测反应管中的沉淀(焦磷酸镁沉淀)来判断扩增效率等优点,其灵敏度是普通PCR的10~100倍左右,但LAMP技术容易出现非特异性扩增,且不能在一次反应中同时检测两个或多个病原体,这是无法同PCR媲美的。

参考文献

[1] 肖慧, 李军, 徐怀恕, 等. 1999. 鲈鱼苗烂鳃、烂尾病病原的研究 [J]. 青岛海洋大学学报, 29 (1): 87-93.

[2] 吴后波, 潘金培. 2001. 弧菌属细菌及其所致海水养殖动物疾病 [J]. 中国水产科学, 8(1): 89-93.

[3] 张晓君, 陈翠珍, 房海, 等. 2006. 大菱鲆 (*Scophthalmus maximus* L.) 病原鳗利斯顿氏菌的鉴定 [J]. 海洋与湖沼, 37(5): 417-423.

[4] 张晓君, 秦国民, 阎斌伦, 等. 2009. 半滑舌鳎病原鳗利斯顿氏菌表型及分子特征研究 [J]. 海洋学报, 31(5): 112-122.

[5] 陈吉祥, 李彩风, 颜显辉, 等. 2005. 大菱鲆病原鳗弧菌生物学及分子特征研究 [J]. 高技术通信, 15 (6): 92-96.

[6] 莫照兰, 茅云翔, 陈师勇, 等. 2002. 一株牙鲆皮肤溃烂症病原菌的鉴定 [J]. 微生物学报, 42 (3): 263-269.

[7] 鲁雪. 2010. 鳗弧菌6个毒力基因的多重PCR与基因芯片检测技术的建立以及创新检测技术的初步探索 [D]. 青岛: 中国海洋大学.

[8] Austin B, Austin D A. 1999. Bacterial Fish Pathogens: Disease of Farmed and Wild Fish [M]. Third(Revised) Edition. Praxis Publishing Ltd, Chichester, UK, 29-30.

[9] Bolinches J, Toranzo A E, Silva A, et al. 1986. Vibriosis as the main causative factor of heavy mortalities in the oyster culture industry in northwestern Spain [J]. Bull Eur Assoc Fish Pathol, (6): 1-4.

[10] Bowser P R, Rosemark R, Reiner C R. 1981. A preliminary report of vibriosis in cultured American lobsters, *Homarus americanus* [J]. J Invertebr Pathol, 37(1): 80-85.

[11] Cai S H, Lu Y S, Wu Z H. 2010. Loop-mediated isothermal amplification method for rapid detection of *Vibrio alginolyticus*, the causative agent of vibriosis in mariculture fish [J]. Lett Appl Microbiol, 50: 480-485.

[12] Cao Y T, Wu Z H, Jian J C. 2010. Evaluation of a loop-mediated isothermal amplification method for the rapid detection of *Vibrio harveyi* in cultured marine shellfish [J]. Lett Appl Microbiol, 51: 24-29.

[13] Fall J, Chakraborty G, Kono T, et al. 2008. Establishment of loop-mediated isothermal amplification method (LAMP) for the detection of *Vibrio nigripulchritudo* in shrimp [J]. FEMS Microbiol Lett, 288(2): 171-177.

[14] Frans I, Michiels C W, Bossier P, et al. 2011. *Vibrio anguillarum* as a fish pathogen: virulence factors, diagnosis and prevention [J]. J Fish Dis, 34: 643-661.

[15] Gao H W, LI F H, Zhang X J, et al. 2010. Rapid, sensitive detection of *Vibrio anguillarum* using loop-mediated isothermal amplification [J]. Chin J Oceanol Limnol, 28 (1): 62-66.

[16] Han F, Ge B. 2008. Evaluation of a loop-mediated isothermal amplification assay for detecting *Vibrio vulnificus* in raw oysters [J]. Foodborne Pathog Dis, (5): 311-320.

[17] Jevin M A. 1972. *Vibrio anguillarum* as a cause of disease in winter flounder (*Pseudopleuronectes americanus*) [J]. Can J Microbiol, 18: 1585-1592.

[18] Liu G F, Wang J Y, Xu L W. 2010. Sensitive and rapid detection of *Vibrio corallilyticus* by loop-mediated isothermal amplification targeted to the alpha subunit gene of RNA polymerase [J]. Lett Appl Microbiol,

[19] Mo Z L, Tan X G, Xu Y L, et al. 2001. A *Vibrio anguillarum* strain associated with ulcerative skin in cultured flounder, *Paralichthys olivaceus*. Chin J Oceanol Limnol, 19: 319 – 326.

[20] Rodkhum C, Hirono I, Crosa J H, et al. 2006. Multiplex PCR for simultaneous detection of five virulence hemolysin genes in *Vibrio anguillarum* [J]. J Microbiol Meth, 65:612 – 618.

[21] Wang X H, Oon H L, Ho G W, et al. 1998. Internalization and cytotoxicity are important virulence mechanisms in vibrio fish epithelial cell interactions [J]. Microbiology, 144(11): 2987 – 3002.

[22] Xiao P, Mo Z L, Mao Y X, et al. 2009. Detection of *Vibrio anguillarum* by PCR amplification of the *empA* gene [J]. J Fish Dis, 32: 293 – 296.

[23] Yamazaki W, Ishibashi M, Kawahara R, et al. 2008. Development of a loop-mediated isothermal amplification assay for sensitive and rapid detection of *Vibrio parahaemolyticus* [J]. BMC Microbiol, (8): 163 – 169.

[24] Yamazaki W, Seto K, Taguchi M, et al. 2008. Sensitive and rapid detection of cholera toxin producing *Vibrio cholerae* using a loop-mediated isothermal amplification [J]. BMC Microbiol, (8):94 – 100.

星斑川鲽免疫相关组织抗菌活性的研究

郑风荣,徐宗军,张永强,司徒军,张白羽,王 波[*]

(国家海洋局 第一海洋研究所,山东 青岛 266061)

摘 要:鱼类黏液中含有许多非特异性抗菌活性成分,在自然条件下可抵抗微量病原菌的侵害,是鱼类先天性免疫系统的重要组成部分。本研究对新兴养殖鱼类星斑川鲽免疫相关组织脾脏、肾脏、后肠及皮肤黏液中抗菌物质的抗菌活性进行了研究。结果表明,星斑川鲽各免疫相关组织的提取物具有抗鳗弧菌、溶藻弧菌、副溶血弧和爱德华菌的活性。各组织的抗菌物质对温度不敏感,分别在37℃、50℃、70℃和95℃不同温度中处理 10 min 后,95℃处理的样品抗菌活性显著下降外,而其他温度处理后抗菌活性则变化不明显。体表黏液抗菌物质的抗菌活性在酸性条件下强于碱性条件下。溶菌酶与黏液及各组织的抗菌物质作用后其抗菌活性略有下降,胰蛋白酶和蛋白酶 K 处理后则没有明显的变化,并且黏液及各组织的抗菌物质具有较高的溶血活性。经凝胶过滤层析的初步鉴定结果表明,各组织的抗菌活性物质可能是分子量较小的物质。

关键词:星斑川鲽;免疫相关组织;皮肤黏液;抗菌活性

---

[*] 基金项目:海洋公益性行业研究专项(20105025,20105020),国家自然科学基金项目(41106147)。
作者简介:郑风荣(1975.08 -),女,博士,副研究员,海洋生物学,zhengfr@ fio. org. cn
通信作者:王波,副研究员,水产养殖,ousun@ fio. org. cn

星斑川鲽(*Platichthys stellatus* P.),隶属鲽形目、鲽科、星鲽属,具有生长速度快、出肉率高、广温、广盐、抗病力强、易人养殖、耐运输和耐冷藏等优点,是继牙鲆(*Paralichthys olivaceus*)、大菱鲆(*Scophthalmus mazimus*)之后具有极高商业开发价值的海水养殖鱼类之一,将成为新的养殖产业。在养殖生产中发现,星斑川鲽是少会被纤毛虫感染,其体表黏液对抵御寄生虫的侵袭有良好的效果,它的黏液中是否也存在同样或相似的抗菌活性物质仍有待研究。本研究对星斑川鲽免疫相关组织脾脏、肾脏、后肠及皮肤黏液中的抗菌活性进行了分析,选取了本实验室多年来在分离得到的鱼类病原菌－鳗弧菌、溶藻弧菌、副溶血弧和爱德华菌,研究了星斑川鲽体表黏液、肾脏、脾脏和后肠提取物对各种病原菌的抑制效果,分析了抗菌物质的特性,并初步分离鉴定了抗菌物质,旨在了解星斑川鲽抗菌物质的特性,为探索海水养殖鱼类新型病害防治药物提供理论基础。

1 材料与方法

1.1 材料

病原菌株为鳗弧菌(*Vibrio anguillarum*)、副溶血弧菌(*Vibrio parahaemolyticas*)、溶藻弧菌(*Vibrio alginolyticus*)和爱德华氏菌(*Edwardsiella*),由本实验室人员分离自患病大菱鲆、牙鲆的体内和养殖池水,并经感染实验证明具有较强的致病性(见专利和另文)。

星斑川鲽取自日照市海洋水产资源增殖站的星斑川鲽养殖场。

1.2 星斑川鲽体表黏液以及免疫相关组织提取液的制备

用玻片轻轻刮取星斑川鲽鱼背部的黏液,避免刮到腹部及刮伤皮肤,将其溶于无菌、10 mmol/L、pH 7.4 的磷酸盐缓冲液(PBS)中,4℃条件下,4 000 r/min,离心 20 min,取上清,将上清冷冻干燥后,用 pH 7.4 的 PBS 溶液重悬,4℃条件下,6 000 r/min,离心 30 min,取上清,得到黏液样品,-80℃保存备用。

取星斑川鲽肾脏、脾脏和后肠组织分别置于研钵中,研钵内溶液为预冷的 PBS 缓冲液,各组织与 PBS 溶液体积比为 1:2,冰浴条件下将组织研磨成匀浆后,研磨后的混合物置于 100℃水浴 5 min,然后在 4℃条件下,12 000 r/min,离心 30 min,取上清,得到肾脏、脾脏和后肠组织的提取液,-80℃保存备用。

1.3 抑菌活性的研究

将病原菌株鳗弧菌、溶藻弧菌、副溶血弧菌和爱德华氏菌活化之后,再转接牛肉膏蛋白胨液体培养基(LB)中培养,将病原菌分别均匀地涂布在营养琼脂平板上,再放上灭菌的滤纸片,每板放双层滤纸片 4 个,每组滤纸片上分别加入样品 20 μL,PBS 缓冲液为阴性对照,将平板放入生化培养箱,在 28℃下培养,根据病原菌生长情况,24~36 h 后观察抑菌圈的大小。每处理 4 组平行实验。

1.4 星斑川鲽黏液、不同组织提取液中抗菌物质对细菌生长的最低抑制浓度

将体表黏液（蛋白浓度9 mg/mL）按倍比稀释的方法用pH 7.4的PBS稀释若干倍，通过鳗弧菌、溶藻弧菌、副溶血弧菌和爱德华氏菌的抑菌实验，观察最低抑菌浓度。每处理4组平行实验，实验方法同1.3。

1.5 体表黏液、肾脏、脾脏和后肠提取液的理化性质

1.5.1 对温度的耐受性

将体表黏液、肾脏、脾脏、后肠提取液（蛋白浓度10 mg/mL）分别于37℃、50℃、70℃、95℃水浴中保温10 min后，迅速置冰盒中冷却，用鳗弧菌、溶藻弧菌、副溶血弧菌和爱德华氏菌检测抑菌活性，样品加入滤纸片上，28℃培养，24 h后观察处理后的样品抑菌活性，每处理4组重复。

1.5.2 对pH的耐受性

将体表黏液、肾脏、脾脏、后肠提取液（蛋白浓度10 mg/mL）分别溶解于无菌的pH 3.0、pH 5.0、pH 6.0、pH 7.0、pH 8.0、pH 10.0的PBS缓冲液中，4℃条件下放置8 h后，用鳗弧菌和副溶血弧菌做抑菌实验，样品加入滤纸片上，28℃培养，24 h后观察抑菌圈，检测抗菌活性，每处理4组重复。

1.5.3 对酶的耐受性

将体表黏液、肾脏、脾脏、后肠提取液（蛋白浓度10 mg/mL）分别与胰蛋白酶（2.5 μg/μL）、溶菌酶（20 μg/μL）、蛋白酶K（10 μg/μL）以1:1（$V:V$）的比例混合，在37℃水浴中处理20 min，用鳗弧菌和副溶血弧菌做抑菌活性实验，样品加入滤纸片上，28℃培养，18 h后观察抑菌圈，检测抗菌活性，每处理4组重复。

1.5.4 溶血活性测定

从星斑川鲽尾静脉取血，血液放于装有无菌阿氏液（阿氏液：葡糖酸2.050 g，柠檬酸钠0.800 g，柠檬酸0.055 g，氯化钠0.420 g，加热溶解至100 mL，pH 6.1）的离心管中，阿氏液:血液=1:1，2 500 r/min离心10 min，用生理盐水洗涤至上清液不再呈红色为止。将洗涤好的红细胞加生理盐水稀释成悬浮液（稀释度为1:10）。分别取1 mL不同质量浓度的体表黏液、肾脏、脾脏和后肠提取液（终质量浓度8 mg/mL），加入含1 mL红细胞悬浮液的试管中，以加入1 mL 0.1%十二烷基硫酸钠（SDS）的试管为阳性对照（100%溶血），以加入1 mL生理盐水的试管为阴性对照，于37℃保温30 min，2 500 r/min离心5 min，取上清液，于540 nm测定光吸收值，每处理3组重复。溶血活性与540 nm光吸收值成正比。

1.6 抗菌物质的初步分离纯化

凝胶选用SephadexG-50，采用凝胶过滤层析检测抗菌活性成分。Sepharose G-50凝胶加足量的蒸馏水于100℃下水浴加热2 h，使凝胶充分溶胀，采用自然沉降法进行装柱（1.8 cm×90 cm），蒸馏水洗脱24 h，1 mol/L Nacl平衡凝胶柱，采用2 mL（蛋白浓度

10 mg/mL)的上样量对其进行进一步的分离纯化,控制流速为 4 mL/min,自动收集器每管收集 10 min,用紫外分光光度计测定各管收集的 OD280 值,以洗脱体积为横坐标,OD 值为纵坐标绘制洗脱曲线。将收集到的溶液冷冻干燥后,浓缩后用鳗弧菌和副溶血弧菌做抑菌活性实验,检测每管的抗菌活性。

1.7 数据处理

数据处理采用 SPSS 13.0 软件进行统计分析,结果用平均值±标准差表示。

2 结果与分析

2.1 抑菌活性的研究

抑菌实验表明,星斑川鲽的体表黏液、肾脏、脾脏和后肠对主要的病原菌鳗弧菌、溶藻弧菌、爱德华氏菌和溶藻弧菌有明显的抑制效果,但对这 4 种病原菌的抑菌程度不同(表1),PBS 缓冲液的阴性对照则没有抑菌圈出现。将体表黏液用 PBS 缓冲液稀释成不同倍数的稀释液后的抑菌活性见表 2,可见稀释 32 倍后,抗菌活性基本消失。

表1 体表黏液及各组织提取物对主要海水养殖鱼类病原细菌的抑菌实验
Tab. 1 Bacterial inhibition experiments of mucus and tissue extract on major fish pathogens

病原细菌	抑菌圈直径/mm			
	体表黏液 skin mucus	肾脏 kidney	脾脏 spleen	后肠 hindgut
Vibrio anguillarum	14.5±0.5	14.2±0.4	14.0±0.4	14.5±0.4
Vibrio parahaemolyticas	13.5±0.5	13.5±0.5	14.0±0.3	13.6±0.4
Vibrio alginolyticus	13.1±0.5	12.8±0.8	13.8±0.5	14.6±0.2
Edwardsiella	13.1±0.5	13.6±0.5	13.5±0.5	13.3±0.42

注:实验采用的滤纸片直径为 8 mm,下同。

表2 体表黏液稀释不同倍数后的抑菌性
Tab. 2 Antimicrobial activity of mucus after different dilution factors

病原细菌	不同稀释倍数的抑菌圈直径/mm							
	2	4	8	12	16	24	32	64
Vibrio anguillarum	13.8±1.0	12.5±0.6	11.2±0.5	10.5±0.7	9.8±0.5	9±0.8.	8.5±0.3	8.0
Vibrio parahaemolyticas	12.2±0.3	11.3±0.5.	11.2±0.8.	9.5±0.9	9.2±0.9	8.6±0.4.	8.0	8.0
Vibrio lginolyticus	11.8±0.5	10.5±0.5	10.0±0.5	9.8±0.7	9.2±0.8.	8.5±0.5	8.0	8.0
Edwardsiella	11.5±0.5	10.5±1.0	10.0±0.8.	9.5±0.3	9.0±0.5	8.4±0.3	8.0	8.0

2.2 体表黏液及不同组织提取物的理化性质

2.2.1 温度的耐受性

不同温度处理体表黏液和各组织提取液后对不同病原菌的抑菌情况的影响如表3所示。结果可以看出,体表黏液、肾脏、脾脏和后肠提取物分别在50℃和70℃中处理10 min后,各组织对4株主要海水养殖鱼类病原菌的抗菌活性变化不明显,95℃处理的样品抗菌活性下降明显,95℃处理与37℃处理相比差异达显著($P<0.05$)或极显著($P<0.01$)。

表3 不同温度处理后体表黏液及各组织提取液的抗菌性
Tab. 3 Antimicrobial activity of mucus and extract at different temperatures

病原细菌	温度/℃	不同部位的抑菌圈直径/mm			
		体表黏液 skin mucus	肾脏 kidney	脾脏 spleen	后肠 hindgut
Vibrio anguillarum	37	13.8±0.3	13.5±0.7	12.8±1.0	13.5±0.8
	50	13.0±0.8.	12.5±0.9	12.5±0.6	12.3±1.0
	70	12.1±0.9*	12.5±0.7	13.0±0.8.	12.8±0.6.
	95	11.5±0.6**	11.3±0.9**	13.1±0.9**	12.0±0.5**
Vibrio parahaemolyticasv	37	14.1±1.3	14.0±0.9	15.0±0.3	13.8±0.5
	50	13.8±1.0	14.0±0.8	14.6±0.3	13.5±0.4
	70	13.0±1.0	13.5±0.5	13.8±0.9*	12.5±0.9*
	95	13.0±0.6*	13.0±0.*8	13.0±0.7**	12.3±1.0*
Vibrio alginolyticus	37	13.8±0.8	13.0±0.8	13.5±0.3	14.6±0.7
	50	13.0±0.4	13.0±1.0	13.6±1.4	13.0±0.3**
	70	12.0±0.7*	13.5±1.3	13.8±1.0	13.0±1.0*
	95	11.5±0.6**	12.5±0.9	13.0±0.6	12.5±0.6**
Edwardsiella	37	13.0±0.4	13.5±1.0	13.0±0.8	13.0±0.8
	50	13.0±0.3	13.0±0.5	13.5±0.6	12±0.8
	70	12.0±0.8	12.5±1.2	13.0±0.9	12.7±1.0
	95	11.5±1.3	12.5±1.3	12.7±1.1	12.5±0.6

注:"*"表示与对照组相比差异显著($P<0.05$);"**"表示与对照组相比差异极显著($P<0.01$).

2.2.2 黏液及各组织提取物对pH的耐受性

黏液及各组织提取物以1:1的比例与不同pH的PBS溶液混合后,各组织依旧具有抗4株海水养殖鱼类病原菌的活性,并且在偏酸性的PBS溶液中的活性强于在偏碱性的PBS溶液,pH 3.0处活性最强,pH 8.0和pH 10.0的处理后,与pH 7.0对照组相比,各组织抗菌活性下降明显(表4)。

表4 不同pH处理后体表黏液及各组织提取液的抗菌性
Tab. 4 Antimicrobial activity of mucus and extract after pH treated

病原细菌	不同pH处理	不同部位的抑菌圈直径/mm			
		体表黏液 skin mucus	肾脏 kidney	脾脏 spleen	后肠 hindgut
Vibrio anguillarum	pH3.0	15.0±03	15.0±0.8	15.0±1.0	15.0±1.3
	pH5.0	14.8±0.6	14.5±0.9	14.5±0.6	14.5±1.0
	pH7.0	14.5±1.0	14.3±0.9	14.0±0.9	14.5±1.0
	pH8.0	11.5±0.8**	12.5±0.6*	12.0±0.4**	12.5±1.3*
	pH10.0	10.5±0.9**	11±0.8**	11.5±0.9**	11.5±03**
Vibrio parahaemolyticasv	pH3.0	14.0±1.0	14.0±0.9	14.0±1.3	14.5±1.4
	pH5.0	13.5±1.3	13.5±1.3	13.5±0.5	14±0.8
	pH7.0	13.5±1.3	13.5±1.0	14±1.3	13.5±0.3
	pH8.0	12.5±0.6	12.6±1.0	13.1±0.7	12.7±0.6**
	pH10.0	12.0±0.8	12.0±0.9	12.5±0.8	12.0±0.5**
Vibrio alginolyticus	pH3.0	14.2±1.3	13.8±1.8	14.2±0.8	15.5±1.3
	pH5.0	13.8±0.5	13.5±0.8	13.0±0.7	14.8±0.4
	pH7.0	13.6±0.2	13.0±0.4	13.8±0.8	14.5±0.9
	pH8.0	13.3±0.3	12.5±0.3	13.2±1.5	14±1.0
	pH10.0	12.5±0.4**	12.0±0.9	12.0±0.9*	13.5±1.3
Edwardsiella	pH3.0	13.5±1.1	13.8±1.3	14.0±0.8	14.1±1.1
	pH5.0	13.0±0.4	13.2±0.6	13.1±0.9	14.0±0.9
	pH7.0	13.0±0.9	13.3±0.5	13.5±0.7	13.8±1.6
	pH8.0	12.6±1.2	13.3±0.9	13.1±0.6	13.2±0.6
	pH10.0	11.6±0.8	12.1±0.9	12.5±0.9	12.5±0.4

注:"*"表示与对照组相比差异显著($P<0.05$);"**"表示与对照组相比差异极显著($P<0.01$).

2.2.3 体表黏液各组织提取物对酶的耐受性

实验设置了溶菌酶、胰蛋白酶和蛋白酶K对照,结果表明,溶菌酶和蛋白酶K本身具有抗菌活性,两种菌的抑菌圈大小为10 mm左右,而胰蛋白酶没有明显的抑菌圈出现。溶菌酶和蛋白酶K与黏液和各免疫相关组织提取物作用后使抗菌活性有所上升,其中与溶菌酶作用后抗菌活性提高较多,与对照组相比,达显著性差异或极显著性差异。与蛋白酶K作用后抗菌活性提高较少,而胰蛋白酶则使黏液和各组织提取物的抗菌活性下降,并且对病原菌 Vibrio anguillarum 的抑制活性达差异性显著($P<0.05$)。考虑到蛋白酶K和溶菌酶具有的抗菌活性,并且加入黏液和各组织提取物后抗菌圈的变化与单独的蛋白酶K以及溶菌酶变化不是十分明显,因此,具有抗菌活性的物质可能具有碱性氨基酸所形成的肽键(表5)。

表5 不同酶处理后黏液和不同组织提取液的抑菌性
Tab. 5 Antimicrobial activity of mucus and extract after enzyme treatment

病原细菌	不同酶处理	不同部位的抑菌圈直径/mm			
		体表黏液 skin mucus	肾脏 kidney	脾脏 spleen	后肠 hindgut
Vibrio anguillarum	未处理	13.5 ± 0.9	14.3 ± 1.0	13.8 ± 08	14.4 ± 0.9
	溶菌酶	1.05 ± 1.7*	16.3 ± 1.3	16.0 ± 1.3	17.0 ± 0.6
	胰蛋白酶	12.0 ± 0.5*	13.5 ± 1.7	12.5 ± 1.3*	13.0 ± 0.5*
	蛋白酶K	14.1 ± 0.9	14.3 ± 0.8	14.3 ± 1.2	13.8 ± 0.9
Vibrio parahaemolyticasv	未处理	14.0 ± 0.9	14.1 ± 1.1	14 ± 1.3	13.5 ± 1.0
	溶菌酶	17.0 ± 1.3**	16.0 ± 1.0*	16.5 ± 0.6*	15.8 ± 1.2*
	胰蛋白酶	12.0 ± 1.0*	13.5 ± 1.1	13.5 ± 1.4	13.8 ± 0.9
	蛋白酶K	14.3 ± 1.0	14.3 ± 0.9	14.5 ± 1.0	13.5 ± 1.4
Vibrio alginolyticus	未处理	13.5 ± 1.3	13.5 ± 0.9	13.0 ± 0.6	14.0 ± 0.9
	溶菌酶	15.0 ± 0.9	15.9 ± 0.6**	15.5 ± 1.4*	16.8 ± 0.9**
	胰蛋白酶	13.0 ± 0.5	13.3 ± 1.4	13.5 ± 0.9	13.8 ± 0.7
	蛋白酶K	14.0 ± 1.0	13.8 ± 0.4	14.5 ± 0.9*	14.3 ± 0.9
Edwardsiella	未处理	13.5 ± 0.3	13.5 ± 1.3	13.3 ± 1.3	13.5 ± 1.7
	溶菌酶	16.2 ± 0.4**	16.0 ± 0.6*	16.0 ± 1.0*	16.5 ± 1.5*
	胰蛋白酶	13.0 ± 1.0	12.5 ± 0.5	12.5 ± 0.9	12.8 ± 1.2
	蛋白酶K	13.8 ± 1.5	14.0 ± 1.7	13.0 ± 1.3	14.0 ± 1.2

注:"*"表示与对照组相比差异显著($P<0.05$);"**"表示与对照组相比差异极显著($P<0.01$).

2.2.4 体表黏液和各组织提取物的溶血活性

因溶血活性与540 nm光吸收值成正比,所以星斑川鲽体表黏液以及各免疫相关组织提取物均具有较高的溶血活性(表6)。

表6 体表黏液和各组织提取物的溶血活性测定结果
Tab. 6 Hemolysis measurement results

	PBS (阴性对照)	体表黏液 skin mucus	脾脏 spleen	肾脏 kidney	后肠 hindgut	SDS (阳性对照)
$OD_{540\ nm}$	0	0.064 ± 0.010	0.061 ± 0.009	0.058 ± 0.011	0.072 ± 0.012	0.086 ± 0.01

2.3 抗菌活性物质的初步分离纯化

星斑川鲽的体表黏液经SephadexG-50凝胶过滤层析后,从洗脱峰出现开始收集样品,以每管2 mL的速度收集样品,共收集到40管样品,280 nm吸光度下对洗脱管收集样品进行追踪测定,所做洗脱曲线如图1所示,分别在洗脱体积为20~24 m、40~48以及52~60 mL

时出现3个洗脱峰。将样品冷冻干燥后,再用0.1 mL的pH7.4 PBS溶液溶解后,对鳗弧菌和副溶血弧菌进行的抑菌实验结果显示,具有抑菌圈的几组大约集中在20~24管和26~31管处,而其他区段的管没有明显的作用,但洗脱峰中的具体物质未做进一步的确定。

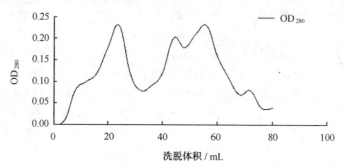

图1 体表黏液的凝胶柱Sephadex G-50层析柱洗脱曲线
Fig. 1 Chromatgaphic isolation of skin mucus on Sepharose G-50 column

3 讨论

鱼类黏液是鱼类先天性免疫系统中重要的组成部分,其中含有许多非特异性抗菌活性成分,在自然条件下可抵抗微量病原菌的侵害。溶菌酶是其中重要的一种具有广谱抗菌作用的酶,目前为止在许多鱼的黏液中发现有溶菌酶,斑点叉尾鮰(*Ictalurus puntatus*)、鲤鱼(*Cyprinus carpio*)、虹鳟(*Oncorhynchus mykiss*)和香鱼(*Plecoglossusaltivelis*)等,Sangeetha等发现海水鱼黏液中的溶菌酶的活性比淡水鱼的活性高,鲤鱼中发现的碱性磷酸酶也被认为具有抗菌活性。Hjelmeland等(1983)在虹鳟和大西洋鲑鱼中的皮肤黏液中发现了具有抗菌效果的胰蛋白酶。张英霞等(2008)则对鲑点石斑鱼皮肤中的抗菌活性进行了研究。星斑川鲽在养殖生产中有很好的抗病性,不会被纤毛虫感染,所以本研究推测在星斑川鲽的黏液中可能含有抗菌或抗寄生虫活性的物质。因此,首先对星斑川鲽的体表黏液进行了纤毛虫作用的研究,纤毛虫取自换纤毛虫病的大菱鲆鳃中,将体表黏液加在含有纤毛虫溶液的载玻片上,显微镜下观察,未见纤毛虫纤毛脱落和形态的变化,体表黏液与纤毛虫共培养时,未见纤毛虫数量的减少。考虑到星斑川鲽在养殖过程中具有较好的抗病性,因此,在本实验中,利用本实验室近年来分离得到的具有较强的致病性的病原菌鳗弧菌、溶藻弧菌、副溶血弧和爱德华菌,研究体表黏液和免疫相关组织提取物对各种病原菌的抑制效果。研究结果表明,星斑川鲽体表黏液、肾脏、脾脏、肠提取液对鳗弧菌和副溶血弧菌均具有很好的抗性,但对不同细菌的抗性不同,小于最低抑菌浓度的任何浓度的黏液对细菌的生长没有影响。

对温度的耐受性结果表明95℃加热处理10 min后活性物质活性降低,在其他温度处理后活性物质的活性基本没有变化,而Nagashima等(2001)在处理褐蓝子鱼的黏液的结果显示,在70℃加热10 min后失去活性,许氏平鲉(*Sebastes schlegeli*)的黏液中分离抗菌活性蛋白在60℃加热10 min后活性降低25%,70℃加热10 min失去活性,所以相比而言,星斑川鲽体表黏液、肾、脾、肠组织提取液的耐热性还是较强。鱼类补体一般在60℃时就会失去活性,即可排除是补体的作用。溶菌酶在酸性条件下耐热性很强,pH=3的溶液中96℃加热15 min 依然可以保持87%的活性。星斑川鲽黏液在偏酸性的 PBS 溶液中的抗菌活性会增强,在碱性的 PBS 溶液中会减弱,且在 pH 3.0 处的活性最强。Nagashima 等(2001)处理褐蓝子鱼的黏液,发现其在碱性条件下活性显著,在酸性条件下活性有所下降,许氏平鲉的抗菌活性蛋白在 pH 3.0~8.0 保持活性,在 pH 9.0 时活性大幅下降。星斑川鲽黏液在胰蛋白酶处理后,活性略微降低,溶菌酶处理后抑菌活性增大可能是由于溶菌酶本身具有抗菌活性,其本身对黏液中的抗菌活性物质有没有影响还需要进一步研究。美国黄盖鲽黏液中分离到的 pleurocidin 经蛋白酶 K 处理30 min 后失活。至于其他的酶类对星斑川鲽黏液的抗菌活性有没有影响,需要验证。

对星斑川鲽黏液抗菌活性物质的分离纯化,因理化性质的研究表明黏液和肾肠脾提取物中的抗菌物质可能并非蛋白类物质,因此后续实验采用了凝胶过滤层析的方法,凝胶过滤层析后得到了两个区段有抗菌活性的物质。因此,具有抗菌活性的物质可能为分子量偏小的物质,具体物质的分离鉴定还需要进一步的研究,在分离方法的选择上需要更多的尝试,排除干扰因素,找到具有抗菌活性的物质。

中国是水产经济动物养殖大国,随着养殖规模的不断扩大,养殖密度也逐渐上升,病害频频暴发,目前对病害的防治,实际生产中化学物质的使用占了很大部分,但安全性也越来越受到人们的重视,更多的利用生物手段来防治鱼类病害是必需的,因此利用鱼体黏液和免疫相关组织的抗菌物质预防鱼类病害不失为一种新的方法和途径,并且可以对鱼类的免疫系统进化有更多的认识。

参考文献

陈昌福,纪国良,罗宇良,等.1995.草鱼体表和肠黏液中 Ig 的初步分析[C]//鱼病学研究论文集(Ⅱ).北京:海洋出版社,21-25.
陈艳,江明锋,叶煜辉,等.2009.溶菌酶的研究进展[J].生物学杂志,26:64-66.
崔立娇,张利民,王际英,等.2011.饲料中添加锌对星斑川鲽幼鱼生长、生理生化指标和机体抗氧化的影响[J].渔业科学进展,32(1):114-121.
黄智慧,马爱军,汪岷.2009.鱼类体表黏液分泌功能与作用研究进展[J].海洋科学,33(1):90-94.
齐国山,李迪,陈四清,等.2008.星突江鲽的形态特征及内部结构研究[J].中国水产科学,15(1):1-11.
王波,王宗灵,孙丕喜,等.2006.星斑川鲽的养殖条件及发展前景[J].渔业现代化,(5):17-19.
张英霞,邹瑗徽,满初日嘎,等.2008.鲑点石斑鱼皮肤抗菌活性蛋白的纯化及抗菌活性[J].动物学研究,29(6):627-632.
Bergljot Magnadottir, Innate immunity of fish [J]. Fish Shellfish Immunol, 2006,20(2):137-151.
Cole AM, Weis P, Diamond G. 1997. Isolation and characterization of pleurocidin, an antimicrobial peptide in the skin secretions of winter flounder[J]. J Biol Chem, 272(2):12 008-12 013.
Ellis A E. 2001. Innate host defence mechanism of fish against viruses and bacteria[J]. Dev Comp Immunol, 25:827-839.

Hjelmeland K. 1983. Proteinase inhibitors in the muscle and serum of cod (*Gadus morhua*). Isolation and characterization[J]. Comp Biochem Physiol B, 80B:949-954.

Laemmli K. 1970. Cleavage of structural proteins during the assembly of the head of bacteriophage T4[J]. Nature, 227:680-685.

Nagashima Y, Sendo A, Shimakura K, et al. 2001. Antibacterial factors in skin mucus of rabbitfishes[J]. Journal of Fish Biology, 58(6):1761-1765.

Shephard K L. 1994. Functions for fish mucus[J]. J Fish Biol, (4): 401-429.

Subramanian S, Ross NW, MacKinnon SL. 2008. Comparison of antimicrobial activity in the epidermal mucus extracts of fish [J]. Comp Biochem Physiol B Biochem Mol Biol, 15(1):85-92.

氨氮急性胁迫对日本沼虾死亡率、耗氧率及窒息点的影响

邹李昶[1,2], 任凤艺[1], 王志铮[1*], 朱卫东[2], 吴一挺[3]

(1. 浙江海洋学院, 浙江 舟山 316022; 2. 余姚市水产技术推广中心, 浙江 余姚 315400; 3. 舟山市海洋与渔业局, 浙江 舟山 316000)

氨氮作为含氮化合物的主要最终产物和积聚于水体中的重要无机污染物(Colt and Armstrong, 1981; Alonso and Camargo, 2004; Prenter et al, 2004), 既是评价水域环境质量的重要监测指标, 也是反映水产养殖动物存活状况的重要环境因子。已有研究表明, 氨氮既能直接损害甲壳动物的鳃组织, 也可通过渗入血淋巴引起甲壳动物免疫力下降, 代谢机能紊乱和病原致敏性提高(Chen and Nan, 1992; Ackerman et al, 2006; Spencer et al, 2008; Sung et al, 2011; 蒋琦辰等, 2013), 故极易引发甲壳动物暴发性疾病的发生。日本沼虾 *Macrobrachium nipponensis*(De Haan, 1849)系我国重要的淡水虾类养殖对象之一, 池塘高密度养殖往往会导致堆积于池底的大量残饵经氨化作用使水体中氨氮浓度急剧升高, 因而系统开展氨氮对日本沼虾的毒害作用与机制研究, 并据此探析进而确定其氨氮安全耐受限量, 无疑对于指导该虾的安全养殖生产具有重要现实意义。

研究表明, NH_3 对水产养殖动物具强毒性(Alonso and Camargo, 2004), 虽其在氨氮中的存在比例主要受制于水体中的温度、pH 和盐度(Chen and Lin, 1992; Chen and Kou, 1993), 但溶解氧也将直接影响其毒性作用的发挥。据报道, 非离子氨的毒性与水中溶解氧

---

* 基金项目: 江省重大科技专项农业重点项目, 2008C12083 号; 宁波市农业领域科技重大攻关择优委托项目, 2012C10032 号。

邹李昶, 硕士研究生, E-mail: chris7877@163.com

* 通信作者: 王志铮, 研究员, E-mail: wzz_1225@163.com

含量呈负相关(Thurston et al，1981)，高溶解氧可显著提高罗氏沼虾(王龙 等，2011)和中国对虾(王娟 等，2007)等甲壳动物对非离子氨的耐受能力。但目前国内外关于氨氮对日本沼虾生态毒理方面的研究，仅涉及受氨氮胁迫下饲料中添加维生素C对日本沼虾耗氧率、排氨率及 Na^+/K^+ ATPase 的影响(Wang et al，2003)，以及持续充氧条件下氨氮急性胁迫对日本沼虾酚氧化酶活力、血细胞数量及血蓝蛋白含量的影响(张亚娟 等，2008；2010)，而有关静水实验条件下氨氮对该虾的急性毒害作用及其安全耐受限量的定量研究则迄今尚未见报道。基于此，作者于2010年8—9月采用静水停食法在余姚市水产技术推广中心实验基地内就氨氮对日本沼虾[体长(4.29±0.32)cm、体重(1.80±0.12)g]死亡率、耗氧率及窒息点的影响开展了较为系统的研究，在获悉氨氮对该虾的急性致死作用并求得96 h LC_{50} 值后，采用 $SC=0.1\times 96$ h LC_{50}(Sprague，1971)估算氨氮安全质量浓度，并以此为终点设置实验质量浓度梯度，通过测定耗氧率和窒息点，在核验该估算值可靠性的同时，确定该虾的安全耐受限量。

1 材料与方法

1.1 材料

(1)日本沼虾：购自余姚市马渚镇青丰水产养殖场，运回实验基地驯养4~5 d(驯养期间不投喂饲料)后，选取其中肢体完好、规格相近、反应敏捷的健壮个体作为实验对象，具体规格为体长(4.29±0.32)cm、体重(1.80±0.12)g。

(2)试剂：NH_4Cl 和液体石蜡均为AR级，分别购自国药集团化学试剂有限公司和无锡市晶科化工有限公司。按需用双蒸水将 NH_4Cl 制成一定质量浓度的母液，现配现用。

(3)理化条件：以自然曝气48 h的自来水为实验用水，水温(24±0.2)℃，pH 7.61±0.04，DO(7.24±0.14)mg/L，水质符合NY 5051-2001无公害食品 淡水养殖用水水质(中华人民共和国农业部，2001)要求。

1.2 方法

1.2.1 氨氮对日本沼虾的急性毒性实验

在室温条件下，以规格60 cm×35 cm×30 cm的白色塑料箱为实验容器(实验实际容积为20 L)，依次设0(对照组)、1.346 mg/L、2.355 mg/L、3.701 mg/L、5.720 mg/L、9.421 mg/L等6个实验梯度(每一梯度设3次平行，每个平行放实验虾10只)，采用静水停食实验法开展氨氮对日本沼虾的急性毒性实验。实验期间，连续观察实验虾的活动状况，并按王志铮等(2013)确定的死亡个体判定标准及时取出死亡个体，每24 h换液并统计1次总体死亡率。

1.2.2 氨氮对日本沼虾耗氧率和窒息点的影响实验

依次设0(对照组)、0.056 mg/L、0.112 mg/L、0.169 mg/L、0.225 mg/L、0.281 mg/L和0.337 mg/L等6个实验梯度，并按王志铮等(2013)的实验方法开展氨氮对日本沼虾耗氧率和窒息点的影响实验，实验时间均始于22：00。

1.3 数据处理

根据急性毒性实验结果,建立 24 h、48 h、72 h、96 h 等不同观察时段氨氮质量浓度(x)与日本沼虾死亡概率单位(y)间的直线回归方程;应用 $SC = 0.1 \times 96\text{ h LC}_{50}$(Sprague,1971)求得氨氮安全质量浓度估算值,并借助各实验时段 MAC 值(王志铮等,2007)的变化特征分析实验虾对氨氮的蓄积与降减动态;昼、夜区间耗氧率的统计时段分别按 6:00—18:00 和 18:00 至翌日 6:00,并采用 LSD 多重比较法分别检验耗氧率、窒息点的组间差异显著性($P < 0.05$ 为显著水平)。上述统计分析均借助 SPSS 17.0 软件来完成。

2 结果

2.1 急性毒性死亡率与死亡症状

除对照组外,相同氨氮质量浓度组日本沼虾的死亡率均随实验时间的延长而增加,相同实验时段内日本沼虾的死亡率均随氨氮质量浓度的提高而增加(图1)。观察发现,濒死实验虾鳃组织均出现不同程度的受损变白症状,且该症状随氨氮质量浓度增大和攻毒时间延长而变得愈加明显,表明鳃是氨氮攻毒日本沼虾的重要靶器官,氨氮攻毒该虾的时间—剂量效应与其鳃组织受损情形关联密切。

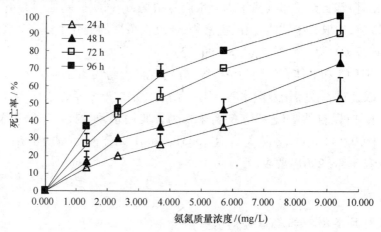

图1 氨氮对日本沼虾的急性毒性

2.2 急性致毒特征

日本沼虾 24 h、48 h、72 h、96 h 的 LC$_{50}$ 值分别为 7.922 mg/L、6.034 mg/L、4.237 mg/L 和 3.371 mg/L(表1);经计算,实验 24~48 h、48~72 h、72~96 h 时段的 MAC 值依次为 41.5%、39.5% 和 19.0%,表明氨氮对日本沼虾的致死作用强度与实验时间呈正相关,而在其体内的蓄积作用强度却与实验时间呈负相关。经估算,日本沼虾对氨氮的安全质量浓度为 0.337 mg/L。

表1 氨氮对日本沼虾的急性致毒特征

时间/h	死亡概率单位—质量浓度回归方程	df	R^2	F	Sig	LC$_{50}$值及95%置信区间/(mg/L)	MAC/%
24	$y = 0.192x + 3.479$	5	0.825	24.601	0.008	7.922(7.526 – 8.318)	---
48	$y = 0.238x + 3.564$	5	0.866	25.868	0.007	6.034(5.732 – 6.336)	41.5
72	$y = 0.300x + 3.729$	5	0.862	24.950	0.008	4.237(4.025 – 4.449)	39.5
96	$y = 0.364x + 3.773$	5	0.892	32.977	0.005	3.371(3.203 – 3.540)	19.0

2.3 耗氧率

由图2可见,各实验组和对照组在时段耗氧率间的变化上均趋于一致,且耗氧率由多到少均呈夜均、日均、昼均,表明各实验组日本沼虾的呼吸生理节律均未发生实质性改变;与此同时,各时段及夜均、日均、昼均耗氧率随氨氮质量浓度的梯次增加均呈"∩"形走势的结果,进一步表明本研究质量浓度范围内的氨氮可致日本沼虾耗氧率表露毒物兴奋效应(hormesis)。

由图2可知,在本研究所设各实验组中,各时段耗氧率以及昼均、夜均和日均耗氧率均以氨氮质量浓度0.225 mg/L实验组为最高($P < 0.05$),而0.337 mg/L实验组不仅昼均、夜均耗氧率与对照组均无差异($P > 0.05$),且在所观测的12个时段中耗氧率与对照组无差异($P > 0.05$)的时段也多达9个,为本研究诸实验组中与对照组耗氧率相似性最高的实验组别,故致日本沼虾耗氧率表露毒物兴奋效应峰值的氨氮质量浓度为0.225 mg/L,而致日本沼虾毒物兴奋效应被终止的氨氮质量浓度则为0.337 mg/L。

2.4 窒息点

由图3可见,实验组窒息点氧含量随氨氮质量浓度的增加依次呈稳定、略增、再稳定之态势。其中,对照组窒息点氧含量仅与0.056 mg/L、0.112 mg/L氨氮质量浓度实验组无显著差异($P > 0.05$),氨氮质量浓度0.169 mg/L、0.225 mg/L、0.281 mg/L和0.337 mg/L实验组窒息点氧含量间均无显著差异($P > 0.05$),与对照组和氨氮质量浓度0.169 mg/L实验组窒息点氧含量均无显著差异($P > 0.05$)的组别仅为0.112 mg/L实验组,表明致该虾窒息点发生显著改变的氨氮临界阈质量浓度为0.112 mg/L。

3 讨论

Thurston等(1981)指出,非离子氨对水产养殖动物的毒害作用强度与水中溶解氧含量呈负相关。据报道,水温(23±1)℃、pH 7.11±0.07条件下,非离子氨对全长3 cm左右罗氏沼虾溶解氧7 mg/L、11 mg/L实验组的96 h LC$_{50}$值分别为0.83 mg/L和1.425 mg/L(王龙等,2011);水温21℃、盐度30~31、pH 7.99条件下,非离子氨对体长(1.9~2.1) cm中国对虾溶解氧(5.5~6.0) mg/L、(10~12) mg/L实验组的96 h LC$_{50}$值分别为0.98 mg/L和1.52 mg/L(王娟 等,2007)。研究发现,体长(3.5~4.1) cm的日本沼虾在水温(25.0±1)℃条

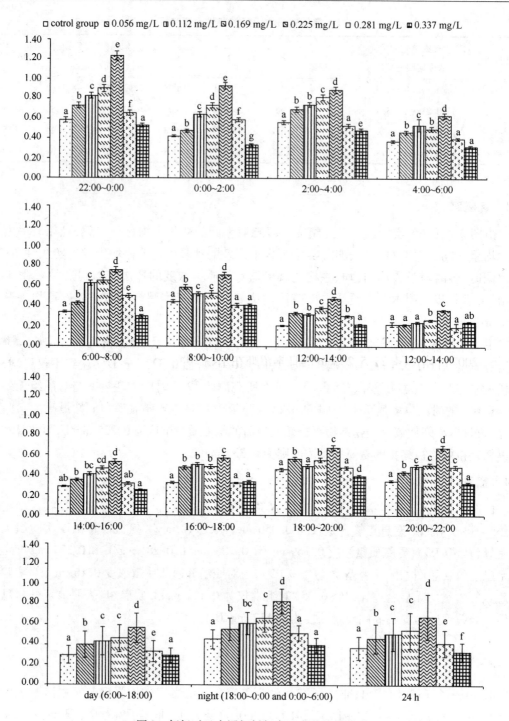

图 2 氨氮对日本沼虾耗氧率昼夜节律的影响

件下,饥饿 2 d 内的超氧阴离子 OD 值与对照组无显著差异($P>0.05$),且其 SOD、CAT 活力均显著大于对照组($P<0.05$),饥饿 4 d 时不仅其超氧阴离子 OD 值显著高于对照组($P<$

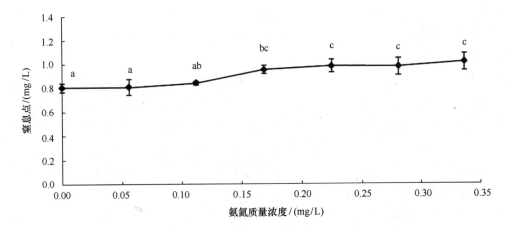

图 3 氨氮对日本沼虾窒息点的影响
Fig. 3 Effects of ammonia-N on the suffocation point of M. nipponensis

0.05），而且 SOD、CAT 活力也均显著低于对照组（$P<0.05$），饥饿 6 d 后其超氧阴离子 OD 值极显著高于对照组（$P<0.01$），且 SOD、CAT 活力均极显著低于对照组（$P<0.01$）（李志华 等，2007），体长(4.2~5.2) cm 的日本沼虾在水温 20℃ 条件下，其饥饿代谢适应区和饥饿存活适应区分别为饥饿处理 2~4 d 和饥饿处理 8~10 d，且 SOD 活力随饥饿时间的延长而显著下降（张静 等，2007），表明饥饿 4 d 为日本沼虾的免疫抗逆能力和代谢水平出现显著下滑的临界点。故在水温、pH 及实验虾体长和体重规格均相近条件下，停食 1 d 后连续充气培养的日本沼虾受氨氮质量浓度 36.6 mg/L 攻毒 24 h 后的成活率仍为 100%（张亚娟等，2008；2010），而本研究所获氨氮对日本沼虾的 24 h LC_{50} 值则仅为 7.922 mg/L（停食驯养 4~5 d 后开始实验，实验期间不充气）的根本原因，无疑为两者间在实验供氧方式和实验用虾驯养方法选择上的差异共同所致。据报道，在与本研究相同水温及相近 pH 条件下，体重 (0.942±0.187) g 的日本沼虾受氨氮攻毒的 96 h LC_{50} 值为 36.6 mg/L（Wang et al，2003），远高于本研究所获的 3.371 mg/L（实验虾体重为 1.80 g ± 0.12 g），表明日本沼虾养成后期对氨氮攻毒更具敏感性。综上，为进一步规避养殖风险，应在该虾养殖后期切实提高其生长所需的食物和溶氧保障水平。

毒物兴奋效应是生物长期进化过程中为提高在各种低水平胁迫下的成活率而形成的一种顺应自然选择的生理机制，意在当生物体内稳态（homostatic）受损后能迅速获得恢复（Calabrese and Baldwin，2001）。据报道，非离子氨对甲壳动物的毒害作用往往表露为鳃组织受损及血淋巴 pH 值的改变（Colt and Armstrong，1981；Romano and Zeng，2007），水环境中过高质量浓度的非离子氨不仅会导致甲壳动物耗氧量的增加和血蓝蛋白浓度的下降（Chen et al，1994；Racptta et al，2000），而且也将直接妨碍鳃的排氨作用（Spicer and McMahon，1994；Maltby，1995）。故，张亚娟等（2008；2010）所报道的日本沼虾酚氧化酶活力、血细胞数量和血蓝蛋白含量均随水环境中氨氮质量浓度的增加而呈先升后降趋势，在连续充气状态下血蓝蛋白含量达到峰值的氨氮质量浓度为 2.2 mg/L（$P<0.05$），远低于酚氧化酶活力和血细

胞数量均达到峰值的氨氮质量浓度 8.7 mg/L（$P<0.05$）的情形，与本研究中濒死日本沼虾鳃组织受损变白症状随氨氮质量浓度增大和攻毒时间延长而变得愈加明显的现象，以及随氨氮质量浓度的梯次增加，日本沼虾各时段耗氧率及夜均、日均、昼均耗氧率均呈"∩"型走势（图 2）和窒息点呈稳定、略增和再稳定之态势（图 3）的结果，均表明以呼吸生理补偿为代价的内稳态保持机制是引发日本沼虾受氨氮急性胁迫下其耗氧率表露毒物兴奋效应的主因，这就为人们从呼吸生理变化特征的角度来进一步表征氨氮对日本沼虾的安全质量浓度提供了重要的证据支持。目前，国内外有关毒物对目标水产养殖动物安全质量浓度值的估算多采用 $SC = 0.1 \times 96\ h\ LC_{50}$（Sprague，1971），因 96 h LC_{50} 值具相应的置信区间，故实际上 SC 值的设定也应上、下限。由此，在致日本沼虾耗氧率表露毒物兴奋效应的氨氮质量浓度范围内，可将 0.112 mg/L 这一致日本沼虾尚未越过该效应耗氧率峰值且窒息点氧含量处于临界阈水平的氨氮质量浓度，定义为日本沼虾安全质量浓度取值范围的下限，0.337 mg/L 这一致日本沼虾耗氧率终止毒物兴奋效应且窒息点含氧量显著高于对照组（$P<0.05$）的氨氮质量浓度（图 2，图 3），定义为日本沼虾安全质量浓度取值范围的上限，其与急性毒性实验所获的估算值（$SC = 0.1 \times 96\ h\ LC_{50}$）（Sprague，1971）完全一致（表 1）。

参考文献

蒋琦辰，顾曙余，张文逸，等. 2013. 氨氮急性胁迫及其毒后恢复对红螯光壳螯虾幼虾相关免疫和代谢指标的影响. 水产学报，37(7):1066-1072.

李志华，谢松，王军霞，等. 2007. 饥饿对日本沼虾生长和部分免疫功能的影响. 上海水产大学学报，16(1):16-21.

王娟，曲克明，刘海英，等. 2007. 不同溶氧条件下亚硝酸盐和氨氮对中国对虾的急性毒性效应. 海洋水产研究，28(6):1-6.

王龙，郝志敏，王晶. 2011. 两种溶氧条件下亚硝酸盐和氨氮对罗氏沼虾毒性比较的研究. 饲料与畜牧，25(8):12-16.

王志铮，任凤艺，赵晶，等. 2013. Zn^{2+} 对日本沼虾（*Macrobrachium nipponensis*）幼虾的急性致毒效应. 海洋与湖沼，44(1):235-240.

王志铮，申屠琰，熊威. 2007. 4 种消毒剂对麦瑞加拉鲮鱼幼鱼的急性毒性研究. 海洋水产研究，28(3):92-97.

王志铮，杨磊，朱卫东，等. 2011. 日本鳗鲡（*Anguilla japonica*）对日本沼虾（*Macrobrachium nipponense*）的捕食效应. 海洋与湖沼，42(1):108-113.

张静，王军霞，张亚娟，等. 2007. 饥饿对日本沼虾代谢及 SOD 活性的影响. 河北大学学报：自然科学版，27(5):537-540.

张亚娟，刘存歧，王军霞，等. 2008. 氨态氮和亚硝态氮对日本沼虾血细胞数量及血蓝蛋白含量的影响. 四川动物，27(5):853-854.

张亚娟，王超，刘存歧，等. 2010. 氨态氮和亚硝态氮对日本沼虾酚氧化酶活力及血蓝蛋白含量的影响. 水产科学，29(1):31-34.

中华人民共和国农业部. 2001. NY 5051-2001 无公害食品 淡水养殖用水水质. 北京：中国标准出版社，

1-5.

Ackerman P A, Wicks B J, Iwama G K, et al. 2006. Low levels of environmental ammonia increase susceptibility to disease in Chinook salmon smolts. Physiological and Biochemical Zoology, 79(4): 695-707.

Alonso A, Camargo J A. 2004. Toxic effects of unionized ammonia on survival and feeding activity of the freshwater amphipod *Eulimnogammarus toletanus* (Gammaridae, Crustacea). Bull Environ Contam Toxicol, 72: 1052-1058.

Calabrese E J, Baldwin L A. 2001. U-shaped responses in biology, toxicology, and public health. Annu Rev Public Health, 22: 15-33.

Chen J C, Cheng SY, Chen C T. 1994. Changes of haemocyanin, protein and free amino acid levels in the haemolymph of *Penaeus japonicus* exposed to ambient ammonia. Comp Biochem Physiol, 109A(2): 339-347.

Chen J C, Kou Y Z. 1993. Accumulation of ammonia in the haemolymph of *Penaeus monodon* exposed to ambient ammonia. Aquaculture, 109: 177-185.

Chen J C, Lin C L. 1992. Oxygen consumption and ammonia-N excretion of *Penaeus chinensis* juveniles exposed to ambient ammonia at different salinity levels. Comp Biochem Physiol, 102C(2): 287-291.

Chen J C, Nan F H. 1992. Effect of ambient ammonia-N excretion and ATPase activity of *Penaeus chinensis*. Aquat Toxic, 23: 1-10.

Colt J E, Armstrong D A. 1981. Nitrogen toxicity to crustaceans, fish and molluscs. //Allen L J, Kinney E C eds. Proceedings of the Bio-Engineering Symposium for Fish Culture. Fish Culture Section. American Fisheries Society, Northeast Society of Conservation Engineers, Bethesda, Maryland, 34-47.

Maltby L. 1995. Sensitivity of the crustaceans *Gammarus pulex* (L.) and *Asellus aquaticus* (L.) to short-term exposure to hypoxia and unionized ammonia: observation and possible mechanisms. Water Res, 29: 187-781.

Prenter J, MacNeil C, Dick J T, et al. 2004. Lethal and sublethal toxicity of ammonia to native, invasive and parasitised freshwater amphipods. Water Res, 38: 2847-2850.

Thurston R V, Russo R C, Vinogradov G A. 1981. Ammonia toxicity to fishes. Effect of pH on the toxicity of the un-ionized ammonia specie. Environmental Science and Technology, 5(7): 837-840.

Wang A L, Wang W N, Wang Y. 2003. Effect of dietary vitamin C supplementation on the oxygen consumption, ammonia-N excretion and Na^+/K^+ ATPase of *Macrobrachium nipponense* exposed to ambient ammonia. Aquaculture, 220: 833-841.

养殖生态与环境

环境条件对长紫菜壳孢子放散、附着与萌发的影响

陈 佩[1],黄中坚[1],朱建一[2],陆勤勤[3],陈伟洲[1]

(1. 汕头大学海洋生物研究所,广东 汕头,515063;2. 常熟理工学院,江苏 常熟,215500;
3. 江苏省海洋水产研究所,江苏 南通,226007)

长紫菜(*Porphyra dentata*)是中国自然紫菜资源的主要种类之一,具有较高的经济价值和药用价值。曾呈奎等(1954,1955,1963)在关于紫菜生活史的研究中,证明了从丝状体阶段转变到叶状体阶段是通过壳孢子实现的。在大规模的紫菜栽培生产中,贝壳丝状体放散的壳孢子是重要的苗源,因此壳孢子的放散量、附着量和萌发率直接影响了育苗效率的高低,进而影响到海上栽培的质量和产量。因此,开展适合紫菜壳孢子放散、附着和萌发等环境条件的研究,对于紫菜叶状体的栽培生产具有重要意义。前人已经对条斑紫菜(*P. yezoensis*)、坛紫菜(*P. haitanensis*)等紫菜栽培种类的壳孢子放散和附着的影响条件进行大量研究,但是关于长紫菜壳孢子的放散、附着和萌发的环境条件研究未见报道。笔者对温度、盐度、光照强度等主要环境条件对长紫菜壳孢子的放散、附着和萌发的影响进行了研究,旨在探索其适合的温度、盐度和光照强度条件,为长紫菜的栽培生产提供技术依据。

1 材料与方法

1.1 材料

2012 年 3 月在广东省南澳县平屿岛高潮带岩礁采集长紫菜叶状体,经过分离果孢子获得自由丝状体,在室内进行扩增培养,于 2013 年 4 月采用长紫菜自由丝状体粉碎并接种到文蛤贝壳后获得贝壳丝状体,进行室内培育。挑选长势良好、壳孢子囊枝比例高(80%以上)、内壳面积大小一致(约为 5 cm^2)的贝壳作为实验材料。

1.2 方法

1.2.1 壳孢子放散量的计算

采用中央有圆形凹槽(凹槽直径 2 cm、深度 2 mm)的特制计数板计数壳孢子的放散量。取壳孢子水装满计数板的凹槽,在光学显微镜(10×10 倍)下统计壳孢子的数量,每个样品随机计数 10 个视野(视野半径 r = 0.85 mm),取平均值 A。壳孢子放散量的计算公式为:

壳孢子放散量(个·mL^{-1}) = A×1 000/(3.14×r^2×2)

1.2.2 刺激方法实验

将贝壳丝状体分别放在不同条件下刺激一晚 12 h,设置变温刺激(28℃变温到 20℃、28℃变温到 24℃、28℃变温到 32℃)、下海刺激、充气刺激、流水刺激共 6 种刺激方法,每组 3 个平行,每个平行 15 个贝壳。次日清晨 6:00 将各组贝壳丝状体放在大小相同的塑料盒中

各加1 L海水放散,11:30分别取水样观察计数壳孢子的放散量。

1.2.3 放散周期实验

将贝壳丝状体装袋下海刺激一晚12 h后,次日清晨6:00取回实验室内,随机分成3组,每组15个贝壳,分别放在塑料盒中,各加1 L海水。从6:00开始,每隔1 h取水样观察计数壳孢子的放散量,并更换新的海水。

1.2.4 壳孢子放散、附着和萌发环境条件的设置

温度梯度设置 设置14℃、18℃、22℃、26℃共4个温度梯度,每个温度3个平行,海水盐度为28,光照强度为3 000 lx。

盐度梯度设置 设置15、20、25、30、35共5个盐度梯度,每个盐度3个平行,温度为22℃,光照为3 000 lx。

光照梯度设置 设置0 lx、3 000 lx、6 000 lx、9 000 lx共4个光照梯度,每个光照强度3个平行,海水盐度为28,温度为22℃。

1.2.5 放散实验

将贝壳丝状体下海里刺激一晚12 h后,次日早上6:00将贝壳丝状体分别放入各组装有100 mL灭菌海水的塑料小碗中(事先放入光照培养箱中使水温达到对应实验温度),每个碗中放3个贝壳,每个实验组设置3个平行。12:00以后将每个小碗中的水样搅拌均匀后取水样,在显微镜下用特制计数板分别观察计数壳孢子的放散量。

1.2.6 附着实验

当贝壳丝状体放散的壳孢子量达到5 000个/mL以上时,在直径9 cm的玻璃培养皿中放入3片2 cm×2 cm的200目灭菌筛绢,然后加入20 mL的壳孢子溶液并使壳孢子能均匀分布在筛绢上,置于相应条件的光照培养箱中培养。6 h左右后,在光学显微镜(10×20倍)下,每个筛绢随机选取10个视野(视野半径r = 0.425 mm),观察计数附着在筛绢上的壳孢子数,取平均值A。壳孢子附着密度的计算公式为:

$$壳孢子的附着密度(个 \cdot mm^{-2}) = A/(3.14 \times r^2)$$

1.2.7 萌发实验

在直径9 cm的玻璃培养皿中放入3片附着有壳孢子的200目筛绢(2 cm×2 cm),然后加入20 mL的灭菌海水,置于相应条件的光照培养箱中培养。次日开始记为第1天,连续4 d每天观察记录筛绢上的壳孢子总数和萌发的壳孢子数。

萌发率 = 萌发的壳孢子/壳孢子总数×100%

萌发率的绝对增长速率 = (第4天的萌发率 − 第1天的萌发率)/4

1.3 数据处理

实验数据用Excel 2007和GraphPad Prism 5.00统计软件进行数据处理和统计分析,用One-way ANOVA(Turkey)检验差异的显著性,显著水平设为$P = 0.05$。

2 结果

2.1 不同刺激方法对促进壳孢子放散的影响

下海刺激对促进壳孢子的大量集中放散效果最好(图1-A),采用下海刺激的贝壳丝状体释放的壳孢子量与其他5种刺激方法差异极显著($P<0.01$)。另外,除去下海刺激,充气刺激和28℃变温到24℃这两种方法比28℃变温到20℃、28℃变温到32℃、流水刺激的方法稍好(图1-B),但是整体上这些方法都远不及下海刺激的效果。

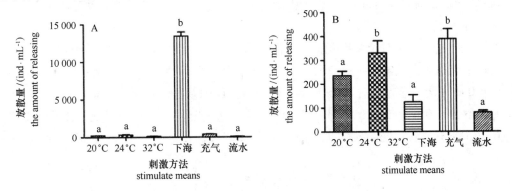

图1 不同刺激方法对促进长紫菜贝壳丝状体壳孢子放散量的影响($n=3$)

不同的字母代表不同处理间有显著性差异($P<0.05$),下同

2.2 壳孢子的放散规律

壳孢子的放散具有日周期性,8:00~12:00 是壳孢子放散的最佳时期,其中9:00~11:00 是放散高峰(图2)。

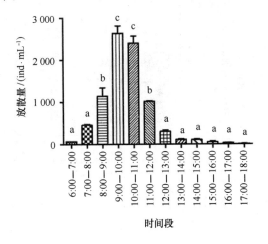

图2 长紫菜壳孢子放散的日周期性($n=3$)

2.3 不同环境条件对壳孢子放散的影响

长紫菜贝壳丝状体在不同温度条件下壳孢子的放散量不同(图3-A)。在14~26℃,壳孢子的放散量呈现先升高后下降的趋势,但是各温度组之间没有显著性差异($P>0.05$),说明适合壳孢子放散的温度是14~26℃。

在不同盐度条件下长紫菜壳孢子放散量不同(图3-B),结果显示在15~25盐度范围内,壳孢子的放散量随盐度的上升而增加,在25~35内,壳孢子的放散量随盐度的上升而减少,各个盐度组之间具有显著性差异($P<0.05$),说明盐度条件对长紫菜壳孢子放散的影响很大,在低盐度和高盐度时都不利于壳孢子的放散。适宜壳孢子放散的盐度范围是25~30,最适宜盐度为25。

不同光照强度条件对长紫菜壳孢子放散量有显著影响(图3-C),0 lx和3 000 lx光照强度条件下壳孢子的放散量最高,而且二者之间差异不显著($P>0.05$),光强6 000 lx的放散量与3 000 lx无显著性差异($P>0.05$),但是与0 lx的差异极显著($P<0.01$),光强9 000 lx下的放散量与0 lx和3 000 lx都有显著性差异($P<0.05$),说明适合壳孢子放散的光照强度为0~3 000 lx,在过高的光强下壳孢子的放散量降低。

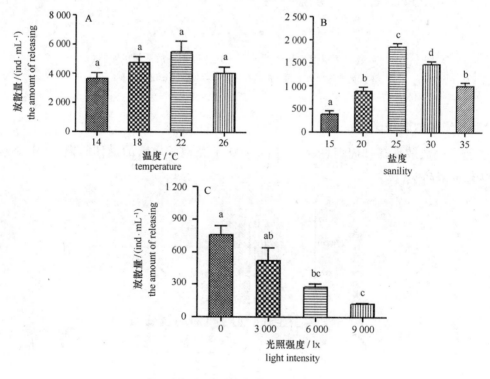

图3 不同环境因素对长紫菜壳孢子放散的影响($n=3$)

2.4 不同环境条件对壳孢子附着的影响

不同温度条件对长紫菜壳孢子附着量有一定的影响(图4-A)。在温度14~22℃范围内,壳孢子的附着量无显著性差异($P>0.05$),但仍呈现先上升后下降的趋势,当温度高于18℃附着量下降,26℃下壳孢子的附着量明显低于18℃($P<0.05$),说明壳孢子附着的适宜温度为14~22℃。

不同盐度条件对壳孢子附着量影响明显(图4-B)。在盐度15~25之间壳孢子的附着量随着盐度的升高而增加,盐度为25时壳孢子的附着出现最高值,在25~35之间随着盐度的升高而减少,而盐度30与25二者之间无显著性差异($P>0.05$),说明壳孢子附着的适宜盐度是25~30,海水盐度过低和过高都不利于壳孢子的附着。

不同光照强度条件对长紫菜壳孢子附着具有明显的影响,由图4-C可以看出,在0~6 000 lx的光强内,随着光照强度的升高,壳孢子的附着量增加($P<0.05$),9 000 lx光照强度下的附着量与6 000 lx的无显著性差异($P>0.05$),说明适合长紫菜壳孢子附着的光照强度为6 000~9 000 lx。

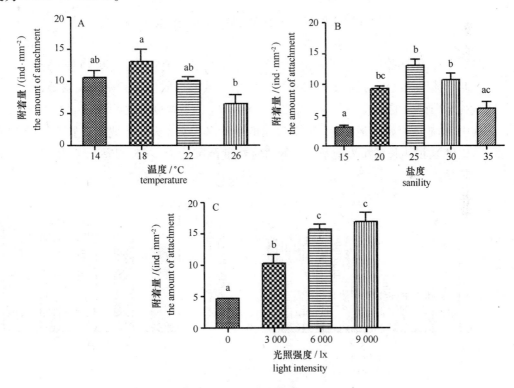

图4 不同环境因素对长紫菜壳孢子附着的影响($n=3$)

2.5 不同环境条件对壳孢子萌发的影响

不同温度条件下长紫菜壳孢子萌发量不同(图5),由图5-A可知,第1天,14℃温度组壳孢子的萌发率与18℃组和26℃组都无显著性差异($P>0.05$),但是在第3、第4天与18℃,22℃和26℃温度组有极显著差异($P<0.01$)。根据图5-B,14℃温度组下壳孢子萌发率的绝对增长速率最小(仅为8.24%),由此可以推测低温会使壳孢子的萌发速度减缓。

在4 d的实验期内,18℃温度组壳孢子的萌发率都显著低于22℃组,而22℃组与26℃温度组之间无显著性差异($P>0.05$),说明长紫菜壳孢子萌发的适宜温度是22~26℃。

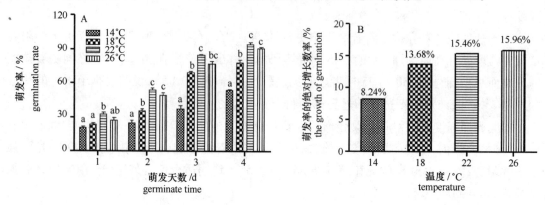

图5　不同温度条件对长紫菜壳孢子萌发的影响($n=3$)

由图6可见,不同盐度条件下对长紫菜壳孢子萌发结果有影响,盐度15下壳孢子的萌发率显著低于其他盐度组,壳孢子萌发率的绝对增长数率最低(13.83%),说明低盐度的海水条件不利于壳孢子的萌发。在4 d中,25、30、35这3个盐度组之间无显著性差异($P>0.05$),其中30盐度组始终最高,而20盐度组的萌发率从第2天开始就一直显著低于30盐度组($P<0.05$),说明长紫菜壳孢子萌发的适宜盐度范围为25~35,最适盐度为30,高盐度较适合其萌发。

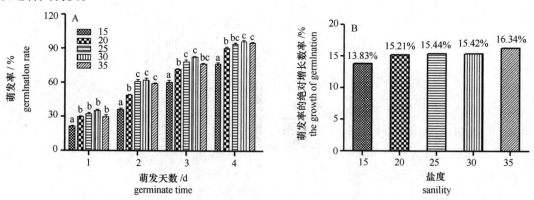

图6　不同盐度条件对长紫菜壳孢子萌发的影响($n=3$)

不同光照强度条件下长紫菜壳孢子萌发的实验结果见图7。由图7-A可以看出,光照强度为0 lx壳孢子的萌发率始终小于10%,与其他实验组有极显著差异($P<0.01$),在第4天壳孢子甚至都出现解体死亡,说明光照是壳孢子萌发的必要条件。3 000 lx、6 000 lx、9 000 lx这3组壳孢子的萌发率都保持在较高的水平,在第4天时三者之间均无显著性差异($P>0.05$),说明适合长紫菜壳孢子萌发的光照强度范围为3 000~9 000 lx,在3 000 lx以上时光照强度的增加对提高壳孢子萌发率没有显著的效果。

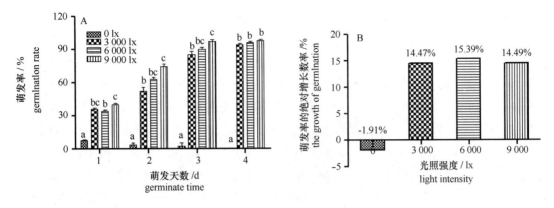

图7 不同光照强度条件对长紫菜壳孢子萌发的影响($n=3$)

3 讨论

3.1 刺激方法和采苗时间的选择

前人有研究表明降温可以促进条斑紫菜贝壳丝状体壳孢子放散,而在坛紫菜栽培生产中大多采用"下海刺激法"促进壳孢子的大量集中放散[17]。本研究发现通过28℃变温到24℃和充气刺激的处理对促进长紫菜贝壳丝状体壳孢子放散有一定的影响,但是其影响远不及下海刺激的效果,所以"下海刺激法"适用于长紫菜壳孢子的放散和采苗。

根据壳孢子放散的日周期性,8:00—12:00是长紫菜贝壳丝状体放散壳孢子的最佳时期,其中9:00—11:00是放散高峰。根据壳孢子的这一放散规律,可以在紫菜的科学养殖中有效地进行采苗。

3.2 环境条件与紫菜壳孢子放散的关系

研究表明,不同种类紫菜壳孢子的形成和放散条件不一样,其适温范围也不同,以广东紫菜(*P. guangdongnesis*)最高,其适温可能在26℃以上。许璞等(2013)认为坛紫菜丝状体释放壳孢子的适温为25~27.5℃。任国忠等(1979)报道了温度对条斑紫菜丝状体生长发育的影响,认为壳孢子放散的温度范围较宽,为5~23℃,适温为15~20℃。笔者对长紫菜的研究结果表明,14~26℃范围都适合壳孢子的放散,该研究结果与以上的研究结果吻合。同时可以看出,与其他南方紫菜相似,长紫菜壳孢子放散的适宜温度要比北方的条斑紫菜高,但其适温范围比坛紫菜宽,在相对较低的温度范围内也能正常放散。

崔广法等(1982)的研究结果显示,条斑紫菜壳孢子正常放散的海水比重为1.018~1.025(盐度为23.5~32.5),当海水比重为1.015(盐度为19.5)时壳孢子的放散量明显降低,当比重低至1.010(盐度为13)时壳孢子的放散受到严重影响。刘恬敬等(1981)在坛紫菜人工增殖研究中发现,在自然海水中的壳孢子放散量最大,比重过高或过低都会减少壳孢子的放散,其中比重1.015~1.025(盐度为19.5~32.5)能集中大量放散壳孢子。笔者研究得出适合长紫菜壳孢子放散的盐度条件为25~30,海水盐度对壳孢子的放散量的影响十分显著,不仅盐度过高和过低条件不利于壳孢子的放散,而且与前人的研究报道一致。

关于光照强度对紫菜壳孢子放散量影响的研究较少,杨玲等(2004)在5个光照梯度(15 μmol·m^{-2}·s^{-1}、29 μmol·m^{-2}·s^{-1}、57 μmol·m^{-2}·s^{-1}、86 μmol·m^{-2}·s^{-1}和114 μmol·m^{-2}·s^{-1})下连续7 d培养观察条斑紫菜壳孢子的放散量,认为57 μmol·m^{-2}·s^{-1}是壳孢子放散最适宜的光照强度条件,Orfanidlis(2001)对紫菜(*P. leucosticta*)的研究也有相似的结论。笔者的研究表明在光照强度为0 lx条件下长紫菜壳孢子也能正常放散,推测原因是孢子囊枝发育基本成熟,通过下海刺激后从海上取回时是早上6:00左右,贝壳丝状体已经接受过自然光的刺激,才转入到黑暗的条件下进行实验,所以壳孢子能正常放散。须藤俊造等(1954)研究证明在黑暗处能放散壳孢子,只是时间略为迟缓些。而笔者的实验结果表明,高光照强度不利于长紫菜壳孢子的放散,与杨玲等的实验结果相似。

3.3 环境条件与紫菜壳孢子附着的关系

紫菜壳孢子附着的好坏与生产有密切关系,壳孢子的附着受多种环境条件的影响,笔者实验研究了不同温度、盐度、光照强度对长紫菜壳孢子附着的影响,证明适合壳孢子附着的温度为14~22℃,盐度为25~30,光照强度为6 000~9 000 lx。

右田清治(1979)的研究表明条斑紫菜壳孢子在20~25℃附着良好。陈美琴(1985)的实验结果显示20℃时条斑紫菜壳孢子的附着量最大,15℃次之。孔晓锐(2012)报道8~20℃范围内条斑紫菜壳孢子的附着率无显著性差异,在24℃时附着率显著下降。He等(2006)对紫菜(*P. leucosticta*)的研究表明,壳孢子附着和萌发的最适温度是10~15℃。笔者研究表明,长紫菜壳孢子的附着量在14~22℃时无显著性差异,但是26℃下的附着量明显少于18℃实验组,此结果与孔晓锐对条斑紫菜的研究结果相似。此结果提示在紫菜采苗生产中温度不宜过高,以免影响壳孢子的附着。

崔广法等(1982)的研究结果显示,条斑紫菜壳孢子在海水比重1.018~1.023(盐度为23.5~30)范围内可正常附着。王洪斌等(2007)研究结果也证明海水比重1.018~1.024(盐度约为23.5~31.3)之间为紫菜壳孢子附着的最适范围,低于1.018或高于1.024附着量都明显减少。刘恬敬(1981)研究发现,坛紫菜壳孢子在1.020比重的海水(海水盐度约为26)中附着率最高,适宜海水比重为1.015~1.025(盐度为19.5~32.5)。笔者研究表明,适合长紫菜壳孢子附着的海水盐度为20~30,盐度过高或过低都不利于壳孢子的附着,这与前人对条斑紫菜壳孢子研究的结果相一致。所以,在长紫菜壳孢子采苗过程中如果遇到海水盐度过低或过高,可以通过调整海水盐度至20~30,以保证壳孢子的正常附着。

笔者的研究结果显示在黑暗条件下长紫菜壳孢子的附着量极低,与其他实验组差异极显著($P<0.01$),说明长紫菜壳孢子的附着需在有光条件下才能进行,黑暗下基本不附着,这一结论与前人对条斑紫菜等的研究结论相同。紫菜壳孢子的附着受到壳孢子内在活力的

支配,而这种活力可能需要光照等条件,所以在黑暗条件下壳孢子不能附着。关于紫菜壳孢子附着的最适光照强度,前人的研究主要集中在条斑紫菜,但是,不同学者的研究结果各不相同。右田清治的研究表明,在 5 000~10 000 lx 的高照度下条斑紫菜的壳孢子附着最多;李世英(1979)的研究表明在 2 500~5 000 lx 下条斑紫菜的附苗效果最好;王洪斌(2007)认为条斑紫菜壳孢子附着的最佳光照强度范围在 3 000~6 000 lx 之间;郭文竹(2012)的研究表明 57~75 $\mu mol \cdot m^{-2} \cdot s^{-1}$(4 000~5 500 lx)左右的光照强度条件下条斑紫菜壳孢子的附着情况最好;孔晓锐(2012)的研究表明条斑紫菜壳孢子附着的最适光照强度是 27 $\mu mol \cdot m^{-2} \cdot s^{-1}$(2 000 lx)。笔者得出的长紫菜壳孢子附着的研究结果与右田清治对条斑紫菜的结果相似,在光照强度 6 000~9 000 lx 范围内壳孢子的附着量最大。

3.4 环境条件与紫菜壳孢子萌发的关系

关于紫菜壳孢子苗的早期生长已经有了不少研究报道,李世英等(1980)通过每隔 3~4 天连续 20 d 观察测量株苗的长度,以研究光照强度和温度对条斑紫菜壳孢子苗生长速率的影响;汤晓荣等(1998)也研究了温度和光照对条斑紫菜幼苗生长的影响,但其评价标准是幼苗横向分裂时细胞的排数及培养天数;范晓蕾(2007)则主要观察研究了条斑紫菜壳孢子的早期萌发过程,尤其细胞壁形成过程。但是环境因子对紫菜壳孢子萌发率影响的研究较少,仅有孔晓锐研究了不同环境因子对条斑紫菜壳孢子萌率的影响,其实验结果为:温度 20℃、海水密度 1.022~1.030(盐度为 28.5~39),光照强度 27~67 $\mu mol \cdot m^{-2} \cdot s^{-1}$(2 000~5 000 lx)为壳孢子适宜的萌发条件。赵素芬等(2012)认为,坛紫菜壳孢子附着和萌发的适宜温度是 23~25℃,海水盐度为 26~34。笔者通过实验对不同温度、海水盐度和光照强度下长紫菜壳孢子的萌发做了初步研究,通过计算和分析壳孢子的萌发率和萌发率的绝对增长速率得出壳孢子萌发的适宜条件为:温度 22~26℃,盐度 25~35,光照强度 3 000~9 000 lx。此研究结论与孔晓锐对条斑紫菜壳孢子萌发率的研究结论存在一定差异,而与坛紫菜的适宜条件相似,说明紫菜壳孢子萌发的条件与紫菜的种类有关。

参考文献

王洪斌. 2007. 五种生态因子对条斑紫菜壳孢子附着率的影响[J]. 科学养鱼,(12):42-43.
孔晓锐,吴菲菲. 2012. 条斑紫菜壳孢子附着条件研究[J]. 现代农业科技,(13):236-237.
孔晓锐. 2012. 环境因子对条斑紫菜壳孢子附着、萌发及幼苗生长的影响[D]. 青岛:中国海洋大学.
右田清治,吴大鹏译. 1979. 关于紫菜壳孢子和单孢子附着的研究[J]. 国外水产,(1):42-50.
任国忠,崔广法,费修绠,等. 1979. 温度对条斑紫菜丝状体生长发育的影响[J]. 海洋与湖沼,10(1):28-38.
刘孙俊,王云. 2003. 提高坛紫菜壳孢子附着率的技术措施[J]. 齐鲁渔业,20(2):19-20.
刘孙俊. 2003. 紫菜养殖技术之二 提高坛紫菜壳孢子附着率的技术措施[J]. 中国水产,(3):59-60.
刘恬敬,王素平,张德瑞,等. 1981. 中国坛紫菜(*Porphyra haitanensis* T. J. Chang et B. F. Zheng)人工增殖的研究[J]. 海洋水产研究,2(3):1-67.
汤晓荣,费修绠. 1998. 温度和光照对条斑紫菜壳孢子苗生长和单孢子形成放散的影响[J]. 水产学报,22

(4):378-381.

许俊宾,陈伟洲,宋志民,等.2013.不同培养条件对长紫菜叶状体生长及生理响应的研究[J].水产学报,37(9):1319-1327.

许璞,张学成,王素娟,等.2013.中国主要经济海藻的繁殖与发育[M].北京:中国农业出版社,158.

孙爱淑,曾呈奎.1996.悬浮生长的条斑紫菜膨大藻丝无性系的培养及产生壳孢子的研究初报[J].海洋与湖沼,27(6):667-668.

李世英,崔广法.1980.条斑紫菜单孢子和壳孢子幼苗生长发育的初步观察[J].海洋与湖沼,11(4):370-374.

李世英,崔广法,费修绠.1979.光线强度对条斑紫菜壳孢子附着的影响[J].海洋与湖沼,10(2):183-186.

杨玲,何培民.2004.温度、光强和密度对条斑紫菜壳孢子放散的影响[J].海洋渔业,26(3):205-209.

陈美琴,郑宝福,任国忠.1985.温度对条斑紫菜壳孢子和单孢子附着的影响[J].海洋湖沼通报,(3):66-69.

范晓蕾.2007.紫菜壳孢子萌发过程及其世代差异研究[D].青岛:中国科学院海洋研究所.

赵素芬,罗世菊,陈伟洲,等.2012.海藻与海藻栽培学[M].北京:国防工业出版社,297-299.

须藤俊造,丸山武男,梅林修.1954.アサクサノリの"Conchocelis-phase"からの胞子放出について[J].日本水产学会志,12(6):490-493.

郭文竹.2012.环境因子对条斑紫菜孢子体生长发育的影响[D].青岛:中国海洋大学.

黄春恺.2003.紫菜养殖技术之一 坛紫菜养殖中海区采壳孢子苗时间的正确选择[J].中国水产,(3):58-59.

崔广法,陈美琴,林汉刚.1982.海水比重对条斑紫菜丝状体放散壳孢子和壳孢子附着的影响[J].海洋科学,6(4):44-45.

章景荣,陈国宜,王素娟,等.1981."室内流水刺激"促进坛紫菜壳孢子放散的实验[J].厦门水产学院学报,1(1):112-126.

曾呈奎,张德瑞,赵汝英.1963.温度对不同种类紫菜的壳孢子形成和放散的影响的比较研究[J].植物学报,11(3):261-271.

曾呈奎,张德瑞.1954.紫菜人工养殖上的孢子来源问题[J].科学通报,(12):50-52.

曾呈奎,张德瑞.1954.紫菜的研究 I.甘紫菜的生活史[J].植物学报,3(1):287-302.

曾呈奎,张德瑞.1955.紫菜的研究 II.甘紫菜的丝状体阶段及其壳孢子[J].植物学报,4(1):27-46.

曾呈奎,张德瑞.1956.紫菜壳孢子的形成和放散条件及放散周期性[J].植物学报,5(1):33-48.

福建省水产局.1979.坛紫菜人工养殖[M].福州:福建人民出版社,57-59.

H P M, YARISH C. 2006. The developmental regulation of mass cultures of free-living conchocelis for commercial net seeding of *Porphyra leucosticta* from Northeast America[J]. Aquaculture, 257(1):373-381.

Orfanidis S. 2001. Culture studies of *Porphyra leucosticta* (Bangiales, Rhodophyta) from the Gulf of Thessaloniki, Greece [J]. Botanica Mar,44 (6):533-539.

密植浒苔对冬季露天池塘池底水温、酸碱度和溶解氧的影响效应[*]

富　裕[1]，Fatou Diouf[1]，陈汉春[1,2]，袁向阳[1]，张丹燕[1]，王志铮[1]

（1. 浙江海洋学院，浙江 舟山 316022；2. 慈溪市水产技术推广中心，浙江 慈溪 315300）

　　浒苔（*Enteromorpha prolifera*）隶属绿藻门、绿藻纲、石莼目、石莼科、浒苔属，系我国东部沿海常见的大型经济绿藻。据报道，其水温耐受范围为 5～35℃，生长适宜范围为 10～30℃，故冬季海水养殖池塘内浒苔的生长是缓慢而可控的，且浓密的浒苔也可为池中养殖经济动物提供良好的御寒和安全的栖息环境。大型海藻不仅可净化水质，而且还可通过营养竞争或分泌克生物质抑制海洋微藻的生长，其对稳定和优化海水养殖池塘生态环境具有重要作用。研究表明，浒苔和条浒苔（*Enteromorpha clathrata*）去除水体中 $NH_4^+ - N$ 的效率均高于真江蓠（*Gracilaria asiatica*）、龙须菜（*Cracilaria lemaneiformis*）以及细基江蓠繁殖枝变种（*Gracilaria tenuistipitata* var. Liui）；浒苔鲜组织对米氏凯伦藻（*Karenia mikimotoi*）的生长具强烈的克生效应；条浒苔水溶性提取物对三角褐指藻（*Phaeodactylum tricornutum*）的生长具明显的抑制作用，利用甲醇浸泡浒苔可获得对前沟藻（*Amphidinium hoefleri*）、米氏凯伦藻（*Karenia mikimitoi*）、塔玛亚历山大藻（*Alexandrium tamarense*）和中肋骨条藻（*Skeletonema costatum*）等 4 种海洋微藻的生长均具明显抑制作用的粗提物。上述这些都为浒苔成为冬季海水养殖池塘内缓减水质急剧变化的环境友好型生物提供了可能。据此，本课题组于 2012 年 11 月至 2013 年 3 月间在岱山县长涂镇沙城养殖场露天养殖池塘内通过密植浒苔使日本囊对虾（*Marsupenaeus japonicus*）秋苗养殖成活率获得显著提高的基础上，于 2014 年 1 月 5—22 日在该养殖场连续开展了冬季露天池塘密植浒苔对池底水温、pH 和 DO 的实时监测工作，以期探明密植浒苔对冬季池水环境的影响效应，并为露天池塘日本囊对虾秋苗的安全越冬养殖提供相关参考资料。

1 材料与方法

1.1 实验塘及其前处理

　　于岱山县长涂镇沙城养殖场内随机选取两口相邻养殖池塘作为实验用塘，分别记为 A 塘（养殖面积 26 亩）和 B 塘（养殖面积 28 亩），养殖水深均为 80 cm。A 塘于 2013 年 8 月 20 日用生石灰干法清塘（方法按常规）1 周后，进水培植浒苔，于 2013 年 9 月 25 日加满水至养

---

[*] 基金项目：舟山市一般海洋类科技项目，2013C41013 号.
作者简介：富裕（1992 - ），浙江嘉兴人，硕士研究生，研究方向：水产养殖. E-mail:evangelionadma@163.com
通信作者：王志铮，研究员，E-mail: wzz_1225@163.com

殖水深,此时浒苔已覆盖整个池底;B 塘于 2013 年 10 月 30 日用生石灰干法清塘 1 周后进水至养殖水深,实验期间池底均无浒苔出现。

1.2 水质因子监测与数据采集

采用慈溪市水产技术推广中心研制的环境数据实时采集装置(图 1)于 2014 年 1 月 5—22 日连续对 A、B 塘开展水温、pH 和 DO 实时监测数据的采集工作(装置固定于池中央,监测探头距实验塘池底 8cm),监测频次为 10 min/次。采集装置探头采用美国哈希产的 HYDROLab 型自清洁溶氧监测仪,其中溶解氧测量范围为 0~20.0 mg/L(分辨率 0.01 mg/L,测量值 8 mg/L 以下精度为 ±0.1 mg/L,8 mg/L 以上精度为 ±0.2 mg/L),pH 测量范围为 0~14(分辨率 0.01,精度为 ±0.2);水温测量范围为 -5~50℃(分辨率 0.01℃,精度 ±0.1℃)。

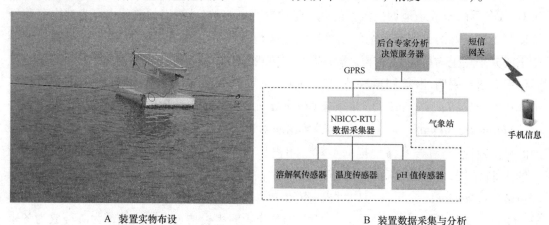

A 装置实物布设　　　　B 装置数据采集与分析

图 1　环境数据实时采集装置

1.3 数据处理

鉴于方差分析的齐次性和浙江北部沿海冬季的日照特征,本研究采用表 1 所示的计时方法整理所测数据,借助 SPSS 19.0 软件分别计算 A、B 塘各项水质监测指标的均值、标准差,并采用 t 检验法检验塘间各时段、时辰的差异显著性,LSD 多重比较法检验塘内各时段、时辰的差异显著性($P<0.05$ 为显著水平)。

表 1　长涂岛冬季时段的划分

时段	时辰
上午(5:00—11:00)	卯时(5:00—7:00)
	辰时(7:00—9:00)
	巳时(9:00—11:00)
下午(11:00—17:00)	午时(11:00—13:00)
	未时(13:00—15:00)
	申时(15:00—17:00)

续表

时 段	时 辰
晚上(17:00—23:00)	酉时(17:00—19:00)
	戌时(19:00—21:00)
	亥时(21:00-23:00)
凌晨(23:00—5:00)	子时(23:00—1:00)
	丑时(1:00—3:00)
	寅时(3:00—5:00)

2 结果与分析

2.1 A、B塘池底水温的日变化特征

由图2和图3可知,A、B塘池底水温的日变化主要表现为:(1) A塘池底水温达到峰、谷的时辰分别为申时(15:00—17:00)至酉时(17:00—19:00),和寅时(3:00—5:00)至巳时(9:00—11:00),而B塘则分别为未时(13:00—15:00)至申时,和寅时至辰时(7:00—9:00),A塘池底水温自巳时至申时呈连续显著上升(跨度为3个时辰),自酉时至寅时呈连续显著下降(跨度为5个时辰),而B塘则自辰时至未时呈连续显著上升(跨度为3个时辰),自申时至子时呈连续显著下降(跨度为4个时辰)。即:①两塘池底水温的峰值时辰数均为两个,但B塘较A塘提前了1个时辰;②两塘池底水温虽同步到达谷底,但B塘低谷期较A塘缩短了1个时辰;③虽两塘池底水温连续显著上升的时长相同,但连续显著下降的时长B塘却较A缩短了1个时辰。(2)虽两塘池底水温到达谷、峰的时段均分别为上午(5:00—11:00)和下午(14:00—17:00),但A塘的峰值期却可一直延续至晚上(17:00—23:00),即:A塘由峰到谷的转换时长明显短于B塘。(3)B塘未时池底水温显著高于A塘($P<0.05$),申时至寅时池底水温均显著低于A塘($P<0.05$),其余时辰两塘均无显著差异($P>0.05$)。即:B塘自申时至卯时(5:00—7:00)的温变幅度显著低于A塘。(4) A塘凌晨和晚上的池底水温均显著高于B塘($P<0.05$),而上午和下午时段则均与B塘无显著差异($P>0.05$)。综上可知,密植池底的浒苔既可在水温上升期具遮阳作用,又可在水温下降期起隔热作用,致使B塘池底水温波动幅度和降温速率显著低于A塘。

2.2 A、B塘池底pH值的日变化特征

由图4和图5可知,A、B塘池底pH值的日变化特征主要表现为:① A塘自亥时(21:00—23:00)至午时(11:00—13:00) 8个时辰间,以及亥时、未时、戌时(19:00—21:00) 3个时辰间的池底pH值均无显著差异($P>0.05$),pH值处于峰值的时辰为申时至酉时,即A塘池底pH值具较强的稳定性。② B塘各时辰池底pH值均显著低于A塘($P<0.05$),但稳定性不如A塘,其pH峰值期为申时,低谷期为卯时至辰时。③ A、B塘池底pH值由大到小依次为:下午、晚上、凌晨、上午($P<0.05$),且各时段A塘池底pH值均显著大于B塘

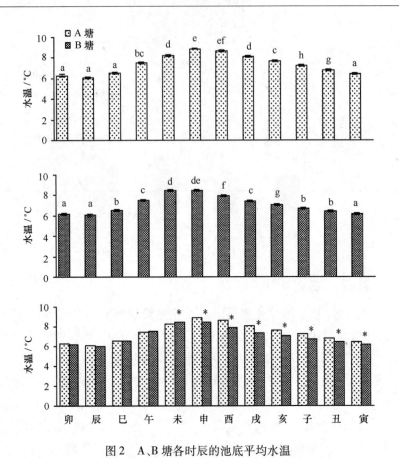

图2 A、B塘各时辰的池底平均水温

注:(1)A塘:未培植浒苔的池塘;B塘:池底密植浒苔的池塘,下同;(2)用字母a、b、c、d、e、f、g来标注塘内各时辰间的差异,字母相同表示无差异;用*标注塘间同一时辰的差异.下同.

($P<0.05$),两者日均pH值分别为9.3和8.6,监测期间pH值波动范围分别为8.4~9.7和8.4~8.7。综上可知,A塘各时辰、时段pH值对绝大多数水产养殖动物均具较高的严峻度,而B塘则均在其生存的适宜范围内,无疑密植浒苔可有效降低池底pH值,并使之回调至自然海水的正常pH值(7.8~8.2)范围附近。

2.3 A、B塘池底DO值的日变化特征

由图6和图7可见,A、B塘池底DO值的日变化特征主要表现为:(1) A、B塘池底DO峰值期分别为申时和未时,低谷期分别为寅时至辰时和寅时至卯时,且各时辰A塘池底DO值均显著大于B塘($P<0.05$)。即:①两塘池底DO值的峰值时辰数均为1个,但B塘较A塘提前了1个时辰;②两塘池底DO值虽同步到达谷底,但B塘低谷期较A塘缩短了1个时辰;③A塘池底DO值呈连续显著上升的时长为4个时辰(辰时至申时),而B塘则仅为3个时辰(辰时至未时),同样A塘池底DO值呈连续显著下降的时长为6个时辰(申时至寅时),而B塘则仅为4个时辰(未时至亥时)。(2) 两塘池底DO值由大到小依次为:下午、晚上、凌晨、上午($P<0.05$),且各时段A塘池底DO值均显著大于B塘($P<0.05$),两者日均DO

养殖生态与环境　　　　　　　　　　　　　　517

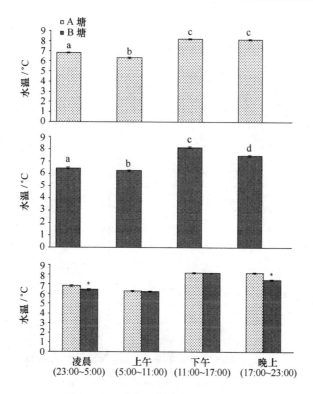

图 3　A、B 塘各时段的池底平均水温

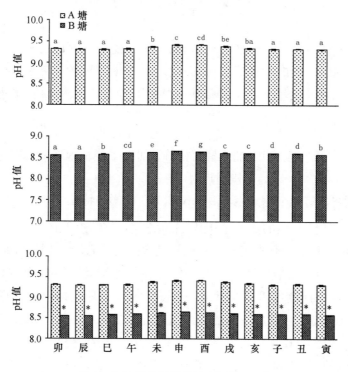

图 4　A、B 塘各时辰的池底平均 pH 值

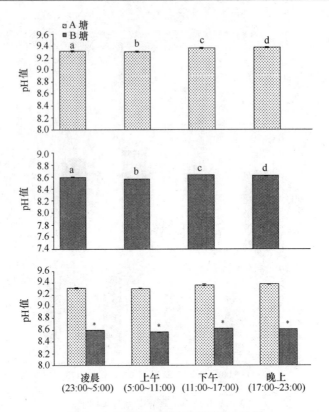

图5 A、B塘各时段的池底平均pH值

值分别为10.61 mg/L和6.80 mg/L，监测期间DO值波动范围分别为2.2～9.7 mg/L和3.3～17.1 mg/L。综上可知，A、B塘池底DO值的日变化均与其温变特征基本相吻合（图2和图3），密植池底的浒苔不仅可有效降低池底DO值，而且还可减少相邻时辰、时段间的DO值变幅。

3 讨论

3.1 密植浒苔对冬季露天池塘池底水温、pH和DO的影响特征

本研究中，A、B塘DO值的变动与其温变特征基本相吻（图2、图3、图6和图7）的结果，表明浒苔和单细胞藻类的光合作用与其所处环境水温有着极为密切的关系；B塘因密植浒苔致使其各时辰、时段pH值和DO值均显著低于A塘的结果（图4至图7），与已报道的浒苔属种类及其提取物对单细胞藻类的生长具强烈的克生效应或抑制作用的结论相吻，表明密植浒苔可有效降低冬季单细胞藻类的繁殖速率和光合作用强度。鉴于以上分析，笔者认为实验期间A、B塘池底pH值均较为稳定（图4和图5）的结果，应与浒苔和单细胞藻类受冬季低温的持续胁迫（图2和图3），其光合作用强度和生长速率较其适温范围已出现明显下滑有关。本研究实验所在地长涂岛，位于亚热带季风气候区内。实验期间，持续震荡于

养殖生态与环境

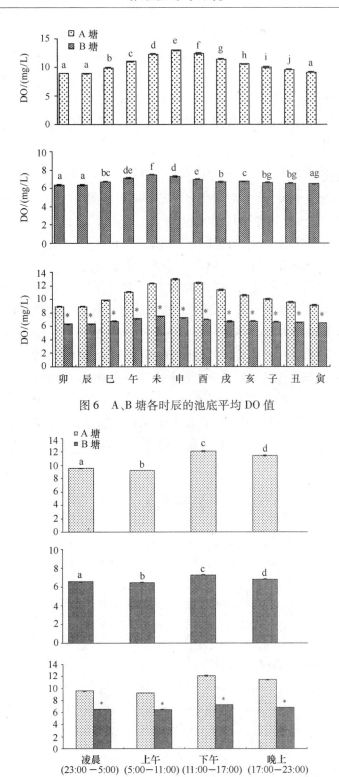

图 6 A、B 塘各时辰的池底平均 DO 值

图 7 A、B 塘各时段的池底平均 DO 值

2.7~11.8℃之间的池底水温(图2和图3),较为稳定的池底pH(图4和图5),以及与池底水温变化特征基本一致的DO(图6和图7),均为冬季低温成为制约A、B塘内藻类存活与生长的关键性限制因子提供了重要的证据支持。故本研究中密植浒苔的B塘较未培植浒苔的A塘在池底水温的时序变动上更为稳定(图2和图3)的结果,揭示了培植于池中的浒苔在一定程度上具缓减进而阻遏由冷热气温转换引起的水体密度流的功能,对保持池底水温的相对稳定具积极作用。

3.2 密植浒苔对保障露天海水池塘中日本囊对虾秋苗安全越冬的主要贡献

北半球冬季盛行冬季风,而东亚又是全球冬季风最强的地区,我国沿海处于东亚大陆和太平洋西北部的交汇处,受冬季风带来的冷空气影响更大。日本囊对虾原产日本、中国、菲律宾、澳大利亚等国,广泛分布于印度、西太平洋地区,系洄游性底栖虾类品种,寒潮和大风引起的水温急剧异变是导致其越冬个体出现大量死亡的主因。综合本研究所得结果,笔者认为本课题组于2012年11月至2013年3月间在岱山县长涂镇沙城养殖场露天养殖池塘内通过密植浒苔使日本囊对虾秋苗养殖成活率获得显著提高的主因,即密植浒苔对保障露天海水池塘中日本囊对虾秋苗安全越冬所起的贡献主要表现为:①通过缓减进而阻遏池塘内水体密度流的形成,可对池底环境起到一定的保温作用,从而达到有效减少池内日本囊对虾秋苗热能损耗的效果;②通过营养争夺或克生作用降低单细胞藻类数量密度和繁殖速率,使pH回调至日本囊对虾秋苗生长的适宜范围内,从而在一定程度上消除了该虾因长时间受pH胁迫而易于出现大量死亡的隐患;③在借助其生物吸附作用,有效降低养殖水体中重金属含量的同时,还增强养殖空间的异质性,并由此降低了种内自残的几率。

参考文献

陈汉春,梅新华. 一种环境数据实时采集装置. 中国, 201220333330[P]. 2013-04-10.

霍元子,田千桃,徐栅楠,等. 2010. 浒苔对米氏凯伦藻生长的克生作用[J]. 海洋环境科学, 29(4):496-508.

罗勇胜,李卓佳,文国樑. 2006. 细基江蓠繁枝变型净化养殖废水投放密度研究[J]. 南方水产, 2(5):7-11.

毛玉泽,杨红生,周毅,等. 2006. 龙须菜(*Gracilaria lemaneiforis*)的生长、光合作用及其对扇贝排泄氮磷的吸收[J]. 生态学报, 26(10):3225-3231.

南春容,董双林. 2004. 大型海藻与海洋微藻间竞争研究进展[J]. 海洋科学, 28(11):64-66.

苏纪兰. 2005. 中国近海水文[M]. 北京:海洋出版社, 91.

孙颖颖,刘筱潇,王长海. 2010. 浒苔提取物对4种赤潮微藻生长的抑制作用[J]. 环境科学, 31(6):1162-1169.

田千桃,霍元子,张寒野,等. 2010. 浒苔和条浒苔生长及其氨氮吸收动力学特征研究[J]. 上海海洋大学学报, 19(2):252-258.

王建伟,阎斌伦,林阿朋,等. 2007. 浒苔(*Enteromorpha prolifera*)生长及孢子释放的生态因子研究[J].

海洋科学, 26 (2): 60-65.

王兰刚, 徐姗楠, 何文辉, 等. 2007. 海洋大型绿藻条浒苔与微藻三角褐指藻相生相克作用的研究[J]. 海洋渔业, 29 (4): 103-108.

王志铮, 任夙艺, 赵晶. 等. 一种日本囊对虾室外越冬养殖方法. 中国, 2012103464102[P]. 2013-12-25.

温珊珊, 张寒野, 何文辉, 等. 2008. 真江蓠对氨氮去除效率与吸收动力学研究[J]. 水产学报, 32(4): 794-803.

Jin Q, Dong S L, Wang C Y. 2005. Allelopathic growth inhibition of *Prorocentrun micans*(Dinophyta) by *Ulva pertusa* and *Vlva linza*(Chlorophyta) in laboratory cultures[J]. European Journal of Phycology,40(1):31-37.

Storelli M M, Storelli A, Marcotrigiano G O. 2001. Heavy metals in the aquatic environment of the Southern Adriatic Sea, Italy. Macroalgae, sediments and benthic species[J]. Environmental International, 26: 505-509.

盐碱地不同氯化物水型对虾养殖池塘浮游植物的生态特征研究

高鹏程[1], 来琦芳[1], 王 慧[1], 么宗利[1], 周 凯[1], 李信书[2]

(1. 中国水产科学研究院 东海水产研究所, 中国水产科学研究院盐碱地渔业工程技术中心, 上海, 200090; 2. 淮海工学院海洋学院, 江苏 连云港, 222005)

摘 要: 2014年5—9月间对河北省沧州市盐碱地5个氯化物水型对虾养殖池塘水体中的浮游植物进行了周期调查。共检出浮游植物39属约59种, 其中绿藻门最多, 17属23种, 占浮游藻类种类总数的38.98%, 硅藻门次之, 8属14种, 占23.73%, 再次是蓝藻门, 6属11种, 占总种数的18.64%, 第四是裸藻门, 2属4种, 占6.78%, 第五是金藻门, 2属3种, 占5.08%, 隐藻门为2属2种, 黄藻门、甲藻门各1种。盐碱地对虾池塘浮游植物区系组成种类多, 从浮游植物的种量分布以及生物量组成特点看, 主要由广盐、广酸碱性淡水普生种组成, 其特点是浮游植物生物量以蓝藻、绿藻和裸藻占主导地位, 对不同类型盐碱水质有较大的适应性, 不同氯化物水型对虾养殖池塘水体之间的浮游植物群落结构有一定差别, 与各池塘特定的盐度、碳酸盐碱度等水化因子有关。

关键词: 盐碱池塘; 氯化物水型; 浮游植物; 种类组成; 群落结构

养殖水体中的浮游植物是水体的初级生产力和能量的主要转换者, 是水生食物链的基础和最重要的一环。浮游植物的光合产氧是溶氧的重要来源, 浮游植物是水生生态系统物质循环和能量流动的重要参与者, 同时浮游植物也是水生微生态的重要调节者, 对微生物的组成和数量有重要影响[3], 浮游植物的种类组成和数量变动也在一定程度上也反映了养殖生态环境状况, 对水域生产性能上具有重要意义, 因此养殖水体中的浮游植物的研究备受关注。有关对海、淡水养殖池塘浮游植物已做了较多研究,而针对盐碱地养殖池塘,巩俊霞等(2009)开展了重盐碱地凡纳滨对虾对虾池塘浮游植物的研究,赵文等(2000,2002,2003)对氯化物型盐碱池塘浮游植物种类、多样性、季节演替及初级生产力等进行了相关研究,但对盐碱地不同水质类型养殖池塘浮游植物的报道较少,尤其是不同氯化物盐碱水质类型对虾养殖池塘浮游植物的研究鲜有报道。盐碱水质养殖生态系统,不同于海水和淡水养殖生态系统,为了解盐碱地不同类型氯化物水型对虾养殖池塘浮游植物的组成及变化规律,选择河北省沧州地区盐碱地5个不同氯化物水型凡纳滨对虾养殖池塘,对养殖水体中的浮游植物做了初步研究,并比较与海水对虾养殖水体中浮游植物群落特征差异,旨在为科学管理盐碱水质、指导盐碱地对虾健康养殖提供基础资料。

1 材料与方法

1.1 调查池塘的基本情况

在河北省沧州市选择有代表性盐碱地氯化物水型的凡纳滨对虾养殖池塘4个。1#～4#盐碱地对虾养殖池塘用水均为自然渗入的地下水,5#为盐碱地海水凡纳滨对虾养殖池塘,水质类型均为氯化物型水,在整个养殖期间采取封闭式养殖管理方法,不换水,仅少量添加环沟渗出盐碱水或海水,各对虾养殖池的基本情况见表1。

表1 对虾养殖池的基本情况

地点	北王曼村1#	杨二庄2#	杨二庄3#	滕南大洼4#	季家堡5#
水型	Cl_{III}^{Na}	Cl_{I}^{Na}	Cl_{I}^{Na}	Cl_{II}^{Na}	Cl_{III}^{Na}
盐度	7.65～8.27	12.66	5.05	8.47	33～36
碳酸盐碱度/(mmol/L)	7.39～8.4	7.56	8.64	5.52	4.39
pH	8.7～9.08	8.27～9.0	8.6～9.45	8.0～8.4	8.3
水质来源	地下渗水	地下渗水	地下渗水	地下渗水	海水
水深/m	1.3	1.8	1.8	1.5	1.4
放苗日期	5.20	5.20	5.20	5.31	5.15
放苗密度/(万尾/hm^2)	75	90	90	75	75
收虾日期	9.11—20	9.14—17	9.14—17	9.24—28	9.10—15
产量/(kg/hm^2)	270	459	486	387	143

1.2 调查方法

1.2.1 采样时间和地点

采样时间选择在对虾养殖期内进行,大约每30天1次,5—9月共采样5次。每个池塘设立4个采样点(池塘四角),用采水器在池塘四角定量采集水样1 L,混合待用。

1.2.2 样品采集

(1)定性样品采集。浮游植物定性样品采集使用 25 号浮游生物网(网孔直径 0.064 mm),在水面下 0.5 m 处以 20~30 cm/s 速度作"∞"形往复拖动,时间约 3 min,打开活塞搜集样品 30~50 mL,加入 5% 福尔马林液固定。

(2)定量样品采集。浮游植物定量样品采集使用采水器在池塘四角各采集水样 1 L,混合后取 1 L,加入 15 mL 鲁哥氏液进行固定、静止沉淀、浓缩至 50 mL。

1.2.3 鉴定与分析

浮游植物的分类依据《中国淡水藻类》、《中国常见淡水浮游藻类图谱》和《中国海洋生物图谱》。计数时,先将浓缩后水样摇匀后,迅速用移液枪吸取样品 0.1 mL,用浮游植物计数框在 10×40 倍镜下采用目镜视野法进行计数。一般每片计数 50 个视野,每个水样重复计数两次,两片数值与其平均值之差小于 15% 为有效,否则需进行第三片计数,所得数值换算成每升中所含浮游植物的个数及生物量。

2 结果

2.1 浮游植物的种类组成及变化

盐碱地对虾养殖池塘在养殖期间中共检出浮游植物 39 属 59 种,其中绿藻门最多,17 属 23 种,占浮游藻类种类总数的 38.98%,硅藻门次之,8 属 14 种,9 占 23.73%,再次是蓝藻门,6 属 11 种,占总种数的 18.64%,第四是裸藻门,2 属 4 种,占 6.78%,第五是金藻门,2 属 3 种,占 5.08%,隐藻门为 2 属 2 种,黄藻门、甲藻门各 1 种。

从出现率及平均丰度上看,浮游植物优势种是:

(1)蓝藻门(Cyanophyta) 优势种为小色球藻(Chroococcus monor)、微小色球藻(C. minutus)、水华微囊藻(Microcystis flos-aquae)、隐杆藻(Aphanothece sp.)、湖沼色球藻(C. limneticusa)、阿氏拟项圈藻(Anabaenopsis arnoldii)和细小平裂藻(Merismopedia tenus)。偶见螺旋藻、席藻。小色球藻和微小色球藻个体很小,但数量很大,在整个养殖季节均可见,7—8 月在一些虾池分别达到 9.97×10^8 个/L、1.09×10^9 个/L。生物量分别为 8.16 mg/L、1.92 mg/L。

(2)裸藻门(Euglenophyta) 主要为绿裸藻(Eugliena viridis)和梭形裸藻(Eugliena. sp.)偶见扁裸藻(Phacus oscillans),绿裸藻是夏季盐碱地对虾池塘水质中的重要优势种,其生物量最高达到 28.44 mg/L,占浮游植物生物量的 43.86%。

(3)绿藻门(Chlorophyta) 普通小球藻(Chlorella vulgaris)为主要优势种,其他还有尖细栅藻(Scenedesmus acuminatus)、扭曲蹄形藻(Kirchneriella contorta)、新月藻(Closterium sp.)、四足十字藻(Crucigenia tetrapedia)、卵囊藻(Oocystis sp.)、肾形藻(Nephrocytium sp.)也很常见。普通小球藻为夏季盐碱地对虾池塘水质中的习见种,最大数量达到 8.63×10^8 个/L,生物量为 8.16 mg/L。

(4) 黄藻门(Xanthophyta)只检测到异胶藻(*Heterogioea* sp.)一种,在有的池塘是主要优势种,密度达到 5.67×10^8 个/L,生物量达到 12.73 mg/L。

(5) 金藻门(Chrysophyta)卵形单鞭金藻(*Chromulina ovalis*)在 5#池数量达到 7.14×10^7 个/L。等鞭金藻(*Isochrysis* sp.)和小三毛金藻(*Prymnesium parvum*),也可见到,但没有形成优势。

(6) 隐藻门(Cryptomonaserosa)卵形隐藻(*Cryptomonas ovata*)在 3#池数量达到 1.04×10^8 个/L。

(7) 硅藻门(Bacillariophyta)菱形藻(*Nitzschia* sp.)、舟形藻(*Navicula* spp.)、针杆藻(*Synedra* sp.)均常见,但在养殖期的数量并不很大。舟形藻(*Navicula* spp.)的最大数量出现在 5—6 月的 4#池,达 1.63×10^7 个/L。

甲藻门的光甲藻(*Glenodinium* sp.)在养殖期属于偶见种类,没有形成优势。

从各种浮游植物出现频率的月份分布上看,蓝藻、绿藻、裸藻在 7—9 月比 5—6 月的出现率高,而金藻、甲藻相反,硅藻则出现率相近,各月均可见到。

2.2 浮游植物的生物量

浮游植物生物量在养殖期的变动范围在 14.3~129.68 mg/L,平均为 46.55 mg/L,各池的差异很大。以 8 月 30 日为例 1#~4#的浮游植物生物量分别为 77.12 mg/L、49.19 mg/L、28.8 mg/L、105.96 mg/L。从总体上看养殖后期的生物量要明显大于养殖初期的生物量(表 2 至表 5),如 4#池在 5 月 31 日对虾放养时的浮游植物生物量为 14.3 mg/L,后逐渐增加到 9 月 24 日收获时的 129.68 mg/L(表 5)。海水对虾养殖池的生物量一直均很小,在 5.3~11.48 mg/L 之间变动,平均为 8.3 mg/L(表 5)。

表 2 1#对虾养殖池塘各门浮游植物生物量的变动 mg/L

名称	5月31日	6月28日	8月4日	8月30日	9月24日
绿藻门	5.82	5.79	4.87	6.44	7.23
蓝藻门	3.326	16.28	28.03	44.48	35.75
硅藻门	0.54	0.58	0.14	0.48	0.37
裸藻门	15.50	36.93	31.84	25.72	20.93
合计	25.17	59.58	64.87	77.12	64.28

表 3 2#对虾养殖池塘各门浮游植物生物量的变动 mg/L

名称	5月31日	6月28日	8月4日	8月30日	9月24日
绿藻门	12.46	8.01	2.89	17.39	12.43
蓝藻门	5.076	7.36	8.99	11.44	5.27
硅藻门	1.57	1.29	0.659	3.03	1.97
裸藻门	8.88	5.48	7.61	17.31	9.07
合计	27.98	22.14	20.14	49.19	28.73

表4　3#对虾养殖池塘各门浮游植物生物量的变动　　　　　　mg/L

名称	5月31日	6月28日	8月4日	8月30日	9月24日
绿藻门	5.19	6.26	6.41	6.15	5.10
蓝藻门	1.22	3.01	3.74	6.70	4.07
硅藻门	1.18	0.94	0.12	1.78	1.75
隐藻门	0.85	0.16	1.43	1.93	1.29
裸藻门	7.54	19.02	12.63	12.25	29.05
合计	15.98	29.40	24.34	28.80	41.26

表5　4#对虾养殖池塘各门浮游植物生物量的变动　　　　　　mg/L

名称	5月31日	6月28日	8月4日	8月30日	9月24日
绿藻门	3.07	4.52	7.19	6.70	7.20
蓝藻门	2.51	2.43	22.10	24.65	44.31
硅藻门	4.61	6.012	6.54	3.03	3.10
黄藻门	4.11	10.46	25.19	27.85	24.44
裸藻门	0	1.26	16.26	43.74	50.63
合计	14.30	24.68	77.28	105.96	129.68

表6　5#对虾养殖池塘各门浮游植物生物量的变动　　　　　　mg/L

名称	5月31日	6月28日	8月4日	8月30日	9月24日
绿藻门	2.31	1.19	3.07	1.77	2.16
蓝藻门	1.25	0.52	3.28	0.92	1.63
硅藻门	2.44	0.89	0.61	0.28	1.26
黄藻门	2.46	1.78	3.59	0.59	1.59
金藻门	0.37	0.91	0.93	0.39	1.82
合计	8.83	5.30	11.48	3.96	8.46

从图1可见,浮游植物生物量中,裸藻门所占比重最大,最大生物量达到50.63 mg/L,最大比例达到70.41%。以生物量计,在1#、2#、3#池的整个养殖期间,裸藻门占据优势地位,但因其个体较大,其数量却很小,在多数情况下不足藻细胞数的1%。浮游植物生物量中,蓝藻门居第二,最大生物量达44.48 mg/L,占浮游植物生物量的57.68%。但因其个体多数很小,其数量极大,多数情况下在浮游植物群落中占据绝对数量优势。绿藻门的生物量居第三,其种类最多,但优势种只有普通小球藻一种,其最大生物量为17.39 mg/L,占浮游植物生物量的35.36%。硅藻门在养殖期都可见到,但数量不大,没有明显的优势种,最大生物量

6.53 mg/L,占浮游植物生物量的8.46%。黄藻门的异胶藻只在个别池塘出现,但其生物量很大,达27.85 mg/L,最大比例达41.38%。隐藻门虽常见,但生物量不大,最大生物量出现在3#池,为1.93 mg/L,占浮游植物生物量的6.7%。金藻和甲藻在养殖期都可见到,但生物量很小,在海水养殖池中金藻生物量最大达1.82 mg/L,占21.47%。

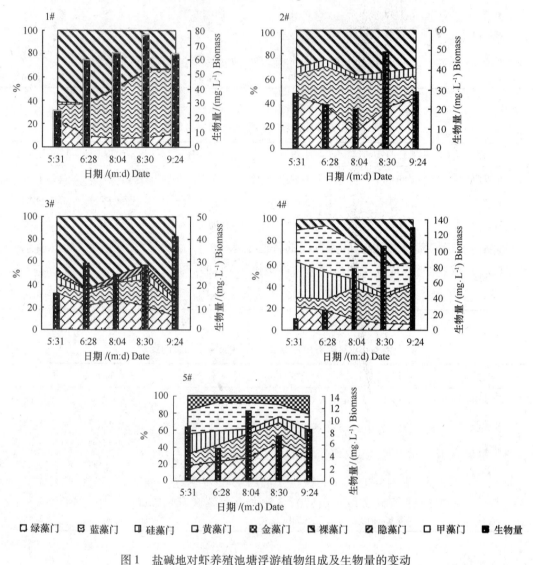

图1 盐碱地对虾养殖池塘浮游植物组成及生物量的变动

3 讨论

3.1 盐碱地氯化物水质类型对虾养殖池塘浮游植物群落结构的季节变化

浮游植物是养殖生态系统的基础,作为初级生产者,其群落结构的变动直接影响养殖水体生态系统的结构和功能。在本调查中浮游植物的组成与盐碱水环境有十分密切的关系。

在整个对虾养殖期间,由于水环境条件的变化,导致了浮游植物群落结构的季节变动。在春夏之交的放苗初期,温度较低,水中营养盐、有机质较少,各池塘水质中的浮游植物种类以绿藻、硅藻的种类居多。在夏季,随着池塘水温的升高,残饵和粪便所带来的丰富的营养盐和有机质,导致蓝藻、裸藻大量发生。主要的优势种有:小色球藻、微小色球藻、水华微囊藻、隐杆藻、湖沼色球藻、阿氏拟项圈藻、细小平裂藻和绿裸藻、梭形裸藻等。到了秋季,水温逐渐降低,除了上述优势种外,硅藻、绿藻的种类开始增多。

3.2 盐碱地不同氯化物水型对虾养殖池塘浮游植物群落结构特征比较

浮游植物群组成与对虾养殖水体中的水化因子有着密切关系,水化因子的变化必然影响浮游植物种类的生态类型、尤其是优势种和群落结构的变化。在本研究中,各池水质类型不同,浮游植物群落结构存在差异,相同水质类型的池塘,浮游植物群落结构也有所不同。如2#和3#池塘均为Cl_I^{Na}型,隐藻门中的卵形隐藻在2#池塘偶见,但3#池在对虾整个养殖周期中,卵形隐藻出现的生物量均较大,最大生物量出现在8月为1.93 mg/L,占浮游植物生物量的6.7%。又如1#和5#池塘均为Cl_{III}^{Na},但盐度相差较大,在浮游植物群落结构有着明显差别。1#为盐碱水质,从浮游植物种类的生态类型主要是淡水普生种组成,在整个养殖周期均以裸藻门的绿裸藻、梭形裸藻和绿藻门的普通小球藻为重要优势种。5#为海水水质,池塘中的浮游植物种类组成体现了明显的海水浮游植物种类组成特征,除了广盐、广酸碱性种类的品种外,出现了耐盐的金藻、异胶藻等品种,而且无论是在浮游植物种类组成上还是生物量远远不如1#池塘,这主要与盐度有着密切的关系。养殖水深、放养模式、养殖方式和水质管理水平等差异也能影响池塘浮游植物种类组成。

另外,本调查中在盐碱地氯化物水型对虾养殖池塘检出浮游植物种类明显少于山东高青县赵店乡盐碱地氯化物水型养殖池塘浮游植物的检出种类120属约197种,仅绿藻门就有45属76种之多。笔者认为主要与调查池塘的养殖品种、水化因子、调查周期有关。高青县池塘以养鱼为主,水质较肥,故以硅藻和裸藻占主导地位。

3.3 盐碱地氯化物水型对虾池塘浮游植物生物量的特点

沧州地区盐碱地对虾池塘浮游植物平均生物量为46.55 mg/L,与高青盐碱池塘49.90 mg/L也很接近,但比海水养虾池(15.03 mg/L)高。因此看来盐碱地对虾池塘的浮游植物生物量并不低于一般淡水池塘,这与赵文等(2002)观点相一致,因为一定的盐碱度是浮游植物繁殖的物质基础,另外盐碱地养虾采用了封闭式的养殖模式,与在养殖的中后期水质较肥有关,有利于浮游植物的繁殖。

各门藻类占其总生物量份额与淡水池塘明显不同。我国北方高产池塘浮游植物生物量以绿藻、硅藻和裸藻为主,南方高产池塘主要以隐藻、甲藻和裸藻等较大型鞭毛藻类为主,绿藻塘在常施化肥的池塘较常见,硅藻塘、裸藻塘和金藻塘仅短期存在。与高青盐碱池塘浮游植物生物量以硅藻和裸藻占主导地位不同,本研究发现,河北沧州氯化物型盐碱地对虾池塘浮游植物生物量以蓝藻、绿藻和裸藻占主导地位,由于调查池塘水域的盐度不同,变化幅度各异,这也与Paerl等(1995)提出的"盐度小于2,蓝藻为常见种;盐度大于5,蓝藻为稀有种;

盐度大于10,蓝藻几乎消失"的结论不同,盐碱池塘浮游植物生物量组成的特点也与池塘的环境特征具有一定的相关性,如调查中发现一些耐盐藻在生物量中占有一定比例,如绿裸藻、小三毛金藻等。

3.4 不同水质类型盐碱养殖池塘浮游植物比较

张树林等(2008)曾分析了重碳酸盐型盐碱虾池浮游植物与理化因子的相关关系,认为虾池浮游植物生物量与水温、总碱度、化学耗氧量和氨氮呈显著正相关性,但未对浮游植物种类进行说明;巩俊霞等(2009)分析了利津县陈庄重碳酸盐型对虾养殖池塘浮游植物种类组成及生物量,发现该地区池塘浮游植物主要以淡水普生种类为主,一些是典型的盐水种,而种群以蓝、绿藻门为主;根据赵文的研究,河北张家口和吉林白城地区的一些碳酸盐水体,碱度超过 30 mmol/L,碳酸钠含量较高,藻类种数较少。这与作者曾对河北沧州碳酸盐水体中的浮游植物研究结果相似,在碳酸盐碱度较高的水质中,发现蓝藻对碳酸盐碱度的适应性很大,尤其是钝顶螺旋藻($Spirulina\ platensis$),其生物量随碳酸盐碱度增大而增大,与碳酸盐水型养殖池塘浮游植物种类比较,浮游植物种的多样性则随着盐碱度的上升增大而下降,在盐碱地对虾养殖的水环境中,水盐度和碳酸盐碱度等水化因子是影响浮游植物种类的主要因子,水体理化因子的变化必然影响浮游植物种类结构的变化。

3.5 浮游植物对盐碱地对虾池塘的生态作用

浮游植物的大量繁殖对养虾池中的物质循环起着重要作用。氨氮的积累对对虾的生长有抑制作用,浮游植物对氨氮利用和转化维持了高密度对虾正常生长。浮游植物作为水体的初级生产力,是水体营养链的基础,大量藻类的存在,促进了浮游动物的生长。如优势种中的小球藻、异胶藻、螺旋藻等具有较高的营养价值。

盐碱地对虾养殖池塘中较高的浮游植物生物量对于维持溶氧平衡具有重要意义。过高或过低的浮游植物生物量对对虾高产是不利的,30~50 mg/L 的生物量被认为是适宜的。林伟等(2001)认为微藻培育系统有抗弧菌的功能,以微藻为基础的微小生物群落因优先占有生态空间而对弧菌菌群具有排他性。在盐碱地对虾池塘的大量微小的藻类对对虾疾病发生起着何种作用,不同藻类对特定病源的相互关系如何,都是值得进一步研究的课题。

参考文献

巩俊霞,段登选,等.2009.重盐碱地南美白对虾池塘浮游植物的研究[J].河北渔业,(8):10-11,28.
何志辉,李永函.1983.无锡市河埒口高产鱼池水质研究:浮游生物[J].水产学报,7(3):297-305.
李家乐.2011.池塘养鱼学[M].北京:中国农业出版社,94-112.
李卓佳,张汉华,郭志勋,等.2005.虾池浮游微藻的种类组成、数量和多样性变动[J].湛江海洋大学学报,(03):29-34.
林伟,陈马,等.2001.海洋微藻培育系统抗弧菌作用机理[J].海洋与湖沼,32(1):7-14.
米振琴,谢骏,等.1999.精养虾池浮游植物、理化因子与虾病的关系[J].上海水产大学学报,8(4):

304 – 308.

王克行. 1997. 虾蟹类增养殖学[M]. 北京:中国农业出版社,91.

谢立民,林小涛,等. 2003. 不同类型虾池的理化因子及浮游植物群落的调查[J]. 生态科学,22(1):34 – 37.

杨秀兰,王爱敏,薄学锋,等. 2002. 浮游生物在盐碱地封闭式对虾养殖中的生态作用. 齐鲁渔业,19(10):5 – 8.

曾建刚,蒋霞敏. 2010. 对虾养殖塘浮游植物的动态变化[J]. 海洋湖沼通报,(01):71 – 81.

张树林,邢克智,陈斌. 2008. 重碳酸盐型盐碱虾池浮游植物与理化因子的相关关系. 华北农学报,23(1):145 – 148.

张扬宗. 1989. 中国池塘养鱼学[M]. 北京:科学出版社,40 – 88.

张瑜斌,龚玉艳,等. 2009. 高位虾池养殖过程浮游植物群落的演替[J]. 生态学杂志,28(12):2532 – 2540.

赵文,董双林,等. 2000. 氯化物水型盐碱池塘浮游植物的季节演替[J]. 中国水产科学,7(2):43 – 50.

赵文,董双林,等. 2002. 氯化物型盐碱池塘浮游植物种类和多样性的研究[J]. 水生生物学报,26(1):31 – 38.

赵文,董双林,等. 2003. 盐碱池塘浮游植物初级生产力的研究[J]. 水生生物学报,(01):47 – 54.

Paerl H W, Tucker C S. 1995. Ecology of blue-green algae in aquaculture ponds [J]. World Aqua Soc, 26(2):109 – 131.

Zhao Wen, He Zhi-hui. 1999. Biological and ecological features of inland saline waters in North Hebei, China. International Journal of Salt Lake Research,8(3):267 – 285.

基于鱼类完整性指数的红水河梯级电站水库生态系统健康状况评价

娄方瑞[1],程光平[1*]

(1. 广西大学 广西高校水生生物健康养殖与营养调控重点实验室,广西 南宁 530005)

摘　要:为了以生物完整性指数评价红水河七座梯级电站水库的生态系统健康状况,在红水河各水库设置鱼类及水质样本采样点,测定鱼类主要表型特征性状及水质主要理化因子,筛选并确定生物完整性指数(IBI)。使用1、3、5赋值法对各相关测定指标赋值并计算各水库的IBI总值,进而评价各水库的生态健康状况。研究表明,红水河七座梯级电站水库中,天生桥水库生态系统健康状况为"较差"状态,岩滩水库IBI得分最高,为"健康"状态,其余各水库健康状况为"良"。总体上红水

---

* 基金项目:珠江流域水资源保护局(红水河水生生物现状及多样性研究).

第一作者简介:娄方瑞(1992—),男,在读硕士,研究方向为水产动物健康养殖与疾病防控. E-mail:lfr199202@163.com

通信作者:程光平(1956—). E-mail:cgp5@163.com

河水系生态系统健康状况为"较好"状态。

关键词：生态系统健康；鱼类完整性指数；红水河；水库

生物完整性最先由 Karr(1981)提出，是指生物群落具有维持自身平衡、保持结构完整性和适应环境变化的能力，包括一个地区天然栖息地中的该群落所有种类组成、多样性和功能结构特征，也是对生物生存环境质量的一种反映(1986)。生物完整性指数(index of biotic integrity, IBI)作为定量描述环境状况，特别是人为干扰与生物特性之间的关系的一组敏感性生物指数被更多应用于水域或陆地生态系统组成、功能和健康状况的评价。

近年来，由于人类生产活动的加剧，水域生态系统的完整性持续受到不同程度的影响和损害，对于其"健康"状态的评价，尤其是基于生物完整性指数的评价愈来愈受到人们的关注。本文通过对红水河天生桥、平班、龙滩、岩滩、大化、乐滩和桥巩等七座梯级电站水库的鱼类的调查研究，从鱼类生物完整性指数视角，对各项相关指标进行筛选和赋值，建立适合各水库的鱼类生物完整性指标体系，并用以评价各水库水生生态系统的健康状况，为红水河各梯级电站库区水域水质分析以及水生生态系统的评价提供参考。

1 研究方法

1.1 研究水域

红水河是珠江水系西江干流的重要支流。其上游为源于云南省沾益县马雄山的南盘江，下游为止于广西桂平县的黔江，全长 1 143 km，流域总面积 19 万 km²。红水河已建成梯级电站 9 座，本研究目标电站水库共 7 座，自上而下依次为天生桥一级电站水库、平班水库、龙滩水库、岩滩水库、大化水库、乐滩水库和桥巩水库。

1.2 采样点的设置和样品采集

1.2.1 鱼类调查

鱼类样本的获得：①用刺网、钓具、鱼笼等渔具在有关库区直接诱捕；②在库区内及库区鱼类交易码头从渔民用刺网、钓具、鱼笼等捕获的鱼类群体中随机购买；③从有关库区的小型农贸集市购买。鱼类采样期：2013 年 6 月 1 日至 8 月 6 日。

1.2.2 理化因子调查

采样点设置：在确定的 7 个调查目标电站的坝首上游约 2 km、库中以及库尾(离上一级电站坝首约 4 km)的河面各设一个采样点，共计 21 个采样点。每个采样点分上、中、下 3 个水层(水深 2 m、6 m、10 m)采集水样。采样时间：2013 年 6 月 1—21 日。

用有机玻璃采水器采集水样。水样的采集、保存和管理严格执行国家环境保护标准(HJ 493 - 2009)。

测定项目及检测方法：根据中国环境监测总站制定的《地表水和污水监测技术规范》(HJ/T91 - 2002)、《地表水环境质量标准》(GB3838 - 2002)、《渔业水质标准》(GB11607 -

89)等相关评价标准、技术规范及规定,确定本次项目的主要检测指标:物理指标和化学指标。物理指标包括浊度、溶解性总固体(TDS)、氧化还原电位(ORP)、透明度(SD)、pH、流速、水温、水深等;化学指标包括化学耗氧量(COD)、溶解氧(DO)、亚硝酸盐(NO_2-N)、氨态氮(NH_3-N)、总氮(TN)、总磷(TP)、叶绿素 a 等。

1.3 IBI 指标构建

参照 Karr、郑海涛、裴雪娇等(1986,2006,2010),将各水库鱼类的种类组成和丰度、耐受性、营养结构、繁殖共位群、鱼类数量等 5 个对外界水质变化较为敏感的指标作为 IBI 指标,其下设置 19 个初选指标(表1),并对各初选指标进行数据不完整性指标的去除、分布范围和相关性分析筛选。以相关性系数是否接近于 1 或 -1 判断相关性的强弱。相关性系数处于 0.8~1.0 范围内时为极强相关,越接近于 0 相关性越弱。本分析中,当|R|<0.8 时,视为通过检验,当|R|>0.8 时,则选择影响程度较大的指标。

表 1 IBI 评价体系初选指标
Tab. 1 List of IBI candidate metrics

项目层	指标属性	代码
种类组成及丰度	1. 鱼类总种类数	H1
	2. 鲤形目鱼类种数	H2
	3. 鲇形目鱼类种数	H3
	4. 鲈形目鱼类种数	H4
	5. 鳉科鱼类种数	H5
	6. 鳅科鱼类种数	H6
	7. 鲤科鱼类种数	H7
	8. 雅罗鱼亚科鱼类种数	H8
	9. 鳊亚科鱼类种数	H9
	10. Pielou 均匀度指数(E)	H10
	11. Shannon-Wiener 多样性指数(H)	H11
耐受性	12. 敏感型鱼类占总类数的百分比/%	H12
	13. 耐受型鱼类占总类数的百分比/%	H13
营养结构	14. 植食性鱼类占总类数的百分比/%	H14
	15. 动物食性鱼类占总类数的百分比/%	H15
	16. 杂食性鱼类占总类数的百分比/%	H16
繁殖共位群	17. 产黏性卵鱼类占总类数的百分比/%	H17
	18. 产漂流性卵鱼类占总类数的百分比/%	H18
鱼类数量	19. 鱼类总尾数	H19

1.4 IBI 指数计算

参照 Karr(1981)提出的"1、3、5 赋值法"对筛选出的指标进行赋值。将各指标实测值从低到高三等分,分别用 1 分、3 分、5 分 3 个层次表示。5 分表示采样点实测值与期望值十分接近,3 分表示中等,1 分表示实测值与期望值相差大。将三等分后的所有指标的实测值依次相加得到该指标的 IBI 总分。将所有采样点 IBI 值分布的 25% 分位数作为健康评价的标准,如果各采样点的 IBI 分值大于 25% 分位数值,则表示该站点受到的干扰很小,是健康的;对小于 25% 分位数的值进行 4 等分,分别代表 4 种不同的健康程度。据此,确定健康、良、一般、较差、极差 5 个等级标准。

2 结果与分析

2.1 鱼类种群组成及敏感性确定

本次研究采获鱼类样本 1 099 尾,分属鲤形目、鲑形目、鲈形目、鲇形目和鲟形目,共 47 属 66 种。其中鲤形目鱼类最多,为 34 属 47 种;鲟形目则最少,仅有 1 属 1 种(表 2)。将适应缓流或静水的鲇形目、鲌亚科、鲢亚科、鲤亚科、黄鳝、鳢科、斗鱼、食蚊鱼、沙塘鳢科鱼类等视为耐受性鱼类;将适应急水流的野鲮亚科、鲃亚科、鮈亚科、平鳍鳅科以及收录在《中国物种红色名录》中的青鳉、长臀鮠、长体鳜、波纹鳜等视为敏感性鱼类。

表 2 红水河各梯级水库鱼类组成
Tab. 2 Fish composition of cascade hydropower station reservoir of Hongshui river

鱼类	属数	占总属数百分比/%	种数	占总种数百分比/%
鲤形目	34	72.34	47	71.21
鲇形目	5	10.64	10	15.14
鲈形目	6	12.76	7	10.61
鲑形目	1	2.13	1	1.52
鲟形目	1	2.13	1	1.52
总计	47	100	66	100

2.2 初选指标筛选及其对干扰的反应度判断

对各初选指标进行筛选。由于历史资料关于鱼类产卵特性以及卵的漂浮、黏性或沉性的相关记录数据不足,且本研究依据《广西淡水鱼类志》等资料仅能确定七丝鲚、银鱼、香鱼等几种鱼类产浮性卵,对于其他鱼类的产卵概念较为模糊。所以,尽管产漂浮性鱼卵的鱼类对于水库建设的环境变化敏感性较强,但为保证研究结果的准确性相对较高,暂不使用繁殖共位群的相关指标;本次调查中,无指标值超过 95% 样点得分为零,保留所有筛选后的剩余指标。对各剩余指标进行 Pearson 相关性检验(表 4)。结果表明:鱼类总种类数与鲤形目鱼类种类数、Shannon-Wiener多样性指数和耐受性鱼类百分比均呈显著相关性,使用Shannon-Wiener多样性指数可以更好地反映群落内种类多样性的程度以及群落或生态系统的稳定性,进而增加评估的准确性;鳑科鱼类种数与鲇形目鱼类种数、杂食性鱼类百分比呈显著相关,因鳑科鱼类种数研究范围相对狭隘,所以删除该指标;鲈形目鱼类种数与动物食性鱼类百分比呈显著相关,删除鲈形目鱼类种数指标;鳅科鱼类种数与植食性鱼类百分比显著相关,删除鳅科鱼类种数指标。最终确定保留H3、H7、H8、H10、H11、H12、H14、H15、H16、H19共10个筛选后指标(表3)。

表3 筛选后参数指标及其对环境干扰做出的反应度
Tab. 3 Candidate biologica lmetrics and their response to human disturbance

指标	代码	对干扰的反应度
鲇形目鱼类种数	H3	下降
鲤科鱼类种数	H7	上升
雅罗鱼亚科鱼类种数	H8	下降
Pielou均匀度指数(E)	H10	下降
Shannon-Wiener多样性指数(H)	H11	下降
敏感型鱼类占总类数的百分比/%	H12	下降
植食性鱼类占总类数的百分比/%	H14	下降
动物食性鱼类占总类数的百分比/%	H15	下降
杂食性鱼类占总类数的百分比/%	H16	上升
鱼类总尾数	H19	下降

李柯懋(2007)研究认为,龙羊峡建坝后当地的土著鱼类明显减少,而外来鲤和鲫数量明显增多。这可能是由于鲤科鱼类食性较杂,春季水温升至18℃时即可产卵于底床,且鲤科鱼类具有敏锐的听觉,即使在较混浊、视线不佳的水域,鲤科鱼类亦能生存。所以,本研究定义"鲤科鱼类种数"和"杂食性鱼类种数所占总种类数百分比"两个指标对外界干扰的反应度为"上升";水利工程的建立会造成水文条件的改变,使水流流速和下游地区水位降低,水温分层明显,破坏某些鱼类的产卵场及其生境,故本研究将其余筛选后的参数指标对环境干扰作出的反应度定义为"下降"。定义所有参数指标对环境干扰作出的反应度(表3)。

2.3 赋值及评价

依据筛选后确定保留的指标对外界环境干扰作出的"反应度",对鱼类完整性指数进行评分计算(表5),选用的鱼类完整性指标评分标准见表6。依据表6评价标准对红水河各梯级电站水库鱼类完整性指数的评价结果见表7。

表 4 各指标间 Pearson 相关性系数

Tab. 4 Correlation coefficient between every candidate biological metric

代码	H1	H2	H3	H4	H5	H6	H7	H8	H9	H10	H11	H12	H13	H14	H15	H16	H19
H1	1																
H2	0.869	1															
H3	0.491	0.187	1														
H4	0.341	−0.012	0.149	1													
H5	0.340	−0.093	0.871	0.510	1												
H6	0.411	0.534	−0.488	0.441	−0.372	1											
H7	0.271	0.313	0.370	0.210	0.288	0.217	1										
H8	−0.311	−0.166	0.000	−0.382	−0.146	−0.139	0.530	1									
H9	0.599	0.605	0.545	−0.125	0.159	−0.122	0.347	0.000	1								
H10	0.796	0.818	0.444	0.056	0.114	0.216	0.427	−0.102	0.934	1							
H11	0.938	0.821	0.505	0.368	0.321	0.351	0.376	−0.316	0.777	0.924	1						
H12	0.276	−0.025	0.283	0.348	0.328	−0.234	−0.501	−0.751	0.341	0.263	0.379	1					
H13	0.824	0.495	0.787	0.410	0.759	0.019	0.201	−0.283	0.369	0.470	0.695	0.318	1				
H14	0.149	0.004	0.747	0.405	0.484	−0.826	−0.150	−0.074	0.496	0.252	0.161	0.393	0.418	1			
H15	0.040	−0.283	0.182	−0.860	0.503	0.207	0.423	0.055	−0.090	−0.031	0.155	0.148	0.176	0.387	1		
H16	−0.140	0.289	−0.687	0.614	−0.841	0.339	−0.335	−0.007	−0.240	−0.136	−0.267	−0.415	−0.461	0.391	−0.783	1	
H19	0.646	0.426	−0.019	0.742	0.126	0.690	0.032	−0.346	0.146	0.380	0.615	0.365	0.455	−0.421	0.508	−0.241	1

表5 红水河各水库 IBI 参数指标的评分计算
Tab. 5 IBI metric scoring criteria for the main stream of Hongshui River

代码	5	3	1	最大值	最小值
H3	>5.4	4.7–5.4	<4.7	6.00	4.00
H7	<11	11–14	>14	17.00	8.00
H8	>1.4	0.7–1.4	<0.7	2.00	0.00
H10	>0.85	0.80–0.85	<0.80	0.90	0.75
H11	>0.53	0.26–0.53	<0.26	0.73	0.34
H12	>22.08	14.17–22.08	<14.17	30.00	6.25
H14	>19.23	13.46–19.23	<13.46	25.00	7.69
H15	>37.14	29.28–37.14	<29.28	45.00	21.43
H16	<40.09	40.09–48.17	>48.17	56.25	32.00
H19	>176	113–176	<113	238.00	51.00

表6 红水河各水库 IBI 评价标准
Tab. 6 Assessment criteria for biological integrity of fish in Hongshui River

	健康	良	一般	较差	极差
1、3、5 赋值法	>36	>27~36	>18~27	>9~18	≤9

表7 红水河各水库 IBI 评价结果
Tab. 7 IBI results for each reservoir in Hongshui River

地点	H3	H7	H8	H10	H11	H12	H14	H15	H16	H19	总分	健康等级
天生桥	1	3	5	1	1	1	3	1	1	1	18	较差
平班	1	3	3	5	5	5	1	5	3	5	36	良
龙滩	1	3	3	3	5	1	1	5	1	5	28	良
岩滩	5	3	5	5	5	3	5	5	5	5	46	健康
大化	3	5	1	5	5	5	1	1	5	3	34	良
乐滩	3	5	1	1	3	5	5	5	3	5	36	良
桥巩	5	1	3	5	3	3	3	3	5	3	34	良

红水河各水库的鱼类完整性指数判定结果:7 座水库中,1 座(岩滩)为"健康",5 座(平班、龙滩、大化、乐滩和桥巩)为"良",1 座(天生桥)为"较差"。总体上看,红水河各水库生态健康状态基本为"良"。

2.4 IBI 分值与水化指标间的相关性分析

利用 Pearson 相关性分析各水库的 IBI 值与各水化指标间的相关性(表8)。结果表明:IBI 值与 COD($P<0.001$)、浊度($P<0.001$)呈极显著负相关,与水质硬度($P=0.020$)、叶绿

素(P = 0.035)、总氮(P = 0.010)呈显著负相关,与其他水化指标的相关性不显著。

表8 IBI 与水化指标间的相关性分析
Tab. 8 Correlation coefficient between IBI and physical – chemical parameters

透明度	硬度	浊度	碱度	pH	溶氧
0.355	-0.832*	-0.991**	-0.445	-0.857	0.195
化学需氧量	总磷	氨态氮	亚硝态氮	叶绿素a	总氮
-0.971*	0.174	-0.154	0.073	-0.790*	-0.874*

** 表示在0.01水平显著相关;* 表示在0.05水平显著相关。

3 讨论

(1)本研究基于 F – IBI 对红水河各水库的生态系统健康状况进行评价:岩滩水库保存了相对完整的鱼类群聚特征和鱼类丰度,IBI 分值最高,为"健康"状态;天生桥水库为"较差"状态;平班、龙滩、大化、乐滩和桥巩五座水库表现为"良"。红水河生态系统健康状况基本保持"较好"。

(2)Pearson 相关性分析表明,红水河各梯级电站水库的 IBI 值与 COD、浊度呈现出极显著负相关;与水质硬度、chla、TN 呈现出显著负相关。表明这些水化指标的变化导致了水体环境的改变,造成鱼类敏感性的增强和水生群落破坏,进而影响了水域生态系统的健康状况。

(3)本次研究存在一定的局限性:①水库具有独特的生态学特征,成库前后水文情势和理化指标均发生了巨大变化,水文情势作为水体生态系统的驱动力,水库的建设会对其产生一定的影响,成库时间较晚的水库水质和生物完整性保存较好;②IBI 评价体系较适合应用于具备一定规模且受人类影响较小的水域,对于受到人类活动影响较大的水域会表现出一定的偏差;且 IBI 评价体系中所使用的指标主观性较强,研究者常凭借自己的经验选取随环境质量变化的指标。实际上,某些指标的改变并非是由环境质量变化引起[19,20];③由于研究采样过程及调查周期的局限性,本次采集到的红水河鱼类种数较少,仅为66种。所以,对于红水河的研究依旧需要增加采样点的调查频率、采样数量,进一步完善 IBI 评价体系,消除其局限性,以便更好地在红水河梯级开发中开展生物监测,保持其生态的健康。

参考文献

蔡庆华,唐涛,邓红兵. 2003. 淡水生态系统服务及其评价指标体系的探讨[J]. 应用生态学报,14(1):135 – 138.

地表水和污水监测技术规范(HJ/T91 – 2002).

地表水环境质量标准(GB3838 – 2002).

李柯懋. 2007. 三江源区水利工程对水生生物影响评价和鱼类增殖保护建议[J]. 中国水产,(12):72 – 73.

裴雪娇,牛翠娟,高欣,等. 2010. 应用鱼类完整性评价体系评价辽河流域健康[J]. 生态学报,30(21):

5736-5746.

渠晓东,刘志刚,张远. 2012. 标准化筛选参照点构建大型底栖动物生物完整性指数[J]. 生态学报, 32(15):4661-4672.

渠晓东. 2006. 香溪河大型底栖动物时空动态、生物完整性及小水电站的影响研究[D]. 中国科学院研究生院.

王备新,杨莲芳,胡本进. 2005. 应用底栖动物完整性指数B-IBI评价溪流健康[J]. 生态学报, 25(6):1481-1489.

渔业水质标准(GB11607-89).

张远,徐成斌,马溪平,等. 2007. 辽河流域河流底栖动物完整性评价指标与标准[J]. 环境科学学报, 27(6):919-927.

郑海涛. 2006. 怒江中上游鱼类生物完整性评价[J]. 华中农业大学.

朱迪,陈锋,杨志,等. 2012. 基于鱼类完整性指数的水源地分析[J]. 水生态学杂志,33(2):1-5.

Barbour M T, Gerritsen J, Griffith G E, et al. 1996. A framework for biological criteria for Floridastreams using benthic macroinvertebrates[J]. Journal of the North American Benthological Society, 15(2): 185-211.

Bozzetti M, Schulz U H. 2004. An index of biotic integrity based on fish assemblages for subtropical streams in southern Brazil[J]. Hydrobiologia, 529: 133-144.

Breine J, Simoens I, Goethals P, et al. 2004. A fish-based index of biotic integrity for upstream brooks in Flanders (Belgium)[J]. Hydrobiologia,522: 133-148.

Brown L R. 2000. Fish communities and their associations with environmental variables lower San Joaquin River drainage, California [J]. Environmental Biology of Fishes, 57(3):251-269.

Joy M K, Death R G. 2004. Application of the index of biotic integrity methodology to New Zealand freshwater fish communities [J]. Environmental Management, 34(3):415-428.

Karr J R, FAUSCHKD, ANGERMEIER P L,et al. 1986. Assessing ecological integrity in running waters: a method and its rationale[M]. Illinois: Natural History Survey Specifie Publication.

Karr J R. 1981. Assessment of biotic integrity using fish communities[J]. Fisheries, 6(6): 21-27.

Maxted J R, Barbour M T, Gerritsen J, et al. 2000. Assessment framework for mid-Atlantic coastal plain streams using benthic macroinvertebrates[J]. Journal of the North American Benthological Society, 19(1): 128-144.

延迟排水及泼洒生物制剂对凡纳滨对虾池塘养殖排污削减效果研究

王大鹏*,郭 辰

(1. 广西水产科学研究院,广西 南宁 530021;2. 广西壮族自治区环境监测中心站,广西 南宁 530028)

摘 要:凡纳滨对虾(*Penaeus vannamei*)池塘养殖是广西壮族自治区乃至中国华南

---

* 王大鹏(1981—),男,辽宁开原,硕士,副研究员,主要从事养殖生态学研究,oucwdp@163.com。

地区最主要的池塘养殖模式,其养殖污水的排放是沿海地区主要的面源污染。笔者于2011年在广西防城港市海水养殖基地使用6口面积为2 000 m²的对虾养殖池塘进行了延迟排水和分别泼洒3种生物制剂对凡纳滨对虾池塘养殖排污的削减效果研究,以pH等15项指标的变化进行衡量。结果表明,传统的边收虾边排水的收获方式,对底部沉积物扰动极其剧烈,加大了排污量,延迟排水可使水体各项指标恢复到收获前水平,而泼洒生物制剂对五日生化需氧量、氨氮、无机氮、非离子氨、总氮和总磷等指标处理作用明显,对活性磷处理效果较差。此外,特丽格生物制剂表现出的对有机质的强分解作用,值得开展进一步研究。

关键词:凡纳滨对虾;池塘养殖;排污;延迟排水;生物制剂

广西区岸线狭长,岛屿繁多,潮上带可养面积约6 666 hm²,发展沿海池塘养殖的优势2010年广西海水池塘养殖总面积19 421 hm²,其中约80%的面积为凡纳滨对虾池塘养殖模式。其养殖工艺以投饵养殖为主要形式,在饵料投喂过程中,由于受投饵方式、饵料类型、投饵量及水环境因素等影响,部分饵料不能被养殖动物食用而进入水环境;被摄食的饵料,一部分又以代谢物的形式排出体外。资料表明,对虾池塘养殖的饵料利用率很低,77%~94%的氮和磷不能转化为生物量的积累,这使得大量人工合成的化学物质及有机营养物质随着养殖排水过程进入邻近海域,造成严重的面源污染。2011—2012年,笔者所在的项目组对广西沿海三市的池塘养殖排污进行了调查,发现对虾池塘养殖的传统收获方法存在较大的问题,其方法为边排水边收虾的方式,5~6人下塘,用拖网反复收取,由于收虾人员的走动和网的拖动,大量沉积物被搅起悬浮于水中,并随水流排放入海。有鉴于此,笔者于2011年在广西防城港市海水养殖中试基地,利用6口对虾池塘进行了处理实验,实验采用不排水,直接用拖网收虾的方式,并于收虾后分别泼洒三种生物制剂,并对水质进行连续监测,实验结果良好。

1 材料与方法

实验于2011年在广西防城港市海水养殖中试基地进行,共使用6口面积为2 000 m²的池塘,池塘为泥沙底质,侧面排污,凡纳滨对虾对虾养殖密度均为8万尾/667 m²,初始水深80 cm,养殖过程中不换水,当因雨水等原因使得水深超过120 cm时,会通过过滤网自动排出表层水,养殖时间为4个月,在对虾收获时不排水,用拉网法收虾后,设置3个处理组,每组两个重复,3个处理组为T1:泼洒特丽格生物制剂,用量为1片/5 m²;T2:泼洒净池灵生物制剂,用量为3kg/667 m²;T3:泼洒粒粒菌生物制剂,用量为10 kg/667 m²。在收虾前1 h,拉网结束后1 h分别测量水质。拉网结束后1 h泼洒生物制剂,在泼洒生物制剂24 h、48 h和72 h分别测量水质,测量指标包括pH、化学需氧量(COD_{Mn})、五日生化需氧量(BOD_5)、锌、铜、硫化物、余氯、悬浮物、氨氮、硝酸盐氮、亚硝酸盐氮、非离子氨、活性磷酸盐、总氮和总磷,样品测定按GB 17378.4 – 2007,其中总余氯测定按GB 11898 – 89。无机氮由氨氮、硝酸盐氮和亚硝酸盐氮相加而得。

2 结果与分析

2.1 非氮磷营养盐类指标变动情况比较

图1中显示了不同时期各非氮磷营养盐类指标的浓度变化情况,从图1中可见,pH在收虾前后和泼洒生物制剂之后各时段变化不大,变化范围在7.31~7.61之间,其变动范围均符合中华人民共和国水产行业标准《海水养殖废水排放要求》SC/T 9103-2007中规定的一级标准(7.0~8.5)。化学耗氧量在收虾前变化于4.7~5.4 mg/L之间,收虾期间对水体的扰动,使其迅速上升,最高值达到14.7,超出海水养殖废水排放一级标准(10 mg/L),但经静置并泼洒生物制剂后,化学耗氧量呈下降趋势,到72 h后已降至3.8~4.7 mg/L,低于收虾前浓度。生化需氧量在收虾前变动于5.5~6.2 mg/L,收虾水体扰动使其上升至7.1~8.7 mg/L,超出海水养殖废水排放一级标准(6 mg/L),但经静置并泼洒生物制剂后,降至3.4~4.5 mg/L,可满足排放要求,铜和锌在各时段均处于较低水平,远低于海水养殖废水排放的一级标准,无需进行末端治理。

硫化物在收虾前变动于0.011~0.014 mg/L之间,收虾后升高至0.024~0.034 mg/L,高于海水养殖水硫化物排放一级标准(0.2 mg/L),经沉淀和泼洒生物制剂后,净池灵和粒粒菌处理组硫化物浓度下降至0.008~0.010 mg/L,满足排放要求。而特丽格处理组分别为0.021 mg/L和0.022 mg/L,采集底泥可闻到硫化氢味较重,可能是特丽格生物制剂分解底部有机物产生。总余氯在收虾前变动于0.07~0.12 mg/L,收虾后升高至0.17~0.22 mg/L,高于海水养殖水余氯排放一级标准(0.1 mg/L),经自然沉淀和泼洒生物制剂后,降低至0.05~0.062 mg/L,达到一级标准排放要求,悬浮物浓度在收虾前变动于23~41 mg/L之间,收虾后上升至51~79 mg/L,高于海水养殖废水排放一级标准(40 mg/L),经自然沉淀和泼洒生物制剂后,降低至20~30 mg/L。除硫化物外,其余各项指标,3种生物制剂处理结果差别不大。

2.2 氮磷营养盐类指标变动情况

无机氮是广西海域污染最严重的污染物,从实验结果看,收虾前变动于0.84~1.12 mg/L之间,主要是两口非清洁生产养殖模式池塘无机氮含量较高,超过1.0 mg/L。收虾后变动于1.18~1.34 mg/L之间,超出海水养殖水无机氮排放二级标准(1 mg/L),泼洒生物制剂后,无机氮被菌体吸收,含量有所下降,到72 h后变化于0.36~0.54 mg/L,符合一级排放标准,且其组成由氨氮形式为主转化为以硝酸盐氮形式为主,由于硝酸盐氮易于被藻类吸收,也易于被反硝化菌转变为氮气从水体移除,相对而言提高了无机氮的自净能力。特丽格制剂组硝氮浓度有增高趋势,表面该生物制剂可以促进有机氮分解,转化为硝氮形式,这在某种形式上,提高了无机氮的自净能力。非离子氨浓度在收虾前变动于0.013~0.021 mg/L,收虾后升高至0.016~0.023 mg/L,经自然沉淀和泼洒生物制剂后,下降至0.004~0.006 mg/L的极低浓度。总氮浓度在收虾前变动于1.78~2.17 mg/L,收虾后变动于2.07~2.74

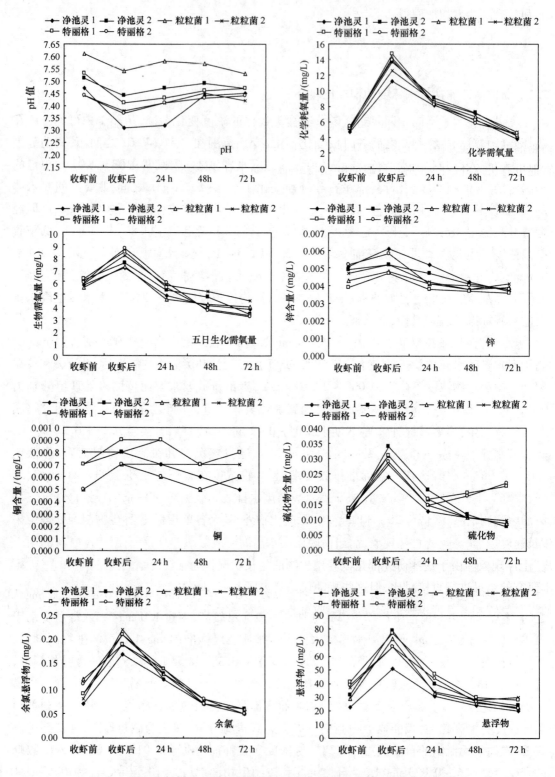

图1 3种生物制剂处理的不同时段池塘水中非氮磷营养盐类指标变动情况

mg/L 之间,经自然沉淀和泼洒生物制剂后,降低到 1.31~1.54 mg/L,从某种意义上讲,生物制剂对总氮无明显的去除作用,但沉淀可将大颗粒有机物沉淀于底泥中,从而减少了进入海域中的氮元素。

活性磷在收虾前变动于 0.053~0.087 mg/L 之间,收虾后变动于 0.071~0.116 mg/L 之间。由于在出虾前泼洒了钙镁磷肥以促进对虾硬壳,使得活性磷浓度提升较大,经沉淀和泼洒生物制剂后,净池灵和粒粒菌处理组活性磷浓度降至 0.038~0.047 mg/L,而特丽格生物制剂处理组活性磷浓度分别为 0.081 mg/L 和 0.083 mg/L。这也验证了特丽格生物制剂有促进有机体分解的推测。总磷浓度在收虾前变动于 0.48~0.63 mg/L 之间,收虾后变动于 0.63~0.71 mg/L 之间,自然沉淀和泼洒生物制剂后,下降至 0.34~0.46 mg/L,总磷的去除,同样是依靠颗粒物的自然沉淀作用。

3 讨论

3.1 收虾过程对虾塘沉积物的扰动

计新丽等(2000)的研究结果表明,在精养虾池中,人工投饵输入虾池的氮占总输入氮的 90% 左右,其中仅 19% 转化为虾体内的氮,62%~68% 积累于虾池底部淤泥中,8%~12% 以悬浮颗粒 N、DON、DIN 等形式存在于水中。齐振雄等(1998),常杰等(2006)的研究结果也表明底泥沉积是池塘养殖中碳、氮和磷元素的主要去向。因此,收虾过程中网具和收虾人员对水体的不断搅动,会使得池塘底部沉积的污染物上浮,造成各项污染物指标上升。在养殖过程中,增氧机搅动、风力、阳光变化造成的表层水和底层水温差以及对虾摄食等都会对底质造成不同程度的扰动。例如当风力增强时,水体波浪尺度增大,它不但能够阻止原来水体中悬浮颗粒的沉降,而且可以在风浪、水流等动力作用下使底泥发生再悬浮,增加水体中悬浮颗粒物浓度,而有研究发现浮游植物密度在风速小于 4 m/s 时随风速增大而升高,在风速大于 4 m/s 时随风速增大却有所降低。而水温的变化,则随程度的不同,会产生如浮游植物生长速度增加、藻类死亡等现象,而当傍晚底层水温高于表层水温时,有时会产生底部的"泥皮"上浮现象。由于这些研究都是以养殖生物的生长状况作为扰动效果的测量指标,无法与本研究的结果进行直接对比,但这些扰动仅是对表层 1~2 cm 的未稳定沉积物造成影响,而通过对脚印和网具拖曳痕的深度测定,收虾人走动和网具拖动对沉积物的扰动深度在软底质区域可达到 5~10 cm。本研究中各项指标在收虾前和收虾后的测量值对比,也表明这种扰动是很剧烈的,各指标上升幅度均在 1 倍以上,而 COD_{Mn}、硫化物等指标在收虾扰动后的浓度甚至达到了 2 倍以上。表明,边排水边收虾的方式,会增大污染物的排放量,这对周边海域环境的保护是极其不利的。

3.2 延迟排水及泼洒生物制剂对各项指标的去除作用

延迟排水对污染物起到一个再次沉淀的过程,泼洒生物制剂则可利用微生物制剂加快一些小颗粒污染物的降解,同时促进氮、磷营养盐在不同形式间的转化。从监测结果可见,pH、铜、锌、亚硝酸盐氮浓度在收虾前后均低于排放标准,自然沉淀和生物制剂处理未表现

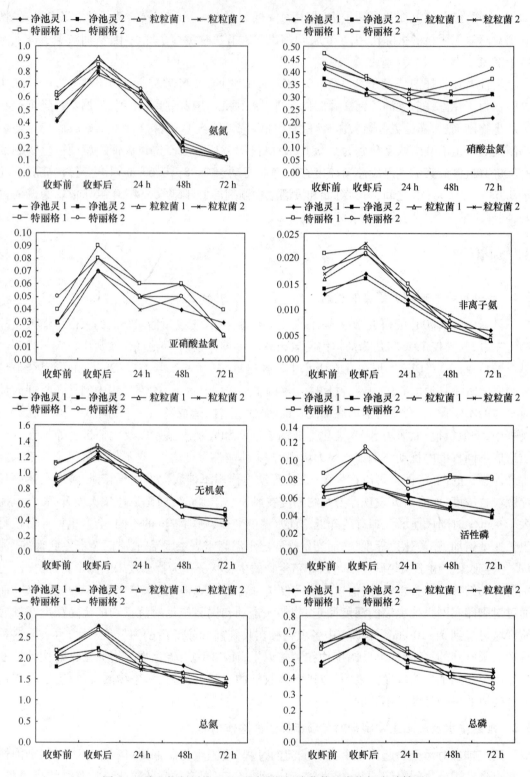

图2 3种生物制剂处理的不同时段氮磷营养盐类指标变动情况

出明显作用。五日生化需氧量、氨氮、无机氮、非离子氨、总氮和总磷经自然沉淀和72 h 生物制剂处理后,都明显的低于收虾前的浓度。化学需氧量、硫化物(除 T1 处理组)、余氯、悬浮物、活性磷等指标与在收虾前浓度比变化不大,仅是从扰动中恢复为原浓度。硝酸盐氮的浓度和 T1 处理组硫化物的浓度甚至有所上升。事实上,在养殖过程中,我们始终定期投放不同的微生物制剂产品,包括芽孢杆菌类和光合细菌类产品,以有效控制养殖水体中的氨氮、亚硝酸盐氮和硫化物的水平。生物制剂对五日生化需氧量和化学需氧量的作用差异,则表明其有效性仅针对于可生化性污染物。文国樑等(2009)在养殖废水的排水渠中悬挂附着有微生物的网帘,进行废水净化处理,对养殖废水 COD、总磷和总氮的降解率分别为8.82%、77.6% 和 77.05%;其对 COD 和总氮、总磷的处理效果差异与本研究结果相似。微生物脱氮主要是通过硝化作用和反硝化作用来完成的。硝化作用是指 NH_4^+ 氧化为 NO_2^-,然后再氧化为 NO_3^- 的过程,本研究中氨氮浓度下降的同时,硝酸盐氮浓度也相应上升,但总体上无机氮浓度表现为下降,表明微生物的生长对无机氮进行了利用,Whiteley 等(2000)的研究结果也表明微生物生长会利用无机氮作为氮源。顾宗濂(2002)认为,微生物制剂有助于水中氮素和有机碳的去除,但是对磷素修复效果较差,不及物理修复(清淤)和水生生物修复,本研究中微生物制剂也未表现出对活性磷的处理有效性。而水体中总氮和总磷的下降,则无法用氮、磷营养盐的形式转化来解释,只能认为是进一步沉淀的效果。

3.3 不同微生物制剂的处理效果

本研究选用的生物制剂均为市售产品,之所以不同于一般采用分离菌株的方式进行研究,是考虑到尽快实现减污模式的产品化。从实验中 72 h 的监测结果来看,T2 和 T3 处理组的处理效果基本相同,这与二者的组成成分有关,T2 处理组的"净池灵"生物制剂为芽孢杆菌类,而 T3 处理组的"粒粒菌"生物制剂则是以芽孢杆菌类和光合细菌类为主的混合 EM 菌。芽孢杆菌类的主要作用是将大分子有机物分解成小分子有机物和氨基酸等,并降解亚硝酸盐氮,例如李卓佳等用以芽孢杆菌为主的复合微生物制剂过滤分解养殖鱼池的有机污染实验,一个月分解池底 3~5 cm 的有机物。Avnimelech,De Schryver 等(2007,2008)分别使用以芽孢杆菌类为主的微生物构建微生物絮凝体进行高密度养殖,同样有效控制了养殖水体中无机氮浓度随养殖过程的增长。光合细菌具有分解小分子有机物和促进芽孢杆菌生长的作用,但本研究中 T3 处理组的结果未表现出此种协同作用,甚至多数指标处理后浓度高于 T2 处理组,这可能与产品质量或环境适应性有关。T1 处理组的活性磷和硫化物的浓度高于 T2 和 T3 处理组。这表明 T1 组使用的特丽格生物制剂除具备普通的微生物制剂的特点外,还具有较强的对有机体的分解作用,该产品"特丽格"生物制剂的说明书上也指明了这一点,如能有效利用其这一特点,与其他微生物制剂混合使用,可能会产生更佳的效果,这有待于通过进一步的实验证明。

3.4 该方法在应用过程中的两个缺点

实验结果表明,使用延迟排水和泼洒生物制剂的方式,对池塘养殖的污染物减排具有明显效果,然而该方法缺点有二:①收虾时不排水或仅排少量水,导致拖网作业时水深相对较深,增加了拖网作业的工作强度。②在实验处理结束排干池塘后,每塘塘底有 20~30 kg 未收净的对虾,尽管该数量仅占与约 1 000 kg 亩产量的很小部分,且最终仍可收获,但由于对虾收购者不会为少量对虾上门收购,这些在 3 d 之后才收获的对虾的出售问题,可能会给养殖者造成一定麻烦,这可能也会影响该方法的推广。

参考文献

常杰,田相利,董双林,等. 2006. 对虾、青蛤和江蓠混养系统氮磷收支的实验研究[J]. 中国海洋大学学报, 36(Sup):33-39.

GB 11898-89 水质游离氯和总氯的测定 N,N-二乙基-1,4 苯二胺分光光度法[S].

GB 17378.4-2007 海洋监测规范 第 4 部分:海水分析[S].

顾国维,李咏梅. 我国水产养殖业对环境的影响及对策[J]. 重庆环境科学,2003,25(5):11-14.

顾宗濂. 2002. 中国富营养化湖泊的生物修复[J]. 农村生态环境,18(1):42-45.

计新丽,林小涛,许忠能,等. 2000. 海水养殖自身污染机制及其对环境的影响[J]. 海洋环境科学,(4):66-71.

李卓佳,张庆. 1998. 有益微生物改善养殖生态研究 I. 复合微生物分解有机底泥及对鱼类的促生长效应[J]. 湛江海洋大学学报,18(1):58.

齐振雄,李德尚,张曼平,等. 1998. 对虾养殖池塘氮磷收支的实验研究[J]. 水产学报,22(2):124-128.

沈国英,施并章. 1990. 海洋生态学[M]. 厦门:厦门大学出版社,101-122.

石俊艳,于伟君,姚福相,等. 1993. 光合细菌优良菌株选育及在对虾养殖中的应用[J]. 水产科学,12(12):6-8.

粟丽,朱长波,张汉华,等. 2012. 对虾池塘网箱养殖罗非鱼期间水体悬浮颗粒物的动态及对罗非鱼生长和存活的影响[J]. 中国水产科学,19(2):256-264.

孙小静,秦伯强,朱广伟,等. 2007. 风浪对太湖水体中胶体态营养盐和浮游植物的影响[J]. 环境科学,28(3):506-511.

文国樑,李卓佳,曹煜成,等. 2009. 对虾集约化养殖废水排放沟渠生态处理技术[J]. 广东农业科学,(9):16-18.

张运林,秦伯强,陈伟民,等. 2004. 太湖水体中悬浮物研究[J]. 长江流域资源与环境,13(3):266-271.

赵安芳,刘瑞芳,温琰茂. 2003. 不同类型水产养殖对水环境影响的差异及清洁生产探讨[J]. 环境污染与防治,25(6):362-364.

Avnimelech Y, Kochba M. 2009. Evaluation of nitrogen uptake and excretion by tilapia in biofloc tanks using N tracing[J]. Aquaculture,287(1-2):163-168.

Avnimelech Y. 1999. C/N ratio as a control element in aquaculture systems[J]. Aquaculture,176(34):227-235.

Avnimelech Y. 2007. Feeding with microbial flocs by tilapia in minimal discharge bioflocs technology ponds[J]. Aquaculture,264,140-147.

De Schryver P, Crab R, Defoirdt T, et al. 2008. The basics of bioflocs technology: the added value for aquaculture[J]. Aquaculture, 277:125-137.

FOGG G E. 1965. Algal Cultures and Phytoplantkon Ecology[M]. Madison:Univ of Wisconsin Press,266-273.

Whiteley AS, Bailey MJ. 2000. Bacterial community structure and physiological state within an industrial phenol bioremediation system[J]. Appl Environ Microbiol,66(6):2400-2407.

微生态制剂对海水鱼池塘微生物现存量的影响[*]

杨秀兰[1]，王月霞[2]，杜荣斌[1]，刘立明[1]

(1. 烟台大学 海洋学院，山东 烟台 264005；2. 山东省海洋资源与环境研究院，山东 烟台 264006)

摘　要：通过在海水鱼养殖池使用枯草芽孢杆菌微生态制剂的实验与池塘微生物现存量的跟踪调查，探索了枯草芽孢杆菌在该池塘的生长规律，研究了微生态制剂、水温、浮游生物等对养殖池塘微生物现存量的影响，结果表明：枯草芽孢杆菌在1.5 m比3.0 m生长旺盛，微生物现存量能达到 10^7 cfu/L 数量级以上；单一的枯草芽孢杆菌适宜在 15~22℃ 并有增氧条件(投放鼠尾藻)下生长，净化水质的效果不低于复合微生态制剂；13.5~21.5℃ 条件下，鱼池微生物现存量在 $0.015×10^7$ ~ $1.35×10^7$ cfu/L，并且泼洒枯草芽孢杆菌微生态制剂的池塘微生物现存量大多大于未泼洒微生态制剂的池塘的微生物现存量，最终维持在 10^6 cfu/L 数量级；鱼池微生物现存量还受水温、浮游生物、投饵、换水等环境因素的影响。

关键词：海水鱼池塘；微生态制剂；微生物现存量；环境因素

　　微生态制剂又称微生态调节剂，是一类根据微生态学原理而制成的含有大量有益菌的活菌制剂，有的还含有它们的代谢产物或(和)添加有益菌的生长促进因子，具有维持宿主的微生态平衡，调整其微生态失调和提高他们健康水平的功能。狭义的微生态制剂主要包括：①益生菌(活菌)；②益生元(代谢产物)；③合生元(活菌及其代谢产物)。随着微生态制剂的推广使用，许多非细菌类的生物及其代谢产物也被纳入到微生态制剂的范畴内，因此广义上微生态制剂的种类包括微藻，酵母，革兰阴性菌(光合细菌、硝化细菌、亚硝化细菌等)，革兰阳性菌(芽孢杆菌，乳杆菌，链球菌等)及其代谢产物等。

　　由于海水养殖在很多方面不同于淡水养殖，因此在使用微生态制剂方面也有其自身的特点。微生态制剂的使用方法有两种：在养殖饲料中添加或直接投入养殖水域中使用。在饲料中添加微生态制剂常用于改善肠道消化和吸收，增强免疫力以提高养殖产量；将微生态制剂直接投入养殖环境，常用于调节水质，改善养殖环境以提高养殖生物的抗病能力。在使用方面，注意选择微生态制剂，掌握其性质特点，有的放矢的应用才能获得应有的效果。错误地使用微生态制剂不仅不能调节水质，而且会进一步恶化养殖环境。

　　总之，目前微生态制剂无论在学术界，产业部门，还是在国家职能机关，都引起十分重视。在这一背景下拮抗芽孢杆菌制剂孕育着良好的发展前景，本实验通过枯草芽孢杆菌与鼠尾藻相结合来改善海水鱼池塘养殖环境，并对该池塘现有微生物数量进行调查，旨在进一步探索该微生态制剂的使用量、使用效果及其与环境的关系。

---

[*] 基金项目：国家海洋公益性行业科研专项经费项目(201205025).

1 材料与方法

1.1 实验地点与时间

本实验在烟台大学海洋学院小黑山岛科研基地进行,科研基地内有 0.003 hm² 池塘两个,分别用于实验池塘和对照池塘,池塘深度是 3.5 m。随机在两个池塘中的 1.5 m 和 3.0 m 处分别取水样进行测定。2014 年 4—5 月对实验池塘和对照池塘进行 6 次微生物现存量的调查测定。实验池第一次取水样是在实验池塘未投放微生态制剂与鼠尾藻的前提下测定的,以后 5 次取水样测定都是在投放微生态制剂的条件下采水测定的;对照池始终未投放微生态制剂与鼠尾藻。

1.2 养殖鱼类

1.2.1 养殖种类与放养量

星斑川鲽(*Platichthys stellatus*)又称星突江鲽,放养 300 尾/池,规格 150 g/尾左右;黑鲪(*Sebastodes fuscescens*)100 尾/池,规格 100 g/尾左右。

1.2.2 养殖管理

定时、定点用配合饲料喂养上述鱼类,日投饵量为鱼体重的 0.5%~2%;实验期间在 5 月 8 日换水一次,换水量为 100%;在 5 月 17 日换水一次,换水量为 50%。微生态制剂(枯草芽孢杆菌)在 4 月 18 日泼洒 2 000 mL,原液浓度为 1.4×10^8 cfu/mL;5 月 11 日泼洒 2 000 mL,原液浓度为 2.8×10^8 cfu/mL。

1.3 调查方法

1.3.1 采样方法

每个池塘在 1.5 m 处和 3.0 m 处分别随机选择 4 个采集点,用 2.5 L 有机玻璃分层采水器采集 4 个采集点的水样,混匀后装进塑料桶中,同时用于微生物测定与水化学测定,每桶贴上标签,区别其实验池和对照池以及不同水层的水样。该水样一般早上 5:30 左右采集,赶 6:00 点早班船,10:00 左右就能送到实验室进行测定,保证了活菌计数。

1.3.2 测定前准备实验

(1)将采集回来的水样存放在实验室的冰箱保鲜柜里。

(2)制作培养基:称去 2216E 琼脂 18.4g 倒入锥形瓶中,并用量筒量取 350 mL 蒸馏水倒入锥形瓶中混匀等待灭菌。

(3)配制 0.85% 生理盐水。

(4)将锥形瓶、生理盐水、试管、所需要的枪头置入灭菌锅 121℃ 灭菌 15 min。

(5)水浴锅水温达到 55℃ 时将灭完菌的 2216E 型培养基锥形瓶放入水浴锅中。

(6)将所需一次性培养皿、生理盐水、试管、试管架、枪头、记号笔、废物缸、微量加样器及配套枪头通过无尘窗口放入无尘室中。

（7）进入无尘室前将照明灯和自净风机打开，穿上鞋套，穿上实验服，进入无尘室准备做实验。

1.3.3 测定方法

池塘微生物现存量的测定采用活细胞计数法，暨平板菌落计数法：取一定容量的菌悬液（水样），作一系列的倍比稀释，然后将定量的稀释液进行平板培养，根据培养出的菌落数，推算出实验池塘与对照池塘中的活菌数。要求每个水样做6个平衡实验。除了对水样进行测定外，还要测定商品微生态制剂（枯草芽孢杆菌）原液的浓度。

1.3.4 计算方法

用微生物学基本实验技术和国标分析计算方法计算样品的菌落数（cfu/mL）。水样稀释倍数一般 10^{-3} 左右；但商品原液浓度较高需要将稀释倍数拓展到 10^{-10} 左右。养鱼池水样最后测定结果用 10^7 cfu/L 表示。

2 结果与分析

2.1 购买的微生态制剂原液测定结果

用PCA培养基测定4月18日向实验池泼洒的枯草芽孢杆菌，原液浓度是1.4亿cfu/mL；测定5月11日向实验池泼洒的枯草芽孢杆菌，原液浓度是2.8亿cfu/mL。

2.2 水样微生物现存量测定结果

2014年4月16日尚未向实验池投放枯草芽孢杆菌微生态制剂，4月18日第一次加入 1.4×10^8 cfu/mL 的枯草芽孢杆菌 2 000 mL，使池水微生物浓度增加 0.27×10^7 cfu/L；当时水温为13.5℃，至4月24日（水温14.8℃）测定，实验池1.5 m处微生物数量明显增加，但3.0 m微生物数量不多，平均实验池比对照池增加微生物 0.255×10^7 cfu/L（表1）。说明4月18—24日枯草芽孢杆菌迅速繁殖起来，维持了6 d，这可能与水温低有关（图1）。

表1 各养鱼池塘微生物现存量

采样时间	对照池		实验池	
	上层(1.5 m)/(10^7 cfu/L)	下层(3.0 m)/(10^7 cfu/L)	上层(1.5 m)/(10^7 cfu/L)	下层(3.0 m)/(10^7 cfu/L)
2014.04.16	0.066	0.031	0.054	0.022
2014.04.24	0.710	0.340	1.350	0.210
2014.05.07	0.190	0.150	0.260	0.170
2014.05.13	0.094	0.081	0.120	0.103
2014.05.19	0.038	0.015	0.066	0.058
2014.05.27	0.250	0.220	0.270	0.170

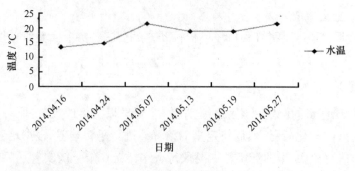

图1 温度变化曲线

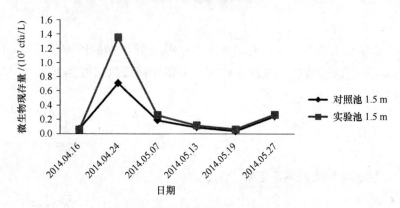

图2 各池塘1.5 m水层微生物现存量的动态变化

但4月24日后水体温度持续上升,由14.8℃上升到5月7日的21.5℃。致使5月8日水色呈红色,见图5,不得不进行一次大换水。5月11日又投放原液浓度为2.8×10^8 cfu/mL的枯草芽孢杆菌2 000 mL,使池水微生物浓度增加0.53×10^7 cfu/L。表1中5月13日实验池微生物不是很多,但3天之后出现淡红水色,致使5月17日又换水50%。6次测定池水微生物的消长见图2与图3。平板菌落计数的池塘微生物菌落见图4。

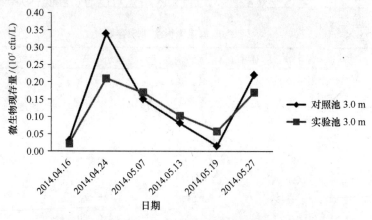

图3 各池塘3.0 m水层微生物现存量的动态变化

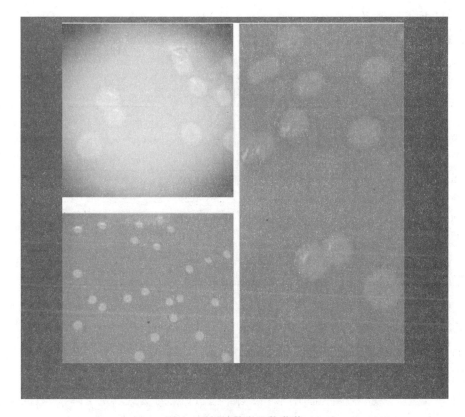

图 4　平板计数微生物菌落

2.3　COD 测定结果

4 月 18 日第一次接种微生态制剂后,直至 5 月 8 日换水前,两池 COD 含量都有一定程度的上升,可能温度骤升引起实验池微生物现存量急剧上升(池水呈红色);对照池藻类现存量急剧上升(池水呈绿色)(图 5),它们同样可以使 COD 大幅提高。但实验池上、下层的 COD 在 5 月 7 日明显低于对照池,说明这时实验池水中的有机质比对照池少。

图 5　2014 年 5 月 8 日实验池(红色)与对照池(绿色)水色

5月11日第二次接种微生态制剂后,在5月13—27日,实验池上下层COD含量要明显高于对照池上下层的含量(表2),说明这时实验池水中的有机质较多,这可能与实验池出现了大量桡足类有关。

表2 各养鱼池塘COD的含量

采样日期	对照池		实验池	
	上层(1.5 m)/(mg/L)	下层(3.0 m)/(mg/L)	上层(1.5 m)/(mg/L)	下层(3.0 m)/(mg/L)
2014.04.16	1.98	1.95	2.00	1.91
2014.04.24	1.29	1.21	1.54	1.73
2014.05.07	4.60	4.77	3.94	3.84
2014.05.13	1.86	1.80	2.01	1.98
2014.05.19	1.62	1.49	2.37	2.29
2014.05.27	2.52	2.56	4.04	3.62

2.4 氨氮与亚硝酸盐测定结果

4月18日第一次接种微生态制剂后,实验池上、下层的氨氮含量没有明显的降低,但其最高含量要远远低于0.5 mg/L的养殖水体氨氮的安全浓度。

5月11日第二次接种微生态制剂后,实验池上、下层的氨氮总量下降,多数低于对照池上、下层的氨氮含量(表3),至5月19日,实验池明显低于对照池。

表3 各养鱼池塘氨氮含量

采样日期	对照池		实验池	
	上层(1.5 m)/(mg/L)	下层(3.0 m)/(mg/L)	上层(1.5 m)/(mg/L)	下层(3.0 m)/(mg/L)
2014.04.16	0.0306	0.0303	0.04	0.0387
2014.04.24	0.0622	0.0509	0.1448	0.1323
2014.05.07	0.1574	0.1889	0.1759	0.1463
2014.05.13	0.0394	0.0370	0.0505	0.0528
2014.05.19	0.0558	0.0626	0.025	0.0311
2014.05.27	0.0524	0.0569	0.0716	0.0474

4月18日第一次加入微生态制剂后,实验池上、下层中亚硝酸盐浓度都降低,尤其是实验池上层降尤为明显,相比之下,对照池上、下层亚硝酸盐浓度没有明显下降。

5月11日第二次加入微生态制剂后,实验池上层中亚硝酸盐的浓度大多都明显比对照池上层亚硝酸盐的浓度低,见表4。

表 4　各养鱼池塘亚硝酸盐的含量

采样日期	对照池		实验池	
	上层(1.5 m)/(mg/L)	下层(3.0 m)/(mg/L)	上层(1.5 m)/(mg/L)	下层(3.0 m)/(mg/L)
2014.04.16	0.004 4	0.002 7	0.003 0	0.003 3
2014.04.24	0.002 8	0.006 3	0.002 2	0.002 7
2014.05.07	0.004 1	0.002 9	0.001 5	0.003 2
2014.05.13	0.003 2	0.003 5	0.001 5	0.003 8
2014.05.19	0.004 8	0.005 9	0.004 0	0.002 3
2014.05.27	0.003 4	0.003 7	0.003 7	0.003 1

2.5　池塘微生物与氨氮、亚硝酸盐、COD 的相关性分析

从表 5 可以看出,池塘微生物现存量与氨氮、亚硝酸盐、COD 的相关系数都不大,实验池下层微生物现存量与氨氮有点关系,相关系数为 0.756;对照池上层微生物现存量与亚硝酸盐有点关系,相关系数为 0.734。养鱼池塘微生物种类很多,该池塘微生物现存量与主要化学指标的相关系数除与微生物数量有关,还与其种类组成有关,看来本实验的枯草芽孢杆菌微生态制剂,在实验池塘能否长期形成优势种群有待进一步研究。

表 5　各养鱼池塘微生物现存量与主要化学指标的相关系数(绝对值)

化学指标	对照池塘上层	对照池塘下层	实验池塘上层	实验池塘下层
氨氮	0.098	0.592	0.096	0.756
亚硝酸盐	0.734	0.241	0.373	0.077
COD	0.220	0.351	0.045	0.511

3　讨论

3.1　微生态制剂接种前后各池塘微生物现存量的变化

众所周知,海水鱼池塘中存在着原有生长的自然水生菌群,如本次实验第一次测定的实验池塘上层(1.5 m)、实验池塘下层(3.0 m)、对照池塘上层(1.5 m)、对照池塘下层(3.0 m)自然水生菌浓度分别为 0.054×10^7 cfu/L、0.022×10^7 cfu/L、0.066×10^7 cfu/L、0.031×10^7 cfu/L。从本次实验结果可以看出,由于水温较低,4 月中旬,微生物现存量较少,主要原因应该是温度低,不利于微生物的繁殖生长。随着时间的推移,天气渐渐变暖,水温受天气的影响较大,水温开始上升,第 1 次取完水样后,开始往实验池塘里投放 2 000 mL 微生态制剂使实验池池水增加 0.27×10^7 cfu/L 的枯草芽孢杆菌。等到第 2 次测定的时候,实验池和对照池的微生物含量大量增加,可以看出由于实验池里投放了大量的微生态制剂,实验池增加幅

度远大于对照池塘。这是由于水温的上升,并且实验池塘里投放了大量的鼠尾藻,好氧微生物繁殖加快,导致微生物含量大量增加。等5月上旬测定时上层微生物含量都是急剧下降(图2),这是由于两个池塘由于水色明显变化,实验池略显红色,对照池略显绿色,并且水色继续加深,这时暂停投饵,开始大换水(5月8号),两个池塘全部换水。在5月11号第2次投放2 000 mL微生态制剂,又给实验池塘增加了0.53×10^7 cfu/L的枯草芽孢杆菌,等第4次测定时实验池塘中微生物含量应该大量增加,但池塘中微生物含量继续下降(图2和图3),经检查发现实验池中出现了大量的桡足类生物,这种生物不是抑制微生物的生长,而是进食这种微生物即枯草芽孢杆菌。导致池塘中微生物含量大量减少。等第5次测定时,还是这种生物起作用,导致微生物含量达到最低点。等第6次测定时,微生物含量有所增加,这是由于换水后水温有所上升,致使微生物含量有所增加。

3.2 微生物现存量与水层的关系

微生物现存量与养殖池塘水层的关系报道甚少,本实验池塘在1.5 m的微生物现存量含量远远高于3.0 m水层(图2),特别是4月18—24日实验池第一次泼洒枯草芽孢杆菌后,微生物在1.5 m出现了明显的指数增长期,达到10^7 cfu/L数量级水平,这显然与枯草芽孢杆菌的在该水层大量繁殖有关;而3.0 m水层实验池微生物现存量虽然也有一定增长,但小于对照池,可能是以水中原有微生物为主(图3)。也就是说泼洒的枯草芽孢杆菌更适宜在1.5 m水层生长繁殖,而不是3.0 m,这可能与其好氧性有关。

3.3 微生物现存量与温度的关系

本实验中微生物现存量变化不仅仅与微生态制剂的泼洒剂量有关,同时与水环境关系密切有关,其中是水温。水温不仅对对照池中的微生物起作用也对实验池中的微生物起作用,实验后期,随水温的升高,自然水生菌与枯草芽孢杆菌都在增加。4月18—24日,水温在13.5~14.8℃,枯草芽孢杆菌迅速繁殖起来,维持了6 d增长期;在5月17日换水50%后,在水温18~21.5℃,10 d左右微生物现存量增加数倍(图2和图3),在这些温度下枯草芽孢杆菌都能正常存活于生长。王庚申等在温度25.9~30.1℃条件下,实验混合微生态制剂益水素、调水宝、EM金露净化水质时,各实验组水体异养菌总数在72 h(3 d),由10^7 cfu/L数量级均降到10^6 cfu/L数量级水平,并维持这个水平15 d左右。本实验单一微生态制剂——枯草芽孢杆菌在鼠尾藻的配合下,并在13.5~21.5℃条件下,也能使微生物现存量达到10^7 cfu/L数量级水平,并较长时间维持在10^6 cfu/L数量级水平。

3.4 微生物现存量与浮游生物的关系

5月8日换水前拍的照片见图5,温度骤升引起实验池微生物现存量急剧上升池水呈红色;对照池浮游植物现存量急剧上升池水呈绿色,说明浮游植物在实验池已被枯草芽孢杆菌大量滋生所抑制,抑制浮游植物的微生物现存量一般要在10^7 cfu/L数量级水平以上。如果微生物现存量较低,可能被浮游生物抑制。本实验后期,5月11日,虽然增加了枯草芽孢杆菌泼洒量,使池水达0.53×10^7 cfu/L,但总微生物现存量并不很高,一直上不去10^7 cfu/L数量级水平,这是因为实验池出现了大量的桡足类,桡足类可以摄取细菌絮凝物来增加其种群数量,使细菌数量减少。因此,使用微生态制剂,不仅要注意水温,而且要注意浮游生物。

综上所述,在星斑川鲽与黑鲪混养的两个海水鱼养殖池:实验池投放菌种是枯草芽孢杆菌与鼠尾藻;对照池不投放枯草芽孢杆菌与鼠尾藻,养殖管理相同,测定了它们的微生物现存量及有关的理化指标,研究了水温的变化对微生物含量的影响,以及其他一些原因如桡足类的出现对微生物的影响等。获得了枯草芽孢杆菌微生态制剂在海水鱼养殖池的使用效果,使用技术以及使用量等,达到了预期的实验目的。

海南陵水黎安港海水表层温度变化

郑 兴,战 欣,石耀华,顾志峰,王爱民*

(热带生物资源教育部重点实验室,海南省热带水生生物技术重点实验室,
海南大学海洋学院,海南 海口 570228)

摘 要:测量了海南陵水黎族自治县黎安港多年的 7:00、15:00 的气温和 0.5 m 与 4 m 水深的温度,统计分析结果显示:(1) 低温季节,15:00 的气温 > 15:00 点 0.5 m 水温 ≈ 15:00 的 4 m 水温 > 7:00 的 4 m 水温 > 7:00 的 0.5 m 水温 > 7:00 的气温,上、下水层的温差最小,不到1℃;(2) 高温季节,15:00 的气温 ≈ 15:00 的 0.5 m 水温 > 7:00 的 0.5 m 水温 > 7:00 的气温 > 15:00 的 4 m 水温 ≈ 7:00 的 4 m 水温,上、下水层的温差较大,超过2℃;(3) 4 月 1 日后(90 d)后,15:00 的气温和 0.5 m 水温趋于一致,直到 8 月 1 日(210 d)之后又开始有温差。6 月 1 日(150 d)后,4 m 水温在 7:00 和 15:00 趋于一致,直到 11 月 1 日(300 d)后才开始温差变大;(4) 4 m 水温周年温差最小,最大在低温季节,温差 0.3℃,而高温季节趋于一致;(5) 5 月 1 日(120 d)后,7:00 气温和 7:00 的 4 m 深水温的温差最小。每年 11 月 1 日(300 d)后,7:00 的 0.5 m 水温和 4 m 水温的温差较小,直到 3 月 1 日(60 d)。本研究的结果对于黎安港的水产养殖、尤其是珍珠贝的养殖和插核育珠具有一定的指导意义。

关键词:黎安港;水温;气温;变化规律

黎安港(18°24′18″—18°26′51″N, 110°02′42″—110°03′54″E)位于海南省东南部的陵水县黎安镇,属于典型的潟湖。该潟湖水产养殖规模较大,其中以珍珠贝的养殖最为有名。海水养殖业受海水温度的影响较为明显,尤其是珍珠贝类一般养殖于浅海区域 3~7 m 水深处,故进行关于海南黎安港海水表层水温(SST)的变化规律的研究显得十分重要。本文采

---

* 基金项目:国际科技合作项目(2012DFG32200, 2013DFA31780);国家 863 项目(2012AA10A414);国家自然科学基金项目(41076112 和 41366003)。
作者简介:郑兴,男,硕士研究生,从事贝类养殖与海洋生态研究.
通信作者:王爱民,教授,博导. Email:aimwang@163.com

集了海南黎安港2003—2005年的不同时间段(北京时间7:00和15:00)不同深度(0.5 m, 4 m)的海水温度及相应时间的气温资料,统计分析了海南黎安港海水表层温度的变化规律及与相应气温的相关性关系,以期得出黎安港海水温度变化规律,从而为确定养殖生物特别是马氏珠母贝不同月份的最佳吊养深度提供理论依据,并为马氏珠母贝免受低温危害而影响其生产进行预警。

1 材料与方法

1.1 实验地点

海南省陵水黎族自治县黎安港,属典型的口小腹大型潟湖,最宽处约2.82 km,长约4.39 km,通过一条宽约60 m的口门与南海相通,其具体地理位置为18°24′18″—18°26′51″N,110°02′42″—110°03′54″E(图1)。

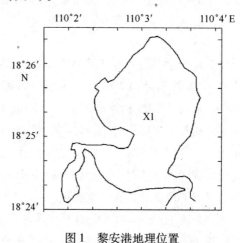

图1 黎安港地理位置

1.2 数据采集

为与马氏珠母贝的生产实际紧密结合,本文以马氏珠母贝吊养的常规地点X_1(图1)为温度测量地点,用YSI 6600分别测定并记录测试点0.5 m水深及4 m水深的水温及相应气温,测量时间设置为北京时间7:00和15:00两个时间点。

1.3 数据处理和分析

将所收集的数据用Excel进行平均值及标准差计算,并采用DPS 14.5统计分析软件对所得数据资料进行统计分析处理。

2 结果与讨论

2.1 不同水深和时间点的月平均水温与气温的变化

统计分析结果表明,海南黎安港在不同季节7:00和15:00的0.5 m水深及4 m水深的水温受气温影响的变化程度不一致,具体气温及水温所表现的规律见图 2 和图 3。

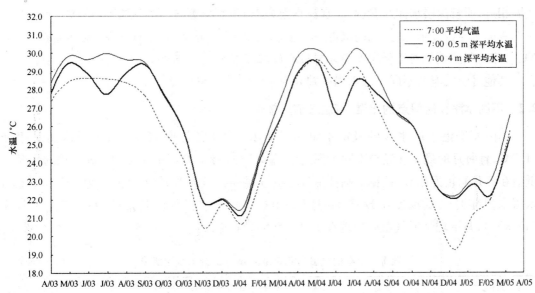

图 2　7:00 时海南黎安港的平均气温以及 0.5 m 和 4 m 水深处的水温变化

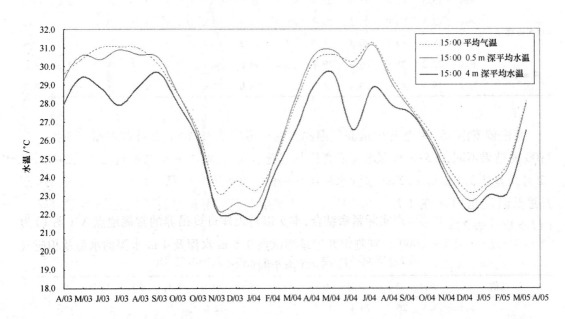

图 3　15:00 海南黎安港的平均气温以及 0.5 m 和 4 m 水深处的水温变化

在低温季节(12 月、1 月和 2 月)15:00 的温度(气温及各水深水温)普遍高于 7:00 的温度,且 15:00 的气温高于相应的水温,而 7:00 的气温低于相应的水温。在低温季节无论是在 7:00 还是在 15:00,0.5 m 水深处的水温与 4 m 水深处的水温差别不大,即前、后温差最小(<1℃),而气温之间差异较大(>3℃)。

在高温季节时期(6—8月),表层水温(0.5 m水深水温)受气温影响较大,即与当时的气温相近,而较深层水体水温(4 m水深水温)受气温影响较小,即7:00和15:00所分别对应的4 m水深温度值相近,同时高温季节上、下层水(0.5 m水深,4 m水深)的温差较大(>2℃);相应气温则相对于低温季节差异较小(<2.5℃)。

其他月份气温及不同水深水温的差异介于低温季节与高温季节之间。

2.2 不同水深和时间点的水温、气温极值比较

海南黎安港不同水深的极值水温结果显示,7:00各月份的最高气温及水温不超过31.7℃,且每月的最高气温与不同水深的水温基本较一致。0.5 m水深与4 m水深的水温最低值在各月间较为相似,且在个别月份与相应气温存在较大差异(3月温差为5℃)。0.5 m水深水温年月最低温度出现在12月(20.0℃),4 m水深水温月最低温度出现在2月(17.8℃),月平均最低气温则出现在1月(15.5℃)(表1)。

表1 7:00的气温和0.5 m、4 m水深处的水温极值

极值/℃		1月	2月	3月	4月	5月	6月	7月	8月	9月	10月	11月	12月
气温	max	23.3	25.6	27.2	29.9	31.7	30.9	31.1	30.5	30.9	27.7	27.3	24.0
	min	15.5	17.9	15.3	22.9	26.1	26.7	25.7	27.0	25.3	22.7	20.6	17.4
0.5 m水温	max	23.5	26.0	27.3	29.9	31.0	31.1	30.8	31.0	30.4	29.0	27.2	24.0
	min	19.8	19.0	20.3	24.7	28.1	27.3	26.7	28.0	27.4	25.2	23.3	19.6
4 m水温	max	23.2	25.9	26.9	29.4	30.4	30.8	28.7	30.2	30.1	28.9	27.2	24.0
	min	19.9	17.8	20.3	24.7	28.1	28.0	24.9	27.2	25.9	25.2	23.4	19.7

海南黎安港15:00各月的最高气温和水温都不超过33.0℃,并且基本高于24℃。与7:00的结果不同,0.5 m水深水温最高值与气温值接近,而4 m水深水温与气温差异较大(7月温差达3.1℃)。0.5 m水深水温年月最低温度出现在2月(19.5℃),4 m水深水温月最低温度也出现在2月(19.3℃),而且温度相近;月平均最低气温则出现在3月(17.5℃)(表2)。

表2 15:00的气温和0.5 m、4 m水深处的水温极值

极值		1月	2月	3月	4月	5月	6月	7月	8月	9月	10月	11月	12月
气温/℃	max	25.3	26.7	29.1	30.6	32.3	33.5	32.0	32.9	33.0	29.9	28.2	26.9
	min	18.5	19.8	17.5	23.1	27.9	27.2	27.3	28.5	26.8	25.7	23.8	20.8
0.5 m水温	max	24.6	27.0	28.2	31.1	32.0	32.3	31.8	32.1	31.8	29.8	27.8	24.6
	min	20.6	19.5	21.3	25.3	26.0	27.2	27.8	32.1	28.1	25.5	23.6	20.0
4 m水温	max	23.5	26.3	27.0	29.8	31.5	30.9	28.9	30.7	30.2	29.4	27.4	24.2
	min	20.1	19.3	21.2	24.9	27.9	26.4	27.1	27.8	29.1	26.5	24.5	20.0

2.3 月平均水温和气温的年变化分析

海南黎安港多年来的月平均海水温度和气温的分析结果显示(图4),各水深各时间段的月平均水温和相应气温的年变化均呈单峰型,温度曲线似正弦曲线。进一步的统计分析结果表明,月平均水温呈显著的年周期性变化规律,单点温度周年变化规律可表示为:

$$T = a - b \times \sin[2\pi \times (D + c)/365.25],$$

式中,T 为温度(℃);D 为日期(d),a 值表示平均温度,b 值表示波动幅度,c 值表示温度转折时间点。

7:00 和 15:00 所对应的气温及相应 0.5 m 水深及 4 m 水深水温所对应温度周年变化规律具有其相应的表达式,即 7:00 气温周年变化规律表达式为 $T = 25.2798 - 4.5089 \times \sin[2\pi \times (D + 82.4919)/365.25]$,其 r^2 为 0.7807;15:00 时气温周年变化规律表达式为 $T = 27.5002 - 4.2101 \times \sin[2\pi \times (D + 79.1458)/365.25]$,其 r^2 为 0.7776;7:00 时 0.5 m 水温周年变化规律表达式为 $T = 26.5917 - 4.3042 \times \sin[2\pi \times (D + 78.9794)/365.25]$,其 r^2 为 0.8389;15:00 时 0.5 m 气水温周年变化规律表达式为 $T = 27.2777 - 4.4204 \times \sin[2\pi \times (D + 80.7857)/365.25]$,其 r^2 为 0.8442;7:00 时 4 m 水温周年变化规律表达式为 $T = 26.0266 - 3.5554 \times \sin[2\pi \times (D + 76.3805)/365.25]$,其 r^2 为 0.7187;15:00 时 4 m 水温周年变化规律表达式为 $T = 26.1739 - 3.3940 \times \sin[2\pi \times (D + 77.2028)/365.25]$,其 r^2 为 0.6971。

具体各时间水深的温度周年变化规律表达式的相应参数值见表3。

表3 7:00 和 15:00 的气温和不同水深的温度周年变化参数值

温度指标	参数			
	a	b	c	r^2
7:00 气温	25.2798	4.5089	82.4919	0.7807
15:00 气温	27.5002	4.2101	79.1458	0.7776
7:00 0.5 m 水温	26.5917	4.3042	78.9794	0.8389
15:00 0.5 m 水温	27.2777	4.4204	80.7857	0.8442
7:00 4 m 水温	26.0266	3.5554	76.3805	0.7187
15:00 4 m 水温	26.1739	3.3940	77.2028	0.6971

黎安港 7:00 及 15:00 的气温及水深分别为 0.5 m 及 4 m 的水温的拟合值与实测值符合程度良好。海南省黎安港 7:00 年平均气温为 25.38℃,7:00 时 0.5 m 水深水温年平均温度为 26.62℃,7:00 时 4 m 水深水温年平均温度为 25.94℃;海南省黎安港 15:00 年平均气温为 27.53℃,15:00 时 0.5 m 水深水温年平均温度为 27.28℃,15:00 时 4 m 水深水温年平均温度为 26.14℃(图4和图5)。

海南黎安港气温年平均温差为 2.15℃,0.5 m 水深水温年平均温差为 0.66℃,4 m 水深水温年平均温差为 0.20℃。4月1日后(90 d),15:00 气温和 0.5 m 水深水温基本趋于一致,直至8月1日后(210 d)又开始有温差。6月1日后(150 d),4 m 水深水温在 7:00 和

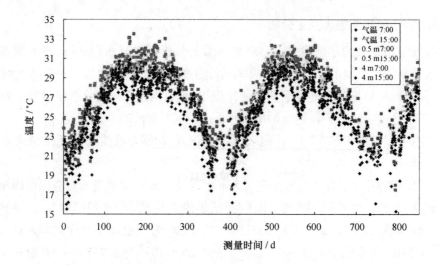

图4 海南黎安港不同水深平均海水温度和气温的变化曲线(实际值)

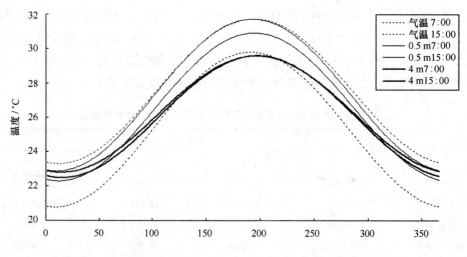

图5 海南黎安港不同水深平均海水温度和气温变化的拟合曲线

15:00 基本趋于一致,直至11月1日后(300 d)其温差才开始变大。5月1日后(120 d),7:00气温和7:00时4 m水深水温温差最小,直至8月15日后(225 d)。每年11月1日后(300 d),7:00时0.5 m水深水温和4 m水深水温的温差较小,直到3月1日后(60 d)。4 m水温周年温差最小,最大也就在低温季节(温差为0.20℃),而高温季节基本趋于一致。

2.4 水温与气温的相关性

DPS 14.5统计分析软件对不同时间段气温及相应不同深度水温数据进行相关性分析结果显示,7:00与15:00 0.5 m水深水温与相应的气温呈一般线性关系,线性方程分别为 $y = 0.862\ 7x + 0.702\ 3$ 和 $y = 0.942\ 6x - 0.903\ 2$,其拟合水平分别为0.8001和0.8363,具有很好的拟合度(图6)。

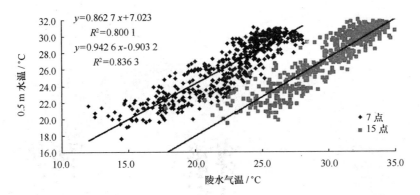

图 6　海南黎安港 0.5 m 水深的水温 7:00 和 15:00 与气温的相关性

7:00 与 15:00 4 m 水深水温与相应的气温也呈一般线性关系,其线性方程分别为 $y=0.724x+9.5197$ 和 $y=0.7137x-4.8575$,其拟合水平分别为 0.7112 和 0.7159,拟合度较 0.5 m 水深水温而言略低,可能是由于浅层水面(0.5 m 深)极易受到气温波动影响,而较深水体(4 m 深)温度较为稳定,受气温变化幅动影响较小(图 7)。

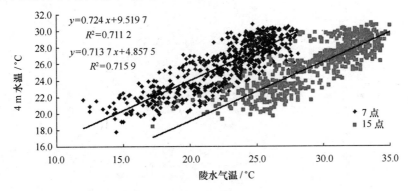

图 7　海南黎安港 4 m 水深的水温 7:00 和 15:00 与气温的相关性

其他

关于加快发展我国海水养殖工程科技的建议

刘世禄

(中国水产科学研究院 黄海水产研究所,山东 青岛 266071)

摘 要:自20世纪60年代以来,我国的海水养殖产量呈逐年递增态势。海水养殖业已由小范围、分散经营向规模化、集约化、工厂化方向发展。海水养殖业已从过去追求养殖面积扩大和养殖产量增加,转向更加注重品种结构的调整和产品质量的提高。新的养殖技术和新的养殖品种不断推出,养殖领域进一步拓展,名特优水产品养殖规模不断扩大,工厂化养殖、生态健康养殖模式迅速发展,深水网箱养殖发展势头迅猛,养殖业的规模化、集约化程度逐步提高,自1990年起,我国已连续25年成为世界第一渔业大国和世界第一水产养殖大国,水产品对外出口也连续12位居全球首位。目前世界养殖产量的70%来自中国。

关键词:海水养殖;工程科技;发展建议

我国的海水养殖业虽然发展的相对较晚,但随着海水养殖苗种繁育技术不断取得新突破,养殖技术与模式的不断创新,自20世纪60年代以来,我国的海水养殖产量呈逐年递增态势。

1 我国海水养殖业发展现状

1.1 在世界中的地位

新中国成立的60余年来,我国海水养殖业的发展经历了六次热潮。第一次热潮以海带、紫菜等藻类养殖为代表,第二次热潮以对虾养殖为代表,第三次热潮以扇贝养殖为代表,第四次热潮以海水鱼类养殖为代表,第五次热潮以海参养殖为代表,目前海水养殖业已由小范围、分散经营向规模化、集约化、工厂化方向发展。海水养殖业已从过去追求养殖面积扩大和养殖产量增加,转向更加注重品种结构的调整和产品质量的提高。新的养殖技术和新的养殖品种不断推出,养殖领域进一步拓展,名特优水产品养殖规模不断扩大,工厂化养殖、生态健康养殖模式迅速发展,深水网箱养殖发展势头迅猛,养殖业的规模化、集约化程度逐步提高,自1990年起,我国已连续25年成为世界第一渔业大国和世界第一水产养殖大国。

另外,中国渔业对世界渔业的影响是全方位的。不仅渔业生产总产量世界第一,中国水产品对外出口也连续12位居全球首位。目前世界养殖产量的70%来自中国。中国已经成为世界最大的水产品加工基地和水产品消费国。因此加强对中国水产品供给、消费和贸易的远景预测将有利于更好地把握我国渔业产业的发展规律,并采取切实有效的政策措施发展好和维护好渔业产业,更好地造福我国人民。

1.2 海水养殖结构

据统计:2014 年,我国水产品总产量 6 461.52 万 t。其中,水产养殖产量 4 748.41 万 t,占总产量的 73%。而全国海水养殖产量为 1 812 万 t。

多年来,我国海水养殖总产量中贝类占据了重要地位。2014 年,我国海水贝类养殖总产量 1 316 万 t。海水鱼类养殖总产量为 118 万 t。甲壳类养殖总产量为 143 万 t。藻类产量 200 万 t。

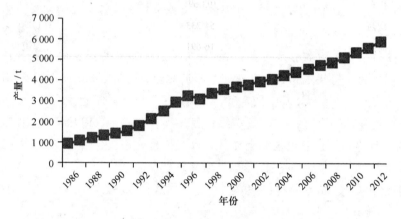

图 1 我国近年水产品总产量

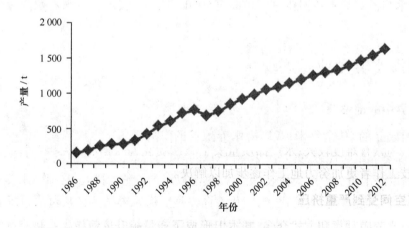

图 2 我国近年水产品海水养殖总产量

表 1 2014 年我国不同地区的海水养殖情况

地区	养殖面积/hm²	养殖产量/t
全国总计	2 305 472	18 126 481
天津	3 180	11 627
河北	122 434	491 999
辽宁	928 503	2 890 525

续表

地区	养殖面积/hm²	养殖产量/t
江苏	188 657	935 947
浙江	88 178	897 940
福建	161 418	3 794 298
山东	548 487	4 799 107
广东	193 691	2 943 981
广西	54 233	1 090 975
海南	16 691	270 082

表 2　2014 年我国海水养殖产品情况　　　　　　　　　　　　　　　　　　　　　t

品种	鱼类	甲壳类	贝类	藻类	其他类(海参、海胆、海蜇、珍珠等)	合计
产量	1 189 667	1 433 763	13 165 511	2 004 576	332 964	18 126 481

表 3　2014 年我国海水养殖不同养殖方式的产品情况　　　　　　　　　　　　　　t

养殖方式	池塘	普通网箱	深水网箱	筏式	吊笼	底播	工厂化
养殖产量	2 295 836	437 373	88 737	4 969 337	1 205 268	5 100 512	1 703 383

2　我国海水养殖业存在的主要问题

总体上看,我国的海水养殖业发展平稳,但海水养殖产业发展面临着资源短缺、价格大幅度下降的双重风险;水产养殖业发展与资源、环境的矛盾进一步加剧;病害对养殖业健康发展构成的重大威胁日趋严重;饲料系数高,浪费严重、污染环境的现象并未彻底改观;水产苗种的生产与繁育难度较大;水产品质量安全和市场监管问题矛盾突出等。这些问题都需要水产科技工作者更加努力地工作逐步加以解决。

2.1　养殖空间受到严重挤压

我国海水养殖种类和方式众多,基本上形成了产量提升依赖扩大水域空间规模来实现的发展模式。这种发展模式在短时期内还不能根本改变,需要有足够的空间来保证水产养殖的发展。现今海水养殖业发展的空间由于城市工业化的推进、滨海工业发展、城镇化加速、旅游业兴起等原因正在逐步变小,许多沿海滩涂出现禁渔,传统养殖水域资源丧失的困境在加大。另外,围填海工程的盲目推进,极大地压缩了海水养殖业的发展空间。

根据国家海洋局《海域使用管理公报》显示,自 2002 年《中华人民共和国海域使用管理法》实施至 2011 年年底,我国累计确权围填海面积达到 12.5 万 hm²,年均确权面积 1.25 万 hm²。

据粗略估计,近 20 年间,仅渤海人工填海造地面积远远超过了 2 000 km²,据"国合会"

预计,我国每年因围填海所造成的海洋和海岸带生态服务功能损失达到1 888亿元,约相当于目前国家海洋生产总值的6%。

2.2 海洋污染对水产养殖业健康发展构成重大威胁

全国每年有相当大的水产养殖面积受到污染和各种病害的侵扰。根据《2014年全国渔业统计年鉴》表明:2013年,全国因海洋污染造成的经济损失13.2亿元;因病害造成的经济损失41亿元。并呈现出以下特点:一是病害发生的数量逐年增多;二是危害养殖品种多、死亡率高、发病时间长、覆盖面积广;三是病原错综复杂,病害发生难以预测。发生病害后,不合理和不规范用药又进一步导致养殖产品药物残留,影响到水产品的质量安全消费和出口贸易。

根据《2014年中国海洋环境质量公报》资料:2014年,我国春季、夏季和秋季,劣于第四类海水水质标准的海域面积分别为52 280 km^2、41 140 km^{2}和57 360 km^2,主要分布在辽东湾、渤海湾、莱州湾、长江口、杭州湾、浙江沿岸、珠江口等近岸海域。近岸海域主要污染要素为无机氮、活性磷酸盐和石油类。

2014年春季、夏季和秋季,呈富营养化状态的海域面积分别为85 710 km^2、64 400 km^{2}和104 130 km^2。夏季呈富营养化状态的海域面积与上年同期基本持平,重度、中度和轻度富营养化海域面积分别为12 800 km^2、15 840 km^{2}和35 760 km^2。重度富营养化海域主要集中在辽东湾、长江口、杭州湾、珠江口等近岸区域。

2014年重点监测的44个海湾中,20个海湾春季、夏季和秋季均出现劣于第四类海水水质标准的海域,主要污染要素为无机氮、活性磷酸盐、石油类和化学需氧量。

2014年其中,无机氮:春季、夏季和秋季,无机氮含量超第一类海水水质标准的海域面积分别为156 670 km^2、132 050 km^{2}和165 330 km^2,其中劣于第四类海水水质标准的海域面积分别为51 350 km^2、39 330 km^{2}和56 390 km^2,主要分布在辽东湾、渤海湾、莱州湾、长江口、杭州湾、浙江沿岸、珠江口等近岸海域。

活性磷酸盐:春季、夏季和秋季,活性磷酸盐含量超第一类海水水质标准的海域面积分别为80 740 km^2、63 970 km^{2}和167 660 km^2,其中劣四类海水水质标准的海域面积分别为15 110 km^2、13 090 km^{2}和24 690 km^2,主要分布在长江口、杭州湾、浙江沿岸、珠江口等近岸海域。

72条河流入海的污染物量分别为:COD$_{Cr}$ 1 453万t,氨氮(以氮计)30万t,硝酸盐氮(以氮计)237万t,亚硝酸盐氮(以氮计)5.8万t,总磷(以磷计)27万t,石油类4.8万t,重金属2.1万t(其中锌14 620 t、铜4 026 t、铅1 830 t、镉120 t、汞44 t),砷3 275 t。其中,COD$_{Cr}$、氨氮和硝酸盐氮入海量分别较上年增加5%、3%和7%,总磷入海量减少1%。

实施监测的445个陆源入海排污口中,工业排污口占35%,市政排污口占40%,排污河占21%,其他类排污口占4%。3月、5月、7月、8月、10月和11月的入海排污口达标排放比率分别为51%、50%、52%、52%、53%和53%,全年入海排污口的达标排放次数占监测总次数的52%,较上年略有升高。111个入海排污口全年各次监测均达标,占监测排污口总数的

25%,较上年略有升高;113个入海排污口全年各次监测均超标,较上年略有降低。入海排污口排放的主要污染物为总磷、COD_{Cr}、悬浮物和氨氮。

不同类型入海排污口中,工业和市政排污口达标排放次数比率分别为65%和48%,较上年升高;排污河和其他类排污口达标排放次数比率分别为40%和47%,较上年有所降低。

赤潮:全海域共发现赤潮56次,累计面积7 290 km^2。东海发现赤潮次数最多,为27次;渤海赤潮累计面积最大,为4 078 km^2。2014年赤潮次数和累计面积均较上年有所增加,与近5年平均值基本持平。赤潮高发期集中在5月。

2.3 海水养殖疾病以及产品质量安全问题突出

近年来多种重大、新发和外来疫病的暴发流行使我国海水养殖业遭受了极为严重的损失。流行病学研究表明,我国对虾养殖业受白斑综合征、急性肝胰腺坏死病(AHPND)、虾肝肠胞虫感染、偷死病(CMD)、黄头病、传染性皮下及造血组织坏死病、传染性肌坏死(IMN)、桃拉综合征等8种以上的重要病害的严重威胁,其中一半以上是外来疫病,同时感染两种以上病原的对虾占阳性样本的一半以上,AHPND、CMD、IMN、EHP都是近年来伴随产业大发展而出现的新疫病,这些疫病仍正在我国对虾养殖业中肆虐。AHPND和CMD目前已扩散到中国、越南、马来西亚、泰国、墨西哥和厄瓜多尔等。我国研究人员及产业界对这些新发疫病也高度关注,在国际上首次发现了CMNV这一种新病原,AHPND等的诊断与防控技术研究也取得了初步成果。海水鱼类的细胞肿大虹彩病毒病、神经坏死病毒病、石斑鱼虹彩病毒病、爱德华氏菌病、鳗弧菌病、溶藻弧菌病、刺激隐核虫病等十多种主要病害每年造成工厂化、网箱和池塘养殖的海水鱼严重损失,病害威胁进一步带来抗生素滥用,导致的抗生素抗性增加和药物残留又增加了生物安全和食品安全的风险;我国海水养殖的多种贝类普遍存在牡蛎疱疹病毒1型的感染,虾夷扇贝、栉孔扇贝、魁蚶、牡蛎等每年均发生大规模死亡问题;多种病原菌所致腐皮综合征等也严重妨碍了我国养殖刺参产业的发展。产品质量事件时有发生,反映出水产品质量安全问题长期性、复杂性的特点。养殖水产品中新危害因素不断出现。饲料和渔药是养殖生产的重要投入品,其质量状况和科学使用直接影响养殖生物的健康状况。饲料质量受饲料配方、原料质量和加工工艺的影响,由于我国水产养殖种类繁多,又是多品种混养,客观上给配方研究和设计带来困难。在药物使用方面乱用、滥用药物现象没有得到有效遏制。造成监管不力,面对千家万户的分散养殖和千军万马的产品流通经销,质量监管部门缺乏有效的现场执法技术手段。

2.4 原良种覆盖率低

我国水产原良种体系建设起步于1992年。我国水产养殖业的良种覆盖率还比较低,水产良种覆盖率可定义为遗传改良品种的养殖产量占水产养殖总产量的百分比。根据估计,目前我国水产养殖业的良种覆盖率大约为30%。在苗种繁育方面,尚未形成完善的集亲体驯化与定向培育、生殖精准调控、苗种规模化培育、苗种保育工艺等一体化的苗种繁育技术链条。

2.5 水产养殖工程技术化水平低，深水养殖装备工程技术体系尚未建立

目前，我国水产养殖以粗放型为主，工程技术水平普遍较低，如2013年，我国普通网箱养殖产量为40万t，深水网箱养殖产量为7.3万t，二者合计不足50万t，仅占全国海水养殖总产量的3%，而且养殖水深在50 m米以内。

2.6 工厂化养殖规模小，且技术装备落后

我国工厂化养殖是海水养殖中规模最小的生产方式，2013年，我国工厂化养殖的产量为17.7万t。产量仅占海水养殖总产量(1 739.2万t)的1%左右。而且养殖过程中基本上采取大排(水)、大放(水)的养殖模式，绝大多数尚未采用真正意义上的封闭循环水养殖技术，工厂化封闭循环水养殖技术与装备技术体系远未建立。存在水处理设施、设备研发滞后，缺乏标准化生产体系；过度依赖矿物燃料和地下水等能源，能源供给体系不完善；循环水养殖技术及养殖系统生态环境调控技术有待加强；自动化、数字化、信息化和智能化等高新技术应用与国外相比存在巨大差距。

3 发展工程科技的几点建议

目前，我国水产品供给以本国生产为主，有少量进口的中高档水产品，水产品需求以居民消费需求为主，还有部分的出口、工业加工原料和鲜活饲料等需求。根据水产品生产与需求两部分的预测结果，到2020年我国水产品年总需求约为6 750万t。其中，海水养殖产量需要达到1 940万t。因此，发展海水养殖业，一是要像设定耕地保护红线一样，设置水产养殖面积最小保障线，以确保水产品有效供给；二是积极挖掘水产养殖潜力，加大内陆盐碱地的开发利用，三是加快海水养殖水域向20~30 m以外等深线外发展；四是加快发展海水养殖工程科技，构建完善的现代水产养殖科研体系和生产体系；五是建立新的生产模式，加快海水养殖业向工厂化、标准化、产业化、工程化方向发展。从科技方面，建议重点发展以下几个方面。

3.1 加快现代水产种业体系建设

重点建设一批大宗品种和出口优势品种的遗传育种中心和原良种场，建立符合我国水产养殖生产实际的水产良种繁育体系，提高品种创新能力和供应能力。加大对原种保护、亲本更新、良种选育和推广的支持力度，提高水产苗种质量和良种覆盖率。围绕主要养殖种类，集成、创制高效安全的杂种优势利用技术，完善群体改良、家系选育等技术。前沿布局细胞工程育种、转基因育种等新技术。聚合优质、高产、抗逆等性状基因，创造目标性状突出、综合性状优良的育种新材料，培育优质高产新品种以及名贵特优新品种。研究苗种签证和检疫等技术，制定新品种繁育与推广的技术规范，培育一批优质高产动植物新品种，为水产养殖业培育并提供优良品种及抗病抗逆品种(品系)，稳步提高我国水产养殖的良种覆盖率和遗传改良率。

以先进设施和技术体系为支撑，扩建一批国家级和省、部级原、良种场及引育种中心、

扩繁中心等,加大名优新品种的引进、实验、示范和推广力度。逐步建立以国家和省、部级水产引育种中心、扩繁中心等为龙头,国家级和省、部级水产原良种场为骨干,原、良、苗配套的良种繁育技术体系,建设有中国特色的水产养殖生物优良品种培育和健康苗种繁育产业。

3.2 积极构建和发展现代水产养殖生产新模式

按照"高效、优质、生态、健康、安全"绿色、可持续发展目标的要求,构建和发展现代水产养殖生产新模式。

构建多营养层次综合养殖模式。基于容纳量评估,构建由多种不同营养需求的养殖种类组成的养殖系统,发展高效生态养殖模式,包括不同结构的立体多营养层次综合养殖模式、多种类底播多营养层次综合养殖模式等。加强生态工程型模式的发展,包括多种功能类型的人工鱼礁建设和海洋牧场建设,提高综合养殖效益。

建立高效池塘生态养殖模式。发展池塘循环水养殖模式,提高产品质量和环境的修复能力。提倡不同营养层次多种类混养(如北方的海蜇—海参—对虾养殖模式),增强生态互补互益效应,提高经济与生态效益。弃用和改造一些严重老龄化的池塘,恢复重建湿地生态系统,保护养殖生态环境。

完善高效工厂化养殖模式。构建高效的工厂化封闭式循环水养殖系统,优化养殖水体净化工艺,提高设备的运行效率,建立养殖水体循环利用的健康养殖技术体系。探讨养殖品种多样化发展模式,提高综合效益。

构建深远海与绿色网箱发展模式。党的十八大报告明确提出"要提高海洋资源开发能力,坚决维护国家海洋权益,建设海洋强国。"在"渔权即主权,存在即权益"的国际背景下,渔权是海权的一项重要内容和主要表现形式。构建包括深水大型网箱设施、大型固定式养殖平台和大型移动式养殖平台等离岸深海养殖设施,发展远离陆地的工程化设施化海水养殖,不仅能够促进海洋生物资源的合理利用与开发,有利于提高全民族"海洋国土"意识、"海洋权益"观念,而且对宣示我国的海洋主权具有重要意义。开发一批大型深水网箱养殖品种与养殖技术,探索深远海巨型现代化养殖网箱、深远海养殖工船和养殖平台等新养殖方式与配套措施。基于环境容量,发展环境友好型和生态功能型的绿色网箱养殖生产模式。

3.3 加快提升海水养殖生产设施和工程装备水平

进一步扩大水产健康养殖示范场创建规模,提高创建质量,以增强示范场的示范带动作用。按照"生态、健康、循环、集约"的要求,扶持示范场开展排灌设施和水处理系统、渔业机械设施、池塘清淤护坡等基础设施改造和配套;指导和督促示范场建立生产记录、用药记录、销售记录和产品包装标签制度,完善内部质量安全管理机制;加快水产标准的转化与推广应用,示范推广生态健康养殖方式,积极倡导养殖用水循环利用,实现养殖废水达标排放;强化示范场监督管理,严格创建标准,完善考核验收管理机制,实行动态管理。

大力推进传统养殖方式(如内陆池塘养殖、浅海筏式养殖等)的标准化、规模化发展,提升水产养殖现代机械化、自动化、信息化技术水平和防灾减灾能力。发展适用于综合养殖、生态养殖和健康养殖的养殖装备与设施。大力推进工厂化养殖发展规模,突破工厂化封闭式循环水养殖系统技术,提高设施养殖现代工程装备水平。研究发展深远海现代化养殖网箱、养殖工船和养殖平台等新养殖方式、新材料和工程化技术、装备的发展。

3.4 建立现代水产疫病防控和产品质量安全监控体系

以我国主要海水养殖动物鱼、虾、贝、参、蟹等可持续健康养殖为中心,围绕病原学、流行病学、预警技术、防控技术、生物安保体系,开展从基础研究、前沿技术、共性关键技术、重大产品创制与示范应用的全产业链科技攻关,重点查明疫病流行规律和致病机制,突破疫病诊断监测、微生物学防控前沿技术,掌握疫苗及渔药研发关键共性技术,创造有重大应用前景和市场竞争力的疫病预警、防控新产品,制定并实施系列生物安保技术标准,提升海水养殖健康自主创新能力。打造多支优秀创新人才团队,建成一批海水养殖健康生物安保示范基地,显著提升我国海水养殖健康生物安保技术国际竞争力,为保障国家近海生态安全和海洋渔业产品的稳定供给提供科技支撑。

重点建设一批国家级、省部级和县级水产养殖动物防疫基础设施及疫病参考实验室,完善水生动物疫病监控、水产苗种产地检疫等相关工作机制,建立健全水产养殖动物疫病防控预警体系和渔用药物安全使用技术体系以及质量监督体系,建立一批现代化、大型水产药物和免疫制剂等的企业集团以及产业示范基地。

加强水产养殖产品的过程管理,全面推广和实施水产品质量追溯制度与体系。确定合理的追溯单元、明确追溯的责任主体、确保追溯信息的顺利传递与管理。加强水产品疫情疫病和有毒有害物质风险分析。确保进出口水产品进行检验检疫、监督抽查,对水产品生产加工企业根据监管需要和国家相关规定,实施信用管理及分类管理制度。建立水产品安全事故的应急处理与防范体系,积极构建水产品质量安全监管目标责任体系。

3.5 积极发展现代水产饲料工业体系

围绕提高质量、降低成本、减少病害、提高饲料效率和降低环境污染等目标,深入研究水生动物的营养生理、代谢机制,特别是微量营养素的功能。为评定营养需要量和配制各种低成本、低污染、高效实用的饲料以及抗病添加剂和免疫增强剂提供可靠的理论依据,为水产健康养殖创造良好条件。

强化新型专用饲料添加剂的开发与生产,完善水产饲料加工机械工业体系,满足水产饲料加工的特殊需求。研发替代抗生素的微生态制剂和免疫增强剂等,逐步实现主要饲料添加剂国产化。

3.6 切实保护近海海洋生态环境

加强海洋生态环境监测体系建设,强化监测能力。严格控制陆源污染物向水体排放,实施重点海域排污总量控制制度。严格控制围填海工程建设,强化海上石油勘探开发等项目管理,加强渔业水域生态环境损害评估和生物多样性影响评价,完善和落实好补救措施。控制近海养殖密度,加强投入品管理,减少养殖污染。加强渔船油污、生活垃圾等废弃物排放管理,减少对近海、外海和远洋的环境污染。

参考文献

陈爱平.2011.2010年水产养殖病害发生情况与2011年流行趋势分析[J].科学养鱼,(4):48-50.
国家海洋局.2013.中国海洋发展报告[M].北京:海洋出版社.
国家海洋局.2014.中国海洋环境质量公报[M].北京:海洋出版社.
李彬,王志春,孙志高,等.2005.中国盐碱地资源与可持续利用研究[J].干旱地区农业研究,23(2):154-158.
骆乐.2011.渔业经济学[M]北京:中国农业出版社.
农业部渔业局.1986—2014.中国渔业统计年鉴[M].北京:中国农业出版社.
唐启升.2013.中国养殖业可持续发展战略研究:水产养殖卷[M].北京:中国农业出版社.
吴淑勤,王亚军.2010.我国水产养殖病害控制技术现状与发展趋势[J].中国水产,(8):9-11.